# 中 国 国 家 标 准 汇 编

## 773

GB 35406～35432

（2017 年制定）

中国标准出版社　编

中国标准出版社

北　京

**图书在版编目(CIP)数据**

中国国家标准汇编:2017年制定.773:
GB 35406～35432/中国标准出版社编.—北京:
中国标准出版社,2019.5
ISBN 978-7-5066-9393-6

Ⅰ.①中… Ⅱ.①中… Ⅲ.①国家标准-
汇编-中国-2017 Ⅳ.①T-652.1

中国版本图书馆CIP数据核字(2019)第124469号

中国标准出版社出版发行
北京市朝阳区和平里西街甲2号(100029)
北京市西城区三里河北街16号(100045)

网址 www.spc.net.cn
总编室:(010)68533533 发行中心:(010)51780238
读者服务部:(010)68523946
中国标准出版社秦皇岛印刷厂印刷
各地新华书店经销
*
开本 880×1230 1/16 印张 27.75 字数 835 千字
2019年5月第一版 2019年5月第一次印刷
*
定价 220.00 元

# 出 版 说 明

《中国国家标准汇编》是一部大型综合性国家标准全集。自1983年起，每年按国家标准顺序号分册汇编出版，分为“制定”卷和“修订”卷两种形式。

“制定”卷收入上一年度我国发布的、新制定的国家标准，视篇幅分成若干分册，封面和书脊上注明“20××年制定”字样及分册号，分册号一直连续。各分册中的标准是按照标准编号顺序连续排列的，如有标准顺序号缺号的，除特殊情况注明外，暂为空号。

“修订”卷收入上一年度我国发布的、被修订的国家标准，视篇幅分成若干分册，但与“制定”卷分册号无关联，仅在封面和书脊上注明“20××年修订-1,-2,-3,……”字样。“修订”卷各分册中的标准，仍按标准编号顺序排列(但不连续)；如有遗漏的，均在当年最后一分册中补齐。需提请读者注意的是，个别非顺延前年度标准编号的新制定国家标准没有收入在“制定”卷中，而是收入在“修订”卷中。

读者购买每年出版的《中国国家标准汇编》“制定”卷和“修订”卷则可收齐由我社出版的上一年度制定和修订的全部国家标准。

2017年我国制修订国家标准共3 811项。本分册为《中国国家标准汇编》制定卷第773分册，收入国家标准GB 35406～35432的最新版本。

中国标准出版社

2019年3月

# 目　　录

ICS 35.040
A 24

# 中华人民共和国国家标准

GB/T 35406—2017

# 基于 ebXML 的仓储入库指令和通知

ebXML based warehousing inbound instruction and notification

2017-12-29 发布　　2018-07-01 实施

中华人民共和国国家质量监督检验检疫总局
中国国家标准化管理委员会　发布

# 前　言

本标准按照GB/T 1.1—2009给出的规则起草。

本标准由全国物流信息管理标准化技术委员会(SAC/TC 267)提出并归口。

本标准起草单位:浙江省物品编码中心、陕西省标准化研究院、中国物品编码中心、宁波甬标物品编码中心、福建省标准化研究院、上海市质量和标准化研究院、浙江省标准化研究院、浙江省交通运输物流信息服务中心、浙江省国际贸易集团有限公司。

本标准主要起草人:施进、马骏、孙小云、刘力真、王尚书、邵小景、金蓓、楼庆华、叶青、刘若微、丁炜、李宁、赵韵华、陈丽辉、苏航、钱进、高凯、田筱燕、章嫔、王杰、徐雷、胡永骁、吴建华、杨勇。

# 基于 ebXML 的仓储入库指令和通知

## 1 范围

本标准规定了物流信息交换中基于 ebXML 的仓储入库指令和通知报文的用例及描述、类图及信息描述、代码表及报文编制。

本标准适用于基于 ebXML 的仓储入库指令和通知报文的编制与应用。

## 2 规范性引用文件

下列文件对于本文件的应用是必不可少的。凡是注日期的引用文件，仅注日期的版本适用于本文件。凡是不注日期的引用文件，其最新版本(包括所有的修改单)适用于本文件。

GB/T 2659 世界各国和地区名称代码

GB/T 4880.1 语种名称代码 第1部分:2字母代码

GB/T 4880.2 语种名称代码 第2部分:3字母代码

GB/T 7408 数据元和交换格式 信息交换 日期和时间表示法

GB/T 12406 表示货币和资金的代码

GB 12904 商品条码 零售商品编码与条码表示

GB/T 15514 中华人民共和国口岸及相关地点代码

GB/T 16711 银行业 银行电信报文 银行标识代码

GB/T 16828 商品条码 参与方位置编码与条码表示

GB/Z 25114.1—2010 基于 ebXML 的商业报文 第1部分:贸易项目

## 3 术语和定义、缩略语

### 3.1 术语和定义

下列术语和定义适用于本文件。

3.1.1

**用例图 case diagram**

描述参与者、主题(系统)、用例之间关系的图。

[GB/T 28174.1—2011,定义 3.1.219]

3.1.2

**类图 class diagram**

显示一组说明性的(静态)模型元素的图,例如,这样的元素可为类、类型以及它们的内容及关系。

[GB/T 28174.1—2011,定义 3.1.37]

### 3.2 缩略语

下列缩略语适用于本文件。

ebXML:电子商务可扩展置标语言(Electronic Business Extensible Markup Language)

LSB:物流服务买方(Logistic Services Buyer)

LSS:物流服务卖方(Logistic Services Seller)

# 4 用例及描述

## 4.1 仓储入库指令

### 4.1.1 用例图

仓储入库指令的用例见图1。

图1 用例图

### 4.1.2 用例描述

用例描述见表1。

表1 用例描述

| | |
|---|---|
| 用例名 | 仓储入库指令 |
| 用例描述 | 物流服务买方告知物流服务卖方有货物要运到仓库 |
| 角色 | 物流服务买方(LSB)<br>物流服务卖方(LSS) |
| 实施目标 | 传输仓储入库指令 |
| 前置条件 | 待收货物的货物主文件数据已传送至物流服务卖方 |
| 后置条件 | 物流服务卖方已收到待收货物通知 |
| 商业情景 | 开始点:物流服务买方(LSB)从(企业资源规划)系统中生成仓储入库指令。<br>步骤1:物流服务买方(LSB)把仓储入库指令传输给物流服务卖方。<br>步骤2:物流服务卖方(LSS)收到仓储入库指令。<br>结束点:物流服务卖方(LSS)在(仓储管理)系统中执行仓储入库指令 |

## 4.2 仓储入库通知

### 4.2.1 用例图

仓储入库通知的用例见图2。

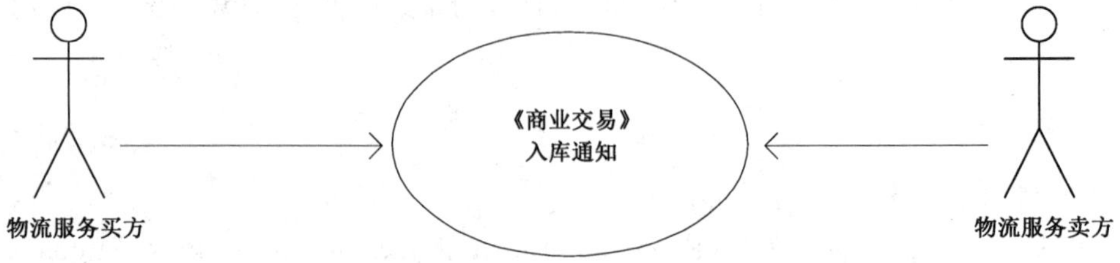


图2 用例图

### 4.2.2 用例描述

用例描述见表2。

**表2 用例描述**

| | |
|---|---|
| 用例名 | 仓储入库通知 |
| 用例描述 | 物流服务卖方(LSS)通知物流服务买方(LSB)货物将要/已经运到仓库的状态 |
| 角色 | 物流服务买方(LSB)<br>物流服务卖方(LSS) |
| 实施目标 | 传输仓储入库通知 |
| 前置条件 | 待收货物的物料主文件数据已传达到物流服务卖方(LSS)。<br>物流服务卖方(LSS)已被告知有货物待收。除非允许自动收货 |
| 后置条件 | 物流服务买方获知入库货物的状态信息 |
| 商业情景 | 开始点:物流服务卖方(LSS)从(仓库管理)系统中生成入库通知。<br>步骤1:物流服务卖方(LSS)把入库通知传输给物流服务买方。<br>步骤2:物流服务买方(LSB)收到入库通知。<br>结束点:物流服务买方(LSB)在(企业资源规划)系统中执行入库通知 |

## 5 类图及信息描述

### 5.1 仓储入库指令类

### 5.1.1 类图

仓储入库指令(WarehousingInboundInstruction)类图见图3。

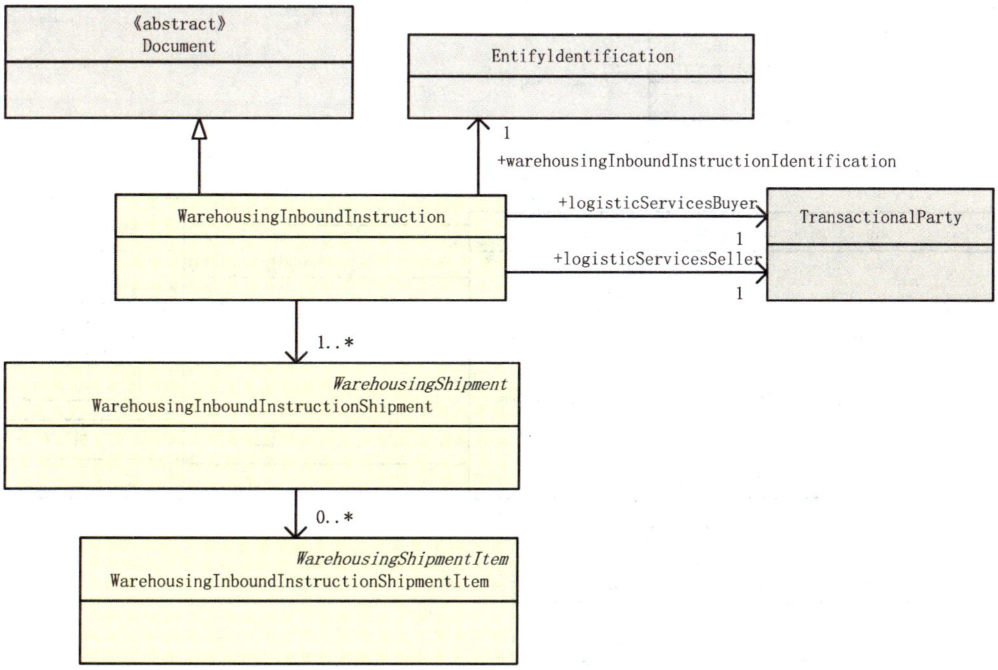


**图3 仓储入库指令类图**

### 5.1.2 信息描述

仓储入库指令(WarehousingInboundInstruction)类信息描述见表3。

**表3 仓储入库指令类信息描述**

| 内容<br>Content | 属性/角色<br>Attribute/Role | 数据类型/副类<br>Datatype/Secondary class | 多重性<br>Multiplicity | 定义<br>Definition |
|---|---|---|---|---|
| WarehousingInboundInstruction<br>仓储入库指令 | | | | |
| Association<br>关联 | logisticServicesSeller<br>物流服务卖方 | TransactionalParty<br>交易参与方 | 1 | 提供物流服务的参与方 |
| Association<br>关联 | logisticServicesBuyer<br>物流服务买方 | TransactionalParty<br>交易参与方 | 1 | 获得物流服务的参与方 |
| Association<br>关联 | warehousingInboundInstructionIdentification<br>仓储入库指令标识 | EntityIdentification<br>实体标识 | 1 | 入库指令文件标识 |
| Generalization<br>泛化 | | Document<br>文件 | | 用于详细说明版本号、创建日期时间的文件内容 |
| Association<br>关联 | | WarehousingInboundInstructionShipment<br>仓储入库指令装运 | 1..* | 关于物流服务卖方须收货物的信息 |

## 5.2 仓储入库指令—装运类

### 5.2.1 类图

仓储入库指令—装运(WarehousingInboundInstructionShipment)类图见图4。

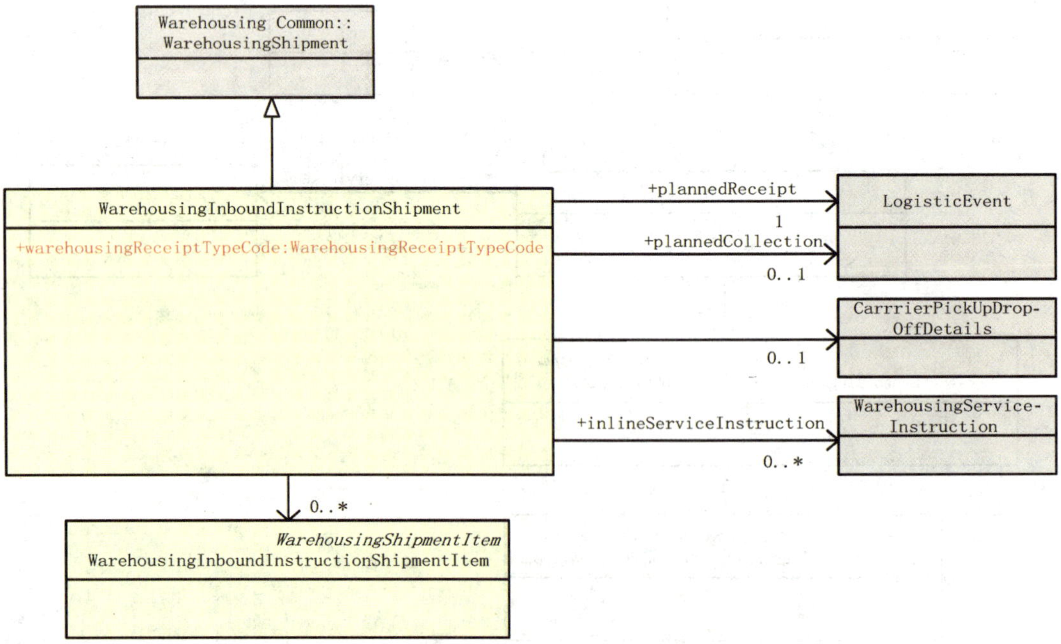


**图4 仓储入库指令—装运类图**

### 5.2.2 信息描述

仓储入库指令—装运(WarehousingInboundInstructionShipment)类图信息描述见表4。

**表4 仓储入库指令—装运类信息描述**

| 内容<br>Content | 属性/角色<br>Attribute/Role | 数据类型/副类<br>Datatype/Secondary class | 多重性<br>Multiplicity | 定义<br>Definition |
|---|---|---|---|---|
| WarehousingInboundInstructionShipment<br>仓储入库指令—装运 | | | | 装运项目是一个可识别的集合体,它由一个或多个可供使用的贸易项目组成,由发货方(最初的寄件方)向接收方(最终的收件方)集中运输 |
| Association<br>关联 | | WarehousingInboundInstructionShipmentItem<br>仓储入库指令装运项 | 0..* | 运输货物的详细信息 |
| Association<br>关联 | inlineServiceInstruction<br>内联服务指令 | WarehousingServiceInstruction<br>仓储入库服务指令 | 0..* | 物流服务卖方执行入库的详细过程 |
| Association<br>关联 | | CarrierPickUpDropOffDetails<br>承运人提货卸货细节 | 0..1 | 即将运送货物的承运人详细信息 |
| Association<br>关联 | PlannedCollection<br>货运方式 | LogisticEvent<br>物流活动 | 0..1 | 被发送货物来自铁路码头、海上港口、机场或内河集装箱码头的日期和时间的详细信息。该元素不用于供应商的提货情况 |
| Association<br>关联 | plannedReceipt<br>收货方式 | LogisticEvent<br>物流活动 | 1 | 计划交付货物的日期和时间 |
| Generalization<br>泛化 | | WarehousingShipment<br>仓储货物 | | |
| Attribute<br>属性 | warehousingReceiptTypeCode<br>仓储收货类型代码 | WarehousingReceiptTypeCode<br>仓储收货类型代码 | 1..1 | 用于指定收货类型的代码,以通知收货方如何处理所接收货物 |

## 5.3 仓储入库指令—装运项目类

### 5.3.1 类图

仓储入库指令—装运项目(WarehousingInboundInstructionShipmentItem)类图见图5。

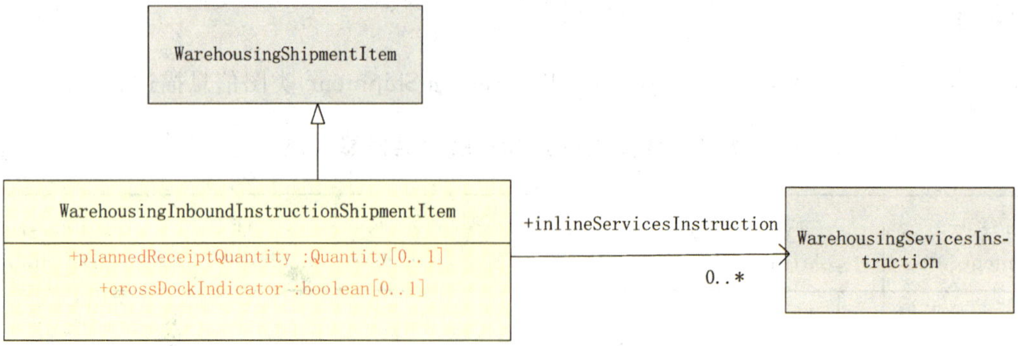


**图 5 仓储入库指令—装运项目类图**

### 5.3.2 信息描述

仓储入库指令—装运项目(WarehousingInboundInstructionShipmentItem)类信息描述见表 5。

**表 5 入库指令—装运项目类信息描述**

| 内容<br>Content | 属性/角色<br>Attribute/Role | 数据类型/副类<br>Datatype/Secondary class | 多重性<br>Multiplicity | 定义<br>Definition |
|---|---|---|---|---|
| WarehousingInboundInstructionShipmentItem<br>仓储入库指令装运项 | | | | 装运项是指一次装运中可以被唯一标识的贸易项目和相关物流单元的集合 |
| Association<br>关联 | inlineServiceInstruction<br>内联服务指令 | WarehousingServiceInstruction<br>仓储入库服务指令 | 0..* | 物流服务卖方在执行入库过程中的详细过程 |
| Generalization<br>泛化 | | WarehousingShipmentItem<br>仓储入库装运项目 | | |
| Attribute<br>属性 | plannedReceiptQuantity<br>预计收货数量 | Quantity<br>正整型 | 0..1 | 预计收货数量 |
| Attribute<br>属性 | crossDockIndicator<br>直接转运指示 | boolean<br>布尔型 | 0..1 | 表明是把收到货物直接入库还是直接转运 |

## 5.4 仓储入库通知类

### 5.4.1 类图

仓储入库通知(WarehousingInboundNotification)类图见图 6。

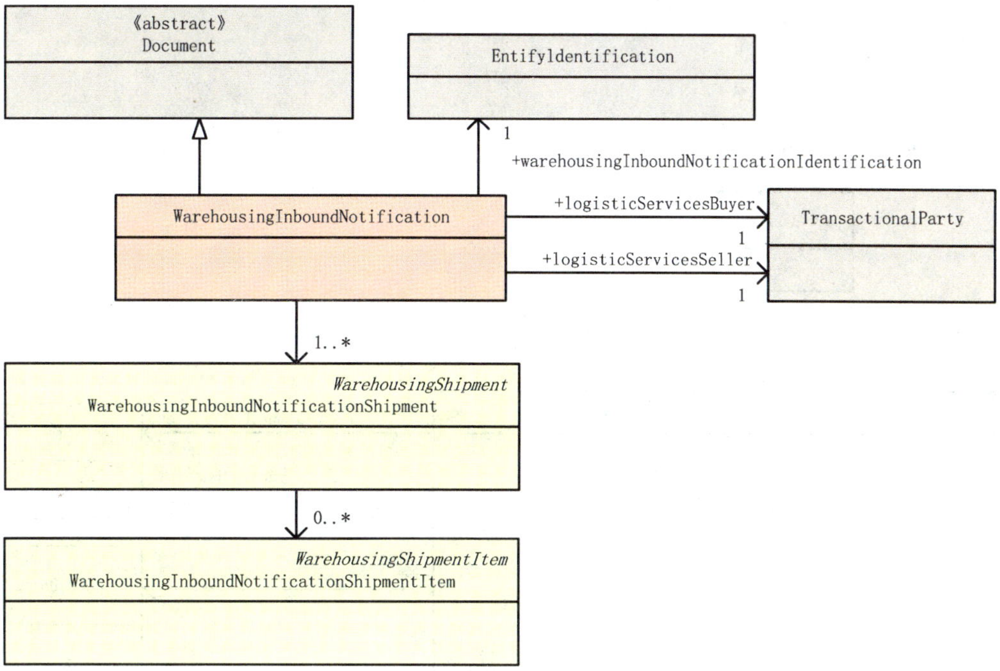


图 6　仓储入库通知类图

### 5.4.2　信息描述

仓储入库通知(WarehousingInboundNotification)类信息描述见表 6。

表 6　仓储入库通知类信息描述

| 内容<br>Content | 属性/角色<br>Attribute/Role | 数据类型/副类<br>Datatype/Secondary class | 多重性<br>Multiplicity | 定义<br>Definition |
|---|---|---|---|---|
| WarehousingInboundNotification<br>仓储入库通知 | | | | |
| Association<br>关联 | | WarehousingInboundNotificationShipment<br>仓储入库通知货物 | 1..* | 已收到或预收到货物的状态信息 |
| Association<br>关联 | logisticServicesSeller<br>物流服务卖方 | TransactionalParty<br>交易参与方 | 1 | 提供物流服务的一方 |
| Association<br>关联 | logisticServicesBuyer<br>物流服务买方 | TransactionalParty<br>交易参与方 | 1 | 购买物流服务的一方 |
| Association<br>关联 | warehousingInboundNotificationIdentification<br>仓储入库通知标识 | EntityIdentification<br>实体标识 | 1 | 仓储入库通知文件的标识 |
| Generalization<br>泛化 | | Document<br>文件 | | 用于详细说明版本号、创建日期时间[a]的文件内容 |

[a] 日期和时间格式见 GB/T 7408。

## 5.5 仓储入库通知—装运类

### 5.5.1 类图

仓储入库通知—装运(WarehousingInboundNotificationShipment)类图见图7。

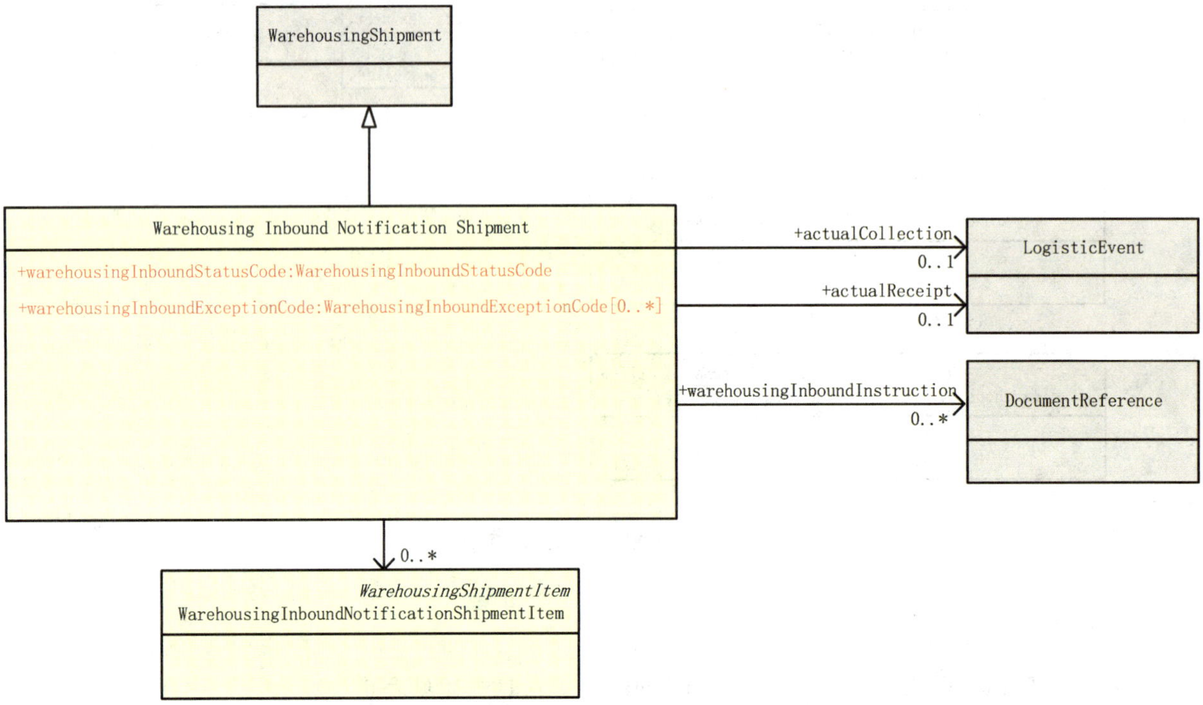


图7 仓储入库通知—装运类图

### 5.5.2 信息描述

仓储入库通知—装运(WarehousingInboundNotificationShipment)类信息描述见表7。

表7 仓储入库通知—装运类信息描述

| 内容<br>Content | 属性/角色<br>Attribute/Role | 数据类型/副类<br>Datatype/Secondary class | 多重性<br>Multiplicity | 定义<br>Definition |
|---|---|---|---|---|
| WarehousingInboundNotificationShipmentItem<br>仓储入库通知装运项目 | | | | |
| Association<br>关联 | actualCollection<br>实际集货 | LogisticEvent<br>物流活动 | 0..1 | 被发送货物来自铁路码头、海上港口、机场或内河集装箱码头的日期和时间的详细信息 |
| Association<br>关联 | | WarehousingInboundNotificationShipmentItem<br>仓储入库通知装运项目 | 0..* | 装运包含货物项的详细内容 |

**表 7（续）**

| 内容<br>Content | 属性/角色<br>Attribute/Role | 数据类型/副类<br>Datatype/Secondary class | 多重性<br>Multiplicity | 定义<br>Definition |
|---|---|---|---|---|
| Association<br>关联 | actualReceipt<br>实际收货日期 | LogisticEvent<br>物流活动 | 0..1 | 仓库实际收货的日期时间[a] |
| Association<br>关联 | warehousingInboundInstruction<br>仓储入库指令 | DocumentReference<br>参考文件 | 0..1 | 入库指令中相关的参考项目 |
| Generalization<br>泛化 | | WarehousingShipment<br>仓储装运 | | |
| Attribute<br>属性 | warehousingInboundStatusCode<br>仓储入库状态代码 | WarehousingInboundStatusCode<br>仓储入库状态代码 | 1..1 | 说明入库货物状态信息的代码 |
| Attribute<br>属性 | warehousingInboundExceptionCode<br>仓储入库异常代码 | WarehousingInboundException Code<br>仓储入库异常代码 | 0..* | 说明货物入库时发生异常状态的代码 |
| [a] 日期和时间格式见 GB/T 7408。 | | | | |

## 5.6 仓储入库通知—装运项目类

### 5.6.1 类图

仓储入库通知—装运项目(WarehousingInboundNotificationShipmentItem)类图见图 8。

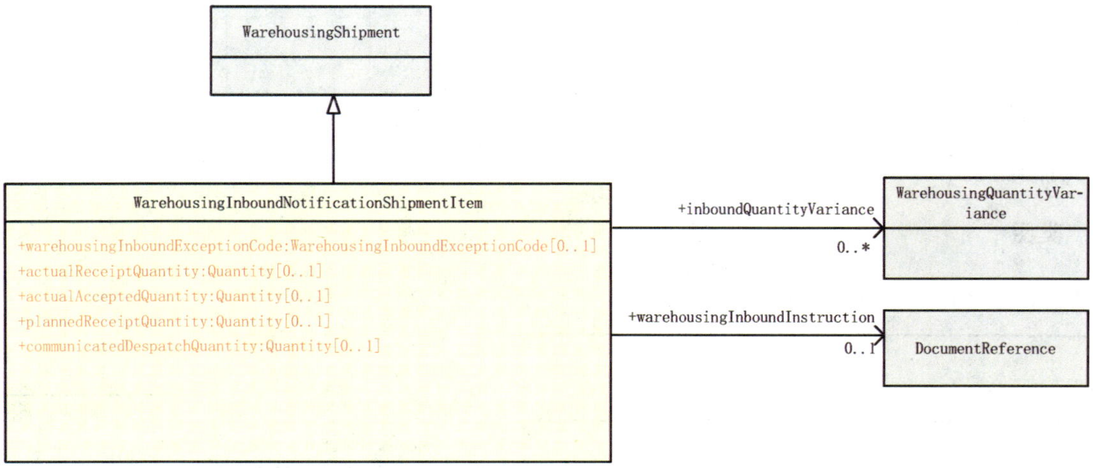


**图 8　仓储入库通知—装运项目类图**

### 5.6.2 信息描述

仓储入库通知—装运项目(WarehousingInboundNotificationShipmentItem)类信息描述见表 8。

表 8　仓储入库通知—装运项类信息描述

| 内容<br>Content | 属性/角色<br>Attribute/Role | 数据类型/副类<br>Datatype/Secondary class | 多重性<br>Multiplicity | 定义<br>Definition |
|---|---|---|---|---|
| WarehousingInboundInstructionShipmentItem<br>仓储入库指令装运项目 | | | | 装运项是指一次装运中可以被唯一标识的贸易项目和相关物流单元的集合 |
| Association<br>关联 | warehousingInboundInstruction<br>仓储入库指令 | DocumentReference<br>参考文件 | 0..1 | 与入库指令相关的参考项 |
| Association<br>关联 | inboundQuantityVariance<br>入库数量偏差 | WarehousingQuantityVariance<br>仓储数量偏差 | 0..* | 在仓储过程中发生数量减少或偏差及其原因 |
| Generalization<br>泛化 | | WarehousingShipmentItem<br>仓储装运项目 | | |
| Attribute<br>属性 | warehousingInboundExceptionCode<br>仓储入库异常代码 | WarehousingInboundExceptionCode<br>仓储入库异常代码 | 0..* | 货物入库时发生异常的代码 |
| Attribute<br>属性 | actualReceiptQuantity<br>实际收到数量 | Quantity<br>正整型 | 0..1 | 实际收到的货物的数量 |
| Attribute<br>属性 | plannedReceiptQuantity<br>计划收到数量 | Quantity<br>正整型 | 0..1 | 入库指令所要求的应收货物数量 |
| Attribute<br>属性 | communicatedDespatchQuantity<br>约定发送数量 | Quantity<br>正整型 | 0..1 | 发货人约定的发货数量 |

## 5.7　文件类

### 5.7.1　类图

文件(Document)类图见图 9。

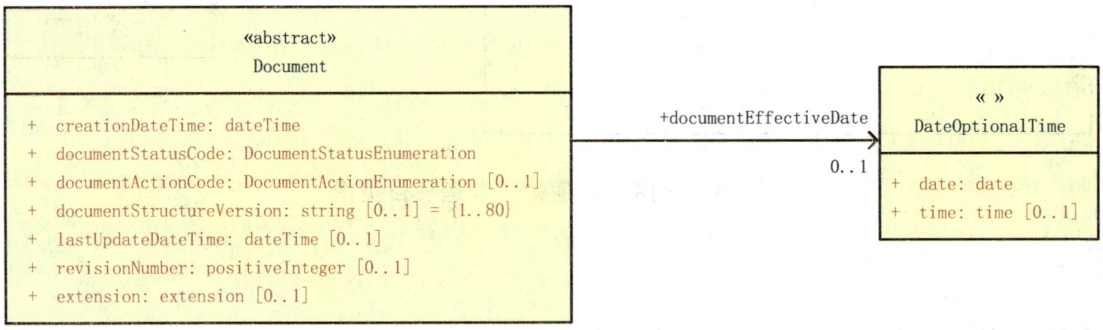


图 9　文件类图

### 5.7.2 信息描述

文件(Document)类信息描述见表 9。

**表 9 文件类信息描述**

| 内容<br>Content | 属性/角色<br>Attribute/Role | 数据类型/副类<br>Datatype/Secondary class | 多重性<br>Multiplicity | 定义<br>Definition |
|---|---|---|---|---|
| Document<br>文件 | | | | 用于说明报文内容的基本信息,包括版本号,创建日期和时间 |
| Attribute<br>属性 | creationDateTime<br>创建日期 | dateTime<br>日期时间型 | 1..1 | 文件创建的日期及时间 |
| Attribute<br>属性 | DocumentStatusCode<br>文件状态代码 | DocumentStatusEnumeration<br>文件状态枚举 | 1..1 | 指示该文件是否为副本或原件 |
| Attribute<br>属性 | DocumentActionCode<br>文件操作代码 | DocumentActionEnumeration<br>文件操作代码 | 0..1 | 使用文档中的信息要在收件人的系统中执行操作的代码 |
| Attribute<br>属性 | documentStructureVersion<br>文件结构版本 | string<br>字符串型 | 0..1 | 说明文件结构建立所依据标准规范,例如 BMS3.0 |
| Attribute<br>属性 | lastUpdateDateTime<br>最近更新时间 | dateTime<br>日期时间型 | 0..1 | 文件最近更新的日期和时间[a] |
| Attribute<br>属性 | RevisionNumber<br>修订编号 | Positive Integer<br>正整型 | 0..1 | 用于标识及引用商业文件更新次数的编号 |
| Association<br>关联 | DocumentEffective Date<br>文件有效日期 | DateOptionalTime<br>可选时间日期 | 0..1 | 从商业及法律角度上文件的生效日期 |
| Extension<br>扩展 | | Extension<br>扩展 | 0..1 | 其他扩展的附加信息 |
| [a] 日期和时间格式见 GB/T 7408。 | | | | |

## 5.8 实体标识类

### 5.8.1 类图

实体标识(EntityIdentification)类图见图 10。

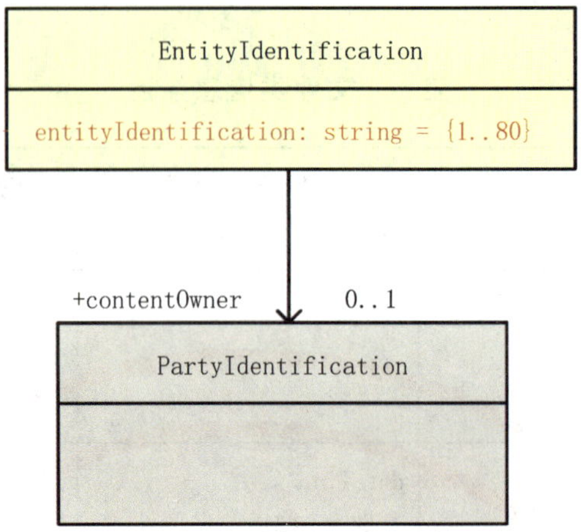


图 10 实体标识类图

### 5.8.2 信息描述

实体标识(EntityIdentification)类信息描述见表 10。

表 10 实体标识类信息描述

| 内容 Content | 属性/角色 Attribute/Role | 数据类型/副类 Datatype/Secondary class | 多重性 Multiplicity | 定义 Definition |
|---|---|---|---|---|
| EntityIdentification 实体标识 | | | | 标识一条信息，比如目标或文件 |
| Association 关联 | contentOwner 内容主体 | PartyIdentification 参与方标识 | 0..1 | 信息创建者的唯一标识 |
| Attribute 属性 | entityIdentification 实体标识 | String 字符串型 | 1..1 | 信息的唯一标识符，比如目标标识或文件标识 |

## 5.9 交易参与方类

### 5.9.1 类图

交易参与方(TransactionalParty)类图见图 11。

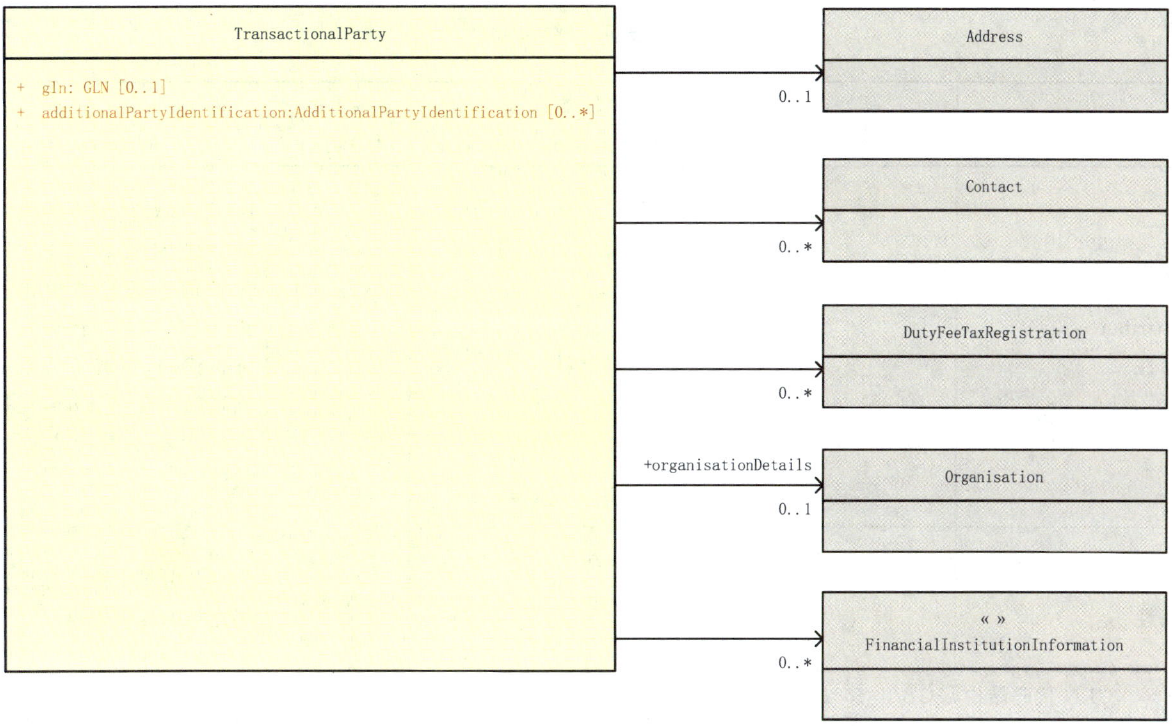


**图 11　交易参与方类图**

### 5.9.2　信息描述

交易参与方(TransactionalParty)类信息描述见表 11。

**表 11　交易参与方类信息描述**

| 内容<br>Content | 属性/角色<br>Attribute/Role | 数据类型/副类<br>Datatype/Secondary class | 多重性<br>Multiplicity | 定义<br>Definition |
|---|---|---|---|---|
| TransactionalParty<br>交易参与方 | | | | 商业交易参与方的标识或附加信息，如“订单”或“发票” |
| Association<br>关联 | | Address<br>地址 | 0..1 | 商业交易参与方的地址 |
| Association<br>关联 | | Contact<br>联系 | 0..* | 商业交易参与方的联系信息 |
| Association<br>关联 | OrganisationDetails<br>组织详细信息 | Organisation<br>组织 | 0..1 | 商业交易参与方的组织信息 |
| Association<br>关联 | | Duty Fee Tax Registration<br>税费登记 | 0..* | 商业交易参与方税费登记信息 |
| Association<br>关联 | | Financial Institution Information<br>金融机构信息 | 0..* | 参与方持有账户的金融机构信息 |

表 11（续）

| 内容<br>Content | 属性/角色<br>Attribute/Role | 数据类型/副类<br>Datatype/Secondary class | 多重性<br>Multiplicity | 定义<br>Definition |
|---|---|---|---|---|
| Attribute<br>属性 | | GLN<br>全球位置编码 | 0..1 | GLN[a] 可对任何企业内部的物理、法律和功能实体位置信息进行结构化标识，GLN 是基本的参与方标识代码，在贸易关系中确定的所有参与方都应拥有一个基本参与方标识代码 |
| Attribute<br>属性 | | Additional PartyIdentification<br>其他参与方标识 | 0..* | 为参与方提供除全球位置码之外的标识代码 |
| [a] GLN 代码结构见 GB/T 16828。 | | | | |

## 5.10 物流活动类

### 5.10.1 类图

物流活动(LogisticEvent)类图见图 12。

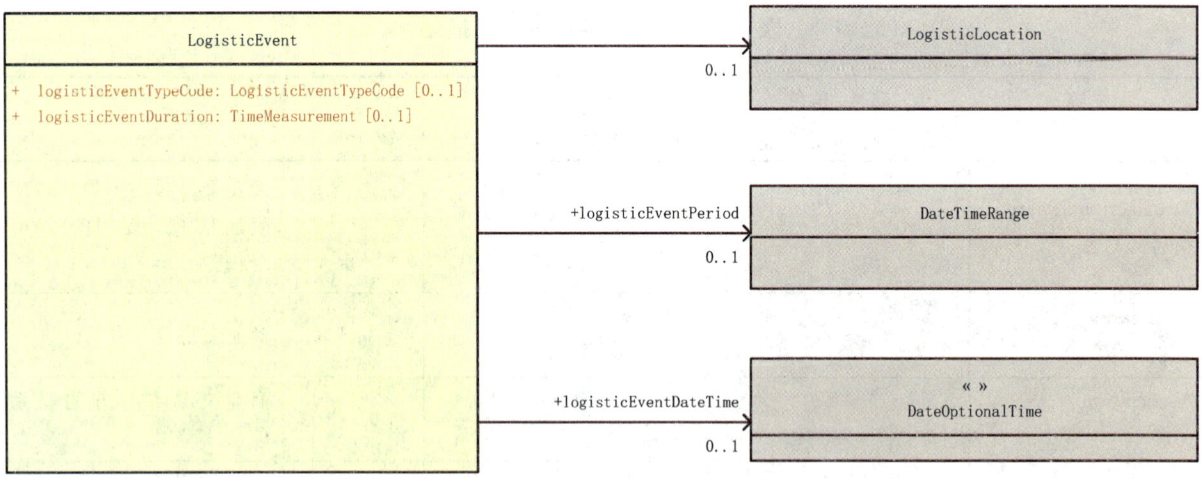


图 12 物流活动类图

### 5.10.2 信息描述

物流活动(LogisticEvent)类信息描述见表 12。

**表 12 物流活动类信息描述**

| 内容<br>Content | 属性/角色<br>Attribute/Role | 数据类型/副类<br>Datatype/Secondary class | 多重性<br>Multiplicity | 定义<br>Definition |
|---|---|---|---|---|
| LogisticEvent<br>物流活动 | | | | 在特定的时间和地点，计划好或已经发生的商品位置移动 |
| Association<br>关联 | LogisticEventDateTime<br>物流活动时间 | DateOptionalTime<br>可选时间日期 | 0..1 | 物流活动发生的日期和时间[a] |
| Association<br>关联 | | LogisticLocation<br>物流位置 | 0..1 | 物流活动发生的地点 |
| Association<br>关联 | LogisticEvent Period<br>物流活动期 | DateTimeRange<br>时期 | 0..1 | 物流行为活动发生的时长 |
| Attribute<br>属性 | LogisticEventTypeCode<br>物流活动类型代码 | LogisticEventTypeCode<br>物流活动类型代码 | 0..1 | 说明物流事件类型的代码，例如：通关 |
| Attribute<br>属性 | LogisticEventDuration<br>物流活动持续时间 | TimeMeasurement<br>时间度量 | 0..1 | 指定物流活动时间的测量值 |

[a] 日期和时间格式见 GB/T 7408。

## 5.11 承运人提货卸货细节类

### 5.11.1 类图

承运人提货卸货细节(CarrierPickupDropoffDetails)类图见图 13。

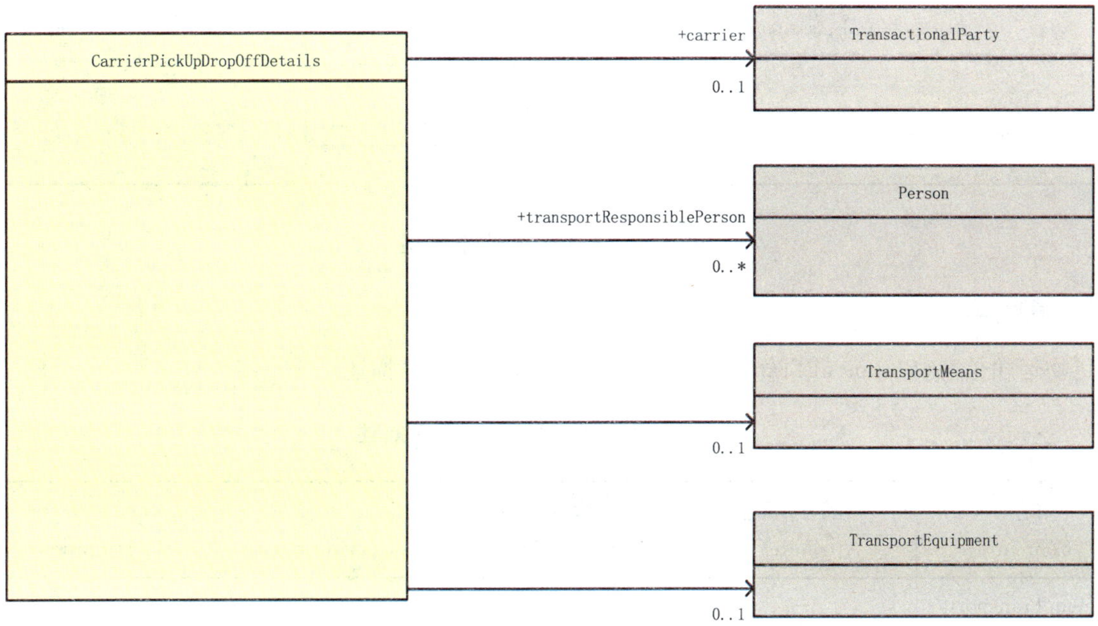


**图 13 承运人提货卸货细节类图**

### 5.11.2 信息描述

承运人提货卸货细节(CarrierPickupDropoffDetails)类信息描述见表13。

**表13 承运人提货卸货细节类信息描述**

| 内容<br>Content | 属性/角色<br>Attribute/Role | 数据类型/副类<br>Datatype/Secondary class | 多重性<br>Multiplicity | 定义<br>Definition |
|---|---|---|---|---|
| CarrierPickUp-DropOffDetails<br>承运人提货卸货细节 | | | | |
| Association<br>关联 | | TransportMeans<br>运输方式 | 0..1 | 运输方式的详细信息 |
| Association<br>关联 | transportResponsi-blePerson<br>运输负责人 | Person<br>个人 | 0… * | 执行货物提货卸货负责人,例如司机 |
| Association<br>关联 | carrier<br>承运人 | TransactionalParty<br>交易参与方 | 0..1 | 揽货、运输和交付货物的一方 |
| Association<br>关联 | | TransportEquipment<br>运输设备 | 0… * | 用于运输的运输设备详细信息 |

## 5.12 货物运输信息类

### 5.12.1 类图

货物运输信息(ShipmentTransportationInformation)类图见图14。

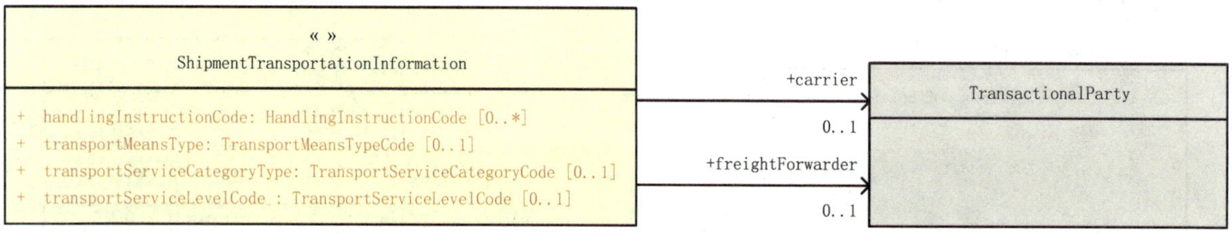


**图14 货物运输信息类图**

### 5.12.2 信息描述

货物运输信息(ShipmentTransportationInformation)类信息描述见表14。

**表14 货物运输信息类信息描述**

| 内容<br>Content | 属性/角色<br>Attribute/Role | 数据类型/副类<br>Datatype/Secondary class | 多重性<br>Multiplicity | 定义<br>Definition |
|---|---|---|---|---|
| ShipmentTransporta-tionInformation<br>货物运输信息 | | | | 关于货物运送的详细信息 |

**表 14（续）**

| 内容<br>Content | 属性/角色<br>Attribute/Role | 数据类型/副类<br>Datatype/Secondary class | 多重性<br>Multiplicity | 定义<br>Definition |
|---|---|---|---|---|
| Association<br>关联 | Carrier<br>承运方 | TransactionalParty<br>交易参与方 | 0..1 | 提供货物运输服务的一方 |
| Association<br>关联 | freightForwarder<br>货运代理商 | TransactionalParty<br>交易参与方 | 0..1 | 安排货物车辆的一方，包括代表发货人（寄件人）或收货人的相关的服务和/或手续 |
| Attribute<br>属性 | handlingInstructionCode<br>处理指令代码 | HandlingInstructionCode<br>处理指令代码 | 0.. * | 识别某批货物处理指令的代码，比如以一定方式运送来的具体的包装或容器应该在哪里或如何被卸载。处理指令包含运费/分拣和/或交付指示/温度/湿度指示 |
| Attribute<br>属性 | transportMeansType<br>运输方式类型 | TransportMeansType-Code<br>运输方式类型代码 | 0..1 | 识别运送方式的代码：用来运送货物的汽车、飞机、轮船或其他设备的类型。运送方式是具有移动力的方式 |
| Attribute<br>属性 | transportServiceCate-goryType<br>运输服务类型 | TransportServiceCatego-ryCode<br>运输服务类型代码 | 0..1 | 规定某种运送服务类型的代码 |
| Attribute<br>属性 | transportServiceLevel-Code<br>运输服务等级代码 | TransportServiceLevel-Code<br>运输服务等级代码 | 0..1 | 规定运送货物所需的服务等级的代码 |

## 5.13 贸易项目标识类

### 5.13.1 类图

贸易项目标识（TradeItemIdentification）类图见图 15。

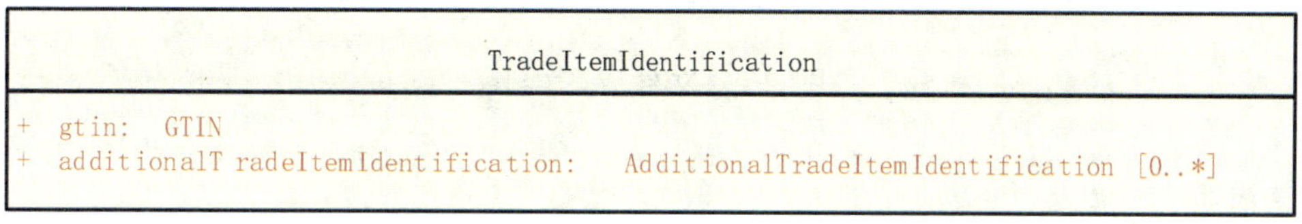


**图 15 贸易项目标识类图**

### 5.13.2 信息描述

贸易项目标识(TradeItemIdentification)类信息描述见表 15。

**表 15 贸易项目标识类信息描述**

| 内容 Content | 属性/角色 Attribute/Role | 数据类型/副类 Datatype/Secondary class | 多重性 Multiplicity | 定义 Definition |
|---|---|---|---|---|
| TradeItemIdentification 贸易项目标识 | | | | 提供 GTIN[a] 作为贸易项目的唯一标识符和非 GTIN 格式的标识符作为贸易项目可选的附加标识符 |
| Attribute 属性 | GTIN 全球贸易项目代码 | GTIN 全球贸易项目代码 | 1..1 | 全球贸易项目代码(GTIN[a]),是用于对贸易项目标识的 GS1 系统关键标识符 |
| Attribute 属性 | additionalTradeItemIdentification 附加贸易项目标识 | AdditionalTradeItemIdentification 附加贸易项目标识 | 0..* | 全球贸易项目代码以外,用以标识贸易项目的可选标识符 |

[a] GTIN 代码结构见 GB 12904。

## 5.14 文件参考类

### 5.14.1 类图

文件参考(DocumentReference)类图见图 16。

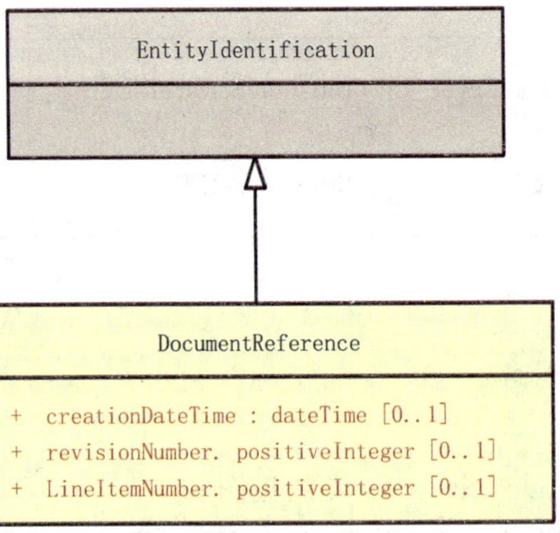


**图 16 文件参考类图**

### 5.14.2 信息描述

文件参考(DocumentReference)类信息描述见表 16。

**表 16　文件参考类信息描述**

| 内容<br>Content | 属性/角色<br>Attribute/Role | 数据类型/副类<br>Datatype/Secondary class | 多重性<br>Multiplicity | 定义<br>Definition |
|---|---|---|---|---|
| DocumentReference<br>文件参考 | | | | 标识文件或参考文件中某行的信息 |
| Generalization<br>泛化 | | EntityIdentification<br>实体标识 | | 参考商业文件的标识 |
| Attribute<br>属性 | creationDateTime<br>创建日期时间 | dateTime<br>日期时间型 | 0..1 | 创建参考文件的日期和时间[a] |
| Attribute<br>属性 | revisionNumber<br>修订编号 | positiveInteger<br>正整型 | 0..1 | 用来标识交易文件之后的更新情况并提供参考的编号 |
| Attribute<br>属性 | lineItemNumber<br>行项目编号 | positiveInteger<br>正整型 | 0..1 | 参考文件中某行的编号 |
| [a] 日期和时间格式见 GB/T 7408。 | | | | |

## 5.15　可选日期时间类

### 5.15.1　类图

可选时间日期(DateOptionalTime)类图见图 17。

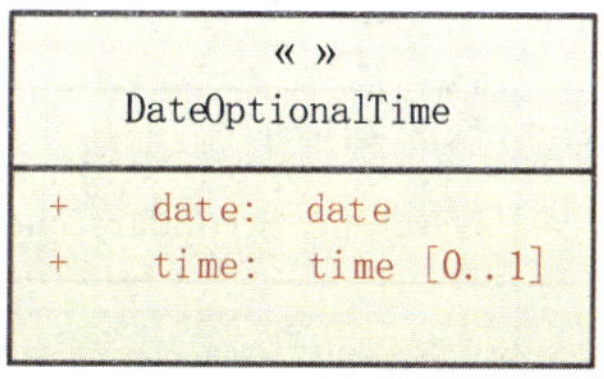


**图 17　可选日期时间类图**

### 5.15.2　信息描述

可选时间日期(DateOptionalTime)类信息描述见表 17。

**表 17　可选日期时间类信息描述**

| 内容<br>Content | 属性/角色<br>Attribute/Role | 数据类型/副类<br>Datatype/Secondary class | 多重性<br>Multiplicity | 定义<br>Definition |
|---|---|---|---|---|
| DateOptionalTime<br>可选时间日期 | | | | 提供一个可选时间的日期 |
| Attribute<br>属性 | Date<br>日期 | Date<br>日期型 | 1..1 | 某天的日期[a]表述 |

表 17（续）

| 内容<br>Content | 属性/角色<br>Attribute/Role | 数据类型/副类<br>Datatype/Secondary class | 多重性<br>Multiplicity | 定义<br>Definition |
|---|---|---|---|---|
| Attribute<br>属性 | Time<br>时间 | Time<br>时间型 | 0..1 | 一天中某个点的时间[a]表述 |
| [a] 日期和时间格式见 GB/T 7408。 | | | | |

## 5.16 参与方标识类

### 5.16.1 类图

参与方标识(PartyIdentification)类图见图 18。

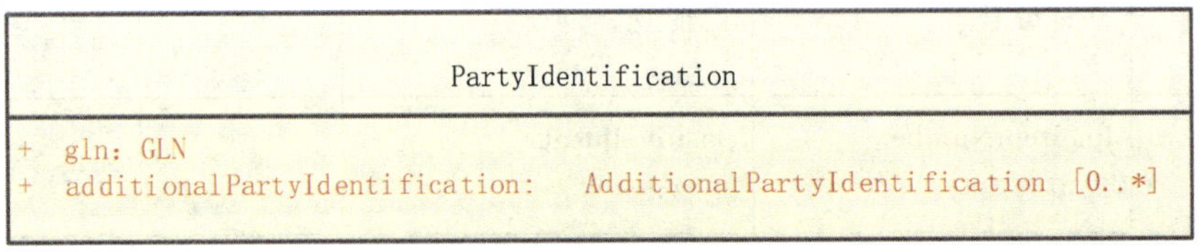


图 18 参与方标识类图

### 5.16.2 信息描述

参与方标识(PartyIdentification)类信息描述见表 18。

表 18 参与方标识类信息描述

| 内容<br>Content | 属性/角色<br>Attribute/Role | 数据类型/副类<br>Datatype/Secondary class | 多重性<br>Multiplicity | 定义<br>Definition |
|---|---|---|---|---|
| PartyIdentification<br>参与方标识 | | | | 用于标识某个参与方或位置的信息 |
| Attribute<br>属性 | GLN<br>全球位置码 | GLN<br>全球位置码 | 1..1 | 全球位置码(GLN[a])，是用于标识参与方或位置的GS1关键标识代码 |
| Attribute<br>属性 | additionalPartyIdentification<br>附加参与方标识 | AdditionalPartyIdentification<br>附加参与方标识 | 0..* | 除全球位置码之外的参与方或位置的标识 |
| [a] GLN 代码结构见 GB/T 16828。 | | | | |

## 5.17 地址类

### 5.17.1 类图

地址(Address)类图见图 19。

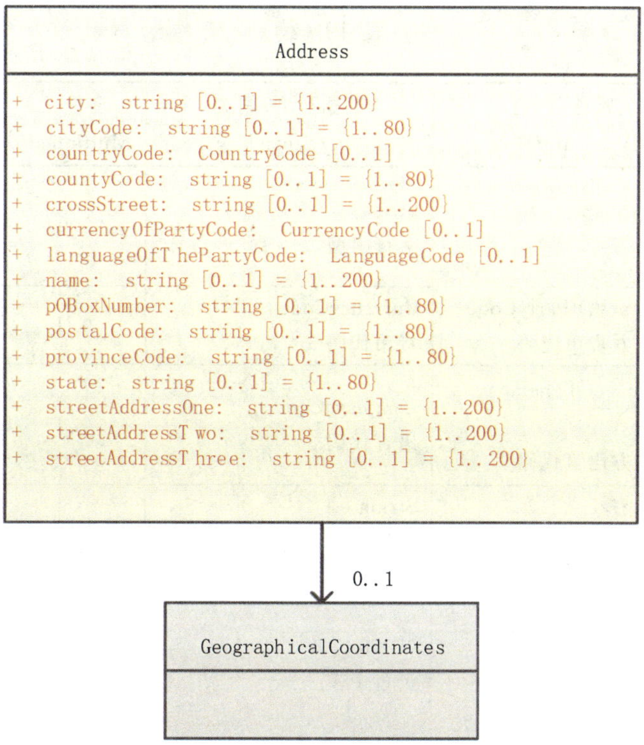


图 19 地址类图

### 5.17.2 信息描述

地址(Address)类信息描述见表 19。

表 19 地址类信息描述

| 内容<br>Content | 属性/角色<br>Attribute/Role | 数据类型/副类<br>Datatype/Secondary class | 多重性<br>Multiplicity | 定义<br>Definition |
|---|---|---|---|---|
| Address<br>地址 | | | | 某个特定人物或组织所处的位置 |
| Association<br>关联 | | GeographicalCoordinates<br>地理坐标 | 0..1 | 地址的地理坐标 |
| Attribute<br>属性 | City<br>城市 | String<br>字符串型 | 0..1 | 表示城市名称的文本 |
| Attribute<br>属性 | cityCode<br>城市代码 | String<br>字符串型 | 0..1 | 用缩写代码而不是用完整名称表示的某个城市的标识符 |
| Attribute<br>属性 | countryCode<br>国家代码 | CountryCode<br>国家代码 | 0..1 | 标识某一地址所属国家的代码[a] |
| Attribute<br>属性 | countyCode<br>县郡代码 | String<br>字符串型 | 0..1 | 标识一个县(郡)的代码[a]。县(郡)是一些国家内的领土区域划分,它构成了地方行政管理的主要单位 |

表 19（续）

| 内容<br>Content | 属性/角色<br>Attribute/Role | 数据类型/副类<br>Datatype/Secondary class | 多重性<br>Multiplicity | 定义<br>Definition |
|---|---|---|---|---|
| Attribute<br>属性 | crossStreet<br>十字街 | String<br>字符串型 | 0..1 | 与城市主干道相交（通常成直角）并同时往其两侧延伸的街道 |
| Attribute<br>属性 | currencyOfPartyCode<br>参与方货币代码 | CurrencyCode<br>货币代码 | 0..1 | 某个地址参与方的货币代码[b] |
| Attribute<br>属性 | languageOfTheParty-Code<br>参与方语言代码 | LanguageCode<br>语言代码 | 0..1 | 某个地址参与方的语言代码[c] |
| Attribute<br>属性 | Name<br>名称 | String<br>字符串型 | 0..1 | 以文本表示的参与方名称 |
| Attribute<br>属性 | POBoxNumber<br>邮箱编号 | String<br>字符串型 | 0..1 | 标识某个邮政信箱的数字编号。邮政信箱是一种设置在邮局或其他邮政服务场所内、用于为指定机构保存邮件的箱子 |
| Attribute<br>属性 | postalCode<br>邮政编码 | String<br>字符串型 | 0..1 | 表示某一地址邮政编码的文本 |
| Attribute<br>属性 | provinceCode<br>省代码 | String<br>字符串型 | 0..1 | 表示某一省份的缩写文本 |
| Attribute<br>属性 | State<br>州 | String<br>字符串型 | 0..1 | 一种联邦制国家的构成单位 |
| Attribute<br>属性 | streetAddressOne<br>街道地址一 | String<br>字符串型 | 0..1 | 地址的首行部分（自由格式），如街道名称、街道编号或建筑物名称等，书面上出现在名称下方的首行位置 |
| Attribute<br>属性 | streetAddressTwo<br>街道地址二 | String<br>字符串型 | 0..1 | 地址的第二行部分（自由格式），如楼层号、建筑名称和房号等，书面上出现在名称下方的第二行位置，是对地址首行部分的补充，以便于确定参与方的位置 |
| Attribute<br>属性 | streetAddressThree<br>街道地址三 | String<br>字符串型 | 0..1 | 地址的第三行部分（自由格式），书面上出现在名称下方的第三行位置，在必要时用于对地址首行、第二行部分的补充 |

[a] 国家和地区名称代码见 GB/T 2659。
[b] 货币代码见 GB/T 12406。
[c] 语言代码见 GB/T 4880.1、GB/T 4880.2。

## 5.18 联系人类

### 5.18.1 类图

联系人(Contact)类图见图20。

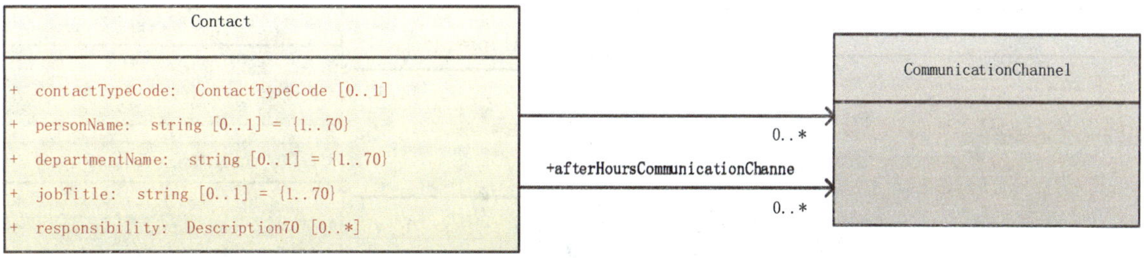


图20 联系人类图

### 5.18.2 信息描述

联系人(Contact)类信息描述见表20。

表20 联系人类信息描述

| 内容<br>Content | 属性/角色<br>Attribute/Role | 数据类型/副类<br>Datatype/Secondary class | 多重性<br>Multiplicity | 定义<br>Definition |
|---|---|---|---|---|
| Contact<br>联系人 | | | | 为组织充当联络节点的个人或部门的信息 |
| Association<br>关联 | | CommunicationChannel<br>通讯渠道 | 0..* | 与联系人通讯的渠道或途径,如电话、电子邮件等 |
| Association<br>关联 | afterHoursCommunica-tionChannel<br>非工作时间通讯渠道 | CommunicationChannel<br>通讯渠道 | 0..* | 在非工作时间与联系人通讯的渠道或途径 |
| Attribute<br>属性 | contactTypeCode<br>联系人类型代码 | ContactTypeCode<br>联系人类型代码 | 0..1 | 确定联系人作用的代码,如"Dangerous Goods 24 Hour Contact"(危险物品,保持24小时联系) |
| Attribute<br>属性 | personName<br>人名 | String<br>字符串型 | 0..1 | 可提供补充信息的联系人名称 |
| Attribute<br>属性 | departmentName<br>部门名称 | String<br>字符串型 | 0..1 | 可提供补充信息的联系部门名称 |
| Attribute<br>属性 | jobTitle<br>职务 | String<br>字符串型 | 0..1 | 联系人的职务 |
| Attribute<br>属性 | Responsibility<br>职责 | Description70<br>描述型(最长70字节) | 0..* | 进一步说明联系人职责范围的文本 |

## 5.19 组织类

### 5.19.1 类图

组织(Organisation)类图见图 21。

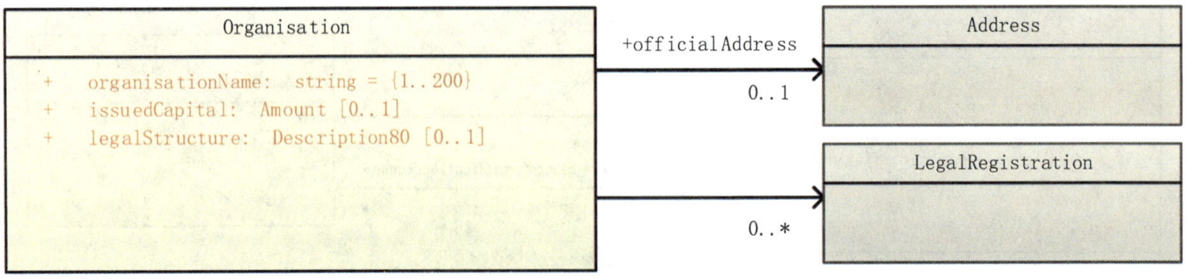


图 21 组织类图

### 5.19.2 信息描述

组织(Organisation)类信息描述见表 21。

表 21 组织类信息描述

| 内容<br>Content | 属性/角色<br>Attribute/Role | 数据类型/副类<br>Datatype/Secondary class | 多重性<br>Multiplicity | 定义<br>Definition |
|---|---|---|---|---|
| Organisation<br>组织 | | | | 为实现共同目标而组合的实体,如商业团体、政府机构或部门、慈善组织或金融机构等 |
| Association<br>关联 | officialAddress<br>官方地址 | Address<br>地址 | 0..1 | 组织官方基地所在地址 |
| Association<br>关联 | | LegalRegistration<br>依法注册 | 0..* | 组织依法登记注册的详情 |
| Attribute<br>属性 | organisationName<br>组织名称 | String<br>字符串型 | 1..1 | 组织的官方名称 |
| Attribute<br>属性 | issuedCapital<br>注册资本 | Amount<br>金额 | 0..1 | 组织的注册资本总额 |
| Attribute<br>属性 | legalStructure<br>法定结构 | Description80<br>描述型(最长 80 字节) | 0..1 | 组织的法定结构类型的描述 |

## 5.20 税费登记类

### 5.20.1 类图

税费登记(DutyFeeTaxRegistration)类图见图 22。

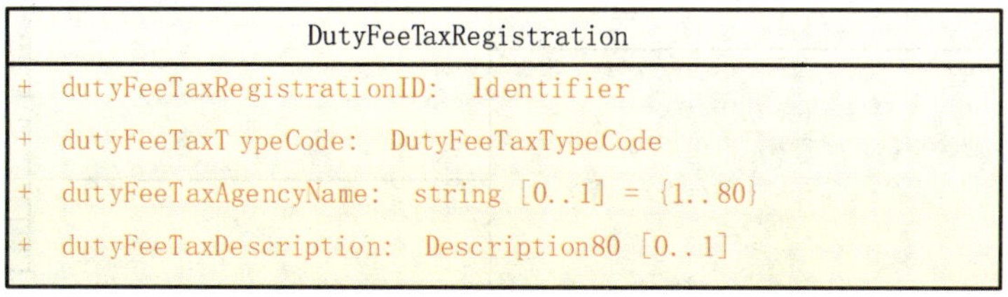


图 22 税费登记类图

### 5.20.2 信息描述

税费登记(DutyFeeTaxRegistration)类信息描述见表 22。

表 22 税费登记类信息描述

| 内容<br>Content | 属性/角色<br>Attribute/Role | 数据类型/副类<br>Datatype/Secondary class | 多重性<br>Multiplicity | 定义<br>Definition |
|---|---|---|---|---|
| DutyFeeTaxRegistration<br>税费登记 | | | | 某项特定税费的参与方税费登记详情 |
| Attribute<br>属性 | dutyFeeTaxRegistrationID<br>税费登记标识 | Identifier<br>标识符 | 1..1 | 某项特定税费的参与方标识符 |
| Attribute<br>属性 | dutyFeeTaxTypeCode<br>税费类型代码 | DutyFeeTaxTypeCode<br>税费类型代码 | 1..1 | 标识税费类型的代码 |
| Attribute<br>属性 | dutyFeeTaxAgencyName<br>税费机构名称 | String<br>字符串型 | 0..1 | 负责征收某项税费的机构名称 |
| Attribute<br>属性 | dutyFeeTaxDescription<br>税费描述 | Description80<br>描述型(最长 80 字节) | 0..1 | 税费的文本描述 |

## 5.21 金融机构信息类

### 5.21.1 类图

金融机构信息(FinancialInstitutionInformation)类图见图 23。

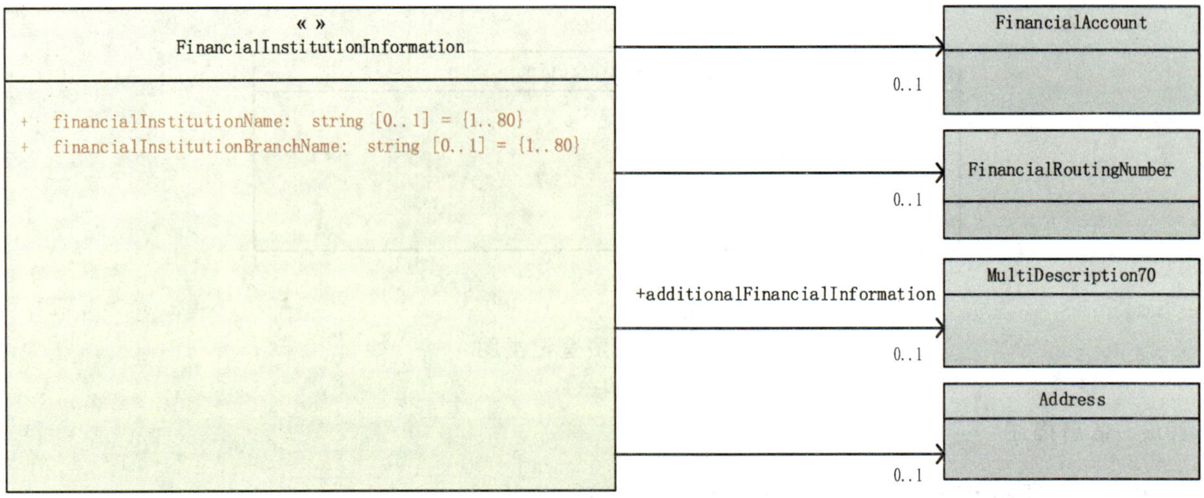


图 23 金融机构信息类图

#### 5.21.2 信息描述

金融机构信息(FinancialInstitutionInformation)类信息描述见表 23。

表 23 金融机构信息类信息描述

| 内容<br>Content | 属性/角色<br>Attribute/Role | 数据类型/副类<br>Datatype/Secondary class | 多重性<br>Multiplicity | 定义<br>Definition |
|---|---|---|---|---|
| FinancialInstitution-Information<br>金融机构信息 | | | | 金融账户及其相关金融机构的信息 |
| Association<br>关联 | additionalFinancialInformation<br>附加金融信息 | MultiDescription70<br>多重描述型(最长 70 字节) | 0..1 | 提供金融机构所有附加信息的描述 |
| Association<br>关联 | | Address<br>地址 | 0..1 | 某个金融机构的公司名称和地址 |
| Association<br>关联 | | FinancialAccount<br>金融账户 | 0..1 | 标识某个客户在某个金融机构开设的金融账户的信息 |
| Association<br>关联 | | FinancialRoutingNumber<br>金融汇款路径编码 | 0..1 | 提供金融机构的路径编码 |
| Attribute<br>关联 | financialInstitution-Name<br>金融机构名称 | String<br>字符串型 | 0..1 | 账户持有人的开户金融机构名称 |
| Attribute<br>关联 | financialInstitution-BranchName<br>金融分支机构名称 | String<br>字符串型 | 0..1 | 账户持有人开户金融分支机构或所在位置的名称 |

## 5.22 物流位置类

### 5.22.1 类图

物流位置(LogisticLocation)类图见图 24。

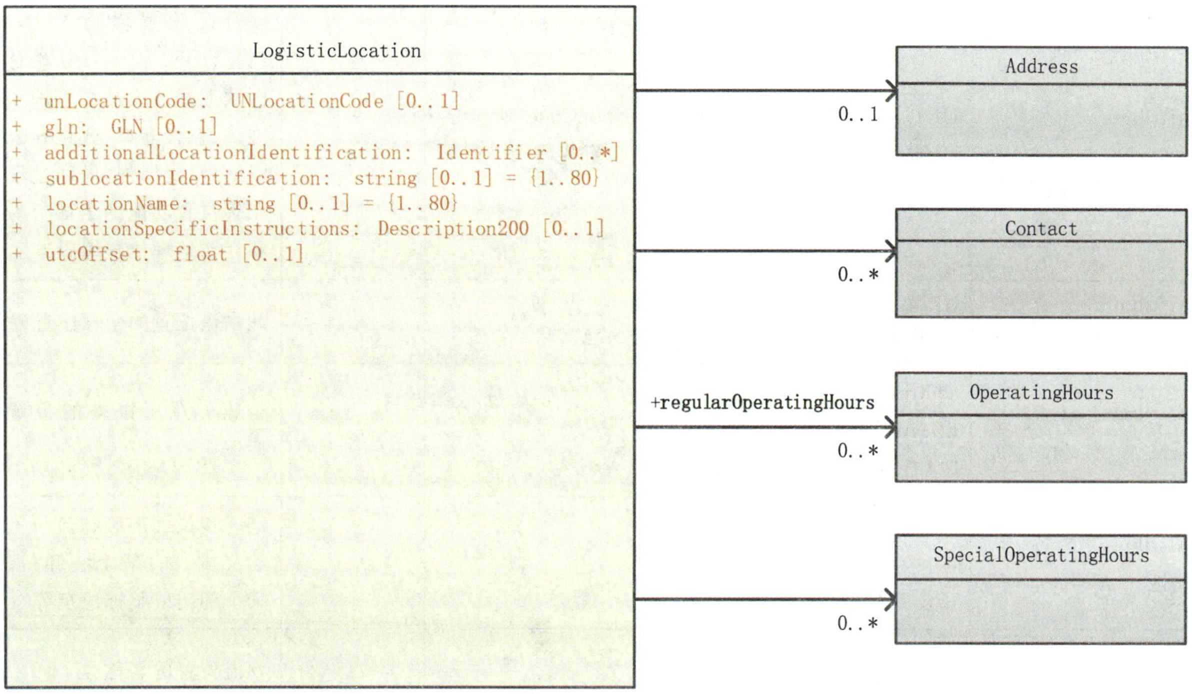


图 24 物流位置类图

### 5.22.2 信息描述

物流位置(LogisticLocation)类信息描述见表 24。

表 24 物流位置类信息描述

| 内容<br>Content | 属性/角色<br>Attribute/Role | 数据类型/副类<br>Datatype/Secondary class | 多重性<br>Multiplicity | 定义<br>Definition |
|---|---|---|---|---|
| LogisticLocation<br>物流位置 | | | | 进行或将要进行货物物理移动的所在地 |
| Association<br>关联 | | Contact<br>联系人 | 0..* | 在此物流位置所能联络的人或部门 |
| Association<br>关联 | | Address<br>地址 | 0..1 | 此物流位置的详细地址 |
| Association<br>关联 | | SpecialOperatingHours<br>特殊运营时间 | 0..* | 此位置在特殊日期如节假日等的运营时间 |
| Association<br>关联 | regularOperatingHours<br>常规运营时间 | OperatingHours<br>运营时间 | 0..* | 此位置在工作日的正常运营时间 |

表 24（续）

| 内容<br>Content | 属性/角色<br>Attribute/Role | 数据类型/副类<br>Datatype/Secondary class | 多重性<br>Multiplicity | 定义<br>Definition |
|---|---|---|---|---|
| Attribute<br>关联 | UNLocationCode<br>联合国位置代码 | UNLocationCode<br>联合国位置代码 | 0..1 | 联合国位置代码[a]（UN/LOCODE）是一个由联合国欧洲经济委员会管理和维护、包含港口、铁路和公路站点、机场、邮局和过境点等位置功能的全球贸易和运输地理位置编码方案 |
| Attribute<br>属性 | GLN<br>全球位置码 | GLN<br>全球位置码 | 0..1 | 此物流位置的全球位置码 |
| Attribute<br>属性 | additionalLocationIdentification<br>附加位置标识 | Identifier<br>标识符 | 0..1 | 全球位置码以外的位置标识 |
| Attribute<br>属性 | subLocationIdentification<br>子位置标识 | String<br>字符串型 | 0..1 | 进一步说明准确物流位置的文本，如：某个装卸口、某个部门或某栋建筑等 |
| Attribute<br>属性 | locationName<br>位置名称 | String<br>字符串型 | 0..1 | 物流位置的名称 |
| Attribute<br>属性 | locationSpecificInstructions<br>位置明确指令 | Description200<br>描述性（最长 200 字节） | 0..1 | 与此位置提货或卸货有关的指令 |
| Attribute<br>属性 | utcOffset<br>国际协调时间偏差 | Float<br>浮点型 | 0..1 | 描述此位置偏离国际协调时间[b]（UTC）时差的数值 |

[a] 联合国位置代码（UN/LOCODE）见 GB/T 15514。

[b] 国际协调时间（UTC）见 GB/T 7408。

## 5.23 日期时间范围类

### 5.23.1 类图

日期时间范围（DateTimeRange）类图见图 25。

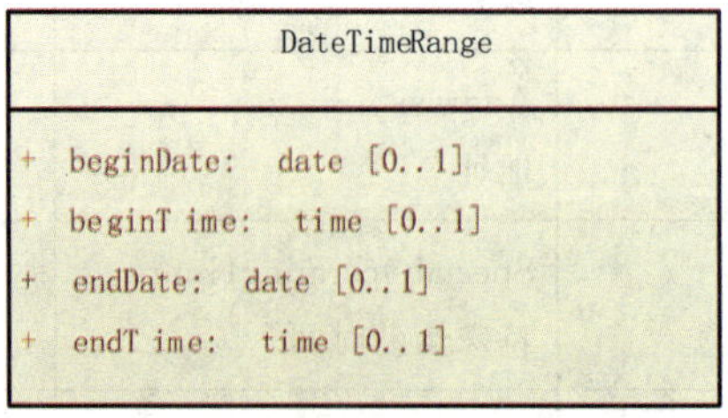


图 25 日期时间范围类图

#### 5.23.2 信息描述

日期时间范围(DateTimeRange)类信息描述见表 25。

**表 25 日期时间范围类信息描述**

| 内容<br>Content | 属性/角色<br>Attribute/Role | 数据类型/副类<br>Datatype/Secondary class | 多重性<br>Multiplicity | 定义<br>Definition |
|---|---|---|---|---|
| DateTimeRange<br>日期时间范围 | | | | 根据开始日期/时间和结束日期/时间确定的区间 |
| Attribute<br>属性 | beginDate<br>开始日期 | Date<br>日期型 | 0..1 | 日期时间范围的首日日期[a] |
| Attribute<br>属性 | beginTime<br>开始时间 | Time<br>时间型 | 0..1 | 日期时间范围的开始时间[a] |
| Attribute<br>属性 | endDate<br>结束日期 | Date<br>日期型 | 0..1 | 日期时间范围的末日日期[a] |
| Attribute<br>属性 | endTime<br>结束时间 | Time<br>时间型 | 0..1 | 日期时间范围的结束时间[a] |
| [a] 日期和时间格式见 GB/T 7408。 | | | | |

### 5.24 地理坐标类

#### 5.24.1 类图

地理坐标(GeographicalCoordinates)类图见图 26。

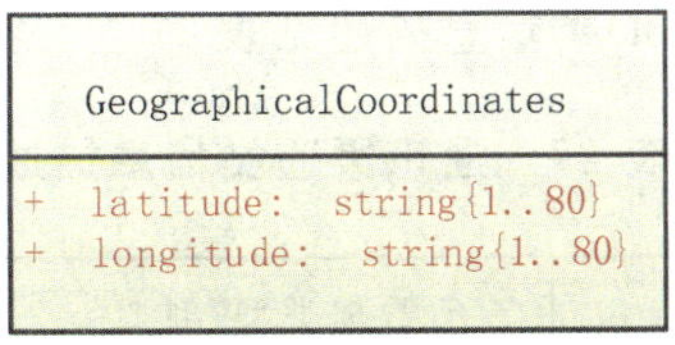


**图 26 地理坐标类图**

#### 5.24.2 信息描述

地理坐标(GeographicalCoordinates)类信息描述见表 26。

**表 26 地理坐标类信息描述**

| 内容<br>Content | 属性/角色<br>Attribute/Role | 数据类型/副类<br>Datatype/Secondary class | 多重性<br>Multiplicity | 定义<br>Definition |
|---|---|---|---|---|
| GeographicalCoordinates<br>地理坐标 | | | | 某个地理位置的经度和纬度 |

表 26（续）

| 内容<br>Content | 属性/角色<br>Attribute/Role | 数据类型/副类<br>Datatype/Secondary class | 多重性<br>Multiplicity | 定义<br>Definition |
|---|---|---|---|---|
| Attribute<br>属性 | Latitude<br>纬度 | String<br>字符串型 | 1..1 | 纬度是指地球赤道以北或以南的角距离，用 0°～90°的度数来表示 |
| Attribute<br>属性 | Longitude<br>经度 | String<br>字符串型 | 1..1 | 经度是指地球赤道被该点子午线和本初子午线切割的弧线或份额，它可用度数或时间表示 |

## 5.25 通讯渠道类

### 5.25.1 类图

通讯渠道(CommunicationChannel)类图见图 27。

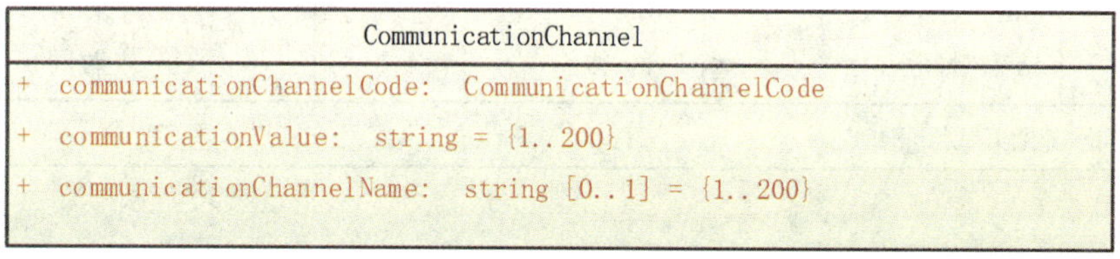


图 27 通讯渠道类图

### 5.25.2 信息描述

通讯渠道(CommunicationChannel)类信息描述见表 27。

表 27 通讯渠道类信息描述

| 内容<br>Content | 属性/角色<br>Attribute/Role | 数据类型/副类<br>Datatype/Secondary class | 多重性<br>Multiplicity | 定义<br>Definition |
|---|---|---|---|---|
| Communication-Channel<br>通讯渠道 | | | | 与联系人通讯的渠道或途径，如电话、电子邮件等 |
| Attribute<br>属性 | communicationChan-nelCode<br>通讯渠道代码 | CommunicationChannel-Code<br>通讯渠道代码 | 1..1 | 标识通讯渠道类型的代码，如“TELEPHONE”(电话)等 |
| Attribute<br>属性 | communicationValue<br>通讯账号 | String<br>字符串型 | 1..1 | 标识通讯渠道端点的文本，如电话号码、电子邮箱地址等 |
| Attribute<br>属性 | communicationChan-nelName<br>通讯渠道名称 | String<br>字符串型 | 0..1 | 具体通讯渠道的名称 |

### 5.26 法定登记类

#### 5.26.1 类图

法定登记(LegalRegistration)类图见图 28。

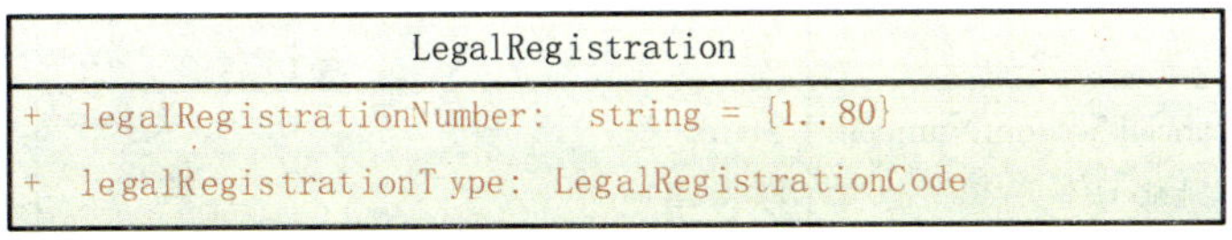


图 28 法定登记类图

#### 5.26.2 信息描述

法定登记(LegalRegistration)类信息描述见表 28。

表 28 法定登记类信息描述

| 内容<br>Content | 属性/角色<br>Attribute/Role | 数据类型/副类<br>Datatype/Secondary class | 多重性<br>Multiplicity | 定义<br>Definition |
|---|---|---|---|---|
| LegalRegistration<br>法定登记 | | | | 一个组织依法注册登记注册的详情 |
| Attribute<br>属性 | legalRegistrationNumber<br>法定登记号 | String<br>字符串型 | 1..1 | 组织依法注册登记的唯一标识符 |
| Attribute<br>属性 | legalRegistrationType<br>法定登记类型 | LegalRegistrationCode<br>法定登记代码 | 1..1 | 标识法定登记类型的代码 |

### 5.27 金融账户类

#### 5.27.1 类图

金融账户(FinancialAccount)类图见图 29。

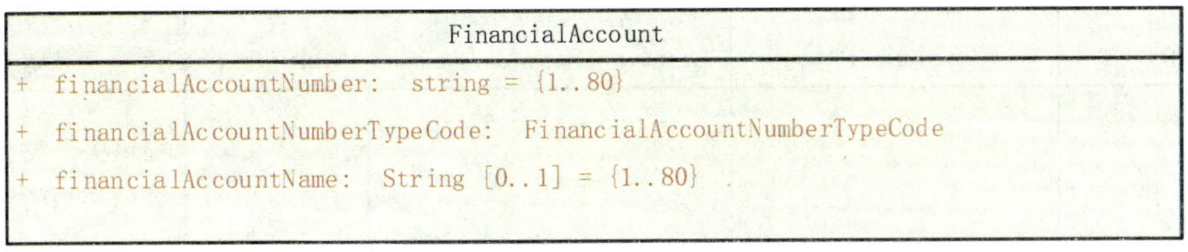


图 29 金融账户类图

#### 5.27.2 信息描述

金融账户(FinancialAccount)类信息描述见表 29。

表 29　金融账户类信息描述

| 内容<br>Content | 属性/角色<br>Attribute/Role | 数据类型/副类<br>Datatype/Secondary class | 多重性<br>Multiplicity | 定义<br>Definition |
|---|---|---|---|---|
| FinancialAccount<br>金融账户 | | | | 标识某客户在某个金融机构开设的金融账户的信息 |
| Attribute<br>属性 | financialAccountNumber<br>金融账号 | String<br>字符串型 | 1..1 | 说明金融账户账号类型的文本 |
| Attribute<br>属性 | financialAccountNum-berTypeCode<br>金融账号类型代码 | FinancialAccountNumber-TypeCode<br>金融账号类型代码 | 1..1 | 标识金融账号的类型 |
| Attribute<br>属性 | financialAccountName<br>金融账户名称 | String<br>字符串型 | 0..1 | 说明金融账户名称的文本 |

## 5.28　金融路径编码类

### 5.28.1　类图

金融路径编码(FinancialRoutingNumber)类图见图 30。

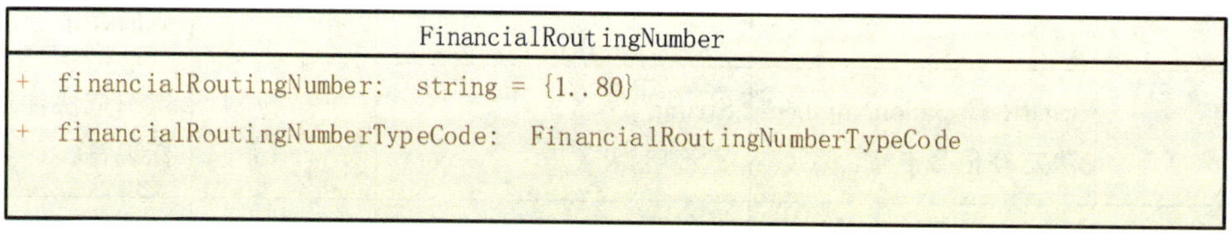


图 30　金融路径编码类图

### 5.28.2　信息描述

金融路径编码(FinancialRoutingNumber)类信息描述见表 30。

表 30　金融路径编码类信息描述

| 内容<br>Content | 属性/角色<br>Attribute/Role | 数据类型/副类<br>Datatype/Secondary class | 多重性<br>Multiplicity | 定义<br>Definition |
|---|---|---|---|---|
| FinancialRout-ingNumber<br>金融路径编码 | | | | 提供关于路径编码和路径编码类型的路径信息 |
| Attribute<br>属性 | financialRoutingNumber<br>金融路径编码 | String<br>字符串型 | 1..1 | 用于相关方之间金融业务路径确认的编码 |
| Attribute<br>属性 | financialRoutingNum-berTypeCode<br>金融路径编码类型 | FinancialRoutingNumber-TypeCode<br>金融路径编码类型 | 1..1 | 标识金融路径类型的代码，例如：SWIFT(银行的国际代码)[a] |

[a] 银行的国际代码(SWIFT)见 GB/T 16711。

## 5.29 运营时间类

### 5.29.1 类图

运营时间(OperatingHours)类图见图31。

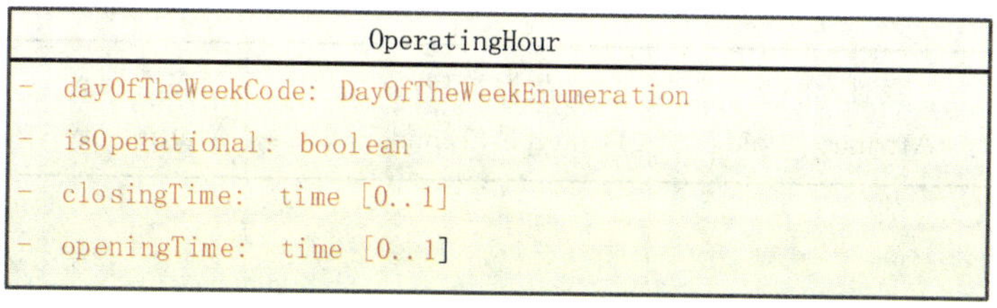


图31 运营时间类图

### 5.29.2 信息描述

运营时间(OperatingHours)类信息描述见表31。

表31 运营时间类信息描述

| 内容<br>Content | 属性/角色<br>Attribute/Role | 数据类型/副类<br>Datatype/Secondary class | 多重性<br>Multiplicity | 定义<br>Definition |
|---|---|---|---|---|
| OperatingHours<br>运营时间 | | | | 某项业务或某个设施在工作日的运营时间 |
| Attribute<br>属性 | dayOfTheWeekCode<br>工作日代码 | DayOfTheWeekEnumeration<br>工作日细目 | 1..1 | 标识工作日的代码 |
| Attribute<br>属性 | isOperational<br>是否运营 | Boolean<br>布尔型 | 1..1 | 说明某项业务或某个设施在某天是否正常运营的指示器 |
| Attribute<br>属性 | closingTime<br>结束营业时间 | Time<br>时间型 | 0..1 | 某项业务或某个设施在某天停止运营的时间[a] |
| Attribute<br>属性 | openingTime<br>开始营业时间 | Time<br>时间型 | 0..1 | 某项业务或某个设施在某天开始运营的时间[a] |

[a] 日期和时间格式见GB/T 7408。

## 5.30 特殊运营时间类

### 5.30.1 类图

特殊运营时间(SpecialOperatingHours)类图见图32。

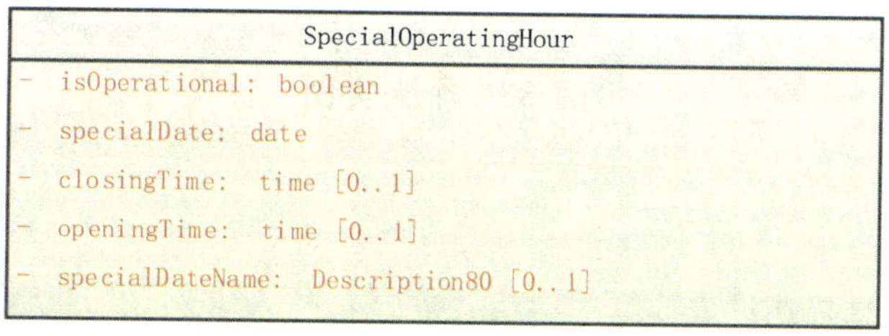


图32 特殊运营时间类图

### 5.30.2 信息描述

特殊运营时间(SpecialOperatingHours)类信息描述见表32。

**表32 特殊运营时间类信息描述**

| 内容<br>Content | 属性/角色<br>Attribute/Role | 数据类型/副类<br>Datatype/Secondary class | 多重性<br>Multiplicity | 定义<br>Definition |
|---|---|---|---|---|
| SpecialOperating-Hours<br>特殊运营时间 | | | | 某项业务或某个设施在特殊日期，如节假日的运营时间 |
| Attribute<br>属性 | isOperational<br>是否运营 | Boolean<br>布尔型 | 1..1 | 说明某项业务或某个设施在某天是否正常运营的指示器 |
| Attribute<br>属性 | specialDate<br>特殊日期 | Date<br>日期型 | 1..1 | 适用特殊工作时间的日期[a] |
| Attribute<br>属性 | closingTime<br>结束运营时间 | Time<br>时间型 | 0..1 | 某项业务或某个设施在某天停止运营的时间[a] |
| Attribute<br>属性 | openingTime<br>开始运营时间 | Time<br>时间型 | 0..1 | 某项业务或某个设施在某天开始运营的时间[a] |
| Attribute<br>属性 | specialDateName<br>特殊日期名称 | Description80<br>描述型(最长80字节) | 0..1 | 适用特殊工作时间的日期的文本描述，例如：圣诞节 |

[a] 日期和时间格式见GB/T 7408。

## 5.31 个人类

### 5.31.1 类图

个人(Person)类图见图33。

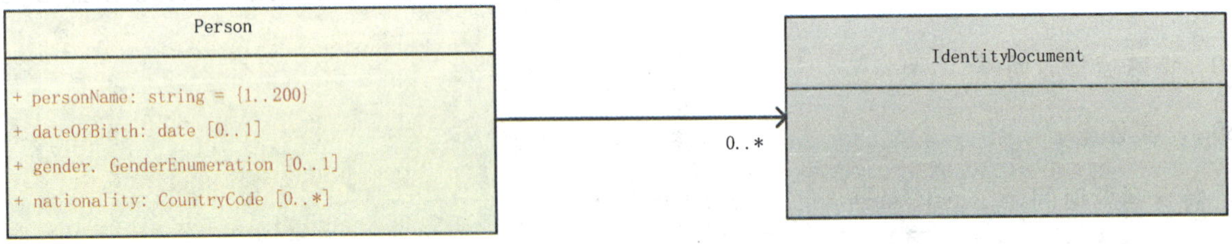


**图33 个人类图**

### 5.31.2 信息描述

个人(Person)类图信息描述见表33。

表 33　个人类图信息描述

| 内容<br>Content | 属性/角色<br>Attribute/Role | 数据类型/副类<br>Datatype/Secondary class | 多重性<br>Multiplicity | 定义<br>Definition |
|---|---|---|---|---|
| Person<br>个人 | | | | 具体个人 |
| Association<br>关联 | | IdentityDocument<br>身份文件 | 0..* | 可以证明个人身份的文件，一般指身份证 |
| Attribute<br>属性 | personName<br>个人姓名 | string<br>字符串型 | 1..1 | 用来标识个人的文字，如姓和名 |
| Attribute<br>属性 | dateOfBirth<br>生日 | date<br>日期型 | 0..1 | 个人的出生日期 |
| Attribute<br>属性 | gender<br>性别 | GenderEnumeration<br>性别代码 | 0..1 | 表明个人性别的代码 |
| Attribute<br>属性 | nationality<br>国籍 | CountryCode<br>国家代码 | 0..1 | 出生或国籍所在地区[a] |

[a] 国家代码见 GB/T 2659。

## 5.32　身份文件类

### 5.32.1　类图

身份文件(IdentityDocument)类图见图 34。

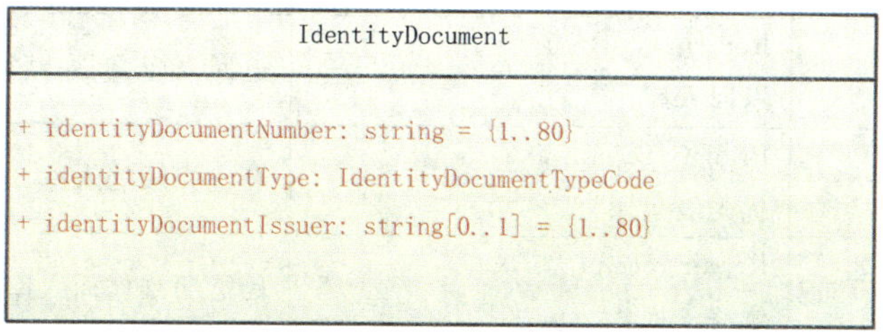


图 34　身份文件类图

### 5.32.2　信息描述

身份文件(IdentityDocument)类信息描述见表 34。

表 34　身份文件类信息描述

| 内容<br>Content | 属性/角色<br>Attribute/Role | 数据类型/副类<br>Datatype/Secondary class | 多重性<br>Multiplicity | 定义<br>Definition |
|---|---|---|---|---|
| IdentityDocument<br>身份文件 | | | | 可以证明个人身份的文件，一般指身份证 |
| Association<br>关联 | | IdentityDocument<br>身份文件 | 0..* | 可以证明个人身份的文件，一般指身份证 |

表 34（续）

| 内容<br>Content | 属性/角色<br>Attribute/Role | 数据类型/副类<br>Datatype/Secondary class | 多重性<br>Multiplicity | 定义<br>Definition |
|---|---|---|---|---|
| Attribute<br>属性 | identityDocumentNumber<br>身份编号 | string<br>字符串型 | 1..1 | 对某一特定人员进行唯一标识的编号 |
| Attribute<br>属性 | identityDocumentType<br>身份类型 | IdentityDocumentTypeCode<br>身份类型代码 | 1..1 | 身份的类型代码 |
| Attribute<br>属性 | identityDocumentIssuer<br>身份发行机构 | string<br>字符串型 | 0..1 | 身份文件发行机构的名称 |

# 6 报文代码表

## 6.1 仓储入库类型代码表

仓储入库类型(WarehousingReceiptType)代码见表 35。

表 35 仓储入库类型代码表

| 代码值<br>Code Value | 代码名称<br>Code Name | 代码定义<br>Code Definition |
|---|---|---|
| REGULAR_RECEIPT | Regular receipt<br>正常入库 | 正常入库，没有特别的要求 |
| RETURNS | Returns<br>返回入库 | 返回入库，例如顾客退回或者召回 |
| PRIORITY_RECEIPT | Priority receipt<br>优先级入库 | 高优先级的入库 |
| REPAIR_RECEIPT | Repair receipt<br>维修入库 | 因需要维修而入库 |
| CROSS-DOCK_RECEIPT | Cross-dock receipt<br>直接转运入库 | 因直接转运进行入库 |

## 6.2 仓储入库状态代码表

仓储入库状态(WarehousingInboundStatus)代码见表 36。

表 36 仓储入库状态代码表

| 代码值<br>Code Value | 代码名称<br>Code Name | 代码定义<br>Code Definition |
|---|---|---|
| UNLOADING_FINISHED | Unloading finished<br>卸载结束 | 货物已从运输工具上卸下 |
| RECEIVING_FINISHED | Receiving finished<br>收货结束 | 货物已经完成入库 |

表 36（续）

| 代码值<br>Code Value | 代码名称<br>Code Name | 代码定义<br>Code Definition |
|---|---|---|
| GOODS_STORED | Goods stored<br>存储完成 | 货物已经完成储存 |
| GOODS_MOVED_TO_OUT-BOUND_AREA | Goods moved to outbound area<br>移至出货区 | 货物已从入库(接收)区移到出库区 |
| RECEVING_IN_PROGRESS | Receving in progress<br>入库中 | 货物已抵达，正在入库 |
| RECEIVING_FAILED | Receiving failed<br>入库失败 | 入库失败，并被关闭。例如：因为货物被拒收或者没有到达 |

## 6.3 仓储入库异常代码表

仓储入库异常(warehousingInboundException)代码见表 37。

表 37 仓储入库异常代码表

| 代码值<br>Code Value | 代码名称<br>Code Name | 代码定义<br>Code Definition |
|---|---|---|
| NOT_ARRIVED | Not arrived<br>未到达 | 入库指令尚未抵达 |
| DISCREPANCIES | Discrepancies<br>不一致 | 抵达的货物与要求不一致 |
| NO_EXCEPTIONS | No exceptions<br>无异常 | 抵达的货物一切正常 |
| REFUSED | Refused<br>拒收 | 拒收抵达的货物，例如没有相关入库指令 |
| PARTIALLY_ACCEPTED | Partially_accepted<br>部分接收 | 抵达的货物只有部分被接收 |

## 6.4 物流活动类型代码表

物流活动类型代码(LogisticEventType)代码见表 38。

表 38 物流活动类型代码表

| 代码值<br>Code Value | 代码名称<br>Code Name | 代码定义<br>Code Definition |
|---|---|---|
| TRANSFER_POINT_ARRIVAL | Transfer point arrival<br>转运点抵达 | 抵达转运点 |
| TRANSFER_POINT_DEPARTURE | Transfer point departure<br>转运点离开 | 离开转运点 |

表 38（续）

| 代码值<br>Code Value | 代码名称<br>Code Name | 代码定义<br>Code Definition |
|---|---|---|
| CUSTOMS_ARRIVAL | Customs arrival<br>海关抵达 | 抵达海关 |
| CUSTOMS_ DEPARTURE | Customs departure<br>海关离开 | 离开海关 |
| TERMINAL_ ARRIVAL | Terminal arrival<br>终点抵达 | 抵达终点 |
| TERMINAL_ DEPARTURE | Terminal departure<br>终点离开 | 离开终点 |

## 6.5 文件状态代码表

文件状态(Document Status)代码见表 39。

表 39 文件状态代码表

| 代码值<br>Code Value | 代码名称<br>Code Name | 代码定义<br>Code Definition |
|---|---|---|
| ADDITIONAL _ TRANSMISSION | Additional transmission<br>附加传输 | 信息已经通过其他传输通道发送了，这个传输只提供能够被机器处理的数据 |
| COPY | Copy<br>拷贝 | 发送者对原始文件的拷贝 |
| ORIGINAL | Original<br>原始 | 发送者的原始文件 |

## 6.6 文件操作代码表

文件操作(DocumentAction)代码见表 40。

表 40 文件操作代码表

| 代码值<br>Code Value | 代码名称<br>Code Name | 代码定义<br>Code Definition |
|---|---|---|
| ADD | Add<br>新建 | 新文件的创建 |
| CHANGE_BY_REFRESH | Change by refresh<br>更新 | 通过发送整个更新的文件造成的对原文件的变化 |
| DELETE | Delete<br>删除 | 原文件的删除 |

## 6.7 处理指令代码表

处理指令(HandlingInstruction)代码见表 41。

**表 41 处理指令代码表**

| 代码值<br>Code Value | 代码名称<br>Code Name | 代码定义<br>Code Definition |
|---|---|---|
| 1 | Heat sensitive<br>热敏 | 该物体对热敏感 |
| 2 | Store in dry environment<br>在干燥环境中贮存 | 该物体应贮存在干燥环境中 |
| 3 | Stacked<br>堆积 | 被识别的项目可以或能够被堆积 |
| AVI | Live animal<br>活生动物 | 活生动物 |
| BIG | Outsized<br>特大号 | 特大号 |
| CRU | Crushable<br>易碎 | 易碎 |
| DAE | Dangerous article<br>危险品 | 标识物品是危险品的代码 |
| DCE | Delivery via distribution centre<br>经由分销中心交货 | 经由分销中心交货 |
| DDE | Direct delivery<br>直接交货 | 直接交货 |
| DES | Destroy<br>破损 | 具体的指令表明被识别的货物已经破损 |
| EAT | Foodstuffs<br>食品 | 食品 |
| FTD | Frost danger<br>霜冻危险 | 霜冻危险 |
| HEA | Heavy cargo/150 kg and over per piece<br>重件货物/每件超过 150 kg | 重件货物/每件超过 150 kg |
| HGA | Hanging garment<br>挂衣 | 被识别的产品应该作为挂衣被对待 |
| HWC | Handle with care<br>小心安放 | 小心安放 |

表 41（续）

| 代码值 Code Value | 代码名称 Code Name | 代码定义 Code Definition |
|---|---|---|
| LAB | Label 标签 | 被识别的产品已经加贴了标签 |
| LYG | Lying 平放 | 被识别的产品应被保持处于水平位置 |
| MF | Multiple facings 多重面向 | 货架上的项目有多重侧面(角度)供展示 |
| MOV | Move 移动 | 被识别的产品可以按照具体的指令移动 |
| NES | Nestable 可套叠 | 能够和同类的包装类型相叠加，例如餐具、盘子、碗或桶等 |
| NSD | Nesting depth 嵌套深度 | 项目能够彼此叠加(例如盘子、碗或桶)。嵌套参考项目贴面(主要的外形)的深度 |
| NSH | Nesting height 嵌套高度 | 项目能够彼此叠加(例如盘子、碗或桶)。嵌套参考项目贴面(主要的外形)的高度 |

## 6.8 运输方式类型代码表

运输方式类型(TransportMeansType)代码见表 42。

表 42 运输方式类型代码表

| 代码值 Code Value | 代码名称 Code Name | 代码描述 Code Definition |
|---|---|---|
| 1 | Barge chemical tanker 化学罐驳船 | 化学油罐驳船 |
| 9 | Exceptional transport 特殊运输 | 特殊运输 |
| 12 | Ship tanker 油轮 | 油轮 |
| 13 | Ocean vessel 远洋船舶 | 远洋船舶 |
| 19 | Tip-up truck 翻斗卡车 | 翻斗卡车 |
| 20 | Furniture truck 家具卡车 | 家具卡车 |

表 42（续）

| 代码值<br>Code Value | 代码名称<br>Code Name | 代码描述<br>Code Definition |
|---|---|---|
| 21 | Rail tanker<br>铁路罐车 | 铁路罐车 |
| 22 | Rail silo tanker<br>铁路筒仓罐车 | 铁路筒仓罐车 |
| 23 | Rail bulk car<br>铁路散装车 | 铁路散装车 |
| 25 | Rail express<br>铁路快递 | 铁路快递 |
| 26 | Tip-up articulated truck<br>铰链式翻斗卡车 | 铰链式翻斗卡车 |
| 28 | Refrigerated truck and trailer<br>冷藏卡车和拖车 | 冷藏卡车和拖车 |
| 29 | Freezer truck and trailer<br>冷冻卡车和拖车 | 冷藏卡车和拖车 |
| 30 | Tautliner 25 tonne, combined with 90 cubic meter trailer with removable roof<br>25 t 货运卡车，组合 90 $m^3$ 带可移动车顶的拖车 | 25 t 货运卡车，组合 90 $m^3$ 带可移动车顶的拖车 |
| 31 | Truck<br>卡车 | 卡车 |
| 32 | Road tanker<br>公路罐车 | 公路罐车 |
| 33 | Road silo tanker<br>公路筒仓罐车 | 公路筒仓罐车 |
| 35 | Truck/trailer with tilt<br>斜斗卡车/拖车 | 斜斗卡车/拖车 |
| 40 | Truck with opening floor<br>平板卡车 | 平板卡车 |
| 41 | Freezer truck<br>冷冻卡车 | 冷冻卡车 |
| 42 | Isothermic truck<br>恒温卡车 | 恒温卡车 |
| 43 | Refrigerated truck<br>冷藏卡车 | 冷藏卡车 |

表 42（续）

| 代码值<br>Code Value | 代码名称<br>Code Name | 代码描述<br>Code Definition |
| --- | --- | --- |
| 44 | Freezer van<br>冷冻厢式货车 | 冷冻厢式货车 |
| 45 | Isothermic van<br>恒温箱式货车 | 恒温箱式货车 |
| 47 | Bulk truck<br>散装车 | 散装车 |
| 48 | Van<br>箱式货车 | 箱式货车 |
| 73 | Train with more than one and less than 20 wagons<br>小于 20 节货车的火车 | 小于 20 节货车的火车 |
| 74 | Train with 20 or more wagons<br>大于等于 20 节货车的火车 | 大于等于 20 节货车的火车 |
| 77 | Freezer truck and isothermic trailer<br>冷冻卡车和恒温拖车 | 冷冻卡车和恒温拖车 |
| 78 | Isothermic truck and isothermic trailer<br>恒温卡车和恒温拖车 | 恒温卡车和恒温拖车 |
| 79 | Refrigerated truck and isothermic trailer<br>冷藏卡车和恒温拖车 | 冷藏卡车和恒温拖车 |
| 80 | Freezer truck and refrigerated trailer<br>冷冻卡车和冷藏拖车 | 冷冻卡车和冷藏拖车 |
| 81 | Isothermic truck and refrigerated trailer<br>恒温卡车和冷藏拖车 | 恒温卡车和冷藏拖车 |
| 82 | Rigid truck with tank and tank trailer<br>整体式车架载重罐卡车和罐拖车 | 整体式车架载重罐卡车和罐拖车 |
| 83 | Bulk truck and tank trailer<br>散装卡车和罐拖车 | 散装卡车和罐拖车 |
| 84 | Rigid truck with tank and bulk trailer<br>整体式车架载重罐卡车和散装拖车 | 整体式车架载重罐卡车和散装拖车 |
| 85 | Bulk truck and bulk trailer<br>散装卡车和散装拖车 | 散装卡车和散装拖车 |
| 86 | Tautliner truck and extendable trailer<br>货运卡车和可扩展拖车 | 货运卡车和可扩展拖车 |
| 87 | Tautliner truck with removable roof and extendable trailer<br>移动式车顶货运卡车和可扩展拖车 | 移动式车顶货运卡车和可扩展拖车 |

**表 42（续）**

| 代码值<br>Code Value | 代码名称<br>Code Name | 代码描述<br>Code Definition |
|---|---|---|
| 88 | Truck with opening floor and extendable trailer<br>平板卡车和可扩展的拖车 | 平板卡车和可扩展的拖车 |
| 89 | Bulk truck and extendable trailer<br>散装卡车和可扩展的拖车 | 散装卡车和可扩展的拖车 |
| 90 | Isothermic truck and freezer trailer<br>恒温卡车和冷冻拖车 | 恒温卡车和冷冻拖车 |
| 91 | Refrigerated truck and freezer trailer<br>冷藏卡车和冷冻拖车 | 冷藏卡车和冷冻拖车 |
| 92 | Tip-up truck and gondola trailer<br>翻斗卡车和货车拖车 | 翻斗卡车和货车拖车 |
| 93 | Tautliner truck and gondola trailer<br>货运卡车和货车拖车 | 货运卡车和货车拖车 |
| 94 | Tautliner truck with removable roof and gondola trailer<br>移动式车顶货运卡车和货运拖车 | 移动式车顶货运卡车和货运拖车 |
| 95 | Truck with opening floor and gondola trailer<br>可移动式车顶卡车和货运拖车 | 可移动式车顶卡车和货运拖车 |
| 96 | Bulk truck and gondola trailer<br>散装卡车和货运拖车 | 散装卡车和货运拖车 |
| 97 | Tip-up truck and extendable gondola trailer<br>翻斗卡车和可扩展货运拖车 | 翻斗卡车和可扩展货运拖车 |
| 98 | Tautliner truck and extendable gondola trailer<br>货运卡车和可扩展的货运拖车 | 货运卡车和可扩展的货运拖车 |
| 99 | Tautliner truck with removable roof and extendable gondola trailer<br>可移动式车顶货运卡车和可扩展的货运拖车 | 可移动式车顶货运卡车和可扩展的货运拖车 |
| 100 | Truck with opening floor and extendable gondola trailer<br>可移动式卡车和可扩展的货运拖车 | 可移动式卡车和可扩展的货运拖车 |
| 101 | Bulk truck and extendable gondola trailer<br>散装卡车和可扩展的货运拖车 | 散装卡车和可扩展的货运拖车 |
| 102 | Tip-up truck and trailer with opening floor<br>翻斗卡车和平板拖车 | 翻斗卡车和平板拖车 |
| 103 | Tautliner truck and trailer with opening floor<br>货运卡车和平板拖车 | 货运卡车和平板拖车 |

表 42（续）

| 代码值<br>Code Value | 代码名称<br>Code Name | 代码描述<br>Code Definition |
|---|---|---|
| 104 | Tautliner truck with removable roof and trailer with opening floor<br>可移动式车顶货运卡车和平板拖车 | 可移动式车顶货运卡车和平板拖车 |
| 106 | Bulk truck and trailer with opening floor<br>散装卡车和平板拖车 | 散装卡车和平板拖车 |
| 10E | Tautliner 25 t<br>25 t 货运卡车 | 25 t 货运卡车 |
| 11E | Tautliner 25 t with removable roof<br>可移动式车顶 25 t 货运卡车 | 可移动式车顶 25 t 货运卡车 |
| 12E | Articulated flat lorry 25 t<br>25 t 铰接式平板货车 | 25 t 铰接式平板货车 |
| 13E | Articulated flat lorry 24 t with crane 10 m<br>24 t 10 m 铰接式平板货车吊 | 24 t 10 m 铰接式平板货车吊 |
| 14E | Articulated flat lorry 24 t with crane 15 m<br>24 t 15 m 铰接式平板货车吊 | 24 t 15 m 铰接式平板货车吊 |
| 15E | Articulated flat lorry 24 t with crane 18 m<br>24 t 18 m 铰接式平板货车吊 | 24 t 18 m 铰接式平板货车吊 |
| 16E | Articulated flat lorry 10 t<br>10 t 铰接式平板货车 | 10 t 铰接式平板货车 |
| 17E | Tautliner 25 t with trailer 90 $m^3$<br>25 t 90 $m^3$ 拖车式货车 | 25 t 90 $m^3$ 拖车式货车 |
| 18E | Tautliner 25 t with trailer 120 $m^3$<br>25 t 120 $m^3$ 拖车式货车 | 25 t 120 $m^3$ 拖车式货车 |
| 19E | Flat lorry with trailer and crane 10 m<br>拖车式 10 平板货车吊 | 拖车式 10 平板货车吊 |
| 20E | Articulated lorry with tank<br>铰接式平板罐货车 | 铰接式平板罐货车 |
| 21E | Flat lorry 15 t<br>15 t 平板货车 | 15 t 平板货车 |
| 22E | Flat lorry 25 t with crane<br>25 t 平板货车吊 | 25 t 平板货车吊 |
| 27E | Isothermic trailer<br>恒温拖车 | 恒温拖车 |

表 42（续）

| 代码值<br>Code Value | 代码名称<br>Code Name | 代码描述<br>Code Definition |
|---|---|---|
| 28E | Refrigerated trailer<br>冷藏拖车 | 冷藏拖车 |
| 32E | Trailer<br>拖车 | 拖车 |
| 33E | Tank trailer<br>罐拖车 | 罐拖车 |
| 34E | Bulk trailer<br>散装拖车 | 散装拖车 |
| 37E | Extendable trailer<br>可扩展拖车 | 可扩展拖车 |
| 38E | Dolly trailer<br>小型拖车 | 小型拖车 |
| 39E | Freezer trailer<br>冷冻拖车 | 冷冻拖车 |
| 41E | Furniture removal trailer<br>家具拆卸拖车 | 家具拆卸拖车 |
| 44E | Gondola trailer<br>货运拖车 | 货运拖车 |
| 45E | Extendable gondola trailer<br>可扩展货运拖车 | 可扩展货运拖车 |
| 46E | Rigid lorry with tank<br>整体式车架载重罐拖车 | 整体式车架载重罐拖车 |
| 50E | Tautliner rigid truck<br>整体式车架载重货运卡车 | 整体式车架载重货运卡车 |
| 51E | Tautliner rigid truck with removable roof<br>可移动式车顶整体式车架载重货运卡车 | 可移动式车顶整体式车架载重货运卡车 |
| 53E | Trailer with opening floor<br>可移动式车顶拖车 | 可移动式车顶拖车 |
| 54E | Train with convergent set of wagons<br>集成式货运列车 | 集成式货运列车 |
| 55E | Train with divergent set of wagons<br>分散式货运列车 | 分散式货运列车 |
| 56E | Combination of a truck (length 6 m) and a trailer (length 8 m)<br>6 m 卡车加 8 m 拖车 | 6 m 卡车加 8 m 拖车 |

表 42（续）

| 代码值<br>Code Value | 代码名称<br>Code Name | 代码描述<br>Code Definition |
| --- | --- | --- |
| 57E | Combination of a truck（length 6 m）and a trailer（length 9 m）<br>6 m 卡车加 9 m 拖车 | 6 m 卡车加 9 m 拖车 |
| 58E | Combination of a truck and trailer with a length of 13.6 m, a tonnage between 23 and 25 tons<br>23 t～25 t 的卡车加 13.6 m 拖车 | 23 t～25 t 的卡车加 13.6 m 拖车 |
| 59E | Rail wagon<br>铁路货车 | 铁路货车 |
| 77E | Furniture truck and trailer<br>家具卡车和拖车 | 家具卡车和拖车 |
| 78E | Tautliner truck and furniture trailer<br>货运卡车和家具拖车 | 货运卡车和家具拖车 |
| 79E | Tautliner truck with removable roof and furniture trailer<br>可移动车顶货运卡车和家具拖车 | 可移动车顶货运卡车和家具拖车 |
| 93E | Truck and trailer with opening floor<br>卡车和平板拖车 | 卡车和平板拖车 |
| 95E | Tautliner truck and dolly trailer<br>货运卡车和小型拖车 | 货运卡车和小型拖车 |
| 96E | A tautliner truck with removable roof and a dolly trailer<br>可移动车顶货运卡车和小型拖车 | 可移动车顶货运卡车和小型拖车 |
| 97E | Truck with trailer<br>卡车和拖车 | 卡车和拖车 |
| 98E | Truck with crane for moving goods without trailer<br>没有拖车，移动货物用的卡车吊 | 没有拖车，移动货物用的卡车吊 |
| 99E | Truck with crane for moving goods with trailer<br>有拖车，移动货物用的卡车吊 | 有拖车，移动货物用的卡车吊 |
| X01 | Truck with crane for lifting goods without trailer<br>没有拖车，提升货物用的卡车吊 | 没有拖车，提升货物用的卡车吊 |
| X02 | Truck with crane for lifting goods with trailer<br>有拖车，提升货物用的卡车吊 | 有拖车，提升货物用的卡车吊 |
| X15 | Armoured Car<br>装甲车 | 装甲车 |
| X3 | Truck up to 3.5 tons<br>3.5 t 卡车 | 3.5 t 卡车 |
| X4 | Miscellaneous transport means<br>各种运输方式 | 各种运输方式 |

## 6.9 运输服务类型代码表

运输服务类型(TransportServiceCategory)代码见表 43。

表 43 运输服务类型代码表

| 代码值<br>Code Value | 代码名称<br>Code Name | 代码定义<br>Code Definition |
|---|---|---|
| 10 | Maritime transport<br>海路运输 | 海路运输 |
| 20 | Rail transport<br>铁路运输 | 铁路运输 |
| 30 | Road transport<br>公路运输 | 公路运输 |
| 40 | Air transport<br>航空运输 | 航空运输 |
| 50 | Mail<br>邮寄 | 邮寄 |
| 60 | Multimodal transport<br>多式联运 | 多式联运 |
| 70 | Fixed transport installations<br>固定的运输设备 | 固定的运输设备 |
| 80 | Inland water transport<br>内河运输 | 内河运输 |
| 100 | Courier service<br>捷运快递服务 | 捷运快递服务 |

## 6.10 运输服务等级代码表

运输服务等级(TransportServiceLevel)代码见表 44。

表 44 运输服务等级代码表

| 代码值<br>Code Value | 代码名称<br>Code Name | 代码定义<br>Code Definition |
|---|---|---|
| AUTHORIZED_RETURN_SERVICE | Authorized return service<br>许可的返回服务 | 许可返回服务(ARS)为 UPS 兼容包装提供简易的返回服务。UPS 向发货人提供事先印刷好的返回标签。它仅包含带有出库运输或单独向消费者分销的标签 |
| CONSIGNEE_BILLING_SERVICE | Consignee billing service<br>收件人账单结算服务 | 由收件人支付的所有运输费用 |

表 44（续）

| 代码值<br>Code Value | 代码名称<br>Code Name | 代码定义<br>Code Definition |
|---|---|---|
| DELIVERY_CONFIRMATION | Delivery confirmation<br>交货确认 | 确认交付的货物已经抵达了所要求的最终地点 |
| EXPEDITED_SERVICE | Expedited service<br>加急服务 | 通过雇佣一种更快的运送模式，如飞机，来减少运送时间的服务 |
| EXPEDITED_SERVICE_WORLDWIDE | Expedited service worldwide<br>全球加急服务 | 通过雇佣一种更快的运送模式，如飞机，来减少全球运送时间的服务 |
| EXPRESS_SERVICE | Express service<br>快递服务 | 快递服务 |
| EXPRESS_SERVICE_PLUS | Express service plus<br>附加的快递服务 | 附加的快递服务 |
| GROUND | Ground<br>地面 | 货物的运输借由公路或铁路来完成，而不是飞机 |
| GROUND_CX_EXPRESS_SERVICE | Ground cx express service<br>地面快递服务 | 地面快递服务 |
| MULTIWEIGHT | Multiweight<br>多件重量 | 多个包裹组合成一件货物从同一始发地发送到同一目的地，而不使用托盘、收缩包装、分段运输或货物分离 |
| MUTUALLY_DEFINED | Mutually defined<br>临时互认代码 | 临时互认代码 |
| NEXT_DAY_AIR | Next day air<br>次日航班 | 空运，发货次日送达 |
| NEXT_DAY_PM | Next day pm<br>次日下午 | 发货次日下午送达 |
| NEXT_MORNING | Next morning<br>次日清晨 | 发货次日上午送达 |
| PRIMARY_SERVICE_AREA_NEXT_DAY_BY_1030 | Primary service area next day by 10:30<br>次日 10:30 之前主服务区 | 发货次日上午 10:30 前送达服务完全覆盖的网点 |
| PRIMARY_SERVICE_AREA_NEXT_DAY_BY_1700 | Primary service area next day by 17:00<br>次日 17:00 之前主服务区 | 发货次日 17:30 前送达服务完全覆盖的网点 |
| RETURN_SERVICE | Return service<br>返回服务 | 为顾客定制的回邮服务，更好地实现常规货物或重发货物的逆向物流 |

表 44（续）

| 代码值<br>Code Value | 代码名称<br>Code Name | 代码定义<br>Code Definition |
|---|---|---|
| SAME_DAY | Same day<br>同一天 | 发货当日送达 |
| SATURDAY | Saturday<br>星期六 | 周六送达 |
| SATURDAY_PICKUP | Saturday pickup<br>星期六分拣 | 周六可提货 |
| SECOND_DAY_AIR | Second day air<br>第二日航班 | 空运，发货后的第二个工作日送达 |
| SECOND_MORNING | Second morning<br>第二日清晨 | 发货后的第二个工作日上午送达 |
| STANDARD_GROUND_HUNDRED_WEIGHT | Standard ground hundred weight<br>标准地面英担 | UPS 的 Hundredweight Service 是一种契约式服务，它仅针对接受 Automatic Daily Pickup（每日自动取件）的客户 |
| STANDARD_SERVICE | Standard service<br>标准服务 | 标准服务 |
| THREE_DAY_SERVICE | Three day service<br>三天服务 | 发货三天后到达 |

## 6.11 联系人类型代码表

联系人类型（ContactType）代码见表 45。

表 45 联系人类型代码表

| 代码值<br>Code Value | 代码名称<br>Code Name | 代码定义<br>Code Definition |
|---|---|---|
| AA | Insurance contact<br>保险联系人 | 保险事务的联系人/部门 |
| AD | Accounting contact<br>财务联系人 | 负责财务的联系人 |
| AE | Contract contact<br>合同联系人 | 合同事务的联系人/部门 |
| AM | Claims contact<br>索赔联系人 | 索赔事务的联系人/部门 |
| AP | Accounts payable contact<br>应付账款联系人 | 公司内负责应付账款的人/部门 |

表 45（续）

| 代码值<br>Code Value | 代码名称<br>Code Name | 代码定义<br>Code Definition |
|---|---|---|
| AR | Accounts receivable contact<br>应收账款联系人 | 公司内负责应收账款的人/部门 |
| BC | Banking contact<br>银行业务联系人 | 银行业务联系人 |
| BJ | Department or person responsible for processing purchase order<br>负责处理购货订单的人或部门 | 负责处理购货订单的人或部门 |
| BO | After business hours contact<br>非营业时间联系人 | 非正常工作时间的联系人/部门 |
| BVP | Production Facility<br>生产企业 | 贸易项目联系人的大致描述，如“生产企业 3” |
| BXA | Administrative<br>行政管理 | “行政管理”类联系人 |
| BYF | Financial<br>金融财务 | “金融财务”类联系人 |
| BZL | Licensee Registrar<br>执照登记者 | 目标市场内对产品承担法律责任的当事人，也是目标市场内获得许可并负责管理的一方，他可能是生产商、进口商、经销商、代理商等 |
| CB | Changed by<br>更改人 | 进行更改的人 |
| CKE | Cook<br>编制 | 编制人 |
| CP | Responsible person for computer data processing<br>负责电脑数据处理事务的人 | 负责电脑数据处理事务的联系人 |
| CR | Customer relations<br>客户关系 | 负责处理客户关系的个人 |
| CXC | Consumer Support<br>售后服务 | 给贸易项目或服务的终端用户提供产品支持的一方 |
| CYC | Customer Support<br>客户支持 | 给购买商品的贸易伙伴提供产品支持的一方 |
| CZL | Logistics<br>物流管理 | “物流管理”类联系人 |
| DE | Department/employee to execute export procedures<br>办理进口手续的部门/人员 | 办理进口手续的部门/人员 |

表 45（续）

| 代码值<br>Code Value | 代码名称<br>Code Name | 代码定义<br>Code Definition |
|---|---|---|
| DI | Department/employee to execute import procedures<br>办理出口手续的部门/人员 | 办理出口手续的部门/人员 |
| DL | Delivery contact<br>交货联系人 | 负责交货的人/部门 |
| DMO | Operations<br>生产作业 | “生产作业”类联系人 |
| DNR | Recall Support<br>召回支持 | 可获取项目召回信息的联系人 |
| DOG | GDS Contact<br>GDS 联系人 | 可获取数据同步相关信息的联系人 |
| DPP | Packaging engineer<br>包装工程师 | 可获取项目包装信息的联系人 |
| DQT | Target Market Information Provider<br>目标市场信息提供者 | 信息提供者在 GTIN 目标市场的业务联系人，他不同于项目信息提供者的 GLN |
| DSU | Unspecified<br>未具体说明 | 未明确的联系人 |
| ED | Engineering contact<br>工程管理联系人 | 工程管理有关的联系人/部门 |
| GR | Goods receiving contact<br>接收货物联系人 | 负责在交货地点接收货物的人/部门 |
| HE | Emergency dangerous goods contact<br>紧急的危险品联系人 | 紧急情况联系人 |
| HG | Dangerous goods contact<br>危险品联系人 | 危险货物/物料运输的联系人/部门 |
| IC | Information contact<br>信息联系人 | 业务交易问题的联系人/部门 |
| LO | Place of collection contact<br>收货地联系人 | 收货地的联系部门/人员 |
| MGR | Manager<br>经理 | 一个公司或部门的负责人 |
| NT | Notification contact<br>通知联系人 | 需要通知的部门/人员 |

表 45（续）

| 代码值<br>Code Value | 代码名称<br>Code Name | 代码定义<br>Code Definition |
|---|---|---|
| OC | Order contact<br>订单联系人 | 订单问题的联系人 |
| PD | Purchasing contact<br>采购联系人 | 负责签发购货订单的部门/人员 |
| PM | Product management contact<br>产品管理联系人 | 订单问题的联系人/部门 |
| PRC | Product Recall Contact<br>产品召回联系人 | 创建、签发和更新产品召回通知的负责人 |
| PRM | Product Recall Media Relation Contact<br>产品召回相关媒体联系人 | 负责给媒体提供产品召回信息的联系人 |
| PRO | Product Recall Consumer Contact<br>产品召回消费者联系人 | 负责给消费者提供产品召回信息的联系人 |
| PRR | Product Removal Contact<br>产品更换联系人 | 负责为产品召回联系人创建、签发产品更换信息的联系人 |
| QC | Quality coordinator contact<br>质量负责人联系人 | 组织的质量负责人 |
| SA | Sales administration<br>销售部门 | 公司内管理销售的联系人名称 |
| SD | Shipping contact<br>装运联系人 | 组织的装运部联系人 |
| SR | Sales representative or department<br>销售代表或部门 | 组织的销售代表或销售部联系人 |
| TA | Traffic administrator<br>车辆管理员 | 组织的车辆管理员 |
| TD | Test contact<br>试验联系人 | 负责试验的联系人/部门 |
| TR | Transport contact<br>运输联系人 | 负责运输的人/部门 |
| WH | Warehouse<br>仓库 | 组织内负责仓库管理的联系人 |
| ZZZ | Mutually Defined<br>临时互认代码 | 在指定精确的代码之前，贸易伙伴间相互约定的一个临时代码 |

## 6.12 税费类型代码表

税费类型(DutyFeeTaxType)代码见表46。

**表46 税费类型代码表**

| 代码值<br>Code Value | 代码名称<br>Code Name | 代码定义<br>Code Definition |
|---|---|---|
| AAD | Tobacco tax<br>烟草税 | 烟草税 |
| AAF | Coffee tax<br>咖啡税 | 咖啡税 |
| AAJ | Tax on replacement part<br>备件税 | 备件税 |
| ACT | Alcohol tax<br>酒税 | 酒税 |
| CAR | Car tax<br>汽车税 | 汽车税 |
| ENV | Environmental tax<br>环境税 | 环境税 |
| EXC | Excise duty<br>消费税 | 消费税 |
| GST | Goods and services tax<br>商品和劳务税 | 商品和劳务税 |
| IMP | Import tax<br>进口税 | 进口税 |
| OIL | Oil tax<br>燃油税 | 燃油税 |
| OTH | Other taxes<br>其他税种 | 其他税种 |
| VAT | Value added tax<br>增值税 | 增值税 |

## 6.13 通讯渠道代码表

通讯渠道(CommunicationChannel)代码见表47。

表 47 通讯渠道代码表

| 代码值<br>Code Value | 代码名称<br>Code Name | 代码定义<br>Code Definition |
|---|---|---|
| EMAIL | Email<br>电子邮件 | 利用计算机网络、微型电脑、电话网络或其他的电子传播媒介创建/发送/接收非结构化的自由文本信息或文件的通讯方式 |
| SOCIAL_MEDIA | Social Media<br>社会化媒体 | 一个社会化媒体(如博客、论坛社区、社交网络等)的地址 |
| TELEFAX | Telefax<br>电传 | 利用电话线路或其他电子传播媒介传送和再现静态图像材料(如印刷品)的通讯方式 |
| TELEPHONE | Telephone<br>电话 | 通过电话传送声音/数据 |
| WEBSITE | Website<br>网址 | 互联网网址 |

### 6.14 法定登记代码表

法定登记(LegalRegistration)代码见表 48。

表 48 法定登记代码表

| 代码值<br>Code Value | 代码名称<br>Code Name | 代码定义<br>Code Definition |
|---|---|---|
| BUSINESS_REGISTRATION | Business registration<br>营业登记 | 营业登记的代码 |
| CHAMBER_OF_COMMERCE_<br>REGIST RATION | Chamber of commerce registration<br>商会登记 | 商会登记的代码 |

### 6.15 金融账号类型代码表

金融账号类型(FinancialAccountNumberType)代码见表 49。

表 49 金融账号类型代码表

| 代码值<br>Code Value | 代码名称<br>Code Name | 代码定义<br>Code Definition |
|---|---|---|
| TIME_DEPOSIT | Time Deposit<br>定期存款 | 一个定期账户的资金等于扣除提前支取的罚金后的到期净额,不能提前支取的定期账户在到期前不能作为资金账户使用,定期账户包括但不限于存款单、储蓄券和个人退休金账户等 |
| CHECKING_ACCOUNT DEPOSIT | Checking Account<br>经常账户 | 一个可通过书面的可转让票据随时存取的活期存款账户 |

表 49（续）

| 代码值<br>Code Value | 代码名称<br>Code Name | 代码定义<br>Code Definition |
|---|---|---|
| BUSINESS_ACCOUNT DEPOSIT | Business Account<br>营业账户 | 由颁证机构分配的、用于管理商业活动的账户识别号或标识代码 |
| IBAN_IDENTIFICATION | IBAN Identification<br>IBAN 标识 | 国际银行账号是国际通用的标识跨境银行账户的方法 |
| BBAN_IDENTIFICATION | BBAN Identification<br>BBAN 标识 | 基本银行账号是国际通用的标识国内银行账户的方法 |

## 6.16 金融路径编码类型代码表

金融路径编码类型(FinancialRoutingNumberType)代码见表 50。

表 50 金融路径编码类型代码表

| 代码值<br>Code Value | 代码名称<br>Code Name | 代码定义<br>Code Definition |
|---|---|---|
| ABA_TRANSIT_ROUTING_NUMBER | ABA Transit Routing Number<br>ABA 分配的路径编码 | 美国银行家协会分配的银行路径编码 |
| SWIFT_IDENTIFICATION | SWIFT Identification<br>SWIFT 标识 | 环球同业银行金融电讯协会分配的用于国际电汇的银行路径编码/国际银行识别代码 |
| CHIPS | CHIPS<br>CHIPS | 票据交易所银行间支付系统分配的银行路径编码 |

# 7 ebXML 报文的编制

## 7.1 业务过程架构

业务过程架构见 GB/Z 25114.1—2010 中附录 A 的 A.1。

## 7.2 编写规则

编写规则见 GB/Z 25114.1—2010 中附录 A 的 A.2。

## 7.3 报文架构

报文架构见 GB/Z 25114.1—2010 中附录 A 的 A.3。

## 7.4 报文文件示例

报文文件示例参见附录 A 和附录 B。

# 附　录　A

（资料性附录）

## 仓储入库指令报文文件示例

```
〈? xml version = "1.0" encoding = "UTF-8"?〉
〈warehousing_inbound_instruction:warehousingInboundInstructionMessage
xmlns:warehousing_inbound_instruction = "urn:gs1:ecom:warehousing_inbound_instruction:xsd:3"
xmlns:sh = "http://www.unece.org/cefact/namespaces/StandardBusinessDocumentHeader"
xmlns:xsi = "http://www.w3.org/2001/XMLSchema-instance"
xsi:schemaLocation = "urn:gs1:ecom:warehousing_inbound_instruction:xsd:3 ../Schemas/gs1/
ecom/WarehousingInboundInstruction.xsd"〉
    〈sh:StandardBusinessDocumentHeader〉
        〈sh:HeaderVersion〉1.0〈/sh:HeaderVersion〉
        〈sh:Sender〉
            〈sh:Identifier Authority = "GS1"/〉
            〈sh:ContactInformation〉
                〈sh:Contact〉张三〈/sh:Contact〉
                〈sh:EmailAddress〉Zhansan@purchasing.XYZretailer.com〈/sh:EmailAddress〉
                〈sh:FaxNumber〉+86-010-1324-4567〈/sh:FaxNumber〉
                〈sh:TelephoneNumber〉+86-010-1234-5678〈/sh:TelephoneNumber〉
                〈sh:ContactTypeIdentifier〉Buyer〈/sh:ContactTypeIdentifier〉
            〈/sh:ContactInformation〉
        〈/sh:Sender〉
        〈sh:Receiver〉
            〈sh:Identifier Authority = "GS1"/〉
            〈sh:ContactInformation〉
                〈sh:Contact〉李四〈/sh:Contact〉
                〈sh:EmailAddress〉Lisi@widgets.com〈/sh:EmailAddress〉
                〈sh:FaxNumber〉+86-010-9875-6543〈/sh:FaxNumber〉
                〈sh:TelephoneNumber〉+86-010-9875-6543〈/sh:TelephoneNumber〉
                〈sh:ContactTypeIdentifier〉Seller〈/sh:ContactTypeIdentifier〉
            〈/sh:ContactInformation〉
        〈/sh:Receiver〉
        〈sh:DocumentIdentification〉
            〈sh:Standard〉GS1〈/sh:Standard〉
            〈sh:TypeVersion〉3.1〈/sh:TypeVersion〉
            〈sh:InstanceIdentifier〉100002〈/sh:InstanceIdentifier〉
            〈sh:Type〉Warehousing Inbound Instruction Message〈/sh:Type〉
            〈sh:MultipleType〉false〈/sh:MultipleType〉
            〈sh:CreationDateAndTime〉2006-01-10T12:00:01.000-05:00〈/sh:CreationDateAndTime〉
        〈/sh:DocumentIdentification〉
    〈/sh:StandardBusinessDocumentHeader〉
    〈warehousingInboundInstruction〉
```

```
〈creationDateTime〉2012-07-11T12:15:00.000-05:00〈/creationDateTime〉
〈documentStatusCode〉ORIGINAL〈/documentStatusCode〉
〈documentActionCode〉ADD〈/documentActionCode〉
〈warehousingInboundInstructionIdentification〉
    〈entityIdentification〉INSREC00123〈/entityIdentification〉
〈/warehousingInboundInstructionIdentification〉
〈logisticServicesBuyer〉
    〈gln〉2222222000004〈/gln〉
〈/logisticServicesBuyer〉
〈logisticServicesSeller〉
    〈gln〉3333333000001〈/gln〉
〈/logisticServicesSeller〉
〈warehousingInboundInstructionShipment〉
    〈shipmentIdentification〉
        〈gsin〉11111110000834053〈/gsin〉
    〈/shipmentIdentification〉
    〈shipper〉
        〈gln〉1111111000007〈/gln〉
    〈/shipper〉
    〈receiver〉
        〈gln〉3333333000018〈/gln〉
    〈/receiver〉
    〈logisticUnit〉
        〈sscc〉111111100001234560〈/sscc〉
        〈packageTypeCode〉AF〈/packageTypeCode〉
    〈/logisticUnit〉
    〈logisticUnit〉
        〈sscc〉111111100001234577〈/sscc〉
        〈packageTypeCode〉AF〈/packageTypeCode〉
    〈/logisticUnit〉
    〈packageTotal〉
        〈packageTypeCode〉AF〈/packageTypeCode〉
        〈totalPackageQuantity〉2〈/totalPackageQuantity〉
    〈/packageTotal〉
    〈warehousingReceiptTypeCode〉PRIORITY_RECEIPT〈/warehousingReceiptTypeCode〉
    〈plannedReceipt〉
        〈logisticEventPeriod〉
            〈beginDate〉2012-07-12〈/beginDate〉
            〈beginTime〉10:00:00〈/beginTime〉
            〈endDate〉2012-07-12〈/endDate〉
            〈endTime〉11:00:00〈/endTime〉
        〈/logisticEventPeriod〉
    〈/plannedReceipt〉
```

```
        〈carrierPickUpDropOffDetails〉
            〈transportResponsiblePerson〉
                〈personName〉LENMAN〈/personName〉
                〈identityDocument〉
                    〈identityDocumentNumber〉12345〈/identityDocumentNumber〉
                    〈identityDocumentType〉DRIVERS_LICENSE〈/identityDocumentType〉
                〈/identityDocument〉
            〈/transportResponsiblePerson〉
            〈transportMeans〉
                〈transportMeansType〉31〈/transportMeansType〉
                〈transportMeansID〉11-BB-AA〈/transportMeansID〉
            〈/transportMeans〉
        〈/carrierPickUpDropOffDetails〉
        〈warehousingInboundInstructionShipmentItem〉
            〈lineItemNumber〉1〈/lineItemNumber〉
            〈transactionalTradeItem〉
                〈gtin〉02222222003333〈/gtin〉
            〈/transactionalTradeItem〉
            〈logisticUnit〉
                〈sscc〉111111100001234560〈/sscc〉
                〈tradeItemQuantity〉20〈/tradeItemQuantity〉
            〈/logisticUnit〉
            〈logisticUnit〉
                〈sscc〉111111100001234577〈/sscc〉
                〈tradeItemQuantity〉20〈/tradeItemQuantity〉
            〈/logisticUnit〉
            〈plannedReceiptQuantity〉40〈/plannedReceiptQuantity〉
        〈/warehousingInboundInstructionShipmentItem〉
    〈/warehousingInboundInstructionShipment〉
  〈/warehousingInboundInstruction〉
〈/warehousing_inbound_instruction:warehousingInboundInstructionMessage〉
```

# 附 录 B
## （资料性附录）
## 仓储入库通知报文文件示例

```
〈? xml version = "1.0" encoding = "UTF-8"?〉
〈warehousing_inbound_notification:warehousingInboundNotificationMessage
xmlns:warehousing_inbound_notification = "urn:gs1:ecom:warehousing_inbound_notification:xsd:3"
xmlns:sh = "http://www.unece.org/cefact/namespaces/StandardBusinessDocumentHeader"
xmlns:xsi = "http://www.w3.org/2001/XMLSchema-instance"
xsi:schemaLocation = "urn:gs1:ecom:warehousing_inbound_notification:xsd:3 ../Schemas/gs1/
ecom/WarehousingInboundNotification.xsd"〉
    〈sh:StandardBusinessDocumentHeader〉
        〈sh:HeaderVersion〉1.0〈/sh:HeaderVersion〉
        〈sh:Sender〉
            〈sh:Identifier Authority = "GS1"/〉
            〈sh:ContactInformation〉
                〈sh:Contact〉张三〈/sh:Contact〉
                〈sh:EmailAddress〉Zhansan@purchasing.XYZretailer.com〈/sh:EmailAddress〉
                〈sh:FaxNumber〉+86-010-1324-4567〈/sh:FaxNumber〉
                〈sh:TelephoneNumber〉+86-010-1234-5678〈/sh:TelephoneNumber〉
                〈sh:ContactTypeIdentifier〉Buyer〈/sh:ContactTypeIdentifier〉
            〈/sh:ContactInformation〉
        〈/sh:Sender〉
        〈sh:Receiver〉
            〈sh:Identifier Authority = "GS1"/〉
            〈sh:ContactInformation〉
                〈sh:Contact〉李四〈/sh:Contact〉
                〈sh:EmailAddress〉Lisi@widgets.com〈/sh:EmailAddress〉
                〈sh:FaxNumber〉+86-010-9875-6543〈/sh:FaxNumber〉
                〈sh:TelephoneNumber〉+86-010-9875-6543〈/sh:TelephoneNumber〉
                〈sh:ContactTypeIdentifier〉Seller〈/sh:ContactTypeIdentifier〉
            〈/sh:ContactInformation〉
        〈/sh:Receiver〉
        〈sh:DocumentIdentification〉
            〈sh:Standard〉GS1〈/sh:Standard〉
            〈sh:TypeVersion〉3.1〈/sh:TypeVersion〉
            〈sh:InstanceIdentifier〉100002〈/sh:InstanceIdentifier〉
            〈sh:Type〉Warehousing Inbound Instruction Message〈/sh:Type〉
            〈sh:MultipleType〉false〈/sh:MultipleType〉
            〈sh:CreationDateAndTime〉2006-01-10T12:00:01.000-05:00〈/sh:CreationDateAndTime〉
        〈/sh:DocumentIdentification〉
    〈/sh:StandardBusinessDocumentHeader〉
    〈warehousingInboundNotification〉
```

```
<creationDateTime>2012-07-11T12:15:00.000-05:00</creationDateTime>
<documentStatusCode>ORIGINAL</documentStatusCode>
<documentActionCode>ADD</documentActionCode>
<warehousingInboundNotificationIdentification>
    <entityIdentification>IBSTA00113</entityIdentification>
</warehousingInboundNotificationIdentification>
<logisticServicesBuyer>
    <gln>2222222000004</gln>
</logisticServicesBuyer>
<logisticServicesSeller>
    <gln>3333333000001</gln>
</logisticServicesSeller>
<warehousingInboundNotificationShipment>
    <shipmentIdentification>
        <gsin>11111110000834053</gsin>
    </shipmentIdentification>
    <shipper>
        <gln>1111111000007</gln>
    </shipper>
    <receiver>
        <gln>3333333000018</gln>
    </receiver>
    <logisticUnit>
        <sscc>111111100001234560</sscc>
        <packageTypeCode>AF</packageTypeCode>
    </logisticUnit>
    <logisticUnit>
        <sscc>111111100001234577</sscc>
        <packageTypeCode>AF</packageTypeCode>
    </logisticUnit>
    <packageTotal>
        <packageTypeCode>AF</packageTypeCode>
        <totalPackageQuantity>2</totalPackageQuantity>
    </packageTotal>
    <warehousingInboundStatusCode>UNLOADING_FINISHED</warehousingInboundStatusCode>
    <actualReceipt>
        <logisticEventDateTime>
            <date>2012-07-12</date>
            <time>11:30:00</time>
        </logisticEventDateTime>
    </actualReceipt>
    <warehousingInboundInstruction>
        <entityIdentification>INSREC00123</entityIdentification>
```

</warehousingInboundInstruction>
</warehousingInboundNotificationShipment>
</warehousingInboundNotification>
</warehousing_inbound_notification:warehousingInboundNotificationMessage>

# 参 考 文 献

［1］ GB/T 28174.1—2011 统一建模语言（UML） 第1部分：基础结构

ICS 35.340
A 24

# 中华人民共和国国家标准

GB/T 35407—2017

# 基于ebXML的补货建议

## ebXML based replenishment proposal

2017-12-29 发布　　　　2018-07-01 实施

中华人民共和国国家质量监督检验检疫总局
中国国家标准化管理委员会　发布

# 前　言

本标准按照 GB/T 1.1—2009 给出的规则起草。

本标准由全国物流信息管理标准化技术委员会(SAC/TC 267)提出并归口。

本标准起草单位:陕西省标准化研究院、浙江省物品编码中心、西安外事学院、中国物品编码中心、宁波甬标物品编码中心、河南省标准化研究院。

本标准主要起草人:刘力真、高凯、廖权虹、孙小云、施进、叶青、党光清、王尚书、邵小景、金蓓、楼庆华、马骏、刘若微、徐德洪、韩玲冰、苗杰、田筱燕、王艳平、王峰、贾果玲。

# 基于 ebXML 的补货建议

## 1 范围

本标准规定了物流信息交换中基于 ebXML 的补货建议报文的用例及描述、类图及信息描述、报文代码表及报文编制。

本标准适用于基于 ebXML 的补货建议报文的编制与应用。

## 2 规范性引用文件

下列文件对于本文件的应用是必不可少的。凡是注日期的引用文件，仅注日期的版本适用于本文件。凡是不注日期的引用文件，其最新版本(包括所有的修改单)适用于本文件。

GB/T 2659 世界各国和地区名称代码

GB/T 4880.1 语种名称代码 第1部分:2字母代码

GB/T 4880.2 语种名称代码 第2部分:3字母代码

GB/T 12406 表示货币和资金的代码

GB 12904 商品条码 零售商品编码与条码表示

GB/T 16472 乘客及货物类型、包装类型和包装材料类型代码

GB/T 16711 银行业 银行电信报文 银行标识代码

GB/T 16828 商品条码 参与方位置编码与条码表示

GB/Z 25114.1—2010 基于 ebXML 的商业报文 第1部分:贸易项目

## 3 术语和定义、缩略语

### 3.1 术语和定义

下列术语和定义适用于本文件。

3.1.1

**用例图 case diagram**

描述参与者、主题(系统)、用例之间关系的图。

[GB/T 28174.1—2011,定义 3.1.219]

3.1.2

**类图 class diagram**

显示一组说明性的(静态)模型元素的图，例如，这样的元素可为类、类型以及它们的内容及关系。

[GB/T 28174.1—2011,定义 3.1.37]

### 3.2 缩略语

下列缩略语适用于本文件。

ebXML:电子商务可扩展置标语言(Electronic Business Extensible Markup Language)

# 4 用例及描述

## 4.1 用例

本报文的用例见图1。

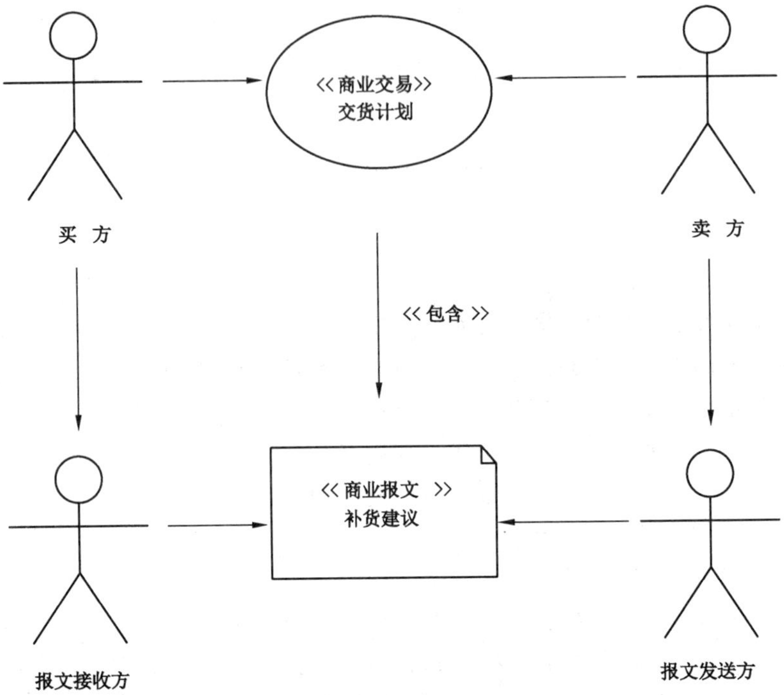


图1 交货计划用例图

## 4.2 用例描述

用例描述见表1。

表1 用例描述

| 用例名 | 交货计划 |
|---|---|
| 用例描述 | 卖方根据买方发送的补货请求，结合自身实际提出交货计划。交货计划由卖方发送给买方，包括交付货品的数量、时间和地点 |
| 角色 | 卖方<br>买方 |
| 实施目标 | 传输交货计划 |
| 前置条件 | 已统计好交货数量 |
| 后置条件 | 已发送交货计划 |
| 商业情景 | 开始点：卖方统计好交货计划；<br>步骤1：卖方向买方发送补货建议报文；<br>结束点：买方接收补货建议报文 |

# 5 类图及信息描述

## 5.1 补货建议类

### 5.1.1 类图

补货建议(ReplenishmentProposal)类图见图2。

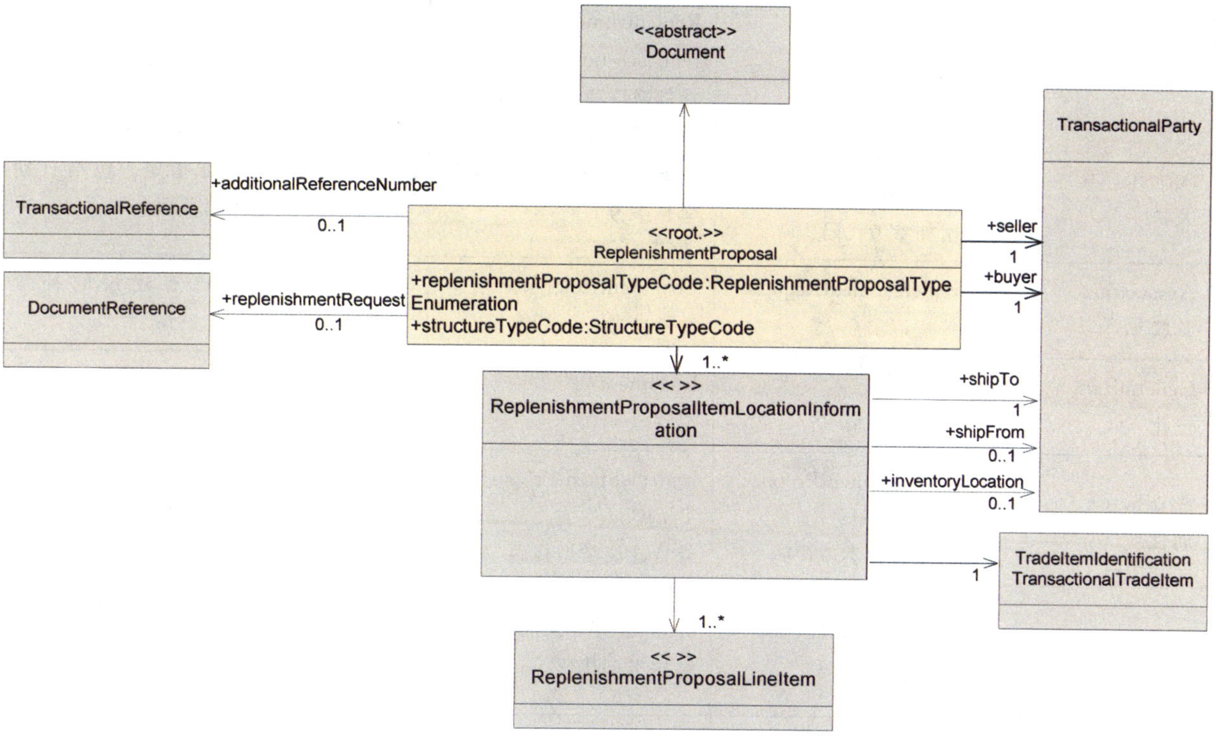


图2 补货建议类图

### 5.1.2 信息描述

补货建议(ReplenishmentProposal)类信息描述见表2。

表2 补货建议类信息描述

| 内容<br>Content | 属性/角色<br>Attribute/Role | 数据类型/副类<br>Datatype/Secondary class | 多重性<br>Multiplicity | 定义<br>Definition |
|---|---|---|---|---|
| Replenishment Proposal<br>补货建议 | | | | 在特定时期内,对给定的贸易项目和地点,为买方提供卖方交货或者生产计划相关信息 |
| Association<br>关联 | Replenishment ProposalIdentification<br>补货建议标识 | EntityIdentification<br>实体标识 | 1..1 | 卖方指定的唯一补货建议代码 |
| Association<br>关联 | Seller<br>卖方 | TransactionalParty<br>交易参与方 | 1..1 | 包括卖方标识 |

**表 2（续）**

| 内容<br>Content | 属性/角色<br>Attribute/Role | 数据类型/副类<br>Datatype/Secondary class | 多重性<br>Multiplicity | 定义<br>Definition |
|---|---|---|---|---|
| Association<br>关联 | Buyer<br>买方 | TransactionalParty<br>交易参与方 | 1..1 | 包括买方标识 |
| Association<br>关联 | | ReplenishmentProposalI-temLoca-tionInformation<br>补货建议项目位置信息 | 1.. * | 包含特定时期下特定贸易项目和位置的补货建议 |
| Association<br>关联 | additionalReferen-ceNumber<br>附加参考代码 | TransactionalReference<br>交易参考 | 0..1 | 由买方指定。包括日期和参考代码 |
| Association<br>关联 | replenishmentRequest<br>补货请求 | DocumentReference<br>文件参考 | 0..1 | 参考已有建议的补货请求 |
| Generalization<br>泛化 | | Document<br>文件 | | 报文基本信息包括：版本号、创建日期和时间 |
| Attribute<br>属性 | replenishmentPropos-alTypeCode<br>补货建议类型代码 | replenishmentProposal-TypeCode<br>补货建议类型代码 | 1..1 | 包括补货计划类型，例如生产或交货。补货建议类型代码见表 29 |
| Attribute<br>属性 | structureTypeCode<br>结构类型代码 | structureTypeCode<br>结构类型代码 | 1..1 | 商业文件的分组和顺序类型。结构类型代码见表 30 |
| ReplenishmentProp-osalItemLocationIn-formation<br>补货建议项目位置信息 | | | | 在特定时期下，对已有贸易项目和位置的补货建议 |
| Association<br>关联 | | TransactionalTradeItem<br>交易的贸易项目 | 1..1 | 将要被交付的贸易项目的标识信息 |
| Association<br>关联 | shipTo<br>目的地 | TransactionalParty<br>交易方 | 1..1 | 将要被交付货物的目的地标识信息 |
| Association<br>关联 | inventoryLocation<br>库存位置 | TransactionalParty<br>交易方 | 0..1 | 收货方储存货物的地址标识信息 |
| Association<br>关联 | shipFrom<br>始发地 | TransactionalParty<br>交易方 | 0..1 | 将要被交付货物的起运地址标识信息 |
| Association<br>关联 | | ReplenishmentProposal-LineItem<br>补货建议行项目 | 1.. * | 每一时间段的计划交货量 |

## 5.2 补货建议行项目类

### 5.2.1 类图

补货建议行项目(ReplenishmentProposalLineItem)类图见图3。

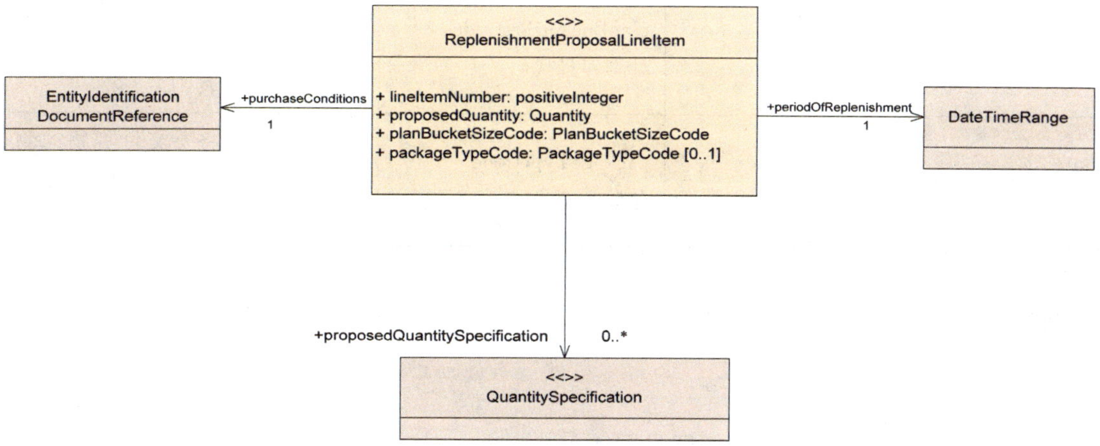


图3 补货建议行项目类图

### 5.2.2 信息描述

补货建议行项目(ReplenishmentProposalLineItem)类信息描述见表3。

表3 补货建议行项目类信息描述

| 内容 Content | 属性/角色 Attribute/Role | 数据类型/副类 Datatype/Secondary class | 多重性 Multiplicity | 定义 Definition |
|---|---|---|---|---|
| ReplenishmentProposalLineItem 补货建议行项目 | | | | 包括每个时间段的计划交货量 |
| Association 关联 | periodOfReplenishment 补货周期 | DateTimeRange 日期时间范围 | 1..1 | 包括补货周期的开始、结束日期,及可选的开始、结束时间 |
| Association 关联 | proposedQuantitySpecification 建议数量说明 | QuantitySpecification 数量说明 | 0..* | 特定时间段内附加的数量信息,如:在运输、生产中产品 |
| Association 关联 | purchaseConditions 购买条件 | DocumentReference 参考文件 | 1..1 | 包括货物供应所依据的商贸协定的参考信息 |
| Attribute 属性 | lineItemNumber 行项目数 | positiveInteger 正整型 | 1..1 | 提供与补货建议行项目相关的行号 |
| Attribute 属性 | proposedQuantity 建议数量 | positiveInteger 正整型 | 1..1 | 计划补充的单元数量 |

表 3 (续)

| 内容 Content | 属性/角色 Attribute/Role | 数据类型/副类 Datatype/Secondary class | 多重性 Multiplicity | 定义 Definition |
|---|---|---|---|---|
| Attribute 属性 | planBucketSizeCode 计划存量代码 | planBucketSizeCode 计划存量代码 | 1..1 | 描述计划周期范围的代码。计划存量代码见表 31 |
| Attribute 属性 | packageTypeCode 包装类型代码 | packageTypeCode 包装类型代码 | 0..1 | 将要交付货物的物流单元包装类型代码 。包装类型代码见 GB/T 16472 |

## 5.3 日期时间范围类

### 5.3.1 类图

日期时间范围(DateTimeRange)类图见图 4。

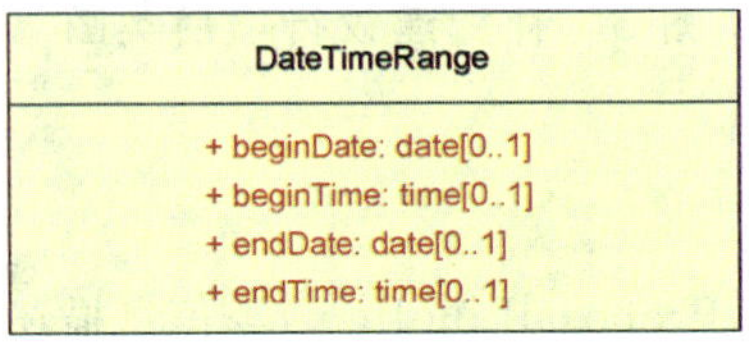


图 4 日期时间范围类图

### 5.3.2 信息描述

日期时间范围(DateTimeRange)类信息描述见表 4。

表 4 日期时间范围类信息描述

| 内容 Content | 属性/角色 Attribute/Role | 数据类型/副类 Datatype/Secondary class | 多重性 Multiplicity | 定义 Definition |
|---|---|---|---|---|
| DateTimeRange 日期时间范围 | | | | 根据开始日期/时间和结束日期/时间确定的区间 |
| Attribute 属性 | beginDate 开始日期 | Date 日期型 | 0..1 | 日期时间范围的首日日期 |
| Attribute 属性 | beginTime 开始时间 | Time 时间型 | 0..1 | 日期时间范围的开始时间 |
| Attribute 属性 | endDate 结束日期 | Date 日期型 | 0..1 | 日期时间范围的末日日期 |
| Attribute 属性 | endTime 结束时间 | Time 时间型 | 0..1 | 日期时间范围的结束时间 |

## 5.4 数量说明类

### 5.4.1 类图

数量说明(QuqntitySpecification)类图见图5。

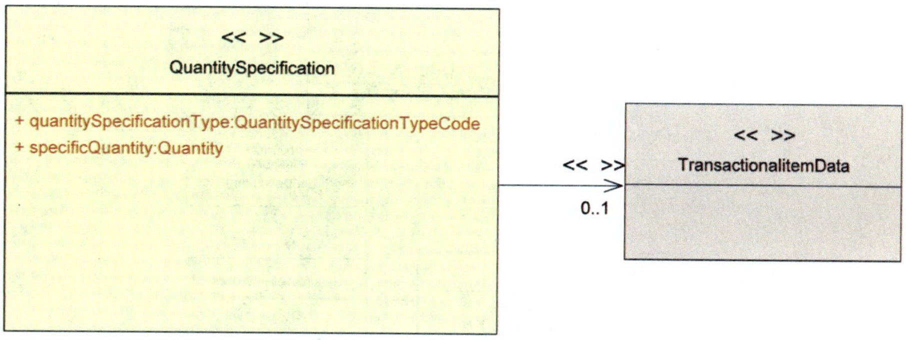


图5 数量说明类图

### 5.4.2 信息描述

数量说明(QuantitySpecification)类信息描述见表5。

表5 数量说明类信息描述

| 内容<br>Content | 属性/角色<br>Attribute/Role | 数据类型/副类<br>Datatype/Secondary class | 多重性<br>Multiplicity | 定义<br>Definition |
|---|---|---|---|---|
| QuantitySpecification<br>数量说明 | | | | 界定生产或交付货物的详细信息 |
| Association<br>关联 | | TransactionalItemData<br>交易项目数据 | 0..1 | 界定交易项目特征各种标准，如最佳日期、批次或编号 |
| Attribute<br>属性 | quantitySpecification-TypeCode<br>数量说明类别 | QuantitySpecification-TypeCode<br>数量说明类型代码 | 1..1 | 界定所提供的信息类型的代码。数量说明类型代码见表32 |
| Attribute<br>属性 | specificQuantity<br>具体的数量 | positiveInteger<br>正整型 | 1..1 | 计划交付或生产的货物数量 |

## 5.5 文件参考类

### 5.5.1 类图

文件参考(DocumentReference)类图见图6。

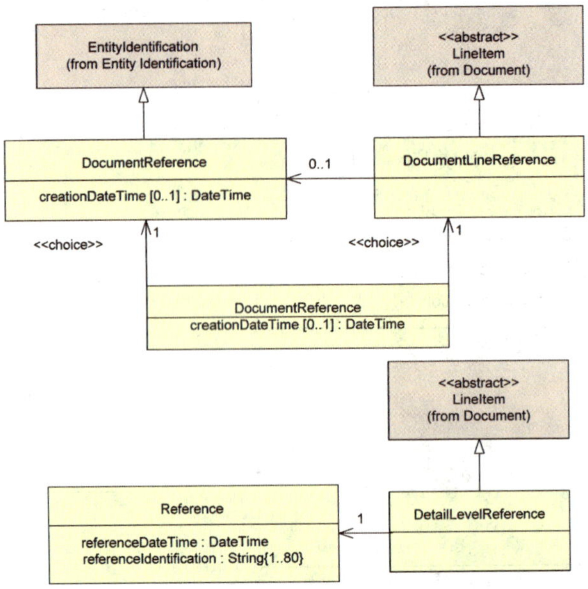


图 6　文件参考类图

### 5.5.2　信息描述

文件参考(DocumentReference)类信息描述见表 6。

表 6　文件参考类信息描述

| 内容<br>Content | 属性/角色<br>Attribute/Role | 数据类型/副类<br>Datatype/Secondary class | 多重性<br>Multiplicity | 定义<br>Definition |
|---|---|---|---|---|
| DocumentReference<br>文件参考 | | | | 识别文件或参考文件中某行的信息 |
| Generalization<br>泛化 | | EntityIdentification<br>实体标识 | | 参考商业文件的标识 |
| Attribute<br>属性 | creationDateTime<br>创建日期时间 | dateTime<br>日期时间型 | 0..1 | 创建参考文件的日期和时间 |
| Attribute<br>属性 | revisionNumber<br>修订编号 | String<br>字符串型 | 0..1 | 用来标识交易文件之后的更新情况并提供参考的编号 |
| Attribute<br>属性 | lineItemNumber<br>行项目编号 | String<br>字符串型 | 0..1 | 参考文件中某行的编号 |

## 5.6　实体标识类

### 5.6.1　类图

实体标识(EntityIdentification)类图见图 7。

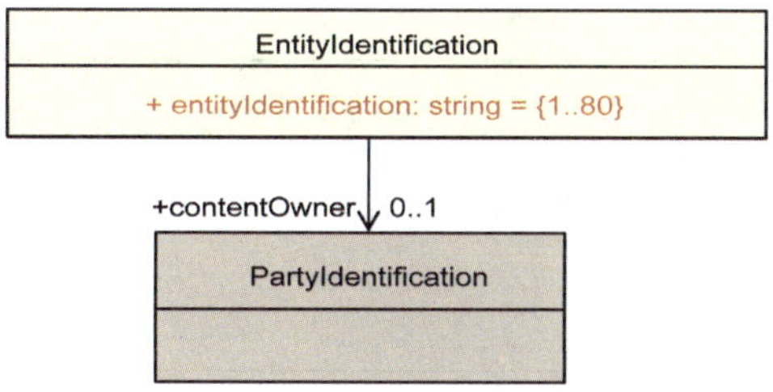


图 7 实体标识类图

### 5.6.2 信息描述

实体标识(EntityIdentification)类信息描述见表 7。

表 7 实体标识类信息描述

| 内容<br>Content | 属性/角色<br>Attribute/Role | 数据类型/副类<br>Datatype/Secondary class | 多重性<br>Multiplicity | 定义<br>Definition |
|---|---|---|---|---|
| EntityIdentification<br>实体标识 | | | | 标识一条信息,比如一个对象或文件 |
| Association<br>关联 | contentOwner<br>内容主体 | PartyIdentification<br>参与方标识 | 0..1 | 信息创建者的唯一标识 |
| Attribute<br>属性 | entityIdentification<br>实体标识 | String<br>字符串型 | 1..1 | 信息的唯一标识符,比如目标标识或文件标识 |

## 5.7 参与方标识类

### 5.7.1 类图

参与方标识(PartyIdentification)类图见图 8。

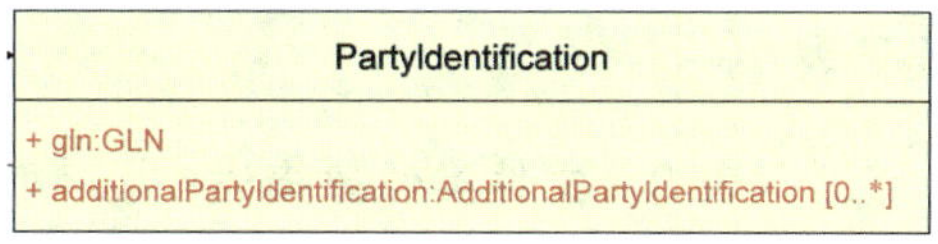


图 8 参与方标识类图

### 5.7.2 信息描述

参与方标识(PartyIdentification)类信息描述见表 8。

**表 8　参与方标识类信息描述**

| 内容<br>Content | 属性/角色<br>Attribute/Role | 数据类型/副类<br>Datatype/Secondary class | 多重性<br>Multiplicity | 定义<br>Definition |
|---|---|---|---|---|
| PartyIdentification<br>参与方标识 | | | | 用于标识某个参与方或位置的信息 |
| Attribute<br>属性 | GLN<br>全球位置码 | String<br>字符串型 | 1..1 | 全球位置码(GLN)[a]，是用于标识参与方或位置的 GS1 关键标识代码 |
| Attribute<br>属性 | AdditionalPartyIdentification<br>附加参与方标识 | String<br>字符串型 | 0..* | 除全球位置码之外的参与方或位置的标识 |
| [a] 代码结构见 GB/T 16828。 | | | | |

## 5.8　文件类

### 5.8.1　类图

文件(Document)类图见图 9。

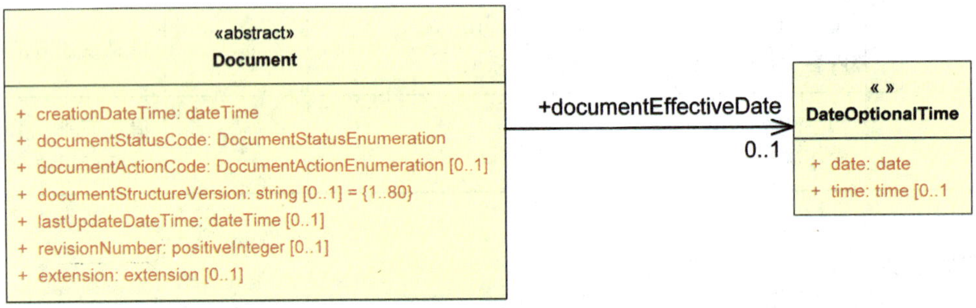


**图 9　文件类图**

### 5.8.2　信息描述

文件(Document)类信息描述见表 9。

**表 9　文件类信息描述**

| 内容<br>Content | 属性/角色<br>Attribute/Role | 数据类型/副类<br>Datatype/Secondary class | 多重性<br>Multiplicity | 定义<br>Definition |
|---|---|---|---|---|
| Document<br>文件 | | | | 用于说明报文的基本信息，包括版本号、创建日期和时间 |
| Attribute<br>属性 | creationDateTime<br>创建日期时间 | dateTime<br>日期时间型 | 1..1 | 创建文件的日期和时间 |

**表 9（续）**

| 内容<br>Content | 属性/角色<br>Attribute/Role | 数据类型/副类<br>Datatype/Secondary class | 多重性<br>Multiplicity | 定义<br>Definition |
|---|---|---|---|---|
| Attribute<br>属性 | documentStatusCode<br>文件状态代码 | DocumentStatusEnumer-ation<br>枚举型 | 1..1 | 表示文件是复制文件或原始文件 |
| Attribute<br>属性 | documentActionCode<br>文件操作代码 | DocumentActionEnumer-ation<br>枚举型 | 0..1 | 规定被接受者的系统所采纳的操作代码，接受者使用文件中的信息 |
| Attribute<br>属性 | documentStructure-Version<br>文件结构版本 | String<br>字符串型 | 0..1 | 文件结构的版本号 |
| Attribute<br>属性 | lastUpdateDateTime<br>上次更新日期 | dateTime<br>日期时间型 | 0..1 | 某一文件的最近更新日期和时间 |
| Attribute<br>属性 | revisionNumber<br>修订编号 | String<br>字符串型 | 0..1 | 用来标识交易文件之后的更新情况并提供参考的编号 |
| Association<br>关联 | documentEffectiveDate<br>文件生效日期 | DateOptionalTime<br>可选时间的日期 | 0..1 | 文件在商业上或法律上生效的日期 |
| Extension<br>扩展 | | Extension<br>扩展 | 0..1 | 扩展文件时包含附加信息在内的扩展准备 |

## 5.9 可选时间日期

### 5.9.1 类图

可选时间的日期(DateOptionalTime)类图见图 10。

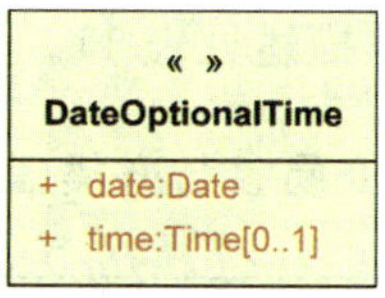


**图 10 可选时间的日期类图**

### 5.9.2 信息描述

可选时间日期(DateOptionalTime)类信息描述见表 10。

表 10　可选时间的日期类信息描述

| 内容<br>Content | 属性/角色<br>Attribute/Role | 数据类型/副类<br>Datatype/Secondary class | 多重性<br>Multiplicity | 定义<br>Definition |
|---|---|---|---|---|
| DateOptionalTime<br>可选时间日期 | | | | 提供一个日期,时间可选 |
| Attribute<br>属性 | Date<br>日期 | Date<br>日期型 | 1..1 | 用日历描述具体的一天 |
| Attribute<br>属性 | Time<br>时间 | Time<br>时间型 | 0..1 | 一天中的某个时间点 |

## 5.10　交易参与方

### 5.10.1　类图

交易参与方(TransactionalParty)类图见图 11。

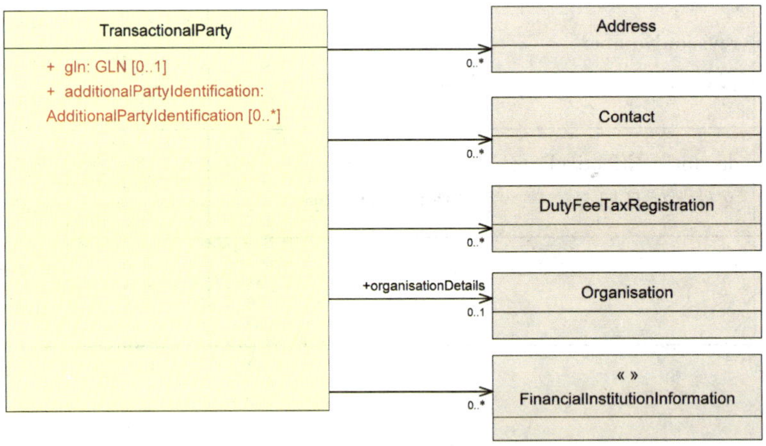


图 11　交易参与方类图

### 5.10.2　信息描述

交易参与方(TransactionalParty)类信息描述见表 11。

表 11　交易参与方类信息描述

| 内容<br>Content | 属性/角色<br>Attribute/Role | 数据类型/副类<br>Datatype/Secondary class | 多重性<br>Multiplicity | 定义<br>Definition |
|---|---|---|---|---|
| TransactionalParty<br>交易参与方 | | | | 商业交易的参与方的标识或附加信息,如"订单"或"发票" |
| Association<br>关联 | | Address<br>地址 | 0..1 | 商业交易的参与方的地址 |

表 11（续）

| 内容<br>Content | 属性/角色<br>Attribute/Role | 数据类型/副类<br>Datatype/Secondary class | 多重性<br>Multiplicity | 定义<br>Definition |
|---|---|---|---|---|
| Association<br>关联 | | Contact<br>联系 | 0..* | 商业交易的参与方的联系信息 |
| Association<br>关联 | organisationDetails<br>机构细节 | Organisation<br>机构 | 0..1 | 商业交易的参与方的机构信息 |
| Association<br>关联 | | DutyFeeTaxRegistration<br>税费登记 | 0..* | 商业交易参与方的税费登记信息 |
| Association<br>关联 | | FinancialInstitutionInformation<br>金融机构信息 | 0..* | 参与方拥有其账户的金融机构的信息 |
| Attribute<br>属性 | GLN<br>全球位置码 | String<br>字符串型 | 0..1 | GLN 可对任何企业内部的物理、法律和功能实体位置信息进行结构化标识，GLN 是基本的参与方标识代码，在贸易关系中确定的所有参与方都应拥有一个基本参与方标识代码 |

## 5.11 地址类

### 5.11.1 类图

地址(Address)类图见图 12。

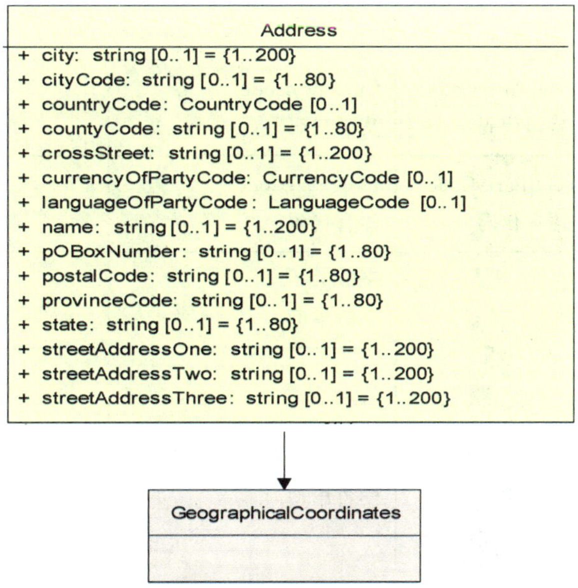


图 12 地址类图

### 5.11.2 信息描述

地址(Address)类信息描述见表12。

**表12 地址类信息描述**

| 内容<br>Content | 属性/角色<br>Attribute/Role | 数据类型/副类<br>Datatype/Secondary class | 多重性<br>Multiplicity | 定义<br>Definition |
|---|---|---|---|---|
| Address<br>地址 | | | | 某个特定人物或组织所处位置 |
| Association<br>关联 | | GeographicalCoordinates<br>地理坐标 | 0..1 | 地址的地理坐标 |
| Attribute<br>属性 | City<br>城市 | String<br>字符串型 | 0..1 | 表示城市名称的文本 |
| Attribute<br>属性 | cityCode<br>城市代码 | String<br>字符串型 | 0..1 | 用缩写代码而不是用完整名称表示的某个城市的标识符 |
| Attribute<br>属性 | countryCode<br>国家代码 | CountryCode<br>国家代码 | 0..1 | 描述某一地址的国家代码[a] |
| Attribute<br>属性 | countyCode<br>县郡代码 | String<br>字符串型 | 0..1 | 标识一个县(郡)的代码。县(郡)是一些国家内的领土区域划分,它构成了地方行政管理的主要单位 |
| Attribute<br>属性 | crossStreet<br>十字街 | String<br>字符串型 | 0..1 | 与城市主干道相交(通常成直角)并同时往其两侧延伸的街道 |
| Attribute<br>属性 | currencyOfPartyCode<br>参与方货币代码 | CurrencyCode<br>货币代码 | 0..1 | 描述某个参与方使用货币的代码[b] |
| Attribute<br>属性 | languageOfPartyCode<br>参与方语言代码 | LanguageCode<br>语言代码 | 0..1 | 描述某个参与方语言的代码[c] |
| Attribute<br>属性 | Name<br>名称 | String<br>字符串型 | 0..1 | 以文本表示的参与方名称 |
| Attribute<br>属性 | POBoxNumber<br>邮箱编号 | String<br>字符串型 | 0..1 | 标识某个邮政信箱的数字编号。邮政信箱是一种设置在邮局或其他邮政服务场所内、用于为指定的机构保存邮件的箱子 |

**表 12（续）**

| 内容 Content | 属性/角色 Attribute/Role | 数据类型/副类 Datatype/Secondary class | 多重性 Multiplicity | 定义 Definition |
|---|---|---|---|---|
| Attribute 属性 | postalCode 邮政编码 | String 字符串型 | 0..1 | 表示某一地址邮政编码的文本 |
| Attribute 属性 | provinceCode 省代码 | String 字符串型 | 0..1 | 表示某一省份的缩写文本 |
| Attribute 属性 | State 州 | String 字符串型 | 0..1 | 一种联邦制国家的构成单位 |
| Attribute 属性 | streetAddressOne 街道地址一 | String 字符串型 | 0..1 | 地址的首行部分(自由格式),如街道名称、街道编号或建筑物名称等,书面上出现在名称下方的首行位置 |
| Attribute 属性 | streetAddressTwo 街道地址二 | String 字符串型 | 0..1 | 地址的第二行部分(自由格式),如楼层号、建筑名称和房号等等,书面上出现在名称下方第二行位置,是对地址首行部分的补充,以便于确定参与方的位置 |
| Attribute 属性 | streetAddressThree 街道地址三 | String 字符串型 | 0..1 | 地址的第三行部分(自由格式),书面上出现在名称下方的第三行位置,在必要时用于对地址首行、第二行部分的补充 |

[a] 国家代码见 GB/T 2659。
[b] 货币代码见 GB/T 12406。
[c] 语言代码见 GB/T 4880.1、GB/T 4880.2。

## 5.12 地理坐标类

### 5.12.1 类图

地理坐标(GeographicalCoordinates)类图见图 13。

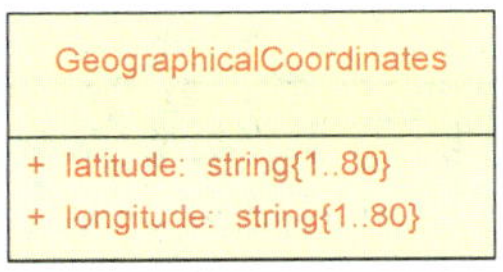


**图 13 地理坐标类图**

### 5.12.2 信息描述

地理坐标(GeographicalCoordinates)类信息描述见表 13。

**表 13 地理坐标类信息描述**

| 内容<br>Content | 属性/角色<br>Attribute/Role | 数据类型/副类<br>Datatype/Secondary class | 多重性<br>Multiplicity | 定义<br>Definition |
|---|---|---|---|---|
| GeographicalCoordinates<br>地理坐标 | | | | 某个地理位置的经度和纬度 |
| Attribute<br>属性 | Latitude<br>纬度 | Number<br>数值型 | 1..1 | 纬度是指地球赤道以北或以南的角距离,用 0°～90°的度数来表示 |
| Attribute<br>属性 | Longitude<br>经度 | Number<br>数值型 | 1..1 | 经度是指地球赤道被该点子午线和本初子午线切割的弧线或份额,它可用度数或时间表示 |

## 5.13 联系人类

### 5.13.1 类图

联系人(Contact)类图见图 14。

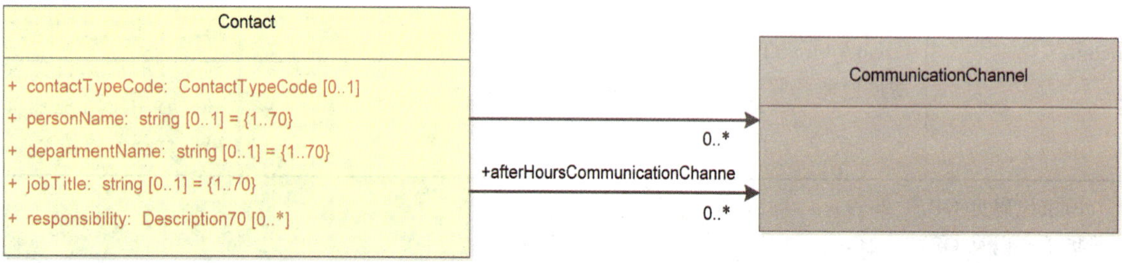


**图 14 联系人类图**

### 5.13.2 信息描述

联系人(Contact)类信息描述见表 14。

**表 14 联系人类信息描述**

| 内容<br>Content | 属性/角色<br>Attribute/Role | 数据类型/副类<br>Datatype/Secondary class | 多重性<br>Multiplicity | 定义<br>Definition |
|---|---|---|---|---|
| Contact<br>联系人 | | | | 为组织充当联络节点的个人或部门的信息 |

表 14（续）

| 内容<br>Content | 属性/角色<br>Attribute/Role | 数据类型/副类<br>Datatype/Secondary class | 多重性<br>Multiplicity | 定义<br>Definition |
|---|---|---|---|---|
| Association<br>关联 | | CommunicationChannel<br>通讯渠道 | 0..* | 与联系人通讯的渠道或途径，如电话、电子邮件等 |
| Association<br>关联 | afterHoursCommunicationChannel<br>非工作时间通讯渠道 | CommunicationChannel<br>通讯渠道 | 0..* | 在非工作时间与联系人通讯的渠道或途径 |
| Attribute<br>属性 | contactTypeCode<br>联系人类型代码 | ContactTypeCode<br>联系人类型代码 | 0..1 | 确定联系人作用的代码，如"Dangerous Goods 24 Hour Contact"（危险物品，保持 24 小时联系）。联系人类型代码见表 33 |
| Attribute<br>属性 | personName<br>人名 | String<br>字符串型 | 0..1 | 可提供补充信息的联系人名称 |
| Attribute<br>属性 | departmentName<br>部门名称 | String<br>字符串型 | 0..1 | 可提供补充信息的联系部门名称 |
| Attribute<br>属性 | jobTitle<br>职务 | String<br>字符串型 | 0..1 | 联系人的职务 |
| Attribute<br>属性 | Responsibility<br>职责 | Description<br>描述型（最长 70 字节） | 0..* | 进一步说明联系人职责范围的文本 |

## 5.14 通讯渠道类

### 5.14.1 类图

通讯渠道（CommunicationChannel）类图见图 15。

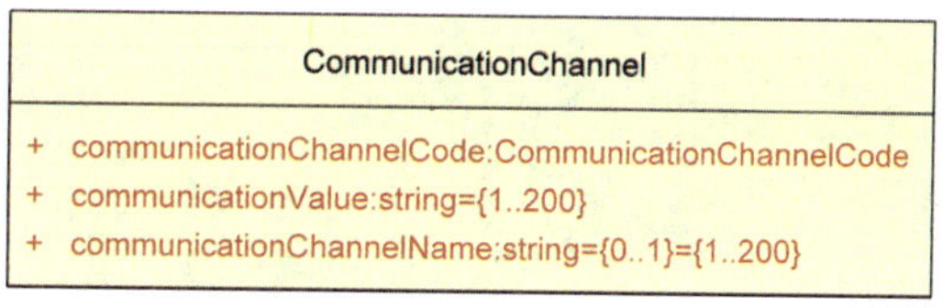


图 15 通讯渠道类图

### 5.14.2 信息描述

通讯渠道（CommunicationChannel）类信息描述见表 15。

表 15 通讯渠道类信息描述

| 内容<br>Content | 属性/角色<br>Attribute/Role | 数据类型/副类<br>Datatype/Secondary class | 多重性<br>Multiplicity | 定义<br>Definition |
|---|---|---|---|---|
| Communication-Channel<br>通讯渠道 | | | | 通讯的方式或渠道，如电话或电子邮件 |
| Attribute<br>属性 | communicationChannelCode<br>通讯渠道代码 | CommunicationChannel-Code<br>通讯渠道代码 | 1..1 | 界定通讯渠道所属类型的代码，如电话。通讯渠道代码见表 34 |
| Attribute<br>属性 | Communicationvalue<br>通讯值 | String<br>字符串型 | 1..1 | 识别通讯渠道终端的文本，比如电话号码或电子邮箱 |
| Attribute<br>属性 | communicationChannelName<br>通讯渠道名称 | String<br>字符串型 | 0..1 | 特定通讯渠道的名称，比如：weibo、QQ 等 |

## 5.15 组织类

### 5.15.1 类图

组织(Organisation)类图见图 16。

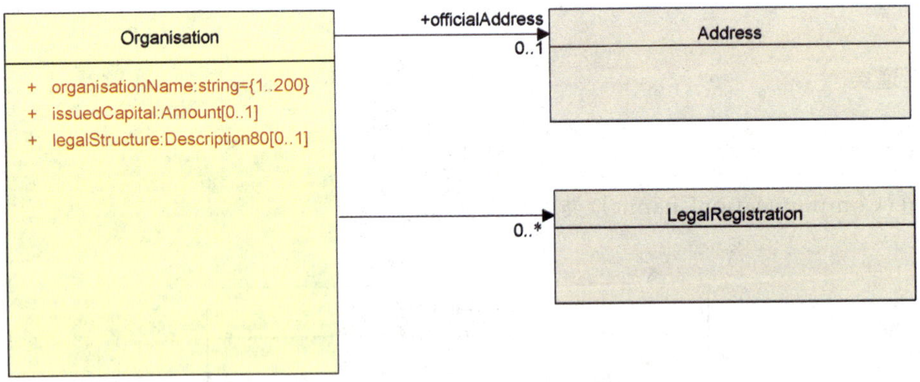


图 16 组织类图

### 5.15.2 信息描述

组织(Organisation)类信息描述见表 16。

**表 16 组织类信息描述**

| 内容<br>Content | 属性/角色<br>Attribute/Role | 数据类型/副类<br>Datatype/Secondary class | 多重性<br>Multiplicity | 定义<br>Definition |
|---|---|---|---|---|
| Organisation<br>组织 | | | | 为实现共同目标而组合的实体，如商业团体、政府机构或部门、慈善组织或金融机构等 |
| Association<br>关联 | officialAddress<br>官方地址 | Address<br>地址 | 0..1 | 组织官方基地所在地址 |
| Association<br>关联 | | LegalRegistration<br>法定登记 | 0..* | 组织依法登记注册的详情 |
| Attribute<br>属性 | organisationName<br>组织名称 | String<br>字符串型 | 1..1 | 组织的官方名称 |
| Attribute<br>属性 | issuedCapital<br>注册资本 | Number<br>数值型 | 0..1 | 组织的注册资本总额 |
| Attribute<br>属性 | legalStructure<br>法定结构 | Description80<br>描述型(最长 80 字节) | 0..1 | 组织的法定结构类型的描述 |

## 5.16 法定登记类

### 5.16.1 类图

法定登记(LegalRegistration)类图见图 17。

**图 17 法定登记类图**

### 5.16.2 信息描述

法定登记(LegalRegistration)类信息描述见表 17。

**表 17 法定登记类信息描述**

| 内容<br>Content | 属性/角色<br>Attribute/Role | 数据类型/副类<br>Datatype/Secondary class | 多重性<br>Multiplicity | 定义<br>Definition |
|---|---|---|---|---|
| LegalRegistration<br>法定登记 | | | | 组织法定登记注册的详细信息 |
| Attribute<br>属性 | legalRegistrationNumber<br>法定登记号 | String<br>字符串型 | 1..1 | 组织依法登记注册的唯一标识符 |
| Attribute<br>属性 | legalRegistrationType<br>法定登记类型 | LegalRegistrationCode<br>法定登记代码 | 1..1 | 标识法定登记类型的代码。法定登记代码见表 35 |

## 5.17 税费登记类

### 5.17.1 类图

税费登记(DutyFeeTaxRegistration)类图见图 18。

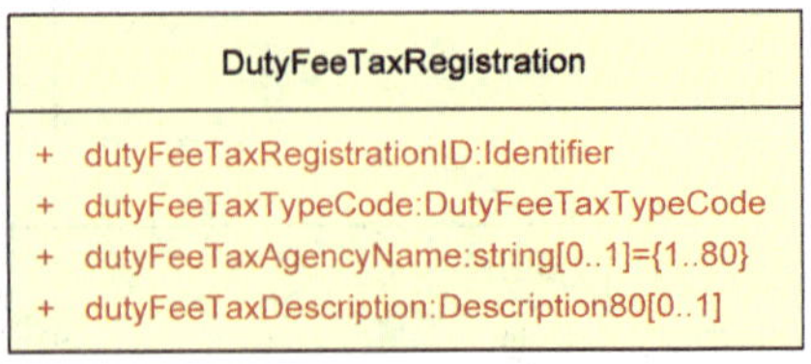


图 18 税费登记类图

### 5.17.2 信息描述

税费登记(DutyFeeTaxRegistration)类信息描述见表 18。

表 18 税费登记类信息描述

| 内容<br>Content | 属性/角色<br>Attribute/Role | 数据类型/副类<br>Datatype/Secondary class | 多重性<br>Multiplicity | 定义<br>Definition |
|---|---|---|---|---|
| DutyFeeTaxRegis-tration<br>税费登记 | | | | 某项特定税费的参与方登记详情 |
| Attribute<br>属性 | dutyFeeTaxRegistra-tionID<br>税费登记标识 | String<br>字符串型 | 1..1 | 某项特定税费的参与方标识符 |
| Attribute<br>属性 | dutyFeeTaxTypeCode<br>税费类型代码 | DutyFeeTaxTypeCode<br>税费类型代码 | 1..1 | 标识税费类型的代码。税费类型代码见表 36 |
| 属性<br>Attribute | dutyFeeTaxAgen-cyName<br>税费机构名称 | String<br>字符串型 | 0..1 | 负责征收某项税费的机构名称 |
| Attribute<br>属性 | dutyFeeTaxDescription<br>税费描述 | Description80<br>描述型(最长 80 字节) | 0..1 | 税费的文本描述 |

## 5.18 金融机构信息类

### 5.18.1 类图

金融机构信息(FinancialInstitutionInformation)类图见图 19。

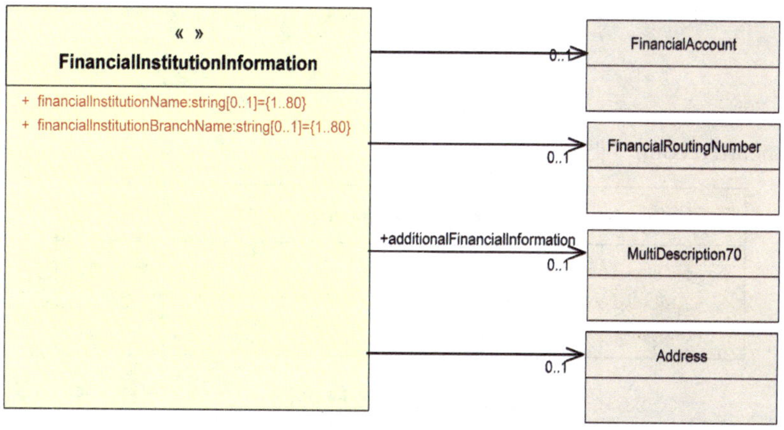


图 19 金融机构信息类图

### 5.18.2 信息描述

金融机构信息(FinancialInstitutionInformation)类信息描述见表 19。

表 19 金融机构信息类信息描述

| 内容<br>Content | 属性/角色<br>Attribute/Role | 数据类型/副类<br>Datatype/Secondary class | 多重性<br>Multiplicity | 定义<br>Definition |
|---|---|---|---|---|
| FinancialInstitution-Information<br>金融机构信息 | | | | 金融账户及其相关金融机构的信息 |
| Association<br>关联 | additionalFinancialInformation<br>附加金融信息 | MultiDescription70<br>多重描述(最长 70 字节) | 0..1 | 提供金融机构所有附加信息的描述 |
| Association<br>关联 | | Address<br>地址 | 0..1 | 某个金融机构的公司名称和地址 |
| Association<br>关联 | | FinancialAccount<br>金融账户 | 0..1 | 标识某个客户在某个金融机构开设的金融账户的信息 |
| Association<br>关联 | | FinancialRoutingNumber<br>金融路径代码 | 0..1 | 提供金融机构的路径代码 |
| Attribute<br>属性 | financialInstiutionName<br>金融机构名称 | String<br>字符串型 | 0..1 | 账户持有人的开户金融机构名称 |
| Attribute<br>属性 | financialInstitution-BranchName<br>金融分支机构名称 | String<br>字符串型 | 0..1 | 账户持有人开户金融分支机构或所在位置的名称 |

## 5.19 金融账户类

### 5.19.1 类图

金融账户(FinancialAccount)类图见图 20。

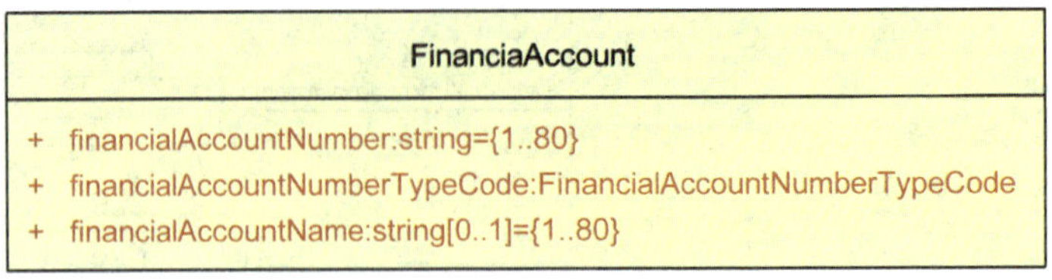


图 20 金融账户类图

### 5.19.2 信息描述

金融账户(FinancialAccount)类信息描述见表 20。

表 20 金融账户类信息描述

| 内容<br>Content | 属性/角色<br>Attribute/Role | 数据类型/副类<br>Datatype/Secondary class | 多重性<br>Multiplicity | 定义<br>Definition |
|---|---|---|---|---|
| FinancialAccount<br>金融账户 | | | | 识别客户金融机构下的金融账户 |
| Attribute<br>属性 | financialAccountNumber<br>金融账户号码 | String<br>字符串型 | 1..1 | 界定金融账户号码的文本 |
| Attribute<br>属性 | financialAccountNumberTypeCode<br>金融账户号码类型代码 | FinancialAccountNumberTypeCode<br>金融账户号码类型代码 | 1..1 | 界定金融账户号码的类型。金融账户号码类型代码见表 37 |
| Attribute<br>属性 | financialAccountName<br>金融账户名称 | String<br>字符串型 | 0..1 | 界定金融账户名称的文本 |

## 5.20 金融路径代码类

### 5.20.1 类图

金融路径代码(FinancialRoutingNumber)类图见图 21。

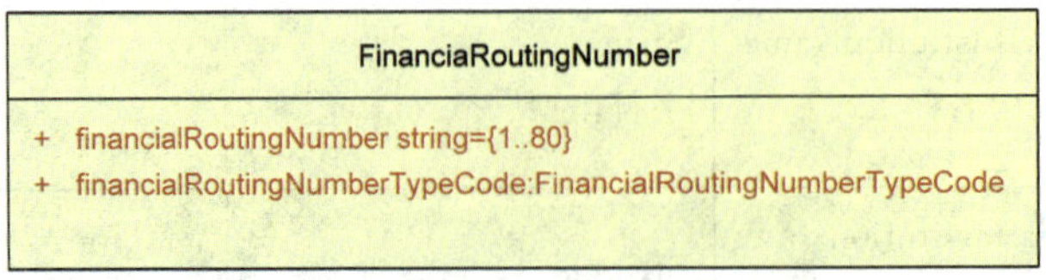


图 21 金融路径号码类图

### 5.20.2 信息描述

金融路径代码(FinancialRoutingNumber)类信息描述见表 21。

**表 21 金融路径代码类信息描述**

| 内容<br>Content | 属性/角色<br>Attribute/Role | 数据类型/副类<br>Datatype/Secondary class | 多重性<br>Multiplicity | 定义<br>Definition |
|---|---|---|---|---|
| FinancialRoutingNumber<br>金融路径代码 | | | | 表示路径代码和路径代码类型的信息 |
| Attribute<br>属性 | FinancialRoutingNumber<br>金融路径代码 | String<br>字符串型 | 1..1 | 指定各方交易的金融路径代码 |
| Attribute<br>属性 | FinancialRoutingNumberTypeCode<br>金融路径代码类型代码 | FinancialRoutingNumberTypeCode<br>金融路径代码类型代码 | 1..1 | 界定金融路径代码类型的代码，如 SWIFT(环球同业银行金融电讯协会)代码[a]。金融路径代码类型代码见表 38 |

[a] 银行国际代码(SWIFT)见 GB/T 16711。

## 5.21 交易项目类

### 5.21.1 类图

交易项目(TransactionalTradeItem)类图见图 22。

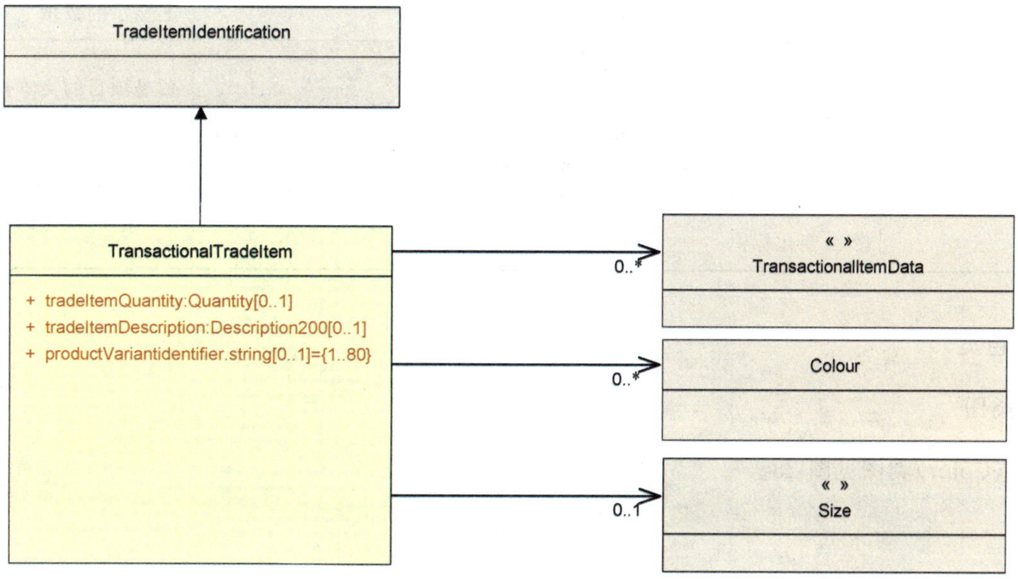


图 22 交易项目类图

### 5.21.2 信息描述

交易项目(TransactionalTradeItem)类信息描述见表 22。

表 22 交易项目类信息描述

| 内容<br>Content | 属性/角色<br>Attribute/Role | 数据类型/副类<br>Datatype/Secondary class | 多重性<br>Multiplicity | 定义<br>Definition |
|---|---|---|---|---|
| TransactionalTradeItem<br>交易项 | | | | 在供应链的任一环节中已定价、下订单或开过发票的任何一个项目(产品或服务),该项目应有检索预设信息 |
| Association<br>关联 | | Colour<br>颜色 | 0..* | 界定交易项目颜色的信息 |
| Association<br>关联 | | Size<br>体积 | 0..* | 描述交易项目的物理尺寸 |
| Association<br>关联 | | TrasactionalItemData<br>交易项目数据 | 0..1 | 能够界定贸易项目样本的动态数据,如最佳日期,批次或产品编号 |
| Generalization<br>泛化 | | TradeItemIdentification<br>贸易项目标识 | | |
| Attribute<br>属性 | tradeItemQquantity<br>贸易项目数量 | positiveInteger<br>正整型 | 0..1 | 无其他数量信息时,可供参考的贸易项目单元的数量,如数量需求或提单上显示的数量 |
| Attribute<br>属性 | tradeItemDescription<br>贸易项目描述 | Description200<br>描述型(最长 80 字节) | 0..1 | 贸易项目的文本描述 |
| Attribute<br>属性 | productVariantIdentifier<br>产品变化标识 | String{1..80}<br>字符串型(长度 1 字节~80 字节) | 0..1 | 识别产品变量的文本说明,比如,改进的原因 |

## 5.22 颜色类

### 5.22.1 类图

颜色(Color)类图见图 23。

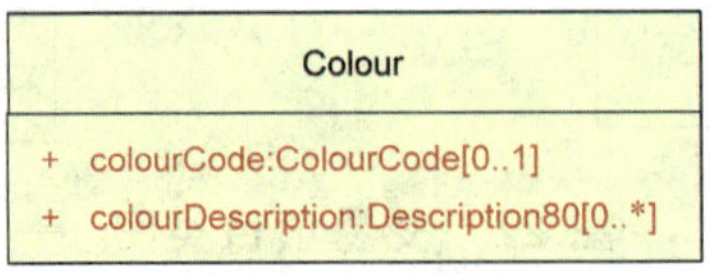


图 23 颜色类图

#### 5.22.2 信息描述

颜色(Colour)类信息描述见表 23。

**表 23 颜色类信息描述**

| 内容<br>Content | 属性/角色<br>Attribute/Role | 数据类型/副类<br>Datatype/Secondary class | 多重性<br>Multiplicity | 定义<br>Definition |
|---|---|---|---|---|
| Colour<br>颜色 | | | | 以文本或代码格式表示的颜色信息 |
| Attribute<br>属性 | colourCode<br>颜色代码 | ColourCode<br>颜色代码 | 0..1 | 以文本或代码格式表示的颜色信息。颜色代码见表 39 |
| Attribute<br>属性 | colourDescription<br>颜色描述 | Description80<br>描述型(最长 80 字节) | 0..* | 物品的颜色描述 |

### 5.23 尺寸类

#### 5.23.1 类图

尺寸(Size)类图见图 24。

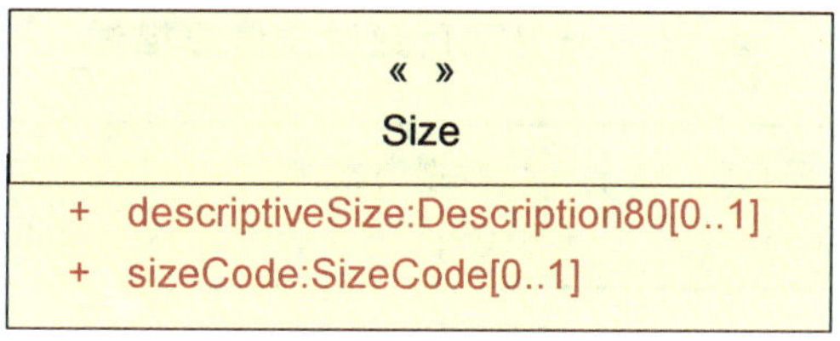


图 24 尺寸类图

#### 5.23.2 信息描述

尺寸(Size)类信息描述见表 24。

**表 24 尺寸类信息描述**

| 内容<br>Content | 属性/角色<br>Attribute/Role | 数据类型/副类<br>Datatype/Secondary class | 多重性<br>Multiplicity | 定义<br>Definition |
|---|---|---|---|---|
| Size<br>尺寸 | | | | 描述物品尺寸或比例的代码或说明 |
| Attribute<br>属性 | descriptiveSize<br>描述性尺寸 | Description80<br>描述型(最长 80 字节) | 0..1 | 物品的尺寸描述 |
| Attribute<br>属性 | SizeCode<br>尺寸代码 | SizeCode<br>尺寸代码 | 0..1 | 描述物品的尺寸以及所引用的代码体系，如 L 码。尺寸代码见表 40 |

## 5.24 交易项目数据类

### 5.24.1 类图

交易项目数据(TransactionalItemData)类图见图25。

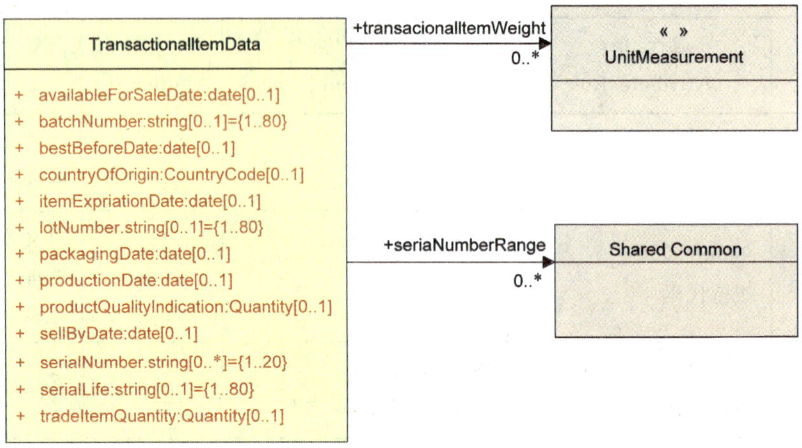


图25 交易项目数据类图

### 5.24.2 信息描述

交易项目数据(TransactionalItemData)类信息描述见表25。

表25 交易项目数据类信息描述

| 内容<br>Content | 属性/角色<br>Attribute/Role | 数据类型/副类<br>Datatype/Secondary class | 多重性<br>Multiplicity | 定义<br>Definition |
|---|---|---|---|---|
| TransactionalItem-Data<br>交易项目数据 | | | | 界定交易项目特征各种标准，如最佳日期、批次或编号 |
| Association<br>关联 | transactionalItem-Weight<br>交易项目重量 | UnitMeasurement<br>计量单位 | 0..* | 作用于交易对象的重力计量值 |
| Association<br>关联 | serialNumberRange<br>序列号范围 | StringRange<br>字符串范围 | 0..* | 由序列号最小值和最大值所确定的字符区间 |
| Attribute<br>属性 | availableForSaleDate<br>可销售时间 | Date<br>日期型 | 0..1 | 交易项目可供销售的日期 |
| Attribute<br>属性 | batchNumber<br>批号 | String<br>字符串型 | 0..1 | 经过相同加工程序的一批单元产品或项目，不单指生产过程 |
| Attribute<br>属性 | bestBeforeDate<br>最佳使用期限 | Date<br>日期型 | 0..1 | 产品最佳使用日期，描述产品质量 |
| Attribute<br>属性 | countryOfOrigin<br>原产国 | String<br>字符串型 | 0..1 | 货物供应国，使用国家代码表示 |

表 25（续）

| 内容<br>Content | 属性/角色<br>Attribute/Role | 数据类型/副类<br>Datatype/Secondary class | 多重性<br>Multiplicity | 定义<br>Definition |
|---|---|---|---|---|
| Attribute<br>属性 | itemExpirationDate<br>有效期 | Date<br>日期型 | 0..1 | 产品有效期，过期不可使用。其内容决定于交易项特质（如：对食品来说，应该显示因过期摄入而对健康可能带来的直接风险；对药品来说，应显示过期使用对健康可能带来的间接风险。该项描述通常描述为"在……前使用"或"最长保质期" |
| Attribute<br>属性 | vlotNumber<br>批次号 | String<br>字符串型 | 0..1 | 用于标识某一批号产品生产、加工、包装、赋码和配送的过程的一个唯一的数字或字母组合。多个批次号组成一个批号 |
| Attribute<br>属性 | packagingDate<br>包装日期 | Date<br>日期型 | 0..1 | 产品的包装日期 |
| Attribute<br>属性 | productionDate<br>生产日期 | Date<br>日期型 | 0..1 | 产品的生产日期 |
| Attribute<br>属性 | productQualityIndica-tion<br>生产质量标识 | String<br>字符串型 | 0..1 | 表示具体批次产品质量的数值，如等级或强度 |
| Attribute<br>属性 | sellByDate<br>销售日期 | Date<br>日期型 | 0..1 | 产品应在此之前出售的日期 |
| Attribute<br>属性 | serialNumber<br>序列号 | String<br>字符串型 | 0..* | 指定具体交易的特殊标识 |

## 5.25 计量单位类

### 5.25.1 类图

计量单位（UnitMeasurement）类图见图 26。

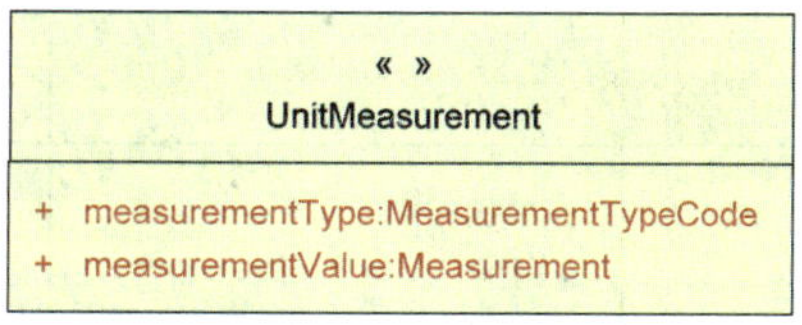


图 26 计量单位类图

### 5.25.2 信息描述

计量单位(UnitMeasurement)类信息描述见图 26。

**表 26 计量单位类信息描述**

| 内容<br>Content | 属性/角色<br>Attribute/Role | 数据类型/副类<br>Datatype/Secondary class | 多重性<br>Multiplicity | 定义<br>Definition |
|---|---|---|---|---|
| UnitMeasurement<br>计量单位 | | | | 界定每单元交易项重量或数值的信息 |
| Attribute<br>属性 | measurementType<br>计量类型 | MeasurementTypeCode<br>计量类型代码 | | 界定计量类型的代码,比如,GrossWeight(毛重)。计量类型代码见表 41 |
| Attribute<br>属性 | measurementValue<br>计量值 | Measurement<br>尺寸 | | 属性的计量值 |

## 5.26 贸易项目标识类

### 5.26.1 类图

贸易项目标识(TradeItemIdentification)类图见图 27。

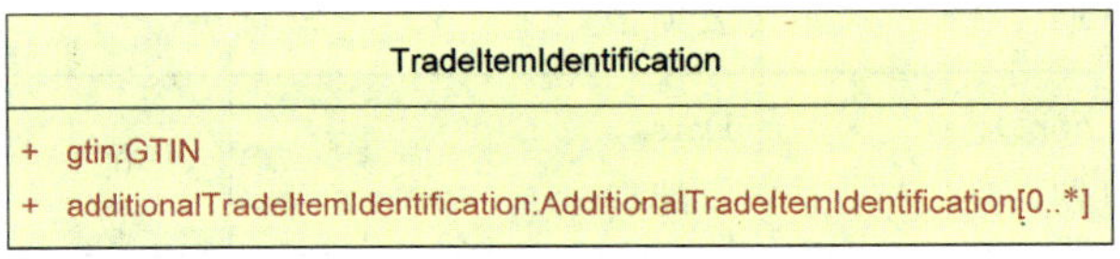


**图 27 贸易项目标识类图**

### 5.26.2 信息描述

贸易项目标识(TradeItemIdentification)类信息描述见表 27。

**表 27 贸易项目标识类信息描述**

| 内容<br>Content | 属性/角色<br>Attribute/Role | 数据类型/副类<br>Datatype/Secondary class | 多重性<br>Multiplicity | 定义<br>Definition |
|---|---|---|---|---|
| TradeItemIdentification<br>贸易项目标识 | | | | 提供 GTIN 作为贸易项目的唯一标识符和非 GTIN 格式的标识符作为贸易项目的可选的附加标识符 |
| Attribute<br>属性 | GTIN<br>全球贸易项目代码 | GTIN<br>全球贸易项目代码 | 1..1 | 全球贸易项目代码(GTIN)[a],用于对贸易项目标识的 GS1 系统关键标识符 |

表 27 贸易项目标识类信息描述

| 内容<br>Content | 属性/角色<br>Attribute/Role | 数据类型/副类<br>Datatype/Secondary class | 多重性<br>Multiplicity | 定义<br>Definition |
|---|---|---|---|---|
| Attribute<br>属性 | additionalTradeItemI-dentification<br>附加贸易项目标识 | AdditionalTradeItemI-dentification<br>附加贸易项目标识 | 0..* | 全球贸易项目代码以外，用以标识贸易项目的可选标识符 |
| [a] GTIN 代码结构见 GB/T 12904。 | | | | |

## 5.27 交易参考类

### 5.27.1 类图

交易参考(TransactionalReference)类图见图 28。

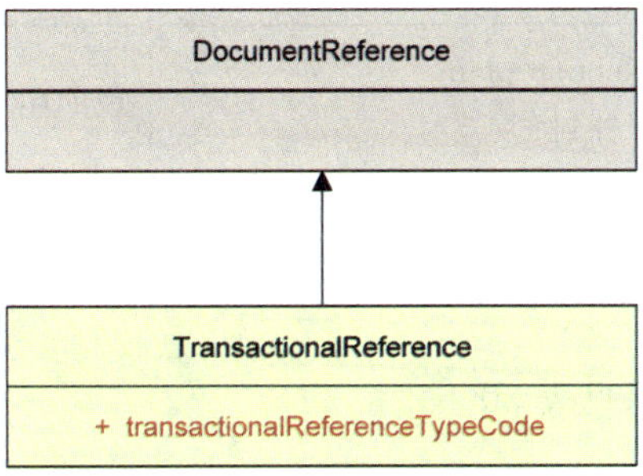


图 28 交易参考类图

### 5.27.2 信息描述

交易参考(TransactionalReference)类信息描述见表 28。

表 28 交易参考类信息描述

| 内容<br>Content | 属性/角色<br>Attribute/Role | 数据类型/副类<br>Datatype/Secondary class | 多重性<br>Multiplicity | 定义<br>Definition |
|---|---|---|---|---|
| TransactionalRefer-ence<br>交易参考 | | | | 具体业务流程的关联信息，如购买订单，反馈的授权号 |
| Generalization<br>泛化 | | DocumentReference<br>文件参考 | | |
| Attribute<br>属性 | transactionalReference-TypeCode<br>交易参考类型代码 | transactionalReference-TypeCode<br>交易参考类型代码 | 1..1 | 界定参考项所属类别的代码。交易参考类型代码见表 42 |

# 6 报文代码表

## 6.1 补货建议类型代码表

补货建议类型(ReplenishmentProposalType)代码见表29。

表29 补货建议类型代码表

| 代码值<br>Code Value | 代码名称<br>Code Name | 代码定义<br>Code Definition |
|---|---|---|
| ACTUAL_PRODUCTION | Actual production<br>实际生产量 | 前阶段生产货物数量的说明文件 |
| DELIVERY_PLAN | Delivery plan<br>配送计划 | 说明配送计划的代码 |
| PRODUCTION_PLAN | Production plan<br>生产计划 | 说明生产计划的代码 |

## 6.2 结构类型代码表

结构类型(StructureType)代码见表30。

表30 结构类型代码表

| 代码值<br>Code Value | 代码名称<br>Code Name | 代码定义<br>Code Definition |
|---|---|---|
| ITEM_BY_LOCATION | Item by location<br>按位置查找项目 | 项目信息作为数据头信息,后面附加位置信息 |
| LOCATION_BY_ITEM | Location by item<br>按项目查找位置 | 位置信息将成为数据头信息,后面附加项目信息 |

## 6.3 计划存量代码表

计划存量(PlanBucketSize)代码见表31。

表31 计划存量代码表

| 代码值<br>Code Value | 代码名称<br>Code Name | 代码定义<br>Code Definition |
|---|---|---|
| DAY | Day<br>天 | 每天存量需求信息 |
| MONTH | Month<br>月 | 每月存量需求信息 |

表 31（续）

| 代码值<br>Code Value | 代码名称<br>Code Name | 代码定义<br>Code Definition |
|---|---|---|
| QUARTER | Quarter<br>季度 | 每季度存量需求信息 |
| UNSPECIFIED | Unspecified<br>未指定的 | 允许任何时间格式的存量需求信息 |
| WEEK | Week<br>周 | 每周存量需求信息 |
| YEAR | Year<br>年 | 每年存量需求信息 |

## 6.4 数量说明类型代码表

数量说明类型(QuantitySpecificationType)代码见表 32。

表 32 数量说明类型代码表

| 代码值<br>Code Value | 代码名称<br>Code Name | 代码定义 |
|---|---|---|
| IN_TRANSIT | In transit<br>在途中 | 发送给接收方的在途中的货物数量 |
| ON_HAND | On hand<br>现货 | 可供的现货数量 |
| ON_HOLD | On hold<br>暂缓 | 当前不可供的货物数量 |
| PRODUCED | Produced<br>已产出 | 当前已产出的数量 |
| RECEIVED | Received<br>已收货 | 当前已收到的数量 |
| TO_BE_DELIVERED | To be delivered<br>待交货 | 待交货的数量 |
| TO_BE_DESPATCHED | To be despatched<br>待发货 | 待发货的数量 |
| TO_BE_PRODUCED | To be produced<br>待生产 | 待生产的数量 |

## 6.5 联系人代码表

联系人类型(ContactType)代码见表33。

**表33 联系人代码表**

| 代码值<br>Code Value | 代码名称<br>Code Name | 代码定义<br>Code Definition |
|---|---|---|
| AA | Insurance contact<br>保险联系人 | 保险事务的联系人/部门 |
| AD | Accounting contact<br>财务联系人 | 负责财务的联系人 |
| AE | Contract contact<br>合同联系人 | 合同事务的联系人/部门 |
| AM | Claims contact<br>索赔联系人 | 索赔事务的联系人/部门 |
| AP | Accounts payable contact<br>应付账款联系人 | 公司内负责应付账款的人/部门 |
| AR | Accounts receivable contact<br>应收账款联系人 | 公司内负责应收账款的人/部门 |
| BC | Banking contact<br>银行业务联系人 | 银行业务联系人 |
| BJ | Department or person responsible for processing purchase order<br>负责处理购货订单的人或部门 | 负责处理购货订单的人或部门 |
| BO | After business hours contact<br>非营业时间联系人 | 非正常工作时间的联系人/部门 |
| BVP | Production Facility<br>生产设施 | 贸易项目联系人的大致描述,如"生产设施3" |
| BXA | Administrative<br>行政管理 | "行政管理"类联系人 |
| BYF | Financial<br>金融财务 | "金融财务"类联系人 |
| BZL | Licensee Registrar<br>执照登记人 | 目标市场内对产品承担法律责任的当事人,也是目标市场内获得许可并负责管理的一方,他可能是生产商、进口商、经销商、代理商等 |
| CB | Changed by<br>更改人 | 实施更改的人 |

**表 33（续）**

| 代码值<br>Code Value | 代码名称<br>Code Name | 代码定义<br>Code Definition |
|---|---|---|
| CKE | Cook<br>编制 | 编制人 |
| CP | Responsible person for computer data processing<br>负责电脑数据处理事务的人 | 负责电脑数据处理事务的联系人 |
| CR | Customer relations<br>客户关系 | 负责处理客户关系的个人 |
| CXC | Consumer Support<br>售后服务 | 给贸易项目或服务的终端用户提供产品支持的一方 |
| CYC | Customer Support<br>客户支持 | 给购买商品的贸易伙伴提供产品支持的一方 |
| CZL | Logistics<br>物流管理 | "物流管理"类联系人 |
| DE | Department/employee to execute export procedures<br>办理进口手续的部门/人员 | 办理进口手续的部门/人员 |
| DI | Department/employee to execute import procedures<br>办理出口手续的部门/人员 | 办理出口手续的部门/人员 |
| DL | Delivery contact<br>发货联系人 | 负责发货的人/部门 |
| DMO | Operations<br>生产作业 | "生产作业"类联系人 |
| DNR | Recall Support<br>召回支持 | 可获取项目召回信息的联系人 |
| DOG | GDS Contact<br>GDS 联系人 | 可获取数据同步相关信息的联系人 |
| DPP | Packaging engineer<br>包装工程师 | 可获取项目包装信息的联系人 |
| DQT | Target Market Information Provider<br>目标市场信息提供者 | 信息提供者在 GTIN 目标市场的业务联系人，他不同于项目信息提供者的 GLN |
| DSU | Unspecified<br>未具体说明 | 未明确的联系人 |

表 33（续）

| 代码值<br>Code Value | 代码名称<br>Code Name | 代码定义<br>Code Definition |
|---|---|---|
| ED | Engineering contact<br>工程管理联系人 | 工程管理有关的联系人/部门 |
| GR | Goods receiving contact<br>接收货物联系人 | 负责在交货地点接收货物的人/部门 |
| HE | Emergency dangerous goods contact<br>紧急的危险品联系人 | 紧急情况联系人 |
| HG | Dangerous goods contact<br>危险品联系人 | 危险货物/物料运输的联系人/部门 |
| IC | Information contact<br>信息联系人 | 业务交易问题的联系人/部门 |
| LO | Place of collection contact<br>收货地联系人 | 收货地的联系部门/人员 |
| MGR | Manager<br>经理 | 一个公司或部门的负责人 |
| NT | Notification contact<br>通知联系人 | 需要通知的部门/人员 |
| OC | Order contact<br>订单联系人 | 订单问题的联系人 |
| PD | Purchasing contact<br>购买联系人 | 负责签发购货订单的部门/人员 |
| PM | Product management contact<br>产品管理联系人 | 订单问题的联系人/部门 |
| PRC | Product Recall Contact<br>产品召回联系人 | 创建、签发和更新产品召回通知的负责人 |
| PRM | Product Recall Media Relation Contact<br>产品召回相关媒体联系人 | 负责给媒体提供产品召回信息的联系人 |
| PRO | Product Recall Consumer Contact<br>产品召回消费者联系人 | 负责给消费者提供产品召回信息的联系人 |
| PRR | Product Removal Contact<br>产品更换联系人 | 负责为产品召回联系人创建、签发产品更换信息的联系人 |

表 33（续）

| 代码值<br>Code Value | 代码名称<br>Code Name | 代码定义<br>Code Definition |
|---|---|---|
| QC | Quality coordinator contact<br>质量负责人联系人 | 组织的质量负责人 |
| SA | Sales administration<br>销售部门 | 公司内管理销售的联系人名称 |
| SD | Shipping contact<br>货运联系人 | 组织的货运部联系人 |
| SR | Sales representative or department<br>销售代表或部门 | 组织的销售代表或销售部联系人 |
| TA | Traffic administrator<br>车辆管理员 | 组织的车辆管理员 |
| TD | Test contact<br>试验联系人 | 负责试验的联系人/部门 |
| TR | Transport contact<br>运输联系人 | 负责运输的人/部门 |
| WH | Warehouse<br>仓库 | 组织内负责仓库管理的联系人 |
| ZZZ | Mutually Defined<br>临时互认代码 | 在指定一个精确的代码到代码表之前，贸易伙伴间相互确认的一个临时代码 |

## 6.6 通讯渠道代码表

通讯渠道(CommunicationChannel)代码见表 34。

表 34 通讯渠道代码表

| 代码值<br>Code Value | 代码名称<br>Code Name | 代码定义<br>Code Definition |
|---|---|---|
| EMAIL | Email<br>电子邮件 | 利用计算机网络、微型电脑、电话网络或其他的电子传播媒介创建/发送/接收非结构化的自由文本信息或文件的通讯方式 |
| SOCIAL_MEDIA | Social Media<br>社会化媒体 | 一个社会化媒体(如博客、论坛社区、社交网络等)的地址 |
| TELEFAX | Telefax<br>电传 | 利用电话线路或其他电子传播媒介传送和再现静态图像材料(如印刷品)的通讯方式 |
| TELEPHONE | Telephone<br>电话 | 通过电话传送声音/数据 |
| WEBSITE | Website<br>网址 | 互联网网址 |

## 6.7 法定登记代码表

法定登记(LegalRegistration)代码见表 35。

表 35 法定登记代码表

| 代码值<br>Code Value | 代码名称<br>Code Name | 代码定义<br>Code Definition |
|---|---|---|
| BUSINESS_REGISTRATION | Business registration<br>营业登记 | 营业登记的代码 |
| CHAMBER_OF_COMMERCE_<br>REGIST RATION | Chamber of commerce registration<br>商会登记 | 商会登记的代码 |

## 6.8 税费类型代码表

税费类型(DutyFreeType)代码见表 36。

表 36 税费类型代码表

| 代码值<br>Code Value | 代码名称<br>Code Name | 代码定义<br>Code Definition |
|---|---|---|
| AAD | Tobacco tax<br>烟草税 | 烟草税 |
| AAF | Coffee tax<br>咖啡税 | 咖啡税 |
| AAJ | Tax on replacement part<br>替代部分税 | 替代部分税 |
| ACT | Alcohol tax<br>酒精税 | 酒精税 |
| CAR | Car tax<br>汽车税 | 汽车税 |
| ENV | Environmental tax<br>环境税 | 环境税 |
| EXC | Excise duty<br>消费税 | 消费税 |
| GST | Goods and services tax<br>商品和劳务税 | 商品和劳务税 |
| IMP | Import tax<br>进口税 | 进口税 |

表 36（续）

| 代码值<br>Code Value | 代码名称<br>Code Name | 代码定义<br>Code Definition |
|---|---|---|
| OIL | Oil tax<br>油税 | 油税 |
| OTH | Other taxes<br>其他税 | 其他税 |
| VAT | Value added tax<br>增值税 | 增值税 |

## 6.9 金融账户号码类型代码表

金融账户号码类型(FinancialAccountNumberType)代码见表 37。

表 37 金融账户号码类型代码表

| 代码值<br>Code Value | 代码名称<br>Code Name | 代码定义<br>Code Definition |
|---|---|---|
| TIME_DEPOSIT | Time Deposit<br>定期存款 | 定期存款的资源价值是由于在提前支取后的罚款的净额。如果到期前不能撤回资金，定期存款在到期前都不可提取。定期存款包括但不限于存款、储蓄存款、个人退休账户(IRA) |
| CHECKING _ ACCOUNT DEPOSIT | Checking Account<br>经常账户 | 活期存款账户，可以由书面的、可转让的票据提款 |
| BUSINESS _ ACCOUNT DEPOSIT | Business Account<br>商业账户 | 由发证机关发布的识别号码或代码，通过发布权限管理业务活动 |
| IBAN_IDENTIFICATION | IBAN Identification<br>国际银行账户识别 | 国际银行账号(IBAN)是国际通用的跨国银行账户识别手段 |
| BBAN_IDENTIFICATION | BBAN Identification<br>基本银行账户识别 | 基本银行账户号码(BBAN)是国际通用的国家内部银行账户识别手段 |

## 6.10 金融路径代码类型代码表

金融路径代码类型(FinancialRoutingNumberType)代码见表 38。

**表 38 金融路径代码类型代码表**

| 代码值<br>Code Value | 代码名称<br>Code Name | 代码定义<br>Code Definition |
|---|---|---|
| ABA _ TRANSIT _ ROUTING _NUMBER | ABA Transit Routing Number<br>ABA 分配的路径代码 | 美国银行家协会分配的银行路径代码 |
| SWIFT_IDENTIFICATION | SWIFT Identification<br>SWIFT 标识 | 环球同业银行金融电讯协会分配的用于国际电汇的银行路径编码/国际银行识别代码 |
| CHIPS | CHIPS<br>CHIPS 代码 | 票据交易所银行间支付系统分配的银行路径代码 |

## 6.11 颜色代码表

颜色(Colour)代码见表 39。

**表 39 颜色代码表**

| 代码值<br>Code Value | 代码名称<br>Code Name | 代码定义<br>Code Definition |
|---|---|---|
| 1 | National Retail Federation<br>国际零售联合会 | 国际零售联合会——标准颜色和尺寸代码。该手册为零售商和供应商的商品销售和通信系统提供指导 |
| 2 | PANTONE Matching System<br>彩通配色系统 | 彩通配色系统(PANTONE Matching System)是选择、确定、配对和控制油墨色彩方面的权威性国际参照标准。彩通配方指南(PANTONE formula guide)——三册装,包括了 1 114 种彩通专色(含有光面铜版纸、胶版纸和哑面铜版纸版本),分别展示了每种色彩相应的印刷油墨配方。三册装专色色票提供了光面铜版纸、胶版纸、哑面铜版纸的打孔可撕式色票,方便用于质量控制 |
| 3 | PANTONE Process Colour System®<br>数码化彩通叠印色彩系统 | 数码化彩通叠印色彩系统 (PANTONE Process Color System)色票以及指南提供了一种具有 3 000 多种色彩的综合色库,可以用于四色(CMYK)叠印处理印刷。彩通四色模拟专色指南(PANTONE solid to process guide)将一种彩通专色与 CMYK 四色叠印中最为接近的匹配色相比较,这种匹配色可以在计算机显示器、输出装置或者印刷机上可以获得。制图艺术方面的其他彩通色彩参照指南包括金属色、粉彩、色阶、双色、胶片和铝箔 |
| 4 | The PANTONE Hexachrome® Color System<br>彩通高保真六色色彩系统 | 彩通高保真六色色彩系统(PANTONE Hexachrome Color System)是一种已申请专利保护,具有穿透力的六色超高质量印刷程式,可以复制许多种更为明亮的持久色图像,模拟出比标准四色叠印更为逼真的亮色 |

表 39（续）

| 代码值 Code Value | 代码名称 Code Name | 代码定义 Code Definition |
|---|---|---|
| 5 | PANTONE TEXTILE Colour System® 彩通纺织色彩系统 | 彩通纺织色彩系统是设计师们的主要工具，用于选择和确定纺织和服装生产使用的色彩。该系统包括1 932种棉布或纸版色彩，不仅可以组建新的色库和概念化的色彩方案，还可以提供生产程式中的色彩交流和控制 |
| 6 | Assigned by Buyer 由买方指定 | 由买方指定 |
| 7 | Assigned by Seller 由卖方指定 | 由卖方指定 |
| 8 | WWS 领英系统 | 德国使用的服装色彩代码系统 |
| 9 | RAL 劳尔色卡 | 劳尔色卡是德国的一种国际色彩标准。自1927年以来，可供工业色彩、贸易、建筑和设计等领域的专业人员使用。劳尔公司一直是工业和贸易中处于独立且中立的地位 |
| 10 | NCS 自然色彩系统 | 自然色彩系统是瑞典、挪威、西班牙、南非等国的国家色彩检验标准，正在被全球范围采用 |

## 6.12 尺寸代码表

尺寸（Size）代码见表40。

表 40 尺寸代码表

| 代码值 Code Value | 代码名称 Code Name | 代码定义 Code Definition |
|---|---|---|
| 1 | National Retail Federation 国际零售联合会 | 国际零售联合会——标准颜色和尺寸代码。该手册为零售商和供应商的商品销售和通信系统提供指导 |
| 2 | Assigned by Buyer 由买方指定 | 由买方指定 |
| 3 | Assigned by Seller 由卖方指定 | 由卖方指定 |

## 6.13 度量类型代码表

度量类型（MeasurementType）代码见表41。

表 41 计量类型代码表

| 代码值<br>Code Value | 代码名称<br>Code Name | 代码定义<br>Code Definition |
|---|---|---|
| DECLARED_NET_WEIGHT | Declared net weight 标称净重 | 指出包装材料中含有一定数量的商品，捆扎材料除外 |
| GROSS_VOLUME | Gross volume<br>毛体积 | 总体积，通常由该包装的最大长、宽、高三者数值相乘计算得出 |
| NET_VOLUME | Net volume<br>净体积 | 净体积，通常由被包装物品的最大长、宽、高三者数值相乘计算得出 |
| TARE_WEIGHT | Tare weight<br>皮重 | 集装箱（或包含包装物）的实际或估算重量。在批发或零售贸易中，则表现为盒子、包装材料、捆扎物等。在运输过程中，则表现为运输工具的重量（如：卡车或搬运车）。皮重加净重等于毛重 |
| TOTAL_GROSS_WEIGHT | Total gross weight<br>总毛重 | 货物总量的度量，包括运输包装、运输工具等的重量 |
| UNIT_GROSS_WEIGHT | Unit gross weight<br>单元毛重 | 毛重包括贸易项的所有包装材料。使用托盘交易时，毛重包括托盘自身重量。举例："200 g"即总磅、总克等。该数值应与有效度量单位一起出现 |
| UNIT_NET_WEIGHT | Unit net weight<br>单元净重 | 表示交易项的净重。净重可适用于除消费层次以外的所有交易层面。该数值不包括所有包装材料，但包括所有全球贸易交易项更低层级包装。举例："11.5 kg"即总磅、总克等 |

## 6.14 交易参考类型代码表

交易参考类型（TransactionalReferenceType）代码见表 42。

表 42 交易参考类型代码表

| 代码值<br>Code Value | 代码名称<br>Code Name | 代码定义<br>Code Definition |
|---|---|---|
| AAB | Proforma invoice number<br>形式发票号码 | 形式发票号码 |
| AAC | Documentary credit number<br>信用文件号码 | 信用文件号码 |
| AAF | Debit card number<br>借记卡号码 | 借记卡号码 |

表 42（续）

| 代码值<br>Code Value | 代码名称<br>Code Name | 代码定义<br>Code Definition |
|---|---|---|
| AAG | Offer or quotation number<br>报价单号码 | 报价单号码 |
| AAJ | Delivery order number<br>交货订单 | 交货订单号 |
| AAK | Despatch advice number<br>发货通知单号 | 发货通知单号 |
| AAL | Drawing number<br>图样号码 | 图样号码 |
| AAM | Waybill number<br>陆运单号码 | 陆运单号码 |
| AAN | Delivery schedule number<br>发货日期号码 | 发货日期号码 |
| AAO | Consignee's shipment reference number<br>收货人的运输参考号码 | 收货人的运输参考号码 |
| AAQ | Unit load device (e.g. container) identification number<br>装载工具单位(如:集装箱)识别号 | 装载工具单位(如:集装箱)识别号 |
| AAS | Transport document number<br>运输单据号码 | 运输单据号码 |
| AAT | Master label number<br>主标签号码 | 主标签号码 |
| AAU | Despatch note number<br>包裹附单 | 包裹附单 |
| ABE | Declarant's reference number<br>保管员的参考号 | 保管员的参考号 |
| ABO | Originator's reference<br>原产方介绍 | 原产方介绍 |
| ABP | Declarant's Customs identity number<br>保管员的海关识别号码 | 保管员的海关识别号码 |
| ABQ | Importer reference number<br>进口参考号码 | 进口参考号码 |
| ABT | Customs declaration number<br>报关单号码 | 报关单号码 |

表 42（续）

| 代码值<br>Code Value | 代码名称<br>Code Name | 代码定义<br>Code Definition |
|---|---|---|
| ACD | Additional reference number<br>附加参考号 | 附加参考号 |
| ACE | Related document number<br>相关文件号码 | 相关文件号码 |
| ACL | Principal reference number<br>主要参考数 | 主要参考数 |
| ACW | Reference number to previous message<br>以往信息的参考号 | 以往信息的参考号 |
| ACX | Banker's acceptance<br>银行承兑汇票 | 银行承兑汇票 |
| ADB | Matured certificate of deposit<br>到期存款证明 | 到期存款证明 |
| ADC | Loan<br>贷款 | 贷款 |
| ADD | Analysis number/test number<br>分析号/测试号 | 分析号/测试号 |
| ADE | Account number<br>账号 | 账号 |
| AE | Authorization for expense (AFE) number<br>授权费用(AFE)号 | 授权费用(AFE)号 |
| AEK | Payment order number<br>支付订单号 | 支付订单号 |
| AER | Project specification number<br>项目规格编号 | 项目规格编号 |
| AES | Primary reference<br>首要参考 | 首要参考 |
| AFO | Beneficiary's reference<br>受益人/受保人编号 | 受益人/受保人编号 |
| AFS | Beneficiary's bank reference<br>受益人/受保人的银行编号 | 受益人/受保人的银行编号 |
| AGA | Agreement to pay number<br>支付协议号码 | 支付协议号码 |

表 42（续）

| 代码值<br>Code Value | 代码名称<br>Code Name | 代码定义<br>Code Definition |
|---|---|---|
| AGB | Contract party reference number<br>交易方参考号 | 交易方参考号 |
| AGG | Dispute number<br>争端号码 | 争端号码 |
| AGT | Service group identification number<br>服务方识别号 | 服务方识别号 |
| AGW | Scheme/plan number<br>计划号 | 计划号 |
| AHJ | Payee's reference number<br>收款人参考号 | 收款人参考号 |
| AHL | Creditor's reference number<br>债权人参考号 | 债权人参考号 |
| AHM | Debtor's reference number<br>债务人参考号 | 债务人参考号 |
| HU | Request for quote number<br>报价请求号 | 报价请求号 |
| AID | Certificate of conformity<br>证明商品符合合同中的规格的证书 | 证明商品符合合同中的规格的证书 |
| AIJ | Customer's individual transaction reference number<br>客户交易参考数 | 客户交易参考数 |
| AIK | Bank's individual transaction reference number<br>银行个人交易参考号 | 银行个人交易参考号 |
| AIZ | Consolidated invoice number<br>合并发票号 | 合并发票号 |
| AJS | Agreement number<br>协议号 | 协议号 |
| AJT | Standard Industry Classification (SIC) number<br>标准产业分类(SIC)号 | 标准产业分类(SIC)号 |
| AKJ | Direct debit reference<br>直接借记参考 | 直接借记参考 |

表 42（续）

| 代码值<br>Code Value | 代码名称<br>Code Name | 代码定义<br>Code Definition |
|---|---|---|
| AKM | Replenishment purchase order range start number<br>补货订单序列起始号码 | 补货订单序列起始号码 |
| AKO | Action authorization number<br>行动授权号 | 行动授权号 |
| ALK | Consignee's invoice number<br>收货人发票号 | 收货人发票号 |
| ALL | Message batch number<br>报文批号 | 报文批号 |
| ALM | Previous delivery schedule number<br>较早发货日期号 | 较早发货日期号 |
| ALN | Physical inventory recount reference number<br>实际库存重新计算参考数 | 实际库存重新计算参考数 |
| ALO | Receiving advice number<br>收货建议号 | 收货建议号 |
| ALP | Returnable container reference number<br>可回收集装参考号 | 可回收集装参考号 |
| ALQ | Returns notice number<br>退货通知号 | 退货通知号 |
| ALR | Sales forecast number<br>销售预测号 | 销售预测号 |
| ALS | Sales report number<br>销售报告号 | 销售报告号 |
| ALT | Previous tax control number<br>以前的税务控制号码 | 以前的税务控制号码 |
| ALV | Registered capital reference<br>注册资本参考 | 注册资本参考 |
| AML | 补货订单序列和号码<br>Replenishment purchase order range end number | 补货订单序列和号码 |
| AMT | Goods and Services Tax identification number<br>商品和劳务税费识别号 | 商品和劳务税费识别号 |

表 42（续）

| 代码值<br>Code Value | 代码名称<br>Code Name | 代码定义<br>Code Definition |
|---|---|---|
| ANJ | Authorization number<br>授权号 | 授权号 |
| ANL | Deposit reference number<br>存款参考号 | 存款参考号 |
| ANX | Clearing reference<br>结算参考号 | 结算参考号 |
| ANZ | Direct debit reference<br>直接借记参考 | 直接借记参考 |
| AOA | Documentary payment reference<br>付款相关文件 | 付款相关文件 |
| AP | Accounts receivable number<br>应收账款号 | 应收账款号 |
| APF | Price/sales catalogue response reference number<br>与价格清单相应的参考号 | 与价格清单相应的参考号 |
| APH | Invoicing data sheet reference number<br>发票数据单参考号 | 发票数据单参考号 |
| API | Inventory report reference number<br>库存报告参考号 | 库存报告参考号 |
| APQ | Commercial account summary reference number<br>商业账户概要 | 商业账户概要 |
| AQQ | Activite Principale Exercee identifier<br>(APE)主要业务活动标识 | (APE)主要业务活动标识 |
| AQS | Nomenclature Activity Classification Economy (NACE) identifier<br>经济活动的分类命名(NACE)标识符 | 经济活动的分类命名(NACE)标识符 |
| ARZ | Stock adjustment number<br>库存调整代号 | 库存调整代号 |
| ASE | Duty free products security number<br>免税产品安全编号 | 免税产品安全编号 |
| ASF | Duty free products receipt authorisation number<br>免税产品授权编号 | 免税产品授权编号 |

表 42（续）

| 代码值<br>Code Value | 代码名称<br>Code Name | 代码定义<br>Code Definition |
|---|---|---|
| ASG | Party information message reference<br>参与方信息参考 | 参与方信息参考 |
| ASI | Proof of delivery reference number<br>发货证明参考号 | 发货证明参考号 |
| ASJ | Supplier's credit claim reference number<br>供货商信用证明参考号 | 供货商信用证明参考号 |
| ASK | Picture of actual product<br>实际产品图片 | 实际产品图片 |
| ASL | Picture of a generic product<br>通用产品的图片 | 通用产品的图片 |
| ASO | Password<br>密码 | 密码 |
| ASV | Product data file number<br>产品数据的文件号 | 产品数据的文件号 |
| AUD | Collection reference<br>文件包参考号 | 文件包参考号 |
| AUG | Importer's letter of credit reference<br>进口商信用证参考号 | 进口商信用证参考号 |
| AUJ | Proposed purchase order reference number 采购订单参考号 | 采购订单参考号 |
| AUK | Application for financial support reference number<br>金融资助申请参考号 | 金融资助申请参考号 |
| AUL | Manufacturing quality agreement number<br>生产质量协议号 | 生产质量协议号 |
| AUQ | Customs binding ruling number<br>海关强制规定编号 | 海关强制规定编号 |
| AUR | Customs non-binding ruling number<br>海关非强制规定号 | 海关非强制规定号 |
| AUY | International Standard Industrial Classification (ISIC) code<br>国际标准行业分类(ISIC)码 | 国际标准行业分类(ISIC)码 |
| AUZ | Customs pre-approval ruling number<br>海关核准裁定编号 | 海关核准裁定编号 |

表 42（续）

| 代码值<br>Code Value | 代码名称<br>Code Name | 代码定义<br>Code Definition |
|---|---|---|
| AWB | Air waybill number<br>空运单号 | 空运单号 |
| BC | Buyer's contract number<br>买方合同号 | 买方合同号 |
| BFN | Buyer's fund number<br>买方基金号码 | 买方基金号码 |
| BM | Bill of lading number<br>提单号 | 提单号 |
| BN | Booking reference number<br>订购参考号 | 订购参考号 |
| BO | Blanket order number<br>空白提单号 | 空白提单号 |
| BT | Batch number/lot number<br>批号 | 批号 |
| CAN | Company trading account number<br>公司交易账户号 | 公司交易账户号 |
| CD | Credit note number<br>信用证号 | 信用证号 |
| CH | Customer catalogue number<br>海关目录号 | 海关目录号 |
| CK | Cheque number<br>支票号 | 支票号 |
| CMR | Road consignment note number<br>道路托运单号 | 道路托运单号 |
| CN | Carrier's reference number<br>承运人参考号 | 承运人参考号 |
| CNE | Consolidated reference number<br>集运参考号 | 集运参考号 |
| CO | Buyers order number<br>买方订单号 | 买方订单号 |
| COF | Call off order number.<br>订单取消号 | 订单取消号 |

表 42（续）

| 代码值<br>Code Value | 代码名称<br>Code Name | 代码定义<br>Code Definition |
| --- | --- | --- |
| CR | Customer reference number<br>海关参考号 | 海关参考号 |
| CT | Contract number<br>合同号 | 合同号 |
| CU | Consignor's reference number<br>发货人参考号 | 发货人参考号 |
| CZ | Cooperation contract number<br>联合合同号 | 联合合同号 |
| DDC | Direct debit contract reference<br>直接付款合同参考 | 直接付款合同参考 |
| DL | Debit note number<br>付款单号 | 付款单号 |
| DM | Document number<br>文件号 | 文件号 |
| DQ | Delivery note number<br>发货单号 | 发货单号 |
| ECN | External consolidation reference number<br>外部合并参考号 | 外部合并参考号 |
| ERC | External recap reference number<br>外部重新参考编号 | 外部重新参考编号 |
| EX | Export licence number<br>出口商证件号 | 出口商证件号 |
| FC | Fiscal number<br>财政识别号 | 财政识别号 |
| FF | Freight forwarder's reference number<br>货运代理人参考号 | 货运代理人参考号 |
| FI | File line identifier<br>文件序列识别号 | 文件序列识别号 |
| FV | File version number<br>文件版本号 | 文件版本号 |
| FX | Foreign exchange contract number<br>外汇交易号 | 外汇交易号 |

表 42（续）

| 代码值<br>Code Value | 代码名称<br>Code Name | 代码定义<br>Code Definition |
|---|---|---|
| GC | Government contract number<br>政府合同号 | 政府合同号 |
| GN | Government reference number<br>政府参考号 | 政府参考号 |
| GNM | General message number<br>通用报文号 | 通用报文号 |
| GRN | Goods reserve number<br>保留商品号 | 保留商品号 |
| HN | Handling and movement reference number<br>处理和搬运参考号 | 处理和搬运参考号 |
| HS | Harmonised system number<br>协调系统编号 | 协调系统编号 |
| HWB | House waybill number<br>空运货物单号 | 空运货物单号 |
| IA | Internal vendor number<br>内部供应商号码 | 内部供应商号码 |
| IDR | Instruction to despatch reference number<br>发货指令参考号 | 发货指令参考号 |
| IP | Import licence number<br>进口许可证号 | 进口许可证号 |
| IRN | Instruction for returns number<br>退货指令号 | 退货指令号 |
| IT | Internal customer number<br>内部客户号 | 内部客户号 |
| IV | Invoice number<br>发票号 | 发票号 |
| LC | Letter of credit number<br>信用证号 | 信用证号 |
| LI | Line item reference number<br>行项目参考号 | 行项目参考号 |
| MB | Master bill of lading number<br>主提单号码 | 主提单号码 |

表 42（续）

| 代码值<br>Code Value | 代码名称<br>Code Name | 代码定义<br>Code Definition |
|---|---|---|
| MF | Manufacturer's part number<br>制造商部件编号 | 制造商部门编号 |
| MG | Meter unit number<br>计量单位 | 计量单位 |
| MH | Manufacturing order number<br>生产订单号 | 生产订单号 |
| MR | Message recipient<br>信息接收方 | 信息接收方 |
| MS | Message sender<br>信息发送方 | 信息发送方 |
| MSC | Metered services consumption report<br>服务消费计量报告 | 服务消费计量报告 |
| MSS | Manufacturer's material safety data sheet number<br>制造商材料安全性数据报告编号 | 制造商材料安全性数据报告编号 |
| MWB | Master air waybill number<br>主空运单号 | 主空运单号 |
| ON | Order number (buyer)<br>订单号(买方) | 订单号(买方) |
| OSE | Order status enquiry<br>订单状态查询 | 订单状态查询 |
| PB | Payer's financial institution account number<br>支付方金融账户号 | 支付方金融账户号 |
| PD | Promotion deal number<br>促进交易号 | 促进交易号 |
| PFB | Firm booking reference number<br>确定订购参考号 | 确定订购参考号 |
| PIE | Product inquiry number<br>产品查询号 | 产品查询号 |
| PK | Packing list number<br>装箱单号 | 装箱单号 |
| PL | Price list number<br>价格清单编码 | 价格清单编码 |

表 42（续）

| 代码值<br>Code Value | 代码名称<br>Code Name | 代码定义<br>Code Definition |
|---|---|---|
| POR | Purchase order response number<br>采购订单反馈编码 | 采购订单反馈编码 |
| PP | Purchase order change number<br>采购订单修改号 | 采购订单修改号 |
| PQ | Payment reference<br>支付方式编码 | 支付方式编码 |
| PR | Price quote number<br>价格查询码 | 价格查询码 |
| PW | Prior purchase order number<br>优先采购订单号 | 优先采购订单号 |
| PY | Payee's financial institution account number<br>收款人的金融机构的账户号码 | 收款人的金融机构的账户号码 |
| RA | Remittance advice number<br>汇款通知号 | 汇款通知号 |
| RCE | Recap number<br>重点说明编码 | 重点说明编码 |
| RCN | Railway consignment note number<br>铁路托运号码 | 铁路托运号码 |
| RF | Export reference number<br>出口参考编码 | 出口参考编码 |
| SB | Sales region number<br>销售地区编码 | 销售地区编码 |
| SD | Sales department number<br>销售部门编码 | 销售部门编码 |
| SDR | Split delivery reference number<br>分批交货编码 | 分批交货编码 |
| SE | Serial number<br>序列号 | 序列号 |
| SN | Seal number<br>封条号 | 封条号 |
| SNR | Service relation number<br>相关服务编码 | 相关服务编码 |

表 42（续）

| 代码值<br>Code Value | 代码名称<br>Code Name | 代码定义<br>Code Definition |
| --- | --- | --- |
| SRN | Shipment reference number<br>相关运输编码 | 相关运输编码 |
| SS | Seller's reference number<br>卖方相关编码 | 卖方相关编码 |
| SSC | Serial shipping container code<br>运输集装箱序列号 | 运输集装箱序列号 |
| SZ | Specification number<br>规格号 | 规格号 |
| TL | Tax exemption licence number<br>免税许可证号码 | 免税许可证号码 |
| TP | Test report number<br>测试报告编码 | 测试报告编码 |
| TRB | Tribunal place registration number<br>审裁地点编码 | 审裁地点编码 |
| TRI | Transport instruction number<br>运输指令编码 | 运输指令编码 |
| TS | Test specification number<br>测试规格编码 | 测试规格编码 |
| TSE | Transport status number<br>运输状态编码 | 运输状态编码 |
| UC | Ultimate customer's reference number<br>最终用户参考号 | 最终用户参考号 |
| UCN | Unique consignment reference number<br>唯一托运参考号 | 唯一托运参考号 |
| VA | VAT registration number<br>增值税登记号 | 增值税登记号 |
| VN | Order number (supplier)<br>订单号(供应方) | 订单号(供应方) |
| XA | Company/place registration number<br>公司/地点注册号 | 公司/地点注册号 |
| XA4 | Account servicing bank reference<br>银行账号 | 服务银行账号 |

**表 42（续）**

| 代码值<br>Code Value | 代码名称<br>Code Name | 代码定义<br>Code Definition |
|---|---|---|
| XA5 | Customer to customer reference number<br>客户对客户编码 | 客户对客户编码 |
| XA6 | Third party reference number<br>第三方编号 | 第三方编号 |
| XA8 | Credit card number<br>信用卡号码 | 信用卡号码 |
| XB1 | Clearing number<br>结算数量 | 结算数量 |
| XB5 | Tooling contract number<br>模具交易号 | 模具交易号 |
| XB6 | Formula number<br>公式编号 | 公式编号 |
| XB7 | Pre-agreement number<br>前协议编号 | 前协议编号 |
| XB9 | Customs purchase for re-export agreement number<br>复出口的海关订购协议号 | 复出口的海关订购协议号 |
| XC1 | Product certification number<br>产品证书号 | 产品证书号 |
| XC3 | Consignment contract number<br>托运合同号 | 托运合同号 |
| XC5 | Veterinary licence number allocated by a national authority to a slaughterhouse<br>官方为屠宰场颁发的受益证书号 | 官方为屠宰场颁发的受益证书号 |
| YA1 | Product specification reference number<br>产品规格编码 | 产品规格编码 |
| YA3 | Numbering per year<br>年度编号 | 年度编号 |

## 7 ebXML 报文的编制

### 7.1 业务过程架构

业务过程架构见 GB/Z 25114.1—2010 中附录 A 的 A.1。

## 7.2 编写规则

编写规则见 GB/Z 25114.1—2010 中附录 A 的 A.2。

## 7.3 报文架构

报文架构见 GB/Z 25114.1—2010 中附录 A 的 A.3。

## 7.4 报文文件示例

报文文件示例参见附录 A。

# 附　录　A
## （资料性附录）
## 补货建议报文文件示例

```
<? xml version = "1.0" encoding = "UTF-8"?>
<replenishment_proposal:replenishmentProposalMessage
xmlns:replenishment_proposal = "urn:gs1:ecom:replenishment_proposal:xsd:3"
xmlns:sh = "http://www.unece.org/cefact/namespaces/StandardBusinessDocumentHeader"
xmlns:xsi = "http://www.w3.org/2001/XMLSchema-instance"
xsi:schemaLocation = "urn:gs1:ecom:replenishment_proposal:xsd:3 ../Schemas/gs1/ecom/Replen-
ishmentProposal.xsd">
    <sh:StandardBusinessDocumentHeader>
        <sh:HeaderVersion>1.0</sh:HeaderVersion>
        <sh:Sender>
            <sh:Identifier Authority = "GS1"/>
            <sh:ContactInformation>
                <sh:Contact>LiHua</sh:Contact>
                <sh:EmailAddress>lihua888@126.com</sh:EmailAddress>
                <sh:FaxNumber> +86 02982226061</sh:FaxNumber>
                <sh:TelephoneNumber> +86 13009183324</sh:TelephoneNumber>
                <sh:ContactTypeIdentifier>Buyer</sh:ContactTypeIdentifier>
            </sh:ContactInformation>
        </sh:Sender>
        <sh:Receiver>
            <sh:Identifier Authority = "GS1"/>
            <sh:ContactInformation>
                <sh:Contact>ZhangYang</sh:Contact>
                <sh:EmailAddress>5538794@qq</sh:EmailAddress>
                <sh:FaxNumber> +86 02133562198</sh:FaxNumber>
                <sh:TelephoneNumber> +86 18909232156</sh:TelephoneNumber>
                <sh:ContactTypeIdentifier>Seller</sh:ContactTypeIdentifier>
            </sh:ContactInformation>
        </sh:Receiver>
        <sh:DocumentIdentification>
            <sh:Standard>GS1</sh:Standard>
            <sh:TypeVersion>3.1</sh:TypeVersion>
            <sh:InstanceIdentifier>100002</sh:InstanceIdentifier>
            <sh:Type>Replenishment Proposal Message</sh:Type>
            <sh:MultipleType>false</sh:MultipleType>
            <sh:CreationDateAndTime>2016-01-10T12:00:01.000-05:00</sh:CreationDateAndTime>
        </sh:DocumentIdentification>
    </sh:StandardBusinessDocumentHeader>
```

```
〈replenishmentProposal〉
    〈creationDateTime〉2015-01-11T11:00:00.000-05:00〈/creationDateTime〉
    〈documentStatusCode〉ORIGINAL〈/documentStatusCode〉
    〈replenishmentProposalIdentification〉
        〈entityIdentification〉20150014〈/entityIdentification〉
        〈contentOwner〉
            〈gln〉6912345678901〈/gln〉
        〈/contentOwner〉
        〈/replenishmentProposalIdentification〉
    〈replenishmentProposalTypeCode〉DELIVERY_PLAN〈/replenishmentProposalTypeCode〉
    〈structureTypeCode〉LOCATION_BY_ITEM〈/structureTypeCode〉
    〈seller〉
        〈gln〉6912345678901〈/gln〉
    〈/seller〉
    〈buyer〉
        〈gln〉6912345678911〈/gln〉
        〈contact〉
            〈personName〉KRAMER〈/personName〉
            〈responsibility languageCode = "en"〉Material requirements planner〈/respon-
sibility〉
        〈/contact〉
    〈/buyer〉
    〈replenishmentProposalItemLocationInformation〉
        〈shipTo〉
            〈gln〉6912345670001〈/gln〉
      〈/shipTo〉
      〈shipFrom〉
            〈gln〉6912345678960〈/gln〉
        〈/shipFrom〉
        〈transactionalTradeItem〉
            〈gtin〉06912345678901〈/gtin〉
        〈/transactionalTradeItem〉
        〈replenishmentProposalLineItem〉
            〈lineItemNumber〉1〈/lineItemNumber〉
            〈proposedQuantity〉1000〈/proposedQuantity〉
            〈planBucketSizeCode〉DAY〈/planBucketSizeCode〉
            〈periodOfReplenishment〉
                〈beginDate〉2015-02-11〈/beginDate〉
                〈endDate〉2015-02-11〈/endDate〉
            〈/periodOfReplenishment〉
            〈purchaseConditions〉
                〈entityIdentification〉2014000012〈/entityIdentification〉
                〈contentOwner〉
```

〈gln〉6912345678901〈/gln〉
〈/contentOwner〉
〈lineItemNumber〉23〈/lineItemNumber〉
〈/purchaseConditions〉
〈proposedQuantitySpecification〉
〈quantitySpecificationType〉IN_TRANSIT〈/quantitySpecificationType〉
〈specificQuantity〉500〈/specificQuantity〉
〈/proposedQuantitySpecification〉
〈/replenishmentProposalLineItem〉
〈replenishmentProposalLineItem〉
〈lineItemNumber〉2〈/lineItemNumber〉
〈proposedQuantity〉200〈/proposedQuantity〉
〈planBucketSizeCode〉DAY〈/planBucketSizeCode〉
〈periodOfReplenishment〉
〈beginDate〉2005-02-12〈/beginDate〉
〈endDate〉2005-02-12〈/endDate〉
〈/periodOfReplenishment〉
〈purchaseConditions〉
〈entityIdentification〉2004000012〈/entityIdentification〉
〈contentOwner〉
〈gln〉8812345678901〈/gln〉
〈/contentOwner〉
〈lineItemNumber〉2〈/lineItemNumber〉
〈/purchaseConditions〉
〈/replenishmentProposalLineItem〉
〈/replenishmentProposalItemLocationInformation〉
〈replenishmentProposalItemLocationInformation〉
〈shipTo〉
〈gln〉6912345670001〈/gln〉
〈/shipTo〉
〈shipFrom〉
〈gln〉6912345678960〈/gln〉
〈/shipFrom〉
〈inventoryLocation〉
〈gln〉6912345670077〈/gln〉
〈additionalPartyIdentification
additionalPartyIdentificationTypeCode = " SELLER _ ASSIGNED _ IDENTIFIER _ FOR _ A _ PARTY "〉
ROTTERDAM-01〈/additionalPartyIdentification〉
〈/inventoryLocation〉
〈transactionalTradeItem〉
〈gtin〉06912345678920〈/gtin〉
〈additionalTradeItemIdentification
additionalTradeItemIdentificationTypeCode = "BUYER_ASSIGNED"〉AB77770004〈/additionalTradeI-

```
temIdentification〉
            〈/transactionalTradeItem〉
            〈replenishmentProposalLineItem〉
                〈lineItemNumber〉3〈/lineItemNumber〉
                〈proposedQuantity〉500〈/proposedQuantity〉
                〈planBucketSizeCode〉DAY〈/planBucketSizeCode〉
                〈periodOfReplenishment〉
                    〈beginDate〉2015-02-09〈/beginDate〉
                    〈beginTime〉08:00:00〈/beginTime〉
                    〈endDate〉2015-02-09〈/endDate〉
                    〈endTime〉09:00:00〈/endTime〉
                〈/periodOfReplenishment〉
                〈purchaseConditions〉
                    〈entityIdentification〉2014000012〈/entityIdentification〉
                    〈contentOwner〉
                        〈gln〉6912345678901〈/gln〉
                    〈/contentOwner〉
                    〈lineItemNumber〉25〈/lineItemNumber〉
                〈/purchaseConditions〉
            〈/replenishmentProposalLineItem〉
        〈/replenishmentProposalItemLocationInformation〉
    〈/replenishmentProposal〉
〈/replenishment_proposal:replenishmentProposalMessage〉
```

# 参 考 文 献

[1] GB/T 28174.1—2011 统一建模语言(UML) 第1部分:基础结构

ICS 01.040.01
A 22

# 中华人民共和国国家标准

GB/T 35408—2017

# 电子商务质量管理　术语

Quality management in E-commerce—Terminology

2017-12-29 发布　　2018-04-01 实施

中华人民共和国国家质量监督检验检疫总局
中国国家标准化管理委员会　发布

# 前 言

本标准按照 GB/T 1.1—2009 给出的规则起草。

本标准由全国电子商务质量管理标准化技术委员会(SAC/TC 563)提出并归口。

本标准主要起草单位:杭州市标准化研究院、阿里巴巴(中国)有限公司、中国标准化研究院、北京京东世纪贸易有限公司、杭州国家电子商务产品质量监测处置中心、中国计量大学、浙江工商大学、杭州师范大学、江苏省产品质量监督检验研究院、福建新坦洋集团股份有限公司、浙江网盛生意宝股份有限公司、深圳市检验检疫科学研究院。

本标准主要起草人:许燕君、袁征、咸奎桐、郑伏、胡勤燕、许应成、潜宇婧、刘丽芳、王志民、张鑫、王洪涛、刘文浩、刘东升、左爱兵、周钢、李素彩、赵戬、林影、申婕、汪普良、汪俊臣、叶凯、蒋宏、冯卫、孙小云、陈新、陈丽平、顾龙芳、冯晖。

# 电子商务质量管理　术语

## 1　范围

本标准界定了电子商务质量管理相关的术语和定义。

本标准适用于电子商务质量管理领域。

## 2　基础术语

### 2.1　电子商务基础

**2.1.1**

**电子商务　E-commerce**

通过信息网络进行产品和服务交易的经营活动。

注：改写 GB/T 32873—2016，定义 3.1。

**2.1.2**

**电子商务平台　E-commerce platform**

在**电子商务**(2.1.1)中为交易双方或者多方提供网页空间、虚拟经营场所、交易及交易撮合、信息发布、资金支付等部分或全部服务的信息网络系统。

示例：第三方**电子商务平台**(2.1.2)、自营**电子商务平台**(2.1.2)。

**2.1.3**

**跨境电子商务　cross-border E-commerce**

通过**电子商务平台**(2.1.2)进行产品进出口的**电子商务**(2.1.1)。

**2.1.4**

**移动电子商务　mobile E-commerce**

通过无线终端进行的**电子商务**(2.1.1)。

注：无线终端有多种形式，如手机、掌上电脑等。

**2.1.5**

**电子商务交易主体　E-commerce trading subject**

参与**电子商务**(2.1.1)的各方。

注：包括**电子商务**(2.1.1)中的**电子商务平台**(2.1.2)提供商、**商户**(2.1.8)、**顾客**(2.1.14)、电子商务配送服务商和电子商务支付服务商等。

**2.1.6**

**电子商务交易客体　E-commerce trading object**

**电子商务**(2.1.1)中进行交易的产品和服务。

**2.1.7**

**电子商务经营者　E-commerce service provider**

在**电子商务平台**(2.1.2)中，向**顾客**(2.1.14)提供产品和服务的组织或个人。

注：包括**商户**(2.1.8)、配送服务商和支付服务商等。

2.1.8

**商户　seller**

**卖家**

在**电子商务平台**(2.1.2)上发布产品和服务销售信息的组织或个人。

2.1.9

**商家　merchant**

组织类型的**卖家**(2.1.8)。

2.1.10

**店铺　shop**

**卖家**(2.1.8)在**电子商务平台**(2.1.2)上注册的,销售产品和服务的单元。

2.1.11

**供应商　supplier**

**供方**

为**商户**(2.1.8)提供产品和服务的组织或个人。

注:改写 GB/T 19000—2016,定义 3.2.5。

2.1.12

**配送服务　distribution service**

为**电子商务**(2.1.1)活动中,根据客户的要求,根据客户要求,对物品进行拣选、加工、包装、分割、组配等作业,并按时送达指定地点的物流活动。

注:改写 GB/T 18354—2006,定义 2.13。

2.1.13

**支付服务　payment service**

为**电子商务**(2.1.1)买卖双方提供电子形式的资金支付、收取、结算等服务,实现货币资金转移活动。

2.1.14

**顾客　customer**

**买家　buyer**

在**电子商务**(2.1.1)中接受产品和服务的组织或个人。

注 1:这种接受包括在**电子商务平台**(2.1.2)上购买或使用和享受产品和服务的组织或个人。

注 2:改写 GB/T 19000—2016,定义 3.2.4。

## 2.2　质量管理基础

2.2.1

**电子商务质量管理　E-commerce quality management**

在**电子商务**(2.1.1)中关于产品和服务质量的管理。

注:质量管理可包括制定质量方针和质量目标,以及通过质量策划、质量保证、质量控制和质量改进实现这些质量目标的过程。

2.2.2

**可追溯性　traceability**

追溯客体的历史、应用情况或所处位置的能力。

注 1:当考虑产品或服务时,可追溯性可涉及:

a)　原材料和零部件的来源;

b)　加工的历史;

c)　产品或服务交付后的分布和所处位置。

**注 2**：改写 GB/T 19000—2016，定义 3.6.13。

2.2.3

**质量保障　quality assurance**

质量管理的一部分，致力于提供质量要求会得到满足的信任。

**注**：改写 GB/T 19000—2016，定义 3.3.6。

2.2.4

**质量反馈　quality feedback**

**顾客**(2.1.14)对购买、使用或关注的产品和服务质量所表达的意见和评价。

2.2.5

**质量验证　quality verification**

通过提供客观证据对规定的质量要求已得到满足的认定。

**注 1**：验证所需的客观证据可以是检验结果或其他形式的确定结果，如：变换方法进行计算或文件评审。

**注 2**：为验证所进行的活动有时被称为鉴定过程。

**注 3**："已验证"一词用于表明相应的状态。

## 3　质量控制术语

### 3.1　信息管理

3.1.1

**产品信息　product information**

产品所相关的特征、使用性能、价格、履行期限和方式以及产品的生产、交易、配送、售后服务的消息、数据和情报等的总称。

**注 1**：产品特征信息包含但不仅限于：

a)　商标、品牌、荣誉、产品合格证明等；

b)　外观、型号规格、材质和配料等；

c)　质量指标、参数和功能、安全警示等；

d)　保质期和有效期限等；

e)　保存方法和使用方式等。

**注 2**：生产信息包含：生产者名称、地址、生产许可、生产时间等。

**注 3**：使用特性信息包含：使用说明、维护保养、安全警示、注意事项等。

3.1.2

**服务信息　service information**

电子商务交易的服务类产品相关的服务内容与特征、价格、履行期限和方式、安全提示及**售后服务信息**(3.1.4)等的消息、情报、数据等的总称。

3.1.3

**交易信息　trade information**

**电子商务平台**(2.1.2)买卖双方的下单、支付、配送、交付以及售后服务等相关的消息、数据、情报等的总称。

3.1.4

**售后服务信息　after-sales service**

电子商务交易后，**卖家**(2.1.8)为**买家**(2.1.14)提供后续服务的消息、数据、情报和规则等的总称。

**注 1**：售后服务可包括：培训与咨询、安装、调试、退换货、退款、赔偿、维修和保养等。

注2：通常售后服务信息也会在**产品信息**(3.1.1)、**服务信息**(3.1.2)和**交易信息**(3.1.3)中体现。

3.1.5

**信息展示　information display**

将**产品信息**(3.1.1)和**服务信息**(3.1.2)等在**电子商务平台**(2.1.2)公布，呈现给**顾客**(2.1.14)的活动。

3.1.6

**虚假宣传　misleading publicity**

在**电子商务平台**(2.1.2)中，商品或服务的宣传内容与实际情况不符。

3.1.7

**限制发布　information release restriction**

在特定时段、特定区域，制约**商户**(2.1.8)对特定产品和服务的信息进行发布的措施。

## 3.2　质量保障

3.2.1

**实名制　real-name registration system**

通过提供真实有效的能证明身份的证(照)或资料信息，实现电子商务商户线上与线下身份相对应的制度。

3.2.2

**实名认证　identity verification**

按**实名制**(3.2.1)的要求，进行信息采集、验证的活动。

3.2.3

**经营资质　business qualification**

**电子商务经营者**(2.1.7)从事某种经营，需要依据法律、法规等获得有关部门批准或许可的资格。

3.2.4

**交易规则　trading rules**

**电子商务平台**(2.1.2)对**商户**(2.1.8)实施经营活动的方式、履行的义务或限制基本权利等要求的规定。

3.2.5

**商户入驻审核　entry audit**

**电子商务平台**(2.1.2)对**商户**(2.1.8)以及配送商、支付商在进入**电子商务平台**(2.1.2)开展产品和服务交易前，进行**实名认证**(3.2.2)、**经营资质**(3.2.3)审核等相关质量控制活动。

3.2.6

**品牌授权　brand licensing**

品牌权利人或有权授权者出具品牌授权书，将自己所拥有或代理的商标或品牌授予被授权者使用。

3.2.7

**进货查验　purchase inspection**

**电子商务**(2.1.1)中，**商户**(2.1.8)对采购的产品进行质量检查和**质量验证**(2.2.5)的活动。

3.2.8

**店铺等级　shop ranking**

**电子商务平台**(2.1.2)对**店铺**(2.1.10)按有关的标准进行的级别分类。

3.2.9

**关闭店铺　shop closure**

**电子商务平台**(2.1.2)采取的断开**店铺**(2.1.10)以及**店铺**(2.1.10)内所有产品与服务网址链接的措施。

3.2.10

**屏蔽店铺　shop shield**

**电子商务平台**(2.1.2)采取的让**店铺**(2.1.10)在平台内搜索结果页面无法展示的措施。

3.2.11

**产品下架　product off shelf**

**电子商务平台**(2.1.2)采取的使交易的产品和服务由可购买状态变为不可购买状态的措施。

3.2.12

**近似品牌　confusingly similar brand**

复制、摹仿知名品牌、商品特有的名称标志或包装等,使**顾客**(2.1.14)容易产生混淆的事实。

3.2.13

**禁售商品　prohibited goods**

法律法规或**电子商务平台**(2.1.2)规定的禁止销售的产品。

3.2.14

**限售商品　regulated goods**

法律法规要求的需要取得相关**经营资质**(3.2.3)方可生产和销售的产品。

## 3.3　维权保障

3.3.1

**维权投诉　rights complaint**

**电子商务交易主体**(2.1.5)请求**电子商务平台**(2.1.2)、第三方管理机构或有关行政部门解决交易活动所发生的纠纷和分歧,并要求保护其合法权益的行为。

3.3.2

**交易纠纷处理　trade dispute disposing**

**电子商务平台**(2.1.2)、第三方管理机构或有关行政部门根据**电子商务交易主体**(2.1.5)的申请,针对产品或服务发生争议所作出的退货、退款、补偿、赔偿等处理的过程。

3.3.3

**无理由退货　no reason to return**

根据法律法规规定的或**卖家**(2.1.8)承诺的范围和时效,在商品完好的前提下,**买家**(2.1.14)不用说明退货的原因,即可申请退货的服务。

3.3.4

**先行赔付　compensation in advance**

当发生退货时,由**电子商务平台**(2.1.2)先为**卖家**(2.1.8)垫付赔偿资金给**买家**(2.1.14),后再由**电子商务平台**(2.1.2)对**卖家**(2.1.8)进行追偿的行为。

注:改写 SB/T 10693—2012,定义 3.6.6。

3.3.5

**在线客服　online customer service**

在互联网络或**电子商务平台**(2.1.2)上实时与**买家**(2.1.14)进行沟通、处理、反馈、维护**顾客**(2.1.14)关系的服务。

3.3.6

**质量退货率　return rate for quality reasons**

因产品或服务的质量原因引起退货的交易订单数与商品成交总交易订单数的比例,以百分数表示。

注：单次交易可能有多个交易订单。

3.3.7

**质量退款率** **refund rate for quality reasons**

因产品或服务的质量原因退款总额与商品成交总额的比例，以百分数表示。

3.3.8

**退货(款)纠纷率** **return (refund) dispute rate**

统计期内，由**电子商务平台**(2.1.2)、第三方管理机构或有关行政部门介入的**交易纠纷处理**(3.3.2)次数与生成的退货(款)次数的比值。

3.3.9

**责任纠纷率** **liability dispute rate**

统计期内，**电子商务平台**(2.1.2)或第三方管理机构认定的因**商户**(2.1.8)责任引起的纠纷次数与**交易纠纷处理**(3.3.2)次数的比值。

## 4 质量诚信术语

4.1

**质量信用** **quality credit**

取得并保持对其质量信任的能力。

注1：这种能力在**电子商务**(2.1.1)中的售前、售中和售后的过程均可以体现。

注2：这种能力由**电子商务经营者**(2.1.7)在产品和服务的交易、支付、配送过程和售后服务中，通过遵守法律法规、兑现承诺、履行质量约定等满足**顾客**(2.1.14)的期望和要求来实现。

注3：改写 GB/T 23791—2009，定义3.1。

4.2

**质量信用评估** **quality credit assessment**

由第三方管理机构、有关行政部门或**电子商务平台**(2.1.2)进行的，根据设置的**质量信用**(4.1)指标体系和评估方法，建立在客观事实下的对被评估对象进行**质量信用**(4.1)评价和论证，并以代号或符号表示其信用等级的一种有组织的活动。

4.3

**质量信用信息** **quality credit information**

与**质量信用**(4.1)相关的消息、数据、情报等的总称。

4.4

**交易评价** **trading review**

完成交易后，由**买家**(2.1.14)对购买的产品和服务，在满足其要求和期望的程度等方面进行的衡量、评定、评估以及反馈的过程。

注：从交易全过程而言，这些评价可包含咨询、购买、支付、配送、售后服务、纠纷处理等某个过程或全过程。

4.5

**追加评价** **follow up review**

交易完成后的一定时间内，**买家**(2.1.14)对购买的产品和服务再次作出**交易评价**(4.4)。

注：追加评价通常是在对产品和服务使用或体验后作出的评价，也可包含对售后服务、纠纷处理的评价。

4.6

**店铺评价** **shop evaluation**

**电子商务平台**(2.1.2)按设置的评价体系或评估方法，以**店铺**(2.1.10)为单位，对其提供产品和服务的**质量信用**(4.1)作出的评价。

4.7

**虚假评价　false review**

评价人为达到某种目的，不以客观事实为依据，给予与事实不符的评价。

4.8

**恶意评价　malicious review**

评价人为获取不当利益，故意进行与事实不符的负面评价。

4.9

**虚构交易　fictitious trasaction**

没有交易事实，但**卖家**(2.1.8)通过其他手段，篡改交易信息，获取虚假的产品销量或服务提供数量、产品或服务评价、**店铺评价**(4.6)等行为。

4.10

**晒单　share order**

**买家**(2.1.14)在**电子商务平台**(2.1.2)上公布其购物、接受服务体验或评价的行为。

注：购物、接受服务体验或评价有文字、图片或视频等多种表述方式。

## 5　质量监管术语

5.1

**网上质量抽查　online spot check**

在**电子商务**(2.1.1)中，按策划的程序和方法，对产品和服务质量进行购买样品或抽样体验、检测或检查，并判定其质量状况的活动。

5.2

**网上产品质量监督　on-line quality supervision**

有关行政部门以监督**电子商务**(2.1.1)产品质量的目的，所进行的有组织、有计划的**网上质量抽查**(5.1)并对抽查结果公布和处理的活动。

5.3

**神秘买家　mysterious buyer**

以质量控制和监督为目的，以普通**买家**(2.1.14)的身份，在**卖家**(2.1.8)**店铺**(2.1.10)中下单购买样品或体验服务的人员。

5.4

**网上抽样　on-line sampling**

为实施网上产品质量检测，按策划的流程和方法，通过**神秘买家**(5.3)在**电子商务平台**(2.1.2)实施抽取样品，并进行**抽样取证存证**(5.5)的过程。

5.5

**抽样取证存证　evidence collection and preservation of sample**

将购买到的样品，以图片、文字、视频等形式，对物流送达单据核对、拆包验货、样品状态等信息进行证据存储。

5.6

**抽检模型　sampling model**

从**电子商务**(2.1.1)销售产品的销量、价格、品牌、**电子商务平台**(2.1.2)等多个维度建立的产品质量抽样检验数据分析系统。

5.7

**采样系统　sampling system**

为实现**网上质量抽查**(5.1)的目的,集成抽样人员库、样品抽检模型、抽样任务发放、**抽样取证存证**(5.5)、样品分析和数据记录等功能为一体的系统。

5.8

**属地查处　localized investigation and disposing**

有关行政部门为监督产品质量,在实施**网上质量抽查**(5.1)后,将不合格产品的信息传递给产品生产地的相关行政管理部门,并由其对生产企业进行处置的过程。

5.9

**在线监测　on-line monitoring**

利用网上质量监测系统,实时对网上产品或服务的**交易信息**(3.1.3)、评价内容等数据进行连续自动抓取,筛选出有效的质量信息,上传至服务器数据库进行产品质量数据分析、评估的过程。

5.10

**电子数据取证　electronic data evidence collection**

运用技术手段,对**电子商务**(2.1.1)的产品或服务及其**交易信息**(3.1.3)、**网上质量抽查**(5.1)、检验等电子数据证明材料进行收集、保全和记录,用于鉴别产品或服务质量违法行为的过程。

## 6　质量风险防控术语

6.1

**电子商务质量风险　E-commerce quality risk**

在**电子商务**(2.1.1)中,产品和服务可能存在涉及人身健康、财产安全的隐患,或可能引发质量安全事件等的质量方面不确定性的影响。

6.2

**电子商务质量风险信息采集　E-commerce quality risk information collection**

为获取**电子商务质量风险**(6.1)相关的消息、数据和情报等进行搜寻和获取的过程。

6.3

**电子商务质量风险分析　E-commerce quality risk analysis**

对**电子商务质量风险**(6.1)信息的内容进行过滤辨伪,剔除虚假和干扰信息等的筛选,并提取风险核心要素的过程。

6.4

**电子商务质量风险识别　E-commerce quality risk identification**

根据**电子商务质量风险分析**(6.3)的结果,通过一定的手段和工具,找出潜在**电子商务质量风险**(6.1)的过程。

6.5

**电子商务质量风险预测　E-commerce quality risk prediction**

根据**电子商务质量风险分析**(6.3)的结果,从可能产生的后果或潜在的后果方面进行研究、分析和测量,得出预判结果的过程。

6.6

**电子商务质量风险评估　E-commerce quality risk assessment**

根据**电子商务质量风险预测**(6.5)的结果,对可能产生的后果或潜在的后果的严重性和危害性进行研究、分析和估算的过程。

6.7

**电子商务质量风险控制　E-commerce quality risk control**

通过采取各种措施和方法，消除或减少**电子商务质量风险**(6.1)事件发生的可能性，或者减少**电子商务质量风险**(6.1)事件发生时造成的损失。

6.8

**电子商务质量风险处置　E-commerce quality risk treatment**

根据以往**电子商务质量风险**(6.1)发生的后果和**电子商务质量风险评估**(6.6)的结果，采取相应的干预手段、措施和预案，减少**电子商务质量风险**(6.1)事件发生时造成的损失。

6.9

**电子商务质量风险信息管理　E-commerce quality risk information management**

为掌握风险状况和识别可能存在的风险而开展的**电子商务质量风险**(6.1)信息采集、筛选、分析、识别和处置等过程。

6.10

**电子商务质量舆情监测　E-commerce quality public opinion monitoring**

利用信息采集和处理技术，通过对**电子商务**(2.1.1)产品和服务的质量信息自动抓取、自动分类聚类、主题检测、专题聚焦和新闻专题追踪等手段，进行信息需求采集、筛选，为**电子商务质量风险**(6.1)提供分析依据。

6.11

**电子商务质量风险溯源　E-commerce quality risk traceability**

根据**电子商务质量风险分析**(6.3)的结果，对有**电子商务质量风险**(6.1)的**电子商务**(2.1.1)产品或服务的源头进行追溯。

# 参 考 文 献


[1] GB/T 19000—2016 质量管理体系 基础和术语

[2] GB/T 23791—2009 企业质量信用等级划分通则

[3] GB/T 30136—2013 消费品质量安全风险信息采集和处理指南

[4] SB/T 10693—2012 网络购物术语

[5] SB/T 10907—2012 网店信用评估要素指南

[6] 中华人民共和国产品质量法,2000 年 9 月 1 日

[7] 中华人民共和国消费者权益保护法,2014 年 3 月 15 日

[8] 中华人民共和国广告法,2015 年 9 月 1 日

[9] 网络购买商品七日无理由退货暂行办法,2017 年 3 月 15 日

# 索　引

汉语拼音索引

英文对应词索引

E



F



I



L



M

ICS 03.120.10
A 10

# 中华人民共和国国家标准

GB/T 35409—2017

# 电子商务平台商家入驻审核规范

Specification for auditing qualification of merchants on E-commerce platform

2017-12-29 发布　　2018-07-01 实施

中华人民共和国国家质量监督检验检疫总局
中国国家标准化管理委员会 发布

# 前　　言

本标准按照 GB/T 1.1—2009 给出的规则起草。

本标准由全国电子商务质量管理标准化技术委员会(SAC/TC 563)提出并归口。

本标准主要起草单位:阿里巴巴(中国)有限公司、浙江天猫技术有限公司、杭州国家电子商务产品质量监测处置中心、北京京东世纪贸易有限公司、中国物品编码中心。

本标准主要起草人:袁征、陈丽平、周慧、盛槐英、胡晓芳、许燕君、申婕、陈宇、李素彩、孙小云。

# 电子商务平台商家入驻审核规范

## 1 范围

本标准规定了电子商务平台商家入驻的基本要求、资质要求、审核内容、结果反馈和商家信息更新。

本标准适用于在中华人民共和国境内商家面向商家及消费者销售产品的电子商务平台。

本标准不适用于跨境电子商务平台。

## 2 规范性引用文件

下列文件对于本文件的应用是必不可少的。凡是注日期的引用文件，仅注日期的版本适用于本文件。凡是不注日期的引用文件，其最新版本(包括所有的修改单)适用于本文件。

GB/T 35408—2017 电子商务质量管理 术语

## 3 术语和定义

GB/T 35408—2017 界定的以及下列术语和定义适用于本文件。

3.1

**入驻 entry**

在电子商务活动中，商家为开展商品交易而进入电子商务平台的行为。

3.2

**同人商家 same merchants**

由同一个自然人或组织持有的多个会员账号，共同销售同款商品的经营者。

3.3

**品牌授权 brand licensing**

品牌权利人或有权授权者出具品牌授权书，将自己所拥有或代理的商标或品牌授予被授权者使用。

[GB/T 35408—2017，定义 3.2.6]

3.4

**一级授权 first level authorization**

品牌权利人直接对商家进行品牌授权。

注：品牌权利人的分公司、全资子公司、国内唯一总代理(仅适用于国外品牌权利人)等的授权可视为品牌权利人的授权。

3.5

**多级授权 multi-level authorization**

商家通过一个及以上转授权间接获得品牌权利人的品牌授权。

3.6

**禁售商品 prohibited goods**

法律法规或电子商务平台规定的禁止销售的产品。

[GB/T 35408—2017，定义 3.2.13]

3.7

**限售商品 regulated goods**

法律法规要求的需要取得相关经营资质方可生产和销售的产品。

[GB/T 35408—2017,定义 3.2.14]

## 4 基本要求

### 4.1 商家

#### 4.1.1 主体责任

申请入驻的商家应遵守法律法规和电子商务平台招商标准,并按第5章的要求以及电子商务平台公示的招商标准提交入驻平台所需的资质材料和信息。

#### 4.1.2 提交原则

##### 4.1.2.1 真实性

商家应提供真实的资质材料和信息,不得伪造、变造或虚构。

##### 4.1.2.2 有效性

商家应提供经有关机构登记或备案的,且在有效期内的证照以及电子商务平台要求的其他资质和信息。

##### 4.1.2.3 一致性

商家提供的资质材料和信息可为电子形式复制件,但应与原件保持一致并加盖经营主体公章。

##### 4.1.2.4 完整性

商家应提供符合本标准和电子商务平台要求的资质材料和信息。商家所提供的资质材料应齐全。

### 4.2 电子商务平台

4.2.1 电子商务平台应建立商家入驻的资质审核机制,配备人员在公示时间内审核商家提供的资质材料和信息,给出审核结论,存档商家的资质材料和信息,并定期或不定期复审商家的资质和信息。

4.2.2 电子商务平台在满足本标准资质要求的基础上,可按需求制定更细化的资质要求。

## 5 资质要求

### 5.1 基础资质

商家应根据电子商务平台要求提供下列基础资质:

a) 营业执照或营业执照登载信息或其他合法经营证照;

b) 银行开户证明或相关信息;

c) 法定代表人和/或商家负责人和/或商家联系人身份证(正反面);

d) 必要时,商家应向电子商务平台出具第三方支付的授权书。

### 5.2 经营资质

5.2.1 从事许可类经营或经营许可类商品的,商家应根据电子商务平台要求提供经营许可资质和/或商品许可或批文等资质证明或信息，资质证明可参见附录A。

5.2.2 经营需要检验检疫的进口商品，商家应提供商品的出入境检验检疫卫生证书、出入境检验检疫合格证明。

### 5.3 品牌资质

5.3.1 商家应满足下列条件之一：

a) 具有所经营品牌所有权的证明材料；

b) 取得所经营品牌的商标注册文件、进货凭证或(品牌)权利人认可的一级或多级完整授权(多级授权的级数应满足电子商务平台的要求)。

5.3.2 通过品牌授权书形式授权的，应加盖商标权利人的公章。通过合同形式授权的，可加盖商标权利人的合同章。商标权利人为自然人(包含法定代表人)的，应提供其亲笔签名的授权书和身份证复印件。

5.3.3 对于部分无法取得品牌权利人授权材料的进口品牌，商家应提供中华人民共和国海关进口货物报关单，报关单上标识的品牌信息应与商家经营的品牌信息一致。商家与报关单上的收、发货人或消费使用单位/生产销售单位不一致的，应提供报关单上的收发货人或消费使用单位/生产销售单位授权商家的一级或多级完整授权材料。

## 6 审核内容

### 6.1 商家信用

电子商务平台宜审核商家的信用资料，对存在销售假冒伪劣商品等侵害消费者权益、扰乱市场经营秩序行为的同人商家或被列入工商经营异常名录或电子商务平台失信名单的商家，应拒绝其入驻申请。

### 6.2 基础资质

电子商务平台应按5.1要求审核和登记商家的实名认证信息和基础资质，建立登记档案并定期核实更新。

### 6.3 经营资质

6.3.1 电子商务平台应根据相关法律法规以及5.2要求和商家申请的经营范围，审核商家经营资质。经营范围属于国家法律法规或电子商务平台规定的禁售商品范围时，电子商务平台应拒绝其入驻申请。

6.3.2 电子商务平台应建立禁限售商品管理制度并定期更新和公示。

### 6.4 品牌资质

6.4.1 电子商务平台应按5.3要求审核商家所经营品牌所有权或品牌授权证明材料的有效性、品牌授权链路的完整性，审核商标核准使用范围、品牌授权使用范围与商家经营类目与商品的一致性。

6.4.2 如电子商务平台对入驻品牌、规模等设置入驻要求的，应按照4.2.2另行制定规则，并在商家入驻时进行审核。

## 7 结果反馈

7.1 商家资质审核通过后，电子商务平台应及时向商家反馈审核结果。

7.2 因资质材料提交不齐全未通过资质审核的,商家可补交资料重新提交电子商务平台审核。

7.3 商家资质信息不符合本标准及电子商务平台要求时,电子商务平台应及时告知商家审核不通过的结果。

## 8 商家信息更新

商家应及时更新其资质及经营地址、电话等联系信息,信息发生变更时应在一个月内在电子商务平台更新,确保商家信息的真实有效。电子商务平台应督促商家及时更新商家资质。

# 附 录 A
# （资料性附录）
# 经营资质证明

## A.1 工业品生产许可

经营列入《中华人民共和国工业产品生产许可证管理条例》管理范围内的商品，商家应提供制造商的《全国工业产品生产许可证》。

## A.2 食品类许可

**A.2.1** 生产并销售《食品生产许可证管理办法》规定的商品，商家应提供《食品生产许可证》。

**A.2.2** 销售其他生产商生产的《食品生产许可证管理办法》规定的商品或提供餐饮服务，商家应提供与其经营主体业态相符的《食品经营许可证》。

**A.2.3** 生产并销售保健食品，商家应提供《保健食品生产企业卫生许可证》或《保健食品 GMP 证书》或《食品生产许可证》,《食品生产许可证》的经营范围需包含保健食品。

**A.2.4** 销售其他生产商生产的保健食品，商家应提供《食品经营许可证》，以及生产商的《保健食品生产企业卫生许可证》或《保健食品 GMP 证书》或《食品生产许可证》,《食品经营许可证》、《食品生产许可证》的经营范围需包含保健食品。

## A.3 食用农产品资质

**A.3.1** 自产自销的食用农产品，商家需提供种植证明或土地承包证明或由村民委员会、乡镇政府等出具产地证明。

**A.3.2** 经营采购的食用农产品，商家需提供供货者提供的销售凭证、销售者与供货者签订的食用农产品采购协议。

**A.3.3** 经营生鲜禽蛋产品，商家需提供养殖证明和《动物防疫条件合格证》。

**A.3.4** 经营猪肉产品，商家需同时提供《生猪定点屠宰证》和《肉品品质检验合格证明》。

## A.4 化妆品许可

**A.4.1** 生产并销售《化妆品生产许可证实施细则》中所规定的化妆品，商家应提供《化妆品生产许可证》。

**A.4.2** 销售其他生产商生产的《化妆品生产许可证实施细则》中所规定的化妆品，商家应提供《化妆品生产许可证》和化妆品生产厂商企业营业执照。

## A.5 图书音像出版物许可

**A.5.1** 经营图书出版物，商家应提供《出版物经营许可证》。

**A.5.2** 出版并经营图书出版物，商家应提供《图书出版许可证》。

**A.5.3** 委托经营图书出版物的，商家应提供《出版物经营许可证》和委托方的《图书出版许可证》。

**A.5.4** 经营音像制品，商家应提供《音像制品经营许可证》或《出版物经营许可证》，《出版物经营许可证》的经营范围需包含音像制品。

**A.5.5** 出版并经营音像制品，商家应提供《音像制品出版许可证》。

**A.5.6** 委托经营音像制品的，商家应提供《音像制品经营许可证》或《出版物经营许可证》，以及委托方的《音像制品出版许可证》。《出版物经营许可证》的经营范围需包含音像制品。

## A.6 强制性产品认证

经营列入强制性产品认证目录的商品，商家应提供所售商品的《强制性产品认证证书》。

## A.7 其他

**A.7.1** 经营国家及有关行政管理部门规定的其他需前置许可经营商品，商家应提供相关资质证明。

**A.7.2** 属过渡期内的资质证明，参照上述对应资质的标准进行审核。

ICS 71.040.30
N 54

# 中华人民共和国国家标准

GB/T 35410—2017

# 液相色谱-串联四极质谱仪性能的测定方法

## Method of performance testing for liquid chromatography-tandem quadrupole mass spectrometry

2017-12-29 发布　　2018-04-01 实施

中华人民共和国国家质量监督检验检疫总局
中国国家标准化管理委员会　发布

# 前　言

本标准按照GB/T 1.1—2009给出的规则起草。

本标准由中华人民共和国科学技术部提出。

本标准由全国仪器分析测试标准化技术委员会(SAC/TC 481)归口。

本标准起草单位:中国计量科学研究院。

本标准主要起草人:戴新华、邵明武、何海红、江游、王卫华、张伟、宋德伟、苏福海。

# 液相色谱-串联四极质谱仪性能的测定方法

## 1 范围

本标准规定了液相色谱-串联四极杆质谱仪性能的测试方法。

本标准适用于液相色谱-串联四极杆质谱仪性能的测定。

## 2 规范性引用文件

下列文件对于本文件的应用是必不可少的。凡是注日期的引用文件，仅注日期的版本适用于本文件。凡是不注日期的引用文件，其最新版本(包括所有的修改单)适用于本文件。

GB/T 32264　气相色谱　单四极质谱仪性能测定方法

GB/T 32267　分析仪器性能测定术语

## 3 术语和定义

GB/T 32264、GB/T 32267 界定的以及下列术语和定义适用于本文件。

3.1

**线性相关系数　linear correlation coefficient**

表征响应面积与被测物浓度之间线性相关程度的一个参数。

## 4 试剂和标准物质

除非另有规定，所有溶剂均为色谱级级别。宜使用以下试剂，使用时根据仪器状况稀释至合适浓度。

4.1　利血平溶液标准物质，1.0 μg/mL。

4.2　聚丙二醇(简称 PPG)450 溶液，3.6 μg/mL。

4.3　PPG1000 溶液，3.6 μg/mL。

4.4　PPG2000 溶液，3.6 μg/mL。

4.5　氯霉素，99.7%。

4.6　甲醇、乙腈、异丙醇、甲酸。

4.7　水，Millipore 超纯水。

4.8　溶液稀释和配制方法参见 A.3。

## 5 实验室环境条件

5.1　应清洁无尘，无易燃、易爆和强腐蚀性气体或试剂，排风良好。

5.2　室内温度：15 ℃～30 ℃；相对湿度不大于 75%。

5.3　仪器工作台应平稳，周围无强烈机械振动和电磁干扰源。

5.4 电源电压 220 V±22 V,50 Hz±1 Hz。

# 6 性能指标的测定

## 6.1 测定通用条件

开机抽真空,直到真空正常,进行调谐,通过后参照附录 A 条件进行测定。

## 6.2 分辨率

使用调谐用溶液进行调谐,直到调谐通过,打印调谐报告,得到半峰宽 FWHM。调谐的质量数范围应覆盖仪器的低、中、高质量数范围,所得结果的半峰宽在 0.6 u~0.8 u 之间。

注:除特殊说明外,均采用电喷雾电离源(ESI)正离子模式(简称 ESI+。下面 ESI-同此)进行测试,u 为原子质量单位。

## 6.3 质量范围

在调谐或监测界面下,将质量数设在仪器可测范围,注入满足仪器分子量测量范围的 PPG 混合溶液,进行全质量范围扫描,记录信噪比满足≥3 的特征离子,通常包括 $m/z$ 59、175、616、906、1 254、1 545 等质谱峰。对于强度低的离子,可以采用局部扫描方式观察,用 $m/z:n_1\sim n_2$ 表示。

注 1:可以采用仪器自带的调谐液,采用与 PPG 混合溶液相同的检测方法观察仪器可检测的最大质荷比数;

注 2:$n_1$、$n_2$ 分别代表最低质荷比数和最高质荷比数。

## 6.4 灵敏度

### 6.4.1 ESI+

注入适当浓度(例如 10 pg/μL)的利血平溶液 5.0 μL,采用多反应监测(Multiple Reaction Monitoring,MRM;有时也叫选择反应监测 Selected Reaction Monitoring,SRM)采集模式,采集离子 609→195,得到质量色谱图,根据式(1)计算 $S/N$。

$$S/N=\frac{H_{m/z}}{H_{噪声}} \qquad \cdots\cdots(1)$$

式中:

$H_{m/z}$——子离子 $m/z$195 的峰高,指对 195 离子进行积分后的峰高;

$H_{噪声}$——基线噪声,宜在利血平峰后的 0.5 min~1.0 min 范围内选择。

### 6.4.2 ESI-

注入适当浓度(例如 10 pg/μL)的氯霉素溶液 5.0 μL,采用 MRM(或 SRM)采集模式,采集离子(321→152),得到质量色谱图,根据式(1)计算 $S/N$。

### 6.4.3 大气压化学电离源(APCI)正离子模式(简称 APCI+)

注入适当浓度(例如 10 pg/μL)的利血平溶液 5.0 μL,采用 MRM(或 SRM)采集模式,采集离子 609→195,得到质量色谱图,根据式(1)计算 $S/N$。

## 6.5 线性相关系数

从低到高注入不同浓度的利血平溶液,计算测试浓度范围内,响应面积与利血平浓度间的线性相关系数 $R$。使用的利血平溶液最高浓度一般不超过 5.0 μg/mL,最低浓度应满足 10 倍信噪比。

注:一般采用 MRM(或 SRM)检测方式,$m/z$ 可以设定为 195、397、448 三个离子,选择其中离子强度最大一个计算。

### 6.6 质量稳定性

注入适当浓度(例如 1.2 μg/mL)的 PPG450、PPG1000、PPG2000 混合溶液，每隔 8 h 进一次样，共 7 次。分别记录 $m/z$:59、175、616、906、1 254、1 545 等离子的测量值，分别计算每个离子实际测量值极差，取其中最大的一个作为稳定性测试结果。

注：可根据用户对所选择仪器性能的要求以及仪器本身最大扫描范围，选择分子量范围满足日常检测的 PPG 溶液，考察低质量段、中间质量段或高质量段的稳定性。

### 6.7 质量准确性

注入适当浓度(例如 1.2 μg/mL)的 PPG450、PPG1000、PPG2000 混合溶液 1 次。分别记录 $m/z$：59、175、616、906、1 254、1 545 等离子的测量值，计算实测值与理论值(参见表 B.1)之差。

注：可根据用户对所选择仪器性能的要求以及仪器本身最大扫描范围，选择分子量范围满足日常检测的 PPG 溶液，考察低质量段、中间质量段或高质量段的准确性。

### 6.8 面积重复性

#### 6.8.1 连续重复性

注入适当浓度(例如 10 pg/μL)的利血平溶液或氯霉素溶液，5.0 μL，连续进样六次。采用 MRM(或 SRM)采集模式，采集离子(609→195、397、448)或(321→152、194、257)，提取 $m/z$195 或 152 子离子质量色谱图，按质量色谱峰进行面积积分，根据式(2)计算 RSD：

$$\mathrm{RSD}=\sqrt{\frac{\sum_{i=1}^{6}(x_i-\bar{x})^2}{n-1}}\times\frac{1}{\bar{x}}\times 100\% \qquad \cdots\cdots(2)$$

式中：

RSD ——相对标准偏差；

$x_i$ ——利血平样品子离子 195 或氯霉素样品子离子 152 峰第 $i$ 次测量峰面积；

$\bar{x}$ ——利血平样品子离子 195 或氯霉素样品子离子 152 峰 $n$ 次测量峰面积算术平均值；

$i$ ——测量序号；

$n$ ——测量次数。

#### 6.8.2 日内重复性

注入适当浓度(例如 10 pg/μL)的利血平溶液 5.0 μL。先连续进样 3 次作为第一组测试，然后每隔 4 h 连续进样 3 次，共测试 7 组，采用 MRM(或 SRM)采集模式，采集离子(609→195、397、448)，提取 $m/z$195 子离子质量色谱图，按质量色谱峰进行面积积分，分别取每组 3 次进样所得平均值作为一次测量结果，根据式(2)计算 RSD，作为日内重复性。

### 6.9 定性重复性

#### 6.9.1 连续重复性

分别注入适当浓度(例如 10 pg/μL)的利血平溶液或氯霉素溶液 5.0 μL，连续进样 6 次，采用 MRM(或 SRM)采集模式，采集离子(609→195、397、448)，提取 $m/z$195 或 152 子离子质量色谱图，分别逐个计算 $m/z$397、448 与 195 强度的比值以及 194、257 与 152 强度的比值，然后按照式(3)，分别计算两个子离子强度比值的 RSD。

$$\mathrm{RSD}=\sqrt{\frac{\sum_{i=1}^{6}(x_i-\overline{x})^2}{n-1}}\times\frac{1}{\overline{x}}\times 100\% \qquad \cdots\cdots(3)$$

式中：

RSD ——子离子 $m/z$397、448 与 $m/z$195 或 $m/z$194、257 与 $m/z$152 强度比的相对标准偏差；

$x_i$ ——第 $i$ 次测量子离子 $m/z$397、448 与 $m/z$195 或 $m/z$194、257 与 $m/z$152 强度比值；

$\overline{x}$ ——$n$ 次测量子离子 $m/z$397、448 与 $m/z$195 或 $m/z$194、257 与 $m/z$152 强度比值的算术平均值；

$i$ ——测量序号；

$n$ ——测量次数。

### 6.9.2 日内重复性

注入适当浓度(例如 10 pg/μL)的利血平溶液 5.0 μL,先进样 1 次,然后每隔 4 h 测试一次,共测试 7 次,分别记录子离子 $m/z$ 195(基峰)、397、448 的强度,按照式(3)分别逐个计算 $m/z$397、448 与 $m/z$195 比值的 RSD,作为日内的重复性。

## 6.10 保留时间重复性

根据 6.8.1 质量色谱图,记录 $m/z$609→195 子离子色谱峰的保留时间,按式(4)计算相应化合物的保留时间极差。

$$\Delta=t_{\max}-t_{\min} \qquad \cdots\cdots(4)$$

式中：

$t_{\max}$——$m/z$195 子离子色谱峰的最大保留时间,单位为秒(s)；

$t_{\min}$——$m/z$195 子离子色谱峰的最小保留时间,单位为秒(s)。

## 6.11 扫描速度

在不进样的条件下,设定质荷比 $m/z$ 从 50～650,扫描速度设定到最大值,连续扫描 5 min,根据式(5) 计算实测扫描速度。

$$V_{\mathrm{sp}}=\frac{M_{\mathrm{r}}\times N_{\mathrm{s}}}{T_{\mathrm{s}}} \qquad \cdots\cdots(5)$$

式中：

$V_{\mathrm{sp}}$——扫描速度,单位为原子质量单位每秒(u/s)；

$M_{\mathrm{r}}$——扫描范围,单位为原子质量单位(u)；

$N_{\mathrm{s}}$——扫描次数；

$T_{\mathrm{s}}$——扫描时间,单位为秒(s)。

# 附 录 A
## （资料性附录）
## 性能测试参数条件

### A.1 质谱条件

**A.1.1** 分辨率：半峰宽 0.6 u～0.8 u。

**A.1.2** 扫描速度：设定好扫描模式与扫描范围后仪器自动得出的值。

**A.1.3** 阈值(threshold)：0

**A.1.4** 扫描范围：

利血平，$m/z$ 604～614；

PPG450(设定 3 段范围)，$m/z$ 54～64、$m/z$171～181、$m/z$611～621；

PPG1000(设定 5 段范围)，$m/z$ 54～64、$m/z$171～181、$m/z$611～621、$m/z$901～911、$m/z$1 251～1 261；

PPG2000(设定 6 段范围)，$m/z$ 54～64、$m/z$171～181、$m/z$611～621、$m/z$901～911、$m/z$1 251～1 261、$m/z$1 541～1 551。

**A.1.5** 离子源温度、毛细管电压、锥孔电压、雾化气流速、干燥气流速、碰撞能量、透镜参数等根据厂家推荐值和测定样品时的调谐值进行设定。

### A.2 色谱条件

**A.2.1** ESI+、APCI+流动相：乙腈/水＝70/30(混合液中含甲酸 0.1%，体积比)。

**A.2.2** ESI－流动相：乙腈/水＝70/30(体积比)。

**A.2.3** ESI+、ESI－流动相流速：0.2 mL/min～0.8 mL/min，恒定流速。

**A.2.4** APCI+流动相流速：0.4 mL/min～1.2 mL/min，恒定流速。

**A.2.5** 柱箱温度：设定为室温以上 5 ℃～10 ℃，有制冷功能的仪器可以根据仪器性能自行设定柱温。

**A.2.6** 进样器温度：根据仪器功能自行设定。

**A.2.7** 进样体积：5.0 μL。

**A.2.8** 进样方式：不分流进样。

**A.2.9** 色谱柱(只在测试本标准 6.4、6.5、6.8、6.9 项目时使用)，参考规格如下：

对于常规液相色谱仪：$C_{18}$柱，2.1×50 mm，3.5 μm 或性能相当的色谱柱；

对于超高压液相色谱仪：$C_{18}$柱，2.1×50 mm，1.7 μm 或性能相当的色谱柱。

**A.2.10** 其他要求如下所示：

a) 对于灵敏度测试，要求保留时间控制在 0.5 min～1.5 min。

b) 质量准确性，可以采用流动注射、在不连接色谱柱的情况下自动或手动将样品注入质谱的方法进行测试。

### A.3 溶液配制和稀释

适当浓度指根据仪器灵敏度状况，采用 100 μL 和 1 000 μL 移液器、10 mL 和 100 mL 容量瓶，对标准物质或溶液进行必要的稀释，直到满足使用要求，制备和稀释用混合溶剂以及制备和稀释步骤见表A.1及表A.2。建议稀释时，每级母液取样量不少于100 μL、称样量不小于0.01 g，所使用的移液器与容量瓶需经过检定或校准。

**表 A.1 制备和稀释用混合溶剂**

| 序号 | 溶剂体系 | 所需体积/mL |
|---|---|---|
| A.3.1 | 70∶30(体积比)的乙腈∶水混合溶剂，含甲酸0.1%(体积比) | 约100 |
| A.3.2 | 70∶30(体积比)的乙腈∶水混合溶剂 | 约300 |
| A.3.3 | 1∶1(体积比)的甲醇∶水混合溶剂，含甲酸0.1%(体积比)与乙酸铵2 mmol/L | 约300 |

**表 A.2 制备和稀释步骤**

| 序号 | 样品与浓度 | 稀释步骤 |
|---|---|---|
| A.3.4 | 100 pg/μL，利血平溶液 | 用1 000 μL移液器吸取1.0 μg/mL利血平溶液1 000 μL到10 mL容量瓶中，用A.3.1中溶剂定容到刻度 |
| A.3.5 | 10 pg/μL，利血平溶液 | 用100 μL移液器吸取1.0 μg/mL利血平溶液100 μL到10 mL容量瓶中，用A.3.1中溶剂定容到刻度 |
| A.3.6 | 100 μg/mL，氯霉素溶液 | 称0.01 g氯霉素固体样品到100 mL容量瓶中，然后用A.3.2中溶剂定容到刻度 |
| A.3.7 | 1.0 μg/mL，氯霉素溶液 | 用1 000 μL移液器吸取1 000 μL 100 μg/mL氯霉素溶液到100 mL容量瓶中，用A.3.2中溶剂定容到刻度 |
| A.3.8 | 100 pg/μL，氯霉素溶液 | 用1 000 μL移液器吸取1.0 μg/mL氯霉素溶液1 000 μL到10 mL容量瓶中，用A.3.2中溶剂定容到刻度 |
| A.3.9 | 10 pg/μL，氯霉素溶液 | 用100 μL移液器吸取1.0 μg/mL氯霉素溶液100 μL到10 mL容量瓶中，用A.3.2中溶剂定容到刻度 |
| A.3.10 | 360 μg/mL，PPG450、PPG 1000、PPG 2000溶液 | 分别称取0.036 g PPG450、PPG 1000、PPG 2000到三个100 mL容量瓶中，用A.3.3中溶剂定容到100 mL |
| A.3.11 | 3.6 μg/mL，PPG450、PPG 1000、PPG 2000溶液 | 用100 μL移液器分别吸取360 μg/mL的PPG450、PPG 1000、PPG 2000溶液100 μL到三个10 mL容量瓶中，用A.3.3中溶剂定容到刻度 |
| A.3.12 | 1.2 μg/mL，PPG450、PPG 1000、PPG 2000混合溶液 | 用1 000 μL移液器分别吸取3.6 μg/mL的PPG450、PPG 1000、PPG 2000溶液1 000 μL到10 mL容量瓶中，混合均匀即可 |

# 附 录 B
（资料性附录）
# PPG450、PPG1000、PPG2000 离子理论值（ESI＋）

PPG450、PPG1000、PPG2000 离子理论值（ESI＋）见表 B.1。

**表 B.1 离子理论值（ESI＋）**

| 1 | | 2 | | 3 | | 4 | |
|---|---|---|---|---|---|---|---|
| 离子 | 理论值 | 离子 | 理论值 | 离子 | 理论值 | 离子 | 理论值 |
| $[A_1+NH_4]^+$ | 94.09 | $[A_{20}+NH_4]^+$ | 1 196.88 | $[M_1+H]^+$ | 59.05 | $[M_{20}+H]^+$ | 1 161.85 |
| $[A_2+NH_4]^+$ | 152.13 | $[A_{21}+NH_4]^+$ | 1 254.92 | $[M_2+H]^+$ | 117.09 | $[M_{21}+H]^+$ | 1 219.89 |
| $[A_3+NH_4]^+$ | 210.17 | $[A_{22}+NH_4]^+$ | 1 312.97 | $[M_3+H]^+$ | 175.13 | $[M_{22}+H]^+$ | 1 277.93 |
| $[A_4+NH_4]^+$ | 268.21 | $[A_{23}+NH_4]^+$ | 1 371.01 | $[M_4+H]^+$ | 233.18 | $[M_{23}+H]^+$ | 1 335.97 |
| $[A_5+NH_4]^+$ | 326.25 | $[A_{24}+NH_4]^+$ | 1 429.05 | $[M_5+H]^+$ | 291.22 | $[M_{24}+H]^+$ | 1 394.01 |
| $[A_6+NH_4]^+$ | 384.30 | $[A_{25}+NH_4]^+$ | 1 487.09 | $[M_6+H]^+$ | 349.26 | $[M_{25}+H]^+$ | 1 452.05 |
| $[A_7+NH_4]^+$ | 442.34 | $[A_{26}+NH_4]^+$ | 1 545.13 | $[M_7+H]^+$ | 407.30 | $[M_{26}+H]^+$ | 1 510.10 |
| $[A_8+NH_4]^+$ | 500.38 | $[A_{27}+NH_4]^+$ | 1 603.18 | $[M_8+H]^+$ | 465.34 | $[M_{27}+H]^+$ | 1 568.14 |
| $[A_9+NH_4]^+$ | 558.42 | $[A_{28}+NH_4]^+$ | 1 661.22 | $[M_9+H]^+$ | 523.38 | $[M_{28}+H]^+$ | 1 626.18 |
| $[A_{10}+NH_4]^+$ | 616.46 | $[A_{29}+NH_4]^+$ | 1 719.26 | $[M_{10}+H]^+$ | 581.43 | $[M_{29}+H]^+$ | 1 684.22 |
| $[A_{11}+NH_4]^+$ | 674.51 | $[A_{30}+NH_4]^+$ | 1 777.30 | $[M_{11}+H]^+$ | 639.47 | $[M_{30}+H]^+$ | 1 742.26 |
| $[A_{12}+NH_4]^+$ | 732.55 | $[A_{31}+NH_4]^+$ | 1 835.34 | $[M_{12}+H]^+$ | 697.51 | $[M_{31}+H]^+$ | 1 800.31 |
| $[A_{13}+NH_4]^+$ | 790.59 | $[A_{32}+NH_4]^+$ | 1 893.38 | $[M_{13}+H]^+$ | 755.55 | $[M_{32}+H]^+$ | 1 858.35 |
| $[A_{14}+NH_4]^+$ | 848.63 | $[A_{33}+NH_4]^+$ | 1 951.43 | $[M_{14}+H]^+$ | 813.59 | $[M_{33}+H]^+$ | 1 916.39 |
| $[A_{15}+NH_4]^+$ | 906.67 | $[A_{34}+NH_4]^+$ | 2 009.47 | $[M_{15}+H]^+$ | 871.64 | $[M_{34}+H]^+$ | 1 974.43 |
| $[A_{16}+NH_4]^+$ | 964.71 | $[A_{35}+NH_4]^+$ | 2 067.51 | $[M_{16}+H]^+$ | 929.68 | $[M_{35}+H]^+$ | 2 032.47 |
| $[A_{17}+NH_4]^+$ | 1 022.76 | $[A_{36}+NH_4]^+$ | 2 125.55 | $[M_{17}+H]^+$ | 987.72 | $[M_{36}+H]^+$ | 2 090.51 |
| $[A_{18}+NH_4]^+$ | 1 080.80 | $[A_{37}+NH_4]^+$ | 2 183.59 | $[M_{18}+H]^+$ | 1 045.76 | $[M_{37}+H]^+$ | 2 148.56 |
| $[A_{19}+NH_4]^+$ | 1 138.84 | $[A_{38}+NH_4]^+$ | 2 241.64 | $[M_{19}+H]^+$ | 1 103.80 | $[M_{38}+H]^+$ | 2 206.60 |

注：$M_n$ 代表$[OC3H6]_n$；$A_n$ 代表 H-$M_n$-OH，$n$ 从 1 到 38。

ICS 03.120.99
A 10

# 中华人民共和国国家标准

GB/T 35411—2017

# 电子商务平台产品信息展示要求

**Requirements of product information presentation in E-commerce platform**

2017-12-29 发布 2018-07-01 实施

中华人民共和国国家质量监督检验检疫总局
中国国家标准化管理委员会 发布

# 前　言

本标准按照 GB/T 1.1—2009 给出的规则起草。

本标准由全国电子商务质量管理标准化技术委员会(SAC/TC 563)提出并归口。

本标准起草单位：中国标准化研究院、深圳市众信电子商务交易保障促进中心、合肥未来计算机技术开发有限公司、浙江天猫技术有限公司、广东省标准化研究院、杭州标准化研究院。

本标准主要起草人：冯卫、许应成、产新国、杜佳、许燕君、袁征、陈丽平、陈学章、信春华、赵金煜、潜宇婧。

# 电子商务平台产品信息展示要求

## 1 范围

本标准规定了电子商务平台销售的产品信息展示的基本原则和要求、展示内容和展示方式。

本标准适用于电子商务平台销售的产品信息展示。

## 2 规范性引用文件

下列文件对于本文件的应用是必不可少的。凡是注日期的引用文件,仅注日期的版本适用于本文件。凡是不注日期的引用文件,其最新版本(包括所有的修改单)适用于本文件。

GB/T 5296.1 消费品使用说明 第1部分:总则

GB/T 35408—2017 电子商务质量管理 术语

## 3 术语和定义

GB/T 35408—2017界定的术语和定义适用于本文件。为了便于使用,以下重复列出了GB/T 35408—2017中的某些术语和定义。

3.1

**产品信息 product information**

产品所相关的特征、使用性能、价格、履行期限和方式以及产品的生产、交易、配送、售后服务的消息、数据和情报等的总称。

注1:产品特征信息包含但不仅限于:

a) 商标、品牌、荣誉、产品合格证明等;

b) 外观、型号规格、材质和配料等;

c) 质量指标、参数和功能、安全警示等;

d) 保质期和有效期限等;

e) 保存方法和使用方式等。

注2:生产信息包含:生产者名称、地址、生产许可、生产时间等。

注3:使用特性信息包含:使用说明、维护保养、安全警示、注意事项等。

[GB/T 35408—2017,定义3.1.1]

3.2

**信息展示 information display**

将产品信息和服务信息等在电子商务平台公布,呈现给顾客的活动。

[GB/T 35408—2017,定义3.1.5]

## 4 基本原则和要求

### 4.1 基本原则

#### 4.1.1 合规性

电子商务交易中,产品信息展示应符合国家法律、法规的要求。

#### 4.1.2 真实性

电子商务交易中，产品信息展示应真实、准确、有效，不得有虚假内容。

#### 4.1.3 完整性

电子商务交易中，产品信息展示应完整、全面。

#### 4.1.4 规范性

电子商务交易中，产品信息展示应使用规范的语言和术语，并对专用或特定的术语进行解释。

#### 4.1.5 一致性

在电子商务交易平台上展示的产品信息应与买家实际收到的产品及产品上的信息一致。使用两种以上语言时，其内容应保持一致。

### 4.2 基本要求

4.2.1 卖家应按照4.1的基本原则将所销售产品的信息在电子商务销售平台上展示。所展示的信息应包括：产品识别、产品生产销售、产品安全警示、产品性能。根据需要，销售者还应同时或分别展示购买其产品的支付方式和运输费用的说明、售后服务、维修保养、运输安装、节能环保、民事责任等信息。详见第5章。

4.2.2 由电子商务平台提供者在其平台上展示的产品，应符合合规性、真实性、一致性的原则。

4.2.3 电子商务平台应对入驻其平台的商户(卖家)所展示的产品信息进行监督，对违规信息进行清理或督促卖家进行修改，并依据交易规则采取处置措施。

## 5 产品信息展示内容和要求

### 5.1 产品识别信息

5.1.1 产品识别信息包括但不限于以下信息：

a) 产品名称：产品通用名称和特定名称；

b) 商标和/或品牌；

c) 产品规格、型号、参数或成分；

d) 根据需要，产品识别信息还应包括：

  1) 市场准入信息：许可类产品证书、强制性产品认证证书等；

  2) 商品条码；

  3) 原产地标识；

  4) 自愿性认证证书和/或标志等。

5.1.2 应使用不会引起买家误解或混淆的产品名称和图片。

5.1.3 在产品销售网页包含产品名称的主标题，不应同时罗列不同品牌的名称。

注：应当禁止使用类似的标题，如：耐克阿迪运动鞋。

5.1.4 不得冒用或使用与他人近似的商标、品牌。

5.1.5 卖家在电子商务平台所销售的同类型产品的功能、性能指标等与实体店销售的产品有差别的，应以不同型号标示给与区分，标示“电商专供产品”的产品应提供同类型产品的功能、性能指标等信息的区别。

5.1.6 对于列入产品生产许可或强制性产品认证(如CCC认证)目录范围的产品，应明示出相关证书的最新编号或照片。

## 5.2 产品生产销售信息

5.2.1 产品生产销售信息应包括但不限于以下信息：

a) 产品制造商、卖家名称、联系方式；

b) 产品生产地；

c) 产品制造商或卖家地址(至少标示出地级市，或更详细)；

d) 产品制造和/或质量检验所执行的相关产品国家标准、行业标准、地方标准、团体标准和企业标准编号；

e) 产品价格；

f) 运费；

g) 退换货的条件；

h) 根据需要，产品销售信息还应包括：

  1) 产品销售数量；

  2) 买家对产品的评价信息。

5.2.2 产品价格应真实有效，特价、优惠政策有使用时限、使用条件的应予以显著说明。

5.2.3 产品的产地应以产品实际制作地为准，不应以产品销售者、企业注册地等代替。

5.2.4 产品制造商或卖家的地址和联系方式应真实、有效、完整。

5.2.5 进口产品、网络代购产品应标明该产品的原产地(至少标示出国家/地区)、相关证明文件、产品标识的中文文本，以及境内代理商或者进口商或者销售商在中国依法登记注册的名称和地址、有效联系方式。

5.2.6 产品生产日期、保质期和/或有效日期、限期使用日期的标识应显著，且不应引起买家误解和混淆。

5.2.7 产品信息展示不得虚假促销、虚构原价、虚构交易。

## 5.3 产品安全与使用信息

5.3.1 涉及安全性能时，产品警示信息应包括以下适用的对应项目：

a) 产品使用说明，正确使用方法或操作说明(符合 GB/T 5296.1 要求)；

b) 使用中可能会危害使用者的安全警示文字或符号；

c) 安全事故处理方法；

d) 个人防护措施；

e) 对特殊人群使用时的保护警示；

f) 产品有特殊材料，或者危险的材料(如防腐剂、干燥剂等)时，应醒目地注明；

g) 潜在的危险说明；

h) 产品安全认证标志。

5.3.2 产品警示安全、安全标识应符合相关法律、法规的要求，且展示于显著位置。

## 5.4 产品性能

5.4.1 根据需要，产品性能信息应包括以下一项或多项信息：

a) 产品材质、主要成分；

b) 产品尺寸、重量、体积或容量、颜色；

c) 产品可选择的组件和附件；

d) 功能和适用范围；

e） 产品主要专业性能和参数；

f） 产品的能量消耗、噪声、废气和废水、回收与处置。

5.4.2 产品性能信息的展示不得有夸大、虚假的内容。

5.4.3 产品的颜色信息应准确表述，与实物保持一致。

## 5.5 产品维修保养

5.5.1 根据需要，产品维修保养信息应包括以下一项或多项信息：

a） 售后服务说明；

b） 保修期；

c） 保修政策，如配件的更换；

d） 由消费者进行的维修、清洗说明；

e） 由专业人员进行的维修、清洗、更换说明；

f） 多种途径的维修联系方式，如维修固定电话或手机号码、邮箱等。

5.5.2 产品的安装、维修如需专业人士操作应在显著位置标明。

5.5.3 由消费者进行的维修、清洗说明应有安全注意事项和风险警示。

# 6 产品信息展示方式和要求

6.1 展示方式包括文字、表格、图片、语音、视频，影像、电子链接标识（如，二维码）等。

6.2 产品信息的文字、语音应使用简洁易懂的规范中文。两种以上的语言同时展示时中文在先，其他语种的信息均应有对应的中文。

6.3 产品识别、产品生产销售（如，生产日期等）和产品安全警示信息应当放置在产品介绍的主页面。

6.4 产品的数量和质量、价款或费用、履行期限和方式、安全注意事项和风险警示、售后服务、民事责任等与买家有重大利害关系的内容，应以显著方式展示。

6.5 产品介绍的文字、图片、影像等信息展示应遵循基本原则（见 4.1），不应有产品不存在的性能，除非清晰易见地说明没有此性能的标注。

ICS 35.240.60
A 80

# 中华人民共和国国家标准

GB/T 35412—2017

# 托盘共用系统电子标签(RFID)应用规范

## Application specification of RFID tag in pallet pooling system

2017-12-29 发布　　　　2018-07-01 实施

中华人民共和国国家质量监督检验检疫总局
中国国家标准化管理委员会　发布

# 前　言

本标准按照GB/T 1.1—2009给出的规则起草。

本标准由全国物流标准化技术委员会(SAC/TC 269)提出。

本标准由全国物流信息管理标准化技术委员会(SAC/TC 267)归口。

本标准起草单位:中包精力托盘共用系统(北京)有限公司、中国智能物流包装公司、无锡市前程包装工程有限公司、南京恒先物流发展有限公司、芜湖宏春木业集团有限公司、中国物流与采购联合会、中国物品编码中心。

本标准主要起草人:余渡元、孙杨、汤红梅、向先春、孙熙军、韩树文、陈卫成、徐平、杨禾。

# 托盘共用系统电子标签(RFID)应用规范

## 1 范围

本标准规定了托盘共用系统运营管理所涉及的电子标签(RFID)的通用技术要求、与条码的匹配方式、作业内容以及异常情况的处理方法。

本标准适用于托盘共用系统的共用托盘的信息表示、信息采集与信息交换。

## 2 规范性引用文件

下列文件对于本文件的应用是必不可少的。凡是注日期的引用文件,仅注日期的版本适用于本文件。凡是不注日期的引用文件,其最新版本(包括所有的修改单)适用于本文件。

GB/T 3716 托盘术语

GB/T 12905 条码术语

GB/T 15425 商品条码 128 条码

GB/T 18348 商品条码 条码符号印刷质量的检验

GB/T 18354 物流术语

GB/T 29261.3 信息技术 自动识别和数据采集技术 词汇 第3部分:射频识别

GB/T 31005 托盘编码及条码表示

## 3 术语和定义

GB/T 3716、GB/T 12905、GB/T 18354 和 GB/T 29261.3 界定的以及下列术语和定义适用于本文件。为了便于使用,以下重复列出了 GB/T 18354 中的一些术语和定义。

3.1

**托盘共用系统 pallet pool system**

使用符合统一规定的具有互换性的托盘,为众多用户共同服务的组织系统。

[GB/T 18354—2006,定义 4.15]

## 4 共用托盘的编码与条码表示

4.1 托盘共用系统中的共用托盘应采用 GB/T 31005 规定的代码结构对托盘进行编码,共用托盘作为可移动资产来管理,其资产代码应具有唯一性。

4.2 共用托盘的条码符号应符合 GB/T 15425 的规定,尺寸、符号等级应符合 GB/T 31005 的要求,条码符号印刷质量应符合 GB/T 18348 的要求。

## 5 电子标签(RFID)的通用技术要求

5.1 工作频率为 900 Hz~925 Hz。

5.2 信息传送距离不少于 5 m。

5.3 温度适应范围为-25 ℃～65 ℃。

5.4 电子标签的通用识别区(UID)信息存储与条码表示一致,符合GB/T 31005要求,用于储存共用托盘所有者(通常为资产所有者)识别代码、托盘种类和序列号。电子标签的用户区(USER)用于储存共用托盘制造方身份、制造日期、托盘重量,以及共用托盘在使用中的托盘流转、维护等的信息。

## 6 电子标签(RFID)与条码的匹配

6.1 每只共用托盘应配备至少一个电子标签(RFID),对应配备一个条码作为其表面信息,两者信息相对应,且应复合封装成为一体。

6.2 应至少在共用托盘的对角线方向的两个立面放置条码。通常以配备2个电子标签(RFID)和4个条码为宜;2个电子标签应与其对应的条码复合封装为一体;2个电子标签与4个条码的表示信息相同。

## 7 作业

### 7.1 电子标签的封装与筛选

共用托盘用的电子标签(RFID)应做必要的防护封装,且对封装后的电子标签应进行一致性检测和筛选,电子标签的读取数据的准确率应达到100%,只有满足此要求的电子标签(RFID)才能被安装到共用托盘上使用。

### 7.2 共用托盘信息的初始化

新的共用托盘在批量制造完成后应加装电子标签(RFID),并与托盘共用系统运营管理信息平台相联接,进行共用托盘信息的初始化。对于已在使用当中的共用托盘,加装电子标签(RFID)后,应同步进行电子标签信息更新,以及共用托盘历史数据安全迁移到托盘共用系统运营管理信息平台。

### 7.3 数据采集与校验

#### 7.3.1 数据采集设备

共用托盘的电子标签(RFID)的数据采集设备(简称"读写器")应与电子标签的特性相匹配,可以使用移动式、固定式或手持式读写器来完成数据采集操作。读写器应具有读取条码、二维码和电子标签(RFID)的功能,兼有拍照功能。移动式读写器应具有定位功能。

#### 7.3.2 数据采集

可以使用读写器来读取共用托盘的电子标签(RFID)的相关信息。共用托盘的状态及流转信息既可以通过更新电子标签(RFID)的用户区储存的对应信息,也可以通过更新资产管理系统的数据库来实现。

#### 7.3.3 共用托盘流转计划共享与数据采集校验

共用托盘所涉及的相关方应将共用托盘的调拨计划进行分享,各方均要生成电子化、目视化的流转需求计划表(简称"看板")。在共用托盘流转的相关环节进行数据采集时,基于托盘共用系统运营管理信息平台,设备能够在线及时将采集的数据与看板作对照、检验。对于报告出共用托盘信息误读、漏读的情况,应及时进行补读,直至采集信息与看板一致。

### 7.4 数据关联

货物单元通过人工或设备码放到共用托盘上,可以将货物单元信息与共用托盘的资产代码进行关联和绑定。

### 7.5 数据记录、追踪和追溯

根据共用托盘的流转类型,包括托盘承租(供应 S)、托盘回收(R)、托盘调拨(T)等,在电子标签的用户区或托盘共用系统运营管理信息平台中,应记录下托盘的流转类型、发送端名称及位置、接收端名称及位置、发送时间、接收时间、托盘规格、可用性级别、数量和关联单据编号,以及有关作业者的信息,应可追踪、追溯。

### 7.6 共用托盘流转过程中的标签核验

在共用托盘流转过程中,对于每个实物交接环节,应进行共用托盘的外观查验,以及电子标签损毁情况核验。如共用托盘的条码信息不完整或损坏,则应重新制作和补贴条码。如电子标签(RFID)不能读,则应将相应的托盘暂时退出流转,在重新补做标签并安装后,托盘才可以恢复流转。此过程中的维修、维护记录均应输入到托盘共用系统运营管理信息平台。

## 8 异常情况的处理

电子标签出现物理性损坏、不能被读取、工作场景出现设备断电等异常情况时,要有相应的处理方法。包括但不限于:

a) 电子标签物理性损坏或正常读取测试不通过时,人工调换托盘上的电子标签,托盘暂时退出;

b) 排除电磁屏蔽和干扰等因素,按例外情况,采用手持读写器补读;

c) 工作场景出现设备断电情况时,启用不间断电源,或使用带有独立电源的设备,如手持读写器等进行临时作业。

ICS 01.080.01
A 22

# 中华人民共和国国家标准

GB/T 35413—2017

# 应急导向系统　评价指南

Safety way guidance systems—Evaluation guidelines

2017-12-29 发布　　2018-04-01 实施

中华人民共和国国家质量监督检验检疫总局
中国国家标准化管理委员会　发布

# 前　言

本标准按照 GB/T 1.1—2009 给出的规则起草。

本标准由全国图形符号标准化技术委员会(SAC/TC 59)提出并归口。

本标准起草单位:上海市质量和标准化研究院、中国标准化研究院、东莞市美誉标识有限公司。

本标准主要起草人:杨洁明、陈永权、白殿一、张明兰、刘荣富、马娜、邹传瑜、黎伟、曾俊杰、张亮。

# 应急导向系统 评价指南

## 1 范围

本标准给出了建筑物内应急导向系统的评价原则、评价程序和评价结果应用的方向性指导。

本标准适用于应急导向系统的建设单位、管理单位及第三方机构针对建筑物内应急导向系统开展的设计、设置和运行管理等方面的评价。

## 2 规范性引用文件

下列文件对于本文件的应用是必不可少的。凡是注日期的引用文件，仅注日期的版本适用于本文件。凡是不注日期的引用文件，其最新版本(包括所有的修改单)适用于本文件。

GB/T 15565(所有部分) 图形符号 术语

GB/T 19038 顾客满意测评模型和方法指南

GB/T 23809 应急导向系统 设置原则与要求

## 3 术语和定义

GB/T 15565(所有部分)、GB/T 19038 和 GB/T 23809 界定的术语和定义适用于本文件。

## 4 评价原则

应急导向系统评价工作开展宜遵循以下原则：

a) 客观性原则。应急导向系统评价需客观反映应急导向系统设计、设置、运行管理的实际水平，确保评价结果和评价结论具有充足且适当的证据支持，为应急导向系统建设和管理决策提供科学依据；

b) 针对性原则。选择评价方法、建立指标体系需综合考虑场所类型、人流密度、应急导向系统结构等因素，以保证最终确定的评价方法、指标体系能够准确反映评价对象的特点；

c) 独立性原则。应急导向系统的评价工作宜由第三方机构单独进行，或者由独立于应急导向系统建设和管理部门的其他部门负责，评价实施工作不应受利益相关方的干扰。

## 5 评价程序

### 5.1 基本程序

应急导向系统评价程序主要由评价策划、评价实施、评价文件编制三阶段构成，并可视评价目的、用途、相关方要求等因素删减或重复开展某些环节的工作，直至获得全面合理的结论。

### 5.2 评价策划

#### 5.2.1 确定评价需求

评价前首先根据评价目的和用途等因素明确评价需求，作为选择评价方法、建立指标体系等工作的依据。

示例 1：评价应急导向系统的运行管理水平，评价需求需要重点考察评价系统运行保障性。

示例 2：评价应急导向系统功能是否能够满足人员应急疏散需求，评价需求需要重点考察评价系统功能性。

### 5.2.2 识别评价范围

5.2.2.1 应急导向系统评价的范围一般宜包括空间范围、要素范围和时间范围。

5.2.2.2 评价前根据评价需求和相关方要求等因素识别评价范围，明确系统评价所覆盖的场所空间范围，依据系统构成选择需要纳入评价的应急导向系统要素范围，并在评价文件中清晰表述。

### 5.2.3 明确评价依据

根据评价需求和评价范围确定评价依据，一般包括法律、法规、规章、标准等。

### 5.2.4 选择评价方法

根据评价需求、评价范围、评价对象特征选择适宜的评价方法。应急导向系统评价宜采用专家打分法（德尔菲法）、层次分析法、量表法和模糊综合评价法等方法。

### 5.2.5 建立指标体系

5.2.5.1 根据 5.2.1～5.2.4 的工作输出，遵循准确、客观的原则，研究建立指标体系。

5.2.5.2 应急导向系统评价模型见图 1。应急导向系统评价内容包括标准符合性（BZ）、系统功能性（XT）、技术先进性（JS）、运行保障性（YX）等方面。应急导向系统评价要点说明参见附录 A。

5.2.5.3 指标体系建立后，根据评价需求采用专家打分法（德尔菲法）、层次分析法等方法确定一级指标和二级指标的权重。

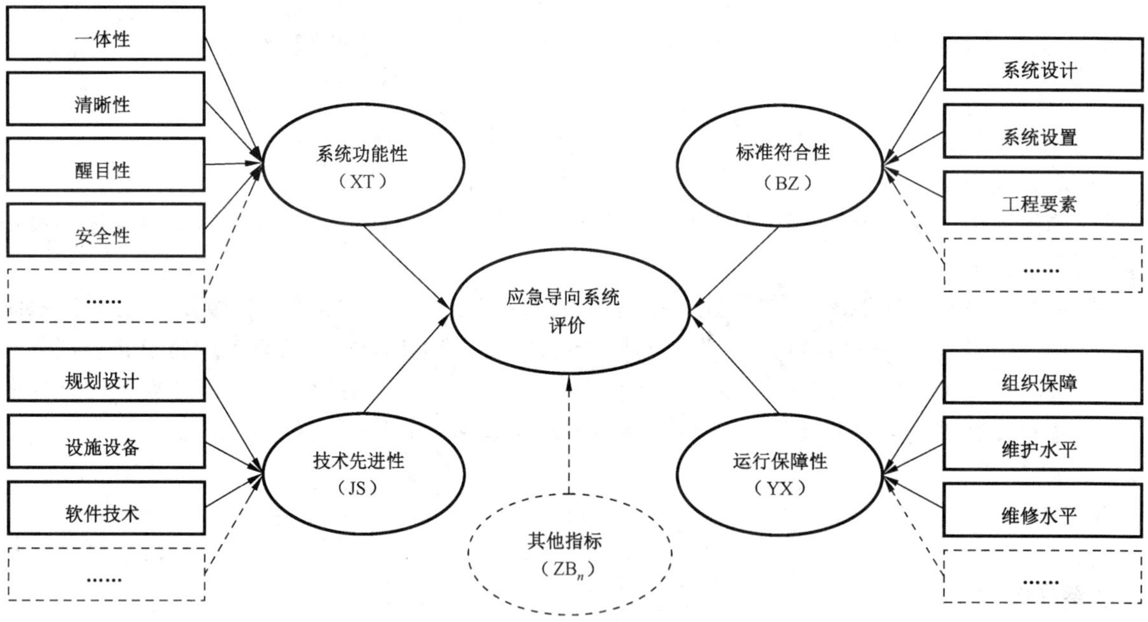


图 1 应急导向系统评价模型

## 5.3 评价实施

### 5.3.1 资料收集

5.3.1.1 通过会议、调查、文献检索等方法，收集评价所需的资料，包括但不限于应急导向系统的类型、系统构成和技术方案等基本内容。

5.3.1.2 结合系统建设和管理的阶段性特征,不同阶段的应急导向系统评价资料收集的重点如下:

a) 规划阶段的应急导向系统评价。该阶段的系统评价的信息收集以设计方案、设置方案、技术方案和应急预案等文件为主。

b) 建设阶段的应急导向系统评价。该阶段的系统评价的信息收集以客观反映材料、工艺、结构等工程要素的标准符合性、产品技术指标为主,兼顾规划阶段形成的工作成果。

c) 运行阶段的应急导向系统评价。该阶段的系统评价的信息收集以系统的运行状态、维护维修、应急管理等方面的文件为主,兼顾规划阶段和建设阶段的工作成果。

### 5.3.2 数据收集与统计

#### 5.3.2.1 确定数据收集方法

根据评价需求、评价范围、评价方法、评价指标、资金投入等选择数据收集方法,如专家会议、现场调查、公众测评等。

#### 5.3.2.2 设计问卷

5.3.2.2.1 如果采用现场调查、公众测评等外部调查方法进行数据收集,宜根据5.2.5建立的指标体系设计问卷。问卷通常包括以下几个部分:

a) 标题;

b) 问候语;

c) 甄别部分;

d) 评价部分(包括问卷问题、测量量表,以及必要的开放性问题);

示例:开放性问题如"您最关心的是应急导向系统的哪些方面?""您最不满意的是应急导向系统的哪些方面?"

e) 建议与意见征集部分;

f) 有关年龄组、性别、语言等人口统计信息部分;

g) 结束语。

5.3.2.2.2 问卷设计完成后应进行预调查,根据预调查结果对调查问卷进行信度和效度检验。

5.3.2.2.3 检验结果未达到要求时,对问卷内容进行修正。

#### 5.3.2.3 整理数据

通过问卷调查取得数据后,对获得的数据进行检验,剔除不可用数据,并根据需要进行数据分类。

#### 5.3.2.4 统计与计算

采用线性加权方法计算得出应急导向系统评价结果,并根据需要进一步分析。评价结果(EA)计算方法见式(1):

$$EA = \lambda_1 BZ + \lambda_2 XT + \lambda_3 JS + \lambda_4 YX + \cdots + \lambda_n ZB_n \qquad (1)$$

式中:

EA ——应急导向系统评价得分;

BZ ——标准符合性评价得分;

XT ——系统功能性评价得分;

JS ——技术先进性评价得分;

YX ——运行保障性评价得分;

$ZB_n$ ——其他指标的评价得分。

$\lambda_1, \lambda_2, \lambda_3, \lambda_4, \cdots \lambda_n$ 分别表示标准符合性、系统功能性、技术先进性、运行保障性等指标对于总结果的影响权重，且 $\sum_{i=1}^{n} \lambda_i = 1$。

注：采用两种及两种以上方法对某一指标进行评价得出数据后，可采用线性加权方法计算得出该指标的最终得分。

### 5.3.3 分析与评价

运用科学的评价方法对已获取的信息进行综合分析和评价，形成明确的评价结论，主要内容包括但不限于：

a) 应急导向系统建设及管理目标实现情况的分析和评价；

b) 应急导向系统评价总体结果；

c) 一级指标和二级指标评价结果分析；

d) 指标评价结果的影响分析；

e) 评价总结及建议和改进措施。应急导向系统评价重要性战略矩阵分析示例参见附录 B。

注：在分析和评价的过程中，出于验证和分析评价结果的需要，可通过会议和访谈等方式对焦点问题进行分析。

## 5.4 评价文件编制

### 5.4.1 概述

根据评价策划规定的形式编制评价文件，全面、概括地反映应急导向系统评价的全部工作，文字简洁、准确，并附以必要的图表和照片，数据详实、论点明确、论据充分、结论清晰。

### 5.4.2 基本内容

应急导向系统评价文件内容通常包括评价背景、评价范围、评价依据、评价方法、评价实施过程、评价结果及分析和建议等主要内容，应急导向系统评价文件通用要素参见附录 C。

# 6 评价结果应用

6.1 应急导向系统评价提交结果后，注意获取相关方对评价结果及其利用效果的反馈，使信息得到有效应用，以实现应急导向系统的持续改进。

6.2 对于规划阶段的应急导向系统，评价结果可用于指导设计、设置、技术、应急管理等方案的修正。

6.3 对于建设阶段的应急导向系统，评价结果可用于检验材料、工艺、结构等工程要素的标准符合性、技术先进性，确保建设与规划设计的匹配性，降低系统规划阶段的不足对系统建设的影响。

6.4 对于运行阶段的应急导向系统评价，评价结果可用于考察应急导向系统的运行状态、维护维修、应急管理等方面的效果，便于管理者及时发现问题和安全隐患，对系统进行改进和完善。

# 附 录 A
# （资料性附录）
# 应急导向系统评价要点说明

为便于评价实施，本标准给出了应急导向系统评价要点说明，可参照表A.1建立指标体系，并根据系统类型、规模和利益相关方要求等因素进行完善。

**表A.1 应急导向系统评价要点说明**

| 一级指标 | 二级指标 | 评价要点 |
|---|---|---|
| 标准符合性 | 系统设计 | a) 应急导向系统所使用的安全色、安全标志的规范性；<br>b) 应急导向标志版式设计的规范性；<br>c) 疏散平面图设计的规范性；<br>d) 应急导向系统中电光源要素设计的标准符合性 |
| | 系统设置 | a) 应急导向标志、应急导向线和安全疏散图等要素布置的合理性；<br>b) 高位、中位和低位应急导向标志的设置密度和视觉强化程度是否满足标准要求；<br>c) 电光源要素的电源设置及发光亮度等技术指标是否符合标准要求 |
| | 工程要素 | a) 设施设备所使用的材料、结构、工艺等工程要素是否符合相关行业强制标准的要求；<br>b) 电光源和磷光要素的技术指标及特殊要求是否符合GB/T 23809的要求；<br>c) 消防应急照明和疏散指示系统的防护等级、要求、实验和校验规则是否符合GB 17945的要求 |
| | …… | …… |
| 系统功能性 | 一体性 | a) 应急导向系统疏散路线设计的合理性；<br>b) 导向信息的一致性和连续性；<br>c) 应急导向系统中图形符号或文字的外观和描述的一致性；<br>d) 导向要素的设置方式和设置位置的规律性 |
| | 清晰性 | a) 应急导向系统中的图形符号和文字等导向信息的识别度；<br>b) 应急导向系统中导向信息元素的细节及其清晰度 |
| | 醒目性 | a) 导向要素在其设置的环境中的醒目程度；<br>b) 导向要素是否与广告等独立设置；<br>c) 导向要素是否可与公共信息导向系统明显区分；<br>d) 应急导向系统中的发光要素在特定环境下是否醒目 |
| | 安全性 | a) 硬件机械性能安全性，如外壳防护等级、外观平整度、结构牢固度、耐冲击和研磨性能等；<br>b) 供电系统安全性，如充放电性能、气候耐受性能、机械环境耐受性能和电磁兼容性能等 |
| | …… | …… |

**表 A.1（续）**

| 一级指标 | 二级指标 | 评价要点 |
|---|---|---|
| 技术先进性 | 规划设计 | a） 系统规划科学性；<br>b） 要素选择合理性；<br>c） 外观设计美观性 |
| | 设施设备[a] | a） 设施设备选型的先进性；<br>b） 系统构建技术的先进性；<br>c） 产品制作工艺的先进性 |
| | 软件技术 | a） 供电系统形式选择的合理性，如自带电源集中控制型、自带电源非集中控制型、集中电源集中控制型和集中电源非集中控制型；<br>b） 系统运行稳定性；<br>c） 其他软件系统的稳定性 |
| | …… | …… |
| 运行保障性 | 组织保障 | a） 运行保障制度建立及执行情况；<br>b） 运行人员配备情况及专业水平；<br>c） 维护维修设备及工具配备情况 |
| | 维护水平 | a） 日常维护实施情况；<br>b） 系统故障率；<br>c） 系统优化升级情况 |
| | 维修水平 | a） 维修质量；<br>b） 维修及时性 |
| | …… | …… |
| …… | …… | …… |
| [a] 评价指标可参考 GB/T 26443、GB/T 31521 等相关标准进行设计。 | | |

# 附　录　B
## （资料性附录）
## 应急导向系统评价重要性战略矩阵分析示例

进行应急导向系统评价重要性战略矩阵分析时，首先确定战略矩阵，然后根据各评价指标得分与评价指标对评价结果影响的重要程度，将二级和三级评价指标分别列入四个象限，如图 B.1 所示：

——左上区域属于优先改进区，其中的评价指标得分较低，但对于评价结果影响的重要度较高，如评价指标 4；

——右上区域属于优势区，其中的评价指标得分较高，对于评价结果影响的重要度也较高，如评价指标 1；

——左下区域属于机会区，其中的评价指标得分较低，对于评价结果影响的重要度也较低，如评价指标 3；

——右下区域属于维持区，其中的评价指标得分较高，但对于评价结果影响的重要度较低，如评价指标 2。

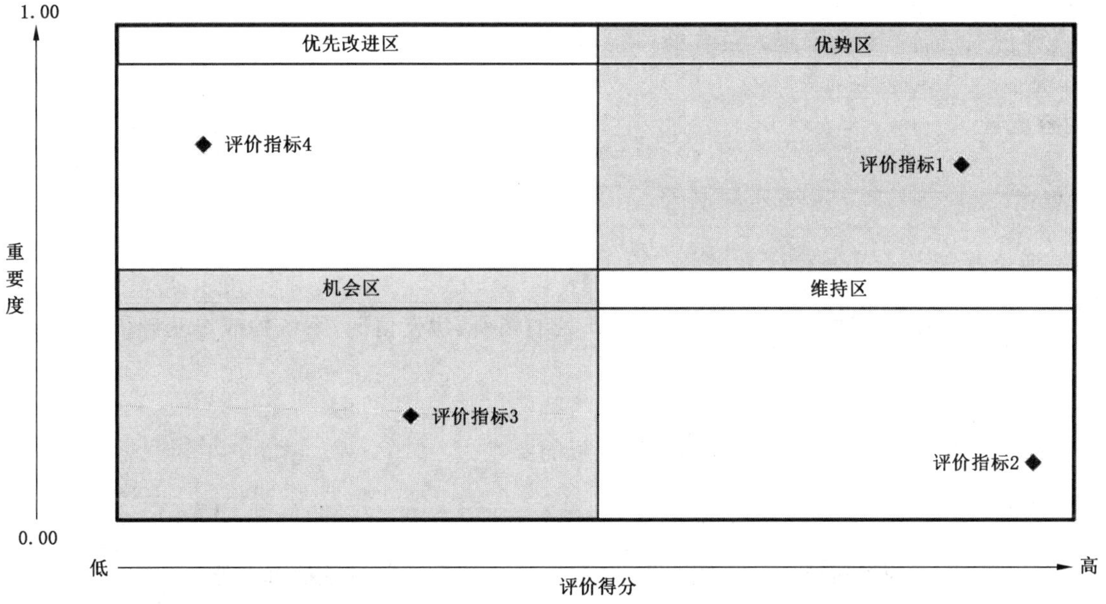


图 B.1 重要性战略矩阵分析示例

# 附 录 C
# （资料性附录）
# 应急导向系统评价文件通用要素

## C.1 封面

应急导向系统评价文件封面应给出标示文件的信息，包括：文件的名称、评价委托单位、评价实施单位或部门、文件完成日期等。

## C.2 前言

应急导向系统评价文件的前言内容可包括以下方面：

——文件编制所依据的起草规则；

——评价实施单位或部门；

——评价人员名单和专家组人员名单。

## C.3 内容要素

### C.3.1 概述

#### C.3.1.1 评价背景

概述评价工作任务的来源、评价需求、系统所处的场所、建设情况、系统构成等基础信息。

#### C.3.1.2 评价目的

明确应急导向系统评价的目的，宜列出评价目的要点。

#### C.3.1.3 评价范围

说明评价所覆盖的场所范围和系统要素范围，宜形成清晰的范围说明和要素列表。

#### C.3.1.4 评价依据

说明评价依据，一般包括法律、法规、规章、标准等。

#### C.3.1.5 评价方法

评价方法的选取依据和应用过程的简要说明，可以图表方式进行表示。

### C.3.2 评价实施过程

根据评价实施的实际过程，客观说明信息收集、数据收集、数据处理、数据统计、分析与评价的过程。

### C.3.3 评价结果

#### C.3.3.1 评价结果分析

对评价结果进行分析。若采用不同方法进行评价，还应根据需求对不同方法得出的评价结果进行对比分析。

#### C.3.3.2 指标评价结果分析

对一级指标和二级指标的评价结果进行分析。

#### C.3.3.3 指标评价结果的影响分析

包括评价要点对二级指标的影响分析、二级指标对一级指标的影响分析及各级指标对评价结果的影响分析，必要时对评价结果反映的重点问题进行分析。

### C.3.4 评价结论和主要问题

#### C.3.4.1 评价结论

应综合考虑评价结果分析情况、数据计算结果和所收集的文件信息，给出论点明确、论据充分的评价结论。

#### C.3.4.2 主要问题

应结合评价结论和系统设计、设置和运行管理的实际情况，针对性地对系统存在的问题及原因进行清晰、客观描述。

### C.3.5 对策建议

对策建议应具有良好的操作性和可行性，为系统优化改进提供决策依据。

### C.3.6 附件

列出对正文需要必要进行补充说明的文件。

## C.4 参考文献

列出评价所参考主要文献的基本信息。

## C.5 文件清单

列出评价过程中所查阅主要文件的清单。

## 参 考 文 献

[1] GB/T 2893(所有部分) 图形符号 安全色和安全标志
[2] GB 2894 安全标志及其使用导则
[3] GB 13495.1 消防安全标志 第1部分:标志
[4] GB/T 14778 安全色光通用规则
[5] GB 15630 消防安全标志设置要求
[6] GB 17945 消防应急照明和疏散指示系统
[7] GB/T 25894 疏散平面图 设计原则与要求
[8] GB/T 26443 安全色和安全标志 安全标志的分类、性能和耐久性
[9] GB/T 31521 公共信息标志 材料、构造和电气装置的一般要求

ICS 13.180
A 25

# 中华人民共和国国家标准

GB/T 35414—2017

# 高原地区室内空间弥散供氧(氧调)要求

## Requirements of oxygen conditioning for indoor oxygen diffusion in plateau area

2017-12-29 发布 2018-04-01 实施

中华人民共和国国家质量监督检验检疫总局
中国国家标准化管理委员会 发布

# 前　言

本标准按照 GB/T 1.1—2009 给出的规则起草。

本标准由全国人类工效学标准化技术委员会(SAC/TC 7)提出并归口。

本标准起草单位:空军航空医学研究所、中国标准化研究院、北京科技大学、公安部天津消防研究所、贵州风雷航空军械有限责任公司、上海穗杉实业有限公司、武汉海博瑞科技有限公司、杭州创威空分科技有限公司、北京航天宏宇医用设备有限公司、西藏昊泰气体设备科技有限公司、西藏自治区人民医院、西藏航空有限公司、青海高原医学科学研究院。

本标准主要起草人:肖华军、刘应书、赵朝义、倪照鹏、蔡晓、陈宗蓬、戚俊松、楼百根、祝显强、呼慧敏、夏志慧、曹永正、格桑罗布、于立华、何文娟、郭芳、吴天一。

# 高原地区室内空间弥散供氧(氧调)要求

## 1 范围

本标准规定了高原地区室内空间弥散供氧的要求。

本标准适用于高原地区室(舱)内空间弥散供氧系统设计与效果评价,也可供非高原地区室(舱)内空间弥散供氧系统设计和评价时参考。

## 2 规范性引用文件

下列文件对于本文件的应用是必不可少的。凡是注日期的引用文件,仅注日期的版本适用于本文件。凡是不注日期的引用文件,其最新版本(包括所有的修改单)适用于本文件。

GB/T 9068—1988 采暖通风与空气调节设备噪声声功率级的测定 工程法

## 3 术语和定义

下列术语和定义适用于本文件。

3.1

**弥散供氧 supplying oxygen by diffusion**

经管路或终端以扩散的方式向室内空间供氧。

3.2

**高原氧调 oxygen conditioning in plateau area**

使用人工手段,对高原地区(舱)室内空气中的氧气浓度进行调节和控制的方式。

3.3

**生理等效高度 physiological equivalent altitude**

采用人工供氧措施,使人体肺泡氧分压和机体生理效应相当所对应的海拔高度。

注:肺泡氧分压计算参照 GJB 114—1986 附录 A 中方法计算。

3.4

**急进高原 entering plateau in a short period of time**

居住低海拔地区(海拔 3 000 m 以下)人员乘飞机、火车等交通工具在数小时内直达并暴露到高海拔(海拔 3 000 m 以上)地区。

3.5

**久居高原 staying plateau permanently**

居住高原(海拔 3 000 m 以上)地区,或居住低海拔(海拔 3 000 m 以下)地区人员到高原地区连续居住 3 个月及以上。

3.6

**短居高原 staying plateau in a short time**

居住低海拔(海拔 3 000 m 以下)地区人员到高原地区停留少于 3 个月。

## 4 供氧浓度生理学要求

### 4.1 不同海拔高度范围的氧气浓度要求

高原地区弥散供氧空间氧调可分为A级、B级和C级，不同级别高原弥散供氧空间的氧气浓度(体积分数)应符合表1的要求；当表1中没有规定时，可按附录A确定。

**表1 不同级别高原弥散供氧空间的氧气浓度要求**

| 海拔高度<br>m | 大气压力 | | A级 | | B级 | | C级 | |
|---|---|---|---|---|---|---|---|---|
| | mmHg | kPa | 氧气浓度<br>% | 生理等效高度<br>m | 氧气浓度<br>% | 生理等效高度<br>m | 氧气浓度<br>% | 生理等效高度<br>m |
| 3 000 | 525.8 | 70.1 | ＞24.3 | ＜1 800 | 23.2～24.3 | 1 800～2 200 | 22.3～23.2 | 2 200～2 500 |
| 3 500 | 493.2 | 65.8 | ＞24.7 | ＜2 200 | 23.4～24.7 | 2 200～2 600 | 22.3～23.4 | 2 600～3 000 |
| 4 000 | 462.2 | 61.6 | ＞25.0 | ＜2 600 | 23.6～25.0 | 2 600～3 100 | 22.3～23.6 | 3 100～3 500 |
| 4 500 | 432.9 | 57.7 | ＞25.3 | ＜3 000 | 23.8～25.3 | 3 000～3 500 | 22.4～23.8 | 3 500～4 000 |
| 5 000 | 405.2 | 54.0 | ＞25.5 | ＜3 500 | 23.9～25.5 | 3 500～4 000 | 22.4～23.9 | 4 000～4 500 |
| 5 500 | 378.7 | 50.5 | ＞27.3 | ＜3 500 | 25.5～27.3 | 3 500～4 000 | 23.9～25.5 | 4 000～4 500 |

### 4.2 高原氧调供氧等级的选择

对于急进高原的人员，高原弥散供氧空间氧调宜采用A级。

对于短居高原的人员，高原弥散供氧空间氧调宜采用A级，或者B级。

对于久居高原的人员，高原弥散供氧空间氧调的级别可按下列要求确定：

——宿舍等休息及恢复环境，宜采用B级；

——办公等工作环境，宜采用B级；难以实现时，可采用C级；

——进行体育活动等较大劳动强度的环境(短时间)，宜采用A级；难以实现时，可采用B级。

## 5 供氧空间的最大氧气浓度要求

高原地区弥散供氧空间的允许最大氧气浓度不应大于表2的规定。

**表2 高原地区弥散供氧空间的允许最大氧气浓度**

| 海拔高度<br>m | 大气压力 | | 允许最大氧气浓度<br>% |
|---|---|---|---|
| | mmHg | kPa | |
| 3 000 | 525.8 | 70.1 | 25.7 |
| 3 500 | 493.2 | 65.8 | 26.3 |
| 4 000 | 462.2 | 61.6 | 26.8 |
| 4 500 | 432.9 | 57.7 | 27.5 |
| 5 000 | 405.2 | 54.0 | 28.1 |
| 5 500 | 378.7 | 50.5 | 28.7 |

## 6 供氧气体品质要求

高原室内空间弥散供氧的气体应无毒、无害、无异味。

## 7 高原氧调装置的安装要求

### 7.1 出氧口要求

高原氧调的出氧口应远离明火，应有禁止烟火的警示，且应贴有明显标识。

高原氧调的出氧口应远离人体活动位置。

### 7.2 气流噪声要求

高原氧调的出氧口气流噪声应满足室内空间噪声要求，出氧口气流噪声在供氧装置正常工作的条件下应按 GB/T 9068—1988 中 7.4 和 7.5 规定的工程测定法测量和计算。

### 7.3 供氧浓度监控要求

高原氧调装置应具有氧气浓度监测及显示功能。

高原氧调装置应具有空间内氧气浓度超限报警装置，且应具有自动或手动切断氧气供给等确保安全的措施。

# 附 录 A
## （规范性附录）
## 高原氧调的氧气浓度要求

高原地区弥散供氧空间的允许最大氧气浓度和 A 级、B 级、C 级生理等效高度范围所对应的氧气浓度，可按图 A.1 选取。

——曲线 1 代表允许最大氧气浓度，曲线 2 为 A 级生理等效高度范围的氧气浓度最低值，曲线 1 和曲线 2 之间的氧气浓度区域为 A 级生理等效高度范围；

——曲线 3 为 B 级生理等效高度范围的氧气浓度最低值，曲线 2 和曲线 3 之间的氧气浓度区域为 B 级生理等效高度范围；

——曲线 4 为 C 级生理等效高度范围的氧气浓度最低值，曲线 3 和曲线 4 之间的氧气浓度区域为 C 级生理等效高度范围。

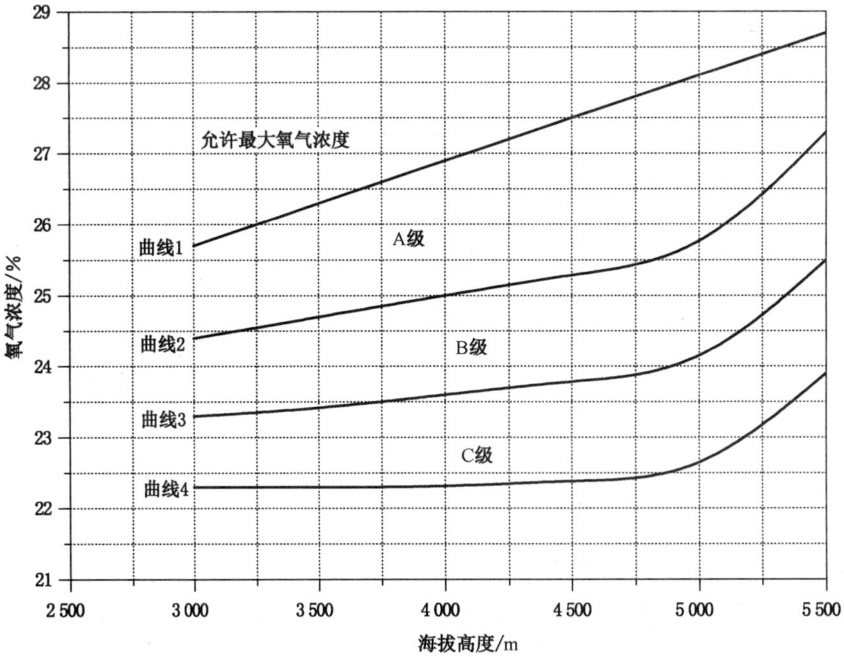


图 A.1 高原弥散供氧空间生理等效高度的氧气浓度分布

## 参 考 文 献

[1] GJB 114—1986 急性缺氧防护生理要求

ICS 01.040.01
A 00

# 中华人民共和国国家标准

GB/T 35415—2017

# 产品标准技术指标索引分类与代码

## Classification and codes for technical attribute keywords in product standard

2017-12-29 发布　　2018-04-01 实施

中华人民共和国国家质量监督检验检疫总局
中国国家标准化管理委员会　发布

# 前　言

本标准按照 GB/T 1.1—2009 给出的规则起草。

本标准由全国组织机构代码管理中心提出。

本标准由全国信息分类编码标准化技术委员会(SAC/TC 353)归口。

本标准起草单位:全国组织机构代码管理中心、中国标准化研究院、江苏省质量和标准化研究院、晋江明伟鞋服有限公司、泉州市标准化研究所。

本标准主要起草人:王旻、王傲巍、孙文峰、刘珏、雷丹、林志杰。

# 引　言

产品标准中技术指标来源于各类产品标准的文本。提供标准内容服务的组织可基于一套关键词，对产品标准中的技术指标进行发现和提取，建立产品标准中技术指标数据库，最终为标准用户提供产品标准技术指标方面的服务。为了便于建库，产品标准中技术指标在发现提取时通常采用基于其技术内涵的分类和代码；而为了便于用户检索和查找，在应用中通常使用产品类型的分类和代码。本标准主要为前者提供技术依据。

# 产品标准技术指标索引分类与代码

## 1 范围

本标准规定了产品标准中的技术指标的分类结构、类别、类别代码及其检索关键词。

本标准适用于从各类产品标准文本中对技术指标的检索、提取、建库、管理、维护和应用。

## 2 规范性引用文件

下列文件对于本文件的应用是必不可少的。凡是注日期的引用文件，仅注日期的版本适用于本文件。凡是不注日期的引用文件，其最新版本(包括所有的修改单)适用于本文件。

GB/T 7027 信息分类和编码的基本原则与方法

## 3 术语和定义

下列术语和定义适用于本文件。

3.1

**产品标准 product standard**

规定产品需满足的要求以保证其适用性的标准。

[GB/T 20000.1—2014，定义 7.9]

## 4 分类结构和编码方法

产品标准技术指标指各类产品标准中所涉及的产品应满足的技术指标。本标准规定的产品标准中技术指标的分类采用 GB/T 7027 中规定的线分类法，分为大类、中类和小类三个层级。

各类目的代码使用数字表示。其中，大类使用一位数字表示，中类和小类各使用两位数字表示，均采用 GB/T 7027 中规定的顺序码。各代码按照大类、中类、小类的顺序组合而成。因此，仅表示大类时，使用一位代码；表示中类时，使用大类和中类的三位代码；表示小类时，使用五位代码。分类结构及编码方法如图 1 所示。

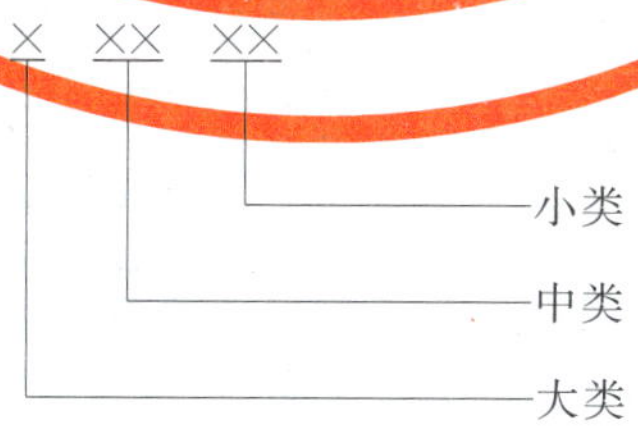


**图 1 产品标准中技术指标分类代码的构成**

## 5 代码表

### 5.1 代码表说明

代码表共包含三个列，即“代码”“技术指标索引分类”和“技术指标索引关键词”。其中，“技术指标索引分类”指对产品标准中技术指标进行索引时的类目,“代码”列指为产品标准中技术指标的类目分配的代码,“技术指标索引关键词”一列给出了从标准文本内容中检索该类产品标准技术指标时应使用的最少关键词的集合。每个类目下的关键词按照长度和拼音顺序排列,关键词之间用“;”隔开。

注:产品标准技术指标索引关键词的集合不可穷尽。

## 5.2 代码表内容

产品标准技术指标的分类及代码表见表1。

**表1 产品标准技术指标分类与代码表**

| 代码 | 技术指标索引分类 | 技术指标索引关键词 |
|---|---|---|
| 1 | 产品标识指标 | |
| 101 | 标志 | |
| 10101 | 标志 | 标签;标记;标识;标签样式 |
| 10102 | 安全标志 | 安全色 |
| 10103 | 警告标志 | 警告;警告标志;注意事项 |
| 102 | 包装 | 包装层数;印刷图字;包装空隙率 |
| 2 | 外在特性指标 | |
| 201 | 外观特性 | 外壳 |
| 20101 | 图案 | 花斜;纬斜;装饰;对条对格 |
| 20102 | 颜色 | 颜色 |
| 202 | 外形特性 | |
| 20201 | 规格 | 规格 |
| 20202 | 结构 | 结构 |
| 20203 | 形状 | 成形;对称;体态;形态;性状;状态;对称性 |
| 203 | 外表瑕疵 | 斑点;疵点;虫蛀;洞眼;纰裂;破洞;压痕;浊度;粗糙度;浑浊度;可见物;不完善粒 |
| 3 | 感官指标 | |
| 301 | 气味 | |
| 30101 | 臭气 | 臭;臭气;臭气浓度 |
| 30102 | 香气 | 香气 |
| 30103 | 异味 | 异嗅;异味 |
| 302 | 手感 | 触摸;手感 |
| 303 | 发热 | 发热;发烫 |
| 304 | 品尝 | |
| 30401 | 风味 | 风格 |
| 30402 | 味道 | 味道 |
| 30403 | 口感 | 口味;口感 |
| 305 | 色泽 | 色泽 |
| 4 | 性能指标 | |

**表 1（续）**

| 代码 | 技术指标索引分类 | 技术指标索引关键词 |
| --- | --- | --- |
| 401 | 电气特性 | |
| 40101 | 电源 | 充电；短路；断路；放电；开关；漏电；过充电；电源效率；电晕放电；放电性能；分断容量；静电放电；电源适应性；过充电性能；电源适应能力；电源线端接法；荷电保持能力；快速充电性能；电源端口抗扰度；电源瞬态敏感度；静电放电抗扰度；静电放电敏感度；交流电源适应能力；旁路开关切换时间；相比漏电起痕指数；直流电源适应能力；电源尖峰瞬态敏感度；对交流电源适应能力；交流电源端的抗扰度；交流和直流电源的隔离 |
| 40102 | 电压 | 电平；电压；电位；触发电压；电压变化；电压波动；电压跌落；电压闪烁；电压系数；电压暂降；反向电压；感应电压；击穿电压；基准电压；空载电压；脉冲电压；骚扰电压；熄弧电压；噪声电压；长期电压；正弦电压；等电位联结；电平非线性；电压稳定度；端电压上升；连接电压降；轴向耐电压；低电压可靠性；过压保护功能；垂直壁层耐电压；电压下降及中断；电压中断抗扰度；短时中断抗扰度；开路电压极限值；射频电压抗扰度；源电动势声压级；端电压的均衡性能；控制端子骚扰电压；线芯 2 000 V 电压；多射频信号的有用电平；发射极-基极击穿电压；集电极-基极击穿电压；短时中断电压变化抗扰度；发射极-集电极击穿电压；集电极-发射极饱和电压；集电极-发射极维持电压；连续或重复峰值隔离电压；黑电平随平均图像电平变化的稳定性 |
| 40103 | 电流 | 浪涌；脉冲；电流波形；反向电流；截止电流；快速瞬变；直流脉冲；注入电流；电流传输比；过流保护值；浪涌抗扰度；峰值正向电流；平均功耗电流；直流正向电流；电快速瞬变脉冲群；快速瞬变脉冲群抗扰度 |
| 40104 | 电磁 | 串音；谐波；谐波；信号；中频；磁辐射；电磁波；电感量；辐射角；辐射图；互调比；抗干扰；抗扰度；信噪比；半强度角；波形失真；传输性能；电磁兼容；断续骚扰；辐射发射；辐射干扰；辐射功率；辐射强度；辐射骚扰；辐射危险；工频磁场；共振频率；互调失真；静电屏蔽；静态挠曲；调幅抑制；调幅中频；调节范围；调谐特性；通道隔离；谐波失真；信号颜色；信号遮沿；音频幅度；音频功率；噪声声压；噪声失真；噪声特性；振幅特性；振鸣现象；磁场敏感度；非线性失真；辐射敏感度；全通道响应；射频电磁场；调幅信噪比；图案及作用；无线电骚扰；音视频型式；指向性图形；指向性指数；中频干扰比；n 次谐波失真；电流谐波发射；放音通道响应；峰值发射波长；辐射电磁骚扰；辐射电磁骚扰；邻频道干扰比；全通道信噪比；调幅电源消耗；调幅降压特性；调幅镜象抑制；调幅刻度误差；调幅频率范围；调幅有用功率；通道间相位差；通话状态阻抗；线性波形响应；音频响应特性；传导骚扰抗扰度；放音通道信噪比；工频磁场抗扰度；交扰调制干扰比；壳体端口抗扰度；连续波射频骚扰；全通道谐波失真；射频传导抗扰度；射频连续波传导；调幅单信号啃叫；调幅调制交流声；调幅噪限灵敏度；音频端口抗扰度；有限噪声灵敏度；噪波限制灵敏度；噪声限制灵敏度；指向性频率响应；指向性频响曲线；中频差拍干扰比；放音通道谐波失真；调幅单信号选择性；调幅高频机振抑制；调幅整机频率特性；调幅整机谐波失真；信号端口电磁发射；整机电压频率特性；整机电压谐波失真；指定频带内的声压；指定频带内的效率；低频发射-电流谐波；立体声通道幅频平衡；立体声通道相位平衡；音频连接端的抗扰度；指定频带内的声压级；指定频带内平均声压；连续波传导骚扰抗扰度；连续波辐射骚扰抗扰度；调幅自动增益控制特性；制色度信号解调角误差；自动增益控制静态特性；电信端口的传导共模骚扰；射频共模传导骚扰抗扰度；调幅指针回差；旋钮回差；在指定频带内的平均效率；指定频带内的平均声功率；指定频带内的平均声压级；指定频带内的特性灵敏度；指定频带内的特性灵敏度级；射频场感应的传导骚扰抗扰度；小面积图像信号的相位失真效应；低频信号抗扰度-电源谐波和间谐波 |

表 1（续）

| 代码 | 技术指标索引分类 | 技术指标索引关键词 |
|---|---|---|
| 40105 | 电阻 | 电导；阻抗；电导率；电阻率；电导灰分；空气电阻；直流电阻；阻抗曲线；体积电阻率；平行层向电阻 |
| 40106 | 功率 | 负载；功耗；效率；过负荷；负载特性；功率消耗；功率因数；功率因素；功率允差；过载能力；耗散功率；静态载荷；空载特性；骚扰功率；消耗功率；有用功率；噪声功率；长期功率；正弦功率；负载稳定度；镜像干扰比；空载稳定性；照明功率密度 |
| 40107 | 频率 | 共振频率；截止频率；频率范围；频率响应；通道不平衡度 |
| 40108 | 绝缘 | 电气间隙；电气强度；介电强度；爬电属性；泄漏电流 |
| 402 | 化学特性 | |
| 40201 | 氧化 | 耗氧量；需氧量；过氧化值；化学击穿；氧化时间；高锰酸钾时间；高锰酸钾消耗量 |
| 40202 | 燃烧 | 烟点；阻燃；不延燃；可燃性；烧失量；燃烧性能；烧灼残渣；引燃温度；灼烧残渣；灼烧失量；抗引燃特性；灼烧失量的质量分数；非正常热和着火危险的耐受能力 |
| 40203 | 安定性 | 腐蚀；褪色；脱色；安定性；腐霉利；抗盐雾；耐老化；色牢度；稳定度；干热老化；晶间腐蚀；抗泛碱性；抗风化性；抗汗腐蚀；摩擦牢度；染色牢度；水洗牢度；脱纸时间；颜色牢度；乙醇脱色；中性盐雾；化学稳定性；浸泡液脱色；摩擦色牢度；耐光色牢度；耐水色牢度；耐洗色牢度；电镀层耐盐雾；耐干洗色牢度；耐摩擦色牢度；耐唾液色牢度；耐皂洗色牢度；拼接互染程度；涂料附着牢度；纸张乙醚处理；电镀层结合性能；耐干摩擦色牢度；水、正己烷脱色；对机床油漆的适应性；抗老化撕裂度降低值；冷餐油或无色油脂脱色 |
| 40204 | 酸碱度 | 碱度；酸度；酸价；PH 值；乳酸度 |
| 40205 | 溶解 | 浑浊度；皂化价；皂化值；不皂化价；皂化当量澄清度 |
| 40206 | 缩水 | 回缩率；干洗后扭斜率；干洗尺寸变化率；水洗尺寸变化率 |
| 403 | 力学特性 | |
| 40301 | 综合力学性能 | 牢固度；牢固性；力学性能 |
| 40302 | 拉力或断裂 | 拉力；急拉断；拉断力；裂断长；撕裂度；撕裂力；断裂模数；断裂强力；拉门猛关；拉脱强度；石灰爆裂；撕裂负荷；撕裂指数；撕破强力；断裂伸长率；断面收缩率；横向撕裂度；拉门耐久性；老化后拉力；直角撕裂力；帮带拉出强度；断裂标称应变；横向撕裂指数；拉门垂直加载；拉门水平加载；面料断裂强力；面料撕破强力；纱线断裂强力；实测破断拉力；织物断裂强力；直角撕裂强度；拔出插头所需的力 |
| 40303 | 剥离 | 剥离；剥离力；剥离负荷；剥离扭绞；剥离强度；剥离强度；浸渍剥离 |
| 40304 | 粘合 | 附着力；附着性；自粘性；勃氏粘度；胶合强度；接缝强力；接合强度；喷附着力；粘合强度；粘着强度；镀层附着性；镀层结合力；镀层连续性；内结合强度；粘合牢固度；木制件附着力；皮革粘着牢度；软、硬质覆面胶合强度 |

表 1（续）

| 代码 | 技术指标索引分类 | 技术指标索引关键词 |
|---|---|---|
| 40305 | 变形 | 变形；扩口；拉伸；曲挠；弯曲；压扁；压痕；抗裂性；抗弯力；抗弯曲；抗弯折；扭曲率；柔软度；伸缩性；伸长率；弯曲度；压痕线；鼻梁变形；反复弯曲；搁板弯曲；静曲强度；抗拉强度；抗拉性能；抗弯曲性；抗弯要求；拉伸负荷；拉伸强度；屈服应力；屈挠指数；弯曲模量；弯曲强度；弯曲性能；压痕硬度；摇盖耐折；允许变形；横向耐折度；横向伸缩率；颈部抗弯力；抗弯曲性能；抗弯折能力；干燥压缩强度；高温弯曲强度；勾心抗弯刚度；横向静曲强度；横向抗张强度；拉伸屈服强度；拉伸杨氏模量；塑性延伸强度；弯曲 180°；弯曲平度测量；非比例压缩强度；非比例延伸强度；横断面抗张强度；扭曲平面度测量；上压缩屈服强度；室温下弯曲强度；下压缩屈服强度；纸肖伯尔耐折度；横行折线及抗张强度 |
| 40306 | 冲击 | 冲击；猛关；猛开；碰撞；撞击；冲击功；环刚度；抗冲击；冲击强度；冲击性能；垂直冲击；反向冲击；防爆能力；关闭撞击；滑落冲击；开启撞击；抗杯突性；抗冲击性；落镖冲击；落锤冲击；落锺冲击；内热冲击；喷抗冲击；重物冲击；冲击适应性；防爆炸影响；覆面抗冲击；简支梁冲击；抗冲击能力；抗冲击性能；抗机械冲击；抗摆锤冲击能；顶铺板边缘冲击；木制件冲击强度 |
| 40307 | 弹性 | 晃动；振动；回弹率；回弹性；弹性模量；正弦振动；抗振动性能；振动适应性；单丝弯曲恢复率；城市区域环境振动 |
| 40308 | 跌落 | 跌落；倾跌；倾翻；失重；坠落；角跌落；侧向倾翻；跌落碰撞；跌落性能；向后倾翻；向前倾翻；自由跌落；跌落适应性；运输包装跌落；运输包装件跌落；运输包装件跌落适应性 |
| 40309 | 透过 | 透气度；顶破强力；透气性能；水蒸气透过量 |
| 40310 | 压力 | 堆码；负荷；气压；强力；水压；压力；压缩；低气压；静液压；静载荷；抗压力；堆码负载；负重性能；静态荷载；抗压能力；抗压强度；抗粘连性；抗张强度；抗张指数；抗折强度；课椅座面；毛束拉力；毛束强度；内水压力；平压强度；平压指数；提环拉力；外压荷载；握螺钉力；压力降落；真空性能；侧向静载荷；垂直静载荷；镜片夹持力；水平静载荷；向前静载荷；向下静载荷；压缩回弹性；横向环压指数；抗张能量吸收；空箱抗压能力；压缩弹性模量；压缩永久变形；极端抗接触压力；抗张强度保留率；立方体抗压强度；压缩强度的测定；不可拆卸附件拉力；真空体内气体压强；纵横平均抗张指数 |
| 40311 | 强度 | 刚度；强度；硬度；穿刺强度；环压强度；机械强度；抗张强度；破坏强度；强度等级；强度性能；混凝土强度；引出端强度；支承件强度 |
| 404 | 生物特性 | 发酵力；卫生性；活细胞率；极性组分；抗菌整理；卫生性能；淀粉酶活性；急性皮肤刺激；生物分解性能；来自脂肪的卡路里 |
| 405 | 光学特性 | |

表 1（续）

| 代码 | 技术指标索引分类 | 技术指标索引关键词 |
|---|---|---|
| 40501 | 光照 | 光效；光泽；亮度；照度；照明；反射比；光束角；光特性；光通量；光泽度；透光度；透光率；透明度；透射比；折光率；半强度角；比旋光度；不透光性；不透明度；发光强度；发光效率；峰值光强；光度测试；光度分布；光度数据；光透过率；光学性能；过冲幅度；配光曲线；配光性能；折光指数；比旋光本领；光辐射带宽；光生物安全；光通维持率；镜向光泽度；棱镜度允差；平均照度；太阳透射比；太阳吸收比；光谱辐射带宽；棱镜基底取向；绿光反射因数；频谱辐射带宽；紫外加速老化；75°角光泽度；球镜顶焦度偏差；中心光强维持率；柱镜顶焦度偏差；光透射比相对偏差；光学中心垂直互差；可见光谱区透射比；柱镜轴位方向偏差；紫外光谱区透射比；光源的颜光色电参数；前照配光性能稳定性；透明盖板太阳透射率；光学中心单侧水平偏差；光学中心水平距离偏差；配光值和配光性能稳定性 |
| 40502 | 色彩 | 白度；光色；亮度；色差；色纯；色度；色花；色价；色温；色泽；色值；显指；白度差；白平衡；对比度；对比率；色差值；白纸亮度；色度性能；显色性能；显色指数；白色均匀性；彩色灵敏度；顶焦度偏差；蓝光反射率；色调参考值；亮度不均匀性；同班次纸色差；彩色同步稳定性；色度时延不等性；SECAM 制亮度串色；色度通道的线性波形响应；色度信号行期间的非线性；SECAM 制亮度阶跃的火焰效应 |
| 406 | 温度特性 | |
| 40601 | 温度 | 凝点；气温；熔点；水温；温度；结晶点；凝固点；熬糖温度；导热系数；焊接温度；环境温度；熔点范围；温度变化；温度系数；玻壳的温度；平均温度系数；维卡软化温度；50％馏出温度 |
| 40602 | 高温 | 高温；加热；温升；低热值；热冲击；热危险；热性能；热延伸；高温操作；高温负荷；高温性能；高温压力；平均热损；热合强度；热收缩率；热损伤粒；热稳定性；外热冲击；变压器加热；280 ℃加热；热冲击后起泡；热管抗冻温度；热管启动温度；热失控敏感性；微波炉耐温性；高温尺寸稳定性；高温干燥收缩率；发热元件过载实验；非金属手柄抗热变形；微波炉高频加热性能；静液压状态下热稳定性 |
| 40603 | 低温 | 低温；冷冻；冷弯；抗冻性；低温冲击；低温负荷；低温卷绕；低温拉伸；低温起动；低温弯曲；低温性能；抗冻性能；冷热循环；凝冻强度；凝结时间；低温敏感性；低温稳定性；低温耐折牢度；前帮材料低温屈挠 |
| 407 | 湿度特性 | 防潮；淋雨；气湿；湿度；湿热；雾度；吸水；防潮性；回潮率；湿抗张；吸水量；吸水率；吸水性；防潮性能；润湿张力；湿耐破度；湿热性能；吸水倍率；吸水时间；相对湿度；沾水等级；干燥收缩值；湿抗张强度；湿抗张指数；正反吸水性；煮沸法吸水率；吸水厚度膨胀率；吸水厚度膨胀率；相对含水率和干缩率；平方米干燥重量偏差率；装饰单板饰面人造板浸渍剥离；湿热处理恢复后介电常数及介质损耗因素 |
| 408 | 声学特性 | 声级；噪声；噪音；声压级；厂界噪声；场所噪声；纯音检听；环境噪声；声频阻抗；音质要求；超声波探伤；声频率响应；纹波及噪声；响度评定值；空载运转噪声；平均特性声压；铁路边界噪声；声频率响应范围；噪声产生的危险；自由场条件下声压级 |
| 409 | 放射特性 | 放射性；放射性物质；总 α 放射性；总 β 放射性；放射性核素限量 |
| 411 | 密闭特性 | 防潮；防尘；防水；密封；气密；密闭性；气密性；连接密封；密封性能；防固体异物 |
| 412 | 数量特性 | |

**表 1（续）**

| 代码 | 技术指标索引分类 | 技术指标索引关键词 |
|---|---|---|
| 41201 | 尺寸 | 高；厚；比积；比容；壁厚；尺寸；大小；高度；高度；厚度；厚度；间隙；膜厚；容积；容量；外径；长度；直径；垂直度；干密度；偏斜度；直角度；总长度；尺寸差异；储备容量；导体尺寸；高度偏差；管材长度；厚度测量；厚度偏差；厚度允差；径向间隙；容量偏差；容量性能；外形尺寸；有效尺寸；有效厚度；长度偏差；纸板厚度；轴向间隙；覆盖层厚度；直径和长度；等效空气容积；非格式化容量；厚度极限偏差；厚度平均偏差；绞向及节径比；对称部位壁厚比 |
| 41202 | 密度 | 稠度；紧度；流量；密度；浓度；重量；边压强度；表观密度；布氏硬度；刀片硬度；封合强度；勾心硬度；密度等级；摩擦系数；韦氏硬度；维氏硬度；相对密度；烟气参数；烟气流量；重量偏差；座面密度；纬密度偏差；烟气含湿量；重量偏差率；层间剥离强度；单位长度质量；镀锌层重量测定；翻门下铰链强度；布的单位面积质量 |
| 41203 | 速度 | 风速；流速；速度；打印速度；空气流速；速度要求；烟气流速；平均打印速度；熔体流动速率；熔体质量流动速率 |
| 41204 | 圆度 | 不圆度；椭圆度 |
| 413 | 工艺与质量 | |
| 41301 | 综合质量 | 细度；质量；纸质量；封孔质量；缝纫质量；绗缝质量；品质要求；销售质量；印刷质量；质量分数；装配质量；镀锌层质量；印刷粗糙度 |
| 41302 | 合格率 | 白斑；闪点；劣蛋率；破次率；带速误差；幻象信号；几何失真；漏磁探伤；涡流探伤；装配错误；全幅定量差；失真加噪声；直线度允差；板内密度偏差；面料起毛起球；平均实走日差；平均瞬时日差；走纸积累误差；时、分针协调差；板内平均密度偏差；单位面积质量偏差；两镜片顶焦度互差；时、分针协调差位；袋单位面积质量偏差；时段计时及响闹功能；孔洞率及孔洞结构测定；金属与玻璃管封接处漏率；单件定量包装商品允许短量 |
| 41303 | 可靠性 | 空晒；闷晒；可靠性；稳定性；空晒性能 |
| 41304 | 效用质量 | 粒度；磨毛；捻度；水质；蓬松度；清晰度；去污力；渗入量；施工性；脱毛率；吸墨性；吸油量；磨碎细度；漆膜硬度；绒子含量；色带宽度；吸收性能；吸液高度；纸叠张数；漆膜连续性；纱线线密度；数据传输率；吸显影液量；原麦汁浓度；再充电性能；木材材质要求；特性灵敏度级；纸杯渗漏性能；全铁的质量分数；单位面积铜箔质量；纸板肖伯尔耐折度；丝泡类型及光电性能 |
| 41305 | 外观质量 | 泛霜；起球；成行度；成列度；粗糙度；打磨性；混浊度；开卷性；平滑度；裁切刀口；抗起毛球；起毛起球；起球性能；混合均匀度；CF面平滑度；织物起球性能；正反印刷粗糙强度；表壳体及其附件覆盖层性能 |
| 414 | 寿命特性 | |
| 41401 | 时间特性 | 老化；寿命；老化性；贮存期；备用时间；倒带时间；读取时间；干燥时间；更换周期；固化时间；切换时间；使用寿命；维持时间；循环寿命；翻门耐久性；老化后拉力；老化前拉力；平均寻道时间；相互确认时间；电动机构耐久性；垂直启闭卷门的耐久性；倒带(或放音)停止时间 |

表 1（续）

| 代码 | 技术指标索引分类 | 技术指标索引关键词 |
|---|---|---|
| 41402 | 耐受性 | 耐冻；耐刮；耐光；耐候；耐磨；耐燃；耐热；耐压；耐液；耐擦性；耐潮湿；耐电压；耐腐蚀；耐干热；耐光性；耐龟裂；耐寒性；耐候性；耐划痕；耐黄变；耐碱性；耐久性；耐老化；耐乱度；耐磨度；耐磨损；耐磨性；耐疲劳；耐破度；耐热水；耐热性；耐热油；耐溶剂；耐湿热；耐湿性；耐蚀性；耐水性；耐酸性；耐污染；耐压强；耐液性；耐油性；耐折度；耐振动；耐撞击；耐冲击性；耐电痕化；耐跌落性；耐沸水性；耐腐蚀性；耐焊接热；耐荷重性；耐漏起痕；耐摩擦性；耐磨性能；耐内装液；耐破强度；耐破指数；耐汽油性；耐燃性能；耐热冲击；耐热性能；耐溶剂性；耐揉搓性；耐砂浆性；耐湿热性；耐湿性能；耐水耐油；耐水蒸气；耐温变性；耐温性能；耐污染性；耐洗刷性；耐硝酸性；耐压特性；耐压性能；耐盐酸性；耐异常热；耐沾污性；耐折牢度；耐折性能；耐振动性；耐低温性能；耐顶破强度；耐非正常热；耐高温性能；耐光色牢度；耐火与防燃；耐久性和热；耐久性和热；耐冷热温差；耐冷热循环；耐破度指数；耐热和防火；耐热和耐燃；耐水色牢度；耐污染腐蚀；耐洗涤剂性；耐洗色牢度；耐香烟灼烧；耐硝基漆性；耐盐雾性能；耐振动性能；汗复合色牢度；耐干洗色牢度；耐高温介质性；耐过充电能力；耐海水色牢度；耐汗渍色牢度；耐火和耐电痕；耐火和耐起痕；耐急冷急热性；耐氯漂色牢度；耐摩擦色牢度；耐热冲击性能；耐热大肠菌群；耐热压色牢度；耐人工老化性；耐唾液色牢度；耐皂洗色牢度；循环耐久能力；耐干摩擦色牢度；耐家庭洗涤牢度；耐碱汗渍色牢度；耐接地短路能力；耐氯化水色牢度；耐酸汗渍色牢度；防火及耐漏电起痕；耐火和耐漏电起痕；耐燃和耐漏电痕化；耐燃和耐漏电起痕；耐热和抗老化性能；阻燃性和耐电痕化；耐光/耐日晒色牢度；耐热耐火和耐漏电起痕；耐老化防有害进水和防潮；防固体异物进入和防有害进水 |
| 5 | 功能指标 | |
| 501 | 安全功能 | 报警；辐射；滑倒；抗雷击；安全功能；安全规格；安全要求；安全装置；电击防护；电气危险；电器安全；短路保护；短路电压；防磁性能；防护玩具；过热保护；过载保护；过载保护；机械危险；雷电保护；数据安全；安全及措施；防触电保护；过充电保护；过电压防护；过放电保护；安全措施错误；安全防护装置；安全技术原则；安全联锁装置；安全装置安装；保护接地措施；保护接地装置；超载保护装置；防护等级验证；防护能力检查；外壳防护等级；保护电路有效性；电气设备的保护；电气危险与防护；毒性和类似危险；短路和过载保护；过量放电的保护；机械危险与防护；设备危害的防护；危险电压的防护；安全监督控制装置；防触电的结构要求；软线和电线的保护；短路电流和内阻水平；关联部件的保护措施；机械危险的防护措施；绳索和拉带安全要求；安全要求和措施及评定；电击和能量危险的防护；对触及带电部件的防护；防电击保护的机构要求；危险的运动部件的防护；防止触及带电零件的保护；非机械类危险的防护措施；通信配线系统的过热保护；意外接触带电部件的保护；触及危险带电零部件的防护；防止意外接触带电部件的措施；危险的安全要求和措施及评定 |
| 502 | 功能设计 | R键；按键；报时；操作；功能；日历；遥控；自检；功能性；铃特性；按键号盘；拨针机构；操纵系统；功能要求；计费功能；计算玩具；结构设计；录音功能；免提功能；日历机构；脱机能力；音响玩具；应急装置；预装软件；遇忙重拨；折叠机构；直线行驶；多功能玩具；自动选频功能；按键电话机功能；侧扶手/前把手；电动器具的启动；防盗器基本功能 |

**表 1（续）**

| 代码 | 技术指标索引分类 | 技术指标索引关键词 |
|---|---|---|
| 6 | 物质含量指标 | |
| 601 | 量的表示 | 率；值；量；比率；含量；计数；总量；总数；百分率；卡伯值；溶出量；释放量；稀释差；质量分数 |
| 602 | 有机物 | 酚；醛；酯；铵盐；苯胺；苯酚；吡啶；丙酮；丁酮；毒麦；酚类；甲苯；甲醇；甲酚；甲醛；甲醛；甲酸；甲烷；乐果；亮蓝；林丹；氯胺；氯苯；萘酚；尿素；脲酶；偶氮；七氯；色漆；乙苯；乙醇；乙腈；乙醛；己酮；孕酮；总酯；组胺；艾氏剂；安赛蜜；倍硫磷；苯胺类；苯并芘；苯乙醇；丙二醇；冰乙酸；丙烯醇；丙烯腈；丙烯醛；丙烯酸；残脂率；茶多酚；赤藓红；抽余油；醇含量；低芥酸；滴滴涕；狄氏剂；敌百虫；敌草快；敌敌畏；吊白块；毒死蜱；对硫磷；二甲苯；二氯苯；二乙酯；二元酸；封口剂；富马酸；核黄素；环己酮；环己烷；环己胺；挥发酚；挥发物；甲胺磷；甲拌磷；甲基汞；甲硫醚；碱性橙；金霉素；久效磷；酒精度；酒石酸；咖啡因；抗氧剂；喹硫磷；赖氨酸；六价铬；六六六；六氯苯；卤代烃；氯丙嗪；氯菊酯；氯霉素；氯乙烯；柠檬黄；柠檬酸；硼酸盐；皮二酸；偏硅酸；苹果酸；氰化氢；氰化物；壬二酸；日落黄；三甲胺；三价铬；三氯苯；三氯酚；三硝基；三乙胺；三唑磷；杀虫剂；杀螟松；双乙酰；水合肼；四环素；四氯苯；松节油；苏氨酸；缩二脲；羰基价；糖精钠；甜蜜素；土霉素；五氯酚；苋菜红；硝基苯；辛二酸；亚硝胺；胭脂红；异丙苯；游离酚；游离碱；游离氯；游离酸；有机氯；有机碳；有机锡；有机质；有效磷；有效氯；莠去津；诱惑红；正丙醇；正己烷；脂肪酸；阿斯巴甜；阿特拉津；苯不溶物；丙烯酰胺；残留单体；对二甲苯；多环芳烃；多氯联苯；多缩戊糖；二甲二硫；二硫化碳；二氯甲烷；二氯乙酸；二氯乙烷；二氯乙烯；二硝基苯；番茄红素；谷氨酸钠；环氧丙烷；环氧乙烷；挥发性酚；己内酰胺；己烯雌酚；甲苯二胺；甲基苯胺；甲酸甲酯；甲酸乙酯；间二甲苯；氯丁二烯；氯氰菊酯；马拉硫磷；米酵菌酸；脲酶定性；柠檬酸钾；柠檬酸钠；葡萄糖酸；强力霉素；羟脯氨酸；氰戊菊酯；三甲胺氮；三聚氰胺；三氯苯酚；三氯丙醇；三氯甲烷；三氯乙醛；三氯乙酸；三氯乙烷；三氯乙烯；三溴甲烷；杀螟硫磷；水胺硫磷；四氯苯酚；四氯乙烯；四乙基铅；脱氢乙酸；五氯苯酚；五氯苯酚；硝基氯苯；硝酸盐氮；溴氰菊酯；亚胺硫磷；氧化乐果；乙苯总和；乙醇浓度；乙酸盐雾；游离甘油；游离甲醛；游离矿酸；游离棉酚；游离余氯；游离蔗糖；展青霉素；氨基偶氮苯；氨基酸态氮；苯酚化合物；吡氟甲禾灵；丙烯腈单体；丙烯酸丙酯；丙烯酸丁酯；不饱和脂肪；丁基黄原酸；对苯二甲酸；对硝基苯胺；恶唑烷硫酮；二胺基甲苯；二甲基苯胺；二硝基甲苯；二硝基氯苯；非甲烷总烃；酚类化合物；氟氰戊菊酯；环氧氯丙烷；黄曲霉毒素；挥发性物质；甲基毒死蜱；甲基对硫磷；甲基嘧啶磷；六氯丁二烯；氯乙烯单体；拟除虫菊酯；其他多元醇；羟甲基糠醛；三氯杀螨醇；五氯硝基苯；五氧化二磷；乙醇不溶物；乙酰甲胺磷；异硫氰酸酯；游离脂肪酸；赭曲霉毒素；二甲基甲酰胺；二甲基亚硝胺；二甲基乙酰胺；二氯甲烷浸渍；二氯一溴甲烷；过氧化苯甲酰；挥发性盐基氮；禁用偶氮染料；邻苯二甲酸盐；邻苯二甲酸酯；没食子酸丙酯；顺式氰戊菊酯；一氯二溴甲烷；乙苯类化合物；乙酰磺胺酸钾；有机锡化合物；玉米赤霉烯酮；残留丙烯腈单体；呈味核甘酸二钠；单硬脂酸甘油酯；丁基羟基茴香醚；丁基羟基茴香醚；二丁基羟基甲苯；二氯甲烷抽出物；甲苯二异氰酸酯；甲醛次硫酸氢钠；浸出油溶剂残留；邻苯二甲酸二酯；氯苯和氯化甲苯；特丁基对苯二酚；亚甲基二脲含量；异丁醇和异戊醇；总挥发性有机物；对羟基苯甲酸丙酯；对羟基苯甲酸甲酯；对羟基苯甲酸乙酯；二氧化碳浓度检测；环己基氨基磺酸钠；挥发性有机化合物；可分解芳香胺染料；可分解致癌芳香胺；邻苯二甲酸丁苄酯；邻苯二甲酸二丁酯；邻苯二甲酸二己酯；邻苯二甲酸盐含量；木制件甲醛释放量；己内酰胺单体残留；可迁移性荧光增白剂；邻苯二甲酸二异癸酯；邻苯二甲酸二异壬酯；邻苯二甲酸二正辛酯；脱氧雪腐镰刀菌烯醇；游离甲苯二异氰酸酯；可分解有害芳香胺染料；可分解致癌芳香胺染料；不饱和脂肪族酯类化合物 |

表 1（续）

| 代码 | 技术指标索引分类 | 技术指标索引关键词 |
| --- | --- | --- |
| 603 | 无机物 | 氨；钡；碘；氡；钒；氟；钙；镉；铬；汞；钴；硅；钾；锂；磷；硫；铝；氯；镁；锰；钼；钠；镍；硼；铍；铅；砷；锶；铊；钛；碳；锑；铁；铜；硒；锡；锌；银；钡盐；臭氧；碘价；碘值；丁醇；钙镁；钙盐；碱度；磷酸；硫丹；硫酸；氯气；全氮；食盐；碳化；铁点；铁盐；稀土；余氯；总氮；总铬；总汞；总磷；总砷；总碳；碘化物；碘离子；氟化氢；氟化物；氟离子；磷化氢；磷酸盐；硫化氢；硫化物；硫化性；硫酸钠；硫酸盐；氯含量；氯化钾；氯化钠；氯化氰；氯化铁；氯化物；氯化锌；氯离子；氯酸盐；溶解氧；释放氨；水溶磷；碳酸钙；碳酸钠；无机磷；无机砷；硝酸盐；溴酸钾；溴酸盐；氧化钾；氧化铝；氧化镁；游离氯；有效磷；重金属；镀层厚度；二氧化氮；二氧化硅；二氧化硫；二氧化氯；二氧化碳；过氧化氢；含氯离子；卡氏水分；可溶性隔；可溶性铬；可溶性汞；可溶性铅；磷酸氢钙；磷酸三钙；硫酸灰分；硫酸显色；氯化亚铁；纳他霉素；氢氧化钠；三氧化硫；四氯化碳；铁微粒子；亚硫酸盐；亚硝酸盐；一氧化氮；一氧化碳；总磷酸盐；总氧化钾；活性硅酸盐；碱金属及镁；焦亚硫酸钠；可迁移元素；可溶性元素；磷酸二氢钙；硫的化合物；硫酸化灰分；三氧化二铁；五硫化二磷；亚铁氰化钾；亚硝酸盐氮；总二氧化硫；钾及其化合物；氯化氢和盐酸；镁及其化合物；锰及其化合物；钼及其化合物；钠及其化合物；镍及其化合物；铅及其化合物；砷及其化合物；水溶性硫酸盐；水溶性氯化物；铜及其化合物；锌及其化合物；总五氧化二磷；焦磷酸二氢二钠；可萃取的重金属；可溶性金属元素；硫胺素及其衍生物 |
| 604 | 微生物 | 螨；酵母；菌落；霉菌；细菌；真菌；酵母菌；霉变粒；微生物；致病菌；大肠杆菌；大肠菌群；粪链球菌；绿脓杆菌；沙门氏菌；商业无菌；志贺氏菌；肠道致病菌；虫卵死亡率；粪大肠菌群；李斯特氏菌；沙门氏杆菌；致病性球菌；总大肠菌群；产气荚膜梭菌；大肠埃希氏菌；副溶血性弧菌；金黄葡萄球菌；溶血性链球菌；嗜渗霉菌计数；铜绿假单胞菌；致病性化脓菌；金黄色葡萄球菌；致泻大肠埃希氏菌 |
| 605 | 成分或杂质 | 酸；淀粉；粉末；固体；果汁；果糖；灰分；糠粉；乳酸；乳糖；水分；碎米；甘油；纤维；盐度；盐分；杂质；蔗糖；脂肪；总酸；总糖；不溶物；不溶性；不皂化；粗蛋白；粗灰分；粗纤维；粗脂肪；胆固醇；蛋氨酸；蛋白质；稻谷粒；干物质；固形物；固型物；还原糖；含砂量；含水量；含水率；含液量；含油率；含皂量；黄粒米；挥发酸；挥发物；挥发油；颗粒物；可见物；可可脂；矿物油；矿物质；马来酸；麦芽糖；苹果酸；葡萄糖；气液比；乳固体；乳酸钠；乳脂肪；筛下物；山梨酸；水溶物；碎末茶；碎末率；填充料；填充物；铁含量；突出物；小碎米；悬浮物；盐基度；氧化钙；杂醇油；杂质度；增塑剂；蔗糖分；总灰分；饱和脂肪；不挥发酸；不挥发物；不溶于水；带壳稗粒；反式脂肪；粉碎粒度；干浸出物；还原糖分；交货水分；抗坏血酸；孔雀石绿；曼陀罗籽；溶剂残留；乳酸菌数；山梨酸钾；膳食纤维；水不溶物；水浸出物；糖水浓度；维生素 A；维生素 C；纤维成分；易炭化物；易氧化物；荧光物质；杂质限量；蒸发残渣；总固形物；总活性物；总乳固体；不溶性颗粒；不溶于乙醚；反式脂肪酸；非糖固形物；非脂乳固体；还原性物质；结晶紫残留；木材含水率；气体析出量；溶剂残留量；筛上残留量；水溶性灰分；酸不溶灰分；无盐固形物；相对含水率；盐酸不溶物；荧光性物质；荧光增白剂；总膳食纤维；可吸入颗粒物；人造板含水率；溶解性总固体；乳糖结晶颗粒；水分及挥发物；酸不溶性灰分；盐酸不沉淀物；总可可固形物；不溶性膳食纤维；非脂可可固形物；还原型抗坏血酸；有毒植物的种子；蔗糖转化酶活性；针头及金属异物；不溶物及有机杂质；磺酸盐类防结块剂 |

ICS 35.040
A 24

# 中华人民共和国国家标准

GB/T 35416—2017

# 无形资产分类与代码

## Classification and codes for intangible assets

2017-12-29 发布 2018-04-01 实施

中华人民共和国国家质量监督检验检疫总局
中国国家标准化管理委员会 发布

# 前　言

本标准按照 GB/T 1.1—2009 给出的规则起草。

本标准由中国标准化研究院提出。

本标准由全国信息分类与编码标准化技术委员会(SAC/TC 353)归口。

本标准起草单位:中国标准化研究院、中国资产评估协会、中国科技产业化促进会、标准联合咨询中心股份公司、北京五洲天宇认证中心、中车青岛四方机车车辆股份有限公司、中国电建集团成都勘测设计研究院有限公司、中信戴卡股份有限公司、江苏亨通光电股份有限公司、通鼎集团有限公司、王力集团有限公司、加西贝拉压缩机有限公司、福耀玻璃工业集团股份有限公司、珠海银隆新能源有限公司、南方电网科学研究院有限责任公司、勤智数码科技股份有限公司、山东天瑞重工有限公司、中国贵州茅台酒厂(集团)有限责任公司、四川省宜宾五粮液集团有限公司、天能电池集团有限公司、青岛海尔智能技术研发有限公司、宁波永发智能安防科技有限公司、美的集团股份有限公司、创新联盟认证中心股份公司、广州市标准化研究院。

本标准主要起草人:高昂、张国春、韩立英、咸奎桐、卢成绪、谭兴政、谭华、陈明海、孙广芝、程越、张艳琦、朱虹、梁建英、吴莹、陈万涛、朴苓、朱志华、侯佳新、孙义兴、沈小平、张月芳、王跃斌、王挺、朱金松、何伟林、左敏、魏银仓、王昕、周育忠、刘宇峰、吴志刚、李永胜、张婕妤、刘汉林、唐伯超、张天任、赵海敏、王滨后、曹忠伟、刘小文、周海珍、黄会通、刘栋栋、杨晓峰、王昱昕、吴文晖。

# 无形资产分类与代码

## 1 范围

本标准规定了无形资产的分类原则、编码方法、代码以及计量单位。

本标准适用于无形资产管理、清查、登记、统计等工作。

## 2 术语和定义

下列术语和定义适用于本文件。

2.1

**无形资产　intangible assets**

特定主体拥有或者控制的，不具有特定实物形态，能持续发挥作用且能带来经济利益的非货币性资源。

## 3 分类原则

本标准按无形资产的基本属性、存在形式和主要用途分类，适当兼顾行业管理的需要。

## 4 编码方法

代码采用 3 层 5 位数字表示，第 1 位表示大类，第 2 位、第 3 位表示中类；第 4 位、第 5 位表示小类。其分类结构如图 1 所示。

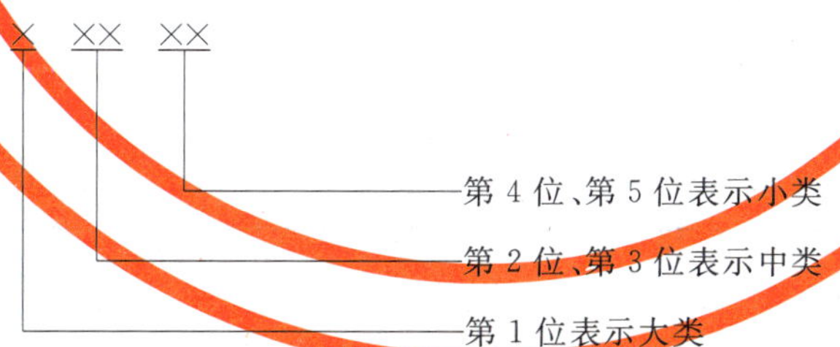


**图 1　无形资产分类代码的构成**

无形资产分类代码的第 1 位所表示的 7 个大类如下：

a)　专利；

b)　非专利技术；

c)　著作权；

d)　资源资质；

e)　商标权；

f)　信息数据；

g)　经营。

无形资产分类代码的小类中的代码“99”为收容项，主要用于该项尚未列出的无形资产。

# 5 代码表

## 5.1 专利

专利类无形资产如表1所示。

**表1 10000 专利类无形资产**

| 代码 | 名称 | 计量单位 | 说明 |
|---|---|---|---|
| 10100 | 专利 | | 见《中华人民共和国专利法》 |
| 10101 | 发明专利 | 件 | |
| 10102 | 实用新型专利 | 件 | |
| 10103 | 外观设计专利 | 件 | |

## 5.2 非专利技术

非专利技术类无形资产如表2所示。

**表2 20000 非专利技术类无形资产**

| 代码 | 名称 | 计量单位 | 说明 |
|---|---|---|---|
| 20100 | 非专利技术 | | |
| 20101 | 设计图纸 | 套 | |
| 20102 | 工艺流程 | 套 | |
| 20103 | 技术标准 | 套 | |
| 20104 | 计算公式 | 组 | |
| 20105 | 材料配方 | 份 | |
| 20106 | 实验方案 | 套 | |
| 20199 | 其他非专利技术 | 套 | |

## 5.3 著作权

著作权类无形资产如表3所示。

**表3 30000 著作权类无形资产**

| 代码 | 名称 | 计量单位 | 说明 |
|---|---|---|---|
| 30100 | 著作权 | | 见《中华人民共和国著作权法》 |
| 30101 | 文字作品 | 件 | |
| 30102 | 口述作品 | 件 | |
| 30103 | 音乐作品 | 件 | |
| 30104 | 戏剧作品 | 件 | |

表 3（续）

| 代 码 | 名 称 | 计量单位 | 说 明 |
|---|---|---|---|
| 30105 | 曲艺作品 | 件 | |
| 30106 | 舞蹈作品 | 件 | |
| 30107 | 杂技作品 | 件 | |
| 30108 | 美术作品 | 件 | |
| 30109 | 建筑作品 | 件 | |
| 30110 | 摄影作品 | 件 | |
| 30111 | 影视作品 | 件 | |
| 30112 | 图形作品 | 件 | |
| 30113 | 模型作品 | 件 | |
| 30114 | 计算机软件作品 | 件 | |
| 30199 | 其他作品著作 | 件 | |

## 5.4 资源资质

资源资质类无形资产如表 4 所示。

表 4　40000 资源资质类无形资产

| 代 码 | 名 称 | 计量单位 | 说 明 |
|---|---|---|---|
| 40100 | 资源使用权 | | |
| 40101 | 土地使用权 | 项 | 见《中华人民共和国土地管理法》 |
| 40102 | 海域使用权 | 项 | 见《中华人民共和国海域使用管理法》 |
| 40103 | 森林资源使用权 | 项 | 见《中华人民共和国森林法》，包括森林、林木和林地等 |
| 40104 | 草原使用权 | 项 | 见《中华人民共和国草原法》 |
| 40105 | 取水权 | 项 | 见《中华人民共和国水法》 |
| 40106 | 探矿权 | 项 | 见《中华人民共和国矿产资源法》 |
| 40107 | 采矿权 | 项 | 见《中华人民共和国矿产资源法》 |
| 40108 | 捕捞权 | 项 | 见《中华人民共和国渔业法》 |
| 40109 | 水域滩涂养殖权 | 项 | 见《水域滩涂养殖发证登记办法》 |
| 40199 | 其他资源使用权 | 项 | |
| 40200 | 特许经营权 | 项 | 见《商业特许经营管理条例》 |
| 40300 | 资质证明 | | 见《中华人民共和国认证认可条例》 |
| 40301 | 产品认证 | 项 | |
| 40302 | 服务认证 | 项 | |
| 40303 | 管理体系认证 | 项 | |

表 4（续）

| 代 码 | 名 称 | 计量单位 | 说 明 |
|---|---|---|---|
| 40304 | 机构认可 | 项 | |
| 40305 | 人员认可 | 项 | |
| 40399 | 其他资质证明 | 项 | |

## 5.5 商标权

商标权类无形资产如表 5 所示。

表 5 50000 商标权类无形资产

| 代 码 | 名 称 | 计量单位 | 说 明 |
|---|---|---|---|
| 50100 | 商标 | | 见《中华人民共和国商标法》 |
| 50101 | 文字商标 | 组 | |
| 50102 | 图形商标 | 组 | |
| 50103 | 字母商标 | 组 | |
| 50104 | 数字商标 | 组 | |
| 50105 | 三维标志商标 | 组 | |
| 50106 | 声音商标 | 组 | |
| 50107 | 颜色组合商标 | 组 | |
| 50108 | 复合商标 | 组 | |
| 50199 | 其他商标 | 组 | |

## 5.6 信息数据

信息数据类无形资产如表 6 所示。

表 6 60000 信息数据类无形资产

| 代 码 | 名 称 | 计量单位 | 说 明 |
|---|---|---|---|
| 60100 | 域名 | | |
| 60101 | 通用顶级域名 | 个 | |
| 60102 | 国家和地区顶级域名 | 个 | |
| 60103 | 新通用顶级域名 | 个 | |
| 60199 | 其他域名 | 个 | |
| 60200 | 数据 | | |
| 60201 | 结构化数据 | 组 | |
| 60202 | 半结构化数据 | 组 | |
| 60203 | 非结构化数据 | 组 | |

**表 6（续）**

| 代码 | 名称 | 计量单位 | 说明 |
|---|---|---|---|
| 60300 | 计算机软件 | | 外购计算机软件归入此类 |
| 60301 | 基础软件 | 套 | |
| 60302 | 支撑软件 | 套 | |
| 60303 | 应用软件 | 套 | |
| 60399 | 其他计算机软件 | 套 | |

## 5.7 经营

经营类无形资产如表 7 所示。

**表 7 70000 经营类无形资产**

| 代码 | 名称 | 计量单位 | 说明 |
|---|---|---|---|
| 70100 | 商号 | | |
| 70101 | 原始商号 | 个 | |
| 70102 | 派生商号 | 个 | |
| 70103 | 继获商号 | 个 | |
| 70199 | 其他商号 | 个 | |
| 70200 | 标志 | | 未注册为商标的标志归入此类 |
| 70201 | 商品标志 | 个 | |
| 70202 | 服务标志 | 个 | |
| 70203 | 集体标志 | 个 | |
| 70204 | 证明标志 | 个 | |
| 70205 | 专用标志 | 个 | |
| 70299 | 其他标志 | 个 | |
| 70300 | 商誉 | | |
| 70400 | 管理经营 | | |
| 70401 | 供应渠道 | 项 | |
| 70402 | 销售网络 | 项 | |
| 70403 | 合同权益 | 项 | |
| 70404 | 互惠协定 | 项 | |
| 70499 | 其他管理经营 | 项 | |

# 参 考 文 献

[1] 《中华人民共和国专利法》
[2] 《中华人民共和国著作权法》
[3] 《中华人民共和国商标法》
[4] 《中华人民共和国行政许可法》
[5] 《中华人民共和国土地管理法》
[6] 《中华人民共和国海域使用管理法》
[7] 《中华人民共和国草原法》
[8] 《中华人民共和国水法》
[9] 《中华人民共和国矿产资源法》
[10] 《中华人民共和国渔业法》
[11] 《中华人民共和国商标法实施条例》
[12] 《中华人民共和国认证认可条例》
[13] 《商业特许经营管理条例》
[14] 《与贸易有关的知识产权协定》
[15] 《自然人办理商标注册申请注意事项》
[16] 《集体商标、证明商标注册和管理办法》
[17] 《水域滩涂养殖发证登记办法》
[18] 《地理标志产品保护规定实施细则》
[19] 《地理标志产品专用标志管理办法》
[20] 《文化企业无形资产评估指导意见》
[21] 《资产评估准则——基本准则》
[22] 《资产评估准则——无形资产》
[23] 《政府会计准则第 4 号——无形资产》
[24] 《企业会计准则第 6 号——无形资产》
[25] 《事业单位会计准则》
[26] GB/T 12406—2008 表示货币和资金的代码
[27] GB/T 14885—2010 固定资产分类与代码

ICS 01.080.01
A 22

# 中华人民共和国国家标准

GB/T 35417—2017

# 设备用图形符号　计算机用图标

## Graphical symbols for use on equipment—Icon symbols for computer

2017-12-29 发布　　2018-04-01 实施

中华人民共和国国家质量监督检验检疫总局
中国国家标准化管理委员会　发布

# 前　　言

本标准按照 GB/T 1.1—2009 给出的规则起草。

本标准由全国图形符号标准化技术委员会(SAC/TC 59)提出并归口。

本标准起草单位:中国标准化研究院、机械科学研究总院、华北电力大学、中机生产力促进中心。

本标准主要起草人:陈永权、邹传瑜、高永梅、程文刚、张亮、白殿一、杨东拜。

# 设备用图形符号　计算机用图标

## 1　范围

本标准规定了通过计算机屏幕呈现且用户能够操作并与之交互的常用图标的图形。

本标准适用于计算机系统,使用图形界面操作或控制的其他电子、电器设备可参照使用。

## 2　规范性引用文件

下列文件对于本文件的应用是必不可少的。凡是注日期的引用文件,仅注日期的版本适用于本文件。凡是不注日期的引用文件,其最新版本(包括所有的修改单)适用于本文件。

GB/T 15565(所有部分)　图形符号　术语

GB/T 16902.5　设备用图形符号表示规则　第5部分:图标的设计指南

## 3　术语和定义

GB/T 15565 和 GB/T 16902.5 界定的术语和定义适用于本文件。

## 4　图标

**4.1**　计算机用图标根据其功能可大致分为4类:

——对象图标,对象图标表示的功能与某个对象相关,常用对象图标见表1。

——工具图标,工具图标表示的功能通常与实际生活中的某种工具相关,常用工具图标见表2。

——操作图标,操作图标通常也称为菜单图标,可提供对某一菜单功能的单步访问,常用操作图标见表3。

——指针图标,指针图标主要用来对屏幕上的对象进行指示、选择或操作等,用户通常通过控制鼠标或其他的输入装置来操作指针图标,常用指针图标见表4。

注:光标并不是指针图标,光标是用于文本操作的特殊指示符。指针图标和光标可以同时在屏幕上呈现和使用。

**4.2**　表1～表4给出的是图标的基本图形,不包含图标的变化,表中的图标符合 GB/T 16902.5 给出的设计要求。

**4.3**　表1～表3中的图标均显示在灰色单元格中,单元格的尺寸及图标在单元格中的位置仅是示意性的,实际的单元格尺寸及图标的位置取决于图标使用时所在的软件和硬件环境。图标的灰色区域可为透明或不透明区域,白色区域应为不透明区域。

注1:图标的单元格尺寸及图标在单元格内的位置与所在的操作系统有关。常见的图标尺寸有16×16像素、32×32像素、48×48像素、64×64像素等,图标的最终显示尺寸取决于显示屏的物理尺寸和所使用的调色板,如640×480像素(4位调色板)。

注2:图标的透明区域没有颜色,不透明区域可以根据需要更改颜色。

**4.4**　表1～表4给出的图标含义是图标的基本含义,图标在具体应用时可根据需要赋予图标具体名称。

## 5 应用

5.1 图标的含义可能与其方向相关，因此除非另有规定，本标准中规定的图标宜按照表中所示的方向使用。

5.2 本标准中规定的图标在实际使用中可以存在不同的变化，如状态变化或风格变化等。设计图标的变化时应符合 GB/T 16902.5 的规定。

表 1 对象图标

| 序号 | 图标 | 含义 | 说明 |
| --- | --- | --- | --- |
| 1-01 |  | 文档<br>Document | 用于容纳可呈现给用户的信息，并为用户提供最低的信息存储单元<br>文档图标需要通过进一步定制来反映所要呈现文档的特定类型。打开文档图标通常允许用户对该文档进行编辑（例如，编辑文本或电子表格） |
| 1-02 |  | 文件夹<br>Folder | 用于容纳诸如文档、其他文件夹、应用程序等对象，但不包含文件柜<br>提供对文件夹内容的访问 |
| 1-03 |  | 文件柜<br>Filing cabinet | 用于容纳诸如文档、文件夹和其他文件柜等对象，存储层次高于文件夹<br>提供对文件柜内容的访问 |
| 1-04 |  | 邮箱<br>Mail | 提供对邮箱功能的访问 |
| 1-05 |  | 收件箱<br>In-tray | 提供对邮件的收件箱功能的访问 |
| 1-06 |  | 发件箱<br>Out-tray | 提供对邮件的发件箱功能的访问 |

**表 1（续）**

| 序号 | 图标 | 含义 | 说　　明 |
|---|---|---|---|
| 1-07 |  | 打印机<br>Printer | 提供对打印功能的访问<br>操作打印机图标可对打印机的内容进行访问，例如打印队列或该打印机的状态等 |
| 1-08 |  | 电话<br>Telephone | 提供对基于通讯的设施的访问<br>变化：可使用旋转式拨号盘。如果屏幕分辨率允许，可增加按键，按键可为轮廓线形式 |
| 1-09 |  | 传真<br>Facsimile | 提供对传真通讯的访问<br>变化：可使用箭头表明传输方向 |
| 1-10 |  | 回收站<br>Waste paper can | 提供对容纳被处理对象的容器的访问，容器中的被处理对象在彻底清除前可被恢复<br>可通过修改图标外观指示回收站是否已被清空 |
| 1-11 |  | 日历<br>Calendar | 提供对记录和规划活动的日历功能的访问<br>变化：若屏幕分辨率允许，可呈现更多日期方格 |
| 1-12 |  | 计算器<br>Calculator | 提供对计算器功能的访问<br>变化：若屏幕分辨率允许，可增加按键，按键可为轮廓线形式 |

表 1（续）

| 序号 | 图标 | 含义 | 说　　明 |
| --- | --- | --- | --- |
| 1-13 |  | 时钟<br>Clock | 提供对计时功能的访问。例如，打开时钟图标可以访问设置系统时钟的功能<br>变化：时钟图标可动态显示当前时间 |
| 1-14 |  | 显示器<br>Display | 提供对显示器的可设置参数的访问 |
| 1-15 |  | 键盘<br>Keyboard | 提供对键盘的可设置参数和键盘映射的访问<br>变化：按键的行之间或列之间的空隙也可按棋盘图案布置，可增加按键数量 |
| 1-16 |  | 鼠标<br>Mouse | 提供对鼠标的可设置参数的访问<br>变化：图形中的按键数量可在一至三个之间变化，按键形状可为圆形、长方形或正方形 |
| 1-17 | 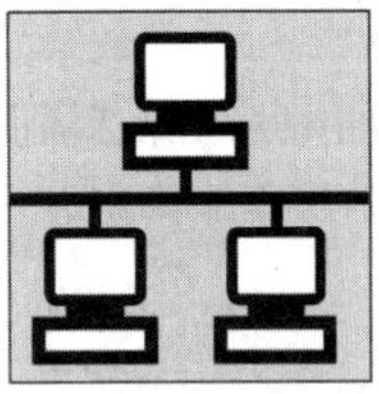 | 网络<br>Network | 提供针对网络管理功能的访问<br>变化：图中的工作站可以使用其他合适的设备代替（例如，打印机） |
| 1-18 | 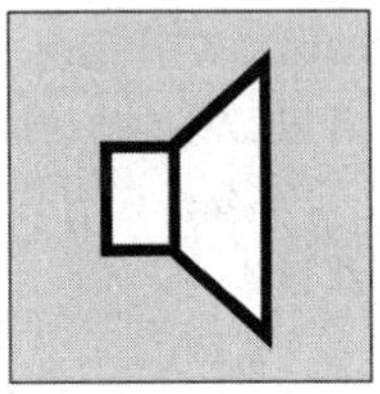 | 音频设备<br>Audio device | 提供对音频功能的可设置参数的访问<br>变化：可以用从扬声器发出的弧形线条表示音量 |

**表 2　工具图标**

| 序号 | 图标 | 含义 | 说　　明 |
|---|---|---|---|
| 2-01 |  | 文本输入<br>Text input | 在文本指针识别的区域内输入或编辑文本 |
| 2-02 | 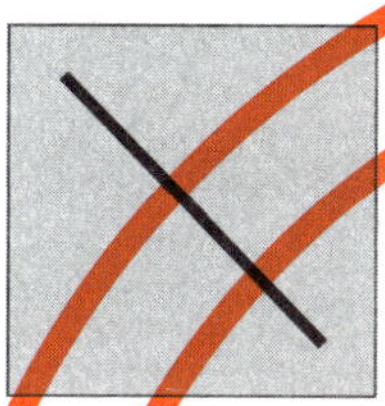 | 直线绘制<br>Straight line draw | 绘制一条等宽度直线 |
| 2-03 |  | 手绘<br>Freehand draw | 绘制一条等宽度的任意线条 |
| 2-04 |  | 弧线绘制<br>Arc draw | 绘制一段弧线 |
| 2-05 |  | 圆形绘制<br>Circle draw | 绘制一个圆形<br>变化：根据可用的功能，可将图标绘制成轮廓线或实心圆 |
| 2-06 |  | 矩形绘制<br>Rectangle draw | 绘制一个矩形<br>变化：根据可用的功能，可将图标绘制成轮廓线或实心矩形 |

表 2（续）

| 序号 | 图标 | 含义 | 说　　明 |
| --- | --- | --- | --- |
| 2-07 | 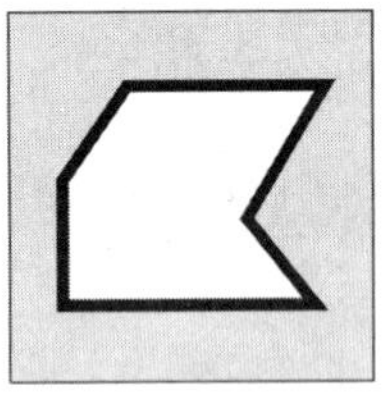 | 多边形绘制<br>Polygon draw | 绘制一个多边形<br>变化：根据可用的功能，可将图标绘制成轮廓线或实心多边形 |
| 2-08 |  | 填充<br>Flood fill | 使用预设的模式和颜色，填充图像中有边界的区域 |
| 2-09 | 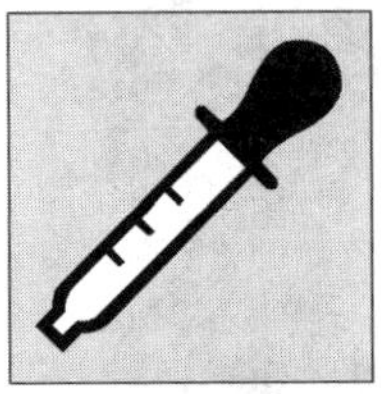 | 颜色拾取<br>Color pick-up | 选取图像中已经使用的颜色 |
| 2-10 |  | 擦除<br>Erase | 清除位图图像中的某一区域 |
| 2-11 |  | 涂刷<br>Brush paint | 创建手绘的粗线条 |
| 2-12 | 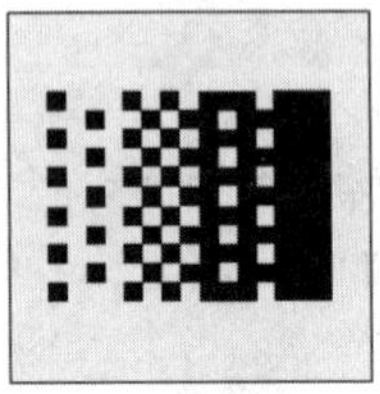 | 渐变填充<br>Gradation fill | 使用预设的渐变模式填充图像中有边界的一个区域 |

表 2（续）

| 序号 | 图标 | 含义 | 说　明 |
|---|---|---|---|
| 2-13 |  | 喷涂<br>Spray paint | 喷涂某个区域以创建不规则效果 |
| 2-14 |  | 矩形区域选择<br>Rectangular area select | 选择一块包含对象和图像的矩形区域 |
| 2-15 | 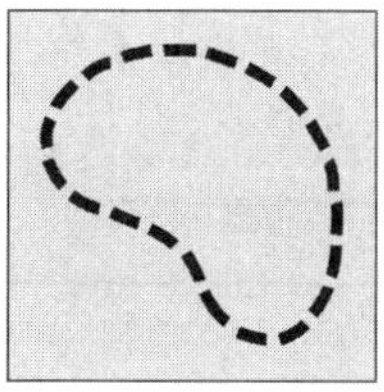 | 不规则形状区域选择<br>Irregular shaped area select | 选择一块包含对象和图像的不规则形状区域 |
| 2-16 | 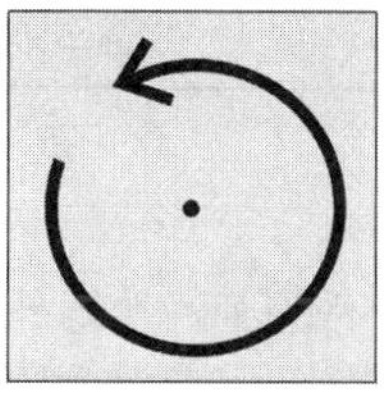 | 旋转<br>Rotate | 旋转选中的对象 |
| 2-17 |  | 翻转<br>Flip | 水平翻转选中的对象 |
| 2-18 | 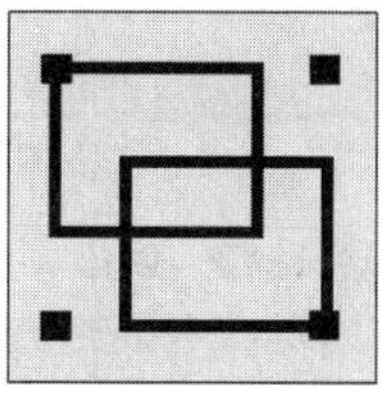 | 编组<br>Group | 将选中的对象编组以便作为单一的操作单元 |

表 2（续）

| 序号 | 图标 | 含义 | 说　　明 |
| --- | --- | --- | --- |
| 2-19 | 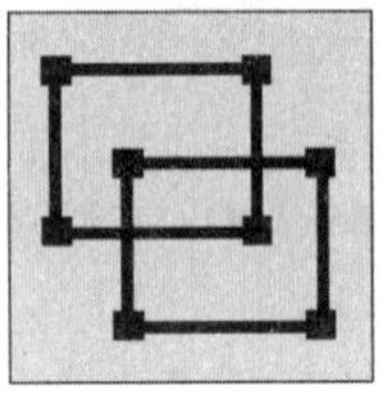 | 取消编组<br>Ungroup | 取消先前应用到选中对象的编组 |
| 2-20 | 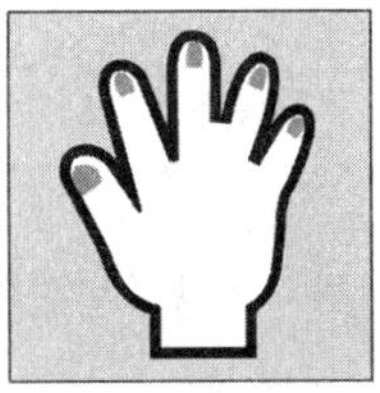 | 移动背景<br>Background move | 将背景“纸张”在任意方向移动 |
| 2-21 |  | 缩放<br>Zoom | 将选中的区域放大或缩小<br>变化：可在圆圈中心添加“加号”或“减号”来表示放大或缩小 |

**表 3　操作图标**

| 序号 | 图标 | 含义 | 说　　明 |
| --- | --- | --- | --- |
| 3-01 |  | 帮助<br>Help | 通用操作图标。提供对该系统的“帮助”功能的访问 |
| 3-02 |  | 查找<br>Find | 通用操作图标。在当前的系统或应用中定位一个由用户指定的对象 |
| 3-03 |  | 新建文档<br>Create new | 文件操作图标。创建一个新的文档 |

**表 3（续）**

| 序号 | 图标 | 含义 | 说　明 |
|---|---|---|---|
| 3-04 |  | 打开文档<br>Open | 文件操作图标。打开一个现有的文档。如果没有预先选定文档，该图标将为用户直接打开文件系统 |
| 3-05 |  | 保存文档<br>Save | 文件操作图标。以同一名称将当前文档保存在文件系统中，同时保持该文档的打开状态 |
| 3-06 |  | 打印预览<br>Print preview | 打印操作图标。提供当前要打印文档的结构和布局视图 |
| 3-07 |  | 打印<br>Print | 打印操作图标。按照系统或应用中的预定义设置打印当前文档 |
| 3-08 |  | 剪切<br>Cut | 编辑操作图标。将预先选定的文本或对象从当前文档中移到存储器缓冲区中<br>变化：剪刀图形可以按任意方向旋转 |
| 3-09 |  | 复制<br>Copy | 编辑操作图标。将预先选定的文本或对象复制到存储器缓冲区，以便将其重新放置到文档的其他位置 |

表 3（续）

| 序号 | 图标 | 含义 | 说　明 |
|---|---|---|---|
| 3-10 |  | 粘贴<br>Paste | 编辑操作图标。从存储器缓冲区复制文本或对象，并将其放置在文档中光标当前所在的位置 |
| 3-11 |  | 撤销<br>Undo | 编辑操作图标。回退先前的编辑或文本操作，并将对象恢复到之前的状态 |
| 3-12 |  | 重做<br>Redo | 编辑操作图标。取消先前的“撤销”操作，并将对象恢复到之前的状态 |
| 3-13 |  | 增加缩进量<br>Increase indent | 文本操作图标。增加文本句子或段落的缩进量至下一个制表符的位置 |
| 3-14 |  | 减少缩进量<br>Decrease indent | 文本操作图标。减少文本句子或段落的缩进量至上一个制表符的位置 |
| 3-15 |  | 编号<br>Numbering | 文本操作图标。创建一个编号的列表 |

**表 3（续）**

| 序号 | 图标 | 含义 | 说　明 |
|---|---|---|---|
| 3-16 | 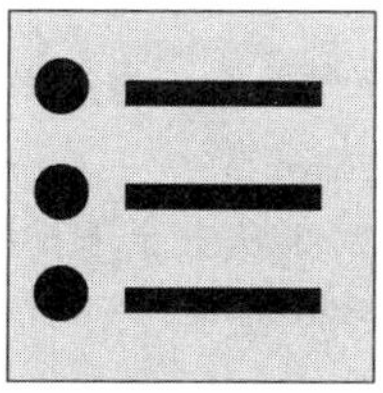 | 列项<br>Itemize | 文本操作图标。创建一个项目符号列表<br>变化：项目符号可为实心方形或其他几何形状 |
| 3-17 |  | 加粗<br>Make bold | 文本操作图标。将选中的文本加粗（即，增加其视重） |
| 3-18 | 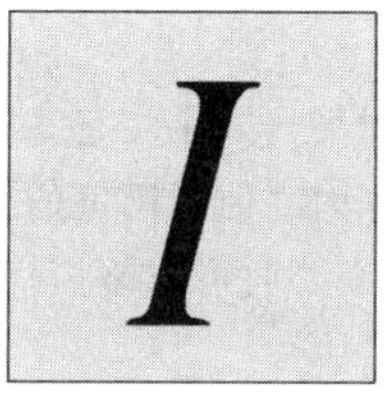 | 使用斜体<br>Italicise | 文本操作图标。将选中的文本变为斜体字 |
| 3-19 |  | 加下划线<br>Underline | 文本操作图标。将选中的文本增加下划线 |
| 3-20 | 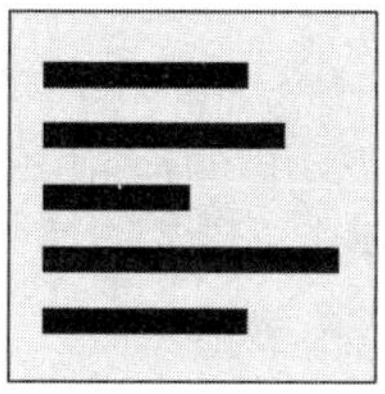 | 左对齐<br>Align left | 文本操作图标。将选中的文本向左侧页边对齐<br>变化：对于从上至下排列的文本，图形可顺时针旋转 90° |
| 3-21 |  | 右对齐<br>Align right | 文本操作图标。将选中的文本向右侧页边对齐<br>变化：对于从上至下排列的文本，图形可顺时针旋转 90° |

**表 3（续）**

| 序号 | 图标 | 含义 | 说　明 |
|---|---|---|---|
| 3-22 | 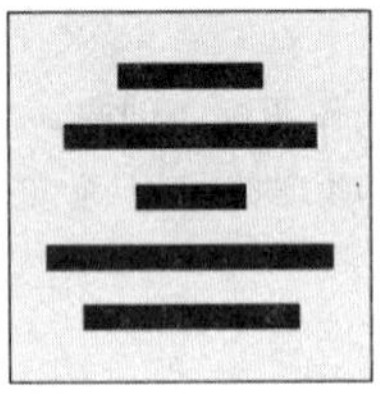 | 居中对齐<br>Centralize | 文本操作图标。将选中的文本在左右页边之间居中对齐<br>变化：对于从上至下排列的文本，图形可顺时针旋转 90° |
| 3-23 |  | 两端对齐<br>Full justify | 文本操作图标。将选中的文本向左右页边同时对齐<br>变化：对于从上至下排列的文本，图形可顺时针旋转 90° |
| 3-24 |  | 后退<br>Back | 浏览器操作图标。使用户能够立即返回到在当前页面之前所浏览的页面<br>变化：必要时可省略箭杆 |
| 3-25 |  | 前进<br>Forward | 浏览器操作图标。使用户能够立即返回到点击"后退"图标之前的页面<br>变化：必要时可省略箭杆 |
| 3-26 |  | 刷新<br>Refresh | 浏览器操作图标。使用户能够刷新当前浏览的页面 |
| 3-27 |  | 首页<br>Home | 浏览器操作图标。使用户能够返回到在该浏览器设置页中所设置的主页或默认页 |

**表 4 指针图标**

| 序号 | 图标 | 含义 | 说　明 |
|---|---|---|---|
| 4-01 |  | 默认指针<br>Default pointer | 默认的指针图标具有指示、选择、启动、操作等功能 |
| 4-02 |  | 文本指针<br>Text pointer | 用于指示在该指针图标所在的区域内可以键入、选择或操作文本 |
| 4-03 |  | 边框控制指针：水平和垂直调整（左上和右下角）<br>Border control pointer：horizontal and vertical re-sizing | 用于水平和垂直调整窗口的左上和右下角 |
| 4-04 |  | 边框控制指针：水平和垂直调整（右上和左下角）<br>Border control pointer：horizontal and vertical re-sizing | 用于水平和垂直调整窗口的右上和左下角 |
| 4-05 |  | 边框控制指针：垂直调整<br>Border control pointer：vertical re-sizing | 用于垂直调整窗口的上下边框 |
| 4-06 |  | 边框控制指针：水平调整<br>Border control pointer：horizontal re-sizing | 用于水平调整窗口的左右边框 |

**表 4（续）**

| 序号 | 图标 | 含义 | 说　　明 |
|---|---|---|---|
| 4-07 |  | 十字指针<br>Cross hair pointer | 用于精确的指示、选取和操作，例如，指示出画线的启始位置 |
| 4-08 |  | 忙碌状态指针<br>Busy pointer | 用于指示“忙碌”状态 |

# 索　引

ICS 71.040
A 40

# 中华人民共和国国家标准

GB/T 35418—2017/ISO/TS 13278:2011

# 纳米技术　碳纳米管中杂质元素的测定　电感耦合等离子体质谱法

**Nanotechnologies—Determination of elemental impurities in samples of carbon nanotubes—Inductively coupled plasma mass spectrometry**

(ISO/TS 13278:2011, Nanotechnologies—Determination of elemental impurities in samples of carbon nanotubes using inductively coupled plasma mass spectrometry, IDT)

2017-12-29 发布　　2018-04-01 实施

中华人民共和国国家质量监督检验检疫总局
中国国家标准化管理委员会　发布

# 前 言

本标准按照 GB/T 1.1—2009 给出的规则起草。

本标准使用翻译法等同采用 ISO/TS 13278:2011《纳米技术　应用电感耦合等离子体质谱法测定碳纳米管中的杂质元素》。

本标准做了如下编辑性修改：

——修改了标准名称。

本标准由中国科学院提出。

本标准由全国纳米技术标准化技术委员会(SAC/TC 279)归口。

本标准主要起草单位：国家纳米科学中心、中国科学院高能物理研究所。

本标准主要起草人：白茹、陈春英、李柏、李玉锋、赵宇亮。

# 引　言

电感耦合等离子体质谱(ICP-MS)是一种被广泛认可的多元素分析技术,可快速、精确检测样品中的痕量元素。与原子吸收法和电感耦合等离子体原子发射光谱法(ICP-AES)相比,电感耦合等离子体质谱法具有很多优势,如:基体干扰小,灵敏度高,检出限低等。

碳纳米管(CNT)具有独特的物理和化学性质,在许多领域具有潜在应用,引起了广泛的研究兴趣。应用化学气相沉积法大量生产碳纳米管时,需要使用金属颗粒作为催化剂[1-3]。去除残留的催化剂(如Fe, Co, Ni)对于碳纳米管的应用具有重要意义[4]。经过复杂的纯化步骤,测定催化剂的含量。由于金属催化剂的存在,可随着碳纳米管的使用而被释放,从而对碳纳米管的毒理学和生态学作用结果产生影响[5-7]。此外,碳纳米管的功能可能取决于这些催化剂杂质,所以必须采用可靠的技术检测杂质含量。

目前分析碳纳米管纯度的方法包括:中子活化分析(NAA),含有电子能量损失谱(EELS)的透射电子显微镜(TEM),含有能量色散X射线光谱(EDX)的扫描电子显微镜(SEM),拉曼光谱,X射线光电子能谱(XPS),热重分析(TGA)和X射线荧光(XRF)光谱[8-12]。ISO/TC 229颁布了一些表征单壁碳纳米管和多壁碳纳米管的技术方法标准,如SEM (ISO/TS 10798),TEM (ISO/TS 10797),多壁碳纳米管表征方法(ISO/TR 10929)。

然而,每种检测方法都有其局限性,热重分析仅能反应物质在受热条件下的质量变化,受到许多因素的影响,包括仪器、实验条件和样品因素等,所以检测结果可信度不高;中子活化分析是一种基于核反应的定量定性方法,该方法灵敏度、准确度和精密度高,可同时测定痕量、微量和主量的元素,灵敏度达$10^{-6}$～$10^{-9}$,因此,常被用作标准参考物制定。但是由于需要大型核反应堆照射样品,中子活化分析的应用受到了极大的限制,此外,高成本与放射危害,较长的分析周期,复杂的操作技术,较差的实用性,限制了中子活化分析方法的应用。电感耦合等离子体质谱(ICP-MS)也具有高的灵敏度、准确度和精密度,广泛用于实验室检测。它要求样品被完全消解,传统的消解方法适用于土壤、岩石和生物样品分析。碳纳米管具有极其稳定的结构,并且金属残留物可能包裹在碳壳结构中,因此,需要采用特定的样品预处理方法[12-15]。电感耦合等离子体质谱法比石墨炉原子吸收法和电感耦合等离子体原子发射光谱法具有更高的灵敏度。

本标准为应用电感耦合等离子体质谱准确检测单壁碳纳米管和多壁碳纳米管中残留的杂质元素,提供了最优的样品预处理方法。附录A是方法应用举例。

# 纳米技术　碳纳米管中杂质元素的测定 电感耦合等离子体质谱法

## 1　范围

本标准规定了使用电感耦合等离子体质谱(ICP-MS)测定单壁碳纳米管(SWCNT)和多壁碳纳米管(MWCNT)中残留杂质元素的方法。

本标准为单壁碳纳米管和多壁碳纳米管样品提供了优化的消解和预处理方法,从而应用电感耦合等离子体质谱准确定量测定杂质元素。

## 2　规范性引用文件

下列文件对于本文件的应用是必不可少的。凡是注日期的引用文件,仅注日期的版本适用于本文件。凡是不注日期的引用文件,其最新版本(包括所有的修改单)适用于本文件。

GB/T 30544.3—2015　纳米科技　术语　第3部分:碳纳米物体(ISO/TS 80004-3:2010,IDT)

## 3　术语、定义、符号和缩略语

### 3.1　术语和定义

GB/T 30544.3—2015 中界定的以及下列术语和定义适用于本文件。

3.1.1

**电感耦合等离子体源　inductively coupled plasma source**

大气压下通过射频电磁场在氩气中产生等离子体的部件。

3.1.2

**电感耦合等离子体质谱　inductively coupled plasma mass spectrometry;ICP-MS**

由进样系统、电感耦合等离子体源、等离子体/真空接口、质谱仪(包括离子聚焦、分离和检测系统)构成。

注:电感耦合等离子体质谱可定量检测样品中痕量、微量和主量的元素,适用于分析化学领域。

3.1.3

**杂质元素　elemental impurity**

样品中的非碳元素,在样品中出现的且不以碳纳米管形式存在的元素。

注1:这些杂质主要是在大规模生产碳纳米管时使用的金属催化剂的残留物。

注2:无定形碳可做为碳纳米管中的另一种杂质,不在本文件范围内。

### 3.2　符号和缩略语

下列符号和缩略语适用于本文件。

CCT　碰撞池技术　(collision cell technology)

$c_i$　进样量灵敏度系数,$x_i$指 $df/dx_i$　(sensitivity coefficient for input quantity, $x_i$, defined as $df/dx_i$)

CNT　碳纳米管　(carbon nanotube)

$C_s$ 加标样品溶液计算浓度,μg/L (expected concentration, in micrograms per litre, of spiked sample solution based on the added spike)

CVD 化学气相沉积 (chemical vapour deposition)

DRC 动态反应池 (dynamic reaction cell)

ICP-MS 电感耦合等离子体质谱 (inductively coupled plasma mass spectrometry)

ICP-AES 电感耦合等离子体原子发射光谱 (inductively coupled plasma atomic emission spectrometry)

$k$ 包含因子 (coverage factor)

$I_d$ 分析样品溶液稀释倍数 (dilution factor of the analysed sample solution, accounting for all sample preparation steps)

MWCNT 多壁碳纳米管 (multiwall carbon nanotube)

$M_c$ 分析样品溶液测定浓度,μg/L (measured concentration, in micrograms per litre, of the analysed sample solution)

$M_s$ 加标样品溶液测定浓度,μg/L (measured concentration, in micrograms per litre, in the spiked sample solution)

NAA 中子活化分析 (neutron activation analysis)

OD 外部直径 (outer diameter)

PTFE 聚四氟乙烯 (polytetrafluoroethylene)

$S_w$ 碳纳米管样品质量,g (weight, in grams, of CNT sample)

SWCNT 单壁碳纳米管 (single-wall carbon nanotube)

$U$ 扩展不确定度 (expanded uncertainty)

$u_c(y)$ 合成标准不确定度 (combined standard uncertainty of the final result)

$u(x_i)$ 与进样量相关的标准不确定度,$x_i$ (standard uncertainty associated with input quantity, $x_i$)

V 分析样品溶液体积,L (volume, in litres, of the analysed sample solution)

wt % 质量百分比 (weight percentage)

## 4 样品和试剂

### 4.1 概述

在碳纳米管的各种合成过程中,如果未经特殊分离,碳纳米管产品中将含有无定形碳和其他杂质元素。电感耦合等离子体质谱可定量检测碳纳米管样品中含有的主量、微量及痕量元素,提供相对纯度表征中重要的定量信息。通过等离子体质谱,可在几分钟内得到元素周期表中几乎所有元素含量数据,大多数元素的检测限低于 0.1 μg/L。

### 4.2 样品

样品应为单壁碳纳米管、多壁碳纳米管或二者皆有。

### 4.3 试剂

#### 4.3.1 概述

所有试剂均在聚四氟乙烯(PTFE)容器中配制,配制后的试剂应在聚四氟乙烯容器中保存,聚四氟乙烯容器应提前用硝酸和超纯水清洗。配制、保存器皿还可由聚丙烯、石英或其他合适材料制成。

#### 4.3.2 酸的纯度

使用高纯度酸(如:$HNO_3$,优级纯或相当级别)消解样品和配备校准用标准液。

#### 4.3.3 试剂纯度

所用化学试剂纯度≥99.9%。

#### 4.3.4 水的纯度

所用超纯水电阻率在 18.2 MΩ·cm 以上。

### 4.4 储备液

#### 4.4.1 概述

使用具有溯源性的混合标准溶液,也可使用单元素有证标准溶液或合适的原材料自行配制,但有可能造成污染。以下储备液用于仪器校准,需要测定原材料的纯度。

#### 4.4.2 校准用标准储备液 1

用 1.6 mol/L $HNO_3$ 水溶液将各元素(Ca, Ce, Gd, Ge, Hg, La, Li, Sm, Ti, Yb)配制成浓度名义值为 1 000 mg/L 的溶液。

#### 4.4.3 校准用标准储备液 2

用 1.6 mol/L $HNO_3$ 水溶液将各元素(As, B, Be, Fe, Se, Zn)配制成浓度名义值为 100 mg/L 的溶液。

#### 4.4.4 校准用标准储备液 3

用 1.6 mol/L $HNO_3$ 水溶液将各元素(Ag, Al, Ba, Bi, Cd, Co, Cr, Cu, Ga, K, Li, Mg, Mn, Mo, Na, Ni, Pb, Rb, Sr, Te, Tl, U, V)配制成浓度名义值为 10 mg/L 的溶液。

注:校准液需当天配制。

### 4.5 加标储备液

#### 4.5.1 概述

采用具有溯源性的多元素加标储备液,自行配置时应考虑水和酸的纯度。应配有如下加标储备液。

#### 4.5.2 加标储备液 1

用 1.6 mol/L $HNO_3$ 水溶液将各元素(As, Ca, Co, Cr, Cu, Fe, Mn, Ni, Se, V,Zn)配制成浓度名义值为 10 mg/L 的溶液。

#### 4.5.3 加标储备液 2

用 1.6 mol/L $HNO_3$ 水溶液将各元素(Be, Cd, Fe, Ni, Gd, Ge, Sr, V, W, Yb, Pb)配制成浓度名义值为 20 mg/L 的溶液。

### 4.6 内标储备液

#### 4.6.1 概述

采用具有溯源性的单元素内标储备液，自行配制时应考虑水和酸的纯度。在校准仪器时使用如下内标储备液。

#### 4.6.2 内标储备液 1

用 1.6 mol/L $HNO_3$ 水溶液将 Sc 元素配制成浓度名义值为 10 mg/L 的溶液。

#### 4.6.3 内标储备液 2

用 1.6 mol/L $HNO_3$ 水溶液将 Y 元素配制成浓度名义值为 10 mg/L 的溶液。

#### 4.6.4 内标储备液 3

用 1.6 mol/L $HNO_3$ 水溶液将 Rh 元素配制成浓度名义值为 10 mg/L 的溶液。

#### 4.6.5 内标储备液 4

用 1.6 mol/L $HNO_3$ 水溶液将 In 元素配制成浓度名义值为 10 mg/L 的溶液。

#### 4.6.6 内标储备液 5

用 1.6 mol/L $HNO_3$ 水溶液将 Tb 元素配制成浓度名义值为 10 mg/L 的溶液。

注：用于校准和样品检测中的内标液终浓度名义值为 10 μg/L。

### 4.7 标准调谐储备液

#### 4.7.1 概述

使用前对仪器进行调谐。可直接购买具有溯源性的单元素标准调谐液，自行配制时需考虑水和酸的纯度。在优化仪器时使用如下标准调谐液。

#### 4.7.2 标准调谐液 1

用 1.6 mol/L $HNO_3$ 水溶液将 Be 元素配制成浓度名义值为 1 μg/L 的溶液。

#### 4.7.3 标准调谐液 2

用 1.6 mol/L $HNO_3$ 水溶液将 Co 元素配制成浓度名义值为 1 μg/L 的溶液。

#### 4.7.4 标准调谐液 3

用 1.6 mol/L $HNO_3$ 水溶液将 In 元素配制成浓度名义值为 1 μg/L 的溶液。

#### 4.7.5 标准调谐液 4

用 1.6 mol/L $HNO_3$ 水溶液将 Bi 元素配制成浓度名义值为 1 μg/L 的溶液。

注：上述单元素调谐液可用商用的多元素调谐液代替。

## 5 仪器

可使用四级杆或扇形磁场电感耦合等离子体质谱，或分辨率高于 1 u（原子质量单位）的电感耦合等离子体质谱仪器进行多元素测定。推荐使用碰撞池技术或动态反应池技术[12-16]，尽量消除或减少谱学干扰。

## 6 样品预处理

### 6.1 样品制备

样品的制备方法见6.2,6.3,6.4,该方法提高了测定的重复性、再现性和可靠性,使测定结果在不同的实验室间具有可比性,即[12,14]。根据不同的实验室仪器,可使用不同的碳纳米管预处理方法:高压湿法消解,干法灰化与湿法消解联用,微波消解。这3种方法可在电感耦合等离子体质谱分析前溶解碳纳米管样品中的杂质元素,使测定结果具有可靠性和可重复性[12]。高挥发性的元素易产生热损失,如Hg,Se,As,则应使用密闭微波酸化消解法或高压聚四氟乙烯密封罐进行样品的消解。以等量超纯水代替样品,步骤相同,制备过程空白溶液。

在随后的步骤中,应在每批的"未加标"样品中准备"加标"样品。加标样品数量至少是10%,用于计算回收率。加标回收率见8.2。

### 6.2 高压湿法消解

具体实验步骤如下:

a) 确定聚四氟乙烯消解罐的数量,一个消解罐只做一个样品,样品数量包括加标样品数。加标样品的消解罐标记为"加标"。

b) 称取10 mg~20 mg碳纳米管样品至消解罐。

注1:聚四氟乙烯消解罐具有一定电荷,很难直接称取毫克级样品。在聚四氟乙烯消解罐中准确称取10 mg~20 mg碳纳米管样品是计算消解罐称量前后的增重。

注2:如果10 mg的碳纳米管材料不足以提供均一且具代表性的样品,则碳纳米管材料需进行均一化处理。

c) 消解罐中加入4 mL的浓$HNO_3$和质量分数为3%的$H_2O_2$混合液,体积比为3∶1。

d) 移取0.1 ml或更多的加标储备液至"加标"消解罐中。

注3:根据碳纳米管中残留的杂质确定使用一种或两种加标液。

e) 密封好的聚四氟乙烯消解罐放入不锈钢罐,旋紧不锈钢罐(每个消解罐有一个不锈钢罐)。

f) 放入烘箱中加热,180 ℃保持12 h,在箱内自然冷却至室温。

g) 旋开不锈钢罐,确定是否完全消解,判断标准是没有黑色残留物,如果完全消解,执行步骤h)。如果没有完全消解,则加入4 mL~6 mL步骤c)中的混合液,重复步骤e)~g)直到完全消解。需要加热3次~4次。

h) 消解液加热近干,加入体积分数为2%的$HNO_3$至一定体积(如3 mL),如有需要,可在电感耦合等离子体质谱分析前加入体积分数为2%的$HNO_3$进行稀释。

注4:因为酸液挥发需要消解罐敞开,所以需注意减少污染,如使用装有高效空气过滤器的环境。

### 6.3 干法灰化和酸液消解联用

具体实验步骤如下:

a) 准备一定数量的石英坩埚,每个坩埚只用于准备一个样品或一个加标样品,准备加标样品的坩埚标记为"加标"。

b) 称取25 mg~50 mg的碳纳米管样品至石英坩埚。

c) 移取0.1 mL加标储备液至"加标"石英坩埚。

注1:根据碳纳米管中残留的杂质确定使用一种或两种加标液。

d) 将石英坩埚置于马弗炉中,选取可使样品成分灰化的温度,加热5 h。

注 2：无定形碳的燃烧温度是 350 ℃，单壁碳纳米管在高于 500 ℃时开始分解，多壁碳纳米管的分解温度是 600 ℃～700 ℃。如果样品中的成分未知，可选择 750 ℃。

注 3：灰化加标样品，使溶剂缓慢挥发，防止加标液溅出导致待分析物损失。

e) 从马弗炉中取出坩埚至干燥器中，自然冷却至室温。用 3 mL～4 mL 热浓 $HNO_3$(50 ℃)浸取，将灰分转移至聚四氟乙烯消解罐中。

f) 密封聚四氟乙烯消解罐放入不锈钢罐，旋紧不锈钢罐(每个消解罐有一个不锈钢罐)。

g) 放入烘箱中加热，180 ℃保持 12 h，自然冷却至室温。

h) 旋开不锈钢罐，确定是否完全消解，判断标准是没有黑色残留物，如果完全消解，执行步骤 i)。如果没有完全消解，则加入 3 mL～4 mL 热浓 $HNO_3$(50 ℃)浸取，重复步骤 f)～ h)直至完全消解。

i) 消解液加热至近干，加入体积分数为 2%的 $HNO_3$ 至一定体积(如 3 mL)，如有需要，可在电感耦合等离子体质谱分析前加入体积分数为 2%的 $HNO_3$ 进行稀释。

注 4：干法灰化和高压湿法消解联用比单独的高压湿法消解减少了酸液的用量和消解时间(见 6.2)。

### 6.4 微波消解

具体实验步骤如下：

a) 准备一定数量的聚四氟乙烯消解罐，每个消解罐只用于准备一个样品或一个加标样品，准备加标样品的消解罐标记为“加标”。

b) 称取 10 mg 碳纳米管样品至消解罐。

c) 单壁碳纳米管样品：加入 5 mL 浓 $HNO_3$，多壁碳纳米管样品：加入 10 mL 浓 $HNO_3$。

注 1：酸液用量远高于生物和环境样品。

d) 移取 0.1 mL 的加标储备液至“加标”消解罐。

注 2：根据碳纳米管中残留的杂质确定使用一种或两种加标液。

e) 旋紧消解罐，进行微波消解，设定参数如下：

——微波功率＝800 W；

——最高消解温度＝200 ℃；

——最高消解温度下的微波时间＝单壁碳纳米管 30 min，多壁碳纳米管 60 min。

消解罐数量较多时可选择较高功率。微波消解后，取出消解罐，自然冷却至室温。

f) 旋开消解罐，确定是否完全消解，判断标准是没有黑色残留物，如果完全消解，执行步骤 g)。如果没有完全消解，则加入 4 mL～6 mL 浓 $HNO_3$，重复步骤 e)～f)直至完全消解。

g) 消解液加热至近干，加入体积分数为 2%的 $HNO_3$ 至一定体积(如 3 mL)，如有需要，可在电感耦合等离子体质谱分析前加入体积分数为 2%的 $HNO_3$ 进行稀释。

注 3：目前有一些方法使用氧气辅助的微波燃烧溶解/分解碳纳米管[12,15]，该方法超出了本标准的范围。

## 7 实验步骤

### 7.1 电感耦合等离子体质谱

对电感耦合等离子体质谱仪器进行性能评估和校准，可选择标准液或内标方法校准仪器。

如果选择外部标准液校准仪器，待测元素浓度依据第 4 章中校准标准而定。

依据仪器操作指南使用电感耦合等离子体质谱，推荐使用如下仪器参数优化仪器条件：

——冷却气流速；

——辅助氩气流速；

——雾化氩气流速；

——正向射频功率；

——驻留时间。

注：不同的生产厂家仪器优化参数不同。

## 7.2 电感耦合等离子体质谱干扰因素

电感耦合等离子体质谱测量的是 3 u～250 u 范围内每一个原子质量单位的信息(u 或道尔顿，更准确的是离子质量与所带电荷之比，记为 $m/z$)。提供等离子体的氩气，使用的酸以及样品自身特性均会形成质谱干扰。当待测成分具有相同的 $m/z$，仪器分辨率不足以区分两个峰时，可发生多原子或同量异位素干扰，如$^{58}Ni^+$对$^{58}Fe^+$，$^{40}Ar^+$对$^{40}Ca^+$，$^{40}Ar^{16}O^+$对$^{56}Fe^+$，$^{40}Ar^{12}C^+$对$^{52}Cr^+$，$^{40}Ar^{2+}$对$^{80}Se^+$。四极杆电感耦合等离子体质谱分辨率通常是 0.8 u。

注：HCl，$HClO_4$，$H_3PO_4$ 和 $H_2SO_4$ 可引起严重的质谱干扰。$Cl^+$，$P^+$，$S^+$ 与其他的等离子体/基质离子(如 $Ar^+$，$O^+$，$H^+$)协同作用可引起多原子干扰。该类同量异位素干扰包括$^{35}Cl^{40}Ar^+$对$^{75}As^+$，$^{35}Cl^{16}O^+$对$^{51}V^+$。基于此，电感耦合等离子体质谱测试中尽量避免使用 HCl，$HClO_4$，$H_3PO_4$ 和 $H_2SO_4$。

## 7.3 同位素选择

电感耦合等离子体质谱可以测定 70 种元素，碳纳米管样品中仅含有少量可达检测限的元素。由于潜在的干扰因素和同位素丰度，电感耦合等离子体质谱测定中应对如下同位素进行分析：$^{53}Cr^+$，$^{55}Mn^+$，$^{54}Fe^+$，$^{57}Fe^+$，$^{59}Ni^+$，$^{60}Co^+$，$^{63}Cu^+$，$^{65}Cu^+$，$^{66}Zn^+$，$^{68}Zn^+$，$^{95}Mo^+$，$^{172}Yb^+$，$^{182}W^+$，$^{184}W^+$。测试人员可根据本实验室条件、仪器性能、样品特性选择需要分析的同位素。测定时，如果使用膜去溶系统减少氧化物，推荐使用碰撞池或动态反应池方法检测$^{54}Fe^+$，$^{60}Ni^+$，$^{63}Cu^+$，$^{53}Cr^+$，以消除氩气多原子干扰。扇形场电感耦合等离子体质谱采用高分辨率解决同量异位素干扰。$ArC^+$ 多原子干扰是 $Cr^+$ 检测的主要问题。每次实验前应使用标准调谐液优化仪器(元素 Be，Co，In，U 含量为 1 μg/L，见 4.7)。使用专业软件收集原始数据。元素信号的峰面积、峰高均用于定量分析。

## 7.4 标准校正曲线

校准用标准液浓度范围从 1 μg/L～100 μg/L。通过稀释 4.4 中的储备液，每天应重新配置工作标准液。至少使用 4 个标准液。

根据相对浓度绘制标准曲线，通过线性回归法确定斜率、截距和相关系数，相关系数应≥0.95，否则，应重复实验步骤。通过标准曲线确定特定样品浓度。电感耦合等离子体质谱会产生基体效应，因此，标准品应与样品基体匹配，主要是酸性成分应基本相同。

## 7.5 使用加标法评价方法回收率

加入标准液可用于评估方法回收率。空白液同加标和未加标溶液一起进行测定。具体实验步骤如下：

a) 测定空白液浓度；

b) 测定未加标样品溶液强度；

c) 测定加标样品溶液强度；

d) 计算加标元素回收率(见 8.2)；

e) 回收率范围应在 90%～110%。

注 1：空白测定的灵敏度与加入的标准液有关，需要准确的进行空白校正(不是原始浓度校正)。

注 2：标准加入法可用于电感耦合等离子体质谱分析校准，但不在本标准范围内。

## 7.6 电感耦合等离子体质谱内标使用

具体实验步骤如下：

a) 消解样品中加入定量的内标。

b) 使用5种内标储备液：内标1，内标2，内标3，内标4，内标5，对应的原子质量范围分别是：<61 u，63 u～88 u，95 u～137 u，205 u～209 u。

c) 待测物和内标同位素应尽可能同时制备和测定。

注1：步骤c)的目的是减少测定干扰，优化测定条件。

注2：真正的同时测定需要多接收质谱仪，或者使用飞行时间质谱仪。扇形场和四极杆仪器是顺序测定，而不是同时测定。

## 8 数据分析

### 8.1 样品中元素杂质含量

分析人员可选择使用峰高或峰面积作为信号定量，推荐使用峰面积。

依据如下方程式计算碳纳米管样品中杂质含量，单位为毫克每千克(mg/kg)：

$$X_i=\frac{M_c\times V\times I_d}{S_w} \tag{1}$$

式中：

$M_c$ ——根据标准曲线计算的样品浓度，单位为微克每升(μg/L)；

$V$ ——样品终体积，单位为升(L)；

$I_d$ ——样品稀释倍数；

$S_w$ ——样品重量，单位为克(g)。

### 8.2 加标回收率

样品加标回收率用于确定结果是否定量和准确，范围是90%～110%，使用如下方程式计算加标回收率$R$：

$$R=\frac{M_s-M_c}{C_s}\times 100\% \tag{2}$$

式中：

$M_s$ ——空白校正后，加标样品溶液平均浓度，单位为微克每升(μg/L)；

$M_c$ ——空白校正后，未加标样品溶液平均浓度，单位为微克每升(μg/L)；

$C_s$ ——加标溶液计算浓度，单位为微克每升(μg/L)。

## 9 不确定度

为了符合国际要求，电感耦合等离子体质谱测定结果需要计算不确定度。推荐参考ISO的测量不确定度表示指南(GUM)(见参考文献[10])。不确定度的组成包括测量过程中所有不确定的重要因素，如：样品预处理步骤如称量，消解(对于碳纳米管这类耐高温材料尤其重要)，校准用标准的定值，仪器校准，测量精度和方法偏差。单个标准不确定度在一定置信水平可转变为扩展不确定度。

使用电感耦合等离子体质谱确定某个元素质量分数值$y$，是$N$输入量的函数$x_i$，其中$i=1,2,\cdots,N$[i.e.，$y=f(x_1,x_2,\cdots,x_N)$]。使用测量不确定度表示指南GUM，根据不确定度传递规律，结合单个不确定度，建立合成标准不确定度与确定的质量分数值，$u_c(y)$：

$$u_c(y)=\sqrt{\sum_i[c_i\times u(x_i)]^2} \tag{3}$$

式中：

$c_i$ ——进样量灵敏度系数，$i=\mathrm{d}f/\mathrm{d}x_i$；

$u(x_i)$——与进样量相关的标准不确定度，$x_i$。

方程式(3)忽略了不确定度传递规律中的协方差项。该简化通常不影响估算 $u_c(y)$。

最终的扩展不确定度 $U$，是合成标准不确定度 $u_c(y)$乘以包含因子 $k$。

$$U = k \times u_c(y) \quad \cdots\cdots(4)$$

式中：

$U$ ——扩展不确定度；

$k$ ——包含因子；

$u_c(y)$——合成标准不确定度。

$k$ 值是由基于与 $u_c(y)$相关的有效自由度特定置信水平计算得出。有效自由度可通过特思韦特方程或其他方法估算出。通常假设 $k=2$，该方法计算出的置信水平近于 95%。

## 10 测试报告

测试报告应包括：

a) 待测碳纳米管样品信息：生产厂家，产品目录或配方编号，批号或生产日期，商品名称等；

b) 使用的设备、仪器信息：型号或产品编号，序列号或生产日期等；

c) 样品预处理方法记录：包括酸的类型，消解方法，温度和湿法消解的其他条件等；

d) 电感耦合等离子体质谱操作方法记录；

e) 测试结果和不确定度估值；

f) 整个实验过程中的辅助信息；

g) 使用正确的国际单位制(SI)。

# 附 录 A
（资料性附录）
# 碳纳米管中元素杂质分析举例

## A.1 单壁碳纳米管(SWCNTs)和多壁碳纳米管(MWCNTs)样品

碳纳米管的生产方法包括电弧放电法,激光烧蚀法和碳氢化合物的催化分解法。这些方法都已被成功的发展用于合成碳纳米管。合成过程中使用的催化剂可以是Ⅴ、Ⅵ、Ⅶ、Ⅷ主族、镧系、过渡金属单元素或者多元素。表 A.1 给出了不同厂家的单壁碳纳米管和多壁碳纳米管产品参数信息。图 A.1 是单壁碳纳米管和多壁碳纳米管的透射电子显微镜表征,箭头所指的黑色区域是金属杂质。

**表 A.1 不同厂家的单壁碳纳米管和多壁碳纳米管产品参数信息**

| 样品 | 外径<br>nm | 长度<br>μm | 纯度<br>(质量分数)<br>% | 灰度<br>(质量分数)<br>% | 特定表面积<br>$m^2/g$ | 电导率<br>S/cm | 热导率<br>W/m *K* | 无定形碳<br>(质量分数)<br>% |
|---|---|---|---|---|---|---|---|---|
| 1-SWCNT | 1.0～2.0 | 5.0～30 | >90 | <1.5 | >407 | $>10^2$ | | |
| 2-SWCNT | <2.0 | <20 | >90 | <3.0 | >450 | | ～4 000 | <5.0 |
| 4-MWCNT | 20～30 | 10～30 | >95 | <1.5 | >110 | $>10^2$ | | |
| 5-MWCNT | 10～20 | 0.5～2.0 | >95 | <1.5 | >350 | $>10^2$ | | |
| 6-MWCNT | 10～20 | ～50 | >95 | <1.5 | >180 | $>10^2$ | | |
| 7-MWCNT | 10～30 | 5.0～15 或 1.0～2.0 | >95 | <0.2 | 40～300 | | ～2 000 | <3.0 |
| 8-MWCNT | 10～30 | 5.0～15 或 1.0～2.0 | >95 | <0.2 | 40～300 | | ～2 000 | <3.0 |
| 9-MWCNT | 10～20 | 5.0～15 或 1.0～2.0 | >95 | <0.2 | 40～300 | | ～2 000 | <3.0 |
| | 20～40 | 5.0～15 或 1.0～2.0 | >95 | <0.2 | 40～300 | | ～2 000 | <3.0 |
| 11-MWCNT | 40～60 | 5.0～15 或 1.0～2.0 | >95 | <0.2 | 40～300 | | ～2 000 | <3.0 |
| 12-MWCNT | 60～100 | 5.0～15 或 1.0～2.0 | >95 | <0.2 | 40～300 | | | |
| 13-SWCNT | 1.3 | 0.5～3.0 | 50～70 | | | | ～2 000 | <3.0 |
| 14-SWCNT | 1.3 | 0.5～3.0 | >90 | | | | | |

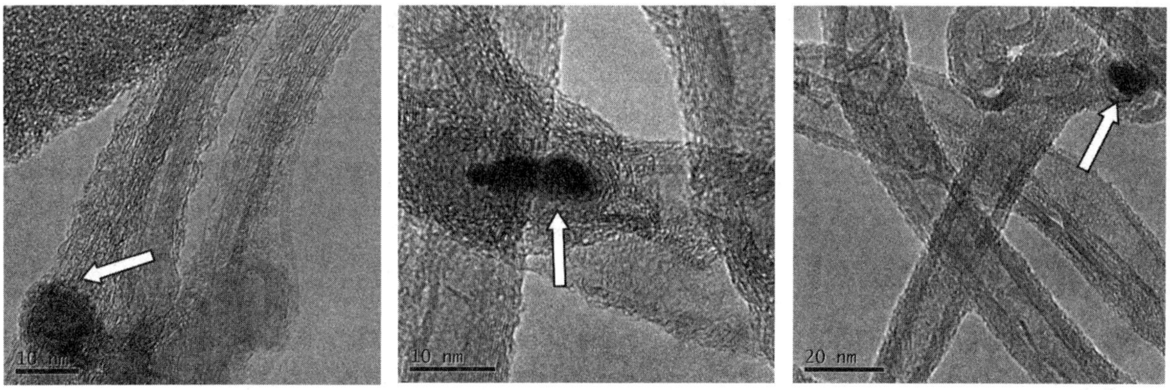


3-SWCNT　　7-MWCNT　　8-MWCNT

注：箭头所指的黑色区域是金属杂质[2]。

**图 A.1　未纯化的单壁碳纳米管和多壁碳纳米管透射电镜表征**

## A.2　仪器

使用带六级杆碰撞池的电感耦合等离子体质谱(Thermo Elemental X7)[1)]。等离子体和辅助氩气流速分别是 13 L/min 和 0.75 L/min，雾化氩气流速是 0.75 L/min，前置射频功率是 1 200 W，驻留时间是 200 ms。

## A.3　样品预处理

电感耦合等离子体质谱分析前，按照 6.2 中的湿法消解方法充分消解碳纳米管。称取 10 mg～20 mg样品放入聚四氟乙烯消解罐中，加入 4 mL 的混合液(体积比为 3∶1 的浓 $HNO_3$ 和 3% $H_2O_2$)，180 ℃消解 12 h，在箱内自然冷却至室温。如果没有完全消解，则加入混合液，重复上述步骤。消解液赶酸至近干，加入 2% $HNO_3$ 进行定容，稀释，离心，电感耦合等离子体质谱检测[12]。

## A.4　电感耦合等离子体质谱分析

最终得到的消解液首先进行全谱扫描(碰撞模式)，检测同位素$^{53}Cr$，$^{55}Mn$，$^{54}Fe$，$^{57}Fe$，$^{59}Ni$，$^{60}Co$，$^{63}Cu$，$^{65}Cu$，$^{66}Zn$，$^{68}Zn$ 和$^{95}Mo$，碰撞池模式用于排除干扰($^{40}Ar$，$ArO^+$，$Na_2O^+$，$NaAr^+$ 和其他在检测限内的$^{54}Fe$，$^{59}Ni$，$^{63}Cu$，$^{52}Cr$ 等)。每天使用调谐液(1 ng/mL，Be，Co，In，U)对仪器进行优化。用电脑保存原始数据。使用电感耦合等离子体质谱元素信号峰面积进行定量分析[12]。

使用两种加标试验检测电感耦合等离子体质谱的准确度。第一种，将已知元素浓度的混合标准溶液加入碳纳米管的终消解液，以评估电感耦合等离子体质谱检测体系的准确度；第二种，将已知元素浓度的混合标准溶液在碳纳米管样品预处理前加入，以评估整个样品预处理方法的可信度。具体方法：把几种单元素标准液混合制备混合标准溶液，在酸液预处理前将 100 μL 的已知浓度的混合标准溶液加入到 10 mg 的碳纳米管样品中，每种元素的加入比例是 1∶1。加标和未加标的碳纳米管样品使用相同的

1)　Thermo Elemental X7 是热电公司提供的商品名称，该信息仅供参考，并不是 ISO 规定的仪器。可使用能够达到同样结果的同类仪器。

预处理方法进行高压湿法消解，然后进行电感耦合等离子体质谱检测[12]。

## A.5 中子活化分析

准称 20 mg 碳纳米管样品，用聚四氟乙烯膜包好。样品使用中国原子能所重水反应堆照射 8 h，中子通量 $5.88\times10^{13}$ n $cm^{-2}$ $s^{-1}$。用 HPGe Gamma 谱仪检测 Gamma 光谱，能量分辨率 1.96 KeV，$^{60}Co$ 的峰值是 1 332 KeV，相对检测效率是 25%，峰康比是 48∶1。用已准备好的混合标准溶液做对照，这些混合标准溶液含有已知浓度的元素[12,13]。

## A.6 结果分析

图 A.2 和图 A.3 分别给出了电感耦合等离子体质谱检测的不同厂家的单壁碳纳米管和多壁碳纳米管样品中杂质元素的质量百分数[13]。结果表明，虽然这些商业化的碳纳米管已经进行后处理以去除金属残留物和其他碳源成分，但仍含有相当量的金属残留物。

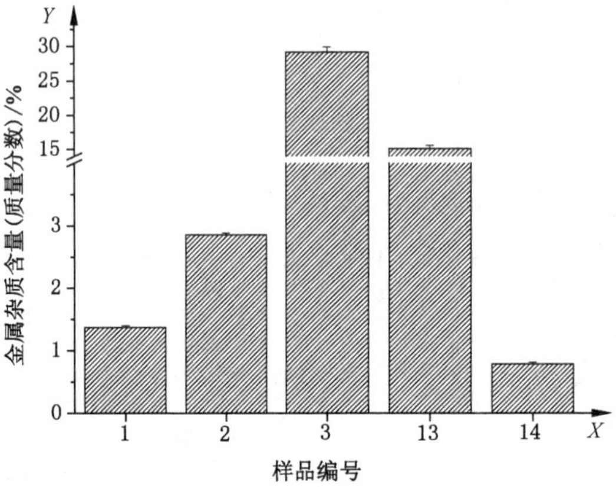


**注：** 每个样品重复测定 3 次得出平均值和标准偏差[2]。

**图 A.2 不同厂家提供的单壁碳纳米管样品中全部金属杂质所占质量的百分含量**

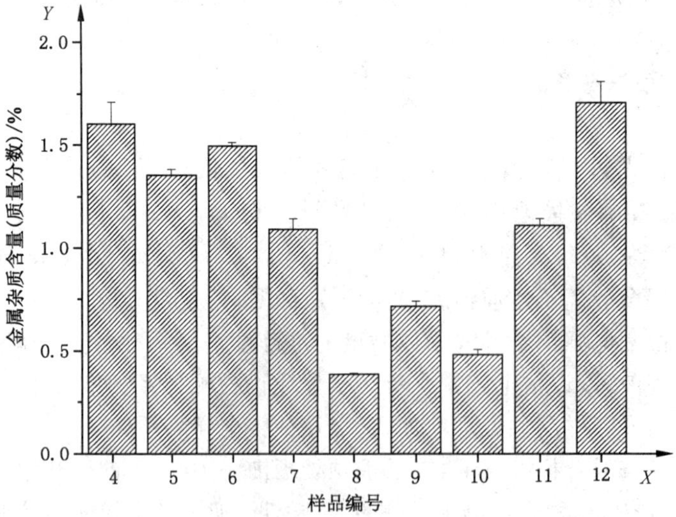


**注：** 每个样品重复测定 3 次得出平均值和标准偏差[2]。

**图 A.3 不同厂家提供的多壁碳纳米管样品中全部金属杂质所占质量的百分含量**

图 A.4 给出了使用混合液纯化前、后电感耦合等离子体质谱检测的多壁碳纳米管样品中金属杂质元素的质量百分数[13]。三种多壁碳纳米管样品的外径各不相同。购买的样品在浓硫酸和硝酸混合液中回流，然后用蒸馏水冲洗。图 A.4 表明碳纳米管样品即使经过纯化，金属杂质也不能被完全清除。

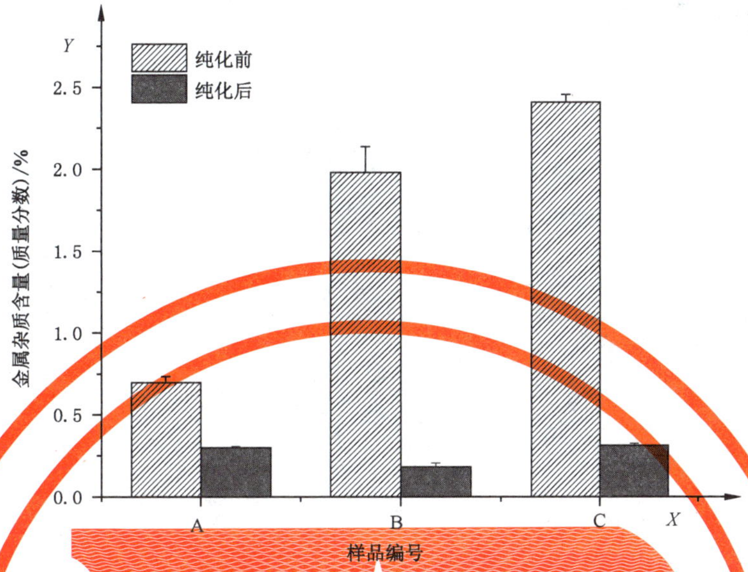


注：每个样品重复测定 3 次得出平均值和标准偏差。

**图 A.4　使用混合液纯化前、后电感耦合等离子体质谱检测的多壁碳纳米管样品中金属杂质所占质量的百分含量**

## A.7　电感耦合等离子体质谱和中子活化分析结果比较

表 A.2 比较了电感耦合等离子体质谱和中子活化两种方法测定的单壁碳纳米管和多壁碳纳米管样品中金属杂质含量(μg/g)。结果表明两种方法的检测结果相差小于 4%。在缺少碳纳米管参考物质的情况下，可将中子活化法作为参考方法。每个样品重复测定 3 次得出平均值和标准偏差[13]。

**表 A.2　ICP-MS 和 NAA 两种方法测定的单壁碳纳米管和多壁碳纳米管样品中金属杂质含量**

| 样品 | SWCNT | | MWCNT | |
|---|---|---|---|---|
| | NAA<br>μg/g | ICP-MS<br>μg/g | NAA<br>μg/g | ICP-MS<br>μg/g |
| Cr | 1 180±42.00 | 1 143±54.00 | 146±9.70 | 159±12.00 |
| Fe | 20 000±10.00 | 19 585±57.00 | 7 750±396 | 8 323±20.00 |
| Co | 6.92±0.10 | 6.50±0.25 | 1.21±0.03 | 1.30±0.30 |
| Ni | 959±17.00 | 910±31.00 | 954±55.00 | 971±25.00 |
| Zn | 28.10±2.54 | 30.00±7.00 | 584±30.00 | 518±24.00 |
| Mo | 6 030±212 | 5 803±6.00 | 1 307±3.90 | 1 306±25.00 |
| La | 1.10±0.10 | 0.80±0.01 | 1.61±0.04 | 1.40±0.05 |
| W | 5.35±0.70 | 4.70±0.04 | 2.25±0.08 | 2.05±0.09 |

中子活化法具有很多优点，如高准确度，高灵敏度，非破坏性，无需对碳管进行破坏性预处理。然而，很多实验室不具备中子活化法的条件。相反，很多分析实验室有电感耦合等离子体质谱。在目前没有碳纳米管标准参考物的情况下，中子活化法作为非破坏性的标准定量方法，电感耦合等离子体质谱作为实用的实验室常规的分析方法。

# 参 考 文 献

[1] Harutyunyan, A., Fernandez,E.M., Tokune, T. Catalyst for synthesis of carbon single-walled nanotubes. US Patents 7485600, 2004.

[2] Willems, I., Kónya, Z., Colomer, J.F., Van Tendeloo, G., Nagaraju, N., Fonseca, A., et al. Control of the outer diameter of thin carbon nanotubes synthesized by catalytic decomposition of hydrocarbons. Chem. Phys. Lett. 2000, 317(4-6): 71-76.

[3] Dupuis, A.C. The catalyst in the CCVD of carbon nanotubes—A review. Prog. Mater. Sci. 2005, 50(2): 929-961.

[4] Pumera, M. Carbon nanotubes contain residual metal catalyst nanoparticles even after washing with nitric acid at elevated temperature because these metal nanoparticles are sheathed by several graphene sheets. Langmuir 2007, 23(3): 6453-6458.

[5] Isobe, H., Tanaka, T., Maeda, R., Noiri, E., Solin, N., Yudasaka, M., et al. Preparation, purification, characterization, and cytotoxicity assessment of water-soluble, transition-metal-free carbon nanotube aggregates. Angew. Chem. Int. Ed 2006, 45(40): 6676-6680.

[6] Plata, D.L., Gschwend, P.M., Reddy, C.M. Industrially synthesized single-walled carbon nanotubes: compositional data for users, environmental risk assessments, and source apportionment. Nanotechnology 2008, 19(18): 185706-185719.

[7] Liu, X., Gurel, V., Morris, D., Murray, D., Zhitkovich, A., Kane, A.B., et al. Bioavailability of nickel in single-wall carbon nanotubes. Adv. Mater. 2007, 19(19): 2790-2796.

[8] Chen, F., Xue, Y., Hadjiev, V.G., Chu, C.W., Nikolaev, P., Arepalli, S. Fast characterization of magnetic impurities in single-walled carbon nanotubes. Appl. Phys. Lett. 2003, 83(22): 4601-4603.

[9] Braun, T., Rausch, H., Bíró, L.P., Konya, Z., Kiricsi, I. Determination of traces of elemental impurities in single walled (SWNT) and multi walled (MWNT) pristine and purified carbon nanotubes by instrumental neutron activation analysis. J. Radioanal. Nucl. Chem. 2004, 262(3): 31-34.

[10] Ruth, T. A model for the evaluation of uncertainty in routine multi-element analysis. Accred. Qual. Assur. 2004, 9: 349-354.

[11] Kolodiazhnyi, T., Pumera, M. Towards an ultrasensitive method for the determination of metal impurities in carbon nanotubes. Small. 2008, 4(9): 1476-1484.

[12] Ge, C.C., Lao, F., Li, W., Li, Y.F., Chen, C.Y., Qiu, Y., Chen, C.Y.,Qiu, Y., Mao, X.Y., Li, B., Chai, Z.F., Zhao, Y.L. Quantitative analysis of metal impurities in carbon nanotubes: efficacy of different pretreatment protocols for ICP-MS spectroscopy. Anal. Chem. 2008, 80(24): 9426-9434.

[13] Ge, C., Li, W., Li, Y.F., Lao, F., Qiu, Y., Liu, Y., Li, B., Gao, Y.X., Chai, Z.F., Zhao, Y.L., Chen, C.Y. Significance and Systematic Analysis of Metallic Impurities of Carbon Nanotubes Produced by Different Manufacturers, J. Nanosci. Nanotechnol. 2011, 11(3): 2389-2397.

[14] Decker, J.E., Hight Walker, A.R., Bosnick, K., Clifford, C.A., Dai, L., Fagan, J., Hooker, S., Jakubek, Z.J., Kingston, C., Makar, J., Mansfield, E., Postek, M.T., Simard, B., Sturgeon, R., Wise, S., Vladar, A.E., Yang, L., Zeisler, R. Sample Preparation Protocols for Realization of Reproducible Characterization of Single—Wall Carbon Nanotubes, Metrologia, 2009, 46:

682-692.

[15] Yang, K.X., Kitto, M.E., Orsini, J.P., Swami, K., Beach, S.E. Evaluation of sample pretreatment methods for multiwalled and single-walled carbon nanotubes for the determination of metal impurities by ICP-MS, ICPOES, and instrument neutron activation analysis. J. Anal. Atom. Spectrom. 2010, 25: 1290-1297.

[16] Mortari, S.R., Cocco, C.R., Bartz, F.R., Dressler, V.L. and Marlon de Moraes Flores, E. Fast Digestion Procedure for Determination of Catalyst Residues in La- and Ni—Based Carbon Nanotubes. Anal. Chem. 2010, 82: 4298-4303.

ICS 35.040
A 24

# 中华人民共和国国家标准

GB/T 35419—2017

# 物联网标识体系 Ecode在一维条码中的存储

Identification system for internet of things—Ecode encoding specifications for barcode

2017-12-29 发布　　2018-04-01 实施

中华人民共和国国家质量监督检验检疫总局
中国国家标准化管理委员会　发布

# 前　言

本标准按照 GB/T1.1—2009 给出的规则起草。

本标准由全国物品编码标准化技术委员会(SAC/TC 287)提出并归口。

本标准起草单位:中国物品编码中心、山东标准化研究院、深圳市标准技术研究院、北京农业信息技术研究中心、北京网路畅想科技发展有限公司、北京交通大学。

本标准主要起草人:张成海、罗秋科、李素彩、赵莹、张旭、刘利红、田娟、张铎、王姝、张永沛、刘巍、期治博、李凯迪、李媛红、孙传恒、张楠、杜景荣、杨信廷、张秋霞、黄永霞。

# 物联网标识体系
# Ecode 在一维条码中的存储

## 1 范围

本标准规定了 Ecode 在一维条码中的存储结构。

本标准适用于采用一维条码作为数据载体的 Ecode-V1、Ecode-V2、Ecode-V3 的物联网应用。

## 2 规范性引用文件

下列文件对于本文件的应用是必不可少的。凡是注日期的引用文件，仅注日期的版本适用于本文件。凡是不注日期的引用文件，其最新版本(包括所有的修改单)适用于本文件。

GB/T 12905 条码术语

GB/T 18347 128 条码

GB/T 31866 物联网标识体系 物品编码 Ecode

## 3 术语和定义

GB/T 12905 和 GB/T 31866 界定的以及下列术语和定义适用于本文件。

3.1

**Ecode 起始符　start characters for Ecode**

位于 Ecode 编码起始位置的字符，用于识别 Ecode 编码。

## 4 缩略语

下列缩略语适用于本文件。

V：版本(Version)

NSI：编码体系标识(Numbering System Identification)

MD：主码(Master Data code)

## 5 Ecode 在一维条码中存储的符号结构

Ecode 的一维条码标识采用 128 条码表示，从左往右依次为左侧空白区、起始符、Ecode 起始符、Ecode、终止符、右侧空白区。符号结构应符合 GB/T 18347，见表 1，示例参见附录 A。

**表 1 Ecode 在一维条码中存储的符号结构**

| 字符段 | 字符代码 | 说明 | 依据 |
|---|---|---|---|
| 1 | 左侧空白区 | 位于条码符号最左侧的与空的反射率相同的区域，其最小宽度为 10 个模块宽 | GB/T 18347 |

表 1（续）

| 字符段 | 字符代码 | 说明 | 依据 |
| --- | --- | --- | --- |
| 2 | 起始符 | 由 3 个条和 3 个空，共 11 个模块组成 | GB/T 18347 |
| 3 | Ecode 起始符 | E= | |
| 4 | Ecode | 版本 V，编码体系标识 NSI，主码 MD | GB/T 31866 |
| 5 | 符号校验字符 | 计算规则参照 GB/T 18347 | GB/T 18347 |
| 6 | 终止符 | 由 4 个条和 3 个空，共 13 个模块组成 | GB/T 18347 |
| 7 | 右侧空白区 | 位于条码符号最右侧的与空的反射率相同的区域，其最小宽度为 10 个模块宽 | GB/T 18347 |

# 附　录　A
## （资料性附录）
## Ecode 在一维条码中的存储示例

对于某一物品，Ecode 编码为 10096123456789012345678 90，其中 V 为 1，NSI 为 0096，MD 为 12345678901234567890，当采用一维条码进行存储时，存储数据为 E＝100961234567890123456789 0。最终生成的条码见图 A.1。

起始符　Ecode起始符　Ecode　符号校验字符　终止符

E = 1 0 0 9 6 1 2 3 4 5 6 7 8 9 0 1 2 3 4 5 6 7 8 9 0

左侧空白区　右侧空白区

图 A.1　Ecode 在一维条码中的存储示例

ICS 35.040
A 24

# 中华人民共和国国家标准

GB/T 35420—2017

# 物联网标识体系 Ecode在二维码中的存储

## Identification system for internet of things—Ecode encoding specifications for two-dimensional barcode

2017-12-29 发布　　2018-04-01 实施

中华人民共和国国家质量监督检验检疫总局
中国国家标准化管理委员会　发布

# 前　言

本标准按照 GB/T 1.1—2009 给出的规则起草。

本标准由全国物品编码标准化技术委员会(SAC/TC 287)提出并归口。

本标准起草单位:中国物品编码中心、中检集团溯源技术服务有限公司、复旦大学、北京农业信息技术研究中心、中科创达软件股份有限公司、深圳市标准技术研究院、大族激光科技产业集团股份有限公司、纷美包装有限公司、内蒙古自治区标准化院、北京华信瑞德信息技术有限公司、北京数码通科技有限公司、浙江省物品编码中心、北京一码科技有限公司、北京交通大学。

本标准主要起草人:张旭、田娟、王姝、王虹、王成杰、王俊宇、孙传恒、张强、刘巍、苏巍、张红宇、贾双文、朱隗明、顾海涛、刘文站、李犇、郭卫华、期治博、李凯迪、肖文康、高云鹏、丁炜、安广福、牛彬、张铎。

# 物联网标识体系
# Ecode 在二维码中的存储

## 1 范围

本标准规定了 Ecode 在二维码中的存储结构。

本标准适用于采用二维码作为数据载体的 Ecode 物联网应用。

## 2 规范性引用文件

下列文件对于本文件的应用是必不可少的。凡是注日期的引用文件，仅注日期的版本适用于本文件。凡是不注日期的引用文件，其最新版本(包括所有的修改单)适用于本文件。

GB/T 1988—1998 信息技术 信息交换用七位编码字符集

GB/T 12905 条码术语

GB/T 31866 物联网标识体系 物品编码 Ecode

## 3 术语和定义

GB/T 12905 和 GB/T 31866 界定的以及下列术语和定义适用于本文件。

3.1

**Ecode 起始符 start characters for Ecode**

位于 Ecode 编码起始位置的字符，用于识别 Ecode 编码。

3.2

**数据内容标识符 data content identifier; DCI**

用于标识数据对象类别、含义和格式的字符。

3.3

**二维码 two-dimensional barcode**

在二维方向上都表示信息的条码符号，又称二维条码。

## 4 缩略语

下列缩略语适用于本文件。

V：版本(Version)

NSI：编码体系标识(Numbering System Identification)

MD：主码(Master Data code)

## 5 Ecode 在二维码中存储的一般要求

Ecode 在二维码中的存储分为两种方式：基本存储结构和 Ecode 解析网址的存储结构，根据应用需求选择其中一种方式。Ecode 在二维码中的存储示例参见附录 A。

# 6 Ecode 在二维码中的基本存储结构

## 6.1 Ecode 在二维码中存储的逻辑分区

Ecode 在二维码中存储时，从逻辑结构上依次分为惟一标识区、属性区和用户区，其中惟一标识区为必选，属性区和用户区为可选。各分区的存储内容见表 1。

**表 1 Ecode 在二维码中存储的逻辑分区**

| 分区 | 存储内容 | 必要性 |
|---|---|---|
| 惟一标识区 | Ecode | 必选 |
| 属性区 | 数据内容标识符及其对应的属性值 | 可选 |
| 用户区 | 用户自定义数据 | 可选 |
| **注：** Ecode 的编码结构见 GB/T 31866。 | | |

## 6.2 各逻辑分区的存储结构

### 6.2.1 惟一标识区

惟一标识区用于存储 Ecode，Ecode 起始符为“E＝”，其中字母为半角大写，符号为半角符号，应符合 GB/T 1988—1998 中的规定。起始符之后依次为 V、NSI 和 MD。该区域只允许存放一个 Ecode。其存储结构见表 2。

**表 2 Ecode 在二维码中的存储结构**

| Ecode 起始符 | V | NSI | MD |
|---|---|---|---|
| E＝ | | | |

### 6.2.2 属性区

属性区用于存储数据内容标识符及对应属性值，起始符为“&& ”。数据内容标识符的起始符为“(”，结束符为“)”。以上三个符号均为半角符号，应符合 GB/T 1988—1998 中的规定。其存储结构见表 3。

**表 3 数据内容标识符及对应属性信息在二维码中的存储结构**

| 起始符 | DCI 起始符 | DCI | DCI 结束符 | 属性值 |
|---|---|---|---|---|
| && | ( | | ) | |
| 属性值不应使用“&& ”、“## ”、“(”、“)”。 | | | | |

如有多个数据内容标识符及其对应的属性信息，则应将其首尾相接，具体结构见表 4。

**表 4 多个数据内容标识符及对应属性信息在二维码中的存储结构**

| 起始符 | DCI 起始符 | DCI | DCI 结束符 | 属性值 | DCI 起始符 | DCI | DCI 结束符 | 属性值 |
|---|---|---|---|---|---|---|---|---|
| && | ( | | ) | | ( | | ) | |
| 属性值不应使用“&& ”、“## ”、“(”、“)”。 | | | | | | | | |

#### 6.2.3 用户区

用户区用于存储用户自定义数据，数据应符合二维码码制规定的字符要求。起始符为“##”，符号为半角符号，符合 GB/T 1988—1998 中的规定。其存储结构见表 5。

表 5 用户自定义数据在二维码中的存储结构

| 起始符 | 用户自定义数据 |
|---|---|
| ## | |

## 7 Ecode 解析网址在二维码中的存储结构

Ecode 解析网址在二维码中存储时，存储结构依次分为网址区、惟一标识区、属性区和用户区，存储结构见表 6。惟一标识区、属性区和用户区存储结构见 6.2。

表 6 Ecode 解析网址在二维码中的存储结构

| 网址区(必选) | 惟一标识区(必选) | | 属性区(可选) | 用户区(可选) |
|---|---|---|---|---|
| http://iotroot.com? | E= | Ecode | 数据内容标识符及其对应的属性值 | 用户自定义数据 |

# 附　录　A
（资料性附录）
# Ecode 在二维码中的存储示例

## A.1　Ecode 示例

Ecode 为 100036901234567892，其 V 为 1，NSI 为 0003，MD 为 6901234567892，当采用 GB/T 18284 规定的 QR 码、GB/T 21049 规定的汉信码和 ISO/IEC 16022 规定的 Data Matrix 码进行存储时，存储结构为：E=100036901234567892。

最终生成的 QR 码、汉信码和 Data Matrix 码符号见图 A.1。

**图 A.1　Ecode 的 QR 码、汉信码和 Data Matrix 码符号**

## A.2　Ecode 通用编码示例

Ecode96 为 1009612345678901234567890，当采用 QR 码、汉信码和 Data Matrix 码进行存储时，存储结构为：E=1009612345678901234567890。

最终生成的 QR 码、汉信码和 Data Matrix 码符号见图 A.2。

**图 A.2　Ecode96 的 QR 码、汉信码和 Data Matrix 码符号**

## A.3　含属性值示例

Ecode 为 100036901234567892，包含生产日期和网址两个属性值，对应数据内容标识符及其属性值见表 A.1。

**表 A.1　属性区内容对应编码**

| 属性区内容 | 数据内容标识符 | 属性值 |
|---|---|---|
| 生产日期 | 11 | 031224 |
| 网址 | 8200 | http://ancc.org.cn/ |

当采用 QR 码、汉信码和 Data Matrix 码进行存储时，存储结构为：E＝10003690123456789 2&&(11)031224(8200)http://ancc.org.cn/。

最终生成的 QR 码、汉信码和 Data Matrix 码符号如图 A.3 所示。

**图 A.3　含有多个属性值的 Ecode 的 QR 码、汉信码和 Data Matrix 码符号**

## A.4　含用户数据示例

Ecode 为 10003690123456789 2，包含属性区内容为系列号，取值为(21)DEF001234，用户区内容取值为 Password：123456。当采用 QR 码、汉信码和 Data Matrix 码进行存储时，存储结构为：E＝10003690123456789 2&&(21)DEF001234##Password：123456。

最终生成的 QR 码、汉信码和 Data Matrix 码符号见图 A.4。

**图 A.4　含有用户数据的 Ecode 的 QR 码、汉信码和 Data Matrix 码符号**

## A.5　Ecode 解析网址在二维码中的存储示例

Ecode 为 10003690123456789 2，当采用 Ecode 解析网址的存储方式时，存储结构为：http://iotroot.com? E＝10003690123456789 2。生成的 QR 码、汉信码和 Data Matrix 码符号如图 A.5 所示。

**图 A.5　带网址的 Ecode 的 QR 码、汉信码和 Data Matrix 码符号**

## 参 考 文 献

[1] GB/T 18284 快速响应矩阵码

[2] GB/T 21049 汉信码

[3] ISO/IEC 16022 信息技术 自动识别与数据采集技术 数据矩阵码码制规范(Information technology—Automatic identification and data capture techniques—Data Matrix bar code symbology specification)

ICS 35.040
A 24

# 中华人民共和国国家标准

GB/T 35421—2017

# 物联网标识体系
# Ecode 在射频标签中的存储

**Identification system for internet of things—
Ecode encoding specifications for RFID tag**

2017-12-29 发布　　2018-04-01 实施

中华人民共和国国家质量监督检验检疫总局
中国国家标准化管理委员会　发布

# 前　言

本标准按照 GB/T 1.1—2009 给出的规则起草。

本标准由全国物品编码标准化技术委员会(SAC/TC 287)提出并归口。

本标准起草单位:中国物品编码中心、复旦大学、深圳市标准技术研究院、深圳市远望谷信息技术股份有限公司、国家节能中心、中检集团溯源技术服务有限公司、中国铁路信息技术中心、中科创达软件股份有限公司、航天信息股份有限公司、北京农业信息技术研究中心、烟台东方瑞创达电子科技有限公司。

本标准主要起草人:李素彩、张旭、田娟、王姝、王俊宇、欧阳莎、刘小峰、桂华、李方、王庆武、王虹、王成杰、期治博、李凯迪、武岳山、刘巍、郭卫华、苏巍、冯雪萍、夏莹莹、刘尚、王占厚、孙传恒、杨信廷、李文勇、仲伟、陈浩。

# 物联网标识体系
# Ecode 在射频标签中的存储

## 1 范围

本标准规定了 Ecode 在不同类型射频标签中的存储结构。

本标准适用于采用射频标签作为数据载体的 Ecode 物联网应用。

## 2 规范性引用文件

下列文件对于本文件的应用是必不可少的。凡是注日期的引用文件，仅注日期的版本适用于本文件。凡是不注日期的引用文件，其最新版本(包括所有的修改单)适用于本文件。

GB/T 28925—2012 信息技术 射频识别 2.45 GHz 空中接口协议

GB/T 29261.3—2012 信息技术 自动识别和数据采集技术 词汇 第 3 部分：射频识别

GB/T 29768—2013 信息技术 射频识别 800/900 MHz 空中接口协议

GB/T 31866 物联网标识体系 物品编码 Ecode

ISO/IEC 15961 信息技术 项目管理的射频识别(RFID) 数据协议 应用接口[Information technology—Radio frequency identification(RFID) for item management—Data protocol—Application interface]

ISO/IEC 15963 信息技术 项目管理射频识别 RF 标签的惟一标识(Information technology—Radio frequency identification for item management—Unique identification for RF tags)

ISO/IEC 18000-2 信息技术 项目管理的射频识别 第 2 部分：135 kHz 以下空中接口通信参数(Information technology—Radio frequency identification for item management—Part 2: Parameters for air interface communications below 135 kHz)

ISO/IEC 18000-3 信息技术 项目管理的射频识别 第 3 部分：13.56 MHz 空中接口通信参数(Information technology—Radio frequency identification for item management—Part 3: Parameters for air interface communications at 13.56 MHz)

ISO/IEC 18000-4 信息技术 项目管理的射频识别 第 4 部分：2.45 GHz 空中接口通信参数(Information technology—Radio frequency identification for item management—Part 4: Parameters for air interface communications at 2.45 GHz)

ISO/IEC 18000-7 信息技术 项目管理的射频识别 第 7 部分：433 MHz 有效空中接口通信参数(Information technology—Radio frequency identification for item management—Part 7: Parameters for active air interface communications at 433 MHz)

ISO/IEC 18000-61 信息技术 项目管理的射频识别 第 61 部分：860 MHz～960 MHz A 类型的空气接口通信参数(Information technology—Radio frequency identification for item management—Part 61: Parameters for air interface communications at 860 MHz to 960 MHz Type A)

ISO/IEC 18000-62 信息技术 项目管理的射频识别 第 62 部分：860 MHz～960 MHz B 类型的空气接口通信参数(Information technology—Radio frequency identification for item management—Part 62: Parameters for air interface communications at 860 MHz to 960 MHz Type B)

ISO/IEC 18000-63 信息技术 项目管理的射频识别 第63部分:860 MHz～960 MHz C型空中接口通信参数(Information technology—Radio frequency identification for item management—Part 63:Parameters for air interface communications at 860 MHz to 960 MHz Type C)

ISO/IEC 18000-64 信息技术 项目管理的射频识别 第64部分:860 MHz～960 MHz D型空中接口通信参数(Information technology—Radio frequency identification for item management—Part 64:Parameters for air interface communications at 860 MHz to 960 MHz Type D)

ISO/IEC 19762-1 信息技术 自动识别和数据采集技术(AIDC) 协调词汇 第1部分:与AIDC相关的一般术语[Information technology—Automatic identification and data capture(AIDC) techniques—Harmonized vocabulary—Part 1:General terms relating to AIDC]

## 3 术语和定义

GB/T 29261.3—2012、GB/T 31866 和 ISO/IEC 19762-1 界定的以及下列术语和定义适用于本文件。

3.1

**应用族标识符 application family identifier;AFI**

用于标识与某一应用相关的一类射频标签。

[GB/T 29261.3—2012,定义 05.01.07]

3.2

**数据存储格式标识 data storage format identifier;DSFID**

用于表示射频标签存储的数据结构。

[ISO/IEC 15961,3.1]

## 4 缩略语

下列缩略语适用于本文件。

V:版本(Version)

NSI:编码体系标识(Numbering System Identification)

MD:主码(Master Data code)

## 5 射频标签存储结构的分类

### 5.1 射频标签的存储结构概述

射频标签数据采用二进制存储。射频标签的存储结构分为三种:分段内存结构、离散内存结构和连续内存结构。Ecode 在射频标签中的存储示例参见附录A。

### 5.2 分段内存结构

分段内存结构是指射频标签存储在分段的内存区域。按照逻辑内存,分段内存结构划分为访问控制区、物品标识区、标签标识区、用户数据区四个区域。GB/T 29768—2013、ISO/IEC 18000-3 Mode 3 和 ISO/IEC 18000-63 中规定的射频标签存储结构为分段内存结构,具体见表1。

表 1　分段内存结构示意

| 内存段 | 存储地址 | | | | | |
|---|---|---|---|---|---|---|
| | 00h | 10h | 20h | 30h | … | 210h |
| 访问控制区 | 灭活指令 | | 锁定口令 | | | |
| 物品标识区 | 循环冗余校验位 | 协议控制区 | 物品惟一标识区 | | | 协议扩展区 |
| 标签标识区 | 根据 ISO/IEC 15963 规定的标签本身惟一标识 | | | | | |
| 用户数据区 | 用户自定义区 | | | | | |
| 注：GB/T 29768—2013 中的内存段地址参考本表。 | | | | | | |

访问控制区:00h～1Fh 存储灭活指令,20h～3Fh 存储锁定口令。

物品标识区:00h～0Fh 为循环冗余校验位,10h～1Fh 为协议控制区,20h 开始为物品惟一标识区,210h～22Fh 为扩展协议区。其中协议控制区的定义为:

a) 10h～14h 表示物品惟一标识区的长度;

b) 15h 表示用户内存指示符,16h 表示扩展协议控制指示符,17h 表示编码系统指示符;

c) 18h～1Fh 表示 AFI 或保留位,如果 17h 为 0,AFI 设置为 00h,如果 17h 为 1,AFI 参考 ISO/IEC 15961 定义。

标签标识区:存储标签本身惟一标识,数据应符合 ISO/IEC 15963 的要求。

用户数据区:存储用户自定义的数据。

### 5.3 离散内存结构

离散内存结构是指射频标签存储在离散的内存区域,由标签读写设备通过相应的写入和读取命令进行独立寻址。GB/T 28925—2012、ISO/IEC 18000-3 Mode 1、ISO/IEC 18000-3 Mode 2 与 ISO/IEC 18000-61 中规定的射频标签为离散内存结构。

### 5.4 连续内存结构

连续内存结构是指射频标签存储在一段连续的内存区域,所有数据按照地址顺序存储。ISO/IEC 18000-4 Mode 1 和 ISO/IEC 18000-62 中规定的射频标签为连续内存结构。

## 6 Ecode 在分段内存结构标签的存储

### 6.1 Ecode-V0 在分段内存结构标签的存储

Ecode-V0 应只在分段内存结构标签中存储,协议控制区 17h 取值为 0,物品惟一标识区顺序存储 NSI 和 MD,具体见表 2。

表 2　Ecode-V0 在分段内存结构的表示

| 物品标识区内存地址 | 说明 |
|---|---|
| 00h～16h | 按对应空中接口协议的要求执行 |
| 17h | 置 0,表示编码为 Ecode-V0 |
| 18h～1Fh | 存储 AFI,<br>$(00000000)_2$,表示为不含危险物质的商品应用;<br>$(00000001)_2$,表示为含有危险物质的商品应用 |

表 2（续）

| 物品标识区内存地址 | 说明 |
|---|---|
| 20h 以上(不包括 210h 以上内存位置) | 顺序存储 Ecode 的 NSI 和 MD |
| 210h～22Fh | 按对应空中接口协议的要求执行 |

### 6.2 其他版本的 Ecode 在分段内存结构标签的存储

分段内存结构的射频标签存储区长度应为 16 比特的整数倍，当 Ecode 二进制长度不是 16 比特的整数倍时，需在 Ecode 之后补 0，直至 16 比特的整数倍。协议控制区 17h 取值为 1，18h～1Fh 存储的 AFI 值为$(11001010)_2$，惟一标识区存储 Ecode，从 20h 开始顺序存放 V、NSI、MD。本标准规定以外的数据存储遵照对应的空中接口协议规定执行，具体见表 3。

表 3　其他版本的 Ecode 在分段内存结构的标签表示

| 物品标识区内存地址 | 说明 |
|---|---|
| 00h～16h | 按对应空中接口协议的规定执行 |
| 17h | 置 1，表示后续编码属于除版本 0 外的 Ecode |
| 18h～1Fh | 存储 AFI，$(11001010)_2$，表示为 Ecode |
| 20h 以上(不包括 210h 以上内存位置) | 顺序存放 V、NSI、MD |
| 210h～22Fh | 按对应空中接口协议的规定执行 |

## 7 Ecode 在离散内存结构标签的存储

Ecode 存储在离散内存结构标签中时，整个编码存储于内存的 AFI 区域和物品惟一标识区，本标准规定以外的数据存储遵照对应的空中接口协议规定执行，具体见表 4。

表 4　Ecode 在离散内存结构的标签表示

| 标签逻辑内存 | 说明 |
|---|---|
| AFI 区域 | 存储 AFI，$(11001010)_2$，表示为 Ecode；其他值保留 |
| 物品惟一标识区 | 根据具体编码方案的要求存放 Ecode 编码 |
| 其他内存区 | 按对应空中接口协议的规定执行 |

## 8 Ecode 在连续内存结构标签的存储

Ecode 存储在连续内存结构标签中时，整个 Ecode 编码结构从 Byte 13 位置开始。其中 AFI 存储于 Byte 13(AFI 区域)，Ecode 编码存储于 Byte 18 开始的物品惟一标识区，本标准规定以外的数据存储遵照对应的空中接口协议规定执行，具体见表 5。

**表 5　Ecode 在连续内存结构的标签表示**

| 标签逻辑内存 | 说明 |
| --- | --- |
| AFI 区域(Byte 13) | 存储 AFI,$(11001010)_2$,表示为 Ecode;其他值保留 |
| 物品惟一标识区(Byte 18 开始) | 根据具体编码方案的要求存放 Ecode 编码 |
| 其他内存区 | 按对应空中接口协议的规定执行 |

# 附 录 A
# （资料性附录）
# Ecode 在各类射频标签中的存储示例

## A.1 符合 ISO/IEC 18000-2 的标签

ISO/IEC 18000-2 适用于低频 125 kHz～134 kHz，规定了标签和读写器之间的物理接口、协议和指令以及防碰撞方法。标签数据的存储结构从逻辑上分为系统数据区和用户数据区。系统数据区包括 UII、AFI、DSFID、CRC 等数据。用户数据区由固定字节数的块组成，0～255 个数据块，每块 32 比特。ISO/IEC 18000-2 中规定的射频标签存储结构为离散内存结构，通过使用 write AFI 指令，将 AFI 值为 $(11001010)_2$ 写入标签，表示编码为 Ecode，再写入 Ecode 值：1009699842955924731019475，对应二进制为 $(000100000011000000100110011000010000010100101010101100100100100011100110001000000011001010001110101)_2$。

## A.2 符合 ISO/IEC 18000-3 的标签

ISO/IEC 18000-3 适用于高频 13.56 MHz，规定了标签和读写器之间的物理接口、协议和指令以及防碰撞方法。ISO/IEC 18000-3 有 Mode 1、Mode 2 和 Mode 3 三种模式。

Mode 1 和 Mode 2 中规定的射频标签存储结构为离散内存结构，通过使用 write AFI 指令，将 AFI 值为 $(11001010)_2$ 写入标签，表示编码为 Ecode，再写入 Ecode 值：1009699842955924731019475，对应二进制为 $(000100000011000000100110011000010000010100101010101100100100100011100110001000000011001010001110101)_2$。

Mode 3 中规定的射频标签存储结构为分段内存结构，Ecode 在 Mode 3 的存储方式见表 A.1。

**表 A.1 Ecode 在分段内存结构的标签表示示意**

| 内存地址 | | 值 |
|---|---|---|
| 访问控制区 | 灭活指令 | |
| | 锁定口令 | |
| 物品标识区 | 循环冗余校验(00h～0Fh) | |
| | 协议控制区 AFI(18h～1Fh) | $(11001010)_2$ |
| | 物品惟一标识区[20h 以上(不包括 210h 以上内存位置)] | $(000100000011000000100110011000010000010100101010101100100100100011100110001000000011001010001110101)_2$ |
| 标签标识区 | 根据 ISO/IEC 15963 规定的标签本身惟一标识 | |
| 用户数据区 | 用户自定义区 | |

## A.3 符合 ISO/IEC 18000-4 的标签

ISO/IEC 18000-4 适用于微波段 2.45 GHz，规定了读写器与标签之间的物理接口、协议和指令以及防碰撞方法。包含三种模式，Mode 1 为无源标签，Mode 2 和 Mode 3 为有源标签。

Mode 1 中规定的射频标签存储结构为连续内存结构，Ecode 在 Mode 1 的存储方式参见表 A.2，其中 AFI 值为 $(11001010)_2$，Ecode 值十进制为 1009699842955924731019475，对应二进制为 $(0001000000001001011010011001100001000010100101010101100100100100011100110001000000011001010001110101)_2$。

Mode 2、Mode 3 为离散内存结构存储。

**表 A.2　Ecode 在连续内存结构的标签表示示意**

| 标签逻辑内存 | 值 |
|---|---|
| TID(Byte 0-9) | |
| 标签硬件类型(Byte 10-11) | |
| DSFID(Byte12) | $(00001110)_2$ |
| AFI 区域(Byte 13) | $(11001010)_2$ |
| 其他(Byte 14-17) | |
| 物品惟一标识区(Byte 18 开始) | $(0001000000110000001001100110000100001010010101010110010010010001110011000100000001100101000111010 1)_2$ |

## A.4　符合 ISO/IEC 18000-61 的标签

ISO/IEC 18000-61 适用于超高频段 860 MHz～960 MHz，规定了读写器与标签之间的物理接口、协议和指令以及防碰撞方法。ISO/IEC 18000-61 中规定的射频标签存储结构为离散内存结构，通过使用 write AFI 指令，将 AFI 值为 $(11001010)_2$ 写入标签，表示编码为 Ecode，再写入 Ecode 值：1009699842955924731019475，对应二进制为 $(0001000000110000001001100110000100001010010101010110010010010001110011000100000001100101000111010 1)_2$。

## A.5　符合 ISO/IEC 18000-62 的标签

ISO/IEC 18000-62 适用于超高频段 860 MHz～960 MHz，规定了读写器与标签之间的物理接口、协议和指令以及防碰撞方法。ISO/IEC 18000-62 中规定的射频标签存储结构为连续内存结构，Ecode 在其中的存储方式见表 A.2。

## A.6　符合 ISO/IEC 18000-63 的标签

ISO/IEC 18000-63 适用于超高频段 860 MHz～960 MHz，规定了读写器与标签之间的物理接口、协议和指令以及防碰撞方法。ISO/IEC 18000-63 中规定的射频标签存储结构为分段内存结构，Ecode 在其中的存储方式见表 A.1。

## A.7　符合 ISO/IEC 18000-64 的标签

ISO/IEC 18000-64 适用于超高频段 860 MHz～960 MHz，规定了读写器与标签之间的物理接口、协议和指令以及防碰撞方法。ISO/IEC 18000-64 中规定的射频标签存储结构为连续内存结构，Ecode

在其中的存储方式见表 A.2。

## A.8 符合 ISO/IEC 18000-7 的标签

ISO/IEC 18000-7 适用于超高频段 433 MHz，规定了读写器与标签之间的物理接口、协议和指令以及防碰撞方法。ISO/IEC 18000-7 中规定的射频标签存储结构为连续内存结构，Ecode 在其中的存储方式见表 A.2。

## A.9 符合 GB/T 29768—2013 的标签

GB/T 29768—2013 适用于 840 MHz～845 MHz 和 920 MHz～925 MHz 频段，规定了射频识别系统空中接口的物理层和媒体访问控制层参数以及协议工作方式。GB/T 29768—2013 中规定的射频标签存储结构为分段内存结构，Ecode 在其中的存储方式见表 A.1。

## A.10 符合 GB/T 28925—2012 的标签

GB/T 28925—2012 适用于 2.45 GHz 频段，规定了射频识别系统空中接口的物理层和媒体访问控制层参数以及协议工作方式。GB/T 28925—2012 中规定的射频标签存储结构为离散内存结构，通过使用 write AFI 指令，将 AFI 值为 $(11001010)_2$ 写入标签，表示编码为 Ecode，再写入 Ecode 值：1009699842955924731019475，对应二进制为 $(00010000001100000100110011000010000010100101010101100100100100011100110001000000011001010001110101)_2$。

ICS 35.040
A 24

# 中华人民共和国国家标准

GB/T 35422—2017

# 物联网标识体系 Ecode的注册与管理

Identification system for internet of things—Registration and management of Ecode

2017-12-29 发布　　2018-04-01 实施

中华人民共和国国家质量监督检验检疫总局
中国国家标准化管理委员会　发布

# 前　言

本标准按照 GB/T 1.1—2009 给出的规则起草。

本标准由全国物品编码标准化技术委员会(SAC/TC 287)提出并归口。

本标准起草单位:中国物品编码中心、深圳市标准技术研究院、山东标准化研究院、复旦大学、烟台东方瑞创达电子科技有限公司。

本标准主要起草人:张成海、罗秋科、李素彩、张旭、黎志文、钱恒、田娟、王姝、刘巍、赵莹、期治博、李凯迪、李媛红、郑立荣、仲伟、陈浩。

# 物联网标识体系
# Ecode的注册与管理

## 1 范围

本标准规定了Ecode的用户注册与编码申请，以及Ecode的管理与维护。

本标准适用于Ecode的注册与管理。

## 2 规范性引用文件

下列文件对于本文件的应用是必不可少的。凡是注日期的引用文件，仅注日期的版本适用于本文件。凡是不注日期的引用文件，其最新版本(包括所有的修改单)适用于本文件。

GB/T 31866 物联网标识体系 物品编码Ecode

## 3 术语和定义

GB/T 31866界定的以及下列术语和定义适用于本文件。

3.1

**Ecode标头 Ecode header**

由版本V与编码体系标识NSI共同组成，定义了Ecode编码长度、字符类型和编码结构。

## 4 缩略语

下列缩略语适用于本文件。

V：版本(Version)

NSI：编码体系标识(Numbering System Identification)

## 5 Ecode注册与申请

### 5.1 Ecode注册

申请者应通过Ecode编码注册管理机构的官方网站(www.iotroot.com)进行注册，并向注册管理机构提交相应的材料，其中注册登记表参见附录A。

完成Ecode注册后，申请者可申请Ecode通用编码或Ecode标头。

### 5.2 Ecode通用编码申请

Ecode通用编码申请规程如下：

a) 申请者通过Ecode网站在线申请Ecode通用编码；

b) 申请者应根据应用需求，选择合适的编码长度和编码申请数量；

c) 申请者可多次申请Ecode通用编码。

### 5.3 Ecode 标头申请

#### 5.3.1 Ecode 标头申请条件

Ecode 标头的申请者应符合以下三个条件：

a) 申请者应为具有行业领域管理或服务职能的法人机构；

b) 申请者管理的编码有固定的数据结构，且该编码规则遵循国际标准、国家标准、地方标准、行业标准或团体标准；

c) 申请者管理的编码应具有一定的应用规模。

#### 5.3.2 Ecode 标头申请规程

Ecode 标头申请规程如下：

a) 申请者通过 Ecode 网站在线申请 Ecode 标头；

b) 国家物品编码管理机构按照 5.3.1 进行审核。

## 6 Ecode 管理与维护

### 6.1 Ecode 注册管理机构

Ecode 的注册和管理机构为国家物品编码管理机构，其职责为：

a) 管理 Ecode 编码的注册和申请；

b) 维护 Ecode 注册信息和编码数据。

### 6.2 注册信息维护

注册信息维护要求如下：

a) 申请者注册信息发生变化时，可向国家物品编码管理机构提交更改申请。

b) 国家物品编码管理机构应对已注册申请者的信息进行定期核实，当已申请的 Ecode 标头对应的编码方案不再使用时，该 Ecode 标头将标记为删除，标记为删除的 Ecode 标头应不再用于新申请者。

### 6.3 编码数据维护

编码数据维护要求如下：

a) 维护 Ecode 通用编码和 Ecode 标头；

b) 不应重复分配 Ecode 通用编码和 Ecode 标头；

c) 申请者不应转让 Ecode 通用编码和 Ecode 标头。

# 附　录　A
## （资料性附录）
## Ecode 注册登记表

| | | | | | |
|---|---|---|---|---|---|
| 企业名称 | 中文： | | | | |
| | 英文： | | | | |
| 中国商品条码系统成员厂商识别代码 | （如果有请填写） | | | | |
| 注册地址 | 中文：　　　　　省（自治区）　　　　　市（县） | | | | |
| | 英文： | | | | |
| | | | 邮政编码 | | |
| 营业执照注册号 | | 注册地行政区划代码 | | | |
| | | 注册资金 | 万元 | 货币种类 | |
| 统一信用代码 | | 法定代表人 | | 电话 | |
| | | | | 手机 | |
| 联系人 | 长途区号 | | 联系电话 | 传真 | |
| | 电子邮箱 | | | | |
| 企业网站 | | | | | |
| 备注 | | | | | |

ICS 35.040
A 24

# 中华人民共和国国家标准

GB/T 35423—2017

# 物联网标识体系 Ecode在NFC标签中的存储

## Identification system for internet of things—Ecode encoding specifications for NFC tag

2017-12-29 发布

2018-04-01 实施

中华人民共和国国家质量监督检验检疫总局
中国国家标准化管理委员会 发布

# 前　言

本标准按照 GB/T 1.1—2009 给出的规则起草。

本标准由全国物品编码标准化技术委员会(SAC/TC 287)提出并归口。

本标准起草单位:中国物品编码中心、深圳市标准技术研究院、中国铁路信息技术中心、烟台东方瑞创达电子科技有限公司、中检集团溯源技术服务有限公司、复旦大学、北京农业信息技术研究中心、航天信息股份有限公司、江苏稻源微电子有限公司、中国通信工业协会。

本标准主要起草人:张旭、田娟、李媛红、李君斌、张若愚、尚红权、刘小峰、吴晓蕾、李方、王庆武、张健、王姝、刘巍、王俊宇、期治博、李凯迪、王占厚、孙传恒、杨信廷、李文勇、陆会会、张楠、杜景荣、胡泽锋。

# 物联网标识体系 Ecode在NFC标签中的存储

## 1 范围

本标准规定了Ecode在四类NFC标签中存储的逻辑结构、表示方式和存储方法。

本标准适用于采用NFC标签作为数据载体的Ecode物联网应用。

## 2 规范性引用文件

下列文件对于本文件的应用是必不可少的。凡是注日期的引用文件,仅注日期的版本适用于本文件。凡是不注日期的引用文件,其最新版本(包括所有的修改单)适用于本文件。

GB/T 16649.4—2010 识别卡 集成电路卡 第4部分:用于交换的结构、安全和命令

GB/T 31866—2015 物联网标识体系 物品编码Ecode

## 3 术语和定义

GB/T 31866—2015界定的以及下列术语和定义适用于本文件。

3.1

**Ecode起始符 start characters for Ecode**

位于Ecode起始位置的字符,用于识别Ecode。

## 4 缩略语

下列缩略语适用于本文件。

V:版本(Version)

NSI:编码体系标识(Numbering System Identifier)

MD:主码(Master Data code)

NFC:近场通信(Near Field Communication)

NDEF:NFC数据交换格式(NFC Data Exchange Format)

EF:基本文件(Elementary File)

DF:专用文件(Dedicated File)

MF:主文件(Master File)

CC:参数集(Capability Container)

TLV:标签,长度,值(Tag,Length,Value)

OTP:一次可编程(One Time Programmable)

UID:惟一标识(Unique Idientification)

# 5 Ecode 在 NFC 标签中存储的逻辑结构和表示方式

## 5.1 Ecode 在 NFC 标签中存储的逻辑结构

Ecode 在 NFC 标签中存储时，其逻辑结构按顺序分区为标识位区、Ecode 惟一标识区、属性区和用户区，每个逻辑分区的前 4 个字节均用于逻辑分区的封装。其中，标识位区、Ecode 惟一标识区为必选，属性区、用户区为可选。

Ecode 在 NFC 标签中存储的逻辑结构见表 1。

**表 1 Ecode 在 NFC 标签中存储的逻辑结构**

| 存储内容 | 说明 |
|---|---|
| 标识位区 | 占 1 个字节，按比特位数从高到低依次存储 Ecode 应用标识位、属性区标识位和用户区标识位，低 5 位保留 |
| Ecode 惟一标识区 | 顺序存储 Ecode 起始符、版本 V、编码体系标识 NSI 和 Ecode 主码 MD |
| 属性区 | 存储标识对象的属性值 |
| 用户区 | 存储用户自定义数据 |

## 5.2 Ecode 在 NFC 标签中存储的表示方式

### 5.2.1 标识位区

标识位区是必选区，占 1 个字节，用于各标识位的集中存储。按比特位数从高到低依次存储 Ecode 应用标识位、属性区标识位和用户区标识位。具体编码的表示方式见表 2。

**表 2 标识位区编码的表示方式**

| | 标识位区(占 1 个字节) | | | |
|---|---|---|---|---|
| 比特位数 | D7 位 | D6 位 | D5 位 | D4 位～D0 位 |
| 标识位名称 | Ecode 应用标识位 | 属性区标识位 | 用户区标识位 | 保留 |
| 用途说明 | 判断该 Ecode 是否作为物品惟一标识用途 | 判断是否存在属性区 | 判断是否存在用户区 | |
| 编码方式 | 1：表示该 Ecode 用于物品惟一标识应用；<br>0：其他应用用途 | 1：表示存在属性区；<br>0：表示不存在属性区 | 1：表示存在属性区；<br>0：表示不存在属性区 | 默认为 0 |
| 注：标识位区的比特位数按照从高(D7)到低(D0)顺序表示。 | | | | |

### 5.2.2 Ecode 惟一标识区

Ecode 惟一标识区是必选区，用于存储 Ecode 惟一标识。Ecode 惟一标识区的数据内容由 Ecode 起始符、版本 V、编码体系标识 NSI 和主码 MD 按顺序串联构成，当总比特位长度不是 8 的倍数时，在末尾按 8 比特的最小整数倍补零。具体编码的表示方式见表 3。

**表 3 Ecode 惟一标识区编码的表示方式**

| Ecode 惟一标识区的数据内容 | 长度 | 编码表示方式 |
|---|---|---|
| Ecode 起始符 | 2 个字节 | 按“E=”的 8 位 ASCII 码值存储，为固定值 453Dh |
| 版本 V | 4 个比特 | 4 位二进制 |
| 编码体系标识 NSI | 不定长，根据版本 V 确定 | 按 GB/T 31866 中相关转换规则转换为二进制存储 |
| Ecode 主码 MD | 不定长，根据具体编码方案确定 | |

### 5.2.3 属性区

属性区是可选区，用于存储标识对象的属性值。当存在多个属性值时，各属性值顺序相连。

### 5.2.4 用户区

用户区是可选区，用于存储用户自定义数据。如果存在属性区，则用户区应在属性区之后；如果不存在属性区，则用户区应在 Ecode 惟一标识区后。

## 6 Ecode 在四类 NFC 标签逻辑结构中的存储方法

### 6.1 Ecode 在 NFC 标签逻辑结构中存储的一般要求

NFC Forum 规定了类型 1、类型 2、类型 3 和类型 4 的四类 NFC 标签，参见附录 A。根据标签的不同，Ecode 的存储结构也不同。Ecode 在 NFC 标签逻辑中存储结构的要求见表 4。

**表 4 Ecode 在 NFC 标签中存储的要求**

| 类型标签名称 | Ecode 存储区 |
|---|---|
| 类型 1 标签 | 用户读写控制区 |
| 类型 2 标签 | 用户读写控制区 |
| 类型 3 标签 | 服务控制区 |
| 类型 4 标签 | NDEF 文件 |

### 6.2 Ecode 在 NFC Forum 类型 1 标签逻辑结构中的存储方法

Ecode 在 NFC Forum 类型 1 标签中存储时，应存储在用户读写控制区。当采用静态存储结构时，标识位区的起始地址从用户读写控制区的数据块编号为 2h 的字节 0 开始，具体见表 5；当静态存储结构无法存储 Ecode 时，应采用动态存储结构，标识位区的起始地址从用户读写控制区的数据块编号为 3h 的字节 2 开始，具体见表 6。

Ecode 在 NFC Forum 类型 1 标签的静态存储结构中的存储示例参见附录 B。

**表 5　Ecode 在 NFC Forum 类型 1 标签静态逻辑结构中的存储**

| 类型 | 块编号 | 字节 0 | 字节 1 | 字节 2 | 字节 3 | 字节 4 | 字节 5 | 字节 6 | 字节 7 |
|---|---|---|---|---|---|---|---|---|---|
| UID 区 | 0h | UID-0 | UID-1 | UID-2 | UID-3 | UID-4 | UID-5 | UID-6 | 预留 |
| 用户读写控制区 | 1h | CC 区 | | | | ×× | ×× | ×× | ×× |
| | 2h | 标识位区＋Ecode 惟一标识区＋属性区＋用户区 | | | | | | | |
| | 3h | | | | | | | | |
| | 4h | | | | | | | | |
| | 5h | | | | | | | | |
| | 6h | | | | | | | | |
| | 7h | | | | | | | | |
| | 8h | | | | | | | | |
| | 9h | | | | | | | | |
| | Ah | | | | | | | | |
| | Bh | | | | | | | | |
| | Ch | | | | | | | | |
| 预留 | Dh | | | | | | | | |
| 锁定/预留 | Eh | 锁定 0 | 锁定 1 | OTP-0 | OTP-1 | OTP-2 | OTP-3 | OTP-4 | OTP-5 |

注：块 1h 的字节 4～字节 7 中的××用于表示 NDEF 消息的封装。

**表 6　Ecode 在 NFC Forum 类型 1 标签动态逻辑结构中的存储**

| 类型 | 块编号 | 字节 0 | 字节 1 | 字节 2 | 字节 3 | 字节 4 | 字节 5 | 字节 6 | 字节 7 |
|---|---|---|---|---|---|---|---|---|---|
| UID 区 | 0h | UID-0 | UID-1 | UID-2 | UID-3 | UID-4 | UID-5 | UID-6 | 预留 |
| 用户读写控制区 | 1h | CC 区 | | | | 锁定控制 TLV | | | |
| | 2h | | 存储控制 TLV | | | | | ×× | ×× |
| | 3h | ×× | ×× | 标识位区＋Ecode 惟一标识区＋属性区＋用户区 | | | | | |
| | …… | | | | | | | | |
| | Ch | | | | | | | | |
| 预留 | Dh | | | | | | | | |
| 锁定/预留 | Eh | 锁定 0 | 锁定 1 | OTP-0 | OTP-1 | OTP-2 | OTP-3 | OTP-4 | OTP-5 |
| | Fh | 锁定 2 | 锁定 3 | | | | | | |
| 用户读写控制区 | 10h | 标识位区＋Ecode 惟一标识区＋属性区＋用户区 | | | | | | | |
| | 11h | | | | | | | | |
| | 12h | | | | | | | | |
| | …… | | | | | | | | |
| 锁定/预留 | kh | | | | | | | | |

注 1：第 Fh 块和第 kh 块的锁定/预留区只是用于举例，锁定/预留区可以位于第 Fh 到结束之间的任意位置，锁定/预留区分别由锁定控制 TLV 和存储控制 TLV 确定具体位置。

注 2：动态结构的用户读写控制区应包含 1h～Ch 的用户读写控制区和 10h～(k-1)h 的用户读写控制区。

注 3：块 2h 的字节 6～字节 7 中的××和块 3h 的字节 0～字节 1 中的××用于表示 NDEF 消息的封装。

### 6.3 Ecode 在 NFC Forum 类型 2 标签逻辑结构中的存储方法

Ecode 在 NFC Forum 类型 2 标签中存储时，应存储在用户读写控制区。当采用静态存储结构时，标识位区的起始地址从用户读写控制区的数据块编号为 5 的字节 0 开始，具体见表 7。当静态存储结构无法存储 Ecode 时，应采用动态存储结构，标识位区的起始地址从用户读写控制区的存储数据块编号为 7 的字节 2 开始，具体见表 8。

**表 7　Ecode 在 NFC Forum 类型 2 标签静态逻辑结构中的存储**

| 类型 | 块编号 | 字节 0 | 字节 1 | 字节 2 | 字节 3 |
|---|---|---|---|---|---|
| 厂商使用区/锁定 | 0h | 厂商使用区 | | | |
| | 1h | | | | |
| | 2h | | | 锁定 0 | 锁定 1 |
| 用户读写控制区 | 3h | CC 区 | | | |
| | 4h | ×× | ×× | ×× | ×× |
| | 5h | 标识位区＋Ecode 惟一标识区＋属性区＋用户区 | | | |
| | …… | | | | |
| | Fh | | | | |

注：块 4 的字节 0～字节 3 中的××用于表示 NDEF 消息的封装。

**表 8　Ecode 在 NFC Forum 类型 2 标签动态逻辑结构中的存储**

| 类型 | 块编号 | 字节 0 | 字节 1 | 字节 2 | 字节 3 |
|---|---|---|---|---|---|
| 厂商使用区/锁定 | 0h | 厂商使用区 | | | |
| | 1h | | | | |
| | 2h | | | 锁定 0 | 锁定 1 |
| 用户读写控制区 | 3h | CC 区 | | | |
| | 4h | 锁定控制 TLV | | | |
| | 5h | | 存储控制 TLV | | |
| | 6h | | | ×× | ×× |
| | 7h | ×× | ×× | 标识位区＋Ecode 惟一标识区＋属性区＋用户区 | |
| | …… | | | | |
| | Fh | | | | |
| | …… | | | | |
| 锁定/预留区 | kh | | | | |

注 1：表中的锁定/预留区只用于举例，锁定/预留区可以位于数据块 Fh 之后到结束之间的任意位置，锁定/预留区分别由锁定控制 TLV 和存储控制 TLV 确定具体位置。

注 2：块 6 的字节 2～字节 3 中的××和块 7 的字节 0～字节 1 中的××用于表示 NDEF 消息的封装。

### 6.4 Ecode在NFC Forum类型3标签逻辑结构中的存储方法

Ecode在NFC Forum类型3标签中存储时，应存储在服务关联的数据块中，标识位区的起始地址应从服务关联的数据块编号为1的字节4开始，数据块编号为0的数据块用于存储访问数据块的属性信息，具体见表9。

**表9 Ecode在NFC Forum类型3标签逻辑结构中的存储**

<table>
<tr><th>服务类型</th><th>块编号</th><th>字节0</th><th>字节1</th><th>字节2</th><th>字节3</th><th>…… ……</th><th>字节15</th></tr>
<tr><td rowspan="5">服务?</td><td>0h</td><td colspan="6">存储访问数据块的属性信息</td></tr>
<tr><td>1h</td><td>××</td><td>××</td><td>××</td><td>××</td><td colspan="2"></td></tr>
<tr><td>2h</td><td colspan="6" rowspan="3">标识位区+Ecode惟一标识区+属性区+用户区</td></tr>
<tr><td>……</td></tr>
<tr><td>……</td></tr>
<tr><td colspan="8">注1：? 表示编号，可以是A、B或其他值，参见图A.1。<br>注2：块1的字节0～字节3中的××用于表示NDEF消息的封装。</td></tr>
</table>

### 6.5 Ecode在NFC Forum类型4标签逻辑结构中的存储方法

Ecode在NFC Forum类型4标签中存储时，应存储在NDEF文件中，标识位区的起始地址应从NDEF文件的字节6开始，具体见表10。

**表10 Ecode在NFC Forum类型4标签逻辑结构中的存储**

<table>
<tr><th colspan="4">NDEF文件</th></tr>
<tr><td>偏移字节</td><td>字节0和字节1</td><td>字节2～字节5</td><td>从字节6开始</td></tr>
<tr><td>说明</td><td>存储数据信息的长度字段</td><td>××</td><td>标识位区+Ecode惟一标识区+属性区+用户区</td></tr>
<tr><td colspan="4">注：NDEF文件中的字节2～字节5中的××用于表示NDEF消息的封装。</td></tr>
</table>

# 附 录 A
（资料性附录）
# NFC Forum 四类标签的逻辑存储结构

## A.1 NFC Forum 类型 1 标签的逻辑存储结构

NFC Forum 类型 1 标签存储结构根据存储容量的大小可分为静态存储结构和动态存储结构。静态存储结构应用于物理存储容量为 120 字节的标签，动态存储结构应用于物理存储容量大于 120 字节的标签。动态存储结构是在静态存储结构的基础上进行扩展。NFC Forum 类型 1 标签的静态存储结构见表 A.1，动态存储结构见表 A.2。

**表 A.1 NFC Forum 类型 1 标签静态逻辑存储结构**

<table>
<tr><th>类型</th><th>块编号</th><th>字节 0</th><th>字节 1</th><th>字节 2</th><th>字节 3</th><th>字节 4</th><th>字节 5</th><th>字节 6</th><th>字节 7</th></tr>
<tr><td>UID 区</td><td>0h</td><td>UID-0</td><td>UID-1</td><td>UID-2</td><td>UID-3</td><td>UID-4</td><td>UID-5</td><td>UID-6</td><td>预留</td></tr>
<tr><td rowspan="12">用户读写控制区</td><td>1h</td><td colspan="4">CC 区</td><td></td><td></td><td></td><td></td></tr>
<tr><td>2h</td><td></td><td></td><td></td><td></td><td></td><td></td><td></td><td></td></tr>
<tr><td>3h</td><td></td><td></td><td></td><td></td><td></td><td></td><td></td><td></td></tr>
<tr><td>4h</td><td></td><td></td><td></td><td></td><td></td><td></td><td></td><td></td></tr>
<tr><td>5h</td><td></td><td></td><td></td><td></td><td></td><td></td><td></td><td></td></tr>
<tr><td>6h</td><td></td><td></td><td></td><td></td><td></td><td></td><td></td><td></td></tr>
<tr><td>7h</td><td></td><td></td><td></td><td></td><td></td><td></td><td></td><td></td></tr>
<tr><td>8h</td><td></td><td></td><td></td><td></td><td></td><td></td><td></td><td></td></tr>
<tr><td>9h</td><td></td><td></td><td></td><td></td><td></td><td></td><td></td><td></td></tr>
<tr><td>Ah</td><td></td><td></td><td></td><td></td><td></td><td></td><td></td><td></td></tr>
<tr><td>Bh</td><td></td><td></td><td></td><td></td><td></td><td></td><td></td><td></td></tr>
<tr><td>Ch</td><td></td><td></td><td></td><td></td><td></td><td></td><td></td><td></td></tr>
<tr><td>预留</td><td>Dh</td><td></td><td></td><td></td><td></td><td></td><td></td><td></td><td></td></tr>
<tr><td>锁定/预留</td><td>Eh</td><td>锁定 0</td><td>锁定 1</td><td>OTP-0</td><td>OTP-1</td><td>OTP-2</td><td>OTP-3</td><td>OTP-4</td><td>OTP-5</td></tr>
</table>

**表 A.2 NFC Forum 类型 1 标签动态逻辑存储结构**

<table>
<tr><th>类型</th><th>块编号</th><th>字节 0</th><th>字节 1</th><th>字节 2</th><th>字节 3</th><th>字节 4</th><th>字节 5</th><th>字节 6</th><th>字节 7</th></tr>
<tr><td>UID 区</td><td>0h</td><td>UID-0</td><td>UID-1</td><td>UID-2</td><td>UID-3</td><td>UID-4</td><td>UID-5</td><td>UID-6</td><td>预留</td></tr>
<tr><td rowspan="4">用户读写控制区</td><td>1h</td><td colspan="4">CC 区</td><td colspan="4">锁定控制 TLV</td></tr>
<tr><td>2h</td><td></td><td colspan="5">存储控制 TLV</td><td></td><td></td></tr>
<tr><td>3h</td><td></td><td></td><td></td><td></td><td></td><td></td><td></td><td></td></tr>
<tr><td>……</td><td colspan="8">………</td></tr>
</table>

表 A.2（续）

| 类型 | 块编号 | 字节 0 | 字节 1 | 字节 2 | 字节 3 | 字节 4 | 字节 5 | 字节 6 | 字节 7 |
|---|---|---|---|---|---|---|---|---|---|
| 预留 | Dh | | | | | | | | |
| 锁定/预留 | Eh | 锁定 0 | 锁定 1 | OTP-0 | OTP-1 | OTP-2 | OTP-3 | OTP-4 | OTP-5 |
| | Fh | 锁定 2 | 锁定 3 | | | | | | |
| 用户读写控制区 | 10h | | | | | | | | |
| | 11h | | | | | | | | |
| | …… | …… | | | | | | | |
| 锁定/预留 | kh | | | | | | | | |

注 1：第 Fh 块和第 kh 块的锁定/预留只是用于举例，锁定/预留可以位于第 Fh 到结束之间的任意位置，锁定/预留区分别由锁定控制 TLV 和存储控制 TLV 确定具体位置。

注 2：块 0h～块 Eh 与静态存储结构一致，动态存储结构有占 5 个字节的锁定控制 TLV 和占 5 个字节的存储控制 TLV。

## A.2 NFC Forum 类型 2 标签的逻辑存储结构

NFC Forum 类型 2 标签存储结构可分为静态存储结构和动态存储结构。静态存储结构应用于物理存储容量为 64 字节的标签，动态存储结构应用于物理存储容量大于 64 字节的标签。动态存储结构是在静态存储结构的基础上进行扩展。NFC Forum 类型 2 标签的静态存储结构见表 A.3，动态存储结构见表 A.4。

表 A.3　NFC Forum 类型 2 标签静态逻辑存储结构

| 类型 | 块编号 | 字节 0 | 字节 1 | 字节 2 | 字节 3 |
|---|---|---|---|---|---|
| 厂商使用区/锁定 | 0h | 厂商使用区 | | | |
| | 1h | | | | |
| | 2h | | | 锁定 0 | 锁定 1 |
| 用户读写控制区 | 3h | CC 区 | | | |
| | 4h | | | | |
| | …… | | | | |
| | Fh | | | | |

表 A.4　NFC Forum 类型 2 标签动态逻辑存储结构

| 类型 | 块编号 | 字节 0 | 字节 1 | 字节 2 | 字节 3 |
|---|---|---|---|---|---|
| 厂商使用区/锁定 | 0h | 厂商使用区 | | | |
| | 1h | | | | |
| | 2h | | | 锁定 0 | 锁定 1 |

**表 A.4（续）**

| 类型 | 块编号 | 字节 0 | 字节 1 | 字节 2 | 字节 3 |
|---|---|---|---|---|---|
| 用户读写控制区 | 3h | CC 区 | | | |
| | 4h | 锁定控制 TLV | | | |
| | 5h | | 存储控制 TLV | | |
| | 6h | | | | |
| | 7h | | | | |
| | …… | …… | | | |
| | Fh | | | | |
| | …… | …… | | | |
| 锁定/预留区 | kh | | | | |

注 1：表中的锁定/预留区只用于举例，锁定/预留区可以位于数据块 Fh 之后到结束之间的任意位置，锁定/预留区分别由锁定控制 TLV 和存储控制 TLV 确定具体位置。

注 2：块 0h～块 Fh 的存储结构与静态存储结构一致，动态存储结构存在各占 5 个字节的锁定控制 TLV 和存储控制 TLV。

## A.3 NFC Forum 类型 3 标签的逻辑存储结构

NFC Forum 类型 3 标签的信息存储基本单元为内存块，每个内存块的大小是 16 个字节，类型 3 标签内的内存块的数目由硬件芯片决定。数据读写需通过内存块所属的服务来操作。每个服务关联一组数据块。

类型 3 标签与 FeliCa 卡兼容，采用 FeliCa 卡的存储结构及管理方式，FeliCa 卡存储结构示意图见图 A.1。

注：FeliCa 指索尼公司推出的一种非接触式智能卡技术。

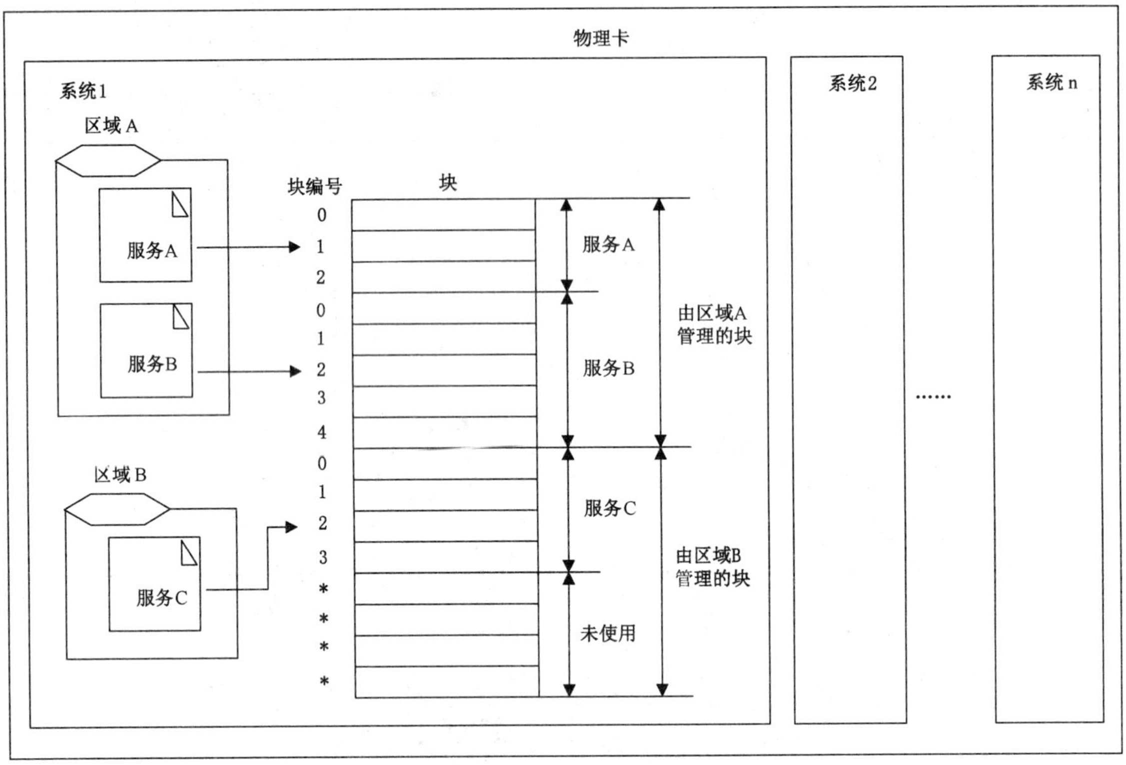


图 A.1　FeliCa 卡存储结构示意图

## A.4　NFC Forum 类型 4 标签的逻辑存储结构

NFC Forum 类型 4 标签采用 GB/T 16649.4—2010 定义的文件树结构来进行数据存储和管理，文件树结构示意图见图 A.2。该文件树结构由 DF 和 EF 组成，MF 是一种特殊的 DF，即处于根位置的 DF。EF 中存放数据信息。

类型 4 标签中至少包含两个 EF 文件：CC 文件和 NDEF 文件。

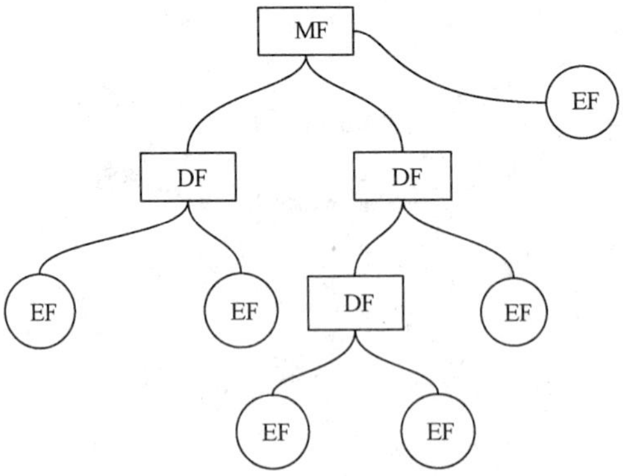


图 A.2　文件树结构示意图

# 附 录 B
# （资料性附录）
# Ecode 存储于 NFC Forum 类型 1 标签的静态逻辑存储结构示例

对于某一个 Ecode 为 1009612345678901234567890 的商品，其版本 V 为 1，NSI 为 0096，MD 为 12345678901234567890。

当采用类型 1 标签的静态内存结构进行存储时，

第一步：确定标识位区的内容：

1） Ecode 应用标识位为$(1)_2$；

2） 不存在属性区，属性区标识位为$(0)_2$；

3） 不存在用户区，用户区标识位为$(0)_2$；

因此，标识位区的二进制编码为：$(100|00000)_2$ 转成十六进制编码为 80h。

第二步：确定 Ecode 惟一标识区的内容：

1） 根据 GB/T 31866—2015 的转换规则，将版本 V、NSI 和 MD 依次转换为二进制：

V：$(0001)_2$，NSI：$(000001100000)_2$，

MD：

$(000100100011010001010110011110001001000000001001000110100010101100111100010010000)_2$。

2） 将 V、NSI 和 MD 的二进制顺序组合在一起：

V＋NSI＋MD：

$(00010000011000000000100100011010001010110011110001001000000001001000110100010101100111100010010000)_2$，对应的十六进制为：106012345678901234567890h。

3） Ecode 起始符为“E＝”，对应的十六进制编码为：453Dh。

4） Ecode 惟一标识区存储的十六进制编码为：453D106012345678901234567890h。

第三步：确定属性区和用户区：

由于不存在属性区和用户区，因此，不用存储属性值和用户值。

Ecode 在类型 1 标签的存储示例具体见表 B.1。

**表 B.1 Ecode 以十六进制编码存储在 NFC Forum 类型 1 标签静态逻辑结构的示例**

| 类型 | 块编号 | 字节-0 | 字节-1 | 字节-2 | 字节-3 | 字节-4 | 字节-5 | 字节-6 | 字节-7 |
|---|---|---|---|---|---|---|---|---|---|
| UID | 0h | UID-0 | UID-1 | UID-2 | UID-3 | UID-4 | UID-5 | UID-6 | |
| 数据 | 1h | CC 区 | | | | ×× | ×× | ×× | ×× |
| 数据 | 2h | ×× | ×× | ×× | ×× | 80h | ×× | ×× | ×× |
| 数据 | 3h | ×× | 45h | 3Dh | 10h | 60h | 12h | 34h | 56h |
| 数据 | 4h | 78h | 90h | 12h | 34h | 56h | 78h | 90h | |
| 数据 | 5h | | | | | | | | |
| 数据 | 6h | | | | | | | | |
| 数据 | 7h | | | | | | | | |
| 数据 | 8h | | | | | | | | |
| 数据 | 9h | | | | | | | | |

**表 B.1（续）**

| 类型 | 块编号 | 字节-0 | 字节-1 | 字节-2 | 字节-3 | 字节-4 | 字节-5 | 字节-6 | 字节-7 |
|---|---|---|---|---|---|---|---|---|---|
| 数据 | Ah | | | | | | | | |
| 数据 | Bh | | | | | | | | |
| 数据 | Ch | | | | | | | | |
| 预留 | Dh | | | | | | | | |
| 锁定/预留 | Eh | 锁定 0 | 锁定 1 | OTP-0 | OTP-1 | OTP-2 | OTP-3 | OTP-4 | OTP-5 |

**注 1**：块 1h 的字节 4～字节 7 中的××用于表示 NDEF 消息的封装。

**注 2**：块 2h 的字节 0～字节 3 中的××用于表示标识位区的封装。

**注 3**：块 2h 的字节 5～字节 7 中的××和块 3h 中的字节 0 中的××用于表示 Ecode 惟一标识区的封装。

## 参 考 文 献

[1] NFC Forum 2006-07-24 NFC Data Exchange Format(NDEF) Technical Specification NDEF 1.0
[2] NFC Forum 2011-04-13 Type 1 Tag Operation Specification Technical Specification T1TOP 1.1
[3] NFC Forum 2011-05-31 Type 2 Tag Operation Specification Technical Specification T2TOP 1.1
[4] NFC Forum 2011-06-28 Type 3 Tag Operation Specification.Technical Specification T3TOP 1.1
[5] NFC Forum 2011-06-28 Type 4 Tag Operation Specification.Technical Specification T4TOP 1.1
[6] 王淼等.NFC 技术原理与应用[M].北京:化学工业出版社,2014.

ICS 35.040
A 24

# 中华人民共和国国家标准

GB/T 35424—2017

# 水上施工船舶分类编码

## Classification and coding of construction vessel

2017-12-29 发布 2018-04-01 实施

中华人民共和国国家质量监督检验检疫总局
中国国家标准化管理委员会 发布

# 前　言

本标准按照 GB/T 1.1—2009 给出的规则起草。

本标准由全国物品编码标准化技术委员会(SAC/TC 287)提出并归口。

本标准起草单位:中国物品编码中心、中国交通建设股份有限公司、中国交通物资有限公司、中交第一航务工程局有限公司、中交第二航务工程局有限公司、中交第三航务工程局有限公司、中交第四航务工程局有限公司、中交天津航道局有限公司、中交上海航道局有限公司、中交广州航道局有限公司、中国船舶重工集团公司第七一四研究所。

本标准主要起草人:李素彩、宋海良、韩树文、黄毅、刘巍、江福国、黄硕、宋海涛、陈小玉、胡灵斌、林代漫、朱雪玲、申洪军、陈尤金、陈友林、王佩、钟庭宽。

# 水上施工船舶分类编码

## 1 范围

本标准规定了水上施工船舶的分类原则及方法、编码原则及方法、编码结构及编码表。

本标准适用于水上施工船舶的分类、编码和信息交换。

## 2 术语和定义

下列术语和定义适用于本文件。

2.1

**线分类法 method of linear classification**

将分类对象按选定的若干属性(或特征),逐次地分为若干层级,每个层级又分为若干类目。同一分支的同层级类目之间构成并列关系,不同层级类目之间构成隶属关系。

[GB/T 10113—2003,定义 2.1.5]

2.2

**水上施工船舶 construction vessel**

装有特种机械,在港口、航道、河、湖、海洋等水域从事工程作业的船舶。

## 3 分类原则和方法

### 3.1 分类原则

3.1.1 同位类类目彼此所覆盖的范围不交叉、不重复。

3.1.2 按照施工船舶所选定的若干属性逐次地分成相应的若干具有层级关系的类目,并形成一个逐层展开的分类体系。

3.1.3 类目名称应选择符合国家标准或行业普遍认同的船舶名称。

3.1.4 均匀分配分类体系的颗粒度,同位类的船舶处于相似颗粒度。

### 3.2 分类方法

水上施工船舶分类采用线分类法。按照船舶的功能用途,可将水上施工船舶分类划分为四层,其中细类的划分兼顾船舶的作业形式。

## 4 编码原则和方法

### 4.1 编码原则

#### 4.1.1 唯一性

每一种船舶只对应一个编码,即使某种船舶不再使用,其编码也将作为唯一分类码永久保存不变。

#### 4.1.2 可扩展性

留有足够的扩展空间,可根据实际情况对分类进行类目扩充。

#### 4.1.3 稳定性

水上施工船舶编码一旦分配，只要船舶的基本属性没有发生变化，就保持不变。

### 4.2 编码方法

4.2.1 水上施工船舶分类编码采用全数字层次编码，下位类编码应继承上位类编码，以直观体现下位类与上位类之间的隶属关系；同位类之间构成并列关系，并以顺序码编码。

4.2.2 采用四层7位全数字型编码，第一层以1位阿拉伯数字表示，第二、三、四层以2位阿拉伯数字表示。

4.2.3 每层级编码按升序排列，每层级编码从“1”开始，按升序排列，第二、三、四层最多编至“99”。

4.2.4 第二层、第三层、第四层中数字为“99”的编码均表示收容类目，即不能归入已成系列类目中的船舶均收入此类目中。

4.2.5 不足位时，均用0补位。

## 5 编码结构

水上施工船舶分类采用四层7位分类编码结构，如图1所示。$X_1$ 表示大类，$X_2X_3$ 表示中类，$X_4X_5$ 表示小类，$X_6X_7$ 表示细类。

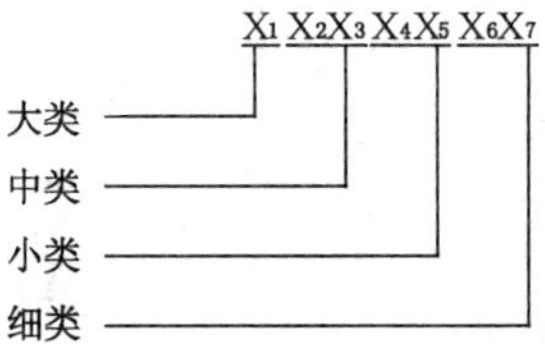


图1 编码结构示意图

## 6 分类编码表

水上施工船舶的分类编码见表1。

表1 水上施工船舶分类编码表

| 分类编码 | 分类名称 | 备注 |
|---|---|---|
| 1 | 常用施工船舶 | |
| 101 | 桩工船 | |
| 10101 | 变幅式打桩船 | |
| 10102 | 旋转式打桩船 | |
| 10103 | 摆动式打桩船 | |
| 10199 | 其他桩工船 | |
| 102 | 起重船 | |
| 10201 | 固定式起重船 | |
| 10202 | 变幅式起重船 | |

表 1（续）

| 分类编码 | 分类名称 | 备注 |
| --- | --- | --- |
| 10203 | 旋转式起重船 | |
| 10299 | 其他起重船 | |
| 103 | 挖(吹)泥船 | |
| 10301 | 耙吸挖泥船 | |
| 10302 | 绞吸挖泥船 | |
| 10303 | 斗式挖泥船 | |
| 1030301 | 链斗挖泥船 | |
| 1030302 | 抓斗挖泥船 | |
| 1030303 | 铲斗挖泥船 | |
| 1030304 | 斗轮挖泥船 | |
| 1030399 | 其他斗式挖泥船 | |
| 10304 | 吸(吹)泥船 | |
| 1030401 | 吸泥船 | |
| 1030402 | 吹泥船 | |
| 1030403 | 吸扬式挖泥船 | |
| 1030499 | 其他吸(吹)泥船 | |
| 10305 | 吸(吹)砂船 | |
| 10306 | 定深精挖船 | |
| 10307 | 清淤船 | |
| 10399 | 其他挖(吹)泥船 | |
| 104 | 混凝土搅拌船 | |
| 105 | 驳船 | |
| 10501 | 方驳 | |
| 10502 | 泥石驳 | |
| 1050201 | 普通石驳 | |
| 1050202 | 开体石驳 | |
| 1050203 | 开体泥驳 | |
| 1050204 | 开底泥驳 | |
| 1050205 | 满底泥驳 | |
| 1050299 | 其他泥石驳 | |
| 10503 | 皮带运输船 | |
| 10504 | 油驳 | |
| 10505 | 水驳 | |
| 10506 | 油水驳 | |

表 1（续）

| 分类编码 | 分类名称 | 备注 |
|---|---|---|
| 10507 | 污油水驳 | |
| 10599 | 其他驳船 | |
| 106 | 拖轮 | |
| 10601 | 拖航拖轮 | |
| 10602 | 港作拖轮 | |
| 10699 | 其他拖轮 | |
| 107 | 砂桩船 | |
| 10701 | 挤密砂桩船 | |
| 10702 | 普通砂桩船 | |
| 10799 | 其他砂桩船 | |
| 108 | 半潜船(驳) | |
| 10801 | 半潜船 | |
| 10802 | 半潜驳 | |
| 10899 | 其他半潜船(驳) | |
| 109 | 采矿船 | |
| 10901 | 采金船 | |
| 10902 | 采砂船 | |
| 10903 | 采盐船 | |
| 10999 | 其他采矿船 | |
| 199 | 其他常用施工船舶 | |
| 2 | 其他施工船舶 | |
| 201 | 抛石夯平船 | |
| 202 | 沉管运输安装船 | |
| 20201 | 沉放定位船 | |
| 20202 | 沉管浮运安装船 | |
| 20299 | 其他沉管运输安装船 | |
| 203 | 钻探船 | |
| 204 | 测量船 | |
| 20401 | 航道测量船 | |
| 20402 | 地质勘察船 | |
| 20403 | 水下观测船 | |
| 20499 | 其他测量船 | |
| 205 | 振冲密实船 | |
| 206 | 振冲碎石桩船 | |

**表 1（续）**

| 分类编码 | 分类名称 | 备注 |
|---|---|---|
| 207 | 排水板专用船 | |
| 208 | 深层软基水泥拌合船 | |
| 209 | 打夯船 | |
| 210 | 铺排船 | |
| 211 | 整平船 | |
| 21101 | 抛石整平船 | |
| 21102 | 座底式整平船 | |
| 21103 | 自升式整平船 | |
| 21104 | 疏浚整平船 | |
| 21105 | 深水整平船 | |
| 21199 | 其他整平船 | |
| 212 | 钻孔船 | |
| 21201 | 工程钻孔船 | |
| 21202 | 钻孔爆破船 | |
| 21299 | 其他钻孔船 | |
| 213 | 铺管船 | |
| 214 | 铺缆船 | |
| 215 | 碎石船 | |
| 216 | 潜水工作船 | |
| 21601 | 潜水工作驳 | |
| 21602 | 潜水训练船 | |
| 21603 | 水下调查船 | |
| 21699 | 其他潜水工作船 | |
| 217 | 水上作业平台 | |
| 21701 | 水上施工平台 | |
| 21702 | 海洋风电安装平台 | |
| 21703 | 自升式作业平台 | |
| 21704 | 半潜式作业平台 | |
| 21705 | 浮式生产储油卸油装置 | FPSO |
| 21706 | 浮式储存卸货装置 | FSO |
| 21707 | 浮式液化天然气装置 | FLNG |
| 21708 | 浮式储存再气化装置 | FSRU |
| 21799 | 其他水上作业平台 | |
| 299 | 其他未列名施工船舶 | |

表 1（续）

| 分类编码 | 分类名称 | 备注 |
| --- | --- | --- |
| 3 | 辅助船舶 | |
| 301 | 交通艇 | |
| 302 | 锚艇 | |
| 303 | 电焊船 | |
| 304 | 发电船 | |
| 305 | 海水淡化船 | |
| 306 | 供应船 | |
| 30601 | 供油船 | |
| 30602 | 供水船 | |
| 30603 | 供油水船 | |
| 30604 | 供料船 | |
| 30605 | 散装物料船 | |
| 30699 | 其他供应船 | |
| 307 | 住宿船 | |
| 308 | 趸船 | |
| 309 | 工作艇 | |
| 310 | 环保工作船 | |
| 31001 | 溢油回收船 | |
| 31002 | 垃圾清理船 | |
| 31003 | 污油水船 | |
| 31099 | 其他环保工作船 | |
| 311 | 打捞、救助船 | |
| 31101 | 打捞船 | |
| 31102 | 救捞驳 | |
| 31103 | 救助船 | |
| 31104 | 救生船 | |
| 31105 | 救助拖船 | |
| 31199 | 其他打捞、救助船 | |
| 312 | 医疗船 | |
| 313 | 接力泵船 | |
| 314 | 消防船 | |
| 315 | 船坞 | |
| 31501 | 浮船坞 | |
| 31599 | 其他船坞 | |
| 399 | 其他辅助船舶 | |

## 参 考 文 献

［1］ GB/T 7027 信息分类和编码的基本原则方法
［2］ GB/T 10113 分类与编码通用术语
［3］ GB/T 20001.3 标准编写规则 第3部分:分类标准

ICS 35.040
A 24

# 中华人民共和国国家标准

GB/T 35425—2017

# 公路及桥梁施工用大宗物资分类编码

## Classification and coding of bulk materials for road and bridge construction

2017-12-29 发布　　2018-04-01 实施

中华人民共和国国家质量监督检验检疫总局
中国国家标准化管理委员会　发布

# 前　言

本标准按照 GB/T 1.1—2009 给出的规则起草。

本标准由全国物品编码标准化技术委员会(SAC/TC 287)提出并归口。

本标准起草单位:中国物品编码中心、中国交通建设股份有限公司、中国交通物资有限公司、中交第一航务工程局有限公司、中交第二航务工程局有限公司、中交第三航务工程局有限公司、中交第四航务工程局有限公司、中交第一公路工程局有限公司、中交第二公路工程局有限公司、中交第四公路工程局有限公司、中交路桥建设有限公司、中交隧道工程局有限公司、上海振华重工(集团)股份有限公司。

本标准主要起草人:宋海良、黄毅、韩树文、刘巍、江福国、黄硕、吴永平、丁正辉、孙志明、陈军发、袁继同、王栓让、张德茹、张凌文、王连庆、郑敏、王佩、孙重光、贺晓红。

# 公路及桥梁施工用大宗物资分类编码

## 1 范围

本标准规定了公路及桥梁施工中，钢材、水泥、沥青、燃润料等常用大宗物资的分类原则及方法、编码原则及方法、分类编码结构及编码表。

本标准适用于上述各类常用大宗物资的分类、编码和信息交换。

## 2 术语和定义

下列术语和定义适用于本文件。

2.1

**线分类法 method of linear classification**

将分类对象按选定的若干属性(或特征)，逐次地分为若干层级，每个层级又分为若干类目。同一分支的同层级类目之间构成并列关系，不同层级类目之间构成隶属关系。

[GB/T 10113—2003，定义 2.1.5]

## 3 分类原则和方法

### 3.1 分类原则

3.1.1 同位类类目彼此所覆盖的范围不交叉、不重复。

3.1.2 按照物资所选定的若干属性逐次地分成相应的若干具有层级关系的类目，并形成一个逐渐展开的分类体系。如钢材可按照形状、材质、规格作为分类的依据，依次逐层展开。

3.1.3 类目名称应选择符合国家标准或行业普遍认同的物资名称，如螺纹钢的标准名称为热轧带肋钢筋。

3.1.4 均匀分配分类体系的颗粒度，同位类的物资处于相似颗粒度。

### 3.2 分类方法

公路及桥梁施工用大宗物资是指公路及桥梁施工中常用的、需大批量购买和使用的物资，如钢材、水泥、沥青、燃润料等，其分类采用线分类法，主要按物资原材料、生产工艺、存在形态、功能用途以及受关注度等因素进行分类。

## 4 编码原则和方法

### 4.1 编码原则

#### 4.1.1 唯一性

每一种物资只对应一个编码，即使某种物资不再使用，其编码也将作为唯一分类码永久保存不变。

#### 4.1.2 可扩展性

留有足够的扩展空间，可根据实际情况对分类进行类目扩充。

#### 4.1.3 稳定性

物资编码一旦分配，只要物资的基本属性没有发生变化，就保持不变。

### 4.2 编码方法

4.2.1 大宗物资分类编码采用全数字层次编码，下位类编码应继承上位类编码，以直观体现下位类与上位类之间的隶属关系；同位类之间构成并列关系，并以顺序码编码。

4.2.2 采用四层7位全数字型编码，第一层以1位阿拉伯数字表示，第二、三、四层以2位阿拉伯数字表示。

4.2.3 每层级编码按升序排列，每层级编码从"1"开始，按升序排列，第二、三、四层最多编至"99"。

4.2.4 第二层、第三层、第四层中数字为"99"的编码均表示收容类目，即不能归入已成系列类目中的物资均收入此类目中。

4.2.5 不足位时，均用0补位。

## 5 分类编码结构

公路及桥梁施工用大宗物资采用四层7位分类编码结构，如图1所示。$X_1$ 表示大类，$X_2X_3$ 表示中类，$X_4X_5$ 表示小类，$X_6X_7$ 表示细类。

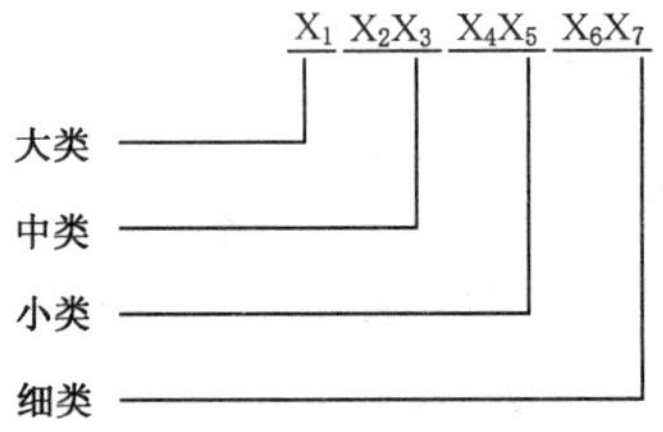


图1 编码结构示意图

## 6 分类编码表

公路及桥梁施工用大宗物资分类编码见表1。

表1 公路及桥梁施工用大宗物资分类编码表

| 分类编码 | 分类名称 | 备注 |
| --- | --- | --- |
| 1 | 钢材 | |
| 101 | 线材 | |
| 10101 | 钢筋 | |
| 1010101 | 热轧带肋钢筋 | |
| 1010102 | 冷轧带肋钢筋 | |
| 1010103 | 预应力混凝土用螺纹钢筋 | |
| 1010104 | 钢筋混凝土用环氧涂层钢筋 | |
| 1010105 | 热轧光圆钢筋 | |

**表 1（续）**

| 分类编码 | 分类名称 | 备注 |
|---|---|---|
| 1010106 | 冷轧光圆钢筋 | |
| 1010107 | 不锈钢筋 | |
| 1010199 | 其他钢筋 | |
| 10102 | 钢棒 | |
| 1010201 | 预应力混凝土用光圆钢棒 | |
| 1010202 | 预应力混凝土用螺旋槽钢棒 | |
| 1010203 | 预应力混凝土用螺旋肋钢棒 | |
| 1010204 | 预应力混凝土用带肋钢棒 | |
| 1010205 | 预应力高强螺纹钢棒 | |
| 1010299 | 其他钢棒 | |
| 10103 | 圆钢 | |
| 1010301 | 热轧圆钢 | |
| 1010302 | 冷轧圆钢 | |
| 1010399 | 其他圆钢 | |
| 10104 | 钢丝 | |
| 1010401 | 冷拉圆钢丝 | |
| 1010402 | 冷拉方钢丝 | |
| 1010403 | 预应力混凝土用光圆钢丝 | |
| 1010404 | 预应力混凝土用螺旋肋钢丝 | |
| 1010405 | 预应力混凝土用刻痕钢丝 | |
| 1010406 | 桥梁缆索用热镀锌钢丝 | |
| 1010499 | 其他钢丝 | |
| 10105 | 钢绞线 | |
| 1010501 | 预应力混凝土用钢绞线 | |
| 1010502 | 镀锌钢绞线 | |
| 1010503 | 不锈钢钢绞线 | |
| 1010599 | 其他钢绞线 | |
| 10106 | 钢丝绳 | |
| 1010601 | 圆股钢丝绳 | |
| 1010602 | 镀锌圆股钢丝绳 | |

表 1（续）

| 分类编码 | 分类名称 | 备注 |
|---|---|---|
| 1010603 | 不锈钢钢丝绳 | |
| 1010699 | 其他钢丝绳 | |
| 10199 | 其他线材 | |
| 102 | 型材 | |
| 10201 | 工字钢 | |
| 1020101 | 热轧普通工字钢 | |
| 1020102 | 热轧轻型工字钢 | |
| 1020103 | 焊接工字钢 | |
| 1020199 | 其他工字钢 | |
| 10202 | H 型钢 | |
| 1020201 | 热轧 H 型钢 | |
| 1020202 | 焊接 H 型钢 | |
| 1020299 | 其他 H 型钢 | |
| 10203 | 热轧剖分 T 型钢 | |
| 10204 | 槽钢 | |
| 1020401 | 热轧普通槽钢 | |
| 1020402 | 热轧轻型槽钢 | |
| 1020403 | 冷弯槽钢 | |
| 1020499 | 其他槽钢 | |
| 10205 | 角钢 | |
| 1020501 | 热轧等边角钢 | |
| 1020502 | 热轧不等边角钢 | |
| 1020503 | 冷弯等边角钢 | |
| 1020504 | 冷弯不等边角钢 | |
| 1020599 | 其他角钢 | |
| 10206 | 热轧圆盘条 | |
| 10207 | 扁钢 | |
| 1020701 | 热轧扁钢 | |
| 1020702 | 冷拉扁钢 | |
| 1020703 | 热轧球扁钢 | |

表 1（续）

| 分类编码 | 分类名称 | 备注 |
| --- | --- | --- |
| 1020799 | 其他扁钢 | |
| 10208 | 方钢 | |
| 1020801 | 热轧方钢 | |
| 1020802 | 冷拉方钢 | |
| 1020899 | 其他方钢 | |
| 10209 | 六角钢 | |
| 1020901 | 热轧六角钢 | |
| 1020902 | 冷拉六角钢 | |
| 1020999 | 其他六角钢 | |
| 10210 | 八角钢 | |
| 1021001 | 热轧八角钢 | |
| 1021002 | 冷拉八角钢 | |
| 1021099 | 其他八角钢 | |
| 10211 | 热轧 L 型钢 | |
| 10212 | 热轧 C 型钢 | |
| 10213 | 钢板桩 | |
| 1021301 | 热轧钢板桩 | |
| 1021302 | 冷弯钢板桩 | |
| 1021399 | 其他钢板桩 | |
| 10214 | 钢轨 | |
| 1021401 | 轻轨 | |
| 1021402 | 重轨 | |
| 1021403 | 起重机轨 | |
| 1021499 | 其他钢轨 | |
| 10299 | 其他型材 | |
| 103 | 板材 | |
| 10301 | 钢板 | |
| 1030101 | 热轧钢平板 | |
| 1030102 | 热轧钢卷板 | |
| 1030103 | 冷轧钢板 | |

表 1（续）

| 分类编码 | 分类名称 | 备注 |
|---|---|---|
| 1030104 | 镀锌钢板 | |
| 1030105 | 镀锡钢板 | |
| 1030106 | 涂层钢板 | |
| 1030107 | 花纹钢板 | |
| 1030108 | 冷弯波形钢板 | |
| 1030109 | 桥梁用结构钢板 | |
| 1030199 | 其他钢板 | |
| 10302 | 钢带 | |
| 1030201 | 热轧钢带 | |
| 1030202 | 冷轧钢带 | |
| 1030203 | 镀锌钢带 | |
| 1030204 | 涂层钢带 | |
| 1030299 | 其他钢带 | |
| 10399 | 其他板材 | |
| 104 | 管材 | |
| 10401 | 焊接钢管 | |
| 1040101 | 低压流体输送用焊接钢管 | |
| 1040102 | 低压流体输送用镀锌焊接钢管 | |
| 1040103 | 直缝电焊钢管 | |
| 1040104 | 不锈钢焊接钢管 | |
| 1040105 | 螺旋焊缝电焊钢管 | |
| 1040106 | 桩用螺旋焊缝钢管 | |
| 1040107 | 电线套管 | |
| 1040108 | 方形焊接钢管 | |
| 1040109 | 矩形焊接钢管 | |
| 1040110 | 钢波纹涵管 | |
| 1040199 | 其他焊接钢管 | |
| 10402 | 无缝钢管 | |
| 1040201 | 热轧无缝钢管 | |
| 1040202 | 冷拔无缝钢管 | |

**表 1（续）**

| 分类编码 | 分类名称 | 备注 |
|---|---|---|
| 1040203 | 结构用不锈钢无缝钢管 | |
| 1040204 | 冷拔异型方形无缝钢管 | |
| 1040205 | 冷拔异型矩形无缝钢管 | |
| 10499 | 其他管材 | |
| 199 | 其他钢材 | |
| 2 | 水泥 | |
| 201 | 通用水泥 | |
| 20101 | 硅酸盐水泥 | 由硅酸盐水泥熟料、0%～5%石灰石或粒化炉矿渣、适量石膏磨细制成的水硬性胶凝材料，即国外通常称的波特兰水泥。参见GB/T 4131 |
| 20102 | 普通硅酸盐水泥 | 由硅酸盐水泥熟料、6%～15%混合材料、适量石膏磨细制成的水硬性胶凝材料。参见GB/T 4131 |
| 20103 | 矿渣硅酸盐水泥 | |
| 20104 | 粉煤灰硅酸盐水泥 | |
| 20105 | 火山灰质硅酸盐水泥 | |
| 20106 | 复合硅酸盐水泥 | |
| 20199 | 其他通用水泥 | |
| 202 | 专用水泥 | |
| 20201 | 道路硅酸盐水泥 | |
| 20202 | 油井水泥 | |
| 20203 | 砌筑水泥 | |
| 20299 | 其他专用水泥 | |
| 203 | 特性水泥 | |
| 20301 | 白色硅酸盐水泥 | |
| 20302 | 中热硅酸盐水泥 | |
| 20303 | 磷渣硅酸盐水泥 | |

表 1（续）

| 分类编码 | 分类名称 | 备注 |
| --- | --- | --- |
| 20304 | 钢渣硅酸盐水泥 | |
| 20305 | 彩色硅酸盐水泥 | |
| 20306 | 中抗硫酸盐硅酸盐水泥 | |
| 20307 | 高抗硫酸盐硅酸盐水泥 | |
| 20308 | 低热硅酸盐水泥 | |
| 20309 | 低热矿渣硅酸盐水泥 | |
| 20310 | 石灰石硅酸盐水泥 | |
| 20311 | 铝酸盐水泥 | |
| 20312 | 快硬硫铝酸盐水泥 | |
| 20313 | 低碱度硫铝酸盐水泥 | |
| 20314 | 自应力硫铝酸盐水泥 | |
| 20315 | 低热微膨胀水泥 | |
| 20399 | 其他特性水泥 | |
| 299 | 其他水泥 | |
| 3 | 沥青 | |
| 301 | 石油沥青 | |
| 30101 | 普通道路石油沥青 | |
| 30102 | 重交通道路石油沥青 | |
| 30103 | 废胎胶粉橡胶沥青 | |
| 30104 | 建筑石油沥青 | |
| 30105 | 电缆石油沥青 | |
| 30106 | 防水防潮石油沥青 | |
| 30107 | 油漆石油沥青 | |
| 30108 | 彩色沥青 | |
| 30199 | 其他石油沥青 | |
| 302 | 天然沥青 | |
| 30201 | 湖沥青 | |
| 30202 | 岩沥青 | |
| 30299 | 其他天然沥青 | |
| 303 | 煤沥青 | |

表 1（续）

| 分类编码 | 分类名称 | 备注 |
|---|---|---|
| 30301 | 建筑煤沥青 | |
| 30302 | 道路煤沥青 | |
| 30399 | 其他煤沥青 | |
| 304 | 改性、乳化沥青 | |
| 30401 | 改性沥青 | |
| 30402 | 乳化沥青 | |
| 30403 | 改性乳化沥青 | |
| 30404 | 稀释沥青 | |
| 30499 | 其他改性、乳化沥青 | |
| 399 | 其他沥青 | |
| 4 | 燃润料 | |
| 401 | 液体燃料 | |
| 40101 | 汽油 | |
| 4010101 | 车用汽油 | |
| 4010199 | 其他汽油 | |
| 40102 | 柴油 | |
| 4010201 | 普通柴油 | |
| 4010202 | 车用柴油 | |
| 4010203 | 重柴油 | |
| 4010299 | 其他柴油 | |
| 40103 | 燃料油 | |
| 40104 | 煤油 | |
| 40105 | 煤焦油 | |
| 40106 | 工业酒精 | |
| 40199 | 其他液体燃料 | |
| 402 | 固体燃料 | |
| 40201 | 无烟煤 | |
| 40202 | 烟煤 | |
| 4020201 | 贫煤 | |
| 4020202 | 贫瘦煤 | |

表 1（续）

| 分类编码 | 分类名称 | 备注 |
| --- | --- | --- |
| 4020203 | 瘦煤 | |
| 4020204 | 焦煤 | |
| 4020205 | 肥煤 | |
| 4020206 | 1/3 焦煤 | |
| 4020207 | 气肥煤 | |
| 4020208 | 气煤 | |
| 4020209 | 1/2 中黏煤 | |
| 4020210 | 弱黏煤 | |
| 4020211 | 不黏煤 | |
| 4020212 | 长焰煤 | |
| 4020299 | 其他烟煤 | |
| 40203 | 褐煤 | |
| 40204 | 焦炭 | |
| 4020401 | 冶金焦 | |
| 4020402 | 气化焦 | |
| 4020403 | 电石用焦 | |
| 4020499 | 其他焦炭 | |
| 40205 | 木炭 | |
| 40206 | 竹炭 | |
| 40207 | 煤粉 | |
| 40208 | 煤浆 | |
| 40299 | 其他固体燃料 | |
| 403 | 气体燃料 | |
| 40301 | 天然气 | |
| 40302 | 液化石油气 | |
| 40303 | 氧气 | |
| 40304 | 煤气 | |
| 40305 | 甲烷 | |
| 40306 | 乙炔 | |
| 40307 | 氢气 | |

表 1（续）

| 分类编码 | 分类名称 | 备注 |
| --- | --- | --- |
| 40308 | 沼气 | |
| 40399 | 其他气体燃料 | |
| 404 | 润滑油 | |
| 40401 | 汽油机油 | |
| 40402 | 柴油机油 | |
| 40403 | 全损耗系统用油 | |
| 40404 | 齿轮油 | |
| 40405 | 汽轮机油 | |
| 40406 | 汽缸油 | |
| 4040601 | 矿油蒸汽汽缸油 | |
| 4040602 | 合成蒸汽汽缸油 | |
| 4040603 | 船用汽缸油 | |
| 4040699 | 其他汽缸油 | |
| 40407 | 空气压缩机油 | |
| 4040701 | L-DAA 往复式空气压缩机油 | |
| 4040702 | L-DAB 往复式空气压缩机油 | |
| 4040703 | L-DAC 往复式空气压缩机油 | |
| 4040704 | L-DAG 回转式空气压缩机油 | |
| 4040705 | L-DAH 回转式空气压缩机油 | |
| 4040706 | L-DAJ 回转式空气压缩机油 | |
| 4040799 | 其他空气压缩机油 | |
| 40408 | 导轨油 | |
| 40409 | 轴承油 | |
| 4040901 | L-FC 轴承油 | |
| 4040902 | L-FD 轴承油 | |
| 4040999 | 其他轴承油 | |
| 40410 | 仪表油 | |
| 40411 | 钢丝绳润滑油 | |
| 40499 | 其他润滑油 | |
| 405 | 润滑脂 | |

表 1（续）

| 分类编码 | 分类名称 | 备注 |
|---|---|---|
| 40501 | 钙基润滑脂 | |
| 40502 | 合成钙基润滑脂 | |
| 40503 | 复合钙基润滑脂 | |
| 40504 | 合成复合钙基润滑脂 | |
| 40505 | 钠基润滑脂 | |
| 40506 | 合成钠基润滑脂 | |
| 40507 | 石墨钙基润滑脂 | |
| 40508 | 无水钙基润滑脂 | |
| 40509 | 钙钠基润滑脂 | |
| 40510 | 通用锂基润滑脂 | |
| 40511 | 极压锂基润滑脂 | |
| 40512 | 二硫化钼润滑脂 | |
| 40513 | 二硫化钼锂基润滑脂 | |
| 40514 | 钡基润滑脂 | |
| 40515 | 铝基润滑脂 | |
| 40516 | 合成复合铝基润滑脂 | |
| 40517 | 硅胶润滑脂 | |
| 40518 | 膨润土润滑脂 | |
| 40519 | 高温润滑脂 | |
| 40520 | 高温钙基脂 | |
| 40521 | 轴承脂 | |
| 4052101 | 高速轴承脂 | |
| 4052102 | 电机轴承润滑脂 | |
| 4052199 | 其他轴承脂 | |
| 40522 | 压延机润滑脂 | |
| 40523 | 工业用凡士林 | |
| 40524 | 钢丝绳脂 | |
| 40525 | 硅脂 | |
| 40599 | 其他润滑脂 | |
| 499 | 其他燃润料 | |

# 参 考 文 献

[1] GB/T 4131 水泥的命名原则和术语
[2] GB/T 7027 信息分类和编码的基本原则方法
[3] GB/T 7714 信息与文献 参考文献著录规则
[4] GB/T 10113 分类与编码通用术语
[5] GB/T 20001.3 标准编写规则 第3部分:分类标准
[6] 孙重光,贺晓红等.器材目录[M].路桥集团第一公路局,1999,整卷.
[7] 孙重光等.公路施工手册-常用工程材料[M].人民交通出版社,1984,第1章.
[8] 孙重光,贺晓红等.公路施工材料手册[M].人民交通出版社,2002,整卷.
[9] 孙重光,贺晓红等.土木工程材料手册[M].人民交通出版社,2016,整卷.
[10] 孙重光,贺晓红等.道路建筑工程材料手册[M].人民交通出版社,1995,整卷.

ICS 91.120.20
A 59

# 中华人民共和国国家标准

GB/T 35426.1—2017/ISO 9052-1:1989

# 声学 动刚度测定 第1部分：普通浮筑楼板下的弹性材料

Acoustics—Determination of dynamic stiffness—
Part 1: Materials used under floating floors in dwellings

(ISO 9052-1:1989,IDT)

2017-12-29 发布 2018-04-01 实施

中华人民共和国国家质量监督检验检疫总局
中国国家标准化管理委员会 发布

# 前　言

GB/T 35426《声学　动刚度测定》拟分为以下两个部分：

——第1部分：普通浮筑楼板下的弹性材料；

——第2部分：特种浮筑楼板下的弹性材料。

本部分为GB/T 35426的第1部分。

本部分按照GB/T 1.1—2009给出的规则起草。

本部分使用翻译法等同采用ISO 9052-1:1989《声学　动刚度测定　第1部分：普通浮筑楼板下的弹性材料》。

与本部分中规范性引用的国际文件有一致性对应关系的我国文件如下：

——GB/T 11349.2—2006　振动与冲击　机械导纳的试验确定　第2部分：用激振器作单点平动激励测量(ISO 7626-2:1990,IDT)

——GB/T 25077—2010　声学　多孔吸声材料流阻测量(ISO 9053:1991,IDT)

本部分做了下列编辑性修改：

——删除了7.3中关于"ISO 7626-5　振动与冲击　机械导纳的试验确定　第5部分：冲击激励法"即将发布的条文脚注，同时将GB/T 11349.3—2006　振动与冲击　机械导纳的试验确定　第3部分：冲击激励法(ISO 7626-5:1994,IDT)列入参考文献。

本部分由中国科学院提出。

本部分由全国声学标准化技术委员会(SCA/TC 17)归口。

本部分起草单位：中国建筑科学研究院、华南理工大学、中国科学院声学研究所、北京科奥克声学技术公司、清华大学。

本部分主要起草人：谭华、赵越喆、吕亚东、茹履京、燕翔、林杰、尹铫、徐欣、石红蓉、徐春、闫国军、吴伟斌。

# 声学　动刚度测定　第1部分：普通浮筑楼板下的弹性材料

## 1　范围

GB/T 35426 的本部分规定了用于普通浮筑楼板下的弹性材料动刚度测定方法。动刚度是决定浮筑楼板隔声性能的参数之一。

本部分适用于测定表面平整(见 6)并在浮筑楼板下连续使用的弹性材料单位面积动刚度;不适用于测定荷载小于 0.4 kPa[1)](如墙衬材料)或荷载大于 4 kPa[1)](如机座下材料)的弹性材料。

本部分主要用于对特性已知的相似材料产品试件进行对比。

涉及被测弹性材料流阻率的相关规定见 8.2。

注 1：一般用于墙衬的材料,例如聚苯乙烯或矿物纤维,其静态预荷载对动刚度的影响不大。按本部分在 2 kPa 静态荷载下测得的动刚度值与在很低的静态预荷载下获得的测定值相比,差别在 10%～20%。

注 2：GB/T 35426 的第 2 部分将规定特种浮筑楼板(高静态荷载)下的弹性材料动刚度测定方法。

## 2　规范性引用文件

下列文件对于本文件的应用是必不可少的。凡是注日期的引用文件,仅注日期的版本适用于本文件。凡是不注日期的引用文件,其最新版本(包括所有的修改单)适用于本文件。

ISO 7626-2　振动与冲击　机械导纳的试验确定　第 2 部分:用激振器作单点平动激励测量(Vibration and shock—Experimental determination of mechanical mobility—Part 2: Measurements using single-point translation excitation with an attached vibration exciter)

ISO 9053　声学　声学应用材料　流阻测量(Acoustics—Materials for acoustical applications—Determination of airflow resistance)

## 3　术语和定义

下列术语和定义适用于本文件。

3.1

**动刚度　dynamic stiffness**

动态力的幅值与动态变化幅值之比。

本部分采用单位面积动刚度 $s'$,由式(1)表示,单位为牛顿每立方米($N/m^3$)。

$$s' = \frac{F/S}{\Delta d} \qquad \cdots\cdots(1)$$

式中:

$F$ ——垂直作用于试件上的动态力,单位为牛顿(N);

$S$ ——试件面积,单位为平方米($m^2$);

$\Delta d$ ——弹性材料厚度的动态变化量,单位为米(m)。

本部分采用以下参量和符号:

1)　$1\ Pa = 1\ N/m^2$

$s'_s$——材料结构单位面积动刚度；

$s'_a$——滞留气体(如空气)单位面积动刚度；

$s'_t$——试件单位面积表观动刚度；

$s'$——待测弹性材料单位面积动刚度。

3.2

**固有频率　natural frequency**

$f_0$

系统的自由谐振频率。

浮筑楼板的固有频率由式(2)表示,单位为赫兹(Hz)。

$$f_0=\frac{1}{2\pi}\sqrt{\frac{s'}{m'}} \qquad \cdots\cdots(2)$$

式中:

$s'$ ——待测弹性材料单位面积动刚度,单位为牛顿每立方米($N/m^3$);

$m'$——浮筑楼板单位面积质量,单位为千克每平方米($kg/m^2$)。

3.3

**共振频率　resonant frequency**

$f_r$

测试中谐振发生的频率。

共振频率由式(3)表示,单位为赫兹(Hz)。

$$f_r=\frac{1}{2\pi}\sqrt{\frac{s'_t}{m'_t}} \qquad \cdots\cdots(3)$$

式中:

$s'_t$ ——试件单位面积表观动刚度,单位为牛顿每立方米($N/m^3$);

$m'_t$——测试过程中的单位面积总质量,单位为千克每平方米($kg/m^2$)。

## 4 测定原理

采用共振法测定试件的单位面积表观动刚度 $s'_t$,即测量由被测弹性材料试件和荷载板质量构成的弹簧/质量系统的垂直振动共振基频。

## 5 测试安排

试件应放置在两个水平表面之间,即基础(基板)和荷载板之间。荷载板应为方形钢质板,尺寸为(200±3)mm ×(200±3)mm;基础(基板)和荷载板板面不平整度应小于 0.5 mm,并要有足够的刚度以避免在测量频率范围内产生弯曲波。

激振方法可采用图 1～图 3 中的任意一种。

施加在试件上的总荷载(包括所有测量和/或激振设备)应为 8 kg±0.5 kg。

使用激振和测量设备应保证只产生垂直方向的振动(即无转动成分)。

图 1 所示的测量设置中,基础的惯性要足够大,以使基础的振动速度与荷载板相比可忽略。

图 2 和图 3 所示的测量设置中,基板的质量不应小于 100 kg。

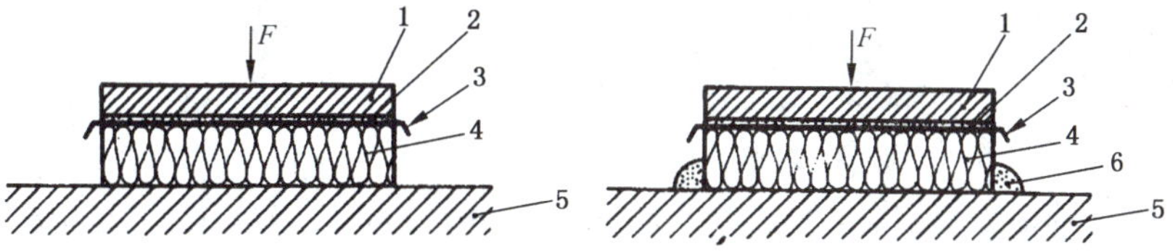


a) 开孔材料　　　　b) 闭孔材料

说明：

1——荷载板；
2——石膏腻子；
3——防水膜；
4——试件；
5——基础；
6——矿物脂。

图 1　从荷载板激振——测量荷载板的振动

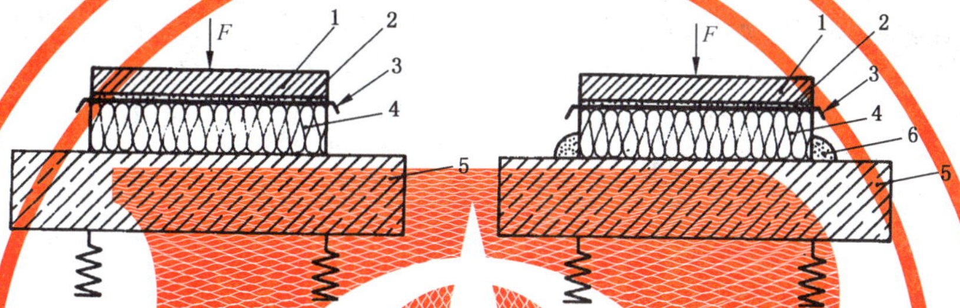


a) 开孔材料　　　　b) 闭孔材料

说明：

1——荷载板；
2——石膏腻子；
3——防水膜；
4——试件；
5——基板；
6——矿物脂。

图 2　从荷载板激振——测量荷载板和基板的振动

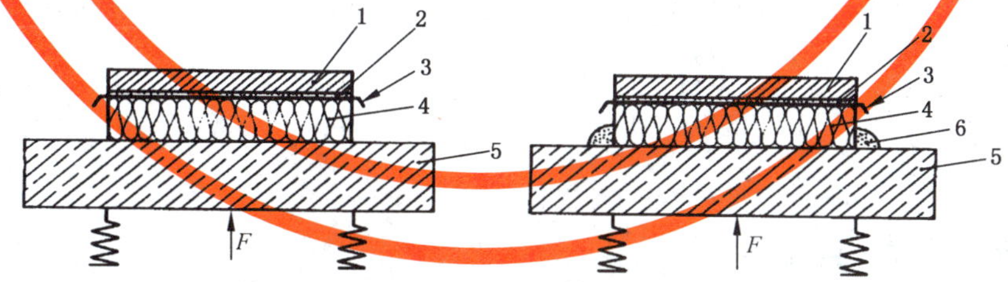


a) 开孔材料　　　　b) 闭孔材料

说明：

1——荷载板；
2——石膏腻子；
3——防水膜；
4——试件；
5——基板；
6——矿物脂。

图 3　从基板激振——测量荷载板和基板的振动

## 6 试件

至少应选取 3 块试件，试件尺寸为 200 mm × 200 mm。试件表面不平整度应小于 3 mm。

应采用厚度约为 0.02 mm 的防水塑料薄膜覆盖试件，在薄膜上面均匀涂抹一层厚度至少为 5 mm 的熟石膏腻子，以使表面平整，并要在腻子凝固之前将荷载板放置到腻子上面，如图 1a) ～图 3a) 所示。

对闭孔材料，试件与基础(基板)连接缝周边应采用矿物脂进行胶封处理，如图 1b) ～图 3b) 所示。

## 7 测试步骤

### 7.1 概述

试件和荷载板垂直振动共振频率 $f_r$ 的测量可采用正弦信号、白噪声或冲击激励法。

以上三种方法具有同等效力，当发生争议时，应以正弦信号法(见 7.2)作为推荐方法。

### 7.2 正弦信号法

保持激振力恒定，通过改变激振频率而得到共振频率。

如果发现共振频率取决于激振力的振幅，这种依赖关系应通过尽可能小的激振力振幅来确定。共振频率应由激振力振幅外推至零来确定。

根据弹性材料动刚度预估值，作为外推基线的测量范围由下述关系确定：

a) 当 $s'>50\ \mathrm{MN/m^3}$ 时，$0.2\ \mathrm{N} \leqslant F \leqslant 0.8\ \mathrm{N}$；

b) 当 $s' \leqslant 50\ \mathrm{MN/m^3}$ 时，$0.1\ \mathrm{N} \leqslant F \leqslant 0.4\ \mathrm{N}$。

在上述激振力幅值变化范围内应至少选取三个值，以便外推。

注：如果被测材料的内阻尼高，共振频率处垂直振动振幅不明显。对此，可通过观察激振信号和振动信号两者之间的相移而确定共振。

### 7.3 白噪声法或冲击激励法

按照 ISO 7626-2 规定的方法，也可采用冲击激励法(参见参考文献[1])，通过系统频率响应分析，获得其共振频率。

## 8 结果表述

### 8.1 试件单位面积表观动刚度 $s'_t$

试件单位面积表观动刚度 $s'_t$ 由式(4)计算，单位为牛顿每立方米($\mathrm{N/m^3}$)。

$$s'_t = 4\pi^2 m'_t f_r^2 \qquad \cdots\cdots(4)$$

式中：

$m'_t$——测试过程中的单位面积总质量，单位为千克每平方米($\mathrm{kg/m^2}$)；

$f_r$——用外推法得到的共振频率，单位为赫兹(Hz)。

### 8.2 弹性材料单位面积动刚度 $s'$

材料流阻的测量应符合 ISO 9053 的规定。弹性材料单位面积动刚度 $s'$ 与材料横向流阻 $r$ 有关，具体关系如下：

a) 对于高流阻材料，即满足 $r \geqslant 100\ \mathrm{kPa \cdot s/m^2}$ 时，$s'$ 按式(5)计算：

$$s' = s'_t \quad \cdots\cdots\cdots\cdots\cdots\cdots\cdots\cdots (5)$$

b) 对于中流阻材料,即满足 100 kPa·s/m$^2$>$r$≥10 kPa·s/m$^2$时,$s'$按式(6)计算:

$$s' = s'_t + s'_a \quad \cdots\cdots\cdots\cdots\cdots\cdots\cdots\cdots (6)$$

假设弹性材料中的声传播为等温过程,滞留气体单位面积动刚度 $s'_a$按式(7)计算:

$$s'_a = \frac{p_0}{d\varepsilon} \quad \cdots\cdots\cdots\cdots\cdots\cdots\cdots\cdots (7)$$

式中:

$s'_a$——滞留气体单位面积动刚度,单位为牛顿每立方米(N/m$^3$);

$p_0$——大气压强,单位为帕斯卡(Pa);

$d$——施加静态荷载后试件的厚度,单位为米(m);

$\varepsilon$——试件的孔隙率。

注:当 $p_0$=0.1 MPa,$\varepsilon$=0.9,如果 $d$ 以毫米(mm)为单位,则以兆牛顿每立方米(MN/m$^3$)为单位的滞留气体单位面积动刚度 $s'_a$ 可用下式计算:

$$s'_a = \frac{111}{d}$$

c) 对于低流阻材料,即满足 $r$<10 kPa·s/m$^2$时,如果用式(7)计算出的滞留气体单位面积动刚度 $s'_a$与试件单位面积表观动刚度 $s'_t$相比,数值较小并可忽略,则 $s'$ 按式(5)计算。

由于未计及 $s'_a$的影响而产生的误差应在测试报告中说明。

注:当 $r$ < 10 kPa·s/m$^2$,且 $s'_a$与 $s'_t$相比不可忽略时,不能用本方法。

## 9 测试报告

测试报告应包括下列内容:

a) 测试依据为 GB/T 35426 的本部分;

b) 对材料的描述,包括生产日期、试件、编号、尺寸、施加静态荷载后试件的厚度、单位面积的质量;

c) 激振测试安排(图 1~图 3),激振信号(正弦信号、白噪声、冲击信号),振动测量(加速度、速度、位移);

d) 测试日期,环境条件(例如:温度、相对湿度);

e) 用外推法得到的共振频率 $f_r$,试件单位面积表观动刚度 $s'_t$,滞留气体单位面积动刚度 $s'_a$,弹性材料单位面积动刚度 $s'$。

表述各种单位面积动刚度的测试结果,宜以兆牛顿每立方米(MN/m$^3$)为单位,并修约为整数。当材料流阻小于 10 kPa·s/m$^2$时,宜在测试报告中给出不计及滞留气体单位面积动刚度 $s'_a$的理由和估计误差(见 8.2)。

## 参 考 文 献

[1] GB/T 11349.3—2006 振动与冲击 机械导纳的试验确定 第3部分:冲击激励法(ISO 7626-5:1994,IDT)

ICS 35.240.30
L 67

# 中华人民共和国国家标准

GB/T 35427—2017

# 图书版权资产核心元数据

## Core metadata for books copyright assets

2017-12-29 发布

2018-04-01 实施

中华人民共和国国家质量监督检验检疫总局
中国国家标准化管理委员会 发布

# 前　言

本标准按照 GB/T 1.1—2009 给出的规则起草。

本标准由全国信息分类与编码标准化技术委员会(SAC/TC 353)提出并归口。

本标准起草单位:电子工业出版社、广州市标准化研究院、版云(北京)科技有限责任公司、湖北省标准化与质量研究院、中国标准化研究院、南方电网科学研究院有限责任公司、中国新闻出版研究院、中译出版社有限公司、中国出版集团公司、上海精灵天下数字技术有限公司、广州盟标质量检测技术服务有限公司、四川三尺科技有限公司、标新科技(北京)有限公司、《中国标准化》杂志社有限公司。

本标准主要起草人:高昂、张峻、马万钟、李弘、杨晓峰、杨克东、肖慧娟、林晓芳、杨建东、梁薇、王昕、周育忠、孙广芝、程越、张艳琦、朱虹、孙文峰、刘东华、吴良柱、杜宇、张小东、覃云川、彭海韵、陈亚红、曾繁仰、孙晓立、邱志平、刘立俪、陈梓宇。

# 引　言

版权资产是各类机构拥有或控制的、能够发挥持续作用并能带来经济效益的版权的财产性权益以及与版权权利相关的财产权益。版权资产是文化资产的主要组成部分，是相关机构运营和发展过程中形成的主要资产形式，是推动相关产业持续发展的重要基础和支撑，是版权内在价值在组织层面上的直观体现。加强版权资产管理，既是相关资产管理的核心内容，也是打造企业核心竞争力、促进文化产业繁荣发展的重要手段。

本标准对图书版权资产的核心元数据进行了描述，能够满足各类机构对图书版权资产信息化管理的需求，实现信息化系统中对图书版权资产的规范性管理，辅助相关机构有效甄别和良好运营图书版权类资产，并在图书版权资产管理过程中实现其价值和收益的最大化。

# 图书版权资产核心元数据

## 1 范围

本标准规定了图书版权资产核心元数据及其描述,包括元数据的数据结构和数据字典,并给出了元数据的扩展规则。

本标准适用于图书版权资产数据的管理、维护与运营。

## 2 规范性引用文件

下列文件对于本文件的应用是必不可少的。凡是注日期的引用文件,仅注日期的版本适用于本文件。凡是不注日期的引用文件,其最新版本(包括所有的修改单)适用于本文件。

GB/T 2659 世界各国和地区名称代码

GB/T 4880.1 语种名称代码 第1部分:2字母代码

GB/T 4880.2 语种名称代码 第2部分:3字母代码

GB/T 4880.3 语种名称代码 第3部分:所有语种的3字母代码

GB/T 7408 数据元和交换格式 信息交换 日期和时间表示法

GB/T 18391.1 信息技术 元数据注册系统(MDR) 第1部分:框架

GB/T 18391.2 信息技术 元数据注册系统(MDR) 第2部分:分类

GB/T 18391.3 信息技术 元数据注册系统(MDR) 第3部分:注册系统元模型与基本属性

GB/T 18391.4 信息技术 元数据注册系统(MDR) 第4部分:数据定义的形成

GB/T 18391.5 信息技术 元数据注册系统(MDR) 第5部分:命名和标识原则

GB/T 18391.6 信息技术 元数据注册系统(MDR) 第6部分:注册

## 3 术语和定义

下列术语和定义适用于本文件。

3.1

**元数据 metadata**

关于数据或数据元素的数据(可能包括其数据描述),以及关于数据拥有权、存取路径、访问权和数据易变性的数据。

[GB/T 5271.17—2010,定义 17.06.05]

3.2

**元数据元素 metadata element**

用以描述图书版权资产某个特性的元数据的基本单元。

注1:元数据元素在元数据实体中是唯一的。

注2:与UML术语中的"属性"同义。

3.3

**元数据实体 metadata entity**

一组说明数据相同特性的元数据元素。

注 1：可以包含一个或一个以上元数据实体。

注 2：与 UML 术语中的“类”同义。

3.4

**元数据子集　metadata section**

由相关元数据实体和元素组成的元数据的子集合。

注：与 UML 术语中的“包”同义。

3.5

**图书版权资产　books copyright assets**

为权利人所拥有或控制，能持续发挥作用且能带来经济利益的图书类作品著作权。

## 4　符号和缩略语

### 4.1　UML 符号

本标准使用如下 UML 符号：

＜＜包＞＞(＜＜Package＞＞)逻辑上相关的组成部分的群集，包括子包。

＜＜叶＞＞(＜＜Leaf＞＞)包含定义，但不含任何子包的包。

＜＜类型＞＞(＜＜Type＞＞)说明实例(对象)的域和可用于对象的操作的类。一个类型可以有属性和关联。

＜＜数据类型＞＞(＜＜DataType＞＞)一组不同值的描述符，其操作没有副作用。数据类型包括基本的预定义类型和用户定义的类型。预定义的数据类型包括数字型、字符串和时间型。用户定义的数据类型包括枚举型。

＜＜枚举＞＞(＜＜Enumeration＞＞)数据类型，其实例构成命名字符值的可取值列表。枚举的名称与它的字符值都予以说明。

＜＜代码表＞＞(＜＜CodeList＞＞)用于说明更开放的枚举。代码表是一个灵活的枚举。代码表对于表示潜在值的长表是有用的。如果表的元素完全是已知的，应当使用枚举；如果只有元素的可能值是已知的，则应使用代码表。

### 4.2　缩略语

下列缩略语适用于本文件。

MD：元数据；

UML：统一建模语言；

XML：可扩展标记语言。

## 5　元数据的描述方法

### 5.1　概述

本标准采用统一建模语言(UML)图的形式提供元数据模式，用于完整定义图书版权资产核心元数据的整体抽象模型。本标准采用数据字典定义和描述元数据，每个 UML 模型图(图 2～图 6)在数据字典中有一个元数据子集，每个 UML 模型类等于数据字典中的一个元数据实体，每个 UML 模型类属性等于数据字典中的一个元数据元素，UML 模型和数据字典之间的对应关系见表 1。表 3～表 17 中带阴影的行定义元数据实体。数据字典中的元数据实体和元数据元素用中文名称、英文名称、定义、数据类型、域、约束、最大出现次数等七个属性定义。

**表 1　UML 模型和数据字典关系**

| UML 模型 | 数据字典 |
|---|---|
| 包 | 子集 |
| 类 | 实体 |
| 属性 | 元素 |
| 关联 | 元素 |

### 5.2　元数据属性

#### 5.2.1　中文名称

元数据实体或元数据元素的中文名称。

#### 5.2.2　英文名称

赋予元数据实体或元数据元素的英文名称。元数据实体的英文名称开头为大写字母，元数据实体名称中没有空格，多个单词连写，每个单词的首字母均大写，元数据实体名称在本标准的整个数据字典中是唯一的。元数据元素的英文名称中第一个单词的首字母小写，其他单词首字母大写，多个单词中间没有空格，元数据元素名称在元数据实体中是唯一的。角色名称用于标识元数据抽象模型关联，用"*角色名称*："开头，与其他元数据元素区分。

#### 5.2.3　定义

描述元数据实体或元数据元素的基本内容，给出图书版权资产特征的说明。

#### 5.2.4　数据类型

对元数据元素的有效值域的规定和允许对该值域内的值进行有效操作的规定，包括预先定义的基本类型（字符型、数值型、日期型、布尔型等）和用户定义的类型（复合型、类等）。

#### 5.2.5　域

对元数据实体，域说明该实体包含的行数。

对元数据元素，域说明允许取值的范围或使用自由文本。"自由文本"表明对字段的内容没有限制。应使用基于整型的代码表示包含代码表的域值。

#### 5.2.6　约束/条件

说明一个元数据实体或元数据元素是否应当总是在元数据中选用的描述符。该描述符分别为：

a)　M：必选，表明该元数据实体或元数据元素必须选用。
b)　O：可选，根据实际应用可以选择也可以不选的元数据实体或元数据元素。如果一个可选元数据实体未被选用，则该实体所包含的元素（包括必选元素）也不选用。可选元数据实体可以有必选元素，但这些元素只当可选实体被选用时才成为必选的。
c)　C：条件必选，说明元数据实体或元数据元素是否选用的条件。当满足约束条件时，至少有一个元数据实体或元数据元素必选。条件必选用于以下三种可能性之一：
　　——当在多个选项中进行选择时，至少一个选项必选，且必须使用；
　　——当另一个元数据元素已经使用时，选用一个元数据实体或元数据元素；

——当另一个元数据元素已经选择了一个特定值时，选用元数据元素。

### 5.2.7 最大出现次数

说明元数据实体或元数据元素可以有的实例的最大数目。只出现一次的用“1”表示，多次重复出现的用“N”表示。固定出现次数不为1时，用相应的数字表示，例如“2”“3”“4”等。

## 6 图书版权资产核心元数据

### 6.1 图书版权资产核心元数据包

本标准描述图书版权资产数据所需要的核心元数据。核心元数据由一个或者多个元数据子集(UML包)构成，后者包含一个或多个元数据实体(UML类)。本标准中，图书版权资产核心元数据由图书版权资产元数据实体集信息、图书版权资产基本信息、图书版权资产权利信息和图书版权资产运营信息等UML包构成。图书版权资产核心元数据包的结构见图1。

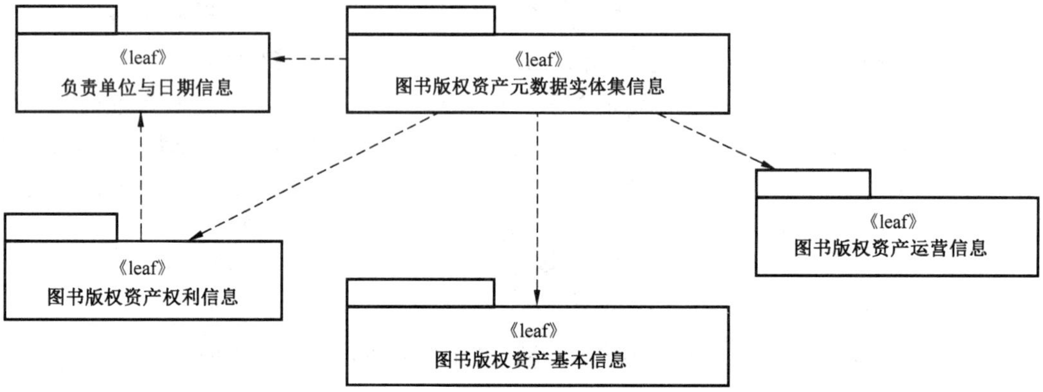


图1 图书版权资产核心元数据包

元数据包与元数据实体之间的关系见表2。

表2 元数据包和元数据实体间的关系

| 条目号 | 包 | 实体 | UML图 | 数据字典 |
|---|---|---|---|---|
| 6.2.1 | 图书版权资产元数据实体集信息 | MD_元数据 | 图2 | 表3 |
| 6.2.2 | 图书版权资产基本信息 | MD_基本信息 | 图3 | 表4、表5、表6 |
| 6.2.3 | 图书版权资产权利信息 | MD_权利信息 | 图4 | 表7、表8 |
| 6.2.4 | 图书版权资产运营信息 | MD_运营信息 | 图5 | 表9、表10、表11、表12 |
| 6.3 | 元数据负责单位与日期信息 | RE_负责单位<br>RE_日期 | 图6 | 表13、表14、表15、表16、表17 |

## 6.2 图书版权资产核心元数据描述

### 6.2.1 图书版权资产元数据实体集信息

图书版权资产元数据实体集信息由必选的元数据实体(UML 类)组成。元数据实体包含必选的和可选的元数据元素(UML 属性)。图书版权资产元数据实体集类定义了图书版权资产核心元数据的描述信息,图书版权资产元数据实体集信息逻辑结构见图 2。

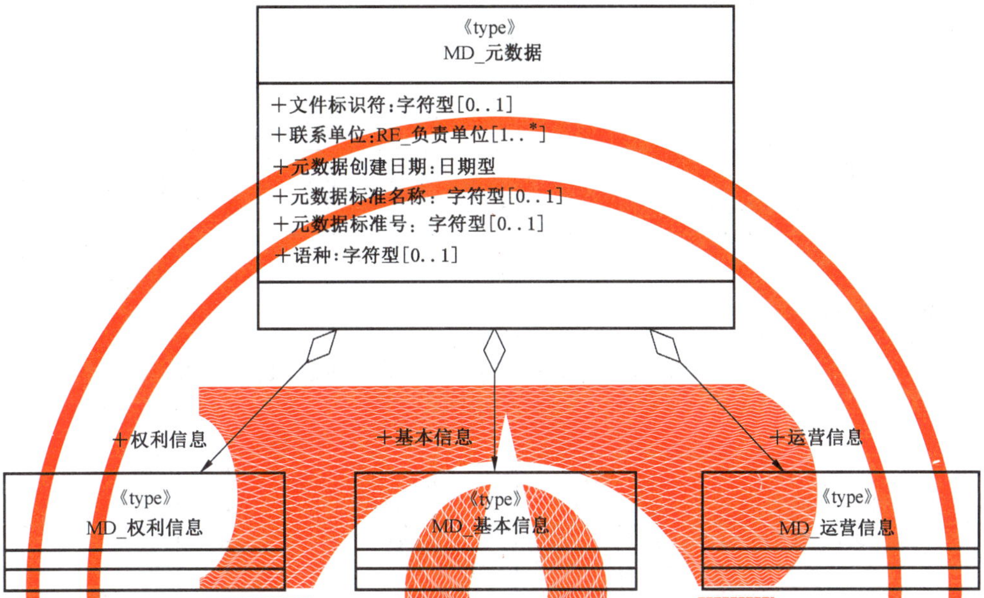


**图 2 图书版权资产元数据实体集信息**

图书版权资产元数据实体集信息数据字典见表 3。

**表 3 图书版权资产元数据实体集信息数据字典**

| 序号 | 中文名称 | 英文名称 | 定义 | 数据类型 | 域 | 约束/条件 | 最大出现次数 |
|---|---|---|---|---|---|---|---|
| 1 | 图书版权资产元数据实体集信息(MD_元数据) | MD_Metadata | 图书版权资产核心元数据的描述信息 | 复合型 | 第 2~10 行 | M | 1 |
| 2 | 文件标识符 | fileIdentifier | 元数据文件的唯一标识符 | 字符型 | 自由文本 | O | 1 |
| 3 | 联系单位 | contact | 对元数据信息负责的单位 | 字符型 | RE_负责单位 <<数据类型>> | M | N |
| 4 | 元数据创建日期 | metadataStamp | 数据集元数据的创建日期 | 日期型 | 按 GB/T 7408 | M | 1 |
| 5 | 元数据标准名称 | metadata StandardName | 执行的元数据标准名称 | 字符型 | 自由文本 | O | 1 |
| 6 | 元数据标准号 | metadata StandardNumber | 执行的元数据标准号 | 字符型 | 自由文本 | O | 1 |

**表 3（续）**

| 序号 | 中文名称 | 英文名称 | 定义 | 数据类型 | 域 | 约束/条件 | 最大出现次数 |
|---|---|---|---|---|---|---|---|
| 7 | 语种 | language | 元数据采用的语言 | 字符型 | 按 GB/T 4880 | O | 1 |
| 8 | 角色名称：基本信息 | *Role name*：assetInfo | 图书版权资产的基本属性说明 | 关联 | MD_基本信息 | M | 1 |
| 9 | 角色名称：权利信息 | *Role name*：rightsInfo | 图书版权资产的权利属性说明 | 关联 | MD_权利信息 | M | 1 |
| 10 | 角色名称：运营信息 | *Role name*：rightsOperarionInfo | 图书版权资产的运营属性说明 | 关联 | MD_运营信息 | M | 1 |

### 6.2.2 图书版权资产基本信息

图书版权资产基本信息类定义了图书版权资产的基本属性信息，也包括出版物信息和作(译)者信息等元数据实体类，图书版权资产基本信息逻辑结构见图 3。

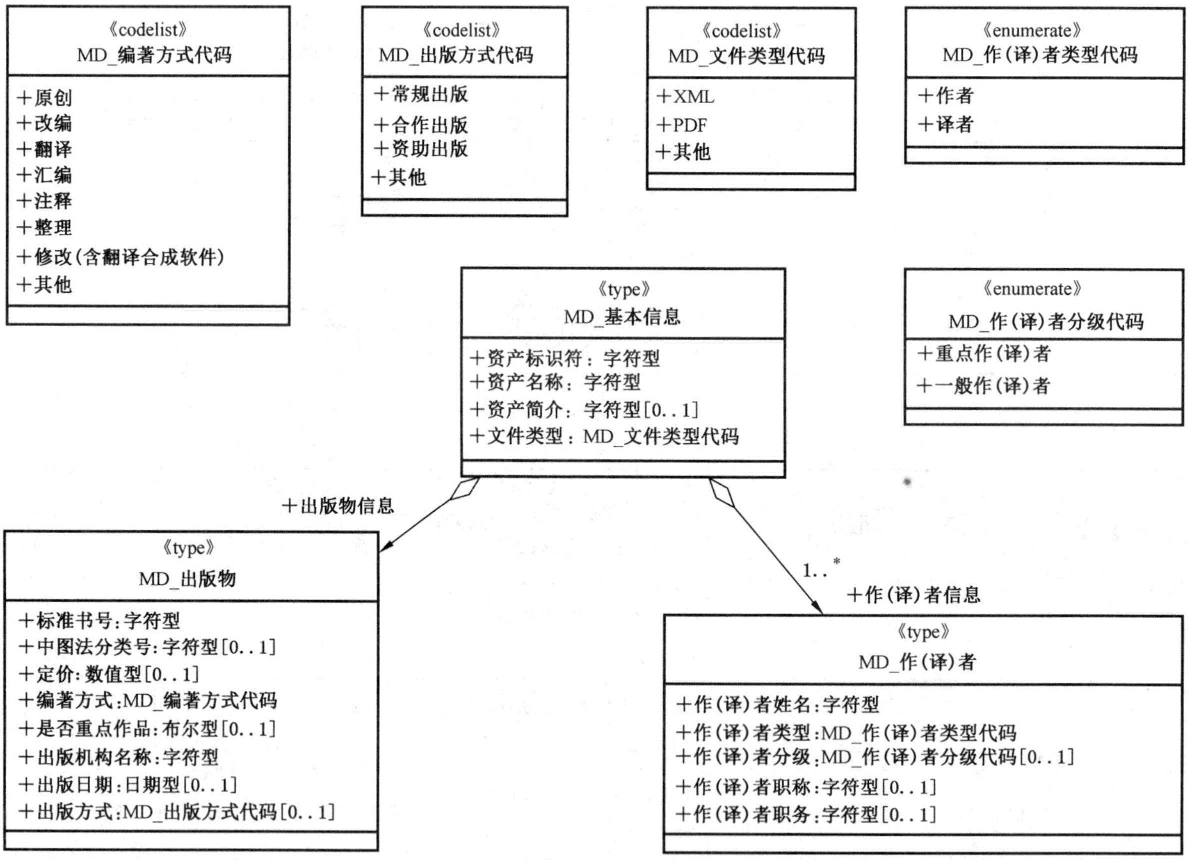


**图 3 图书版权资产基本信息**

图书版权资产基本信息数据字典见表 4。

**表 4　图书版权资产基本信息数据字典**

| 序号 | 中文名称 | 英文名称 | 定义 | 数据类型 | 域 | 约束/条件 | 最大出现次数 |
|---|---|---|---|---|---|---|---|
| 1 | 图书版权资产基本信息(MD_基本信息) | MD_AssetInfo | 描述图书版权资产基本属性，如资产名称、简介、文件类型等的一组信息 | 复合型 | 第 12～15 行 | M | 1 |
| 2 | 资产标识符 | assetIdentifier | 对图书版权资产进行唯一标识的符号 | 字符型 | 自由文本 | M | 1 |
| 3 | 资产名称 | assetName | 图书版权资产的名称 | 字符型 | 自由文本 | M | 1 |
| 4 | 资产简介 | assetIntroduction | 对图书版权资产的内容、作者等方面的简单介绍 | 字符型 | 自由文本 | O | 1 |
| 5 | 文件类型 | documentType | 以数字化形式存在的图书版权资产的文件类型格式 | 类 | MD_文件类型代码＜＜代码表＞＞(7.2) | M | 1 |

出版物信息数据字典见表 5。

**表 5　出版物信息数据字典**

| 序号 | 中文名称 | 英文名称 | 定义 | 数据类型 | 域 | 约束/条件 | 最大出现次数 |
|---|---|---|---|---|---|---|---|
| 1 | 出版物信息(MD_出版物) | MD_PublicationInfo | 描述图书版权资产所对应的出版物的基本属性，如标准书号、出版机构、出版日期等的一组信息 | 复合型 | 第 17～24 行 | M | 1 |
| 2 | 标准书号 | ISBN | 国际通用的图书或独立出版物的代码 | 字符型 | 自由文本 | M | 1 |
| 3 | 中图法分类号 | clcCode | 中国图书馆图书分类法中的分类号 | 字符型 | 自由文本 | O | 1 |
| 4 | 定价 | listPrice | 印在纸质图书上面的图书价格 | 数值型 | 实型数 | O | 1 |
| 5 | 编著方式 | authoringType | 对图书的编著方式，如著、编著等的描述 | 类 | MD_编著方式代码＜＜代码表＞＞(7.3) | M | 1 |

**表 5（续）**

| 序号 | 中文名称 | 英文名称 | 定义 | 数据类型 | 域 | 约束/条件 | 最大出现次数 |
|---|---|---|---|---|---|---|---|
| 6 | 是否重点作品 | importantWork | 关于图书是否属于重点作品的描述 | 布尔型 | 1＝是<br>0＝否 | O | 1 |
| 7 | 出版机构名称 | publisherName | 出版该图书的出版机构的名称 | 字符型 | 自由文本 | M | 1 |
| 8 | 出版日期 | publicationDate | 图书的出版日期 | 日期型 | 按 GB/T 7408 | O | 1 |
| 9 | 出版方式 | publicationMethod | 对图书是属于常规出版或者合作出版等方式的描述 | 类 | MD_出版方式代码＜＜代码表＞＞(7.4) | O | 1 |

作(译)者信息数据字典见表 6。

**表 6　作(译)者信息数据字典**

| 序号 | 中文名称 | 英文名称 | 定义 | 数据类型 | 域 | 约束/条件 | 最大出现次数 |
|---|---|---|---|---|---|---|---|
| 1 | 作(译)者信息(MD_作(译)者) | MD_AuthorInfo | 关于图书作(译)者相关信息的描述 | 复合型 | 第 26～30 行 | M | N |
| 2 | 作(译)者姓名 | authorName | 图书作(译)者姓名 | 字符型 | 自由文本 | M | 1 |
| 3 | 作(译)者类型 | authorType | 关于图书作(译)者属于作者还是译者的说明 | 类 | MD_作(译)者类型代码＜＜枚举＞＞(7.5) | M | 1 |
| 4 | 作(译)者分级 | authorLevel | 关于图书作(译)者是否为重点作(译)者的说明 | 类 | MD_作(译)者分级代码＜＜枚举＞＞(7.6) | O | 1 |
| 5 | 作(译)者职称 | authorTitle | 图书作(译)者的专业技术水平、能力，以及成就的等级称号 | 字符型 | 自由文本 | O | 1 |
| 6 | 作(译)者职务 | authorPosition | 图书作(译)者所具有的职业头衔或称谓 | 字符型 | 自由文本 | O | 1 |

### 6.2.3　图书版权资产权利信息

图书版权资产权利信息类定义了图书版权资产权利相关的信息，也包括图书版权资产的权利许可信息等元数据实体类，图书版权资产权利信息逻辑结构见图 4。

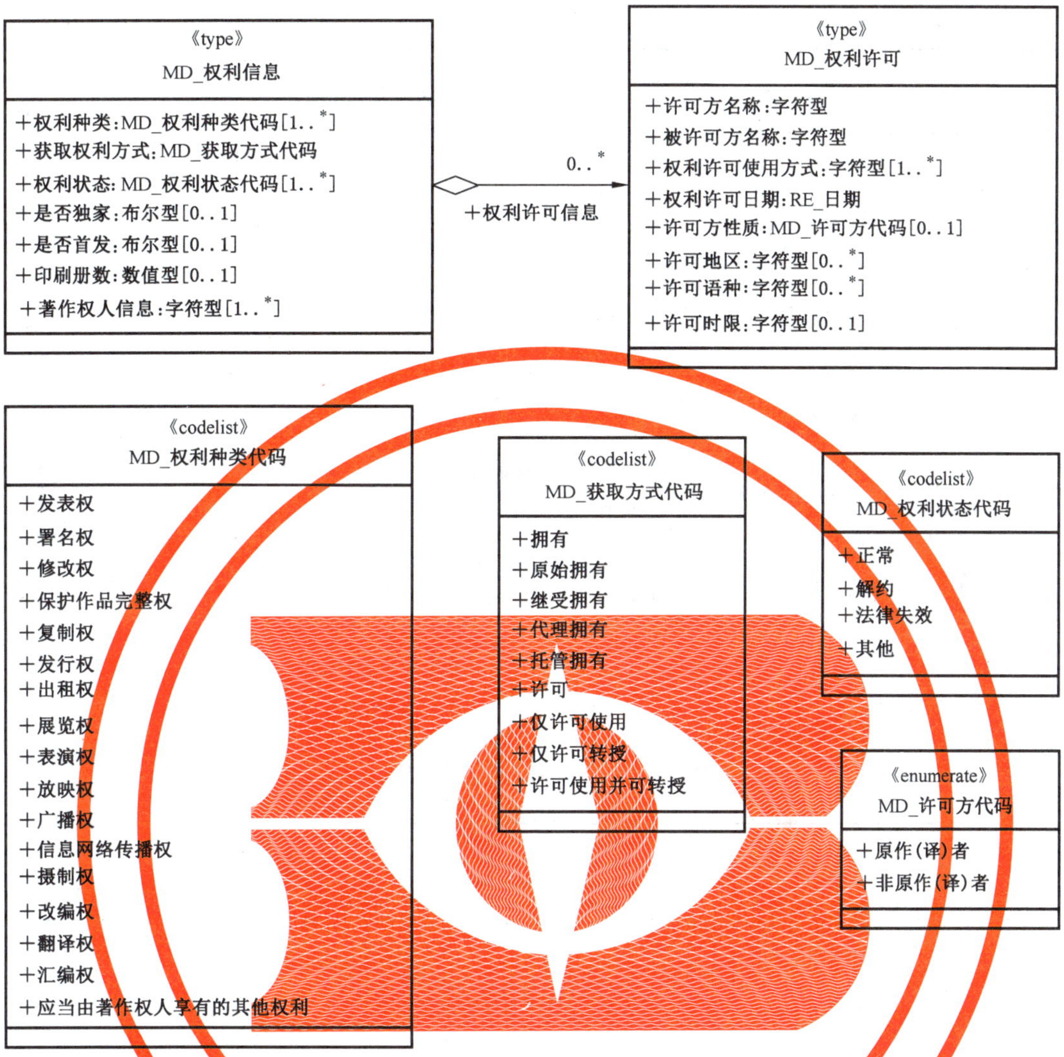


**图4　图书版权资产权利信息**

图书版权资产权利信息数据字典见表7。

**表7　图书版权资产权利信息数据字典**

| 序号 | 中文名称 | 英文名称 | 定义 | 数据类型 | 域 | 约束/条件 | 最大出现次数 |
|---|---|---|---|---|---|---|---|
| 1 | 图书版权资产权利信息(MD_权利信息) | MD_RightsInfo | 描述图书版权资产权利的一组信息 | 复合型 | 第32～38行 | M | 1 |
| 2 | 权利种类 | rightsType | 对图书版权及相关权利的种类描述 | 类 | MD_权利种类代码<<代码表>>(7.7) | M | N |
| 3 | 获取权利方式 | acquisitionMethod | 通过何种途径获得版权和与版权有关权益的描述 | 类 | MD_获取方式代码<<代码表>>(7.8) | M | 1 |

**表 7（续）**

| 序号 | 中文名称 | 英文名称 | 定义 | 数据类型 | 域 | 约束/条件 | 最大出现次数 |
|---|---|---|---|---|---|---|---|
| 4 | 权利状态 | rightsStatus | 描述版权资产权利正常或失效等的状态 | 类 | MD_权利状态代码＜＜代码表＞＞(7.9) | M | N |
| 5 | 是否独家 | exclusivePublication | 描述图书版权资产的附属权利是否属于独家拥有 | 布尔型 | 1=是<br>0=否 | O | 1 |
| 6 | 是否首发 | initialPublication | 关于图书是否属于首次发行的描述 | 布尔型 | 1=是<br>0=否 | O | 1 |
| 7 | 印刷册数 | copiesPrinted | 关于图书印刷册数的描述 | 数值型 | 整型数 | O | 1 |
| 8 | 著作权人信息 | copyrightProprietor | 拥有作品著作权或与著作权有关权益的人或机构 | 字符型 | 自由文本 | M | N |

权利许可信息数据字典见表 8。

**表 8　权利许可信息数据字典**

| 序号 | 中文名称 | 英文名称 | 定义 | 数据类型 | 域 | 约束/条件 | 最大出现次数 |
|---|---|---|---|---|---|---|---|
| 1 | 权利许可信息(MD_权利许可) | MD_LicensingInfo | 关于图书版权的权利许可的相关信息 | 复合型 | 第 40～47 行 | O | N |
| 2 | 许可方名称 | licensorName | 图书版权许可方的名称 | 字符型 | 自由文本 | M | 1 |
| 3 | 被许可方名称 | licenseeName | 图书版权被许可方的名称 | 字符型 | 自由文本 | M | 1 |
| 4 | 权利许可使用方式 | licensingMode | 对图书版权权利许可的使用方式的描述 | 字符型 | 自由文本 | M | N |
| 5 | 权利许可日期 | licensingDate | 版权权利许可的开始和结束日期 | 类 | RE_日期＜＜数据类型＞＞ | M | 1 |
| 6 | 许可方性质 | licensorNature | 关于图书版权的许可方是否为原作(译)者的描述 | 类 | MD_许可方代码＜＜枚举＞＞(7.10) | O | 1 |
| 7 | 许可地区 | areaLicensed | 图书版权资产所许可的使用地区 | 字符型 | 自由文本 | O | N |
| 8 | 许可语种 | languageLicensed | 图书版权资产所许可的使用语种 | 字符型 | 按 GB/T 4880 | O | N |
| 9 | 许可时限 | periodLicensed | 图书版权资产所许可的使用期限 | 字符型 | 1 年、2 年、3 年及以上 | O | 1 |

### 6.2.4 图书版权资产运营信息

图书版权资产运营信息类定义了图书版权资产运营的相关信息，也包括产品信息、运营商信息和侵权信息等元数据实体类，图书版权资产运营信息逻辑结构见图 5。

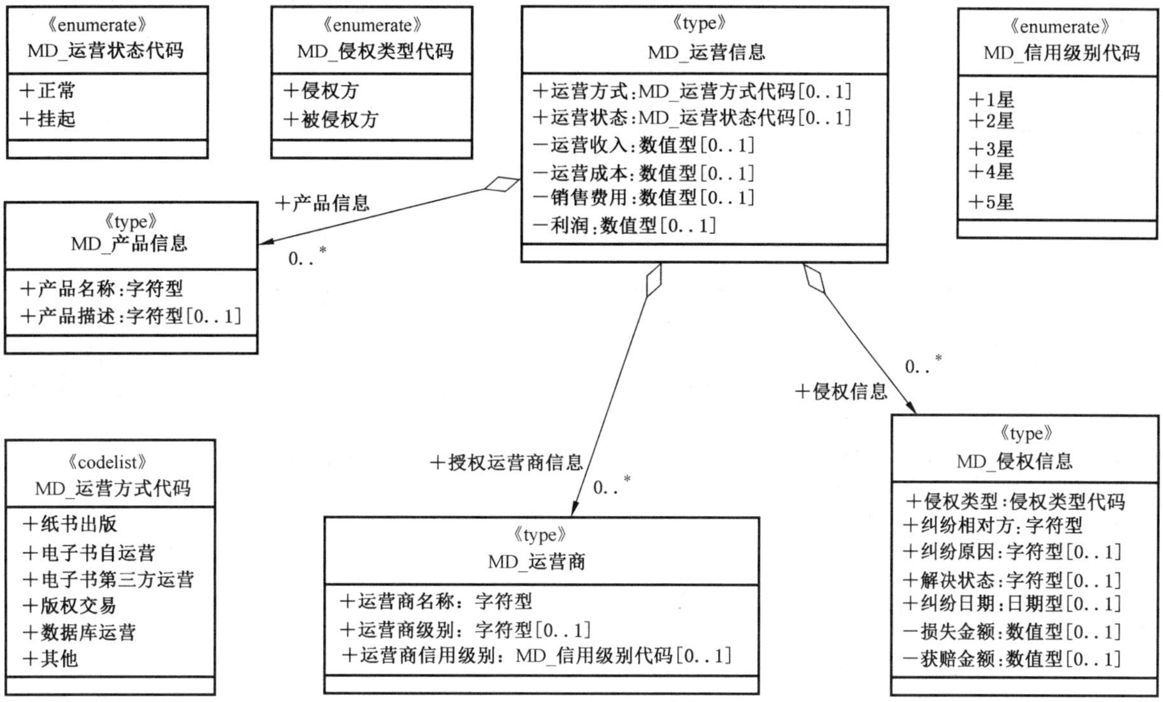


图 5 图书版权资产运营信息

图书版权资产运营信息数据字典见表 9。

表 9 图书版权资产运营信息数据字典

| 序号 | 中文名称 | 英文名称 | 定义 | 数据类型 | 域 | 约束/条件 | 最大出现次数 |
|---|---|---|---|---|---|---|---|
| 1 | 图书版权资产运营信息(MD_运营信息) | MD_Rights OperationInfo | 图书版权资产运营的相关信息 | 复合型 | 第 49～54 行 | M | 1 |
| 2 | 运营方式 | operationType | 对版权资产的运营方式，如纸书出版、数据库运营等的描述 | 类 | MD_运营方式代码 <<代码表>> (7.11) | O | 1 |
| 3 | 运营状态 | operationStatus | 对于资产是否正常运营的状态的描述 | 类 | MD_运营状态代码 <<枚举>> (7.12) | O | 1 |
| 4 | 运营收入 | operationIncome | 图书版权资产的运营收入金额 | 数值型 | 实型数 | O | 1 |
| 5 | 运营成本 | operationCost | 图书版权资产的运营成本金额 | 数值型 | 实型数 | O | 1 |

表 9（续）

| 序号 | 中文名称 | 英文名称 | 定义 | 数据类型 | 域 | 约束/条件 | 最大出现次数 |
|---|---|---|---|---|---|---|---|
| 6 | 销售费用 | salesExpenses | 图书版权资产的销售费用金额 | 数值型 | 实型数 | O | 1 |
| 7 | 利润 | profit | 图书版权资产所获得的利润金额 | 数值型 | 实型数 | O | 1 |

产品信息数据字典见表 10。

表 10　产品信息数据字典

| 序号 | 中文名称 | 英文名称 | 定义 | 数据类型 | 域 | 约束/条件 | 最大出现次数 |
|---|---|---|---|---|---|---|---|
| 1 | 产品信息(MD_产品信息) | MD_ProductInfo | 由一个资产或多个资产封装而成的产品的相关信息 | 复合型 | 第 56～57 行 | O | N |
| 2 | 产品名称 | productName | 由一个资产或多个资产封装而成的产品的名称 | 字符型 | 自由文本 | M | 1 |
| 3 | 产品描述 | productDescription | 对产品所包含的版权资产等内容的描述 | 字符型 | 自由文本 | O | 1 |

授权运营商信息数据字典见表 11。

表 11　授权运营商信息数据字典

| 序号 | 中文名称 | 英文名称 | 定义 | 数据类型 | 域 | 约束/条件 | 最大出现次数 |
|---|---|---|---|---|---|---|---|
| 1 | 授权运营商信息(MD_运营商) | MD_Authorized0peratorInfo | 关于产品授权运营商的相关信息描述 | 复合型 | 第 59～61 行 | O | N |
| 2 | 运营商名称 | operatorName | 产品授权运营商的名称 | 字符型 | 自由文本 | M | 1 |
| 3 | 运营商级别 | operatorLevel | 产品授权运营商的级别 | 字符型 | 自由文本 | O | 1 |
| 4 | 运营商信用级别 | operatorCredit | 产品授权运营商的信用度 | 类 | MD_信用级别代码＜＜枚举＞＞(7.13) | O | 1 |

侵权信息数据字典见表 12。

表 12　侵权信息数据字典

| 序号 | 中文名称 | 英文名称 | 定义 | 数据类型 | 域 | 约束/条件 | 最大出现次数 |
|---|---|---|---|---|---|---|---|
| 1 | 侵权信息(MD_侵权信息) | MD_Infringement Info | 关于版权资产侵权或纠纷事件的描述 | 复合型 | 第 63～69 行 | O | N |
| 2 | 侵权类型 | infringementType | 描述版权资产侵权事件中当事方是侵权方还是被侵权方 | 类 | MD_侵权类型代码<<枚举>>(7.14) | M | 1 |
| 3 | 纠纷相对方 | disputeRelated PartyName | 版权资产纠纷的相对方的名称 | 字符型 | 自由文本 | M | 1 |
| 4 | 纠纷原因 | disputeReason | 产生版权资产纠纷的原因 | 字符型 | 自由文本 | O | 1 |
| 5 | 解决状态 | settlementStatus | 版权资产纠纷的解决状态 | 字符型 | 自由文本 | O | 1 |
| 6 | 纠纷日期 | disputeDate | 版权资产纠纷的产生日期 | 日期型 | 按 GB/T 7408 | O | 1 |
| 7 | 损失金额 | losses | 因侵权而损失的金额 | 数值型 | 实型数 | O | 1 |
| 8 | 获赔金额 | compensations | 因被侵权而获赔的金额 | 数值型 | 实型数 | O | 1 |

## 6.3　图书版权资产核心元数据数据类型

该数据类型包描述与图书版权资产核心元数据相关的负责单位信息,以及权利许可相关的日期信息,元数据负责单位与日期信息逻辑结构见图 6。

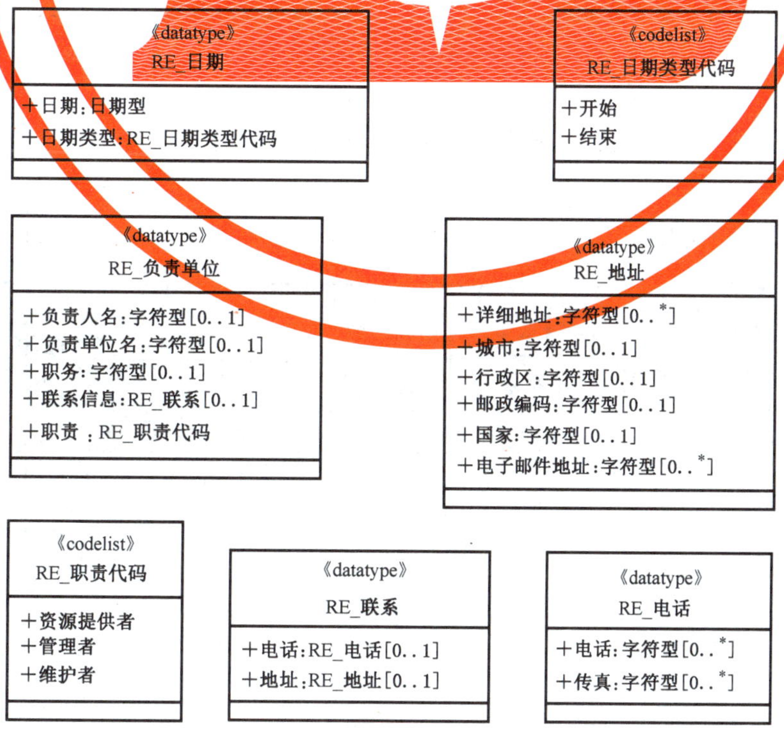


图 6　元数据负责单位与日期信息

负责单位信息数据字典见表13。

**表13　负责单位信息数据字典**

| 序号 | 中文名称 | 英文名称 | 定义 | 数据类型 | 域 | 约束/条件 | 最大出现次数 |
|---|---|---|---|---|---|---|---|
| 1 | 负责单位(RE_负责单位) | RE_ResponsibleParty | 与数据集有关的负责人和单位的标识及联系方法 | 类＜＜数据类型＞＞ | 第71～75行 | 使用参照对象的约束/条件 | 使用参照对象的最大出现次数 |
| 2 | 负责人名 | individualName | 负责人姓名、头衔，用分隔符隔开 | 字符型 | 自有文本 | C/不选用负责单位名和职务 | 1 |
| 3 | 负责单位名 | organizationName | 负责单位名 | 字符型 | 自由文本 | C/不选用负责人名和职务 | 1 |
| 4 | 职务 | positionName | 负责人角色或职务 | 字符型 | 自由文本 | C/不选用负责人名和负责单位名 | 1 |
| 5 | 联系信息 | contactInfo | 负责单位地址 | 类 | RE_联系＜＜数据类型＞＞ | O | 1 |
| 6 | 职责 | role | 负责单位职责 | 类 | RE_职责代码＜＜代码表＞＞(7.15) | M | 1 |

联系信息数据字典见表14。

**表14　联系信息数据字典**

| 序号 | 中文名称 | 英文名称 | 定义 | 数据类型 | 域 | 约束/条件 | 最大出现次数 |
|---|---|---|---|---|---|---|---|
| 1 | 联系(RE_联系) | RE_Contact | 与负责人或负责单位联系所需的信息 | 类＜＜数据类型＞＞ | 第77～78行 | 使用参照对象的约束/条件 | 使用参照对象的最大出现次数 |
| 2 | 电话 | phone | 与负责人或负责单位联系的电话号码 | 类 | RE_电话＜＜数据类型＞＞ | O | 1 |
| 3 | 地址 | address | 与负责人或负责单位联系的物理地址和电子邮件地址 | 类 | RE_地址＜＜数据类型＞＞ | O | 1 |

电话信息数据字典见表15。

**表 15　电话信息数据字典**

| 序号 | 中文名称 | 英文名称 | 定义 | 数据类型 | 域 | 约束/条件 | 最大出现次数 |
|---|---|---|---|---|---|---|---|
| 1 | 电话（RE_电话） | RE_Telephone | 与负责人或负责单位联系的电话号码 | 类<<数据类型>> | 第80～81行 | 使用参照对象的约束/条件 | 使用参照对象的最大出现次数 |
| 2 | 电话 | voice | 与负责人或负责单位通话的电话号码 | 字符型 | 自由文本 | O | N |
| 3 | 传真 | facsimile | 负责人或负责单位的传真号码 | 字符型 | 自由文本 | O | N |

地址信息数据字典见表16。

**表 16　地址信息数据字典**

| 序号 | 中文名称 | 英文名称 | 定义 | 数据类型 | 域 | 约束/条件 | 最大出现次数 |
|---|---|---|---|---|---|---|---|
| 1 | 地址（RE_地址） | RE_Address | 负责人或负责单位地址 | 类<<数据类型>> | 第83～88行 | 使用参照对象的约束/条件 | 使用参照对象的最大出现次数 |
| 2 | 详细地址 | deliveryPoint | 所在位置的详细地址，包括路名、门牌号等 | 字符型 | 自由文本 | O | N |
| 3 | 城市 | city | 所在城市名 | 字符型 | 自由文本 | O | 1 |
| 4 | 行政区 | administrationArea | 所在省（直辖市、自治区）名 | 字符型 | 自由文本 | O | 1 |
| 5 | 邮政编码 | postalCode | ZIP或其他邮政编码 | 字符型 | 自由文本 | O | 1 |
| 6 | 国家 | country | 所在国家名 | 字符型 | 按GB/T 2659 | O | 1 |
| 7 | 电子邮件地址 | emailAddress | 负责人或负责单位电子邮件地址 | 字符型 | 自由文本 | O | N |

日期信息数据字典见表17。

**表 17　日期信息数据字典**

| 序号 | 中文名称 | 英文名称 | 定义 | 数据类型 | 域 | 约束/条件 | 最大出现次数 |
|---|---|---|---|---|---|---|---|
| 1 | 日期（RE_日期） | RE_Date | 说明有关日期和事件 |  | 第90～91行 | 使用参照对象的约束/条件 | 使用参照对象的最大出现次数 |
| 2 | 日期 | date | 权利许可的有关日期 | 日期型 | 按GB/T 7408 | M | 1 |
| 3 | 日期类型 | dateType | 与日期有关的事件 | 类 | RE_日期类型代码<<代码表>>（7.16） | M | 1 |

## 7 代码表和枚举

### 7.1 概述

本标准提供"代码表"和"枚举"两种构造型类,它们的代码值是规范性的。其中,"枚举"是封闭不可扩展的,"代码表"是可以扩展的,用户对代码表的扩充应遵循附录 A 和 GB/T 18391.1～GB/T 18391.6 中阐明的规则。

### 7.2 MD_文件类型代码<<代码表>>

MD_文件类型代码见表 18。

**表 18 MD_文件类型代码**

| 序号 | 名称 | 域代码 | 说明 |
|---|---|---|---|
| 1 | XML | 01 | |
| 2 | PDF | 02 | |
| 3 | 其他 | 99 | |

### 7.3 MD_编著方式代码<<代码表>>

MD_编著方式代码见表 19。

**表 19 MD_编著方式代码**

| 序号 | 名称 | 域代码 | 说明 |
|---|---|---|---|
| 1 | 原创 | 01 | |
| 2 | 改编 | 02 | |
| 3 | 翻译 | 03 | |
| 4 | 汇编 | 04 | |
| 5 | 注释 | 05 | |
| 6 | 整理 | 06 | |
| 7 | 修改(含翻译合成软件) | 07 | |
| 8 | 其他 | 99 | |

### 7.4 MD_出版方式代码<<代码表>>

MD_出版方式代码见表 20。

**表 20 MD_出版方式代码**

| 序号 | 名称 | 域代码 | 说明 |
|---|---|---|---|
| 1 | 常规出版 | 01 | |
| 2 | 合作出版 | 02 | |
| 3 | 资助出版 | 03 | |
| 4 | 其他 | 99 | |

## 7.5 MD_作(译)者类型代码<<枚举>>

MD_作(译)者类型代码见表21。

**表21 MD_作(译)者类型代码**

| 序号 | 名称 | 域代码 | 说明 |
|---|---|---|---|
| 1 | 作者 | 01 | |
| 2 | 译者 | 02 | |

## 7.6 MD_作(译)者分级代码<<枚举>>

MD_作(译)者分级代码见表22。

**表22 MD_作(译)者分级代码**

| 序号 | 名称 | 域代码 | 说明 |
|---|---|---|---|
| 1 | 重点作(译)者 | 01 | 由权利人或运营方自行判定 |
| 2 | 一般作(译)者 | 02 | |

## 7.7 MD_权利种类代码<<代码表>>

MD_权利种类代码见表23。

**表23 MD_权利种类代码**

| 序号 | 名称 | 域代码 | 说明 |
|---|---|---|---|
| 1 | 发表权 | 01 | |
| 2 | 署名权 | 02 | |
| 3 | 修改权 | 03 | |
| 4 | 保护作品完整权 | 04 | |
| 5 | 复制权 | 05 | |
| 6 | 发行权 | 06 | |
| 7 | 出租权 | 07 | |
| 8 | 展览权 | 08 | |
| 9 | 表演权 | 09 | |
| 10 | 放映权 | 10 | |
| 11 | 广播权 | 11 | |
| 12 | 信息网络传播权 | 12 | |
| 13 | 摄制权 | 13 | |
| 14 | 改编权 | 14 | |
| 15 | 翻译权 | 15 | |
| 16 | 汇编权 | 16 | |
| 17 | 应当由著作权人享有的其他权利 | 99 | |

### 7.8 MD_获取方式代码＜＜代码表＞＞

MD_获取方式代码见表24。

**表24 MD_获取方式代码**

| 序号 | 名称 | 域代码 | 说明 |
|---|---|---|---|
| 1 | 拥有 | 10 | |
| 2 | 原始拥有 | 11 | |
| 3 | 继受拥有 | 12 | |
| 4 | 代理拥有 | 13 | |
| 5 | 托管拥有 | 14 | |
| 6 | 许可 | 20 | |
| 7 | 仅许可使用 | 21 | |
| 8 | 仅许可转授 | 22 | |
| 9 | 许可使用并可转授 | 23 | |

### 7.9 MD_权利状态代码＜＜代码表＞＞

MD_权利状态代码见表25。

**表25 MD_权利状态代码**

| 序号 | 名称 | 域代码 | 说明 |
|---|---|---|---|
| 1 | 正常 | 01 | |
| 2 | 解约 | 02 | |
| 3 | 法律失效 | 03 | |
| 4 | 其他 | 99 | |

### 7.10 MD_许可方代码＜＜枚举＞＞

MD_许可方代码见表26。

**表26 MD_许可方代码**

| 序号 | 名称 | 域代码 | 说明 |
|---|---|---|---|
| 1 | 原作(译)者 | 01 | |
| 2 | 非原作(译)者 | 02 | |

### 7.11 MD_运营方式代码＜＜代码表＞＞

MD_运营方式代码见表27。

**表 27　MD_运营方式代码**

| 序号 | 名称 | 域代码 | 说明 |
|---|---|---|---|
| 1 | 纸书出版 | 01 | |
| 2 | 电子书自运营 | 02 | |
| 3 | 电子书第三方运营 | 03 | |
| 4 | 版权交易 | 04 | |
| 5 | 数据库运营 | 05 | |
| 6 | 其他 | 99 | |

## 7.12　MD_运营状态代码<<枚举>>

MD_运营状态代码见表 28。

**表 28　MD_运营状态代码**

| 序号 | 名称 | 域代码 | 说明 |
|---|---|---|---|
| 1 | 正常 | 01 | 运营状态正常 |
| 2 | 挂起 | 02 | 运营状态异常,需进行提醒 |

## 7.13　MD_信用级别代码<<枚举>>

MD_信用级别代码见表 29。

**表 29　MD_信用级别代码**

| 序号 | 名称 | 域代码 | 说明 |
|---|---|---|---|
| 1 | 1 星 | 01 | 权利人对运营商信用级别的判定 |
| 2 | 2 星 | 02 | |
| 3 | 3 星 | 03 | |
| 4 | 4 星 | 04 | |
| 5 | 5 星 | 05 | |

## 7.14　MD_侵权类型代码<<枚举>>

MD_侵权类型代码见表 30。

**表 30　MD_侵权类型代码**

| 序号 | 名称 | 域代码 | 说明 |
|---|---|---|---|
| 1 | 侵权方 | 01 | |
| 2 | 被侵权方 | 02 | |

### 7.15 MD_职责代码＜＜代码表＞＞

MD_职责代码见表 31。

**表 31 MD_职责代码**

| 序号 | 名称 | 域代码 | 说明 |
|---|---|---|---|
| 1 | 资源提供者 | 01 | |
| 2 | 管理者 | 02 | |
| 3 | 维护者 | 03 | |

### 7.16 MD_日期类型代码＜＜代码表＞＞

MD_日期类型代码见表 32。

**表 32 MD_日期类型代码**

| 序号 | 名称 | 域代码 | 说明 |
|---|---|---|---|
| 1 | 开始 | 01 | |
| 2 | 结束 | 02 | |

# 附 录 A
（规范性附录）
元数据扩展

## A.1 概述

本标准提供图书版权资产核心元数据和关联结构，其定义和域值尽可能通用，满足不同用户对元数据的需求。然而，数据的多样性意味着本标准提供的元数据可能适应不了所有的应用。本附录提供定义和应用扩展元数据的规则，以更好地满足特殊用户的需求。

## A.2 扩展类型

允许下列扩展的类型：

a) 增加新元数据子集；
b) 建立新的元数据代码表，代替域值为“自由文本”的现有元数据元素的域；
c) 创建新元数据代码表元素（扩展代码表）；
d) 增加新的元数据元素；
e) 增加新的元数据实体；
f) 对现有元数据元素施加更加严格的约束；
g) 对现有元数据元素的域施加更多限制。

## A.3 扩展的实施

在扩展元数据之前，应仔细地查阅本标准中现有的元数据，确认合适的元数据尚不存在。对于扩展的每一个元数据子集、实体、元素，应定义其中文名称、英文名称、定义、约束、最大出现次数、数据类型和域值。

## A.4 扩展规则

图书版权资产核心元数据拓展规则如下：

a) 扩展的元数据元素不应用来改变现有元数据元素的名称、定义或数据类型；
b) 扩展的元数据可以定义为实体，可以包含扩展的和现有的元数据元素，作为其组成部分；
c) 允许对现有元数据元素施加比本标准要求更加严格的约束（如：在本标准中是可选的元数据元素，在扩展后可以是必选的）；
d) 允许对元数据元素的域施加比本标准更严格的限制（如：本标准中域为“自由文本”的元数据元素，在专用标准中可以限定为适当值的列表）；
e) 允许对本标准认可的域值的使用加以限制（如：在本标准中现有元数据元素的域值有五个值，在扩展后可以规定它的域只包含其中三个值，要求用户从这三个域值中选择一个）；
f) 允许对代码表中值的数目进行扩展；
g) 不得扩展本标准不允许的任何内容。

ICS 13.040.20
C 70

# 中华人民共和国国家标准

GB/T 35428—2017

# 医院负压隔离病房环境控制要求

**Requirements of environmental control for hospital negative pressure isolation ward**

2017-12-29 发布　　　　2018-07-01 实施

中华人民共和国国家质量监督检验检疫总局
中国国家标准化管理委员会　发布

# 前　言

本标准按照GB/T 1.1—2009给出的规则起草。

本标准由全国洁净室及相关受控环境标准化技术委员会(SAC/TC 319)提出并归口。

本标准起草单位:江苏苏净科技有限公司、天津市龙川净化工程有限公司、中天道成(苏州)洁净技术有限公司、解放军总医院、空军总医院、北京佑安医院、中国标准化协会、中国医学科学院北京协和医院、中国中元国际工程有限公司、中国联和健康产业有限公司、军事医学科学院卫生装备研究所、防化研究院、上海德威净化设备工程有限公司、深圳市丽风净化技术有限公司、北京天智航医疗科技股份有限公司、烟台宝源净化有限公司、武汉吉隆过滤技术有限公司、北京北方天宇建筑装饰责任公司、无锡汉佳医疗科技有限公司。

本标准主要起草人:姜伟康、邴绍同、杨子强、祁建城、曹晋桂、殷晓冬、曲正、张立海、徐火炬、陈江浩、赵阿萌、黄吉辉、于自强、涂有、何丽、郭莉、周恒谨、林向阳、李锡、周恒谨、童志富、马东、杨小兵、陈汉清、张晓东、潘学刚、姜皓遐。

# 医院负压隔离病房环境控制要求

## 1 范围

本标准规定了医院用于隔离通过和可能通过空气传播的疑似或传染病患者的负压隔离病房环境控制的技术要求。

本标准适用于综合医院负压隔离病房。

## 2 规范性引用文件

下列文件对于本文件的应用是必不可少的。凡是注日期的引用文件，仅注日期的版本适用于本文件。凡是不注日期的引用文件，其最新版本(包括所有的修改单)适用于本文件。

GB/T 16294—2010 医药工业洁净室(区)沉降菌的测试方法

GB 50346 生物安全实验室建筑技术规范

GB 50686—2011 传染病医院建筑施工及验收规范

WS/T 368—2012 医院空气净化管理规范

## 3 术语和定义

下列术语和定义适用于本文件。

3.1

**空气传播 airborne transmission**

带有病原微生物的微粒子通过空气流动导致的疾病传播。

注：改写 WS/T 311—2009，定义 3.5。

3.2

**隔离 isolation**

采用各种方法、技术，防止病原体从患者及携带者传播给他人的措施。

[WS/T 311—2009，定义 3.10]

3.3

**负压隔离病房 negative pressure isolation ward**

用于隔离通过和可能通过空气传播的传染病患者或疑似患者的病房。采用通风方式，使病房区域空气由清洁区向污染区定向流动，并使病房空气静压低于周边相邻相通区域空气静压，以防止病原微生物向外扩散。

注：改写 WS/T 311—2009，定义 3.16。

3.4

**清洁区 clean area**

病区中不应受到传染病患者和疑似患者的病原微生物污染及传染病患者不应进入的区域。

注：改写 WS/T 311—2009，定义 3.11。

3.5

**污染区 contaminated area**

病区中传染病患者和疑似患者直接接受隔离和诊疗的区域。

注：改写 WS/T 311—2009，定义 3.13。

3.6

**潜在污染区　potentially contaminated area**

毗连污染区，存有潜在病原微生物污染可能的区域。

注：改写 WS/T 311—2009，定义 3.12。

3.7

**缓冲间　buffer room**

设置在清洁区与潜在污染区之间、潜在污染区与污染区之间的具有送机械通风措施的密闭室，双侧开门，其门具有互锁功能，不能同时处于开启状态。

注：改写 WS/T 311—2009，定义 3.15。

3.8

**新风　fresh air**

经空调系统处理后送入室内的室外空气。

3.9

**新风量　fresh air rate**

由空调通风系统送入室内的新鲜空气的体积空气量。

注：改写 GB/T 25915.3—2010，定义 3.4.5。

3.10

**换气次数　air exchange rate**

单位时间的通风换气值，以单位时间送入或排出房间的空气体积除以房间的体积计算，常用单位为 AC/h 或 AC/min。

注：改写 GB/T 25915.3—2010，定义 3.4.1。

## 4　要求

### 4.1　建筑布局与隔离

4.1.1　应设在相对独立的区域，既可独成一体，也可集中设置于建筑的一端。

4.1.2　内部分为清洁区、潜在污染区和污染区，各区应相对集中布置，并有能阻隔空气传播的物理屏障和明显的警示标志。

4.1.3　地面、墙壁、屋顶等应平整、光滑、耐腐蚀，接缝处应密封，且便于清洁和消毒。

4.1.4　负压隔离病房污染区内围护结构的所有缝隙和贯穿处的接缝都应可靠密封。

4.1.5　区域之间应设置缓冲间，缓冲间宜便于医用推车和普通医疗设施的进出。

4.1.6　宜采用单人间设计。

4.1.7　房间面积应考虑医疗及患者的生活需要。

4.1.8　室内净高度不应小于 2.6 m，如无特殊要求，高度也不宜大于 3.0 m。

4.1.9　病房通过缓冲间与潜在污染区(走廊)连接，缓冲间的门应具有互锁功能并有应急解锁功能。

4.1.10　缓冲间污染区侧的互锁门关闭 1 min 后才允许开启清洁区侧的互锁门。

4.1.11　负压隔离病房应在与其相邻的走廊的潜在污染区的墙上设置内外侧窗门互锁的传递窗，传递窗结构应密闭。

4.1.12　每间病房内应设置独立的卫生间。

4.1.13　通向外界的门应向外开启，内门应向静压大的一侧开启。

4.1.14　负压隔离病房宜设不可开启的密闭窗并加装窗帘等遮挡装置。

4.1.15　隔离病房内宜设置内外通话系统、视频监控系统。

4.1.16　隔离病房应增设门禁系统，限制患者的活动范围。

## 4.2 气流组织与压差控制

4.2.1 负压隔离病房的送风口与排风口布置应符合定向气流组织原则，送风口应设置在房间上部，排风口应设置在病床床头附近，应利于污染空气就近尽快排出。

4.2.2 不同污染等级区域压力梯度的设置应符合定向气流组织原则，应保证气流从清洁区→潜在污染区→污染区方向流动。

4.2.3 相邻相通不同污染等级房间的压差（负压）不小于 5 Pa，负压程度由高到低依次为病房卫生间、病房房间、缓冲间与潜在污染走廊（见图 1）。清洁区气压相对室外大气压应保持正压。

如采用不同于图 1 的单走廊设计，宜加注明“如需要可在病房与内走廊相对的另一侧设置污物走廊，该走廊相对于室外气压维持 −5 Pa～−10 Pa”。

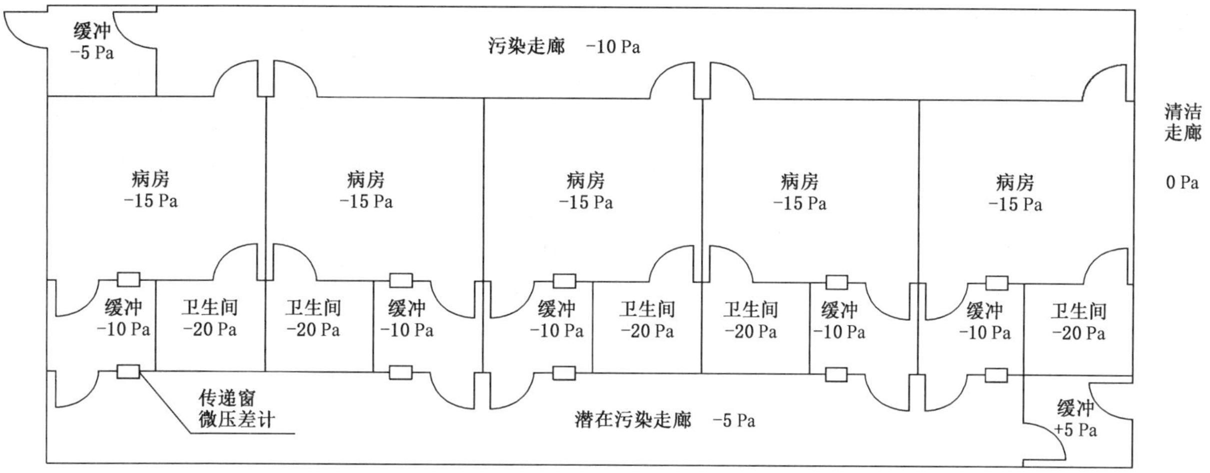


图 1

4.2.4 有压差的区域，应在外侧人员目视区域设置微压差计，并标志明显的安全压差范围指示。

4.2.5 对设置的微压差计应定期检查校正并记录。

## 4.3 通风空调系统

4.3.1 通风空调送风系统应按清洁区与污染区（含潜在污染区）分别独立设置。

4.3.2 宜采用全新风直流式空调系统，如采用部分回风的空调系统，应在回风段末端设置高效空气过滤器，系统并可在需要时、切换为全新风直流式空调运行。

4.3.3 送、排风系统中，每间病房的送、排风支管上应设置电动或气动密闭阀，并可单独关断。

4.3.4 污染区排风应经过高效过滤器过滤后排放。应可以在原位对排风高效过滤器进行检漏和消毒灭菌，确保过滤器安装无泄漏，更换过滤器应先消毒，由专业人员操作，并有适当的保护措施。

4.3.5 送、排风机应能够根据风管内压力变频调节。宜在送、排风系统上设置测量风量的装置。

4.3.6 送、排风系统的过滤器宜设压差监测装置。

4.3.7 排风机位置的设置应确保在建筑内的排风管道内保持负压。排风机吸入口应设置与风机联动的电动或气动密闭阀。

4.3.8 负压隔离病房通风系统的送风机与排风机应联锁控制，启动通风系统时，应先启动系统排风机，后启动送风机；关停时，应先关闭系统送风机，后关闭系统排风机。

4.3.9 排风口应远离进风口和人员活动区域，并设在高于半径 15 m 范围内建筑物高度 3 m 以上的地方，应满足距离最近的建筑物的门、窗、通风采集口等的最小距离不少于 20 m。

4.3.10 室外排风口应有防风、防雨、防鼠、防虫设计，使排出的空气能迅速被大气稀释，但不应影响气体向上空排放。

### 4.4 给排水

4.4.1 符合 GB 50686—2011 第 5 章的要求。

4.4.2 热水宜集中供应,热水管布置及施工符合 GB 50686—2011 第 5 章的要求。

4.4.3 污染区(含潜在污染区)的排水通气立管宜安装高效过滤器,通气立排气口远离。进风口和人员活动区域。

### 4.5 电气

符合 GB 50686—2011 第 7 章的要求。

### 4.6 卫生和环境参数

4.6.1 空气细菌菌落总数应符合 WS/T 368—2012 中 4.2.3 的要求。

4.6.2 物体表面微生物应≤10 CFU/$cm^2$。

4.6.3 负压隔离病房污染区和潜在污染区的换气次数宜为 10 次/h～15 次/h,人均新风量不应少于 40 $m^3$/h;负压隔离病房清洁区的换气次数宜为 6 次/h～10 次/h。

4.6.4 负压隔离病房的温度宜控制在 20 ℃～26 ℃范围内。

4.6.5 负压隔离病房的相对湿度宜控制在 30%～70%范围内。

4.6.6 负压隔离器病房的噪声应不大于 50 dB(A)。

4.6.7 负压隔离器病房的照度应不小于 50 lx。

## 5 检验方法

### 5.1 目测观察

采用目测对 4.1.1～4.1.8、4.1.12～4.1.16、4.2.4、4.2.5、4.3.1、4.3.3～4.3.7、4.3.9、4.3.10 等进行检查。

### 5.2 发烟法

#### 5.2.1 密闭性

房间门、传递窗等均处于关闭状态,同时在传递窗的接缝、门缝隙、视窗与门体连接处、穿线处及与墙的连接处等发烟,如烟雾呈自然的自由扩散状,则被检查部位基本严密;如果烟雾出现定向流动现象,则存在漏点。漏点在烟雾流向的反方向。测试结果是否符合 4.1.11 的要求。

#### 5.2.2 气流流向

负压隔离病房通风空调系统已正常运行,房间门、传递窗等均处于关闭状态,待系统参数稳定后开始。采用人工烟源在送风口下方、医务人员工作区域及病床上方发烟,发烟量应可造成可视化流场。通过目测观察烟雾在病房内流动的方向,判断病房内的气流流向。测试结果是否符合 4.2.1、4.2.2 的要求。

### 5.3 压差控制检测

5.3.1 通风空调系统应已正常运行,房间门、传递窗等均处于关闭状态,待系统参数稳定后开始测试。

5.3.2 结合被检测负压隔离病房平面布局特点,宜采用固有的压力测试点,确定不同区域之间的测点位置，测点应远离可能影响测点局部压力的送风口、回风口、门缝等位置。使用具有压差测试功能的仪器测量负压隔离病房各房间之间的相对压差值。测试结果是否符合4.2.3的要求。

## 5.4 通风空调系统检测

### 5.4.1 排风高效过滤器原位检漏

采用效率检测法或扫描检测法，按照GB 50346规定的相关方法进行。测试结果是否符合4.3.4的要求。

### 5.4.2 送、排风机联锁可靠性检测

启动和关停通风空调系统时，观察送、排风机启停顺序，观察负压隔离病房各房间压差变化情况，观察是否出现正压及压差逆转等异常情况。测试结果是否符合4.3.8的要求。

## 5.5 给排水检测

按照GB 50686—2011中5.4进行。

## 5.6 电气检测

按照GB 50686—2011中7.4进行。

## 5.7 卫生与环境参数检测

### 5.7.1 空气细菌菌落总数检测

按照GB/T 16294—2010规定的相关方法进行。

### 5.7.2 物体表面微生物检测

采用25 $cm^2$的接触皿在与被测物体表面接触，轻压10 s，然后放入培养箱中按规定的温度培养48 h，测算细菌菌落总数。

### 5.7.3 换气次数检测

5.7.3.1 在负压隔离病房通风空调系统正常运行的条件下进行。测量风口风量或风速时，风口上的任何配件应保持原样。

5.7.3.2 采用风量罩直接测试送风口的风量，用风罩口完全罩住送风口，风罩面积应与风口面积相适应，风罩边与接触面应严密无泄漏。当送风口面积超过风罩面积时，可将送风口分成若干区域，使用风罩分别对其测量后求和。

5.7.3.3 使用风速仪测量送风口平均风速乘以截面积计算出送风口风量，通过总的送风量除以房间容积计算出换气次数。

注：采用风速计测量送风量时，按送风口形状和面积大小分成若干个相等的小截面，每个小截面宜接近正方形，边长最好不大于200 mm，测点设于小截面中心，风口上测点数不宜少于6个。风口上有孔板、百叶等配件时，测定面距其约50 mm。

### 5.7.4 新风量检测

房间内设有独立新风口，其风量测定参照5.7.3的相关要求；若房间内未设独立新风口，可使用热风速仪或毕托管测量新风送风管截面风速，计算新风量。

5.7.5 温、湿度检测

负压隔离病房通风空调系统应已连续运行至少 8 h，各项状况应已稳定。取被测房间中间一点，距地面 1.0 m 位置处，使用测试仪器测量温、湿度，待读数稳定后，确定并记录(同时记录室外温、湿度)。

5.7.6 噪声检测

5.7.6.1 通风空调系统已正常运行，并确认房间静压差已达到 4.2.3 要求。

5.7.6.2 测点距地面高 1.0 m。面积在 15 $m^2$ 以下的房间，可只测室中心 1 点，15 $m^2$ 以上的房间除中心 1 点外，应再测对角 4 点，距侧墙各 1 m，测点朝向各角。

5.7.6.3 使用声级计测量房间的噪声。

5.7.7 照度检测

5.7.7.1 室内照度应在室温趋于稳定后进行，并且荧光灯已有 100 h 以上的使用期，检测前已点燃 15 min 以上，白炽灯已有 10 h 以上的使用期，检测前已点燃 5 min 以上。测点距地面高 0.8 m，按 1 m～2 m 间距布点，30 $m^2$ 以内的房间测点距墙面 0.5 m，超过 30 $m^2$ 的房间，测点离墙 1 m。

5.7.7.2 使用照度计测量房间的照度。

## 参 考 文 献

[1] GB/T 25915.3—2010 洁净室及相关受控环境 第3部分:检测方法
[2] WS/T 311—2009 医院隔离技术规范

ICS 35.240.01
A 24

# 中华人民共和国国家标准

GB/T 35429—2017

# 质量技术服务分类与代码

Classification and codes for quality technology services

2017-12-29 发布 2018-04-01 实施

中华人民共和国国家质量监督检验检疫总局
中国国家标准化管理委员会 发布

# 前　言

本标准按照 GB/T 1.1—2009 给出的规则起草。

本标准由全国信息分类与编码标准化技术委员会(SAC/TC 353)提出并归口。

本标准起草单位:广东省东莞市质量监督检测中心、中国合格评定国家认可委员会、贵州省分析测试研究院、中国标准化研究院、中国计量科学研究院、国家认监委认证认可研究所、深圳市标准技术研究院、江苏省质量和标准化研究院、北京三维天地科技有限公司、中国计量大学、福建中检华日食品安全检测有限公司。

本标准主要起草人:谷历文、施连杰、袁松宏、陈恺、孙文峰、朱美娜、刘克、王科、刘珏、何雪芬、周斌、李准、金震、茅海军、苏建峰。

# 质量技术服务分类与代码

## 1 范围

本标准规定了质量技术服务的编码方法结构和分类代码表。

本标准适用于质量技术服务的系统设计与建设，以及质量技术服务的选用、管理与统计。

## 2 规范性引用文件

下列文件对于本文件的应用是必不可少的。凡是注日期的引用文件，仅注日期的版本适用于本文件。凡是不注日期的引用文件，其最新版本(包括所有的修改单)适用于本文件。

GB/T 7027—2002 信息分类和编码的基本原则与方法

## 3 术语和定义

下列术语和定义适用于本文件。

3.1

**质量 quality**

客体的一组固有特性满足要求的程度。

[GB/T 19000—2016，定义 3.6.2]

3.2

**质量技术服务 quality technology service**

针对产品、服务、人员、机构或其他对象开展的计量、标准、检验、检测和认证认可等方面的技术服务。

## 4 分类原则

4.1 本标准按照质量技术服务的对象进行分类。

4.2 本标准采用 GB/T 7027—2002 中规定的线分类法。

## 5 编码方法

本标准中质量技术服务分为大类和小类两个层级。

分类代码采用四位数字代码表示。其中，第一位、第二位为第一层，表示大类，第三位、第四位为第二层，表示小类。表示大类和小类的各位代码均采用 GB/T 7027—2002 中规定的顺序码。当代码仅标识到大类时，使用大类的两位代码；当代码标识到小类时，使用大类和小类的四位代码。

质量技术服务分类结构及编码结构如图 1 所示。

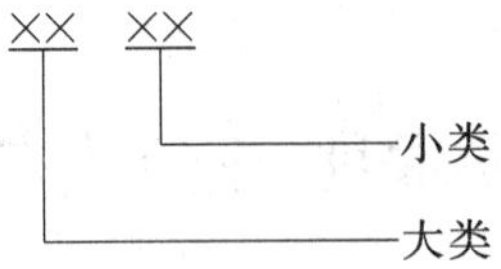


**图 1　质量技术服务分类代码的结构**

## 6　分类代码表

质量技术服务分为检测服务、检验服务、检疫服务、认可服务、认证服务、标准化服务、计量服务、评价服务、其他质量技术服务共 9 大类，分类代码见表 1。

**表 1　质量技术服务分类代码**

| 代码 | 类别名称 | 说　明 |
| --- | --- | --- |
| 01 | 检测服务 | |
| 0101 | 农产品检测服务 | 含粮食、油料、糖料、蔬菜、水果、畜禽肉类、蛋类、奶类、水产品、棉麻类、饲料等检测服务；不含豆制品、畜禽肉制品、蛋制品、乳制品、作为食品的加工水产品、茶叶等检测服务 |
| 0102 | 自然资源检测服务 | 含石油和天然气、煤炭、黑色金属矿、有色金属矿、非金属矿、水、土壤、沉积物、空气等检测服务；不含饮用瓶装水、桶装水、废水检测服务 |
| 0103 | 食品检测服务 | 含加工食品、特殊食品、食品接触材料等检测服务；不含化妆品检测服务 |
| 0104 | 药品检测服务 | 含化学药品、中药、兽用药、生物药品、卫生材料及医药用品等检测服务 |
| 0105 | 烟草及烟草制品检测服务 | 含烟叶、烟丝、卷烟、雪茄等检测服务 |
| 0106 | 轻工产品检测服务 | 含纺织产品，服装、鞋、帽，皮革、毛皮、羽毛及其制品，家具，木材及木、竹、藤、棕、草制品，橡胶、塑料制品，纸及纸制品，印刷品、记录媒介复制品，文教体育用品，贵金属，珠宝等检测服务，不含农产品、食品、药品、烟草及烟草制品、玻璃制品、陶瓷制品、医疗仪器、金属制品、家用电器、视听设备、照明器具、钟表、摩托车、自行车等检测服务 |
| 0107 | 石油和化学制品检测服务 | 含原油加工及石油制品，炼焦制品，无机化工原料及产品，有机化工原料及产品，肥料，农药，涂料，油墨，颜料及类似产品，粘接用、密封用填料及类似品，合成材料，专用化学产品，炸药、火工及焰火产品，日用化学产品，化学纤维，消毒产品等检测服务 |
| 0108 | 非金属矿物制品检测服务 | 含水泥，石灰、石膏及其制品，砖瓦、石材等建筑材料，耐火材料，玻璃及玻璃制品，玻璃纤维和玻璃纤维增强塑料制品，陶瓷制品，沥青，泥炭，石墨及炭素制品等检测服务 |

表 1（续）

| 代码 | 类别名称 | 说　明 |
|---|---|---|
| 0109 | 金属材料及制品检测服务 | 含金属冶炼及压延产品、结构性金属制品、金属工具、集装箱及金属包装容器、金属丝绳及其制品、建筑、安全用金属制品、搪瓷制品、金属制日用品等检测服务 |
| 0110 | 通用设备检测服务 | 含压力设备、电梯、起重机机械、电梯、客运索道、大型游乐设施等特种设备，以及原动设备，金属加工机械，物料搬运设备，泵、阀门、压缩机及类似机械，轴承、齿轮和传动部件，烘炉，风机，衡器，包装设备，文化办公用机械等检测服务 |
| 0111 | 交通运输设备检测服务 | 含汽车、铁路运输设备、轨道交通设备、船舶、航空航天器、摩托车、自行车等检测服务 |
| 0112 | 电气机械和器材检测服务 | 含电机，输配电及控制设备，电线、电缆、光缆及电工器材，电池，家用电力器具，非电力家用器具，照明器具等检测服务 |
| 0113 | 计算机、通信和其他电子设备检测服务 | 含计算机、通信设备、广播电视设备、雷达及配套设备、视听设备、电子器件、电子元件等检测服务 |
| 0114 | 其他专用设备检测服务 | 含采矿、冶金、建筑、化工、木材、非金属加工、食品、饮料、烟草及饲料生产、印刷、制药、日化及日用品生产设备，纺织、服装和皮革加工设备，电子和电工机械，农、林、牧、渔设备，医疗仪器设备及器械，环保、社会公共服务设备等检测服务 |
| 0115 | 软件产品检测服务 | 含系统软件、支持软件、应用软件等检测服务 |
| 0116 | 环境污染物检测服务 | 含废气、废水、废渣、辐射等检测服务 |
| 0117 | 司法鉴定服务 | 含法医鉴定、物证鉴定、声像资料鉴定、电子物证鉴定等服务 |
| 0118 | 数据产品检测服务 | |
| 0190 | 其他产品检测服务 | |
| 02 | 检验服务 | |
| 0201 | 农业和农产品检验服务 | 含家畜、肉制品、牛奶和奶制品、谷类、粮食制品、羊毛、水产品、蔬菜等检验服务 |
| 0202 | 特种设备检验服务 | 含锅炉、压力容器(含气瓶)、压力管道、电梯、起重机械、客运索道、大型游乐设施、场(厂)内专用机动车辆等检验服务 |
| 0203 | 其他通用设备检验服务 | 含传输机、农业设备、矿业设备、工业机械、发电机、发动机及相关设备等检验服务，不含锅炉、压力容器(含气瓶)、压力管道、电梯、起重机械、客运索道、大型游乐设施、场(厂)内专用机动车辆等特种设备检验服务 |

表 1（续）

| 代码 | 类别名称 | 说 明 |
|---|---|---|
| 0204 | 制成品检验服务 | 含装配金属件及产品、模压聚合物和复合物、电器和电器产品、食品和饮料、纺织和纺织品、耐火材料和陶瓷制品、木制品等检验服务 |
| 0205 | 天然资源和精加工产品检验服务 | 含矿石和矿物、精矿和金属、煤和焦碳、天然气、石油和石化产品、木材等检验服务 |
| 0206 | 建设工程检验服务 | 含房屋建筑工程、市政工程、交通建设工程、铁道建设工程、水利建设工程等检验服务 |
| 0207 | 交通运输检验服务 | 含航空、公路、铁路、海运鉴定、海洋适航性、货物鉴定等检验服务 |
| 0208 | 旅游设施检验服务 | 含旅游交通运输设施、食宿接待设施、游览娱乐设施、旅游购物设施等检验服务 |
| 0209 | 工厂检验服务 | 含初次检验、跟踪检验等检验服务 |
| 0210 | 健康检验服务 | 含人和动物健康等检验服务 |
| 0211 | 技术法规检验服务 | |
| 0212 | 信息技术检验服务 | 含软件、硬件、信息系统等检验服务 |
| 0213 | 环境及环保产品检验服务 | |
| 0214 | 节能检验服务 | 不含建筑节能检验服务 |
| 0215 | 公共服务检验服务 | |
| 0290 | 其他检验服务 | |
| 03 | 检疫服务 | |
| 0301 | 动植物及其相关产品检疫服务 | 含进境、出境和过境检疫服务 |
| 0302 | 动植物及其产品的装载容器、包装物、铺垫材料检疫服务 | |
| 0303 | 来自疫区的运输工具检疫服务 | |
| 0304 | 进境拆解的废旧船舶检疫服务 | |
| 0305 | 卫生检疫服务 | |
| 0390 | 其他检疫服务 | |
| 04 | 认可服务 | |
| 0401 | 认证机构认可服务 | 含管理体系认证机构、产品认证机构、人员认证机构和软件过程及能力成熟度评估机构等认证机构认可服务 |
| 0402 | 实验室认可服务 | 含检测实验室(包括司法鉴定)、校准实验室、医学实验室、能力验证提供者、标准物质生产者和实验室安全等实验室及相关机构认可服务 |
| 0403 | 检验机构认可服务 | 含商品检验、交通运输、特种设备、建筑工程、信息安全、节能与环保、公共服务等检验机构认可服务 |

**表 1（续）**

| 代码 | 类别名称 | 说　明 |
|---|---|---|
| 0490 | 其他认可服务 | 含良好实验室规范技术评价、温室气体审定/核查机构认可等认可服务 |
| 05 | 认证服务 | |
| 0501 | 产品认证服务 | |
| 0502 | 服务认证服务 | |
| 0503 | 管理体系认证服务 | |
| 0504 | 人员认证服务 | |
| 0590 | 其他认证服务 | |
| 06 | 标准化服务 | |
| 0601 | 标准制修订服务 | |
| 0602 | 标准实施服务 | |
| 0603 | 标准化示范、试点服务 | |
| 0604 | 标准化发展规划及研究服务 | |
| 0605 | 标准宣传、贯彻和推广服务 | |
| 0606 | 标准化信息服务 | |
| 0607 | 标准咨询服务 | |
| 0690 | 其他标准化服务 | 含标准化符合性验证服务 |
| 07 | 计量服务 | |
| 0701 | 计量检定服务 | |
| 0702 | 计量校准服务 | |
| 0703 | 计量测试服务 | |
| 0790 | 其他计量服务 | |
| 08 | 评价服务 | 除检测服务、检验服务、检疫服务、认可服务、认证服务、标准化服务、计量服务、质量咨询服务中有关评价服务之外的，与质量相关的评价服务 |
| 0801 | 产品评价服务 | |
| 0802 | 工程评价服务 | |
| 0803 | 质量工作绩效考核评价 | |
| 0804 | 客户满意度评价 | |
| 0805 | 质量安全评价服务 | |
| 0806 | 品牌价值评价服务 | |
| 0807 | 创新价值质量评价服务 | |
| 0890 | 其他评价服务 | |
| 99 | 其他质量技术服务 | |

# 参 考 文 献

[1] GB/T 4754—2011 国民经济行业分类
[2] GB/T 7635.1—2002 全国主要产品分类与代码 第1部分:可运输部分
[3] GB/T 7635.2—2002 全国主要产品分类与代码 第2部分:不可运输部分
[4] GB/T 19000—2016 质量管理体系 基础和术语
[5] CNAS-AL06 实验室认可领域分类
[6] 中华人民共和国认证认可条例
[7] 质量发展纲要(2011—2020年)
[8] 金质工程(一期)业务分类与代码

ICS 01.140.20
A 14

GB

# 中华人民共和国国家标准

GB/T 35430—2017

# 信息与文献　期刊描述型元数据元素集

## Information and documentation—Descriptive metadata element set for periodical

2017-12-29 发布　　2018-04-01 实施

中华人民共和国国家质量监督检验检疫总局
中国国家标准化管理委员会　发布

# 前　言

本标准按照 GB/T 1.1—2009 给出的规则起草。

本标准由全国信息与文献标准化技术委员会(SAC/TC 4)提出并归口。

本标准起草单位:中国科学技术信息研究所、北京大学信息管理系、中国科学院文献情报中心、中国医学科学院医学信息研究所。

本标准主要起草人:段明莲、赵捷、张建勇、葛红梅、白光武、王星、李学惠。

# 引　言

本标准是一部专门供信息资源产出和利用机构、图书馆、信息服务机构以及期刊杂志社等创建期刊数据库使用的国家标准。

本标准主要参考了 GB/T 25100—2010《信息与文献　都柏林核心元数据元素集》，同时也参考了 NISO Z39.96—2015　Journal Archiving and Interchange Tag Library NISO，在元素及属性的设置、定义等方面尽量与 GB/T 25100—2010 保持一致，以达到共建共享期刊书目数据库及期刊全文数据库的目的。

本标准从集合层、个体层以及分析层三个层次描述期刊资源。不仅可以为一种期刊编制集合层记录，为一篇期刊论文编制个体层记录，也可以为期刊论文中析出的任何片段资源编制分析层记录。本标准根据目前用户的需求，将分析层描述对象定为期刊论文中析出的图表。实践中，分析层的描述对象可根据实际需要进一步加以扩展。

# 信息与文献　期刊描述型元数据元素集

## 1　范围

本标准规定了电子期刊、印本期刊、期刊论文、期刊中析出的图或表的描述单位，电子期刊及印本期刊元数据集、期刊论文及图表元数据集、科研项目元数据集以及个人作者元数据集的元素及修饰词设置，本标准确立了期刊、期刊论文、期刊中析出的图或表、参考文献、个人作者、科研项目等描述对象间的关系。

本标准适用于基于原生电子期刊、数字化电子期刊以及印本期刊创建的期刊书目数据库或全文数据库。本标准不对电子期刊的技术信息做专门规定。

## 2　规范性引用文件

下列文件对于本文件的应用是必不可少的。凡是注日期的引用文件，仅注日期的版本适用于本文件。凡是不注日期的引用文件，其最新版本(包括所有的修改版)适用于本文件。

GB/T 2260　中华人民共和国行政区划代码

GB/T 2659　世界各国和地区名称代码

GB/T 3792.3—2009　文献著录　第3部分：连续性资源

GB/T 4880.2—2000　语种名称代码　第2部分：3字母代码

GB/T 6864—2003　中华人民共和国学位代码

GB/T 7408—2005　数据元和交换格式　信息交换　日期和时间表示法

GB/T 8561　专业技术职务代码

GB/T 25100—2010　信息与文献　都柏林核心元数据元素集

## 3　术语和定义

下列术语和定义适用于本文件。

3.1

**描述型元数据　descriptive metadata**

对信息资源本身的内容、属性、外在特征进行描述的元数据。

3.2

**期刊　periodical**

一种定期的、出版频率在每年一次以上的连续出版物。通常期刊的内容为各自独立的论文。

[GB/T 3792.3—2009，定义3.22]

3.3

**数据库　database**

用于指定目的或指定数据处理系统的相关数据的集合。

[GB/T 4894—2009，定义4.1.1.4.11]

3.4

**修饰词　qualifier**

对期刊元数据语义单位的细化，是某一语义单位的属性的描述。修饰词包括元素修饰词和编码体系修饰词。元素修饰词限定元素含义的范围,使其更具有专指性;编码体系修饰词说明元素值所属的编码体系,编码体系是一类特殊的修饰词,说明元素或修饰词的取值或编码所遵循的规范体系。

3.5

**元数据 metadata**

关于数据的数据。

3.6

**元素 element**

元数据的基本语义单位,描述期刊元数据框架内的基本实体。

## 4 元数据设计原则

### 4.1 一致性原则

在元素和修饰词的设置、定义等方面,应与GB/T 25100—2010、GB/T 3792.3—2009等有关标准协调一致。在期刊、期刊卷期以及期刊论文等之间,凡是具有共性特征的元素和修饰词保持横向间的一致性。

### 4.2 深度与广度原则

在深度上,本标准不仅为一种期刊编制集合层记录,为一篇期刊论文编制个体层记录,而且为期刊论文中析出的图表编制分析层记录。分析层的描述对象可根据实际需要进一步加以扩展。在广度上,根据目前的用户需求将描述对象由期刊、期刊论文扩展至期刊论文中析出的图表、期刊作者以及与期刊论文有关的科研项目,以便开展期刊的数据加工、描述、揭示、检索及评价。

### 4.3 实用性原则

根据期刊和期刊论文的特点和用户需求,设计简便易行,具有科学性和可操作性的期刊描述型元数据集。

### 4.4 可扩展性原则

本标准允许使用者在不改变已规定的基本框架和标准内容(如,元素的语义注释)的条件下,适当地扩充一些元素或修饰词。

## 5 描述单位

描述单位可以是期刊中析出的论文或图表,也可以是一种期刊。成套期刊以“种”为单位进行描述。电子期刊中析出的论文以一个具有独立标识(如:一个唯一名称、DOI等)的“文件”为单位进行描述。印本期刊中析出的论文以“篇”为单位进行描述。期刊论文中析出的图或表以“个”为单位进行描述。

## 6 描述对象间的关系

6.1 在期刊、期刊卷期、个人作者、科研项目(包括基金项目)以及期刊中析出的论文、图、表、参考文献之间,存在继承关系、创建关系、资助关系、从属关系或者引用关系,见图1。

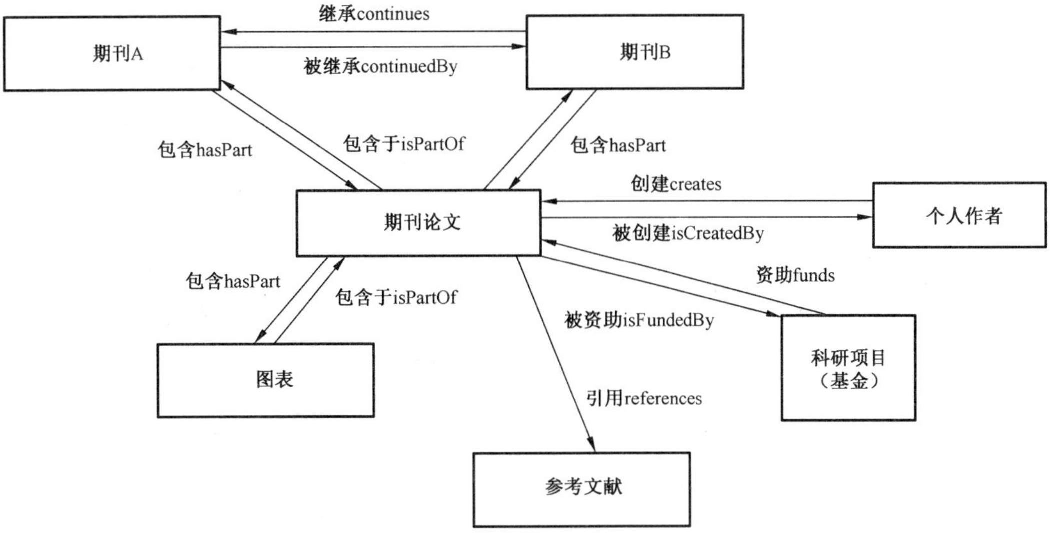


图 1　期刊、期刊论文等关系框架图

6.2　从属关系。一种期刊与其所含的各卷期之间、一期期刊与其析出的论文之间、单篇论文与其析出的图或表之间存在从属关系。存在从属关系的资源可采用多层次著录法，并用“包含”或“包含于”关联方式予以连接。

6.3　继承关系。期刊是一种连续出版物，由于合并或分开，或从主刊派生出另一种新刊，或编辑出版宗旨发生变化等原因出现刊名变更问题，在旧刊与新刊之间存在继承关系。存在继承关系的资源，可用“继承”或“被继承”关联方式予以连接。

6.4　创建关系。在作者和期刊论文之间存在创建关系。存在创建关系的资源，可用“创建”或“被创建”关联方式予以连接。

6.5　资助关系。资助作者从事科学研究、发表学术论文的科研项目与所发表的研究成果之间存在资助关系。存在资助关系的资源，可用“资助”或“被资助”关联方式予以连接。

6.6　引用关系。期刊论文与参考文献之间存在引用关系。存在引用或参考关系的资源，可用“引用”或“被引用”关联方式予以连接。

## 7　期刊元数据集内容

7.1　印本期刊、电子期刊(包括原生电子期刊和数字化电子期刊)或期刊卷期(即一期期刊)，按表 1 中的元素及修饰词创建期刊书目数据库，其示例参见附录 A 的 A.1。

表 1　电子期刊及印本期刊元数据集一览表

| 元素 | 修饰词 | | 电子期刊 | 印本期刊 | 期刊卷期 | 可重复性 | 数据类型 |
|---|---|---|---|---|---|---|---|
| | 元素修饰词 | 编码体系修饰词 | | | | | |
| 标识符 | | | M | M | | NR | 字符型 |
| | 来源标识符 | | M | M | | NR | 字符型 |
| | 期标识符 | | | | M | NR | 字符型 |
| | | ISSN | A | A | A | NR | 字符型 |

表 1（续）

| 元素 | 修饰词 | | 电子期刊 | 印本期刊 | 期刊卷期 | 可重复性 | 数据类型 |
|---|---|---|---|---|---|---|---|
| | 元素修饰词 | 编码体系修饰词 | | | | | |
| | | EISSN | A | | | NR | 字符型 |
| | | ISSN-L | A | A | | R | 字符型 |
| | | CN | A | A | | NR | 字符型 |
| | | CODEN | O | O | | NR | 字符型 |
| | | URL | A | | | NR | 字符型 |
| 名称 | | | M | M | M | NR | 字符型 |
| | 并列名称 | | O | O | | R | 字符型 |
| | 其他名称信息 | | O | O | | R | 字符型 |
| 卷期标识 | | | O | O | O | NR | 字符型 |
| 责任者 | | | A | A | | NR | 字符型 |
| | 个人名称 | | A | A | | R | 字符型 |
| | 团体名称 | | A | A | | R | 字符型 |
| | 责任方式 | | O | O | | R | 字符型 |
| 出版 | | | A | A | | NR | 字符型 |
| | 出版地 | | A | A | | NR | 字符型 |
| | 国别 | | A | A | | NR | 字符型 |
| | 地区代码 | | O | O | | NR | 字符型 |
| | 出版者 | | A | A | | NR | 字符型 |
| | 出版者地址 | | O | O | | NR | 字符型 |
| 日期 | | | A | A | | NR | 日期型 |
| | 出版年 | | A | A | | NR | 日期型 |
| | 发布日期 | | A | | | NR | 日期型 |
| 格式 | | | A | A | | NR | 字符型 |
| | 数量 | | O | O | | NR | 字符型 |
| | 尺寸 | | O | O | | NR | 字符型 |
| | 文件格式 | | M | | | R | 字符型 |
| 描述 | | | A | A | | NR | 字符型 |
| | 期刊简介 | | O | O | | NR | 字符型 |
| | 出版频率 | | M | M | | R | 字符型 |
| | 价格 | | O | O | O | NR | 字符型 |
| | 目次 | | | | O | NR | 字符型 |
| | 编辑部地址 | | O | O | | R | 字符型 |

**表 1（续）**

| 元素 | 修饰词 | | 电子期刊 | 印本期刊 | 期刊卷期 | 可重复性 | 数据类型 |
|---|---|---|---|---|---|---|---|
| | 元素修饰词 | 编码体系修饰词 | | | | | |
| | 邮编 | | O | O | | R | 字符型 |
| | 电话 | | O | O | | R | 字符型 |
| | E-mail | | O | O | | R | 字符型 |
| | 传真 | | O | O | | R | 字符型 |
| 主题 | | | M | M | | NR | 字符型 |
| | | 中图法 | M | M | | R | 字符型 |
| | 关键词 | | M | M | | R | 字符型 |
| 语种 | | | M | M | | R | 枚举型 |
| 关联 | | | A | A | | R | 字符型 |
| | 继承 | | A | A | | R | 字符型 |
| | 被继承 | | A | A | | R | 字符型 |
| | 部分继承 | | A | A | | R | 字符型 |
| | 被部分继承 | | A | A | | R | 字符型 |
| | 吸收 | | A | A | | R | 字符型 |
| | 并入 | | A | A | | R | 字符型 |
| | 包含 | | | | O | R | 字符型 |
| 馆藏信息 | | | A | A | | NR | 字符型 |
| | 馆藏地 | | O | O | | R | 字符型 |
| | 馆藏单位 | | A | A | | R | 字符型 |
| | 索取号 | | A | A | | R | 字符型 |

注 1：在元素和修饰词的必备性方面，“M”表示必备(Mandatory)，“A”表示有则必备(Mandatory if Applicable)，“O”表示可选(Optional)。

注 2：在元素和修饰词的重复性方面，“R”表示可重复(Repeatable)，“NR”表示不可重复(Not Repeatable)。

7.2 从印本期刊、电子期刊中析出的论文、图或表，按表 2 中的元素及修饰词创建期刊全文数据库或期刊图表数据库，其示例参见附录 A 的 A.3～A.5。

**表 2 期刊论文及图表元数据集一览表**

| 元素 | 修饰词 | | 期刊论文 | 图 | 表 | 可重复性 | 数据类型 |
|---|---|---|---|---|---|---|---|
| | 元素修饰词 | 编码体系修饰词 | | | | | |
| 标识符 | | | M | M | M | NR | 字符型 |
| | 论文标识符 | | M | | | NR | 字符型 |
| | 图标识符 | | | M | | NR | 字符型 |

表 2（续）

| 元素 | 修饰词 | | 期刊论文 | 图 | 表 | 可重复性 | 数据类型 |
|---|---|---|---|---|---|---|---|
| | 元素修饰词 | 编码体系修饰词 | | | | | |
| | 表标识符 | | | | M | NR | 字符型 |
| | | DOI | A | | | NR | 字符型 |
| 名称 | | | M | M | M | NR | 字符型 |
| | 并列名称 | | O | O | O | R | 字符型 |
| | 其他名称信息 | | O | O | O | R | 字符型 |
| 责任者 | | | A | A | A | NR | 字符型 |
| | 个人名称 | | A | A | A | R | 字符型 |
| | 团体名称 | | A | | | R | 字符型 |
| | 责任方式 | | O | O | O | R | 字符型 |
| 描述 | | | A | | | NR | 字符型 |
| | 工作单位 | | A | | | R | 字符型 |
| | 摘要 | | M | | | NR | 字符型 |
| | 项目来源 | | A | | | NR | 字符型 |
| 类型 | | | A | | | NR | 枚举型 |
| 格式 | | | A | A | A | NR | 字符型 |
| | 文件格式 | | M | M | M | R | 字符型 |
| 主题 | | | M | M | M | NR | 字符型 |
| | | 中图法 | M | M | M | R | 字符型 |
| | 关键词 | | M | M | M | R | 字符型 |
| | | 汉语主题词表 | O | O | O | R | 字符型 |
| 语种 | | | M | | | R | 枚举型 |
| 来源 | | | A | A | A | NR | 字符型 |
| | 来源名称 | | A | A | A | NR | 字符型 |
| | 年 | | A | A | A | NR | 日期型 |
| | 卷 | | A | A | A | NR | 字符型 |
| | 期 | | A | A | A | NR | 字符型 |
| | 页 | | A | A | A | NR | 字符型 |
| 关联 | | | A | A | A | R | 字符型 |
| | 包含于 | | A | A | A | R | 字符型 |
| | 被创建 | | M | | | R | 字符型 |
| | 被资助 | | O | | | NR | 字符型 |
| | 引用 | | A | | | R | 字符型 |

7.3 基金或机关团体资助科学研究的项目，按表3中的元素及修饰词创建科研项目数据库，其示例参见附录A的A.6。

**表3 科研项目元数据集一览表**

| 元　素 | 元素修饰词 | 必备性 | 可重复性 | 数据类型 |
|---|---|---|---|---|
| 标识符 | | M | NR | 字符型 |
| | 项目标识符 | M | NR | 字符型 |
| | 项目编号 | M | NR | 字符型 |
| 名称 | | M | NR | 字符型 |
| | 项目名称 | M | NR | 字符型 |
| | 其他名称信息 | O | R | 字符型 |
| 描述 | | A | NR | 字符型 |
| | 项目来源 | A | NR | 字符型 |
| | 资助机构 | O | R | 字符型 |
| | 附注 | O | R | 字符型 |
| 关联 | | A | R | 字符型 |
| | 资助 | O | R | 字符型 |

7.4 个人作者按表4中的元素及修饰词创建个人作者数据库，其示例参见附录A的A.7。

**表4 个人作者元数据集一览表**

| 元　素 | 元素修饰词 | 必备性 | 可重复性 | 数据类型 |
|---|---|---|---|---|
| 标识符 | | M | NR | 字符型 |
| | 个人标识符 | M | NR | 字符型 |
| 责任者 | | A | NR | 字符型 |
| | 个人名称 | A | R | 字符型 |
| | 个人并列名称 | O | R | 字符型 |
| 描述 | | A | NR | 字符型 |
| | 工作单位 | A | R | 字符型 |
| | 邮编 | O | R | 字符型 |
| | 学位 | O | R | 字符型 |
| | 职称 | O | NR | 字符型 |
| | 研究方向 | A | R | 字符型 |
| | E-mail | O | R | 字符型 |
| | 附注 | O | R | 字符型 |
| 关联 | | A | R | 字符型 |
| | 创建 | O | R | 字符型 |

## 8 元素及修饰词的定义属性

为规范元素及修饰词等术语的定义，本标准通过名称、标签、定义、注释、术语类型、数据类型、必备性以及可重复性这几个属性对元素及修饰词进行定义，见表5。

表5 期刊元数据集规范术语定义属性表

| 序号 | 属性名 | 属性定义 | 必备性 |
|---|---|---|---|
| 1 | 名称 | 赋予术语的唯一标记，一般为英文小写 | 必备 |
| 2 | 标签 | 描述术语的可读标签一般为中文，可随资源不同选择不同的描述术语 | 必备 |
| 3 | 定义 | 对术语概念与内涵的说明 | 必备 |
| 4 | 注释 | 关于术语或其应用的其他说明，如特殊的用法等 | 可选 |
| 5 | 术语类型 | 术语的类型，其值为：元素、元素修饰词和编码体系修饰词 | 必备 |
| 6 | 数据类型 | 术语允许取值的数据类型 | 必备 |
| 7 | 必备性 | 必备性包括必备、有则必备、可选 | 必备 |
| 8 | 可重复性 | 可重复性包括可重复和不可重复 | 必备 |

本标准中元素的"名称"为英文，以便于计算机标记和编程。为了便于人们阅读，"标签"为中文。本标准定义的所有元素及元素修饰词与排列顺序有一定关系，但使用单位可根据自身的实际需要决定元素、元素修饰词以及编码体系修饰词的排列次序。

## 9 元素与修饰词设置

### 9.1 标识符中的元素及修饰词

#### 9.1.1 标识符

名称：identifier
标签：标识符
定义：在特定上下文环境中，给予资源的一个明确的标识。
注释：一般采用字符串或数字代码。建议采用符合正式标识体系的字符串进行标识。
术语类型：元素
数据类型：字符型
必备性：必备
可重复性：不可重复

#### 9.1.2 来源标识符

名称：sourceId
标签：来源标识符
定义：出版物来源的唯一标识符。
注释：本标准中的来源标识符用于标识一种特定的期刊。
术语类型：元素修饰词
数据类型：字符型

必备性：必备

可重复性：不可重复

### 9.1.3 期标识符

名称：issueId

标签：期标识符

定义：识别特定一期期刊的唯一标识符。

术语类型：元素修饰词

数据类型：字符型

必备性：必备

可重复性：不可重复

### 9.1.4 论文标识符

名称：articleId

标签：论文标识符

定义：识别期刊中特定论文的唯一标识符。

术语类型：元素修饰词

数据类型：字符型

必备性：必备

可重复性：不可重复

### 9.1.5 图标识符

名称：figureId

标签：图标识符

定义：识别期刊论文中特定图的唯一标识符。

术语类型：元素修饰词

数据类型：字符型

必备性：必备

可重复性：不可重复

### 9.1.6 表标识符

名称：tableId

标签：表标识符

定义：识别期刊论文中特定表的唯一标识符。

术语类型：元素修饰词

数据类型：字符型

必备性：必备

可重复性：不可重复

### 9.1.7 ISSN

名称：issn

标签：ISSN

定义：国际标准连续出版物号（International Standard Serial Number）。

术语类型:编码体系修饰词
数据类型:字符型
必备性:有则必备
可重复性:不可重复

### 9.1.8 EISSN

名称:eissn
标签:EISSN
定义:电子期刊的国际标准连续出版物号。
术语类型:编码体系修饰词
数据类型:字符型
必备性:有则必备
可重复性:不可重复

### 9.1.9 ISSN-L

名称:linkingIssn
标签:ISSN-L
定义:由 ISSN 网络指定启用配置或链接连续性资源不同媒介版本的国际标准连续出版物号。
术语类型:编码体系修饰词
数据类型:字符型
必备性:有则必备
可重复性:可重复

### 9.1.10 CN

名称:cn
标签:CN
定义:国内期刊统一编号。
术语类型:编码体系修饰词
数据类型:字符型
必备性:有则必备
可重复性:不可重复

### 9.1.11 CODEN

名称:coden
标签:CODEN
定义:国际 CODEN 组织分配给连续出版物题名的唯一且无二义性的缩写代码。
术语类型:编码体系修饰词
数据类型:字符型
必备性:可选
可重复性:不可重复

### 9.1.12 DOI

名称:doi

标签:DOI

定义:数字对象唯一标识符(Digital Object Identifier,简称 DOI)。

术语类型:编码体系修饰词

数据类型:字符型

必备性:有则必备

可重复性:不可重复

#### 9.1.13 个人标识符

名称:personalId

标签:个人标识符

定义:识别特定个人名称记录的唯一标识符。

术语类型:元素修饰词

数据类型:字符型

必备性:必备

可重复性:不可重复

#### 9.1.14 项目标识符

名称:projectId

标签:项目标识符

定义:识别特定科研项目记录的唯一标识符。

术语类型:元素修饰词

数据类型:字符型

必备性:必备

可重复性:不可重复

#### 9.1.15 项目编号

名称:projectNumber

标签:项目编号

定义:资助机构分配给科研项目的正式编号。

术语类型:元素修饰词

数据类型:字符型

必备性:必备

可重复性:不可重复

#### 9.1.16 URL

名称:URL

标签:URL

定义:统一资源定位符(Uniform Resource Locator,简称 URL)是互联网上用来标识某一特定信息页所用的一个短的字符串。

术语类型:编码体系修饰词

数据类型:字符型

必备性:有则必备

可重复性:不可重复

## 9.2 名称中的元素及修饰词

### 9.2.1 名称

名称:title
标签:名称
定义:赋予资源的名称。
注释:一般指资源正式公开的名称,如,刊名、期刊论文的篇名等。
术语类型:元素
数据类型:字符型
必备性:必备
可重复性:不可重复

### 9.2.2 并列名称

名称:parallelTitle
标签:并列名称
定义:用另一种语言文字表示的名称。
术语类型:元素修饰词
数据类型:字符型
必备性:可选
可重复性:可重复

### 9.2.3 项目名称

名称:projectName
标签:项目名称
定义:获取资助的科研项目名称。
注释:包括基金或其他渠道获得资助的科研项目名称。
术语类型:元素修饰词
数据类型:字符型
必备性:必备
可重复性:不可重复

### 9.2.4 其他名称信息

名称:otherTitleInformation
标签:其他名称信息
定义:用来限定、补充、解释、说明正式名称的文字。
术语类型:元素修饰词
数据类型:字符型
必备性:可选
可重复性:可重复

## 9.3 卷期标识元素

名称:numericDesignation

标签:卷期标识

定义:期刊的年卷期标识。

注释:建议采用“年,卷(期)-年,卷(期)”格式,标识成套期刊首卷与末卷的卷期标识。

术语类型:元素

数据类型:字符型

必备性:可选

可重复性:不可重复

## 9.4 责任者中的元素及修饰词

### 9.4.1 责任者

名称:contributor

标签:责任者

定义:对资源的知识内容或艺术内容负责的个人或团体。

术语类型:元素

数据类型:字符型

必备性:有则必备

可重复性:不可重复

### 9.4.2 个人名称

名称:personalName

标签:个人名称

定义:对资源的知识内容或艺术内容负责的个人。

术语类型:元素修饰词

数据类型:字符型

必备性:有则必备

可重复性:可重复

### 9.4.3 个人并列名称

名称:parallelName

标签:个人并列名称

定义:用另一种语言文字表示的个人名称。

术语类型:元素修饰词

数据类型:字符型

必备性:可选

可重复性:可重复

### 9.4.4 团体名称

名称:corporateName

标签:团体名称

定义:对资源的知识内容或艺术内容负责的团体。

术语类型:元素修饰词

数据类型:字符型

必备性:有则必备
可重复性:可重复

#### 9.4.5 责任方式

名称:role
标签:责任方式
定义:对资源的知识内容或艺术内容进行创作、整理的方式。
术语类型:元素修饰词
数据类型:字符型
必备性:可选
可重复性:可重复

### 9.5 类型元素

名称:type
标签:类型
定义:资源的特征或类型。
注释:建议本元素中文献类型标识按附录B取值。
术语类型:元素
数据类型:枚举型
必备性:有则必备
可重复性:不可重复

### 9.6 出版中的元素及修饰词

#### 9.6.1 出版

名称:publication
标签:出版
定义:与资源的出版、发行等活动有关的数据。
术语类型:元素
数据类型:字符型
必备性:有则必备
可重复性:可重复

#### 9.6.2 出版地

名称:placeOfPublication
标签:出版地
定义:出版者所在地的城市名称。
术语类型:元素修饰词
数据类型:字符型
必备性:有则必备
可重复性:不可重复

#### 9.6.3 国别

名称:country

标签:国别
定义:出版者所在地的国别。
注释:本元素修饰词的取值建议采用GB/T 2659,用三个字符代码标识期刊出版地的国别。
术语类型:元素修饰词
数据类型:字符型
必备性:有则必备
可重复性:不可重复

### 9.6.4 地区代码

名称:areaCode
标签:地区代码
定义:出版者所在地的地区代码。
注释:本元素修饰词的取值建议采用GB/T 2260。
术语类型:元素修饰词
数据类型:字符型
必备性:可选
可重复性:不可重复

### 9.6.5 出版者

名称:publisher
标签:出版者
定义:使资源可以获得和利用的责任实体。
术语类型:元素修饰词
数据类型:字符型
必备性:有则必备
可重复性:不可重复

### 9.6.6 出版者地址

名称:publisherLoc
标签:出版者地址
定义:出版者的通信地址。
术语类型:元素修饰词
数据类型:字符型
必备性:可选
可重复性:不可重复

## 9.7 日期中的元素及修饰词

### 9.7.1 日期

名称:date
标签:日期
定义:与资源生命周期中的一个事件相关的时刻或一段时间。
术语类型:元素

数据类型:日期型

必备性:有则必备

可重复性:不可重复

### 9.7.2 出版年

名称:published

标签:出版年

定义:资源正式出版的日期。

注释:本元素修饰词的取值建议采用 GB/T 7408—2005,按照“YYYY-MM-DD”的格式标识出版年。

术语类型:元素修饰词

数据类型:日期型

必备性:有则必备

可重复性:不可重复

### 9.7.3 发布日期

名称:issued

标签:发布日期

定义:资源正式发布的日期。

注释:电子期刊的发布日期取值建议采用 GB/T 7408—2005,按照“YYYY-MM-DD”的格式标识发布日期。

术语类型:元素修饰词

数据类型:日期型

必备性:有则必备

可重复性:不可重复

## 9.8 格式中的元素及修饰词

### 9.8.1 格式

名称:format

标签:格式

定义:资源的文件格式、物理媒体或尺寸规格。

术语类型:元素

数据类型:字符型

必备性:有则必备

可重复性:不可重复

### 9.8.2 数量

名称:extent

标签:数量

定义:资源的数量及其特定资源标识的单位。

术语类型:元素修饰词

数据类型:字符型

必备性:可选
可重复性:不可重复

### 9.8.3 尺寸

名称:dimension
标签:尺寸
定义:印本资源的尺寸。
术语类型:元素修饰词
数据类型:字符型
必备性:可选
可重复性:不可重复

### 9.8.4 文件格式

名称:fileFormat
标签:文件格式
定义:一种文件结构,用以确定文件存储方式和文件在屏幕上或打印时表示方式。
术语类型:元素修饰词
数据类型:字符型
必备性:必备
可重复性:可重复

## 9.9 描述中的元素及修饰词

### 9.9.1 描述

名称:description
标签:描述
定义:资源的说明解释。
术语类型:元素
数据类型:字符型
必备性:有则必备
可重复性:不可重复

### 9.9.2 期刊简介

名称:synopsis
标签:期刊简介
定义:简要介绍期刊内容的文字。
术语类型:元素修饰词
数据类型:字符型
必备性:可选
可重复性:不可重复

### 9.9.3 出版频率

名称:frequency

标签:出版频率

定义:单位时间内期刊出版的次数。

术语类型:元素修饰词

数据类型:字符型

必备性:必备

可重复性:可重复

#### 9.9.4 价格

名称:price

标签:价格

定义:商品价值的货币表现。

注释:一种或一期期刊的价格。

术语类型:元素修饰词

数据类型:字符型

必备性:可选

可重复性:不可重复

#### 9.9.5 目次

名称:contents

标签:目次

定义:资源组成单元的列表。

注释:一期期刊的内容目次单独存为一个文件,需标注特定目次的文件名,以便计算机通过目次文件名链接特定的目次。

术语类型:元素修饰词标注

数据类型:字符型

必备性:可选

可重复性:不可重复

#### 9.9.6 摘要

名称:abstract

标签:摘要

定义:论文内容的简要陈述,是一篇具有独立性和完整性的短文,一般以第三人称语气写成,不加评论和补充的解释。

术语类型:元素修饰词

数据类型:字符型

必备性:必备

可重复性:不可重复

#### 9.9.7 项目来源

名称:projectSource

标签:项目来源

定义:科研项目的来源。

术语类型:元素修饰词

数据类型:字符型
必备性:有则必备
可重复性:不可重复

### 9.9.8 资助机构

名称:supportBody
标签:资助机构
定义:提供科研项目资金的机构。
术语类型:元素修饰词
数据类型:字符型
必备性:可选
可重复性:可重复

### 9.9.9 工作单位

名称:aff
标签:工作单位
定义:论文责任者所属机构或组织的名称。
术语类型:元素修饰词
数据类型:字符型
必备性:有则必备
可重复性:可重复

### 9.9.10 邮编

名称:zipCode
标签:邮编
定义:邮政部门为了分拣、投递方便、迅速,按地区编程的号码。
术语类型:元素修饰词
数据类型:字符型
必备性:可选
可重复性:可重复

### 9.9.11 学位

名称:degree
标签:学位
定义:由高等院校、科研机构等按学科门类和专业学位类型授予受教育者的称号。
注释:本元素修饰词的取值建议采用 GB/T 6864—2003。
术语类型:元素修饰词
数据类型:字符型
必备性:可选
可重复性:可重复

### 9.9.12 职称

名称:academicTitle

标签:职称
定义:专业技术职务的名称。
注释:本元素修饰词的取值建议采用 GB/T 8561。
术语类型:元素修饰词
数据类型:字符型
必备性:可选
可重复性:不可重复

### 9.9.13 研究方向

名称:researchDirection
标签:研究方向
定义:作者科学研究的方向。
术语类型:元素修饰词
数据类型:字符型
必备性:有则必备
可重复性:可重复

### 9.9.14 编辑部地址

名称:address
标签:编辑部地址
定义:编辑部的通讯地址。
术语类型:元素修饰词
数据类型:字符型
必备性:可选
可重复性:可重复

### 9.9.15 E-mail

名称:E-mail
标签:e-mail
定义:电子邮件。
术语类型:元素修饰词
数据类型:字符型
必备性:可选
可重复性:可重复

### 9.9.16 电话

名称:phone
标签:电话
定义:编辑部的电话号码。
术语类型:元素修饰词
数据类型:字符型
必备性:可选
可重复性:可重复

### 9.9.17 传真

名称:fax

标签:传真

定义:传真号码。

术语类型:元素修饰词

数据类型:字符型

必备性:可选

可重复性:可重复

### 9.9.18 附注

名称:note

标签:附注

定义:用以揭示在其他元素或修饰词中不能涵盖的书目信息,以便进一步说明资源的性质、特征、用途以及范围等。

术语类型:元素修饰词

数据类型:字符型

必备性:可选

可重复性:可重复

## 9.10 主题中的元素及修饰词

### 9.10.1 主题

名称:subject

标签:主题

定义:资源的主题。

注释:一般采用关键词、关键词短语或分类号来标识。建议使用受控词表。

术语类型:元素

数据类型:字符型

必备性:必备

可重复性:不可重复

### 9.10.2 中图法

名称:CLC

标签:中图法

定义:中国图书馆分类法。

注释:本编码体系修饰词的取值建议采用 2010 年国家图书馆出版社出版的《中国图书馆分类法》第五版。

术语类型:编码体系修饰词

数据类型:字符型

必备性:必备

可重复性:可重复

### 9.10.3 关键词

名称:keyword

标签:关键词

定义:直接以自然语言中未经控制或只作少量控制的语词标引资源的主题内容。

术语类型:元素修饰词

数据类型:字符型

必备性:必备

可重复性:可重复

### 9.10.4 汉语主题词表

名称:CT

标签:汉语主题词表

定义:汉语主题词表。

术语类型:编码体系修饰词

数据类型:字符型

必备性:可选

可重复性:可重复

## 9.11 语种元素

名称:language

标签:语种

定义:资源正文的语种。

注释:正文语种的取值建议采用 GB/T 4880.2—2000,用"chi、eng、fre、gem、jpn、kor、rus"等分别表示"汉语、英语、法语、德语、日语、韩语、俄语"。

术语类型:元素

数据类型:枚举型

必备性:必备

可重复性:可重复

## 9.12 来源中的元素及修饰词

### 9.12.1 来源

名称:source

标签:来源

定义:与当前资源来源有关的资源。

术语类型:元素

数据类型:字符型

必备性:有则必备

可重复性:不可重复

### 9.12.2 来源名称

名称:sourceTitle

标签:来源名称
定义:本资源的来源名称。
术语类型:元素修饰词
数据类型:字符型
必备性:有则必备
可重复性:不可重复

### 9.12.3 年

名称:year
标签:年
定义:期刊卷期标识中的年。
术语类型:元素修饰词
数据类型:日期型
必备性:有则必备
可重复性:不可重复

### 9.12.4 卷

名称:volume
标签:卷
定义:期刊卷期标识中的卷。
术语类型:元素修饰词
数据类型:字符型
必备性:有则必备
可重复性:不可重复

### 9.12.5 期

名称:issue
标签:期
定义:期刊卷期标识中的期。
术语类型:元素修饰词
数据类型:字符型
必备性:有则必备
可重复性:不可重复

### 9.12.6 页

名称:page
标签:页
定义:本资源在来源资源中的页码。
注释:论文的页码包括特定论文在期刊中的起止页码、转页的页码等。
术语类型:元素修饰词
数据类型:字符型
必备性:有则必备
可重复性:不可重复

### 9.13 关联中的元素及修饰词

#### 9.13.1 关联

名称:relation

标签:关联

定义:相关资源。

注释:指明与本资源存在某种关系的其他资源。建议采用符合正式标识体系的字符串进行标识。

术语类型:元素

数据类型:字符型

必备性:有则必备

可重复性:可重复

#### 9.13.2 继承

名称:continues

标签:继承

定义:期刊更名后,被新刊取代的旧刊。

注释:建议按旧刊的"名称.ISSN"格式提供连接信息,以便计算机自动获取旧刊的唯一标识符。

术语类型:元素修饰词

数据类型:字符型

必备性:有则必备

可重复性:可重复

#### 9.13.3 被继承

名称:continuedBy

标签:被继承

定义:期刊更名后,取代旧刊的新刊。

注释:建议按新刊的"名称.ISSN"格式提供连接信息,以便计算机自动获取新刊的唯一标识符。

术语类型:元素修饰词

数据类型:字符型

必备性:有则必备

可重复性:可重复

#### 9.13.4 部分继承

名称:continuesInPart

标签:部分继承

定义:被新刊部分继承的期刊。

注释:建议按旧刊的"名称.ISSN"格式提供连接信息,以便计算机自动获取被部分取代的旧刊的唯一标识符。

术语类型:元素修饰词

数据类型:字符型

必备性:有则必备

可重复性:可重复

### 9.13.5 被部分继承

名称:continuedInPartBy

标签:被部分继承

定义:部分继承旧刊的新刊。

注释:建议按新刊的"名称.ISSN"格式提供连接信息,以便计算机自动获取部分继承旧刊的新刊的唯一标识符。

术语类型:元素修饰词

数据类型:字符型

必备性:有则必备

可重复性:可重复

### 9.13.6 吸收

名称:absorbed

标签:吸收

定义:被在编期刊吸收的期刊。

注释:建议按旧刊的"名称.ISSN"格式提供连接信息,以便计算机自动获取被在编期刊吸收的旧刊的唯一标识符。

术语类型:元素修饰词

数据类型:字符型

必备性:有则必备

可重复性:可重复

### 9.13.7 并入

名称:absorbedBy

标签:并入

定义:吸收了在编期刊的另一期刊。

注释:建议按新刊的"名称.ISSN"格式提供连接信息,以便计算机自动获取吸收了在编期刊的新刊的唯一标识符。

术语类型:元素修饰词

数据类型:字符型

必备性:有则必备

可重复性:可重复

### 9.13.8 包含

名称:hasPart

标签:包含

定义:本资源在物理上或逻辑上包含了另一资源。

注释:建议按期刊论文的"责任者的个人名称.论文名称"格式提供连接信息,以便计算机获取被包含的期刊论文的唯一标识符。

术语类型:元素修饰词

数据类型:字符型

必备性:可选

可重复性:可重复

### 9.13.9 包含于

名称:isPartOf

标签:包含于

定义:本资源在物理上或逻辑上是另一资源的一个组成部分。

注释:建议按期刊的“刊名,年,卷(期)”格式提供连接信息,以便计算机获取特定一期期刊的唯一标识符。

术语类型:元素修饰词

数据类型:字符型

必备性:有则必备

可重复性:可重复

### 9.13.10 创建

名称:creats

标签:创建

定义:作者撰写的期刊论文。

注释:建议按期刊论文的“责任者的个人名称.论文名称.刊名,年,卷(期):页”格式提供连接信息,以便计算机获取特定期刊论文的唯一标识符或DOI。

术语类型:元素修饰词

数据类型:字符型

必备性:可选

可重复性:可重复

### 9.13.11 被创建

名称:createdBy

标签:被创建

定义:期刊论文被作者撰写。

注释:建议按“论文作者姓名.工作单位”格式提供连接信息,以便计算机获取特定期刊论文作者的唯一标识符。

术语类型:元素修饰词

数据类型:字符型

必备性:有则必备

可重复性:可重复

### 9.13.12 引用

名称:references

标签:引用

定义:说明本资源参照、引用或以其他方式指向另一资源。

注释:用“引用”元素修饰词指向被本资源所引用的参考文献。建议按“责任者的个人名称.题名”格式提供连接信息,以便计算机获取被引资源的唯一标识符。

术语类型:元素修饰词

数据类型:字符型

必备性：有则必备

可重复性：可重复

### 9.13.13 资助

名称：funds

标签：资助

定义：科研项目所资助的学术论文。

注释：建议按期刊论文的“责任者的个人名称.论文名称.刊名，年，卷(期)：页”格式提供连接信息，以便计算机获取科研项目资助的期刊论文的唯一标识符。

术语类型：元素修饰词

数据类型：字符型

必备性：可选

可重复性：可重复

### 9.13.14 被资助

名称：fundedBy

标签：被资助

定义：学术论文源于被资助的科研项目。

注释：建议按科研项目的“名称.项目编号”格式提供连接信息，以便计算机获取特定科研项目的唯一标识符。

术语类型：元素修饰词

数据类型：字符型

必备性：有则必备

可重复性：不可重复

## 9.14 馆藏信息中的元素及修饰词

### 9.14.1 馆藏信息

名称：location

标签：馆藏信息

定义：资源的馆藏信息。

术语类型：元素

数据类型：字符型

必备性：有则必备

可重复性：不可重复

### 9.14.2 馆藏地

名称：placeOfHoldingAgency

标签：馆藏地

定义：资源馆藏单位所在地。

术语类型：元素修饰词

数据类型：字符型

必备性：可选

可重复性:可重复

### 9.14.3 馆藏单位

名称:holdingAgency

标签:馆藏单位

定义:资源的收藏单位。

注释:在本标准中指期刊收藏单位。

术语类型:元素修饰词

数据类型:字符型

必备性:有则必备

可重复性:可重复

### 9.14.4 索取号

名称:callNumber

标签:索取号

定义:代表每一资源在收藏单位整个馆藏体系中特有位置的号码。

注释:在本标准中是指期刊收藏单位。

数据类型:字符型

必备性:有则必备

可重复性:可重复

# 附　录　A
# （资料性附录）
# 期刊描述型元数据示例

## A.1　期刊

示例1：标识符[来源标识符]：112001365379
　　[ISSN]：1009-6337
　　[CN]：11-4542
名称：中国国家地理
卷期标识：2000(1)-
责任者[个人名称]：单之蔷
　　[责任方式]：主编
　　[团体名称]：中国科学院地理科学与资源研究院
　　[责任方式]：主办
　　[团体名称]：中国地理学会
　　[责任方式]：主办
　　[团体名称]：中国科学院
　　[责任方式]：主管
出版[出版地]：北京
　　[出版者]：《中国国家地理》杂志社
　　[出版者地址]：北京市朝阳区安外大屯路甲11号地理科学馆
日期[出版年]：2000-
格式[数量]：v.
　　[尺寸]：26 cm.
描述[期刊简介]：《中国国家地理》在秉承保护地球、探索未知、推进文明的基础上，又涉及了天文、地理、生物、人文、历史诸领域新近发生的有价值的事件及重大考古发现，后旅游时代出行的理由，都市白领的生活方式，探险的经历，著名科学家的人生轨迹，文化版图的胀缩等各种有趣的话题。
　　[出版频率]：月刊
　　[编辑部地址]：北京市朝阳区安外大屯路甲11号地理科学馆
　　[邮编]：100101
　　[电话]：010-64865566-376
　　[E-mail]：bjb@cng.com.cn
　　[传真]：010-64842217
主题[中图法]：P9
　　[关键词]：中国
　　[关键词]：地理
语种：chi
关联[继承]：地理知识.ISSN 0257-019X

示例2：标识符[来源标识符]：111999086549
　　[ISSN]：0257-019X
　　[CN]：11-1494
名称：地理知识

[并列名称]:Geographical knowledge
卷期标识:1950(1)-2000(9)
责任者[个人名称]:中国地理学会
[责任方式]:主办
[团体名称]:中国科学院
[责任方式]:主办
[团体名称]:国家计划委员会地理研究所
[责任方式]:主办
出版[出版地]:北京
[出版者]:科学出版社
[出版者地址]:北京东黄城根北街 16 号
日期[出版年]:1950-2000
格式[数量]:39 v.
[尺寸]:26 cm.
描述[出版频率]:月刊(1975,8-2000)
[出版频率]:双月刊(1973-1975,7)
[出版频率]:月刊(1950-1972)
[编辑部地址]:北京市朝阳区安外大屯路甲 11 号地理科学馆
[邮编]:100101
[电话]:010-64865566-376
[E-mail]:bjb@cng.com.cn
[传真]:010-64842217
主题[中图法]:P9
[关键词]:中国
[关键词]:地理
语种:chi
关联[被继承]:中国国家地理.ISSN 1009-6337

## A.2 期刊卷期

示例:标识符[期标识符]:112016
名称:中国国家地理
卷期标识:2016(4)
描述[价格]:CNY 20.00
[目次]:zhongguoguojiadili201604.pdf

## A.3 期刊论文

示例 1:标识符[论文标识符]:
[DOI]:10.16509/j.georeview.2016.02.001
名称:揭开南岭地壳形成演化之谜
责任者[个人名称]:杨文采
[工作单位]:"大地构造与动力学"国家重点实验室
[工作单位]:中国地质科学院地质研究所
类型:J/OL
格式[文件格式]:pdf
描述[摘要]:南岭的形成演化目前尚不清楚,作为板内造山的一个典型,研究南岭地区的地壳构造对大陆动力学有重要意义。本文对南岭地区重力异常进行了多尺度密度反演，首先利用小波变换对重力异常进行多尺度分解，接着利用功率谱分析方法估算各等效层场源的平均深度，然后利用广义线性反演方法进行各层密度反演，取得区域地壳多个深度上的密度扰动图像。用小波变换多尺度分析和三维密度结构反演确定了南岭中上地壳存在独立的构造单元，它具有低密度性质，反映区域规模的大花岗岩基。南岭中上地壳的构造单元于北纬24°～26°，东经100°～116°，深达22 km左右。深度22 km以下南岭地壳低密度带与武夷低密度带连通为武夷—云开构造带。南岭最终形成与100 Ma以前特提斯洋俯冲和亚欧板块与加里曼丹地体的陆岛碰撞直接有关。同期发生的区域规模的燕山晚期南岭花岗岩基对应特提斯洋向华南俯冲的第二岩浆带。基于地球物理资料提出的这个陆岛俯冲碰撞假说能否成立，还需要更多岩石学的直接证据证实。

[项目来源]:国家自然科学基金资助项目(编码:41574111)的成果。

主题[中图法]:P54

[关键词]:小波多尺度分解

[关键词]:密度反演

[关键词]:地壳密度结构

[关键词]:中国南岭

[关键词]:形成演化

[关键词]:俯冲的第二岩浆带

语种:chi

来源[来源名称]:地质论评

[年]:2016

[卷]:62

[期]:2

[页]:257-266

关联[包含于]:地质论评.ISSN 0371-5736

[被资助]:国家自然科学基金资助项目.41574111

[被创建]:杨文采."大地构造与动力学"国家重点实验室

[被创建]:杨文采.中国地质科学院地质研究所

**示例2**:标识符[论文标识符]:

名称:CCR5:抗HIV-1药物的新靶点

[并列名称]:CCR5,a new target of anti-HIV drugs

责任者[个人名称]:韩燕星

[工作单位]:中国医学科学院中国协和医科大学医药生物技术研究所病毒室

[个人名称]:蒋建东

[工作单位]:中国医学科学院中国协和医科大学医药生物技术研究所病毒室

类型:J/OL

格式[文件格式]:pdf

描述[摘要]:CCR5为细胞膜蛋白，属于G蛋白偶联受体家族的成员，是HIV-1入侵机体细胞的主要辅助受体之一。在过去的几年中，对CCR5的生物学特性以及在HIV感染过程中所起作用的研究取得了明显的进展，以CCR5为靶点的HIV受体拮抗剂倍受关注，主要有以下4种:(1)趋化因子衍生物;(2)低分子量非肽类;(3)单克隆抗体;(4)肽类化合物。本文综述了近年来CCR5和以其为靶点的HIV受体拮抗剂的研究进展。

[项目来源]:国家自然科学基金资助项目(编码:39930190)的成果。

主题[中图法]:Q26

[关键词]:CCR5

[关键词]:结构

[关键词]:功能

[关键词]:手提拮抗剂

语种:chi

来源[来源名称]:中国医学科学院学报

[年]:2003

[卷]:25

[期]:5

[页]:635-639

关联[包含于]:中国医学科学院学报.ISSN1000-503X

[被资助]:国家自然科学基金资助项目.39930190

[被创建]:韩燕星.中国医学科学院中国协和医科大学医药生物技术研究所病毒室

[被创建]:蒋建东.中国医学科学院中国协和医科大学医药生物技术研究所病毒室

## A.4 期刊论文中析出的图

示例:标识符[图标识符]:

名称:南海 100～5 Ma 构造演化图解

[其他名称信息]:(a) 100 Ma,(b) 80 Ma,(c) 30 Ma,(d) 5 Ma

责任者[个人名称]:杨文采

格式[文件格式]:pdf

主题[中图法]:P54

[关键词]:南海

[关键词]:构造演化

来源[来源名称]:地质论评

[年]:2016

[卷]:62

[期]:2

[页]:263

关联[包含于]:杨文采.揭开南岭地壳形成演化之谜.DOI:10.16509/j.georeview.2016.02.001

## A.5 期刊论文中析出的表

示例:标识符[表标识符]:

名称:地壳结晶岩石密度($g/cm^3$)统计表

责任者[个人名称]:杨文采

格式[文件格式]:pdf

主题[中图法]:P58

[关键词]:地壳

[关键词]:岩石密度

来源[来源名称]:地质论评

[年]:2016

[卷]:62

[期]:2

[页]:260

关联[包含于]:杨文采.揭开南岭地壳形成演化之谜.DOI:10.16509/j.georeview.2016.02.001

## A.6 科研项目

示例:标识符[项目标识符]:

[项目编目]:39930190

名称[项目名称]:抗肿瘤、抗病毒与心血管药物筛选新模型的研究与应用

描述[项目来源]:国家自然科学基金 1999 年度重点项目

关联[包含]:韩燕星,蒋建东.CCR5:抗 HIV-1 药物的新靶点.中国医学科学院学报,2003,25(5):635-639

[包含]:刘晓辉,洪斌,王丽非,杨媛,司书毅,李元.人高密度脂蛋白受体表达上调剂筛选模型的建立.中国医学科学院学报,2004,26(4):354-358

[包含]:张忠兵.B族Ⅰ型清道夫受体及与动脉粥样硬化关系研究进展.中国分子心脏病学杂志,2005,5(3):553-556

[包含]:TIAN D F,HONG B,SI S Y.Development of a new high-throughput screening model for human high density lipoprotein receptor(CLA-1) agonists.Biomedical and environmental sciences,2005,18:265-272

## A.7 个人作者

示例 1:标识符[个人标识符]:

责任者[个人名称]:韩燕星

[个人并列名称]:Han Yan-xing

[工作单位]:中国医学科学院中国协和医学大学医药生物技术研究所病毒室

[邮编]:100050

描述[E-mail]:hanyanxing@hotmail.com

关联[创建]:韩燕星,蒋建东.CCR5:抗 HIV-1 药物的新靶点

示例 2:标识符[个人标识符]:

责任者[个人名称]:杨文采

[个人并列名称]:Yang Wen-cai

[工作单位]:"大地构造与动力学"国家重点实验室

[工作单位]:中国地质科学院地质研究所

[邮编]:100037

描述[学位]:博士

[职称]:研究员,中国科学院院士

[研究方向]:固体地球物理学

[E-mail]:yangwencai@cashq.ac.cn

关联[创建]:杨文采.揭开南岭地壳形成演化之谜

# 附 录 B
# （资料性附录）
# 文献类型和文献载体标识代码

## B.1 文献类型和标识代码

文献类型和标识代码见表 B.1。

**表 B.1 文献类型和标识代码**

| 参考文献类型 | 文献类型标识代码 |
|---|---|
| 普通图书 | M |
| 会议录 | C |
| 汇编 | G |
| 报纸 | N |
| 期刊 | J |
| 学位论文 | D |
| 报告 | R |
| 标准 | S |
| 专利 | P |
| 数据库 | DB |
| 计算机程序 | CP |
| 电子公告 | EB |
| 档案 | A |
| 舆图 | CM |
| 数据集 | DS |
| 其他 | Z |

## B.2 电子资源载体和标识代码

电子资源载体和标识代码见表 B.2。

**表 B.2 电子资源载体和标识代码**

| 电子资源的载体类型 | 载体类型标识代码 |
|---|---|
| 磁带(magnetic tape) | MT |
| 磁盘(disk) | DK |
| 光盘(CD-ROM) | CD |
| 联机网络(online) | OL |

## 参 考 文 献

[1] GB/T 7714—2015 信息与文献 参考文献著录规则
[2] 国家图书馆.新版中国机读目录格式使用手册[M].北京:北京图书馆出版社,2004.
[3] 谢琴芳.CALIS联机合作编目手册:上.北京:北京大学出版社,2000.

ICS 03.080.99
A 00

# 中华人民共和国国家标准

GB/T 35431—2017

# 信用标准体系总体架构

## General framework for standard system of credit

2017-12-29 发布　　　　2018-04-01 实施

中华人民共和国国家质量监督检验检疫总局
中国国家标准化管理委员会　发布

# 前　言

本标准按照GB/T 1.1—2009给出的规则起草。

本标准由全国社会信用标准化技术委员会(SAC/TC 470)提出并归口。

本标准起草单位:中国标准化研究院、中大信(北京)信用评价中心有限公司、合肥艺标科技有限公司、国家信息中心、厦门市标准化研究院、河北省经济信息中心、福建安井食品股份有限公司、石狮市宏妙服饰配件有限公司、河北省标准化研究院、辽宁省标准化研究院、北京君翌科技有限公司、东莞市新立方标准化技术服务有限公司、中大信安能信用管理有限公司、安徽省质量和标准化研究院、山东省标准化研究院、新疆标准化研究院、嘉善凌鹰服饰辅料厂、烟台市技术监督信息研究所、烟台大维科技有限公司、重庆大数据研究院有限公司、北京和唯道文化传媒有限公司、放心联合认证中心(北京)有限公司、国信联合(北京)认证中心、北京匀加速科技有限公司。

本标准主要起草人:周莉、林竹盛、江洲、崔从俊、赵锐、薛毅、王东、林立南、李向华、路源、贾迎新、王妙微、王博涵、徐晓东、郑勇跃、耿天霖、曹静、孙良泉、孙莹、马龙、赵燕、孟翠竹、杨钧、俞程明、黄贤信、李华、刘栋栋、许远望、余腾晖、底彦彬、陈磊、孟繁友、王舒维、聂玉声。

# 信用标准体系总体架构

## 1 范围

本标准规定了信用标准体系的总体架构和相关要求。

本标准适用于各类组织或个人开展的信用标准活动。

## 2 规范性引用文件

下列文件对于本文件的应用是必不可少的。凡是注日期的引用文件，仅注日期的版本适用于本文件。凡是不注日期的引用文件，其最新版本(包括所有的修改单)适用于本文件。

GB/T 13016 标准体系表编制原则和要求

GB/T 20000.1 标准化工作指南 第1部分:标准化和相关活动的通用术语

## 3 术语和定义

GB/T 20000.1 和 GB/T 13016 界定的以及下列术语和定义适用于本文件。为了便于使用，以下重复列出 GB/T 20000.1 和 GB/T 13016 中的一些术语和定义。

3.1

**标准 standard**

通过标准化活动，按照规定的程序经协商一致制定，为各类活动或其结果提供规则、指南或特性，供共同使用和重复使用的文件。

注1：标准宜以科学、技术和经验的综合成果为基础。

注2：规定的程序指制定标准的机构颁布的标准制定程序。

注3：诸如国际标准、区域标准、国家标准等，由于它们可以公开获得以及必要时通过修正或修订保持与最新技术水平同步，因此它们被视为构成了公认的技术规则。其他层次上通过的标准，诸如专业协(学)会标准、企业标准等，在地域上可影响几个国家。

[GB/T 20000.1—2014，定义5.3]

3.2

**信用标准 standards for credit**

规定开展信用活动应满足的要求以确保其适用性的标准。

3.3

**标准化 standardization**

为了在既定范围内获得最佳秩序，促进共同效益，对现实问题或潜在问题确立共同使用和重复使用的条款以及编制、发布和应用文件的活动。

注1：标准化活动确立的条款，可形成标准化文件，包括标准和其他标准化文件。

注2：标准化的主要效益在于为了产品、过程或服务的预期目的改进它们的适用性，促进贸易、交流以及技术合作。

[GB/T 20000.1—2014，定义3.1]

3.4

**标准体系　standard system**

一定范围内的标准按其内在联系形成的科学的有机整体。

[GB/T 13016—2009,定义 3.3]

## 4 基本原则

### 4.1 科学性

信用标准体系应依据社会信用体系建设的目标和要求,按照信用工作的客观规律构建,体现信用标准化工作的特点和合理性。

### 4.2 系统性

信用标准体系建设应遵循体系化规则,层次清晰、结构合理、全面成套,避免交叉、重复、不协调甚至矛盾等问题。

### 4.3 适用性

信用标准体系建设应适合信用工作实际和业务需求,具有实用价值。

### 4.4 可扩展性

信用标准体系建设应对社会信用体系的未来发展进行科学研判,信用标准体系的总体架构能够适应新的需求和新的业态。

## 5 信用标准体系总体架构

### 5.1 总则

根据信用标准体系建设的基本原则,按照信用标准的基本属性和规范对象,将信用标准体系总体分为基础层、通用层和专用层。

信用基础层标准是适用于各类信用标准化活动的基础性技术标准,具有广泛的适用性和指导意义。

信用通用层标准是适用于不同领域、不同行业信用标准化活动的通用性技术标准,按照信用标准类别分为信用管理类标准、信用信息类标准和信用服务类标准。其中,信用信息类标准依据信用信息的征集、共享、应用的管理流程进行划分。

信用专用层标准是面向不同领域、不同行业信用标准化应用需求的专用性技术标准,具有信用领域或行业特点,总体包括政务诚信、商务诚信、社会诚信和司法公信四个信用领域。

注:政务诚信是指政务主体在依法行政过程中履行政务承诺的意愿、能力和行为。商务诚信是指市场主体在市场活动中履行商务承诺的意愿、能力和行为。社会诚信是指参与社会活动的所有社会主体的诚信。司法公信是司法机关依据自身对法律和事实的忠实而获得社会公众信任的能力。

### 5.2 总体架构图

信用标准体系总体架构图如图1所示。

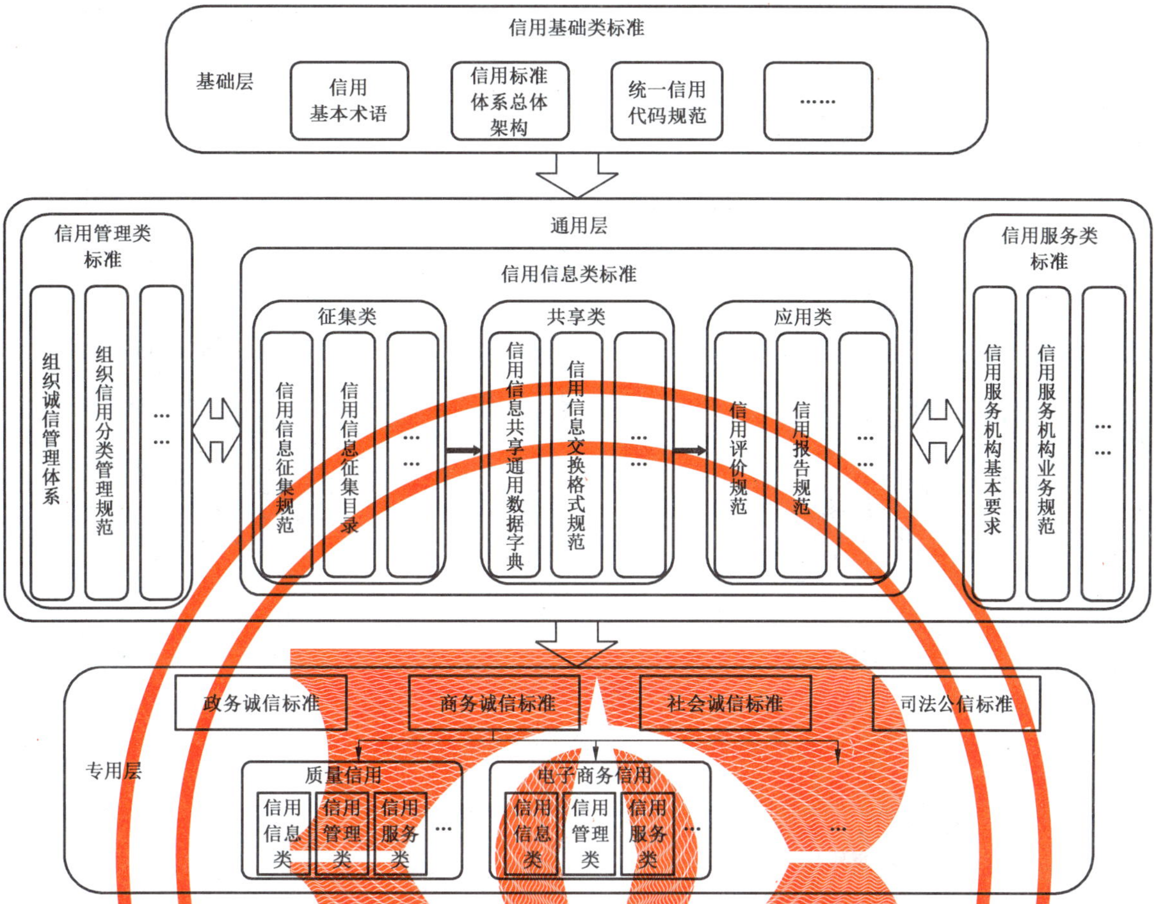


图 1　信用标准体系总体架构图

## 5.3　应用规范

每一类信用标准的编制应在遵循信用标准体系总体架构的基础上，按照信用标准体系建设的基本原则，协调一致、相互配合。其中，总体架构中专用层信用标准的编制，应以信用标准体系总体架构为依据，结合各领域的发展实际和信用标准的业务需求开展。

# 参 考 文 献

[1] GB/T 15624.1—2003 服务标准化工作指南 第1部分:总则

ICS 35.240.01
A 24

# 中华人民共和国国家标准

GB/T 35432—2017

# 检测技术服务分类与代码

## Classification and codes for testing technology services

2017-12-29 发布 2018-04-01 实施

中华人民共和国国家质量监督检验检疫总局
中国国家标准化管理委员会 发布

# 前　言

本标准按照 GB/T 1.1—2009 给出的规则起草。

本标准由全国信息分类与编码标准化技术委员会(SAC/TC 353)和全国认证认可标准化技术委员会实验室认可分技术委员会(SAC/TC 261/SC 1)提出并归口。

本标准起草单位:广东省东莞市质量监督检测中心、贵州省分析测试研究院、中国合格评定国家认可委员会、中国标准化研究院、中国计量科学研究院、国家认监委认证认可研究所、深圳市标准技术研究院、江苏省质量和标准化研究院、泉州市晋科技术检测有限公司、北京三维天地科技有限公司、中国计量大学。

本标准主要起草人:谷历文、施连杰、陈恺、袁松宏、孙文峰、朱美娜、刘克、王科、刘珏、何雪芬、周斌、罗显发、李准、金震、茅海军。

# 检测技术服务分类与代码

## 1 范围

本标准规定了检测技术服务的编码方法和分类代码表。

本标准适用于检测技术服务的系统设计与建设，以及检测技术服务的选用、管理与统计。

## 2 规范性引用文件

下列文件对于本文件的应用是必不可少的。凡是注日期的引用文件，仅注日期的版本适用于本文件。凡是不注日期的引用文件，其最新版本(包括所有的修改单)适用于本文件。

GB/T 7027—2002 信息分类和编码的基本原则与方法

GB/T 35429—2017 质量技术服务分类与代码

## 3 术语和定义

下列术语和定义适用于本文件。

3.1

**检测 testing**

按照程序确定合格评定对象的一个或多个特性的活动。

注：检测主要适用于材料、产品或过程。

[GB/T 27000—2006，定义 4.2]

3.2

**检测技术服务 testing technology service**

以检测为服务内容的技术服务。

## 4 编码方法

本标准基于被检测产品对检测技术服务进行分类。

本标准采用 GB/T 7027—2002 中规定的线分类法，对检测技术服务进行分类，分为大类和小类两个层级。

分类的代码采用六位数字代码表示。其中，第一位至第四位为第一层，表示大类，其中 01 为 GB/T 35429—2017 质量技术服务的分类代码，第五位、第六位为第二层，表示小类。各位代码均采用 GB/T 7027—2002 中规定的顺序码。当代码仅标识到大类时，使用大类的四位代码；当代码标识到小类时，使用大类和小类的六位代码。

检测技术服务分类结构如图 1 所示。

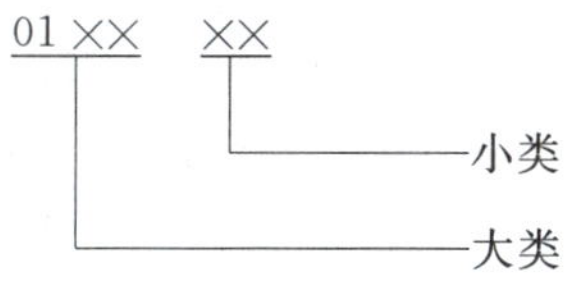


**图 1 检测技术服务分类代码的结构**

## 5 分类代码表

检测技术服务分为农产品检测服务，自然资源检测服务，食品检测服务，药品检测服务，烟草及烟草制品检测服务，轻工产品检测服务，石油和化学制品检测服务，非金属矿物制品检测服务，金属材料及制品检测服务，通用设备检测服务，交通运输设备检测服务，电气机械和器材检测服务，计算机、通信和其他电子设备检测服务，其他专用设备检测服务，软件产品检测服务，环境污染物检测服务，司法鉴定服务，数据产品检测服务，其他产品检测服务共 19 大类，分类代码表见表 1。

表 1 检测服务分类与代码

| 代码 | 类别名称 | 说明 |
| --- | --- | --- |
| 0101 | 农产品检测服务 | |
| 010101 | 粮食检测服务 | 含谷物、薯类等检测服务 |
| 010102 | 油料检测服务 | 含油菜、花生、芝麻、大豆、向日葵、胡麻、棉子、棕榈、油橄榄、油茶等检测服务 |
| 010103 | 糖料检测服务 | 含甘蔗、甜菜等检测服务 |
| 010104 | 蔬菜检测服务 | 含蔬菜、食用菌制品、蔬菜制品等检测服务，不含豆制品检测服务 |
| 010105 | 水果检测服务 | 含坚果检测服务，不含水果、坚果加工品等检测服务 |
| 010106 | 畜禽肉类检测服务 | 不含畜禽肉制品检测服务 |
| 010107 | 蛋类检测服务 | 不含蛋制品检测服务 |
| 010108 | 生乳检测服务 | 不含乳制品检测服务 |
| 010109 | 水产品检测服务 | 含海水、淡水养殖及捕捞产品检测服务，不含水产加工品、水生植物检测服务 |
| 010110 | 棉麻类检测服务 | 含棉花、生麻等检测服务 |
| 010190 | 其他农产品检测服务 | 含饲料、饲料作物、未加工烟草、水生植物、花卉、盆景及园艺产品、中草药材、农作物副产品、香料原料等检测服务，不含茶叶检测服务 |
| 0102 | 自然资源检测服务 | |
| 010201 | 石油和天然气检测服务 | 含原油、天然气、液化天然气、煤层气、天然气水合物、油页岩等检测服务 |
| 010202 | 煤炭检测服务 | 含烟煤、无烟煤、褐煤、石煤、泥炭等检测服务 |
| 010203 | 黑色金属矿检测服务 | 含铁矿石、锰矿石、铬矿石等检测服务 |
| 010204 | 有色金属矿检测服务 | 含常用有色金属矿(铜、铅锌、镍钴、锡、锑、铝、镁、汞、镉、铋等)、贵金属矿、稀有稀土金属矿、放射性有色金属矿等检测服务 |
| 010205 | 非金属矿检测服务 | 含石灰石、石膏类、建筑用天然石料、耐火土石类、粘土、砂石、化学矿、原盐、石棉、云母、天然石墨、滑石、宝石、玉石矿等检测服务 |

**表 1（续）**

| 代码 | 类别名称 | 说明 |
| --- | --- | --- |
| 010206 | 水检测服务 | 不含饮用瓶装水、桶装水、废水检测服务 |
| 010207 | 土壤、沉积物检测服务 | 含土壤、污泥、海洋沉积物、水系沉积物、湖泊沉积物等检测服务 |
| 010208 | 空气检测服务 | 不含室内空气检测服务 |
| 010290 | 其他自然资源检测服务 | |
| 0103 | 食品检测服务 | |
| 010301 | 粮食加工品检测服务 | 含小麦粉、大米、挂面、谷物加工品，谷物、豆类、薯类碾磨加工品及制成品等检测服务 |
| 010302 | 食用油、油脂及其制品检测服务 | 含食用植物油、动物油，食用氢化油、人造奶油(人造黄油)、起酥油、代可可脂等油脂制品等检测服务 |
| 010303 | 肉制品检测服务 | 含熟肉、腌腊肉、酱卤肉、熏烧烤肉、熏煮香肠火腿、发酵肉等肉制品，以及动物食用杂碎等检测服务，不含畜禽水产罐头、速冻肉制品检测服务 |
| 010304 | 乳制品检测服务 | 含婴幼儿配方乳粉检测技术服务，不含乳饮料和植物蛋白饮料检测服务 |
| 010305 | 饮料检测服务 | 含碳酸饮料、瓶(罐)装饮用水、果菜汁及果菜汁饮料、含乳饮料和植物蛋白饮料、固体饮料、茶饮料及其他饮料等检测服务 |
| 010306 | 水产制品检测服务 | 含作为食品的水产制品检测服务，不含速冻水产肉制品检测服务 |
| 010307 | 酒、饮料检测服务 | 含白酒、葡萄酒、果酒及配制酒、啤酒、黄酒等酒类，碳酸饮料、瓶(罐)装饮用水、果菜汁及果菜汁饮料、含乳饮料和植物蛋白饮料、固体饮料、茶饮料及其他饮料等检测服务 |
| 010308 | 罐头检测服务 | 含肉、禽、水产品、蔬菜、水果罐头，婴幼儿辅助食品类罐头、米面食品类罐头(如八宝粥罐头等)等检测服务 |
| 010309 | 蔬菜制品检测服务 | 含酱腌菜检测服务，不含蔬菜、食用菌、速冻果蔬制品检测服务 |
| 010310 | 冷冻饮品检测服务 | 含冰淇淋、雪糕、雪泥、冰棍、食用冰、甜味冰等检测服务 |
| 010311 | 速冻食品检测服务 | 含速冻面米食品、肉制品、果蔬制品等检测服务 |
| 010312 | 薯类和膨化食品检测服务 | 不含薯类检测服务 |
| 010313 | 糖果制品检测服务 | 含糖果、巧克力及巧克力制品、代可可脂巧克力及代可可脂巧克力制品、果冻等检测服务 |

表 1（续）

| 代码 | 类别名称 | 说明 |
| --- | --- | --- |
| 010314 | 茶叶及相关制品检测服务 | 含茶叶、含茶制品，叶类、花类、果(实)根茎类、混合类代用茶等检测服务 |
| 010315 | 蜜饯及水果制品检测服务 | 不含水果检测服务 |
| 010316 | 炒货食品及坚果制品检测服务 | 不含坚果检测服务 |
| 010317 | 蛋制品检测服务 | 含再制蛋类、干蛋类、冰蛋类等检测服务 |
| 010318 | 可可及焙炒咖啡制品检测服务 | |
| 010319 | 食糖检测服务 | 含白砂糖、绵白糖、赤砂糖、冰糖、方糖、冰片糖等检测服务 |
| 010320 | 淀粉及制品检测服务 | 含淀粉及制品，葡萄糖、饴糖、麦芽糖、异构化糖等淀粉糖检测服务 |
| 010321 | 糕点检测服务 | 含糕点、面包、月饼检测服务 |
| 010322 | 豆制品检测服务 | 含豆腐及豆制品等检测服务 |
| 010323 | 蜂产品检测服务 | 含蜂蜜、蜂王浆、蜂花粉、蜂产品制品等检测服务 |
| 010324 | 特殊食品检测服务 | 含婴幼儿及其他配方谷粉、营养食品、保健食品等检测服务 |
| 010325 | 调味品检测服务 | 含味精、酱油、食醋等检测服务 |
| 010326 | 方便食品检测服务 | |
| 010327 | 饼干检测服务 | |
| 010328 | 食品接触材料检测服务 | |
| 010390 | 其他食品检测服务 | 含食盐、食用冰、食品及饲料添加剂等检测服务 |
| 0104 | 药品检测服务 | |
| 010401 | 化学药品原料检测服务 | |
| 010402 | 化学药品制剂检测服务 | |
| 010403 | 中成药检测服务 | |
| 010404 | 中药饮片检测服务 | |
| 010405 | 兽用药品检测服务 | |
| 010406 | 生物药品检测服务 | 含生物化学药品、生物化学制品、基因工程药物等检测服务 |
| 010407 | 卫生材料及医药用品检测服务 | 含卫生材料、外科敷料、药品包装材料、辅料以及其他内、外科用医药用品等检测服务 |
| 010490 | 其他药品检测服务 | |
| 0105 | 烟草及烟草制品检测服务 | |
| 010501 | 烟叶检测服务 | 不含未加工烟草检测服务 |
| 010502 | 烟丝检测服务 | |

**表 1（续）**

| 代码 | 类别名称 | 说明 |
|---|---|---|
| 010503 | 卷烟检测服务 | |
| 010504 | 雪茄检测服务 | |
| 010590 | 其他烟草制品检测服务 | |
| 0106 | 轻工产品检测服务 | |
| 010601 | 纺织产品检测服务 | 含棉、化纤纺织及印染产品，毛纺织、染整加工产品，麻纺织品，丝绢纺织及加工产品，床上用、日用、包装用织物制品，油苫布、天篷、遮阳篷及类似品，纤维纺制线、绳、索、缆，浸渍、涂布或包覆处理纺织物，无纺布及其制品，针织、编织物及制品，围巾、领带、手帕、地毯等检测服务 |
| 010602 | 服装、鞋、帽检测服务 | 含针织服装、梭织服装、皮革服装、毛皮服装及其附件，鞋、帽子及附件等检测服务 |
| 010603 | 皮革、毛皮、羽毛及其制品检测服务 | 含半成品革、成品革和再生革、箱、包及类似容器、皮手套及皮革制衣着附件、钱包、座套，相关皮革制品、鞣制毛皮、人造毛皮及其制品、加工羽毛（绒）等检测服务，不含皮革服装、毛皮服装及其附件等检测服务 |
| 010604 | 家具检测服务 | 含木质家具、竹藤家具、金属家具、塑料家具、软家具、玻璃家具及家具配件等检测服务 |
| 010605 | 木材及木、竹、藤、棕、草制品检测服务 | 含锯材、木片、木粒加工产品、人造板、二次加工材、建筑用木料及加工木材组件、木容器、软木及软木制品、木制餐具、竹制品、棕、藤、草制品等检测服务，不含木、竹、藤家具等检测服务 |
| 010606 | 橡胶、塑料制品检测服务 | 含橡胶轮胎及内胎，橡胶带、管，橡胶板、杆、型材，涂胶纺织物、带，未硫化复合橡胶及其制品，橡胶零件、附件，再生橡胶，日用及医用橡胶制品，橡胶充气、减震制品，硬质橡胶及其制品，塑料制品、半成品等检测服务 |
| 010607 | 纸及纸制品检测服务 | 含纸浆、纸和纸制品等检测服务 |
| 010608 | 印刷品、记录媒介复制品检测服务 | 含印刷品、本册、装订活动及印刷用附件、磁介质复制品、非磁介质复制品等检测服务 |
| 010609 | 文教体育用品检测服务 | 含眼镜、文具及类似用品、笔及其零件、教具及类似用具、墨水、墨汁及类似品、体育用品、乐器、乐器辅助用品及零件、玩具、游乐场设备、游艺用品及室内游艺器材等检测服务 |
| 010610 | 贵金属检测服务 | 含用于首饰的贵金属的检测服务 |
| 010611 | 珠宝检测服务 | 含翡翠、玉石、钻石等检测服务 |

**表 1（续）**

| 代码 | 类别名称 | 说明 |
|---|---|---|
| 010690 | 其他轻工产品检测服务 | 含鬃毛加工、制刷及清扫工具、伞、钟表、劳保用品等检测服务 |
| 0107 | 石油和化学制品检测服务 | |
| 010701 | 原油加工及石油制品检测服务 | 含从天然原油、人造原油中提炼液态或气态燃料，润滑剂、石油腊、石油添加剂等检测服务 |
| 010702 | 炼焦制品检测服务 | 含焦炭、干馏炭及煤焦油或沥青制品等检测服务 |
| 010703 | 无机化工原料及产品检测服务 | 含无机酸、无机碱、无机盐等检测服务 |
| 010704 | 有机化工原料及产品检测服务 | |
| 010705 | 肥料检测服务 | 含化学肥料、有机肥料、微生物肥料等检测服务 |
| 010706 | 农药检测服务 | 含化学农药、生物化学农药及微生物农药、植物成长调节剂等检测服务 |
| 010707 | 涂料、油墨、颜料及类似产品检测服务 | |
| 010708 | 粘接用、密封用填料及类似品检测服务 | |
| 010709 | 合成材料检测服务 | 含初级形态塑料及合成树脂、合成橡胶、合成纤维单(聚合)体、陶瓷纤维等特种纤维及其增强的复合材料等检测服务 |
| 010710 | 专用化学产品检测服务 | 含化学试剂和助剂、催化剂及专用助剂、林产化学产品、信息化学品，水处理化学品、造纸化学品、皮革化学品、油脂化学品、油田化学品、生物工程化学品、日化产品专用化学品等检测服务 |
| 010711 | 炸药、火工及焰火产品检测服务 | 含烟花爆竹、军用炸药、雷管及类似产品等检测服务 |
| 010712 | 日用化学产品检测服务 | 含肥皂及合成洗涤剂、中间体表面活性剂、化妆品、口腔清洁用品、香料、香精，室内散香或除臭制品，光洁用品，擦洗膏及类似制品，盥洗用品，火柴，蜡烛及类似制品等检测服务，不含消毒产品检测服务 |
| 010713 | 化学纤维检测服务 | 含纤维素纤维原料及纤维（化纤浆粕、人造纤维等)、合成纤维（锦纶纤维、涤纶纤维、腈纶纤维、维纶纤维、丙纶纤维、氨纶纤维等）等检测服务 |
| 010714 | 消毒产品检测服务 | 含消毒卫生用品、一次性使用医疗用品等检测服务 |
| 010790 | 其他石油和化学制品检测服务 | |
| 0108 | 非金属矿物制品检测服务 | |
| 010801 | 水泥、石灰和石膏及其制品检测服务 | 含混凝土等胶凝材料制品检测服务 |
| 010802 | 砖瓦、石材等建筑材料检测服务 | 含砖瓦及建筑砌块、建筑用石、防水建筑材料、隔热和隔音材料等检测服务，不含建筑陶瓷、玻璃及制品检测服务 |

**表 1（续）**

| 代码 | 类别名称 | 说明 |
|---|---|---|
| 010803 | 耐火材料制品检测服务 | 含石棉制品、云母制品、耐火陶瓷制品等检测服务 |
| 010804 | 玻璃及玻璃制品检测服务 | 含玻璃制光学元件、电气电子设备用玻璃部件、玻璃器皿、玻璃包装容器、日用玻璃制品、玻璃保温制品等检测服务 |
| 010805 | 玻璃纤维和玻璃纤维增强塑料制品检测服务 | |
| 010806 | 陶瓷制品检测服务 | 含建筑陶瓷制品、卫生陶瓷制品、技术陶瓷制品、日用陶瓷制品、园林、陈设艺术及其他陶瓷制品、陶瓷制零件等检测服务 |
| 010807 | 沥青、泥炭及其制品检测服务 | |
| 010808 | 石墨及碳素制品检测服务 | |
| 010890 | 其他非金属矿物制品检测服务 | 含云母制品、石棉制品、摩擦材料和非金属密封制品等检测服务 |
| 0109 | 金属材料及制品检测服务 | 不含天然石墨检测服务 |
| 010901 | 黑色金属冶炼及压延产品检测服务 | 含生铁、原铁、铸铁、粗钢、钢坯、钢材、铁合金等检测服务，不含轻工业用的贵金属检测服务 |
| 010902 | 有色金属冶炼及压延产品检测服务 | 含有色金属、汞及汞化合物、常用有色金属、贵金属、稀有稀土金属、碱金属及碱土金属、有色金属合金、有色金属压延加工材等检测服务，不含轻工业用的贵金属首饰检测服务 |
| 010903 | 结构性金属制品检测服务 | 含制造金属构件、金属构件零件、建筑用钢材及类似品、金属紧固件等检测服务 |
| 010904 | 金属工具检测服务 | 含切削工具、手工工具、农用及园林用金属工具、刀剪及类似日用金属工具、台钳等检测服务，不含电动工具检测服务 |
| 010905 | 集装箱及金属包装容器检测服务 | 含金属集装箱、金属压力容器、金属包装容器等检测服务 |
| 010906 | 金属丝绳及其制品检测服务 | |
| 010907 | 建筑、安全用金属制品检测服务 | 含建筑、家具用金属配件、建筑装饰及水暖管道零件、安全、消防用金属制品、金属门窗等检测服务 |
| 010908 | 搪瓷制品检测服务 | 含生产专用搪瓷制品、建筑装饰搪瓷制品、搪瓷卫生洁具、搪瓷日用品及其他搪瓷制品等检测服务 |
| 010909 | 金属制日用品检测服务 | 含金属制厨房用器具、金属制餐具和器皿、金属制卫生器具、锁及其附件等检测服务 |
| 010990 | 其他金属制品检测服务 | 含弹簧、铸币及贵金属制实验室用品、金属焊接材料、金属链条及零件等检测服务 |

**表 1（续）**

| 代码 | 类别名称 | 说明 |
| --- | --- | --- |
| 0110 | 通用设备检测服务 | |
| 011001 | 特种设备及原动设备检测服务 | 含锅炉、压力容器（含气瓶）、压力管道、电梯、起重机械、客运索道、大型游乐设施、场（厂）内专用机动车辆等特种设备及辅助设备，内燃机及配件、汽轮机及辅机、水轮机及辅机、风能原动设备等检测服务，不含特种设备及原动设备检验服务 |
| 011002 | 金属加工机械检测服务 | 含金属切削机床、金属成形机床、铸造机械、金属切割及焊接设备、机床等检测服务 |
| 011003 | 物料搬运设备检测服务 | 含生产专用车辆、连续搬运设备、升降机等检测服务，不含锅炉、压力容器（含气瓶）、压力管道、电梯、起重机械、客运索道、大型游乐设施、场（厂）内专用机动车辆等检测服务 |
| 011004 | 泵、阀门、压缩机及类似机械检测服务 | 含泵及真空设备、气体压缩机械、阀门和旋塞、液压和气压动力机械等检测服务 |
| 011005 | 轴承、齿轮和传动部件检测服务 | 含轴承、齿轮及齿轮减、变速箱、链传动、带传动、离合器、联轴节、制动器、平衡系统及其配套件等检测服务 |
| 011006 | 烘炉、风机、衡器、包装等设备检测服务 | 含烘炉、熔炉及电炉、风机、风扇、气体、液体分离及纯净设备、制冷、空调设备、风动和电动工具、喷枪及类似器具、衡器、包装专用设备等检测服务 |
| 011007 | 文化、办公用机械检测服务 | 含电影机械、幻灯及投影设备、照相机及器材、打印、复印和胶印设备、计算器及货币专用设备等检测服务 |
| 011090 | 其他通用设备检测服务 | 含金属密封件、紧固件、弹簧、机械零部件等通用设备零部件及其他通用设备检测服务 |
| 0111 | 交通运输设备检测服务 | |
| 011101 | 汽车检测服务 | 含汽车整车、改装汽车、低速载货汽车、电车、汽车车身、挂车，及汽车零部件及配件等检测服务 |
| 011102 | 铁路运输设备检测服务 | 含铁路机车车辆（机车、客车、货车、动车组等移动设备及自轮运转设备）及其零部件、配件、材料等检测服务；铁路通信信号、牵引供电、工务及运输专用设备、产品及材料等检测服务 |
| 011103 | 轨道交通设备检测服务 | 含城市轨道车辆（地下铁道车辆、城轨直线电机车辆、跨座式单轨交通车辆、轻轨铰接车辆、自导向轮胎式车辆、城轨低地板车辆）及其零部件、配件、材料等检测服务；通信信号、牵引供电、工务及车站设备、产品及材料等检测服务 |

表 1（续）

| 代码 | 类别名称 | 说明 |
|---|---|---|
| 011104 | 船舶检测服务 | 含金属船舶、非金属船舶、娱乐船、运动船、航标器材及相关装置等检测服务 |
| 011105 | 航空、航天器检测服务 | 含飞机、航天器、航空航天器相关设备、零部件、配件等检测服务 |
| 011106 | 摩托车检测服务 | 含摩托车整车及零部件、配件等检测服务 |
| 011107 | 自行车检测服务 | 含脚踏自行车、残疾人座车、助动自行车及自行车零部件、配件等检测服务 |
| 011190 | 其他交通运输设备检测服务 | 含童车、运动休闲车(不含跑车、山地车和越野车)、四轮休闲车、草地车、观光车、潜水装置及水下作业、救捞装备、手推车辆、牲畜牵引车辆等交通运输设备,交通运输设备零部件及配件等检测服务 |
| 0112 | 电气机械和器材检测服务 | |
| 011201 | 电机检测服务 | 含发电机及发电机组、电动机、微电机及其他电机等检测服务 |
| 011202 | 输配电及控制设备检测服务 | 含变压器、整流器和电感器、电容器及其配套设备、配电开关控制设备、电力电子元器件、光伏设备及元器件、其他输配电及控制设备等检测服务 |
| 011203 | 电线、电缆、光缆及电工器材检测服务 | 含电线、电缆、光纤、光缆、绝缘制品、其他电工器材等检测服务 |
| 011204 | 家用电力器具检测服务 | 含家用制冷电器具、空气调节器、通风电器具、厨房电器具、清洁卫生电器具、美容、保健电器具、电力器具专用配件等检测服务 |
| 011205 | 照明器具检测服务 | 含电光源、照明灯具、灯用电器附件及其他照明器具等检测服务 |
| 011206 | 非电力家用器具检测服务 | 含燃气、太阳能及类似能源家用器具等检测服务 |
| 011207 | 电池检测服务 | 含干电池、蓄电池、锂离子电池、镍氢电池、燃料电池等检测服务 |
| 011290 | 其他电气设备及器材检测服务 | 含交通运输工具(如机动车、船舶、铁道车辆等)专用信号装置及各种电气音响或视觉报警、警告、指示装置,测量、控制及实验室用电气设备,防爆电器,电源、充电桩,激光产品,抗静电物质,舞台机械等检测服务 |
| 0113 | 计算机、通信和其他电子设备检测服务 | |
| 011301 | 计算机检测服务 | 含计算机整机、零部件、外围设备、网络设备、信息安全设备等检测服务 |

**表 1**（续）

| 代码 | 类别名称 | 说明 |
|---|---|---|
| 011302 | 通信设备检测服务 | 含通信传输设备、通信交换设备、通信终端设备、移动通信设备、通信设备零部件等检测服务 |
| 011303 | 广播电视设备检测服务 | 含广播电视节目制作、发射及接收设备，不包括家用广播电视接收设备及装置等检测服务 |
| 011304 | 雷达及配套设备检测服务 | |
| 011305 | 视听设备检测服务 | 含电视机、音响、影视录放设备等检测服务 |
| 011306 | 电子器件检测服务 | 含电子真空器件、半导体分立器件、集成电路、光电子器件、激光器件及其他电子器件等检测服务 |
| 011390 | 其他计算机、通信和其他电子设备检测服务 | |
| 0114 | 其他专用设备检测服务 | |
| 011401 | 采矿、冶金、建筑专用设备检测服务 | 含矿山机械、石油钻采专用设备、建筑工程用机械、海洋工程专用设备、建筑材料生产专用机械、冶金专用设备等检测服务 |
| 011402 | 化工、木材、非金属加工专用设备检测服务 | 含炼油、化工生产专用设备、橡胶加工专用设备、塑料加工专用设备、木材加工机械、模具、硬质材料加工机床、非金属相关成型、加工机械等检测服务 |
| 011403 | 食品、饮料、烟草及饲料生产专用设备检测服务 | 含食品、酒、饮料及茶生产专用设备、农副食品加工专用设备、烟草生产专用设备、饲料生产专用设备等检测服务 |
| 011404 | 印刷、制药、日化及日用品生产专用设备检测服务 | 含制浆和造纸专用设备、印刷专用设备、日用化工专用设备、信息化学品生产设备、制药专用设备、照明器具生产专用设备、玻璃、陶瓷和搪瓷制品生产专用设备等检测服务 |
| 011405 | 纺织、服装和皮革加工专用设备检测服务 | 含纺织专用设备、皮革、毛皮及其制品加工专用设备、服装、鞋帽加工机械、缝制机械、洗涤机械等检测服务 |
| 011406 | 电子和电工机械专用设备检测服务 | 含电机、电线、电缆等电站、电工专用机械及器材的生产设备，生产半导体器件、集成电路、电子元件、电真空器件专用设备的制造，以及电子设备整机装配专用设备等检测服务 |
| 011407 | 农、林、牧、渔专用机械检测服务 | 含农业机械、园艺机械、采伐机械、畜牧机械、渔业机械及其配件等检测服务 |
| 011408 | 医疗仪器设备及器械检测服务 | 含医疗诊断、监护及治疗设备、口腔科用设备及器具、医疗实验室及医用消毒设备和器具、医疗、外科及兽医用器械、机械治疗及病房护理设备、假肢、人工器官及植(介)入器械等检测服务 |

**表 1（续）**

| 代码 | 类别名称 | 说明 |
|---|---|---|
| 011409 | 环保、社会公共服务及其他专用设备检测服务 | 含环境保护专用设备、地质勘查专用设备、邮政专用机械及器材、商业、饮食、服务专用设备、社会公共安全设备及器材、交通安全、管制及类似专用设备、水资源专用机械、机器人及具有独立功能专用机械等检测服务 |
| 011490 | 其他专用设备检测服务 | 含核电设备、同位素设备、专用设备零部件及配件等检测服务 |
| 0115 | 软件产品检测服务 | |
| 011501 | 系统软件检测服务 | |
| 011502 | 支持软件检测服务 | 用于帮助和支持软件的检测服务 |
| 011503 | 应用软件检测服务 | |
| 011590 | 其他软件产品检测服务 | |
| 0116 | 环境污染物检测服务 | |
| 011601 | 废气检测服务 | 含烟道、烟囱及排气管等固定污染源，恶臭气体，室内空气等检测服务 |
| 011602 | 废水检测服务 | |
| 011603 | 废渣检测服务 | 包括工业废渣、农业废渣、生活垃圾、医疗废弃物、放射性固体废物、粉尘等检测服务 |
| 011604 | 辐射检测服务 | 含电离辐射、电磁辐射、光辐射等检测服务 |
| 011690 | 其他环境检测服务 | 含噪声、振动、生物、生物残留等检测服务 |
| 0117 | 司法鉴定服务 | |
| 011701 | 法医鉴定服务 | 含法医病理鉴定、法医人类学鉴定、法医临床鉴定、法医物证鉴定、毒品毒物鉴定等法医鉴定服务 |
| 011702 | 物证鉴定服务 | 含文书鉴定、痕迹鉴定、微量物鉴定等物证鉴定服务 |
| 011703 | 声像资料鉴定服务 | 含录音资料鉴定、图像资料鉴定(包括录像资料和照相资料)、照相技术、录音技术等声像鉴定资料服务 |
| 011704 | 电子物证鉴定服务 | 含电子数据的提取、固定与恢复，电子数据真实性(完整性)鉴定，电子数据同一性、相似性鉴定等电子物证鉴定服务 |
| 011790 | 其他司法鉴定服务 | |
| 0118 | 数据产品检测服务 | |
| 0190 | 其他产品检测服务 | |

# 参 考 文 献

[1] GB/T 4754—2011 国民经济行业分类
[2] GB/T 7635.1—2002 全国主要产品分类与代码 第1部分:可运输部分
[3] GB/T 7635.2—2002 全国主要产品分类与代码 第2部分:不可运输部分
[4] GB/T 19000—2016 质量管理体系 基础和术语
[5] GB/T 13702—1992 计算机软件分类与代码
[6] GB/T 27000—2006 合格评定 词汇和通用原则
[7] NY/T 2137—2012 农产品市场信息分类与计算机代码
[8] ISO/IEC Guide 2:1996 General terms and their definitions concerning standardization and related activities
[9] CNAS-AL06 实验室认可领域分类
[10] 商品名称及编码协调制度的国际公约
[11] 质量发展纲要(2011—2020年)
[12] 金质工程(一期)业务分类与代码

# 中 国 国 家 标 准 汇 编

## 819

GB 36678～36700

（2018 年制定）

中国标准出版社　编

中国标准出版社

北　京

**图书在版编目(CIP)数据**

中国国家标准汇编:2018 年制定.819:
GB 36678～36700/中国标准出版社编.—北京:
中国标准出版社,2020.6
ISBN 978-7-5066-9632-6
Ⅰ.①中…　Ⅱ.①中…　Ⅲ.①国家标准-
汇编-中国-2018　Ⅳ.①T-652.1

中国版本图书馆 CIP 数据核字(2020)第 069469 号

中国标准出版社出版发行
北京市朝阳区和平里西街甲 2 号(100029)
北京市西城区三里河北街 16 号(100045)

网址 www.spc.net.cn
总编室:(010)68533533　发行中心:(010)51780238
读者服务部:(010)68523946

中国标准出版社秦皇岛印刷厂印刷
各地新华书店经销

*

开本 880×1230　1/16　印张 34.75　字数 1 048 千字
2020 年 6 月第一版　2020 年 6 月第一次印刷

*

定价 220.00 元

# 出 版 说 明

《中国国家标准汇编》是一部大型综合性国家标准全集。自 1983 年起，每年按国家标准顺序号分册汇编出版，分为“制定”卷和“修订”卷两种形式。

“制定”卷收入上一年度我国发布的、新制定的国家标准，视篇幅分成若干分册，封面和书脊上注明“20××年制定”字样及分册号，分册号一直连续。各分册中的标准是按照标准编号顺序连续排列的，如有标准顺序号缺号的，除特殊情况注明外，暂为空号。

“修订”卷收入上一年度我国发布的、被修订的国家标准，视篇幅分设若干分册，但与“制定”卷分册号无关联，仅在封面和书脊上注明“20××年修订-1，-2，-3，……”字样。“修订”卷各分册中的标准，仍按标准编号顺序排列(但不连续)；如有遗漏的，均在当年最后一分册中补齐。需提请读者注意的是，个别非顺延前年度标准编号的新制定国家标准没有收入在“制定”卷中，而是收入在“修订”卷中。

读者购买每年出版的《中国国家标准汇编》“制定”卷和“修订”卷则可收齐由我社出版的上一年度制定和修订的全部国家标准。

2018 年我国制修订国家标准共 2 684 项。本分册为《中国国家标准汇编》制定卷第 819 分册，收入国家标准 GB 36678～36700 的最新版本。

中国标准出版社

2020 年 3 月

# 目　　录

ICS 03.080
A 00

# 中华人民共和国国家标准

GB/T 36678—2018

# 区域品牌价值评价　地理标志产品

Regional brand evaluation—Geographical indications

2018-09-17 发布　　2019-04-01 实施

国家市场监督管理总局
中国国家标准化管理委员会　发布

# 前　言

本标准按照 GB/T 1.1—2009 给出的规则起草。

本标准由全国品牌评价标准化技术委员会(SAC/TC 532)提出并归口。

本标准起草单位:中国品牌建设促进会、国家食品质量安全监督检验中心、中通诚资产评估有限公司、北京市食品安全监控和风险评估中心。

本标准主要起草人:武津生、耿健强、袁煌、穆同娜、郑志受、马娇、朱李红、吕安然、潘宇、王冉、吴燕涛。

# 引 言

地理标志是WTO约定的、国际通行的一种知识产权。地理标志产品是国家地理、历史人文传承的物质载体，是产自特定地域，以地理名称命名的产品，是优良品质的代表。

地理标志产品品牌作为典型的区域品牌，有助于提升地理标志产品所在区域的知名度与美誉度，充分发挥区域相关产业集群的凝聚力和向心力，促进区域经济提质增效，积极推动国家竞争力提升。

开展地理标志产品区域品牌价值评价对于培育一批在国内外具有较高知名度和竞争力的地理标志产品知名品牌，充分发挥地理标志产品精准扶贫、富民强县兴边、服务外交外贸的重要作用，助推地理标志产品区域品牌走向国际市场具有重要意义。

本标准基于ISO 10668中的溢价法建立测算模型，重点考察并确定了毛利率指标在计算品牌超额收益过程中的重要指向作用，形成以毛利率指标为核心的溢价法测算模型，这是对ISO 10668中溢价法的重要继承、发展和完善，为全面评价地理标志产品保护制度对于产品品牌价值提升的影响提供了客观的衡量指标。

本标准中品牌强度指标体系着眼产品特点、产业构成、区域分布、行业排名、管理效能等不同角度，采用横向比较、纵向分析等方式验证品牌强度指标设置以及权重赋值的合理性，对于准确反映地理标志产品在行业、消费者、政府三者间的无形资产价值提供了科学的指标参考。

本标准采用专家研讨、实地调研、测算验证、试评价等多种形式确定标准中的测算模型以及品牌强度指标体系内容，并经过实践、验证、校准、修改、再实践等工作过程对现有标准内容进行不断地完善，以期最大限度获得客观的价值测算结果。

# 区域品牌价值评价　地理标志产品

## 1　范围

本标准规定了地理标志产品区域品牌价值评价的测算模型、测算指标、测算过程等内容的相关要求。

本标准适用于地理标志产品区域品牌价值评价。

## 2　规范性引用文件

下列文件对于本文件的应用是必不可少的。凡是注日期的引用文件，仅注日期的版本适用于本文件。凡是不注日期的引用文件，其最新版本(包括所有的修改单)适用于本文件。

GB/T 29185　品牌价值　术语

GB/T 29186　品牌价值　要素

GB/T 29187　品牌评价　品牌价值评价要求

## 3　术语和定义

GB/T 29185、GB/T 29186、GB/T 29187 界定的以及下列术语和定义适用于本文件。

3.1

**地理标志产品　geographical indications；GI**

产自特定地域，所具有的质量、声誉或其他特性本质上取决于该产地的自然因素和人文因素，经审核批准以地理名称进行命名的产品。

注：该定义改写自《与贸易有关的知识产权协定》第 22 条第 1 款。

3.2

**地理标志产品区域　GI region**

经国家地理标志产品主管部门批准的地理标志产品保护区域范围。

3.3

**一般产品　generic product；GP**

与被评价地理标志产品属同一类别，具有相同、相似或相近功能的非地理标志保护产品。

3.4

**毛利率　gross profit rate；GPR**

地理标志产品销售收入和成本之间的差额与销售收入的百分比值。

3.5

**超额毛利率　excess gross profit rate；EGPR**

地理标志产品毛利率与一般产品毛利率之差。

3.6

**单位超额收益　excess profit；EP**

地理标志产品超额毛利率与其平均销售单价之积。

3.7

**品牌强度　brand strength;BS**

由无形要素、质量、服务和保护创新等要素组成,综合反映品牌影响程度。

3.8

**品牌强度乘数　brand strength multiplier;BSM**

根据我国企业和市场情况,将品牌强度通过特定方法转换得出。

## 4　品牌价值测算模型

### 4.1　超额收益测算模型

地理标志产品区域品牌价值按式(1)计算:

$$V_B = E \times Q \times K_m \qquad \cdots\cdots(1)$$

式中:

$V_B$ ——地理标志产品区域品牌价值;

$E$ ——地理标志产品单位超额收益;

$Q$ ——地理标志产品年销售量;

$K_m$——地理标志产品品牌强度乘数。

### 4.2　单位超额收益

地理标志产品单位超额收益按式(2)计算:

$$E = (\mathrm{GPR}_{(GI)} - \mathrm{GPR}_{(GP)}) \times P \qquad \cdots\cdots(2)$$

式中:

$E$ ——地理标志产品单位超额收益;

$\mathrm{GPR}_{(GI)}$ ——地理标志产品毛利率;

$\mathrm{GPR}_{(GP)}$ ——一般产品毛利率;

$P$ ——地理标志产品平均销售单价。

### 4.3　毛利率

毛利率按式(3)计算:

$$\mathrm{GPR}_{(GI/GP)} = (P_{(GI/GP)} - C_{(GI/GP)}) / P_{(GI/GP)} \qquad \cdots\cdots(3)$$

式中:

$\mathrm{GPR}_{(GI/GP)}$——地理标志/一般产品毛利率;

$P_{(GI/GP)}$ ——地理标志产品/一般产品平均销售单价;

$C_{(GI/GP)}$ ——地理标志产品/一般产品平均单位成本(或平均收购单价)。

### 4.4　品牌强度

品牌强度由无形要素($K_1$)、质量($K_2$)、服务($K_3$)和保护创新($K_4$)等方面的一级指标构成,品牌强度计算式如式(4)所示:

$$K = \sum_{i=1}^{i} K_i \times W_i \qquad \cdots\cdots(4)$$

式中:

$K$ ——品牌强度;

$K_i$ ——第 $i$ 个一级指标评价值;

$W_i$ ——第 $i$ 个一级指标对品牌强度 $K$ 的影响权重。

若由无形要素($K_1$)、质量($K_2$)、服务($K_3$)和保护创新($K_4$)等方面的二级指标构成，品牌强度计算式如式(5)所示：

$$K_i = \sum_{j=1}^{j} K_{ij} \times W_{ij} \qquad (5)$$

式中：

$K_i$ ——第 $i$ 个一级指标评价值；

$K_{ij}$ ——第 $i$ 个一级指标下的第 $j$ 个二级指标评价值；

$W_{ij}$ ——第 $j$ 个二级指标对一级指标 $K_i$ 的影响权重。

## 5 品牌强度测算指标

### 5.1 概述

地理标志产品品牌强度测算指标包括无形要素、质量、服务和保护创新。品牌强度评价指标、权重和评价内容见附录 A。

### 5.2 无形要素($K_1$)

#### 5.2.1 概述

无形要素($K_1$)由品牌地位($K_{11}$)、社会责任($K_{12}$)、品牌辐射($K_{13}$)3 个二级指标构成。

#### 5.2.2 品牌地位($K_{11}$)

在品牌地位方面包括品牌历史、品牌认同、保护形式和市场表现。

#### 5.2.3 社会责任($K_{12}$)

在社会责任方面包括社会贡献和生态贡献。

#### 5.2.4 品牌辐射($K_{13}$)

在品牌辐射方面包括品牌辐射规模和收益情况。

### 5.3 质量($K_2$)

#### 5.3.1 概述

质量($K_2$)由质量特色要求($K_{21}$)、生产主体($K_{22}$)、体系实施($K_{23}$)3 个二级指标构成。

#### 5.3.2 质量特色要求($K_{21}$)

在质量特色要求方面包括持续性和稳定性。

#### 5.3.3 生产主体($K_{22}$)

在生产主体方面包括生产主体结构。

#### 5.3.4 体系实施($K_{23}$)

在体系实施方面包括实施情况和效果。

### 5.4 服务($K_3$)

#### 5.4.1 概述

服务($K_3$)由管理体系($K_{31}$)和品牌传播($K_{32}$)2个二级指标构成。

#### 5.4.2 管理体系($K_{31}$)

在管理体系方面包括规划、制度、政策资金支持、组织形式和专用标志使用。

#### 5.4.3 品牌传播($K_{32}$)

在品牌传播方面包括品牌传播形式及效果。

### 5.5 保护创新($K_4$)

#### 5.5.1 概述

保护创新($K_4$)由保护措施($K_{41}$)1个二级指标构成。

#### 5.5.2 保护措施($K_{41}$)

在保护措施方面包括保护技术方法创新。

## 6 测算过程

### 6.1 识别评价目的

根据测算意向用途、结果使用方、被测算区域品牌特性等因素确定评价目的。不同的评价目的,会影响评价程序、测算精度和结果报告形式。

### 6.2 明确价值影响因素

本标准所测算的品牌价值综合考虑有形资产、无形要素、质量、服务和保护创新等方面的因素,尤其是地理标志产品历史文化、质量特色和地域因素对品牌价值的影响。

### 6.3 描述测算区域品牌

测算前应识别、界定和描述接受评价的地理标志产品品牌,包括区域范围、产品范围、产业范围以及价值范围等。

### 6.4 确定模型参数

根据国家有关政策规定以及市场经济情况,确定:

——地理标志产品平均年销售量;

——地理标志产品平均销售单价和成本;

——一般产品平均销售单价和成本;

——各级评价指标得分等。

### 6.5 采集测算数据

遵循真实、准确、客观的原则,采集有形资产、无形要素、质量、服务和保护创新等信息,作为评价的输入值。

在进行品牌强度评价时，评价专家应了解评价对象，专家数量应满足评价结果有效性的最低数量要求。

## 6.6 执行测算过程

执行测算过程：

——采用适当的方法汇总品牌强度乘数评价指标，计算品牌强度乘数 $K$；

——计算地理标志产品的毛利率和销售量；

——计算同类型非地理标志产品的毛利率和销售量；

——将上述信息输入到评价模型中，计算所测算品牌的价值。

## 6.7 报告测算结果

根据评价目的，选择适当形式报告测算结果。

# 附 录 A
## （规范性附录）
## 品牌强度指标及说明

地理标志产品品牌强度的评价指标、权重和评价内容见表 A.1。

**表 A.1 地理标志产品品牌强度的评价指标、权重和评价内容**

<table>
<tr><th colspan="2">一级指标</th><th colspan="2">二级指标</th><th colspan="2" rowspan="2">评价内容</th></tr>
<tr><th>内容</th><th>分值</th><th>内容</th><th>分值</th></tr>
<tr><td rowspan="7">无形要素</td><td rowspan="7">570</td><td rowspan="4">品牌地位</td><td rowspan="4">380</td><td>品牌历史(70)</td><td>——产品及其名称形成时间、渊源、历史积淀</td></tr>
<tr><td>品牌认同(150)</td><td>——认知度<br>——忠诚度<br>——知名度</td></tr>
<tr><td>保护形式(100)</td><td>——取得专门制度保护情况<br>——获得国内外认证情况</td></tr>
<tr><td>市场表现(60)</td><td>——市场占有率<br>——市场份额增长情况</td></tr>
<tr><td rowspan="2">社会责任</td><td rowspan="2">120</td><td>社会贡献(60)</td><td>——解决就业人员占区域内从业人员的比重<br>——承担社会公益工作开展情况<br>——诚信体系建设情况</td></tr>
<tr><td>生态贡献(60)</td><td>——产地环境等自然生态保护成果<br>——传统生产工艺等历史人文生态保护成果</td></tr>
<tr><td>品牌辐射</td><td>70</td><td>品牌辐射规模和收益(70)</td><td>——带动相关产业规模以及受益情况<br>——国内外产业辐射范围、规模以及受益情况</td></tr>
<tr><td rowspan="4">质量</td><td rowspan="4">200</td><td rowspan="2">质量特色要求</td><td rowspan="2">90</td><td>持续性(40)</td><td>——获保后产地环境、种养殖环节、原辅材料以及生产工艺与地理标志产品要求符合情况<br>——获保后产品品质保持情况</td></tr>
<tr><td>稳定性(50)</td><td>——获保后产品质量监督抽查、专项检查以及风险监测结果的稳定性<br>——经媒体曝光或消费者投诉情况</td></tr>
<tr><td>生产主体</td><td>50</td><td>生产主体结构(50)</td><td>——合作组织及其运行情况<br>——龙头企业<br>——生产企业纳入诚信体系的比例<br>——生产企业售后服务体系建设情况</td></tr>
<tr><td>体系实施</td><td>60</td><td>实施情况和效果(60)</td><td>——标准体系、质量保障体系、检测体系建设及其实施情况和效果<br>——打击假冒伪劣情况和效果</td></tr>
</table>

**表 A.1（续）**

| 一级指标 | | 二级指标 | | 评价内容 | |
|---|---|---|---|---|---|
| 内容 | 分值 | 内容 | 分值 | | |
| 服务 | 190 | 管理体系 | 130 | 规划(20) | ——产品保护、品牌建设、培育和宣传方面战略或规划 |
| | | | | 制度(30) | ——产品保护、品牌建设、培育和宣传方面制度及相关办法 |
| | | | | 政策资金支持(20) | ——有助于产品保护、品牌建设、培育工作开展的税收、技改投入、公共设施改善、奖励机制、售后服务指导等政策支持以及资金投入 |
| | | | | 组织形式(20) | ——产品保护、品牌建设、培育、宣传的机构、人员投入及权责 |
| | | | | 专用标志使用(40) | ——获保后专用标志的使用率以及规范程度 |
| | | 品牌传播 | 60 | 品牌传播形式及效果(60) | ——传播形式、渠道开拓以及效果 |
| 保护创新 | 40 | 保护措施 | 40 | 保护技术方法创新(40) | ——产品质量特色全链条溯源体系<br>——产品真实性鉴定技术创新 |

ICS 03.080
A 00

# 中华人民共和国国家标准

GB/T 36679—2018

# 品牌价值评价　自主创新企业

**Brand valuation—Independent innovation enterprises**

2018-09-17 发布　　2019-04-01 实施

国家市场监督管理总局
中国国家标准化管理委员会　发布

# 前　言

本标准按照 GB/T 1.1—2009 给出的规则起草。

本标准由全国品牌评价标准化技术委员会(SAC/TC 532)提出并归口。

本标准起草单位:深圳市品牌建设促进中心、中国品牌建设促进会、中国标准化研究院、深圳市标准技术研究院。

本标准主要起草人:周鹏、杨志花、贾艳丽、吕安然、吴芳、康键、赵云龙、王丽丽、王思、谭韵、王倩倩。

# 引　言

## 0.1　总则

品牌价值是企业综合实力、综合竞争力的体现，自主创新是品牌培育的内核，对拥有核心技术的自主创新品牌开展价值评价是衡量创新成效的重要标准。在从中国制造走向中国创造的转变过程中，中国自主创新品牌的建设和发展过程不仅需要思维上的突破，更需要系统的指导和实践。

本标准以目前国际上达成共识的品牌价值相关理论为指导，以我国企业自主创新实践特色和优秀经验为基础，通过我国自主创新品牌发展环境、现状、优劣势等充分分析后制定。编制本标准目的是为我国创新优势企业开展自主品牌建设，提升品牌价值提供方法指导和技术支撑，引导企业依靠创新提高品牌价值含金量和国际影响力，树立市场竞争优势，同时为相关部门开展自主创新品牌评价与建设提供工作依据。

## 0.2　自主创新的内涵解析

本标准中的自主创新是一个广义概念，是在改革开放的背景下能够自主控制和把握技术发展方向和进程，博采众长、为我所用的创新，而不是摒弃外部优秀技术资源，自我封闭的狭义创新。自主创新包括原始创新、集成创新和引进消化吸收再创新等不同形式和层次的创新形式，并不限定于技术领域或制造行业，也包含服务行业和新兴行业的自主创新活动。

## 0.3　品牌价值“五要素”的指导意义

品牌价值评价是品牌价值发展、价值提升和价值实现的重要支撑。品牌价值五要素（有形资产、无形资产、质量、服务、技术创新）覆盖了影响品牌形成、发展的内在基本要素，是品牌价值形成和变化的核心要素，结构合理，科学完整，并已在国际上达成广泛共识。本标准以五要素为指导建构评价指标体系，不仅能够对自主创新品牌进行全面合理的价值评价和指导，更有利于在新形势下助力我国自主创新品牌走向国际，推动建立和完善全球统一的品牌价值评价国际标准体系。

## 0.4　评价模型逻辑思路

自主创新企业品牌价值评价模型整体思路是依据未来品牌收益折现来确定品牌价值。模型构建充分考虑了财务因素和非财务因素对品牌价值的影响，其中财务因素主要是企业的营业利润、资产收益、市场表现等，非财务因素主要从技术创新、质量、无形资产、服务等。模型测算以企业最近三年的营业利润为基础预测企业未来盈利水平，并用适当的折现率转换为现值，在此基础上引入品牌作用指数以计算品牌收益。同时，将品牌强度系数引入模型以合理修正品牌价值结果，以准确反映品牌的当前价值。

# 品牌价值评价　自主创新企业

## 1　范围

本标准规定了自主创新企业的品牌价值评价模型、品牌强度测算指标、品牌价值测算过程及品牌价值测算报告的相关要求。

本标准适用于对掌握自主知识产权与核心技术，持续创新能力突出的企业进行的品牌价值测算活动。

## 2　规范性引用文件

下列文件对于本文件的应用是必不可少的。凡是注日期的引用文件，仅注日期的版本适用于本文件。凡是不注日期的引用文件，其最新版本(包括所有的修改单)适用于本文件。

GB/T 29185　品牌价值　术语

GB/T 29186　品牌价值　要素

GB/T 29187　品牌评价　品牌价值评价要求

GB/T 29188　品牌评价　多周期超额收益法

GB/T 31041　品牌价值　质量评价要求

GB/T 31043　品牌价值　技术创新评价要求

## 3　术语和定义

GB/T 29185、GB/T 29186、GB/T 29187、GB/T 29188、GB/T 31041 和 GB/T 31043 界定的以及下列术语和定义适用于本文件。

3.1

**自主创新　independent innovation**

组织在解决所面临的技术问题和发展难题的过程中，依靠自身的创造性努力，应用新思想、新知识、新技术、新方法和新模式等，拥有或控制多种形式的知识产权或核心技术，并在此基础上实现产品/服务价值的过程。

3.2

**社会责任　social responsibility**

组织通过透明和合乎道德的行为为其决策和活动对社会和环境的影响而担当的责任。

## 4　自主创新企业品牌价值评价模型

### 4.1　评价模型

自主创新企业品牌价值按式(1)计算：

$$V_B = M \times C \times Y \qquad (1)$$

式中：

$V_B$ ——品牌价值；

$M$ ——品牌收益，反映品牌为企业带来的、能够在未来获得较稳定收益的能力；

$C$ ——品牌作用指数，企业盈利中归因于品牌部分的比例；

$Y$ ——品牌强度系数，由品牌强度转化而来。

## 4.2 指标解释

### 4.2.1 品牌收益 M

模型中品牌收益 $M$ 可按式(2)计算：

$$M=\sum_{t=1}^{T}\frac{F_{\mathrm{BC},t}}{(1+R-g)^{t}}+\frac{F_{\mathrm{BC},T+1}}{(1+R-g)^{T}(R-g)} \qquad \cdots\cdots(2)$$

式中：

$T$ ——高速增长时期，根据行业特点，一般为3～5年；

$F_{\mathrm{BC},t}$ ——第 $t$ 年的品牌收益，采用品牌评价基准年前三年的营业利润加权平均值来预测衡量；

$R$ ——品牌价值折现率，采用加权平均资本成本模型(WACC)加品牌风险溢价来计算；

$g$ ——永续增长率，可采用长期预期通货膨胀率；

$F_{\mathrm{BC},T+1}$——$T+1$ 年度的品牌收益。

### 4.2.2 品牌作用指数 C

$C$ 为品牌作用指数，企业获利中归因于品牌部分的比例，该比例系数可通过行业组织根据行业内上市公司有关数据按照资产评估常用方法，从管理、技术、资本、商标等要素角度，对企业营业利润中归因于品牌的部分比例进行测算，也可采用产品溢价法进行计算。

品牌作用指数 $C$ 可按式(3)计算：

$$C=\frac{S_{\mathrm{A}}\times(P_{\mathrm{A}}-AVP_{\mathrm{A}})+S_{\mathrm{B}}\times(P_{\mathrm{B}}-AVP_{\mathrm{B}})+\cdots+S_{\mathrm{N}}\times(P_{\mathrm{N}}-AVP_{\mathrm{N}})}{S_{\mathrm{A}}\times P_{\mathrm{A}}+S_{\mathrm{B}}\times P_{\mathrm{B}}+\cdots+S_{\mathrm{N}}\times P_{\mathrm{N}}} \qquad \cdots\cdots(3)$$

式中：

$S_i$ ——该品牌 $i$ 商品的销售量；

$P_i$ ——该品牌 $i$ 商品的销售价格；

$AVP_i$ ——市场上 $i$ 商品或类似商品的销售均价。

### 4.2.3 品牌强度系数 Y

品牌强度系数 $Y$ 由品牌强度 $K_0$ 转化而来，两者之间呈现正向变化关系。品牌强度系数取值范围为0～1，代表品牌的市场状态及其强度，反映的是在财务之外的企业的品牌实力为企业带来的价值。对于自主创新企业，可根据其在有形资产($K_1$)、无形资产($K_2$)、技术创新($K_3$)、质量($K_4$)、服务($K_5$)五要素的表现对其评价，加权得出品牌强度($K_0$)，根据我国自主创新企业特点和市场实际情况，通过特定的转化方法将品牌强度综合得分 $K_0$ 转化为品牌强度系数 $Y$。

$K_0$ 可按式(4)计算：

$$K_0=\sum_{i=1}^{5}K_i\times W_i \qquad \cdots\cdots(4)$$

式中：

$K_0$——品牌强度综合得分；

$K_i$——第 $i$ 个一级指标得分；

$W_i$——第 $i$ 个一级指标对品牌强度 $K_0$ 的影响权重。

若有形资产($K_1$)、无形资产($K_2$)、技术创新($K_3$)、质量($K_4$)、服务($K_5$)五要素由二级指标构成时，按式(5)计算：

$$K_i = \sum_{j=1}^{n} K_{ij} \times W_{ij} \quad \cdots\cdots (5)$$

式中：

$K_i$ ——第 $i$ 个一级指标得分；

$n$ ——第 $i$ 个一级指标下的二级指标个数；

$K_{ij}$——第 $i$ 个一级指标下的第 $j$ 个二级指标得分；

$W_{ij}$——$K_{ij}$ 对 $K_i$ 的影响权重。

## 5 自主创新企业品牌强度测算指标

### 5.1 概述

自主创新企业品牌强度的测算指标采用分级形式，其中，一级指标为：有形资产、无形资产、技术创新、质量和服务，下列分设二级和三级指标。自主创新企业品牌强度测算指标体系及说明见附录 A。

### 5.2 有形资产($K_1$)

#### 5.2.1 概述

有形资产要素($K_1$)由发展能力($K_{11}$)、运营能力($K_{12}$)和市场表现($K_{13}$)三个二级指标构成。

#### 5.2.2 发展能力($K_{11}$)

衡量企业不断扩大积累的发展潜力和成长能力，可从以下方面进行评价：

——资本积累率；

——营业收入增长率。

#### 5.2.3 运营能力($K_{12}$)

衡量企业营运资产的效率与效益能力，可从以下方面进行评价：

——总资产周转率；

——流动资产周转率。

#### 5.2.4 市场表现($K_{13}$)

衡量企业在国内外市场上的竞争实力和地位水平，可从以下方面进行评价：

——净资产收益率；

——出口额；

——市场占有率；

——行业排名。

### 5.3 无形资产($K_2$)

#### 5.3.1 概述

无形资产要素($K_2$)由品牌管理($K_{21}$)、品牌宣传($K_{22}$)、品牌维护($K_{23}$)和品牌成效($K_{24}$)四个二级指标构成。

#### 5.3.2 品牌管理($K_{21}$)

衡量企业在品牌定位、战略、文化和机构化管理等方面的水平，可从以下方面进行评价：

——品牌机构管理情况；
——品牌文化建设情况；
——品牌定位及战略管理。

#### 5.3.3 品牌宣传（$K_{22}$）

衡量企业对品牌宣传投入和渠道建设的水平，可从以下方面进行评价：
——宣传费用投入；
——宣传渠道及效应。

#### 5.3.4 品牌维护（$K_{23}$）

衡量企业对自身品牌形象维护的能力与水平，可从以下方面进行评价：
——品牌保护措施建设；
——品牌危机处理情况；
——社会责任履行情况；
——法规政策支持。

#### 5.3.5 品牌成效（$K_{24}$）

衡量企业品牌稳定发展及获社会认可与赞誉的水平，可从以下方面进行评价：
——品牌稳定性；
——品牌外部认可；
——品牌荣誉。

### 5.4 技术创新（$K_3$）

#### 5.4.1 概述

技术创新要素（$K_3$）由创新基础（$K_{31}$）、创新管理（$K_{32}$）、创新成果（$K_{33}$）和创新效益（$K_{34}$）四个二级指标构成。

#### 5.4.2 创新基础（$K_{31}$）

衡量企业开展创新活动的基础投入和资源协调等实力水平，可从以下方面进行评价：
——研发/设计人员投入；
——研发/设计经费投入；
——研发/设计设施投入；
——协同创新资源。

#### 5.4.3 创新管理（$K_{32}$）

衡量企业对创新战略、创新机构与人员等方面的管理水平，可从以下方面进行评价：
——创新机构管理情况；
——创新战略管理情况。

#### 5.4.4 创新成果（$K_{33}$）

衡量企业在创新方面的各类成果及其水平，可从以下方面进行评价：
——知识产权拥有情况；

——标准化参与水平；
——创新成果奖励情况。

#### 5.4.5 创新效益($K_{34}$)

衡量企业各类创新成果应用和投入市场转化为效益的水平，可从以下方面进行评价：
——创新成果转化率；
——新产品/服务开发水平；
——新产品/服务收益率。

### 5.5 质量($K_4$)

#### 5.5.1 概述

质量要素($K_4$)由质量标准水平($K_{41}$)、质量保障能力($K_{42}$)、质量管理水平($K_{43}$)和第三方质量评价($K_{44}$)四个二级指标构成。

#### 5.5.2 质量标准水平($K_{41}$)

衡量企业标准采用和实施能力，主要从产品/服务所执行标准的先进性水平方面进行评价。

#### 5.5.3 质量保障能力($K_{42}$)

衡量企业在生产/服务过程中的各方面质量保障水平，可从以下方面进行评价：
——生产/服务设备性能；
——生产/服务人员从业水平；
——生产/服务相关软件质量。

#### 5.5.4 质量管理水平($K_{43}$)

衡量企业对质量建设的体系化管理和持续改进水平，可从以下方面进行评价：
——质量体系管理；
——质量改进管理。

#### 5.5.5 第三方质量评价($K_{44}$)

衡量企业在质量建设领域所获得质量评价和认可水平，可从以下方面进行评价：
——外部质量奖励情况；
——质量安全监管情况；
——顾客质量满意情况。

### 5.6 服务($K_5$)

#### 5.6.1 概述

服务要素($K_5$)由服务体系($K_{51}$)、服务水平($K_{52}$)、服务认可($K_{53}$)三个二级指标构成。

#### 5.6.2 服务体系($K_{51}$)

衡量企业在服务体系化、保障和创新水平，可从以下方面进行评价：
——服务体系化水平；
——服务保障能力；

——服务创新水平。

#### 5.6.3 服务水平($K_{52}$)

衡量企业的服务质量和专业水平,可从以下方面进行评价:

——服务响应效率;

——服务网点覆盖率;

——服务人员专业性;

——服务改进效率。

#### 5.6.4 服务认可($K_{53}$)

衡量企业提供的服务获市场评价与认可水平,可从以下方面进行评价:

——服务好评率;

——投诉处理满意率;

——服务评级评价。

## 6 自主创新企业品牌价值测算过程

### 6.1 识别评价目的

根据测算意向用途、结果使用方、被测算品牌特性等因素确定评价目的。不同的评价目的,会影响评价程序、测算精度和结果报告形式。

### 6.2 明确价值影响因素

本标准所开展的品牌价值测算在企业财务因素基础上,综合考虑企业在有形资产、无形资产、技术创新、质量和服务五维度的相关影响因素,并评价各因素的表现水平。

### 6.3 描述测算品牌

测算前应识别、界定和描述接受评价的品牌,包括其产品/服务范围、价值范围等。

### 6.4 确定模型参数

根据国家有关政策规定和当前市场经济情况,确定:

——评价年和评价周期;

——品牌收益中归因于品牌部分的比例系数等模型参数;

——各级评价指标的权重等。

### 6.5 采集测算数据

遵循真实、准确、客观的原则,采集企业财务与其他信息,作为企业或第三方评价的输入值。

### 6.6 执行测算过程

测算过程包括:

——根据企业财务信息,计算评价周期内的企业品牌收益,预测未来各周期品牌现金流;

——采用适当方法汇总各级评价指标,计算品牌强度系数 Y;

——将上述信息输入到评价模型中,计算所测算品牌的价值。

## 7 自主创新企业品牌价值测算报告

根据评价目的，选择适当形式报告测算结果(比如企业自查、行业发布、行业及政府联合发布、第三方评价机构发布等)。评价报告宜明确陈述下列内容：

——评价人员的资质、立场和身份；

——评价目的；

——评价依据；

——被评价品牌的界定；

——报告使用者或读者；

——评价主要方面和具体评价指标；

——评价所采用的方法；

——评价基准日和评价报告日；

——评价数据和信息的来源；

——评价结果；

——使用限制。

# 附　录　A
（规范性附录）
# 自主创新企业品牌强度测算指标体系及说明

自主创新企业的品牌强度测算指标体系及说明详见表A.1。

表A.1　自主创新企业品牌强度测算指标体系及说明

| 一级指标(分值) | 二级指标(分值) | 具体评价内容 |
| --- | --- | --- |
| 有形资产(120) | 发展能力(40) | 资本积累率(20),结合企业财务实际和行业水平进行综合评价 |
| | | 营业收入增长率(20),结合企业财务实际和行业水平进行综合评价 |
| | 运营能力(40) | 总资产周转率(20),结合企业财务实际和行业水平进行综合评价 |
| | | 流动资产周转率(20),结合企业财务实际和行业水平进行综合评价 |
| | 市场表现(40) | 净资产收益率(10),结合企业财务实际和行业水平进行综合评价 |
| | | 出口额(10),结合企业财务实际和行业水平进行综合评价 |
| | | 市场占有率(10),结合企业市场占有率和行业水平进行综合评价 |
| | | 行业排名(10),结合企业经营实力和行业水平进行综合评价 |
| 无形资产(160) | 品牌管理(40) | 品牌机构管理情况(10),结合企业专职品牌管理相关部门和人员设置等情况进行综合评价 |
| | | 品牌文化建设(10),结合企业的品牌文化内涵、品牌文化制度、品牌文化建设举措及成效等情况进行综合评价 |
| | | 品牌定位战略管理(20),结合企业品牌定位、品牌战略制定、执行及相关制度文件建设等情况进行综合评价 |
| | 品牌宣传(40) | 品牌宣传费用投入(20),结合企业的品牌宣传费用支出及其占当年总支出比重等指标进行综合评价 |
| | | 宣传渠道及效应(20),结合企业品牌宣传方式与渠道多样性、有效性以及宣传效应等指标进行综合评价 |
| | 品牌维护(40) | 品牌保护措施(10),结合企业开展品牌保护、维权、形象维护等方面的措施及成效进行综合评价 |
| | | 品牌危机处理(10),结合企业品牌舆情监测、品牌危机预警及处理和公关的措施与成效等情况进行综合评价 |
| | | 法律政策支持(10),结合产品/服务对法规政策符合以及寻求支持等情况进行综合评价 |
| | | 社会责任履行(10),根据企业社会责任实践全面性、充实程度、责任报告发布情况及对品牌形象的维护作用等方面进行综合评价 |
| | 品牌成效(40) | 品牌荣誉(20),结合企业产品/服务所获品牌相关的荣誉称号、标志、证书情况等指标进行综合评价 |
| | | 品牌稳定性(10),结合品牌历史年限、品牌发展、品牌延伸及成熟度等情况进行综合评价 |
| | | 外部认可(10),结合企业获得权威机构、合作方、社会认可等指标进行综合评价 |

表 A.1（续）

| 一级指标(分值) | 二级指标(分值) | 具体评价内容 |
|---|---|---|
| 技术创新(500) | 创新基础(100) | 研发设计人员投入(25),根据企业研发设计人员占比、技术带头人数量及级别等指标进行综合评价 |
| | | 研发设计经费投入(25),结合企业研发设计经费投入占总营收比重、研发经费支出增速等指标进行综合评价 |
| | | 研发设计设施投入(25),结合企业创新平台(技术中心、工程中心、研发中心、实验室等)、先进设备或软件系统等的数量与级别情况进行综合评价 |
| | | 协同创新资源(25),结合企业与有关企业、高校、科研机构开展产学研合作项目等指标进行综合评价 |
| | 创新管理(100) | 创新机构管理情况(50),结合企业设置创新管理相关部门及人员等情况进行综合评价 |
| | | 创新战略管理情况(50),结合企业创新战略目标、创新管理相关制度与文件等情况进行综合评价 |
| | 创新成果(150) | 知识产权拥有情况(70),结合企业拥有专利权、著作权、商标权、设计权、专有技术(或工艺)、集成电路布图设计权、植物新品种权、地理标志权、商业秘密权等受法律保护权益的数量和级别进行综合评价 |
| | | 标准化水平(40),结合企业主持和参与制修订标准情况,以及承担国内外标准化技术机构等情况综合进行综合评价 |
| | | 创新成果奖励情况(40),结合所获国际、国家级等各级科技奖励情况综合进行综合评价 |
| | 创新效益(150) | 创新成果转化率(50),结合企业技术创新成果开发数量,以及被采用转化为产品的数量等情况综合进行综合评价 |
| | | 新产品/服务开发水平(50),结合企业近四年的新产品/服务开发数量及增速等情况进行综合评价 |
| | | 新产品/服务收益率(50),结合近三年企业新技术产品/服务收入占企业同年总收入的比例及增速等指标进行综合评价 |
| 质量(120) | 质量标准水平(30) | 执行标准先进性(30),结合企业产品/服务执行标准先进性情况等进行综合评价 |
| | 质量保障能力(30) | 生产/服务设备性能(10),结合企业生产或服务装备的性能、生产工艺先进性等指标进行综合评价 |
| | | 生产/服务人员从业水平(10),结合企业生产/服务从业人员资质、技术专业性等方面指标进行综合评价 |
| | | 生产/服务相关软件质量(10),结合企业生产/服务相关软件系统的先进性等情况进行综合评价 |

**表 A.1（续）**

| 一级指标(分值) | 二级指标(分值) | 具体评价内容 |
|---|---|---|
| 质量(120) | 质量管理水平(30) | 质量体系管理(10),结合企业质量管理体系建立及执行全面性、深入性和成熟度等进行综合评价 |
| | 第三方质量评价(30) | 质量改进管理(20),结合企业质量改进与提升管理方法或工具先进程度、质量信息化水平、质量持续改进成效等指标进行综合评价 |
| | | 质量奖励情况(10),结合企业产品/服务所获各级质量领域奖励情况进行综合评价 |
| | | 质量安全监管情况(10),结合企业产品/服务通过各类权威检验认证情况、近三年发生质量安全事故等行政监管情况进行综合评价 |
| | | 顾客质量满意情况(10),结合产品/服务的顾客投诉率、退货率等指标进行综合评价 |
| 服务(100) | 服务体系(30) | 服务管理(20),结合企业服务流程、服务制度文件、服务管理体系等指标进行综合评价 |
| | | 服务保障(20),结合企业服务人员占比、服务设施投入占比等指标进行综合评价 |
| | | 服务创新(10),结合企业服务创新机制、服务模式多样化及创新成效等指标进行综合评价 |
| | 服务水平(40) | 服务响应效率(10),结合顾客获取服务的便捷程度、有效性及响应的时间长短等方面指标进行综合评价 |
| | | 服务网点覆盖率(10),结合企业服务网点渠道数量、城乡覆盖广度、深度等方面指标进行综合评价 |
| | | 服务人员专业性(10),结合企业服务人员服务态度及服务水平等进行综合评价 |
| | | 服务改进效率(10),结合企业是否具有完整的服务意见记录、反馈机制,以及对服务进行及时、有效改进等情况进行综合评价 |
| | 服务认可(30) | 服务好评率(10),结合线上线下顾客对服务质量评价情况进行综合评价 |
| | | 投诉处理满意度(10),结合顾客对产品/服务的投诉处理满意程度进行综合评价 |
| | | 服务评级评价(10),结合企业获政府或权威第三方机构对服务评级或荣誉证书等情况进行综合评价 |

ICS 03.080
A 00

# 中华人民共和国国家标准

GB/T 36680—2018

# 品牌 分类

Brand—Classification

2018-09-17 发布 2019-04-01 实施

国家市场监督管理总局
中国国家标准化管理委员会 发布

# 前　言

本标准按照 GB/T 1.1—2009 给出的规则起草。

本标准由全国品牌评价标准化技术委员会(SAC/TC 532)提出并归口。

本标准起草单位：上海市质量和标准化研究院、中国品牌建设促进会、中国标准化研究院、深圳市标准技术研究院。

本标准主要起草人：戴宇欣、贾佳、吴芳、吕安然、袁梦、康键、张正敏、石念、周鹏、段琦、王倩倩、王冉、杨志花。

# 品牌　分类

## 1　范围

本标准规定了品牌的分类原则、编码方法和代码结构、按主体分类和代码表、按行业分类和代码表。

本标准适用于所有与品牌相关的活动。

## 2　规范性引用文件

下列文件对于本文件的应用是必不可少的。凡是注日期的引用文件，仅注日期的版本适用于本文件。凡是不注日期的引用文件，其最新版本（包括所有的修改单）适用于本文件。

GB/T 4754—2017　国民经济行业分类

## 3　术语和定义

下列术语和定义适用于本文件。

3.1

**品牌主体　subject of brand**

品牌所依附的对象。

注：品牌主体包括企业品牌、产品品牌、区域品牌等。

## 4　分类原则

### 4.1　科学性

借鉴相关的分类体系，遵循分类方法的理论依据和实践支撑，按品牌价值评价方法、品牌战略和品牌营销的相似性进行分类。

### 4.2　系统性

按主体和行业建立品牌分类体系结构，分类清晰合理。

### 4.3　实用性

分类结构简单、层次分明，适当兼顾行业属性差异和重点行业，可操作性强。

## 5　编码方法和代码结构

### 5.1　编码方法

按主体分类划分为一级，代码由一位罗马数字表示。

按行业分类划分为门类、大类、小类三级，代码由一位拉丁字母和四位阿拉伯数字组成，第一位拉丁字母表示门类，即用 A，B，…，F 表示不同的门类，第二、三位阿拉伯数字表示大类，即用 01，02，…，表示不同的大类，第四、五位阿拉伯数字表示小类，即用 0101，0102，…，分别表示不同的小类。

### 5.2 代码结构

本标准分类代码结构图如下：

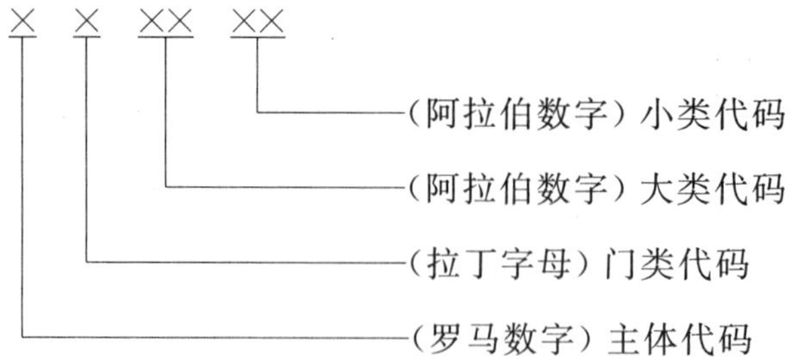


## 6 按主体分类和代码表

品牌按主体分类和代码见表1。

**表1 品牌按主体分类和代码**

| 代码 | 品牌主体 | 说明 |
| --- | --- | --- |
| Ⅰ | 企业品牌 | 针对企业，专门分辨企业的名称、用语、符号、形象、标识、设计或其组合为主要载体的品牌 |
| Ⅱ | 产品品牌 | 针对产品，专门分辨产品的名称、用语、符号、形象、标识、设计或其组合为主要载体的品牌 |
| Ⅲ | 区域品牌 | 针对特定区域，适用于某个区域范围内形成的具有相当规模和较强生产能力、较高市场占有率和影响力的产品（服务），或区域本身（城镇或城市） |
| Ⅳ | 其他品牌 | 指非营利品牌等上述未涉及的品牌类型 |

## 7 按行业分类和代码表

### 7.1 品牌按行业分类的步骤

品牌按行业分类依据门类、大类、小类的顺序进行逐级确定，确定步骤如下：

a) 若某公司的投资收益超过营业利润，考虑该投资收益来源的行业背景集中度情况，如集中来自于某一个行业而且满足b)中的情况，则归入该行业；如果不是集中的来自于某一个行业，根据c)～d)进行判断。

b) 考虑公司最近3年的营业收入和营业利润的构成，当某一行业的收入和利润占该公司营业收入和营业利润的比例均超过50%时，直接归入该行业，当营业收入和营业利润比例不一致时，以收入超过50%的行业为准。

c) 当公司主要业务不符合b)时，以公司持续经营的业务中收入与利润占比最高且超过30%的业务为准。

d) 当公司多个行业的收入和利润均较为接近时，基于公司的发展规划、市场看法等背景情况，由专家评价决定。

### 7.2 按行业分类和代码表

品牌按行业分类和代码见表2。附录A列出了本标准按品牌所属行业分类与GB/T 4754—2017国民经济分类的对照表，可以作为对照和参考。

**表 2　品牌按行业分类和代码**

| 代码 | | | 类别名称 | 说明 |
|---|---|---|---|---|
| 门类 | 大类 | 小类 | | |
| A | | | 农产品 | 指农、林、牧、渔初级产品及以农副食品加工产品 |
| | 01 | | 农业产品 | 指通过各种农作物种植活动生产的初级产品以及初级加工产品 |
| | | 0101 | 初级农业产品 | |
| | | 0102 | 初级农业加工产品 | |
| | 02 | | 林业产品 | 指通过林木培育、种植、采集等活动生产初级产品以及初级加工产品 |
| | | 0201 | 初级林业产品 | |
| | | 0202 | 初级林业加工产品 | |
| | 03 | | 畜牧业产品 | 指通过各种动物饲养、捕捉活动生产的初级产品以及初级加工产品 |
| | | 0301 | 初级畜牧业产品 | |
| | | 0302 | 初级畜牧业加工产品 | |
| | 04 | | 渔业产品 | 指通过各种海水和淡水养殖活动生产的初级产品和初级加工产品 |
| | | 0401 | 初级渔业产品 | |
| | | 0402 | 初级渔业加工产品 | |
| B | | | 能源冶金化工 | 能源指煤、石油、天然气等非再生能源以及核能、水能、电能、太阳能、风能等新资源；冶金主要指钢铁和有色金属；化工主要指化学原料以及除日用化学品业的化学制品、化学纤维、橡胶和塑料制品等 |
| | 05 | | 能源 | 指煤炭、石油、天然气以及新能源开采和加工产品 |
| | | 0501 | 煤炭 | 指煤炭的开采、洗选、分级等开采和加工产品 |
| | | 0502 | 石油 | 包括石油原油和精炼石油 |
| | | 0503 | 天然气 | 包括天然气开采和加工 |
| | | 0504 | 新能源 | 指太阳能、地热能、风能、水能、电能、核能、海洋能等新能源 |
| | | 0505 | 其他能源 | 指上述未提及的能源开发和产品 |
| | 06 | | 冶金有色 | 指黑色金属和有色金属矿采选及冶炼和压延加工产品 |
| | | 0601 | 钢铁 | |
| | | 0602 | 有色金属 | 包括工业金属、黄金、稀有金属、金属新材料、非金属新材料等 |
| | 07 | | 化工 | 包括化学原料、除日用化学品外的化学制品、化学纤维、橡胶和塑料制品等 |
| | | 0701 | 基础化学原料 | 包括酸、碱、盐和有机化学原料等 |
| | | 0702 | 化学制品 | 指除日用化学品外的化学制品，包括肥料、农药、涂料、油墨、颜料、合成材料、专用化学品、炸药及烟火产品等 |
| | | 0703 | 化学纤维 | 包括纤维素纤维原料、合成纤维、生物基材料等 |
| | | 0704 | 橡胶制品 | 指以天然或者合成橡胶为原料生产的各种橡胶制品(鞋除外) |

表 2（续）

| 代码 | | | 类别名称 | 说明 |
|---|---|---|---|---|
| 门类 | 大类 | 小类 | | |
| | | 0705 | 塑料制品 | 指以合成树脂为主要原料生产的各种塑料制品(鞋除外) |
| C | | | 工业品 | 指主要用于工业生产制造活动的工业产品 |
| | 08 | | 机械设备 | 除汽车外的机械设备 |
| | | 0801 | 通用机械设备 | 指在工业生产中普遍使用的机械设备,如锅炉、金属加工机械设备、物料搬运设备,泵、阀门、压缩机及类似产品,轴承、齿轮和传动部件,烘炉、风机、包装设备、文化办公用机械、通用零件等 |
| | | 0802 | 专用设备 | 指专门用于某个生产方面的专用设备,如采矿、冶金、建筑、化工、木材、非金属加工、食品饮料、印刷、制药、纺织服装、电子电工、农林牧渔、医疗(除眼镜)、社会公共服务等生产和服务专用设备 |
| | | 0803 | 金属制品 | 包括结构性金属制品制造、金属工具制造、集装箱及金属包装容器制造、搪瓷制品、日用金属制品等 |
| | | 0804 | 仪器仪表 | 包括通用仪器仪表、专用仪器仪表、光学仪器等 |
| | | 0805 | 其他 | 上述未涵盖的其他机械设备 |
| | 09 | | 工业电气机械和器材设备 | 指用于生产制造活动的电气设备 |
| | | 0901 | 电机 | 包括发电机、电动机及微特电机等 |
| | | 0902 | 电线电缆 | 包括电线电缆、光缆光纤等 |
| | | 0903 | 输配电及控制设备 | 包括变压器、电容器、配电开关、电力电子元器件、光伏设备及元器件等 |
| | | 0904 | 电池 | 包括工业用普通电池、锂电池、镍氢电池、铅蓄电池等 |
| | | 0905 | 工业用照明器具 | 包括工业用电光源和照明灯具等 |
| | | 0906 | 其他 | 包括电工器材、非电力家用器具等 |
| | 10 | | 工业通信、电子设备 | 指用于工业生产和服务的通信设备和电子设备 |
| | | 1001 | 通信、计算机设备 | 包括通信系统、通信终端设备、工业控制计算机及系统、信息安全设备等 |
| | | 1002 | 广播电视雷达设备 | 包括广播电视节目制作、发射和接接收备、雷达及配套设备 |
| | | 1003 | 电子元器件 | 包括电子器件、电子元件及电子专用材料等 |
| | | 1004 | 其他 | 上述未涵盖的工业通信、电子设备 |
| | 11 | | 国防、交通运输设备 | 指铁路、轨道交通、公路、水路、航空航天和管道运输设备等 |
| | | 1101 | 航空航天设备 | 包括国防和民用航空航天器及设备 |
| | | 1102 | 地面兵装 | 包括军用武器装备和运输设备等 |
| | | 1103 | 铁路运输设备 | 包括铁路和城市轨道交通运输设备 |
| | | 1104 | 船舶 | 包括国防和民用船舶及相关装置 |

**表 2（续）**

| 代码 | | | 类别名称 | 说明 |
|---|---|---|---|---|
| 门类 | 大类 | 小类 | | |
| | | 1105 | 其他运输设备 | 不包括汽车、摩托车、自行车等消费交通运输设备外的其他国防、交通运输设备，如非公路休闲车、潜水救捞设备 |
| | 12 | 1201 | 其他工业品 | 指上述未列明的工业品 |
| D | | | 消费品 | 指主要用来满足人们生活需要的产品 |
| | 13 | | 食品饮料 | 指主要用于食用的产品 |
| | | 1301 | 食品加工 | 指除农副产品外的加工食品 |
| | | 1302 | 酒水 | 指酒精、白酒、黄酒、葡萄酒等各种酒类产品 |
| | | 1303 | 饮料 | 包括饮料制造和茶制造 |
| | 14 | 1401 | 烟草 | 包括烟草烘烤和卷烟 |
| | 15 | | 纺织、服装服饰、皮革制品和鞋产品 | 包括纺织、纺织服装、服饰，皮革、毛皮、羽毛制品和鞋产品 |
| | | 1501 | 纺织品 | 包括衣着用纺织品、装饰用纺织品 |
| | | 1502 | 纺织服装、服饰 | 包括纺织服装和服饰产品 |
| | | 1503 | 皮革、毛皮、羽毛制品 | 包括皮革、毛皮、羽毛加工及制品 |
| | | 1504 | 鞋产品 | 包括纺织面料鞋、皮鞋、塑料鞋、橡胶鞋等 |
| | 16 | 1601 | 日用化学品 | 包括洗涤剂、化妆品、口腔清洁用品、香料、香精等 |
| | 17 | | 消费电器、通信、电子产品 | 指用来满足日常生活所需的电器、通信和电子产品 |
| | | 1701 | 家用电器 | 指家用电力器具产品和非电力家用器具 |
| | | 1702 | 照明器具 | 指用于日常生活的照明器具产品 |
| | | 1703 | 计算机及周边 | 计算机整机及相关产品 |
| | | 1704 | 手机及周边 | 手机及相关产品 |
| | | 1705 | 智能消费设备 | 包括可穿戴智能设备、智能车载设备、智能无人飞行器、服务消费机器人等 |
| | | 1706 | 其他 | 指上述未涵盖的消费电器、通信、电子产品 |
| | 18 | | 家具、木材加工制品 | 指家具、木材加工制品以及木、竹、藤、棕、草制品等 |
| | | 1801 | 家具 | 包括木质、竹、藤、金属、塑料家具等 |
| | | 1802 | 木材及相关制品 | 包括木材加工制品、人造板、木质制品、竹、藤、棕、草制品等 |
| | 19 | | 汽车 | 指家用、载货用及其他用途汽车产品 |
| | | 1901 | 整车 | 包括汽柴油车、新能源车、改装汽车、低速汽车电车等 |
| | | 1902 | 零部件和配件 | 包括发动机、汽车零部件和配件等 |
| | 20 | | 文教体育休闲用品 | 指文化教育、体育、休闲娱乐产品 |
| | | 2001 | 文教用品 | 包括文教用品、办公用品、乐器等 |
| | | 2002 | 体育用品 | 包括球类、专项运动器材及配件、健身器材、运动防护用具等 |
| | | 2003 | 玩具 | 指以儿童为主要使用者，用于玩耍、智力开发等娱乐器具 |

表 2（续）

| 代码 | | | 类别名称 | 说明 |
|---|---|---|---|---|
| 门类 | 大类 | 小类 | | |
| | | 2004 | 休闲用品 | 除玩具外的其他休闲、娱乐用品 |
| | 21 | | 摩托车、自行车 | |
| | | 2101 | 摩托车及零部件、配件 | |
| | | 2102 | 自行车及零部件、配件 | 包括助动车产品及零部件、配件等 |
| | 22 | | 钟表、珠宝、眼镜、工艺品 | |
| | | 2201 | 钟表 | 包括钟表、手表及计时仪器等 |
| | | 2202 | 珠宝 | 包括珠宝首饰及有关物品 |
| | | 2203 | 眼镜 | 包括眼镜成镜、框架、镜片及零配件 |
| | | 2204 | 工艺品 | 除珠宝首饰外的工艺美术及礼仪用品 |
| | 23 | | 纸制品、包装印刷品 | 指用于工业用途或生活用途的纸制品和包装印刷品等 |
| | | 2301 | 纸制品 | 包括纸浆和纸制品 |
| | | 2302 | 包装印刷品 | 包括印刷、装订包装及相关制品 |
| | 24 | | 生物医药 | |
| | | 2401 | 制药 | 包括化学药品原料药、药品制剂、中药饮片、中成药、兽用药品及卫生材料及医药用品和器具 |
| | | 2402 | 生物科技 | 包括生物药品、基因工程药物、疫苗等 |
| | 25 | 2501 | 其他消费品 | 指上述未列明的消费品，如清洁工具、伞等日用杂品 |
| E | | | 工程 | |
| | 26 | | 工程建筑 | 指除水利和市政工程建设外的建筑工程 |
| | | 2601 | 房屋建筑 | 指办公、居住等房屋类建筑 |
| | | 2602 | 土木工程建筑 | 指铁路、公路、隧道、轨道、海洋、工矿、架线和管道、电力工程等土木工程建筑 |
| | 27 | | 建筑材料 | 指建筑用结构材料 |
| | | 2701 | 工程建筑材料 | 指水泥、石灰、石膏及其制品、砖瓦、石材、混凝土、陶瓷和玻璃、玻璃纤维等工程建筑材料 |
| | | 2702 | 建筑辅助材料 | 指除上述外的木材、竹材、石材、塑料、复合材料、耐火材料、石墨制品等建筑辅助材料 |
| | 28 | | 建筑安装、装饰、装修 | |
| | | 2801 | 建筑安装 | 包括电气安装、管道和设备安装等 |
| | | 2802 | 建筑装饰、装修 | 指对建筑工程后期的装饰、装修、维护和清理 |
| | | 2803 | 其他建筑业 | 上述未涵盖的建筑业，如建筑物拆除、提供设备服务等 |
| | 29 | | 水利工程 | 指水利水运和内河港口工程建设以及管理与服务活动等 |
| | | 2901 | 水利工程建设 | |

**表 2（续）**

| 代码 | | | 类别名称 | 说明 |
|---|---|---|---|---|
| 门类 | 大类 | 小类 | | |
| | | 2902 | 水利管理与服务 | |
| | 30 | | 市政设施工程 | 指市政设施工程建设以及管理与服务活动等 |
| | | 3001 | 市政设施工程建设 | |
| | | 3002 | 市政设施管理与服务 | |
| F | | | 服务 | |
| | 31 | | 交通运输 | |
| | | 3101 | 港口、机场、火车站 | 指港口、机场、火车站相关服务的提供 |
| | | 3102 | 物流 | 包括铁路运输、道路运输、水上运输、航空运输、管道运输、多式联运和运输代理、装卸搬运和仓储、邮政快递等 |
| | | 3103 | 公共交通 | 包括城市轨道交通、公交、出租车、高速公路等 |
| | 32 | | 批发零售 | |
| | | 3201 | 批发 | |
| | | 3202 | 零售 | 不包括网上零售 |
| | 33 | | 旅游、餐饮 | 指提供交通、游览、住宿、餐饮、购物和文化娱乐活动等相关服务的行业 |
| | | 3301 | 旅游景区 | |
| | | 3302 | 旅游饭店 | 指主要提供住宿业务的酒店 |
| | | 3303 | 旅行社 | |
| | | 3304 | 餐饮 | 指向消费者提供食品和消费场所及设施的服务 |
| | 34 | 3401 | 传媒 | 包括平面媒体、影视动漫、有线电视网络、互联网传媒、营销传播等活动 |
| | 35 | | 公用事业 | 指电力、热力、燃气及水的生产和供应及相关服务 |
| | | 3501 | 电力生产 | |
| | | 3502 | 电力供应 | |
| | | 3503 | 煤气生产和供应 | |
| | | 3504 | 水的生产和供应 | |
| | | 3505 | 其他公用事业 | 指热力生产和供应等其他公用事业管理与服务活动 |
| | 36 | | 互联网和信息服务 | |
| | | 3601 | 电子商务 | 指以信息网络技术为手段，以商品交换为中心的商务活动 |
| | | 3602 | 社交媒体 | 指互联网上基于用户关系的内容生产与交换平台 |
| | | 3603 | 网络服务 | 指不包括电子商务和社交媒体的基于互联网开展的技术服务活动 |
| | | 3604 | 信息传输 | 包括电信、广播电视、卫星传输服务等 |

表 2（续）

| 代码 | | | 类别名称 | 说明 |
|---|---|---|---|---|
| 门类 | 大类 | 小类 | | |
| | | 3605 | 信息技术 | 包括软件开发、集成电路设计、信息系统集成、物联网技术、运行维护、信息处理和存储支持、信息技术咨询、数字内容服务等 |
| | 37 | | 金融地产 | |
| | | 3701 | 银行 | 包括货币银行和非货币类银行 |
| | | 3702 | 非银金融 | 除银行业外的其他金融服务业，包括证券业、期货业、保险业、资本市场管理与服务等 |
| | | 3703 | 房地产服务 | 指与房地产相关的服务行业，包括房地产开发经营、物业管理、房地产中介服务、房地产租赁经营等 |
| | | 3704 | 其他房地产服务 | 指上述未涵盖的房地产相关开发和管理活动，如园区开发和管理服务 |
| | 38 | | 教育、培训、卫生、医疗 | |
| | | 3801 | 教育、培训 | 包括公立教育、私立教育、职业培训、教育培训等机构和服务 |
| | | 3802 | 卫生、医疗 | 包括医院、社区医疗等机构和服务 |
| | 39 | | 商务服务 | |
| | | 3901 | 租赁 | 指不配备操作人员的机械设备的租赁服务 |
| | | 3902 | 广告 | |
| | | 3903 | 咨询与调查 | |
| | | 3904 | 法律服务 | 包括律师、公证、仲裁、调解等 |
| | | 3905 | 人力资源服务 | 指提供公共就业、职业中介、劳动力外包等服务 |
| | | 3906 | 会议及展览 | |
| | | 3907 | 其他 | 包括信用、担保、组织管理、综合管理、安全保护服务等 |
| | 40 | | 生活服务 | |
| | | 4001 | 家政 | |
| | | 4002 | 维修 | 包括机动车、电子产品和日用品等维修服务 |
| | | 4003 | 文体娱乐服务 | 包括新闻和出版业，广播、电视电影制作，文化艺术业、体育服务、动漫游戏、娱乐业等 |
| | | 4004 | 养老 | 包括居家养老和社会养老等 |
| | | 4005 | 美容、洗浴、保健 | |
| | | 4006 | 其他 | 指上述未涵盖的与居民生活相关的服务业 |
| | 41 | | 专业技术服务 | |
| | | 4101 | 科学研究及应用 | 指从事科学研究和试验并提供技术服务的行业 |
| | | 4102 | 技术服务 | 指提供专业服务的活动，包括质检服务、环境与生态监测、工程技术、测绘、科技推广和应用等服务 |
| | 42 | | 公共管理与服务 | |

表 2（续）

| 代码 | | | 类别名称 | 说明 |
| --- | --- | --- | --- | --- |
| 门类 | 大类 | 小类 | | |
| | | 4201 | 公共管理部门 | 指提供公共管理职能的部门和机构，如水利、环境和公共设施、公共设施、土地管理，国家机构等 |
| | | 4202 | 公共服务部门 | 指提供公共服务职能的部门和机构，如社会工作组织、群众团体、基础群众组织、国际组织等 |
| | 43 | 4301 | 其他服务业 | 上述未涵盖的服务业 |

# 附 录 A
## （资料性附录）
## 品牌按行业分类与 GB/T 4754—2017 对照表

品牌按行业分类与 GB/T 4754—2017 对照情况见表 A.1。

**表 A.1 品牌按行业分类与 GB/T 4754—2017 对照表**

| 品牌按行业分类 | | GB/T 4757—2017 | |
|---|---|---|---|
| 01 | 农业产品 | 01 | 农业 |
| | | 13 | 农副食品加工业 |
| 02 | 林业产品 | 02 | 林业 |
| | | 13 | 农副食品加工业 |
| 03 | 畜牧业产品 | 03 | 畜牧业 |
| | | 13 | 农副食品加工业 |
| 04 | 渔业产品 | 04 | 渔业 |
| | | 13 | 农副食品加工业 |
| 05 | 能源 | 06 | 煤炭开采和洗选业 |
| | | 07 | 石油和天然气开采业 |
| | | 10 | 非金属矿采选业 |
| | | 11 | 开采专业及辅助性活动 |
| | | 12 | 其他采矿业 |
| | | 25 | 石油、煤炭及其他燃料加工业 |
| | | 42 | 废弃资源综合利用业 |
| 06 | 冶金有色 | 08 | 黑色金属矿采选业 |
| | | 09 | 有色金属矿采选业 |
| | | 31 | 黑色金属冶炼和压延加工业 |
| | | 32 | 有色金属冶炼和压延加工业 |
| 07 | 化工 | 261 | 基础化学原料制造 |
| | | 262 | 肥料制造 |
| | | 263 | 农药制造 |
| | | 264 | 涂料、油墨、颜料及类似产品制造 |
| | | 265 | 合成材料制造 |
| | | 266 | 专用化学产品制造 |
| | | 267 | 炸药、火工及焰火产品制造 |
| | | 28 | 化学纤维制造业 |
| | | 29 | 橡胶和塑料制品业 |
| 08 | 机械设备 | 33 | 金属制品业 |

**表 A.1（续）**

| 品牌按行业分类 | | GB/T 4757—2017 | |
|---|---|---|---|
| | | 34 | 通用设备制造业 |
| | | 35 | 专用设备制造业 |
| | | 40 | 仪器仪表制造业 |
| 09 | 工业电气机械和器材设备 | 381 | 电机制造 |
| | | 382 | 输配电及控制设备制造 |
| | | 383 | 电线、电缆、光缆及电工器材制造 |
| | | 384 | 电池制造 |
| | | 387 | 照明器具制造 |
| | | 389 | 其他电气机械及器材制造 |
| 10 | 工业通信、电子设备 | 391 | 计算机制造 |
| | | 392 | 通信设备制造 |
| | | 394 | 雷达及配套设备制造 |
| | | 397 | 电子器件制造 |
| | | 398 | 电子元件及电子专用材料制造 |
| | | 399 | 其他电子设备制造 |
| 11 | 国防、交通运输设备 | 34 | 通用设备制造业 |
| | | 35 | 专用设备制造业 |
| | | 36 | 汽车制造业 |
| | | 371 | 铁路运输设备制造 |
| | | 372 | 城市轨道交通设备制造 |
| | | 373 | 船舶及相关装置制造 |
| | | 374 | 航空、航天器及设备制造 |
| | | 378 | 非公路休闲车及零配件制造 |
| | | 379 | 潜水救捞及其他未列明运输设备制造 |
| 12 | 其他工业品 | 35 | 专用设备制造业 |
| | | 37 | 铁路、船舶、航空航天和其他运输设备制造业 |
| | | 38 | 电气机械和器材制造业 |
| | | 39 | 计算机、通信和其他电子设备制造业 |
| | | 41 | 其他制造业 |
| 13 | 食品饮料 | 13 | 农副食品加工 |
| | | 14 | 食品制造业 |
| | | 15 | 酒、饮料和精制茶制造业 |
| 14 | 烟草 | 16 | 烟草制品业 |
| 15 | 纺织、服装服饰、皮革制品和鞋产品 | 17 | 纺织业 |

表 A.1（续）

| 品牌按行业分类 | | GB/T 4757—2017 | |
|---|---|---|---|
| | | 18 | 纺织服装、服饰业 |
| | | 19 | 皮革、毛皮、羽毛及其制品和制鞋业 |
| 16 | 日用化学品 | 268 | 日用化学产品制造 |
| 17 | 消费电器、通信、电子产品 | 385 | 家用电力器具制造 |
| | | 386 | 非电力家用器具制造 |
| | | 387 | 照明器具制造 |
| | | 391 | 计算机制造 |
| | | 392 | 通信设备制造 |
| | | 393 | 广播电视设备制造 |
| | | 395 | 非专业视听设备制造 |
| | | 396 | 智能消费设备制造 |
| | | 399 | 其他电子设备制造 |
| | | 16 | 烟草制品业 |
| 18 | 家具、木材加工制品 | 20 | 木材加工和木、竹、藤、棕、草制品业 |
| | | 21 | 家具制造业 |
| 19 | 汽车 | 36 | 汽车制造业 |
| 20 | 文教体育休闲用品 | 241 | 文教办公用品制造 |
| | | 242 | 乐器制造 |
| | | 244 | 体育用品制造 |
| | | 245 | 玩具制造 |
| | | 246 | 游艺器材及娱乐用品制造 |
| 21 | 摩托车、自行车 | 375 | 摩托车制造 |
| | | 376 | 自行车和残疾人座车制造 |
| | | 377 | 助动车制造 |
| 22 | 钟表、珠宝、眼镜、工艺品 | 243 | 工艺美术及礼仪用品制造 |
| | | 358 | 医疗仪器设备及器械制造 |
| | | 403 | 钟表与计时仪器制造 |
| | | 404 | 光学仪器制造 |
| 23 | 纸制品、包装印刷制品 | 22 | 造纸和纸制品业 |
| | | 23 | 印刷和记录媒介复制业 |
| 24 | 生物医药 | 266 | 专用化学产品制造 |
| | | 27 | 医药制造业 |
| | | 75 | 科技推广和应用服务业 |
| 25 | 其他消费品 | 399 | 其他电子设备制造 |

表 A.1（续）

| 品牌按行业分类 | | GB/T 4757—2017 | |
|---|---|---|---|
| | | 41 | 其他制造业 |
| 26 | 工程建筑 | 47 | 房屋建筑业 |
| | | 48 | 土木工程建筑业 |
| 27 | 建筑材料 | 19 | 皮革、毛皮、羽毛及其制品和制鞋业 |
| | | 20 | 木材加工和木、竹、藤、棕、草制品业 |
| | | 22 | 造纸和纸制品业 |
| | | 243 | 工艺美术及礼仪用品制造 |
| | | 26 | 化学原料和化学制品制造业 |
| | | 29 | 橡胶和塑料制品 |
| | | 30 | 非金属矿物制品业 |
| | | 33 | 金属制品业 |
| | | 41 | 其他制造业 |
| 28 | 建筑安装、装饰、装修 | 49 | 建筑安装业 |
| | | 50 | 建筑装饰、装修和其他建筑业 |
| 29 | 水利工程 | 482 | 水利和水运工程建筑 |
| | | 76 | 水利管理业 |
| | | 77 | 生态保护和环境治理业 |
| 30 | 市政设施工程 | 48 | 土木工程建筑业 |
| | | 49 | 建筑安装业 |
| | | 503 | 提供施工设备服务 |
| | | 78 | 公共设施管理业 |
| 31 | 交通运输 | 53 | 铁路运输业 |
| | | 54 | 道路运输业 |
| | | 55 | 水上运输业 |
| | | 56 | 航空运输业 |
| | | 57 | 管道运输业 |
| | | 58 | 多式联运和运输代理业 |
| | | 59 | 装卸搬运和仓储业 |
| | | 60 | 邮政业 |
| 32 | 批发零售 | 51 | 批发业 |
| | | 52 | 零售业 |
| 33 | 旅游、餐饮 | 61 | 住宿业 |
| | | 62 | 餐饮业 |
| | | 729 | 其他商务服务业 |

表 A.1（续）

| 品牌按行业分类 | | GB/T 4757—2017 | |
|---|---|---|---|
| | | 78 | 公共设施管理业 |
| | | 79 | 土地管理业 |
| | | 80 | 居民服务业 |
| | | 88 | 文化艺术业 |
| | | 90 | 娱乐业 |
| 34 | 传媒 | 86 | 新闻和出版业 |
| | | 87 | 广播、电视、电影和影视录音制作业 |
| 35 | 公用事业 | 44 | 电力、人力生产和供应业 |
| | | 45 | 燃气生产和供应业 |
| | | 46 | 水的生产和供应业 |
| | | 72 | 商务服务业 |
| | | 74 | 专业技术服务业 |
| | | 76 | 水利管理业 |
| | | 77 | 生态保护和环境治理业 |
| | | 78 | 公共设施管理业 |
| | | 79 | 土地管理业 |
| 36 | 互联网和信息服务 | 529 | 货摊、无店铺及其他零售业 |
| | | 63 | 电信、广播电视和卫星传输服务 |
| | | 64 | 互联网和相关服务 |
| | | 65 | 软件和信息技术服务业 |
| 37 | 金融地产 | 66 | 货币金融服务 |
| | | 67 | 资本市场服务 |
| | | 68 | 保险业 |
| | | 69 | 其他金融业 |
| | | 70 | 房地产业 |
| | | 71 | 租赁业 |
| | | 721 | 组织管理服务 |
| | | 722 | 综合管理服务 |
| 38 | 教育、培训、卫生、医疗 | 73 | 研究与试验发展 |
| | | 83 | 教育 |
| | | 84 | 卫生 |
| 39 | 商务服务 | 71 | 租赁业 |
| | | 72 | 商务服务业 |
| 40 | 生活类服务 | 43 | 金属制品、机械和设备修理业 |

**表 A.1（续）**

| 品牌按行业分类 | | GB/T 4757—2017 | |
|---|---|---|---|
| | | 80 | 居民服务业 |
| | | 81 | 机动车、电子产品和日用产品修理业 |
| | | 82 | 其他服务业 |
| | | 87 | 广播、电视、电影和录音制造业 |
| | | 88 | 文化艺术业 |
| | | 89 | 体育 |
| | | 90 | 娱乐业 |
| 41 | 专业技术服务 | 73 | 研究和试验发展 |
| | | 74 | 专业技术服务业 |
| | | 75 | 科技推广和应用服务业 |
| 42 | 公共管理与服务 | 73 | 研究和试验发展 |
| | | 74 | 专业技术服务 |
| | | 75 | 科技推广和应用服务业 |
| | | 76 | 水利管理业 |
| | | 77 | 生态保护和环境治理业 |
| | | 78 | 公共设施管理业 |
| | | 79 | 土地服务业 |
| | | 85 | 社会工作 |
| | | 91 | 中国共产党机关 |
| | | 92 | 国家机关 |
| | | 93 | 人民政协、民主党派 |
| | | 94 | 社会保障 |
| | | 95 | 群众团体、社会团体和其他成员组织 |
| | | 96 | 基层群众自治组织及其他组织 |
| | | 97 | 国际组织 |
| 43 | 其他服务业 | 05 | 农、林、牧、渔专业及辅助性活动 |
| | | 75 | 科技推广和应用服务业 |
| | | 79 | 居民服务业 |
| | | 82 | 其他服务业 |
| | | 84 | 社会工作 |

ICS 03.080.99
A 16

# 中华人民共和国国家标准

GB/T 36681—2018

# 展览场馆服务管理规范

Specification for exhibition venue service management

2018-10-10 发布　　2019-05-01 实施

国家市场监督管理总局
中国国家标准化管理委员会　发布

# 前　言

本标准按照 GB/T 1.1—2009 给出的规则起草。

本标准由全国会展业标准化技术委员会(SAC/TC 348)提出并归口。

本标准起草单位:中国国际展览中心集团公司、中国国际贸易促进委员会纺织行业分会、中国邮电器材集团公司、北京国贸国际会展有限公司、北京华毅东方展览有限公司、北京德士比形象策划有限责任公司。

本标准主要起草人:贺彩龙、蔡国枫、陈峰、王媛斌、赵鸥、徐迎新、潘臻、孙国伟、安翔、何春生。

# 展览场馆服务管理规范

## 1 范围

本标准规定了展览场馆服务与管理的基本要求、分项要求及评价与改进要求等。

本标准适用于展览场馆运营方对展览场馆服务的全程管理以及管理活动。

## 2 规范性引用文件

下列文件对于本文件的应用是必不可少的。凡是注日期的引用文件，仅注日期的版本适用于本文件。凡是不注日期的引用文件，其最新版本(包括所有的修改单)适用于本文件。

GB/T 19012 质量管理 顾客满意 组织处理投诉指南

GB/T 26165 经济贸易展览会 术语

GB/T 27306 食品安全管理体系 餐饮业要求

## 3 术语和定义

GB/T 26165 界定的以及下列术语和定义适用于本文件。

3.1

**展览场馆运营方 exhibition venue operator**

自有展览场馆或受展览场馆产权方委托，对展览场馆进行经营管理和日常维护的单位。

3.2

**外包服务商 outsourced service provider**

展览场馆运营方根据需要聘用的为展览场馆提供专业服务的机构。

## 4 基本要求

### 4.1 组织

展览场馆运营方应具有工商行政管理机关注册登记的独立法人资质。

### 4.2 人员

4.2.1 展览场馆运营方应审核服务人员符合服务岗位在健康、卫生和技能等方面的资质要求。

4.2.2 展览场馆运营方应建立服务人员岗前培训和在岗培训制度，定期考核服务人员对相关法律法规要求、服务知识和服务技能的掌握。

4.2.3 展览场馆运营方应建立服务人员的服务行为规范并推动实施。

### 4.3 设备设施

4.3.1 展览场馆运营方应根据设备性能、使用要求和使用限制等制定展览场馆设备设施的使用方案，包括但不限于：

a) 标识系统设计；

b) 人流、车流、物流规划；

c) 安防监控系统规划；

d) 门禁、安检区域规划；

e) 水电气接驳规划；

f) 餐饮点规划；

g) 广告设施规划；

h) 临时通讯基站规划；

i) 停车场、室外场地和临时仓储规划；

j) 垃圾分拣和临时存放区域规划。

4.3.2 展览场馆运营方应审核外包服务商提供的设备设施，确认其符合国家相关规定要求和展览场馆整体使用规划。

4.3.3 展览场馆运营方应建立设备设施巡查、检测、维护、维修、保养管理制度和工作流程，分层级确认管理要求和责任，建立实施档案管理制度。

### 4.4 管理体系

4.4.1 展览场馆运营方应遵守服务管理中所涉及的安全消防、检验检疫、卫生防疫等方面的法律、法规要求。

4.4.2 展览场馆运营方应建立与展览场馆特点相适应的管理体系，制定服务流程、服务规范和应急预案。

4.4.3 展览场馆运营方应建立外包服务商选择、监管、沟通和评估机制，并与外包服务商签订相关合同，明确责任和义务。

## 5 服务与管理要求

### 5.1 销售

5.1.1 应审核主(承)办单位资质和展览会基本情况。

5.1.2 应向主(承)办单位介绍展览场馆情况并提供相关资料，包括但不限于：展览场馆设施介绍及技术参数、合同范本、展览场馆使用规定和展览场馆周边配套服务等。

5.1.3 应根据展览场馆使用情况和主(承)办单位需求协商安排展览会档期。

5.1.4 应要求主(承)办单位提供相关资料备案，并提交统一格式的租馆申请。

5.1.5 应与主(承)办单位签订规范格式的租馆合同；跟踪主(承)办单位招展情况，并及时签订补充合同。

### 5.2 运营

5.2.1 应向主(承)办单位介绍展览场馆服务项目、申请流程、申请时限及相关规定等，汇总、落实主(承)办单位和参展商的服务需求。

5.2.2 应收集并分析主(承)办单位制定的市场推广方案、观众组织方案和现场活动方案，对项目进行风险评估。

5.2.3 应要求主(承)办单位对展会过程中可能造成的人身伤害、财产损失和其他风险进行充分、足额的保险，并提供保险合同备案。

5.2.4 应根据展览会规模和特点制定实施方案，内容包括但不限于展会基本信息、工作人员联络表、各项服务工作计划和应急预案等。

5.2.5 应按照规范程序与主(承)办单位办理展馆租用交接手续。

5.2.6 应在展览会期间对服务设施、服务人员、服务质量和服务安全进行检查监督。

5.2.7 宜在展览场馆内明显位置设置现场服务中心,受理各类问询和投诉。

5.2.8 应建立项目档案管理制度,内容包括但不限于:展会基本情况、备案文件、合同及服务订单、付款凭证和实施方案等。

## 5.3 水电气施工

5.3.1 应根据展览场馆水、电、气负荷能力和使用要求,对承建商和参展商申报的展台用水、用电及压缩空气需求进行审核。

5.3.2 应对展览会现场水电气接驳和使用进行监督,监测实际用量。

5.3.3 应按照与主(承)办单位约定的时间和程序,按时接通或切断水电气源。

## 5.4 搭建施工

5.4.1 应审核主场服务商资质并签订安全责任书。

5.4.2 应根据国家相关规定,审核或复核主场承建商和特装承建商提交的展台及公共设施设计方案。

5.4.3 应根据展览场馆施工搭建管理规定,发放统一施工证件,并对施工人员和施工作业现场进行规范管理。

5.4.4 应根据审核通过的设计方案对现场展台和公共设施的结构、材料、高度等进行检查。

## 5.5 安全消防

5.5.1 应根据国家相关规定,制定展览场馆安全管理制度和应急预案,对展览场馆安全消防设施进行日常维护,并对日常安全消防工作进行检查监督。

5.5.2 应根据国家相关规定,审核主办(承办)单位提交的展位平面图和展览会安全方案,并协助主办(承办)单位办理展览会安全、消防报批手续。

5.5.3 应配合相关管理部门和主(承)办单位,对展览会期间的安全消防工作进行检查监督。

5.5.4 应要求外包服务商对服务人员进行安全培训,落实安全责任。

## 5.6 保洁和垃圾清运

5.6.1 应根据展览场馆设施条件和主(承)办单位需求,对保洁和垃圾清运工作的范围、程序、时限和质量进行检查监督。

5.6.2 应确认垃圾分类、收集和清运方式符合国家环境保护的要求。

## 5.7 餐饮

5.7.1 应根据展览场馆设施条件和展览会的规模、特点,对展览场馆内的餐饮设施和餐饮服务进行规划统筹。

5.7.2 应按照 GB/T 27306 的要求,对展览场馆内餐饮服务的人员、设备设施、关键过程进行检查监督。

## 5.8 会议

5.8.1 应审核会议相关文件,并根据会议规模和需求安排适当的会议场地。

5.8.2 应按照规范程序与主(承)办单位办理会议场地和会议设备租用交接手续。

## 5.9 票证和展会信息

5.9.1 应根据展览场馆设施条件和主(承)办单位需求,对票证制作、发放和核验流程进行监督。

5.9.2 应根据展览场馆票证管理规定审核主(承)办单位发放的各类票证样本并登记备案。

5.9.3 应根据主(承)办单位发放票证数量,对展览会期间每日人流量进行监测和风险评估并制定相关预案。

### 5.10 网络通讯

5.10.1 应根据国家相关规定落实互联网安全保护技术措施。

5.10.2 应根据展览场馆设施条件和使用要求对展览服务商和参展商申报的网络通讯需求进行审核。

5.10.3 应对展览场馆网络通讯服务质量进行检查监督。

### 5.11 交通和物流

5.11.1 应根据展览场馆设施条件、展会规模、展品性质和主(承)办单位需求,对展览场馆内部交通路线和交通状况进行协调管理,包括但不限于设定各类车辆进出馆时间、进出馆路线、作业区域、停放区域和允许停留时间等,并进行现场指挥疏导。

5.11.2 应根据展览场馆车辆管理规定,统一制作、发放、核验各类车辆证件。

5.11.3 应配合地方交通管理部门,对布展和撤展期间展览场馆周边交通路线和交通状况进行协调管理。

### 5.12 广告

5.12.1 应根据国家相关法律法规对展览场馆内发布的广告内容进行审核。

5.12.2 应根据审批通过的广告发布方案对现场广告的内容、位置、数量和施工安全进行检查监督。

### 5.13 其他服务

5.13.1 可根据展览场馆设施条件和主(承)办单位需求提供其他服务,包括但不限于商务中心、医疗急救、物品寄存、物品租赁、信息咨询等。

5.13.2 应对各项服务的服务范围、服务流程、服务质量及收费标准进行规范监督。

## 6 评价与改进

6.1 应建立完善的服务质量管理体系,对服务效果和服务效率进行评估。

6.2 应建立完善的客户意见反馈体系,按照 GB/T 19012 的要求,透明、公正、快捷地处理主(承)办单位、参展商和观众的投诉。

6.3 应根据评估结果和投诉意见确定服务改进目标并落实服务改进措施。

---

ICS 03.080.99
A 16

# 中华人民共和国国家标准

GB/T 36682—2018

# 展览物流服务基本要求

Basic requirements on exhibition logistics service

2018-10-10 发布　　　　2019-05-01 实施

国家市场监督管理总局
中国国家标准化管理委员会　发布

# 前　　言

本标准按照 GB/T 1.1—2009 给出的规则起草。

本标准由全国会展业标准化技术委员会(SAC/TC 348)提出并归口。

本标准起草单位：中国国际展览中心集团公司、中国国际贸易促进委员会纺织行业分会、中国邮电器材集团公司、厦门会展金泓信展览有限公司、展星项目策划有限公司。

本标准主要起草人：贺彩龙、蔡国枫、陈峰、赵鸥、王媛斌、富荣沛、潘臻、赖国香、黎明娟。

# 展览物流服务基本要求

## 1 范围

本标准规定了展览物流服务的基本要求、人员与设施设备要求、服务提供要求及评价与改进要求等。

本标准适用于提供展览物流服务的组织或机构，也可作为展览会相关方对展览物流服务商进行选择和评估的依据。

## 2 规范性引用文件

下列文件对于本文件的应用是必不可少的。凡是注日期的引用文件，仅注日期的版本适用于本文件。凡是不注日期的引用文件，其最新版本(包括所有的修改单)适用于本文件。

GB/T 18354 物流术语

GB/T 19012 质量管理 顾客满意 组织处理投诉指南

GB/T 26165 经济贸易展览会 术语

GB/T 28831 国际货运单证缮制规范

GB/T 28832 国际货运单证缮制质量要求

GB/T 28839 进出境货物木质包装申报规范

GB/T 30055 国际货运代理报关服务质量要求

## 3 术语和定义

GB/T 18354 和 GB/T 26165 界定的以及下列术语和定义适用于本文件。

3.1

**展览物流服务 exhibition logistics service**

将展品从指定地点运至展台，由展台运至指定地点的实体流动过程。

3.2

**展览物流服务商 exhibition logistics service provider**

提供展览物流服务的组织或机构。

3.3

**展览会相关方 exhibition participants**

与展览会活动举办有关的组织。

注：主要包括主办单位、承办单位、协办单位、展览场馆运营方、参展商、主场服务商，以及交通、消防、海关、检验检疫等管理部门。

## 4 基本要求

4.1 应以合法的契约关系从事展览物流服务。

4.2 应具有展览物流专业服务能力和资源整合能力。

4.3 应具有健全的服务质量管理体系。

4.4 应规范、执行和持续优化展览物流服务流程，并符合防范、控制和规避风险的要求，保障展品、设施和人员安全。

4.5 展览物流服务指南应内容完整、条理清晰、表达精确，并规范和执行展览物流服务流程，保障展品按时、准确到位。

4.6 本标准中的部分要求仅适用于涉及展品出入境的国际展览物流服务，包括5.1.2、5.1.3、6.1.3、6.2、6.3.1、6.3.2、6.4.2、6.6.1和6.6.2等。

## 5 人员与设施设备

### 5.1 人员

5.1.1 项目负责人应接受过展览物流服务专业知识培训，掌握业务流程，具有相应的业务操作能力、较强的责任心和协调能力。

5.1.2 报关员应受雇于依法在海关注册登记的组织，熟悉和遵守展品报关的法律、法规和流程，具有展览物流服务专业知识和报关业务能力。

5.1.3 报检员应受雇于依法在国家检验检疫机构注册登记的组织，熟悉和遵守展品报检的法律、法规和流程，具有展览物流服务专业知识和报检业务能力。

5.1.4 驾驶和操作设施设备的人员应具有有效的上岗证件。

5.1.5 搬运工人应接受过专业知识和技能培训。

### 5.2 设施设备

5.2.1 应符合国家安全标准和具有有效期内的检测文件。

5.2.2 应定时检查、保养。保持工况良好，保障安全运行。

5.2.3 吊装所使用的吊带吊具应专业并保证安全。

## 6 服务提供

### 6.1 展前准备

6.1.1 与展览会相关方签订展览物流服务合同，制定和提供展览物流服务指南。

6.1.2 应投保展览会物流责任险种，提示参展商投保展品损失相关险种。

6.1.3 展品如需出入境，应向海关和检验检疫机构办理报关报检。

6.1.4 组织和开展展品信息采集。

6.1.5 根据服务要求，配置和调度人力资源及其他所需资源，明确分工和责任，制定展览物流服务实施方案。

6.1.6 协调展览会相关方对展览物流服务实施方案进行评估并制定应急预案。

### 6.2 报关报检

#### 6.2.1 文件核对交接

接收并核对收发货人或其代理人提供的出入境展品进出口文件的准确性和完整性。按照GB/T 28831、GB/T 28832的规定。

6.2.2 报关

根据出入境展品到达其所指定口岸的日期，向海关进行展品暂准进出口申报，交验规定的单据及证件，并接受海关的监管和检查。按照 GB/T 30055 执行。

6.2.3 报检

根据出入境展品到达其所指定口岸的日期，向检验检疫机构进行展品、包装物、运输工具、集装箱的申报，提交法律法规规定的相关批准文件，并协助检验检疫官员对展品、包装物、集装箱实施检验检疫。按 GB/T 28839 执行。

6.3 展品运输

6.3.1 提供入境展品从进境口岸至海关监管仓库之间的往返监管运输，从监管仓库至展览场馆之间的往返运输。

6.3.2 提供出境展品从发运地至指定口岸之间的往返运输。

6.3.3 提供境内展品从发运地至展览场馆之间的往返运输。

6.3.4 执行展览物流服务实施方案，应准确填写运输单证，按时送达并完成交接手续。

6.4 仓储及查验

6.4.1 提供展品及其包装箱仓储服务，并对进、出库和仓储全过程实施作业质量控制。

6.4.2 协助海关、检验检疫机构对出入境展品进行查验。

6.5 装卸与搬运

6.5.1 提供以下展览物流现场操作服务：

a) 接货/发货；
b) 卸车/装车；
c) 掏/装集装箱；
d) 理货；
e) 拆/装包装箱；
f) 搬运；
g) 展品核对、交接；
h) 空箱倒运及储存；
i) 就位、组装/拆解；
j) 收集消耗品、散发品送审样品；
k) 退运、留购和转展；
l) 包装；
m) 咨询。

以上操作服务要做到及时、准确、安全、有序。

6.5.2 实施现场操作的专业技术要求，包括：

a) 掌握展品重量、尺寸、重心、吊点等；
b) 掌握展台位置、通道宽度等；
c) 掌握展览场馆地面承重和限高等。

6.5.3 协调展览会相关方，对展品进/出馆的交通与车流量实施管控，包括：

a) 对货运车辆集结数量的管控；

b) 对货运车流量的管控；

c) 配合相关组织和机构实施交通管理措施。

6.5.4 协调展览会相关方，对展品进/出馆现场操作区域空间实施管控，包括：

a) 操作区域的车流量、人流量、现场使用设备的管控；

b) 操作区域内展品、包装箱、展台搭建材料临时置放的管控。

## 6.6 展品回运及处置

6.6.1 向海关和检验检疫机构办理出入境展品回运及处置的相关手续。

6.6.2 提供境内、境外展品从展览场馆至指运地的回程运输。

6.6.3 准确填写运输单证，按时送达并完成交接手续。

# 7 评价与改进

7.1 应建立完善的展览物流服务质量管理体系，对服务效果和服务效率进行评估。

7.2 应建立完善的客户意见反馈体系，按照 GB/T 19012 的要求，透明、公正、快捷地处理服务对象及其他利益相关方的投诉。

7.3 应根据评估结果和投诉意见，确定服务改进目标并落实服务改进措施。

ICS 03.080
A 12

GB

# 中华人民共和国国家标准

GB/T 36683—2018

# 汽车售后服务评价规范

Specification for assessment of automobile after-sales service

2018-09-17 发布　　2019-04-01 实施

国家市场监督管理总局
中国国家标准化管理委员会　发布

# 前　言

本标准按照 GB/T 1.1—2009 给出的规则起草。

本标准由中国标准化研究院归口。

本标准起草单位：中国标准化研究院、中国汽车流通协会、北京与车行信息技术有限公司、宝马（中国）汽车贸易有限公司、捷豹路虎（中国）投资有限公司、北京现代汽车有限公司、凯睿赛驰咨询（北京）有限公司、北京车质网信息技术有限公司、北京祥龙博瑞汽车服务（集团）有限公司、天津市浩物机电汽车贸易有限公司。

本标准主要起草人：侯非、曹俐莉、肖政三、林逊、高凌、王晨朝、张宏卓、李文哲、张越、李熙、张金龙、扈朝祥、王娜娜、杨朔、张雨辰、刘琪。

# 汽车售后服务评价规范

## 1 范围

本标准规定了汽车售后服务评价的评价原则、评价指标、评价流程、评价方法和评价结果等要求。

本标准适用于汽车售后服务评价活动。

## 2 规范性引用文件

下列文件对于本文件的应用是必不可少的。凡是注日期的引用文件，仅注日期的版本适用于本文件。凡是不注日期的引用文件，其最新版本(包括所有的修改单)适用于本文件。

GB 2894 安全标志及使用导则

GB/T 16739(所有部分) 汽车维修业开业条件

GB/Z 28828 信息安全技术 公共及商用服务信息系统个人信息保护指南

GB/T 36686—2018 汽车售后服务规范

## 3 术语和定义

GB/T 36686—2018 界定的以及下列术语和定义适用于本文件。为了便于使用，以下重复列出了GB/T 36686—2018 中的某些术语和定义。

3.1

**汽车售后服务 auto after-sales service**

为满足顾客对汽车产品正常使用的要求，通过与顾客以及所售汽车产品的接触，为其提供修理和其他技术服务的过程。

[GB/T 36686—2018，定义 3.1]

3.2

**顾客 customer**

接受**汽车售后服务**(3.1)的组织或个人。

3.3

**评价对象 assessment participant**

接受评价的汽车服务商。

3.4

**评价者 assessor**

对**评价对象**(3.3)在评价活动中的表现进行评价的组织或个人。

## 4 评价原则

### 4.1 公正性

评价者应客观、公平地实施评价活动，评价结果不应受评价活动实施难度、是否收费等因素影响。

### 4.2 有效性

评价者应制定科学的评价方案并有效实施，准确评价汽车售后服务真实水平，查找出实际问题。

### 4.3 可信性

评价者应采集、使用真实、客观的数据；评价结果应客观、准确地反映评价活动情况，无差错、可信赖。

### 4.4 规范性

评价行为应符合评价方案要求，避免错误、减少误差。

## 5 评价指标

### 5.1 概述

评价指标包括汽车服务商、服务人员、服务资源、服务过程和服务结果。

### 5.2 汽车服务商

汽车服务商评价指标见表1。

表1 汽车服务商评价指标

| 序号 | 评价指标 |
|---|---|
| 1 | 是否具有社会信用代码、机动车维修经营许可证、道路运输经营许可证 |
| 2 | 规章制度是否健全，覆盖所有服务内容 |
| 3 | 是否建立安全管理制度并实施 |
| 4 | 是否建立突发事件应急预案并定期演练，记录突发事件应急处置与演练情况 |
| 5 | 是否对服务人员进行安全与应急培训 |
| 6 | 对于安全隐患，是否采取措施进行排除或进行安全警示 |
| 7 | 是否与顾客订立服务合同 |
| 8 | 是否建有服务记录和技术档案并保存10年以上 |
| 9 | 服务记录和技术档案是否可追溯、便于查询与跟踪 |
| 10 | 是否建立完善、科学、合理的服务流程 |
| 11 | 是否在征得顾客同意的情况下，收集、使用其信息 |
| 12 | 对于顾客信息的使用，是否符合GB/Z 28828标准要求 |
| 13 | 是否通过签署保密协议、设置系统权限等措施保护顾客信息，防止泄露、丢失 |
| 14 | 当顾客信息泄露、丢失时，是否即时采取补救措施 |
| 15 | 是否建立顾客沟通管理机制、明确反馈时限 |

### 5.3 服务资源

服务资源评价指标见表2。

表 2 服务资源评价指标

| 序号 | 评价指标 |
|---|---|
| 1 | 是否有固定服务场所，符合 GB/T 16739 要求 |
| 2 | 服务场所是否按照 GB 2894 等标准要求，设置、管理或使用安全引导标识、安全出口和紧急疏散通道，并告知顾客、使用方法和要求 |
| 3 | 服务环境是否符合 GB/T 16739 要求 |
| 4 | 是否以张贴等形式公开资质证书、组织机构图、行业规定、价格表(零部件、工时费等)、业务流程图、预约看板、预约电话、客服电话等 |
| 5 | 是否配有适量停车位 |
| 6 | 当停车位无法满足服务需求时，是否通过将顾客引导至正规停车场等方式满足顾客停车需求 |
| 7 | 是否按照功能分区，停车区、接待区、保险理赔区、维修保养区、休息区(卫生间)等按需设置 |
| 8 | 除安全引导标志外，其他引导标识是否准确、明显、清晰 |
| 9 | 各类设施设备是否性能完好、数量充足 |
| 10 | 维修保养车间是否设置可视化设施设备 |
| 11 | 接待区是否设置互动式预检、检测设施 |
| 12 | 需标定的生产设备是否定期标定记录 |
| 13 | 原厂配件、再制造件、质量相当配件、回用件等是否分类管理 |
| 14 | 是否告知顾客零部件相关信息 |
| 15 | 零部件入库前是否查验 |
| 16 | 有质量瑕疵的零部件是否单独码放 |
| 17 | 结算单、工费材料费、零部件编码等是否可追溯 |

## 5.4 服务人员

服务人员评价指标见表 3。

表 3 服务人员评价指标

| 序号 | 评价指标 |
|---|---|
| 1 | 服务人员仪容仪表、着装等是否符合汽车服务商要求，是否佩戴工牌 |
| 2 | 服务人员服务行为是否符合汽车服务商设立流程和要求 |
| 3 | 服务人员是否定期接受包括岗前培训在内的职业培训 |
| 4 | 职业培训的频次、内容、覆盖面等是否能有效支撑汽车售后服务实施 |
| 5 | 需有国家统一资格要求职业的服务人员是否持有相应职业资格证书 |
| 6 | 接待服务人员是否具有机动车驾驶证、是否能够承担试车等服务内容 |
| 7 | 接待服务人员是否具有汽车故障判断、报价、沟通以及满足服务需求的计算机系统操作能力 |
| 8 | 接待服务人员对于顾客需求的分析和表述是否准确，是否与维修技师判断一致 |
| 9 | 维修技师是否具有汽车常规零部件知识、整车结构知识等专业知识，是否能够熟练使用常规工量具 |

表 3（续）

| 序号 | 评价指标 |
|---|---|
| 10 | 维修技师是否接受专业培训及岗前安全教育并通过相关考核 |
| 11 | 维修技师是否穿着工作服、工作鞋 |
| 12 | 维修技师是否掌握并遵守现场管理要求 |

## 5.5 服务过程

服务过程评价指标见表 4。

表 4 服务过程评价指标

| 序号 | 评价指标 |
|---|---|
| 1 | 营业时间是否便利 |
| 2 | 能否在顾客特殊需求时间提供服务 |
| 3 | 若提供预约服务，所预约的服务能否在约定时间内按时开展 |
| 4 | 服务实施前，是否告知顾客服务项目、收费标准、服务方案、预估报价 |
| 5 | 服务实施前，是否告知顾客零部件生产厂家等相关信息及相应价格，供顾客选择 |
| 6 | 服务实施前，是否告知顾客预计时间 |
| 7 | 服务是否能在所告知的预计时间内完成 |
| 8 | 若服务需要延期，是否在预计时间内提前告知顾客 |
| 9 | 若服务需要延期，是否提供备用车或交通费用补偿 |
| 10 | 是否制定服务规范，是否按照规范要求提供服务 |
| 11 | 是否制定技术操作规程、工艺文件，是否按照文件要求提供服务 |
| 12 | 在维修保养过程中，若发现增项，是否提前告知顾客 |
| 13 | 经过修复用于维修服务的汽车零部件，是否向顾客说明瑕疵，在装用之前得到顾客确认 |
| 14 | 是否存在有意过度维修保养的现象 |
| 15 | 保险、索赔规定是否符合相关法规规定和汽车服务商的规定并公示 |
| 16 | 是否公告道路救援求救电话和收费标准 |
| 17 | 是否提供 24 h 不间断呼叫服务和救援服务 |
| 18 | 在公路或高速公路实施救援服务时，是否遵守相关的交通安全法规 |
| 19 | 交车前，是否将车归位，是否进行旧件处理，并向顾客展示 |
| 20 | 服务完成后，是否告知顾客实际发生的服务项目和实际花销 |
| 21 | 无增项的条件下，预估报价和实际花销浮动是否超过 10% |
| 22 | 服务完成后，交付给顾客的单据是否齐全 |
| 23 | 支付过程是否安全、便捷 |
| 24 | 是否按照反馈时限，按时答复、安排处理顾客诉求 |

### 5.6 服务结果

服务结果评价指标见表5。

**表5 服务结果评价指标**

| 序号 | 评价指标 |
|---|---|
| 1 | 满意度 |
| 2 | 投诉率 |
| 3 | 一次修复率 |
| 4 | 返修率 |
| 5 | 平均服务时长 |
| 6 | 平均等待时长 |

## 6 评价流程

### 6.1 评价准备

#### 6.1.1 确定评价目的

评价者应确定评价活动的目的，并将其作为制定评价方案的依据。

#### 6.1.2 确定评价范围

评价者应确定评价活动的内容范围，即评价对象参与评价活动的内容板块。

#### 6.1.3 确定评价区间

评价者应确定评价活动的时间区间，即评价活动所用数据的采样区间。

#### 6.1.4 制定评价方案

6.1.4.1 评价者应根据评价目的及评价活动的其他特点，确定实施步骤与时间安排、评价方法等，形成评价方案。

6.1.4.2 评价者应从操作性、经济性、科学性、有效性等角度出发，对评价方案进行论证优化。

6.1.4.3 评价者可根据实际需求在一定范围内公开评价方案或其部分内容。

### 6.2 评价实施

#### 6.2.1 建立评价指标体系

6.2.1.1 评价者应根据评价目的、评价方案、评价对象特点等，在5.2～5.6中筛选合适的评价指标并进行组合、剪裁、细化。

6.2.1.2 必要时，亦可根据评价活动实际需求补充5.2～5.6中未列出的评价指标。

6.2.1.3 评价者应选取合适的权重测算方法，为上述评价指标赋权，形成评价指标体系。

#### 6.2.2 采集、加工数据

6.2.2.1 评价者应根据评价方案，确定数据采集的内容范围、时间区间与方法，实施数据采集并对所采集的数据进行质量评估。

注1：必要时可进行多次采集或补充采集。

注2：质量评估一般包括数据全面性、准确性、一致性、相关性等方面的评估。

6.2.2.2 评价者应对通过质量评估的数据进行加工，将其转化为统一、可操作、易分析的格式数据。

### 6.2.3 计算评价分数

评价者应选用合适的分数计算方法，将加工后的数据输入，计算得出评价分数。

注：计算方法参见7.3。

### 6.3 形成评价结果

6.3.1 评价结果的内容、形式等见第8章。

6.3.2 评价者应根据评价分数及其他信息，分析得出真实、准确的评价结论并对其进行描述；必要时可在此基础上提出相关建议，形成评价结果。

6.3.3 评价者应对评价结果进行包括错误核查、误差分析、合理性验证等在内的质量稽核。

6.3.4 评价活动完成后，评价者应为评价对象或(和)相关方提供评价结果。

## 7 评价方法

### 7.1 权重测算方法

常用的权重测算方法主要包括层次分析法、专家咨询法、对偶比较法、变异系数法、熵值法等。

### 7.2 数据采集方法

常用的数据采集方法主要包括现场查验、资料查阅、随机拦访、神秘顾客、问卷调查、会议座谈、独立访谈等。

### 7.3 数据加工方法

常用的数据加工方法主要包括除重、降噪、归类、格式转换、标引等。

### 7.4 分数计算方法

常用的分数计算方法主要包括加权平均法、数学平均法、求合法、去极值法等。

## 8 评价结果

### 8.1 内容

8.1.1 评价结果应包含：

——评价对象情况；

——评价方案(含评价目的、评价范围、评价区间、评价指标体系、评价方法等)；

——评价依据；

——评价活动过程；

——评价分数及解释；

——评价结论及描述；

——评价时间；

——评价者情况。

8.1.2 根据评价活动需求与特点，评价结果宜包含：

——针对评价对象、相关方的工作建议；

——评价分数、评价结论及其他内容的使用建议及使用限制。

8.1.3 评价者宜使用图表等表现形式，直观地反映评价分数、评价结论及其他内容。

8.1.4 评价者应保护顾客信息，防止泄露、丢失；在发生或可能发生泄露、丢失时，应立即采取补救措施。评价者不应以挪用、出售等形式非法向其他组织或个人提供顾客信息；当评价结果确需引用顾客案例或相关内容时，评价者应视评价结果的公布、使用范围等，对其进行技术处理。

## 8.2 形式

8.2.1 评价结果主要应以评价报告的形式呈现；根据需求，亦可包括工作建议、工作方案、基础数据、过程文件等。

8.2.2 评价结果通常应为书面形式。

ICS 03.080
A 12

# 中华人民共和国国家标准

GB/T 36684—2018

# 汽车售后零配件市场服务规范

## Service specification for automobile after-sales spare and accessory parts market

2018-09-17 发布 2019-04-01 实施

国家市场监督管理总局
中国国家标准化管理委员会 发布

# 前　言

本标准按照 GB/T 1.1—2009 给出的规则起草。

本标准由中国标准化研究院归口。

本标准起草单位：中国标准化研究院、中国汽车流通协会、武汉艾车品牌管理有限公司、上汽大众汽车有限公司、东风汽车零部件（集团）有限公司、烟台美丰机械有限公司、宝马（中国）汽车贸易有限公司、广汽丰田汽车有限公司、捷豹路虎（中国）投资有限公司、安徽凤凰滤清器股份有限公司、浙江骆氏减震件股份有限公司、温州市冠盛汽车零部件集团股份有限公司、江苏瑞安汽车实业有限公司、浙江宏利汽配集团有限公司、德师傅（中国）汽车服务有限公司、江苏黄海交通产业集团有限公司。

本标准主要起草人：靳宗振、曾毅、肖政三、林逊、李彤梅、费犇、陈兴林、王勇、王晨朝、张宏卓、陈登宇、骆联盟、许炎、徐斌、李德进、白洁、刘汉、程永红、张雨辰、万福军、曹凌霞、王娜娜。

# 汽车售后零配件市场服务规范

## 1 范围

本标准规定了汽车零配件市场服务的基本要求、服务信息、服务场所、服务设施、增值服务、服务监督与改进。

本标准适用于提供汽车售后零配件交易服务与管理的组织与人员。

## 2 规范性引用文件

下列文件对于本文件的应用是必不可少的。凡是注日期的引用文件，仅注日期的版本适用于本文件。凡是不注日期的引用文件，其最新版本(包括所有的修改单)适用于本文件。

GB/T 10001.1 公共信息图形符号 第1部分:通用符号

GB 13495.1 消防安全标志 第1部分:标志

GB/T 22125 汽车配件营销企业经营管理规范

GB/T 29632 家用汽车产品三包主要零件种类范围与三包凭证

GB/T 32007 汽车零部件的统一编码与标识

## 3 术语和定义

下列术语和定义适用于本文件。

3.1

**汽车零配件 auto spare and accessory parts**

构成汽车整体的各个单元及服务于汽车的产品。

3.2

**汽车售后零配件 after-sales auto spare and accessory parts**

汽车销售后，安装于汽车、用来替换该汽车初装零部件的产品。

注：包括汽车所必需的润滑剂、冷却液、防冻液等，但不包括燃料。

3.3

**汽车售后零配件市场 after-sales auto spare and accessory parts market**

为**汽车售后零配件**(3.2)提供供应、流通和使用等环节交易服务行为的场所。

3.4

**原厂配件 original spare and accessory parts**

汽车生产商提供或认可的，使用汽车生产商品牌或其认可品牌，按照车辆组装零部件规格和产品标准制造的零部件。

3.5

**质量相当配件 equivalent quality spare and accessory parts**

未经汽车生产商认可的，由配件生产商生产的，且性能和质量达到原厂配件相关技术标准要求的零部件。

3.6

**再制造件 remanufactured spare and accessory parts**

旧汽车零部件经过再制造技术、工艺生产后，性能和质量达到原型新品要求的零部件。

3.7

**回用件 reuse spare and accessory parts**

从报废汽车上拆解或维修汽车上替换的能够继续使用的零部件。

## 4 基本要求

### 4.1 市场及经营者要求

4.1.1 汽车售后零配件市场的经营者应具有法人资质，经营行为符合 GB/T 22125 的相关要求。

4.1.2 汽车售后零配件市场应设置市场质量管理机构，制定市场质量管理规定，并定期对市场的产品进行质量检查。

4.1.3 汽车售后零配件市场应按岗位配置一定数量的服务人员，如秩序管理人员、清洁管理人员、安全管理人员等。

4.1.4 汽车售后零配件市场的经营者应制定市场运行管理、安全生产、消防管理制度，建立健全市场管理体系，制定应急预案，责任落实到人。服务场所应配备压力正常、在有效期限内的消防栓、灭火器等消防安全设施，不得违规使用日用电炉等易燃易爆物品，并定期进行检查。

4.1.5 汽车售后零配件市场应建立入驻市场汽车零配件服务企业的资质管理、质量信誉考核、服务规范等相关制度，并予以实施。

4.1.6 汽车售后零配件市场应建立汽配产品安全保证和责任制度，要求入驻市场汽车售后零配件服务企业遵循自愿、平等、公平、诚实信用的原则，遵守公认的商业道德，不得欺行霸市、强买强卖、售卖假冒伪劣等。

4.1.7 汽车售后零配件市场应要求入驻汽车零配件服务企业明示零配件的生产商、服务项目和服务价格等信息，规范汽车零配件销售和维修行业经营行为。

### 4.2 人员要求

4.2.1 市场秩序管理者应熟悉市场管理法规和管理业务，并按要求合法、合理维护经营场所的市场秩序。

4.2.2 市场安全管理人员应熟悉营业场所的安全管理规定及国家标准，佩戴统一安全标志，定期对服务场所进行全面安全检查，形成安全检查表或文件，并做好存档工作。

### 4.3 零配件供应要求

汽车零配件供应商供应的零配件应符合以下要求：

a) 应为试验合格产品，且性能符合安全、可靠、环保等国家标准、政策法规相关要求，并满足企业标准公开声明的产品性能要求；
b) 合法授权供应，明示汽车服务商、产品品牌信息，无商标、专利等知识产权纠纷；
c) 提供销售、维修相应的技术保障与售后服务；
d) 遵循汽车零配件“三包”、召回等国家规定。

注：三包为包修理、包更换、包退货。

### 4.4 流通要求

应为销售的汽车售后零配件提供以下承诺：

a） 提供价格承诺，不应在标价之外加价销售或收取额外费用；
b） 提供信息明示，在销售场所或网站如实说明零配件产品相关信息；
c） 做出服务承诺，担保服务期限内汽车零配件的质量。

### 4.5 使用要求

#### 4.5.1 销售服务要求

汽车售后零配件销售商为满足消费者需求，满足以下要求：

a） 销售的零配件应标注符合 GB/T 32007 要求的产地、产品名称、代理商（经销商）以及产品合格证等标识，满足国家有关的产品质量要求，内外包装应完好无损，附件齐全，说明书、保修卡等资料要完备；
b） 承担“三包”有效期内的免费修理服务和超过“三包”有效期的收费修理服务，提供维修服务的零配件种类范围应符合 GB/T 29632；
c） 实行公开、透明、合理的价格制度，如实向消费者说明零配件的类型，如原厂配件、质量相当配件、再制造件、回用件等；
d） 明示产品质量保证、保修服务及消费者需知悉的售后服务的技术、质量和服务规范等规定；
e） 若提供安装维修服务，应正确安装、维修、更换汽车零配件，服务过程公开、透明，宜对服务全过程进行监控；
f） 应遵守质量保修承诺，并提供相应的售后服务；
g） 宜监测销售的零配件的品质、来源，实现全程可追溯；
h） 当汽车零配件不符合质量要求时，按国家规定提供退换货服务。若双方有约定的，应按照约定执行。

#### 4.5.2 维修服务要求

汽车售后零配件维修商提供维修服务，应满足如下要求：

a） 维修过程不得替换消费者自行提供的汽车售后零配件；
b） 正确安装、维修零配件，服务过程公开、透明，宜对服务全过程进行监控；
c） 若提供汽车零配件销售服务的，应明码标价，如实告知消费者零配件类型及相关信息。

## 5 服务信息

5.1 汽车售后零配件市场应搭建市场汽车售后零配件信息服务平台，并定期公示零配件市场服务的相关消息。公示内容应包括但不限于以下内容：

a） 汽车售后零配件市场管理制度；
b） 入驻汽车零配件企业的证件信息；
c） 汽车零配件的退换货经营承诺；
d） 汽车零配件召回类型及范围等相关信息；
e） 汽车零配件真假鉴别和质量安全方面的知识；
f） 消费者申（投）诉电话；
g） 其他信息等。

5.2 汽车售后零配件市场应制定、执行进货检查验收制度和粘贴式产品进货台账以及汽车零配件质量信息追溯制度，查询产品的流通和使用信息，实现可追溯。

5.3 入驻汽车零配件企业进行宣传的广告牌、告示等，应符合汽车售后零配件市场的整体规划，并确保宣传的产品及服务信息真实、可靠。

5.4 汽车售后零配件市场的经营者对入驻汽车零配件企业经营过程中出现的质量不符、欺诈等违规情形,应及时在市场汽车售后零配件信息服务平台进行公示,或在市场交易场所的醒目位置予以公示。

## 6 服务场所

6.1 汽车售后零配件市场交易场所应具有一定的营业场地规模,宜设立地上或地下停车场。

6.2 服务场所应整洁、安全,汽车零配件分区存放,消防通道、人流物流通道畅通,设置合理。

6.3 在服务场所醒目位置设置信息导向标识、功能分区标识、警示标识和安全标识,标识标志的设计应符合 GB/T 10001.1 和 GB 13495.1 的规定。

6.4 在汽配销售网站或服务场所等显著位置设置公示栏、公示牌,向消费者公示与销售有关的相关信息。

6.5 服务场所不得开展影响正常经营的活动及行为,确保经营行为有序。

## 7 服务设施

7.1 服务场所宜配备齐全、供入驻汽车零配件企业使用的服务设备,如汽车制动系统、电气仪表系统、车身及附件系统等。

7.2 入驻汽车零配件企业应配置国家规定的计量器具,并定期送鉴定机构进行检验校对,经检验合格后方可使用。

7.3 服务过程中应配置一定数量的监控设备,保证正常运行,并做好记录保存工作。

7.4 服务场所醒目处应配置多种信息服务设施,例如信息展示、信息查询等,并列出使用保养清单和规范。

## 8 增值服务

### 8.1 检测服务

汽车售后零配件市场的经营者宜利用闲置检测工具为消费者提供零配件性能测试服务,例如环境可靠性测试、电学性能测试、功能测试、材料测试、绿色环保测试等。

### 8.2 保险服务

汽车售后零配件市场的经营者宜联合金融保险组织,为消费者提供汽车售后零配件保险服务,例如重要零配件失窃保险、受损保险等。

### 8.3 线上线下服务

汽车售后零配件市场的经营者宜开展线上销售、线下安装维修服务,增加线上汽车售后零配件销售类型,实现价格公开、服务透明。

## 9 服务监督与改进

### 9.1 服务监督

9.1.1 汽车售后零配件市场应定期对市场的零配件产品进行质量检查,并及时向入驻汽车零配件企业宣传国家有关产品质量的政策、法规。

9.1.2 汽车售后零配件市场应建立投诉和服务质量反馈制度，在收到消费者投诉后，应在7个工作日内给予反馈服务质量投诉的处理结果。

9.1.3 对入驻汽车零配件企业进行零配件质量管理监督，出现假冒伪劣产品的应及时向质量管理部门进行报告。

## 9.2 服务改进

汽车售后零配件市场应通过自我评价或委托第三方评价的方式，对入驻汽车零配件企业及市场的经营服务进行评价，根据评价及消费者投诉反映的问题持续改进。

## 参 考 文 献

[1] GB/T 36683—2018 汽车售后服务评价规范
[2] GB/T 36685—2018 汽车经销商管理与服务规范
[3] GB/T 36686—2018 汽车售后服务规范
[4] 中华人民共和国消费者权益保护法
[5] 汽车销售管理办法(商务部令 2017 年第 1 号)

ICS 43.020
T 04

# 中华人民共和国国家标准

GB/T 36686—2018

# 汽车售后服务规范

Specification for automobile after-sales service

2018-09-17 发布　　2019-04-01 实施

国家市场监督管理总局
中国国家标准化管理委员会　发布

# 前　言

本标准按照GB/T 1.1—2009给出的规则起草。

本标准由中国标准化研究院归口。

本标准起草单位：中国标准化研究院、中国汽车流通协会、北京与车行信息技术有限公司、捷豹路虎（中国）投资有限公司、东风英菲尼迪汽车有限公司、梅赛德斯-奔驰（中国）汽车销售服务有限公司、宝马（中国）汽车贸易有限公司、一汽-大众销售有限责任公司、浙江物产元通汽车集团有限公司、凯睿赛驰北京（咨询）有限公司、北京车质网信息技术有限公司、浙江吉利控股集团汽车销售有限公司。

本标准主要起草人：程永红、曾毅、肖政三、林逊、高凌、张宏卓、何晓明、王宏声、郭金、王晨朝、许保华、包建平、张越、李熙、朱其谦、赵太贵、侯非、万福军、刘琪、黄远、王娜娜、靳宗振。

# 汽车售后服务规范

## 1 范围

本标准规定了汽车售后服务的服务环境和人员、服务流程和顾客投诉处理等基本要求。

本标准适用于汽车服务商的售后服务。

## 2 规范性引用文件

下列文件对于本文件的应用是必不可少的。凡是注日期的引用文件，仅注日期的版本适用于本文件。凡是不注日期的引用文件，其最新版本（包括所有的修改单）适用于本文件。

GB/T 3730.1 汽车和挂车类型的术语和定义

GB/T 19000 质量管理体系 基础和术语

GB 26877 汽车维修业水污染物排放标准

## 3 术语和定义

GB/T 3730.1 和 GB/T 19000 界定的以及下列术语和定义适用于本文件。

3.1

**汽车售后服务 automobile after-sales service**

为满足顾客对汽车产品正常使用的要求，通过与顾客以及所售汽车产品的接触，为其提供修理和其他技术服务的过程。

3.2

**汽车供应商 automobile suppliers**

直接向汽车销售商提供商品及相应服务的企业及其分支机构。

注：包括制造商、经销商和其他中介商。

3.3

**汽车销售商 automobile seller**

在某一区域和领域拥有汽车销售或服务的单位或个人。

3.4

**汽车服务商 automobile service providers**

汽车销售商、汽车售后服务商的总称。

3.5

**汽车销售服务 automobile sales and service**

为满足顾客购买汽车产品的需要，通过产品展示和顾客接触，向其出售所需产品，为其提供相关商务服务的过程。

注：包括汽车商务代理服务。

## 4 汽车售后服务的环境与人员要求

4.1 汽车服务商应建立自身特色的统一品牌整体形象。外观、装修、人员穿着、汽车展品摆放及各项服务维修实施等，应要求统一；店内环境整洁明亮。

4.2 建立售后服务人员培训和岗位责任制，明确各类人员的岗位职责，并定期考核。

4.3 售后服务人员应经过专业、系统的培训和专业的技术理论指导。重要岗位的人员要经过行业专家的系统培训指导，方能上岗。

## 5 汽车售后服务流程要求

### 5.1 通用要求

5.1.1 汽车服务商从事汽车产品有关的商务活动，应当依法经营、诚实信用、规范服务、公平竞争。

5.1.2 汽车服务商应策划并提供与服务相适应的专用资源和服务环境。包括：

a) 售后服务所需的直接的和间接的人员；

b) 服务展示、业务洽谈、产品修理、备件储存和停车等固定的场所和附属设施；

c) 服务销售和售后服务所需的设备(硬件和软件)；

d) 专项技能和技术；

e) 适宜的服务环境；

f) 财务资源。

这些资源和服务环境应与服务商的经营规模相适应，并进行有效管理。

5.1.3 应建立与服务项目相适应的符合相关法律、法规和质量标准的质量管理体系。应建立与服务环境相适应的符合消防、环保和职业健康安全要求的环境安全管理体系。

5.1.4 对于出厂汽车产品，汽车服务商应随汽车产品提供如下材料：

a) 汽车产品合格证；

b) 汽车产品使用说明书或技术说明书；

c) 产品备用、备件清单。

### 5.2 售后服务流程与质量要求

#### 5.2.1 售后服务流程要求

应建立完整、科学、合理的售后服务流程，售后服务流程应包括：

a) 服务沟通；

b) 车辆交接；

c) 检测诊断；

d) 服务报价；

e) 服务内容确认；

f) 服务内容实施；

g) 完工总检；

h) 结算交车。

#### 5.2.2 售后服务质量要求

售后服务质量管理应包括以下方面：

a) 售后服务商应将服务方案事先告知顾客，并告知维修配件的相关信息及相应的价格，供顾客选择；

b) 用于维修服务的汽车零件，应是经过检验符合质量标准的合格品；经过修复用于维修服务的汽车零件，应当向顾客说明瑕疵，在装用之前得到顾客确认，并保证产品的技术安全性能，涉及排放、能耗和安全性的汽车修复零件，应确保符合该零件的质量标准和适用的安全技术法规；

c) 售后服务商应明确并公示汽车零件的索赔规定，索赔规定应符合相关法规规定和供应商的规定，当二者不一致时，应按有利于顾客的规定执行；

d) 售后服务商提供保险索赔服务时，应确保与顾客和保险公司的三方沟通；

e) 对汽车维修服务产生的废弃物、水污染排放要求，执行 GB 26877 的规定。

## 5.3 售后服务交付要求

5.3.1 售后服务商应确保售后服务竣工后交付前的适当管理，包括：

a) 竣工检验；

b) 必要的保洁和包装(如汽车冲洗和零件包装)；

c) 调整复位；

d) 更换下的零部件告知；

e) 关闭车窗，锁紧车门，停放在规定的车位。

5.3.2 内部交接人员实行交付前验证，包括修理工单和服务的验证：

a) 按规定完成的服务项目；

b) 检验记录完整性；

c) 必要的签名和日期；

d) 产品的洁净度；

e) 更换下的零部件。

5.3.3 受理人员按规定的时机和方式向顾客交付产品。交付前应履行下列职责：

a) 打印结算清单，清单应分项计算修理材料和工时费；

b) 解释服务项目和费用的构成；

c) 引导顾客支付服务款额；

d) 提交发票、结算清单、机动车二级维护竣工出厂合格证和出门通行证；

e) 必要时，提供售后延伸服务。

5.3.4 安全项和重要修理项目交付时，售后服务商应向顾客进行性能演示。

## 5.4 维修救援服务

5.4.1 售后服务商提供 24 h 电话和维修救援服务的，应预先公告求救电话和收费标准。

5.4.2 从事救援修理服务的工作人员应经过培训，掌握外出修理救援必需的故障判断、应急准备、车辆牵引和交通安全知识。

5.4.3 维修救援服务的资源应满足规定要求，包括：

a) 通讯工具；

b) 白天和晚间值班的人员；

c) 救援服务需要的车辆及其状态；

d) 用于救援所需的工具和设备设施；

e) 需要的备件。

5.4.4 在公路或高速公路实施救援维修服务，应遵守相关的交通安全法规，包括故障汽车在公路上牵引时规定的警示标识、灯光信号、行驶速度和路线。

# 6 顾客跟踪和投诉处理

6.1 售后服务商应建立顾客跟踪和信息反馈制度。包括：

a) 建立承修汽车记录和服务技术档案管理；

b) 修理后顾客电话回访和满意度测评规定；

c) 顾客意见、投诉处理和反馈程序；

d) 顾客意见、投诉与汽车供应商沟通程序；

e) 第三方对顾客测评结果和投诉信息的反馈程序。

6.2 汽车服务技术档案应包括顾客及其承修汽车必要的数据信息，可用于随后的查询和质量跟踪。档案包括：

a) 修理合同；

b) 修理工单；

c) 产品检验(包括预检)和测试记录；

d) 结算清单；

e) 修理发票；

f) 合格证(副件)。

汽车服务技术档案至少应保存10年以上。

6.3 售后服务商应设立专门的机构和人员，实行修理后的电话回访，回访的顾客意见应及时处理。回访的原始记录应予保存，回访信息反馈汽车供应商或销售商。

6.4 顾客提出需要汽车服务商改进的意见时，应在适当的时机用适当的方式告知改进的结果。

6.5 汽车服务商应关注顾客的投诉，投诉的处理措施应确保与投诉的影响或潜在影响的程度相适应。

6.6 当顾客无法与汽车供应商、销售商就投诉事宜达成共识时，应告知顾客其他投诉处理的合法途径和相关机构。

6.7 顾客投诉的补救措施和处理结果应按约定的时间反馈顾客。

6.8 涉及重大的投诉和质量纠纷，应通过合法途径合理解决。

ICS 01.020
A 11

# 中华人民共和国国家标准

GB/T 36687—2018

# 保 险 术 语

## Basic terminology of insurance

2018-09-17 发布　　2019-04-01 实施

国家市场监督管理总局
中国国家标准化管理委员会　发布

# 前　言

本标准按照 GB/T 1.1—2009 给出的规则起草。

本标准由全国金融标准化技术委员会(SAC/TC 180)归口。

本标准起草单位:中国太平洋保险(集团)股份有限公司。

本标准主要起草人:程平、王飞、钱秉耀、杨鹤婷、吴志方、李鋆、施文、方伟、王冰、邓冰。

# 保 险 术 语

## 1 范围

本标准界定了商业保险业务常用的基础术语、保险产品术语、投保和承保术语、保险合同管理术语、赔偿和给付术语、市场和营销术语、保险中介术语、精算术语、再保险术语、保险组织与监管术语及定义。

本标准适用于保险企业保险业务活动的开展和管理。

## 2 基础术语

2.1

**保险 insurance**

投保人根据合同约定,向保险人支付保险费,保险人对于合同约定的可能发生的事故因其发生所造成的财产损失承担赔偿保险金责任,或者当被保险人死亡、伤残、疾病或者达到合同约定的年龄、期限等条件时承担给付保险金责任的商业保险行为。

注:保险是个人或组织转移自身所面临风险的一种方法。

2.2

**财产保险 property insurance**

以财产及其有关利益为保险标的的保险。

注:财产保险包括财产损失保险、责任保险、信用保险、保证保险等。

2.3

**人身保险 personal insurance**

以人的寿命和身体为保险标的的保险。

注:人身保险包括人寿保险、健康保险、意外伤害保险、年金保险等。

2.4

**保险人 insurer**

与投保人订立保险合同,并按照合同约定承担赔偿或者给付保险金责任的保险公司。

2.5

**投保人 applicant;proposer**

与保险人订立保险合同,并按照保险合同负有支付保险费义务的人。

2.6

**被保险人 insured**

其财产或者人身受保险合同保障,享有保险金请求权的人。

注:投保人可以为被保险人。

2.7

**受益人 beneficiary**

人身保险合同中由被保险人或者投保人指定的享有保险金请求权的人。

2.8

**保单持有人 policy holder;policy owner**

依法享有保单利益请求权的保险合同当事人,包括投保人、被保险人或者受益人。

2.9

**保险经纪人 insurance broker**

**直接保险经纪 direct insurance broker**

基于投保人的利益，为投保人与保险人订立保险合同提供中介服务，并依法收取佣金的机构。

2.10

**再保险经纪人 reinsurance broker**

**再保险经纪公司**

在保险人和再保险人之间促成业务交易和提供顾问服务的中间人，并按约定收取佣金的中介机构。

2.11

**保险代理人 insurance agent**

根据保险公司的委托，向保险公司收取代理佣金，并在保险公司授权的范围内代为办理保险业务的机构或个人。

2.12

**保险公估人 loss adjuster**

受保险当事人的委托，专门从事保险标的或保险事故的评估、鉴定、勘验、估损或理算业务的机构。

2.13

**保险销售从业人员 insurance sales personnel**

为保险公司销售保险产品的人员。

注：包括保险公司的保险销售人员和保险代理机构的保险销售人员。

2.14

**投保 application**

机构或个人购买保险产品的过程。

2.15

**承保 approval；underwriting**

保险人接受投保人的投保申请，并与投保人订立保险合同的过程。

2.16

**强制保险 compulsory insurance**

**法定保险**

根据国家颁布的有关法律和法规，在规定范围内的机构或个人必须投保的保险。

2.17

**自愿保险 voluntary insurance**

保险当事人在平等互利、等价有偿的原则基础上协商一致，完全自愿订立保险合同，建立保险关系的保险。

2.18

**相互保险 mutual insurance**

具有同质风险保障需求的机构或个人，通过订立合同成为会员，并缴纳保费形成互助基金，由该基金对合同约定的事故发生所造成的损失承担赔偿责任，或者当被保险人死亡、伤残、疾病或者达到合同约定的年龄、期限等条件时承担给付保险金责任的保险活动。

2.19

**主险 main coverage**

**基本险 basic policy**

可单独投保的保险产品。

2.20

**附加险　additional coverage**

附加于主险或基本险的保险产品。

注：附加险不可单独投保。

2.21

**保险合同　insurance contract**

投保人与保险人约定保险权利义务关系的协议。

2.22

**保险标的　subject of insurance;subject matter insured**

作为保险对象的财产及其有关利益或者人的寿命和身体。

2.23

**保险期间　policy period;policy term;period of insurance**

**保险期限　insurance period**

保险责任的起讫期间。

注：在此期间内保险人对发生的保险事故承担保险赔付义务。

2.24

**保险责任　coverage**

保险合同中约定的保险人向被保险人提供保险保障的范围。

2.25

**责任免除　exclusion**

保险合同中约定的，保险人不承担或者限制承担的责任范围。

2.26

**保险金额　sum insured;sum assured**

**保额　amount insured**

保险人承担赔偿或者给付保险金责任的最高限额。

注：保险金额是投保人对保险标的的风险保障设定的投保金额，是保险人计算收取保险费的基础。

2.27

**保险费率　premium rate**

应交纳保险费与保险金额的比率。

2.28

**保险费　premium**

**保费**

投保人按保险合同约定向保险人支付的费用。

2.29

**保险金　insurance benefit**

保险事故发生后，保险人根据保险合同的约定的方式、数额或标准，向被保险人或受益人赔偿或给付的金额。

2.30

**免赔额　deductible**

保险合同中约定的，保险人不负赔偿责任的、由被保险人自行承担损失的数额。

2.31

**保险利益　interest insured**

**可保利益　insurable interest**

投保人或者被保险人对保险标的具有的法律上承认的利益。

2.32

**共同保险　coinsurance**

共保

投保人对同一保险标的、同一保险利益、同一保险事故分别与两个以上保险人订立保险合同，各保险人按照约定承担各自份额内的赔付责任，且保险金额总和没有超过保险价值的保险。

2.33

**重复保险　double insurance；overlapping insurance；multiple insurance**

投保人对同一保险标的、同一保险利益、同一保险事故分别向两个以上的保险人订立保险合同，且保险金额总和超过保险价值的保险。

2.34

**保险价值　insurable value**

保险标的具有法律上承认利益的货币表现形式。

注：保险价值是保险事故发生时保险人计算保险赔偿金的标准或依据。

2.35

**定值保险　valued policy**

保险合同当事人在保险合同中约定保险标的的保险价值，并且约定的保险价值不会随时间、空间的改变而发生变化的保险。

2.36

**不定值保险　unvalued policy**

保险合同当事人在保险合同中未约定保险标的的保险价值的保险，或者保险合同中约定的保险价值随着时间、空间的改变而发生变化的保险。

## 3　保险产品术语

### 3.1　财产保险产品术语

3.1.1

**企业财产保险　commercial property insurance**

以机构或团体所有、占有或负有保管义务的位于指定地点的财产及其有关利益为保险标的的财产保险。

3.1.2

**家庭财产保险　household property insurance**

以个人所有、占有或负有保管义务的位于指定地点的财产及其有关利益为保险标的的财产保险。

3.1.3

**营业中断保险　business interruption insurance**

以被保险人因停产、停业或经营受影响而面临的预期利润的损失及必要的费用支出为保险标的的财产保险。

3.1.4

**机器损坏保险　machinery breakdown insurance**

以各类已安装完毕并投入运行的机器及其附属设备为保险标的财产保险。

3.1.5

**虚拟财产保险　virtual property insurance**

以电磁记录为存在形态的具有使用价值和价值的虚拟物品之损失风险的保险。

## 3.2 运输工具保险产品术语

3.2.1

**运输工具保险　vehicle insurance**

以运输工具及其造成的赔偿责任为保险标的的保险。

3.2.2

**机动车保险　automobile insurance**

以机动车本身及其造成的赔偿责任为保险标的的运输工具保险。

3.2.3

**船舶保险　hull insurance**

以船舶、船舶属具和水上装置及其碰撞造成的赔偿责任为保险标的的运输工具保险。

3.2.4

**飞机保险　aircraft insurance**

以飞机机身及其造成的对机上人员、空中或地面第三方人员的赔偿责任为保险标的的运输工具保险。

3.2.5

**航空保险　aviation insurance**

以飞机机身、航空运输、航空活动和航空产品及其造成的赔偿责任为保险标的的运输工具保险。

## 3.3 货物运输保险产品术语

3.3.1

**货物运输保险　cargo insurance**

以运输途中的货物为保险标的的保险。

3.3.2

**海上货物运输保险　marine cargo insurance**

以通过海上及与其运程相关的运输方式运输的货物为保险标的的货物运输保险。

3.3.3

**陆上货物运输保险　inland transit insurance**

以通过汽车、火车等陆上运输工具运输的货物为保险标的的货物运输保险。

3.3.4

**水路货物运输保险　waterway cargo insurance**

以在国内江、河、湖泊和沿海经水路运输的货物为保险标的的货物运输保险。

3.3.5

**航空货物运输保险　air cargo insurance**

以通过航空运输方式运输的货物为保险标的的货物运输保险。

3.3.6

**联运保险　multi-modal transportation insurance; combined transport insurance**

以通过两种或两种以上运输方式运输的货物为保险标的的货物运输保险。

## 3.4 工程保险产品术语

3.4.1

**工程保险　engineering insurance; project insurance**

以工程项目中的财产及其赔偿责任为保险标的的保险。

3.4.2

**建筑工程保险　construction insurance**

以在建工程的主体在整个工程建设期内，发生的与工程相关的物质损失、费用损失和赔偿责任为保险标的的工程保险。

3.4.3

**安装工程保险　erection insurance**

以各种机器设备在安装、调试期间内，发生的与机器设备相关的物质损失、费用损失和赔偿责任为保险标的的工程保险。

## 3.5　特殊风险保险产品术语

3.5.1

**特殊风险保险　special risk insurance**

为航空、航天、核电站和陆上及海洋石油开发等特殊行业设计的保险。

3.5.2

**航天保险　space insurance**

以卫星、航天飞机和运载火箭等航天产品在发射前的制造、运输、安装过程、发射时和发射后的轨道运行状况、使用寿命为保险标的的保险。

3.5.3

**核保险　nuclear insurance**

以核电站主体及配套设施在建设、运输和运行过程中有关财产、责任和利益为保险标的的保险。

3.5.4

**石油保险　oil exploration and development insurance**

以石油开采过程中的有关财产、利益、责任和费用等为保险标的的保险。

## 3.6　责任保险产品术语

3.6.1

**责任保险　liability insurance**

以被保险人对第三者依法应负的赔偿责任为保险标的的保险。

3.6.2

**公众责任保险　public liability insurance**

以被保险人在约定的地点范围内进行生产、经营或相关活动时，对因发生意外事故造成第三者人身伤亡或财产损失的赔偿责任为保险标的的责任保险。

3.6.3

**雇主责任保险　employer's liability insurance**

以被保险人对其所雇佣的员工在受雇期间从事相关工作时因意外事故或患职业病导致伤残、死亡的赔偿责任为保险标的的责任保险。

3.6.4

**产品责任保险　product liability insurance**

以被保险人所生产、出售、加工、经销和弃置产品或商品，或被保险人完成的工作，在承保区域内造成事故，导致使用、消费该产品或商品的人或其他人的人身伤害、疾病、死亡或财产损失的赔偿责任为保险标的的责任保险。

3.6.5

**职业责任保险　professional liability insurance;professional indemnity insurance**

以各种专业技术人员在从事职业技术工作时因疏忽或过失所导致的对他人的赔偿责任为保险标的的责任保险。

3.6.6

**个人责任保险　personal liability insurance**

以个人及其家庭成员因过失造成第三者人身伤害或财产损失依法应承担的赔偿责任为保险标的的责任保险。

3.6.7

**环境污染责任保险　environmental pollution liability insurance**

以被保险人因其污染环境致使第三者遭受损害,应当承担的赔偿或治理责任为保险标的的责任保险。

3.6.8

**机动车交通事故责任强制保险　compulsory automobile liability insurance**

由保险公司对被保险机动车发生道路交通事故造成本车人员、被保险人以外的受害人的人身伤亡、财产损失,在责任限额内予以赔偿的强制保险。

## 3.7　信用保险产品术语

3.7.1

**信用保险　credit insurance**

以债权人因债务人不能偿付或拒绝偿付债务而遭受的经济损失为保险标的的保险。

3.7.2

**商业信用保险　commercial credit insurance**

以商业活动中债权人因债务人未如期偿还借贷或赊欠的款项而遭受的经济损失为保险标的的信用保险。

3.7.3

**出口信用保险　export credit insurance**

以国际贸易活动中国内出口商在经营出口业务过程中因进口商方面的商业原因或进口国方面的政治原因而遭受经济损失为保险标的的信用保险。

3.7.4

**短期出口信用保险　short-term export credit insurance**

以信用期在1年以内(含1年)的出口收汇风险为保险标的的出口信用保险。

3.7.5

**中长期出口信用保险　medium and long-term export credit insurance**

以信用期在1年以上(不含1年),最长可至10年～20年的出口收汇风险为保险标的的出口信用保险。

3.7.6

**买方信贷保险　buyer's credit insurance**

以买方信贷融资方式下,放款银行因进口方或进口方银行不还款而遭受的经济损失为保险标的的信用保险。

3.7.7

**卖方信贷保险　supplier's credit insurance**

**出口延付合同保险**

以卖方信贷融资方式下,出口方因政治风险或商业风险而遭受的经济损失为保险标的的信用保险。

3.7.8

**海外投资保险　overseas investment insurance**

以海外投资面临的风险可能造成的经济损失为保险标的的保险。

3.7.9

**国内贸易信用保险　domestic trade credit insurance**

**国内信用险**

以国内买卖双方在交易过程中由于买方原因造成卖方无法收回货款而遭受的经济损失为保险标的的信用保险。

## 3.8　保证保险产品术语

3.8.1

**保证保险　bonds;bonding insurance**

以一方(权利人)因第三方(被保证人)未履行义务或不诚实行为而遭受的经济损失为标的的保险。

注：保险公司开办的一种性质上有别于传统保险的有偿担保型业务。

3.8.2

**确实保证保险　surety bond**

以权利人因被保证人未履行约定义务而遭受的经济损失为标的的保险。

3.8.3

**诚实保证保险　fidelity bond;fidelity guarantee**

以特定人员的不诚实或欺诈行为致使被保证人遭受的经济损失为标的的保险。

注：实务中最常见的是承保雇主因雇员的不诚实或欺诈行为而遭受经济损失的雇员忠诚保险。

3.8.4

**工程履约保证保险　performance bond**

以权利人(工程项目业主)因被保证人(承包商)未按工程合同约定完成工程项目建设而遭受的经济损失为标的的保险。

3.8.5

**贷款保证保险　loan repayment bond**

以借款方(被保证人)不能按贷款合同约定的期限偿还所欠款项导致的贷款方(权利人)经济损失为标的的保险。

3.8.6

**产品质量保证保险　product guarantee insurance**

以被保险人生产或销售的产品未能达到其承诺的质量而须对产品进行修理、修改、更换等处理所发生的合理费用为保险标的的保险。

## 3.9　农业保险产品术语

3.9.1

**农业保险　agriculture insurance**

由保险机构经营,对农业产业在生产过程中因遭受约定的自然灾害、事故或者疫病所造成的经济损失承担赔偿保险金责任的保险。

3.9.2

**长效储金型农业保险　saving-style agriculture insurance**

保险期限一般在3年以上,投保人投保时交纳一定数额的储金,以储金的利息作为保费的农业保险。

3.9.3

**成本型农业保险　input agriculture insurance**

以农业生产成本确定保险金额的农业保险。

3.9.4

**产量(产值)型农业保险　output agriculture insurance**

以农业产品产出量(产出价值)确定保险金额的农业保险。

3.9.5

**种植业保险　plant insurance**

以农作物及森林为保险标的的农业保险。

注：保险人对在生产过程中因约定的灾害事故造成的经济损失承担赔偿责任。

3.9.6

**生长期农作物保险　grow-period crop insurance**

以生长期农作物为保险标的的农业保险。

注：保险人对因约定的灾害事故造成的收获量价值或生产费用(成本)损失承担赔偿责任。

3.9.7

**收获期农作物保险　harvest crop insurance**

**收获期保险　insurance for harvesting period**

以收获期农作物为保险标的的农业保险。

注：保险人对因约定的灾害事故造成的损失承担赔偿责任的农业保险。

3.9.8

**林木保险　forestry insurance**

以天然林场和人工林场的林木为保险标的的农业保险。

注：保险人对林木生长期间因约定的灾害事故造成的林木价值或营林生产费用损失承担赔偿责任。

3.9.9

**园林苗圃保险　nursery garden insurance**

以生长中的各种经济林种为保险标的的农业保险。

注：保险人对因约定的灾害事故所造成的损失承担赔偿责任。

3.9.10

**养殖业保险　livestock and aquiculture insurance**

以饲养的畜、禽和水生动物等为保险标的的农业保险。

注：保险人对在养殖过程中发生约定的灾害事故造成的经济损失承担赔偿责任。

3.9.11

**牲畜保险　livestock insurance**

以役用、乳用、肉用和种用的大牲畜为保险标的的农业保险。

注：保险人对在饲养使役期间因约定的牲畜疾病或意外灾害引起的死亡、伤残所造成的经济损失承担保险责任。

3.9.12

**家畜家禽保险　fowl insurance**

以商品性生产的猪、羊、兔等家畜和鸡、鸭、鹅等家禽为保险标的的保险。

注：保险人对约定的自然灾害和意外事故引起的家畜、家禽在饲养期间的死亡所造成的经济损失承担保险责任。

3.9.13

**水产养殖保险　aquiculture insurance**

以水产养殖产品为保险标的的农业保险。

3.9.14

**涉农保险　agriculture related insurance**

除农业保险以外，其他为农业、农村、农民直接提供保险保障的保险。

注：包括涉及农用机械、农用设备、农用设施、农房等农业生产生活资料，以及农产品储藏和运输、农产品初级加工、农业信贷、农产品销售等活动的财产保险，以及涉及农民的寿命和身体等方面的人身保险。

3.9.15

**政策性农业保险　policy oriented agricultural insurance**

政府给予财政补贴等政策扶持的农业保险。

3.9.16

**商业性农业保险　commercial agricultural insurance**

保险公司与农业生产者直接签订商业保险合同，按商业模式经营的的农业保险。

3.9.17

**农机保险　agricultural machinery insurance**

以农用机械为保险标的的农业保险。

3.9.18

**农房保险　farm building insurance**

以农民生活住房及农业生产用房为保险标的的农业保险。

3.9.19

**渔船保险　fishing boat insurance**

以渔船为保险标的的农业保险。

注：渔船分为远洋捕捞渔用机动船和近海及内陆渔用机动船。

3.9.20

**粮食作物保险　grain crop insurance**

以生长期的粮食作物为保险标的的农业保险。

3.9.21

**经济作物保险　commercial crop insurance**

以生长期的经济作物为保险标的的农业保险。

3.9.22

**蔬菜园艺作物保险　vegetable and horticultural insurance**

以生长期的蔬菜和园艺作物为保险标的的农业保险。

3.9.23

**水果及果树保险　orchard insurance**

以生长期的水果和果树为保险标的的农业保险。

3.9.24

**绿肥牧草作物保险　forage grass insurance；grassland insurance**

以苜蓿、草木樨等绿肥牧草作物为保险标的的农业保险。

3.9.25

**制种作物保险　seedling crop insurance**

以繁育种植资源为生产目的的作物为保险标的的农业保险。

3.9.26

**温室大棚作物保险　greenhouse insurance**

以温室大棚及在温室大棚内种植的作物为保险标的的农业保险。

3.9.27

**大牲畜保险　insurance for heavy livestock**

以大牲畜为保险标的的农业保险。

3.9.28

**小牲畜保险　insurance for small livestock**

以小牲畜为保险标的的农业保险。

3.9.29

**家禽保险　poultry insurance**

以家禽为保险标的的农业保险。

3.9.30

**特种养殖保险　insurance for special animals**

以特种养殖动物为保险标的的农业保险。

## 3.10　人寿保险产品术语

3.10.1

**人寿保险　life insurance;life assurance**

以人的寿命为保险标的的人身保险。

注：包括定期寿险、终身寿险、两全保险等。

3.10.2

**定期寿险　term life insurance**

以被保险人死亡为给付保险金条件，且保险期间为固定年限的人寿保险。

3.10.3

**终身寿险　whole life insurance**

以被保险人死亡为给付保险金条件，且保险期限为终身的人寿保险。

3.10.4

**两全保险　endowment insurance**

既包含以被保险人死亡为给付保险金条件，又包含以被保险人生存为给付保险金条件的人寿保险。

3.10.5

**分红保险　participating insurance**

保险公司将其实际经营成果优于评估假设的盈余部分，按一定比例向保单持有人进行分配的人身保险。

3.10.6

**万能保险　universal life insurance**

具有保险保障功能并设立有单独保单账户，且保单账户价值提供最低收益保证的人身保险。

3.10.7

**投资连结保险　unit-linked insurance**

具有保险保障功能并至少在一个投资账户拥有一定资产价值，而不保证最低收益的人身保险。

## 3.11　年金保险产品术语

3.11.1

**年金保险　annuity insurance**

以被保险人生存为给付保险金条件，并按约定的时间间隔分期给付生存保险金的人身保险。

3.11.2

**养老年金保险　pension annuity insurance**

以养老保障为目的的年金保险。

注：保险合同约定给付被保险人生存保险金的年龄不得小于国家规定的退休年龄，相邻两次给付的时间间隔不得超过一年。

## 3.12　意外伤害保险产品术语

3.12.1

**意外伤害保险　accident death and dismemberment insurance; personal accident**

以被保险人因意外事故而导致身故、残疾或者发生保险合同约定的其他事故为给付保险金条件的人身保险。

## 3.13　健康保险产品术语

3.13.1

**健康保险　health insurance**

以因健康原因导致损失为给付保险金条件的人身保险。

注：包括疾病保险、医疗保险、失能收入损失保险、护理保险等。

3.13.2

**疾病保险　disease insurance**

以保险合同约定的疾病发生为给付保险金条件的健康保险。

3.13.3

**医疗保险　medical insurance**

以保险合同约定的医疗行为发生为给付保险金条件，按约定对被保险人接受诊疗期间的医疗费用支出提供保障的健康保险。

3.13.4

**失能收入损失保险　disability income insurance**

收入保障保险　income protection insurance

以因保险合同约定的疾病或者意外伤害导致工作能力丧失为给付保险金条件，按约定对被保险人在一定时期内收入减少或者中断提供保障的健康保险。

3.13.5

**护理保险　health care insurance**

以因保险合同约定的日常生活能力障碍引发护理需要为给付保险金条件，按约定对被保险人的护理支出提供保障的健康保险。

# 4　投保和承保术语

## 4.1　投保术语

4.1.1

**连带被保险人　joint insured**

**附加被保险人　additional insured**

保险合同中约定的、受保险合同保障的，处于从属地位的被保险人。

4.1.2

**告知　disclosure；representation**

投保人在订立保险合同时将与保险标的或被保险人有关的重要事实以口头或书面的形式向保险人作陈述的行为。

4.1.3

**投保单　application form**

投保人为订立保险合同而向保险人提出要约的书面申请。

4.1.4

**保险建议书　insurance proposal**

说明保险产品的主要特征、相关服务和价格的文件。

### 4.2 核保术语

#### 4.2.1 一般概念

4.2.1.1

**核保　underwriting**

保险人在掌握保险标的的重要事实的基础上，对风险进行评估与分类，进而决定是否承保、以何种条件承保的过程。

4.2.1.2

**可保风险　insurable risk**

适合运用保险的方式来管理或转移的一类风险。

注：一般须具备损失事件为随机发生、损失原因可判别、损失程度可计算、能够收取充足的保险费等基本特点。

4.2.1.3

**逆选择　adverse selection；anti-selection**

投保人所作的不利于保险人的选择。

4.2.1.4

**核保权限　underwriting authority**

一个核保人可不经过更高一级核保人批准即可作出核保决定的业务范围。

4.2.1.5

**核保指南　underwriting guide**

**核保指引　underwriting guideline**

由保险公司制定、核保人依此对投保标的进行分析以作出接受、有条件接受或拒绝该投保项目决定的一整套作业规则。

#### 4.2.2 财产保险核保

4.2.2.1

**危险单位　risk unit**

一次保险事故可能造成的最大损失范围。

4.2.2.2

**期内索赔式　claim-made basis**

**索赔发生式**

不论何时发生致害事件，受害的第三方因该事件向被保险人依法提出损害赔偿的时点须在保险期限内。

注：责任保险确定保险责任适用性的方式包括期内索赔式和期内发生式。

4.2.2.3

**期内发生式 occurrence basis**

**事故发生式**

对受害第三方向被保险人依法提出损害赔偿要求的时间没有限制，但规定导致第三方受害的致害事件须发生在保险期限内。

注：责任保险确定保险责任适用性的方式包括期内索赔式和期内发生式。

## 4.2.3 人身保险核保

4.2.3.1

**寿险核保 life underwriting**

保险人对投保人和被保险人的身体状况、职业、经济能力和投保动机等因素进行危险程度评估的核保过程。

4.2.3.2

**体检 medical examination**

由与保险人签约或保险人认可的医疗机构或医疗从业者对被保险人身体健康状况进行检查的行为。

4.2.3.3

**免体检限额 non-medical limit**

保险人根据被保险人所在的地区及年龄段，确定的一个免体检保额上限（针对累计寿险保额或累计重疾保额）

注：在投保申请过程中某个地区某个年龄段的被保险人，累计寿险保额或累计重疾保额超过免体检限额，保险人可要求被保险人体检。

4.2.3.4

**生存调查 living investigation**

保险人为了确认是否可以承保或应以何种条件承保，而对被保险人或潜在的被保险人进行的调查。

注：也包括对领取年金或养老金后的被保险人进行的调查。

4.2.3.5

**医学核保 medical underwriting**

保险人获取被保险人身体健康状况的基本信息，从而评估被保险人是否达到保险合同所需的健康标准的过程。

4.2.3.6

**财务核保 financial underwriting**

保险人根据被保险人以及投保人的收入水平和既有财产情况考察投保人是否过度投保，是否具有保费交纳能力，从而防范道德风险和逆选择发生的过程。

4.2.3.7

**生活方式核保 lifestyle underwriting**

保险人对被保险人的生活习惯、嗜好等进行评估，以决定是否承保和以何种条件承保的过程。

4.2.3.8

**职业核保 occupation underwriting**

保险人对被保险人的职业风险情况进行评估，以决定是否承保和以何种条件承保的过程。

4.2.3.9

**团体核保 group underwriting**

保险人对被保人群的职业风险、身体状况、经济能力、投保动机进行评估，以决定是否承保和以何种条件承保的过程。

4.2.3.10

**日常生活能力　activities of daily living;ADLs**

被保险人一般情况下不需要协助就可完成的日常基本活动的能力。

注：日常生活能力包括下列六项活动能力：

——进食:在食物已经准备好的情况下,自己进食的能力；

——洗澡:沐浴或以任何其他方式清洗身体的能力；

——更衣:穿脱、扣紧或解开所穿衣物,以及脱戴义肢及其他医疗辅助器具的能力；

——移动:从床上移动至座椅、轮椅或其他替代器械上的能力；

——步行:在室内从房间到房间之间的平地行走能力；

——如厕:独立使用厕所和控制大小便的能力。

4.2.3.11

**健康　health**

被保险人身体上、精神上和社会上的完满状态,而不只是没有疾病或虚弱的状态。

4.2.3.12

**健康风险评估　health risk assessment**

对个体未来发生某种特定疾病、或因为某种特定疾病导致死亡的可能性的估计。

4.2.3.13

**绝对患病风险　absolute disease risk**

个体在当时的健康状况下,未来一定时间内发生特定疾病或症状的可能性。

4.2.3.14

**相对患病风险　relative disease risk**

个体的绝对患病风险与同地区的相同年龄和性别的人群的平均风险水平相比所处的风险等级水平。

4.2.3.15

**可干预患病风险　modifiable disease risk**

个体具有的可干预的健康危险因素造成的,未来一定时间内发生特定疾病或症状的可能性。

4.2.3.16

**不可干预患病风险　unmodifiable disease risk**

个体具有的不可干预的健康危险因素造成的,未来一定时间内发生特定疾病或症状的可能性。

4.2.3.17

**患病风险概率　disease risk probability**

个体在未来一定时间内发生特定疾病或症状的可能性。

4.2.3.18

**健康危险因素　health risk factor**

用于评价个体健康状况和健康风险的具体行为方式和生物学指标。

4.2.3.19

**不可干预健康危险因素　unmodifiable health risk factor**

个体具有的不能通过人为干预来改变的健康危险因素。

示例:遗传家族史、年龄和性别等。

4.2.3.20

**人群健康风险分组　population health risk stratification**

根据一定的标准或原则将目标人群按照其包括的不同个体所具有的健康风险水平的高低进行有序分组的方法或过程。

4.2.3.21

**既往健康情况　pre-existing condition**

**既往症　past history;anamnesis**

**健康史　health history**

被保险人在投保之前已患的已知或应该知道的有关疾病或症状。

4.2.3.22

**可保性证明　evidence of insurability**

投保人向保险人提供的足以影响保险人是否承保的书面陈述或相关证明。

注：包括健康证明、财务证明等。

4.2.3.23

**标准体　standard risk**

无需增加保费或特殊限制即可以标准费率承保的人群。

4.2.3.24

**次标准体　substandard risk**

**非标准体**

风险程度高于标准体,需要提高费率或以附加条件来承保的人群。

4.2.3.25

**拒保体　uninsurable risk**

保险标的的风险程度明显高于承保群体,保险人不能承保的人群。

4.2.3.26

**高残率　totally permanent disability rate**

符合保险合同规定的高残定义的人员数占观察对象总人数的比率。

4.2.3.27

**生存率　survival rate**

一定年龄的静止人群中,满一年后仍能生存的人口比率。

## 4.3　确定保额术语

### 4.3.1　一般概念

4.3.1.1

**赔偿限额　limit of indemnity**

保险合同中约定的,当保险事故发生后,保险人所承担的赔偿金额上限。

4.3.1.2

**累计赔偿限额　aggregate limit of indemnity**

保险合同中约定的,保险人在整个保险期限内对所有保险事故引起的损失所承担的赔偿金额上限。

4.3.1.3

**每案赔偿限额　limit per claim**

保险合同中约定的,保险人对每次索赔所承担的赔偿金额上限。

4.3.1.4

**每次事故赔偿限额　limit per accident;per accident limit**

保险合同中约定的,保险人对一次事故引起的索赔承担赔偿或给付保险金责任的赔偿金额上限。

4.3.1.5

**每次损失赔偿限额　limit per loss**

保险合同中约定的,保险人对每次损失所承担的赔偿金额上限。

4.3.1.6

**每人每次事故赔偿限额　limit per person per accident**

保险合同中约定的,保险人对每次保险事故中每个人所承担的赔偿金额上限。

4.3.1.7

**信用限额　credit limit**

信用保险中保险人承诺对保险单项下某一特定买方或银行在特定支付条件下的信用风险承担赔偿责任的赔偿金额上限。

4.3.1.8

**每案免赔额　deductible per claim**

保险合同中约定的,在每次索赔中被保险人需自己承担损失的最低金额。

4.3.1.9

**每次事故免赔额　deductible per accident**

保险合同中约定的,在每次保险事故中被保险人需自己承担损失的最低金额。

4.3.1.10

**每次损失免赔额　deductible per loss**

保险合同中约定的,在每次损失中被保险人需自己承担损失的最低金额。

4.3.1.11

**免赔率　deductible ratio**

保险合同中约定的,免赔金额与被保险人遭受的损失金额的比率。

4.3.1.12

**责任限额　limit of indemnity**

在责任保险中,保险人承担赔偿或者给付保险金责任的最高限额。

## 4.3.2　财产保险确定保额

4.3.2.1

**足额保险　full insurance**

保险金额等于保险价值的保险。

4.3.2.2

**不足额保险　under-insurance**

保险金额低于保险价值的保险。

4.3.2.3

**超额保险　over-insurance**

保险金额超过保险价值的保险。

4.3.2.4

**定额保险　fixed-sum insurance**

保险合同当事人在合同订立时确定保险金额的保险。

4.3.2.5

**不定额保险　unfixed-sum insurance**

保险合同当事人在合同订立时不确定保险金额的保险。

4.3.2.6

**重置价值　replacement value**

采用相同类型和质量的材料及工艺过程替换或重建受损保险标的,以使其达到但不超过保险事故发生前物理状态和性能程度所发生的费用。

4.3.2.7

**重置价值保险　replacement value insurance**

以重置价值确定保险标的价值的保险。

4.3.2.8

**其他商业风险赔偿比例　other business refuse rate**

信用保险中商业风险范畴内,除买方拒收风险之外其他风险发生时的保单约定赔偿比例。

4.3.2.9

**商业风险买方拒收赔偿比例　business refuse rate**

信用保险中商业风险范畴内,买方拒收风险发生时的保单约定赔偿比例。

### 4.3.3　人身保险确定保额

4.3.3.1

**基本保险金额　basic sum insured**

保险合同条款费率表中载明的单位保额。

4.3.3.2

**累计最高给付天数　maximum benefit period**

在保险合同中约定的,保险人对被保险人单次住院给付保险金的最多天数,或每一保单年度的最多给付天数。

4.3.3.3

**等待期　waiting period**

**免责期**

**观察期**

从保险合同生效日或最后一次复效日开始,至保险人具有保险金赔偿或给付责任之日的一段时间。

4.3.3.4

**生存期　surviving period**

在重大疾病保险中,从被保险人被确诊患重大疾病当天开始,到其具有重大疾病保险金给付请求权之日的一段时间。

## 4.4　计算保费术语

### 4.4.1　一般概念

4.4.1.1

**额外保险费　extra premium;additional premium**

**保单加费　premium loading**

保险人对接受的非标准风险,为了使保险费水平与风险水平相一致,在基础保费上又额外增加的保费。

4.4.1.2

**保单折扣　premium discount**

保险人根据保险标的的风险情况,对符合条件的保险合同给予的保费扣减。

4.4.1.3

**无赔款优待　no claim discount**

被保险人或保险标的在一定期限内无赔款,在续保时可享受的保险费折扣。

4.4.1.4

**交费通知　premium notice**

保险人在保费应交日之前或宽限期结束前向投保人发出的提醒其交费的告知书。

4.4.1.5

**保险费约定支付日　premium due date**

按保险合同生效日与保险合同中约定的交费周期计算出的应交纳保险费的日期,或是保险合同当事人在合同中约定的交纳保险费的日期。

4.4.1.6

**应收保费　premium receivable**

按保险合同约定的保费应交日已至,保险人按照合同约定应向投保人收取但尚未收到的保费。

4.4.1.7

**预收保费　advance premium**

**暂收保费**

保险人在保险合同生效前或续期保费应交日前向投保人预收的保险费。

4.4.1.8

**保费交付　premium payment**

**保费支付**

投保人根据保险合同的约定,向保险人支付保险费的行为。

4.4.1.9

**保费退还　premium refund**

在保险合同犹豫期内,由投保人申请,经保险人审核同意后退还部分或全部实收保费的行为。

4.4.1.10

**健康加费　extra health premium**

由于被保险人身体的健康原因,保险人因承担更多的风险而需要多收取的保费。

4.4.1.11

**职业加费　extra occupation-related premium**

由于被保险人的职业原因,保险人因承担更多的风险而需要多收的保费。

4.4.1.12

**其他加费　other extra premium**

因健康、职业以外的其他原因导致的加费。

4.4.1.13

**终止交费年度　last premium payment year**

保险合同约定的最后交费的年度。

4.4.1.14

**首期保费　initial premium**

分期形式交付保险费的保险产品中,投保人在交费期间内按规定交纳的第一期保费。

### 4.4.2　人身保险计算保费

4.4.2.1

**交费方式　premium payment method**

保险合同中约定的交纳保费的周期。

注:包括趸交、月交、季交、半年交、年交、不定期交费等。

4.4.2.2

**交费期间　premium payment period**

保险合同中约定的交纳保险费的时间段。

4.4.2.3

**趸交保费　single premium;lump-sum premium**

投保人按保险合同约定一次性交清的保险费。

4.4.2.4

**期交保费　regular premium**

投保人按保险合同约定分次交纳的保险费。

4.4.2.5

**不定期交费　irregular payment**

在保险合同中,不限定投保人具体交费日期的交费方式。

4.4.2.6

**追溯期　retroactive period**

期内索赔式责任保险中,保险合同当事人在保险合同中约定的从保险责任起始日向前追溯的一段时间。保险人对此期间发生且在保险期限内首次提出索赔的致害事件承担保险责任。

4.4.2.7

**发现期　discovery period**

**报告期　report period**

期内发生式责任保险中,保险合同当事人在保险合同中约定的从保险责任终止日往后延续的一段时间。保险人对此期间报告的但发生在保险期限内的致害事件承担保险责任。

4.4.2.8

**续期保费　subsequent installment premium**

以分期形式交付保险费的投保人,在交费期间内交纳的第二期及以后各期的保险费。

4.4.2.9

**期交基本保险费　regular basic premium**

在投资连结保险或万能保险合同中约定的投保人每一期交纳的保险费。

4.4.2.10

**额外保费　top up premium**

**追加保险费**

在投资连结保险或万能保险合同中约定的投保人可交纳的高于期交基本保险费部分的保险费。

4.4.2.11

**宽限期　grace period**

保险人对投保人未按时交纳续期保费所给予的宽限时间。

4.4.2.12

**保费自动垫交　automatic premium loan**

投保人在宽限期结束时仍未交纳保费,保险人根据投保人的选择,用保单现金价值垫付保费,使保险合同保持有效的行为。

4.4.2.13

**保费豁免　waiver of premium**

在保险合同约定的特定事项发生后,保险人不再向投保人收取以后的保险费、而保险合同继续有效的行为。

4.4.2.14

**垫交保费　loan premium**

投保人在宽限期结束时仍未交纳保费，保险人依据与投保人的约定用保单现金价值垫付的保费。

## 4.5　承保术语

4.5.1

**标准承保　standard underwriting**

保险人对于属于标准风险类别的保险标的按照标准费率承保的行为。

4.5.2

**附加条件承保　provisional underwriting**

保险人对于不属于标准风险类别的保险标的附加一定条件承保的行为。

4.5.3

**异地承保　underwriting risks outside the licensed territory**

保险人对于在其经营区域以外的保险标的单独进行承保的行为。

4.5.4

**拒保　decline**

保险人拒绝接受投保人投保申请的行为。

4.5.5

**延期　postponement**

保险人对投保人的投保申请暂时不予承保的行为。

# 5　保险合同管理术语

## 5.1　合同种类

### 5.1.1　一般概念

5.1.1.1

**单一危险保险合同　single peril insurance contract**

保险人只对某一种危险造成的损失承担保险责任的保险合同。

5.1.1.2

**多种危险保险合同　multiple perils insurance contract**

保险人对多种危险造成的损失承担保险责任的保险合同。

5.1.1.3

**特定危险保险合同　specified perils insurance contract**

保险人对特定的某一种或者多种危险造成的损失承担保险责任的保险合同。

5.1.1.4

**一切险保险合同　all risks contract**

在保险人可承保风险的范围内，承担列明的责任免除(除外责任)之外所有可承保风险造成的损失，而没有约定可承保风险具体名称的一种保险合同。

注：一切险并非是无限承担责任免除条款之外的所有风险，“一切险”仅是一个保险产品的形象名称。

5.1.1.5

**总括保险合同　blanket insurance contract**

保险人对一定标准所限定范围内的、泛指的而不是特定的某种保险利益或保险标的的损失承担保险责任的保险合同。

5.1.1.6

**长期保险合同　long-term insurance contract**

保险期限超过1年的保险合同。

5.1.1.7

**短期保险合同　short-term insurance contract**

保险期限在1年及1年以内的保险合同。

### 5.1.2　财产保险合同术语

5.1.2.1

**财产保险合同　property insurance contract**

以财产及其有关利益作为保险标的的保险合同。

5.1.2.2

**补偿性保险合同　indemnity insurance contract**

保险合同当事人约定在保险事故发生后，保险人根据被保险人所遭受的实际损失给予补偿的保险合同。

5.1.2.3

**统括保单　master policy**

保险人对同一被保险人在不同地区的人身或财产进行统一承保的保险合同。

5.1.2.4

**开口保单　open cover；open policy**

预约保险单

保险人与投保人事先约定投保货物的范围、险别、保险条款、保险费率以及每批货物的最高保险金额等内容，但不约定保险总金额的保险合同。

### 5.1.3　人身保险合同术语

5.1.3.1

**人身保险合同　personal insurance contract**

以人的寿命和身体为保险标的的保险合同。

5.1.3.2

**给付性保险合同　benefit insurance contract**

保险合同当事人约定在保险事故发生后或约定期限届满时，保险人按照合同约定的保险金额给付保险金的保险合同。

5.1.3.3

**个人保险合同　individual insurance contract**

以个人为投保人，以投保人本人、投保人家庭成员或者与投保人具有保险利益的其他人为被保险人的保险合同。

5.1.3.4

**团体保险合同　group insurance contract**

以团体或自然人为投保人，以团体成员或者团体成员的家庭成员为被保险人的保险合同。

5.1.3.5

**联合保险合同　joint insurance contract**

**连生保险合同**

将存在利害关系的两个或两个以上的人视为一个被保险人的人身保险合同。

5.1.3.6

**总保单 master policy**

保险人对同一投保人在不同地区的团体成员进行统一承保的保险合同。

## 5.2 合同要素

5.2.1

**保险合同当事人 parties to an insurance contract**

保险合同中的投保人和保险人。

5.2.2

**保险合同关系人 privity to an insurance contract**

保险合同当事人之外的对于保险合同约定的利益享有独立请求权的人。

注：包括被保险人和受益人。

5.2.3

**保险合同主体 subject of insurance contract**

在保险合同中享有权利和承担义务的人。

注：包括保险合同的当事人及其关系人。

5.2.4

**保险合同客体 object of insurance contract**

投保人或被保险人在保险标的上所具有的法律上承认的保险利益。

5.2.5

**保险合同条款 clauses of insurance contract；policy wording；policy provisions**

保险合同中约定双方权利义务及其他有关事项的条款。

5.2.6

**保险合同基本条款 basic clause of insurance contract**

依法在保险合同中必须列入的条款。

5.2.7

**保险合同附加条款 supplemental clause of insurance contract**

在保险合同基本条款的基础上由保险合同当事人另行约定的条款。

5.2.8

**协会货物保险条款 institute cargo clauses**

由英国伦敦保险人协会根据实际需要而拟定发布的有关船舶和货运保险条款的总称，是当今国际保险市场水险方面通用的特约条款。

5.2.9

**特别约定 special terms and conditions**

由保险合同当事人就某些事项在保险合同中特别加以约定的附加条款。

## 5.3 合同文本

5.3.1

**保险单 policy**

**保单**

保险合同成立后，保险人向投保人签发的保险合同的正式书面凭证。

5.3.2

**标准保单 standard policy**

由保险人制定并经权威机构批准，具有统一格式与内容的通用的保险单。

5.3.3

**特制保单　tailor-made policy**

**非标准保单　non-standard policy**

**协议保单　agreement policy**

保险人根据业务需要和客户需求经协商一致制订的保险单。

5.3.4

**电子保单　electronic policy**

保险合同成立后，保险人以电子载体向投保人签发的保险合同的凭证。

5.3.5

**批单　endorsement**

保险人在保险单或者其他保险凭证上附贴的证明保险合同变更事项的文件。

5.3.6

**保险合同回执　insurance contract acknowledgement**

投保人以书面或其他有效方式确认已收到合同并了解合同条款的凭证。

## 5.4　合同管理

### 5.4.1　一般概念

5.4.1.1

**保险合同成立　establishment of insurance contract**

投保人提出保险要求，经保险人同意承保，并就合同内容达成一致的行为。

5.4.1.2

**保单签发　policy issue**

**出单　issuing polic**

保险人向投保人出具保单，表示保险合同成立的行为。

5.4.1.3

**保险合同生效　effectiveness of insurance contract**

依法成立的保险合同，根据法律规定或合同约定在保险合同当事人之间产生法律约束力。

5.4.1.4

**保险合同失效　inoperativeness of insurance contract;lapse of insurance contract**

生效后的保险合同因某种原因而失去其法律约束力。

5.4.1.5

**犹豫期　cooling-off period**

投保人收到保险合同并书面签收后仍然拥有撤销保险合同权利的一段时间。

5.4.1.6

**不可抗辩期　incontestable period**

从保险合同生效或复效经过一段时间后起始，至保险合同终止的期间。

注：在此期间内保险人不得以违反告知义务为理由解除保险合同。

5.4.1.7

**保险合同变更　insurance contract modification;policy change**

**批改　correcting**

在保险期限内，保险合同当事人依照法律规定的条件和程序，在协商一致的基础上，对保险合同进行修改的行为。

5.4.1.8

**变更申请　policy change application**

**批改申请　endorsement application**

在保险期限内,申请人向保险人提出的请求变更保险合同的申请。

5.4.1.9

**变更申请书　policy change application form**

**批改申请书　endorsement application form**

申请人签署的向保险人提出变更申请的书面文件。

5.4.1.10

**风险变更通知　notice of risk change**

在保险期限内,投保人或被保险人将保险标的危险程度增加或减少的情况以书面形式通知保险人的行为。

5.4.1.11

**职业变更　occupation change**

在保险期限内,当被保险人的职业发生变更时,保险人根据职业的危险程度变化,调整保险费率或保险金额的行为。

5.4.1.12

**退保　surrender**

在保险期限内,投保人向保险人要求解除保险合同的行为。

注:保险合同随之终止。

5.4.1.13

**退保金　surrender value**

在退保时,保险人返还给投保人或相关权益人的金额。

5.4.1.14

**退保费用　surrender charge**

在退保时,保险人根据保险合同的约定和合同已经生效的时间向投保人收取的费用。

注:一般包括营业费用、代理佣金以及保险人承担保险责任所收取的费用等。

5.4.1.15

**保险合同终止　termination of insurance contract**

因某种法定或合同约定事由的出现导致保险合同当事人的权利义务关系的结束。

5.4.1.16

**保险合同解除　policy termination**

**保单解除**

在保险期限内,保险当事人双方协商、或根据法律规定、或根据保险合同的约定行使解除权,使保险合同终止的行为。

5.4.1.17

**保单期满　policy expiration;policy maturity**

保险合同约定的合同期限届满。

注:保险人不再为此后发生的保险事故承担保险责任。

5.4.1.18

**续保　renewal**

在保单期满前,投保人和保险人双方约定以原合同承保条件或者以一定附加条件继续承保的行为。

5.4.1.19

**续保通知书　renewal notice**

在保单期满前，由保险人向投保人或被保险人发出的、提示其办理续保手续的通知书。

5.4.1.20

**保证续保　guaranteed renewable**

**保证更新　guaranteed continuable**

在保单期满前，只要投保人提出续保申请，保险人必须按照约定费率和原条款继续承保。

5.4.1.21

**保单起保时间　time of policy commencement**

保险人承担保险责任的开始时间。

5.4.1.22

**保单终止时间　time of policy termination**

保险人承担的保险责任结束的时间。

5.4.1.23

**短期费率　short term premium rate**

按年费率的一定百分比表示的、用于计算投保人短期承保或提前退保等情况时应收取的保费所使用的费率。

### 5.4.2　人身保险合同管理

5.4.2.1

**保险合同中止　insurance contract suspension**

由于投保人在保险合同约定的宽限期内未足额交纳续期保费，造成保险合同暂停履行。

5.4.2.2

**保险合同复效　insurance contract reinstatement**

保险合同中止后一定时间内，经保险人与投保人协商并达成协议，在投保人补交保险费后，保险合同效力恢复。

5.4.2.3

**复效保费　reinstatement premium**

投保人为复效已中止效力的保险合同而向保险人支付所欠的保险费。

5.4.2.4

**加保　sum assured increase**

在保险期限内，经投保人申请并提供可保证明，保险人同意增加保险金额的行为。

5.4.2.5

**减保　sum assured decrease**

**部分退保　partial surrender**

在保险期限内，经投保人申请，保险人同意降低保险金额，并退还部分保险费的行为。

5.4.2.6

**现金价值　cash value**

根据保险合同的约定，保单累积的实际价值。

5.4.2.7

**保单现金价值净额　net policy value**

保单现金价值扣除欠交保险费及其他欠款本息的净额。

5.4.2.8

**保单贷款　policy loan**

人寿保险中，保险人以保单现金价值作为担保向投保人提供贷款的行为。

5.4.2.9

**保单选择权　policy options**

在保险合同失效前，投保人享有的处置保单的权利。

5.4.2.10

**减额交清　reduced paid-up insurance**

投保人不能按合同约定交纳保费时，为保持原保险合同的保险责任、保险期限不变，将当时保单现金价值作为趸交保费，计算新的保险金额的一种保单处理方式。

5.4.2.11

**展期　extended insurance；extended term insurance**

投保人不能按合同约定交纳保费时，为保持原保险合同的保险金额不变，将当时保险合同保单现金价值作为趸交保费，计算新的保险期限的一种保单处理方式。

5.4.2.12

**保险合同转换　policy conversion**

**险种转换　insurance type conversion**

保险合同生效后，经保险人同意，投保人将原保险合同转换成同一家保险公司的其他保险合同的行为。

5.4.2.13

**保单转让　policy assignment**

保单持有人将保单的权益转让给他人的行为。

5.4.2.14

**保单账户　policy account**

保险人为投保人开立并与保险合同关联的，用于投保人交费、分红和保单资产管理等保单管理功能的账户。

5.4.2.15

**结算利率　crediting interest rate**

保险公司定期宣布的，用于计算保单账户中资产增值的利率。

5.4.2.16

**最低保证利率　minimum guaranteed interest rate**

**保证利率　guaranteed intrest rate**

保险合同中约定的，用于计算保单账户中资产增值额的最低利率。

5.4.2.17

**红利　dividend；bonus**

**保单红利　policy dividend**

保险公司根据实际经营成果优于评估假设的可分配盈余的一定比例向保单持有人分配的数额。

5.4.2.18

**红利选择权　dividend options**

现金红利分配方式下，可供保单持有人选择的红利领取方式。

注：包括现金、抵交保费、累积生息以及增额交清等。

5.4.2.19

**增额交清　paid-up additions**

**交清增额**

保单持有人将每年的保单红利作为购买与原保险合同满期日相同保险的趸交保费，增加原保险合同保险金额的一种红利领取方式。

5.4.2.20

**现金领取　cash dividend**

保单持有人直接以现金的形式领取保单红利的一种红利领取方式。

5.4.2.21

**增额红利　dividend addition**

**继承红利　reversionary dividend**

**归源红利　regressive dividend**

在整个保险期限内每年以增加保额的方式分配红利的一种红利分配方式。

5.4.2.22

**终了红利　terminal dividend**

**满期红利　earned dividend**

保单持有人在保险合同终止时以现金方式领取的红利。

5.4.2.23

**可分配盈余　distributable surplus**

在分红保险合同中，保险人根据分红保险业务实际经营情况确定的可以向保单持有人和保险人分配的盈余总和。

5.4.2.24

**红利累积利率　dividend accumulation interest rate**

保险公司定期公布的，在合同约定的红利计息期间，按照累积生息红利领取方式的分配红利所采用的利率。

5.4.2.25

**复效期间　reinstatement period**

失效后可以恢复合同效力的时间期限。

5.4.2.26

**复效利息　reinstatement interest**

保险单重新生效时，投保人应该向保险人支付的保费在保单失效期间的利息。

5.4.2.27

**初始费用　initial charges**

在投保人所支付的趸交保险费、每期期交保险费和每笔追加保险费进入其个人账户前，从其中所扣除的费用。

5.4.2.28

**风险保险费　risk premium**

有投资性质的合同，为被保险人提供合同约定保障责任而从个人账户中每月扣除的保险费。

5.4.2.29

**保单管理费　policy overhead**

为维持合同有效而从个人账户中每月扣除的服务管理费。

5.4.2.30

**保险合同费用　insurance contract expenses**

风险保险费与保单管理费之和。

5.4.2.31

**资产评估日　date of assets valuation**

投资连结合同中规定的投资账户价值的评估结算日期。

5.4.2.32

**账户价值　account value**

投资连结保险或万能型保险中投资账户的总价值。

5.4.2.33

**个人账户价值转换　transfer of personal account value**

投资连结保险中由投保人书面申请，经保险人同意，将其个人账户中的全部或部分个人账户价值从一个投资账户全部或部分转换到同一合同下其他投资账户的情况。

注：个人账户价值转换可扣除相应的手续费。

5.4.2.34

**个人账户价值部分领取　drawing partial value out of personal account**

投资连结保险中由投保人书面申请，经保险人同意，投保人可领取部分个人账户价值，个人账户中各投资账户内的投资单位数将随之减少。

注：个人账户价值部分领取可扣除相应的费用。

5.4.2.35

**保证收益　guaranteed yield**

合同标明的最低收益。

### 5.4.3 健康保险合同管理

5.4.3.1

**个案管理　case management**

在健康管理或疾病管理过程中，按照实际业务需要，针对特定个体采取的单独管理过程。

注：通常目的在于最有效地控制其健康风险或大额的医疗费用。

5.4.3.2

**健康管理　health management**

保险经营机构在为被保险人提供医疗服务保障和医疗费用补偿的过程中，利用医疗服务资源或与医疗(保健)服务提供者的合作，所进行的健康指导和诊疗干预的管理活动。

5.4.3.3

**伤残管理　disability management**

用于预防在各种劳动环境中出现健康损害并导致伤残，进而有效控制个体伤残所带来的医疗费用损失的管理活动。

5.4.3.4

**生活方式管理　lifestyle management**

运用健康行为矫正以及健康教育等手段，促使个人主动选择并保持健康的生活行为方式，从而有效控制个体和群体的医疗需求和健康风险的管理活动。

5.4.3.5

**需求管理　demand management**

通过为个体提供有针对性的医疗需求决策指导和健康行为改善支持工具，帮助个体最为合理的利用医疗资源，达到最佳的健康状态的管理活动。

## 6 赔偿和给付术语

### 6.1 保险事故术语

#### 6.1.1 一般概念

6.1.1.1

**保险事故　insured event**

保险合同约定的保险责任范围内的事故。

6.1.1.2

**意外事件　accident**

**意外事故**

在财产保险中,指不可预料的以及被保险人无法控制并造成物质损失的突发性事件。

在人身保险中,指外来的、突发的、不可预见的、非本意的和非疾病的导致被保险人身体受到伤害的客观事件。

6.1.1.3

**出险　loss occurred**

保险期限内保险事故的发生。

6.1.1.4

**近因　proximate cause**

造成损失最根本、可追溯并对损失的发生起主导作用或支配作用的原因。

注:不一定是时间或空间上与损失最接近的原因。

6.1.1.5

**近因原则　principle of proximate cause**

保险人仅对以保险事故为近因造成的损失承担保险责任的原则。

#### 6.1.2 财产保险事故

6.1.2.1

**物质损失　physical damage;material damage**

发生保险事故后被保险财产在物理形态上的有形损失。

6.1.2.2

**部分损失　partial loss**

保险标的遭受损失,但其受损程度未达到全损程度的物质损失。

6.1.2.3

**全部损失　total loss**

**全损**

保险标的完全损毁或灭失,包括实际全损、推定全损与协议全损。

注:包括实际全损、推定全损与协议全损。

6.1.2.4

**实际全损　actual total loss;absolute total loss**

保险标的发生保险事故后灭失,或者受到严重损坏完全失去原有形体、效用,或者不能再归被保险人所拥有。

6.1.2.5

**推定全损　constructive total loss; technical total loss**

保险标的发生保险事故后其实际全损已经不可避免，或者为避免发生实际全损所需支付的费用超过保险价值。

6.1.2.6

**协议全损　compromised total loss; arranged total loss**

保险标的发生保险事故后，保险标的损失程度未达到实际全损，也不符合推定全损时，但经被保险人请求，保险人同意对保险标的按全部损失进行赔偿。

6.1.2.7

**部分全损　total loss of part**

在海上保险中，作为保险标的的一批货物中可以分割的一件或者数件货物发生的全部损失。

6.1.2.8

**车辆损失　own damage of vehicle**

**车损**

因碰撞原因或非碰撞原因引起的车辆本身的损失。

6.1.2.9

**船舶损失　hull damage**

**船损**

因自然灾害、意外事故、人员疏忽及碰撞等原因引起的船舶本身的损失。

6.1.2.10

**共同海损　general average**

为使同一航程中的船舶、货物及人员免受正在发生的共同危险之侵袭，即为共同的安全和利益而有意采取合理措施人为地对一部分船货作出的特殊牺牲，或是由一方或多方当事人为保护各方的总体利益而支出的特殊费用。

6.1.2.11

**单独海损　particular average**

船舶或货物在运输过程中，因受海上风险和外来风险所造成的除共同海损之外的损失。

6.1.2.12

**标的估损额　estimated loss of insured property**

在财产保险中，保险标的发生损失后对其所估计的损失额。

6.1.2.13

**车损责任系数　liability coefficient of vehicle loss**

**车损责任比例**

在车辆损失事件中各个责任方应该承担的责任比例。

### 6.1.3　人身保险事故

6.1.3.1

**意外伤害　accidental injury**

意外事件导致被保险人的身体伤害。

6.1.3.2

**意外身故　accidental death**

意外事件导致的被保险人的死亡。

6.1.3.3

**意外残疾　accidental dismemberment**

意外事件导致的被保险人的人体器官缺损或机能丧失。

6.1.3.4

**意外烧伤　accidental burns**

因遭受火、沸水、蒸气、化学品等化学或物理物质的意外侵害导致的被保险人受伤。

6.1.3.5

**自我伤害　self-inflicted injury**

被保险人主动造成的、或被保险人明知或可预知风险可能发生而不进行规避导致自身肢体伤害或机能损伤的行为。

6.1.3.6

**疾病　disease**

在一定的致病因素作用下，人体各系统、器官、组织、细胞以及分子结构功能和代谢的病理变化，表现出相应的症状和体征，影响健康和劳动能力。

6.1.3.7

**职业病　occupational disease**

由于被保险人在受雇期间暴露于不良的或有危险的工作环境下而引发的疾病。

6.1.3.8

**疾病身故　death caused by disease**

疾病导致的被保险人的生命终止。

6.1.3.9

**疾病全残　total disability caused by disease**

疾病导致的被保险人的完全残疾。

6.1.3.10

**暂时性伤残　temporary disability**

由于疾病或意外事件导致被保险人身体或精神受损，从而使其暂时失去工作或维持日常生活的能力的状况。

6.1.3.11

**部分伤残　partial disability**

由于疾病或意外事件导致被保险人维持生命活动的器官功能部分衰竭或缺失，从而使部分器官永久丧失生理功能。

6.1.3.12

**暂时性部分伤残　temporary partial disability**

由于疾病或意外事件导致被保险人身体或精神受损，从而使其暂时失去部分工作能力，但预计可完全恢复的伤残。

6.1.3.13

**后遗伤残　residual disability**

被保险人在一定时期的暂时性伤残之后虽可以继续工作或生活，但无法完全恢复工作或日常生活能力的伤残。

6.1.3.14

**全残　total disability**

由于疾病或意外事件导致被保险人完全地、必然地和永久地不能从事任何工作或维持日常生活的状况。

6.1.3.15

**永久完全残疾** **total and permanent disability**

**完全永久伤残**

**完全永久性伤残**

由于疾病或意外事件导致被保险人完全地、永久地丧失了工作能力。

注：包括生理上和心理上从事工作的能力。

### 6.1.4 农业保险事故

6.1.4.1

**受灾面积** **area covered by disasters**

在统计期内，由于灾害导致作物产量受到不同程度影响的受灾作物，在投保范围内的种植面积。

6.1.4.2

**成灾面积** **area affected by disasters**

在统计期内，由于灾害导致作物产量比常年显著减产的受灾作物，在投保范围内的种植面积。

6.1.4.3

**绝产面积** **area of total loss**

在统计期内，由于灾害导致作物绝收的受灾作物，在投保范围内的种植面积。

6.1.4.4

**死亡数量** **number of deaths**

在统计期内，由于疫病导致投保范围内的畜、禽和水生动物等直接死亡的数量。

6.1.4.5

**扑杀数量** **heads slaughtered according to government order**

在统计期内，因防止疫病的蔓延，由政府组织扑杀投保范围内的畜、禽和水生动物等的数量。

## 6.2 赔付请求

6.2.1

**报案** **claim notification**

**出险通知** **notice of loss**

投保人、被保险人或者受益人将保险事故通知保险人的行为。

6.2.2

**立案** **claim registration**

保险人受理索赔或给付请求并正式开始核赔的行为。

6.2.3

**索赔** **claim**

保险事故发生后，被保险人或受益人依照保险合同约定向保险人请求赔偿保险金的行为。

6.2.4

**给付请求** **benefit request**

保险事故发生后，被保险人或受益人依照保险合同约定向保险人请求给付保险金的行为。

6.2.5

**简易赔案** **fast-track claims**

**快速理赔**

保险人认为保险事故造成的损失轻微、预计赔付的保险金金额在一定范围内，索赔材料齐全且保险责任认定明确的理赔案件。

6.2.6

**索赔材料　claim document**

投保人、被保险人或受益人向保险人提供的与确认保险事故的性质、原因和损失程度等有关的证明和资料。

6.2.7

**损失通知书　loss notice;loss advice**

保险事故发生后,投保人、被保险人或受益人向保险人发出的报告有关保险标的损失情况的书面通知。

6.2.8

**损失证明　proof of loss**

投保人、被保险人或受益人向保险人提供的有关保险事故造成的损失程度的证明。

6.2.9

**索赔时效　limitation period;time bar period**

自被保险人或受益人知道或者应当知道保险事故的发生之日起,被保险人或受益人具有索赔或给付请求权利的一段时间。

6.2.10

**报案延误　reporting delay**

**报案延迟**

投保人、被保险人或受益人实际报案时间迟于保险合同约定的或合理的报案时间。

6.2.11

**案件撤销　claim withdrawal**

由投保人、被保险人或受益人撤销其索赔请求的行为。

6.2.12

**保险欺诈　insurance fraud**

利用或假借保险合同谋取不法利益的行为。

注:主要包括涉嫌保险金诈骗类、非法经营类和保险合同诈骗类等。

6.2.13

**赔偿等待期　claim waiting period**

根据保单约定,被保险人向保险人报案之后至提出索赔申请等行为之前须经过的最少时间。

注:在人身险中,对于伤残的情况,赔偿等待期是指从被保险人出险以后,至确定最终伤残结果前的期间。

## 6.3　救助

6.3.1

**救助　salvage**

保险事故发生后,保险人和被保险人以外的第三者为了防止或者减少损失而采取的施救行动。

6.3.2

**施救　sue and labour**

保险事故发生后,被保险人或其代理人为了防止或者减少保险标的的损失,而进行的抢救、保护和清理等行为。

6.3.3

**施救费用　sue and labour costs**

保险事故发生后,被保险人或其代理人在施救过程中所发生的必要的、合理的费用。

6.3.4

**救助担保人　salvage guarantor**

在救助开始前、进行中或救助完成后，为被救助方提供担保以保证救助人在提供救助后能得到应有报酬的机构或个人。

6.3.5

**海事担保　marine security**

发生海事事故或海商、海事纠纷后，担保人为责任人或债务人提供的担保。

6.3.6

**道路交通事故社会救助基金　social assistance funds for road traffic accidents**

国家设立的用于在法律规定的特定情形下垫付道路交通事故中受害人的丧葬费用、部分或者全部抢救费用的基金。

6.3.7

**防灾防损　loss prevention and reduction**

保险人及其他保险相关人为预防和减少灾害事故发生以及所造成的损失，针对保险标的所采取的各种措施。

6.3.8

**防灾费　expenses for loss prevention and reduction**

因防灾防损工作而发生的费用。

6.3.9

**抢救垫付金额　amount of advance payment for rescue**

机动车交通事故责任强制保险中，保险人在法律规定需垫付的情形下垫支的抢救费用金额。

## 6.4　核赔

6.4.1

**核赔　claims assessment**

被保险人或受益人提出索赔或给付请求后，保险人对索赔材料进行认定、审核、调查，作出赔付或拒赔决定的过程。

6.4.2

**定损　loss assessment**

确定保险标的实际损失的过程。

6.4.3

**理算　adjustment**

在核赔过程中，根据保险合同的约定，对保险事故、事故造成的损失做出确定保险责任、核算保险人最终应当承担赔偿金额的理赔流程。

6.4.4

**理算人　loss adjuster**

负责审阅索赔材料、确定保险责任以及赔偿金额的机构或个人。

6.4.5

**事故间隔期　occurrence period**

在健康保险合同中约定的一个时间跨度。

注：连续的两次保险事故之间的时间间隔小于事故间隔期，在核赔时该两次保险事故应视为一次保险事故。

6.4.6

**理赔调查　claim investigation**

**理赔查勘**

保险人对保险事故的性质、经过、原因、损失程度和责任认定等方面进行的调查。

注：包括非现场调查和现场查勘。

6.4.7

**实际价值　actual cash value**

在保险事故发生后，出险的保险标的的重置成本扣除折旧、磨损后残余的价值。

6.4.8

**理算金额　settlement amount**

对保险事故所引起的损失及相关费用进行理算的结果。

6.4.9

**理赔　claim settlement process**

被保险人或受益人提出索赔或给付请求后，保险人搜集索赔材料并对材料进行认定、审核、调查，作出赔付或拒赔决定的过程。

## 6.5　赔偿和给付

### 6.5.1　一般概念

6.5.1.1

**赔付　settlement; claim payment**

保险人向被保险人或受益人赔偿或者给付保险金的行为。

6.5.1.2

**通融赔付　exgratia payment**

保险人根据保险合同约定本不应承担或完全承担赔付责任，但仍赔付全部或部分保险金的行为。

6.5.1.3

**预付赔款　prepaid claim; interim payment**

**预付未决赔款**

保险人对索赔的证明文件进行审核后认为保险事故属于保险责任，并在最终赔款金额之前，预先支付的可以确定的最低数额的赔款金额。

6.5.1.4

**赔付通知书　claim benefit notification**

保险人向被保险人或受益人发出的领取赔偿或给付的保险金的书面通知。

6.5.1.5

**理赔周期　claims processing cycle**

保险人接到索赔或给付请求与结案之间的时间段。

6.5.1.6

**保险金领取人　benefit receiver**

领取保险人支付的保险金的机构或个人。

6.5.1.7

**拒赔　rejection**

保险人对不属于保险责任的索赔或给付请求作出的拒绝赔偿或拒绝给付的决定。

6.5.1.8

**结案　closed claims**

保险人对赔案中应承担的义务和应享有的权利执行完毕的状态。

### 6.5.2 赔偿

6.5.2.1

**赔款 claim payment**

保险人对保险事故造成的损失,根据合同约定向被保险人或受益人给予的经济补偿。

6.5.2.2

**赔款计算书 claim calculation sheet**

保险公司用于计算最终赔付金额的书面文件。

6.5.2.3

**比例赔偿方式 principle of average**

在不足额保险的情况下,对于保险标的的实际损失,保险人按保险金额与保险价值的比例承担赔偿责任的赔偿方式。

6.5.2.4

**第一危险赔偿方式 first loss basis indemnity**

在发生保险责任范围内的损失时,不论是否足额保险,保险人按实际损失赔偿,但最高赔偿金额不超过保险金额的赔偿方式。

6.5.2.5

**比例责任分摊 contribution by limits**

在重复保险中,各保险人按其承保的保险金额在保险金额总和中的比例来承担赔偿责任的分摊方式。

6.5.2.6

**限额责任分摊 contribution by independent liability**

在重复保险中,各保险人按各自单独承保时其应负的赔偿限额与所有保险人单独承保时的赔偿限额之和的比例承担赔偿责任的分摊方式。

6.5.2.7

**顺序责任分摊 contribution by inception sequence**

在重复保险中,以保险合同的签订时间顺序为依据分摊损失,由先与投保人签订保险合同的保险人先赔偿,不足时再由后一保险人赔偿,依此类推,直至被保险人的损失得以足额补偿的分摊方式。

6.5.2.8

**等额责任分摊 contribution by equal shares**

在重复保险中,每一保险人等额承担赔偿责任直至每份保险合同项下的赔偿限额用尽或所有损失得以足额补偿分摊方式。

注:以最先发生者为准。

6.5.2.9

**应付赔款 claims payable**

保险人应该支付但尚未支付的赔付金额。

### 6.5.3 给付术语

6.5.3.1

**给付 benefit payment**

人身保险合同中,保险人向被保险人或受益人给付保险金的行为。

6.5.3.2

**给付期间 benefit period**

保险合同中约定的,保险人向被保险人或受益人给付保险金的起止时间。

6.5.3.3

**给付选择权　settlement options**

受益人在领取保险金时可以选择的一次性领取、分期领取或转换为年金领取的权力。

6.5.3.4

**提前给付　accelerated benefit payment**

在被保险人死亡前，经被保险人申请，保险人提前向被保险人支付部分身故保险金的行为。

6.5.3.5

**协议给付　compromised benefit payment**

保险人与被保险人或受益人在保险金给付责任上存在争议，最后双方通过协议方式就赔付责任达成一致的行为。

6.5.3.6

**满期保险金　maturity benefit**

保险期限届满时，保险人根据保险合同约定给付的保险金。

6.5.3.7

**身故保险金　death benefit**

因保险事故造成被保险人死亡时，保险人根据保险合同约定给付的保险金。

6.5.3.8

**生存保险金　survival benefit**

被保险人生存至特定的时间或年龄时，保险人根据保险合同约定给付的保险金。

6.5.3.9

**残疾保险金　disability benefit**

**伤残保险金**

因保险事故造成被保险人身体器官的缺失或功能的丧失时，保险人根据保险合同约定给付的保险金。

6.5.3.10

**保证领取年限　guaranteed annuity drawing period**

年金保险合同中规定的可以领取年金的最低保证年限。

## 6.6　代位追偿

6.6.1

**代位追偿　subrogation**

**代位求偿**

保险人赔偿保险金后，以代位求偿权向第三者提出索赔的行为。

6.6.2

**代位　subrogation**

保险人赔偿保险金后，依法或按保险合同约定取得的向造成保险事故的第三者请求赔偿的权利，或取得对受损保险标的的部分或全部权利。

6.6.3

**权利代位　subrogation of right; transfer of right of recovery**

因第三者造成保险事故，保险人自赔偿保险金之日起，在赔偿金额范围内代位行使向第三者请求赔偿的权利。

6.6.4

**物上代位　subrogation on salvage**

保险人在保险标的遭受保险事故而发生全损或推定全损，并且全额支付保险赔偿金之后拥有受损保险标的的全部权利或部分权力的情况。

注：保险金额相等于保险价值的，受损保险标的的全部权利归于保险人；保险金额低于保险价值的，保险人按照保险金额与保险价值的比例取得受损保险标的的部分权利。

6.6.5

**代位追偿原则　principle of subrogation**

在财产保险中，保险标的发生保险事故造成推定全损，或者保险标的由于第三者责任导致的损失，保险人按照合同约定履行赔偿责任后，依法取得对保险标的的所有权或对保险标的的损失负有责任的第三者的追偿权的原则。

6.6.6

**代位求偿权　right of subrogation**

在财产保险中，保险人赔偿保险金后享有的、由被保险人转移而来的、向对被保险人负有赔偿责任的第三者请求赔偿的权利。

6.6.7

**权益转让书　subrogation receipt**

被保险人出具的证明已获得保险人赔偿并将向第三者追偿的权利转让给保险人的书面文件。

6.6.8

**委付　abandonment**

保险标的发生推定全损，被保险人要求保险人按照全部损失赔偿后，无条件的将保险标的的一切权利和义务转移给保险人，而保险人可以选择是否接受的行为。

6.6.9

**残值　salvage value**

被保险的财产遭受损失后剩余的经济价值。

6.6.10

**应收代位追偿款　collectible subrogation recovery**

保险人履行赔付责任、取得代位追偿权后，应向第三方主张的赔偿金额。

6.6.11

**追偿费用　recovery expenses**

保险人取得代位求偿权后向第三方进行索赔时发生的费用。

6.6.12

**被追偿人　recovery party;liable party**

因对保险标的的损害而造成保险事故、受到保险人追偿的第三方。

6.6.13

**垫付金追偿款　amount of recovered advance payment**

在机动车交通事故责任强制保险中，保险人实际追回的垫付金额。

## 7　市场和营销术语

### 7.1　保险市场术语

7.1.1

**保险市场　insurance market**

保险商品交易的具体场所，或者保险商品供需双方交换关系的总和。

7.1.2

**保险市场主体　subject of insurance market**

保险市场交易活动的买方、卖方和中介方等参与者的统称。

7.1.3

**保险市场客体　object of insurance market**

保险市场供需双方具体交易的保险产品。

7.1.4

**保险供给　insurance supply**

在一定价格水平上，保险市场上供给方愿意并且能够提供的保险产品或服务的数量。

7.1.5

**保险需求　insurance demand**

在一定价格水平上，保险市场上需求方愿意并且能够购买的保险产品或服务的数量。

7.1.6

**保险密度　insurance density**

**人均保费　premium per capita**

在某段时期内，某一国家(或地区)保险业全部保费收入与该国(或地区)人口的比值。

7.1.7

**保险深度　insurance penetration; insurance depth**

在某段时期内，某一国家(或地区)保险业全部保费收入在该国(或地区)国内生产总值中所占的百分比。

### 7.2　保险营销术语

7.2.1

**保险营销　insurance marketing**

保险经营机构及相关人员进行保险理念宣传、保险产品销售及相关服务的活动。

7.2.2

**销售渠道　distribution channel**

保险经营机构向客户提供保险产品和服务的途径。

7.2.3

**直接销售　direct selling**

保险经营机构通过雇员、自营电话或者网络平台销售保险产品的方法。

7.2.4

**间接销售　indirect selling**

保险经营机构通过保险代理人和保险经纪人等保险中介销售保险产品的方法。

7.2.5

**银行保险　bancassurance**

银行与保险公司通过协议合作、合资企业、兼并收购和设立新公司等方式，为客户提供金融产品和服务的模式。

7.2.6

**互联网保险　Internet insurance**

保险机构依托互联网和移动通信等技术，通过自营网络平台、第三方网络平台等订立保险合同、提供保险服务的方式。

## 8　保险中介术语

### 8.1　保险中介术语

8.1.1

**保险中介　insurance intermediary**

介于保险机构之间或保险机构与投保人之间，专门为保险交易双方提供保险销售、业务咨询、风险管理、投保方案安排、风险评估、损失鉴定与理算、代理查勘及理赔等服务,并从中依法获取佣金或服务费的机构或个人。

8.1.2

**保险专业代理机构　corporate insurance agent**

根据保险公司的委托,专门从事保险代理业务的机构。

8.1.3

**保险兼业代理机构　sideline insurance agent**

根据保险公司的委托,在从事自身业务的同时,指定专人为保险公司代办保险业务的机构。

8.1.4

**独立代理人　independent agent**

接受两家或两家以上保险公司委托,从事保险代理业务的机构或个人。

8.1.5

**专属代理人　exclusive agent**

仅接受一家保险公司委托,从事保险代理业务的机构或个人。

8.1.6

**理赔代理人　claim agent**

接受保险公司委托,从事保险货物的检验、索赔计算、赔款支付、追偿和处理损余物资的机构。

8.1.7

**索赔经纪人　claim broker**

代表索赔人提交索赔申请并在理赔过程中代表索赔人的人员。

8.1.8

**个人保险代理人　individual insurance agent**

**保险营销员　insurance salesperson**

为保险公司销售保险产品及提供相关服务,并收取佣金的个人。

8.1.9

**风险检验人　risk inspector**

受保险人或再保险人委托,对投保标的或承保标的进行指定风险类别的查勘、评估及改善建议等,并从这种服务中收取一定费用的专业机构或专业人员。

## 8.2　中介服务

### 8.2.1　一般概念

8.2.1.1

**保险中介服务　insurance intermediary services**

保险中介向保险交易双方提供的保险业务咨询、保险产品销售、风险管理与保险安排、风险评估、损失鉴定与理算、代理查勘及理赔等业务活动。

8.2.1.2

**保险中介保费账户　insurance intermediary premium account**

保险经纪人或保险代理人设置的专门用于反映代收、代交保费状况的账户。

### 8.2.2　保险经纪服务

8.2.2.1

**经纪服务类别　type of brokage service**

**经纪服务项目　item of brokage service**

保险经纪人为客户提供的具体服务内容或种类。

注：包括人身保险经纪、财产保险经纪、再保险经纪、风险管理咨询、顾问服务和专业索赔服务等。在服务环节和内容上，包括但不限于接受客户委托建立保险经纪服务关系，进行风险评估，拟定投保方案，选择保险公司，办理投保手续，保险期内服务，协助索赔，处理投诉等。

8.2.2.2

**保险咨询服务　insurance consultancy service**

保险经纪人向客户提供的与保险有关的解释、宣讲、答疑等服务。

8.2.2.3

**保险采购服务　insurance purchase service**

保险经纪人为客户提供的与保险采购(包括直接保险的采购与再保险的采购)相关的风险识别、保险方案设计、市场询价或招标、投保安排或保险合同审核等服务。

8.2.2.4

**风险管理顾问服务　risk management consultancy service**

保险经纪人为客户全面识别、评估和管理风险，帮助客户以合理的成本获得最大风险保障的服务。

8.2.2.5

**保险标的价值评估服务　insured object value assessment**

保险经纪人根据保险标的原值、现时情况和未来可能发生的变化，提供的评估确定其保险价值的服务。

8.2.2.6

**索赔协助服务　claim assistance service**

保险经纪人凭借其专业知识及经验向客户提供的索赔服务。

8.2.2.7

**保险经纪人续保服务　insurance broker renewal service**

保险经纪人上年度已为某一投保人提供保险采购服务并在本年度继续提供该服务的业务。

8.2.2.8

**保险经纪人询价服务　insurance broker inquiry service**

保险经纪人在客户正式授权并书面确认询价方案的前提下，依据具体投保条件向各保险公司发出书面文件询问承保条件的服务。

8.2.2.9

**保险经纪人询价单　insurance broker inquiry slip**

**保险经纪人询价书　insurance broker inquiry document**

保险经纪人在向保险人询价时提供的文件，主要内容包括报价期限、客户投保条件及经纪人佣金比例等。

8.2.2.10

**保险经纪人询价分析报告　insurance broker inquiry analysis report**

保险经纪人在保险公司正式报价后，就各保险公司所报费率、保险条款等具体承保条件以及保险公司财务、经营状况进行比较后形成的报告。

8.2.2.11

**出单指示　closing slip**

在客户对保险公司承保条件确认后，保险经纪人向客户所选定的保险公司发出的用以要求其出具正式保单的文件。

8.2.2.12

**代收赔款　disclosure collection**

保险经纪人接受客户委托，代其收取保险公司支付的赔款的行为。

8.2.2.13

**代收赔款账户　claim payment account**

保险经纪人专门设置的用于汇集代收赔款的账户。

### 8.2.3 保险代理服务

8.2.3.1

**代理服务类别　type of agent service**

**代理服务项目　item of agent service**

保险代理人为客户提供的具体服务内容或种类。

注：一般包括代理销售、代理核保、代理出单、代理查勘、代理定损和代理理赔等。为保险消费者(客户)提供的服务环节和内容,包括但不限于与客户充分沟通了解保险需求,推荐保险产品,协助办理投保手续,提供保全服务,协助索赔,处理投诉等。

8.2.3.2

**代理销售　sales by agency**

保险代理人接受保险人的委托,在保险人授权的范围内销售保险产品的行为。

8.2.3.3

**代理核保　underwriting by agency**

保险代理机构接受保险人的委托,在保险人授权的范围内审核投保单的行为。

8.2.3.4

**代理出单　policy issuing by agency**

保险代理人接受保险人的委托,在保险人授权的范围内签发保险单的行为。

8.2.3.5

**代理查勘　survey by agency**

保险代理人接受保险人的委托,在保险人授权的范围内,到保险事故发生现场进行查勘的行为。

8.2.3.6

**代理定损　loss evaluation by agency**

保险代理人接受保险人的委托,在保险人授权的范围内,于保险事故发生后确定损失的行为。

8.2.3.7

**代理理赔　claim settlement by agency**

保险代理人接受保险人的委托,在保险人授权的范围内,于保险事故发生后进行现场检验、索赔计算、追偿和处理损余物资的行为。

8.2.3.8

**代理保全　policyowner service by agency**

保险代理人接受保险人的委托,在保险人授权的范围内为客户进行保单变更等保全服务的行为。

### 8.2.4 保险公估服务

8.2.4.1

**公估服务类别　type of loss adjuster service**

**公估服务项目　item of loss adjuster service**

保险公估人为客户提供的服务类型,包括风险管理、检验、估价、查勘、估损、理算、监装监卸和残值处理等。

8.2.4.2

**保险公估检验服务　loss adjuster survey service**

保险公估人利用测量、实验等各种手段对保险标的物进行查验。

8.2.4.3

**保险公估估价服务　loss adjuster evaluation service**

保险公估人利用其专业技术和从业经验，通过分析、研究和计算等方法对保险标的的市场价值作出评估。

## 8.3　中介合同

8.3.1

**保险经纪合同　insurance brokerage contract**

保险经纪人与投保人订立的确定经纪关系、约定双方权利义务关系的协议。

8.3.2

**再保险经纪合同　reinsurance brokerage contract**

再保险经纪人与原保险人订立的确定经纪关系、约定双方权利义务关系的协议。

8.3.3

**保险公估合同　insurance adjuster contract**

保险公估人与保险当事人签订的确定委托关系、约定双方权利义务关系的协议。

## 8.4　中介佣金

8.4.1

**保险经纪人佣金　insurance broker commission**

保险经纪人通过提供经纪服务而向保险当事人收取的酬金。

8.4.2

**保险代理佣金　insurance agent commission**

保险代理人通过为保险人代理各项业务而向保险人收取的酬金。

8.4.3

**保险公估服务费　insurance loss adjuster fee**

保险公估人通过为委托人提供各项服务而向委托人收取的酬金。

8.4.4

**首年度佣金　first year commission；FYC**

**首年佣金**

保险公司根据保险合同第一年收取的保险费的一定比例支付给个人保险代理人的酬金。

8.4.5

**续年度佣金　renewal commission；RYC**

保险公司支付给个人保险代理人首年佣金以后年度的酬金。

8.4.6

**首年佣金率　first year commission rate**

首年佣金占第一年保费的比率。

8.4.7

**首期佣金　first commission**

保险人向受其委托，并在其授权范围内代为办理保险业务的机构或人员支付的首期酬金。

8.4.8

**续期佣金　subsequent commission**

保险人向受其委托，并在其授权范围内代为办理保险业务的机构或人员支付的续期酬金。

# 9 精算术语

## 9.1 产品定价

### 9.1.1 一般概念

9.1.1.1

**演示利率　illustration interest rate**

用于演示人身保险新型产品对应资产的未来年投资收益的假设利率。

9.1.1.2

**费率厘定　rating**

在开发保险产品的过程中确定产品价格的过程。

9.1.1.3

**定价利率　pricing interest rate**

**预定利率**

厘定费率时使用的对预计保单现金流进行折现的利率。

9.1.1.4

**纯保费　pure premium**

用于支付保险赔款或保险金给付金额的期望值。

9.1.1.5

**附加费用　loading**

在费率厘定中，在纯保费基础上附加的用于支付保险公司税费支出、营业费用支出、保险保障基金、利润及风险附加等的费用。

9.1.1.6

**总保费　gross premium**

**毛保费**

投保人支付的、由纯保费和附加费用组成的保险费。

9.1.1.7

**已赚保费　earned premium**

在评估期内保险公司承保的保险责任已经结束部分对应的保费。

9.1.1.8

**未赚保费　unearned premium**

在评估期内保险公司承保的保险责任尚未结束部分对应的保费。

9.1.1.9

**费率浮动　premium rate adjustment**

保险公司销售产品时，在费率表中的基准费率基础上根据客户群的相关风险特征对保险费率作相应向上或向下的调整。

9.1.1.10

**费率因子　credit and surcharge factor**

在约定承保条件下，因保险标的、投保人或者被保险人等情况差异，对标准保费进行浮动的一个或者一组因子。

### 9.1.2 财产保险产品定价

9.1.2.1

**损失 loss**

非故意的、非预期的和非计划的经济价值的减少或灭失。

9.1.2.2

**损失程度 loss severity**

保险标的可能遭受的损失的严重程度。

9.1.2.3

**案均损失 average loss per claim**

保险期限内保险事故造成的总损失与事故次数的比率。

9.1.2.4

**损失频率 loss frequency**

保险标的在某一时期内发生损失的次数。

9.1.2.5

**直接损失 direct loss**

由风险事故导致的财产本身的损失。

9.1.2.6

**间接损失 indirect loss**

由直接损失引起的额外费用损失、收入损失和责任损失等。

### 9.1.3 人身保险产品定价

9.1.3.1

**生命表 life table**

**死亡表 mortality table**

根据一定时期的特定区域人口或特定人口群体的有关死亡统计资料，编制成的描述每一类人口在各个不同年龄死亡率的表。

9.1.3.2

**平均余命 life expectancy**

从被保险人当前年龄始，至预期死亡时间止的期间。

9.1.3.3

**疾病发生率表 morbidity table**

按年龄、性别和病种等因素列明特定群体发病率的表。

## 9.2 准备金术语

9.2.1

**准备金 reserve**

责任准备金

保险公司为保证如约履行未来的赔偿或给付责任，提取的与其所承担的保险责任相对应的资金准备。

9.2.2

**评估利率 valuation interest rate**

保险公司依法确定的用以计算责任准备金的利率。

9.2.3

**保费不足准备金　premium deficiency reserve**

在人身保险中，指保单在未来的交费期间内，评估纯保费与毛保费之差在保单年度末按评估基础计算的精算现值

在财产保险中，指在未赚保费和预期的投资收益不足以抵补预期的损失和相关费用时计提的准备金。

9.2.4

**未到期责任准备金　unearned premium reserve**

在准备金评估日为尚未终止的保险责任而提取的准备金，包括保险公司为保险期限在一年以内(含一年)的保险合同项下尚未到期的保险责任而提取的准备金，以及为保险期限在一年以上(不含一年)的保险合同项下尚未到期的保险责任而提取的长期责任准备金。

9.2.5

**未决赔款准备金　outstanding loss reserve; outstanding claims reserve**

保险公司为尚未结案的赔案提取的准备金。

注：包括已发生已报案未决赔款准备金、已发生未报案未决赔款准备金和理赔费用准备金。

9.2.6

**已发生已报案未决赔款准备金　incurred and reported claims reserve**

保险公司为保险事故已经发生并已向保险公司提出索赔，但尚未结案的赔案所提取的准备金。

9.2.7

**已发生未报案未决赔款准备金　incurred but not reported (IBNR) claims reserve**

保险公司为保险事故已经发生，但尚未提出索赔的赔案所提取的准备金。

9.2.8

**理赔费用准备金　loss adjustment expense reserve**

保险公司为尚未完全结案的赔案未来可能发生的理赔费用而提取的准备金。

9.2.9

**修正准备金　modified reserve**

保险公司根据费用的实际分布调整均衡纯保费，为了与首年或前几年较高的费用相匹配而增加第一个或前几个保单年度的附加保费，相应计算得到的准备金。

9.2.10

**准备金评估日　reserve valuation date**

评估准备金所使用的各种数据的截止日。

## 10　再保险术语

### 10.1　再保险市场术语

10.1.1

**再保险　reinsurance**

**分保**

保险人将其承担的保险业务，部分转移给其他保险人的经营行为。

10.1.2

**原保险　primary insurance; original insurance**

相对于再保险而言的保险，由投保人与保险人直接订立保险合同而建立保险关系的保险。

10.1.3

**再保险人　reinsurer**

**分入公司**

**再保险接受人**

**分保接受人**

在再保险交易中接受业务的公司或其他组织。

10.1.4

**原保险人　primary insurer;original insurer**

**直接保险人　direct insurer**

直接与投保人订立保险合同的保险人。

10.1.5

**再保险市场　reinsurance market**

再保险经济关系的总和。

10.1.6

**原保险市场　primary insurance market**

原保险经济关系的总和。

10.1.7

**转分保　retrocession**

分保接受人将其接受的业务部分或全部转移给其他保险人或再保险人的再保险。

10.1.8

**互惠再保险　reciprocal reinsurance**

**互惠交换**

**交换分保**

**互惠分保**

有再保险关系的保险人之间交换业务,一方保险人向另一方保险人分出业务,又从另一方保险人处获取分入业务的再保险。

10.1.9

**首席承保人　leading underwriter**

在共保或再保险合同中,负责商洽各项承保条件的保险公司或再保险公司。

10.1.10

**分出公司　ceding company;cedent**

**再保险分出人　reinsured**

在再保险交易中分出业务的公司或其他组织。

10.1.11

**再保险共保体　reinsurance pool**

**再保险集团　reinsurance group**

**再保险联盟　reinsurance association**

**再保险联合体(辛迪加)　reinsurance syndicate**

由若干保险公司组成的统一接受和管理再保险业务,并将业务在成员公司中按约定分摊的联合组织。

10.1.12

**转分保人　retrocedant**

**转分人**

**转分保分出公司**

转分保交易中分出业务的公司或其他组织。

10.1.13

**转分保接受人 retrocessionaire**

**转分接受人**

转分保交易中接受业务的公司或其他组织。

10.1.14

**再保险经纪公司 reinsurance broker**

**再保险经纪人**

与分出公司签订委托合同，基于分出公司的利益，为分出公司与分入公司安排再保险业务提供中介服务，并按约定收取费用的中介机构。

## 10.2 再保险种类

10.2.1

**比例再保险 proportional reinsurance**

**比例分保**

以保险金额为基础确定分出公司自留额及分保额的分保方式。

10.2.2

**成数再保险 quota share reinsurance**

**成数分保**

分出公司将每一危险单位的保险金额，按约定的比例向分入公司分保的分保方式。

10.2.3

**溢额再保险 surplus reinsurance**

**溢额分保**

分出公司先确定每一危险单位的自留额，当每笔业务保险金额超过分出公司的自留额时，才将超过部分分给分入公司的分保方式。

10.2.4

**成数和溢额混合再保险 combined quota share and surplus reinsurance**

将成数再保险和溢额再保险组织在一个合同里，一般情况下以成数再保险的限额作为溢额再保险的起点，再确定溢额再保险的限额的分保方式。

10.2.5

**非比例再保险 non-proportional reinsurance**

以损失金额为计算基础，当分出公司赔款超过双方约定的额度或标准时，其超过部分由分入公司承担的分保方式。

10.2.6

**超额赔款再保险 excess of loss reinsurance**

**超赔再保险**

**超赔分保**

以赔款为基础确定分出公司的自负责任限额，超过这一自负责任限额但在约定的限额之内的，由分入公司承担的分保方式。

10.2.7

**险位超赔再保险 excess of loss per risk reinsurance**

以每一危险单位所发生的赔款金额来计算自负责任限额和分保限额的非比例再保险。

10.2.8

**事故超赔再保险 excess of loss per event reinsurance**

以影响一个或多个危险单位的一次事故所发生的赔款的总和来计算自负责任限额和分保限额的非

比例再保险。

10.2.9

**巨灾超赔再保险　catastrophe excess of loss reinsurance**

以一次巨灾所发生的赔款综合来计算自负责任限额和分保限额的非比例再保险。

10.2.10

**赔付率超赔再保险　excess of loss ratio reinsurance**

**损失终止再保险　stop loss reinsurance**

以赔款与保费之间的比例来确定自负责任限额和分保限额的非比例再保险。

10.2.11

**累积超赔再保险　aggregate excess of loss reinsurance**

以某段期间内一次或多次事故所发生的赔款总和来计算自负责任限额和分保限额的非比例再保险。

10.2.12

**临时再保险　facultative reinsurance**

**临时分保**

**临分**

分出公司临时选择分入公司、逐笔协商成交的再保险安排方式。

10.2.13

**合约再保险　treaty reinsurance**

**合约分保**

**协议分保**

分出公司和分入公司用签订合同的方式，在一定时期内对一宗或一类业务进行的约束性的再保险安排方式。

10.2.14

**预约再保险　facultative obligatory reinsurance; open cover**

**预约分保**

**临时固定再保险**

**预约临分再保险**

分出公司和分入公司双方预先约定再保险业务范围，且分出公司对业务具有是否纳入预约合同选择权的再保险安排方式。

10.2.15

**财务再保险　financial reinsurance**

分出公司主要基于财务目的向分入公司转移有限风险，并享有分保费投资收益分成、分保费返还等财务权利的再保险。

10.2.16

**强制再保险　compulsory reinsurance**

**法定分保　compulsory reinsurance**

由国家的法律或法令规定，必须向国家再保险公司或指定的再保险公司进行分保的再保险。

10.2.17

**自愿再保险　voluntary reinsurance**

**商业再保险　commercial reinsurance**

由分出公司与分入公司平等协商，以自愿为原则达成的再保险。

10.2.18

**原保险条件再保险　original term reinsurance**

分出公司与分入公司按与原保险完全相同的条件，根据一定比例分配保险费与保险责任的再保险。

通常以保单的保险期限作为再保险的期间。

10.2.19

**风险保额　net amount at risk**

**风险净额**

人身保险合同的保险金额减去保单责任准备金的金额。

10.2.20

**风险保费再保险　risk premium reinsurance**

分入公司根据接受的风险保额而不是以原保险合同的保险金额计算再保险费的再保险。

10.2.21

**代出单　fronting**

原保险人承保出单后将全部风险或绝大部分风险分保给再保险人，并收取一定比例出单手续费的业务。

## 10.3　再保险安排

10.3.1

**风险累积　risk accumulation**

风险在同一个地区、同一个行业、同一个事件、同一个险种或同一个职业等的累积情况。

10.3.2

**风险的地域累积　geographical accumulation**

一起地区性事件导致多起保险理赔，例如地震、洪水等。

10.3.3

**风险的事件累积　accumulation by event**

一起事件导致多起保险理赔，例如汽车的追尾、恐怖袭击或传染病流行等。

10.3.4

**风险的险种累积　accumulation by class**

由于经济、战争等因素使得一个险种内出现多起保险理赔。

10.3.5

**再保险安排　reinsurance arrangement**

分出公司根据保险业务的风险，使用各种再保险方式，将风险转移给一个或几个再保险人的行为。

10.3.6

**再保险询价　reinsurance quotation**

分出公司为了获得再保险保障对某些业务或某单业务向分入公司发出的询价。

10.3.7

**分保条　reinsurance slip**

原保险人或再保险经纪人向选定的再保险人或保险人发出的，要求确认再保险主要条件及其承担的份额的文件。

10.3.8

**再保险合同　reinsurance contract**

分出公司与分入公司之间约定再保险权利义务关系的协议。

10.3.9

**再保险期限　reinsurance period**

再保险合同载明的再保险合同开始到终止的时间。

10.3.10

**分保比例　reinsurance share**

在再保险安排中，由分出公司分出给分入公司的份额。

10.3.11

**层　layer**

超赔再保险合同按不同起赔点纵向划分的层次。

10.3.12

**起赔点　attachment point**

超赔再保险合同中划分的分出公司和分入公司承担责任的限额，低于限额的责任由分出公司自负，超过限额的责任由分入公司承担。

10.3.13

**超赔限额　excess limit**

**超赔合同责任限额　loss excess liability limit**

超赔再保险合同中由分入公司承担的最高责任限额。

10.3.14

**超赔底级限额　lower limit；attachment point**

超赔层级的第一级，若原始保单的赔款小于这个数额，则不发生再保险赔付，全部赔款由分出公司承担。

10.3.15

**超赔顶级限额　upper limit；cover limit**

超赔层级的最上一级，若原始保单的赔款超出这个数额，则超出的部分仍由分出公司承担。

10.3.16

**年度累计免赔额　annual aggregate deductible**

在超赔再保险中，特别在累积超赔再保险中，对一年中符合再保险协议条款的损失金额累加设定的免赔额，只有超过这个免赔额的责任才由分入公司承担。

10.3.17

**线　line**

计算溢额再保险合同限额的基本单位，线数表示合同限额相当于自留额的倍数。

10.3.18

**最高线数　maximum number of lines**

溢额再保险中，分入公司承担的比例相当于分出公司承担比例的最大整数倍。

10.3.19

**自动承保限额　automatic acceptance limit**

溢额再保险中，分入公司对于每个保险标的自动接受的最高分保保额。

10.3.20

**估计最大损失　estimated maximum loss**

对保险标的可能遭受风险的最大损失金额所作的估计，通常用来评估保险公司的风险承受能力，以确定再保险安排方案。

10.3.21

**自留额　retention**

**自负责任额**

分出公司根据自身偿付能力对于每一危险单位或一系列危险单位所确定承担的责任限额。

10.3.22

**分保额　reinsured amount**

**分保责任额**

**接受额**

**分保限额　reinsurance limit**

分入公司对于每一危险单位或一系列危险单位所确定承担的责任限额。

10.3.23

**再保险费　reinsurance premium**

**分保费**

分出公司向分入公司支付的，因分入公司承担再保险责任的保险费。

10.3.24

**固定再保险费　fixed reinsurance premium**

再保险当事人之间就风险转移约定的固定额度的再保险费。

注：固定的再保险费由分出公司和分入公司按以往的赔款记录共同约定，与分出公司当期的净保费收入和发生赔款多少无关。

10.3.25

**补充再保险费　reinstatement reinsurance premium**

**再保责任恢复保费**

非比例再保险合同中约定的，每次自动恢复分保责任后分出公司需要向分入公司支付的额外再保险费，该费用通常按照损失大小或合同剩余周期进行调整。

10.3.26

**再保险费率　reinsurance premium rate**

在比例再保险中，分保费与分保额的比例关系；在非比例再保险中，费与毛净保费收入或毛净满期保费收入的比例关系。

10.3.27

**再保险佣金　reinsurance commission**

**分保佣金**

**分保手续费**

分入公司支付给分出公司的费用。

10.3.28

**固定分保手续费　flat reinsurance commission; fixed reinsurance commission**

再保险合同中约定比例固定不变的分保手续费。

10.3.29

**浮动分保手续费　floating reinsurance commission; sliding scale commission**

**递增分保手续费　stepped reinsurance commission**

再保险合同中约定的依据再保险合同经营情况特别是赔付率水平进行浮动调整的分保手续费。

10.3.30

**预付分保手续费　provisional reinsurance commission**

再保险合同中约定由分入公司预先支付给分出公司的分保手续费。

注：该手续费可在合同终止时按合同约定进行调整。

10.3.31

**再保险经纪费　reinsurance brokerage**

再保险经纪公司在代表分出公司安排再保险并将再保险业务介绍给分入公司时所收取的服务费用或佣金。

10.3.32

**自留保费　premium retained**

保费收入减分出保费后的保费。

10.3.33

**自留赔款　claim retained**

分出公司需要自行承担的赔款。

10.3.34

**最低分出额　minimum reinsured amount**

分入公司所承担的最低的再保险额,若再保险额低于此限额则由分出公司自留。

10.3.35

**最终接受人　final reinsurer**

在再保险交易中最终接受业务的公司或其他组织的名称。

10.3.36

**选择折扣　select discount**

在人寿保险与重疾再保险合约中,分入公司与分出公司约定的,在保单生效的约定期限内由分入公司给予分出公司的费率折扣。

10.3.37

**再保责任恢复次数　reinstatement times**

非比例再保险合同中约定的责任恢复的最多次数。

10.3.38

**共同保障保费　reinsurance premium of joint account;common account premium**

分出公司为了自身及分入公司的共同利益,将原分保合同的全部或部分风险进行再保险,分入公司应按一定的比例支付的再保险保费。

10.3.39

**分出份额　proportion ceded**

分出公司分出的保险责任占原保险责任的比例。

## 10.4　再保险合同管理

10.4.1

**再保险合同变更　reinsurance contract modification;reinsurance addendum or endorsement**

在再保险期限内,分出公司和分入公司双方依法对再保险合同条款所作的修改、补充或删除。

10.4.2

**再保险结算　reinsurance settlement**

根据再保险合同的约定,分出公司和分入公司之间进行款项结算的行为。

10.4.3

**再保险罚息　reinsurance interest penalty**

因合同一方违反支付约定,另一方根据再保险合同约定向对方收取的罚息。

10.4.4

**返回手续费　return commission**

在短期险的比例分保和其他共保形式的再保险中,分入公司返还给分出公司部分佣金,用于补偿分出公司获得直接业务所支出的佣金。

10.4.5

**附加手续费　overriding commission**

**转分手续费**

在转分保业务中由转分保分出公司向转分保分入公司收取的额外手续费。

10.4.6

**再保险盈余佣金　reinsurance profit commission**

**利润手续费**

**纯益手续费**

再保险合同期满后根据合同确定的由分入公司按照盈余的一定比例返还给分出公司的佣金。

10.4.7

**亏损转移法　loss carry forward basis**

**亏损滚转法　loss carried forward basis**

将任何年度的亏损转入次一年度以计算盈亏，直至该项亏损全部消失或双方约定的年限为止的盈余佣金计算方法。

10.4.8

**一年基准法　annual basis**

按一年度计算合同利润，依此利润再计算盈余佣金的计算方法。

10.4.9

**三年平均法　three-year average system**

为弥补一年基准法的不足，将当年度合同利润与过去两个年度的合同利润予以平均，并就所得三年的平均利润计算盈余佣金的计算方法。

10.4.10

**毛净保费收入　gross net-premium income**

超赔再保险合同分出人从某业务期间某类业务的总保费收入扣除退费、其他分保费后的自留保费。

10.4.11

**最低预付再保险费　minimum deposit reinsurance premium**

在超赔再保险合同中，分出公司预先支付给分入公司使合同生效的再保险费。

10.4.12

**实际再保险费　ultimate reinsurance premium**

在再保险合同中，根据合同约定在合同期满或约定时间内对最低预付再保险费进行调整后的再保险费。

10.4.13

**再保险赔款　reinsurance claim**

**摊回赔款　recovered claim**

分出公司根据再保险合同约定的条款与条件，向分入公司摊回的赔款金额。

10.4.14

**自动恢复　automatic reinstatement**

超赔再保险合同中分入公司的责任在发生赔款减少后，根据合同约定自动恢复分保责任。

10.4.15

**再保险成本费率　reinsurance burning cost rate**

根据风险成本测算确定的再保险费收取的比率。

10.4.16

**业务年度核算法　underwriting year method**

按业务年度对再保险合同经营结果进行核算的方法。

10.4.17

**会计年度核算法　accounting year method; fiscal year method**

按会计年度对再保险合同经营结果进行核算的方法。

10.4.18

**事故年度核算法　accident year method**

按事故年度对再保险合同经营结果进行核算的方法。

10.4.19

**未了责任转移　portfolio transfer**

**未了责任转让**

分出公司为结束某业务期间的帐务，将该期间的未到期保费和未决赔款准备金按约定的条件转移给下一业务期间的分入公司承担。

10.4.20

**再保险准备金　reinsurance reserve**

分出公司从分保费中扣除的同保险责任分出部分相对应的用于抵御保险合同受益人的部分或全部赔偿风险的准备金。

10.4.21

**分保责任准备金　reinsurance policy reserve**

**分保未到期责任准备金　reinsurance unearned premium reserve**

在再保险合同中，用以承担未到期责任的部分或全部赔偿责任提取的与保险责任相对应的资金准备。

10.4.22

**分保未决赔款准备金　reinsurance outstanding loss reserve**

在再保险合同中，根据已发生损失但还未赔付的金额确定的再保险责任准备金。

10.4.23

**结清法　clean cut method**

分出公司对某业务年度的未了责任采用提取转让未满期保费和转让未决赔款的办法，结转由下一业务年度的分入公司承担责任。

10.4.24

**满期法　run-off method**

分出公司对某业务年度的未了责任通过采用提存未满期保费准备金和未决赔款准备金等办法，由分入公司继续负责，直至保费满期和赔案结束。

10.4.25

**再保险业务折偿　reinsurance commutation**

再保险双方协商确定以一定对价一次性了结再保险合同所涉及的责任和义务的方式。

10.4.26

**合约账单期　treaty accounting period; treaty billing period**

再保险合同账单对应的分保账单期。

10.4.27

**期初自留风险保额　initial net retained sum at risk**

合同责任开始时，针对一年期及一年期以上的人寿保险、意外险业务，分出公司对涵盖于巨灾超赔分保合同下所有业务的自留风险保额之和。

10.4.28

**期间累计自留风险保额　accumulated net retained sum at risk**

一年期以内的意外险巨灾超赔分保合同中，合同期间内的累计自留风险保额。

10.4.29

**期末自留风险保额　terminal net retained sum at risk**

合同责任终止时，针对一年期及一年期以上的人寿保险、意外险业务，分出公司对涵盖于巨灾超赔分保合同下所有业务的自留风险保额之和。

10.4.30

**平均自留风险保额　mean net retained sum at risk**

期初自留风险保额和期末自留风险保额的算术平均。

10.4.31

**再保利息收入　modified coinsurance interest**

在修正共保方式下，根据合同规定，分入公司留存在分出公司的分保准备金产生的利息收入。

10.4.32

**再保期初存出准备金　modified coinsurance reserve at the year-beginning**

在修正共保方式下，根据合同规定，分入公司于期初留存在分出公司的分保准备金数额。

10.4.33

**再保期末存出准备金　modified coinsurance reserve at the year-end**

在修正共保方式下，根据合同规定，分入公司于期末留存在分出公司的分保准备金数额。

10.4.34

**再保管理费　reinsurance administration expense**

分入公司在计算纯益手续费时扣除的为这次分保而支出的管理费。

10.4.35

**现金赔款　cash call；cash loss**

根据再保险合同约定，分出公司要求分入公司即期支付的赔款金额。

10.4.36

**未了责任保费转出　premium portfolio out；premium portfolio withdrawal**

分出公司因结束某个业务期间的责任依据未了责任从原再保险合同或原业务期间内将保费转出。

10.4.37

**未了责任保费转入　premium portfolio in；premium portfolio entry**

**未了保费转入**

分出公司因结束某个业务期间的责任依据未了责任从原再保险合同或原业务期间内将保费转入。

10.4.38

**赔款准备金退还　loss reserve released**

分出公司将原先扣存的赔款准备金退还给分入公司的金额。

10.4.39

**赔款未了责任转出　loss portfolio out**

**未了损失转出**

分出公司因结束某个业务期间的责任依据未了赔款责任从原再保险合同或原业务期间内将赔款转出。

10.4.40

**赔款未了责任转入　loss portfolio in；loss portfolio withdrawal**

**未了损失转入**

分出公司因结束某个业务期间的责任依据未了赔款责任从原再保险合同或原业务期间内将赔款转入。

## 11　保险组织与监管术语

### 11.1　保险机构术语

11.1.1

**保险机构　insurance organization**

保险集团（控股）公司、保险公司及其分支机构、代表处，以及承担保险责任的其他组织称谓的统称。

11.1.2

**保险公司　insurance company**

经保险监管机构批准设立，并依法登记注册经营保险业务的公司。

11.1.3

**自保公司　captive insurance company**

由大企业投资设立的以承保本公司系统风险为主的保险公司。

11.1.4

**保险公司分支机构　subordinate entity of insurance company**

保险公司依法设立的营业性机构和营销服务机构,包括分公司、中心支公司、支公司、营业部和营销服务部。

11.1.5

**保险公司代表处　insurance company representative office**

保险公司在某些区域设立的、不得从事保险经营活动的联络机构。

11.1.6

**再保险公司　reinsurance company**

经保险监管机构批准并依法登记注册,以再保险业务为其主要经营业务的公司。

11.1.7

**保险资产管理公司　insurance asset management company**

经保险监管机构会同有关部门批准,并依法登记注册,受托管理保险资金的公司。

11.1.8

**相互保险公司　mutual insurance company**

依法设立、由投保人作为其成员并办理保险业务的合作保险组织。

11.1.9

**财产保险公司　property and casualty insurance company**

经营财产损失保险、责任保险、信用保险、短期健康保险和意外伤害保险等保险业务的保险公司。

11.1.10

**人寿保险公司　life insurance company**

经营人寿保险、健康保险和意外伤害保险等人身保险业务的保险公司。

11.1.11

**健康保险公司　health insurance company**

以健康保险为其主要经营业务的保险公司。

11.1.12

**养老保险公司　pension company**

以养老保险为其主要经营业务的保险公司。

11.1.13

**信用保险公司　credit insurance company**

以信用保险为其主要经营业务的保险公司。

11.1.14

**保险机构投资者　insurance institutional investor**

按照国家有关法律、法规规定的范围运用保险资金进行投资的保险公司和保险资产管理公司。

## 11.2　信息披露术语

11.2.1

**信息披露　disclosure**

保险公司依法向被保险人及相关利益人准确、及时、完整地公开其经营情况的主要信息的过程。如财务会计报告、公司治理、业务经营、重大事项等信息。

11.2.2

**内含价值　embedded value**

在充分考虑总体风险的情况下,适用业务对应的资产未来产生的收益中可以分配给股东的利益的现值。

11.2.3

**评估价值 appraisal value**

内含价值加上寿险新业务未来销售的估计价值。

11.2.4

**保险保障基金 insurance protection fund**

由保险公司依法交纳形成,按照集中管理、统筹使用的原则,在保险公司被撤销、被宣告破产及中国保险监督管理委员会依法认定的情形下,用于向保单持有人或者保单受让公司等提供救济的法定基金。

11.2.5

**签单数量 number of policies written**

在统计期内已起保保单的累计件数。

注:不包含已起保但全额退保的注销保单件数。

11.2.6

**保单保费 policy premium**

在统计期内已起保的保单在发生批改前的保费总额。

11.2.7

**签单保费 written premium**

在统计期内已起保保单的保费总额。

注:若此期间内保单曾发生批改,则按批改后的保费统计。

11.2.8

**原保险保费收入 original insurance premium income**

在财产保险中,指原保险合同约定的保费总额。

在人身保险中,对于分期收取保费的保险合同,指当期应收取的保费;对于趸交保费的保险合同,指一次性应收取的保费。

11.2.9

**批增保费 increased premium by endorsement**

采用批单方式增加的保费金额。

11.2.10

**批减保费 decreased premium by endorsement**

采用批单方式减少的保费金额。

11.2.11

**标准保费 standard premium**

将报告期内不同类别的新业务按对寿险公司利润或价值的贡献度大小设置一定系数进行折算后加总形成的保费收入。

11.2.12

**已决赔案 settled claims**

已立案且已结案的案件。

注:包括已结案已付款和已结案未付款的案件。

11.2.13

**未决赔案 outstanding claims**

已报案但尚未结案的案件。

注:包括已立案和已报案未立案的案件。

11.2.14

**已决赔款　settled loss**

已立案且已结案的赔案的累计赔偿金额。

注：包括已结案已付款和已结案未付款的赔案的累计赔偿金额。

11.2.15

**未决赔款　outstanding loss**

已报案但尚未结案的赔案的累计估损金额。

注：包括已立案但尚未结案和已报案未立案的赔案的累计估损金额。

11.2.16

**已决赔付件数　number of settled claims**

已立案且已结案的赔案数量。

注：包括已结案已付款赔案和已结案未付款赔案的数量。

11.2.17

**未决赔付件数　number of outstanding claims**

**未决案件数量**

已立案和已报案未立案，但尚未结案的案件数量。

11.2.18

**报案件数　number of reported claims**

在财务年度或保单年度内已报案的有效案件数量。

注：包括已报案未立案案件数量，不包括已报案已注销的案件数量。

11.2.19

**立案件数　number of registered claims**

在财务年度或保单年度内已立案的有效案件数量。

注：不包括撤销案件的数量。

11.2.20

**新单有效保险金额　current year sum insured in force**

人寿保险公司当年承保的所有保单，在统计报告期末仍负有保险责任的保单所对应的保险金额。

11.2.21

**期末有效保险金额　sum insured in force at the end of the period**

人寿保险公司自承保业务以来的所有承保保单，在统计报告期末仍负有保险责任的保单所对应的保险金额。

11.2.22

**综合成本率　combined ratio**

保险公司的综合赔付率和费用率的总和。

11.2.23

**满期赔付率　loss ratio**

保险公司已发生赔款支出与已赚保费的比率。

注：赔款支出包括赔款支出、分保赔款支出与未决赔款准备金提转差，并扣除摊回赔款支出与追偿款收入。

11.2.24

**综合费用率　expense ratio**

保险公司经营费用净支出与已赚保费的比率。

注：经营费用净支出包括营业费用、手续费支出、佣金支出、税费及附加、分保费用支出和保险保障基金，并扣除摊回分保费用。

11.2.25

**在售产品数量　number of products for sale**

保险公司经监管部门批准或备案并投放市场的产品数量。

11.2.26

**产品说明书　product brochure**

保险公司向投连、万能或分红等人身保险新型产品的保单持有人提供产品性质、特征、保单持有人承担的费用和风险等信息的文件。

11.2.27

**法律责任人　appointed legal counsel**

由保险公司指定并向保险监管部门备案的、负责保险条款法律事务的人。

11.2.28

**法律责任人声明书　appointed legal counsel statement**

保险公司法律责任人出具的说明产品内容不违反法律、法规和保监会的规定，不损害投保人、被保险人、受益人和社会公众利益，合同要素完备，条款文字明确的书面声明。

11.2.29

**总精算师　appointed actuary**

由保险公司指定并经保险监管部门核准的、负责保险条款和保险费率的精算事务的人。

11.2.30

**总精算师声明书　actuarial statement**

保险公司总精算师出具的说明产品或操作符合精算原理及相关规定，计算结果准确合理的书面声明。

11.2.31

**保单件数　number of policies**

指定时间段内保险合同的数量。

11.2.32

**有效保单件数　number of effective policies**

在统计时点保险合同责任尚未了结且仍在保险期间的保险合同数。

11.2.33

**保费收入　premium income**

原保险合同保费收入金额与再保险合同保费收入金额之和。

11.2.34

**承保数量　units insured**

保险公司在一定时期内签发的保险单中载明保险标的数量的总和。

11.2.35

**已决赔付数量　units indemnified**

在统计期内已立案且已结案的赔案中赔付的保险标的数量的总和。

11.2.36

**未决赔付数量　units in outstanding claims**

截止到某个统计时点，已报案但尚未结案的赔案中未赔付的保险标的数量的总和。

11.2.37

**实收签单保费　actual premium collected**

保险公司实际收到的、在统计期内起保保单的签单保费，不包括财政补贴已经下拨但未到账部分。

11.2.38

**参保农户户次　frequency of farmers'participation**

保险公司在一定时期内签发的保险单中载明农户户次的总和。

11.2.39

**受益农户户次　frequency of farmer households indemnified**

在统计期内已立案且已结案的赔案中直接受益的农户受益次数的总和。

11.2.40

**未决农户户次　frequency of outstanding claims by farmer households;farmer households with outstanding claims**

截止到某个统计时点,已报案但尚未结案的赔案中未赔付的农户户次的总和。

11.2.41

**承保辆数　number of vehicles insured**

在统计期内已起保的保单所承保的机动车辆的数量。

11.2.42

**无责已决赔款　amount of no-fault claims paid**

在机动车交通事故责任强制保险中,保险人依法承担的被保险人在道路交通事故中无责任的赔偿案件的已决赔款。

11.2.43

**无责未决赔款　amount of no-fault claims outstanding**

在机动车交通事故责任强制保险中,保险人依法承担的被保险人在道路交通事故中无责任的赔偿案件的未决赔款。

11.2.44

**垫付赔案数量　number of claims with payment on account**

**垫付案件数量**

机动车交通事故责任强制保险中,保险人在法律规定需垫付的情形下进行垫付的赔案笔数。

11.2.45

**有效业务价值　embedded value of in-force business**

现有有效业务对应的资产所产生的未来股东现金流的现值。

## 11.3　保险监管术语

11.3.1

**保险监管　insurance regulation**

保险监管机构履行行政管理职能,依照法律、法规统一监督管理全国保险市场的活动。

11.3.2

**保险监管体系　insurance regulatory system**

监管保险市场的组织机构、制度、对象和内容等组成的整体。

11.3.3

**保险监管机构　insurance regulatory agency**

具有保险监督和管理权力并实施保险监督和管理行为的机构。

# 索　引

汉语拼音索引

C

**D**

H



J

K



L



M



N



P

## T



## W



## X

英文对应词索引

A

**B**

C

D

E

F

**I**

J



L

M

N



O

P

**Q**



**R**

S

T



U

V



W

ICS 01.040.03;03.080.10
J 04

# 中华人民共和国国家标准

GB/T 36688—2018/ISO 41011:2017

# 设施管理　术语

## Facility management—Vocabulary

(ISO 41011:2017,IDT)

2018-09-17 发布　　2019-04-01 实施

国家市场监督管理总局
中国国家标准化管理委员会　发布

# 前　言

本标准按照 GB/T 1.1—2009 给出的规则起草。

本标准采用翻译法等同采用 ISO 41011:2017《设施管理　术语》。

本标准对 ISO 41011:2017 做了以下编辑性修改：

——“参考文献”中用国内文件代替 ISO 41011:2017 的“参考文献”中相对应的国际文件。

——删除 ISO 和 IEC 维护用于标准化的技术数据库的地址信息。

本标准由中国机械工业联合会提出并归口。

本标准起草单位：中机生产力促进中心、同济大学、上海费哲设施管理咨询有限公司、微软（中国）有限公司、均豪不动产管理股份有限公司、中国石油天然气股份有限公司塔里木油田分公司、北京博绿信远建筑技术有限公司。

本标准主要起草人：张利民、曹吉鸣、刘军、陈开俊、裴方芳、于庆新、郭骞、顾枫、于兴龙、范雪松、李婧。

# 引　言

设施管理系列国家标准对设施管理的特性进行了描述，并可同时适用于私人部门和公共部门。

注：在英文中，术语“facility management”和“facilities management”可互换使用。

在本系列标准的制定过程中，通过国际合作已经识别确认了可以跨越各种市场领域、组织类型、过程活动和地理位置而适用的普遍做法，这些标准的实施将有助于：

——提升质量、生产力和财务绩效；

——增强可持续性并减少对环境的负面影响；

——开发功能型、激励型的工作环境；

——维护合规性并提供安全的工作场所；

——优化生命周期绩效和成本；

——改进适应能力和相关性；

——更成功地展现组织标识和组织形象。

# 设施管理　术语

## 1　范围

本标准界定了设施管理标准中所使用的术语。

## 2　规范性引用文件

在本文件中，无规范性引用文件。

## 3　术语和定义

### 3.1　有关设施管理的术语

3.1.1

**设施管理　facility management；facilities management；FM**

在**建筑环境**(3.2.3)内整合人员、场所、**过程**(3.5.1)，并以改善人们生活**质量**(3.7.1)、提高**核心业务**(3.1.7)生产力为目的的组织职能。

3.1.2

**内部服务供应　internal service provision**

内部自营服务供应　in-house service provision

由**需求组织**(3.3.1.1)所聘员工完成的**服务**(3.5.3)的交付和管理。

3.1.3

**支持服务　support service**

为支持**核心业务**(3.1.7)所交付的非基本**活动**(3.5.2)。

3.1.3.1

**设施服务　facility service**

由内部供应方或外部供应商提供的、支持**组织**(3.3.1)**基本活动**(3.7.4)的服务供应。

3.1.3.2

**设施过程　facility process**

由**设施管理**(3.1.1)**组织**(3.3.1)整合和管理的**过程**(3.5.1)。

3.1.4

**需要　need**

来自于**需求组织**(3.3.1.1)的、对于促使实现核心目的和关键**目标**(3.7.8)所必需的具体或抽象的期望。

3.1.4.1

**要求　requirement**

明示的、通常隐含的或必须履行的**需要**(3.1.4)或期望。

注 1："通常隐含"是指**组织**(3.3.1)和**相关方**(3.3.3)的惯例或普遍做法，所考虑的需要或期望是不言而喻的。

注 2：规定要求是经明示的要求，例如在**文件化信息**(3.7.7)中的要求。

3.1.4.2

**需求　demand**

用于要交付的**服务**(3.5.3)或**产品**(3.5.1.1)的明示**要求**(3.1.4.1)。

3.1.4.3

**服务水平　service level**

对**产品**(3.5.1.1)、**过程**(3.5.1)或**体系**(3.5.4)的**要求**(3.1.4.1)及其特性的完整描述。

3.1.4.3.1

**服务水平协议　service level agreement;SLA**

**需求组织**(3.3.1.1)和**服务供应商**(3.1.5)之间就**服务**(3.5.3)交付的**绩效**(3.8.3)、**测量**(3.8.1)和条件所约定的文件。

3.1.5

**服务供应商　service provider**

提供一项或多项**设施服务**(3.1.3.1)的**组织**(3.3.1)。

注：服务供应商对于**需求组织**(3.3.1.1)而言,可以是内部供应方,也可以是外部供应商。

3.1.6

**工作场所　workplace**

开展工作的物理场地。

3.1.6.1

**工位　work station**

包含家具和配套设备(包括电话、IT、电源接线)在内的、专门设计的或适用于工作相关**活动**(3.5.2)的、适合长久使用的场地。

3.1.7

**核心业务　core business**

实现**需要**(3.1.4)的**实体**(3.7.11)。

## 3.2　有关资产的术语

3.2.1

**资产　asset**

对**组织**(3.3.1)有潜在价值或实际价值的物品、事物或**实体**(3.7.11)。

注：改写 GB/T 33172—2016,定义 3.2.1,注已被删除。

3.2.1.1

**资产管理　asset management**

**组织**(3.3.1)利用**资产**(3.2.1)实现价值的协作**活动**(3.5.2)。

注：改写 GB/T 33172—2016,定义 3.3.1,注已被删除。

3.2.2

**不动产　real estate**

不可移动的财产,包括建筑物、场地和未开发的土地。

3.2.3

**建筑环境　built environment**

一定区域内的建筑、外部工程(园林景观区)、**基础设施**(3.2.3.1)和其他建设工程的集合。

3.2.3.1

**基础设施　infrastructure**

**组织**(3.3.1)运行所必需的**设施**(3.2.3.2)、设备和**服务**(3.5.3)的**系统**(3.5.4)。

[GB/T 19000—2016,定义 3.5.2]

3.2.3.2

**设施　facility**

通过建造、安装或构建来服务**实体**(3.7.11)**需要**(3.1.4)的**资产**(3.2.1)集合。

## 3.3　有关人员的术语

3.3.1

**组织　organization**

为实现**目标**(3.7.8),由职责、权限和相互关系构成自身功能的一个人或一组人。

注:组织的概念包括但不限于代理商、公司、集团、商行、企事业单位、行政机构、合伙企业、慈善机构或研究机构,或上述组织的部分或组合,无论是否为法人组织,公有的或私有的。

3.3.1.1

**需求组织　demand organization**

有权通过花费成本来满足**要求**(3.1.4.1)的、有**需要**(3.1.4)的**实体**(3.7.11)。

注:需求组织通常是**组织**(3.3.1)内职能部门的授权代表。

3.3.2

**最高管理者　top management**

行政管理层　executive management

在最高层指挥和控制**组织**(3.3.1)的一个人或一组人。

注 1:最高管理者拥有在组织内部授权并提供资源的权力。

注 2:如果**管理体系**(3.7.5)的范围仅仅涵盖了组织的一部分,那么最高管理者即为指挥和控制该部分的人。

3.3.3

**相关方　interested party**

利益相关者　stakeholder

可影响决策或**活动**(3.5.2),或者受决策或活动影响,或者认为自己会受其影响的个人或**组织**(3.3.1)。

3.3.4

**能力　competence**

胜任能力

应用知识和技能以实现预期结果的本领。

3.3.5

**最终用户　end user**

使用来自供方**产品**(3.5.1.1)或**服务**(3.5.3)的人或**组织**(3.3.1)。

## 3.4　有关寻购的术语

3.4.1

**协议　agreement**

在**需求组织**(3.3.1.1)和**服务**(3.5.3)或**产品**(3.5.1.1)供应商之间协商一致的说明。

注 1:协议宜为书面形式,是需求组织和服务或产品供应商之间协商一致的,阐述所需的**要求**(3.1.4.1)、条件、成本、资源水平和输出的书面说明。

注 2:对于复杂的跨国服务协议或多元服务协议而言,可能需要具备 ISO 41012:2017 的附录 C 和附录 D 中所列出的文件资料类型和内容。对于小型服务协议或单一服务协议而言,阐述重要条款及条件的单页文件就足够了。

3.4.1.1

**合同　contract**

双方当事人约定进行**产品**(3.5.1.1)交换以获得报酬的**协议**(3.4.1)。

3.4.1.2

**规范** **specification**

为了使**服务供应商**(3.1.5)明确其要满足的**要求**(3.1.4.1),对**服务**(3.5.3)或**产品**(3.5.1.1)的基本**性能**(3.8.3)、技术要求以及**需求组织**(3.3.1.1)提出的**过程**(3.5.1)所进行的详细说明。

注:这是需求组织的**需要**(3.1.4)和服务供应商的**活动**(3.5.2)之间的文件交互。

3.4.1.3

**进场** **mobilization**

根据**设施管理**(3.1.1)**协议**(3.4.1)的规定,对要交付的**设施服务**(3.1.3.1)承担全部责任之前,建立和执行所有资源、**体系**(3.5.4)、数据和程序的阶段。

注:在此背景下也可使用"启用"。

3.4.1.4

**退场** **demobilization**

根据**设施管理**(3.1.1)**协议**(3.4.1)的规定,将**设施服务**(3.1.3.1)返回给**需求组织**(3.3.1.1)或移交给一个新的**服务供应商**(3.1.5)的阶段。

3.4.2

**分包** **subcontracting**

选定**分包商**(3.4.2.1)的**过程**(3.5.1)。

3.4.2.1

**分包商** **subcontractor**

**服务供应商**(3.1.5)所选定的、履行**设施服务**(3.1.3.1)特定部分的**组织**(3.3.1)。

3.4.3

**寻购** **sourcing**

对交付**服务**(3.5.3)或**产品**(3.5.1.1)的内部服务供应方或外部**服务供应商**(3.1.5)进行识别、评估及选定以满足**规范**(3.4.1.2)的实践活动。

3.4.3.1

**采购** **procurement**

从供方获取商品或**服务**(3.5.3)的**活动**(3.5.2)。

注1:采购**过程**(3.5.1)考虑到了从**需要**(3.1.4)识别到服务**合同**(3.4.1.1)终止或者商品寿命终止、包括处置在内的全生命周期。

注2:寻购(3.4.3)是采购过程的一部分,包括规划、定义**规范**(3.4.1.2)和选择供方。

[ISO 20400:2017,定义3.1.8]

3.4.3.2

**供应链** **supply chain**

**产品**(3.5.1.1)或**服务**(3.5.3)从供方到达**最终用户**(3.3.5)的过程中所涉及的,**组织**(3.3.1)、人员、**活动**(3.5.2)、信息和资源构成的**系统**(3.5.4)。

3.4.3.3

**外包(动词)** **outsource (verb)**

安排外部**组织**(3.3.1)来执行组织的部分功能或**过程**(3.5.1)。

注:外部组织在**管理体系**(3.7.5)的范围之外,尽管外包的功能或过程仍在此范围之内。

3.4.3.4

**任务外包** **out-task**

外部**服务供应商**(3.1.5)的单一**服务**(3.5.3)供应。

3.4.3.5

**内包(动词)　insource (verb)**

安排将外部**服务**(3.5.3)供应转换为**内部服务供应**(3.1.2)。

3.4.4

**尽职调查　due diligence**

在**协议**(3.4.1)**寻购**(3.4.3)**过程**(3.5.1)中的适当阶段,评估准确性、商业信誉、财务稳定性、功能**能力**(3.3.4)完整性所必需的,对一个**组织**(3.3.1)的信息所进行的收集、综合评估和验证。

3.4.5

**实施方案　method statement**

**服务供应商**(3.1.5)将**规范**(3.4.1.2)和**服务水平协议**(3.1.4.3.1)中所阐述的**需求**(3.1.4.2)转化为一个含有资源、配置和方法的交付计划的文件。

## 3.5　有关过程的术语

3.5.1

**过程　process**

将输入转化为输出的相互关联或相互作用的一组**活动**(3.5.2)。

3.5.1.1

**产品　product**

**过程**(3.5.1)的结果。

注 1:有下列四种通用的产品类别:

——**服务**(3.5.3);

——软件;

——硬件;

——流程性材料。

注 2:产品可以是有形的或无形的。

注:改写 GB/T 27065—2015,定义 3.4,注已被修改。

3.5.2

**活动　activity**

促成**可交付成果**(3.7.9)完成的一项或多项任务。

3.5.3

**服务　service**

为**实体**(3.7.11)执行的、随时间消逝的、无形的**活动**(3.5.2)。

3.5.4

**体系　system**

系统

相互关联的一组闭合的**过程**(3.5.1)、技术和/或程序。

3.5.4.1

**合格　conformity**

符合

满足**要求**(3.1.4.1)。

3.5.4.2

**不合格　nonconformity**

不符合

未满足**要求**(3.1.4.1)。

3.5.4.3

**纠正措施　corrective action**

为消除**不合格**(3.5.4.2)的原因或预防再发生所采取的措施。

3.5.4.4

**持续改进　continual improvement**

提升**绩效**(3.8.3)的循环**活动**(3.5.2)。

## 3.6　有关财务的术语

3.6.1

**零基预算　zero-based budget**

不考虑以往的费用支出水平,而是使用详细的**资产**(3.2.1)清单以及工程和**绩效**(3.8.3)标准来评估资源**需要**(3.1.4),并运用市场单位成本来创建一个总体预算的预算编制方法。

3.6.2

**业务案例　business case**

针对业务**需要**(3.1.4)所提议的解决方案在范围、效益、成本和**风险**(3.7.3)方面进行总结的文件。

3.6.2.1

**生命周期成本　life-cycle cost**

预计一项**资产**(3.2.1)在运营存续期间的总成本(以现值计算)。

3.6.3

**公开账簿　open-book**

**设施管理**(3.1.1)**服务供应商**(3.1.5)和**需求组织**(3.3.1.1)之间相关信息(特别是成本)的透明交换。

## 3.7　有关一般业务的术语

3.7.1

**质量　quality**

客体的一组固有特性满足**要求**(3.1.4.1)的程度。

注:改写 GB/T 19000—2016,定义 3.6.2,注已被删除。

3.7.2

**方针　policy**

政策

**最高管理者**(3.3.2)正式发布的其**组织**(3.3.1)的意图和方向。

3.7.3

**风险　risk**

不确定性的影响。

注 1:影响是指偏离预期,可以是正面的或负面的。

注 2:不确定性是指对事件及其后果或可能性的理解或者知识等相关方面存在信息缺失或了解片面的状态。

注 3:通常用潜在"事件"(定义于 GB/T 23694—2013,4.5.1.3)和"后果"(定义于 GB/T 23694—2013,4.6.1.3)或者两者的组合来区分风险。

注 4:通常用事件后果(包括情形的变化)和事件发生相关"可能性"(定义于 GB/T 23694—2013,4.6.1.1)的组合来表示风险。

3.7.4

**基本活动　primary activities**

构成了一个**组织**(3.3.1)价值链中独特和不可或缺的**能力**(3.3.4)的**活动**(3.5.2)。

注：基本活动和**支持服务**(3.1.3)之间的区别是由各个组织分别决定的，而且这种区别需不断更新。

3.7.5

**管理体系　management system**

建立**方针**(3.7.2)、**目标**(3.7.8)、**过程**(3.5.1)并实现这些目标的**组织**(3.3.1)内相互关联或相互作用的一组要素。

注1：一个管理体系可处理单个领域或者多个领域。

注2：**体系**(3.5.4)要素包括组织的结构、角色、责任、计划和运行。

注3：管理体系的范围可能包括组织的全部，组织的特定或确认的功能，组织组成部分的特定或确认的功能，或者横跨一组组织的一项或多项功能。

3.7.6

**有效性　effectiveness**

完成计划**活动**(3.5.2)和实现计划结果的程度。

注：在**设施管理**(3.1.1)背景下，在计划预算的范围内实现结果是非常重要的。

3.7.7

**文件化信息　documented information**

需由**组织**(3.3.1)控制和维护的信息以及包含该信息的载体。

注1：文件化信息可以任何形式或介质呈现，而且可来自于任何来源。

注2：文件化信息可指：

——**管理体系**(3.7.5)，包括相关**过程**(3.5.1)；

——为了组织运行而创建的信息(文件资料)；

——已实现结果的证据(记录)。

3.7.8

**目标　objective**

要实现的结果。

注1：目标可以是战略的、战术的或运作的。

注2：目标可与不同的领域相关(例如财务目标、健康安全目标、环境目标)，并可以适用于不同的层面[例如战略层面、整个组织层面、项目层面、**产品**(3.5.1.1)层面和**过程**(3.5.1)层面]。

注3：目标可用其他的方式表示，例如作为预期成果、意图、运行准则，作为**设施管理**(3.1.1)目标，也可用其他意思相近的词汇来表示(例如 aim，goal，target)。

注4：在设施管理的**管理体系**(3.7.5)背景下，设施管理目标由**组织**(3.3.1)设定，与设施管理**方针**(3.7.2)保持一致，并能实现特定的结果。

3.7.9

**可交付成果　deliverable**

在特定时间范围内，完成一个项目或项目的一部分而产生或形成的可测量、可验证的成果、结果或物品。

[ISO 22128:2008，定义3.2]

3.7.10

**愿景　vision**

有关一个**组织**(3.3.1)想成为什么样的组织、以及它想如何被**利益相关者**(3.3.3)所看待的描述。

3.7.11

**实体　entity**

现在存在、曾经存在或可能存在的实际或抽象的事物，包括这些事物之间的联系。

3.7.12

**战略层面　strategic level**

**组织**(3.3.1)定义其**目标**(3.7.8)和**方针**(3.7.2)，并对如何实现其目标进行规划和评估的层面。

3.7.13

**战术层面　tactical level**

**组织**(3.3.1)对**产品**(3.5.1.1)运作交付所用的特定机制和资源进行计划和管理的层面。

3.7.14

**运作层面　operational level**

为支持**组织**(3.3.1)职能,以常规方式执行**活动**(3.5.2)的层面。

3.7.15

**可持续性　sustainability**

在既满足当代人**需要**(3.1.4),又不危及后代人满足其需要的能力的情况下全球**系统**(3.5.4)的状态,包括环境、社会和经济方面。

注 1:环境、社会和经济三方面互相作用,互相依存,通常被称为可持续性的三个维度。

注 2:可持续性是可持续发展的目标。

[ISO Guide 82:2014,定义 3.1]

3.7.16

**应急准备　emergency preparedness**

采取措施,有效减轻紧急事件所引起后果的能力。

3.7.17

**业务连续性　business continuity**

在破坏性事件发生之后,**组织**(3.3.1)继续在可接受的、预先制定的水平上交付**产品**(3.5.1.1)和**服务**(3.5.3)的能力。

[ISO 22300:2012,定义 2.1.10]

3.7.18

**最佳实践　best practice**

由供方和**最终用户**(3.3.5)组成的用户共同体,以制定行业指南为目的而共同工作所开发的、形成文件的**过程**(3.5.1)或**产品**(3.5.1.1)。

注:改写 GB/T 31598—2015,定义 3.29,将"客户"改为"最终用户",将"通过联手建立……的团队"改为"共同工作"。

## 3.8　有关测评的术语

3.8.1

**测量　measurement**

确定量值的**过程**(3.5.1)。

3.8.2

**监视　monitoring**

确定**体系**(3.5.4)、**过程**(3.5.1)或者**活动**(3.5.2)的状态。

注:为了确定状态,可能有检查、监督或严格观测的**需要**(3.1.4)。

3.8.3

**绩效　performance**

性能

可测量的结果。

注 1:绩效可与定量的或定性的结果相关。

注 2:绩效可与**活动**(3.5.2)、**过程**(3.5.1)、**产品**(3.5.1.1)[包括**服务**(3.5.3)]、**体系**(3.5.4)或**组织**(3.3.1)的管理相关。

3.8.4

**关键绩效指标　key performance indicator;KPI**

为**绩效**(3.8.3)考评提供必不可少信息的度量参数。

3.8.5

**基准　benchmark**

测量**过程**(3.5.1)、**绩效**(3.8.3)和**质量**(3.7.1)时可对照的参考点或度量标准。

3.8.5.1

**基准比较分析　benchmarking**

标杆管理

在相同条件下并采用类似尺度,就同一性质的实践做法进行**过程**(3.5.1)、**绩效**(3.8.3)和**质量**(3.7.1)方面的比较的过程。

3.8.6

**审核　audit**

为获得审核证据并对其进行客观的评价,以确定其满足审核准则的程度,形成系统的、独立的文件的**过程**(3.5.1)。

注 1:审核可分为内部审核(第一方审核)和外部审核(第二方审核或第三方审核),也可以是结合审核(结合两个或两个以上领域)。

注 2:内部审核由**组织**(3.3.1)自己进行,或由外部方以组织的名义进行。

注 3:"审核证据"和"审核准则"的定义见 GB/T 19011。

3.8.7

**产量　volume**

可测量的**活动**(3.5.2)在一段时间内的总输出量。

# 参 考 文 献

[1] GB/T 19000—2016 质量管理体系 基础和术语

[2] GB/T 19011—2013 管理体系审核指南

[3] GB/T 23694—2013 风险管理 术语

[4] GB/T 27065—2015 合格评定 产品、过程和服务认证机构要求

[5] GB/T 31598—2015 大型活动可持续性管理体系 要求及使用指南

[6] GB/T 33172—2016 资产管理 综述、原则和术语

[7] ISO 20400:2017 Sustainability procurement—Guidance

[8] ISO 22128:2008 Terminology products and services—Overview and guidance

[9] ISO 22300:2012 Societal security—Terminology

[10] ISO 41012:2017 Facility management—Guidance on strategic sourcing and the development of agreements

[11] ISO Guide 82:2014 Guidelines for addressing sustainability in standards

# 索　引

## 汉语拼音索引

英文对应词索引

L



M



N



O



P



Q



R



S

ICS 03.080.99;91.040.01
J 04

# 中华人民共和国国家标准

GB/T 36689—2018

# 设施管理交底　一般要求

## Facility management briefing—General requirements

2018-09-17 发布　　2019-04-01 实施

国家市场监督管理总局
中国国家标准化管理委员会　发布

# 前　言

本标准按照 GB/T 1.1—2009 给出的规则起草。

本标准由中国机械工业联合会提出并归口。

本标准起草单位：上海费哲设施管理咨询有限公司、中机生产力促进中心、微软(中国)有限公司、上海建科工程咨询有限公司、北京均豪物业有限公司、塔里木油田公司、北京博绿信远建筑技术有限公司。

本标准主要起草人：刘军、裴方芳、陈开俊、汪再军、于庆新、郭骞、顾枫、于兴龙、张利民、范雪松、李婧。

# 设施管理交底　一般要求

## 1　范围

本标准规定了设施管理在设计、建造和交付阶段交底的一般要求。

本标准适用于设施管理交底,可供编制设计、施工和运行方案的个人和组织使用。

## 2　规范性引用文件

下列文件对于本文件的应用是必不可少的。凡是注日期的引用文件,仅注日期的版本适用于本文件。凡是不注日期的引用文件,其最新版本(包括所有的修改单)适用于本文件。

GB/T 36688—2018　设施管理　术语(ISO 41011:2017,IDT)

## 3　术语和定义

GB/T 36688—2018 界定的以及下列术语和定义适用于本文件。为了便于使用,以下重复列出了 GB/T 36688—2018 中的某些术语和定义。

3.1

**设施管理　facility management**

在建筑环境内整合人员、场所、过程,并以改善人们生活质量、提高核心业务生产力为目的的组织职能。

[GB/T 36688—2018,定义 3.1.1]

3.2

**交底文件　brief**

所有与客户和用户相关的需求、目标、资源、项目背景以及其他任何符合设计要求的工作文件。

3.3

**交底　briefing**

识别并分析客户和相关方的需要、目标、资源和背景,以及系统地阐述由此产生的、要求设计者解决的任何问题的过程。

3.4

**设施　facility**

通过建造、安装或构建来服务实体需要的资产集合。

[GB/T 36688—2018,定义 3.2.3.2]

3.5

**设施服务　facility service**

由内部供应方或外部供应商提供的、支持组织基本活动的服务供应。

[GB/T 36688—2018,定义 3.1.3.1]

3.6

**业主　owner**

设施(含物业)的所有权人(自然人、法人或其他组织)。

3.7

**运营方　operator**

负责设施的日常管理和运行的组织。

3.8

**分包商　subcontractor**

服务供应商所选定的、履行设施服务特定部分的组织。

[GB/T 36688—2018,定义 3.4.2.1]

3.9

**最终用户　end-user**

使用来自供方产品或服务的人或组织。

[GB/T 36688—2018,定义 3.3.5]

3.10

**占用人　occupant**

占用特定空间并将大部分时间花费在其中的个人或组织。

3.11

**相关方　interested party**

可影响决策或活动,或者受决策或活动影响,或者认为自己会受其影响的个人或组织。

[GB/T 36688—2018,定义 3.3.3]

3.12

**相关方影响分析　interested party impact analysis**

用于评估相关方就组织、设施或项目等方面所具有的影响的方法。

3.13

**可建造性　buildability**

已规划建筑的设计对其施工建造和使用方面的帮助程度。

3.14

**可运行性　operability**

能够按照预期付诸使用的程度。

3.15

**绩效　performance**

性能

可测量的结果。

注 1:绩效可与定量的或定性的结果相关。

注 2:绩效可与活动、过程、产品(包括服务)、体系或组织的管理相关。

[GB/T 36688—2018,定义 3.8.3]

3.16

**活动　activity**

促成可交付成果完成的一项或多项任务。

[GB/T 36688—2018,定义 3.5.2]

3.17

**基本活动　primary activities**

构成了一个组织价值链中独特和不可或缺的能力的活动。

[GB/T 36688—2018,定义 3.7.4]

3.18

**核心过程　core process**

组织对于其目标实现和存续而言必不可少的基本活动。

3.19

**调试　commissioning**

对已安装、完成或接近完成的设备、系统或成套机械装置进行测试，以验证其功能是否符合设计规范和预期用途的过程。

3.20

**移交　handover**

发生在测试、调试和验收之后的，将设施的管理责任或实际控制权交给业主或者运营方的行为。

3.21

**设计基础　basis for design**

涉及一项设施所要求的功能、形式、布局、规范和运行以及其他事项的信息和数据。

3.22

**交底计划　briefing plan**

为编制交底文件而设计的一套综合计划。

3.23

**可交付成果　deliverable**

在特定时间范围内，完成一个项目或项目的一部分而产生或形成的可测量、可验证的成果、结果或物品。

［GB/T 36688—2018，定义 3.7.9］

3.24

**需求说明　statement of demands**

对个人或组织的目标、需要以及他们可能将在何种程度上通过设施来得到满足的表述。

3.25

**功能交底　functional brief**

对设施设计的需求以建议的形式做出的描述说明。

3.26

**工作范围　scope of work**

关于交付一个可运行设施所必需的规划、设计、施工、安装、测试、调试、移交以及启用等活动的说明书。

3.27

**竣工资料　as-built documentation**

设施竣工时形成的反映其设计、施工、安装、调试、验收和整改等过程及真实情况的文件资料。

3.28

**设施手册　facility handbook**

涵盖设施运行相关文件的资料汇编。

3.29

**初投资　initial costs**

设施投入使用前产生的成本（如规划、设计、施工和法务所发生的成本）以及促销成本（如免租期等）。

# 4 交底过程

## 4.1 概述

交底过程是设施的业主与设计和施工团队为了编制设施的设计方案而在目标和需求方面进行交流的过程。该过程包括对业主意图的说明和确认、对后续的设施供应的文件管理(用来报告设计中制定的主要决策),同时这个过程也体现在设施规划、施工、安装、测试、调试、移交、启用、运行和维护活动中。

设计交底,或设计交底过程,为设施的全生命周期阶段的可建造性和可运行性提供决策,它应由设计阶段一直贯穿至规划、施工、安装、测试、调试、移交、启用、运行和维护阶段。在整个设施生命周期,设计交底在实现设施功能的过程中占有举足轻重的地位。就设计交底本身涉及的内容而言,它超出了设施管理范围。

设计交底文件在本标准中作为一个广义的概念来使用。设施管理交底文件是众多统称为设计交底文件的其中一种文件。其他的交底文件可能会根据设施的不同方面而制定,如财务和法律事务交底文件、采购和合同交底文件等。设施管理交底文件是设计交底文件的必要组成部分,通常作为独立的文件编制。

注:在本标准中,交底和交底文件的关系可视为动态与静态、过程与结果的关系,交底文件即为交底过程的输出,亦称为“可交付成果”。

## 4.2 交底计划

在编制交底文件之前,应确定交底计划。

交底计划可以用流程图的形式呈现。交底计划应确定以下几个方面:

——项目全过程中的工作阶段和关键节点;

——每个工作阶段中决策制定的依据;

——工作各阶段内的活动及它们的顺序;

——活动中用到的信息和数据的来源;

——相关方要参与的活动及其所扮演的角色;

——可能会涉及或要咨询的其他相关方;

——每个阶段和关键节点应交付的成果及交付方式。

## 4.3 相关方

### 4.3.1 通则

在交底过程开始时,应开展下列与相关方有关的活动:

——识别和确定各相关方,包括内部相关方和外部相关方;

——划定相关方的角色和责任,如责任分配表等;

——对各相关方与设施相关的利益进行评估和记录。

### 4.3.2 重要相关方及其责任

#### 4.3.2.1 业主和业主代表

业主是设施的所有者,包括现有业主和潜在业主。业主应任命一个综合的设计和施工团队并确定其组成。

业主可任命一名业主代表来负责所有工作阶段的工作。业主代表应当向业主报告,并与最终用户代表或其他相关方代表进行协商。

#### 4.3.2.2 运营方、运营团队和设施经理

业主可能是设施的运营方，或者可能有其他相关方担任这一角色。无论在哪种情况下，从一开始就要考虑到运营方的利益。这种利益可扩展至最终用户的需求。在规模较大的组织中，一个运营团队、设施管理团队或者设施经理负责日常的设施管理；在规模较小的组织中，可能就没有类似的设置，因此，宜配备具有专业知识的人员从运营的角度来对设计和施工提案的后果影响提出评论和建议。

运营方、运营团队或设施经理应从业主那里获得授权，以提供有关运营战略和运营要求的信息，包括绩效结果和目标，运营成本和预算，以及在适当情况下的设施服务采购。

#### 4.3.2.3 设计和施工团队

设计和施工团队一般包括设计者、建筑商和分包商，该团队负责提供满足约定绩效成果和目标的可运行的设施，支持业主或业主代表。设计和施工团队应在其内部指定一个人员，负责与业主代表对所有设施移交相关的活动进行协调。

#### 4.3.2.4 最终用户

设施的最终用户一般包括占用人、访客和外部客户等，他们是设施服务的最终受益者。

业主或业主代表应确保最终用户的利益和需求通过相关方的参与过程而得以考虑。考虑到最终用户的数量和多样性，对于业主或业主代表而言，以小组为基础来对最终用户代表进行分门别类比以个体为基础要更为合适。

设计和施工团队应根据运营方、最终用户和其他重要相关方的利益和需求来获取交底过程的早期输入。最终用户或者其代表，应被允许在一个有利于真实、准确地了解其需求的环境下表达自己的观点。

### 4.3.3 相关方影响分析

应开展相关方的影响分析，以确定设施规划、设计、施工、安装、测试、调试、移交、启用、运行和维护方面会如何以及在多大程度上影响相关方的利益。考虑到特定的相关方对设施所拥有的权利和利益，当业主向设计和施工团队提出任何建议时都需要特别注意。

当相关方的人员范围或利益范围发生了变化并为现有各方所知晓的时候，则应适当地更新相关方影响分析。

## 4.4 交底过程的输出

交底过程的输出，即交底过程的可交付成果，一般包括但不限于：

——需求说明（见第 5 章）；

——功能交底文件（见第 6 章）；

——运行与维护交底文件（见第 7 章）。

需求说明包括业主的预期目标。功能交底文件作为设计的基础，是以确定的工作范围说明书为表现形式对需求说明所作出的解释说明。运行与维护交底文件主要从运营角度阐述了典型的考虑因素，比起设施的可建造性，运行与维护交底文件更关注设施的可运行性或可操作性。

## 4.5 其他交底注意事项

### 4.5.1 设计变更及控制

除非是出于对设施或设备的安全性和不可操作性等因素的必要考虑，应尽量避免设计变更。

如果一定要进行设计变更，考虑到成本的因素，应尽量在项目前期进行变更。

设计者如果进行设计变更，应就以下方面做出说明：

——变更建议的描述；

——变更的正当理由(例如，工作内容不安全，或设施不能正常运转，或出于价值提升的需要)；

——设计的基础(例如，系统的描述和细节，相关的组成部分、过程及活动)；

——对设施用户(包括残疾人)的影响；

——对于设施全生命周期成本、施工和安装的时间影响，以及对设施运行和维护成本的影响。

设计者应向业主和运营方提交变更申请并获得其批准，此外，还要就被批准的设计变更不定时地向业主进行正式的报告，必要时，该报告应反映变更的程度和紧迫性以及设计或再设计所需要的时间。

#### 4.5.2 风险与机会

在交底过程中，应系统地评估和管理可能对设施价值或绩效产生影响的风险和机会。风险与机会评估应包括：

——下行风险的识别和分析；

注 1：下行风险是指对设施产生潜在负面影响的因素，例如，在建设工程中所面临的危险。

——上行风险的识别和分析；

注 2：上行风险是指能给成果增加价值的因素，它们更常被称作“机会”，例如，更多地利用自然采光、自然降温和自然通风来达到节能的目的。

——对风险事件的响应以及要采取的控制措施。

当识别并评估风险与机会时，应考虑到运营方和最终用户在设施中的利益。

宜在项目一开始就建立有关风险与机会的管理维护机制。宜以文件化的形式将所有风险细节和由此产生的解决措施记录下来，并反映在资本成本和运营成本评估以及项目日程进度表当中。除了记录任何经识别的下行风险和上行风险(机会)之外，该文件也应记录其潜在影响和发生可能性的评估方法。对于下行风险，应采取措施来减少或避免其潜在影响。对于上行风险，应采取措施来实现改进。在整个工作阶段宜保持该文件的实时更新，这样它才能反映当前情况，并为将来的活动提供经验教训。

## 5 需求说明

### 5.1 概述

应编制有关业主的基本活动(或核心业务)和核心过程的需求说明。需求说明提供了有关设施支持基本活动实现的详细信息，并阐述了设施运行中要进行的一系列活动。

### 5.2 考虑因素

负责编制需求说明的人员应了解下列事项：

——组织的愿景、使命和形象；

——帮助组织实现目标的操作准则；

——组织的文化；

——任何推动变化的内部因素(例如，特定的部门、员工或项目)；

——任何推动变化的外部因素(例如，市场力量、能源供需、健康安全政策或政府拆迁政策等)；

——任何已知或预期的维持组织运转并影响组织长期运转能力的条件；

——设施可为用户提供的产品或服务；

——设施所需要的空间。

### 5.3 空间服务

空间服务的范围不仅包括空间的设计、建造、购置、出租，而且还包括空间的管理和空间的处置。

在条件允许的情况下，应计算设施的空间有效利用率，用于评估业主的空间供应。在对空间供应进行评估时，空间需求的酌量增加或减少，以及设施整个生命周期的各个阶段，都应纳入到评估范围。在空间评估中，应考虑到符合残疾人需求标准的无障碍设计要素。

### 5.4 业务案例

业务案例是针对业务需要或需求所提议的解决方案在范围、效益、成本和风险方面进行总结的文件。业务案例的内容宜包括预期目标、成本、收益等，如有需要的话还应包括业主的健康安全政策、环境政策和企业社会责任政策。当业主制定业务案例时，应将它纳入到需求说明当中，或者将其作为需求说明的附件。

### 5.5 需求的优先级和设计者参与

相关方影响分析，如果是由业主或第三方准备的，其分析结果应提供给设计者。该分析结果应能够显示所有需求的性质、范围、重要性或权重。设计者应明确这些需求的任何优先级，以避免资源的浪费。

如果设计者没有参与需求说明的编制，那么设计者也应就需求的满足程度来充分地、准确地发表意见。应特别注意需求说明中有关设计者或业主表示关注或质疑的任何问题。

## 6 功能交底文件

### 6.1 概述

功能交底文件通常由业主和设计者共同制定。通过功能交底文件应确定工作范围（形成工作范围说明书），并将它作为设计基础。

注：工作范围涵盖了交付设施所必需的规划、设计、施工、安装、测试、调试、移交、启用、运行和维护活动。

### 6.2 功能交底文件清单

功能交底文件主要从设计和施工的角度阐述了典型的考虑因素。下面列出了功能交底文件清单，这些考虑因素并不代表所有情况：

a） 总体构想：
- 组织的愿景、使命和形象，以及它们在设施的外观和设计当中所反映的程度；
- 当用户接近、进入设施或在其中走动时，设施的设计给用户带来的影响，特别是用于确保人员健康和安全的内部环境和服务供应；
- 适用于设施的无障碍设计原则，其纳入了残疾人的需求和其他的相关平等需求；
- 设计对于减轻环境不利影响的程度，包括主要材料的选择及其再利用、回收或处置，以及非能动系统的采用（例如，自然采光、自然降温和自然通风）。

b） 内部运行：
- 分区规划、内部流通和运输系统（例如，办公室、建筑物服务中心、电梯、自动扶梯、楼梯和大堂）；
- 对于支持不同功能和活动的空间的需求（例如，生产区域、创意区域、私人空间、会议区域、安全区域、公用区域、餐饮和茶点区域）以及对于辅助服务的需求（例如，垃圾的分类、回收、再利用、再循环，以及雨水收集）；
- 组织结构（例如，组织的部门和其他单元），包括员工的预计人数及其角色；

- 各部门之间、各部门与用户之间的沟通；
- 对设施所支持的功能、活动和过程的说明，包括通过分区对空间进行分隔的规定；
- 用于所有用户的通行、使用和紧急疏散的安排，包括残疾人和其他具有相关平等需求的人士；
- 内部设计中的灵活性或适应性(例如，重新配置空间以及空间扩大或缩小的可能性)；
- 能源利用，水处理和垃圾处置；
- 安全性、保障性、防火性和应变能力(例如，在设施或装置系统发生故障停机等情况时采取的措施，维持业务连续性的安排)；
- 支持服务(例如，服务如清洁和垃圾处置，产品如耗材)。

c) 外部运行：
- 外部地区的分区规划和相关的安全保障(例如，景观绿化、紧急疏散、指示标志、停车、围栏、照明、安保和监控)；
- 占用人、其他用户和访客出入设施，包括紧急通道和逃生路径；
- 公共交通的可达性或可用性(例如，有哪些交通工具以及它们与设施的距离)。

## 7 运行与维护交底文件

### 7.1 概述

设施一旦进入运行阶段，设施的运行和维护就可能被视为仅仅与设施经理相关的事务。但是，如果在设计阶段没有充分了解如何对设施进行安全、正确的管理，那么将会积累大量的问题让业主和运营方去解决。因而，有必要提前编制运行与维护交底文件，提供有关设施运行与维护的建议，并在设计完成之前由设计者提供给业主和运营方。

### 7.2 运行与维护交底文件清单

运行与维护交底文件主要从运行的角度阐述了典型的考虑因素。下面列出了运行与维护交底文件清单，这些考虑因素并不代表所有情况：

a) 内部空间：
- 楼板类型(例如，内墙、隔板、地板和天花板)；
- 按类别划分的楼板面积；
- 按类型划分的露面的预计寿命周期；
- 按类别划分的露面的初投资估算；
- 按类型划分的保洁和日常维护服务；
- 通行限制；
- 要履行的关联上述内容的活动(例如，维护频率、专业技能、设备和消耗品)和可接受的服务水平。

b) 外部空间：
- 设施的占地面积、布局、一般操作和用于交付及维护的入口；
- 对通行和作业高度的限制；
- 占地的设备和永久性固定装置；
- 外表类型和外表面积；
- 外表的预计寿命周期；
- 外表的初投资估算；
- 日常维护服务，包括可接受的服务水平。

c) 外部围护：
- 朝向和外观；
- 外围类型(即屋顶覆盖、外墙、窗户和外门)；
- 按类别划分的外围面积；
- 按类型划分的外围的预计寿命周期；
- 按类别划分的外围的初投资估算；
- 按类型划分的保洁和日常维护服务；
- 通行限制；
- 相关上述内容需履行的活动(例如,维护频率、专业技能、设备和消耗品)和可接受的服务水平。

d) 建筑服务装置：
- 装置系统的说明；
- 设备控制策略；
- 装置系统需要维护的零件和部件的种类和数量；
- 按类型划分的装置系统的预计寿命；
- 按类型划分的装置系统零件和部件的计划更新周期；
- 按类型划分的装置系统的正常运行时间；
- 按类型划分的装置系统的初投资估算；
- 相关上述内容需履行的活动(例如,维护频率、专业技能、设备和消耗品)和可接受的服务水平；
- 系统维修和更换部件的预估成本；
- 系统的能源消耗量；
- 按使用类型划分的用水量。

## 8 竣工资料和设施手册

### 8.1 概述

为了确保设施安全、正确地运行,有关设施的设计、施工、安装、调试、验收和整改记录应予留存。这些与设施施工安装等有关的信息记录被称为竣工资料,它虽然不是交底过程的一部分,但对于支持设施交付后的安全和正确运行来说是非常必要的。在大多数情况下,竣工资料是在设计和施工过程中同步收集的,一般不会给设计和施工团队的人员造成额外的工作负担。

在设施项目完工并将设施移交给运营方之后,应培训运营团队和特定的最终用户,帮助其安全、正确地操作或使用设施。设施手册是让用户全面、迅速了解设施运行的重要途径。

### 8.2 竣工资料

竣工资料宜包括但不限于：

a) 图纸:建筑、结构和建设工程服务的图纸,用于设施施工和安装的图纸,用于设施运营目的的图纸,以及调试和测试时使用的图纸。上述图纸经业主和运营方一致同意后宜以电子版形式提交,并包含下列内容：
- 文件名称和日期；
- 图纸名称；
- 序列号；
- 修订编号及日期；

- 类别(例如,建筑类、结构类、机械类和电气类);
- 等级;
- 设计人员的姓名和联系方式;
- 图纸内容的简要说明。

b) 材料(构、配件)质量保证书及试验报告:在密闭空间中和建筑外墙上使用的材料和表面涂饰。

c) 设备清单:构成设施中所有技术系统的成套装置及设备。

d) 调试(测试)及随工检查记录:设备安装调试、测定数据、性能鉴定等。

e) 验收文件:

- 竣工验收报告;
- 工程设计总结;
- 工程施工总结;
- 工程监理总结;
- 项目质量评审文件;
- 工程现场声像文件;
- 工程审计文件、材料、决算报告;
- 环境保护、劳动安全卫生、消防、人防、规划、档案等验收审批文件;
- 竣工验收会议文件、验收证书及验收委员会名册、签字、验收备案文件等。

### 8.3 设施手册

设施手册的编制应在设计阶段开始之时就进行。业主应将设施手册所需要的信息细节和建议格式提交给设计方。竣工资料应作为设施手册的必要组成部分而提供,并且能以电子版的形式提供。

注:出于提供竣工资料的目的,可采用建筑信息建模(BIM)和计算机辅助设施管理(CAFM)。

已批准的设计变更需在设施启用之前写入设施手册,设施手册应容易调阅并且随时更新。在设计阶段结束的时候,设施手册应可供业主方便地获取或查阅。在设施建造施工或安装结束的时候,如果可能的话,将健康和安全文件编入手册。在设施的测试和调试期间,有关建筑服务装置的细节和设施的运行与维护情况应制成建筑施工日志,并编入设施手册中。

ICS 13.030.01
Z 04

# 中华人民共和国国家标准

GB/T 36690—2018

# 工业废液处理污泥中铜、镍、铅、锌、镉、铬等26种元素含量测定方法

Method of determination for 26 elements(copper, nickel, lead, zinc, cadmium, chrome etc.) content in the sludge from industrial waste liquid treatment

2018-09-17 发布　　2019-04-01 实施

国家市场监督管理总局
中国国家标准化管理委员会　发布

# 前　言

本标准按照GB/T 1.1—2009给出的规则起草。

本标准由中国石油和化学工业联合会提出。

本标准由全国废弃化学品处置标准化技术委员会(SAC/TC 294)归口。

本标准起草单位:深圳市艾科尔特检测有限公司、龙蟒佰利联集团股份有限公司、厦门市蓝恒环保有限公司、四川省中明环境治理有限公司、赣州龙源环保产业经营管理有限公司、深圳准诺检测有限公司、吉安鑫泰科技股份有限公司、四川精标检测技术有限公司、江西核工业兴中新材料有限公司、嘉善绿野环保材料厂、潍坊大耀新材料有限公司、中海油天津化工研究设计院有限公司。

本标准主要起草人:彭义华、马艳萍、庄马展、蒋中卫、彭春生、洪大炜、郭荣华、董明甫、胡昌文、俞明华、王强、郭凤鑫、程龙军、王旺、黄玉西、郑冠立、罗泽彬、李霞。

# 工业废液处理污泥中铜、镍、铅、锌、镉、铬等26种元素含量测定方法

**警示——使用本标准的人员应有正规实验室工作的实践经验。本标准并未指出所有可能的安全问题。使用者有责任采取适当的安全和健康措施,并保证符合国家有关法规规定的条件。本试验方法中使用的部分试剂具有毒性或腐蚀性,操作时须小心谨慎!如溅到皮肤上应立即用水冲洗,严重者应立即治疗;本试验方法中使用高压氩气钢瓶,应按高压钢瓶安全规程操作;电感耦合等离子体发射光谱仪点燃等离子后,不应打开炬室门。**

## 1 范围

本标准规定了工业废液处理污泥中铜、镍、铅、锌、镉、铬等26种元素含量测定方法的术语和定义、一般规定、样品制备及电感耦合等离子体原子发射光谱法和氢化物发生原子荧光光谱法两种检测方法。

本标准适用于工业废液处理污泥中银(Ag)、铝(Al)、砷(As)、金(Au)、钡(Ba)、铍(Be)、铋(Bi)、钙(Ca)、镉(Cd)、钴(Co)、铬(Cr)、铜(Cu)、铁(Fe)、汞(Hg)、锰(Mn)、钼(Mo)、镍(Ni)、钯(Pd)、铅(Pb)、锑(Sb)、硒(Se)、锡(Sn)、锶(Sr)、钛(Ti)、钒(V)、锌(Zn)共26种元素含量的测定。

电感耦合等离子体原子发射光谱法在试样溶液不经稀释的情况下,新鲜污泥样品适宜的测定浓度范围为5 mg/kg～10 000 mg/kg;风干或烘干污泥样品适宜的测定浓度范围为50 mg/kg～100 000 mg/kg。电感耦合等离子体原子发射光谱法各元素的检出限见附录A。

氢化物发生原子荧光光谱法测定汞的检出限为0.004 mg/kg,适宜的测定浓度范围为0.016 mg/kg～5 mg/kg;测定砷、硒、锑、铋的检出限为0.020 mg/kg,适宜的测定浓度范围为0.080 mg/kg～50 mg/kg。

## 2 规范性引用文件

下列文件对于本文件的应用是必不可少的。凡是注日期的引用文件,仅注日期的版本适用于本文件。凡是不注日期的引用文件,其最新版本(包括所有的修改单)适用于本文件。

GB/T 602 化学试剂 杂质测定用标准溶液的制备

GB/T 603 化学试剂 试验方法中所用制剂及制品的制备

GB/T 6682—2008 分析实验室用水规格和试验方法

GB/T 21191 原子荧光光谱仪

HJ/T 20—1998 工业固体废物采样制样技术规范

HJ/T 298—2007 危险废物鉴别技术规范

## 3 术语和定义

下列术语和定义适用于本文件。

3.1

**工业废液处理污泥 sludge of industrial waste liquid treatment**

工业废液(或废水)经强碱(氢氧化钠、石灰乳或碳酸钠等)或硫化钠沉淀后形成的含有难溶于水且相对稳定的金属化合物、有机废物等的复杂非均质体。

**注:** 工业废液处理污泥经压滤后含水量60%～90%。主要包括金属表面处理产生的含重金属的污泥以及电子行

业、线路板制造业及其他行业废液处理产生的含重金属污泥。

## 4 一般规定

4.1 本标准所用试剂和水，在没有注明其他要求时，均指分析纯试剂和 GB/T 6682—2008 中规定的二级水。试验中所用杂质标准溶液、制剂及制品，在没有注明其他要求时，均按 GB/T 602 和 GB/T 603 的规定制备。

4.2 对未知成分的污泥样品，在进行定量检验前可使用 X 射线荧光光谱仪对样品中含有的元素种类和含量进行快速筛查。X 射线荧光光谱仪快速筛查法操作步骤参见附录 B。

4.3 汞(Hg)、铋(Bi)、砷(As)、锑(Sb)和硒(Se)元素以氢化物发生原子荧光光谱法为仲裁法。氢化物发生原子荧光光谱法中所用试剂均为优级纯。

4.4 消解罐和试验所用到的玻璃容器洗净后置于盛有硝酸溶液(1+1)的具盖容器中浸泡 12 h 或荡洗，再依次用自来水和二级水冲洗干净，置于洁净的环境中晾干。

4.5 配制好的元素标准溶液置于塑料容器或玻璃容器中密封保存。元素标准溶液一般配制成浓度为 0.1 mg/mL 或 1 mg/mL 的标准贮备液，在常温(15 ℃～25 ℃)下保存，有效期一般为 2 个月；在 0 ℃～5 ℃下保存，有效期为 6 个月。0.05 mg/mL 及其以下浓度的标准溶液在 0 ℃～5 ℃下保存，有效期为 1 个月。当标准溶液出现浑浊、沉淀或颜色有变化等现象时，应重新制备。

4.6 污泥中锡含量大于 100 mg/kg 的高锡污泥中锡的消解按 6.4.3 操作。污泥中银含量大于 100 mg/kg的高银污泥中银的消解按 6.4.4 操作。

## 5 样品制备

### 5.1 仪器设备

5.1.1 鼓风干燥箱：能控制温度为 105 ℃±2 ℃。

5.1.2 土壤干燥箱：能控制温度为 35 ℃±5 ℃。

5.1.3 带盖容器：搪瓷材质或其他防水且不吸收水分的材质。

5.1.4 研钵：玛瑙材质。或其他如石英、氧化铝、陶瓷等材质。

5.1.5 实验室球磨机：玛瑙材质。或其他如氧化铝、陶瓷等材质。

注：在确认研磨设备不引入待测元素的前提下也可使用实验室万能粉碎机(不锈钢粉碎槽，钢制刀片)对工业废液处理污泥样品快速粉碎。

5.1.6 尼龙筛：180 μm。

### 5.2 采样和保存

工业废液处理污泥的样品采集按 HJ/T 298—2007 中第 4 章的规定执行。样品保存按HJ/T 20—1998 中第 6 章的规定执行。

### 5.3 制样步骤

#### 5.3.1 工业废液处理污泥样品制备流程

工业废液处理污泥样品的制备流程参见附录 C。

#### 5.3.2 新鲜工业废液处理污泥的制备

采集预先已经过电动搅拌处理的新鲜工业废液处理污泥样品(以下简称新鲜污泥样品)，用手工挤捏法再次充分混匀，装入塑料密封袋中，挤压出袋内空气，室温阴凉处保存，保存期为7天。

### 5.3.3 风干工业废液处理污泥的制备

带盖容器打开容器盖，自然状态下风干，或置于土壤干燥箱中，于35 ℃±5 ℃下风干。置于干燥器中冷却至室温，称量带盖容器质量($m_0$)，精确至0.01 g。

将约200 g新鲜污泥样品转移至带盖容器中，称量总质量($m_1$)，精确至0.01 g。打开容器盖自然状态下风干，或将容器盖、容器和污泥样品一并置于土壤干燥箱中于35 ℃±5 ℃下风干。

风干完成(风干后样品的烘干干燥减量应不大于5.0%)后盖上容器盖，置于干燥器中冷却至室温，取出立即称量带盖容器和风干工业废液处理污泥样品(以下简称风干污泥样品)的总质量($m_2$)，精确至0.01 g。

将样品置于研钵或实验室球磨机中研磨至全部通过尼龙筛，装入塑料密封袋中，室温阴凉处保存。

### 5.3.4 烘干工业废液处理污泥的制备

带盖容器置于鼓风干燥箱中，打开容器盖，于105 ℃±2 ℃下烘干1 h，置于干燥器中冷却至室温，称量带盖容器质量($m_0$)，精确至0.01 g。

将约200 g新鲜污泥样品转移至带盖容器中，称量总质量($m_1$)，精确至0.01 g。打开容器盖，将容器盖、容器和污泥样品一并置于鼓风干燥箱中，于105 ℃±2 ℃下烘干至质量恒定。

烘干完成后盖上容器盖，置于干燥器中冷却至室温，取出立即称量带盖容器和烘干工业废液处理污泥样品(以下简称烘干污泥样品)的总质量($m_2$)，精确至0.01 g。

将样品置于研钵或实验室球磨机研磨至全部通过尼龙筛，重新置于鼓风干燥箱中干燥至质量恒定。装入塑料密封袋中，室温阴凉处保存。

## 5.4 试验数据处理

风干或烘干过程的干燥减量以质量分数 $w_0$ 计，按式(1)计算：

$$w_0 = \frac{m_1 - m_2}{m_1 - m_0} \times 100\% \qquad \cdots\cdots(1)$$

式中：

$m_1$——带盖容器和新鲜污泥样品总质量的数值，单位为克(g)；

$m_2$——带盖容器和风干污泥样品(或烘干污泥样品)总质量的数值，单位为克(g)；

$m_0$——带盖容器的质量的数值，单位为克(g)。

取平行测定结果的算术平均值为测定结果，两次平行测定结果符合以下规定：

——当干燥减量不大于30%时，两次测定结果的绝对差值应不大于平均值的1.5%；

——当干燥减量大于30%时，两次测定结果的绝对差值应不大于平均值的5%。

# 6 电感耦合等离子体原子发射光谱法

## 6.1 原理

工业废液处理污泥样品经过常压消解或微波消解后，用电感耦合等离子体原子发射光谱法测定试验溶液中待测元素特征发射光谱的强度，采用标准曲线法并结合内标校正测定试验溶液中各待测元素含量。电感耦合等离子体原子发射光谱法的干扰和消除参见附录D。

## 6.2 试剂或材料

### 6.2.1 硝酸。

6.2.2 盐酸。

6.2.3 盐酸溶液:1+1。

6.2.4 氨水溶液:1+1。

6.2.5 钇标准贮备溶液:1 mL 溶液含钇(Y)1 mg。准确称取 0.127 0 g 高纯三氧化二钇($Y_2O_3$ 质量分数不小于 99.5%)溶于少量硝酸中,转移至 100 mL 容量瓶中,用硝酸溶液(2+98)稀释至刻度,摇匀。

6.2.6 钇标准使用溶液,按下列方法进行制备:

a) 钇标准使用溶液Ⅰ:1 mL 溶液含钇(Y)1 μg。用移液管移取 1 mL 钇标准贮备溶液(6.2.5),置于 1 000 mL 容量瓶中,用硝酸溶液(2+98)稀释至刻度,摇匀(适用于水平炬管轴向观测 ICP-OES);

b) 钇标准使用溶液Ⅱ:1 mL 溶液含钇(Y)20 μg。用移液管移取 20 mL 钇标准贮备溶液(6.2.5),置于 1 000 mL 容量瓶中,用硝酸溶液(2+98)稀释至刻度,摇匀(适用于垂直炬管径向观测 ICP-OES)。

6.2.7 单元素标准贮备液:使用优级纯、高纯化学试剂或高纯金属(主金属元素质量分数不小于 99.99%)配制成 1 mg/mL 的单元素标准贮备液。

6.2.8 多元素混合标准溶液:根据测量的实际情况将单元素标准储备液按表 1 分组配制成多元素标准混合溶液,每种单元素的浓度不超过 0.1 mg/mL。在混合前应使用 ICP-OES 检测每种单元素标准溶液中是否含有其他待测元素,并确认其含量不影响其他待测元素的准确度时方可配制混合标准溶液。

表 1 多元素混合标准溶液分组情况

| 分组 | 元素 |
|---|---|
| 1 | Al、As、Ba、Be、Bi、Ca、Cd、Co、Cr、Cu、Fe、Mn、Ni、Pb、Se、Sr 、V、Zn |
| 2 | Ag |
| 3 | Mo、Pd、Sb、Ti |
| 4 | Au |
| 5 | Hg |
| 6 | Sn |

## 6.3 仪器设备

6.3.1 电感耦合等离子体发射光谱仪(ICP-OES):使用的氩气纯度应不小于 99.995%。

6.3.2 电热板。

6.3.3 微波消解仪:配聚四氟乙烯消解罐,具有温度控制和程序升温功能,温度控制精度±2.5 ℃。

6.3.4 滤纸:慢速定量滤纸或与其相当者。

6.3.5 离心机:离心速度为 2 000 r/min~3 000 r/min。

## 6.4 试验溶液的制备

### 6.4.1 称样量

新鲜污泥样品:称取 1.0 g~5.0 g,精确至 0.000 2 g。

烘干污泥样品:称取 0.1g~0.5 g,精确至 0.000 2 g。

6.4.2 污泥样品的全消解

6.4.2.1 常压消解法

将试样置于150 mL高脚烧杯中,烘干污泥样品加入约2 mL水湿润(新鲜污泥样品不加水),加15 mL盐酸、5 mL硝酸,在通风橱内置于电热板上低温缓慢加热,保持溶液不沸腾,蒸发至剩约3 mL。如果消解不完全可以重复以上操作。取下稍冷,加5 mL盐酸、20 mL水,置于电热板上继续加热使残渣溶解(约2 min)。消解完成后取下烧杯,冷却至室温,将溶液转移至100 mL容量瓶中,用水稀释至刻度,摇匀。同时同样制备空白试验溶液,除不加试样外,其他加入试剂的种类和量与试验溶液相同。

6.4.2.2 微波消解法

将试样置于微波消解仪的聚四氟乙烯消解罐中,烘干污泥样品加入约2 mL水湿润(新鲜污泥样品不加水),加入8 mL盐酸、2 mL硝酸。使样品与消解液充分接触,若有剧烈的化学反应,待反应结束后再将消解罐装入微波消解仪中,按表2升温程序进行消解。程序运行完毕冷却15 min~30 min,使罐内压力降至常压,在通风橱中开盖冷却。用少量水将试验溶液转移至聚四氟乙烯坩埚或玻璃烧杯中,置于电热板上于约180 ℃赶酸至约剩3 mL(或直接将消解罐置于配套控温电热器孔位中于约180 ℃赶酸至约剩3 mL)。取下稍冷,再加入5 mL盐酸,20 mL水,置于电热板上继续加热使残渣溶解(约2 min),取下,冷却后将溶液转移至100 mL容量瓶中,用水稀释至刻度,摇匀。同时同样制备空白试验溶液,除不加试样外,其他加入试剂的种类和量与试验溶液相同。

表2 微波消解升温程序

| 升温时间/min | 消解温度/℃ | 保持时间/min |
|---|---|---|
| 5 | 室温→100 | 2 |
| 5 | 100→150 | 3 |
| 5 | 150→180 | 25 |

6.4.3 高锡污泥中锡元素的消解

6.4.3.1 常压消解法

将试样置于150 mL高脚烧杯中,烘干污泥样品加入约2 mL水湿润(新鲜污泥样品不加水),加入5 mL盐酸,低温加热蒸发至近干,再分两次共加入10 mL盐酸,低温加热蒸发至黏稠状或约剩1 mL~2 mL,取下烧杯,立即延壁淋洗加入20 mL盐酸,冷却至室温,再将消解液转移至250 mL容量瓶中,用水稀释至刻度,摇匀。同时同样制备空白试验溶液,除不加试样外,其他加入试剂的种类和量与试验溶液相同。

6.4.3.2 微波消解法

将试样置于聚四氟乙烯消解罐中,烘干污泥样品加入约2 mL水湿润(新鲜污泥样品不加水),加入5 mL盐酸,按设定温度120 ℃、时间10 min的消解程序对样品进行消解,消解结束后冷却至室温。用少量水多次吹洗聚四氟乙烯消解罐壁,将消解液转移至事先加入20 mL盐酸的250 mL容量瓶中,用水稀释至刻度,摇匀。同时同样制备空白试验溶液,除不加试样外,其他加入试剂的种类和量与试验溶液相同。

#### 6.4.4 高银污泥中银元素的消解

将试样置于 150 mL 高脚烧杯中，烘干污泥样品加入约 2 mL 水湿润(新鲜污泥样品不加水)，并使试样分散，加入 20 mL 盐酸溶液，置于电炉上加热至溶液约为 10 mL，取下稍冷，加入约 3.5 mL 硝酸，置于电炉上加热至溶液约剩 2 mL～4 mL，取下稍冷，加 10 mL 水，趁热用中速定性滤纸以倾泻法过滤，滤液用 250 mL 容量瓶盛接，用水洗涤烧杯 6 次～7 次，将烧杯中的沉淀全部转移到漏斗中，再用蒸馏水洗涤滤纸 5 次～6 次，洗液合并收集于容量瓶中。

以 10 mL 氨水溶液溶解漏斗上的沉淀，另取 10 mL 氨水溶液冲洗高脚烧杯后转移到漏斗上，滤液用另一个 250 mL 容量瓶盛接，洗涤滤纸 8 次～10 次(若样品沉淀量大，洗涤过滤困难，可用玻璃棒将滤纸捅破，直接洗涤滤纸 8 次～10 次)，洗液合并收集于容量瓶中。

用水分别将酸性滤液和氨性滤液稀释至刻度，摇匀。分别测定酸性滤液和氨性滤液中的银含量，加和计算为总银含量。

#### 6.4.5 消解液后处理方法

如果消解溶液浑浊或有漂浮物，应使用下列方法中的一种进行处理：

a) 用容量瓶中试验溶液润洗已清洗并干燥的离心管，取适量试验溶液离心分离 10 min，收集离心后上清液保存于洗净并干燥的容器中待测；

b) 取容量瓶中试验溶液用滤纸(6.3.4)干过滤，弃掉约 10 mL 初始滤液，收集剩余滤液保存于洗净并干燥的容器中待测。

### 6.5 试验步骤

#### 6.5.1 仪器参考工作参数

根据仪器的要求优化仪器工作条件，开机预热稳定仪器。同时测定多种元素的工作参数见表 3(实际操作时参数可根据仪器厂家提供的数据进行设定)。

**表 3 ICP-OES 工作参数**

| 调频功率/kW | 观测高度/mm | 载气流量/(L/min) | 等离子气流量/(L/min) | 进样量/(mL/min) | 单次读数时间/s |
|---|---|---|---|---|---|
| 1.0～1.4 | 6～16 | 0.5～1.0 | 10～15 | 1～2 | 3～20 |
| **注**：观测高度是针对垂直炬管径向观测 ICP-OES 的工作参数。 | | | | | |

#### 6.5.2 标准曲线的绘制

##### 6.5.2.1 系列标准溶液的制备

根据待测元素含量范围分组配制系列标准溶液，在各自浓度范围内，至少配制 3 个浓度点(不包括试剂空白溶液)。标准曲线分组、浓度范围和介质要求见表 4，系列标准溶液的酸度应尽量保持与待测试验溶液的酸度接近。

表 4 标准曲线分组、浓度范围和介质要求

| 分组 | 元素 | 浓度范围 1/(mg/L) | 浓度范围 2/(mg/L) | 介质(体积分数) |
|---|---|---|---|---|
| 1 | Al、As、Ba、Be、Bi、Ca、Cd、Co、Cr、Cu、Fe、Mn、Ni、Pb、Se、Sr 、V、Zn | 0.00～5.00 | 0.00～100.00 | 1%～5%硝酸 |
| 2 | Ag | 0.00～5.00 | 0.00～100.00 | 1%～5%硝酸<br>或 4%氨水[a] |
| 3 | Mo、Pd、Sb、Ti | 0.00～5.00 | 0.00～100.00 | 1%～5%硝酸 |
| 4 | Au | 0.00～5.00 | 0.00～100.00 | 4%盐酸 |
| 5 | Hg | 0.00～10.00 | 0.00～100.00 | 1%～5%硝酸 |
| 6 | Sn | 0.00～10.00 | 0.00～300.00 | 10%盐酸 |
| [a] 高银污泥样品消解液处理的氨性滤液测定时使用 4%氨水介质系列标准溶液。 | | | | |

注：元素分组也可根据市售有证标准物质分组情况而定。

#### 6.5.2.2 绘制标准曲线

各元素建议的测定波长见附录 A,内标元素钇(Y)推荐校正谱线波长为 242.219 nm。当试验溶液中 Al、As、Ba、Be、Bi、Ca、Cd、Co、Cr、Cu、Fe、Mn、Ni、Pb、Se、Sr 、V、Zn、Ag、Mo、Pd、Sb、Ti、Au 元素浓度低于 5 mg/L,Hg、Sn 元素浓度低于 10 mg/L 时,选择灵敏线波长,采用表 4 中浓度范围 1 的系列标准溶液绘制标准曲线;当试验溶液中 Al、As、Ba、Be、Bi、Ca、Cd、Co、Cr、Cu、Fe、Mn、Ni、Pb、Se、Sr 、V、Zn、Ag、Mo、Pd、Sb、Ti、Au 元素浓度在 5 mg/L～100 mg/L,Hg、Sn 元素浓度在 10 mg/L～100 mg/L 时,选择次灵敏线波长,采用表 4 中浓度范围 2 系列标准溶液绘制标准曲线。

选择的内标元素应在试验溶液中本身不含有,若通过 ICP-OES 定性扫描发现样品本身存在所选择的内标元素,应重新选择另外一种符合条件的内标元素进行校正。测试 4%氨水介质含银试验溶液和 4%氨水介质含银系列标准溶液时直接采用标准曲线法测定,不使用内标校正。

将仪器调节至最佳工作状态,待仪器稳定后,对系列标准溶液进行测定。将系列标准溶液由低浓度到高浓度依次导入 ICP-OES,测定同时采用钇标准使用溶液(6.2.6)经蠕动泵内标管在线加入内标与试验溶液混合后导入 ICP-OES 进样系统(或在标准系列溶液与待测试验溶液中手工加入内标后分别上机测定),测定各待测元素的发射光谱强度。以扣除试剂空白的发射光谱强度值为纵坐标,系列标准溶液中待测元素对应的质量浓度(mg/L)为横坐标,绘制待测元素的标准曲线。

### 6.5.3 试验

使用与标准曲线绘制时相同的仪器工作条件和待测元素测定波长,测量试验溶液和空白试验溶液中各元素的发射光谱强度,根据试验溶液和空白试验溶液产生的发射光谱强度查出试验溶液和空白试验溶液中各待测元素的质量浓度(mg/L)。

当上机测定用试验溶液中待测元素浓度超过标准曲线范围时,可对其进行适当倍数稀释后测定,使用与空白试验溶液相同组成的溶液作为稀释剂。

## 6.6 试验数据处理

待测元素含量以质量分数 $w_1$ 计,数值以毫克每千克(mg/kg)表示,按式(2)计算:

$$w_1 = \frac{(\rho - \rho_0) \times V \times 10^{-3}}{m \times 10^{-3}} \times B \qquad \cdots\cdots(2)$$

式中：

$\rho$ ——由标准曲线上查得测定用试验溶液中待测元素的浓度的数值，单位为毫克每升(mg/L)；

$\rho_0$ ——由标准曲线上查得测定用空白试验溶液中待测元素的浓度的数值，单位为毫克每升(mg/L)；

$V$ ——试样经消解后定容体积的数值，单位为毫升(mL)；

$B$ ——稀释倍数(若试验溶液未稀释，其值为1)；

$m$ ——试料的质量的数值，单位为克(g)。

折算为新鲜污泥样品中待测元素含量以质量分数 $w_2$ 计，数值以毫克每千克(mg/kg)表示，按式(3)计算：

$$w_2 = w_1 \times (1 - w_0) \qquad \cdots\cdots(3)$$

式中：

$w_1$——烘干污泥样品中待测元素的质量分数；

$w_0$——烘干过程的干燥减量的质量分数。

取平行测定结果的算术平均值为测定结果，两次平行测定结果的相对偏差符合表5的规定。

**表5 ICP-OES法平行测定结果的相对偏差**

| 元素含量范围/(mg/kg) | 相对偏差/% |
|---|---|
| <50 | ≤20 |
| ≥50 | ≤10 |

## 7 氢化物发生原子荧光光谱法

### 7.1 原理

工业废液处理污泥样品经微波消解，进入原子荧光光谱仪(以下简称AFS)，其中的汞、铋、砷、锑和硒元素在硼氢化钾溶液还原作用下，生成铋化氢、砷化氢、锑化氢、硒化氢气体和汞原子蒸气。这些气体在氩气氛围燃烧的氢火焰中形成基态原子，在元素灯发射光的激发下产生原子荧光，原子荧光强度与样品中元素含量成正比，使用标准曲线法进行测定。

### 7.2 试剂或材料

7.2.1 硝酸。

7.2.2 盐酸。

7.2.3 盐酸溶液：1+1。

7.2.4 盐酸溶液：5+95。

7.2.5 硼氢化钾溶液A：10 g/L。称取0.5 g氢氧化钾置于盛有100 mL水的烧杯中，玻璃棒搅拌至完全溶解，加入约1.0 g硼氢化钾，搅拌溶解。此溶液现用现配，用于汞含量的测定。

7.2.6 硼氢化钾溶液B：20 g/L。称取0.5 g氢氧化钾置于盛有100 mL水的烧杯中，玻璃棒搅拌至完全溶解，加入约2.0 g硼氢化钾，搅拌溶解。此溶液现用现配，用于铋、砷、硒、锑的测定。

7.2.7 硫脲-抗坏血酸混合溶液：称取硫脲、抗坏血酸各10 g，各用100 mL水溶解，混匀，此溶液现用现配。

7.2.8 单元素标准贮备液：使用优级纯或高纯化学试剂、高纯金属(主金属元素含量大于99.99%)配制成0.1 mg/mL的单元素标准贮备液。

7.2.9 汞标准溶液按下列方法进行配制：

a) 固定液：将 0.5 g 重铬酸钾溶于 950 mL 水中，加入 50 mL 硝酸，混匀；

b) 汞标准中间液：1 mL 溶液含汞(Hg)0.001 mg。移取 5.00 mL 汞标准贮备液，置于 500 mL 容量瓶中，加 50 mL 盐酸溶液(7.2.3)，用固定液稀释至刻度，摇匀；

c) 汞标准使用液：1 mL 溶液含汞(Hg)0.05 μg。移取 5.00 mL 汞标准中间液，置于 100 mL 容量瓶中，加 10 mL 盐酸溶液(7.2.3)，用固定液稀释至刻度，摇匀。此溶液现用现配。

7.2.10 砷标准溶液按下列方法进行配制：

a) 砷标准中间液：1 mL 溶液含砷(As)0.001 mg。移取 5.00 mL 砷标准贮备液，置于 500 mL 容量瓶中，加入 100 mL 盐酸溶液(7.2.3)，用水稀释至刻度，摇匀；

b) 砷标准使用液：1 mL 溶液含砷(As)0.2 μg。移取 10.00 mL 砷标准中间液，置于 50 mL 容量瓶中，加入 10 mL 盐酸溶液(7.2.3)，用水稀释至刻度，摇匀，此溶液现用现配。

7.2.11 硒标准溶液按下列方法进行配制：

a) 硒标准中间液：1 mL 溶液含硒(Se)0.001 mg。移取 5.00 mL 硒标准贮备溶液，置于 500 mL 容量瓶中，加入 200 mL 盐酸溶液(7.2.3)，用水稀释至刻度，摇匀；

b) 硒标准使用液：1 mL 溶液含硒(Se)0.2 μg。移取 10.00 mL 硒标准中间液，置于 50 mL 容量瓶中，加入 20 mL 盐酸溶液(7.2.3)，用水稀释至刻度，摇匀，此溶液现用现配。

7.2.12 锑标准溶液按下列方法进行配制：

a) 锑标准中间液：1 mL 溶液含锑(Sb)0.001 mg。移取 5.00 mL 锑标准贮备液，置于 500 mL 容量瓶中，加入 100 mL 盐酸溶液(7.2.3)，用水稀释至刻度，摇匀；

b) 锑标准使用液：1 mL 溶液含锑(Sb)0.2 μg。移取 10.00 mL 锑标准中间液，置于 50 mL 容量瓶中，加入 10 mL 盐酸溶液(7.2.3)，用水稀释至刻度，摇匀，此溶液现用现配。

7.2.13 铋标准溶液按下列方法进行配制：

a) 铋标准中间液：1 mL 溶液含铋(Bi)0.001 mg。移取 5.00 mL 铋标准贮备液，置于 500 mL 容量瓶中，加入 100 mL 盐酸溶液(7.2.3)，用水稀释至刻度，摇匀；

b) 铋标准使用液：1 mL 溶液含铋(Sb)0.1 μg。移取 10.00 mL 铋标准中间液，置于 100 mL 容量瓶中，加入 20 mL 盐酸溶液(7.2.3)，用水稀释至刻度，摇匀，此溶液现用现配。

## 7.3 仪器设备

7.3.1 原子荧光光谱仪：仪器性能指标应符合 GB/T 21191 的规定。

7.3.2 元素灯：汞、铋、砷、硒、锑。

7.3.3 微波消解仪：配聚四氟乙烯消解罐，具有温度控制和程序升温功能，温度精度可达±2.5℃。

7.3.4 滤纸：慢速定量滤纸或与其相当者。

## 7.4 试验溶液的制备

### 7.4.1 称样量

新鲜污泥样品：称取 1.0 g～5.0 g，精确至 0.000 2 g。

风干污泥样品：称取 0.1 g～0.5 g，精确至 0.000 2 g。

### 7.4.2 微波消解法

将试料置于聚四氟乙烯微波消解罐中，风干污泥样品加入约 2 mL 水湿润(新鲜污泥样品不加水)，加入 8 mL 盐酸、2 mL 硝酸。使样品与消解液充分接触，若有剧烈的化学反应，待反应结束后再将消解罐装入微波消解仪中，按表 2 升温程序进行消解。程序运行完毕，冷却 15 min～30 min，使罐内压力降至常压，在通风橱中开盖冷却。用滤纸将消解后溶液过滤至 100 mL($V$)容量瓶中，用水淋洗消解罐至少三次。将洗液并入容量瓶中，用水稀释至刻度，摇匀。同时同样制备空白试验溶液，除不加试样外，其他加入试剂的种类和量与试验溶液相同。

用移液管移取 10 mL($V_1$)上述溶液，置于 50 mL($V_2$) 容量瓶中，按表 6 的规定加入盐酸溶液(7.2.3)、硫脲-抗坏血酸混合溶液，用水稀释至刻度，摇匀，室温放置 30 min(室温低于 15 ℃时，置于 30 ℃水浴中保温 30 min)待测。

**表 6　定容 50 mL 时试剂加入量**

| 元素名称 | 盐酸溶液(7.2.3)加入量/mL | 硫脲-抗坏血酸混合溶液加入量/mL |
|---|---|---|
| 汞 | 2.5 | — |
| 砷、锑、铋 | 5.0 | 10.0 |
| 硒 | 10.0 | — |

## 7.5　试验步骤

### 7.5.1　参考仪器工作参数

根据仪器的要求优化仪器工作条件，开机预热稳定仪器。仪器参考工作参数见表 7。

**表 7　氢化物发生原子荧光光谱仪参考工作参数**

| 元素名称 | 灯电流/mA | 负高压/V | 原子化器温度/℃ | 载气流量/(mL/min) | 屏蔽气流量/(mL/min) |
|---|---|---|---|---|---|
| 汞 | 15～40 | 230～300 | 200 | 400 | 800～1 000 |
| 铋 | 40～80 | 230～300 | 200 | 300～400 | 800～1 000 |
| 砷 | 40～80 | 230～300 | 200 | 300～400 | 800 |
| 锑 | 40～80 | 230～300 | 200 | 200～400 | 400～700 |
| 硒 | 40～80 | 230～300 | 200 | 350～400 | 600～1 000 |

### 7.5.2　标准曲线的绘制

#### 7.5.2.1　系列标准溶液的制备

用移液管按表 8 分别移取汞标准使用液于一组 50 mL 容量瓶中，加入规定量的盐酸溶液(7.2.3)，用水稀释至刻度，摇匀。

用移液管按表 8 分别移取砷标准使用液、锑标准使用液和铋标准使用液于一组 50 mL 容量瓶中，加入规定量的盐酸溶液(7.2.3)和硫脲-抗坏血酸混合溶液，室温放置 30 min(室温低于 15 ℃时，置于 30 ℃水浴中保温 30 min)，用水稀释至刻度，摇匀。

用移液管按表 8 分别移取硒标准使用液于一组 50 mL 容量瓶中，分别加入规定量的盐酸溶液(7.2.3)，室温放置 30 min(室温低于 15 ℃时，置于 30 ℃水浴中保温 30 min)，用水稀释至刻度，摇匀。

表 8 各元素系列标准溶液制备中试剂加入量

| 分组 | 元素 | 各元素标准使用溶液加入量/mL | 盐酸溶液(7.2.3)加入量/mL | 硫脲-抗坏血酸混合溶液加入量/mL | 系列标准溶液浓度范围/(μg/L) |
|---|---|---|---|---|---|
| 1 | 汞 | 0、0.50、1.00、2.00、3.00、4.00、5.00 | 2.5 | — | 0～5.00 |
| 2 | 砷、锑、铋 | | 5.0 | 10.0 | 砷、锑:0～20.00<br>铋:0～10.00 |
| 3 | 硒 | | 10.0 | — | 0～20.00 |

7.5.2.2 绘制标准曲线

将仪器调节至最佳工作状态,待仪器稳定后,对系列标准溶液进行测定。以硼氢化钾溶液 A 或硼氢化钾溶液 B 为还原剂,盐酸溶液(7.2.4)为载流,将系列标准溶液由低浓度到高浓度依次测定各元素原子荧光强度。以扣除试剂空白的原子荧光强度为纵坐标,系列标准溶液中待测元素对应的质量浓度(μg /L)为横坐标,绘制待测元素的标准曲线。

### 7.5.3 试验

使用与标准曲线绘制时相同的仪器工作条件,测量试验溶液和空白试验溶液中各元素的原子荧光强度,根据试验溶液和空白试验溶液产生的原子荧光强度查出试验溶液和空白试验溶液中各待测元素的质量浓度(μg/L)。

当上机试验溶液待测元素浓度超过标准曲线范围时,可对其进行适当倍数稀释后测定,使用与空白试验溶液相同组成的溶液作为稀释剂。

## 7.6 试验数据处理

待测元素的含量以质量分数 $w_3$ 计,数值以毫克每千克(mg/kg)表示,按式(4)计算:

$$w_3 = \frac{(\rho - \rho_0) \times V \times 10^{-3}}{m \times (V_1/V_2)} \times B \qquad \cdots\cdots(4)$$

式中:

$\rho$ ——由标准曲线上查得测定用试验溶液中待测元素的浓度的数值,单位为微克每升(μg/L);

$\rho_0$ ——由标准曲线上查得测定用空白试验溶液中待测元素的浓度的数值,单位为微克每升(μg/L);

$V$ ——试样经消解后定容体积的数值,单位为毫升(mL);

$B$ ——稀释倍数(若试验溶液未稀释,其值为 1);

$m$ ——试料的质量的数值,单位为克(g);

$V_1$ ——移取试验溶液的体积的数值,单位为毫升(mL);

$V_2$ ——测定用试验溶液定容体积的数值,单位为毫升(mL)。

折算为新鲜污泥样品中待测元素的含量以质量分数 $w_4$ 计,数值以毫克每千克(mg/kg)表示,按式(5)计算:

$$w_4 = w_3 \times (1 - w_0) \qquad \cdots\cdots(5)$$

式中:

$w_3$——风干污泥样品中待测元素的质量分数;

$w_0$——风干过程的干燥减量的质量分数。

取平行测定结果的算术平均值为测定结果,两次平行测定结果的相对偏差符合表 9 的规定。

表 9 AFS 法平行测定结果的相对偏差

| 元素名称 | 元素含量范围/(mg/kg) | 相对偏差/% |
|---|---|---|
| 汞 | <0.5 | ≤12 |
| | ≥0.5 | ≤8 |
| 砷、铋 | <2 | ≤12 |
| | ≥2 | ≤8 |
| 硒、锑 | <0.7 | ≤12 |
| | ≥0.7 | ≤8 |

# 附　录　A
## （规范性附录）
## 电感耦合等离子体原子发射光谱法元素测定波长及检出限

电感耦合等离子体原子发射光谱法对各种元素的测定波长和检出限见表A.1。

**表A.1　元素测定波长及检出限**

| 测定元素 | 波长/nm | 试验溶液检出限/(mg/L) | 方法检出限/(mg/kg) | 测定元素 | 波长/nm | 试验溶液检出限/(mg/L) | 方法检出限/(mg/kg) |
|---|---|---|---|---|---|---|---|
| Ag | **328.068** | 0.009 | 1.8 | Hg | 184.887 | 0.08 | 16 |
| | 338.289 | 0.02 | 4 | | **194.164** | 0.03 | 6 |
| Al | **396.152** | 0.09 | 18 | Mn | **257.610** | 0.001 | 0.2 |
| | 237.312 | 0.1 | 20 | | 293.931 | 0.02 | 4 |
| | 308.215 | 0.1 | 20 | Mo | **202.032** | 0.002 | 0.4 |
| As | **188.980** | 0.02 | 4 | | 204.598 | 0.01 | 2 |
| | 193.696 | 0.1 | 20 | Ni | **231.604** | 0.004 | 0.8 |
| Au | **267.594** | 0.003 | 0.6 | | 221.648 | 0.02 | 4 |
| | 242.794 | 0.005 | 1 | | 227.021 | 0.03 | 6 |
| Ba | **455.403** | 0.001 | 0.2 | Pb | **220.353** | 0.008 | 1.6 |
| Be | **313.042** | 0.0003 | 0.06 | | 283.305 | 0.08 | 16 |
| | 234.861 | 0.005 | 1 | Pd | **340.458** | 0.005 | 1 |
| Bi | **223.061** | 0.02 | 4 | | 360.955 | 0.01 | 2 |
| Ca | 317.933 | 0.01 | 2 | Sb | 206.834 | 0.007 | 1.4 |
| Cd | **214.439** | 0.003 | 0.6 | | **217.582** | 0.03 | 6 |
| | 226.502 | 0.003 | 0.6 | Se | **196.026** | 0.03 | 6 |
| | 228.802 | 0.004 | 0.8 | | 203.985 | 0.05 | 10 |
| Co | 238.892 | 0.005 | 1 | Sn | **189.927** | 0.02 | 4 |
| | **228.615** | 0.002 | 0.4 | | 283.998 | 0.02 | 4 |
| Cr | **267.716** | 0.001 | 0.2 | Sr | 421.552 | 0.001 | 0.2 |
| | 205.56 | 0.01 | 2 | Ti | **334.941** | 0.005 | 1 |
| | 206.158 | 0.02 | 4 | | 336.122 | 0.01 | 2 |
| Cu | **327.395** | 0.01 | 2 | V | 292.401 | 0.01 | 2 |
| | 324.754 | 0.01 | 2 | | **311.837** | 0.002 | 0.4 |
| | 224.7 | 0.03 | 6 | Zn | **213.857** | 0.006 | 1.2 |
| Fe | **238.204** | 0.03 | 6 | | 206.200 | 0.01 | 2 |
| | 259.94 | 0.04 | 8 | | | | |
| | 239.563 | 0.05 | 10 | | | | |

**注1**：黑体字波长为灵敏线。

**注2**：测定谱线选择的原则为避开谱线重叠干扰，并保证足够的谱线强度。

# 附　录　B
（资料性附录）
# X射线荧光光谱仪快速筛查法

## B.1　仪器设备

X射线荧光光谱仪(XRF):能量散射-X射线荧光仪(EDXRF)。

## B.2　试剂或材料

含待测元素的相应标准样品或经其他标准方法验证的内部控制样。

## B.3　样品处理

将按第5章准备好的新鲜污泥样品、风干污泥样品或烘干污泥样品用薄膜密实袋盛装,样品厚度大于15 mm。

## B.4　试验步骤

### B.4.1　标准样品或内部控制样的试验

打开X射线荧光光谱仪电源,选择合适的分析模式(推荐环境土壤分析模式),按设备说明书对仪器进行预热,设定分析时间不小于60 s,对仪器进行内部标准化。

将盛放有标准样品或内部控制样的薄膜密实袋置于仪器分析窗前,使样品完整覆盖分析窗。按下开始按钮,测量自动开始。测量过程中不能松手,也不能移动位置,测量过程自动结束。重复分析标准样品三次,要求其平均结果与标准值的相对偏差不超过20%。否则,应检查仪器状态是否正常,待修复后重新进行标准样品测试合格方可进行未知样品的测定。

### B.4.2　未知样品的试验

按B.4.1规定的步骤对未知样品进行测定。

# 附 录 C
（资料性附录）
## 工业废液处理污泥的样品制备流程与分析流程

工业废液处理污泥的样品制备流程与分析流程见图 C.1。

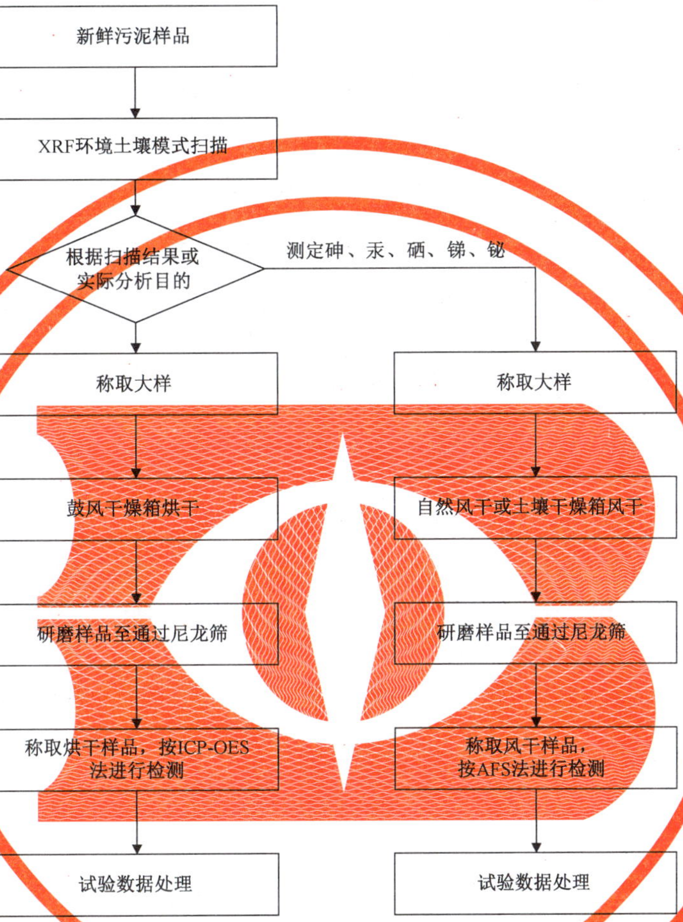


图 C.1 工业废液处理污泥的样品制备流程与分析流程

# 附 录 D
（资料性附录）
# 电感耦合等离子体原子发射光谱法的干扰和消除

## D.1 光谱干扰

光谱干扰主要包括了连续背景和谱线重叠干扰。基体元素的干扰可以通过优化试验条件选择最佳工作参数消除干扰效应。表 D.1 列出了待测元素在建议的测定波长下的主要光谱干扰。

**表 D.1 元素间光谱干扰**

| 测定元素 | 波长/nm | 干扰元素 | 测定元素 | 波长/nm | 干扰元素 |
|---|---|---|---|---|---|
| Ag | 328.068 | Zr | Hg | 184.887 | — |
| | 338.289 | Sb、Tb、Th | | 194.164 | V |
| Al | 396.152 | Mo | Mn | 257.610 | — |
| | 237.312 | — | | 293.931 | — |
| | 308.215 | V、Th | Mo | 202.032 | Os |
| As | 188.980 | Cr | | 204.598 | Ir |
| | 193.696 | Ge、Sc | Ni | 231.604 | Co、Ta、Tl |
| Au | 242.794 | Mn | | 221.648 | Si |
| | 267.594 | Nb、Sc | | 227.021 | W、Nb、Os |
| Ba | 455.403 | — | Pb | 220.353 | — |
| Be | 313.042 | — | | 283.305 | Fe、Au |
| | 234.861 | Ta | Pd | 340.458 | Th |
| Bi | 223.061 | — | | 360.955 | Tm |
| Ca | 317.933 | Mo | Sb | 206.834 | Cr |
| Cd | 214.439 | — | | 217.582 | Nb |
| | 226.502 | Fe | Se | 196.026 | Fe |
| | 228.802 | Sc | | 203.985 | Cr、Sb |
| Co | 238.892 | V | Sn | 189.927 | — |
| | 228.615 | Ni | | 283.998 | Cr、Mn |
| Cr | 267.716 | Pt | Sr | 421.552 | Rb |
| | 205.56 | Ni | Ti | 334.941 | Cr、Tb、U |
| | 206.158 | Bi | | 336.122 | Sc、Ni |
| Cu | 327.395 | Co、Ta | V | 292.401 | Ti |
| | 324.754 | Mo | | 311.837 | — |
| | 224.7 | Ni、Fe、Ge | Zn | 213.857 | Cu、Ni、Fe |
| Fe | 238.204 | Ru | | 206.200 | Ta |
| | 259.94 | — | | | |
| | 239.563 | Co、W | | | |

校正元素间干扰的方法有如下几种，可根据实际情况进行选择：

a) 化学富集分离的方法效果明显并可提高元素的检出能力，但操作手续繁冗且易引入试剂空白；
b) 基体匹配法（配制与待测样品基体成分相似的标准溶液）对于测定基体成分固定的样品，是理想的消除干扰的办法，但存在高纯度试剂难于解决的问题，而且工业废液处理污泥的基体成分复杂，在实际分析中，标准溶液的配制工作十分繁琐；
c) 常用的方法是背景扣除法，根据试验，确定扣除背景的位置及方式；
d) 干扰系数法，当存在单元素干扰时，配制一系列已知干扰元素含量的溶液，在分析元素波长的位置测定干扰元素和待测元素的合量，求出干扰系数，然后进行人工扣除或计算机自动扣除。

干扰系数 $K_i$ 按式(D.1)计算：

$$K_i = \frac{Q' - Q}{Q_i} \quad \cdots\cdots\cdots\cdots (\text{D.1})$$

式中：

$Q'$——干扰元素和待测元素的合量，单位为毫克每千克(mg/kg)；

$Q$ ——待测元素的含量，单位为毫克每千克(mg/kg)；

$Q_i$——干扰元素的含量，单位为毫克每千克(mg/kg)。

## D.2 非光谱干扰

非光谱干扰主要包括了化学干扰、电离干扰、物理干扰以及去溶剂干扰等。物理干扰一般由样品的粘滞程度及表面张力变化而致，当样品中含有大量可溶盐或酸度过高，都会对测定产生干扰，消除此类干扰的方法是将样品稀释。对非光谱干扰的校正可采用内标法，它可有效抑制基体干扰。内标法是在标准工作溶液与样品测试溶液中定量加入内标元素，通过测得溶液中待测元素强度与加入的内标元素强度的比值与标准工作溶液对应的浓度绘制校正工作曲线对样品进行定量。

ICS 83.060
G 40

# 中华人民共和国国家标准

GB/T 36691—2018

# 甲基乙烯基硅橡胶　乙烯基含量的测定 近红外法

## Methyl vinyl silicone rubber—Determination of vinyl content—Near infrared spectroscopy

2018-09-17 发布　　2019-04-01 实施

国家市场监督管理总局
中国国家标准化管理委员会　发布

# 前　言

本标准按照 GB/T 1.1—2009 给出的规则起草。

本标准由中国石油和化学工业联合会提出。

本标准由全国橡胶与橡胶制品标准化技术委员会(SAC/TC 35)归口。

本标准起草单位:合盛硅业股份有限公司、沈阳橡胶研究设计院有限公司。

本标准主要起草人:聂长虹、曾松华、孔波、方红承、罗燚、彭金鑫、管丽娟、李飒。

# 甲基乙烯基硅橡胶　乙烯基含量的测定<br>近红外法

## 1　范围

本标准规定了采用近红外法测定甲基乙烯基硅橡胶乙烯基含量(乙烯基摩尔分数)的方法,样品的乙烯基含量范围为0.04%～5.00%。

本标准适用于由二甲基硅氧烷环体与甲基乙烯基硅氧烷共聚的甲基乙烯基硅橡胶。

## 2　规范性引用文件

下列文件对于本文件的应用是必不可少的。凡是注日期的引用文件,仅注日期的版本适用于本文件。凡是不注日期的引用文件,其最新版本(包括所有的修改单)适用于本文件。

GB/T 28610—2012　甲基乙烯基硅橡胶

GB/T 29858　分子光谱多元校正定量分析通则

## 3　术语和定义

GB/T 29858界定的术语和定义适用于本文件。

## 4　原理

近红外光谱分析技术是利用含氢基团XH(X=C、N、O)等化学键在780 nm～2 500 nm波长下的振动或转动所产生的特征谱图,用化学计量学方法建立乙烯基含量定量分析预测模型,通过模型测定甲基乙烯基硅橡胶中的乙烯基含量。

## 5　仪器设备及定标样品

近红外光谱仪:随机软件具有近红外光谱数据的收集、存储分析和计算等功能,能够建立可靠的定标模型,需配置积分球模块或透射模块,且含配套固定光程石英表面的附件。应符合GB/T 29858仪器要求。

定标样品:乙烯基含量为0.04%～0.30%的低乙烯基含量的甲基乙烯基硅橡胶样品和0.30%～5.00%的高乙烯基含量的甲基乙烯基硅橡胶样品。

## 6　分析步骤

### 6.1　仪器准备

测定前,按照近红外分析仪说明书的要求进行仪器预热和自检测试。

### 6.2 定标模型的建立

#### 6.2.1 定标样品集的选择

定标样品需具有代表性，选择乙烯基含量为0.04%～0.30%的低乙烯基含量的甲基乙烯基硅橡胶和0.30%～5.00%的高乙烯基含量的甲基乙烯基硅橡胶，各定标样品间的乙烯基含量分布均匀，涵盖待分析的样品特性，分别创建定标模型，每个定标模型至少需要收集50个以上的定标样品。

#### 6.2.2 光谱数据采集

取适量的甲基乙烯基定标样品放置到石英附件表面，按照近红外光谱仪说明书要求输入样品名称，采集背景信号后再采集光谱并保存到指定位置，每采集一次样品光谱之前均采集一次背景信号。光谱数据采集过程中，每个样品取3次扫描光谱，定标时取3次扫描的平均光谱，甲基乙烯基硅橡胶近红外吸收峰谱图参见附录A中的图A.1。

#### 6.2.3 定标样品的标准理化分析方法

光谱采集后，按照GB/T 28610—2012中附录B规定的方法测定每一个定标样品的乙烯基含量。

#### 6.2.4 定标模型建立

采用建模软件，按照近红外光谱仪说明书要求优化参数，进行光谱预处理。同时，使用改进的偏最小二乘回归法，利用化学计量学原理建立定标模型。定标模型的决定系数、标准差参见附录B。低乙烯基含量定标样品集参考值与预测值关系图参见图A.2，高乙烯基含量定标样品集参考值与预测值关系图参见图A.3。

#### 6.2.5 定标模型验证

使用验证集之外的样品验证定标模型的准确性和重复性，选择定标样品数量的1/3～1/2的(20个～30个样品)，各样品间的乙烯基含量分布均匀，涵盖待分析的样品特性，应用6.2.4建立的模型测试其预测值，采用GB/T 28610—2012中附录B规定的方法测定其参考值，预测值与其参考值间的标准差(SEP)应不大于1.0。

### 6.3 试样的测定

测试样品的温度应与定标模型测试的温度一致，均在室温下测试，测定结果应在使用的定标模型所覆盖的含量范围内。应用6.2.4建立的模型进行测定，记录测定数据，每个样品测试两个平行样。

## 7 结果处理与表示

7.1 为了得到有效的结果，测定结果应在仪器使用的定标模型所覆盖的乙烯基含量范围内。

7.2 两次独立测试结果的绝对差值应符合9.2的要求，取两次数据的平均值为测定结果，测定结果保留小数点后三位。

7.3 如果两个测试结果的绝对差值不符合9.2的要求，则应再进行2次独立测试，获得4次独立测试结果。若4个独立测试结果的极差($X_{max}-X_{min}$)等于或小于允许差(按算术平均值计算出允许差)的1.3倍，则取4个独立测试结果的平均值作为最终测试结果；如果4个独立测试结果的极差($X_{max}-X_{min}$)大于允许差的1.3倍，则取4个独立测试结果的中位数作为最终测试结果。

7.4 对于仪器报警的异常测定结果，所得的数据不应作为有效测定数据。异常样品的确认和处理按第

8 章的要求执行。

## 8 异常样品的确认和处理

### 8.1 异常样品的确认

形成异常测定结果的原因，可能包括该样品乙烯基含量超过了该仪器的定标模型范围，该样品的化学结构与该仪器定标样品的结构有很大差异，选择了错误的定标模型，样品杂质过多，光谱扫描过程中样品发生了位移。

### 8.2 异常样品的处理

异常样品的乙烯基含量按 GB/T 28610—2012 中附录 B 规定的方法进行测定，并封存样品。应将异常样品的情况进行汇总统计，以利于定标模型的升级。

## 9 准确性和精密度

### 9.1 准确性

被测样品乙烯基含量扣除系统偏差后的测定值与其参考值间的标准差(SEP)应不大于 1.0。

### 9.2 重复性

在同一实验室由同一操作者使用相同的仪器设备，按相同的测试方法，在短的时间内进行重新装样，对同一被测样品互相独立进行测定，获得的两次测定结果的绝对差值应不大于算术平均值的 8%。

### 9.3 再现性

在不同实验室，由不同操作人员使用不同设备，按相同测试方法，对相同的被测样品进行独立测试，获得的两次测定结果的绝对差值应不大于算术平均值的 10%。

## 10 试验报告

试验报告应包括以下内容：

a） 本标准的编号；
b） 关于样品的说明；
c） 所用仪器型号；
d） 试验结果；
e） 本标准或者引用标准中未包括的任何自选操作；
f） 试验日期。

# 附　录　A
（资料性附录）
## 近红外吸收谱图及定标样品集参考值与预测值关系图

**A.1**　甲基乙烯基硅橡胶近红外吸收峰谱图见图 A.1。

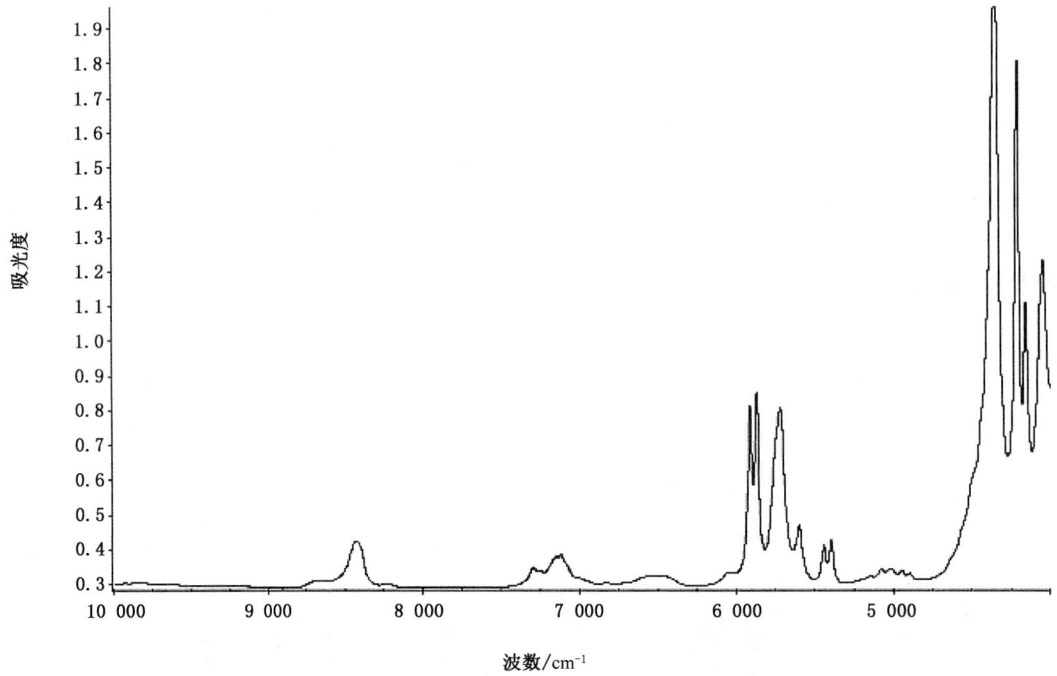


**图 A.1　甲基乙烯基硅橡胶近红外吸收峰谱图**

**A.2**　低乙烯基含量定标样品集参考值与预测值关系图见图 A.2，其中参考值是指按照 GB/T 28610—2012 中附录 B 测试的值，预测值是指近红外定标模型预测值。

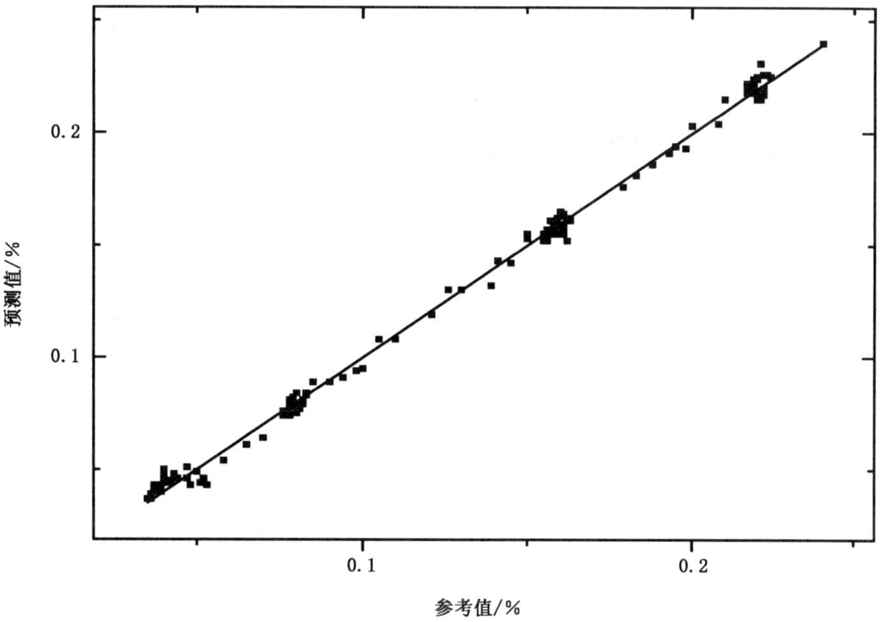


**图 A.2 低乙烯基含量定标样品集参考值与预测值关系图**

**A.3** 高乙烯基含量定标样品集参考值与预测值关系图见图 A.3,其中参考值是指按照 GB/T 28610—2012 中附录 B 测试的值,预测值是指近红外定标模型预测值。

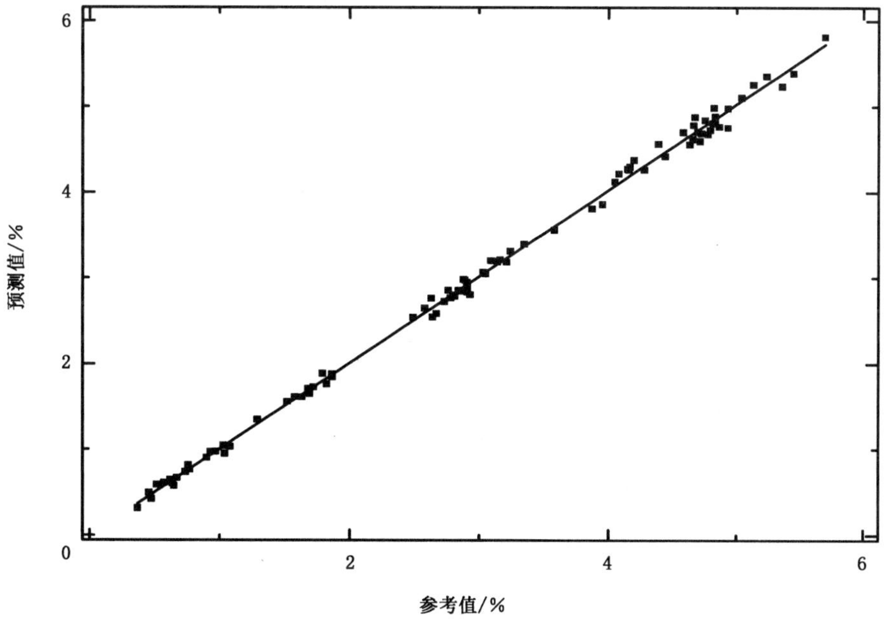


**图 A.3 高乙烯基含量定标样品集参考值与预测值关系图**

# 附 录 B
## （资料性附录）
## 定标模型的决定系数和定标标准差

定标模型的决定系数和定标标准差见表 B.1。

**表 B.1 定标模型的决定系数和定标标准差**

| 参数指标 | 含量范围/% | 决定系数 $R^2$ | 定标标准差 SEC |
|---|---|---|---|
| 低乙烯基含量 | 0.04～0.30 | ≥0.92 | ≤0.02 |
| 高乙烯基含量 | 0.30～5.00 | ≥0.94 | ≤0.05 |

ICS 71.080.20
G 17

# 中华人民共和国国家标准

GB/T 36692—2018

# 工业用顺式-1,3,3,3-四氟丙烯［HFO-1234ze(Z)］

Cis-1,3,3,3-tetrafluoropropene［HFO-1234ze(Z)］ for industrial use

2018-09-17 发布 2019-01-01 实施

国家市场监督管理总局
中国国家标准化管理委员会 发布

# 前　言

本标准按照 GB/T 1.1—2009 给出的规则起草。

本标准由中国石油和化学工业联合会提出。

本标准由全国化学标准化技术委员会制冷剂分技术委员会(SAC/TC 63/SC 9)归口。

本标准负责起草单位:浙江省化工研究院有限公司、常熟三爱富中昊化工新材料有限公司、中国石油化工股份有限公司北京化工研究院。

本标准参加起草单位:山东东岳化工有限公司、衢州氟硅技术研究院、浙江衢化氟化学有限公司、山东华安新材料有限公司。

本标准主要起草人:史婉君、张建君、徐娇、孙海、方小青、罗霞、潘晋亨、庞银娟、黄煜、钱晓峰、盛楠、鬲春利。

# 工业用顺式-1,3,3,3-四氟丙烯［HFO-1234ze(Z)］

**警示——本标准并未指出所有可能的安全问题。使用者有责任采取适当的安全和健康措施,并保证符合国家有关法规规定的条件。**

## 1 范围

本标准规定了工业用顺式-1,3,3,3-四氟丙烯[HFO-1234ze(Z),亦可简称为:R1234ze(Z)]的要求、试验方法、检验规则、标志、包装、运输和贮存。

本标准适用于以四氯丙烯、五氟丙烷等为原料,在催化剂作用下和无水氟化氢反应,或由反式-1,3,3,3-四氟丙烯[HFO-1234ze(E)]异构化反应,精制而得的顺式-1,3,3,3-四氟丙烯[HFO-1234ze(Z)]。

结构简式:$CF_3CH=CFH$

相对分子质量:114.04(按2016年国际相对原子质量)

## 2 规范性引用文件

下列文件对于本文件的应用是必不可少的。凡是注日期的引用文件,仅注日期的版本适用于本文件。凡是不注日期的引用文件,其最新版本(包括所有的修改单)适用于本文件。

GB/T 601　化学试剂　标准滴定溶液的制备

GB/T 603　化学试剂　试验方法中所用制剂及制品的制备

GB/T 6681—2003　气体化工产品采样通则

GB/T 6682　分析实验室用水规格和试验方法

GB/T 8170　数值修约规则与极限数值的表示和判定

GB/T 9722　化学试剂　气相色谱法通则

GB/T 14193　液化气体气瓶充装规定

GB/T 33063　制冷剂用氟代烯烃　不凝性气体(NCG)测定通用方法

GB/T 33064　制冷剂用氟代烯烃　氯化物($Cl^-$)测定通用方法

GB/T 33065　制冷剂用氟代烯烃　酸度的测定通用方法

GB/T 33066　制冷剂用氟代烯烃　蒸发残留物的测定通用方法

GB/T 34237　制冷剂用氟代烯烃　水分的测定通用方法

## 3 要求

3.1　外观:无色透明液体,无可见固体颗粒。

3.2　工业用顺式-1,3,3,3-四氟丙烯应符合表1的规定。

表 1 技术指标

| 项目 | 指标 | |
|---|---|---|
| | 优等品 | 合格品 |
| 顺式-1,3,3,3-四氟丙烯,$w$/% | ≥99.8 | ≥99.5 |
| 水分,$w$/% | ≤0.001 | ≤0.001 |
| 酸度(以 HCl 计),$w$/% | ≤0.000 1 | ≤0.000 1 |
| 蒸发残留物,$w$/% | ≤0.005 | ≤0.01 |
| 气相中不凝性气体(25 ℃),$\varphi$/% | ≤1.5 | ≤1.5 |
| 氯化物($Cl^-$)试验 | 通过 | 通过 |

## 4 试验方法

试验方法所用试剂和水在没有注明其他要求时,均指确认为分析纯的试剂和 GB/T 6682 规定的三级水。

试验方法所用标准溶液、制剂及制品,在没有注明其他要求时,均按 GB/T 601、GB/T 603 的规定制备。

### 4.1 外观

放置液相试样于 50 mL 干燥比色管内,至试样液相体积约 10 mL 时,用干燥的布擦干比色管外壁附着的霜或湿气,横向透视观察试样颜色、有无混浊、有无固体颗粒。

### 4.2 顺式-1,3,3,3-四氟丙烯含量的测定

#### 4.2.1 方法提要

用气相色谱法,在选定的色谱条件下,试样经气化通过色谱柱,使其中的各组分分离,用氢火焰离子化检测器(FID)检测,用校正面积归一化法计算顺式-1,3,3,3-四氟丙烯的含量。

#### 4.2.2 试剂

4.2.2.1 氮气:体积分数大于 99.995%。

4.2.2.2 氢气:体积分数大于 99.995%。

4.2.2.3 氦气:体积分数大于 99.995%。

4.2.2.4 空气:经硅胶或分子筛干燥、净化。

4.2.2.5 校准用样品:主含量应在 99.9%以上,否则应予以修正,包括顺式-1,3,3,3-四氟丙烯及其相关杂质。

#### 4.2.3 仪器

4.2.3.1 气相色谱仪:配有氢火焰离子化检测器(FID)。以苯为试样,整机灵敏度要求检出限 $D \leqslant 1 \times 10^{-11}$ g/s,稳定性应符合 GB/T 9722 的规定,线性范围满足分析要求。

4.2.3.2 记录仪:色谱工作站或色谱数据处理机。

4.2.3.3 采样钢瓶:双阀型小钢瓶,容积不小于 150 mL,工作压力应大于同等产品的压力。

4.2.3.4　进样器：1.0 mL 气密型注射器或自动进样阀、微量液体进样阀。

4.2.3.5　配气瓶：1 000 mL 或合适体积的经真空处理的干燥气瓶。

#### 4.2.4　色谱分析条件

推荐的色谱柱和色谱操作条件见表 2，含量典型色谱图和相对保留值见附录 A，其他能达到同等分离程度的色谱柱和色谱操作条件均可使用。

**表 2　推荐的色谱柱和色谱操作条件**

| 项目 | 参数 |
|---|---|
| 柱长×柱内径×液膜厚度 | 120 m×0.32 mm×1.8 μm |
| 固定相 | 键合 6%氰丙基苯基-94%二甲基聚硅氧烷 |
| 柱管材质 | 熔融石英 |
| 汽化室温度/℃ | 200 |
| 检测器温度/℃ | 220 |
| 柱温 | 初始温度 35 ℃保持 24 min，以 15 ℃/min 升温到 150 ℃保持 5 min |
| 进样量/mL | 0.2 |
| 空气流量/(mL/min) | 400 |
| 氢气流量/(mL/min) | 30 |
| 分流比 | 30：1 |

#### 4.2.5　分析步骤

##### 4.2.5.1　相对质量校正因子的测定

4.2.5.1.1　试验中用到的各校准用样品其含量应预先准确测定。在配制校准用混合样品时应将所取校准用样品的质量乘以其实际含量做修正。

4.2.5.1.2　当用顺式-1,3,3,3-四氟丙烯作为本底样品制备校准用混合样品时，需事先在本标准规定的试验条件下进行检查，应在待测组分处无杂质峰出现，否则应予以修正。

4.2.5.1.3　根据各杂质组分气体的压力，按低压组分到高压组分顺序，用两端装有阀门的定量管逐一加入各杂质组分气体到配气瓶中，以顺式-1,3,3,3-四氟丙烯作为本底气，使各杂质的含量与待测样品组成接近。平衡约 25 min。校准用混合样品有效期为 3 d。

杂质组分 $i$ 的气体的质量 $m_i$，数值以克(g)表示，按式(1)计算：

$$m_i = \frac{M_i V_i}{24\ 450} \qquad \cdots\cdots(1)$$

式中：

$M_i$ ——加入的杂质组分 $i$ 的摩尔质量，单位为克每摩尔(g/mol)；

$V_i$ ——加入的杂质组分 $i$ 的气体的体积，单位为毫升(mL)；

24 450——在 25 ℃、101.325 kPa(1 atm)下 1 mol 气体的体积的数值，单位为毫升每摩尔(mL/mol)。

4.2.5.1.4　校准用混合样品中杂质组分 $i$ 的质量分数 $w_i$，按式(2)计算：

$$w_i = \frac{m_i}{m + \sum m_i} \times 100\% \qquad \cdots\cdots(2)$$

式中：

$m_i$ ——校准用混合样品中杂质组分 $i$ 的质量，单位为克(g)；

$m$ ——校准用混合样品中本底样品的质量，单位为克(g)。

4.2.5.1.5 取一定量的校准用混合样品，按表 2 推荐的色谱操作条件测定。

以校准用混合样品的本底样品顺式-1,3,3,3-四氟丙烯为参照物，以参照物顺式-1,3,3,3-四氟丙烯的相对质量校正因子为 1 计，杂质组分 $i$ 的相对质量校正因子 $f_i$ 按式(3)计算：

$$f_i=\frac{w_i A_R}{A_i w_R} \qquad \cdots\cdots(3)$$

式中：

$w_i$ ——校准用混合样品中杂质组分 $i$ 的质量分数；

$A_R$ ——参照物顺式-1,3,3,3-四氟丙烯的峰面积；

$A_i$ ——杂质组分 $i$ 的峰面积；

$w_R$ ——参照物顺式-1,3,3,3-四氟丙烯的质量分数。

4.2.5.1.6 未知组分的相对质量校正因子 $f_i$ 采用各杂质组分中最大的相对质量校正因子。

4.2.5.1.7 对于无法完全分离的同分异构体，其共用相对质量校正因子可按其加和峰面积及加和质量计算。

#### 4.2.5.2 试样测定

按表 2 所列色谱操作条件，使仪器稳定后准备进样分析。

倒置采样钢瓶，打开液相口阀门，调节合适的流量，用注射器从采样钢瓶液相口中抽取试样数次或连续吹扫自动进样器并排空，取液相气化样进样分析。用校正面积归一化法定量。

#### 4.2.5.3 结果计算

顺式-1,3,3,3-四氟丙烯的质量分数 $w_1$，按式(4)计算：

$$w_1=\frac{A_{HFO\text{-}1234ze(Z)} f_{HFO\text{-}1234ze(Z)}}{\sum f_i A_i}\times 100\% \qquad \cdots\cdots(4)$$

式中：

$A_{HFO\text{-}1234ze(Z)}$ ——顺式-1,3,3,3-四氟丙烯的峰面积；

$f_{HFO\text{-}1234ze(Z)}$ ——顺式-1,3,3,3-四氟丙烯的相对质量校正因子；

$f_i$ ——组分 $i$ 的相对质量校正因子；

$A_i$ ——组分 $i$ 的峰面积。

取两次平行测定结果的算术平均值为报告结果。两次平行测定结果的绝对差值不得大于 0.10%。

### 4.3 水分的测定

按 GB/T 34237 的规定进行。以卡尔·费休库仑电量法配醛酮专用电解液为仲裁法。

### 4.4 酸度的测定

按 GB/T 33065 的规定进行。

### 4.5 蒸发残留物的测定

按 GB/T 33066 的规定进行。

### 4.6 气相中不凝性气体含量的测定

按 GB/T 33063 的规定进行。以外标法为仲裁法。

工业用顺式-1,3,3,3-四氟丙烯气相中不凝性气体含量测定的典型色谱图及相对保留值见附录 B。不同温度下的饱和蒸气压的数值参见附录 C。

### 4.7 氯化物($Cl^-$)的测定

按 GB/T 33064 的规定进行。

## 5 检验规则

### 5.1 型式检验

本标准规定的所有项目均为型式检验项目,在正常生产情况下,每月至少进行一次型式检验。有下列情况之一时,也应进行型式检验:

a) 更新关键生产工艺;

b) 主要原料有变化;

c) 停产又恢复生产;

d) 出厂检验结果与上次型式检验有较大差异;

e) 合同规定。

### 5.2 出厂检验

第 3 章规定的外观、顺式-1,3,3,3-四氟丙烯、水分和气相中不凝性气体为出厂检验项目。

### 5.3 组批

工业用顺式-1,3,3,3-四氟丙烯钢瓶装产品以不大于 50 t 为一批,或以一贮槽、一槽车的产品量为一批。

### 5.4 采样

**5.4.1** 按 GB/T 6681—2003 中的 7.10 的规定进行。采样的总量应保证检验的需要。

**5.4.2** 采样钢瓶和采样导管应经真空干燥,样品应以液相(其中气相中不凝性气体测定除外)进入采样钢瓶,采样量不应超过钢瓶的允许充装量。

**5.4.3** 气相中不凝性气体应以包装容器中的气相样品进入采样钢瓶,达到压力平衡后再保持 120 s 为宜。

**5.4.4** 采样钢瓶贴上标签并注明产品名称(注明气相样品、液相样品)、产品型号、批号、采样日期及采样人姓名,供检验用。

**5.4.5** 钢瓶包装的采样单元数应符合表 3 要求。允许生产厂在使用非重复性或一次性包装出厂产品时,在产品包装前采样。

**表 3 钢瓶包装的工业用顺式-1,3,3,3-四氟丙烯采样单元数**

| 产品包装单元数/瓶 | | | | 抽样数量/瓶 |
|---|---|---|---|---|
| 大于 400 kg 包装规格 | 400 kg～100 kg 包装规格 | 小于 100 kg～1 kg 包装规格 | 小于 1 kg 包装规格 | |
| 1～3 | 1～5 | 1 | 1 | 1 |
| 4～10 | 6～20 | 2～100 | 2～500 | 2 |
| 11～40 | 21～50 | 101～500 | 501～1 000 | 3 |

表 3（续）

| 产品包装单元数/瓶 | | | | 抽样数量/瓶 |
|---|---|---|---|---|
| 大于 400 kg 包装规格 | 400 kg～100 kg 包装规格 | 小于 100 kg～1 kg 包装规格 | 小于 1 kg 包装规格 | |
| 大于 40 | 51～100 | 501～1 000 | 1 001～5 000 | 5 |
| — | 大于 100 | 1 001～5 000 | 5 001～10 000 | 10 |
| — | — | 大于 5 000 | 大于 10 000 | 20 |

## 5.5 检验判定

按 GB/T 8170 规定的修约值比较法进行。检验结果如果有指标不符合本标准要求时，钢瓶装产品应重新自两倍数量的包装单元中采样进行检验，贮槽装产品及槽车装产品应重新采样进行检验。重新检验的结果即使只有一项指标不符合本标准要求，则整批产品为不合格。

# 6 标志、包装、运输和贮存

## 6.1 标志

工业用顺式-1，3，3，3-四氟丙烯包装容器上应有牢固清晰的标志[1)]，内容包括：

a） 产品名称；

b） 生产厂厂名、厂址；

c） 净含量。

## 6.2 包装

6.2.1 工业用顺式-1，3，3，3-四氟丙烯应用专用钢瓶包装。重复使用的钢瓶外涂铝白色油漆，字体为红色，打上钢印号、钢瓶皮重。非重复使用的钢瓶外涂果绿色油漆。

6.2.2 工业用顺式-1，3，3，3-四氟丙烯每批出厂的产品包装都应附有一定格式的质量证明书，内容包括：

a） 生产厂名称；

b） 产品名称、等级；

c） 生产日期或批号；

d） 产品质量检验结果或检验结论；

e） 本标准编号。

6.2.3 钢瓶充装时应符合 GB/T 14193 的规定，顺式-1，3，3，3-四氟丙烯充装系数不大于 1.20 kg/L，并按要求张贴充装标志。

6.2.4 首次使用的钢瓶应确保钢瓶内干燥与清洁。对重复使用的钢瓶，在产品使用后钢瓶内应保持正压。

## 6.3 运输

装有工业用顺式-1，3，3，3-四氟丙烯的钢瓶和槽车为带压容器，在装卸运输过程中应轻装轻卸，容

1） 本产品有关安全信息的提示参见附录 D。

器应扣好安全帽，严禁撞击、拖拉、摔落和直接曝晒。运输应符合中华人民共和国铁路、公路对危险货物运输的有关规定，并应附有“化学品安全技术说明书”和“化学品安全标签”。

## 6.4 贮存

工业用顺式-1,3,3,3-四氟丙烯应贮存在通风、阴凉、干燥的地方，不得靠近热源，严禁日晒、雨淋和接触腐蚀性物质。

# 附 录 A
（规范性附录）
# 工业用顺式-1,3,3,3-四氟丙烯含量测定的典型配制色谱图及相对保留值

## A.1 工业用顺式-1,3,3,3-四氟丙烯含量测定的典型配制色谱图

典型配制色谱图见图 A.1。

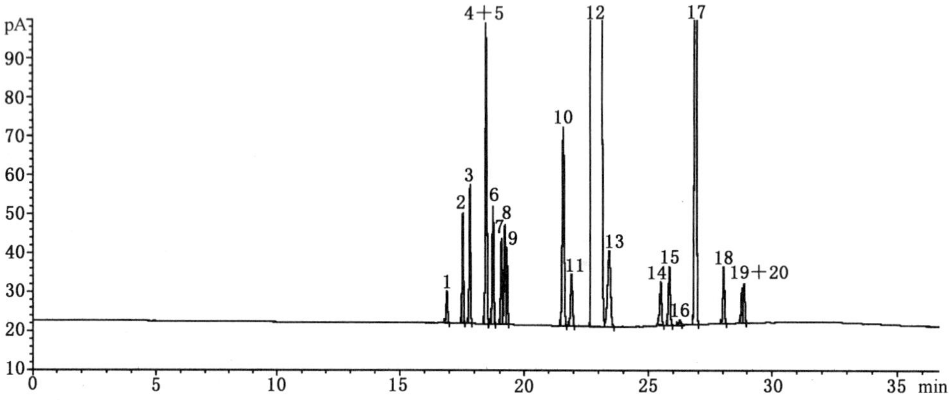


说明：

1 ——甲烷；
2 ——六氟丙烯；
3 ——1,1,1-三氟乙烷；
4+5 ——1,1,1,2,2-五氟丙烷、2,3,3,3-四氟丙烯；
6 ——3,3,3-三氟丙炔；
7 ——反式-1,3,3,3-四氟丙烯；
8 ——3,3,3-三氟丙烯；
9 ——三氟氯乙烯；
10 ——1,1,1,3,3-五氟丙烷；
11 ——2-氯-1,1,1,2-四氟乙烷；
12 ——顺式-1,3,3,3-四氟丙烯；
13 ——1,1,1,2,3-五氟丙烷；
14 ——2-氯-1,1,1-三氟乙烷；
15 ——2-氯-3,3,3-三氟丙烯；
16 ——四氟一氯丙烯；
17 ——顺式-1-氯-3,3,3-三氟丙烯；
18 ——1,1-二氯-2,2-二氟乙烯；
19+20——顺式-1,2-二氯-1,2-二氟乙烯、反式-1,2-二氯-1,2-二氟乙烯。

**图 A.1 工业用顺式-1,3,3,3-四氟丙烯含量测定毛细柱气相色谱法典型配制色谱图**

## A.2 各组分相对保留值

各组分的相对保留值见表 A.1。

**表 A.1 毛细柱气相色谱法各组分相对保留值**

| 峰号 | 组分名称 | 保留时间/min | 相对保留值 |
|---|---|---|---|
| 1 | 甲烷 | 16.900 | 0.000 |
| 2 | 六氟丙烯 | 17.532 | 0.109 |
| 3 | 1,1,1-三氟乙烷 | 17.812 | 0.158 |

表 A.1（续）

| 峰号 | 组分名称 | 保留时间/min | 相对保留值 |
|---|---|---|---|
| 4+5 | 1,1,1,2,2-五氟丙烷、2,3,3,3-四氟丙烯 | 18.455 | 0.269 |
| 6 | 3,3,3-三氟丙炔 | 18.725 | 0.315 |
| 7 | 反式-1,3,3,3-四氟丙烯 | 19.060 | 0.373 |
| 8 | 3,3,3-三氟丙烯 | 19.199 | 0.397 |
| 9 | 三氟氯乙烯 | 19.272 | 0.410 |
| 10 | 1,1,1,3,3-五氟丙烷 | 21.558 | 0.805 |
| 11 | 2-氯-1,1,1,2-四氟乙烷 | 21.892 | 0.862 |
| 12 | 顺式-1,3,3,3-四氟丙烯 | 22.689 | 1.000 |
| 13 | 1,1,1,2,3-五氟丙烷 | 23.407 | 1.124 |
| 14 | 2-氯-1,1,1-三氟乙烷 | 25.483 | 1.483 |
| 15 | 2-氯-3,3,3-三氟丙烯 | 25.829 | 1.542 |
| 16 | 四氟一氯丙烯 | 26.258 | 1.617 |
| 17 | 顺式-1-氯-3,3,3-三氟丙烯 | 26.867 | 1.722 |
| 18 | 1,1-二氯-2,2-二氟乙烯 | 28.019 | 1.921 |
| 19 | 顺式 1,2-二氯-1,2-二氟乙烯、反式 1,2-二氯-1,2-二氟乙烯 | 28.758 | 2.048 |
| 20 | | 28.848 | 2.064 |

# 附 录 B
（规范性附录）
# 工业用顺式-1,3,3,3-四氟丙烯气相中不凝性气体含量测定的典型色谱图及相对保留值

## B.1 工业用顺式-1,3,3,3-四氟丙烯气相中不凝性气体含量测定的典型色谱图

典型色谱图见图B.1。

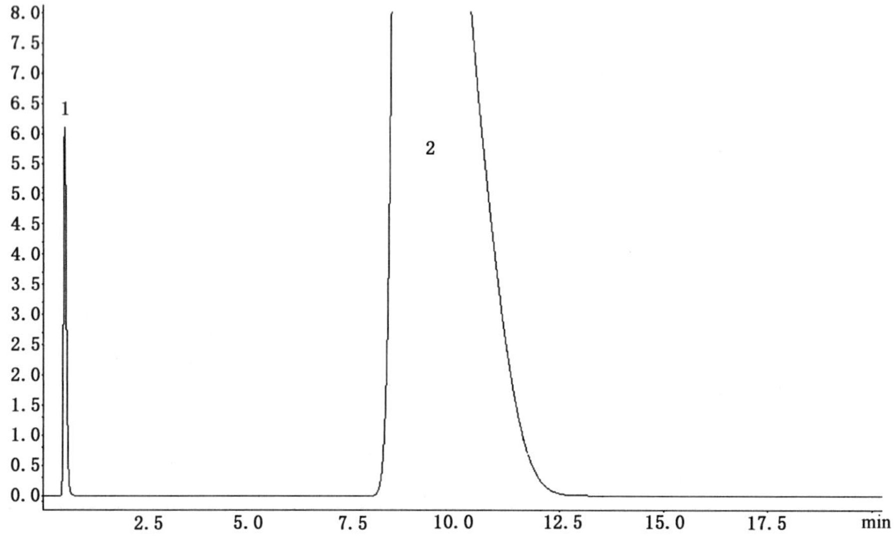


说明：
1——空气；
2——顺式-1,3,3,3-四氟丙烯[HFO-1234ze(Z)]。

图 B.1 工业用顺式-1,3,3,3-四氟丙烯气相中不凝性气体含量测定典型色谱图

## B.2 各组分相对保留值

各组分相对保留值见表B.1。

表 B.1 相对保留值

| 峰号 | 组分名称 | 保留时间/min | 相对保留值 |
|---|---|---|---|
| 1 | 空气 | 0.507 | 1 |
| 2 | HFO-1234ze(Z) | 9.077 | 17.90 |

# 附 录 C
## (资料性附录)
## 工业用顺式-1,3,3,3-四氟丙烯不同温度下的饱和蒸气压

工业用顺式-1,3,3,3-四氟丙烯不同温度下的饱和蒸气压见表 C.1。

**表 C.1 工业用顺式-1,3,3,3-四氟丙烯不同温度下的饱和蒸气压**

| 温度/℃ | 饱和蒸气压/MPa | 温度/℃ | 饱和蒸气压/MPa | 温度/℃ | 饱和蒸气压/MPa |
|---|---|---|---|---|---|
| 0.0 | 0.068 23 | 18.0 | 0.138 3 | 36.0 | 0.255 5 |
| 1.0 | 0.071 17 | 19.0 | 0.143 4 | 37.0 | 0.263 8 |
| 2.0 | 0.074 20 | 20.0 | 0.148 7 | 38.0 | 0.272 2 |
| 3.0 | 0.077 33 | 21.0 | 0.154 1 | 39.0 | 0.280 9 |
| 4.0 | 0.080 57 | 22.0 | 0.159 7 | 40.0 | 0.289 7 |
| 5.0 | 0.083 91 | 23.0 | 0.165 4 | 41.0 | 0.298 8 |
| 6.0 | 0.087 37 | 24.0 | 0.171 3 | 42.0 | 0.308 1 |
| 7.0 | 0.090 94 | 25.0 | 0.177 4 | 43.0 | 0.317 6 |
| 8.0 | 0.094 62 | 26.0 | 0.183 6 | 44.0 | 0.327 4 |
| 9.0 | 0.098 42 | 27.0 | 0.190 0 | 45.0 | 0.337 3 |
| 10.0 | 0.102 3 | 28.0 | 0.196 5 | 46.0 | 0.347 5 |
| 11.0 | 0.106 4 | 29.0 | 0.203 3 | 47.0 | 0.358 0 |
| 12.0 | 0.110 5 | 30.0 | 0.210 2 | 48.0 | 0.368 7 |
| 13.0 | 0.114 8 | 31.0 | 0.217 3 | 49.0 | 0.379 6 |
| 14.0 | 0.119 3 | 32.0 | 0.224 5 | 50.0 | 0.390 7 |
| 15.0 | 0.123 8 | 33.0 | 0.232 0 | 60.0 | 0.516 7 |
| 16.0 | 0.128 5 | 34.0 | 0.239 6 | 70.0 | 0.671 4 |
| 17.0 | 0.133 4 | 35.0 | 0.247 5 | 80.0 | 0.858 8 |
| 注：根据美国《流体热力学与传递特性数据库(第 9.1 版)》(REFPROP：Version 9.1)。 | | | | | |

# 附 录 D
（资料性附录）
# 安 全

## D.1 危险警告

工业用顺式-1,3,3,3-四氟丙烯应符合 GB 13690 的规定。

当吸入高浓度的顺式-1,3,3,3-四氟丙烯会引起轻度的中枢神经系统抑制及心率不齐(心率失常)。

## D.2 安全措施

现场人员应采取必要的防护措施,佩带防护器具。

## 参 考 文 献

[1] GB 13690 化学品分类和危险性公示 通则

ICS 53.100
P 97

# 中华人民共和国国家标准

GB/T 36693—2018

# 土方机械　液压挖掘机
# 可靠性试验方法、失效分类及评定

Earth-moving machinery—Hydraulic excavator—
Reliability test procedures, failure classification and evaluation

2018-09-17 发布　　2019-04-01 实施

国家市场监督管理总局
中国国家标准化管理委员会　发布

# 前　言

本标准按照 GB/T 1.1—2009 给出的规则起草。

本标准由中国机械工业联合会提出。

本标准由全国土方机械标准化技术委员会(SAC/TC 334)归口。

本标准起草单位:徐工集团工程机械有限公司江苏徐州工程机械研究院、斗山工程机械(中国)有限公司、厦门厦工机械股份有限公司、天津工程机械研究院有限公司、青岛雷沃工程机械有限公司。

本标准起草人:刘汉光、雷明、李胜榕、陈树巧、田大庆、吴继霞、薛艳杰。

# 土方机械　液压挖掘机<br>可靠性试验方法、失效分类及评定

## 1　范围

本标准规定了液压挖掘机(以下简称“挖掘机”)可靠性试验的术语和定义、试验方法、失效分类及评定。

本标准适用于GB/T 8498规定的工作质量不大于200 000 kg的轮胎式和履带式液压挖掘机产品的可靠性试验。

## 2　规范性引用文件

下列文件对于本文件的应用是必不可少的。凡是注日期的引用文件,仅注日期的版本适用于本文件。凡是不注日期的引用文件,其最新版本(包括所有的修改单)适用于本文件。

GB/T 6572　土方机械　液压挖掘机　术语和商业规格

GB/T 8498　土方机械　基本类型　识别、术语和定义

GB/T 9139　土方机械　液压挖掘机　技术条件

GB/T 25602　土方机械　机器可用性　术语

## 3　术语和定义

GB/T 6572和GB/T 25602界定的以及下列术语和定义适用于本文件。为了便于使用,以下重复列出了GB/T 25602中的一些术语和定义。

3.1

**失效　failure**

整机或零部件不能完成其规定功能或其性能指标恶化至范围以外的现象,但在一定时间内的易损件更换除外。

注:改写GB/T 25602—2010,定义3.4.1。

3.2

**固有缺陷失效　inherent weakness failure**

由于设计、制造等计划和实施中的错误而使产品承受规定能力内的负荷时,产品本身固有缺陷所造成的失效。

[GB/T 25602—2010,定义3.4.11]

示例:由于结构强度、材质、加工和装配工艺等原因所引起的过度变形、断裂、早期磨损和老化等失效。

3.3

**从属失效　secondary failure**

由另一产品的失效直接或间接引起的产品的失效。

[GB/T 25602—2010,定义3.4.8]

注:若发动机由于连杆螺栓断裂导致连杆轴瓦、活塞和缸体等一系列零件损坏,则连杆螺栓断裂为固有缺陷失效,由此引起的活塞、缸体等一系列零件损坏均属于从属失效。

3.4

**误用失效　misuse failure**

由操作、维修、贮存等不正确应用所引起的失效。

[GB/T 25602—2010,定义 3.4.12]

注:未按规定要求加油或加冷却液而导致发动机发热、抱缸;擅自改变零部件结构或调整状态,超载使用等导致的失效。

3.5

**工作可用度　operational availability**

在规定试验时间内,可用时间除以可用时间与不可用时间之和。

注 1:用百分比表示。

注 2:改写 GB/T 25602—2010,定义 3.2.5。

3.6

**跑合期　run-in period**

新产品释放全部性能的工作期。

[GB/T 25602—2010,定义 3.6.31]

3.7

**修理时间　repair time**

在规定条件下,修复不能完成其规定功能的产品所需的时间。

注 1:该时间通过工时测量。

注 2:为了更换组成元件,将其从主机拆除所需的修理时间不计入主机的修理时间。
如果组成元件通过修理后重新安装到主机上,其修理所需的时间应计入主机的修理时间内。

注 3:修理工作由准备、失效原因的识别、修理、更换、调整、试验等组成。

[GB/T 25602—2010,定义 3.6.12]

3.8

**平均失效间隔时间　mean time between failures**

*MTBF*

机器总作业时间与产品出现的当量失效数(失效次数与加权系数的乘积)的比值。

注:改写 GB/T 25602—2010,定义 3.6.28。

3.9

**平均修复时间　mean time to repair**

*MTTR*

在规定的条件下和规定的时间内,产品在规定的维修级别上,修复性维修总时间与在该级别上被修复产品的修复次数之比。

3.10

**致命失效　critical failure**

可能导致人身伤害或财产重大损失,或引起产品完全丧失必要功能的失效。

注:改写 GB/T 25602—2010,定义 3.4.13。

3.11

**主要失效　major failure**

可能降低或停止系统功能和/或超过 8 h 修理时间的失效。

[GB/T 25602—2010,定义 3.4.15]

3.12

**一般失效　general failure**

一般零部件损坏、裂纹、过度磨损,需要停机修理,能在 8 h 修理时间内予以排除的失效。

3.13

**轻微失效　minor failure**

不会导致停机或在 1 h 内能够排除的失效。

注：改写 GB/T 25602—2010，定义 3.4.14。

## 4　试验方法

### 4.1　试验条件

#### 4.1.1　司机及维修保养人员

4.1.1.1　进行试验的样机司机应能够熟练操作挖掘机。

4.1.1.2　参加试验的维修保养人员应熟悉液压挖掘机的构造，并具有熟练的维修技术。

#### 4.1.2　试验样机

4.1.2.1　试验样机的数量为 1 台。

4.1.2.2　试验样机应从经制造商质量检验部门检验合格的产品中随机抽取 1 台。

#### 4.1.3　试验场地

试验场地为密度 1 500 $kg/m^3$～1 800 $kg/m^3$ 的土石方工地(也可在实际工地上进行试验)，并能满足样机使用要求和设计要求的各种负荷工况。

### 4.2　试验前的准备

4.2.1　样机随机技术文件应齐全。

4.2.2　样机各总成、部件、附件及随机工具应完整。登记样机的制造商、型号、编号、发动机编号和主要总成编号及制造日期，并记入表 A.1 中。

### 4.3　试验程序

#### 4.3.1　跑合试验

4.3.1.1　试验样机各部位的技术状态应符合有关技术文件的规定。按样机司机手册或制造商规定的跑合规范进行跑合。

4.3.1.2　样机跑合试验后，进行检验、调整和保养。

#### 4.3.2　性能初试

跑合试验结束后，应按 GB/T 9139 的规定对下列项目进行试验：

——爬坡能力；

——轮胎式挖掘机制动；

——履带式挖掘机坡道停车制动；

——轮胎式挖掘机行走速度；

——挖掘机机外发射声功率级；

——挖掘机司机位置处发射声压级。

#### 4.3.3　可靠性试验

4.3.3.1　样机跑合时间和性能测试时间不计入可靠性试验累计时间。

4.3.3.2 可靠性试验累计时间按以下要求进行：

——小型挖掘机累计试验时间为 500 h，不包括样机跑合时间和性能测试时间；

——大于 6 000 kg 的挖掘机累计试验时间为 1 000 h，不包括样机跑合时间和性能测试时间。

4.3.3.3 试验期间，发动机空转时间、空行驶时间应不少于总作业时间的 5%。

4.3.3.4 试验样机可靠性试验时的评价生产率不低于其最大生产率的 70%。当自由卸土作业工况时，挖掘高度应达到模拟装车高度，挖掘深度为该机规定的最大挖掘深度的 1/2；当装车作业工况时，应重点对回转速度、回转时间、回转压力进行考核。

4.3.3.5 试验过程中需按制造商的规定进行操作和保养样机。

4.3.3.6 可靠性试验采取连续循环作业的方式进行，连续 2 h 以上的作业时间总计不应少于总试验时间的 95%。

4.3.3.7 在进行可靠性试验过程中，试验人员应注意观察样机各部位是否有异常现象或失效，并将其试验、失效、维护、修理等情况详细记入表 A.1 和表 A.2。如果是挖掘机的首次失效（轻微失效除外），需在“失效情况说明”中注明为首次失效。

4.3.3.8 试验期间，因意外事故引起样机重大损坏时，可另行取样重新进行试验。

### 4.3.4 性能复试

样机达到总作业时间后，应按 4.3.2 进行性能复试。若样机性能下降至设计允许的性能范围之外，则产品按一次故障处理。

### 4.3.5 维护与修理

4.3.5.1 维护保养工作应按样机的司机手册规定的内容和时间进行，所用时间计入累计维护保养时间。

4.3.5.2 参加维护保养及修理的人员均按两名技术熟练工人计算，即若有三人参加，每用去 1 h，折算为 1.5 h，若有四人参加，每用去 1 h，折算为 2 h。

4.3.5.3 样机在作业时发生失效，应及时停机检查与修理，不应带故障运行，其修理时间应按实际用去的人时数记入表 A.1。

### 4.3.6 试验数据

#### 4.3.6.1 首次失效前工作时间

首次失效前工作时间为可靠性试验中样机在规定的使用条件下发生首次失效（轻微失效除外）前的工作时间。

#### 4.3.6.2 平均失效间隔时间

平均失效间隔时间按式(1)计算：

$$MTBF=\frac{T_0}{\sum_{i=1}^{3}k_i e_i} \qquad \cdots\cdots(1)$$

式中：

$MTBF$ ——平均失效间隔时间，单位为小时(h)；

$T_0$ ——试验期间样机总作业时间，单位为小时(h)；

$k_i$ ——产品出现第 $i$ 类失效的失效次数；

$e_i$ ——第 $i$ 类失效的加权系数，$i$ 为失效类别，见表 1。

当 $\sum_{i=1}^{3}k_i e_i<1$ 时，令 $\sum_{i=1}^{3}k_i e_i=1$。

#### 4.3.6.3 工作可用度

工作可用度按式(2)计算：

$$A_0 = \frac{T_0}{T_0 + T_1 + T_2} \times 100\% \quad \cdots\cdots\cdots\cdots(2)$$

式中：

$A_0$——工作可用度；

$T_1$——排除失效时间的总和，单位为小时(h)；

$T_2$——维护保养时间的总和(每日保养时间除外)，单位为小时(h)。

#### 4.3.6.4 平均修复时间

平均修复时间按式(3)计算：

$$MTTR = \frac{\sum_{i=1}^{n} t_i}{n} \quad \cdots\cdots\cdots\cdots(3)$$

式中：

$MTTR$——平均修复时间，单位为小时(h)；

$t_i$——第 $i$ 次修复性维修的维修时间，单位为小时(h)；

$n$——修复次数。

### 4.3.7 试验报告

4.3.7.1 试验报告中应包括试验依据、试验目的、试验对象以及试验的参加人员和试验的起止日期。

4.3.7.2 试验报告中应包括试验场地、环境和工况情况、试验结果以及试验中所用的仪器和设备。

## 5 失效分类及评定

### 5.1 失效分类

5.1.1 按失效对整机功能性能的影响、失效后果造成的危害程度、失效排除的难易程度以及维修时间、维修成本等，将挖掘机失效分为致命失效、主要失效、一般失效和轻微失效四类。其失效类别、划分原则、评定准则和加权系数见表1。

**表1 失效分类及评定准则**

| 失效类别 $i$ | 加权系数 | 失效名称 | 划分原则 | 失效示例 |
|---|---|---|---|---|
| 0 | ∞ | 致命失效 | 1) 严重危及或导致人身伤亡；<br>2) 重要总成报废或主要部件严重损坏；<br>3) 造成严重经济损失 | 1) 发动机损坏；<br>2) 车架、动臂、斗杆、转台断裂；<br>3) 车轮脱落；<br>4) 转向、换向机构失灵或损坏；<br>5) 制动器、变速箱损坏；<br>6) 重要构件断裂 |

**表 1（续）**

| 失效类别 $i$ | 加权系数 | 失效名称 | 划分原则 | 失效示例 |
|---|---|---|---|---|
| 1 | 1.5 | 主要失效 | 1） 挖掘机主要功能（如行驶、回转、挖掘作业等功能）丧失或重要性能（如行驶和制动、回转速度和制动、挖掘力等性能）指标恶化至规定范围以外，必须停机维修；<br>2） 重要零部件损坏且需要更换产品外部重要零部件或拆开机体更换内部零部件才能排除，修理时间较长；<br>3） 修理费用较高 | 1） 主要性能下降；<br>2） 主要液压元件损坏；<br>3） 各传动齿轮、传动轴承等主要零部件损坏 |
| 2 | 0.8 | 一般失效 | 1） 挖掘机主要性能指标下降，影响工作效率。（如行驶和制动、回转过快或过慢、挖掘效率等性能）；<br>2） 非主要零部件失效，可用备件和随车工具在现场 8 h 内排除；<br>3） 维修费用中等 | 1） 当气温在 5 ℃以上时发动机连续三次不能启动；<br>2） 变速箱齿轮不能正常啮合；<br>3） 变速箱、主要液压元件及万向节发生异常响声；<br>4） 轴承、轴承壳、制动器壳体及其他机件过热，轴承温度超过 110 ℃；<br>5） 发动机连续二次自动熄火造成停机；<br>6） 漏水、漏油较严重；<br>7） 液压系统中管道、管接头损坏；<br>8） 焊接部位焊缝开裂长度大于 5%的相对长度；<br>9） 键、销损坏；<br>10） 各仪器、仪表失灵或损坏；<br>11） 变速箱内油温度超过 80 ℃ |
| 3 | 0.1 | 轻微失效 | 1） 对整机主要性能有轻微影响，不会导致工作中断；<br>2） 非主要零部件发生失效，可用备件和随车工具在现场 1 h 内容易排除，或在日常保养中能用随车工具轻易排除；<br>3） 维修费用低廉 | 1） 渗水、渗油较严重；<br>2） 转向灯、照明灯不亮；<br>3） 焊接部位焊缝开裂长度小于 5%相对长度；<br>4） 螺栓松动等轻微故障 |

5.1.2 失效模式示例参见附录 B。

### 5.2 失效评定准则

5.2.1 按例行维护保养更换到期的易损件不计入失效次数，但应做记录。

5.2.2 固有缺陷失效引起从属失效时，只作一次失效计算，其加权系数按大者计，但同时发生的失效项目应作详细记录。

5.2.3 若同时发生的无因果关系的失效，应分别计算。计算评价指标时，不计误用失效。

5.2.4 失效模式相同、多次发生的失效，若属于固有缺陷失效，每次都应计入。

# 附　录　A
（资料性附录）
# 失效信息收集格式

失效信息格式见表 A.1 和表 A.2。

**表 A.1　液压挖掘机可靠性试验班次记录表**

制造商：＿＿＿＿＿＿＿＿＿＿　试验日期：＿＿＿＿＿＿＿＿＿＿

机器型号：＿＿＿＿＿＿＿＿＿　编号：＿＿＿＿＿＿＿＿＿＿

发动机编号：＿＿＿＿＿＿＿＿　主要总成编号：＿＿＿＿＿＿＿＿

制造日期：＿＿＿＿＿＿＿＿＿

<table>
<tr><td>试验日期</td><td colspan="3"></td><td colspan="2">试验地点</td><td colspan="3"></td><td colspan="3">作业工况</td><td colspan="2"></td></tr>
<tr><td>样机型号</td><td colspan="3"></td><td colspan="2">样机编号</td><td colspan="3"></td><td colspan="3">司机</td><td colspan="2"></td></tr>
<tr><td>天气</td><td colspan="3"></td><td colspan="2">气温 /℃</td><td colspan="3"></td><td colspan="3">班次</td><td colspan="2"></td></tr>
<tr><td rowspan="2">检查时间</td><td colspan="13">检查项目</td></tr>
<tr><td colspan="4">发动机水温<br>℃</td><td colspan="3">发动机油温<br>℃</td><td colspan="3">计时表<br>h</td><td colspan="3">燃油箱油量<br>kg</td></tr>
<tr><td></td><td colspan="4"></td><td colspan="3"></td><td colspan="3"></td><td colspan="3"></td></tr>
<tr><td></td><td colspan="4"></td><td colspan="3"></td><td colspan="3"></td><td colspan="3"></td></tr>
<tr><td></td><td colspan="4"></td><td colspan="3"></td><td colspan="3"></td><td colspan="3"></td></tr>
<tr><td colspan="11">失效情况说明</td><td colspan="3">燃油消耗量</td></tr>
<tr><td>失效停机<br>时间<br>min</td><td></td><td>配件准<br>备时间<br>min</td><td></td><td colspan="2">修复时间<br>min</td><td></td><td colspan="3">其他时间<br>min</td><td></td><td colspan="2">班燃油消<br>耗(或加燃<br>油)量<br>L</td><td></td></tr>
</table>

**表 A.2　液压挖掘机可靠性试验失效统计表**

<table>
<tr><td rowspan="2">序号</td><td rowspan="2">失效<br>出现<br>日期</td><td colspan="2">作业累<br>计时间</td><td rowspan="2">总成<br>名称</td><td rowspan="2">零部件<br>名称</td><td rowspan="2">失效<br>模式</td><td rowspan="2">失效情<br>况说明</td><td rowspan="2">失效<br>类别</td><td rowspan="2">失效<br>编号</td><td rowspan="2">排除失<br>效措施</td><td colspan="2">排除失效时间</td></tr>
<tr><td>h</td><td>min</td><td>h</td><td>min</td></tr>
<tr><td></td><td></td><td></td><td></td><td></td><td></td><td></td><td></td><td></td><td></td><td></td><td></td><td></td></tr>
</table>

# 附 录 B
# （资料性附录）
# 失效模式示例

失效模式示例见表 B.1。

**表 B.1 失效模式示例**

| 失效模式名称 | 说明 |
| --- | --- |
| 整机 | |
| 无动作 | 操纵机器、设备、执行件等没有动作 |
| 无法行走 | 机器不能行走的现象 |
| 无法启动 | 机器、设备不能启动的现象 |
| 启动困难 | 机器、设备虽然可以启动，但是比较困难 |
| 功能失效 | 由于某一局部故障致使整机、总成或零部件的某些功能完全丧失的现象。如：制定失效、离合器打滑、变速器掉挡等 |
| 无力 | 力不符合技术条件规定值（过小）的现象 |
| 抖动 | 异常振动、颠簸的现象 |
| 跑偏 | 机器运动时向一侧偏 |
| 异响 | 产品在行驶及作业中，各总成或部件发出的不正常声响的现象。如：发动机、离合器、泵、马达等处的不正常响声 |
| 失控 | 设备出现不受控制的现象 |
| 电气 | |
| 短路 | 电器元件。电流自一端未经过负载而直接流到另一端的现象 |
| 断路 | 电器元件。又称为开路，两点之间的电路不通的现象 |
| 烧坏 | 电器元件。由于过热引起零件损坏的现象。如：线圈、保险丝等的烧坏 |
| 接触不良 | 电器元件。由于电路连接部位连接不牢（接头松动、焊点虚焊、脱焊），电路中出现断续电流的现象 |
| 电压不稳 | 电器元件。电压波动范围超出设计要求 |
| 无电 | 整车电路不通没有电 |
| 亏电 | 电瓶不能被及时补充电量，用电器在低电压状态下工作 |
| 不发电 | 发电机不能发电的现象 |
| 报警 | 设备出现异常、危险等情况下发出警报的现象 |
| 不定位 | GPS 不能获取整机设备的具体位置坐标 |
| 不显示 | 显示数值、图像的仪器不能显示的现象 |
| 不停响 | 一直发出响声不停止的现象 |
| 不收音 | 收音机不能收音的现象 |
| 不复位 | 机构归位状态不符合技术要求的现象 |

表 B.1（续）

| 失效模式名称 | 说明 |
|---|---|
| 不贴合 | 零部件间表面未能正常贴合 |
| 不工作 | 机器、设备不能正常工作 |
| 间歇性工作 | 机器、设备时而工作时而不工作的现象 |
| 工作异常 | 机器、设备工作中不正常 |
| 不亮 | 灯、显示器等仪器不亮 |
| 显示异常 | 显示数值、图像的仪器显示不正常的现象 |
| 虚焊 | 由于焊点处只有少量的焊锡柱，造成接触不良，时通时断或经过长期使用，一些发热较严重的零件，其焊脚处的焊点出现老化剥离的现象 |
| 老化 | 非金属零件随使用时间或存放时间的延长或周围环境的影响，性能衰退的现象。如：橡胶密封、塑料件的老化 |
| 液压 | |
| 漏油 | 在油密闭管路及容器系统中，有油成滴或成流非正常泄出的现象。一般由于密封装置失效、紧固件松动或零件损坏等造成 |
| 渗油 | 在油密闭管路或壳体表面，有油迹，但不滴落的现象。一般由于密封装置部分失效、紧固件松动或零件损坏等造成 |
| 内泄 | 由于密封不良等原因导致流体在系统内从高压区向低压区泄漏的现象。如：油缸、汽缸、液压阀、泵、马达等的内泄 |
| 溜缸 | 油缸活塞出现溜动的现象 |
| 堵塞 | 流体在管路中流动不畅或不能流动的现象 |
| 砂眼 | 气体或杂质在铸件内部或表面形成的小孔。如：管路、壳体、轴承座等的砂眼 |
| 压力不当 | 压力不符合技术条件规定值的现象。如：机油压力、液压油压力、压缩空气压力等过高或过低 |
| 流量不当 | 流量不符合技术条件规定值（过大或过小）的现象 |
| 调整不当 | 可调整部件由于未按技术条件要求调整，性能不能正常发挥的现象 |
| 密封不良 | 密封未达到规定要求，导致油、水或气等介质泄漏的现象 |
| 润滑不良 | 零件表面未达到规定润滑要求的现象 |
| 动力传动 | |
| 漏水 | 在水密闭的管路及容器系统中，有水成滴或成流非正常泄出的现象。如：冷却系统、空调系统等的漏水 |
| 渗水 | 在水密闭管路或壳体表面，有水迹，但不滴落的现象。如：冷却系统、空调系统等的渗水 |
| 漏气 | 由于密封件失效、紧固件松动或零件损坏等引起气体从具有气压的系统内非正常泄出的现象。如：气制动系统的漏气 |
| 锈蚀 | 由于水、杂质或其他介质等原因致使零件表面产生锈、斑及腐蚀的现象 |
| 高温 | 温度不符合技术条件规定值（过高）的现象 |
| 烧机油 | 机油进入了发动机的燃烧室，与混合气一起参与了燃烧 |

**表 B.1（续）**

| 失效模式名称 | 说明 |
|---|---|
| 冒黑烟 | 冒烟异常(黑烟)的现象 |
| 冒蓝烟 | 冒烟异常(蓝烟)的现象 |
| 掉速 | 发动机转速不稳定出现下降的现象 |
| 噪声大 | 噪声不符合技术条件规定值(过大)的现象 |
| 油耗超标 | 发动机油耗超过技术规定值的现象 |
| 油门失灵 | 踩下油门时没反应 |
| 挡位失效 | 挡位不能控制失效的现象 |
| 挂挡困难 | 难以挂挡的现象 |
| 怠速不稳 | 发动机怠速时速度不稳定 |
| 操作不灵 | 机构操纵不灵活 |
| 刹车失灵 | 刹车时失控不能刹车的现象 |
| 转向沉重 | 转向时很沉重 |
| 行程不当 | 操纵件或运动件的行程不符合技术要求(未达到或超出规定行程)的现象。如:踏板、操作杆、方向盘、油缸、气缸等的行程不当 |
| | 结构 |
| 开焊 | 焊接部位或焊缝裂开的现象 |
| 开裂 | 金属或非金属部件产生的可见的裂缝或裂纹,不包括焊缝部位 |
| 裂纹 | 在零件表面或内部产生的微小的裂缝 |
| 断裂 | 具有有限面积的几何表面离的现象,如轴、杆、支架、皮带、齿轮等零件断裂 |
| 龟裂 | 零部件表面产生网状裂纹,如离合器摩擦片、制动蹄片等产生的龟裂 |
| 碎裂 | 部件变成许多不规则形状的碎块的现象,如轴承、摩擦片、玻璃、玻璃钢、衬套、塑料壳罩等的碎裂 |
| 松动 | 连接件丧失应具有的紧固力或过盈件配合失效。如:螺栓、铆钉等联接件的松动 |
| 脱落 | 连接件丧失连接而造成的零件分离的现象 |
| 剥落 | 金属、非金属或油漆层以薄片状与原表面分离的现象 |
| 偏心 | 零部件重心与轴线不重合。如:滑轮、卷扬盒等的偏心 |
| 错位 | 由于某一零件松动或损坏,使另一零件产生位置移动的现象 |
| 干涉 | 相对运动件之间发生不应有的碰撞或摩擦的现象。如:踏板与驾驶室底板干涉等 |
| 发卡 | 相对运动部件之间运动不畅的现象 |
| 卡死 | 相对运动部件之间不能运动的现象,有时也称抱死、顶死 |
| 卡滞 | 零件在规定的运动轨迹上有非正常的间歇或受阻的现象 |
| 变形 | 零部件在载荷作用下改变原有形状的现象。如塑性变形、过大的弹性变形、弯曲或扭转变形等 |
| 拉伤 | 摩擦副相对运动时,沿摩擦表面滑动方向形成伤痕。如:缸筒、轴瓦等的拉伤 |

表 B.1（续）

| 失效模式名称 | 说明 |
| --- | --- |
| 压痕 | 部件表面产生凹状痕迹，如十字轴颈表面出现的压痕 |
| 间隙不当 | 组合件配合间隙或触点间隙不符合技术要求（过大或过小）的现象 |
| 异常磨损 | 运动部件表面产生的非正常磨损，一般表现为磨损过快或失衡 |
| 空调 | |
| 不制冷 | 空调系统，由于缺冷媒、空调管路脱落、压缩机、冷凝器损坏等导致的空调不制冷现象 |
| 制冷差 | 空调故障，由于与空调相关的零部件损坏导致的空调制冷异常现象 |
| 制冷异常 | 空调制冷不正常的现象 |
| 漏冷媒 | 在空调系统管路中有冷媒泄露的现象 |
| 无风 | 设备运行时出风口无风的现象 |
| 风量小 | 风量不符合技术条件规定值（过小）的现象 |
| 风速失调 | 无法控制风速大小的现象 |
| 其他 | |
| 爆胎 | 轮胎在极短的时间因破裂突然失去空气而瘪掉 |
| 脱轨 | 链轨节离位的现象 |
| 打不开 | 驾驶室门锁、工具箱等不能打开 |
| 锁不住 | 驾驶室门锁、工具箱等锁不上 |
| 脱漆 | 零部件表面油漆脱落的现象 |

ICS 53.100
P 97

# 中华人民共和国国家标准

GB/T 36694—2018

# 土方机械　履带式推土机燃油消耗量试验方法

## Earth-moving machinery—Fuel consumption for tractor-dozer—Test methods

2018-09-17 发布　　2019-04-01 实施

国家市场监督管理总局
中国国家标准化管理委员会　发布

# 前　言

本标准按照 GB/T 1.1—2009 给出的规则起草。

本标准由中国机械工业联合会提出。

本标准由全国土方机械标准化技术委员会(SAC/TC 334)归口。

本标准起草单位:天津工程机械研究院有限公司、山推工程机械股份有限公司、山东源根石油化工有限公司、卡特彼勒(青州)有限公司、机械工业工程机械及液压件产品质量监督检测中心(天津)。

本标准起草人:贾晓雯、李广庆、高汝洁、袁俊洲、李玉、程萌、刘佼、邓艳芳。

# 土方机械　履带式推土机燃油消耗量试验方法

## 1　范围

本标准规定了发动机额定功率560 kW及以下的履带式推土机燃油消耗量的术语和定义、试验项目、试验条件、测量方法、试验方法、试验记录和试验评价。

本标准适用于履带式推土机模拟动作的燃油消耗量的测量。

## 2　规范性引用文件

下列文件对于本文件的应用是必不可少的。凡是注日期的引用文件，仅注日期的版本适用于本文件。凡是不注日期的引用文件，其最新版本(包括所有的修改单)适用于本文件。

GB 252　普通柴油

GB/T 1885　石油计量表

GB/T 6375　土方机械　牵引力测试方法

GB/T 8498　土方机械　基本类型　识别、术语和定义

GB/T 8590　土方机械　推土机　术语和商业规格

## 3　术语和定义

GB/T 8498和GB/T 8590界定的术语和定义适用于本文件。

## 4　试验项目

试验按下列规定的项目进行：

——牵引试验；

——待机试验。

## 5　试验条件

### 5.1　试验机器

#### 5.1.1　配置

试验机器的配置应达到制造商规定的标准状态。当对试验机器的重心没有影响时则不受限制。

#### 5.1.2　发动机转速

将试验机器发动机的无负荷最低转速和无负荷最高转速调节到规定范围内。

#### 5.1.3　燃油填充量

燃油填充量应达到燃油箱容量的2/3以上。

#### 5.1.4 热车

试验机器在试验前应进行充分热车，使发动机冷却液出口温度不低于 70 ℃，传动油温不低于 80 ℃，液压油温度不低于 50 ℃。

#### 5.1.5 冷却风扇

配备可变转速控制冷却风扇的机器，当风扇转速达到制造商规定的风扇最高转速的 70％以上时方可进行试验（允许发动机低转速时风扇转速也随之下降）。

#### 5.1.6 空调

装有空调的司机室，在试验过程中空调应处于关闭状态。

### 5.2 燃油

试验机器用燃油应符合 GB 252 的规定，并按照 GB/T 1885 的规定折合为 20 ℃时的密度。

### 5.3 测量项目和测量仪器的精度

测量项目和测量仪器的精度应符合下列规定：

——时间：±0.1 s 以内；

——转速：测量对象的±1％以内；

——温度：最小刻度 1 ℃以内；

——燃油消耗量：直接测量消耗流量时，测量对象的精度范围在±1％以内，分别对发动机燃油进油口和回油口进行测量时精度范围在±0.2％以内。使用副油箱进行质量测量时，使用精密测量仪器保证测量精度范围在±1％以内。

### 5.4 环境条件

试验环境应满足下列条件：

——相对湿度：小于 95％；

——最大风速：小于 5 m/s；

——环境温度：278 K～308 K（5 ℃～35 ℃）。

### 5.5 大气条件

表示大气条件（压力、温度和湿度）对发动机空气吸入量影响的大气系数 $f_a$，依据发动机的形式使用式（1）、式（2）及式（3）进行计算，并将数值控制在 0.96～1.06 之间（0.98～1.02 最佳）：

a） 无增压及机械式增压发动机

$$f_a=\left(\frac{99}{P_d}\right)\cdot\left(\frac{T}{298}\right)^{0.7} \quad \cdots\cdots（1）$$

式中：

$T$ ——发动机进气口的绝对温度，单位为开尔文（K）；

$P_d$ ——干燥大气压，从大气全压中将水蒸气压减去而得，单位为千帕（kPa）。

b） 无风冷或者带有中冷的涡轮增压发动机

$$f_a=\left(\frac{99}{P_d}\right)^{0.7}\cdot\left(\frac{T}{298}\right)^{1.2} \quad \cdots\cdots（2）$$

c） 带中冷和液体冷却器的涡轮增压发动机

$$f_a=\left(\frac{99}{P_d}\right)^{0.7}\cdot\left(\frac{T}{298}\right)^{0.7} \quad\cdots\cdots(3)$$

## 6 燃油消耗量的测量方法

### 6.1 使用流量计测量法

#### 6.1.1 消耗量直接测量法

消耗量直接测量方法的示例见图 1。

为防止由喷射装置喷管返回的燃油产生气泡，必要时可追加（回油管加压）供油泵。为控制燃油发动机进油口温度在设定温度以下，必要时可增加热交换器。

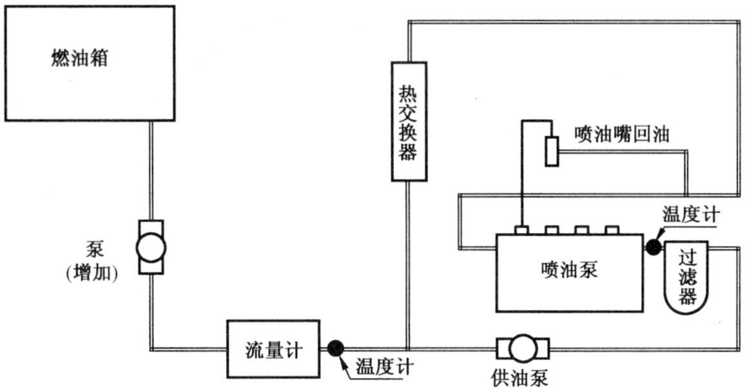


图 1 直接消耗量测量方法示例

#### 6.1.2 发动机进油和回油的消耗量测量法

通过发动机进油流量和回油流量的差计算消耗量的方法示例见图 2。此方法中进油和回油的测量应尽可能同步，双侧的流量计特性（流量和误差特性）应尽可能一致。并确保回油侧流量测量管内无气泡产生。

应使用测量用流量计流量特性的试验结果对流量测量值进行修正。

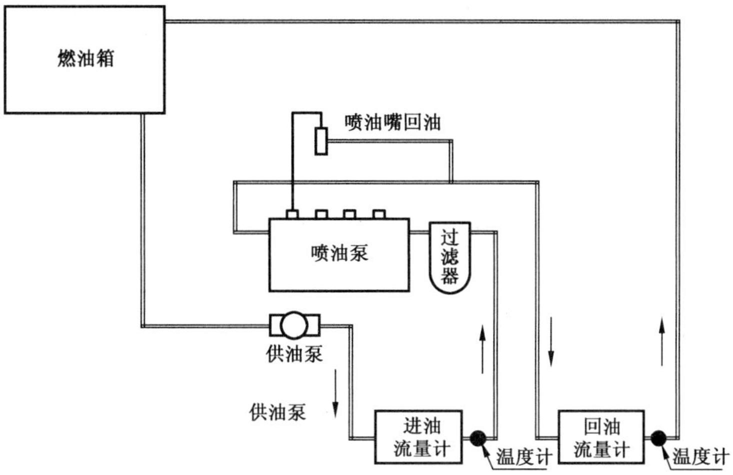


图 2 发动机进口侧和回油侧流量测量方法示例

## 6.2 使用副油箱测量法

图3的示例表示利用发动机供油副油箱和回油副油箱在试验前后的质量差计算燃油消耗量的方法。此方法中，为保证测量副油箱质量所使用称重测量仪器的精度，应排除进行质量测量时风等外界因素的困扰，并应避免副油箱拆装时的燃油泄漏及发动机一侧气泡的混入。

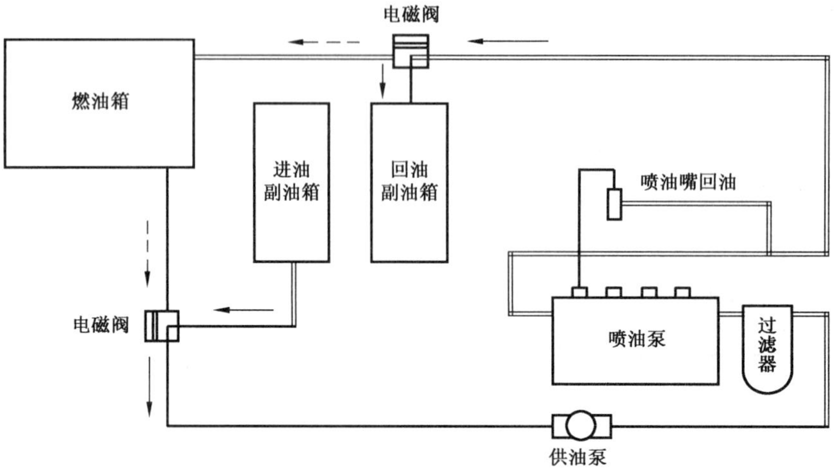


图3 使用副油箱对燃油消耗量进行测量的方法示例

# 7 试验方法

## 7.1 牵引试验

### 7.1.1 一般要求

牵引试验应根据GB/T 6375的规定，在足够坚固平坦的土质直线路面上，测量出牵引力、牵引速度和燃油消耗量，计算出最大牵引功率试验的前进牵引功率输出和后退牵引试验的后退牵引功率输出。对于进行局部变型的机器，可根据搭载发动机的单体试验得出的牵引功率输出、燃油消耗量测量结果，以及试验机器动力传动系统的效率进行计算。

### 7.1.2 试验条件

#### 7.1.2.1 最大牵引功率试验

最大牵引功率试验应符合以下规定：

——最大牵引输出功率时的牵引力与重力加速度之比的数值大小应在试验机器工作质量的40%～60%的范围内；

——存在前进时发生上述牵引力的挡位；

——牵引距离在30 m以上。

#### 7.1.2.2 后退牵引试验

后退牵引试验应符合以下规定：

——牵引力与重力加速度之比的数值大小应在试验机器运行质量的8%～12%的范围内。

——存在多个变速段或搭载了自动变速器的机器，应切换为手动挡并固定为第2挡。静液压推土

机按照表 1 的行走速度实施(行走速度低于表 1 规定时以最高速度实施);

——牵引距离在 30 m 以上。

**表 1　静液压推土机的试验行走速度**

| 发动机额定功率/kW | <75 | 75～170 | >170 |
|---|---|---|---|
| 行走速度/(km/h) | 6 | 7.5 | 9 |
| 注:行走速度精度在±10%的范围内。 | | | |

### 7.1.3　试验次数及牵引输出功率平均燃油消耗率的计算

最大牵引功率试验应进行 5 次,去除牵引功率最大和最小两个实验值,取其余 3 次试验数据为最终试验结果。

后退牵引试验应进行 5 次,接近牵引力目标值的 3 次试验数据为最终试验结果。

单位牵引输出的燃油消耗率 $G_{TO}$,使用式(4)进行计算(计算数值采用四舍五入法):

$$G_{TO}=\frac{Q_1\times\frac{V_2}{V_1+V_2}+Q_2\times\frac{V_1}{V_1+V_2}}{P_1\times\frac{V_2}{V_1+V_2}} \qquad \cdots\cdots(4)$$

式中:

$G_{TO}$——牵引输出功率平均燃油消耗率,单位为克每千瓦时[g/(kW·h)];

$Q_1$ ——最大牵引输出功率时的单位时间燃油消耗量,单位为克每小时(g/h);

$Q_2$ ——后退牵引的单位时间燃油消耗量,单位为克每小时(g/h);

$V_1$ ——最大牵引输出功率时的牵引速度,单位为千米每小时(km/h);

$V_2$ ——后退牵引的牵引速度,单位为千米每小时(km/h);

$P_1$ ——最大牵引输出功率,单位为千瓦(kW)。

在牵引试验记录表(参见附录 A)中记录的 3 次试验结果,所需时间(s)保留小数点后一位;燃油消耗量(g)取整数;每小时燃油消耗量(kg/h)保留小数点后一位;牵引输出功率(kW)保留小数点后一位;牵引速度(km/h)保留小数点后两位;牵引输出功率平均燃油消耗率[(g/(kW·h)]取整数。

另外,行走路面的纵向坡度大于 0.5%时,前进和后退应分别进行试验。在牵引试验记录表(参见附录 A)的试验编号栏中分别注明前进和后退并应记录 5 次数据,取接近牵引力目标值的 3 次试验数据的平均值。

## 7.2　待机试验

待机试验是在稳定的发动机无负荷最低转速状态下,测量燃油消耗量。

测量时间在 600 s 以上,并将试验结果记录在待机试验记录表(参见附录 A)中。

注:牵引试验记录表和待机试验记录表(参见附录 A)的记录值要求为测量时间(s)保留小数点后一位,燃油消耗量(g)取整数,每小时燃油消耗量(kg/h)保留小数点后一位。

# 8　试验记录

行走路面的纵向坡度大于 0.5%时,在正反两个方向分别进行 5 次试验并将结果填入在牵引试验记录表(参见附录 A)中。去除最大和最小两个测试值,取其余 3 次试验数据的平均值作为试验真实结果。

## 9 试验评价

推土机燃油消耗量试验中各动作比例系数按表2的规定。

推土机燃油消耗率评价值 $G_{DZ}$ 按式(5)进行计算。

$$G_{DZ}=\frac{Q_1\times K_{f1}\times\frac{V_2}{V_1+V_2}+Q_2\times K_{f2}\times\frac{V_1}{V_1+V_2}+Q_3\times K_{f2}}{\alpha\times P_1\times K_{f1}\times\frac{V_2}{V_1+V_2}}\qquad\cdots\cdots(5)$$

式中：

$G_{DZ}$——推土机燃油消耗率评价值，单位为克每千瓦时[g/(kW·h)]；

$Q_1$ ——最大牵引输出功率试验时的燃油消耗量，单位为克每小时(g/h)；

$K_{f1}$——切土、运土的比例系数(见表2)；

$V_1$ ——最大牵引输出功率时的行走速度，单位为千米每小时(km/h)；

$V_2$ ——后退牵引时的行走速度，单位为千米每小时(km/h)；

$Q_2$ ——后退牵引试验时的燃油消耗量，单位为克每小时(g/h)；

$Q_3$ ——待机试验时的燃油消耗量，单位为克每小时(g/h)；

$K_{f2}$——待机的比例系数(见表2)；

$\alpha$ ——作业效率改善系数(通常为1，能够证明推土板形状改变等引起的作业量改变情况)；

$P_1$ ——最大牵引输出功率，单位为千瓦(kW)。

**表2 评价燃油消耗量各动作的比例系数值**

| 比例系数 | 推土机额定功率/kW | | |
|---|---|---|---|
| | <75 | 75～170 | >170 |
| 切土、运土 $K_{f1}$ | 0.85 | 0.9 | 0.95 |
| 待机 $K_{f2}$ | 0.15 | 0.1 | 0.05 |

# 附　录　A
## （资料性附录）
## 推土机燃油消耗量试验记录表

制造商名称：____________ 试验日期：________

机器型号：____________ 制造编号：________

工作质量：________ kg(附属工作装置________)

动力传输形式：________

额定功率：________ kW/________ r/min

装置形式：________ 测量方式：消耗量直接测量/进油和回油流量差测量/副油箱测量

大气压：______ kPa　室外温度：____ ℃　相对湿度：____ %

燃油密度：______ ( __ ℃)　膨胀系数：______ $K^{-1}$

运行模式：____________

（记录标准模式、节能模式等试验时制造商规定使用的运行模式）

a）　牵引试验

1）　最大牵引功率试验

最大牵引输出功率：______ kW(牵引力：____ kN 挡位：______)　行走距离：____ m

| 试验序号 | 所需时间 s | 进油 | | | 回油 | | | 燃油消耗量 g | 单位时间燃油消耗量 kg/h | 单位时间工作量 t/h | 模拟单位工作量的燃油消耗量 g/t | 备注 |
|---|---|---|---|---|---|---|---|---|---|---|---|---|
| | | 容积 mL | 温度 ℃ | 质量 g | 容积 mL | 温度 ℃ | 质量 g | | | | | |
| 1 | | | | | | | | | | | | |
| 2 | | | | | | | | | | | | |
| 3 | | | | | | | | | | | | |
| 4 | | | | | | | | | | | | |
| 5 | | | | | | | | | | | | |
| 平均 | | — | — | — | — | — | — | | | | | |

2）　后退牵引试验

牵引力：______ kN　(挡位：____)　　行走距离：____ m

| 试验序号 | 所需时间 s | 进油 | | | 回油 | | | 燃油消耗量 g | 单位时间燃油消耗量 kg/h | 牵引力 kN | 牵引速度 km/h | 备注 |
|---|---|---|---|---|---|---|---|---|---|---|---|---|
| | | 容积 mL | 温度 ℃ | 质量 g | 容积 mL | 温度 ℃ | 质量 g | | | | | |
| 1 | | | | | | | | | | | | |
| 2 | | | | | | | | | | | | |
| 3 | | | | | | | | | | | | |
| 4 | | | | | | | | | | | | |
| 5 | | | | | | | | | | | | |
| 平均 | | — | — | — | — | — | — | | | | | |

3） 单位牵引输出功率燃油消耗率

| 最大牵引输出功率试验（平均） | | | 后退牵引试验（平均） | | 单位牵引输出燃油消耗率[a]<br>g/(kW·h) |
|---|---|---|---|---|---|
| 牵引速度 $V_1$<br>km/h | 牵引输出功率 $P_1$<br>kW | 燃油消耗量 $Q_1$<br>g/h | 牵引速度 $V_2$<br>km/h | 燃油消耗量 $Q_2$<br>g/h | |
| | | | | | |

[a] 单位循环燃油消耗量除以最大牵引输出功率。

b） 待机试验

发动机无负荷最低回转速度：______规定值______r/min（±______r/min） 测量值：______r/min

| 测量时间<br>s | 进油 | | | 回油 | | | 待机燃油消耗量<br>g | 单位时间燃油消耗量<br>kg/h |
|---|---|---|---|---|---|---|---|---|
| | 容积<br>mL | 温度<br>℃ | 质量<br>g | 容积<br>mL | 温度<br>℃ | 质量<br>g | | |
| | | | | | | | | |

ICS 53.100
P 97

# 中华人民共和国国家标准

GB/T 36695—2018

# 土方机械　液压挖掘机燃油消耗量试验方法

## Earth-moving machinery—Fuel consumption for hydraulic excavator—Test methods

2018-09-17 发布　　2019-04-01 实施

国家市场监督管理总局
中国国家标准化管理委员会　发布

# 前　言

本标准按照 GB/T 1.1—2009 给出的规则起草。

本标准由中国机械工业联合会提出。

本标准由全国土方机械标准化技术委员会(SAC/TC 334)归口。

本标准负责起草单位:徐工集团工程机械有限公司江苏徐州工程机械研究院、天津工程机械研究院有限公司、广西柳工机械股份有限公司、山东源根石油化工有限公司、青岛雷沃工程机械有限公司、烟台艾迪液压科技有限公司、机械工业工程机械及液压件产品质量监督检测中心(天津)。

本标准参加起草单位:三一重机有限公司、山东临工工程机械有限公司、沃尔沃建筑设备投资(中国)有限公司、斗山工程机械(中国)有限公司、山河智能装备股份有限公司。

本标准主要起草人:刘汉光、贾晓雯、吴红丽、黄敏、袁俊洲、王宾、徐尚武、吴继霞、阎堃、曹东辉、刘崇、朱海燕、雷明、刘昌盛。

# 土方机械　液压挖掘机燃油消耗量试验方法

## 1　范围

本标准规定了液压挖掘机(以下简称"挖掘机")燃油消耗量的术语和定义、试验项目、试验条件、测量方法、试验方法和评价值。

本标准适用于标准铲斗容量小于 2.4 $m^3$ 的挖掘机。

## 2　规范性引用文件

下列文件对于本文件的应用是必不可少的。凡是注日期的引用文件,仅注日期的版本适用于本文件。凡是不注日期的引用文件,其最新版本(包括所有的修改单)适用于本文件。

GB 252　普通柴油

GB/T 1885　石油计量表

GB/T 6572　土方机械　液压挖掘机　术语和商业规格

## 3　术语和定义

GB/T 6572 界定的术语和定义适用于本文件。

## 4　试验项目

试验按照下列规定进行:

——挖掘装载动作试验:装备标配的铲斗,进行挖掘装载的模拟动作,测量燃油消耗量;

——平地动作试验:测量使用动臂和斗杆进行平地动作时的燃油消耗量;

——行走试验:测量在铺砌路面或者坚固平坦的路面进行直线行走时的燃油消耗量;

——待机试验:液压挖掘机待机状态下发动机最小负荷转速时的燃油消耗量。

除待机试验外,油门要达到最大位置,操作工作装置手柄应敏捷,且至少应有一个手柄做最大位移操作。

## 5　试验条件

### 5.1　试验用挖掘机的分级

试验机器应根据制造商规定的标准铲斗的额定斗容量进行分级,见表 1。

表 1 试验机器的分级

单位为立方米

| 级别 $V_S$ | 标准铲斗的额定斗容量 $V$ |
|---|---|
| 0.01 | $V<0.02$ |
| 0.022 | $0.02\leqslant V<0.03$ |
| 0.044 | $0.03\leqslant V<0.055$ |
| 0.066 | $0.055\leqslant V<0.07$ |
| 0.08 | $0.07\leqslant V<0.085$ |
| 0.09 | $0.085\leqslant V<0.105$ |
| 0.11 | $0.105\leqslant V<0.13$ |
| 0.14 | $0.13\leqslant V<0.15$ |
| 0.16 | $0.15\leqslant V<0.20$ |
| 0.22 | $0.20\leqslant V<0.25$ |
| 0.28 | $0.25\leqslant V<0.36$ |
| 0.45 | $0.36\leqslant V<0.47$ |
| 0.5 | $0.47\leqslant V<0.55$ |
| 0.6 | $0.55\leqslant V<0.7$ |
| 0.8 | $0.7\leqslant V<0.9$ |
| 1.0 | $0.9\leqslant V<1.05$ |
| 1.1 | $1.05\leqslant V<1.3$ |
| 1.4 | $1.3\leqslant V<1.7$ |
| 1.9 | $1.7\leqslant V<2.4$ |

## 5.2 试验机器

### 5.2.1 配置

试验机器配置应达到制造商规定的标准状态。如对试验机器的动作、质量及质量平衡没有影响，则不受限制。

### 5.2.2 发动机转速

将试验机器发动机的无负荷最低转速和无负荷最高转速调节到规定值的范围内。

### 5.2.3 燃油填充量

试验机器的燃油填充量应达到燃油箱容量的 2/3 以上。

### 5.2.4 热车

试验前试验机器应进行充分的热车，使发动机冷却液入口温度不低于 70 ℃，变矩器油温不低于 80 ℃，液压油不低于 50 ℃。

### 5.2.5 冷却风扇

配备冷却风扇的转速可变控制结构的试验机器，风扇转速应达到全油门状态下最高转速的70%以上进行试验。允许发动机低转速时风扇转速也随之下降。

### 5.2.6 空调

如装有空调，在试验过程中应关闭空调。

## 5.3 燃油

试验用燃油应符合GB 252的规定。按照GB/T 1885的规定折合为20 ℃时的密度。

## 5.4 测量项目和测量仪器的精度

测量项目和测量仪器的精度应符合下列规定：

——时间：±0.1 s以内；

——温度：最小刻度1 ℃以内；

——转速：测量对象的±0.5%以内；

——燃油消耗量：直接测量消耗量时，测量对象的±1%以内，对发动机进油口和回油口分别测量时，测量对象的±0.5%以内；使用副油箱进行质量测量时，测量精度在测量消耗量的±1%以内。

## 5.5 环境条件

试验环境应满足下列条件：

——相对湿度：小于95%；

——最大风速：小于5 m/s；

——环境温度：278 K～308 K(5 ℃～35 ℃)。

## 5.6 大气条件

考虑大气条件(压力、温度及湿度)对发动机的进气量的影响，根据发动机形式的不同，按照式(1)、式(2)、式(3)中的任一式计算出大气因子 $f_a$，$f_a$ 在0.96～1.06(0.98～1.02最好)的范围较好：

a) 无增压及机械式增压发动机

$$f_a=\left(\frac{99}{P_d}\right)\cdot\left(\frac{T}{298}\right)^{0.7} \qquad \cdots\cdots(1)$$

式中：

$T$ ——发动机进气口的绝对温度，单位为开尔文(K)；

$P_d$——干燥大气压，从大气全压中将水蒸气压减去而得，单位为千帕(kPa)。

b) 无风冷或者带有中冷的涡轮增压发动机

$$f_a=\left(\frac{99}{P_d}\right)^{0.7}\cdot\left(\frac{T}{298}\right)^{1.2} \qquad \cdots\cdots(2)$$

c) 带中冷和液体冷却器的涡轮增压发动机

$$f_a=\left(\frac{99}{P_d}\right)^{0.7}\cdot\left(\frac{T}{298}\right)^{0.7} \qquad \cdots\cdots(3)$$

# 6 燃油消耗量的测量方法

## 6.1 使用流量计的测量方法

### 6.1.1 直接消耗流量测量方法

直接消耗流量测量方法的示例见图 1。

为防止由喷油装置喷油嘴回油产生气泡,可增加(回油管加压)供油泵。为控制发动机进油口燃油温度在设定温度以下,必要时可增加热交换器。

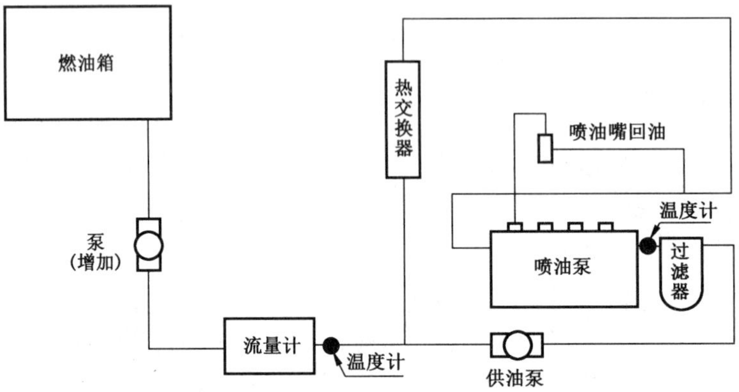


图 1 直接消耗流量的测量方法

### 6.1.2 发动机进油和回油的流量测量方法

通过发动机进油流量和回油流量的差计算消耗量,发动机进油和回油流量测量方法的示例见图 2。进油口和回油口的流量应同时测量,两流量计的特性(流量和误差特性)应一致。此外,应确保回油流量测量管路中没有气泡产生。

用测量所用流量计的不确定度对测量值进行修正。

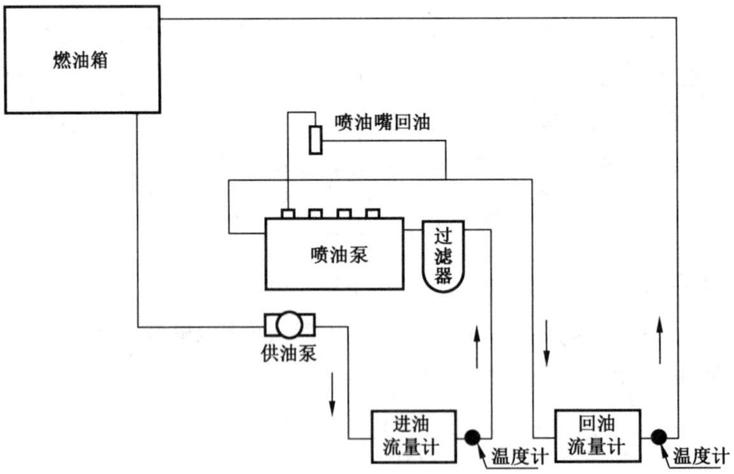


图 2 发动机进油和回油流量的测量方法

## 6.2 使用副油箱的测量方法

用发动机进油副油箱和回油副油箱在试验前后的质量差计算燃油消耗量的方法,使用副油箱测量燃油消耗量方法的示例见图 3。为保证测量副油箱质量的精度,应排除测量时的外界影响因素(如风等)。应避免副油箱拆装时漏油、发动机侧气泡混入。

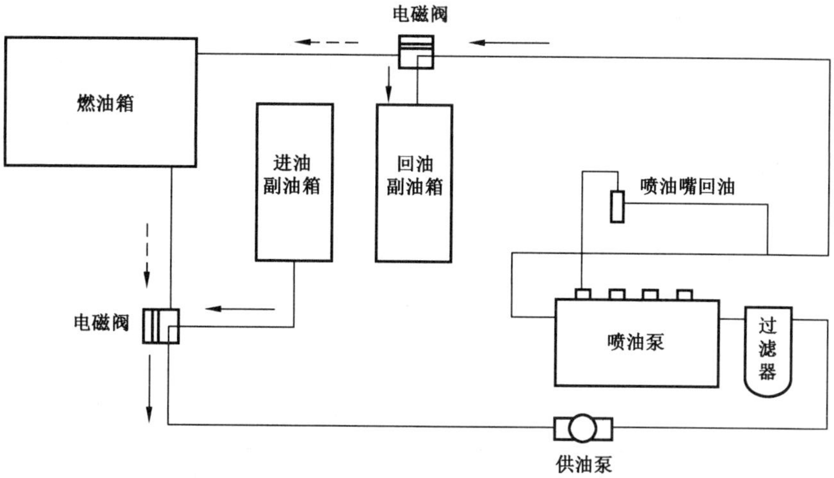


图 3 使用副油箱测量燃油消耗量的方法

## 7 试验方法

### 7.1 挖掘装载动作试验

#### 7.1.1 试验条件

挖掘装载动作试验中使用制造商规定的标配铲斗、最大油门、操作工作装置手柄应快捷流畅,且至少应有一个手柄做最大行程操作。

#### 7.1.2 试验机器的布置、挖掘深度和标杆高度

挖掘装载模拟动作试验时机器的布置如图 4 所示。挖掘深度见表 2,设定的标杆高度见表 3。

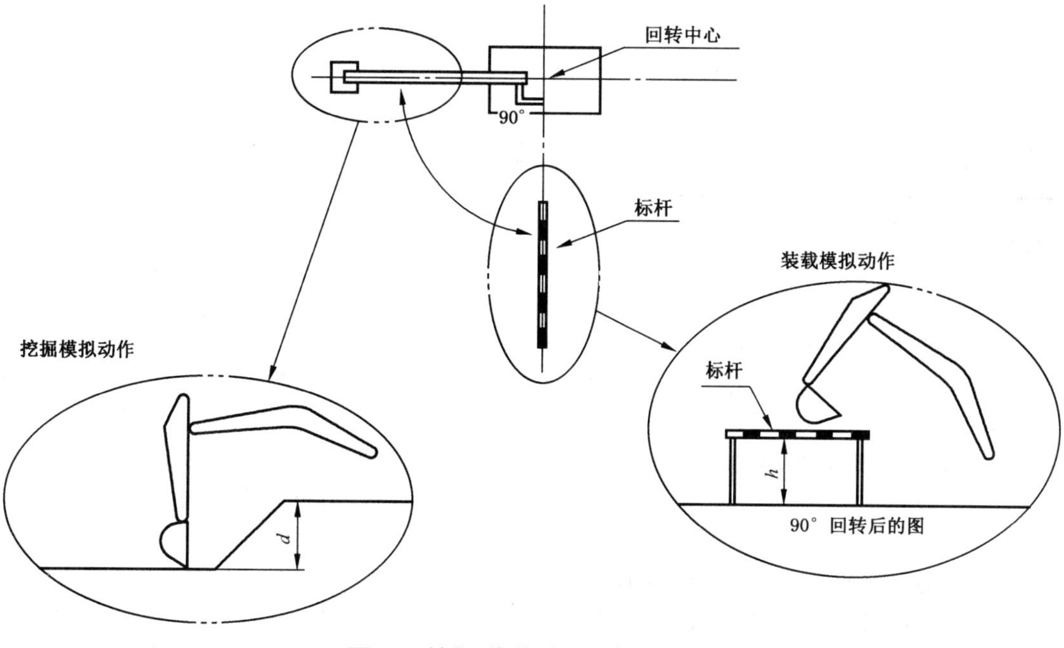


图 4 挖掘装载动作试验布置

表 2 挖掘深度

单位为米

| 级别 $V_S$ | 深度 $d$ | 级别 $V_S$ | 深度 $d$ |
|---|---|---|---|
| 0.01 | 0 | 0.28 | 1.0 |
| 0.022 | 0 | 0.45 | 1.0 |
| 0.044 | 0 | 0.5 | 2.0 |
| 0.066 | 0 | 0.6 | 2.0 |
| 0.08 | 0 | 0.8 | 2.0 |
| 0.09 | 0 | 1.0 | 2.0 |
| 0.11 | 0 | 1.1 | 2.0 |
| 0.14 | 1.0 | 1.4 | 2.0 |
| 0.16 | 1.0 | 1.9 | 2.0 |
| 0.22 | 1.0 | — | — |

表 3 标杆高度

单位为米

| 级别 $V_S$ | 高度 $h$ | 级别 $V_S$ | 高度 $h$ |
|---|---|---|---|
| 0.01 | 0.5 | 0.28 | 2.0 |
| 0.022 | 0.5 | 0.45 | 2.0 |
| 0.044 | 0.5 | 0.5 | 2.5 |
| 0.066 | 0.5 | 0.6 | 2.5 |
| 0.08 | 1.5 | 0.8 | 2.5 |
| 0.09 | 1.5 | 1.0 | 2.5 |
| 0.11 | 1.5 | 1.1 | 2.5 |
| 0.14 | 1.5 | 1.4 | 2.5 |
| 0.16 | 1.5 | 1.9 | 2.5 |
| 0.22 | 1.5 | — | — |

### 7.1.3 模拟动作

挖掘装载一个循环模拟动作模型如下(见图 5):

a) 开始动作状态:斗杆销轴、铲斗销轴及铲斗斗齿齿尖形成一条直线,工作装置最大限度向前伸,小于 0.28 级的斗齿离地高度为 200 mm 以内,0.28 级及以上的斗齿离地高度为 300 mm 以内。

b) 水平收回:动臂提升,铲斗斗齿不接触地面的情况下收斗杆直到斗杆成垂直状。在此期间仅操作动臂和斗杆,小于 0.28 级的斗齿离地高度为 200 mm 以内,0.28 级及以上的斗齿离地高度为 300 mm 以内。

c) 铲斗挖掘:进行铲斗挖掘操作直到铲斗开口部成水平状。

d) 回转动臂提升:仅做回转和动臂提升动作,铲斗到达标杆正上方位置停止。此时铲斗的离地高度应达到图 5 中 e)所示做铲斗卸载动作但不触碰标杆的高度。

e) 铲斗卸载:在标杆上方,进行铲斗卸载操作直到斗齿齿尖与斗杆销轴及铲斗销轴形成一条直线。在卸载过程中,操作斗杆以避免铲斗接触标杆。回转停止后,开始进行卸载动作。

f) 恢复开始动作状态:回转,将动臂及斗杆恢复到开始时的动作状态。

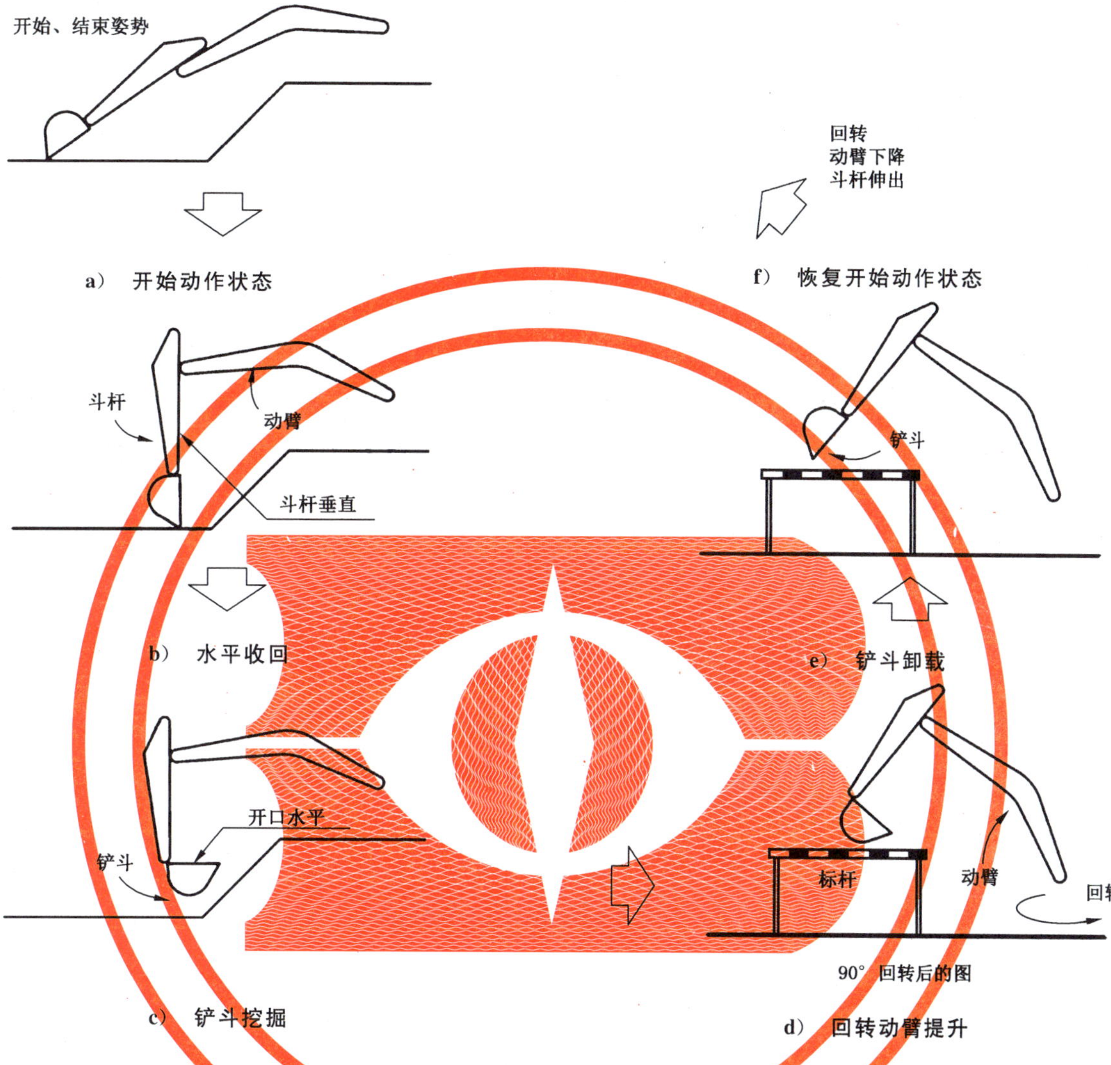


图 5 挖掘装载动作试验

#### 7.1.4 试验次数及数据处理

试验次数及数据处理按照下列规定:

a) 样机按照 7.1.3 的流程连续进行 20 个循环操作作为 1 次试验,至少进行 5 次试验,测量期间的油耗及所需要的时间;

b) 各循环的测量时间不偏离其平均时间的 5% 为有效数据,取 5 次试验的有效数据;

c) 去除试验循环时间最长的和最短的试验数据,其余 3 次试验值的平均值作为试验结果。试验数据记入表 A.1。测量时间(s)保留小数点后一位,燃油消耗量(g)取整数,挖掘装载动作循环燃油消耗量(g/循环)保留小数点后两位,单位时间燃油消耗量(kg/h)保留小数点后一位。

### 7.2 平地动作试验

#### 7.2.1 试验条件

平地动作试验中使用制造商规定的标配铲斗、最大油门、操作工作装置手柄应快捷流畅,且至少应有一个手柄做最大行程操作。

### 7.2.2 模拟动作

平地动作一个循环模拟动作模型如下(见图 6):

a) 开始动作状态:斗杆销轴、铲斗销轴及铲斗斗齿齿尖形成一条直线,工作装置最大限度向前伸,小于 0.28 级的斗齿离地高度为 200 mm 以内,0.28 级及以上的斗齿离地高度为 300 mm 以内。

b) 水平收回:提升动臂的同时斗齿做平地动作,直到达到表 4 规定的距离 $L$,齿尖不接触地面的收回斗杆。在此期间仅作动臂和斗杆操作,小于 0.28 级的斗齿离地高度为 200 mm 以内,0.28 级及以上的斗齿离地高度为 300 mm 以内。不要进行铲斗和回转操作。

c) 回到开始动作状态:操作动臂和斗杆伸出,回到开始动作状态。

**表 4 平地距离**

单位为米

| 级别 $V_S$ | $L$ | 级别 $V_S$ | $L$ |
|---|---|---|---|
| 0.01 | 0.5 | 0.28 | 2.5 |
| 0.022 | 1.0 | 0.45 | 3.5 |
| 0.044 | 1.0 | 0.5 | 4.0 |
| 0.066 | 1.0 | 0.6 | 4.0 |
| 0.08 | 1.5 | 0.8 | 4.5 |
| 0.09 | 1.5 | 1.0 | 4.5 |
| 0.11 | 1.5 | 1.1 | 4.5 |
| 0.14 | 2.0 | 1.4 | 5.0 |
| 0.16 | 2.0 | 1.9 | 5.0 |
| 0.22 | 2.0 | — | — |

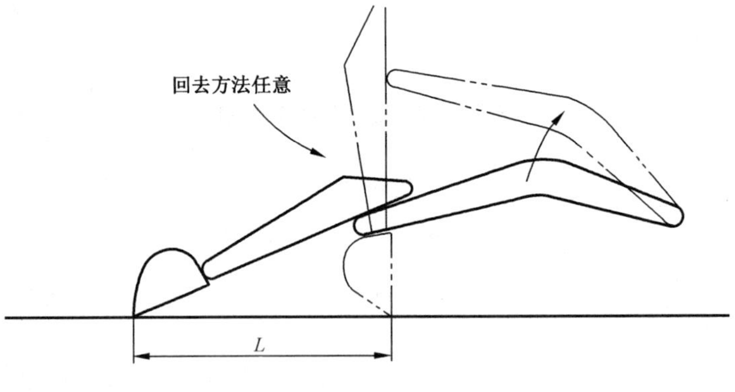


**图 6 平地动作试验**

### 7.2.3 试验次数及数据处理

试验次数及数据处理按照下列规定:

a) 样机按照 7.2.2 的流程连续进行至少 20 个循环操作作为 1 次试验,至少进行 5 次试验,测量期间的油耗及所需要的时间;

b) 各循环的测量时间不偏离其平均时间的 5% 为有效数据,取 5 次试验的有效数据;

c) 去除试验循环时间最长的和最短的一组数据，其余3次试验值的平均值作为试验结果。试验数据记入表A.2。测量时间(s)保留小数点后一位，燃油消耗量(g)取整数，平地动作循环燃油消耗量(g/循环)保留小数点后两位，单位时间燃油消耗量(kg/h)保留小数点后一位。

### 7.3 行走试验

#### 7.3.1 试验条件

行走试验按以下状态进行：

——行走挡位：最大油门，低速挡；

——行走速度：最高行走速度，且不进行转向操作；

——行走距离：小于0.28级的前进及后退(后退是指上部回转体在不回转的状态下后退)分别是15 m以上，不小于0.28级为25 m以上，需要足够的助跑区间。测量所需时间(包括前进和后退的切换时间)；

——试验场地：坚固平直的土路面或混凝土路面。

#### 7.3.2 试验次数及数据处理

试验次数及数据处理按照下列规定：

a) 样机按照7.3.1的流程连续进行前进和后退动作，前进和后退分别进行3次；

b) 3次试验值的平均值作为试验结果记入表A.3。测量时间(s)保留小数点后一位，燃油消耗量(g)取整数，单位行走距离燃油消耗量(g/m)保留小数点后两位，行走速度(km/h)保留小数点后一位，单位时间燃油消耗量(kg/h)保留小数点后一位。

### 7.4 待机试验

测量机器待机时的燃油消耗量。

测量时间在600 s以上。试验结果记入表A.4。测量时间(s)保留小数点后一位，燃油消耗量(g)取整数，单位时间燃油消耗量(kg/h)保留小数点后一位。

## 8 燃油消耗量评价值

挖掘机的燃油消耗量按挖掘装载动作50%、平地动作10%、行走10%、待机30%进行评价，液压挖掘机燃油消耗量评价值$G_{HEX}$按式(4)进行计算。

$$G_{HEX}=\frac{G_1\times M_S+G_2\times C_S+G_3\times L_S+G_4\times T_1}{1\ 000} \qquad \cdots\cdots(4)$$

式中：

$G_{HEX}$——挖掘机燃油消耗评价值，单位为千克每标准动作(kg/标准动作)；

$G_1$——挖掘装载试验时的单位循环燃油消耗量，单位为克每循环(g/循环)；

$G_2$——平地动作试验时的单位循环燃油消耗量，单位为克每循环(g/循环)；

$G_3$——行走试验的单位行走距离燃油消耗量，单位为克每米(g/m)；

$G_4$——待机试验的小时燃油消耗量，单位为克每小时(g/h)；

$M_S$——挖掘装载动作的评价循环(见表5)；

$C_S$——平地动作的评价循环(见表5)；

$L_S$——行走评价的走行距离(见表5)，单位为米(m)；

$T_1$——待机评价时间0.30 h。

**表 5　各动作燃油消耗量评价的标准值**

| 铲斗堆尖容量 $V_t$ m³ | 挖掘装载试验标准循环时间 s/循环 | 标准时间 h | 挖掘装载的评价循环 $M_S$ | 平地动作试验的标准循环时间 s | 标准时间 h | 平地动作的评价循环 $C_S$ | 标准行走速度 km/h | 标准时间 h | 行走评价的行走距离 $L_S$ m |
|---|---|---|---|---|---|---|---|---|---|
| 0.01 | 13.5 | 0.5 | 133 | 5.0 | 0.1 | 72 | 1.8 | 0.1 | 180 |
| 0.022 | 13.6 | | 133 | 5.0 | | 71 | 1.8 | | 180 |
| 0.044 | 13.6 | | 132 | 5.1 | | 71 | 2.5 | | 250 |
| 0.066 | 13.6 | | 132 | 5.1 | | 70 | 2.5 | | 250 |
| 0.08 | 13.7 | | 132 | 5.2 | | 70 | 2.5 | | 250 |
| 0.09 | 13.7 | | 132 | 5.2 | | 70 | 2.5 | | 250 |
| 0.11 | 13.7 | | 131 | 5.2 | | 69 | 2.5 | | 250 |
| 0.14 | 13.8 | | 131 | 5.3 | | 68 | 2.5 | | 250 |
| 0.16 | 13.8 | | 131 | 5.3 | | 68 | 2.5 | | 250 |
| 0.22 | 13.8 | | 131 | 5.3 | | 68 | 2.5 | | 250 |
| 0.28 | 14.0 | | 129 | 5.6 | | 65 | 3.4 | | 340 |
| 0.45 | 14.3 | | 126 | 5.9 | | 61 | 3.4 | | 340 |
| 0.5 | 14.3 | | 126 | 6.0 | | 60 | 3.4 | | 340 |
| 0.6 | 14.5 | | 124 | 6.2 | | 58 | 3.4 | | 340 |
| 0.8 | 14.8 | | 121 | 6.6 | | 54 | 3.4 | | 340 |
| 1.0 | 15.2 | | 119 | 7.1 | | 51 | 3.4 | | 340 |
| 1.1 | 15.3 | | 117 | 7.3 | | 50 | 3.4 | | 340 |
| 1.4 | 15.8 | | 114 | 7.9 | | 46 | 3.4 | | 340 |
| 1.9 | 16.6 | | 108 | 8.9 | | 40 | 3.4 | | 340 |

# 附 录 A
## （资料性附录）
## 液压挖掘机燃油消耗量试验记录表

液压挖掘机燃油消耗量试验记录表见表 A.1～表 A.4。

制造商名称：____________试验日期：____________试验场地：____________

机器型式：____________制造编号：____________铲斗额定容量：____________ $m^3$

大气压力：____________ kPa　室外温度：____________ ℃　相对湿度：____________ %

**表 A.1　挖掘装载油耗试验记录表**

试验铲斗额定容量：________ $m^3$　挖掘深度 $d$ ________ m　标杆高度 $h$ ________ m

| 试验序号 | 时间 s | 进油 | | | 回油 | | | 挖掘装载燃油消耗量 $Q$ g | 单位时间燃油消耗量 kg/h | 循环燃油消耗量 $G_1$ g/循环 | 备注 |
|---|---|---|---|---|---|---|---|---|---|---|---|
| | | 体积 mL | 温度 ℃ | 质量 g | 体积 mL | 温度 ℃ | 质量 g | | | | |
| 1 | | | | | | | | | | | |
| 2 | | | | | | | | | | | |
| 3 | | | | | | | | | | | |
| 4 | | | | | | | | | | | |
| 5 | | | | | | | | | | | |
| 平均 | | | | | | | | | | | |

**表 A.2　平地油耗试验记录表**

试验铲斗额定容量：________ $m^3$　平地距离 $L$ ________ m

| 试验序号 | 时间 s | 进油 | | | 回油 | | | 平地燃油消耗量 $Q$ g | 单位时间燃油消耗量 kg/h | 循环燃油消耗量 $G_2$ g/循环 | 备注 |
|---|---|---|---|---|---|---|---|---|---|---|---|
| | | 体积 mL | 温度 ℃ | 质量 g | 体积 mL | 温度 ℃ | 质量 g | | | | |
| 1 | | | | | | | | | | | |
| 2 | | | | | | | | | | | |
| 3 | | | | | | | | | | | |
| 4 | | | | | | | | | | | |
| 5 | | | | | | | | | | | |
| 平均 | | | | | | | | | | | |

**表 A.3 行走油耗试验记录表**

试验铲斗额定容量：________________ $m^3$ 行走距离 $S$ ________________ m

| 行驶方向 | 时间 s | 进油 | | | 回油 | | | 行走燃油消耗量 $Q$ g | 单位时间燃油消耗量 kg/h | 行走速度 km/h | 单位行走距离燃油消耗量 $G_3$ g/m |
|---|---|---|---|---|---|---|---|---|---|---|---|
| | | 体积 mL | 温度 ℃ | 质量 g | 体积 mL | 温度 ℃ | 质量 g | | | | |
| 前进 | | | | | | | | | | | |
| 后退 | | | | | | | | | | | |
| 前进 | | | | | | | | | | | |
| 后退 | | | | | | | | | | | |
| 前进 | | | | | | | | | | | |
| 后退 | | | | | | | | | | | |
| 平均 | | | | | | | | | | | |

**表 A.4 待机油耗试验记录表**

发动机无负荷最低速度：________ r/min

| 测量时间 s | 进油 | | | 回油 | | | 燃油消耗量 $Q$ g | 单位时间燃油消耗量 $G_4$ kg/h |
|---|---|---|---|---|---|---|---|---|
| | 体积 mL | 温度 ℃ | 质量 g | 体积 mL | 温度 ℃ | 质量 g | | |
| 1 | | | | | | | | |
| 2 | | | | | | | | |
| 3 | | | | | | | | |
| 平均 | | | | | | | | |

ICS 53.100
P 97

# 中华人民共和国国家标准

GB/T 36696—2018

# 土方机械　轮胎式装载机燃油消耗量试验方法

**Earth-moving machinery—Fuel consumption for wheel loader—Test methods**

2018-09-17 发布　　2019-04-01 实施

国家市场监督管理总局
中国国家标准化管理委员会　发布

# 前　言

本标准按照 GB/T 1.1—2009 给出的规则起草。

本标准由中国机械工业联合会提出。

本标准由全国土方机械标准化技术委员会(SAC/TC 334)归口。

本标准主要起草单位:徐工集团工程机械有限公司江苏徐州工程机械研究院、天津工程机械研究院有限公司、山东源根石油化工有限公司、广西柳工机械股份有限公司、山东临工工程机械有限公司、青岛雷沃工程机械有限公司、龙工(上海)机械制造有限公司、机械工业工程机械及液压件产品质量监督检测中心(天津)。

本标准主要起草人:管恩禄、贾晓雯、吴红丽、袁俊洲、黄海波、王永、王宾、吴承鑫、吴继霞、张志烁、张奇。

# 土方机械　轮胎式装载机燃油消耗量试验方法

## 1　范围

本标准规定了轮胎式装载机(以下简称装载机)燃油消耗量的术语和定义、试验项目、试验条件、测量方法、试验方法和评价值等。

本标准适用于燃油发动机额定功率为大于或等于 40 kW 小于 230 kW 的装载机。

## 2　规范性引用文件

下列文件对于本文件的应用是必不可少的。凡是注日期的引用文件,仅注日期的版本适用于本文件。凡是不注日期的引用文件,其最新版本(包括所有的修改单)适用于本文件。

GB 252　普通柴油

GB/T 1885　石油计量表

GB/T 25604　土方机械　装载机　术语和商业规格

## 3　术语和定义

GB/T 25604 界定的术语和定义适用于本文件。

## 4　试验项目

试验按照下列规定进行:

——装载动作试验:装载机在铲斗中装载了规定的实际负荷质量(以下简称负荷铲斗)的情况下,测量模拟装载动作时的燃油消耗量;

——负载行走试验:装载机在负荷铲斗情况下,测量在坚固平坦的直路上行走时的燃油消耗量;

——待机试验:测量装载机待机状态下,发动机最小负荷转速时(关闭空调、照明等)的燃油消耗量。

## 5　试验条件

### 5.1　试验机器

#### 5.1.1　配置

试验机器配置应达到制造商规定的标准状态。如对试验机器的动作、质量及质量平衡没有影响,则不受限制。

#### 5.1.2　发动机转速

将试验机器发动机的无负荷最低转速和无负荷最高转速调节到规定值的范围以内。

#### 5.1.3 燃油填充量

燃油填充量应达到燃油箱的2/3以上。

#### 5.1.4 热车

试验前试验机器要进行充分的热车，使发动机冷却液入口温度不低于70 ℃，变矩器油温不低于80 ℃，液压油不低于50 ℃。

#### 5.1.5 冷却风扇

配备冷却风扇的转速可变控制结构的机器，风扇转速应达到全油门状态下最高转速的70%以上进行试验。允许发动机低转速时风扇转速也随之下降。

#### 5.1.6 空调

如装有空调，在试验过程中应关闭空调。

### 5.2 燃油

试验用燃油应符合GB 252的规定。按照GB/T 1885的规定折合为20 ℃时的密度。

### 5.3 测量项目和测量仪器的精度

测量项目和测量仪器的精度应符合下列规定：

——时间：±0.1 s以内；

——温度：最小刻度1 ℃以内；

——转速：测量对象的±1%以内；

——燃油消耗量：直接测量消耗量时，测量对象的±1%以内，对发动机进油口和回油口分别测量时，测量对象的±0.5%以内；使用副油箱进行质量测量时，测量精度在测量消耗量的±1%以内。

### 5.4 环境条件

试验环境应满足下列条件：

——相对湿度：小于95%；

——最大风速：小于5 m/s；

——环境温度：278 K～308 K(5 ℃～35 ℃)。

### 5.5 大气条件

考虑大气条件(压力、温度及湿度)对发动机的进气量的影响，根据发动机形式的不同，按照式(1)、式(2)、式(3)中的任一公式计算得出大气因子 $f_a$，$f_a$ 在0.96～1.06(0.98～1.02最好)的范围较好。

a) 无增压及机械式增压发动机

$$f_a=\left(\frac{99}{P_d}\right)\cdot\left(\frac{T}{298}\right)^{0.7} \quad\cdots\cdots(1)$$

式中：

$T$ ——发动机进气口的绝对温度，单位为开尔文(K)；

$P_d$ ——干燥大气压，从大气全压中将水蒸气压减去而得，单位为千帕(kPa)。

b) 无风冷或者带有中冷的涡轮增压发动机

$$f_a = \left(\frac{99}{P_d}\right)^{0.7} \cdot \left(\frac{T}{298}\right)^{1.2} \quad \cdots\cdots(2)$$

c） 带中冷和液体冷却器的涡轮增压发动机

$$f_a = \left(\frac{99}{P_d}\right)^{0.7} \cdot \left(\frac{T}{298}\right)^{0.7} \quad \cdots\cdots(3)$$

## 6 燃油消耗量的测量方法

### 6.1 使用流量计的测量方法

#### 6.1.1 直接消耗流量测量方法

直接消耗流量测量方法的示例见图1。

为防止由喷油装置喷油嘴回油产生气泡，可增加（回油管加压）供油泵。为控制发动机进油口燃油温度在设定温度以下，必要时可增加热交换器。

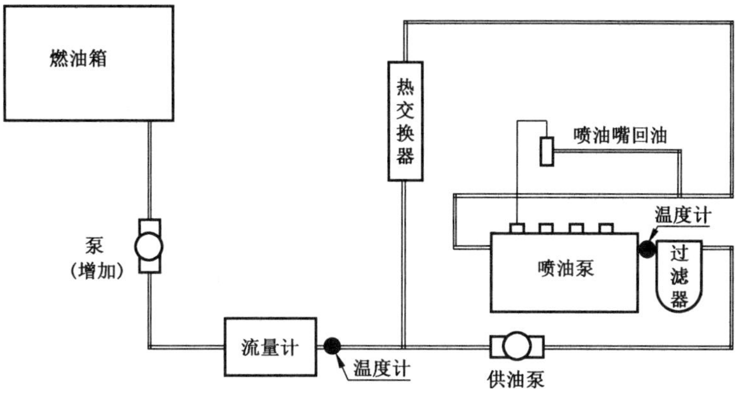


图1 直接消耗流量的测量方法

#### 6.1.2 发动机进油和回油的流量测量方法

通过发动机进油流量和回油流量的差计算消耗量，发动机进油和回油流量测量方法的示例见图2。进油口和回油口的流量应同时测量，两流量计的特性（流量和误差特性）应一致。此外，应确保回油流量测量管路中没有气泡产生。

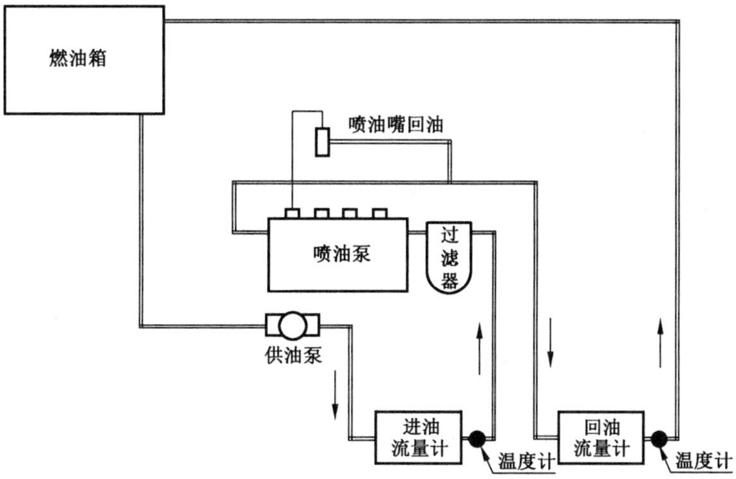


图2 发动机进油和回油流量的测量方法

用测量用流量计的不确定度对测量值进行修正。

### 6.2 使用副油箱的测量方法

用发动机进油副油箱和回油副油箱在试验前后的质量差计算燃油消耗量的方法，使用副油箱测量燃油消耗量方法的示例见图 3。为保证测量副油箱质量的精度，应排除测量时的外界影响因素（如风等）。应避免副油箱拆装时漏油、发动机侧气泡混入。

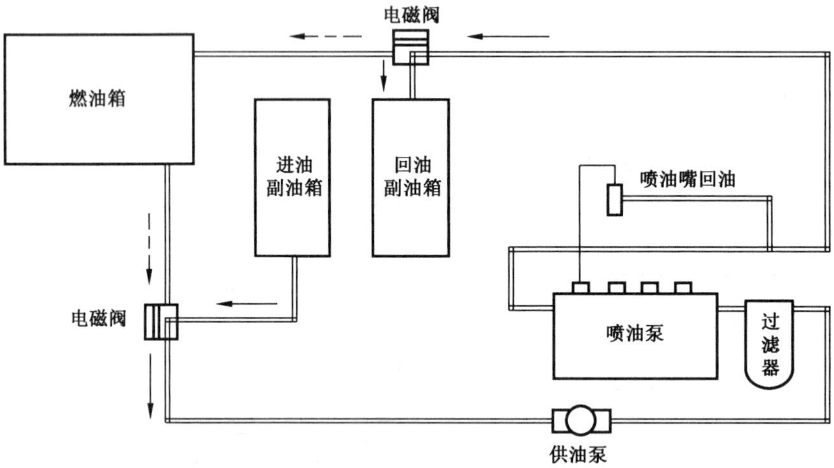


图 3 使用副油箱测量燃油消耗量的方法

## 7 试验方法

### 7.1 装载动作试验

#### 7.1.1 试验条件

##### 7.1.1.1 负荷铲斗

装载动作试验使用的负荷铲斗的质量，按式(4)计算：

$$M = M_0 + M_b \quad \cdots\cdots(4)$$

式中：

$M_0$——与额定工作载荷相当的实测负荷质量，单位为吨(t)；

$M_b$——标准铲斗的质量，单位为吨(t)。

负荷铲斗的重心应与实际作业时负荷的重心位置接近。

实际负荷铲斗的质量与使用上述公式算出值的偏差应在±3%之内。

##### 7.1.1.2 机器位置及标杆的高度

进行装载模拟动作时机器的位置和标杆高度按图 4 的规定。

装载方向与卸载方向的角度成 60°，各自的行走距离为 1.5$L$。

$L$ 为在铲斗水平放置于地面状态下，从铲斗斗齿到车辆后端的距离。

装载对象，只需设定假想作业对象的位置(图 4 斜线部分)即可，不需要材料的设置和准备。

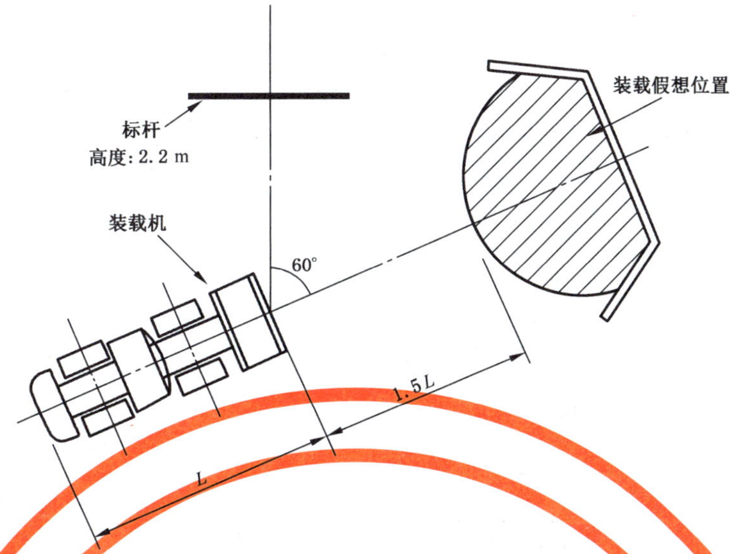


图 4 装载位置和卸载位置的关系

#### 7.1.1.3 试验场地要求

试验场地应平坦、硬实，在装载机作业范围内，试验场地的各向坡度不应大于 0.5%，平整度不应大于 3 $mm/m^2$。

### 7.1.2 装载动作

负荷铲斗状态下的装载机，按照图 4 所示的 V 形方式进行模拟装载动作。

装载卸载一个循环的模拟动作模型，按表 1 和图 5 的规定。

试验机器的位置：

图 5a) 装载动作，铲斗保持行走状态。

图 5a)～图 5b) 全力加速，以行走状态行驶，使用行车制动在指定位置停止。

图 5b) 全油门，全制动，进行铲斗倾斜回收溢流操作，保持 3 s。

静液压传动的装载机应关闭自动切断功能，通过全油门，全制动时施加负荷、牵引或撞击障碍物实现。此时，可移动车辆。

图 5b)～图 5d) 切换到后退挡，经过开始位置向假定卸载的位置行进。

本过程中由行走状态进入举升臂提升状态。

图 5d) 铲斗销轴越过标杆，不要实施卸载动作，保持 2 s。

表 1 中规定的各步骤间的操作方法不作要求。

表 1 装载动作模型

| 步骤 | 1 | 2 | 3 | 4 | 5 | 6 |
|---|---|---|---|---|---|---|
| 机器位置 | 图 5a)开始位置 | 图 5a) | 图 5a)～图 5b) | 图 5b) | 图 5b)～图 5c) | 图 5c) |
| 机器动作 | 停止 | 开始前进（燃油消耗计 ON） | 前进 | 停止 | 后退 | 后退切换前进 |
| 工作装置动作 | 铲斗行走状态 | ← | ← | 铲斗向后倾斜（溢流）所需时间 3 s+0.4 s 或 −0.2 s | 行走状态 | ← |
| 液力变矩器挡位 | — | Ⅱ挡[a] | Ⅱ挡[a] | — | Ⅱ挡[a] | ← |

表 1（续）

<table>
<tr><td>步骤</td><td>7</td><td>8</td><td>9</td><td>10</td><td colspan="2">—</td></tr>
<tr><td>车辆位置</td><td>图 5c)～图 5d)</td><td>图 5d)</td><td>图 5d)～图 5a)</td><td>图 5a)</td><td rowspan="4">反复操作10 个循环</td><td>图 5a)结束位置</td></tr>
<tr><td>机器动作</td><td>前进</td><td>停止</td><td>后退</td><td>后退切换前进</td><td>停止（燃油消耗计 OFF)</td></tr>
<tr><td>工作装置动作</td><td>动臂举升</td><td>保持 2 s</td><td>举升臂平稳下降，铲斗行走状态</td><td>铲斗行走状态</td><td>铲斗行走状态</td></tr>
<tr><td>液力变矩器挡位</td><td>Ⅱ挡[a]</td><td>—</td><td>Ⅱ挡[a]</td><td>←</td><td>—</td></tr>
<tr><td colspan="7">[a] 静液压传动的装载机和双涡轮行星式装载机用Ⅰ挡，制动前松油门。</td></tr>
</table>

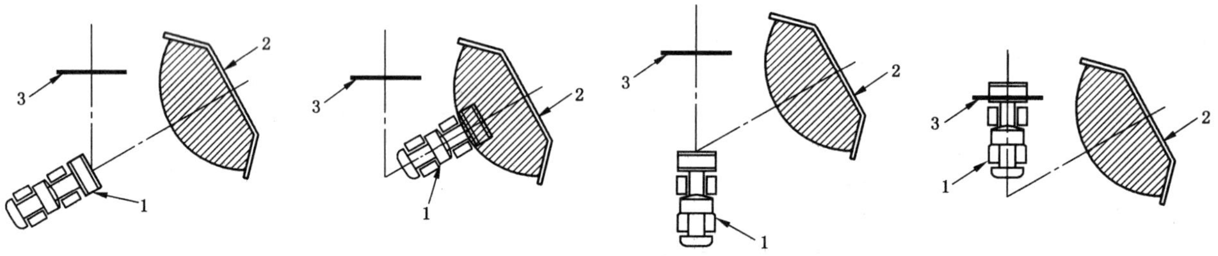


a)　　b)　　c)　　d)

说明：

1——装载机；

2——装载假想位置；

3——标杆。

**图 5　机器位置**

### 7.1.3　试验次数及燃油消耗量的计算

装载动作试验，装载机按照表 1 的模拟动作连续进行 10 个循环的操作，测量这个过程的燃油消耗量和所用时间。

进行 5 次试验，去除所用时间最长和最短的试验数据，其余 3 次试验数据作为试验结果，试验数据记入装载动作油耗试验记录表（参见附录 A）。

装载动作试验单位时间的作业量 $M_1$ 用式(5)计算得出，记入装载动作油耗试验记录表（参见附录 A）。

$$M_1 = M_0 \times n \times \frac{3\,600}{t_1} \quad \cdots\cdots (5)$$

式中：

$M_1$——单位时间的作业量，单位为吨每小时(t/h)；

$M_0$——与额定工作载荷相当的实测负荷质量，单位为吨(t)；

$n$ ——模拟动作循环($n=10$)；

$t_1$ ——所用时间，单位为秒(s)。

装载动作油耗试验记录表（参见附录 A）中记录的 3 次试验结果的平均值要求：所用时间(s)保留小

数点后一位，燃油消耗量(g)取整数，单位时间燃油消耗量(kg/h)保留小数点后一位，单位时间作业量(t/h)取整数，单位作业量的燃油消耗量(g/t)保留小数点后一位。

### 7.2 运输行走油耗试验

#### 7.2.1 试验条件

行走试验，按以下状态及操作进行：

——机器：负荷铲斗状态下，按制造商规定的行走状态；

——行走模式：有自动变速机构的装载机，应明确记录手动变速和自动变速的使用情况；

——行走档位：起步时，静液压传动的装载机和双涡轮行星式变速器的装载机用Ⅰ档，其他形式装载机使用Ⅱ档，其余任意；

——油门：起步后，立刻全油门加速，直到驶过预定的行走距离为止；

——测试距离：发动机额定功率为大于或等于 40 kW 小于 110 kW 的装载机为 50 m，发动机额定功率为大于或等于 110 kW 小于 230 kW 的装载机为 100 m；

——试验场地：坚固平直的土路面或混凝土路面；

——起步操作：往返行驶均应在起步地点将操纵杆置于前进位置，踩下制动踏板使机器保持怠速状态。收到发车信号后，松开制动踏板同时踩下油门踏板。

#### 7.2.2 试验次数及燃油消耗量的计算

进行往返行驶试验，测量各自的燃油消耗量和所用时间。行驶路面纵向坡度大于 0.5%时，往返分别进行试验，将运输行走油耗试验记录表(参见附录 A)的行驶方向栏以往返区分。

往返行驶的燃油消耗测量各进行 5 次试验，去除所用时间最长和最短的试验结果，其余 3 次往返行驶的试验结果作为试验结果，试验数据记入运输行走油耗试验记录表(参见附录 A)。

运输行走时间内的作业量 $M_2$ 用式(6)计算得出，记入运输行走油耗试验记录表(参见附录 A)。

$$M_2 = M_0 \times \frac{3\ 600}{t_2} \qquad \cdots\cdots(6)$$

式中：

$M_2$——单位时间内的作业量，单位为吨每小时(t/h)；

$t_2$ ——所需时间，单位为秒(s)。

运输行走油耗试验记录表(参见附录 A)中记录试验结果的平均值要求：所用时间(s)保留小数点后一位，燃油消耗量(g)取整数，单位时间燃油消耗量(kg/h)保留小数点后一位，行走速度(km/h)保留小数点后一位，单位时间作业量(t/h)取整数，单位作业量的燃油消耗量(g/t)保留小数点后一位。

### 7.3 待机油耗试验

测量机器待机时的燃油消耗量。

测量时间为 600 s 以上。

试验结果记入待机油耗试验记录表(参见附录 A)。

待机油耗试验记录表(参见附录 A)中记录值要求：测量时间(s)保留小数点后一位，燃油消耗量(g)取整数，单位时间燃油消耗量(kg/h)保留小数点后一位。

## 8 燃油消耗量评价值

轮胎式装载机的燃油消耗按装载动作 75%、运输行走动作 15%、待机 10%进行评价。轮胎式装载机燃油消耗量的评价值 $G_{WL}$ 按式(7)进行计算。

$$G_{WL}=\frac{G_1\times K_{f1}+G_2\times K_{f2}+G_3\times K_{f3}}{\alpha\times M_1\times K_{f1}+\beta\times M_2\times K_{f2}} \qquad (7)$$

式中：

$G_{WL}$——轮胎式装载机燃油消耗量评价值,单位为克每吨(g/t)；

$M_1$——装载试验时的单位时间作业量,单位为吨每小时(t/h)；

$M_2$——运输行走试验时的单位时间作业量,单位为吨每小时(t/h)；

$G_1$——装载动作试验时的单位时间燃油消耗量,单位为克每小时(g/h)；

$G_2$——运输行走试验时的单位时间燃油消耗量,单位为克每小时(g/h)；

$G_3$——待机试验时的单位时间燃油消耗量,单位为克每小时(g/h)；

$K_{f1}$——装载的比重系数 0.75(基于实际作业量分析的系数)；

$K_{f2}$——运输行走的比重系数 0.15(基于实际作业量分析的系数)；

$K_{f3}$——待机转的比重系数 0.10(基于实际作业量分析的系数)；

$\alpha$——作业效率改善系数(通常为 1,能够证明铲斗形状改善等引起的作业量改善时使用)；

$\beta$——作业效率改善系数(通常为 1,能够证明行走装置改善等引起的作业量改善时使用)。

# 附　录　A
（资料性附录）
## 轮胎式装载机燃油消耗量试验记录表

制造商：________________ 试验日期：________________

机器型号：________________ 制造编号：________________

额定功率：________kW　铲斗容量（堆装）：________$m^3$　铲斗设计时使用物料的密度：______ $t/m^3$

燃油流量测定装置　测定方式（直接消耗量测定，进油和回油流量测定，副油箱方式）：__________

测定环境：大气压：__________kPa　大气温度：__________℃　相对湿度：__________%

燃油：密度：________（20 ℃）　膨胀系数：__________$k^{-1}$

机器运转模式：____（机器运转模式为标准模式、节省能源模式等试验时使用的制造商规定的运转模式）

a）装载动作油耗试验

标准铲斗质量 $M_b$________t　负荷铲斗质量 $M$________t　实测负荷质量 $M_0$________t

标杆高度 $h$__________m

| 试验序号 | 时间<br>s | 进油 | | | 回油 | | | 装载动作燃油消耗量<br>g | 单位时间燃油消耗量<br>kg/h | 单位时间工作量<br>t/h | 单位工作量的燃油消耗量<br>g/t | 备注 |
|---|---|---|---|---|---|---|---|---|---|---|---|---|
| | | 体积<br>mL | 温度<br>℃ | 质量<br>g | 体积<br>mL | 温度<br>℃ | 质量<br>g | | | | | |
| 1 | | | | | | | | | | | | |
| 2 | | | | | | | | | | | | |
| 3 | | | | | | | | | | | | |
| 4 | | | | | | | | | | | | |
| 5 | | | | | | | | | | | | |
| 平均 | | — | — | — | — | — | — | | | | | |

b）运输行走油耗试验

试验场地：行走距离：__________m

| 行驶方向 | 时间<br>s | 进油 | | | 回油 | | | 燃油消耗量<br>g | 单位时间燃油消耗量<br>kg/h | 行走速度<br>km/h | 单位时间作业量<br>t/h | 单位作业量的燃油消耗量<br>g/t |
|---|---|---|---|---|---|---|---|---|---|---|---|---|
| | | 体积<br>mL | 温度<br>℃ | 质量<br>g | 体积<br>mL | 温度<br>℃ | 质量<br>g | | | | | |
| 往 | | | | | | | | | | | | |
| 返 | | | | | | | | | | | | |
| 往 | | | | | | | | | | | | |
| 返 | | | | | | | | | | | | |
| 往 | | | | | | | | | | | | |
| 返 | | | | | | | | | | | | |
| 平均 | | — | — | — | — | — | — | | | | | |

c） 待机油耗试验

| 测量时间<br>s | 进油 | | | 回油 | | | 燃油消耗量<br>g | 单位时间<br>燃油消耗量<br>g/h |
|---|---|---|---|---|---|---|---|---|
| | 体积<br>mL | 温度<br>℃ | 质量<br>g | 体积<br>mL | 温度<br>℃ | 质量<br>g | | |
| 1 | | | | | | | | |
| 2 | | | | | | | | |
| 3 | | | | | | | | |
| 平均 | | | | | | | | |

ICS 53.020.20
J 80

# 中华人民共和国国家标准

GB/T 36697—2018

# 铸造起重机报废条件

## Discard qualification for ladle crane

2018-09-17 发布

2019-04-01 实施

国家市场监督管理总局
中国国家标准化管理委员会 发布

# 前　言

本标准按照 GB/T 1.1—2009 给出的规则起草。

本标准由中国机械工业联合会提出。

本标准由全国起重机械标准化技术委员会(SAC/TC 227)归口。

本标准负责起草单位:太原重型机械集团工程技术研发有限公司、北京起重运输机械设计研究院有限公司、太原科技大学、国家起重运输机械质量监督检验中心。

本标准参加起草单位:北京起重运输机械设计研究院河南分院、大连华锐重工集团股份有限公司、河南省矿山起重机有限公司、科尼起重设备(上海)有限公司、太原钢铁(集团)有限公司、河南卫华机械工程研究院有限公司、法兰泰克重工股份有限公司、山起重型机械股份公司、宁波市凹凸重工有限公司、重庆起重机厂有限责任公司、江西起重机械总厂、河南巨人起重机集团有限公司、宝山钢铁股份有限公司、上海金艺检测技术有限公司、宝钢股份武钢有限公司。

本标准主要起草人:顾翠云、尚洪、徐格宁、赵春晖、申昌宏、王顺亭、顾红泽、陶天华、连晋华、林夫奎、刘焕江、须雷、曾令、任海涛、周继红、王首成、董青、王久元、吴军、袁秀峰、刘永庆、赵学明、罗祯利、刘晓生、高征、陈贤波、李继承、陈驰中、阎少泉、于万成、阎颖、王照峰。

# 铸造起重机报废条件

## 1 范围

本标准规定了铸造起重机的报废条件及评价方法。

本标准适用于吊运熔融金属的起重机。

## 2 规范性引用文件

下列文件对于本文件的应用是必不可少的。凡是注日期的引用文件，仅注日期的版本适用于本文件。凡是不注日期的引用文件，其最新版本(包括所有的修改单)适用于本文件。

GB/T 3811 起重机设计规范

GB/T 5972 起重机 钢丝绳 保养、维护、检验和报废

GB/T 6067.1—2010 起重机械安全规程 第1部分：总则

GB/T 6974.1 起重机 术语 第1部分：通用术语

GB/T 6974.5 起重机 术语 第5部分：桥式和门式起重机

GB/T 14405—2011 通用桥式起重机

GB/T 14711—2013 中小型旋转电机通用安全要求

GB/T 30024 起重机 金属结构能力验证

## 3 术语和定义

GB/T 6974.1 和 GB/T 6974.5 界定的以及下列术语和定义适用于本文件。

3.1

**主体结构件 main structure**

其失效将导致整机丧失使用功能的起重机主要承载结构(主梁和端梁)。

3.2

**设计寿命 design life**

基于起重机初始设计要求的载荷循环数、载荷谱条件下的许用工作时间。

3.3

**使用寿命 service life**

在实际工作循环数、载荷谱条件下，起重机从投入使用至达到报废条件的实际工作时间。

3.4

**剩余寿命 remaining life**

起重机从当前时间到其报废为止的工作时间，即使用寿命与已使用时间的差值。

## 4 报废条件

### 4.1 整机报废条件

#### 4.1.1 设计寿命计算

铸造起重机总工作循环次数应按 GB/T 3811 的规定进行选取。主炼钢生产线上铸造起重机设计

寿命的计算方法参见附录 A。

#### 4.1.2 使用寿命影响因素

影响铸造起重机使用寿命的主要因素包括:构造形式、载荷状态、设计应力、制造工艺、安装质量、轨道误差、工作环境、操作方式、维护保养等。

轨道接头缺陷对使用寿命影响较大,其影响程度参见附录 B。

#### 4.1.3 整机报废原则

主体结构件的报废决定整机的报废。机械零部件、电气元器件、安全防护装置等主要零部件具有可更换性,不决定整机的报废。

#### 4.1.4 整机报废判定准则

铸造起重机达到下列条件之一时,应报废:

a) 起重机主体结构件达到报废条件时;

b) 起重机主体结构件预期剩余寿命小于 18 个月时。

### 4.2 主要零部件报废条件

与铸造起重机安全运行直接关联的主要零部件达到报废条件时,应及时更换,不应影响铸造起重机的安全性能。

主要零部件的报废条件应按附录 C 的规定执行。

## 5 整机报废评价方法

### 5.1 总则

铸造起重机整机报废可采用下列方法进行评价:

a) 主体结构件报废限值条件评价法;

b) 主体结构件剩余寿命报废评价法。

### 5.2 主体结构件报废限值条件评价方法

#### 5.2.1 主体结构件报废条件

##### 5.2.1.1 塑性变形

当主体结构件产生塑性变形,致使工作机构不能正常地安全运行时,应报废。

##### 5.2.1.2 静态刚性

当铸造起重机小车起吊额定载荷位于跨中,与载荷试验时的原始下挠值(或设计计算下挠值)相比,主梁下挠值增加量达到或超过跨度的 0.15/1 000 时,应报废。

##### 5.2.1.3 稳定性

5.2.1.3.1 主梁的水平方向弯曲值、上翼缘板的水平偏斜值、腹板的垂直偏斜值等检测值达到或超过 GB/T 14405—2011 中 5.7 规定值的 140%时,不准许修复,应报废。

5.2.1.3.2 主梁腹板的局部翘曲值达到或超过 GB/T 14405—2011 中 5.7 规定值的 140%时,如不能修复,应报废。

5.2.1.4 **裂纹**

5.2.1.4.1 对于主梁跨中1/5长度范围内，在承受拉应力的下翼缘板或腹板上距离下翼缘板1/5高度范围内，母材出现与主梁长度方向夹角大于45°的目测可见裂纹时，不准许修复，应报废。

5.2.1.4.2 主梁承受非对称循环交变应力，根据应力循环特性均值 $r=0.28$，最大应力 $\sigma_{max}$（疲劳许用应力 $[\sigma_{rt}]$）、焊接构件应力集中情况等级、材料的断裂韧性 $K_C$、几何修正系数 $Y$ 按式(D.6)计算得出的临界裂纹长度见表1。应力越大，临界裂纹长度越小。

**表1 铸造起重机常用结构临界裂纹长度**

| 材料 | 工作级别 | 断裂韧性 $K_C$ MPa $\sqrt{m}$ | 几何修正系数 $Y$ | | 焊接构件应力集中情况等级 | 疲劳许用应力 $[\sigma_{rt}]$ MPa | 临界裂纹长度 $a_1$ mm | |
|---|---|---|---|---|---|---|---|---|
| | | | 中心裂纹 | 边缘裂纹 | | | 中心裂纹 | 边缘裂纹 |
| Q235 | E6 | 129 | 1 | 1.12 | K0 | 228.0 | 101 | 81 |
| | | | | | K1 | 208.2 | 122 | 97 |
| | | | | | K2 | 181.3 | 161 | 128 |
| | | | | | K3 | 136.6 | 283 | 226 |
| Q345 | | 92.7 | | | K0 | 239.7 | 47 | 37 |
| | | | | | K1 | 218.0 | 57 | 45 |
| | | | | | K2 | 188.6 | 76 | 61 |
| | | | | | K3 | 140.7 | 138 | 110 |
| Q235 | E7 | 129 | | | K0 | 193.3 | 141 | 113 |
| | | | | | K1 | 175.6 | 171 | 136 |
| | | | | | K2 | 152.4 | 228 | 181 |
| | | | | | K3 | 113.8 | 409 | 326 |
| Q345 | | 92.7 | | | K0 | 201.7 | 67 | 53 |
| | | | | | K1 | 182.5 | 82 | 65 |
| | | | | | K2 | 157.5 | 110 | 87 |
| | | | | | K3 | 116.6 | 201 | 160 |
| Q235 | E8 | 129 | | | K0 | 162.9 | 199 | 159 |
| | | | | | K1 | 148.0 | 241 | 192 |
| | | | | | K2 | 127.4 | 326 | 260 |
| | | | | | K3 | 94.4 | 594 | 473 |
| Q345 | | 92.7 | | | K0 | 168.8 | 96 | 76 |
| | | | | | K1 | 152.9 | 117 | 93 |
| | | | | | K2 | 131.0 | 159 | 127 |
| | | | | | K3 | 96.4 | 294 | 234 |

注1：中心裂纹——板内区域的裂纹。

注2：边缘裂纹——板边区域的裂纹。

注3：焊接构件应力集中情况等级参见GB/T 3811—2008的5.8.3及附录O。

5.2.1.4.3 对于5.2.1.4.1规定外的其他主要受力部分母材和焊缝的裂纹,应根据受力情况和裂纹情况采取阻止措施,并采取加强或改变应力分布等措施修复。如果不能修复或同一位置修复超过三次,应报废。当裂纹达到表1的临界裂纹长度时,应停止使用。

#### 5.2.1.5 构件腐蚀

主要受力构件发生腐蚀时,应进行检查、测量和强度核算。当主要受力构件断面腐蚀达设计厚度的10%时,如不能修复,应报废。

主要受力构件的连接处发生腐蚀时,应进行检查、测量和强度核算。当连接处的强度不能满足设计要求时,应进行修复。如不能修复,应报废。

#### 5.2.1.6 铰轴孔磨损

端梁上的轴孔因磨损变形,在任意方向上的直径大于设计直径的7%时,如不能修复,应报废。

### 5.2.2 主体结构件报废条件评价方法

#### 5.2.2.1 塑性变形

起升机构起吊额定载荷,按产品使用说明书的规定,进行铸造起重机运行机构、小车运行机构、起升机构的联合动作,检查是否存在因主梁、端梁的塑性变形导致各机构不能正常起动、运行和停止。

#### 5.2.2.2 静态刚性

根据GB/T 14405—2011中6.9.4规定的方法测量主梁下挠值。

#### 5.2.2.3 稳定性

根据GB/T 14405—2011中6.2.3.1规定的方法测量主梁水平方向弯曲值,根据GB/T 14405—2011中5.7规定的方法测量主梁上翼缘板的水平偏斜值、腹板的垂直偏斜值、主梁腹板的局部翘曲值。

#### 5.2.2.4 裂纹

应采用适宜的检测方法检查主体结构件母材及焊缝是否存在裂纹,以及裂纹尺寸、位置、方向等参数:

a) 目视或借助望远镜、照相机、窥视镜、视频系统等辅助设备进行观察,或采用声发射方法检测;

b) 根据具体位置选择无损检测方法:

——磁粉检测MT:主体结构件表面及近表面裂纹检测;

——渗透检测PT:主体结构件表面、近表面及开口处裂纹检测;

——超声检测UT:主体结构件及焊缝内部裂纹检测;

——射线检测RT:主体结构件及焊缝内部裂纹检测。

#### 5.2.2.5 构件腐蚀

清除构件表面锈蚀层,测量母材断面厚度,将母材厚度实测值与设计值进行对比,得出母材厚度锈蚀比值,测量三次取平均值。

#### 5.2.2.6 铰轴孔磨损

对端梁上的轴孔磨损量进行检查和测量,将轴孔在任意方向上的直径实测值与设计值进行比较,得出轴孔直径增加量,测量三次取平均值。

### 5.3 主体结构件剩余寿命报废评价方法

5.3.1 确定铸造起重机的设计寿命可以采用下列方法：

a) 设计文件应明确设计寿命，设计文件由制造商提供；

b) 参照附录A计算设计寿命。

5.3.2 主体结构件设计寿命应根据工作循环数和载荷谱数据的获取方式按表2的规定折减。折减后的设计寿命为折减系数乘以设计寿命。

表2 铸造起重机设计寿命折减系数

| 序号 | 数据获取方式 | 折减系数 |
|---|---|---|
| 1 | 铸造起重机带有安全监控管理系统，该系统在使用时能够自动采集工作循环数和载荷谱，且操作人员无法关闭该系统 | 1.0 |
| 2 | 根据铸造起重机工艺流程，计算工作循环数和载荷谱 | 0.9 |
| 3 | 根据生产线年产量数据，估算工作循环数和载荷谱 | 0.8 |

5.3.3 当起重机已使用时间达到设计寿命的50%时，应进行首次剩余寿命评估，评价方法见附录D。剩余寿命的下次评估时间可按已使用时间达到上次剩余寿命评价结果的50%递推确定，也可由用户根据评估结果和起重机使用工况采取其他更安全的处理方式。

## 6 报废后的处置

对于达到报废条件的起重机，使用单位至少应采取下列措施：

a) 解体、消除其功能，并保留解体前、后的照片或视频；

b) 办理注销登记手续。

# 附　录　A
（资料性附录）
# 铸造起重机设计寿命计算方法

## A.1　铸造起重机设计寿命计算方法

铸造起重机的一个工作循环是指从地面起吊一个物品起，到开始起吊下一个物品时止，包括起升机构升降、起重机运行、小车运行及正常的停歇在内的一个完整的工作过程。对于主炼钢生产线上的一台特定的铸造起重机，在每个工艺流程之内的工作循环数、每天完成的工艺流程数、每年工作天数均为固定的情况下，按式（A.1）和式（A.2）计算每天工作循环数 $N_d$ 以及载荷谱系数 $K_p$：

$$N_d = N_{Q1} + N_{Q2} \qquad \cdots\cdots(A.1)$$

$$K_p = \frac{N_{Q1}}{N_d}\left(\frac{m_{Q1}}{m_Q}\right)^3 + \frac{N_{Q2}}{N_d}\left(\frac{m_{Q2}}{m_Q}\right)^3 \qquad \cdots\cdots(A.2)$$

式中：

$m_{Q1}$——满包质量，单位为千克（kg）；

$m_{Q2}$——空包质量，单位为千克（kg）；

$N_{Q1}$——每天起吊满包的次数；

$N_{Q2}$——每天起吊空包的次数；

$m_Q$ ——额定起重量，单位为千克（kg）。

当主体结构件的设计应力与按 GB/T 3811—2008 中表 33 规定的拉伸和压缩疲劳许用应力的基本值计算得到的疲劳许用应力一致时，按 GB/T 3811—2008 中表 1、表 3 的规定选取相应工作级别的起重机工作循环总次数 $C_T$。当载荷谱系数 $K_p$、每天工作循环次数 $N_d$、每年工作天数 $t_d$ 确定的情况下，可以由工作循环总次数按式（A.3）折算成工作年数 $T$：

$$T = \frac{C_T}{N_d \times t_d} \qquad \cdots\cdots(A.3)$$

设计应力的大小直接影响铸造起重机的设计寿命，而设计寿命决定使用寿命的固有属性。降低设计应力可以延长铸造起重机的设计寿命。

## A.2　铸造起重机设计寿命计算示例

已知：一台工作级别为 A8、额定起重量 $m_Q = 125$ t 的铸造起重机，空钢包自重 $m_{Q2} = 45$ t，每天起吊空包次数 $N_{Q2} = 60$，满包重量 $m_{Q1} = 125$ t，每天起吊满包次数 $N_{Q1} = 70$，每年工作天数 $t_d = 350$。

按式（A.1）和式（A.2）计算每天工作循环次数 $N_d$、载荷谱系数 $K_p$：

$$N_d = N_{Q1} + N_{Q2} = 70 + 60 = 130\text{（次）}$$

$$K_p = \frac{N_{Q1}}{N_d}\left(\frac{m_{Q1}}{m_Q}\right)^3 + \frac{N_{Q2}}{N_d}\left(\frac{m_{Q2}}{m_Q}\right)^3 = \frac{70}{130}\left(\frac{125}{125}\right)^3 + \frac{60}{130}\left(\frac{45}{125}\right)^3 = 0.56$$

根据 GB/T 3811—2008 的表 2，$K_p$ 在 0.5～1.0 之间对应载荷状态级别为 Q4；根据 GB/T 3811—2008 的表 3，载荷状态级别 Q4、工作级别 A8 对应起重机使用等级为 U6；根据 GB/T 3811—2008 的表 1，使用等级为 U6 对应起重机总工作循环次数 $5.00\times10^5 \leqslant C_T \leqslant 1.00\times10^6$，则可认为：

——$K_p=0.5$ 时，对应 $C_T=1.00\times10^6$；

——$K_p=1.0$ 时，对应 $C_T=5.00\times10^5$。

当 $K_p=0.56$ 时，按照 $K_p\times C_T=$常数可计算出对应的总循环数 $C_T=8.93\times10^5$，按式(A.3)计算的设计寿命为：

$$T=\frac{8.93\times10^5}{130\times350}=19.63\ (\text{年})$$

# 附 录 B
（资料性附录）
# 铸造起重机使用寿命影响因素

## B.1 总则

铸造起重机使用寿命受构造形式、载荷状态、设计应力、制造工艺、安装质量、轨道误差、工作环境、操作方式、维护保养等综合因素影响。使用单位应按 GB/T 28264 的规定设置安全监控管理系统，按 GB/T 10183.1 的规定控制轨道公差，按 GB/T 31052.1、GB/T 31052.5 的规定进行检查与维护。

## B.2 轨道接头状态对疲劳剩余寿命的影响度 *D*

起重机轨道接头高低差和间隙产生的运行冲击系数按 GB/T 22437.1—2008 的式(D.10)和式(D.11)计算，也可按 GB/T 3811—2008 的式(9)进行计算。

剩余寿命的影响度 $D$ 按式(B.1)计算：

$$D=\frac{L_1-L_2}{L_1} \qquad\cdots\cdots(B.1)$$

式中：

$L_1$——轨道接头无缺陷情况下疲劳剩余寿命，单位为循环次数；

$L_2$——轨道接头有缺陷情况下疲劳剩余寿命，单位为循环次数。

起重机运行轨道接头有缺陷情况下，轨道接头高低差、运行冲击系数及对疲劳剩余寿命的影响度 $D$ 见表 B.1。

轨道接头高低差的增大引起运行冲击系数的增大，从而导致疲劳剩余寿命影响度的提高。

**表 B.1 轨道接头轨道高低差、运行冲击系数及对疲劳剩余寿命的影响度 *D***

| 轨道接头高低差/mm | | 1 | 2 | 3 | 4 | 5 | 6 | 7 | 8 | 9 | 10 |
|---|---|---|---|---|---|---|---|---|---|---|---|
| GB/T 3811—2008 式(9) | 运行冲击系数 $\phi_4$ | 1.18 | 1.21 | 1.23 | 1.25 | 1.27 | 1.29 | 1.30 | 1.32 | 1.33 | 1.34 |
| | 疲劳剩余寿命的影响度 | 0.24 | 0.32 | 0.37 | 0.43 | 0.45 | 0.48 | 0.50 | 0.52 | 0.55 | 0.57 |
| GB/T 22437.1—2008 式(D.10) | 运行冲击系数 $\phi_4$ | 1.06 | 1.13 | 1.19 | 1.25 | 1.31 | 1.37 | 1.43 | 1.49 | 1.55 | 1.60 |
| | 疲劳剩余寿命的影响度 $D$ | 0.23 | 0.37 | 0.51 | 0.60 | 0.68 | 0.72 | 0.77 | 0.80 | 0.84 | 0.86 |

# 附　录　C
（规范性附录）
铸造起重机主要零部件报废条件

## C.1　卷筒

卷筒出现下列情况之一时，应报废：

a)　影响性能的表面缺陷，如裂纹等；

b)　筒壁磨损量达到原壁厚的 20%；

c)　绳槽有缺损或不正常磨损。

## C.2　滑轮

滑轮出现下列情况之一时，应报废：

a)　影响性能的表面缺陷，如裂纹等；

b)　轮槽不均匀磨损量达到 3 mm；

c)　轮槽壁厚磨损量达到原壁厚的 20%；

d)　因磨损使轮槽底部直径减少量达到钢丝绳直径的 40%；

e)　轮毂与轴承、轴与轴承出现明显滑移、间隙或位移，无法修复时。

## C.3　钢丝绳组件

**C.3.1**　起升机构任意一根钢丝绳达到报废条件时，应更换同一起升机构所有的钢丝绳。

**C.3.2**　钢丝绳的报废条件应符合 GB/T 5972 的规定，其中断丝数在 GB/T 5972 规定的基础上折减 50%。

**C.3.3**　钢丝绳用楔型接头、普通套环、重型套环、压板、钢丝绳夹座等连接件，当出现下列情况之一时不准许修复，应报废：

a)　表面裂纹；

b)　绳槽表面磨损量达到钢丝绳直径的 5%；

c)　轴孔磨损量达到设计直径的 5%；

d)　明显塑性变形。

## C.4　制动器

**C.4.1**　驱动装置、制动弹簧、传动构件、制动衬垫应按 GB/T 6067.1—2010 中 4.2.6.7 的规定进行报废。

**C.4.2**　推动器出现下列情况之一时，应报废：

——液压系统严重漏油，致使压力不足影响正常工作；

——对地绝缘电阻低于 1 MΩ。

**C.4.3**　制动轮(盘)出现下列情况之一时，应报废：

a)　影响性能的表面裂纹等缺陷；

b)　起升机构的制动轮制动面厚度磨损量达原厚度 25%，其他机构的制动轮制动面厚度磨损量达原厚度 40%；

c） 起升机构的制动盘制动面厚度磨损量达到 1.5 mm，其他机构的制动盘制动面厚度磨损量达到 2 mm；

d） 轮(盘)面凹凸不平度达到 1.5 mm。

## C.5 减速器

### C.5.1 箱体

箱体出现下列情况之一时，应报废：

a） 裂纹；

b） 严重漏油影响正常使用，无法修复时。

### C.5.2 传动齿轮

传动齿轮出现下列情况之一时，应报废：

a） 轮齿塑性变形造成齿面的峰或谷比理论齿形高于或低于轮齿模数的 20%；轮齿折断大于或等于齿宽的 1/5，轮齿裂纹大于或等于齿宽的 1/8；轮齿的裂纹未达到报废标准时，应设法除掉，制止发展，对于起升机构除外；

b） 对于起升机构：齿面点蚀面积达到轮齿工作面积的 25%，或 20%以上点蚀坑最大尺寸达到 0.1 模数，或 20%的点蚀坑深度达到 0.05 模数；

c） 对于除起升机构外的其他机构：齿面点蚀面积达到轮齿工作面积的 50%，或 20%以上点蚀坑最大尺寸达 0.2 模数，或 20%以上的点蚀坑深度达到 0.15 模数；

d） 齿面胶合面积达工作齿面面积的 20%及胶合沟痕的深度达 0.1 模数；

e） 齿面剥落判定准则与齿面点蚀的判断准则相同；

f） 对于起升机构的齿轮齿根两侧磨损量之和达到 0.05 模数，对于其他机构齿轮齿根两侧磨损量之和达到 0.15 模数。

## C.6 轴类零件

轴类零件主要包括起升机构钢丝绳平衡杠杆铰轴、滑轮轴、卷筒轴、吊钩轴、吊叉轴、传动轴等，当出现下列情况之一时不准许修复，应报废：

a） 表面裂纹；

b） 平衡杠杆铰轴、吊钩轴、吊叉轴表面磨损量达到设计直径的 3%；

c） 明显塑性变形。

## C.7 联轴器

联轴器出现下列情况之一时，应报废：

a） 主要受力零件出现裂纹；

b） 齿式联轴器轮齿断裂；

c） 齿式联轴器齿厚磨损量：对于起升机构达到齿厚的 10%，其他机构达到齿厚的 20%；

d） 万向联轴器十字轴轴向窜动达到 1 mm；

e） 万向联轴器的花键磨损量达到原齿厚的 10%；

f） 卷筒联轴器磨损量指针达到规定极限值。

## C.8 叠片式吊钩

C.8.1 叠片式吊钩出现下列情况之一时，应报废：

a) 表面裂纹；

b) 吊钩的危险断面及钩颈处有塑性变形，或每一钩片侧向变形的弯曲半径小于板厚的10倍；

c) 危险断面的磨损量达到设计尺寸的5%；

d) 钩片之间间隙大于1.5 mm，或铆钉、柱销松动，无法修复时；

e) 钩片板材金相组织发生明显变化，或蠕变。

C.8.2 板钩衬套磨损量达到设计尺寸的50%时，衬套应报废。

## C.9 吊叉

吊叉出现下列情况之一时，应报废：

a) 表面裂纹；

b) 轴孔磨损量达到设计直径的5%；

c) 明显塑性变形；

d) 主要受力板材金相组织发生明显变化，或蠕变。

## C.10 起重横梁

起重横梁出现下列情况之一时，应报废：

a) 主要受力板材和焊缝出现表面裂纹，不能修复时；

b) 轴孔磨损量达到设计直径的5%；

c) 盖板和腹板出现塑性变形，板面侧向变形超过板材厚度；

d) 主要受力板材金相组织发生明显变化，或蠕变。

## C.11 锻造吊钩

锻造吊钩出现下列情况之一时，应报废：

a) 表面裂纹；

b) 钩口的开口尺寸超过使用前基本尺寸的10%；

c) 钩身的扭转变形角度达到10°；

d) 钩柄产生塑性变形；

e) 危险断面的磨损量达到设计尺寸的5%；

f) 钩柄直径腐蚀达到设计直径的5%。

## C.12 吊钩横梁

吊钩横梁出现下列情况之一时，应报废：

a) 表面裂纹；

b) 磨损量达到设计尺寸的3%；

c) 明显塑性变形。

## C.13 钢丝绳平衡杠杆

钢丝绳平衡杠杆出现下列情况之一时，应报废：

a) 表面裂纹；

b) 轴孔磨损量达到设计直径的5%；

c) 厚度减小量达到设计尺寸的5%；

d) 明显塑性变形。

## C.14 小车架

小车架出现下列情况之一时，如不能修复应报废：

a) 对于起升机构减速器下箱体与小车架焊接为一体的结构，因变形导致变速齿轮不能正常啮合，或减速器箱体严重漏油；

b) 对于小车架母材和焊缝的裂纹，应根据受力情况和裂纹情况采取阻止措施，并采取加强或改变应力分布等措施修复，如不能修复或同一位置修复超过三次，应报废；

c) 当小车架产生塑性变形，致使工作机构不能正常地安全运行。

## C.15 电动机

电动机出现下列情况之一时，如不能修复应报废：

a) 电动机转子断条；

b) 线圈(绕组)短路或断路；

c) 电动机外壳或基座有影响安全的裂纹；

d) 电动机定子与转子发生扫膛；

e) 在正常使用条件下，电动机绝缘电阻下降，冷态未达1 MΩ，热态未达0.69 MΩ；

f) 在正常使用条件下，电动机工作时过热现象严重，经常超过GB/T 14711—2013中表7规定的温度限值。

## C.16 起重量限制器(含电子秤的超载功能)

起重量限制器(含超载功能)出现下列情况之一时，如不能修复应报废：

a) 在规定的载荷情况下，不能发出正确的报警或停车信号；

b) 起重量限制器系统精度低于5%，经调整后仍无法达到5%。

# 附 录 D
## (规范性附录)
## 铸造起重机剩余寿命评价方法

### D.1 总则

铸造起重机主体结构件疲劳剩余寿命评价方法包含有裂纹情况和无裂纹情况。对于无裂纹情况，采用基于名义应力的结构细部疲劳寿命评估方法；对于有裂纹情况，采用基于断裂力学-疲劳累积损伤的疲劳寿命评估方法。

### D.2 疲劳危险点的位置

铸造起重机金属结构疲劳失效多发于疲劳性能薄弱、应力最大或应力集中处。通过对铸造起重机金属结构的理论计算、有限元分析和模型梁试验，确定应定期检测的疲劳危险截面上的疲劳危险点，见图 D.1。

图 D.1 主梁疲劳危险点

### D.3 无裂纹情况

#### D.3.1 疲劳强度 $\Delta\sigma-N$ 曲线

基于名义应力的结构细部疲劳强度按构件的非焊接件、焊缝接头形式、加载方向进行分类。以 $\Delta\sigma-N$ 曲线表征金属结构焊接接头的疲劳强度。其中，特征疲劳强度 $\Delta\sigma_c$ 为在恒定应力范围下的应力循环次数为 $2\times10^6$ 次，可靠性概率为 $P_s=97.7\%$(平均值减去由正态分布和单边检验得到的两个标准差)

时的疲劳强度，如图 D.2 所示。

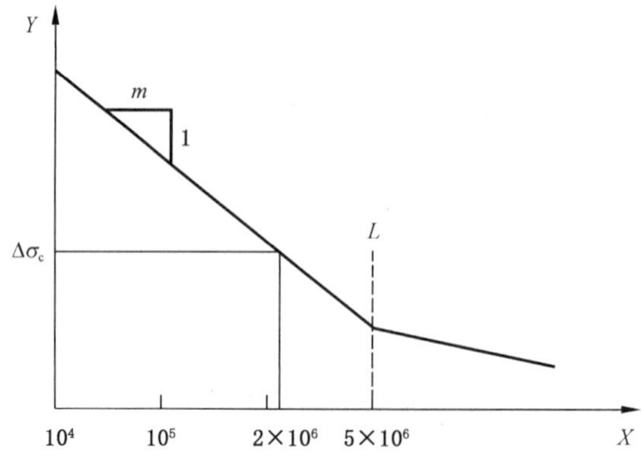


a） 双斜率折线

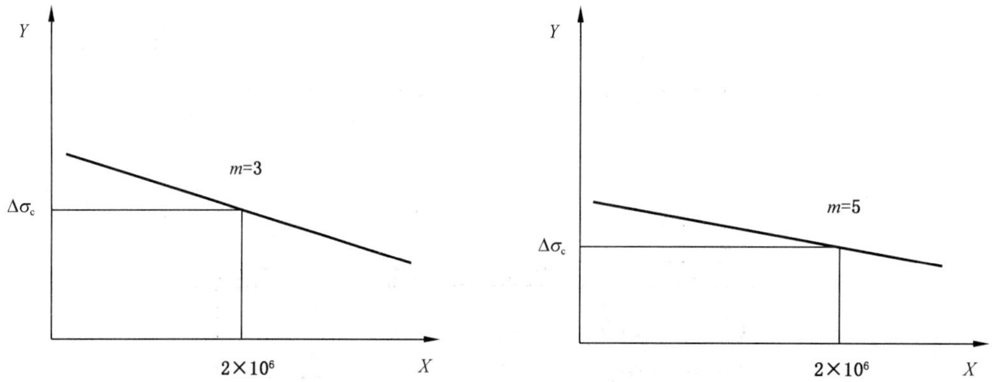


b） 单斜率直线

说明：

$L$ ——恒定应力范围的疲劳极限；

$m$ ——疲劳强度曲线的斜率常数；

$X$ ——lgN；

$Y$ ——lg$\Delta\sigma$。

在 lg/lg 表示法中，该曲线的斜率为$-1/m$。

**图 D.2 $\Delta\sigma-N$ 曲线和 $\Delta\sigma_c$ 示图**

金属结构母材和焊接接头的特征疲劳强度 $\Delta\sigma_c$ 值以及 $\Delta\sigma-N$ 曲线的斜率常数 $m$ 按 GB/T 30024 的规定选取。

## D.3.2 使用寿命计算

根据疲劳危险点焊接接头的 $\Delta\sigma-N$ 曲线，使用寿命按式(D.1)计算：

$$N=\frac{C}{\Delta\sigma^m} \qquad \cdots\cdots(D.1)$$

式中：

$N$ ——使用寿命(总循环次数)；

$\Delta\sigma$ ——名义应力变程；

$C$ ——常数,见表 D.1 和表 D.2。

**表 D.1 具有双斜率折线的常数 $C$**

| 名义应力变程 $\Delta\sigma$ | | 具有双斜率折线的常数 $C$ | |
|---|---|---|---|
| 特征疲劳强度 $\Delta\sigma_c$ MPa | $5\times10^6$ 循环次数下的疲劳强度 MPa | 循环次数小于 $L$ 点的 $\Delta\sigma-N$ 曲线 | 循环次数大于 $L$ 点的 $\Delta\sigma-N$ 曲线 |
| | | $m=3$ | $m=5$ |
| 40 | 29.5 | $1.28\times10^{11}$ | $1.11\times10^{14}$ |
| 45 | 33.2 | $1.82\times10^{11}$ | $2.00\times10^{14}$ |
| 50 | 36.8 | $2.50\times10^{11}$ | $3.39\times10^{14}$ |
| 56 | 41.3 | $3.51\times10^{11}$ | $5.98\times10^{14}$ |
| 63 | 46.4 | $5.00\times10^{11}$ | $1.08\times10^{15}$ |
| 71 | 52.3 | $7.16\times10^{11}$ | $1.96\times10^{15}$ |
| 80 | 58.9 | $1.02\times10^{12}$ | $3.56\times10^{15}$ |
| 90 | 66.3 | $1.46\times10^{12}$ | $6.41\times10^{15}$ |
| 100 | 73.7 | $2.00\times10^{12}$ | $1.09\times10^{16}$ |
| 112 | 82.5 | $2.81\times10^{12}$ | $1.91\times10^{16}$ |
| 125 | 92.1 | $3.91\times10^{12}$ | $3.31\times10^{16}$ |
| 140 | 103.2 | $5.49\times10^{12}$ | $5.84\times10^{16}$ |
| 180 | 132.6 | $1.17\times10^{13}$ | $2.05\times10^{17}$ |

**表 D.2 具有单斜率直线的常数 $C$**

| 名义应力变程 $\Delta\sigma$ | | 具有单斜率直线的常数 $C$ |
|---|---|---|
| 特征疲劳强度 $\Delta\sigma_c$ MPa | $5\times10^6$ 循环次数下的疲劳强度 MPa | $m=5$ |
| 63 | 52.45 | $1.98\times10^{15}$ |
| 71 | 59.11 | $3.61\times10^{15}$ |
| 80 | 66.60 | $6.55\times10^{15}$ |
| 90 | 74.93 | $1.18\times10^{16}$ |
| 100 | 83.26 | $2.00\times10^{16}$ |
| 112 | 93.25 | $3.52\times10^{16}$ |
| 125 | 104.07 | $6.10\times10^{16}$ |
| 140 | 116.56 | $1.08\times10^{17}$ |
| 160 | 133.21 | $2.10\times10^{17}$ |
| 180 | 149.86 | $3.78\times10^{17}$ |
| 200 | 166.51 | $6.40\times10^{17}$ |

表 D.2（续）

| 名义应力变程 $\Delta\sigma$ | | 具有单斜率直线的常数 $C$ |
|---|---|---|
| 特征疲劳强度 $\Delta\sigma_c$<br>MPa | $5\times10^6$ 循环次数下的疲劳强度<br>MPa | $m=5$ |
| 225 | 187.32 | $1.15\times10^{18}$ |
| 250 | 208.14 | $1.95\times10^{18}$ |
| 280 | 233.11 | $3.44\times10^{18}$ |
| 315 | 262.25 | $6.20\times10^{18}$ |

### D.3.3 疲劳剩余寿命计算

疲劳剩余寿命按式(D.2)计算。

$$N_f = N - N_y \quad \cdots\cdots\cdots\cdots (D.2)$$

式中：

$N_f$ ——疲劳剩余寿命，单位为循环次数；

$N_y$ ——已使用的时间，单位为循环次数。

注：对于应力范围保持不变的常幅疲劳，可按上述方法进行疲劳寿命计算；对于变幅疲劳，可结合 Palmgren-Miner 线性累积损伤进行疲劳寿命计算。

## D.4 有裂纹情况

### D.4.1 疲劳危险点处应力谱的获取

铸造起重机金属结构疲劳危险点各工作循环过程中的第一主应力-时间历程按式(D.3)、式(D.4)及式(D.5)进行计算。采用雨流计数法获取该起重机金属结构疲劳危险点的双参应力谱，包括应力均值谱和应力幅值谱。

铸造起重机金属结构疲劳危险点的正应力按式(D.3)计算：

$$\sigma = 1.15\left(\frac{M_y}{W_x} + \frac{M_x}{W_y}\right) \quad \cdots\cdots\cdots\cdots (D.3)$$

式中：

$\sigma$ ——疲劳危险点的正应力(拉应力为正，压应力为负)，单位为兆帕(MPa)；

$M_y$、$M_x$ ——分别为疲劳危险点所在截面对 $y$、$x$ 轴的弯矩，单位为牛毫米(N·mm)；

$W_y$、$W_x$ ——分别为疲劳危险点所在截面对 $y$、$x$ 轴的抗弯截面模量，单位为立方毫米($mm^3$)。

铸造起重机金属结构疲劳危险点的切应力按式(D.4)计算：

$$\tau = \frac{FS_x}{I_x\delta} \quad \cdots\cdots\cdots\cdots (D.4)$$

式中：

$\tau$ ——疲劳危险点的切应力，单位为兆帕(MPa)；

$F$ ——疲劳危险点所处截面的剪力，单位为牛顿(N)；

$S_x$ ——疲劳危险点所处截面的静矩，单位为立方毫米($mm^3$)；

$I_x$ ——疲劳危险点所处截面的惯性矩，单位为四次方毫米($mm^4$)；

$\delta$ ——腹板厚度，单位为毫米(mm)。

在多轴复杂应力状态下，疲劳裂纹通常发生在应力三维度最大处，裂纹扩展方向为最大拉应力（即第一主应力）垂直方向，因此应将疲劳危险点的正应力及切应力按式（D.5）转换为第一主应力：

$$\sigma_1=\frac{\sigma}{2}+\sqrt{\left(\frac{\sigma}{2}\right)^2+\tau^2} \quad \cdots\cdots\text{(D.5)}$$

式中：

$\sigma_1$——疲劳危险点的第一主应力，单位为兆帕（MPa）。

起重机金属结构疲劳危险点的应力谱应从所有工作循环的应力-时间历程中获取。

**D.4.2 疲劳剩余寿命计算**

在给定载荷作用下，根据线弹性断裂判定准则，结构件发生疲劳断裂时的临界裂纹长度 $a_1$ 按式（D.6）计算：

$$a_1=\frac{1}{\pi}\left(\frac{K_C}{Y\sigma_{max}}\right)^2 \quad \cdots\cdots\text{(D.6)}$$

式中：

$K_C$ ——材料的断裂韧性；

$Y$ ——几何修正系数，对于中心裂纹，$Y=1$；对于边缘裂纹，$Y=1.12$。

为消除平均应力的影响，根据等效损伤原则，采用式（D.7）将所有幅值应力转化为循环特性 $r=0$ 下的应力变程 $\Delta\sigma_0$：

$$\begin{cases} 1=\dfrac{\sigma_{ra}}{\sigma_{-1}}+\dfrac{\sigma_{rm}}{\sigma_b} \\ \Delta\sigma_0=\dfrac{2\left(\sigma_{ra}+\dfrac{\sigma_{-1}}{\sigma_b}\sigma_{rm}\right)}{1+\dfrac{\sigma_{-1}}{\sigma_b}} \end{cases} \quad \cdots\cdots\text{(D.7)}$$

式中：

$\sigma_{-1}$——$r=-1$ 时的材料疲劳极限，单位为兆帕（MPa）；

$\sigma_b$ ——材料的抗拉极限，单位为兆帕（MPa）；

$\sigma_{rm}$——循环特性 $r$ 时的应力均值，单位为兆帕（MPa）；

$\sigma_{ra}$ ——循环特性为 $r$ 时的应力幅值，单位为兆帕（MPa）；

$\Delta\sigma_0$——循环特性 $r=0$ 下的应力变程。

当载荷为变幅载荷时，根据等寿命原则，采用 Miner 应力幅等效法，按式（D.8）将变幅载荷转化为等幅载荷：

$$\sigma=\sqrt[m]{\sum a_i\sigma_{ri}^m} \quad \cdots\cdots\text{(D.8)}$$

式中：

$a_i$ ——各级应力幅与循环次数 $N_f$ 的比值；

$\sigma_{ri}$ ——各级应力幅值。

起重机主体结构疲劳剩余寿命按式（D.9）进行计算：

$$N_f=\begin{cases} \dfrac{1}{C_c(Y\Delta\sigma_0\sqrt{\pi})^{m_c}(0.5m_c-1)}\left(\dfrac{1}{a_0^{0.5m_c-1}}-\dfrac{1}{a_1^{0.5m_c-1}}\right) & m_c\neq 2 \\ \dfrac{1}{C_c(Y\Delta\sigma_0\sqrt{\pi})^2}\ln(a_1/a_0) & m_c=2 \end{cases} \quad \cdots\cdots\text{(D.9)}$$

式中：

$a_0$ ——初始裂纹长度；

$a_1$ ——临界裂纹长度；

$C_c$、$m_c$ ——裂纹扩展速率参数，见表 D.3。

**表 D.3 材料性能参数表**

| 材料 | 屈服强度<br>MPa | 抗拉强度<br>MPa | 裂纹扩展门槛值 $\Delta K_{th}$<br>($R=0$)<br>MPa $\sqrt{m}$ | 断裂韧性 $K_C$<br>MPa $\sqrt{m}$ | 裂纹扩展速率参数 | |
|---|---|---|---|---|---|---|
| | | | | | $C_c \times 10^{-13}$ | $m_c$ |
| Q235 | 235 | 370 | 5.96 | 129 | 2.61 | 3 |
| Q345 | 345 | 470 | 6.04 | 92.7 | 1.06 | 4.66 |

# 参 考 文 献

[1] GB/T 10183.1 起重机 车轮及大车和小车轨道公差 第1部分:总则
[2] GB/T 22437.1—2008 起重机 载荷与载荷组合的设计原则 第1部分:总则
[3] GB/T 28264 起重机械 安全监控管理系统
[4] GB/T 31052.1 起重机械 检查与维护规程 第1部分:总则
[5] GB/T 31052.5 起重机械 检查与维护规程 第5部分:桥式和门式起重机

ICS 53.040.10
J 81

# 中华人民共和国国家标准

GB/T 36698—2018

# 带式输送机设计计算方法

Basis for calculation of belt conveyors

2018-09-17 发布　　2019-04-01 实施

国家市场监督管理总局
中国国家标准化管理委员会　发布

# 前　言

本标准按照 GB/T 1.1—2009 给出的规则起草。

本标准由中国机械工业联合会提出。

本标准由全国连续搬运机械标准化技术委员会(SAC/TC 331)归口。

本标准负责起草单位:北京起重运输机械设计研究院有限公司、东北大学、力博重工科技股份有限公司、北京起重运输机械设计研究院河南分院。

本标准参加起草单位:北方重工集团有限公司、衡阳运输机械有限公司、上海科大重工集团有限公司、北京约基工业股份有限公司、四川省自贡运输机械集团股份有限公司、华电重工股份有限公司、山东山矿机械有限公司、宁夏天地西北煤机有限公司、安徽盛运重工机械有限责任公司、泰富重装集团有限公司、湖北宜都运机机电股份有限公司、焦作鑫恒重工机械有限公司、河南天隆输送装备有限公司、焦作科瑞森重装股份有限公司、卫华集团有限公司、安徽攀登重工股份有限公司、芜湖市爱德运输机械有限公司、江苏环宇起重运输机械有限责任公司、安徽永生机械股份有限公司、山东能源重装集团恒图科技有限公司。

本标准主要起草人:宋伟刚、张喜军、张维钧、王引生、周满山、程潞样、高勇、张晓华、李平、马立民、龚欣荣、刘皞、于春成、王荣国、汪玉、叶桂林、王传平、王万奇、郭金星、孟凡波、何路茵、开华献、贾真、张立明、许志、曹琳卿。

# 带式输送机设计计算方法

## 1 范围

本标准规定了带式输送机的设计计算，用于确定带式输送机主要部件(如驱动装置、制动装置、拉紧装置、滚筒、托辊和输送带等)的基本参数与布置设计。

本标准适用于输送散状物料的带式输送机。

本标准不适用于钢丝绳牵引带式输送机、管状带式输送机、气垫带式输送机等特种带式输送机的设计计算，其通用部分的设计计算可参照使用本标准。

## 2 规范性引用文件

下列文件对于本文件的应用是必不可少的。凡是注日期的引用文件，仅注日期的版本适用于本文件。凡是不注日期的引用文件，其最新版本(包括所有的修改单)适用于本文件。

GB/T 7984 普通用途织物芯输送带

GB/T 9770 普通用途钢丝绳芯输送带

GB/T 10595 带式输送机

GB/T 14521 连续搬运机械术语

GB/T 28267.1—2012 钢丝绳芯输送带 第1部分：普通用途输送带的设计、尺寸和机械要求

GB/T 28267.2 钢丝绳芯输送带 第2部分：优选带型

GB/T 28267.3 钢丝绳芯输送带 第3部分：井下用输送带的特殊安全要求

GB/T 28267.4 钢丝绳芯输送带 第4部分：带的硫化接头

GB/T 31256 输送带 具有橡胶或塑料覆盖层的地下采矿用织物芯输送带规范

GB 50431 带式输送机工程设计规范

## 3 术语和定义

GB/T 14521 界定的以及下列术语和定义适用于本文件。

3.1

**固有特性启动 starting for inherent characteristics**

带式输送机按照驱动装置固有的机械特性(转速和转矩关系)的启动方式。

3.2

**运动控制启动 starting for motion control**

带式输送机按照设定的启动加速度或速度曲线控制的启动方式。

3.3

**设计输送量 nominal capacity**

根据工程设计要求的、用以进行带式输送机设计的输送量。

## 4 符号、含义与单位

表1给出了符号、含义与单位。

表 1 符号、含义与单位

| 符号 | 含义 | 单位 |
|---|---|---|
| $A$ | 承载物料的横截面积 | $m^2$ |
| $A_1$ | 承载物料的上部的横截面积 | $m^2(mm^2)^a$ |
| $A_2$ | 当 $\theta=0°$ 时承载物料的截面积(承载物料的下部的横截面积)(3 辊托辊组)<br>外侧辊子上倒梯形部分横截面积(5 辊托辊组) | $m^2(mm^2)^a$ |
| $A_3$ | 内侧辊子上倒梯形部分横截面积(5 辊托辊组) | $m^2(mm^2)^a$ |
| $A_N$ | 设计输送量下对应的承载物料的横截面积 | $m^2$ |
| $A_{Gr}$ | 工作面清扫器和输送带之间的有效接触面积 | $mm^2$ |
| $A_{Gr1}$ | 非工作面清扫器和输送带之间的有效接触面积 | $mm^2$ |
| $B$ | 带宽 | mm |
| $C$ | 附加阻力系数 | — |
| $D$ | 滚筒直径 | mm |
| $D_1$ | 按输送带使用寿命条件确定的滚筒基准直径 | mm |
| $E_{LB}$ | 输送带纵向弹性模量 | N/mm |
| $F$ | 输送带的张力或阻力 | N |
| $F_a$ | 非稳态运行条件下由加速/减速度产生的惯性力 | N |
| $F_{bA}$ | 加料段输送物料的惯性阻力和(或)输送物料与输送带间摩擦阻力 | N |
| $F_{c1}$ | 凸、凹弧曲线段起始点的输送带张力 | N |
| $F_{c2}$ | 凸、凹弧曲线段终止点的输送带张力 | N |
| $F_D$ | 滚筒上平均输送带张力 | N |
| $F_E$ | 根据测试结果得出的单位长度压陷滚动阻力 | N/m |
| $F_f$ | 加料段输送物料与导料槽侧板间的摩擦阻力 | N |
| $F_H$ | 主要阻力 | N |
| $F_{gl}$ | 加料段外输送物料与导料槽侧板间的摩擦阻力 | N |
| $F_{Hs}$ | 逆止力 | N |
| $F_I$ | 输送带绕经滚筒的弯曲阻力 | N |
| $F_r$ | 工作面清扫器的摩擦阻力 | N |
| $F_{r1}$ | 非工作面清扫器的摩擦阻力 | N |
| $F_N$ | 附加阻力 | N |
| $F_p$ | 卸料器的摩擦阻力 | N |
| $F_R$ | 根据测试结果得出的单位长度托辊转动阻力 | N/m |
| $F_S$ | 特种阻力 | N |
| $F_{sbn}$ | 缓冲床(滑动床)的摩擦阻力 | N |
| $F_{Sk}$ | 加料段导料槽裙板密封的摩擦阻力 | N |
| $F_{Sk1}$ | 加料段外导料槽裙板密封的摩擦阻力 | N |

表 1（续）

| 符 号 | 含 义 | 单 位 |
|---|---|---|
| $F_{Sp}$ | 拉紧滚筒的拉紧力 | N |
| $F_{St}$ | 输送物料的提升阻力(在区段阻力计算中包括输送带的提升阻力) | N |
| $F_t$ | 滚筒轴承阻力 | N |
| $F_T$ | 输送带特征点处张力 | N |
| $F_{T1}$ | 输送带与滚筒相遇点的张力 | N |
| $F_{T2}$ | 输送带与滚筒分离点的张力 | N |
| $F_{Tm}$ | 输送带的平均张力 | N |
| $F_{Tr}$ | 滚筒圆周驱动力 | N |
| $F_U$ | 运行阻力(等于滚筒圆周驱动力) | N |
| $F_V$ | 作用在滚筒上输送带的张力和滚筒旋转部分重力的矢量和(数值) | N |
| $F_w$ | 凸、凹弧曲线段的附加弯曲阻力 | N |
| $F_\varepsilon$ | 前倾阻力 | N |
| $\Delta F_{Tm}$ | 输送带的平均张力 $F_{Tm}$ 与最小输送带张力 $F_{Tmin}$ 之差 | N |
| $I_{m,N}$ | 设计质量输送量 | kg/s |
| $I_{m,th}$ | 理论质量输送量 | kg/s |
| $I_{V,N}$ | 设计体积输送量 | $m^3/s$ |
| $I_{V,th}$ | 理论体积输送量 | $m^3/s$ |
| $J$ | 滚筒的转动惯量 | $kg \cdot m^2$ |
| $J_D$ | 驱动单元的转动部件在减速器高速轴上的转动惯量 | $kg \cdot m^2$ |
| $J_f$ | 飞轮的转动惯量 | $kg \cdot m^2$ |
| $L$ | 输送机的长度 | m |
| $K_a$ | 刮板系数 | N/m |
| $P_A$ | 稳定运行条件下克服运行阻力所需的传动滚筒的总功率 | kW |
| $P_M$ | 驱动电动机总功率 | kW |
| $P_{M,N}$ | 驱动电动机额定功率 | kW |
| $Q$ | 设计输送量 | t/h |
| $R_a$ | 竖向凹弧段的曲率半径 | m(mm)[a] |
| $R_e$ | 竖向凸弧段的曲率半径 | m(mm)[a] |
| $S$ | 相对于输送带名义拉断强度的安全系数 | — |
| $S_0$ | 考虑接头工艺条件下的输送带的安全系数 | — |
| $S_1$ | 考虑输送带预期寿命和工作应力的安全系数 | — |
| $S_{min}$ | 相对于输送带最小名义拉断强度的最小安全系数 | — |
| $a$ | 加速度或减速度 | $m/s^2$ |
| $b$ | 输送带有效宽度(理论承载物料的输送带宽度) | m(mm)[a] |

表 1（续）

| 符 号 | 含 义 | 单 位 |
|---|---|---|
| $b_1$ | 物料堆积在输送带上的宽度 | mm |
| $b_2$ | 3 辊托辊组上的物料宽度 | mm |
| $b_S$ | 位于侧辊上的输送带宽度（仅对于 2 辊和 3 辊托辊组） | mm |
| $b_{Sch}$ | 导料槽间的净宽 | m |
| $c_0$ | 确定最小滚筒直径的计算系数 | — |
| $c_K$ | 基于输送带边缘张力确定的最小接头疲劳强度的系数 | — |
| $c_R$ | 将托辊转动质量等效到托辊周边上等效质量的计算系数 | — |
| $c_{Rank}$ | 主动侧压力系数 | — |
| $c_S$ | 模拟摩擦系数的速度修正系数 | — |
| $c_{Schb}$ | 加料段内由于物料扰动引起的附加阻力的系数 | — |
| $c_T$ | 模拟摩擦系数的温度修正系数 | — |
| $c_{Td}$ | 确定槽形过渡最小长度基准值的系数 | — |
| $c_\varepsilon$ | 前倾阻力的计算系数 | — |
| $d_0$ | 滚筒轴承的内径 | mm |
| $d_B$ | 输送带抗拉元件（芯层）的厚度（不包括输送带的上、下覆盖层的厚度） | mm |
| $d_R$ | 托辊直径 | m |
| $e$ | 自然对数的底（$e=2.718\ 28\cdots\cdots$） | — |
| $e_K$ | 由输送带中性基准线到输送带边缘的高差 | mm |
| $e_M$ | 由输送带中性基准线到输送带中心的高差 | mm |
| $f_{base}$ | 模拟摩擦系数的基准值 | — |
| $\Delta f_S$ | 与带速相关的模拟摩擦系数的修正量 | — |
| $\Delta f_T$ | 与温度相关的模拟摩擦系数的修正量 | — |
| $f$ | 模拟摩擦系数 | — |
| $f_i$ | 用以计算上、下分支各区段的模拟摩擦系数 | — |
| $f_r$ | 在一定带速下托辊组辊子转动的频率 | Hz |
| $f_p$ | 输送带的横截面振动的近似固有频率 | Hz |
| $f_{RMBT}$ | 滚筒载荷系数（由输送带最大张力和名义拉断强度确定） | — |
| $g$ | 重力加速度（$g=9.81\ m/s^2$） | $m/s^2$ |
| $h$ | 高差（上运时 $h>0$；下运时 $h<0$） | m |
| $h_{k0}$ | 输送带两侧边缘构成的平面到槽形最低平面的距离 | m |
| $h_{k1}$ | 输送带两侧边缘构成的平面与滚筒上母线所在平面的距离 | m |
| $h_{Tr}$ | 槽形过渡段滚筒上母线平面与槽形最低平面的距离（滚筒抬高高度） | m |
| $i$ | 传动比 | — |
| $k$ | 相对于输送带宽度的输送带张力（输送带张力在带宽上的平均值） | N/mm |

表 1(续)

| 符号 | 含义 | 单位 |
|---|---|---|
| $k_K$ | 输送带边缘处单位宽度的张力 | N/mm |
| $k_M$ | 输送带中心区域的单位宽度的张力 | N/mm |
| $k_N$ | 输送带名义拉断强度 | N/mm |
| $k_{N,min}$ | 输送带最小名义拉断强度 | N/mm |
| $h_{rel}$ | 输送带的垂度(托辊组间输送带最大下垂量与托辊组间距之比) | — |
| $k_t$ | 输送带接头基准疲劳强度(考虑输送带接头的强度降低的输送带拉断强度) | N/mm |
| $k_{t,rel}$ | 输送带接头相对基准疲劳强度 | — |
| $\Delta k$ | 输送带边缘和输送带中心区域单位带宽上的张力的差值 | N/mm |
| $l$ | 区段的长度 | m |
| $l_2$ | 中间 2 辊长度(5 辊托辊组) | mm |
| $l_b$ | 加料段导料槽的长度 | m |
| $l_{gl}$ | 加料段外导料槽的长度 | m |
| $l_K$ | 槽形过渡段输送带边缘的长度 | m |
| $l_M$ | 3 辊托辊组的中间辊的长度 | mm(m)[a] |
| $l_R$ | 托辊组间距 | m |
| $l_{sl}$ | 外侧托辊与物料的接触长度 | m |
| $l_{Td}$ | 槽形过渡段的长度 | m |
| $l_{Td,eff}$ | 钢丝绳芯输送带槽形过渡段的有效长度 | m |
| $\Delta l_{Td}$ | 过渡段的附加长度,钢丝绳芯输送带的 $l_{Td,eff}-l_{Td}$ | m |
| $l_w$ | 输送带翻转段的长度 | m |
| $m_f$ | 飞轮等效到滚筒周边的等效质量 | kg |
| $m_D$ | 滚筒、飞轮(如果设置)、驱动和制动装置等效到滚筒周边的等效质量 | kg |
| $m_L$ | 带式输送机线路上的输送带、物料和托辊的等效质量 | kg |
| $\Sigma m$ | 带式输送机线路上的输送带、物料和托辊的等效质量与滚筒、驱动和制动装置等效到滚筒周边的等效质量之和 | kg |
| $n$ | 带式输送机划分的区段数 | — |
| $n_R$ | 带式输送机在稳定运行条件下允许的辊子最大转速 | r/min |
| $p_A$ | 与传动滚筒相关的启动系数 | — |
| $p_{A,0}$ | 与驱动相关的起动系数 | — |
| $p_B$ | 与制动滚筒相关的制动系数 | — |
| $p_{B,0}$ | 与制动相关的制动系数 | — |
| $p_D$ | 功率分配系数 | — |
| $p_{Gr}$ | 工作面清扫器作用到输送带上的压力 | $N/mm^2$ |
| $p_{Grl}$ | 非工作面清扫器作用到输送带上的压力 | $N/mm^2$ |

表 1（续）

| 符号 | 含义 | 单位 |
| --- | --- | --- |
| $p_{Sk}$ | 输送带与密封之间的有效单位长度正压力 | N/m |
| $p_{Bp}$ | 输送带的许用比压 | N/mm$^2$ |
| $p_{Bs}$ | 钢丝绳芯输送带钢丝绳下的许用比压 | N/mm$^2$ |
| $q$ | 主要阻力的估计系数 | — |
| $q_B$ | 输送带的单位长度质量 | kg/m |
| $q_R$ | 托辊旋转部分的单位长度质量 | kg/m |
| $q_{G,i}$ | 区段上物料的单位长度质量 | kg/m |
| $s_1$ | 输送带厚度 | mm |
| $s_{Sp}$ | 拉紧滚筒行程 | m |
| $v$ | 带速 | m/s |
| $v_0$ | 给料到输送带上物料在输送方向的速度 | m/s |
| $s_B$ | 制动距离 | m |
| $t_1$ | 输送带的钢丝绳间距 | mm |
| $t_B$ | 制动时间 | s |
| $z_D$ | 传动或制动滚筒的数量 | 个 |
| $z_M$ | 电动机(驱动单元)的数量 | 个 |
| $z_R$ | 区段上(上或下分支)托辊组的数量 | 组 |
| $z_{Tr}$ | 滚筒的数量 | 个 |
| $z_\varepsilon$ | 区段上(上或下分支)前倾托辊组的数量 | 组 |
| $\alpha$ | 围包角 | °或 rad |
| $\alpha_c$ | 凸、凹弧曲线段对应的圆心角 | rad |
| $\beta$ | 用于与物料计算物料横截面积的物料动堆积角的等效堆积角 | ° |
| $\theta$ | 输送物料的动堆积角(安息角) | ° |
| $\delta$ | 输送倾角(上运时 $\delta > 0$,下运时 $\delta < 0$) | ° |
| $\varepsilon$ | 侧辊倾斜角(前倾角) | ° |
| $\varphi$ | 有效填充系数 | — |
| $\varphi_{St}$ | 倾斜输送时理论总承载截面积的截面缩减系数 | — |
| $\varphi_{St1}$ | 倾斜输送时承载物料的上部的理论截面积的截面缩减系数 | — |
| $\lambda$ | 托辊组槽角、外侧辊的槽角(4、5 辊托辊组) | ° |
| $\lambda_1$ | 中间 2 辊的槽角(4、5 辊托辊组) | ° |
| $\mu$ | 输送带与滚筒间的摩擦系数 | — |
| $\mu_1$ | 输送带与输送物料间的摩擦系数 | — |
| $\mu_2$ | 输送物料与导料槽侧板间的摩擦系数 | — |
| $\mu_3$ | 输送带与托辊间的摩擦系数 | — |

表 1（续）

| 符号 | 含义 | 单位 |
|---|---|---|
| $\mu_4$ | 输送带与清扫器间的摩擦系数 | — |
| $\mu_5$ | 输送带与密封橡胶间的滑动摩擦系数 | — |
| $\mu_6$ | 缓冲床与输送带间的摩擦系数 | — |
| $\rho$ | 输送物料的堆积密度 | kg/m$^3$ |
| $\Delta\varepsilon_K$ | 相对于输送带自然轴向凹弧段或凸弧段上输送带边缘的附加伸长率（正或负） | — |
| $\Delta\varepsilon_{K\infty}$ | 很长的曲线段输送带边缘的 $\Delta\varepsilon_K$ 的极限值 | — |
| $\Delta\varepsilon_M$ | 相对于输送带自然轴向凹弧段或凸弧段上输送带中心区域的附加伸长率（正或负） | — |
| $\Delta\varepsilon_{M\infty}$ | 很长的曲线段输送带中心区域的 $\Delta\varepsilon_M$ 的极限值 | — |
| $\Delta\varepsilon_\infty$ | 很长的曲线段输送带中心区域与输送带边缘之间的伸长率的差 | — |
| $\eta_1$ | 电动工况电动机轴与滚筒轴之间全部传动环节的总效率 | — |
| $\eta_2$ | 发电工况电动机轴与滚筒轴之间全部传动环节的总效率 | |
| [a] 有些计算式中采用括弧内的单位。 | | |

## 5　体积输送量和质量输送量

### 5.1　物料理论横截面积

带式输送机的理论体积输送量和质量输送量是由所输送物料在输送带上堆积形成的物料理论横截面积和运行速度所决定的。物料的横截面积则取决于输送物料的动堆积角、托辊组的具体结构型式及装料方式。

本标准在计算理论体积输送量和质量输送量时，假设所输送物料横截面的上表面的轮廓线为抛物线。图 1 为常见槽形 3 辊托辊组支承输送带上的物料横截面。

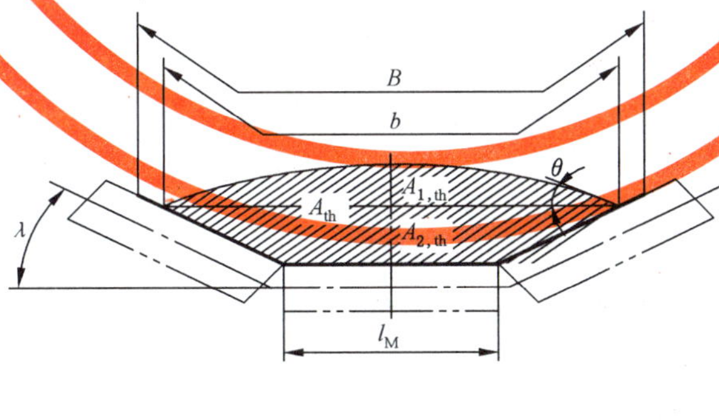


图 1　3 辊托辊组水平输送承载物料的理论横截面

承载物料的理论横截面积由承载托辊组的中间辊子长度 $l_M$、槽角 $\lambda$、输送带有效宽度 $b$ 及动堆积角 $\theta$ 确定。有效宽度 $b$ 是在输送带宽度上留有一定的空边距以避免输送带撒料的宽度，见式(1)、式(2)：

$$b = 0.9B - 50（当\ B \leqslant 2\ 000） \tag{1}$$

$$b = B - 250（当\ B > 2\ 000） \tag{2}$$

式中：

$B$ ——带宽，单位为毫米(mm)；

$b$ ——输送带有效宽度(理论承载物料的输送带宽度),单位为毫米(mm)。

水平转弯运行的带式输送机由于辊子的倾斜布置可能会减小输送带的有效宽度。

水平布置的带式输送机的3辊托辊组支承输送带承载物料采用动堆积角 $\theta$ 计算的理论截面积 $A_{th}$,可用截面积 $A_{1,th}$ 与 $A_{2,th}$ 之和来确定(见图1),见式(3)、式(4)、式(5):

$$A_{1,th}=[l_M+(b-l_M)\cos\lambda]^2\frac{\tan\theta}{6} \quad\cdots\cdots(3)$$

$$A_{2,th}=\left[l_M+\frac{b-l_M}{2}\cos\lambda\right]\frac{b-l_M}{2}\sin\lambda \quad\cdots\cdots(4)$$

$$A_{th}=A_{1,th}+A_{2,th} \quad\cdots\cdots(5)$$

式中:

$A_{th}$ ——承载物料的理论横截面积,单位为平方米($m^2$);

$A_{1,th}$ ——承载物料的上部的理论横截面积,单位为平方米($m^2$);

$A_{2,th}$ ——当 $\theta=0°$ 时的承载物料理论横截面积(承载物料的下部的截面积),单位为平方米($m^2$);

$l_M$ ——3辊托辊组的中间辊的长度,单位为米(m);

$\theta$ ——物料的动堆积角,单位为度(°);

$\lambda$ ——托辊组槽角,单位为度(°);

$b$ ——输送带有效宽度(理论承载物料的输送带宽度),单位为米(m)。

当采用等效堆积角 $\beta$ 计算横截面积 $A_{1,th}$ 时,见式(6):

$$A_{1,th}=[l_M+(b-l_M)\cos\lambda]^2\frac{\tan\beta}{4} \quad\cdots\cdots(6)$$

其中,$\beta=\theta/1.5$。

物料的动堆积角取决于所输送的物料的特性和带式输送机的长度、带速等因素。在缺乏动堆积角经验值情况下,可选择:

——对于正常流动性物料,取 $0\leqslant\theta\leqslant20°$;

——对于流动性较高的物料,则取 $20°\leqslant\theta\leqslant30°$。

2辊托辊组承载物料的理论截面积:将 $l_M=0$ 代入式(3)和式(4)进行计算;

1辊托辊组承载物料的理论截面积:将 $l_M=0,\lambda=0$ 代入式(3)和式(4)进行计算。

1辊、2辊、4辊、5辊托辊组承载物料的理论横截面积 $A_{th}$ 的计算参见附录A。

根据承载物料的理论横截面积,理论体积输送量,见式(7):

$$I_{V,th}=A_{th}\cdot v \quad\cdots\cdots(7)$$

理论质量输送量,见式(8):

$$I_{m,th}=\rho A_{th}\cdot v \quad\cdots\cdots(8)$$

式中:

$I_{V,th}$ ——理论体积输送量,单位为立方米每秒($m^3/s$);

$I_{m,th}$ ——理论质量输送量,单位为千克每秒(kg/s);

$v$ ——带速,单位为米每秒(m/s);

$\rho$ ——输送物料的堆积密度,单位为千克每立方米($kg/m^3$)。

### 5.2 倾斜输送的横截面缩减系数

当带式输送机给料均匀、且水平、直线运行时,带式输送机的理论物料截面可以充分利用。

倾斜输送时,受到物料重力、内摩擦角等因素的影响,图1中的上部面积 $A_{1,th}$ 将缩减。当带式输送机对中良好并均匀给料、输送粒度小的物料;且带式输送机线路上的最大倾角 $\delta_{max}\leqslant\theta$ 时,上部面积的缩减系数,见式(9):

$$\varphi_{St1}=\frac{\sqrt{\sin^2\theta-\sin^2\delta_{max}}}{\sin\theta}=\sqrt{\frac{\cos^2\delta_{max}-\cos^2\theta}{1-\cos^2\theta}} \qquad \cdots\cdots(9)$$

式中：

$\varphi_{St1}$ ——倾斜输送时承载物料的上部的理论截面积 $A_{1,th}$ 的截面缩减系数，无量纲；

$\delta_{max}$ ——带式输送机线路上的最大倾角，单位为度(°)；

$\theta$ ——同式(3)。

倾斜输送的承载物料的理论截面积缩减系数 $\varphi_{St}$，见式(10)：

$$\varphi_{St}=1-\frac{A_{1,th}}{A_{th}}(1-\varphi_{St1}) \qquad \cdots\cdots(10)$$

式中：

$\varphi_{St}$——倾斜输送时承载物料的理论截面积 $A_{th}$ 的截面缩减系数，无量纲。

在应用式(9)、式(10)时，应注意倾斜输送时的倾角最大只能等于动堆积角 $\theta$。此时只有截面积 $A_{2,th}$ 用于输送物料。

### 5.3 设计输送量和有效填充系数

当给定物料的设计质量输送量 $I_{m,N}$ 时，设计体积输送量 $I_{V,N}$，见式(11)：

$$I_{V,N}=\frac{I_{m,N}}{\rho} \qquad \cdots\cdots(11)$$

式中：

$I_{m,N}$——设计质量输送量，单位为千克每秒(kg/s)；

$I_{V,N}$——设计体积输送量，单位为立方米每秒($m^3/s$)。

所需要的截面积，见式(12)：

$$A_N=\frac{I_{V,N}}{v} \qquad \cdots\cdots(12)$$

式中：

$A_N$——在设计输送量下需要的承载物料横截面积，单位为平方米($m^2$)。

带式输送机的有效填充系数，见式(13)：

$$\varphi=\frac{A_N}{A_{th}} \qquad \cdots\cdots(13)$$

式中：

$\varphi$——带式输送机的有效填充系数，无量纲。

有效填充系数 $\varphi$ 取决于：

——输送物料的特性；

——粒度及其组成；

——动堆积角 $\theta$；

——带式输送机的运行条件；

——给料均匀性；

——输送机的线路布置；

——输送倾角；

——输送能力的储备。

有效填充系数 $\varphi$ 用以评价理论物料截面积 $A_{th}$ 与设计输送量下所需截面积匹配性。在本标准中，一些计算参数是在有效填充系数为 $0.7<\varphi<1.1$ 范围内进行选择，否则，应对所选计算参数进行修正，并且在某些情况下将超出上述的范围，具体数值将依据试验数据和工程师的经验。

设计输送量下的物料单位长度质量，见式(14)：

$$q_G = \frac{I_{m,N}}{v} \text{ 或 } q_G = \varphi\rho A_{th} \quad \cdots\cdots(14)$$

式中：

$q_G$——设计输送量下输送带上物料的单位长度质量，单位为千克每米(kg/m)。

设计输送量计算见式(15)：

$$I_{m,N} = \frac{Q}{3.6} \quad \cdots\cdots(15)$$

式中：

$Q$——设计输送量，单位为吨每小时(t/h)。

## 6 稳定运行条件的运行阻力和功率消耗

### 6.1 计算原则

运行阻力的计算通常是首先估计所用参数(如输送带和托辊的单位长度质量、模拟摩擦系数等)数值的基准值。这些数值应在计算过程中根据实际选择确认或修正。通常应进行反复计算，以达到完全符合具体应用的计算结果。

在稳定运行条件时产生的运行阻力 $F_U$ 是由摩擦力、重力和其他阻力产生的总阻力。带式输送机传动滚筒所需要的功率 $P_A$ 是由上、下分支产生的运行阻力总和与运行速度 $v$ 的乘积得出，见式(16)：

$$P_A = \frac{F_U v}{1\ 000} \quad \cdots\cdots(16)$$

式中：

$P_A$——稳定运行条件抵抗运行阻力所需的传动滚筒圆周上的总功率，单位为千瓦(kW)；

$F_U$——上、下分支运行阻力的总和，单位为牛顿(N)。

为了计算运行阻力，将带式输送机运行阻力划分为：

——主要阻力 $F_H$(见 6.2)；

——附加阻力 $F_N$(见 6.3)；

——提升阻力 $F_{St}$(见 6.4)；

——特种阻力 $F_S$(见 6.5)。

运行阻力之和 $F_U$ 等于从传动滚筒传递到输送带上的滚筒圆周驱动力 $F_{Tr}$，见式(17)：

$$F_U = \sum_{i=1}^{n_o} F_{U,o,i} + \sum_{i=1}^{n_u} F_{U,u,i} = F_H + F_N + F_{St} + F_S = F_{Tr} \quad \cdots\cdots(17)$$

式中：

$F_{Tr}$——滚筒圆周驱动力的总和，单位为牛顿(N)；

$F_{U,o,i}$、$F_{U,u,i}$——分别为上、下分支、区段 $i$ 上运行阻力，单位为牛顿(N)；

$n_o$、$n_u$——分别为上、下分支划分的区段数。

阻力应以分段形式确定。分段的原则是在每个区段上具有相同的计算参数，例如：带式输送机的上分支、下分支，区段上的倾角 $\delta_i$、模拟摩擦系数 $f_i$ 和单位长度物料的质量 $q_{G,i}$，以及托辊旋转部分的单位长度质量 $q_{R,i}$。考虑到方便计算机编程计算，在阻力计算中，可以采用从带式输送机的尾部到头部进行编号，脚标 $i$ 为区段的序号，脚标 o 表示上分支、u 表示下分支(见图 2)，将滚筒作为单独的区段编号。在后面的描述中，为了表达统一，将滚筒编号用脚标 $j$ 表示，脚标 T1 为相遇点、T2 为分离点。(见图 5 和图 6)。

## 6.2 主要阻力

### 6.2.1 主要阻力的计算

主要阻力发生在所有的带式输送机的输送线路的整个长度上。它包括:托辊旋转阻力、输送带压陷滚动阻力、输送带弯曲阻力和物料内摩擦阻力等。主要阻力应在各个区段上分别计算。

为了简化区段阻力的计算,按照阻力与运动载荷为线性关系来分别计算上、下分支每个区段主要阻力 $F_{H,i}$,见式(18):

$$F_{H,i}=l_i f_i g[q_{R,i}+(q_B+q_{G,i})\cos\delta_i] \qquad \cdots\cdots(18)$$

式中:

$F_{H,i}$——区段 $i$ 上的主要阻力,单位为牛顿(N);

$l_i$ ——区段 $i$ 的长度,单位为米(m);

$f_i$ ——区段 $i$ 上的模拟摩擦系数,无量纲;

$q_{R,i}$ ——区段 $i$ 上托辊旋转部分的单位长度质量,单位为千克每米(kg/m);

$q_B$ ——输送带的单位长度质量,单位为千克每米(kg/m);

$q_{G,i}$ ——区段 $i$ 上物料的单位长度质量,单位为千克每米(kg/m);

$\delta_i$ ——区段 $i$ 的输送倾角,单位为度(°);

$g$ ——重力加速度,单位为米每二次方秒(m/s²)。

在确定输送带张力时,必需确定上、下分支区段主要阻力 $F_{H,o,i}$、$F_{H,u,i}$(见 8.3)。

带式输送机的主要阻力是上、下分支主要阻力 $F_{H,o}$、$F_{H,u}$ 之和,见式(19):

$$F_H=\sum_{i=1}^{n_o}F_{H,o,i}+\sum_{i=1}^{n_u}F_{H,u,i}=F_{H,o}+F_{H,u} \qquad \cdots\cdots(19)$$

式中:

$F_H$ ——总的上、下分支主要阻力,单位为牛顿(N);

$F_{H,o,i}$、$F_{H,u,i}$——分别为上、下分支区段 $i$ 上主要阻力,单位为牛顿(N);

$F_{H,o}$、$F_{H,u}$ ——分别为上、下分支主要阻力的和,单位为牛顿(N)。

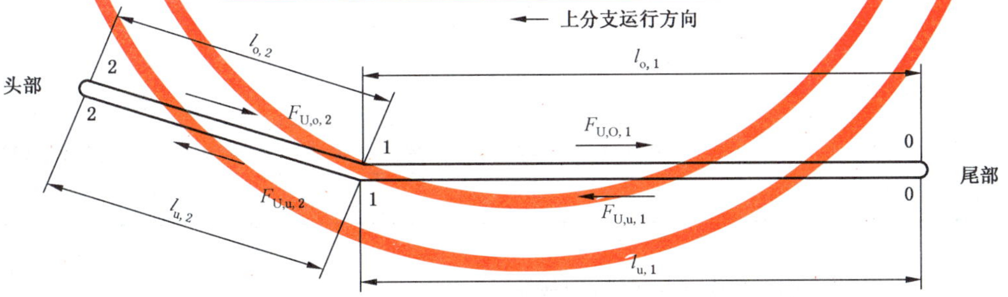


说明:

0、1、2 ——输送机线路特征点;

$l_{o,1}$、$l_{o,2}$、$l_{u,1}$、$l_{u,2}$ ——分别为上分支、下分支区段 1,2 的长度;

$F_{U,o,1}$、$F_{U,o,1}$、$F_{U,u,2}$、$F_{U,u,2}$——分别为上分支、下分支区段 1,2 上运行阻力。

图 2 区段划分和稳定工况下的各段运行阻力

计算各区段主要阻力时,物料的有效填充系数应在 $0.7<\varphi<1.1$ 的范围内。否则,应对本标准所给出的计算参数的基准值进行修正。

在带式输送机线路中含有上运和下运区段时,应在极端载荷条件(给料不均匀、部分载荷和空载)下计算主要阻力,因为在这种情况下的阻力之和可能大大超过稳定运行条件下的阻力。

### 6.2.2 模拟摩擦系数的确定

选择模拟摩擦系数 $f_i$ 比主要阻力的计算更为重要，因为它决定了主要阻力。特别是对于提升阻力较小的带式输送机尤为重要。表2中给出的模拟摩擦系数 $f_i$ 值可以用作上、下分支主要阻力计算。

如没有测量值或经验值，或仅有粗略的设备参数，可根据表2中运行条件和结构特性选取模拟摩擦系数 $f$ 的基准值。这些基准值是通过对上、下分支大量的测量及下列限制条件总结得出的：

——上分支为3辊固定式托辊组；

——辊子采用滚动轴承和迷宫式密封；

——输送带垂度 $h_{rel} \leqslant 0.01$；

——有效填充系数为 $0.7 < \varphi < 1.1$。

在实际设计中，为保证有较高的安全性，对于驱动装置为发电运转方式，采用较小的模拟摩擦系数 $f$；对于驱动装置为电动运转方式，采用较大的模拟摩擦系数 $f$。

如果计算精确度要求不高，可以采用此模拟摩擦系数 $f$，按式(18)计算主要阻力。

**表2 模拟摩擦系数 $f$ 的基准值(有效填充系数为 $0.7 < \varphi < 1.1$)**

| 特征 | 特征程度 | | |
|---|---|---|---|
| 输送物料的内摩擦 | 中等 | 低 | 高 |
| 带式输送机的对中性 | 中等 | 好 | 差 |
| 输送带张力 | 中等 | 高 | 低 |
| 运行条件(粉尘，黏性) | 中等 | 好 | 差 |
| 托辊直径/mm | 108～159 | ＞159 | ＜108 |
| 上分支托辊组间距/m | 1.0～1.5 | ＜1.0 | ＞1.5 |
| 下分支托辊组间距/m | 2.5～3.5 | ＜2.5 | ＞3.5 |
| 带速/(m/s) | 4～6 | ＜4 | ＞6 |
| 槽角/(°) | 25～35 | ＜25 | ＞35 |
| 环境温度/℃ | 15～25 | ＞25 | ＜15 |
| 模拟摩擦系数 $f$ | 基准值≈0.020 | 导致 | |
| | | 模拟摩擦系数 $f$ 减小至 | 模拟摩擦系数 $f$ 增大至 |
| | | 0.010 | 0.040 |

### 6.2.3 考虑温度和带速的模拟摩擦系数的修正方法

当考虑温度和带速的影响对模拟摩擦系数进行修正时，首先用表3确定模拟摩擦系数 $f_{base}$ 的基准值。

不同带速下的模拟摩擦系数的修正量，见式(20)：

$$\Delta f_S = 0.02 \cdot (c_S - 1) \qquad (20)$$

式中：

$\Delta f_S$——与带速相关的模拟摩擦系数的修正量，无量纲；

$c_S$ ——由表4给出的模拟摩擦系数的速度修正系数，无量纲。

不同工作温度下的模拟摩擦系数的修正量，见式(21)：

$$\Delta f_T = 0.02 \cdot (c_T - 1) \qquad (21)$$

式中：

$\Delta f_T$——与温度相关的模拟摩擦系数的修正量，无量纲；

$c_T$ ——由表5给出的模拟摩擦系数的温度修正系数，无量纲。

**表3 模拟摩擦系数 $f_{base}$ 的基准值**

| 安装情况 | 工作条件 | 模拟摩擦系数 $f_{base}$ |
|---|---|---|
| 水平、向上输送及向下输送的电动工况，带速5 m/s | 良好的工作条件，托辊转动灵活，输送物料的内摩擦较小，良好的安装与维护 | 0.017 |
| | 正常的安装，通常的物料 | 0.02 |
| | 不好的工作条件，低温，物料的内摩擦高，物料超载，维护差 | 0.023～0.030 |
| 下运发电工况，带速5 m/s | 制造、安装正常，电动机为发电运行条件 | 0.012～0.016 |

**表4 速度修正系数 $c_S$**

| 带速 $v$/(m/s) | 2 | 3 | 4 | 5 | 6 |
|---|---|---|---|---|---|
| 系数 $c_S$ | 0.80 | 0.85 | 0.90 | 1.00 | 1.10 |

**表5 温度修正系数 $c_T$**

| 温度/℃ | +20 | 0 | −10 | −20 | −30 |
|---|---|---|---|---|---|
| 系数 $c_T$ | 1.00 | 1.07 | 1.17 | 1.28 | 1.47 |

修正的模拟摩擦系数，见式(22)：

$$f=f_{base}+\Delta f_S+\Delta f_T \qquad\cdots\cdots(22)$$

式中：

$f_{base}$——模拟摩擦系数的基准值，无量纲。

应用式(21)修正的模拟摩擦系数是偏于保守的。精确的模拟摩擦系数取决于实际所采用的输送带的类型和输送机的结构设计。当带速或温度不是表4或表5中的数值时，可以通过插值法计算修正量。

### 6.2.4 通过托辊转动阻力和压陷滚动阻力测量确定主要阻力的方法

为了在保证带式输送机性能的同时最小化设备和运营成本，应精确确定模拟摩擦系数 $f$ 值。模拟摩擦系数 $f_i$ 主要是由托辊转动阻力和输送带的压陷滚动阻力确定。当输送带垂度相对较大时，输送物料的挤压阻力也会占较大比例。当测得托辊转动阻力和压陷滚动阻力时，可用下面的方法估算主要阻力。

在有效填充系数为 $0.7\leqslant\varphi\leqslant1.1$ 情况下，承载区段(一般情况下是上分支区段)输送带的压陷滚动阻力和托辊转动阻力之和的正常值在主要阻力中占50%～85%，平均值为70%。空载区段(一般情况下是下分支区段)约为主要阻力的90%。

承载区段的单位长度主要阻力，见式(23)：

$$F_{H,i}=\frac{1}{q_o}(F_{R,i}+F_{E,i}) \qquad\cdots\cdots(23)$$

空载区段的单位长度主要阻力，见式(24)：

$$F_{H,i}=\frac{1}{q_u}(F_{R,i}+F_{E,i}) \qquad (24)$$

式中：

$F_{H,i}$ ——区段单位长度主要阻力，单位为牛顿每米(N/m)；

$q_o$、$q_u$ ——分别为承载区段和空载区段主要阻力的估计系数，无量纲；

$F_{R,i}$ ——根据测试结果得出的区段单位长度托辊转动阻力，单位为牛顿每米(N/m)；

$F_{E,i}$ ——根据测试结果得出的区段单位长度压陷滚动阻力，单位为牛顿每米(N/m)。

其中，$0.5 \leqslant q_o \leqslant 0.85$，平均 $q_o=0.7$，$q_u=0.9$。

表 6 为估算系数 $q_o$的准则。

应用式(23)和式(24)可以检验式(18)中的模拟摩擦系数 $f_i$ 的合理性，以计算主要阻力，可能将模拟摩擦系数调整为其他值。

**表 6 在有效填充系数为 0.7≤$\varphi$≤1.1 下系数 $q_o$的基准值**

| 特 征 | 特 征 程 度 分 类 | | |
|---|---|---|---|
| 输送带垂度 $h_{rel}$ | 中等 | 小，且≤0.01 | 大 |
| 输送物料内摩擦 | 中等 | 高 | 低 |
| 托辊转动阻力 | 中等 | 低 | 高 |
| 压陷滚动阻力 | 中等 | 低 | 高 |
| 系数 $q_o$ | 基准值≈0.7 | 计 算 | |
| | | 减 少 | 增 加 |
| | | 系数 $q_o$达到 | |
| | | 0.5 | 0.85 |

## 6.3 附加阻力

### 6.3.1 计算原则

附加阻力是在带式输送机的某些区域上的摩擦阻力和惯性阻力。附加阻力包括：

——加料段输送物料的惯性阻力和(或)输送物料与输送带间摩擦阻力 $F_{bA}$；

——加料段输送带与导料槽裙板密封的摩擦阻力 $F_{Sk}$；

——加料段输送物料与导料槽侧板间的摩擦阻力 $F_f$；

——输送带绕经滚筒的弯曲阻力 $F_l$和滚筒轴承阻力 $F_t$。

附加阻力按式(25)在各区段 $i$ 上计算：

$$F_{N,i}=F_{bA,i}+F_{Sk,i}+F_{f,i}+F_{l,i}+F_{t,i} \qquad (25)$$

总的附加阻力 $F_N$是上、下分支的附加阻力 $F_{N,o}$、$F_{N,u}$之和，见式(26)：

$$\begin{aligned}F_N&=\sum_{i=1}^{n_o}F_{N,o,i}+\sum_{i=1}^{n_u}F_{N,u,i}\\&=\sum_{i=1}^{n_o}(F_{bA,o,i}+F_{Sk,o,i}+F_{f,o,i}+F_{l,o,i}+F_{t,o,i})+\sum_{i=1}^{n_u}(F_{bA,u,i}+F_{Sk,u,i}+F_{f,u,i}+F_{l,u,i}+F_{t,u,i})\\&=F_{N,o}+F_{N,u}\end{aligned} \qquad (26)$$

式中：

$F_N$ ——总的附加阻力，单位为牛顿(N)；

$F_{N,o,i}$、$F_{N,u,i}$ ——分别为上、下分支区段 $i$ 上的附加阻力，单位为牛顿(N)；
$F_{N,o}$、$F_{N,u}$ ——分别为上、下分支的附加阻力，单位为牛顿(N)；
$F_{bA,o,i}$、$F_{bA,u,i}$——分别为上、下分支区段 $i$ 上的加料段输送物料的惯性阻力和(或)输送物料与输送带间摩擦阻力，单位为牛顿(N)；
$F_{Sk,o,i}$、$F_{Sk,u,i}$ ——分别为上、下分支区段 $i$ 上的加料段导料槽裙板密封的摩擦阻力，单位为牛顿(N)；
$F_{f,o,i}$、$F_{f,u,i}$ ——分别为上、下分支区段 $i$ 上的加料区物料加速段输送物料与导料槽侧板间的摩擦阻力，单位为牛顿(N)；
$F_{l,o,i}$、$F_{l,u,i}$ ——分别为上、下分支区段 $i$ 上的输送带包围滚筒的输送带弯曲阻力，单位为牛顿(N)；
$F_{t,o,i}$、$F_{t,u,i}$ ——分别为上、下分支区段 $i$ 上的滚筒轴承阻力，单位为牛顿(N)。

### 6.3.2 加料段输送物料的惯性阻力和输送物料与输送带间摩擦阻力

加料段输送物料的惯性阻力和输送物料与输送带间摩擦阻力体现为所输送物料的动量变化，见式(27)确定：

$$F_{bA}=I_{m,N}(v-v_0) \quad \cdots\cdots(27)$$

式中：

$I_{m,N}$——设计质量输送量，单位为千克每秒(kg/s)；
$v_0$ ——给料到输送带上物料在输送方向的速度，单位为米每秒(m/s)。

给料到输送带上物料在输送方向的速度 $v_0$ 通常取为0。也可以根据转载物料的下落高度与下落过程进行计算，应注意转载溜槽相对输送带的方向。

### 6.3.3 加料段导料槽裙板密封的摩擦阻力

加料段导料槽裙板密封作用在输送带上的正压力所产生的阻力，见式(28)：

$$F_{Sk}=2\mu_5\cdot p_{Sk}\cdot l_b \quad \cdots\cdots(28)$$

式中：

$\mu_5$——输送带与裙板密封橡胶间的滑动摩擦系数，无量纲；
$p_{Sk}$——输送带与裙板密封橡胶之间的有效单位长度正压力，单位为牛顿每米(N/m)；
$l_b$——加料段导料槽的长度，单位为米(m)。

通常，输送带与裙板密封橡胶间的滑动摩擦系数为 $\mu_5=1$；输送带与裙板密封橡胶之间的有效单位长度正压力为 $p_{Sk}=30\ N/m\sim50N/m$。当导料槽不与输送带接触时，此阻力为0。

### 6.3.4 加料段输送物料与导料槽侧板间的摩擦阻力

对于3辊托辊组布置的给料点，如图3。给料速度为 $0\leqslant v_0\leqslant v$，且 $b_{Sch}>l_M$；物料加速区内输送物料与导料槽侧板间的摩擦阻力的计算，见式(29)：

$$F_f=c_{Schb}\cdot c_{Rank}\left[\frac{2I_{m,N}}{(v+v_0)\rho}-(b_{Sch}^2-l_M^2)\frac{\tan\lambda}{4}\right]^2\frac{\rho g l_b\mu_2}{b_{Sch}^2} \quad \cdots\cdots(29)$$

导料槽的长度 $l_b$，应见式(30)：

$$l_b>l_{b,min}=\frac{v^2-v_0^2}{2g\ \mu_1} \quad \cdots\cdots(30)$$

主动侧压力系数，见式(31)：

$$c_{Rank}=\tan^2\left(45°-\frac{\theta}{2}\right) \quad \cdots\cdots(31)$$

式中：

$\mu_1$ ——输送带与输送物料间的摩擦系数，无量纲；

$\mu_2$ ——输送物料与导料槽侧板间的摩擦系数，无量纲；

$b_{Sch}$ ——导料槽间的净宽，单位为米(m)；

$l_{b,min}$——导料槽的最小长度，单位为米(m)；

$l_M$ ——3 辊托辊组的中间辊子的长度，单位为米(m)；

$c_{Schb}$ ——加料段内由于物料扰动引起的附加阻力的系数，无量纲；

$c_{Rank}$ ——主动侧压力系数，无量纲。

当 $b_{Sch} \leqslant l_M$ 时，将 $l_M = b_{Sch}$ 代入式(29)进行计算；

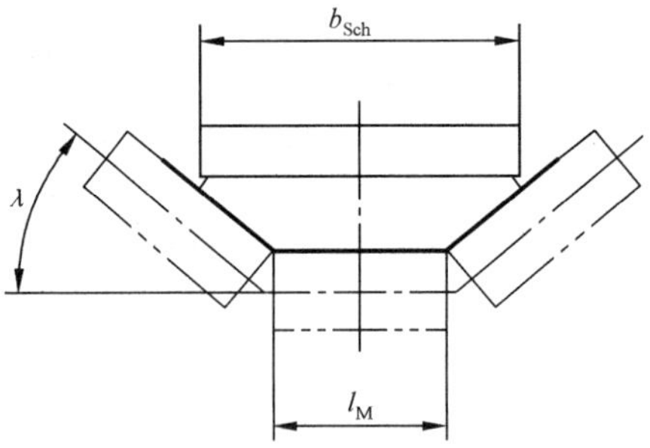


说明：

$l_M$ ——3 辊托辊组的中间辊子的长度；

$b_{Sch}$——导料槽间的净宽；

$\lambda$ ——槽角。

**图 3 导料槽断面**

对于 2 辊托辊组，将 $l_M = 0$ 代入式(29)进行计算。

对于 1 辊托辊组，将 $l_M = b_{Sch}$ 代入式(29)进行计算。

其他类型的托辊布置(如 5 辊托辊组)，按下面的方法进行计算：

a) 依据体积输送量和给料段内输送物料速度$(v+v_0)/2$确定物料与导料槽侧板接触高度；

b) 确定散料流作用到导料槽侧板上的压力，如果需要，乘上 $c_{Schb}$ 和 $c_{Rank}$；

c) 由侧板面上平均压力、摩擦系数和物料与导料槽侧板的接触面积求出摩擦阻力。

对于常规设计的带式输送机，可取：

$c_{Schb}\ c_{Rank} = 1$

通常，物料和输送带之间的摩擦系数为 $\mu_1 = 0.5 \sim 0.7$；物料与导料槽侧板之间的摩擦系数为$\mu_2 = 0.5 \sim 0.7$。

### 6.3.5 输送带绕经滚筒的弯曲阻力和滚筒轴承阻力

输送带绕经滚筒的弯曲将产生能量损耗，且滚筒轴承的摩擦与润滑也产生能量消耗。

对于织物芯输送带，弯曲阻力 $F_1$，见式(32)：

$$F_1 = 9B\left(140 + 0.01 \times \frac{F_D}{B}\right) \cdot \frac{s_1}{D} \quad \cdots\cdots(32)$$

对于钢丝绳芯输送带，弯曲阻力 $F_1$，见式(33)：

$$F_1 = 12B\left(200 + 0.01 \times \frac{F_D}{B}\right) \cdot \frac{s_1}{D} \quad \cdots\cdots(33)$$

式中：

$B$ ——带宽，单位为米(m)；

$F_{D}$ ——滚筒上平均输送带张力，单位为牛顿(N)，见式(34)：

$$F_{D}=(F_{T1}+F_{T2})/2 \qquad (34)$$

式中：

$F_{T1}$——输送带与滚筒相遇点的张力，单位为牛顿(N)；

$F_{T2}$——输送带与滚筒分离点的张力，单位为牛顿(N)；

$s_{1}$ ——输送带厚度，单位为毫米(mm)；

$D$ ——滚筒直径，单位为毫米(mm)。

滚筒轴承阻力 $F_{t}$，见式(35)：

$$F_{t}=0.005\frac{d_{0}}{D}\cdot F_{V} \qquad (35)$$

式中：

$F_{V}$——作用在滚筒上输送带的张力和滚筒旋转部分重力的合力，单位为牛顿(N)；

$d_{0}$ ——滚筒上的轴承内径，单位为毫米(mm)。

传动滚筒的轴承阻力不影响输送带的张力，但产生功率消耗。

对于简单布置带式输送机，输送带绕过滚筒时的弯曲阻力和非传动滚筒的轴承阻力与其他附加阻力相比小到可以忽略不计。当带式输送机的滚筒数量较多时(特别是在计算输送带张力时)，有时应计入输送带绕过滚筒时的弯曲阻力和非传动滚筒的轴承阻力。

#### 6.3.6 用附加阻力系数确定总附加阻力

附加阻力还可以通过附加阻力系数计算，但该方法存在计算精度较低、输送带张力计算时张力闭合困难等问题。但其计算过程简单，适用于计算精度要求不高、且简单布置的带式输送机，具体方法参见附录B。

### 6.4 提升阻力

提升阻力由输送带和物料的重力产生。在计算输送带张力时，需要上、下分支区段的提升阻力 $F_{St,o,i}$、$F_{St,u,i}$(见8.3)。提升阻力按式(36)在各区段 $i$ 上计算：

$$F_{St,i}=h_{i}g(q_{B}+q_{G,i}) \qquad (36)$$

带式输送机的总提升阻力 $F_{St}$ 为上、下分支的提升阻力 $F_{St,o}$、$F_{St,u}$之和，见式(37)和式(38)：

$$F_{St}=\sum_{i=1}^{n_{o}}F_{St,o,i}+\sum_{i=1}^{n_{u}}F_{St,u,i}=F_{St,o}+F_{St,u} \qquad (37)$$

$$h_{i}=l_{i}\sin\delta_{i} \qquad (38)$$

式中：

$F_{St}$ ——总提升阻力，单位为牛顿(N)；

$F_{St,o,i}$、$F_{St,u,i}$——分别为上、下分支区段 $i$ 的提升阻力，单位为牛顿(N)；

$F_{St,o}$、$F_{St,u}$ ——分别为上、下分支的提升阻力，单位为牛顿(N)；

$h_{i}$ ——区段 $i$ 的高差，单位为米(m)；

$l_{i}$ ——区段 $i$ 的长度，单位为米(m)；

$\delta_{i}$ ——区段 $i$ 的倾角，单位为度(°)。

带式输送机上运时：$h_{i}>0$；$\delta_{i}>0$；带式输送机下运时：$h_{i}<0$；$\delta_{i}<0$。

### 6.5 特种阻力

#### 6.5.1 计算原则

特种阻力只有在采用相关的布置或设计时才会产生。特种阻力可以分为以下几种：

——前倾阻力 $F_{\varepsilon}$；

——加料段外输送物料与导料槽侧板间的摩擦阻力 $F_{gl}$；

——加料段外输送带与导料槽裙板密封间的摩擦阻力 $F_{Skl}$；

——在带式输送机线路上设置转载物料装置的阻力 $F_{p}$；

——缓冲床(滑动床)摩擦阻力 $F_{sbn}$；

——工作面清扫器的摩擦阻力 $F_{r}$；

——非工作面清扫器阻力 $F_{r1}$；

——凸、凹弧曲线段的附加阻力 $F_{w}$。

在计算输送带张力时，需要上、下分支区段的特种阻力 $F_{S,o,i}$、$F_{S,u,i}$(见8.3)。特种阻力按式(39)在各区段 $i$ 上计算：

$$F_{S,i}=F_{\varepsilon,i}+F_{gl,i}+F_{Sk,i}+F_{p,i}+F_{sbn,i}+F_{r,i}+F_{r1,i}+F_{w,i} \qquad (39)$$

总的特种阻力 $F_S$ 为上、下分支的特种阻力 $F_{S,o}$、$F_{S,u}$ 之和，见式(40)：

$$\begin{aligned}F_S&=\sum_{i=1}^{n_o}F_{S,o,i}+\sum_{i=1}^{n_u}F_{S,u,i}\\&=\sum_{i=1}^{n_o}(F_{\varepsilon,o,i}+F_{gl,o,i}+F_{Skl,o,i}+F_{p,o,i}+F_{sbn,o,i}+F_{r,o,i}+F_{r1,o,i}+F_{w,o,i})+\\&\quad\sum_{i=1}^{n_u}(F_{\varepsilon,u,i}+F_{gl,u,i}+F_{Skl,o,i}+F_{p,u,i}+F_{sbn,u,i}+F_{r,u,i}+F_{r1,u,i}+F_{w,u,i})\\&=F_{S,o}+F_{S,u}\end{aligned} \qquad (40)$$

式中：

$F_S$ ——总的特种阻力，单位为牛顿(N)；

$F_{S,o}$、$F_{S,u}$ ——分别为上、下分支的特种阻力，单位为牛顿(N)；

$F_{\varepsilon,o,i}$、$F_{\varepsilon,u,i}$ ——分别为上、下分支区段 $i$ 的前倾阻力，单位为牛顿(N)；

$F_{gl,o,i}$、$F_{gl,u,i}$ ——分别为上、下分支区段 $i$ 的加料段外输送物料与导料槽侧板间的摩擦阻力，单位为牛顿(N)；

$F_{Skl,o,i}$、$F_{Skl,o,i}$ ——分别为上、下分支区段 $i$ 的加料段外导料槽裙板密封的摩擦阻力，单位为牛顿(N)；

$F_{p,o,i}$、$F_{p,u,i}$ ——分别为上、下分支区段 $i$ 的卸料器的摩擦阻力，单位为牛顿(N)；

$F_{sbn,o,i}$、$F_{sbn,u,i}$ ——分别为上、下分支区段 $i$ 的缓冲床(滑动床)摩擦阻力，单位为牛顿(N)；

$F_{r,o,i}$、$F_{r,u,i}$ ——分别为上、下分支区段 $i$ 的工作面清扫器的摩擦阻力，单位为牛顿(N)；

$F_{r1,o,i}$、$F_{r1,u,i}$ ——分别为上、下分支区段 $i$ 的非工作面清扫器的摩擦阻力，单位为牛顿(N)；

$F_{w,o,i}$、$F_{w,u,i}$ ——分别为上、下分支区段 $i$ 的凸、凹弧曲线段的附加阻力，单位为牛顿(N)。

#### 6.5.2 前倾阻力

前倾阻力是由侧辊的倾斜布置产生的，它取决于物料和输送带作用在前倾辊子上的正压力、输送带与托辊间的摩擦系数 $\mu_3$、带式输送机的倾角 $\delta_i$ 和前倾角 $\varepsilon_i$。在区段 $i$ 上的前倾阻力 $F_{\varepsilon,i}$ 是作用在各个前倾辊子的阻力之和，见式(41)：

$$F_{\varepsilon,i}=\frac{z_{\varepsilon,i}}{z_{R,i}}l_i c_{\varepsilon,i}\mu_3\left|\sin\varepsilon_i\right|\cos\delta_i g(q_B+q_{G,i}) \qquad (41)$$

式中：

$z_{R,i}$——区段 $i$ 上的托辊组数量，组；

$z_{\varepsilon,i}$——区段 $i$ 上的前倾托辊组数量，组；

$\varepsilon_i$ ——区段 $i$ 上的托辊前倾角，单位为度(°)；

$\mu_3$ ——输送带与托辊间的摩擦系数，无量纲；

$c_{\varepsilon,i}$——前倾阻力的计算系数，无量纲。

输送带与托辊之间的摩擦系数 $\mu_3$ 取决于槽角 $\lambda$。若槽角 $\lambda>5°$，可取 $\mu_3=0.5$。

式(41)中参数 $c_{\varepsilon,i}$ 与托辊组的布置有关，还与物料堆积的几何状态有关。对于 3 辊托辊组布置(3 辊等长)，输送物料的有效填充系数为 $0.7<\varphi<1.1$ 时，见式(42)：

$$c_\varepsilon=0.5-\frac{45-\lambda}{150}(20°\leqslant\lambda\leqslant 45°) \qquad (42)$$

2 辊托辊组(无载荷)，见式(43)：

$$c_\varepsilon=\cos\lambda \qquad (43)$$

### 6.5.3 加料段外导料槽裙板密封的摩擦阻力

加料段外导料槽裙板密封作用在输送带上的正压力所产生的阻力，见式(44)：

$$F_{Sk1}=2\mu_5\cdot p_{Sk}\cdot l_{gl} \qquad (44)$$

式中：

$l_{gl}$——加料区外导料槽侧板长度，单位为米(m)。

通常，输送带与裙板密封橡胶间的滑动摩擦系数为 $\mu_5=1$；输送带与裙板密封之间的有效单位长度上的正压力为 $p_{Sk}=30\text{N/m}\sim50\text{N/m}$。当导料槽不与输送带接触时，此阻力为 0。

### 6.5.4 加料段外输送物料与导料槽侧板间的摩擦阻力

3 辊托辊组布置(见图 3)时，当 $b_{Sch}>l_M$，输送物料与导料槽侧板间的摩擦阻力，见式(45)：

$$F_{gl}=c_{Rank}\left[\frac{I_{m,N}}{v\rho}-(b_{Sch}^2-l_M^2)\frac{\tan\lambda}{4}\right]^2\frac{\rho g l_{gl}\mu_2}{b_{Sch}^2} \qquad (45)$$

一般情况下，物料和导料槽侧板的摩擦系数为 $\mu_2=0.5\sim0.7$。

当 $b_{Sch}\leqslant l_M$ 时，将 $b_{Sch}=l_M$ 代入式(45)计算。

2 辊托辊组时，将 $l_M=0$ 代入式(45)计算。

1 辊托辊组时，将 $l_M=b_{Sch}$ 代入式(45)计算。

加料段外输送物料与导料槽侧板间的摩擦阻力与加料段输送物料与导料槽侧板间的摩擦阻力的计算方法基本相同，只是料流已经稳定，在式(45)中没有式(29)中的系数 $c_{Schb}$。其他类型的托辊布置(如 5 辊托辊组)可参考 6.3.4 中的方法进行计算。

### 6.5.5 带式输送机线路上设置物料转载装置的阻力

在特殊情况下，如果在带式输送机的输送线路上从侧向卸载物料时，例如采用犁式卸料器，则产生卸料阻力，将其作为特种阻力，见式(46)：

$$F_p=BK_a \qquad (46)$$

式中：

$K_a$——刮板系数，单位为牛顿每米(N/m)；通常取 $K_a=1\ 500\ \text{N/m}$。

### 6.5.6 缓冲床(滑动床)摩擦阻力

当用固定的滑动面(缓冲床)或滑动床支承输送带和物料时,滑动阻力随湿度、物料和输送带覆盖层的不同而变化,缓冲床阻力计算,见式(47):

$$F_{sbn}=l_i\mu_6 g(q_B+q_{G,i}) \quad \cdots\cdots(47)$$

式中:

$\mu_6$——缓冲床与输送带间的摩擦系数,见表7,无量纲。

当计算缓冲床摩擦阻力时,在缓冲床区段不再计算主要阻力,即主要阻力为0。

**表7 输送带与不同缓冲床材料间的摩擦系数**

| 滑动材料 | 滑动摩擦系数 $\mu_6$ |
| --- | --- |
| 钢铁 | 0.64～0.84 |
| 聚乙烯 | 0.56 |
| 聚氨酯 | 0.60～0.67 |

### 6.5.7 工作面清扫器的摩擦阻力

在使用刮板型工作面清扫器时,每个清扫器的摩擦阻力,见式(48):

$$F_r=\mu_4\cdot p_{Gr}\cdot A_{Gr} \quad \cdots\cdots(48)$$

式中:

$\mu_4$ ——输送带与清扫器间的摩擦系数,无量纲;

$p_{Gr}$——工作面清扫器作用到输送带上的压力,单位为牛顿每平方毫米($N/mm^2$);

$A_{Gr}$——工作面清扫器和输送带之间的有效接触面积,单位为平方毫米($mm^2$)。

通常,清扫器作用到输送带上的压力为 $p_{Gr}=0.03N/mm^2\sim0.1N/mm^2$;清扫器与输送带间的摩擦系数为 $\mu_4=0.6\sim0.7$。

### 6.5.8 非工作面清扫器阻力

非工作面清扫器通常设置在改向滚筒前,其作用是清扫输送带与滚筒的接触面,以避免物料颗粒进入输送带和滚筒之间,其摩擦阻力的计算可采用工作面清扫器阻力类似的计算式,但需注意,其与输送带的接触压力小于工作面清扫器,见式(49):

$$F_{r1}=\mu_4\cdot p_{Gr1}\cdot A_{Gr1} \quad \cdots\cdots(49)$$

式中:

$p_{Gr1}$——非工作面清扫器作用到输送带上的压力,单位为牛顿每平方毫米($N/mm^2$);

$A_{Gr1}$——非工作面清扫器和输送带之间的有效接触面积,单位为平方毫米($mm^2$)。

通常,非工作面清扫器作用到输送带上的压力 $p_{Gr1}=0.01N/mm^2\sim0.03N/mm^2$;清扫器与输送带间的摩擦系数 $\mu_4=0.6\sim0.7$。

注:非工作面清扫器阻力为工作面清扫器的阻力1/2左右。

### 6.5.9 凸、凹弧曲线段的附加阻力的近似计算

带式输送机的凸弧段在输送带的张力作用下托辊上的正压力增大,运行阻力增加;凹弧段在输送带张力作用下托辊上的正压力减小,运行阻力减小。凸、凹弧曲线段的附加弯曲阻力的近似计算见式(50):

$$F_w = \pm f(F_{c1} + F_{c2})\sin(\alpha_c/2) \qquad \cdots\cdots(50)$$

式中：

$\alpha_c$ ——凸、凹弧曲线段对应的圆心角，单位为弧度(rad)；

$F_{c1}$ ——凸、凹弧曲线段起始点的输送带张力，单位为牛顿(N)；

$F_{c2}$ ——凸、凹弧曲线段终止点的输送带张力，单位为牛顿(N)。

注：凸弧为"＋"、凹弧为"－"。

### 6.6 带式输送机运行阻力总和的计算方法

#### 6.6.1 带式输送机运行阻力总和计算方法的分类

带式输送机运行阻力总和可以分为阻力叠加法和迭代计算方法两种计算方法。

#### 6.6.2 阻力叠加法

分别计算带式输送机的各种阻力，将他们叠加在一起得出带式输送机总的阻力(驱动力)。当忽略与输送带张力有关的阻力时，式(16)为阻力叠加法的计算总运行阻力的计算式。

#### 6.6.3 迭代计算方法

迭代计算方法适用于不忽略与输送带张力有关的阻力的计算，其步骤包括：

a) 首先在忽略与输送带张力有关的阻力前提下，通过阻力叠加法式(17)初步计算出总阻力；
b) 按 8.2.2 中的式(69)将总的滚筒圆周力分配各滚筒的圆周力；
c) 按逐点张力计算方法计算出各点张力和总阻力(与输送带张力有关的阻力和与输送带张力无关的阻力之和)；
d) 当前后两次的总阻力的误差不在限定范围内，转 b)进行下一次迭代计算。误差在限定范围内，得出总阻力和输送带上各点张力。

## 7 驱动系统的设计计算

### 7.1 设计计算的内容

驱动系统的设计计算包括：

——选择驱动装置的位置和数量；

——确定驱动装置的类型；

——确定驱动电动机的额定功率；

——确定需要的制动力(制动和停机)。

### 7.2 驱动装置位置、驱动电动机的规格和数量

#### 7.2.1 计算原则

只要没有其他影响因素的限制，驱动装置应布置在带式输送机头部和(或)尾部的若干滚筒上，必要时还可布置到带式输送机线路中间的滚筒上，其目的是尽量降低输送带的最大张力。

驱动装置布置的限制因素包括：

——布置空间；

——供电条件；

——驱动和制动方案。

为了降低输送带最大张力,驱动装置的类型和布置取决于稳定运行条件下带式输送机的上、下分支所需驱动力 $F_{U,o}$、$F_{U,u}$的大小和区段分布;输送带在运行方向的张力变化。驱动力是由式(17)得出的带式输送机各区段的各种阻力相加得出。见式(51):

$$F_U = \sum_{i=1}^{n_o} F_{U,o,i} + \sum_{i=1}^{n_u} F_{U,u,i} = F_{U,o} + F_{U,u} \quad \cdots\cdots(51)$$

对于具有下运区段和上运区段的带式输送机,当给料不均匀时存在出现极端载荷情况,即仅下运区段或上运区段承载物料,此时的所需总最大驱动力 $F_{U,max}$可能会大于稳定运行条件下需要的驱动力 $F_U$(见 6.2.1),见式(52)和式(53):

$$|F_{U,max}| = |F_{U,o} + F_{U,u}|_{max} \geqslant |F_U| \quad \cdots\cdots(52)$$

$$|P_{A,max}| \geqslant |P_A| \quad \cdots\cdots(53)$$

当选择驱动的类型时(电动或发电),可将极端运行条件的功率需求作为设计依据,并对驱动装置的热负荷能力进行验算。对于复杂线路带式输送机,有必要分析极端运行条件出现的可能性。

### 7.2.2 水平和轻微倾斜的带式输送机

此时,$F_{U,o}>0$,$F_{U,u}>0$(上分支物料给料均匀时)。

当仅在头部和(或)尾部设置驱动装置,不设中间驱动时,按照合适的比例将驱动功率分配到头部和(或)尾部,即按上分支和下分支的运行阻力比例分配,可以有效降低输送带最大张力。需要的电动机的总驱动功率,见式(54):

$$P_{M,erf} = \frac{P_{A,max}}{\eta_1} \quad \cdots\cdots(54)$$

式中:

$P_{M,erf}$——需要的驱动电动机总功率,单位为千瓦(kW);

$\eta_1$ ——电动机轴与滚筒轴之间全部传动环节的总效率,无量纲。

实际选用的电动机的额定功率为各个电动机额定功率 $P_{M,N,i}$之和,见式(55):

$$P_{M,inst} = \sum_{i=1}^{z_M} P_{M,N,i} \quad \cdots\cdots(55)$$

式中:

$z_M$ ——电动机(驱动单元)的数量,个;

$P_{M,N,i}$——第 $i$ 个驱动单元上的电动机额定功率,单位为千瓦(kW);

$P_{M,inst}$——实际选用的电动机的额定功率,单位为千瓦(kW)。

选用原则:选用电动机的功率要大于所需功率,见式(56):

$$P_{M,inst} \geqslant P_{M,erf} \quad \cdots\cdots(56)$$

### 7.2.3 上运带式输送机

此时,$F_{U,o}>0$,$F_{U,u}\leqslant 0$(上分支物料给料均匀时)。

如果不设置中间驱动,则全部驱动装置布置在头部能够将输送带最大张力降到最低。

$P_{M,erf}$和 $P_{M,inst}$可以用式(54)、式(55)和式(56)计算。

### 7.2.4 下运带式输送机

此时,$F_{U,o}\leqslant 0$,$F_{U,u}>0$(上分支物料给料均匀时)。

只有驱动装置布置在带式输送机尾部,才能将输送带最大张力降到最低。大多数情况下,带式输送机尾部布置驱动装置，其依据是驱动装置处于发电工况。根据驱动装置处于电动工况（$P_{A,max}>0$）或发电工况（$P_{A,max}<0$），确定驱动装置的总功率。

电动工况所需的电动机功率，见式(57)：

$$P_{A,max}>0 \text{ 时}，\quad P_{M,erf}=\frac{P_{A,max}}{\eta_1} \qquad \cdots\cdots (57)$$

发电工况所需的电动机功率，见式(58)：

$$P_{A,max}<0 \text{ 时}，P_{M,erf}=P_{A,max}\cdot\eta_2 \qquad \cdots\cdots (58)$$

初步设计阶段，不可能准确确定总效率。出于安全的原因，电动工况总效率 $\eta_1$ 取估计范围内的低值，发电工况的效率 $\eta_2$ 应大于电动工况的效率。

通常，实际选用的电动机功率为各个电动机功率的总和见式(55)，并大于所需的功率，见式(59)：

$$P_{M,inst}\geqslant |P_{M,erf}| \qquad \cdots\cdots (59)$$

### 7.2.5 具有上运和下运区段的带式输送机

对于具有上运和下运区段的带式输送机，只有对带式输送机的所有的实际运行条件进行充分分析后，才能确定驱动布置方案，以降低输送带的最大张力。

## 7.3 起动、制动和停止

### 7.3.1 起动

为了有效地降低输送带最大张力，应限制带式输送机加速过程中在滚筒上产生的总的启动圆周力 $F_{Tr,A}$。为了可靠地控制启动开始和启动过程，$F_{Tr,A}$ 不得低于所需的最小值。在带式输送机设计中应综合考虑下列各项条件：

——启动过程的最大滚筒圆周力 $F_{Tr,A,max}$，应不超过设计带式输送机时按式(52)确定的驱动力 $F_{U,max}$ 的 1.7 倍。即启动系数 $p_{A,max}\leqslant 1.7$。

——为了保证上分支和下分支的启动开始与加速，在最不利的启动工况下(载荷条件、载荷分布)的启动加速力：应至少为主要阻力、附加阻力和特种阻力总和的 20%，并确保在驱动装置热负荷所允许的最大时间内启动带式输送机。见式(60)：

$$F_{Tr,A}\geqslant 1.2(F_H+F_N+F_S)+F_{ST} \qquad \cdots\cdots (60)$$

**注：**此条件适用于中、小型带式输送机；大型带式输送机可根据控制与启动方式确定。

应选择合适的启动圆周力 $F_{Tr,A}$，确保相应的启动加速度 $a_A$ 下所输送物料与输送带不发生相对滑动。当输送细粒物料时，按式(61)确定：

$$a_A\leqslant(\mu_1\cos\delta_{i,max}-\sin\delta_{i,max})g \qquad \cdots\cdots (61)$$

式中：

$a_A$——启动加速度，单位为米每二次方秒($m/s^2$)。

带式输送机上运时 $\delta_i$ 取“＋”；下运时 $\delta_i$ 取“－”。

——启动圆周力 $F_{Tr,A}$ 应在输送带内缓慢传递，使带式输送机平稳地并以最小的附加动张力启动。

驱动装置的启动方式可划分为按固有特性启动(例如电动机直接启动、电动机串限矩型偶合器)和按运动控制启动(例如变频调速、电动机串调速型偶合器)两种方式。

按固有特性启动的启动系数 $p_{A,0}$ 取决于所有驱动电动机(或装置)的机械特性，按式(62)确定 $p_A$ 启动系数，对于水平和上运布置的带式输送机，在稳定运行条件下，驱动装置(如电动机)的旋转部件惯性转矩相对较小。启动系数见式(62)：

$$p_A=p_{A,0}\frac{P_{M,inst}}{P_M} \qquad \cdots\cdots (62)$$

式中：

$p_{A,0}$——与驱动相关的起动系数，无量纲；

$p_A$ ——与传动滚筒相关的启动系数，无量纲。

在设计阶段，按式(53)，通常取 $P_M = P_{M,erf}$。

按运动控制启动的启动系数由启动过程的加速度、运动的等效质量以及总运行阻力确定(见 8.3.3)。

### 7.3.2 制动和逆止

带式输送机的运行通常需要制动装置来使运动质量停止和(或)需要逆止装置使承载的倾斜带式输送机保持停止状态。

在确定制动装置时应考虑：

——制动滚筒上所需要的总制动力或制动系数(见 8.3.3)，见式(63)：

$$p_B = \frac{F_{Tr,B}}{F_U} \quad \cdots\cdots(63)$$

式中：

$F_{Tr,B}$——滚筒上的制动力总和，单位为牛顿(N)；

$p_B$ ——与制动滚筒相关的制动系数，无量纲。

——制动器的数量和布置。

——制动频率、制动时间或制动距离。

——旋转的驱动部件制动时释放出的能量。

所需要的制动力 $F_{Tr,B}$或制动系数 $p_B$应在最不利的制动工况下确定，它取决于有效填充系数 $\varphi$、带式输送机线路上运和下运区段的载荷分布条件下总的运行阻力 $F_U$。为此，应预先给定制动距离 $s_B$或制动时间 $t_B$。但在确定的制动减速度 $a_B$时，应保证输送物料和输送带之间不发生滑动。当输送细粒散料时，需满足式(64)：

$$|a_B| \leqslant |\mu_1 \cos\delta_{i,max} + \sin\delta_{i,max}|\ g \quad \cdots\cdots(64)$$

式中：

$a_B$——停机减速度，单位为米每二次方秒(m/s²)。

制动系数 $p_{B,0}$取决于所有驱动电动机的额定转矩与停机控制方式，按下面的计算式确定制动系数 $p_B$，水平和上运布置的带式输送机的驱动功率为 $P_M$，在稳定运行条件下，驱动装置(如电动机)的旋转部件惯性转矩相对较小。制动系数见式(65)：

$$p_B = \frac{p_{B,0}}{\eta_2} \cdot \frac{P_{M,inst}}{P_M} \quad \cdots\cdots(65)$$

式中：

$p_{B,0}$——与制动相关的制动系数，无量纲。

为了减小输送带的应力应限制总的制动力 $F_{Tr,B,max}$，从而得到制动减速度的限制值 $a_{B,max}$；根据设备的布置，应保证制动时输送带在滚筒上不打滑(见 8.2.3)。

在确定逆止装置时，按最大允许载荷条件和最不利的载荷分布确定最大提升阻力 $F_{St,B,max}$，减去此条件下的主要阻力。为安全起见，在计算中所用主要阻力应是预测的最小值。

所需逆止力 $F_{Hs}$可由式(66)近似计算，见式(66)：

$$F_{Hs} = F_{St,max} - 0.7 \cdot F_H \quad \cdots\cdots(66)$$

式中：

$F_{Hs}$ ——逆止力，单位为牛顿(N)；

$F_{St,max}$——最大提升阻力，单位为牛顿(N)。

$F_H$为按电动工况计算的主要阻力。

# 8 输送带张力和拉紧力的计算

## 8.1 影响输送带张力的因素

带式输送机的输送带张力是沿输送线路变化的参数，它取决于下列各种因素(见图5)：

——带式输送机的长度和局部区段的走向；

——驱动装置的数量和布置；

——驱动装置和制动装置的特性；

——输送带拉紧装置的类型和布置；

——运行条件(载荷和运动状态)。

考虑到带式输送机的输送带和其他部件的受力，输送带张力应尽可能地小。

## 8.2 输送带张力

### 8.2.1 计算原则

带式输送机的运行过程需要最小输送带张力，以保证通过传动滚筒将驱动力传递到输送带，传动滚筒和输送带间不发生打滑；限制输送带的垂度以正确地导引输送带。

### 8.2.2 各传动、制动滚筒上的滚筒圆周力分配

总的滚筒圆周力 $F_{Tr}$、$F_{Tr,A}$或 $F_{Tr,B}$按驱动装置和制动装置输入的驱动力的比例关系分配到每一个滚筒上。

对于多滚筒传动，当有 $z_D$个传动滚筒时，根据分配到每个传动滚筒上的功率分配系数 $p_{D,i}$，可计算出总功率分配系数，见式(67)：

$$p_D = \sum_{i=1}^{z_D} p_{D,i} \quad \cdots\cdots(67)$$

式中：

$z_D$ ——传动滚筒的数量；

$p_{D,i}$——第 $i$ 个传动滚筒的功率分配系数；

$p_D$ ——总功率分配系数。

各个滚筒上分配的功率，见式(68)：

$$P_{M,erf,i} = \frac{p_{D,i}}{p_D} P_{M,erf} \quad \cdots\cdots(68)$$

总的滚筒圆周力 $F_{Tr}$、$F_{Tr,A}$或 $F_{Tr,B}$分配到各个传动或制动滚筒上的滚筒圆周力分别，见式(69)：

$$F_{Tr,i} = \frac{p_{D,i}}{p_D} F_{Tr}, F_{Tr,A,i} = \frac{p_{D,i}}{p_D} F_{Tr,A}, F_{Tr,B,i} = \frac{p_{D,i}}{p_D} F_{Tr,B} \quad \cdots\cdots(69)$$

注：一些特殊的设计，可能在传动滚筒上只布置传动或制动装置。

### 8.2.3 传递滚筒圆周力的最小输送带张力

为保证各个驱动或制动滚筒在起动、制动或稳定运行条件下传递的最大圆周力时输送带和滚筒间不打滑，需要输送带与滚筒相遇点和分离点具有合适的最小输送带张力。如图4，张力 $F_{T1}$、$F_{T2}$和最大滚筒圆周力 $F_{Tr,max}>0$ 有下列关系：

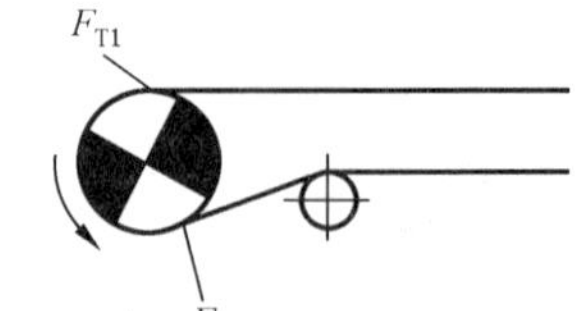


说明：

$F_{T1}$ ——输送带与滚筒相遇点张力；

$F_{T2}$ ——输送带与滚筒分离点张力；

$F_{Tr,max}$——滚筒最大圆周力。

图 4　传动滚筒相遇点和分离点输送带最小张力与驱动力的关系

$$F_{T1} - F_{T2} = F_{Tr,max} \quad \cdots\cdots (70)$$

$$\frac{F_{T1}}{F_{T2}} \leqslant e^{\mu\alpha} \quad \cdots\cdots (71)$$

式中：

$\mu$ ——输送带与滚筒间的摩擦系数，无量纲；

$\alpha$ ——围包角，单位为弧度(rad)。

由此得出：见式(72)和式(73)：

$$F_{T2} \geqslant \frac{1}{e^{\mu\alpha} - 1} F_{Tr,max} \quad \cdots\cdots (72)$$

$$F_{T1} = F_{T2} + F_{Tr,max} \quad \cdots\cdots (73)$$

当有多个传动滚筒或制动滚筒时，应针对所有工况检查在每一个滚筒上是否保证按式(71)和式(72)相应的摩擦传动条件。应牢记的是：总的滚筒圆周力 $F_{Tr}$、$F_{Tr,A}$或 $F_{Tr,B}$是通过传动或制动装置产生转矩按比例分配到各个滚筒上。

稳定运行条件下的摩擦系数 $\mu$ 可从表 8 中选定。

表 8　推荐用于稳定运行条件的橡胶输送带[a]与滚筒间的摩擦系数 $\mu$

| 工作条件 | 输送带与滚筒间的摩擦系数 $\mu$ | | | |
|---|---|---|---|---|
| | 光面滚筒 | 人字形或菱形沟槽的聚脂覆盖面 | 人字形或菱形沟槽的橡胶覆盖面 | 人字形或菱形沟槽的陶瓷覆盖面、有间隙 |
| 干燥 | 0.35～0.40 | 0.35～0.40 | 0.40～0.45 | 0.40～0.45 |
| 潮湿(清洁的水分) | 0.10 | 0.35 | 0.35 | 0.35～0.40 |
| 潮湿(污浊的泥砂、黏土) | 0.05～0.1 | 0.20 | 0.25～0.30 | 0.35 |

[a] 对于覆盖层为 PVC 的输送带的摩擦系数减小约 10%。

### 8.2.4　限制输送带垂度及保证输送带正确导向的最小输送带张力

为了带式输送机的技术优化，特别是降低能量消耗，应计算输送带最大垂度 $h_{rel}$。它与物料和输送带的单位长度质量、托辊组间距有关。对于大型带式输送机在稳定运行条件应限制垂度在 1%以下，在非稳定运行条件下可允许有较大的垂度，但应保证不撒料；对于小型带式输送机，为了适当降低输送带的最大张力，输送带的垂度可限制在 2%以下。输送速度越高、物料的粒度越大，则垂度应越小。当给定最大垂度和托辊组间距时：

上分支(有载)需要的最小输送带张力,见式(74):

$$F_{T,o,min}=\frac{g\ (q_G+q_B)\ l_{R,o}}{8\ h_{rel}} \qquad \cdots\cdots(74)$$

下分支(空载)需要的最小输送带张力,见式(75):

$$F_{T,u,min}=\frac{g\ q_B\ l_{R,u}}{8\ h_{rel}} \qquad \cdots\cdots(75)$$

式中:

$F_{T,o,min}$、$F_{T,u,min}$——上、下分支满足输送带垂度条件的最小张力,单位为牛顿(N);

$l_{R,o}$、$l_{R,u}$ ——上、下分支的托辊组间距,单位为米(m);

$h_{rel}$ ——输送带允许的垂度,无量纲。

当给定最大的 $h_{rel}$ 值时,不同的托辊组间距可与沿输送带纵向的张力相配合,即采用托辊组间距分级设计,输送带高张力区采用较大的托辊组间距;输送带低张力区采用较小的托辊组间距设计。在最后确定时应考虑托辊的承载的可能性和输送带横向振动的频率。

为使带式输送机能够良好地工作,在下列情况下应保持较高的最小输送带张力:

——输送带的翻转区域;

——输送带的横向刚度较低;

——倾斜带式输送机的传动滚筒布置在线路的低点;

——输送带在宽度上局部的应力的不均匀分布(见第9章)。

## 8.3 上、下分支区段运行阻力与特征点张力

### 8.3.1 计算原则

为了确定输送带和其他的带式输送机部件,了解输送带张力在带式输送机线路上的分布规律,特别是输送带张力的极端值具有重要意义。通过运行阻力的总和 $F_{U,i}$(见第6章)、拉紧力(见8.4)以及已知的加/减速的惯性力 $F_{a,i}$(见8.3.3),得出输送带各特征点的张力 $F_{T,i}$。图5为滚筒圆周力、运行阻力和输送带张力关系举例:

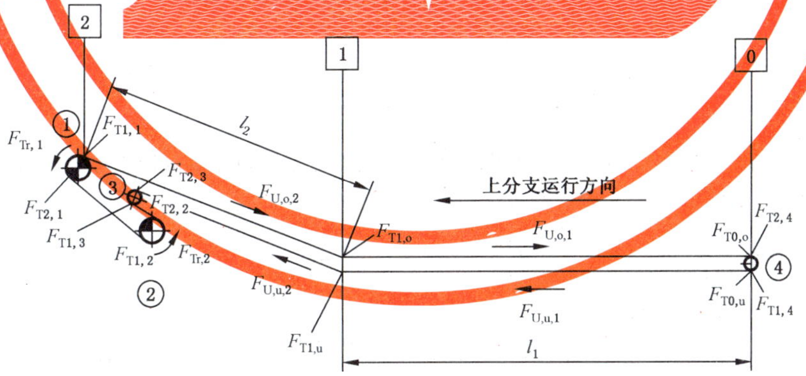


说明:

□ ——区段特征点,0,1,2;

○ ——滚筒序号,1,2,3,4;

$F_{T1,i}$、$F_{T2,i}$ ——分别为与滚筒相遇点和分离点输送带张力,$i$=1,2,3,4;

$F_{U,o,i}$,$F_{U,u,i}$ ——分别为上分支和下分支的区段阻力,$i$=1,2;

$F_{Ti,o}$、$F_{Ti,u}$ ——分别为上分支和下分支的特征点张力,$i$=0,1,2;

$F_{Tr,i}$ ——滚筒圆周力,$i$=1,2;

$l_i$ ——区段长度,$i$=1,2。

**图5 滚筒圆周力、运行阻力和输送带张力**

8.3.2 稳定运行条件

对于带式输送机的各个区段,稳定运行条件下的运行阻力 $F_{U,i}$ 已在第 6 章中给出。

8.3.3 非稳定运行条件

在启动过程和停机过程中,由驱动装置和制动装置产生的力的大小和变化,一方面克服带式输送机的启动阻力和运行阻力,另一方面导致附加的输送带动张力。该动张力是在带式输送机与地点无关的情况下的输送带加速度及与此相关的准稳定运行条件下由下列各部分组成:

——所有滚筒圆周力,启动时的 $F_{Tr,A}$ 或停机时的 $F_{Tr,B}$;

——总的运行阻力(近似等于稳定运行条件下的运行阻力 $F_U$);

——带式输送机线路上的输送带、物料和托辊的等效质量与滚筒、驱动和制动装置转换到滚筒周边的等效质量之和 $\Sigma m$。

通常情况下,附加阻力在总阻力中占比例较小。当按固有特性启动时,加速度或减速度导致的惯性力 $F_{a,i}$,在各个区段 $i$ 上,可以由带式输送机的加速度 $a$ 来确定 $F_{a,i}$。

起动加速度,见式(76):

$$a_A = \frac{F_{Tr,A} - F_U}{\Sigma m} = (p_A - 1)\frac{F_U}{\Sigma m} > 0 \qquad \cdots\cdots(76)$$

停机减速度,见式(77):

$$a_B = \frac{F_{Tr,B} - F_U}{\Sigma m} = (p_B - 1)\frac{F_U}{\Sigma m} < 0 \qquad \cdots\cdots(77)$$

从而,惯性力 $F_{a,i}$,见式(78):

$$F_{a,i} = a(c_{R,i}q_{R,i} + q_B + q_{G,i})l_i \qquad \cdots\cdots(78)$$

式中:

$\Sigma m$ ——带式输送机线路上的输送带、物料和托辊等效到托辊周边的等效质量以及滚筒、驱动和制动装置等效到滚筒周边的等效质量总和,单位为千克(kg);

$c_{R,i}$ ——区段 $i$ 将托辊转动质量等效到托辊周边上等效质量的计算系数。

$c_{R,i}$ 取决于托辊的结构,若没有精确的数值,可取 $c_{R,i}=0.9$ 为基准值。

当按运动控制启动或制动停机时,首先根据设计规范确定启动、停机的加、减速度。

启动时的滚筒圆周力 $F_{Tr,A}$,见式(79):

$$F_{Tr,A} = F_U + a_A\Sigma m \qquad \cdots\cdots(79)$$

启动系数,见式(80):

$$p_A = \frac{F_{Tr,A}}{F_U} = \frac{F_U + a_A\Sigma m}{F_U} = 1 + \frac{a_A\Sigma m}{F_U} \qquad \cdots\cdots(80)$$

对于水平或上运带式输送机,若 $F_U \ll a_A\Sigma m$,则 $p_A \approx 1$。对于下运带式输送机,若 $F_U \approx 0$,则 $p_A \to \infty$,此时电动机的功率确定应按启动工况(或按其他极限运行条件)进行选择,以保证带式输送机能够正常启动。

制动时的滚筒圆周力 $F_{Tr,B}$,见式(81):

$$F_{Tr,B} = F_U + a_B\Sigma m \qquad \cdots\cdots(81)$$

制动系数,见式(82):

$$p_B = \frac{F_{Tr,B}}{F_U} = \frac{F_U + a_B\Sigma m}{F_U} = 1 + \frac{a_B\Sigma m}{F_U} \qquad \cdots\cdots(82)$$

对于水平或上运带式输送机，若 $F_U \gg |a_B \Sigma m|$，则 $p_B \approx 1$。对于下运带式输送机，若 $F_U \approx 0$，则 $p_B \rightarrow -\infty$，此时制动装置的确定应按制动工况(或按其他极限运行条件)进行选择，以保证带式输送机能够正常制动。

#### 8.3.4 带式输送机等效质量的计算

带式输送机的等效质量包括带式输送机线路上的输送带、物料和托辊的等效质量 $m_L$ 以及滚筒、驱动和制动装置等效到滚筒周边的等效质量 $m_D$ 两部分，见式(83)：

$$\Sigma m = m_L + m_D \qquad (83)$$

式中：

$m_L$——带式输送机线路上的输送带、物料和托辊的等效质量，单位为千克(kg)；

$m_D$——滚筒、飞轮(如果设置)、驱动和制动装置等效到滚筒周边的等效质量，单位为千克(kg)。

带式输送机线路上的输送带、物料和托辊等效到托辊周边的等效质量 $m_L$，见式(84)：

$$m_L = \sum_{i=1}^{n_o} (q_B + q_{G,i} + c_R q_{R,i}) l_i + \sum_{i=1}^{n_u} (q_B + q_{G,i} + c_R q_{R,i}) l_i \qquad (84)$$

采用增惯时，可在驱动装置高速轴加装增惯飞轮。飞轮在驱动装置高速轴上转动惯量 $J_f$ 见式(85)：

$$J_f = \frac{m_f D_i^2}{4i^2} \qquad (85)$$

式中：

$m_f$——飞轮等效到滚筒周边的等效质量，单位为千克(kg)；

$J_f$——飞轮在驱动装置高速轴上的转动惯量，单位为千克二次方米(kg·m$^2$)；

$i$ ——驱动单元至传动滚筒的传动比。

滚筒、飞轮(如果设置)、驱动和制动装置等效到滚筒周边的等效质量 $m_D$，见式(86)：

$$m_D = 4\sum_{i=1}^{z_M} \left[\frac{(J_{D,i} + J_{f,i}) \cdot i_i^{\,2}}{D_i^2}\right] + 4\sum_{j=1}^{z_{Tr}} \frac{J_j}{D_j^2} \qquad (86)$$

式中：

$z_M$——电动机(驱动单元)的数量，个；

$z_{Tr}$——带式输送机上滚筒的数量，个；

$J_D$——驱动单元的转动部件在减速机高速轴上的转动惯量，单位为千克二次方米(kg·m$^2$)；

$J$ ——滚筒的转动惯量，单位为千克二次方米(kg·m$^2$)。

对于液力偶合器和液粘启动装置等启动装置，由于电动机是在带式输送机传动滚筒尚未启动前已经完成启动，在启动计算时应去除已经完成启动部分的等效质量。

滚筒周边、托辊周边和输送带具有相同的线速度。

### 8.4 拉紧力和拉紧行程

为了产生所需要的输送带张力(见 8.1)和补偿输送带弹性伸长应有拉紧装置。拉紧装置应补偿输送带由于弹性、塑性和温度引起的长度变化，并用于根据安装条件而必须预留的输送带附加长度或输送带长度储备。下面拉紧行程的计算只考虑到输送带弹性伸长部分。

拉紧力的大小取决于拉紧装置的类型和布置位置，以及所需要拉紧的带式输送机的工况。考虑结构费用方面的因素，应优先考虑将拉紧装置布置在稳定运行条件下预计输送带张力最小处。

受其他因素影响，拉紧装置也可能布置在其他位置，例如：

——供电条件；

——布置空间；

——非稳定运行条件下预拉紧力的安全保证。

拉紧装置按照工作原理分为固定式拉紧装置和移动式拉紧装置两种。无论哪种类型的拉紧装置，在说明给定运行条件(用＊号表示)的参数中，具有下列关系：

——特征点的输送带张力 $F^*_{T,i}$、区段的阻力 $F^*_{U,i}$ 和惯性力 $F^*_{A,i}$；

——按图 6 的输送带张力分布 $F^*_T$ 的平均输送带张力 $F^*_{Tm}$；

——拉紧滚筒行程 $s^*_{Sp}$。

在稳定运行条件下，可通过带式输送机各区段的运行阻力 $F^*_{U,i}$ 计算平均输送带张力，见式(87)：

$$F^*_{Tm}=\frac{1}{2L}\sum\left(\frac{F^*_{T,i}+F^*_{T,i+1}}{2}\right)l_i=\frac{1}{2L}\sum\left(F^*_{T,i}+\frac{F^*_{U,i}}{2}\right)l_i=B\,E_{LB}\,\frac{s^*_{Sp}}{L} \quad\cdots\cdots\cdots(87)$$

式中：

$F_{Tm}$ ——输送带的平均张力，单位为牛顿(N)；

$L$ ——输送机长度，单位为米(m)；

$F_{T,i}$ ——区段 $i$ 起点张力，单位为牛顿(N)；

$F_{T,i+1}$ ——区段 $i$ 终点张力，单位为牛顿(N)；

$E_{LB}$ ——输送带纵向弹性模量，单位为牛顿每毫米(N/mm)；

$B$ ——带宽，单位为毫米(mm)；

$s_{Sp}$ ——拉紧滚筒行程，单位为米(m)。

确定拉紧装置(拉紧力 $F^*_{Sp}$ 和拉紧滚筒行程 $s^*_{Sp}$)应以式(86)为基础考虑最不利的运行条件。

如果拉紧装置设在产生最小输送带张力 $F^*_{T,min}$ 处，则拉紧滚筒上的拉紧力 $F^*_{Sp}$，见式(88)：

$$F^*_{Sp}=2F^*_{T,min} \quad\cdots\cdots\cdots(88)$$

式中：

$F_{Sp}$——拉紧滚筒的拉紧力，单位为牛顿(N)。

当拉紧装置布置在其他位置时，应考虑在最小张力 $F^*_{T,min}$ 基础上加上与拉紧装置处之间的张力差。

固定式拉紧滚筒的平均输送带张力为常数，与运行条件无关，见式(89)：

$$F^*_{Tm}=\text{常数} \quad\cdots\cdots\cdots(89)$$

因而，当按最不利运行条件确定拉紧力时，导致在稳定运行条件下的输送带张力大于按 8.2 所确定的运行条件的拉紧力。

移动式拉紧装置，拉紧力在所有运行条件下，或者保持不变(例如在重锤式拉紧装置上)，或者通过“调整拉紧力的拉紧装置”来适应各种运行条件。在此两种情况下得到为了补偿弹性伸长而相应变化的拉紧滚筒行程 $s^*_{Sp}$，见式(90)：

$$s^*_{Sp}=\frac{F^*_{Tm}}{B\,E_{LB}}L\neq\text{常数} \quad\cdots\cdots\cdots(90)$$

在确定拉紧装置时，在非稳定运行条件下要避免输送带在传动滚筒上打滑。

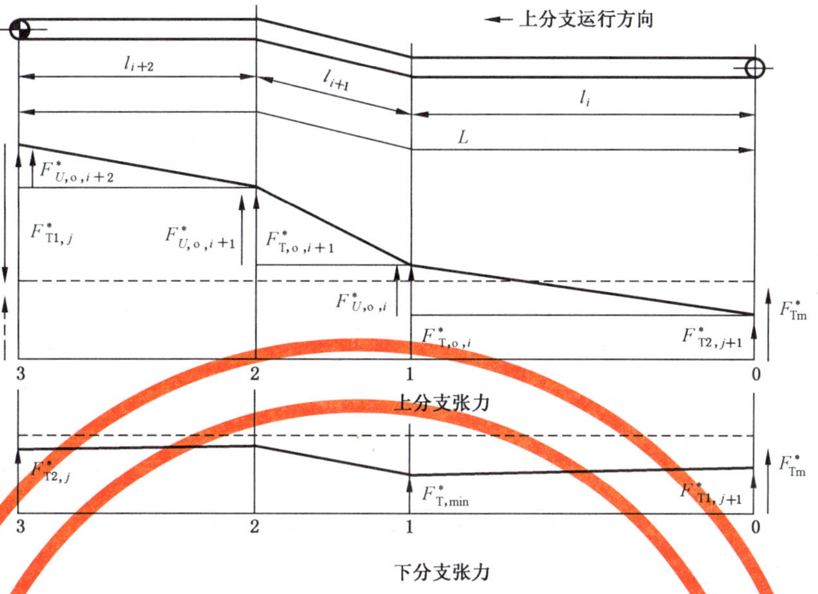


说明：

$l_i$、$l_{i+1}$、$l_{i+2}$ ——分别为区段 $i$、$i+1$、$i+2$ 的长度；

$L$ ——输送机长度；

$F^*_{U,o,i}$、$F^*_{U,o,i+1}$、$F^*_{U,o,i+2}$ ——分别为上分支区段 $i$、$i+1$、$i+2$ 的运行阻力；

$F^*_{T,o,i}$、$F^*_{T,o,i+1}$ ——分别为上分支区段 $i$、$i+1$ 末端的张力；

$F^*_{Tr,j}$ ——第 $j$ 个滚筒传递的圆周力；

$F^*_{T1,j}$、$F^*_{T2,j}$ ——分别为第 $j$ 个滚筒相遇点和分离点张力；

$F^*_{T1,j+1}$、$F^*_{T2,j+1}$ ——分别为第 $j+1$ 个滚筒相遇点和分离点张力；

$F^*_{Tm}$ ——输送带平均张力；

$F^*_{T,min}$ ——输送带最小张力。

图 6 区段为 $n_o=n_u=3$，滚筒为 2 个(稳定运行条件)带式输送机上、下分支的输送带张力

## 8.5 上、下分支特征点的输送带张力

### 8.5.1 计算原则

通常，在稳定和非稳定运行条件下，输送带的张力用于确定输送机的主要部件与布置，包括：

——输送带；

——传动滚筒和改向滚筒；

——托辊组间距；

——竖向或水平曲线的曲率半径；

——输送带由平形到槽形、由槽形到平形的过渡段的长度；

——输送带翻转段的长度；

——带式输送机其他部件结构。

输送带的最大张力用以选定输送带抗拉元件的名义拉断强度，因而应考虑所有的承载和运行条件。

#### 8.5.2 非稳定运行条件

在确定非稳定运行条件下特征点输送带张力时，应考虑按 8.2 确定的最小输送带张力，按 6.2～6.5 确定的输送带区段阻力和按 8.3.3 确定的附加的加速或减速状态的输送带惯性阻力。

通常，启动或制动状态下产生的最小输送带张力 $F_{\mathrm{T,min,A}}$ 和 $F_{\mathrm{T,min,B}}$ 中，$F_{\mathrm{T,min,A}}$ 用于计算拉紧力和稳定运行条件下的输送带最小张力 $F_{\mathrm{T,min}}$。

#### 8.5.3 稳定运行条件

稳定运行条件下的输送带张力，由按 8.2 在最不利承载条件下特征点所需要的最小输送带张力，其中区段上带式输送机运行阻力按 8.3 确定。一般地，稳定运行条件下的最小输送带张力 $F_{\mathrm{T,min}}$ 是由非稳定运行条件下的最小值 $F_{\mathrm{T,min,A}}$ 或 $F_{\mathrm{T,min,B}}$ 和拉紧装置型式来确定。即所确定的稳定运行条件下的最小输送带张力 $F_{\mathrm{T,min}}$ 通常比稳定运行条件下计算出的最小输送带张力 $F_{\mathrm{T,min}}$ 大，因此这也使得输送带张力高于在稳定运行条件下按 8.2 所需的值。所确定的最大输送带张力 $F_{\mathrm{T,max}}$，对于选用输送带来说是决定性的。由于槽形过渡或曲线段造成的不利结构，在输送带截面上所产生的小于 $F_{\mathrm{T,max}}$ 的特征点输送带张力可能会出现最大张力(应力)(见第 9 章)。

#### 8.5.4 简单布置带式输送机的输送带最大张力的计算

为减化计算，简单布置带式输送机的输送带最大张力可参照附录 C 进行计算。

## 9 输送带宽度上的张力分布

### 9.1 计算原则

在点 $i$ 处，输送带宽度上的平均输送带张力(应力)$k_i$，见式(91)：

$$k_i=\frac{F_{\mathrm{T},i}}{B} \qquad \cdots\cdots(91)$$

式中：

$k_i$——输送带张力在输送带宽度上的平均张力(应力)，单位为牛顿每毫米(N/mm)；

$B$——带宽，单位为毫米(mm)。

几乎所有的带式输送机都设计为成槽形使其具有更大的承载物料的截面积。输送带从滚筒上由平形变成槽形(槽形过渡)。在过渡段，输送带边缘与输送带中心区域相比有稍长的行程。导致在输送带截面上的输送带张力不均匀的分布；与输送带中心相比，输送带边缘必然占有较高比例的输送带张力。如果形成槽形的输送带在通过竖向凸弧段时，也会出现同样的效果。

形成槽形的输送带在通过竖向凹弧段时，输送带中心区域会出现较高的应力，输送带边缘张力将会减少。当输送带通过水平曲线段运行时，外曲线侧输送带的张力要大于内曲线侧。

对于在相关位置预先给定的输送带张力，过渡段的几何尺寸要合理设计，这主要是为了避免在输送带横截面的任何位置上产生不准许的高应力和输送带的皱曲。

输送带的张力分布通过曲线段或槽形过渡段(过渡长度、弧的半径、槽角和滚筒表面与槽底的位置关系)的几何形状来确定。

输送带的张力同样根据其弹性特性和相关位置上的输送带张力来确定。根据带式输送机的设计和布置初步计算出输送带张力后，带式输送机的过渡段、曲线段的几何尺寸及输送带的特性可以进行进一步优化(见第 13 章)。

## 9.2 槽形过渡段

### 9.2.1 过渡段长度与张力分布

如果没有提出特殊要求，2 辊和 3 辊托辊组的槽形过渡段的最小长度基准值，见式(92)：

$$l_{Td,min} = c_{Td} h_{k1} \quad \cdots\cdots(92)$$

式中：

$l_{Td,min}$——槽形过渡段的最小长度基准值，单位为米(m)；

$c_{Td}$ ——确定槽形过渡最小长度的系数，无量纲；

$h_{k1}$ ——输送带两侧边缘构成的平面与滚筒上母线平面的距离，单位为米(m)。

对于 EP 织物芯输送带，$c_{Td}=8.5$；

对于钢丝绳芯输送带，$c_{Td}= 14$。

见式(93)：

$$h_{k1} = h_{k0} - h_{Tr} \quad \cdots\cdots(93)$$

式中：

$h_{k0}$——输送带两侧边缘构成的平面到槽形最低平面的距离，单位为米(m)；

$h_{Tr}$——槽形过渡段滚筒上母线平面与槽形最低平面的距离(滚筒抬高高度)，单位为米(m)。

$h_{k1}$为槽型托辊组处输送带上边缘平面与滚筒上母线平面之间的高差(见图 7)。抬高滚筒母线的高度可以减小槽形过渡的长度或减小输送带张力。推荐的最大滚筒抬高的基准值为 $h_{Tr,max}=h_{k0}/3$ 。

滚筒不抬高时需要较长的槽形过渡段，并将增大输送带边缘的张力，输送带中心区域的张力将减小。

按图 8，若输送带中心区域的张力和输送带边缘的张力差为 $\Delta k$，在输送带宽度方向的张力分布如下：

输送带中心区域的张力，见式(94)、式(95)：

$$k_M = k - \frac{b_S}{B} \cdot \Delta k \quad \cdots\cdots(94)$$

其中：

$$b_S = \frac{B - l_M}{2} \quad \cdots\cdots(95)$$

输送带边缘的张力，见式(96)：

$$k_K = k_M + \Delta k \quad \cdots\cdots(96)$$

式中：

$k$ ——输送带张力在带宽上的平均值，单位为牛顿每毫米(N/mm)；

$k_M$ ——输送带中心区域的单位宽度的张力(应力)，单位为牛顿每毫米(N/mm)；

$\Delta k$ ——输送带边缘和输送带中心区域单位带宽上的张力的差值，单位为牛顿每毫米(N/mm)；

$k_K$ ——输送带边缘处的单位宽度的张力(应力)，单位为牛顿每毫米(N/mm)。

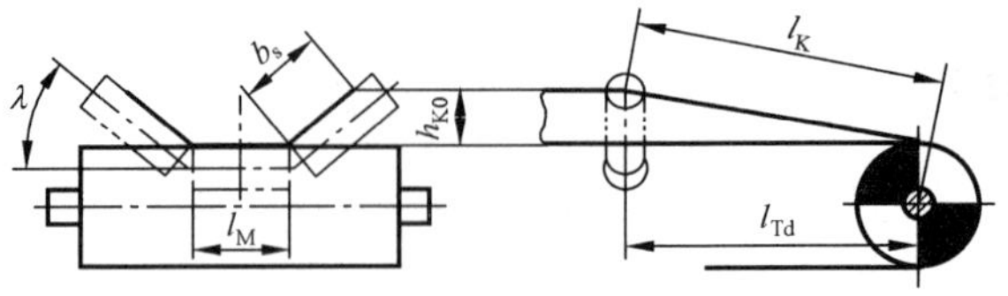


a） 滚筒不抬高

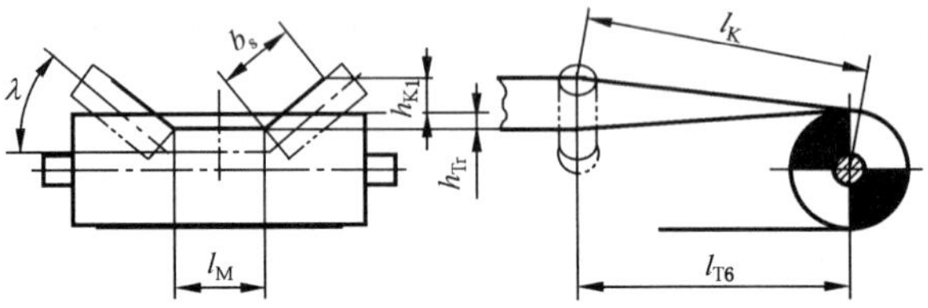


b） 滚筒抬高

说明：

$l_M$ ——中间辊子长度；

$b_s$ ——侧辊与输送带接触宽度；

$h_{k0}$ ——输送带两侧边缘构成的平面到槽形最低平面的距离；

$\lambda$ ——槽角；

$l_K$ ——过渡段输送带边缘长度；

$l_{Td}$ ——过渡段长度；

$h_{k1}$ ——槽型托辊组处输送带上边缘平面与滚筒上母线平面之间的高差；

$h_{Tr}$ ——槽形过渡段滚筒上母线平面与槽形最低平面的距离(滚筒抬高高度)。

图 7 滚筒相对于过渡段托辊组的位置

为了防止输送带皱曲，应保证输送带中心区域张力大于 0，见式(97)：

$$k_M > 0 \qquad (97)$$

槽形过渡段输送带上边缘的长度 $l_K$决定了由其产生的输送带张力的大小(见图 7)，见式(98)：

$$l_K = \sqrt{l_{Td}^2 + h_{Tr}^2 + 2\, b_S^2 - 2b_S(h_{Tr}\sin\lambda + b_S\cos\lambda)} \qquad (98)$$

式中：

$l_K$——槽形过渡段输送带边缘的长度，单位为米(m)。

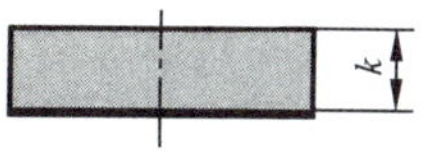


a) 沿带式输送机线路槽形过渡段外的均匀分布

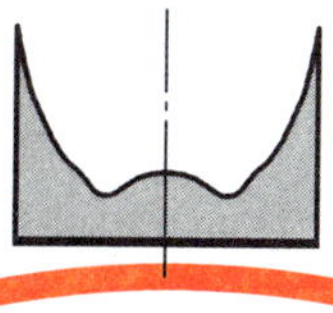

b) 槽形过渡段上力的不均匀分布

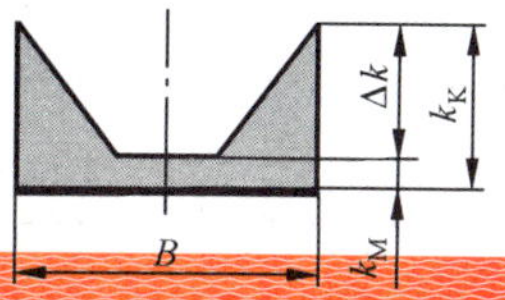


c) 理想化的力的分布

说明：

$k$ ——输送带张力在带宽上的平均值；

$k_M$ ——输送带中心区域的单位宽度的张力(应力)；

$\Delta k$ ——输送带边缘和输送带中心区域单位带宽上的张力的差值；

$k_K$ ——输送带边缘处的单位宽度的张力(应力)；

$B$ ——带宽。

图 8 槽形过渡段输送带宽度上的张力分布

### 9.2.2 织物芯输送带张力分布

织物芯输送带在槽型过渡段的输送带纵向的伸长量与张力变化基本一致。计算其长度变化与应力之间的关系与钢丝绳芯输送带相比较为简单。

下面的关于槽形过渡段的计算适用于2辊和3辊的槽形托辊组。

按式(99)求出输送带边缘与输送带中心之间的输送带张力的差值 $\Delta k$：

$$\Delta k = \frac{l_K - l_{Td}}{l_{Td}} E_{LB} \qquad \cdots\cdots (99)$$

这里，$l_K$ 按式(98)计算。

### 9.2.3 钢丝绳芯输送带张力分布

与织物芯输送带不同，补偿输送带产生的伸长不仅在过渡段内，而且在相邻区域的输送带的相当长度上产生。

由于钢丝绳芯输送带的钢丝绳具有相对较小的弹性伸长率，槽形过渡段的长度和凸弧的作用对于带式输送机的输送带和其他部件的张力是很大的。因此，尽可能详细计算张力是重要的。

关于钢丝绳芯输送带尽可能进行详细计算输送带的张力分布，不仅应考虑过渡段的几何尺寸和输送带的弹性模量，而且与输送带的设计以及钢丝绳与橡胶之间的剪切模量有关。计算模型与过程复杂，并应使用计算机编程进行计算。

2 辊和 3 辊槽形托辊组，可以采用下列近似计算方法。其前提条件是：

——输送带符合 GB/T 28267.1 的要求；

——输送带具有弹性特性符合当前技术标准；

——槽形过渡段的长度，不小于按式(92)所确定的基准值。

计算输送带伸长率时，输送带边缘的产生伸长的长度不能用槽形过渡段的长度 $l_{Td}$，而应采用有效过渡段长度 $l_{Td,eff}$，见式(100)、式(101)：

$$l_{Td,eff} = l_{Td} + \Delta l_{Td} \qquad \cdots\cdots(100)$$

式中：

$l_{Td,eff}$——钢丝绳芯输送带有效过渡段长度，单位为米(m)；

$\Delta l_{Td}$——过渡段的附加长度，单位为米(m)。

$$\Delta l_{Td} = 90 \times (h_{K0} - h_{Tr}) \left(1 - \frac{h_{Tr}}{3\, h_{Tr,max}}\right) \qquad \cdots\cdots(101)$$

这是由于在过渡段上的滚筒的前面或后面至少存在输送带的区段 $l_{Td,eff} - l_{Td}$ 补偿输送带的长度变化。当凸弧段与过渡区域相邻时，此条件不满足。此时，$l_{Td,eff}$ 近似地取为 $l_{Td}$，即 $\Delta l_{Td}=0$。

类似于式(99)，按式(102)计算输送带的边缘和输送带中心区域之间的张力 $k$ 的差值 $\Delta k$：

$$\Delta k = \frac{l_K - l_{Td}}{l_{Td,eff}} E_{LB} \qquad \cdots\cdots(102)$$

输送带中心区域的张力按式(94)计算，而边缘张力按式(96)计算。

在 10.1 中将给出如何使用根据式(96)计算的 $k_K$，确定输送带的抗拉元件。

## 9.3 曲线段

### 9.3.1 水平曲线

在水平平面内，带式输送机只能在很小程度上改变方向并应进行比较复杂的计算，没有设计经验时可向专家咨询。

### 9.3.2 竖向曲线

在槽型输送带的凸弧段上(见图 9)，输送带的边缘产生附加伸长和输送带中心区域产生相对压缩，分别以正值伸长 $\Delta\varepsilon_K$ 和负值伸长 $\Delta\varepsilon_M$ 与输送带张力所产生的伸长叠加。

相反地，在凹弧段上(见图 9)，中心区域出现附加伸长，边缘出现相对压缩。在相同的曲率半径下，只要输送带不从托辊上抬起，所得附加伸长的绝对值与凸弧段的附加伸长相同。

对于很小和中等的曲线长度，凸弧段和凹弧段产生的附加伸长可以进行计算，但是计算的复杂程度很高；对于很长的曲线段，输送带的相对伸长较小，其伸长极限值 $\Delta\varepsilon_{K\infty}$ 和 $\Delta\varepsilon_{M\infty}$ 与输送带结构无关；这两个极限值可用表 9 和图 10 计算求出。

由输送带的中性基准线到输送带边缘和到输送带中心的距离 $e_K$ 和 $e_M$ 如图 10 所示。中性基准线的位置为侧辊上输送带的张力等于平均张力点的连线。

在很长的曲线段和 2 辊或 3 辊的槽形托辊组，按式(91)计算 $b_S$，可以分别近似计算输送带边缘和输送带中心区域的伸长率。

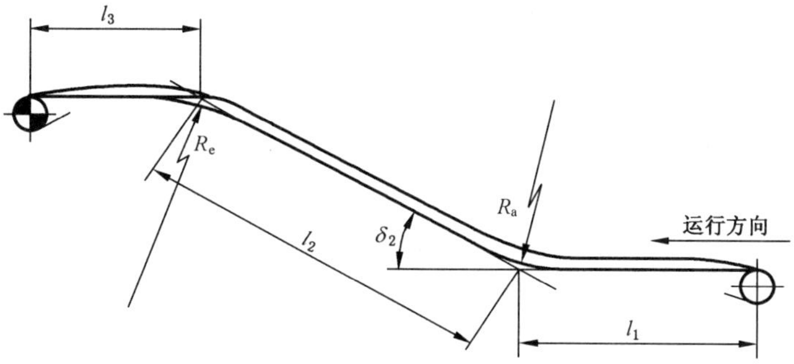


说明：

$l_i$ ——区段长度，$i=1,2,3$；

$R_a$ ——凹弧段曲率半径；

$R_e$ ——凸弧段曲率半径；

$\delta_2$ ——第 2 段曲率半径。

图 9　包含竖向凹弧段和凸弧段的带式输送机

表 9　极限值 $\Delta\varepsilon_{K\infty}$ 和 $\Delta\varepsilon_{M\infty}$ 的定义

| 极限值 | 凸曲线段 | 凹曲线段 |
|---|---|---|
| $\Delta\varepsilon_{K\infty}$ | $+\frac{e_K}{R_e}$ | $-\frac{e_K}{R_a}$ |
| $\Delta\varepsilon_{M\infty}$ | $-\frac{e_M}{R_e}$ | $+\frac{e_M}{R_a}$ |

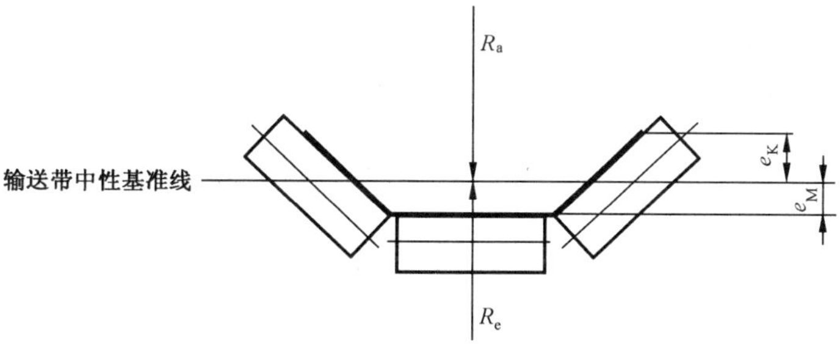


说明：

$R_a$——凹弧段曲率半径；

$R_e$——凸弧段曲率半径；

$e_K$——输送带的中性基准线到输送带边缘的距离；

$e_M$——输送带的中性基准线到输送带中心的距离。

图 10　相对于输送带中性基准线的计算伸长极限值 $\Delta\varepsilon_{K\infty}$ 和 $\Delta\varepsilon_{M\infty}$ 的简图

凸弧曲线的伸长率，见式(103)：

$$\Delta\varepsilon_{\infty}=\frac{e_M+e_K}{R_e-e_M}=\frac{b_S\sin\lambda}{R_e-e_M} \quad\cdots\cdots(103)$$

凹弧曲线的伸长率，见式(104)：

$$\Delta\varepsilon_{\infty}=-\frac{e_M+e_K}{R_a+e_M}=-\frac{b_S\sin\lambda}{R_a+e_M} \quad\cdots\cdots(104)$$

式中：

$\Delta\varepsilon_{\infty}$——很长的曲线段输送带中心区域与输送带边缘之间的伸长率的差，无量纲；

$R_e$ ——竖向凸弧段曲率半径，单位为毫米(mm)；

$R_a$ ——竖向凹弧段曲率半径，单位为毫米(mm)；

$e_M$ ——由输送带中性基准线到输送带中心的高差，单位为毫米(mm)；

$e_K$ ——由输送带中性基准线到输送带边缘的高差，单位为毫米(mm)。

竖向曲线段在设计图纸上通常给出的曲率半径是到中托辊的上母线处。在上面的表达式中的 $R_e-e_M$ 或 $R_a+e_M$ 给出的曲率半径是指到输送带抗拉元件的中间层。与曲率半径相比，从输送带抗拉元件的中间层到中性基准线的距离很小，可以忽略不计。张力差，见式(105)：

$$\Delta k=\Delta\varepsilon_{\infty}\cdot E_{LB} \qquad (105)$$

通过式(94)和式(96)计算的此 $\Delta k$ 值，不仅对织物芯输送带，而且对钢丝绳芯输送带均可确定曲线段上输送带边缘和中心区域的输送带张力。

对于很小和中等长度的曲线段，数值 $|\Delta k|$ 略小于按这种计算方法得出的结果。

对于钢丝绳芯输送带，同样很小和中等长度的曲线段来说，应更精确的方法确定其附加伸长率。

当输送带脱离托辊时，通常在小曲率半径的凹弧处，也不会发生输送带应力增加太多的情况(见13.3.3)。

## 10 输送带的拉断强度和覆盖层厚度的确定

### 10.1 选用原则

输送带的抗拉元件和覆盖层应按照运行条件选定。输送带的选用受所输送的散状物料的性质(物理的、化学的、粒度等)以及输送带的使用条件(环境影响、设计寿命、机械应力，例如过渡段的长度)的影响。

### 10.2 输送带拉断强度计算

#### 10.2.1 输送带宽度上张力非均匀分布的基准疲劳强度

接头疲劳强度是确定输送带拉断强度的重要因素。设计基础是确定输送带接头的基准疲劳强度 $k_t$。

基准疲劳强度值是建立在接头方法和工艺，并在实验室条件下测试得出的。表 10 给出了各种环境情况下，与运行条件相关的偏差的安全系数 $S_0$。表 11 为化学和物理因素对应力的影响，自然老化的、高张力的频率和弯曲应力等影响的安全系数 $S_1$。

在此阶段，设计和布置应基于稳定运行条件下计算出的输送带截面上的最大张力。

应考虑在提升段和下运段输送带承载部分物料时，瞬态产生的较大的输送带张力，应考虑按式(110)校核。

输送带和输送带接头的最小基准疲劳强度 $k_{t,min}$ 计算，见式(106)：

$$k_{t,min}=c_K\cdot k_{K,max}\cdot S_0\cdot S_1 \qquad (106)$$

式中：

$k_{t,min}$ ——输送带接头的最小基准疲劳强度，单位为牛顿每毫米(N/mm)；

$k_{K,max}$ ——输送带边缘处的单位宽度的最大张力(应力)，单位为牛顿每毫米(N/mm)；

$S_0$ ——考虑接头工艺条件下的输送带安全系数，无量纲；

$S_1$ ——考虑输送带预期寿命和工作应力的安全系数，无量纲；

$c_K$ ——基于输送带边缘张力确定的最小接头疲劳强度的系数，取值如下：

对于织物输送带：$c_K=1$；

对于钢丝绳芯输送带：$c_K=1.25$，槽型过渡段；

$c_K=1$，平面和竖向曲线段。

系数 $c_K=1.25$ 的选择是基于 9.2.3 的输送带边缘张力的计算方法得出的。如果能够精确确定过渡段的张力时，取 $c_K=1$。

输送带的相对基准疲劳强度 $k_{t,rel}$ 是基准疲劳强度与名义拉断强度 $k_N$ 之比，见式(107)：

$$k_{t,rel}=\frac{k_t}{k_N} \quad \cdots\cdots(107)$$

式中：

$k_{t,rel}$——输送带接头相对基准疲劳强度，无量纲；

$k_t$ ——输送带接头基准疲劳强度，单位为牛顿每毫米(N/mm)；

$k_N$ ——输送带名义拉断强度，单位为牛顿每毫米(N/mm)。

**表 10　基于输送带接头特征分类的安全系数 $S_0$**

| 输送带的接头特征 | 分类 | | |
|---|---|---|---|
| 空气中的粉尘 | 正常 | 无尘 | 灰尘较多 |
| 防止太阳辐射 | 正常 | 良好 | 中等 |
| 温度 | 中等 | ≥18 ℃和≤22 ℃ | <10 ℃或>30 ℃ |
| 工作空间 | 正常 | 宽敞的 | 窄小的 |
| 工人技能 | 正常 | 很好 | 中等 |
| 接头材料质量 | 正常 | 新的 | 接近保质期 |
| 硫化设备质量 | 正常 | 很好 | 中等 |
| 安全系数 $S_0$ | 1.1 | 导致 | |
| | | 降低至 1.0 | 增加至 1.2 |

相对基准疲劳强度是给定输送带类型及其接头形式的特征参数，它体现了输送带的性能。也是在带式输送机设计时对输送带提出的性能要求。

表 12 给出几种输送带结构的相对基准疲劳强度值。在设计中应用这些参数时应注意：

——织物芯输送带的数值是经过实验验证的基准值，有可能经过大量的测试得出结果对其进行修正；

——钢丝绳芯输送带的数值是经过大量的测试的基准值，可以作为需要验证的最低要求。

在计算输送带最小拉断强度 $k_N$ 时，对于给定的输送带类型及其接头结构，可以代入实际的基准疲劳强度 $k_t$。

**表 11　基于运行条件分类的安全系数 $S_1$**

| 相对于输送带和输送带接头疲劳强度的特征 | 特 征 分 类 | | |
|---|---|---|---|
| 预期的使用寿命 | 正常 | 寿命短 | 寿命长 |
| 由于故障造成的损坏 | 正常 | 低 | 高 |
| 化学和物理因素对应力的影响 | 正常 | 低 | 高 |
| 起动/停机频率(每天起动/停机次数) | >3 次，<30 次 | ≤3 次 | ≥30 次 |

表 11（续）

| 相对于输送带和输送带接头疲劳强度的特征 | 特征分类 | | |
|---|---|---|---|
| 输送带循环频率(输送带循环一周时间) | ＜2h，＞1min | ≥2h | ≤1min |
| 安全系数 $S_1$ | 1.7 | 导致 | |
| | | 降低至<br>1.5 | 增大至<br>1.9 |

**表 12　相对基准疲劳强度 $k_{t,rel}$ 的参考值**

| 输送带类型 | 输送带结构按照 | 名义拉断强度 $k_N$<br>N/mm | 接头结构按照 | 相对基准疲劳强度 $k_{t,rel}$[a] |
|---|---|---|---|---|
| 单层织物芯输送带 | GB/T 7984 | 630～3 150 | 指接接头 | 0.35 |
| 双层和厚芯层织物芯输送带 | GB/T 7984 | 200～2 000 | 带有中间抗拉构件 | 0.35 |
| 两层以上织物芯输送带 | GB/T 7984 | 315～3 150 | 阶梯接头 | 0.30 |
| 单层织物芯输送带 | GB/T 31256 | 800～3 150 | GB/T 31256 | 0.35 |
| 双层织物芯输送带 | GB/T 31256 | 800～1 600 | GB/T 31256<br>带有中间抗拉构件 | 0.30 |
| 钢丝绳芯输送带 | GB/T 28267.1<br>GB/T 28267.2<br>GB/T 28267.3<br>GB/T 9770 | 1 000～5 400 | GB 50431<br>GB/T 28267.4 | 0.45 |
| 钢丝绳芯输送带 | GB/T 28267.1<br>GB/T 28267.3<br>GB/T 9770 | ＜1 000<br>＞5 400 | GB 50431<br>GB/T 28267.4 | 0.45 |

[a] 此基准值不能直接在已经老化和已经使用的输送带上应用。

在稳态运行条件下，输送带的最小名义拉断强度根据输送带的最大张力 $k_{K,max}$ 按式(106)和式(107)计算，见式(108)：

$$k_{N,min}=\frac{k_{t,min}}{k_{t,rel}}=c_K\cdot k_{K,max}\frac{S_0S_1}{k_{t,rel}} \qquad \cdots\cdots(108)$$

式中：

$k_{N,min}$——最小名义拉断强度，单位为牛顿每毫米(N/mm)。

最小名义拉断强度 $k_{N,min}$ 的取值按式(108)计算，最大张力 $k_{K,max}$ 为考虑在输送带上张力分布不均匀的条件下的输送带张力(应力)。最大张力(应力)点的安全系数 $S_{min}$，见式(109)：

$$S_{min}=\frac{k_{N,min}}{k}=c_K\cdot\frac{k_{K,max}}{k}\cdot\frac{S_0\cdot S_1}{k_{t,rel}} \qquad \cdots\cdots(109)$$

式中：

$S_{min}$——相对于输送带最小名义拉断强度的最小安全系数。

对于含有上运和下运段的带式输送机，当给料不均匀时，应考虑在非稳定运行条件出现的极端应力，应按式(110)检查极端条件：

$$k_{t,min} \geqslant 1.1 \cdot c_K \cdot k_{K,a,max} \qquad (110)$$

否则，抗拉元件的设计强度则改用较大值 $k_t = 1.1 \cdot c_K \cdot k_{K,a,max}$。

#### 10.2.2 输送带安全系数的估算

由式(109)给出的包括安全系数 $S_0$ 和 $S_1$ 的安全系数 $S_{min}$ 是基于稳态运行条件下输送带张力在宽度上的平均值。使用它们可得出表 13。可以清晰地看出，安全系数 $S_{min}$ 分别受输送带指标($k_{t,rel}$，$S_0$)和带式输送机参数($S_1$，$k_{K,max}$)的影响。

安全系数 $S_0 \cdot S_1/k_{t,rel}$ 体现了输送带名义拉断强度与输送带实际拉断强度的比值；$c_K \cdot k_{K,max}/k$ 体现了输送带实际张力与张力计算值的比值，见表 13。

**表 13　与 $S_0 \cdot S_1/k_{t,rel}$ 和 $c_K \cdot k_{K,max}/k$ 相关的相对于最小名义拉断强度的最小安全系数 $S_{min}$**

| $S_0 \cdot S_1/k_{t,rel}$ | $c_K \cdot k_{K,max}/k$ | | | | |
|---|---|---|---|---|---|
| | 1.00 | 1.25 | 1.50 | 1.75 | 2.00 |
| 3.00 | 3.00 | 3.75 | 4.50 | 5.25 | 6.00 |
| 3.50 | 3.50 | 4.375 | 5.25 | 6.125 | 7.00 |
| 4.00 | 4.00 | 5.00 | 6.00 | 7.00 | 8.00 |
| 4.50 | 4.50 | 5.625 | 6.75 | 7.875 | 9.00 |
| 5.00 | 5.00 | 6.25 | 7.50 | 8.75 | 10.00 |
| 5.50 | 5.50 | 6.875 | 8.25 | 9.625 | 11.00 |
| 6.00 | 6.00 | 7.50 | 9.00 | 10.50 | 12.00 |
| 6.50 | 6.50 | 8.125 | 9.75 | 11.375 | 13.00 |
| 7.00 | 7.00 | 8.75 | 10.50 | 12.25 | 14.00 |
| 7.50 | 7.50 | 9.375 | 11.25 | 13.125 | 15.00 |

安全系数 $S$ 与名义拉断强度 $k_N$ 和 $k_{N,min}$ 的比值相关，可按类似于式(84)确定，见式(111)：

$$S = S_{min} \frac{k_N}{k_{N,min}} \qquad (111)$$

式中：

$S$——相对于输送带名义拉断强度的安全系数。

上述的方法是根据输送带张力选择输送带拉断强度。应当明确，输送带的拉断强度可能是由于克服运行阻力的输送带张力来确定，也可能是由承载输送物料的输送带的横向刚度所决定的。

输送带的名义拉断强度的选择应优先选用 GB/T 28267.1—2012 表 2 推荐的型号。

### 10.3 输送带覆盖层厚度的确定

输送带覆盖层厚度应依据所输送的物料进行选择，确定输送带在计划使用期内发生磨损后仍然能保证其保护功能；输送带的抗拉元件应被充分覆盖。

可以采用表 14 所列的参考值确定覆盖层的最小厚度并按表 15 和表 16 采用相对应的承载覆盖层的附加厚度。当覆盖层内有输送带缓冲层(横向增强)时，应确定最小厚度。为了避免织物芯输送带产生不准许的起拱，承载的上覆盖层和与托辊接触的下覆盖层的厚度之比应不大于 3∶1。

表 14 承载的上覆盖层和与托辊接触的下覆盖层的最小厚度基准值

| 纵向骨架材料 | 覆盖层最小厚度(基准值) |
| --- | --- |
| B(棉织物)<br>P(聚酰胺)<br>E(聚酯) | 根据不同的织物结构分别为 1 mm～2 mm |
| St(钢丝绳芯) | $0.7d_B$,最小 4 mm,有横向加强时可能会大于 4 mm |

表 15 输送带覆盖层附加厚度评价值

| 特征及和评价值 | | |
| --- | --- | --- |
| 载荷情况 | 有利 | 1 |
| | 正常 | 2 |
| | 不利 | 3 |
| 载荷频繁度 | 低 | 1 |
| | 正常 | 2 |
| | 高 | 3 |
| 最大颗粒尺寸 | 小 | 1 |
| | 正常 | 2 |
| | 大 | 3 |
| 物料密度 | 低 | 1 |
| | 正常 | 2 |
| | 高 | 3 |
| 磨琢性 | 低 | 1 |
| | 正常 | 2 |
| | 高 | 3 |

表 16 输送带覆盖层附加厚度

| 评价值总和 | 附加最小厚度(基准值)<br>mm |
| --- | --- |
| 5～6 | 0～1 |
| 7～8 | 1～3 |
| 9～11 | 3～6 |
| 12～13 | 6～10 |
| 14～15 | >10 |

## 11 滚筒最小直径的确定方法

### 11.1 滚筒最小直径确定的原则

滚筒直径是通过依据输送带的使用寿命和输送带许用比压确定的。实际选用的滚筒直径应取两者的最大值。

### 11.2 依据输送带的使用寿命确定滚筒最小直径

确定滚筒最小直径的方法是希望接头的使用寿命最低要达到输送带的估计寿命;其前提是接头质量正常。按照这里所给定的较小的滚筒直径可以避免输送带过早地失效,也有利于降低滚筒表面或覆盖面的磨损。

带式输送机的滚筒最小直径,按输送带的结构、应力和接头形式来选定。为了确定最小直径,滚筒应分为下列几组:

—— A 组:带式输送机上传动滚筒和所有在较高的输送带张力区域内的其他滚筒;

—— B 组:在输送带低张力区域上的改向滚筒;

—— C 组:增面滚筒(输送带运行方向的改变≤30°)。

图 11 为滚筒分组的示例。

滚筒直径的基准值的计算,见式(112):

$$D_1 = c_0 \cdot d_B \qquad (112)$$

式中:

$D_1$——按输送带使用寿命条件确定的滚筒基准直径,单位为毫米(mm);

$c_0$——确定滚筒最小直径基准值的系数,见表 17,无量纲;

$d_B$——输送带抗拉元件的厚度(不包括输送带的上、下覆盖层),单位为毫米(mm)。

并采用优先数 R10(R20)将 $D_1$ 取整。

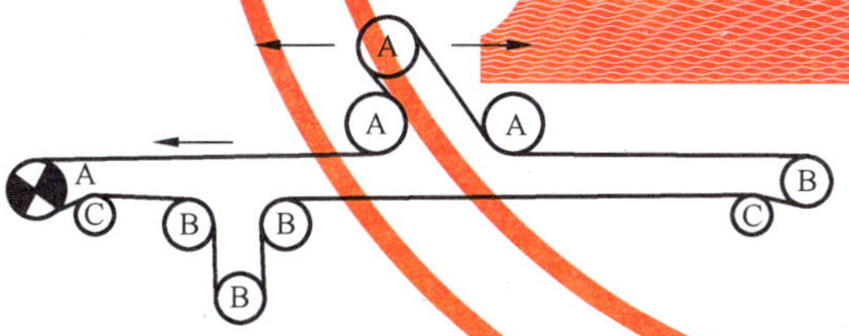


a) 布置型式 1

b) 布置型式 2

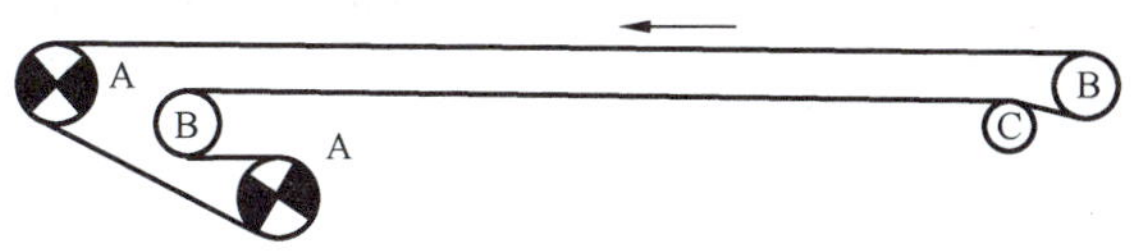


c) 布置型式 3

d) 布置型式 4

说明:

A、B、C——滚筒的分组。

图 11 滚筒分组示例

**表 17 确定滚筒最小基准直径的计算系数 $c_0$**

| 纵向骨架的材料 | $c_0$ |
|---|---|
| B（棉织物） | 80 |
| P（聚酰胺） | 90 |
| E（聚酯） | 108 |
| $S_t$（钢丝绳芯） | 145 |

如果在国家标准和其他规范、法规没有提供更多的相关技术细节，按照表 18 将滚筒载荷系数分为 4 组，滚筒直径确定过程可分为两种方法：

——方法 1：当初步估算出输送带的最大张力时，参考图 11 确定各个滚筒的组别，按式(113)计算滚筒载荷系数 $f_{RMBT}$：

$$f_{RMBT}=\frac{k_{max}}{k_N}\times 8\times 100\% \quad\cdots\cdots(113)$$

式中：

$f_{RMBT}$——带式输送机的滚筒载荷系数，无量纲；

$k_{max}$——带式输送机上的输送带最大张力(应力)，单位为牛顿每毫米(N/mm)。

根据最大滚筒载荷系数、滚筒直径的基准值，查表 18 分别确定 A、B、C 组滚筒直径。

——方法 2：当计算出每个滚筒上的输送带的张力时，按式(114)计算每个滚筒载荷系数：

$$f_{RMBT,j}=\frac{k_{T,max,j}}{k_N}\times 8\times 100\% \quad\cdots\cdots(114)$$

式中：

$f_{RMBT,j}$——第 $j$ 个滚筒的滚筒载荷系数，无量纲；

$k_{T,max,j}$——第 $j$ 个滚筒上的输送带最大张力，单位为牛顿每毫米(N/mm)。

根据每个滚筒载荷系数、滚筒直径的基准值，将 A、B 组滚筒看作 A 组滚筒，查表 17，分别按 A 组和 C 组确定滚筒直径。

### 11.3 输送带许用比压确定滚筒最小直径

根据输送带许用比压确定的滚筒最小直径，见式(115)：

$$D=\frac{(F_{T1}+F_{T2})}{p_{Bp}B} \quad\cdots\cdots(115)$$

根据输送带钢丝绳下的许用比压确定的滚筒最小直径，见式(116)：

$$D=\frac{(F_{T1}+F_{T2})}{p_{Bs}B}\frac{t_1}{d_B} \quad\cdots\cdots(116)$$

式中：

$p_{Bp}$——输送带许用比压，单位为牛顿每平方毫米(N/mm²)；

$p_{Bs}$——钢丝绳芯输送带钢丝绳下的许用比压，单位为牛顿每平方毫米(N/mm²)；

$B$——输送带宽度，单位为毫米(mm)；

$d_B$——输送带的钢丝绳直径(输送带抗拉元件的厚度)，单位为毫米(mm)；

$t_1$——输送带的钢丝绳间距，单位为毫米(mm)。

输送带许用比压和输送带钢丝绳下的许用比压由输送带制造厂提供。

若无资料时，输送带许用比压为：

钢丝绳芯输送带：可取 $p_{Bp}=0.6\ N/mm^2$；

织物芯输送带：可取 $p_{Bp}=0.4\ N/mm^2$；

钢丝绳芯输送带钢丝绳下的许用比压：可取 $p_{Bs}=1.2\ N/mm^2$。

**表 18 在稳定工况下根据滚筒载荷系数确定 A、B 和 C 组滚筒的最小直径**

| 滚筒直径基准值 $D_1$ mm | 最小直径(不包括护面) mm 滚筒载荷系数 $f_{RMBT}$ >100% 滚筒组别 | | | >60%～100% 滚筒组别 | | | >30%～60% 滚筒组别 | | | ～30% 滚筒组别 | | |
|---|---|---|---|---|---|---|---|---|---|---|---|---|
| | A | B | C | A | B | C | A | B | C | A | B | C |
| 100 | 125 | 100 | | 100 | | | | | | | | |
| 125 | 160 | 125 | 100 | 125 | 100 | | 100 | | | | | |
| 160 | 200 | 160 | 125 | 160 | 125 | 100 | 125 | 100 | | 100 | 100 | |
| 200 | 250 | 200 | 160 | 200 | 160 | 125 | 160 | 125 | 100 | 125 | 125 | 100 |
| 250 | 315 | 250 | 200 | 250 | 200 | 160 | 200 | 160 | 125 | 160 | 160 | 125 |
| 315 | 400 | 315 | 250 | 315 | 250 | 200 | 250 | 200 | 160 | 200 | 200 | 160 |
| 400 | 500 | 400 | 315 | 400 | 315 | 250 | 315 | 250 | 200 | 250 | 250 | 200 |
| 500 | 630 | 500 | 400 | 500 | 400 | 315 | 400 | 315 | 250 | 315 | 315 | 250 |
| 630 | 800 | 630 | 500 | 630 | 500 | 400 | 500 | 400 | 315 | 400 | 400 | 315 |
| 800 | 1 000 | 800 | 630 | 800 | 630 | 500 | 630 | 500 | 400 | 500 | 500 | 400 |
| 1 000 | 1 250 | 1 000 | 800 | 1 000 | 800 | 630 | 800 | 630 | 500 | 630 | 630 | 500 |
| 1 250 | 1 400 | 1 250 | 1 000 | 1 250 | 1 000 | 800 | 1 000 | 800 | 630 | 800 | 800 | 630 |
| 1 400 | 1 600 | 1 400 | 1 000 | 1 400 | 1 250 | 1 000 | 1 250 | 1 000 | 800 | 1 000 | 1 000 | 800 |
| 1 600 | 1 800 | 1 600 | 1 250 | 1 600 | 1 250 | 1 000 | 1 250 | 1 000 | 800 | 1 000 | 1 000 | 800 |
| 1 800 | 2 000 | 1 800 | 1 250 | 1 800 | 1 400 | 1 250 | 1 600 | 1 250 | 1 000 | 1 250 | 1 250 | 1 000 |
| 2 000 | 2 200 | 2 000 | 1 400 | 2 000 | 1 600 | 1 250 | 1 600 | 1 250 | 1 000 | 1 250 | 1 250 | 1 000 |

## 12 托辊的选择与托辊间距设计

### 12.1 计算原则

托辊是带式输送机的重要部件，它在带式输送机整个输送线路上支撑输送带和载荷。尽管它的作用仅是支撑，但是它的数量很大，多达几百甚至上千组托辊。而且每组托辊上有多个轴承，其可靠性尤为重要。托辊组的直径、托辊组间距、托辊组的槽角取决于：

——输送带的宽度、纵向刚度、成槽性；

——物料堆积密度与粒度；

——运行速度等因素。

托辊的转动阻力影响到带式输送机的主要阻力。若设计不当，还有可能产生托辊作为振源的输送带横向振动问题。

在托辊选择时应考虑托辊转速的限制、辊子或托辊组的承载能力、托辊对输送带的支承能力(输送带横向刚度)以及避免共振。

## 12.2 辊子直径的确定

辊子的直径应按 GB 50431 所规定的带速对应关系选取，或按 GB/T 10595 规定的托辊辊子转速不高于 600 r/min 来确定辊子直径，式(117)：

$$d_R \geqslant \frac{60v}{\pi n_R} \qquad (117)$$

式中：

$d_R$——托辊直径，单位为米(m)；

$n_R$——稳定运行条件下允许的托辊最大转速，单位为转每分(r/min)。$n_R$=600 r/min。

通常，在带式输送机的设计中，上分支和下分支选用相同直径的辊子，也可以从托辊组的承载能力考虑在带式输送机的上分支和下分支选用不同直径的辊子。

选用大直径的辊子可以降低辊子的转动阻力，并且减小输送带的压陷滚动阻力。可以通过经济技术比较确定选用大直径辊子的可行性。

## 12.3 托辊组间距

托辊组间距的确定可参考 GB 50431 的推荐值或按表 19 选取。

托辊组间距的确定涉及托辊组的承载能力、输送带的垂度、共振等问题。对于大型带式输送机，在综合分析这些因素的基础上，可以选用更大的托辊组间距，以降低设备的投资。

**表 19 槽角为 35°的托辊组和平形回程托辊组的典型托辊间距**

| 带宽<br>mm | 物料密度<br>kg/m³ | | | 平形回程托辊组间距<br>mm |
|---|---|---|---|---|
| | 400～1 200 | 1 201～2 000 | 2 001～2 800 | |
| | 槽角为 35°的承载槽型托辊组间距<br>mm | | | |
| 300<br>400<br>500<br>600<br>650 | 1 600 | 1 500 | 1 400 | 3 000 |
| 750<br>800<br>900 | 1 500 | 1 400 | 1 300 | 3 000 |
| 1 000<br>1 050<br>1 200<br>1 350 | 1 400 | 1 300 | 1 200 | 3 000 |

表 19（续）

<table>
<tr><th rowspan="3">带宽<br>mm</th><th colspan="3">物料密度<br>kg/m³</th><th rowspan="3">平形回程托辊组间距<br>mm</th></tr>
<tr><th>400～1 200</th><th>1 201～2 000</th><th>2 001～2 800</th></tr>
<tr><th colspan="3">槽角为 35°的承载槽型托辊组间距<br>mm</th></tr>
<tr><td>1 400<br>1 600<br>1 800<br>2 000</td><td>1 200</td><td>1 000</td><td>800</td><td>3 000</td></tr>
<tr><td>2 200<br>2 400<br>2 600<br>2 800</td><td>1 100</td><td>900</td><td>750</td><td>3 000</td></tr>
<tr><td colspan="5">在受料段，考虑到冲击载荷的存在，应减小托辊组间距，将托辊组的布置加密。<br>在回程段可以考虑适当增大托辊组间距。</td></tr>
</table>

### 12.4 避免共振设计

共振是由辊子的偏心作为激振源产生的，当辊子的转动频率接近输送带的固有频率时将产生共振。理论上，通过输送带的固有频率分析可得出输送带的固有频率。作为简化计算，可用下式计算输送带的横截面振动近似固有频率 $f_p$。

承载分支近似固有频率，式(118)：

$$f_p = \frac{1}{2l_{R,o}}\sqrt{\frac{F_{T,i}}{q_{G,i}+q_B}} \qquad (118)$$

空载分支近似固有频率，见式(119)：

$$f_p = \frac{1}{2l_{R,u}}\sqrt{\frac{F_{T,i}}{q_B}} \qquad (119)$$

式中：

$F_{T,i}$——计算固有频率处输送带张力，单位为牛顿(N)；

$f_p$ ——输送带的横截面振动近似固有频率，单位为赫兹(Hz)。

辊子转动的频率，见式(120)：

$$f_r = \frac{v}{\pi d_R} \qquad (120)$$

式中：

$f_r$——辊子转动的频率，单位为赫兹(Hz)。

对于低带速带式输送机，应满足式(121)：

$$f_r < f_p \qquad (121)$$

高带速的带式输送机如不能满足上式的要求时，请咨询专家。

# 13 槽形过渡段及竖向曲线段曲率半径的设计

## 13.1 计算原则

在第9章中根据给定的槽形过渡段和凸弧段的结构来计算输送带宽度方向上的张力分布，之后确定输送带的选择方案。在本章中将对适合给定的输送带类型的槽形过渡段和凸、凹弧段的结构进行计算。

## 13.2 槽形过渡段最小长度的确定

### 13.2.1 过渡段的输送带张力(应力)

按照图8和依据式(108)的关系，下列计算式适合2辊和3辊托辊组。

输送带边缘的张力应小于式(122)计算出的$k_{k,zul}$，即：

$$k_{K,zul}=\frac{k_N\ k_{t,rel}}{c_K\cdot S_0\ S_1} \qquad \cdots\cdots(122)$$

输送带中心区域的张力应满足式(123)和式(124)：

$$k_M=\frac{B\ k-b_S\ k_{K.zul}}{B-b_S}\geqslant 0 \qquad \cdots\cdots(123)$$

$$\Delta k=k_{K.zul}-k_M \qquad \cdots\cdots(124)$$

### 13.2.2 织物芯输送带

按式(99)，有：

$$\frac{l_K-l_{Td}}{l_{Td}}=\frac{\Delta k}{E_{LB}} \qquad \cdots\cdots(125)$$

$\Delta k$ 由式(124)、式(123)以及式(122)计算。在下面的计算式中，参数$c_K=1.0$。应用式(94)，可得：

$$l_{Td,min}=\sqrt{\frac{h_{Tr}^2+2b_S^2-2b_S(h_{Tr}\sin\lambda+b_S\cos\lambda)}{(\Delta k/E_{LB}+1)^2-1}} \qquad \cdots\cdots(126)$$

对于织物芯输送带，过渡段长度的计算式(126)具有足够精度。

### 13.2.3 钢丝绳芯输送带

按照9.2.3中所给出的条件，近似计算槽形过渡段的最小长度如下。由式(108)，有：

$$\frac{l_K-l_{Td}}{l_{Td,eff}}=\frac{\Delta k}{E_{LB}} \qquad \cdots\cdots(127)$$

将式(124)和式(123)计算结果代入式(118)计算出$\Delta k$。式(108)为应力评价的表达式，其中参数$c_K$按钢丝绳输送带选取。应用式(127)，可得：

$$l_{Td,min}=\frac{\sqrt{l_{Td,min}^2+h_{Tr}^2+2b_S^2-2b_S(h_{Tr}\sin\lambda+b_S\cos\lambda)}-\Delta l_{Td}\cdot\Delta k/E_{LB}}{\Delta k/E_{LB}+1} \qquad \cdots\cdots(128)$$

其中，$\Delta l_{Td}$由式(101)给出。比较式(128)和式(126)可知，钢丝绳芯输送带的最小过渡段长度可以通过迭代方法计算。

或按式(129)计算：

$$l_{\mathrm{Td,min}}=\frac{-b+\sqrt{b^2-4ac}}{2a} \quad \cdots\cdots(129)$$

其中：

$a=[(\Delta k/E_{\mathrm{LB}}+1)^2-1)]$

$b=2(\Delta k/E_{\mathrm{LB}}+1)(\Delta l_{\mathrm{Td}}\cdot\Delta k/E_{\mathrm{LB}})$

$c=(\Delta l_{\mathrm{Td}}\cdot\Delta k/E_{\mathrm{LB}})^2-[h_{\mathrm{Tr}}^2+2b_{\mathrm{S}}^2-2b_{\mathrm{S}}(h_{\mathrm{Tr}}\sin\lambda+b_{\mathrm{S}}\cos\lambda)]$

只有在过渡段上的滚筒的前面或后面至少存在输送带的区段补偿输送带的长度变化，才可以应用式(127)和式(128)。在竖向凸弧段的不存在直接相邻的过渡区。在此情况下，$l_{\mathrm{Td,eff}}$替代$l_{\mathrm{Td}}$，使用式(126)可以显式地求出$l_{\mathrm{Td,min}}$。

### 13.3 竖向曲线段最小半径的确定

#### 13.3.1 计算原则

由凸弧段和凹弧段产生的附加伸长，在很小和中等以下的弧长时只有通过复杂的计算才能得出；但是其值总是小于在很长的弧长的中心区域出现的伸长。伸长值以下列计算方法为基础。

#### 13.3.2 凸弧曲线段

对于2辊、3辊托辊组，假设在输送带中心的输送带张力直接为0，则按式(103)、式(105)和式(108)，取$c_{\mathrm{K}}=1.0$，确定竖向曲线段的最小半径，见式(130)：

$$R_{\mathrm{e,min}}=\frac{b_{\mathrm{S}}\sin\lambda\, E_{\mathrm{LB}}}{k_{\mathrm{N}}\, k_{\mathrm{t,rel}}}S_0\, S_1 \quad \cdots\cdots(130)$$

#### 13.3.3 凹弧曲线段

在凹弧段上中心出现附加伸长，边缘出现相对压缩，其值在输送带尚未脱离托辊时与凸弧段出现的附加伸长相同。如果在各种运行条件下避免输送带脱离托辊，可按式(131)计算曲率半径：

$$R_{\mathrm{a},i,\mathrm{min}}=\frac{F_{\mathrm{T},i,\max}}{gq_{\mathrm{B}}\cos\delta_i} \quad \cdots\cdots(131)$$

## 14 输送带翻转的设计

输送带翻转运行，用于减少下分支输送带污染和输送带的磨损并改善运行的对中性。

选择输送带翻转的类型和长度取决于下列参数：

——输送带宽度；

——输送带质量或重力；

——横向刚度；

——弹性特性；

——运行速度。

根据输送带翻转范围内输送带的支承形式，按图12示意图所列的结构分为：

——自然式翻转；

——导向式翻转；

——支承翻转式。

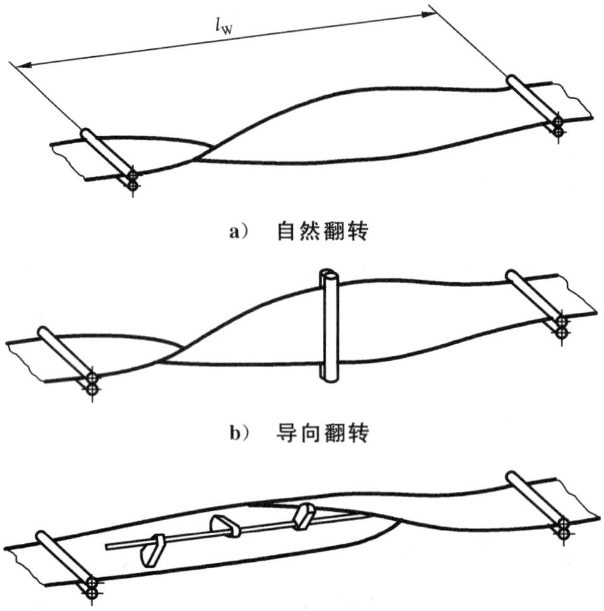


a）自然翻转

b）导向翻转

c）支撑翻转

说明：

$l_w$——翻转长度。

图 12 输送带翻转的结构

表 20 为输送带翻转长度 $l_w$ 的基准值，适用于下分支且输送带张力低的情况。否则，应进行详细计算。

表 20 输送带翻转长度 $l_w$ 的基准值

| 输送带翻转类型 | 输送带最大宽度<br>mm | 最小翻转长度 $l_w$<br>mm | | |
|---|---|---|---|---|
| | | 输送带类型 | | |
| | | 织物芯输送带 | EP 输送带 | 钢丝绳芯输送带 |
| 自然翻转式 | 1 200 | 8$B$ | 10$B$ | — |
| 导向翻转式 | 1 600 | 10$B$ | 12.5$B$ | 22$B$ |
| 支承翻转式 | 2 400 | — | 10 $B$ | 15$B$ |

# 附　录　A
# （资料性附录）
# 5 辊托辊组承载物料的截面积计算

一般地，槽形托辊组为 3 辊托辊组，在一些应用中也有采用 1 辊、2 辊以及 4 辊和 5 辊。对于 5 辊托辊组，如图 A.1。承载物料的截面积为 $A_{1,th}$、$A_{2,th}$ 及 $A_{3,th}$ 之和。

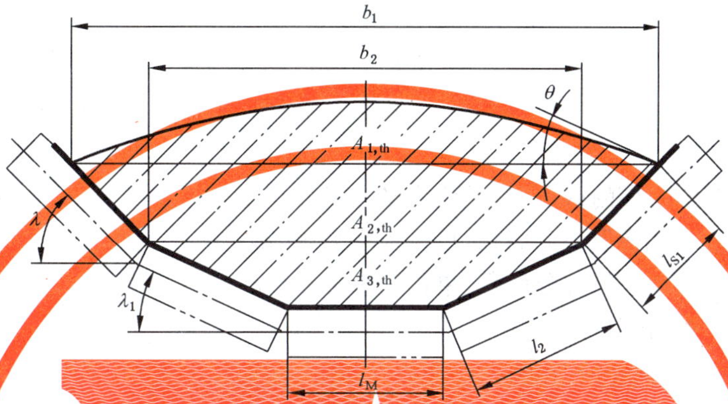


**图 A.1　5 辊槽形托辊组**

根据图 A.1，各参数计算，见式(A.1)、式(A.2)、式(A.3)：

$$b_1 = l_M + 2l_2\cos\lambda_1 + 2l_{s1}\cos\lambda \qquad \text{(A.1)}$$

$$b_2 = l_M + 2l_2\cos\lambda_1 \qquad \text{(A.2)}$$

$$l_{s1} = \frac{1}{2}(b - l_M - 2l_2) \qquad \text{(A.3)}$$

理论截面积，见式(A.4)：

$$A_{th} = A_{1,th} + A_{2,th} + A_{3,th} \qquad \text{(A.4)}$$

——当托辊组为 5 辊时，见式(A.5)、式(A.6)、式(A.7)：

$$A_{1,th} = \frac{1}{6}\left[l_M + 2l_2\cos\lambda_1 + \frac{(b - l_M - 2l_2)}{2}\cos\lambda\right]^2\tan\theta \qquad \text{(A.5)}$$

$$A_{2,th} = \left[l_M + 2l_2\cos\lambda_1 + \frac{(b - l_M - 2l_2)}{2}\cos\lambda\right]\frac{(b - l_M - 2l_2)}{2}\sin\lambda \qquad \text{(A.6)}$$

$$A_{3,th} = [l_M + l_2\cos\lambda_1]l_2\sin\lambda_1 \qquad \text{(A.7)}$$

——当托辊组为 4 辊时，取 $l_M = 0$，见式(A.8)、式(A.9)、式(A.10)：

$$A_{1,th} = \frac{1}{6}\left[2l_2\cos\lambda_1 + \frac{(b - 2l_2)}{2}\cos\lambda\right]^2\tan\theta \qquad \text{(A.8)}$$

$$A_{2,th} = \left[2l_2\cos\lambda_1 + \frac{(b - 2l_2)}{2}\cos\lambda\right]\frac{(b - 2l_2)}{2}\sin\lambda \qquad \text{(A.9)}$$

$$A_{3,th} = [l_2\cos\lambda_1]l_2\sin\lambda_1 \qquad \text{(A.10)}$$

——当托辊组为 3 辊时，取 $l_2 = 0$，$\lambda_1 = 0$，见式(A.11)、式(A.12)、式(A.13)：

$$A_{1,th} = \frac{1}{6}\left[l_M + \frac{(b - l_M)}{2}\cos\lambda\right]^2\tan\theta \qquad \text{(A.11)}$$

$$A_{2,th} = \left[l_M + \frac{(b - l_M)}{2}\cos\lambda\right]\frac{(b - l_M)}{2}\sin\lambda \qquad \text{(A.12)}$$

$$A_{3,th} = 0 \qquad \text{(A.13)}$$

——当托辊组为 2 辊时，取 $l_M=0$，$l_2=0$，$\lambda_1=0$，见式(A.14)、式(A.15)、式(A.16)：

$$A_{1,th}=\frac{1}{6}[b\cos\lambda]^2\tan\theta \quad \cdots\cdots\cdots\cdots(\text{A.14})$$

$$A_{2,th}=\left[\frac{b}{2}\cos\lambda\right]\frac{b}{2}\sin\lambda \quad \cdots\cdots\cdots\cdots(\text{A.15})$$

$$A_{3,th}=0 \quad \cdots\cdots\cdots\cdots(\text{A.16})$$

——当托辊组为 1 辊时，取 $l_M=0$，$l_2=0$，$\lambda_1=0$，$\lambda=0$，见式(A.17)、式(A.18)、式(A.19)：

$$A_{1,th}=\frac{1}{6}[b]^2\tan\theta \quad \cdots\cdots\cdots\cdots(\text{A.17})$$

$$A_{2,th}=0 \quad \cdots\cdots\cdots\cdots(\text{A.18})$$

$$A_{3,th}=0 \quad \cdots\cdots\cdots\cdots(\text{A.19})$$

式中：

$A_{1,th}$——承载物料的上部的截面积，单位为平方米($m^2$)；

$A_{2,th}$——外侧辊子上倒梯形部分面积，单位为平方米($m^2$)；

$A_{3,th}$——内侧辊子上倒梯形部分面积，单位为平方米($m^2$)；

$\lambda$ ——外侧辊子槽角，单位为度(°)；

$\lambda_1$ ——内侧辊子槽角，单位为度(°)；

$l_M$ ——中间辊子长度，单位为米(m)；

$l_2$ ——内侧辊子长度，单位为米(m)；

$l_{s1}$ ——外侧辊子与物料的接触长度，单位为米(m)；

$b$ ——有效输送带宽度(理论承载物料的输送带宽度)，单位为米(m)；

$\theta$ ——物料的动堆积角，单位为度(°)。

# 附 录 B
（资料性附录）
## 用附加阻力系数确定总附加阻力

当附加阻力在全部阻力中所占比例很小时，例如 $L>80$ m 的带式输送机和单台带式输送机只有一个加料点时，应从主要阻力中确定总附加阻力。可以通过系数 $C$ 来计算附加阻力的总和。

附加阻力系数，见式(B.1)、式(B.2)：

$$C=\frac{F_H+F_N}{F_H} \quad \cdots\cdots(B.1)$$

**表 B.1 有效填充系数为 0.7<φ<1.1 时系数 C 的基准值**

| $L$/m | 80 | 100 | 150 | 200 | 300 | 400 | 500 | 600 | 700 | 800 | 900 | 1 000 | 1 500 | ≥2 000 |
|---|---|---|---|---|---|---|---|---|---|---|---|---|---|---|
| $C$ | 1.92 | 1.78 | 1.58 | 1.45 | 1.31 | 1.25 | 1.20 | 1.17 | 1.14 | 1.12 | 1.10 | 1.09 | 1.06 | 1.05 |

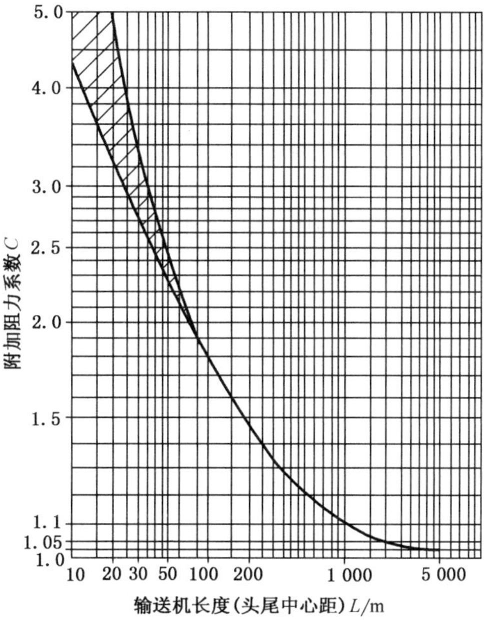


**图 B.1 随带式输送机长度变化的附加阻力系数 C**

$$F_N=(C-1)F_H \quad \cdots\cdots(B.2)$$

式中：

$C$ ——附加阻力系数，无量纲；

$F_N$ ——附加阻力，单位为牛顿(N)；

$F_H$ ——主要阻力，单位为牛顿(N)。

附加阻力系数 $C$ 是通过典型带式输送机的阻力计算得出的，应用时需考虑设计计算的具体参数选用，表 B.1 是基于模拟摩擦系数为 0.025 给出的。

如果输送机长度小于 80 m，则系数 $C$ 不是定值，正如图 1 阴影区所示的那样。短输送机系数 $C$ 的不确定区，说明附加阻力对系数 $C$ 起着主要影响作用。在短输送机区里，系数 $C$ 的虚线并不代表极限区间，只是为了提示注意，对短输送机系数 $C$ 是不确定的。

# 附　录　C
（资料性附录）
## 简单布置带式输送机的输送带最大张力的计算

对于较简单但又是经常遇到的带式输送机，即：

——水平带式输送机或只有很小倾角的带式输送机；

——只有一个传动滚筒；

——用来停止整台带式输送机的制动力较小；

——所需最小输送带张力不是由其他任何布置或运行条件（如输送带垂度条件）所确定。

对这样的带式输送机，最大输送带张力可以用式（C.1）近似计算（见图 4）。见式（C.1）：

$$F_{\max} \approx F_{T1} \approx F_U p_A\left(\frac{1}{e^{\mu\alpha}-1}+1\right) \quad \cdots\cdots\cdots\cdots (C.1)$$

式中：

$F_{\max}$——输送带最大张力，单位为牛顿（N）；

$F_{T1}$ ——传动滚筒相遇点张力，单位为牛顿（N）；

$F_U$ ——输送机总运行阻力，单位为牛顿（N）；

$p_A$ ——启动系数，无量纲；

$\mu$ ——输送带与滚筒之间的摩擦系数，无量纲；

$\alpha$ ——围包角，单位为弧度（rad）。

系数 $p_A$ 考虑的是带式输送机在起动时的圆周力要比稳定运行时大。根据驱动装置的机械特性，系数 $p_A$ 在 1.3～2.0 之间确定。

## 参 考 文 献


[1] ISO 5048—1989 Continuous mechanical handling equipment—Belt conveyors with carrying idlers—Calculation of operating power and tensile forces

[2] ISO 3684 Conveyor belts—Determination of minimum pulley diameters

[3] DIN 22101 Stetigf derer—Gurtf derer für Schüttgüter Grundlagen für die Berechnung und Auslegung

[4] BS 8438:2004 Troughed belt conveyor—Specification

[5] CEMA.Belt Conveyors for Bulk Materials(Sixth Edition)Florida: The Conveyor Manufacturers Assciation, 2005.

[6] CEMA.Belt Conveyors for Bulk Materials(Seventh Edition)Florida: The Conveyor Manufacturers Assciation, 2014.

[7] 宋伟刚.通用带式输送机设计.北京:机械工业出版社,2006.

[8] 张振文,宋伟刚.带式输送机工程设计与应用.北京:冶金工业出版社,2015.

ICS 27.060.30
J 98

# 中华人民共和国国家标准

GB/T 36699—2018

# 锅炉用液体和气体燃料燃烧器技术条件

Specification for liquid fuels and gaseous fuels burners of boilers

2018-09-17 发布　　　　2019-04-01 实施

国家市场监督管理总局
中国国家标准化管理委员会　发布

# 前　言

本标准按照GB/T 1.1—2009给出的规则起草。

本标准由中国特种设备检测研究院提出。

本标准由全国锅炉压力容器标准化技术委员会(SAC/TC 262)归口。

本标准起草单位:中国特种设备检测研究院、上海焱晶燃烧设备检测有限公司、中国船舶重工集团公司第七一一研究所、唐山冀东石油机械有限责任公司、上海凌云瑞升燃烧设备有限公司、无锡龙泉燃烧器制造有限公司、深圳市佳运通电子有限公司、上海理工大学、南京理工大学、广东省特种设备检测研究院东莞检测院、上海工业锅炉研究所有限公司、中国石油天然气股份有限公司、上海华之邦科技股份有限公司、沧州市天龙燃烧设备有限公司、北京市环境保护科学研究院。

本标准主要起草人:郭元亮、黎亚洲、李军、窦文宇、傅军、陈尚彬、王爱洁、陈关海、邵福南、廖晓炜、徐洪涛、刘心志、何泾渭、何心良、张瑞、王玉辉、单洪翔、陈宝明、肖芳、刘峰、宋光武。

# 引　言

燃烧器是热能装置的核心设备，是一种集成了燃烧、热工、流体、控制与监测等技术的机电一体化产品，由燃料供给系统、供风系统、点火系统、燃烧系统、自动调节系统和安全与控制系统组成，广泛应用于石油化工、建材、电力等工业领域和民用领域。近年来，我国燃烧器行业发展迅速，燃料呈多样性发展，为规范燃烧器的设计、制造、试验和使用，使燃烧器能够达到安全、节能和环保的基本要求，特制定本标准。

# 锅炉用液体和气体燃料燃烧器技术条件

## 1 范围

本标准规定了锅炉用液体和气体燃料燃烧器的分类与型号编制、组成与基本配置、基本要求、性能要求、设计与制造、检验、试验与检测、技术文件与标识、包装、运输和贮存、安装、调试与使用等方面的技术要求。

本标准适用于锅炉用液体和气体燃料的强制鼓风燃烧器和自然通风燃烧器。电站锅炉启动燃烧器、各类工业窑炉与工业加热炉及其他用途燃烧器可参照本标准执行。

## 2 规范性引用文件

下列文件对于本文件的应用是必不可少的。凡是注日期的引用文件，仅注日期的版本适用于本文件。凡是不注日期的引用文件，其最新版本(包括所有的修改单)适用于本文件。

GB/T 1184 形状和位置公差 未注公差值

GB/T 1804 一般公差 未注公差的线性和角度尺寸的公差

GB/T 4208 外壳防护等级(IP代码)

GB/T 6414 铸件 尺寸公差、几何公差与机械加工余量

GB/T 13384 机电产品包装通用技术条件

GB/T 13611 城镇燃气分类和基本特性

GB/T 14486—2008 塑料模塑件尺寸公差

GB/T 14536.1 家用和类似用途电自动控制器 第1部分:通用要求

GB/T 14536.6 家用和类似用途电自动控制器 燃烧器电自动控制系统的特殊要求

GB/T 14536.7 家用和类似用途电自动控制器 压力敏感电自动控制器的特殊要求，包括机械要求

GB 16663 醇基液体燃料

GB 18613 中小型三相异步电动机能效限定值及能效等级

GB/T 19212.4 变压器、电抗器、电源装置及其组合的安全 第4部分:燃气和燃油燃烧器点火变压器的特殊要求和试验

GB 19517 国家电气设备安全技术规范

GB/T 19804 焊接结构的一般尺寸公差和形位公差

GB/T 24146 用于油燃烧器的橡胶软管和软管组合件 规范

GB 25989 炉用燃料油

GB/T 30597 燃气燃烧器和燃烧器具用安全和控制装置通用要求

JB/T 10562 一般用途轴流通风机技术条件

JB/T 10563 一般用途离心通风机技术条件

TSG G0001 锅炉安全技术监察规程

ISO 23551-1 燃气燃烧器和燃气器具的安全和控制装置 特殊要求 第1部分:自动和半自动阀(Safety and control devices for gas burners and gas-burning appliances—Particular requirements—Part 1: Automatic and semi-automatic valves)

ISO 23551-2 燃气燃烧器和燃气器具的安全和控制装置　特殊要求　第2部分：调压器(Safety and control devices for gas burners and gas-burning appliances—Particular requirements—Part 2: Pressure regulators)

ISO 23551-3 燃气燃烧器和燃气器具的安全和控制装置　特殊要求　第3部分：燃气/空气比控制(气动型)(Safety and control devices for gas burners and gas-burning appliances—Particular requirements—Part 3: Gas/air ratio controls, pneumatic type)

ISO 23551-4 燃气燃烧器和燃气器具的安全和控制装置　特殊要求　第4部分：自动切断阀的阀门检验系统(Safety and control devices for gas burners and gas-burning appliances—Particular requirements—Part 4: Valve-proving systems for automatic shut-off valves)

ISO 23552-1 燃气和/或油燃烧器及器具用安全和控制装置　特殊要求　第1部分：燃料/空气比控制(电子型)(Safety and control devices for gas and/or oil burners and gas and/or oil appliances—Particular requirements—Part 1: Fuel/air ratio controls, electronic type)

ISO 23553-1 燃油燃烧器和燃油器具的安全与控制装置　特殊要求　第1部分：燃油燃烧器的切断装置(Safety and control devices for oil burners and oil-burning appliances—Particular requirements—Part 1: Automatic and semi-automatic valves)

IEC 60335-2-102 家用和类似用途电器　安全性　第2-102部分：有电气连接的气体、油和固体燃料燃烧器具的特殊要求(Household and similar electrical appliances—Safety—Part 2-102: Particular requirements for gas, oil and solid-fuel burning appliances having electrical connections)

## 3 术语和定义

下列术语和定义适用于本文件。

3.1

**强制鼓风燃烧器　forced draught burner**

燃烧所需空气全部由鼓风机提供的燃烧器。

3.2

**自然通风燃烧器　natural ventilation burner**

燃烧所需空气全部依靠炉膛负压吸入的燃烧器。

3.3

**液体燃料　liquid fuel**

燃烧时能够产生热能的液态可燃物质。

注：本标准所指液体燃料包括轻油、重油、醇基燃料和生物质油等燃料。

3.4

**生物质油　bio-oil**

以生物质为原料提炼的液体燃料。

3.5

**气体燃料　gaseous fuel**

燃烧时能够产生热能的气态可燃物质。

注：本标准所指气体燃料包括天然气、液化石油气、焦炉煤气、混合城市煤气、生物质气、低热值气、可燃工业尾气、氢气和沼气等。

3.6

**生物质热解气　biomass pyrolysis gas**

生物质固体燃料经热解过程产生的低热值可燃气体。

3.7

**双燃料燃烧器　dual fuel burner**

能够同时或单独燃烧液体和/或气体燃料的燃烧器。

3.8

**表面燃烧器　surface burner**

燃料在多孔介质表面进行燃烧的全预混燃烧器。

3.9

**输出热功率　heat output**

燃烧器在单位时间内所释放的热量。

注：本标准所指输出热功率是以燃料的净热值为计算依据，单位为千瓦(kW)。

3.10

**额定输出热功率　nominal heat output**

燃烧器在额定工况下，单位时间内连续稳定燃烧所释放的热量。

注：额定输出热功率以 $Q_F$ 表示，单位为千瓦(kW)。

3.11

**最大输出热功率　maximum heat output**

燃烧器在设计条件下，单位时间内连续稳定燃烧释放的最大热量。

注：最大输出热功率以 $Q_{max}$ 表示，单位为千瓦(kW)。

3.12

**最小输出热功率　minimum heat output**

燃烧器在设计条件下，单位时间内连续稳定燃烧释放的最小热量。

注：最小输出热功率以 $Q_{min}$ 表示，单位为千瓦(kW)。

3.13

**启动热功率　start heat output**

燃烧器在启动时段的输出热功率。

注：启动热功率以 $Q_s$ 表示，单位为千瓦(kW)。

3.14

**单级调节　single stage control**

燃烧器正常运行过程中，输出热功率不可调节。

3.15

**多级调节　two and multi-stage control**

燃烧器正常运行过程中，输出热功率阶跃式变化的调节方式。

3.16

**连续调节　modulating control**

燃烧器正常运行过程中，输出热功率连续、平滑变化的调节方式。

3.17

**负荷调节比　turndown ratio of load**

燃烧器最大输出热功率与最小输出热功率之比值。

3.18

**火焰监测装置　flame detector device**

用于监测火焰是否存在的装置。

3.19

**主火焰　main flame**

在主燃烧喷嘴上燃烧的火焰。

3.20

**点火火焰 ignition flame**

为点燃主火焰而首先点燃的火焰。

3.21

**受控停机 controlled shut-down**

在燃烧器无需供热时,自动切断燃料供应,实现停机的过程。

3.22

**安全停机 safety shut-down**

在安全装置响应或自动控制系统发生故障后,自动切断燃料供应,实现停机的过程。

3.23

**预点火时间 pre-ignition time**

点火电极开始放电到燃料阀开启之间的时间间隔。

注:预点火时间以 $t_y$ 表示,单位为秒(s)。

3.24

**点火安全时间 ignition safety time**

燃烧器点火火焰点燃的安全时间,即无点火火焰形成时,点火燃料控制阀得到开启信号与关闭信号之间的时间间隔。

注:点火安全时间以 $t_s$ 表示,单位为秒(s)。

3.25

**主火安全时间 main flame safety time**

燃烧器主火焰点燃的安全时间,即无主火焰形成时,主燃料控制阀得到开启信号与关闭信号之间的时间间隔。

注:主火安全时间以 $t_{zs}$ 表示,单位为秒(s)。

3.26

**熄火安全时间 extinction safety time**

燃烧器运行时,从火焰检测装置发出火焰熄灭的信号到安全切断阀开始关闭的时间间隔。

注:熄火安全时间以 $t_e$ 表示,单位为秒(s)。

3.27

**前吹扫时间 pre-purge time**

燃烧器在点火前,风门处于吹扫位置的持续吹扫时间。

注:前吹扫时间以 $t_q$ 表示,单位为秒(s)。

3.28

**后吹扫时间 post-purge time**

燃烧器在停机后,风门处于吹扫位置的持续吹扫时间。

注:后吹扫时间以 $t_h$ 表示,单位为秒(s)。

3.29

**前吹扫风量 pre-purge air flow rate**

燃烧器点火前,风机的吹扫空气流量。

注:前吹扫风量以 $f_q$ 表示,单位为立方米每小时($m^3/h$)。

3.30

**过量空气系数 excess air ratio**

燃烧实际供给空气量与理论空气量的比值。

3.31

**工作曲线　working diagram**

表示燃烧室压力与输出热功率的关系曲线，其包覆区域为燃烧器所设计的工作范围。

3.32

**原始排放浓度　original emission**

在型式试验条件下测定的未经任何处理的燃烧产物的排放浓度。

注：原始排放浓度按照烟气中氧含量为3.5%进行折算，单位为毫克每立方米（$mg/m^3$）。

3.33

**在用燃烧器改造　in service burner modification**

对在用燃烧器的燃料种类、内部结构、燃烧方式进行重大改变的行为。

## 4　分类和型号编制

### 4.1　分类

燃烧器按照使用的燃料种类、调节方式、供风方式、雾化方式和结构型式的不同分类如下：

a)　按使用的燃料种类分为液体燃料燃烧器、气体燃料燃烧器和双（多）燃料燃烧器；

b)　按输出热功率调节方式分为单级调节燃烧器、多级调节燃烧器和连续调节燃烧器；

c)　按助燃空气的供风方式分为强制鼓风燃烧器和自然通风燃烧器；

d)　按液体燃料的雾化方式，液体燃料燃烧器分为机械雾化燃烧器和介质雾化燃烧器；

e)　按结构型式分为一体式燃烧器和分体式燃烧器。

### 4.2　型号编制

4.2.1　燃烧器产品型号一般由四部分组成，各部分之间用短横线相连，见图1。

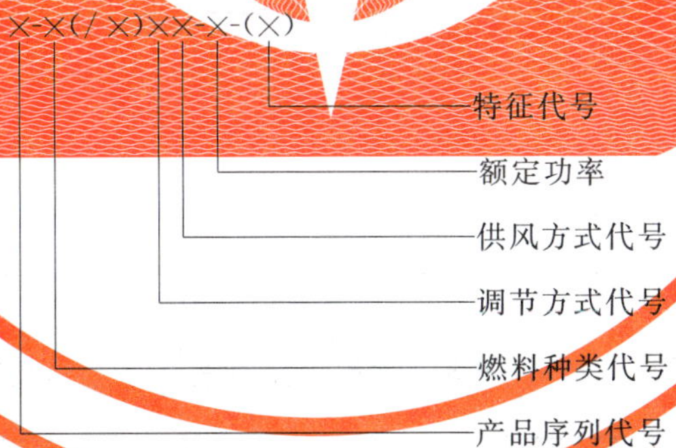


**图1　燃烧器产品型号组成示意图**

4.2.2　燃烧器产品型号的各部分组成代号应符合下列规定：

a)　产品序列代号：代表不同厂商、不同品牌的产品系列，由制造单位根据其产品的结构或性能特征确定，用大写汉语拼音字母表示；

b)　燃料种类代号：代表燃烧器适用的燃料种类，单燃料用1个大写字母表示，双燃料或多燃料以两个字母或多个字母表示，字母之间用“/”分隔，燃料种类代号见表1；

c)　调节方式代号：代表燃烧器输出热功率的调节方式，用1个大写字母表示，见表2；

d)　供风方式代号：表示助燃空气的供风方式，用1个大写字母表示，见表3；

e)　额定功率：表示燃烧器在设计工况下的额定输出热功率，以阿拉伯数字表示，单位为兆瓦（MW）；

f)　特征代号：用于区别在常规产品基础上的改进型号，或有特殊设计的专用产品，用1个～2个字母或数字表示,特征代号可缺省。

**表 1　燃料种类代号**

| 燃料种类 | | 燃料代号 |
|---|---|---|
| 液体燃料 | 轻油 | Y |
| | 重油 | Z |
| | 醇基燃料 | C |
| | 生物质油 | S |
| 气体燃料 | 天然气 | Q |
| | 液化石油气 | P |
| | 焦炉煤气 | J |
| | 混合城市煤气 | R |
| | 低热值气[a] | L |
| | 可燃工业尾气 | W |
| | 氢气 | H |
| | 沼气 | B |

[a] 低热值气包括高炉煤气、转炉煤气、发生炉煤气和生物质热解气。

**表 2　调节方式代号**

| 输出热功率调节方式 | 代号 |
|---|---|
| 单级调节 | K |
| 多级调节 | D |
| 机械连续调节 | M |
| 电子连续调节 | E |

**表 3　供风方式代号**

| 供风方式 | 代号 |
|---|---|
| 强制鼓风 | F |
| 自然通风 | N |

4.2.3　型号示例:

a)　某公司的 H 系列、燃料为天然气、机械连续调节方式、自然通风、额定输出热功率为 2.0 MW 的气体燃料燃烧器,型号标记为:H-QMN-2.0;

b)　某公司的 LN 系列、燃料为天然气和重油、电子连续调节、强制鼓风、额定输出热功率为 28 MW 的油气两用燃烧器,在原设计基础上的第二次设计,型号标记为:LN-Q/ZEF-28.0-2。

# 5 组成与基本配置

## 5.1 组成

5.1.1 燃烧器由燃烧器本体、供风系统、燃料供给系统、点火装置、安全保护系统和负荷调节系统组成。

5.1.2 燃烧器本体由燃烧头和壳体等部件组成。

5.1.3 供风系统由风机、风道和空气流量调节装置等组成。

5.1.4 燃料供给系统包括：

a) 液体燃料燃烧器由过滤器、燃料泵、燃料流量调节装置和自动安全切断阀等组成。燃用高黏度的液体燃料燃烧器的燃料供给系统还应包括燃料预热装置和温度控制装置。

b) 气体燃料燃烧器由过滤器、燃气压力调节器、燃气流量调节装置和自动安全切断阀等组成。

5.1.5 点火装置由点火变压器和点火电极等组成。

5.1.6 安全保护系统包括：

a) 液体燃料燃烧器由自动控制器、火焰监测装置、空气压力监测装置、燃料压力监测装置和燃料/空气流量调节装置的驱动元件等组成；

b) 气体燃料燃烧器由自动控制器、阀门检漏装置、火焰监测装置、空气压力监测装置、燃气高低压保护装置和燃料/空气流量调节装置的驱动元件等组成。

5.1.7 负荷调节系统由伺服电机、机械联动装置或电子比例调节装置等组成。

## 5.2 基本配置

### 5.2.1 基本要求

燃烧器的配置与燃料种类和燃烧方式等因素有关，其基本配置见附录 A。

### 5.2.2 液体燃料自动安全切断阀

5.2.2.1 对于额定输出热功率≤400 kW 的液体燃料燃烧器，自动安全切断阀应按照附录 B 中图 B.1～图 B.4 的要求布置，具体要求如下：

a) 单级调节燃烧器应设置一只安全切断阀，见图 B.1；

b) 多级调节燃烧器每一个喷嘴应设置一只安全切断阀，见图 B.2；

c) 采用回流喷嘴的燃烧器应在燃料供应管道和燃料回流管道上分别设置一只安全切断阀且联动，可用喷嘴切断阀代替安全切断阀，见图 B.3、图 B.4。

5.2.2.2 对于额定输出热功率>400 kW 的液体燃料燃烧器，应在燃料管道上安装两只串联的自动安全切断阀，上游的安全切断阀应是快速关闭型，下游的安全切断阀可同时作为流量调节阀，其关闭时间不应超过 5 s。自动安全切断阀应按照图 B.5～图 B.7 的要求布置，具体要求如下：

a) 多级调节燃烧器应为每只喷嘴配置两个安全切断阀，见图 B.5；

b) 采用回流式喷嘴的燃烧器应在燃料供应管道和燃料回流管道上分别安装两只安全切断阀，其中一只安全切断阀可用喷嘴切断阀代替，喷嘴切断阀应符合 ISO 23553-1 的要求。回流管道上应安装一只压力监测装置，见图 B.6 和图 B.7。安全切断阀应联动，燃料供应管道上的安全切断阀开启时，回流管道上的安全切断阀不能关闭，可通过以下两种方法实现：

   1) 供应管道与回流管道上的安全切断阀之间由执行机构控制的机械连接；

   2) 供应管道与回流管道上的安全切断阀之间由电动或气动联锁。

如燃烧器带有循环预热喷嘴头，应使燃料循环至喷嘴头，当只有一只喷嘴切断阀时，喷嘴切断阀应符合 ISO 23553-1 的要求，否则应采取其他措施保证循环加热时燃料不喷出。同时，还应保证回流压力不会开启喷嘴切断阀。

### 5.2.3 气体燃料自动安全切断阀

气体燃料自动安全切断阀的配置应符合以下要求：

a) 气体燃料燃烧器应串联安装两只自动安全切断阀；

b) 气体燃料自动安全切断阀的配置见表 4。

表 4 自动安全切断阀配置

| 主燃烧器额定输出热功率 $Q_F$<br>kW | 主燃气 | 启动燃气 | |
|---|---|---|---|
| | | ≤0.1$Q_F$ | >0.1$Q_F$ |
| ≤70 | 2×B | B[a] | 2×B |
| >70～1 200 | 2×A | 2×A | 2×A |
| >1 200 | 2×A+VP | 2×A[b] | 2×A[b] |

注 1：VP 为阀门检漏装置。

注 2：A/B 是阀门的分级，见 ISO 23551-1 的相关要求。

[a] 对于液化石油气点火，需采用两个 B 级阀；

[b] 如果启动燃气热功率>1 200 kW，需采用 VP。

### 5.2.4 火焰监测装置

火焰监测装置的布置应符合以下要求：

a) 火焰监测装置的安装位置应确保传感器不受任何无关信号的干扰。

b) 点火燃烧器和主燃烧器各自安装火焰监测装置时，主火焰的火焰监测装置应不能监测到点火火焰。对于主燃烧器运行时点火燃烧器仍然在运行的系统，应安装相互独立的火焰监测装置，分别用以监测点火火焰和主火焰。

c) 对于主燃烧器运行时点火燃烧器已经熄灭的燃烧器，可只安装一只能监测到点火火焰和主火焰的火焰监测装置。

### 5.2.5 空气监测装置

燃烧器应安装空气监测装置，空气监测装置可通过压力监测、流量监测和其他能反映供风状态的测量方法监测空气流量。

### 5.2.6 阀门检漏装置

额定输出热功率大于 1 200 kW 的气体燃料燃烧器应设置阀门检漏装置。

## 6 基本要求

### 6.1 符合性声明

本标准的制定遵循了 TSG G0001 有关液体和气体燃烧器的安全基本要求。

### 6.2 制造单位

燃烧器的制造单位应同时具备以下条件：

a) 与生产规模相适应的生产设备和生产场地；

b) 燃烧器基本试验与检测装置；

c) 与热能和电气控制专业相关的技术人员及专业调试人员；

d) 健全的质量管理体系和相应的管理制度。

### 6.3 专业人员

燃烧器制造、安装、调试、维修与改造等相关专业人员应具备与热能和电气控制相关的专业知识，熟悉操作和调试流程。

### 6.4 型式试验

6.4.1 具有下列情况之一的燃烧器，应进行型式试验：

a) 新设计的燃烧器；

b) 燃烧器使用燃料类别或燃烧器结构及程序控制方式发生变化时；

c) 燃烧器型式试验超过 4 年的。

6.4.2 型式试验应由经过国家特种设备安全监管部门核准具有燃烧器型式试验资质的检验检测机构进行。

### 6.5 在用燃烧器改造后检验

在用燃烧器改造后应进行检验，检验机构应具有相应的计量认证资质。

## 7 性能要求

### 7.1 安全要求

#### 7.1.1 启动

燃烧器的启动应满足下列条件：

a) 安装联锁装置位置正确；

b) 燃料和空气的调节装置位置正确；

c) 火焰监测装置功能验证正确；

d) 空气监测装置功能验证正确；

e) 阀门检测功能验证正确；

f) 燃料预热温度已满足要求；

g) 雾化介质压力已满足要求；

h) 锅炉启动条件满足要求。

#### 7.1.2 前吹扫

7.1.2.1 点火装置通电前应对炉膛进行吹扫。

7.1.2.2 前吹扫时间和前吹扫风量应符合以下要求：

a) 前吹扫风量应为额定输出热功率下的所需风量，并进行额定输出热功率下风门位置验证；

b) 前吹扫时间与前吹扫风量还应满足 TSG G0001 的有关要求；

c) 液体燃料燃烧器前吹扫时间应符合表 5 的要求；

d) 气体燃料燃烧器前吹扫时间应符合表 6 的要求。

表 5 液体燃料燃烧器前吹扫时间

| 额定输出热功率 $Q_F$<br>kW | 前吹扫时间 $t_q$<br>s | |
|---|---|---|
| | 强制鼓风燃烧器 | 自然通风燃烧器 |
| ≤400 | ≥10 | ≥30 |
| >400 | ≥20 | ≥90 |

表 6 气体燃料燃烧器前吹扫时间

| 前吹扫时间 $t_q$/s | 强制鼓风燃烧器 | 自然通风燃烧器 |
|---|---|---|
| | ≥20 | ≥300 |

7.1.2.3 双燃料燃烧器前吹扫时间应按照 7.1.2.2 d)气体燃料燃烧器的要求规定。

### 7.1.3 后吹扫

燃烧器受控停机后，应立即进行吹扫，吹扫时间应符合表 7 的要求。

表 7 后吹扫时间

| 额定输出热功率 $Q_F$<br>kW | 后吹扫时间 $t_h$<br>s |
|---|---|
| ≤400 | ≥10 |
| >400 | ≥20 |

### 7.1.4 安全时间

#### 7.1.4.1 液体燃料燃烧器

醇基燃料燃烧器的点火安全时间应小于或等于 3 s，其他液体燃料燃烧器的点火安全时间及熄火安全时间应符合表 8 的规定，点火安全时间图解见附录 C。

表 8 液体燃料燃烧器安全时间

| 主燃烧器额定输出热功率 $Q_F$<br>kW | 主燃烧器在额定功率下直接点火安全时间 $t_{zs}$<br>s | 主燃烧器在降低功率下直接点火安全时间 $t_{zs}$<br>s | 主燃烧器通过点火燃烧器点火 | | 熄火安全时间 $t_e$<br>s |
|---|---|---|---|---|---|
| | | | 点火燃烧器的点火安全时间 $t_s$<br>s | 主燃烧器的主火安全时间 $t_{zs}$<br>s | |
| ≤400 | ≤10 | | ≤10 | ≤10 | ≤1 |
| >400～1200 | ≤5 | | ≤5 | ≤5 | ≤1 |
| >1200～6000 | 不准许 | ≤5 | ≤5 | ≤5 | ≤1 |
| >6000 | 不准许 | ≤5 | ≤5 | ≤5 | ≤1 |

#### 7.1.4.2 气体燃料燃烧器

气体燃料燃烧器的点火安全时间应根据 $t_s \times Q_s/Q_F \leqslant 100$ 计算，但在任何情况下均不应超过 5 s。点火安全时间和熄火安全时间应符合表 9 的规定，点火安全时间图解见附录 C。

表 9 气体燃料燃烧器安全时间

| 主燃烧器额定输出热功率 $Q_F$<br>kW | 主燃烧器在额定功率下直接点火安全时间 $t_{zs}$<br>s | 主燃烧器在降低功率下直接点火安全时间 $t_{zs}$<br>s | 带有旁路启动燃气的主燃烧器降低功率直接点火安全时间 $t_s$<br>s | 主燃烧器通过点火燃烧器点火 | | 熄火安全时间 $t_e$<br>s |
|---|---|---|---|---|---|---|
| | | | | 点火燃烧器的点火安全时间 $t_s$<br>s | 主燃烧器的主火安全时间 $t_{zs}$<br>s | |
| $Q_F \leqslant 70$ | ≤5 | | | ≤5 | ≤5 | ≤1 |
| $70 < Q_F \leqslant 120$ | ≤3 | | | ≤5 | ≤3 | ≤1 |
| $Q_F > 120$ | 不准许 | ≤3 | | ≤3 | ≤3 | ≤1 |

### 7.1.5 启动热功率

7.1.5.1 液体燃料燃烧器启动热功率的要求见表 10。

表 10 液体燃料燃烧器启动热功率

单位为千瓦

| 燃烧器额定输出热功率 $Q_F$ | 额定功率下直接点火的启动热功率 $Q_s$ | 降低功率下直接点火的启动热功率 $Q_s$ | 通过点火燃烧器点火的启动热功率 $Q_s$ |
|---|---|---|---|
| ≤400 | $\leqslant Q_F$ ($t_{smax}$ = 10 s) | | |
| $400 < Q_F \leqslant 1\ 200$ | $\leqslant Q_F$ ($t_{smax}$ = 5 s) | | |
| $1\ 200 < Q_F \leqslant 6\ 000$ | 不准许 | ≤1 200($t_{smax}$ = 5 s)或 $\leqslant 0.7Q_F$ | ≤1 200($t_{smax}$ = 5 s) |
| >6 000 | 不准许 | $\leqslant 0.35Q_F$ ($t_{smax}$ = 5 s) | $\leqslant 0.5Q_F$ ($t_{smax}$ = 5 s) |

7.1.5.2 气体燃料燃烧器启动热功率的要求见表 11。

表 11 气体燃料燃烧器启动热功率

单位为千瓦

| 主燃烧器额定输出热功率 $Q_F$ | 额定功率下直接点火的启动热功率 $Q_s$ | 降低功率下直接点火的启动热功率 $Q_s$ | 通过点火燃烧器点火 | |
|---|---|---|---|---|
| | | | 点火燃烧器的启动热功率 $Q_s$ | 主燃烧器的启动热功率 $Q_s$ |
| $Q_F \leqslant 70$ | $\leqslant Q_F$ | $\leqslant Q_F$ ($t_{smax}$ = 5 s) | $\leqslant 0.1Q_F$ ($t_{smax}$ = 5 s) | $\leqslant Q_F$ ($t_{smax}$ = 5 s) |
| $70 < Q_F \leqslant 120$ | $\leqslant Q_F$ | $\leqslant Q_F$ ($t_{smax}$ = 3 s) | $\leqslant 0.1Q_F$ ($t_{smax}$ = 5 s) | $\leqslant Q_F$ ($t_{smax}$ = 3 s) |
| $Q_F > 120$ | 不准许 | 120 或 $t_s \times Q_s/Q_F \leqslant 100$ ($t_{smax}$ = 3 s) | $\leqslant 0.1Q_F$ ($t_{smax}$ = 3 s) | 120 或 $t_s \times Q_s/Q_F \leqslant 150$ ($t_{smax}$ = 5 s) |
| 注：$Q_s/Q_F$ 以百分数表示。 | | | | |

7.1.5.3 双燃料燃烧器的启动热功率应按照 7.1.5.2 气体燃料燃烧器的要求规定。

#### 7.1.6 点火燃烧器点火

7.1.6.1 液体燃料点火应符合以下要求：

a) 点火燃烧器用电火花点火时，若点火燃烧器的燃料切断阀与主燃烧器燃料切断阀开启的时间间隔超过 5 s，应对点火火焰进行监控；
b) 在液体燃料的火焰未被点燃时，若在安全时间内能切断主燃料供应同时关闭点火阀的情况下，则无需在 5 s 的预点火时间内单独监控点火火焰，在这种情况下，点火燃料最多允许供应 10 s(5 s 为预点火时间，5 s 为安全时间)。

7.1.6.2 气体燃料点火应符合以下要求：

a) 除阀门检漏以外，在电火花点火装置或其他点火装置通电前点火燃气阀不应通电；
b) 对于输出热功率大于或等于 120 kW 的燃烧器，点火燃气从两个主燃气安全切断阀之间引出，在启动前，下游主燃气安全切断阀不应通电；
c) 点火燃气由下游主燃气安全切断阀的位置控制时，应安装调压装置使点火燃气量达到本标准要求，且燃气压力应大于系统阻力；
d) 出现点火火焰故障时，系统应按 7.1.8 的规定执行。

#### 7.1.7 主燃烧器启动

##### 7.1.7.1 直接启动

直接点燃主火焰时应符合以下要求：

a) 采用电火花点火时，在吹扫结束前点火源不应通电，并应在安全时间结束前断电；
b) 采用热表面点火装置时，点火装置应先通电，在点火源的温度达到燃气的着火温度后，主燃气阀方可开启。

##### 7.1.7.2 通过点火燃烧器启动

点火火焰确认后方可开启主燃料安全切断阀，主火焰应建立并通过验证，否则应联锁保护，主火安全时间应符合表 8 与表 9 中的规定值。

##### 7.1.7.3 主燃气安全切断阀

除阀门检漏过程外，燃烧器上游的主燃气安全切断阀通电要求见附录 C。

#### 7.1.8 重新启动

##### 7.1.8.1 前吹扫期间故障

气体燃料燃烧器前吹扫阶段发生空气流量故障时，应安全停机并联锁保护。但对输出热功率小于或等于 120 kW 的燃烧器，允许安全停机后进行一次重启，如果重启失败应安全停机并联锁保护。

##### 7.1.8.2 点火期间火焰故障

燃烧器点火期间发生火焰故障应安全停机并联锁保护。但对强制鼓风燃烧器，可按照完整启动程序重启，最多允许重启 2 次，如果 2 次重启均失败，应安全停机并联锁保护。

##### 7.1.8.3 运行期间火焰故障

燃烧器运行期间发生火焰故障应安全停机并联锁保护。但对输出热功率小于或等于 400 kW 的液体燃料(醇基燃料除外)燃烧器，允许安全停机后按完整启动程序进行一次重启，如果重启失败应安全停机并联锁保护。

7.1.9 **停机**

7.1.9.1 **受控停机**

锅炉正常运行状态下，温度、压力等调节装置发出停机信号时，燃烧器应受控停机。

7.1.9.2 **安全停机**

在启动或运行过程中，出现以下任何一种情况时燃烧器应安全停机：

a) 电源、动力气源中断或异常；
b) 燃气压力低于设定值；
c) 液体燃料燃烧器出现雾化介质故障、燃料压力低、燃料温度低、带有回流式喷嘴的燃烧器回流压力高、采用旋转雾化器时转杯速度低等。

7.1.9.3 **联锁保护**

在启动和运行过程中，出现以下任何一种情况时(7.1.8 所列情况除外)应能安全停机并联锁保护：

a) 火焰故障信号；
b) 燃气高压保护信号；
c) 空气流量故障信号；
d) 设有位置验证的燃烧器，位置验证异常；
e) 燃气阀门检漏报警信号；
f) 液体燃料温度超限信号；
g) 与锅炉有关的控制，如压力、水位、温度等参数超限。

7.2 **电气安全**

7.2.1 电气设备安全应满足 GB 19517 的规定，电气安全以直接安全措施、间接安全措施、提示性安全措施的顺序实现。

7.2.2 为保证正常运行和防止电流的直接作用造成的危险，电气设备应有足够的绝缘电阻、介质强度、耐热能力、防潮湿、防污秽、阻燃性、耐漏电起痕等性能。

7.2.3 所有由于工作电压、故障电流、漏电电流或类似作用而会发生危害的部位应留有足够的电气间隙和爬电距离。

7.2.4 电气设备应具有足够的机械强度、良好的外壳防护和相应的稳定性，以及适应运输的结构。外部导电部件应可靠保护接地，接地电阻小于或等于 4 Ω。

7.2.5 基本特性、接线、执行标准应清楚持久地标记在产品上。若不能标记在产品上，应在包装上标记或在使用说明书中说明。

7.2.6 燃烧器及控制装置之间的连接的电气安全应符合 GB/T 14536.1、IEC 60335-2-102 和 GB/T 30597 的相关要求，燃烧器制造单位应提供电气接线图和连接图。

7.3 **运行要求**

7.3.1 **点火、运行及火焰稳定性**

燃烧器的点火、运行及火焰的稳定性应符合以下要求：

a) 燃烧器点火应可靠、迅速，主火焰无脱火、回火现象，火焰根部应无飘动，且不会产生异常噪声，在负荷可调节范围内燃烧均匀、充分；

b) 燃烧器在额定电压、设计燃料和输出热功率调节范围内应保证连续正常燃烧；

c) 液体燃料燃烧器在燃料设计压力正常波动范围内运行时，火焰应稳定可靠；

d) 气体燃料燃烧器的燃气压力在设计值的±5%范围内波动时，火焰应稳定可靠。

#### 7.3.2 部件表面温度

燃烧器部件表面温度，应符合以下要求：

a) 燃烧器元器件实际工作温度在其允许范围内；

b) 燃烧器部件可触及但不准许触碰部分的表面温度不高于环境温度加 60 ℃。

#### 7.3.3 过量空气系数

燃烧器在最小输出热功率下运行时，液体燃料燃烧器过量空气系数应不大于 1.5，气体燃料燃烧器过量空气系数应不大于 1.3；其他输出热功率下，过量空气系数应不大于 1.2。表面燃烧器和自然通风气体燃烧器要求见 9.3.2 和 9.4。

#### 7.3.4 输出热功率

燃烧器的最大输出热功率和最小输出热功率均应在其设计值的±5%范围内。

#### 7.3.5 电压适应性

燃烧器应能在其额定电压 85%～110%的范围内安全运行。电压波动超过上述范围时，燃烧器应能继续正常运行或安全停机。

#### 7.3.6 耐热性

燃烧器运行时，其所有部件不应产生过热、变形或开裂。

#### 7.3.7 自振动

燃烧器在最大输出热功率下运行时，其自振动速度应小于或等于 6.3 mm/s。

### 7.4 环保要求

#### 7.4.1 燃烧产物的原始排放浓度

##### 7.4.1.1 液体燃料燃烧器

在型式试验条件下、正常工况稳定运行时，液体燃料燃烧器的燃烧产物的原始排放浓度应符合表 12 的要求，排放物的测量与修正按照附录 D，烟气黑度测量参照附录 E。

**表 12 液体燃料燃烧器燃烧产物原始排放浓度**

| 液体燃料种类 | $NO_x^{a,b}$<br>$mg/m^3$ | $CO^b$<br>$mg/m^3$ | 烟气黑度<br>林格曼级 |
|---|---|---|---|
| 轻油 | ≤250 | ≤125 | ≤Ⅰ |
| 重油 | ≤550 | ≤125 | ≤Ⅰ |
| 醇基燃料 | ≤110 | ≤85 | ≤Ⅰ |

表 12（续）

| 液体燃料种类 | $NO_x^{a,b}$ mg/m³ | $CO^b$ mg/m³ | 烟气黑度 林格曼级 |
|---|---|---|---|
| 其他[c] | —[d] | ≤125 | ≤Ⅰ |

[a] 燃烧器的 $NO_x$ 排放浓度评价见附录 D。
[b] 原始排放浓度按照 3.5%的氧量折算。
[c] 指其他液体燃料，如渣油、棕榈油等。
[d] $NO_x$ 的原始排放浓度不做限值规定。

#### 7.4.1.2 气体燃料燃烧器

在型式试验条件下、正常工况稳定运行时，气体燃料燃烧器的燃烧产物的原始排放浓度应符合表 13 要求。

表 13 气体燃料燃烧器燃烧产物原始排放浓度

| 气体种类 | $NO_x^{a,b}$ mg/m³ | $CO^b$ mg/m³ | 烟气黑度 林格曼级 |
|---|---|---|---|
| 天然气 | ≤170 | ≤95 | ≤Ⅰ |
| 液化石油气 | ≤230 | ≤95 | ≤Ⅰ |
| 其他[c] | —[d] | ≤95 | ≤Ⅰ |

[a] 燃烧器的 $NO_x$ 排放浓度评价见附录 D。
[b] 原始排放浓度按照 3.5%的氧量折算。
[c] 指除天然气和液化石油气之外的其他气体燃料。
[d] $NO_x$ 的原始排放浓度不做限值规定。

### 7.4.2 噪声

额定输出热功率小于或等于 400 kW 的燃烧器，其运行噪声应不超过 80 dB(A)；额定输出热功率大于 400 kW 的燃烧器，其运行噪声应不超过 85 dB(A)。

## 7.5 节能要求

7.5.1 在满足使用要求的前提下，宜采用高效电机或变频调速电机。
7.5.2 在满足使用要求的前提下，宜采用电子比例调节方式且燃烧器的负荷调节比应尽可能大。
7.5.3 在满足使用要求的前提下，宜使用低能耗的控制系统。
7.5.4 燃烧器的选型及配套，应符合以下要求：

a） 燃烧器的火焰直径和长度应与锅炉的炉膛尺寸相匹配；
b） 燃烧器额定输出热功率应与锅炉的额定出力相匹配；
c） 宜使用在线氧量监测，提高空燃比调节精度。

# 8 设计与制造

## 8.1 通用要求

燃烧器的设计应满足以下要求：

a) 各部件所用材料应能承受工作环境下的机械载荷、热负荷和化学负荷；
b) 各部件结构的设计，应保证燃烧器安全、经济运行，不发生失稳、变形或开裂等现象；
c) 设置火焰观测孔的燃烧器，其火焰观测孔配件结构设计应具有足够的强度且可靠密封；
d) 接触腐蚀性燃料的零部件应具有抗腐蚀能力；
e) 用于寒冷环境下的燃烧器应采取必要的防冻措施；
f) 燃用易爆的气体燃料时，所有电气元件设置应按照相关设备危险区划分的规定，具备相应的防爆等级；
g) 燃烧器及燃料管线应设置燃料供应压力、燃料调节压力、燃烧器头部的燃料压力及空气压力测点。

## 8.2 连接与密封

燃烧器部件之间及燃烧器与锅炉之间的连接应符合以下要求：

a) 燃烧器应可靠地固定在锅炉上，燃烧器与锅炉之间应设置具有隔热功能的密封垫；
b) 需要定期维护的零部件应便于拆装；
c) 燃烧器中的电气设备及其连接电线、电缆应采取可靠的固定措施，确保不接触运动部件和高温部件；
d) 燃烧器的燃气管路应进行气压试验，试验压力为设计压力的 1.5 倍且不低于 4 kPa，应无泄漏或变形。

## 8.3 主要部件

### 8.3.1 自动控制器

自动控制器应符合 GB/T 14536.6 的相关要求，并满足以下要求：

a) 应与燃烧器的不同输出功率相匹配；
b) 应与燃烧器的工作模式相适应；
c) 控制时序设计应按照燃烧器从启动时序开始到停机结束的控制时序进行，见附录 F。

### 8.3.2 电机、风机及可运动部件

电机、风机及可运动部件应设置防护罩或防护网。电机和风机的性能应满足以下要求：

a) 电机外壳的防护等级应不低于 GB/T 4208 中规定的 IP40；
b) 电机的能效等级应符合 GB 18613 的相关要求；
c) 风机性能应符合 JB/T 10562 或 JB/T 10563 的相关要求。

### 8.3.3 空气监测装置

空气监测装置应满足以下要求：

a) 其安装位置应能准确监测空气流量；
b) 风机启动前，应验证空气监测装置有效，若验证失败，则不能启动；
c) 空气监测装置的参数设定应与最小输出热功率匹配，燃烧产物中一氧化碳的体积含量极限不

应超过 1%。

#### 8.3.4 空气流量调节装置

空气流量调节装置应符合以下要求：

a) 燃烧器应安装风门挡板调节装置或类似装置用于调节空气流量，风门挡板的位置应有清晰标识；

b) 手动空气流量调节装置应有防止误操作的固定措施；

c) 调节装置上行和下行过程中的同一工作点上的风量应具有可重复性。

#### 8.3.5 燃料流量调节装置

燃料流量调节装置应能在设计压力范围内精确调节，燃料流量稳定可靠。流量调节装置的上行和下行过程中的同一工作点上，燃料流量应具有可重复性。

#### 8.3.6 空气/燃料比例调节装置

空气/燃料比例调节装置应符合 ISO 23551-3、ISO 23552-1 的相关规定，且应满足以下要求：

a) 空气流量和燃料流量应联动控制，且保证燃烧器的工作点具有可重复性；

b) 采用双伺服调节系统，要实时监测燃料流量调节阀和空气流量调节阀的阀位；

c) 对于多级调节燃烧器，增加负荷时应先增加风量，减少负荷时应先减少燃料；

d) 燃烧器在点火时应进行燃料和空气点火位置验证，点火位设置应满足 7.1.5 中的启动热功率要求；

e) 空气/燃料比例调节装置故障情况下，仍能接受控制信号，保证系统供应足够空气或安全停机。

#### 8.3.7 点火装置

电火花点火装置应具有以下性能：

a) 变压器的输出电压宜高于 6 kV，在连续工作时间为 30 s、工作间断时间为 3 min 的周期性工作状态下，变压器应工作可靠和无绝缘损坏；

b) 高压输出端至电极放电处的非放电位置应保证足够的绝缘间隙和爬电距离，以保证电极尖端放电；

c) 电极绝缘层及其接线绝缘层的介电强度不应低于 20 kV/mm；

d) 点火变压器应符合 GB/T 19212.4 的相关规定。

#### 8.3.8 火焰监测装置

火焰监测装置应符合 GB/T 14536.6 的相关规定，且满足以下要求：

a) 火焰监测装置应能适应燃烧器的间歇或连续运行模式，防护等级不应低于 IP 40，如果露天安装，防护等级不应低于 IP 54；

b) 燃烧器启动过程中，应对火焰监测装置进行自检，自检应在启动点火前 5 s 内完成，如果在前吹扫过程中火焰监测装置监测到火焰信号，则应联锁保护；

c) 在正常运行过程中，火焰故障响应时间不应超过 1 s；如果出现火焰故障时火焰监测装置正在进行自检，则响应时间不应超过 2 s。

#### 8.3.9 液体燃料自动安全切断阀

液体燃料自动安全切断阀应符合 ISO 23553-1 的相关要求，自动安全切断阀应为常闭阀，在失去驱动力时应快速自动关闭，自动安全切断阀应设置在燃料泵和喷嘴之间，自动安全切断阀可以与燃料泵集成在一起。

### 8.3.10 燃料预热装置

8.3.10.1 燃用高黏度的液体燃料燃烧器应进行燃料预热。

8.3.10.2 液体燃料预热热源应满足以下要求：

a) 热量输出应能自动控制，需要时应能立即切断；

b) 不应使用明火加热。

8.3.10.3 液体燃料的预热温度应满足以下要求：

a) 常压下，液体燃料的最高预热温度应低于其开口闪点，且不应超过 90 ℃；

b) 承压式预热器的最高预热温度应比相应压力下水的饱和温度至少低 5 ℃。

### 8.3.11 气体燃料自动安全切断阀

气体燃料自动安全切断阀应符合 ISO 23551-1 和 ISO 23551-4 的相关要求，且满足：

a) 自动安全切断阀为常闭阀，在失去驱动力时应快速自动关闭；

b) 阀门公称直径小于或等于 200 mm 的，在不超过 1 s 的时间内安全关闭；阀门公称直径大于 200 mm 但小于或等于 300 mm 的，在不超过 3 s 的时间内能够安全关闭；阀门公称直径大于 300 mm 的，在不超过 5 s 的时间内安全关闭。

### 8.3.12 阀门检漏装置

阀门检漏装置应符合 ISO 23551-4 的相关要求，并保证在检漏过程中两个串联安装的燃气阀中的下游阀开启时间不超过 3 s。阀门检漏应在前吹扫期间或之前进行。

### 8.3.13 燃气低压保护装置

燃气低压保护装置应符合 GB/T 14536.7 和 ISO 23551-2 的相关要求，并应在燃气压力低于设定值时燃烧器能够安全停机。

### 8.3.14 燃气高压保护装置

燃气高压保护装置应符合 GB/T 14536.7 和 ISO 23551-2 的相关要求，并应在燃气压力超过设计值的 1.3 倍时能联锁保护。

### 8.3.15 燃气压力调节器

燃气压力调节器应符合 ISO 23551-2 的相关要求，并保证燃气压力波动范围不超过设计值的±5%。

### 8.3.16 燃料管线

燃料管线应符合以下要求：

a) 气体燃料燃烧器所有燃气管线部件都应根据燃烧器供气压力进行设计，并应有防止燃气压力突然升高的安全装置或措施；

b) 液体燃料燃烧器用橡胶软管和软管组件应符合 GB/T 24146 的相关要求；

c) 设计和布置应能满足其工作环境下的耐腐蚀性要求。

## 8.4 零部件制造技术要求

### 8.4.1 焊接件

焊接件尺寸公差应符合 GB/T 19804 中的相关要求，焊缝不应有裂纹、夹渣、过烧、未熔合以及熔穿等缺陷。

#### 8.4.2 冲压件

冲压件未注尺寸公差应符合 GB/T 1804 的相关要求,锐边去毛刺,冲压切口粗糙度不应超过 $Ra12.5$,冲压件表面应防腐处理。

#### 8.4.3 注塑件

注塑件未注尺寸公差应符合 GB/T 14486—2008 中表 2 的规定,未注形位公差按照 GB/T 1184 的相关规定。应满足以下要求:

a) 注塑件不应有明显可见的流动痕、熔合痕、气孔、剥层以及碳化烧焦等表面缺陷;
b) 注塑件整体应饱满,不应有凹陷、裂纹、翘曲、飞边等缺陷;
c) 注塑件外观不应有影响外观的缩痕;
d) 结构尺寸应符合技术图纸或封样样品要求。

#### 8.4.4 机械加工件

机械加工件尺寸公差应符合 GB/T 1804 中的相关级别的要求。

#### 8.4.5 铸造件

铸造件尺寸公差应符合 GB/T 6414 中的相关规定,且应满足以下要求:

a) 铸造件不应有裂纹。铸件表面的型砂、芯砂、浇口、冒口、多肉、结垢及夹渣等均应清除干净。
b) 铸造件上有密封要求的加工面上不应有气孔、砂眼或夹渣等缺陷。其他表面上的气孔、砂眼或夹渣等缺陷的直径应小于或等于 3 mm,深度应小于或等于该处厚度的 10%且小于或等于 3 mm,在 100 $cm^2$ 的表面上缺陷数应小于或等于 2 处,缺陷之间的间距应大于或等于 20 mm。单个铸件的全部缺陷总数应小于或等于 10 个。
c) 除设计文件注明者外,铸件上所有转角均应为圆角,其内圆角半径应大于或等于 6 mm,外圆角半径应大于或等于 4 mm,铸件上不应有锐角及急剧过渡区。
d) 铸件均应进行消除残余应力热处理,当铸件需进行机械加工时,热处理应在机械加工前进行。

### 8.5 组装

燃烧器的组装应符合技术文件的要求,燃烧器的所有连接与联动机构应动作灵活、可靠到位,不应有卡死现象,各部件安装位置应正确可靠。

### 8.6 外观

燃烧器壳体表面防护装饰面漆应完整、均匀、光洁,不应有划伤和脱落。

## 9 特殊要求

### 9.1 醇基燃料燃烧器

#### 9.1.1 设计与安装要求

醇基燃料燃烧器的设计除应遵守液体燃料燃烧器的通用要求以外,还应满足以下要求:

a) 雾化喷嘴、燃料输送管路、安全切断阀等零部件的材料应选用耐腐蚀的材质;
b) 燃料泵应适应醇基燃料特性,宜采用柱塞泵或叶片泵;

c) 燃料泵应由独立电机驱动，泵的启停应与安全切断阀开闭保持同步；

d) 燃料泵的电机和安全切断阀应满足防爆安全要求；

e) 燃料输送管路的终端宜采用耐腐蚀的金属软管连接；

f) 燃料泵的管路上应设置排空装置；

g) 燃烧器本体的燃料输送管路应进行耐压试验，耐压试验压力为设计压力的1.5倍，应无泄漏。

#### 9.1.2 使用要求

醇基燃料燃烧器应使用符合GB 16663要求的醇基燃料。应调节适当的空燃比，确保醇基燃料充分燃烧，原始排放浓度满足表12中的规定，并防止产生醛类等污染物。

### 9.2 生物质热解气燃烧器

生物质热解气燃烧器的设计除了满足气体燃料燃烧器的通用要求外，还应满足以下附加要求：

a) 设置可靠的点火燃烧器，以轻油、天然气或液化石油气等高热值的燃料点火；

b) 结构设计上应设置焦油清洗口。

### 9.3 表面燃烧器

#### 9.3.1 设计要求

表面燃烧器的设计除应遵守气体燃料燃烧器的通用要求以外，还应满足以下要求：

a) 预混段应确保燃气与空气混合均匀，预混段应严格保证气密性，防止预混气体泄漏。

b) 额定输出功率大于2 100 kW时，预混段应设于风机出口。当预混段设于风机入口处时，风机应为防爆风机。

c) 应设置燃气和空气过滤装置，过滤装置孔隙应不大于燃烧头孔隙，保证安全运行。

d) 空气过滤器出口应设置负压监测、流量监测或其他能反映实际供风状态的装置，过滤器堵塞时应联锁保护。

e) 火焰筒内部应设置预防回火监测装置，如温度监测、光监测、离子监测等。如预防回火监测装置检测到信号，应能立即切断燃料供应。

f) 燃烧器后吹扫时间应大于或等于30 s。

g) 额定输出热功率大于400 kW的燃烧器应采用点火火焰引燃。

h) 额定输出热功率大于400 kW的燃烧器主火安全时间应小于或等于5 s。

i) 预混段的燃气入口段应安装阻火器。

j) 预混段应良好接地。

#### 9.3.2 使用维护

表面燃烧器在使用时应满足以下要求：

a) 在额定输出热功率状态下运行时，过量空气系数应不大于1.6；

b) 运行时不应有啸叫、喘振等异常状况；

c) 金属纤维燃烧头应定期维护，维护周期应不超过6个月，金属纤维不应有任何损坏；

d) 空气过滤器应定期清洗。

### 9.4 自然通风燃烧器

自然通风燃烧器除应符合气体燃料燃烧器的通用要求以外，在具有封闭燃烧室的锅炉上使用时，还应满足以下要求：

a) 运行中保持适宜的炉膛负压，并实现炉膛负压联锁保护；
b) 应安装一台吹扫风机；
c) 停机后，风门应处于全开位置；
d) 在最小输出热功率下运行时，过量空气系数应不大于 1.4；在其他输出热功率下运行时，过量空气系数应不大于 1.3。

## 10 检验、试验与检测

### 10.1 通用要求

燃烧器的型式试验、出厂检验和在用检测应符合以下要求：

a) 型式试验
   1) 输出热功率小于或等于 7 000 kW 的一体式燃烧器原则上应在测试炉上进行型式试验；
   2) 对于分体式燃烧器以及输出热功率大于 7 000 kW 的燃烧器，可以在配套锅炉上进行试验，但应在试验报告中说明锅炉的型号、参数以及制造单位；
   3) 对燃烧器的结构、功能和运行特性进行测试，且测试所有指定的运行工况。
b) 出厂检验
   1) 由燃烧器制造单位进行检验，并出具相应报告；
   2) 进行冷态功能流程检验和热态安全控制功能验证检验；
   3) 产品检验合格方可出厂。
c) 在用检测
   1) 由燃烧器使用单位或委托有能力的机构进行，并出具相应报告；
   2) 在用燃烧器的检验周期为 1 年；
   3) 检查控制与安全装置的性能是否可靠。

### 10.2 型式试验

#### 10.2.1 样机数量

型式试验的样机数量为每个型号 1 台。

#### 10.2.2 覆盖原则

10.2.2.1 燃烧器型式试验的覆盖原则，是同一系列中同一功率等级的不同型号的燃烧器型式试验相互覆盖。

10.2.2.2 对于被覆盖的燃烧器，型式试验机构对制造商提供的产品安全性声明资料及出厂技术文件等资料审查后，在已通过型式试验的燃烧器型式试验证书与报告中注明其可覆盖的燃烧器型号。

#### 10.2.3 试验条件和项目

型式试验条件见附录 G，型式试验项目见附录 H。

#### 10.2.4 试验方法

型式试验方法按照附录 I 的规定进行。

#### 10.2.5 结果判定

在规定的检验项目中，每个检验项目均符合要求，则判定型式试验合格。

### 10.3 出厂检验

#### 10.3.1 检验数量

每台产品出厂前均应进行出厂检验。

#### 10.3.2 检验项目

出厂检验项目见附录 H。

#### 10.3.3 检验方法

出厂检验方法按照附录 I 的规定进行。

#### 10.3.4 结果判定

在规定的检验项目中，若有任何一项不符合要求，允许在采取措施后重新进行检验；若重新检验时该项目仍不符合要求，则判该产品不合格。

### 10.4 在用检测

#### 10.4.1 检测项目

在用检测项目见附录 H。

#### 10.4.2 检测方法

在用检测方法按照附录 I 的规定进行。

### 10.5 在用燃烧器改造后的检验

在用燃烧器改造后的检验项目按照录 H，并根据实际改造情况进行相关内容的测试，测试结果应符合本标准的相关要求。

## 11 技术文件与标识

### 11.1 产品出厂技术文件

燃烧器出厂时，应至少附有以下出厂技术文件(用中文表示，并且采用国际单位制)：

a) 产品外形及安装尺寸图；

b) 电气接线图；

c) 产品使用说明书；

d) 产品合格证书；

e) 产品型式试验合格证书或检验抽查合格证明(复印件)；

f) 产品装箱清单。

### 11.2 产品使用说明书

产品使用说明书应包括以下内容：

a) 产品结构和工作原理；

b) 产品性能说明(含燃烧器工作曲线或输出热功率范围)；

c) 安装要求；
d) 操作方法的详细说明；
e) 维护保养说明；
f) 警示和注意事项。

### 11.3 铭牌

应在燃烧器显著位置安装铭牌，标明以下内容(用中文表示，并且采用国际单位制)：
a) 产品型号；
b) 产品编号；
c) 型式试验证书编号；
d) 燃烧器额定输出热功率；
e) 燃料品种；
f) 燃料压力；
g) 电源参数；
h) 制造单位名称；
i) 制造日期。

### 11.4 其他产品标识

产品安全标识应符合以下要求：
a) 风机外壳上应有旋转方向标识；
b) 在设有高压点火装置的部位，应设置“高压、危险！”的警示标识；
c) 应在燃烧器显著位置黏贴型式试验合格标识。

## 12 包装、运输和贮存

### 12.1 包装

产品的包装应符合以下要求：
a) 包装一般为木板箱，箱体应采取加固措施，其牢固程度应能保证在运输过程中箱体不发生破损；
b) 包装箱内壁应敷设完整的防水油毡，箱内产品应罩以塑料薄膜；
c) 产品装箱应符合 GB/T 13384 的相关规定，装箱件的名称、编号和数量应与装箱单的内容一致。

### 12.2 运输

产品运输过程中，应对包装箱采取可靠的固定措施和防淋雨、溅水措施。

### 12.3 贮存

产品应贮存于通风、干燥，无腐蚀气体的室内场所。

## 13 安装、调试与使用

### 13.1 安装

#### 13.1.1 燃烧器安装

燃烧器的安装应满足以下要求：

a) 燃烧器应由专业人员按照制造单位提供的技术文件进行安装；
b) 外部接线应按照制造单位提供的接线图施工；
c) 燃烧器及其部件的搬运和安装过程应平稳，避免冲击和碰撞；
d) 燃烧器各部件应正确安装和固定，所有部件在拆卸、重装后应能够恢复到原来位置。

#### 13.1.2 燃料管道安装

燃料管道的安装应符合以下要求：
a) 燃料管线上的元件安装位置应易于操作维护；
b) 需要定期检验的燃气管线上的元件，可以通过机械连接来保证其稳固性；
c) 燃烧器与燃料供应管宜采用硬管或金属软管连接，如果采用非金属软管，则在其外部包裹耐腐蚀的金属编织层，并且长度尽可能短、弯曲半径符合硬管连接的最小弯曲半径要求，还应满足燃料管线耐压要求。

#### 13.1.3 其他

其他安装要求应符合以下规定：
a) 燃烧器的安装法兰与锅炉的安装法兰之间，应设置由隔热材料制作的密封垫，密封垫的厚度应不小于 5 mm，并且具有足够的强度；
b) 采用可退出、铰链旋转或其他方式打开的燃烧器，安装位置应留有足够的燃烧器退出或旋转空间；
c) 燃烧器风机入口处，不应有影响空气流通的障碍物；
d) 主燃气控制阀系统应尽可能靠近燃烧器安装，且便于维修；
e) 燃气控制阀系统带放散阀的，其排空管出口应通向室外安全地方且高于建筑物 2 m；
f) 在主燃气控制阀系统的所有自动控制阀的上游，应设有一个手动快速切断阀；
g) 应在液体燃料供给母管上设有一只手动快速切断阀，为防止超压，燃料供给系统应设置超压泄压装置，泄压燃料应安全泄放到燃料箱或泵入口管道；
h) 手动快速切断阀的安装位置应便于操作，并能防止误操作；
i) 燃气压力调节器的安装位置应与安全切断阀保持一定距离，便于操作。

### 13.2 现场调试

#### 13.2.1 冷态调试

在不点火燃烧的情况下，对燃烧器进行功能性能测试和调整。测试过程中可使用模拟控制信号。冷态调试应符合以下要求：
a) 确认燃烧器各部分的安装、连接正确、牢固；
b) 锅炉、燃烧器各控制点的设定参数正确，模拟信号源等专用设备状态正常；
c) 冷态调试的主要内容包括：
    1) 验证燃烧器各组成部分的功能状态；
    2) 验证燃烧器系统的运行程序符合设计要求；
    3) 验证安全联锁保护装置动作正确、可靠；
d) 调试中出现异常情况时，应查明原因并进行调整或更换，直至合格；
e) 记录调试结果。

#### 13.2.2 热态调试

在锅炉(或测试炉)上点火运行，对燃烧器的燃烧性能进行测试和调整，以满足设计要求。热态调试应符合以下要求：

a） 应在冷态调试合格的基础上进行；

b） 热态调试的主要内容包括：

  1） 点火的可靠性；

  2） 正常运行时的燃烧性能：火焰监测可靠；火焰形态符合设计要求；负荷调节灵活，燃烧稳定；烟气排放符合设计要求；

  3） 确认安全联锁保护功能正常可靠；

c） 调试中出现异常情况时，应能安全停机，查明原因并进行调整或更换，重新试验直到符合设计要求；

d） 记录调试过程和结果。

## 13.3 维护

### 13.3.1 故障处理

故障处理应符合以下要求：

a） 产品技术文件中应列出常见故障现象、原因分析及排除方法；

b） 产品调试或运行中出现故障时，应立即停机，进行故障排除；

c） 发生联锁报警故障后，在查明原因并予以排除之前，不应进行复位操作；

d） 对于影响燃烧器安全运行的元器件，如自动控制器、火焰监测器、安全切断阀、阀门检测装置等，损坏后不应修理，应以原型号或功能相同的元器件直接更换；

e） 燃烧器发生点火故障时，连续启动点火不应超过2次。

### 13.3.2 定期维护

定期维护应符合以下要求：

a） 产品技术文件中应列出定期维护保养的易损件清单，注明维护周期和方法。

b） 维护保养时燃烧器应处于停机状态，并切断燃料和电源。对于气体燃料燃烧器，还应打开燃气放散管。

c） 燃烧器维护保养过程中拆卸的零部件，重新装配后应完全恢复其原有状态。

d） 定期维护保养中，若更换了自动控制器、火焰监测器、燃气阀门检漏装置等安全元器件，应对相关部件的功能性能进行必要的冷态、热态调试，合格后燃烧器方能投入运行。

# 附 录 A
（规范性附录）
燃烧器的基本配置

## A.1 液体燃料燃烧器

### A.1.1 通用要求

液体燃料燃烧器的主要部件有：过滤器、燃料压力监测装置、燃料泵、燃料流量调节装置、安全切断阀、燃料雾化装置、点火装置、火焰监测装置、风机、空气压力监测装置、空气流量调节装置、空气/燃料联动调节装置、自动控制器和控制箱等。燃用高黏度的液体燃料燃烧器，还应包括燃料预热装置和温度控制装置。液体燃料燃烧器按照雾化方式分为机械压力雾化燃烧器、介质雾化燃烧器（包括机械压力和介质联合雾化燃烧器）和转杯雾化燃烧器。

### A.1.2 机械压力雾化燃烧器

#### A.1.2.1 不带回流的机械压力雾化燃烧器

图 A.1 为不带回流的机械压力雾化燃烧器基本配置图。

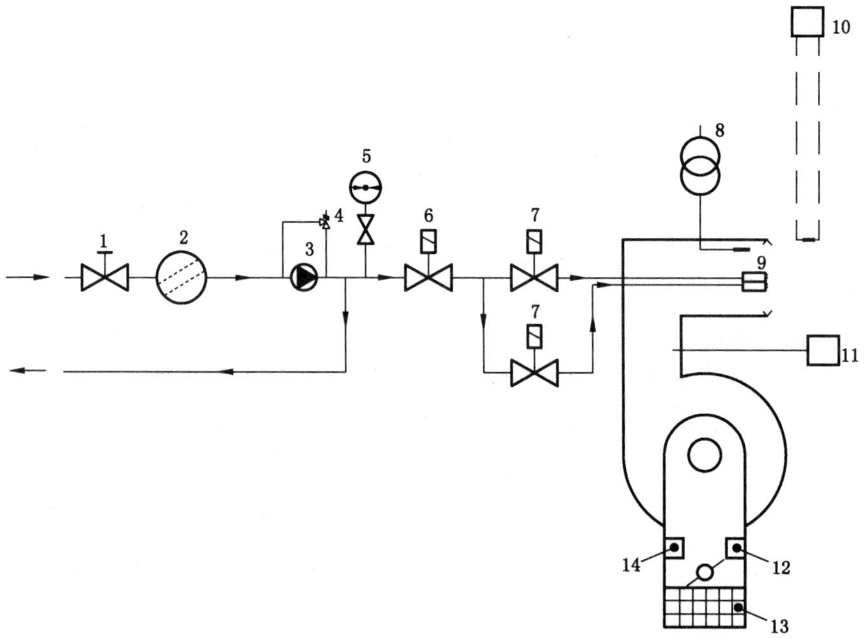


说明：

1——手动快速切断阀；
2——过滤器；
3——燃料泵；
4——压力调节器（泵可自带）；
5——压力测量装置；
6——第一安全切断阀；
7——第二安全切断阀；
8 ——点火装置；
9 ——喷嘴；
10——火焰监测装置；
11——空气压力监测装置；
12——低空气流量位置开关；
13——运动件的防护装置；
14——高空气流量位置开关。

**图 A.1 不带回流的机械压力雾化燃烧器基本配置图**

### A.1.2.2 带回流的机械压力雾化燃烧器

图 A.2 为带回流的机械压力雾化燃烧器基本配置图。

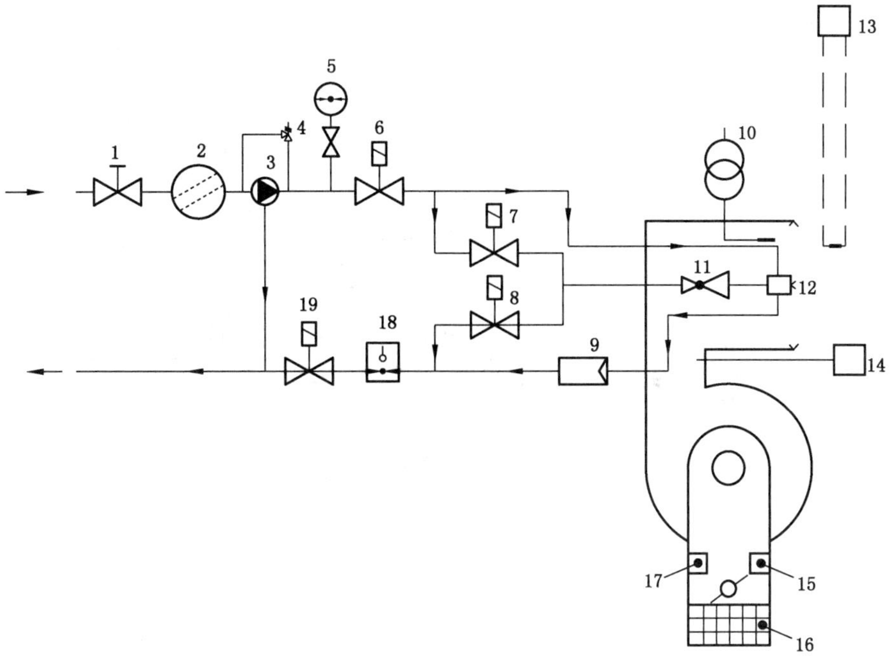


说明:

1 ——手动快速切断阀;

2 ——过滤器;

3 ——燃料泵;

4 ——压力调节器(泵可自带);

5 ——压力测量装置;

6 ——安全切断阀;

7 ——进流控制切断阀(常闭);

8 ——进流控制切断阀(常开);

9 ——回流流量调节阀;

10——点火装置;

11——喷嘴切断装置;

12——喷嘴;

13——火焰监测装置;

14——空气压力监测装置;

15——低空气流量位置开关;

16——运动件的防护装置;

17——高空气流量位置开关;

18——回流压力监测装置;

19——回流安全切断阀。

**图 A.2 带回流的机械压力雾化燃烧器基本配置图**

### A.1.3 介质雾化燃烧器

图 A.3 为介质雾化燃烧器基本配置图。

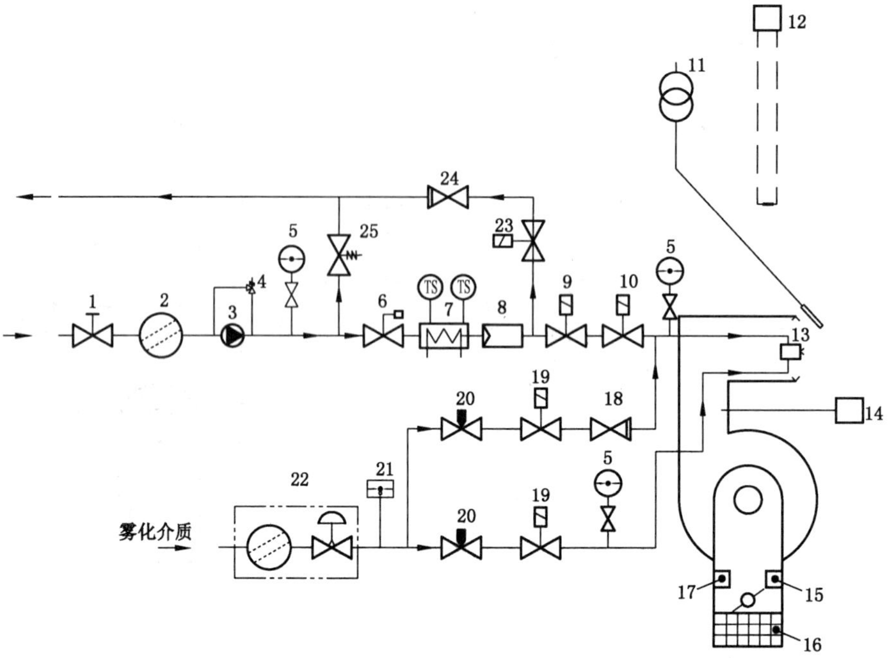


说明：

1 ——手动快速切断阀；
2 ——过滤器；
3 ——燃料泵；
4 ——压力调节器(泵可自带)；
5 ——压力测量装置；
6 ——快关阀；
7 ——预热装置；
8 ——流量调节装置；
9 ——第一安全切断阀；
10——第二安全切断阀；
11——点火装置；
12——火焰监测装置；
13——喷嘴；
14——空气压力监测装置；
15——低空气流量位置开关；
16——运动件的防护装置；
17——高空气流量位置开关；
18——(雾化介质)止回阀；
19——切断阀(雾化介质)；
20——针型阀；
21——(雾化介质)压力检测装置；
22——过滤稳压组合件；
23——回流安全切断阀；
24——止回阀；
25——压力调节装置。

图 A.3 介质雾化燃烧器基本配置图

### A.1.4 转杯雾化燃烧器

图 A.4 为转杯雾化燃烧器基本配置图。

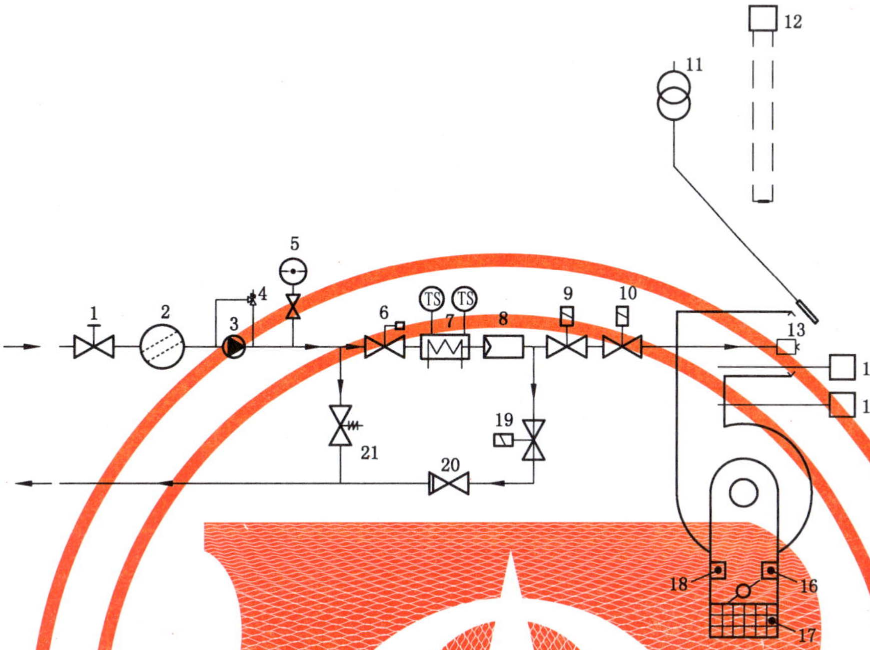


说明：

1 ——手动快速切断阀；

2 ——过滤器；

3 ——燃料泵；

4 ——压力调节器(泵可自带)；

5 ——压力测量装置；

6 ——快关阀；

7 ——预热装置；

8 ——流量调节装置；

9 ——第一安全切断阀；

10——第二安全切断阀；

11——点火装置；

12——火焰监测装置；

13——转杯；

14——空气压力监测装置；

15——转杯转速监测装置；

16——低空气流量位置开关；

17——运动件的防护装置；

18——高空气流量位置开关；

19——回流安全切断阀；

20——止回阀；

21——压力调节装置。

**图 A.4 转杯雾化燃烧器基本配置图**

## A.2 气体燃料燃烧器

### A.2.1 强制鼓风燃气燃烧器

强制鼓风燃气燃烧器的主要部件有：过滤器、燃气压力调节器、燃气低压开关(燃气高压开关)、第一安全切断阀、阀门检漏装置、第二安全切断阀、点火装置、燃气流量调节阀、火焰监测装置、风机、空气压力监测装置、空气流量调节装置、空气/燃气联动调节装置、自动控制器和控制箱等，见图 A.5。

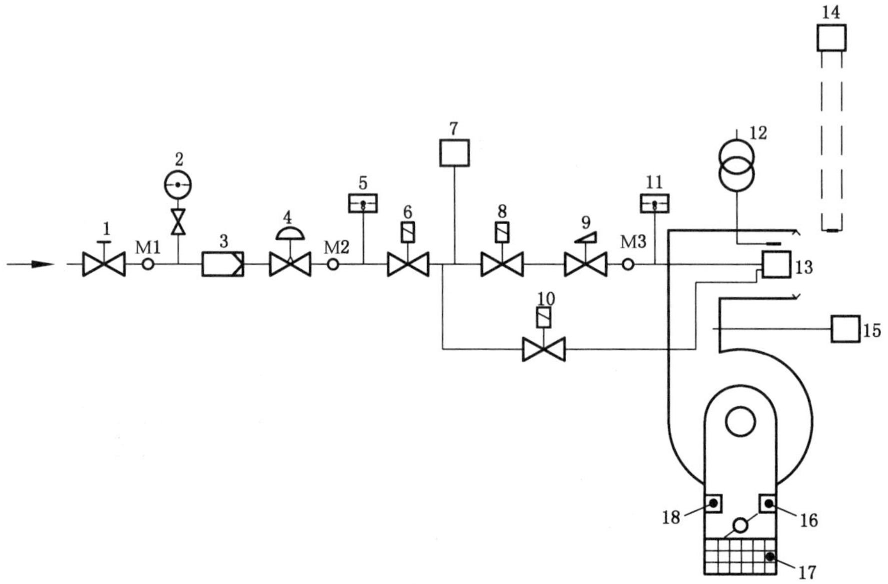


说明：

1 ——手动快速切断阀；
2 ——压力测量装置；
3 ——过滤器；
4 ——燃气压力调节器；
5 ——燃气低压保护装置；
6 ——第一安全切断阀；
7 ——阀门检漏装置(>1.2 MW)；
8 ——第二安全切断阀；
9 ——流量调节装置；
10——点火安全切断阀；
11——燃气高压保护装置(未安装序号 4 时)；
12 ——点火装置；
13 ——燃气喷嘴；
14 ——火焰监测装置；
15 ——空气压力监测装置；
16 ——低空气流量位置开关；
17 ——运动件的防护装置；
18 ——高空气流量位置开关；
M1——第一测压点；
M2——第二测压点；
M3——第三测压点。

**图 A.5 强制鼓风燃气燃烧器基本配置图**

### A.2.2 自然通风燃气燃烧器

自然通风燃气燃烧器的主要部件有：压力表、过滤器、燃气低压开关、第一安全切断阀、阀门检漏装置、第二安全切断阀、燃气流量调节阀、燃气流量变送器、燃烧头、点火变压器、空气调节装置、火焰监测装置、空气压力监测装置、风机(吹扫用)、烟气氧含量传感器(空气/燃气联动调节装置)、燃气压力监测装置、自动控制器和控制箱等，见图 A.6。

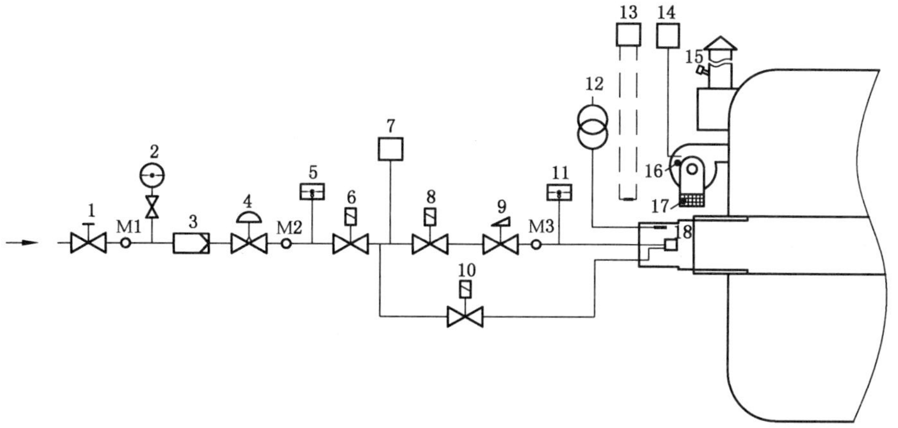


说明：

1 ——手动快速切断阀；
2 ——压力测量装置；
3 ——过滤器；
4 ——燃气压力调节器；
5 ——燃气低压保护装置；
6 ——第一安全切断阀；
7 ——阀门检漏装置(>1.2 MW)；
8 ——第二安全切断阀；
9 ——流量调节装置；
10——点火安全切断阀；
11——燃气高压保护装置(未安装序号4时)；
12 ——点火装置；
13 ——火焰监测装置；
14 ——空气压力监测装置；
15 ——烟气氧含量传感器；
16 ——吹扫风机；
17 ——运动件的防护装置；
18 ——燃气喷嘴；
M1——第一测压点；
M2——第二测压点；
M3——第三测压点。

**图 A.6 自然通风燃气燃烧器基本配置图**

# 附　录　B
（规范性附录）
液体燃料燃烧器安全切断阀布置要求

## B.1　单级调节液体燃料燃烧器安全切断阀布置

图 B.1 为适用于额定输出热功率≤400 kW 的单级调节液体燃料燃烧器安全切断阀布置图。

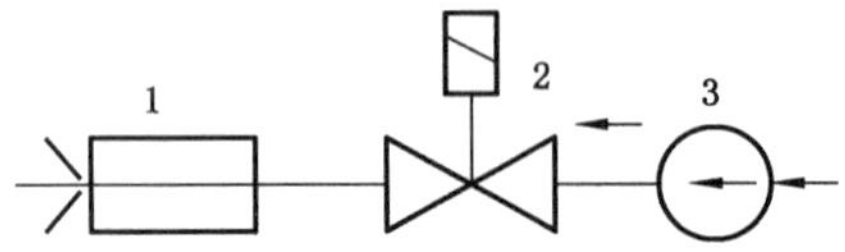


说明：
1——喷嘴；
2——安全切断阀；
3——泵。

**图 B.1　单级调节液体燃料燃烧器安全切断阀布置图**

## B.2　带有两个喷嘴的两级调节液体燃料燃烧器安全切断阀布置

图 B.2 为适用于额定输出热功率≤400 kW 的带有两个喷嘴的两级调节液体燃料燃烧器安全切断阀布置图。

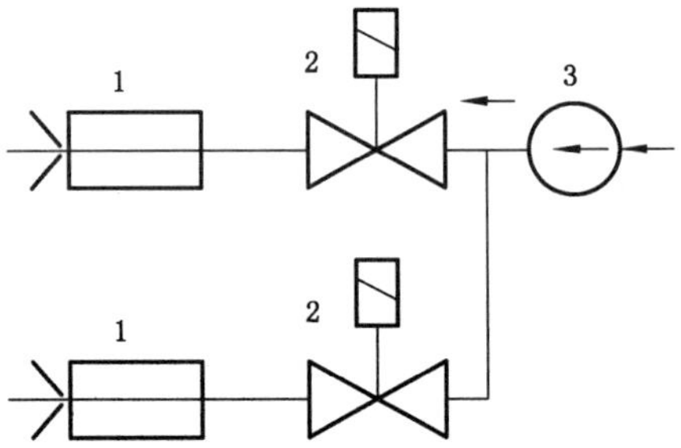


说明：
1——喷嘴；
2——安全切断阀；
3——泵。

**图 B.2　带有两个喷嘴的两级调节液体燃料燃烧器安全切断阀布置图**

## B.3　带有燃料回流喷嘴且没有喷嘴切断阀的液体燃料燃烧器安全切断阀布置

图 B.3 为适用于额定输出热功率≤400 kW 的带有燃料回流喷嘴且没有喷嘴切断阀的液体燃料燃烧器安全切断阀布置图。

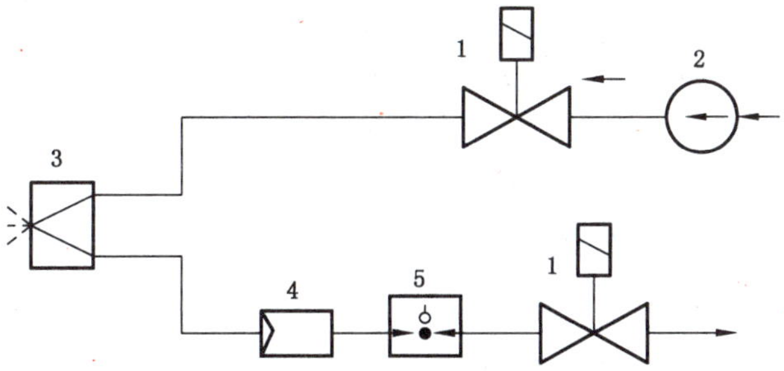


说明：

1——安全切断阀；

2——泵；

3——燃料回流喷嘴；

4——输出调节器；

5——压力监测装置(＞400 kW)。

**图 B.3　带有燃料回流喷嘴且没有喷嘴切断阀的液体燃料燃烧器安全切断阀布置图**

## B.4　带有燃料回流喷嘴及喷嘴切断阀的液体燃料燃烧器安全切断阀布置

图 B.4 为适用于额定输出热功率≤400 kW 的带有燃料回流喷嘴及喷嘴切断阀的液体燃料燃烧器安全切断阀布置图。

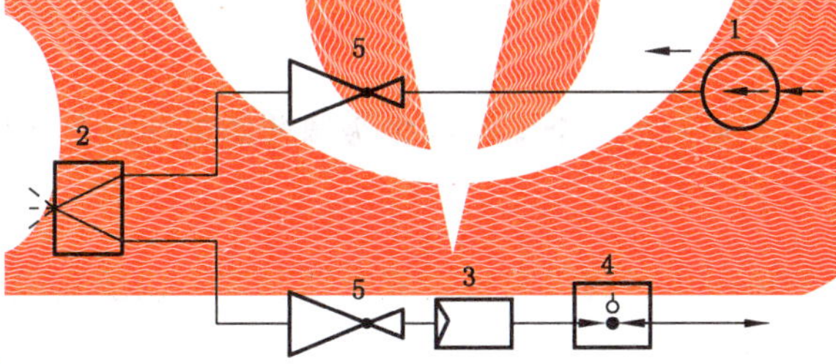


说明：

1——泵；

2——燃料回流喷嘴；

3——输出调节器；

4——压力监测装置(＞400 kW)；

5——喷嘴切断阀。

**图 B.4　带有燃料回流喷嘴及喷嘴切断阀的液体燃料燃烧器安全切断阀布置图**

## B.5　带有两个喷嘴的两级调节或多个喷嘴的多级调节的液体燃料燃烧器安全切断阀布置

图 B.5 为适用于额定输出热功率＞400 kW 的带有两个喷嘴的两级调节或多个喷嘴的多级调节的液体燃料燃烧器安全切断阀布置图。

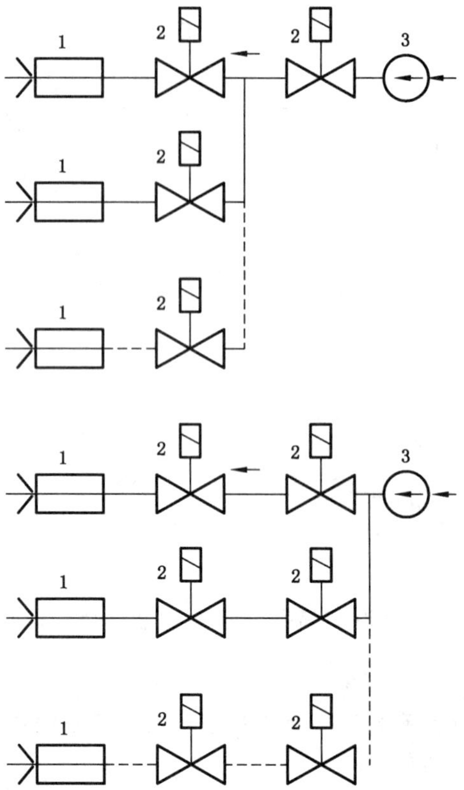


说明：

1——喷嘴；

2——安全切断阀；

3——泵。

**图 B.5　带有两个喷嘴的两级调节或多个喷嘴的多级调节的液体燃料燃烧器安全切断阀布置图**

## B.6　带有燃料回流喷嘴且没有喷嘴切断阀的液体燃料燃烧器安全切断阀布置

图 B.6 为适用于额定输出热功率＞400 kW 的带有燃料回流喷嘴且没有喷嘴切断阀的液体燃料燃烧器安全切断阀布置图。

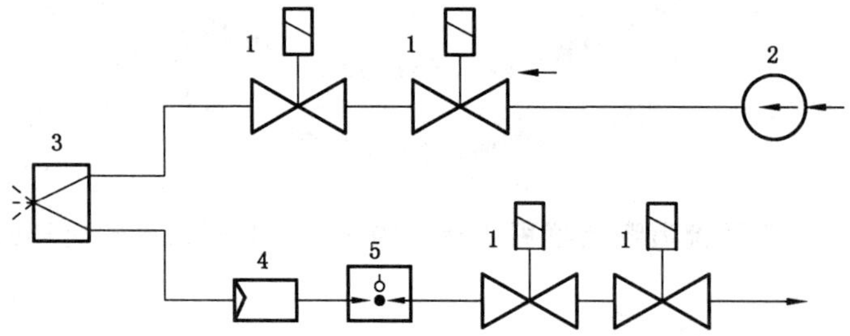


说明：

1——安全切断阀；

2——泵；

3——燃料回流喷嘴；

4——输出调节器；

5——压力监测装置。

**图 B.6　带有燃料回流喷嘴且没有喷嘴切断阀的液体燃料燃烧器安全切断阀布置图**

## B.7 带有燃料回流喷嘴及喷嘴切断阀的液体燃料燃烧器安全切断阀布置

图 B.7 为适用于额定输出热功率>400 kW 的带有燃料回流喷嘴及喷嘴切断阀的液体燃料燃烧器安全切断阀布置图。

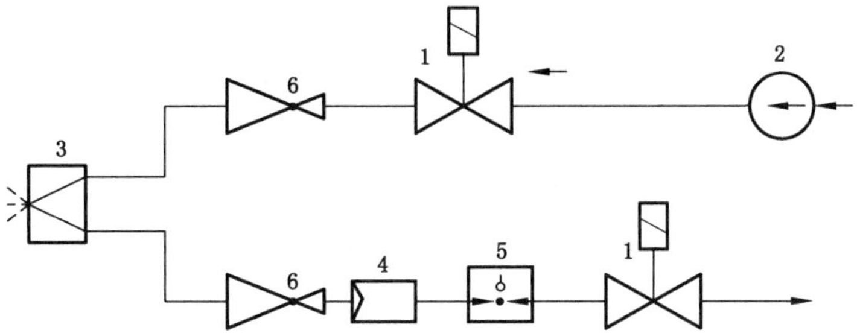


说明：

1——安全切断阀；

2——泵；

3——燃料回流喷嘴；

4——输出调节器；

5——压力监测装置；

6——喷嘴切断阀。

**图 B.7 带有燃料回流喷嘴及喷嘴切断阀的液体燃料燃烧器安全切断阀布置图**

# 附 录 C
（规范性附录）
主燃气安全切断阀开启要求

## C.1 主燃烧器在额定功率下直接点火主燃气安全切断阀开启要求

主燃烧器在额定功率下直接点火时，点火装置通电前主燃气安全切断阀不应开启，时序图见图 C.1。

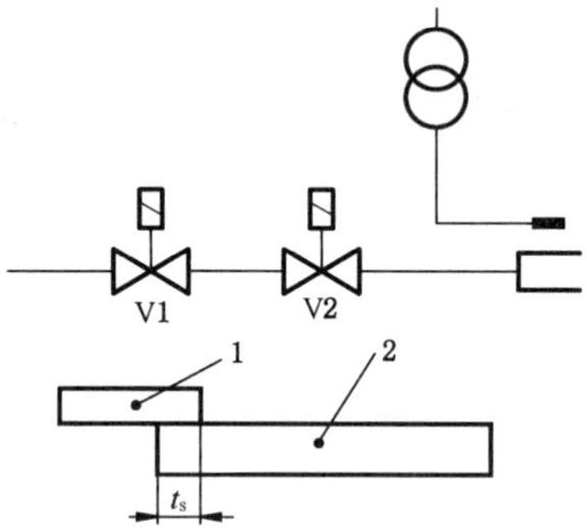


说明：

V1，V2——主燃气安全切断阀；

1 ——点火时间；

2 ——主燃气阀开启时间；

$t_s$ ——安全时间。

图 C.1 主燃烧器在额定功率下直接点火时序图

## C.2 主燃烧器在降低功率下直接点火主燃气安全切断阀开启要求

主燃烧器在降低功率下直接点火时，当 V2A 达到启动燃气流量的设定位置前，主燃气安全切断阀 V1 不应开启，时序图见图 C.2。

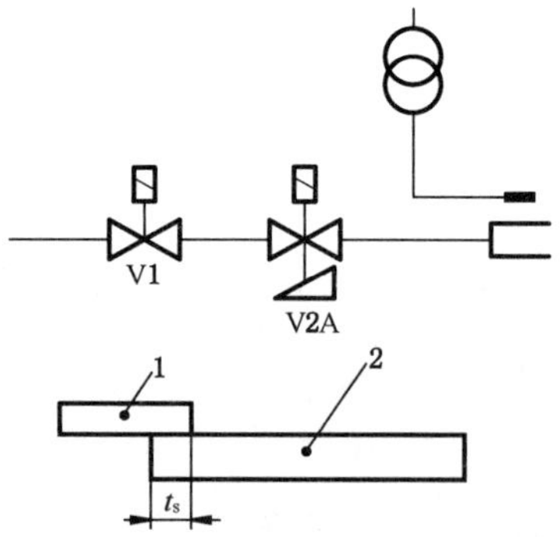


说明：

V1 ——主燃气安全切断阀；

V2A ——主燃气慢速开启或两步安全切断阀；

1 ——点火时间；

2 ——主燃气阀开启时间；

$t_s$ ——安全时间。

图 C.2 主燃烧器在降低功率下直接点火时序图

## C.3　主燃烧器带有旁路启动燃气的主燃气安全切断阀开启要求

图 C.3 适用于带有旁路启动燃气的主燃烧器降低功率直接点火，点火火焰建立前主燃气安全切断阀 V2 不应开启，时序图见图 C.3。

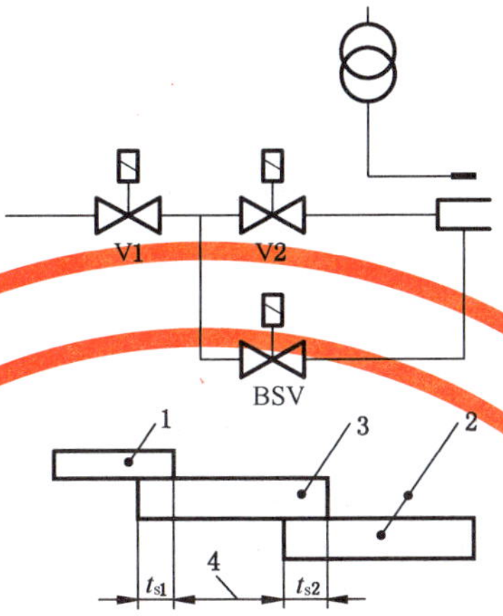


说明：

V1,V2——主燃气安全切断阀；

BSV——旁路启动燃气阀；

1——点火时间；

2——主燃气阀(V1+V2)开启时间；

3——旁路启动燃气阀(BSV+V1)开启时间；

4——点火火焰监测时期；

$t_{s1}$——点火安全时间；

$t_{s2}$——主火安全时间。

**图 C.3　带有旁路启动燃气的主燃烧器降低功率直接点火时序图**

## C.4　主燃烧器通过点火燃烧器点火的主燃气安全切断阀开启要求

主燃烧器通过点火燃烧器点火，点火火焰建立前主燃气安全切断阀不应开启，时序图见图 C.4。

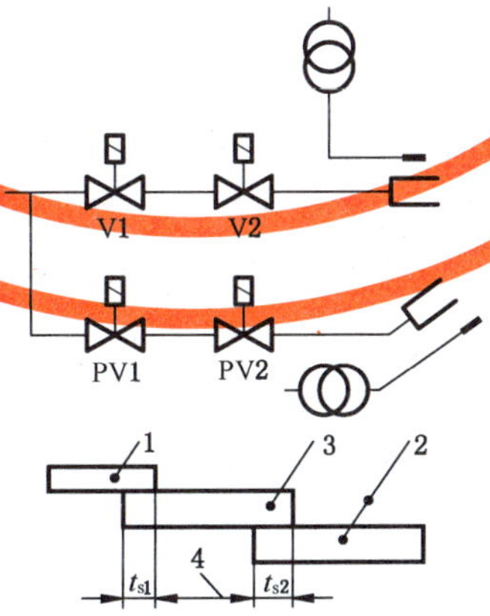


说明：

V1,V2——主燃气安全切断阀；

PV1,PV2——点火燃烧器安全切断阀(启动燃气阀)；

1——点火时间；

2——主燃气阀(V1+V2)开启时间；

3——启动燃气阀(PV1+PV2)开启时间；

4——点火火焰监测时期；

$t_{s1}$——点火安全时间；

$t_{s2}$——主火安全时间。

**图 C.4　主燃烧器通过点火燃烧器点火时序图**

# 附 录 D
（规范性附录）
排放物的测量与修正

## D.1 排放物的测量

测点应位于燃烧室出口与烟囱之间，测点布置要求见G.3.5。应通过组合测量的方法在烟气流动方向选择具有代表性的准确的取样点，在测试报告中应给出测量方法，在 $NO_x$ 测量时，应检查仪器换算（修正）方法。

## D.2 CO 与 $NO_x$ 的排放浓度从 $mL/m^3$ 转换为 mg/(kW·h) 和 $mg/m^3$

CO 与 $NO_x$ 的排放浓度从 $mL/m^3$ 转换为 mg/(kW·h) 和 $mg/m^3$ 按照式(D.1)～式(D.4)进行：

$$CO_f = CO_{meas} \times 1.25 \times \left(\frac{21}{21 - O_{2meas}}\right) \times \left(\frac{V_{A,th,tr,min}}{H_i}\right) \quad \cdots\cdots(D.1)$$

$$CO_g = CO_{meas} \times 1.25 \times \left(\frac{21 - O_{2ref}}{21 - O_{2meas}}\right) \quad \cdots\cdots(D.2)$$

$$NO_{xf} = NO_{xppm} \times 2.056 \times \left(\frac{21}{21 - O_{2meas}}\right) \times \left(\frac{V_{A,th,tr,min}}{H_i}\right) \quad \cdots\cdots(D.3)$$

$$NO_{xg} = NO_{xppm} \times 2.056 \times \left(\frac{21 - O_{2ref}}{21 - O_{2meas}}\right) \quad \cdots\cdots(D.4)$$

式中：

$CO_f$ ——CO 排放浓度，单位为毫克每千瓦时[mg/(kW·h)]；

$CO_{meas}$ ——烟气中 CO 实测浓度，单位为毫升每立方米（$mL/m^3$）；

1.25 ——CO 密度，单位为千克每立方米（$kg/m^3$）(0℃，101.325 kPa)；

$O_{2meas}$ ——烟气中实测氧含量，%；

$V_{A,th,tr,min}$ ——干烟气理论参考体积，柴油：10.46 $m^3/kg$；天然气：8.52 $m^3/m^3$；

$H_i$ ——液体燃料净热值，柴油：11.86 kW·h/kg；
气体燃料净热值(0 ℃，101.325 kPa)，天然气(100%$CH_4$)：9.97 kW·h/$m^3$；

$CO_g$ ——CO 折算排放浓度，单位为毫克每立方米（$mg/m^3$），按含氧量为3.5%的干烟气折算；

$O_{2ref}$ ——参照氧量（按含氧量为3.5%的干烟气折算），%；

$NO_{xf}$ ——$NO_x$ 排放浓度，单位为毫克每千瓦时[mg/(kW·h)]；

$NO_{xppm}$ ——烟气中 $NO_x$ 实测浓度，单位为毫升每立方米（$mL/m^3$）；

2.056 ——$NO_2$ 密度，单位为千克每立方米（$kg/m^3$）(0 ℃，101.325 kPa)；

$NO_{xg}$ ——$NO_x$ 折算排放浓度，单位为毫克每立方米（$mg/m^3$），按含氧量为3.5%的干烟气折算，以 $NO_2$ 计。

## D.3 $NO_x$ 测量时，空气温度与湿度影响的修正

考虑到空气温度与湿度的影响，可将测量值修正到参考条件（湿度：10 g/kg，温度：20 ℃），按式(D.5)进行：

$$NO_{x\text{ref}} = NO_x + (h_{\text{meas}} - 10) \times \left[\frac{0.02 \times NO_x - 0.34}{1 - 0.02 \times (h_{\text{meas}} - 10)}\right] + 0.85 \times (20 - t_{\text{meas}}) \quad \cdots\cdots (D.5)$$

式中：

$NO_{x\text{ref}}$——修正到参考条件下的值，单位为毫克每千瓦时[mg/(kW·h)]；

$NO_x$ ——在湿度 $h_{\text{meas}}$ 和温度 $t_{\text{meas}}$ 下的测量值[范围 50 mg/(kW·h)～300 mg/(kW·h)]，单位为毫克每千瓦时[mg/(kW·h)]；

$h_{\text{meas}}$ ——测量时的空气湿度(范围 5 g/kg～15 g/kg)，单位为克每千克(g/kg)；

$t_{\text{meas}}$ ——测量时的空气温度(范围 15 ℃～30 ℃)，单位为摄氏度(℃)。

## D.4 $NO_x$ 测量时，燃料中氮含量影响的修正

应对液体燃料中氮含量进行测定，氮含量的范围是小于或等于 200 mg/kg，7.4.1 中要求的 $NO_x$ 排放限制值是参照氮含量为 0 mg/kg 时的测试值，当燃料中氮含量为其他值时，可按式(D.6)折算：

$$NO_x = NO_{xf} - N_{\text{meas}} \times 0.2 \quad \cdots\cdots (D.6)$$

式中：

$NO_x$——按照燃料中氮含量为 0 mg/kg 的进行修正后的 $NO_x$ 折算值，单位为毫克每千瓦时[mg/(kW·h)]；

$NO_{xf}$——根据式(D.3)的要求得到的 $NO_x$ 测试值，单位为毫克每千瓦时[mg/(kW·h)]；

$N_{\text{meas}}$——燃料中实测氮含量，单位为毫克每千克(mg/kg)。

## D.5 $NO_x$ 排放浓度评价

### D.5.1 实验室测试 $NO_x$ 排放浓度

实验室测试 $NO_x$ 的排放浓度取工作曲线中各个测试点 $NO_x$ 排放浓度的修正值的算术平均值，按照式(D.7)计算：

$$\overline{\varphi}_{NO_x M} = \sum_{i=1}^{n} \left(\frac{Q_{NO_x,R,i}}{n}\right) \quad \cdots\cdots (D.7)$$

式中：

$\overline{\varphi}_{NO_x M}$ ——工作曲线中各个测试点 $NO_x$ 排放浓度的修正值，单位为毫克每立方米(mg/m³)；

$Q_{NO_x,R,i}$ ——工作曲线中从测试点 $i=1$ 到测试点 $n$ 的 $NO_x$ 排放浓度的修正值，单位为毫克每立方米(mg/m³)；

$n$ ——工作曲线中各个测试点的编号。

### D.5.2 现场测试 $NO_x$ 排放浓度

现场测试 $NO_x$ 的排放浓度取最大输出热功率、额定输出热功率和最小输出热功率下 $NO_x$ 排放浓度的修正值的算术平均值，单位为 mg/m³。

# 附　录　E
（资料性附录）
烟气黑度测量

## E.1　设备

### E.1.1　抽吸泵（手动）

手动抽吸泵应能过过一个有效过滤面积（直径为 0.6 cm）单次抽吸烟气体积（160±8）$cm^3$［大约每 $cm^2$ 有效过滤面积上通过的烟气体积为（570±28.5）$cm^3$］；泵的活塞冲程大约为 20 cm。

为防止抽吸泵在第一次运行时产生凝结水以及增温现象，固定滤纸的部件应保证不漏水。

从取样点到过滤纸的距离不应超过 40 cm。当采用特殊结构的烟道而使该距离大于 40 cm 时，应在测试报告中给予说明。

### E.1.2　取样管

取样管内径为 6 mm，且应满足 E.1.1 的要求。

### E.1.3　过滤纸

过滤纸对光的反射率为（85±2.5）%，且应置于反射率大于或等于 75%的白色表面上。

当空气以每分钟 3 $dm^3/cm^2$ 的流量通过滤纸时，其压降应在 2 kPa～10 kPa（20 mbar～100 mbar）之间。

### E.1.4　烟气黑度标值

烟气黑度标尺由对光的反射率为（85±2.5）%的材料组成，上面印有 10 个从白色到暗灰色规则排列的色块。黑度值对应相应的光衰减系数，例如，黑度值为 6，表示光衰减率为 60%。对每一个色块，其反射率的误差不应超过 3%。

## E.2　烟气黑度测量方法

可按照 E.1.1～E.1.4 的要求通过电子取样装置来进行黑度测量。测量结果既可以通过人工比较烟气黑度标尺得到，也可以通过 E.1.1 的方法用仪器直接显示黑度值。

## E.3　烟气黑度值的测定

松开固定滤纸的部件，将滤纸插入凹槽中，然后拧紧。

将取样探针置于与烟气流动垂直的方向。取样过程中，应保证探针到管壁之间密封可靠。采样既可通过手动泵抽吸得到，也可通过机械泵抽吸得到。

如果采用手动泵（如 E.1.1 所述）取样，则布置 10 个抽吸装置，每一个抽吸装置能持续工作 2 s～3 s。

将取样管从烟道中退出，松开拧紧装置，小心地将滤纸取出。

# 附 录 F
## （规范性附录）
## 液体和气体燃料燃烧器控制时序表

液体和气体燃料燃烧器控制时序见表 F.1。

**表 F.1 液体和气体燃料燃烧器控制时序表**

| 供热开始 | | | | 点火燃烧器 | | 主燃烧器 | 供热结束 | | 结果 | | | 备注 |
|---|---|---|---|---|---|---|---|---|---|---|---|---|
| | | 启动时序 | | 点火 | | | 运行位置 | | | | | |
| 项目 | 控制器启动 | 风机启动 | 前吹扫 | 点火安全时间 | 点火火焰确定时间 | 主火安全时间 | 额定运行 | 后吹扫 | 受控停机 | 安全停机 | 联锁保护 | |
| 无风状态检查空气监测 | ■ | | | | | | | | | ● | | |
| 空气监测 | | | ■ | ■ | ■ | ■ | ■ | □ | | ● | ● | |
| 燃气低压保护 | | □ | □ | □ | □ | ■ | ■ | | | ● | | 仅气体燃料适用 |
| 燃气高压保护 | | | | | | ■ | ■ | | | ● | ● | 仅气体燃料适用 |
| 燃油压力监测额定功率>400kW | | | | ■ | ■ | ■ | ■ | | | ● | ● | 仅液体燃料带回流喷嘴适用 |
| 火焰监测器自校（含火焰预检测） | | | ■ | | | | | | | ● | ● | 间歇性运行 |
| | | | ■ | | | ■ | ■ | | | ● | ● | 持续性运行 |
| 火焰监测 | | | | ■ | ■ | ■ | ■ | | | ● | ● | |
| 阀门检漏额定功率>1200kW | □ | □ | □■ | | | | | □ | | ● | ● | 仅气体燃料适用 |
| 安装位置验证 | | ■ | ■ | ■ | ■ | ■ | ■ | ■ | | ● | | 仅当有此项时适用 |
| ■ | 强制项 | | | | | | | | | | | |
| □ | 可选项 | | | | | | | | | | | |

# 附 录 G
（规范性附录）
型式试验条件

## G.1 试验燃料要求

### G.1.1 燃料黏度和氮含量

测试用液体燃料应符合以下要求：

a) 应使用在燃烧器入口处黏度为 1.6 $mm^2/s$～6.0 $mm^2/s$(20 ℃时)以及氮含量小于或等于 200 mg/kg 的燃料；

b) 满足 GB 25989 要求的液体燃料可以作为测试燃料；

c) 满足 GB 16663 要求的醇基燃料可以作为测试燃料；

d) 使用其他液体燃料时，应测定其黏度和氮含量。

### G.1.2 气体燃料

气体燃料燃烧器进行试验时，应使用符合 GB/T 13611 要求的燃气。现场测试时，其他气体燃料也可使用。

### G.1.3 燃料成分及其性能分析

燃烧器试验前应将燃料取样，由具备化验资格的检测实验室对以下内容进行分析检测：

a) 气体燃料，分析项目为气体成分、相对密度、净热值、华白数；

b) 液体燃料，分析项目为元素分析、黏度(20 ℃)、密度、净热值。

## G.2 试验环境条件与系统要求

**G.2.1** 试验环境条件应符合以下要求：

a) 燃烧器应安装在通风良好的空间，适宜的室内环境温度为 5 ℃～35 ℃，在不影响试验结果的情况下，也允许其他环境温度；

b) 适宜的大气压力为 97.272 kPa～105.378 kPa；

c) 适宜的空气湿度为含水量 5 g/kg～30 g/kg。

**G.2.2** 测试结果(工作曲线)应按照以下参考条件修正：

a) 环境温度为 20 ℃；

b) 燃气温度为 0 ℃；

c) 大气压力为 101.325 kPa；

d) 空气湿度为含水量 10 g/kg。

**G.2.3** 试验系统应符合以下要求：

a) 测试环境中的空气质量不影响测试参数的有效性；

b) 燃烧器系统连接要求安全、牢固、密封性能好，严格按照燃烧器制造单位提供的阀组、管路、电气元件的布线图和连接图等技术文件施工，法兰及相关部件的连接应按照相关标准进行，确保试验工作安全顺利进行；

c) 实验室应提供燃烧器所需的稳定额定电压和额定频率的电源。

## G.3 测试炉的要求

### G.3.1 通用要求

测试可以在标准指定的测试炉内进行，在没有明确指定测试炉的情况下，测试应在符合下列规定的测试炉内进行：

a) 输出热功率≤7 000 kW 的测试炉；

b) 输出热功率>7 000 kW 的测试炉。

### G.3.2 输出热功率≤7 000 kW 的测试炉结构

测试炉的结构见图 G.1，炉膛的设计要求如下：

a) 内径分为：0.225 m、0.300 m、0.400 m、0.500 m、0.600 m、0.800 m、1.00 m、1.200 m。

b) 长度和相应的输出热功率见图 G.2。

c) 测试炉的测试功率误差不应超过给定值的±10%。

d) 应明确标明测试炉适用的最大或最小输出热功率。

e) 炉膛长度 $l_1$ 应由式(G.1)计算得出：

$$l_1 = 0.23\sqrt{\frac{Q_F}{10}} \qquad \cdots\cdots (G.1)$$

式中：

$l_1$ ——炉膛长度，单位为米(m)；

$Q_F$ ——燃烧器输出热功率，单位为千瓦(kW)。

f) 炉膛长度通过一个可滑动的后墙调节，后墙在炉膛内纵向移动。

g) 燃烧器可以在正向燃烧的测试炉或在中心回焰的测试炉上进行测试。对于正向燃烧的测试炉，应将一只与炉膛内径相同、壁厚为 3 mm 的钢制圆形套筒(不用冷却)插在炉膛入口处以及密封烟管的入口。

h) 测试炉应配备一只调节挡板，能够改变燃烧室出口或烟道中的压降，通过该装置调节燃烧室的压力。

i) 除前墙和后墙外，所有的炉墙都应冷却。

j) 测试炉应安装密封的观察孔，能够观察火焰，并且在观察孔上布置压力测点，测量燃烧室内压力。

k) 允许火焰冲刷到水冷后墙上。

l) 在负压条件下工作的燃烧器的测试，应在测试炉系统中的下游安装引风机，通过手动调节装置或自动控制系统来调节燃烧室的压力。

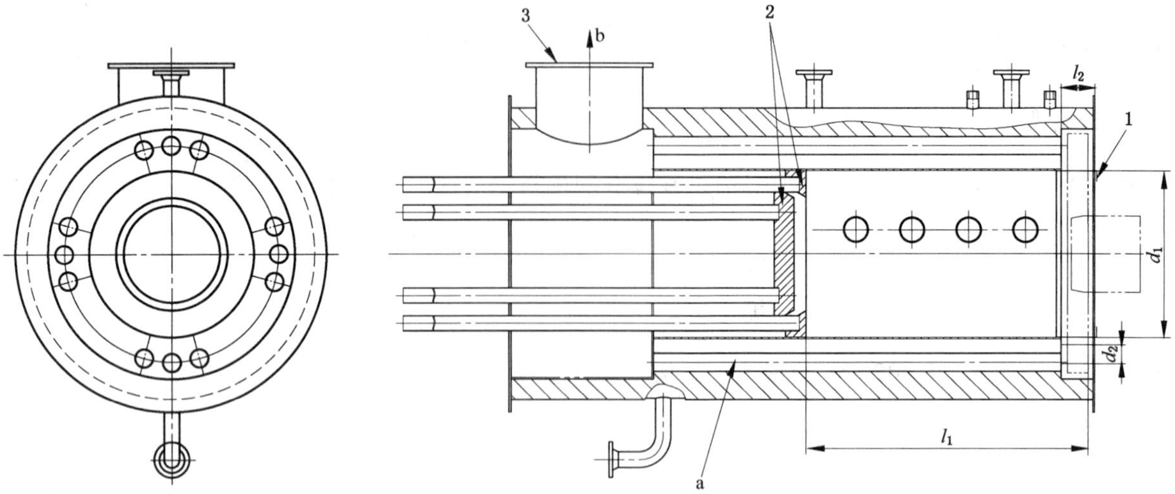


| 测试炉直径 $d_1$<br>m | 烟管 | | | $l_2$<br>mm |
|---|---|---|---|---|
| | $d_2$<br>mm | | 根数 | |
| | 内径 | 外径 | | |
| 0.225 | 16 | 20 | 8 | 60 |
| 0.3 | 21 | 25 | 14 | 80 |
| 0.4 | 36.5 | 41.5 | 12 | 100 |
| 0.5 | 39.5 | 44.5 | 26 | 130 |
| 0.6 | 51.5 | 57 | 30 | 160 |
| 0.8 | 80.9 | 88.9 | 28 | 200 |
| 1.0 | 100 | 108 | 28 | 240 |
| 1.2 | 125 | 133 | 28 | 300 |

说明：

1 ——钢制圆形套筒(正向燃烧)$l_2$+30 mm；

2 ——测试炉后墙(两部分)；

3 ——烟道法兰接口；

a ——测试也可以在中心回焰状态下进行，采用中心回焰方式测试时，需在报告中注明；

b ——烟气流动方向；

$d_1$——测试炉直径；

$l_1$——燃烧室长度；

$d_2$——烟管直径；

$l_2$——换热器入口体积长度。

**图 G.1 测试炉示意图**

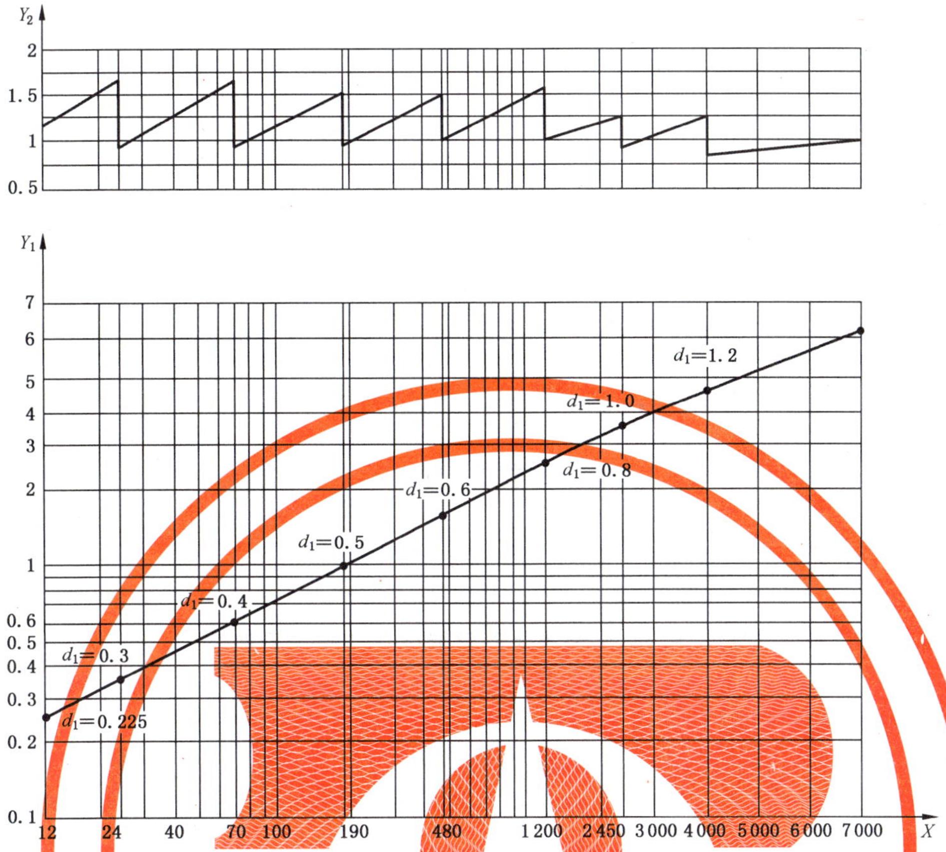


说明：

$X$ ——输出热功率 $Q_F$，单位为千瓦(kW)；

$Y_1$ ——测试炉长度 $l_1$，单位为米(m)；

$Y_2$ ——测试炉容积热负荷，单位为兆瓦每立方米(MW/m³)；

$d_1$ ——测试炉直径，单位为米(m)。

**图 G.2 测试炉容积热负荷、直径、长度与输出热功率 $Q_F$ 的关系**

### G.3.3 输出热功率>7 000 kW 的测试炉结构

输出热功率大于 7 000 kW 的燃烧器测试可以在现场进行，测试炉可以用锅炉或具有炉膛的石油设备代替，无需规定传热介质的温度和燃烧器的安装位置，但是应在测试报告中标明容积热负荷。炉膛的设计应符合以下要求：

a) 最小炉膛长度应由式(G.2)计算得出，最小炉膛长度与输出热功率的关系见图 G.3；

b) 最小炉膛直径应由式(G.3)计算得出，最小炉膛直径与输出热功率的关系见图 G.4；

c) 相适应的输出热功率和容积热负荷；

d) 测试炉的测试功率误差不应超过给定值的±5%；

e) 应明确标明测试炉适用的最大或最小输入功率；

f) 炉膛长度 $l_1$ 应由式(G.2)计算得出：

$$l_1 = 0.2 \times Q_F^{0.3682} \qquad \cdots\cdots(G.2)$$

式中：

$l_1$ ——炉膛长度，单位为米(m)；

$Q_F$ ——燃烧器输出热功率，单位为千瓦(kW)。

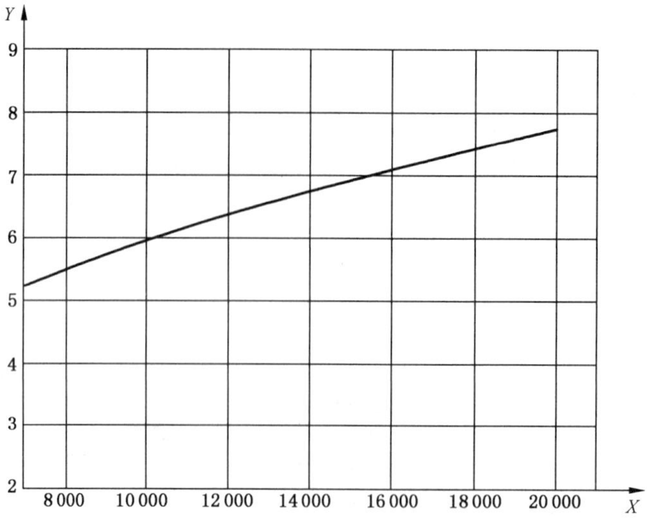


说明：

X ——输出热功率 $Q_F$，单位为千瓦(kW)；

Y ——炉膛长度 $l_1$，单位为米(m)。

**图 G.3 最小炉膛长度与输出热功率关系曲线**

g) 测试炉应配备一只调节挡板，能够改变燃烧室出口或烟道中的压降，通过该装置调节燃烧室的压力；

h) 除前墙和后墙外，所有的炉墙都应冷却；

i) 测试炉应安装密封的观察孔，能够观察火焰，并且在观察孔上布置压力测点，测量燃烧室内压力；

j) 允许火焰冲刷到水冷后墙上；

k) 在负压条件下工作的燃烧器的测试，应在测试炉系统中的下游安装引风机，通过手动调节装置或自动控制系统来调节燃烧室的压力；

l) 炉膛直径 $d_1$ 应由式(G.3)计算得出：

$$d_1 = 0.135\ 0\sqrt[3]{\frac{Q_F}{10.1}} \quad \cdots\cdots\cdots\cdots (G.3)$$

式中：

$d_1$——炉膛直径，单位为米(m)；

$Q_F$——燃烧器输出热功率，单位为千瓦(kW)。

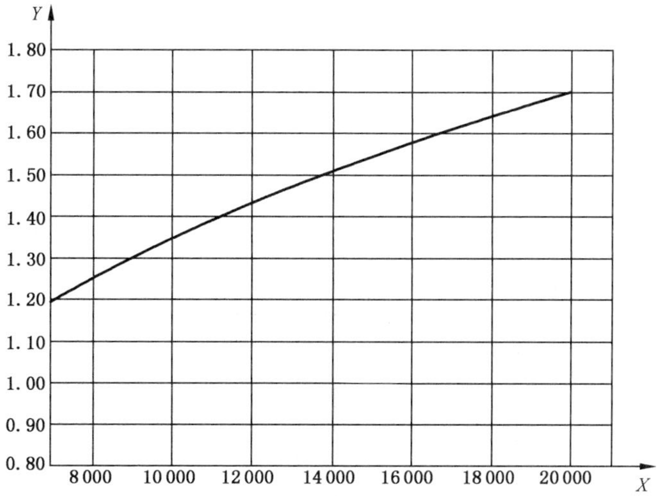


说明：

X ——输出热功率 $Q_F$，单位为千瓦(kW)；

Y ——炉膛直径 $d_1$，单位为米(m)。

**图 G.4　最小炉膛直径与输出功率的关系曲线**

### G.3.4　冷却介质要求

冷却介质应符合以下要求：

a)　冷却介质的温度应尽可能低，在下列情况下应保持在 15 ℃～60 ℃之间：

　1)　启动；

　2)　火焰稳定性和安全运行限值的确定；

　3)　火焰稳定性测试。

b)　在下列项目的测试中，冷却介质的温度应保持在 40 ℃～80 ℃之间，并且系统应维持热平衡：

　1)　火焰稳定性和安全运行范围测试；

　2)　燃烧特性测试；

　3)　输出热功率范围测试。

### G.3.5　测点布置

测点布置应符合以下要求，见图 G.5：

a)　烟气分析测量点，布置在烟道中，与烟气流动方向垂直，插入深度为烟道直径的 1/3 处，试验时不能有空气漏入；

b)　烟道压力测量点，布置在距离烟气分析测点 0.15$D$，距离测试炉后墙的距离为 2$D$ 处；

c)　烟气温度测量点，布置在距离烟道压力测点 0.15$D$。

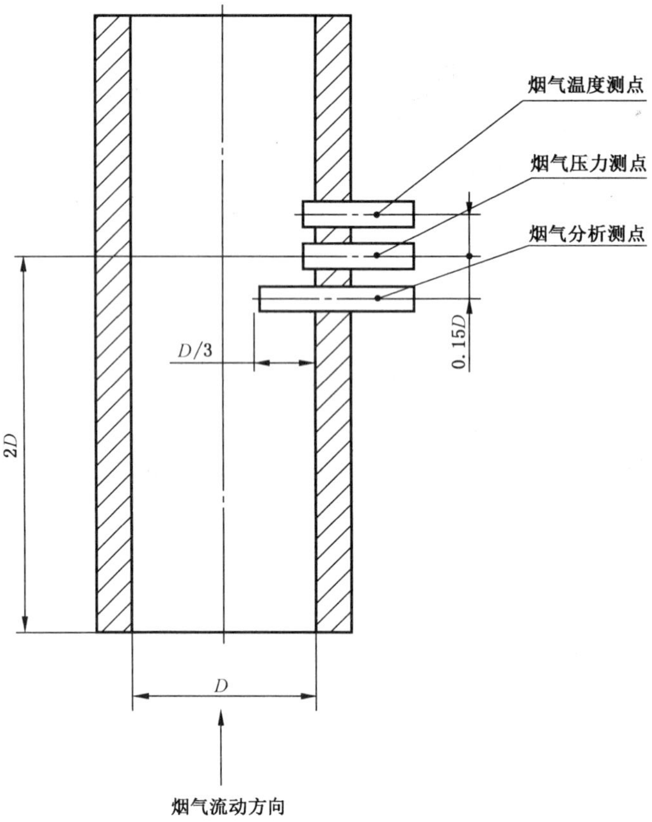


图 G.5　烟气测量部件简图

## G.4　测试精度

### G.4.1　测试设备精度

型式试验的测试设备应符合表 G.1 的精度要求。

表 G.1　型式试验测试设备精度要求

| 序号 | 试验仪器 | 精度 |
|---|---|---|
| 1 | 燃料热值 | ±0.5% |
| 2 | 密度 | ±0.5% |
| 3 | 质量(重量) | ±0.5% |
| 4 | 燃气温度 | ±0.2 ℃ |
| 5 | 燃气压力 | ±10 Pa |
| 6 | 大气压力 | ±300 Pa |
| 7 | 压力传感器 | ±1%满量程 |
| 8 | 测温仪器 | ±1 ℃ |
| 9 | 流量测量仪器 | ±0.5%满量程 |
| 10 | 长度测量仪器 | ±1%满量程 |

表 G.1（续）

| 序号 | 试验仪器 | 精度 |
| --- | --- | --- |
| 11 | $CO_2$ 含量 | ±0.2%满量程 |
| 12 | $O_2$ 含量 | ±0.2%满量程 |
| 13 | CO 含量 | ±5 mL/$m^3$ |
| 14 | $NO_x$ 含量 | ±5 mL/$m^3$ |
| 15 | 计时器 | ±0.1 s |
| 16 | 声级计 | ±0.5 dB(A) |
| 17 | 振动检测仪 | ±0.2mm/s |
| 18 | 接地电阻测试仪 | ±1.5% |
| **注**：在配套锅炉上对燃烧器进行的型式试验，流量测量仪器精度要求为±1.5%满量程。 | | |

## G.4.2 测试项目精度

型式试验测试项目的精度应符合表 G.2 的要求。

**表 G.2 型式试验测试项目的精度要求**

| 序号 | 测试项目 | 误差 |
| --- | --- | --- |
| 1 | 燃烧室长度 $l_1$ | ±3% |
| 2 | 燃烧器进风温度 | ±2 ℃ |
| 3 | 燃烧室压力(运行时) | ±5% |
| 4 | 燃烧室压力(启动时) | ±10% |
| 5 | 燃料消耗量 | ±2.5 % |
| 6 | $CO_2$ 含量 | ±0.3%(体积) |
| 7 | $O_2$ 含量 | ±0.3%(体积) |
| 8 | CO 含量 | ±10 mL/$m^3$ |
| 9 | $NO_x$ 含量 | ±10 mL/$m^3$ |
| 10 | 燃料温度 | ±2.5 ℃ |
| 11 | 噪声 | ±0.5 dB(A) |
| 12 | 接地电阻 | ±1.5% |
| **注**：在配套锅炉上对燃烧器进行的型式试验，流量测量仪器精度要求为±1.5%满量程。 | | |

# 附　录　H
## （规范性附录）
## 型式试验、出厂检验、改造后检验和在用检测项目

型式试验、出厂检验、改造后检验和在用检测项目见表 H.1。

**表 H.1　型式试验、出厂检验、改造后检验和在用检测项目**

| 序号 | 检测检测项目 | 检验类别 | | | |
|---|---|---|---|---|---|
| | | 型式试验 | 出厂检验 | 改造后检验 | 在用检测 |
| 1 | 结构与设计检查 | ● | ● | ● | ● |
| 2 | 安全与控制装置检查 | ● | ● | ● | ● |
| 3 | 技术文件与铭牌检查 | ● | ● | ● | ● |
| 4 | 泄漏测试 | ● | ● | ● | ● |
| 5 | 启动测试 | ● | ● | ● | — |
| 6 | 前吹扫时间测试 | ● | — | ● | ● |
| 7 | 点火安全时间测试 | ● | — | ● | ● |
| 8 | 熄火安全时间测试 | ● | — | ● | ● |
| 9 | 后吹扫时间测试 | ● | — | ● | ● |
| 10 | 前吹扫风量测试 | ● | — | ● | — |
| 11 | 启动热功率测试 | ● | — | ● | — |
| 12 | 点火测试 | ● | ● | ● | ● |
| 13 | 火焰故障测试 | ● | ● | ● | ● |
| 14 | 火焰稳定性测试 | ● | — | ● | — |
| 15 | 电压改变测试 | ●[a] | — | — | — |
| 16 | 耐热性测试 | ● | — | — | — |
| 17 | 部件表面温度测试 | ● | — | ● | — |
| 18 | 输出热功率范围测试 | ● | — | — | — |
| 19 | 燃烧产物测试 | ● | — | ● | — |
| 20 | 噪声测试 | ● | — | ● | — |
| 21 | 工作曲线测试 | ●[a] | — | — | — |
| 22 | 联锁保护和报警试验 | ● | ● | ● | ● |
| 23 | 控制箱接地电阻试验 | ● | — | — | — |
| 24 | 自振动测试 | ● | — | — | — |
| 25 | 外壳防护等级检查 | ● | — | — | — |

[a] 锅炉现场型式试验时无此项。

# 附 录 I
## （规范性附录）
## 型式试验、出厂检验和在用检验方法

### I.1 燃烧器试验方法

燃烧器的试验，包括符合性检查、安全性能试验和运行性能试验，其主要项目如下：

a） 基本安全要求检查，包括结构与设计检查、安全与控制装置检查、外壳防护等级和技术文件与铭牌检查，主要通过目测、技术文件审查等方法来实现；

b） 安全性能试验，包括密封性试验、前吹扫时间与风量、安全时间、启动热功率、火焰稳定性、电压改变、耐热性能、部件表面温度、接地电阻等项目，通过试验、测试和测量来实现；

c） 运行性能试验，包括输出热功率范围测试以及运行状态下的燃烧产物排放、噪声测试、自振动和工作曲线等项目，通过测试来实现。

### I.2 结构与设计检查

应检查燃烧器的结构与设计是否符合本标准的有关要求，具体检查项目见表 I.1。

**表 I.1 结构与设计检查项目**

| 序号 | 检查项目 | | 序号 | 检查项目 | |
|---|---|---|---|---|---|
| 1 | 液体燃料燃烧器 | 火焰观测孔 | 1 | 气体燃料燃烧器 | 火焰观测孔 |
| 2 | | 防护装置 | 2 | | 防护装置 |
| 3 | | 空气流量调节装置 | 3 | | 空气流量调节装置 |
| 4 | | 材料 | 4 | | 燃气流量调节装置 |
| 5 | | 燃烧器固定 | 5 | | 过滤装置 |
| 6 | | 螺纹与法兰连接 | 6 | | 材料 |
| 7 | | 电气设备及电缆固定 | 7 | | 燃烧器固定 |
| 8 | | 部件封装 | 8 | | 螺纹与法兰连接 |
| 9 | | 电器防护等级 | 9 | | 电气设备及电缆固定 |
| 10 | | 过滤装置 | 10 | | 部件封装 |
| | | | 11 | | 电器防护等级 |

### I.3 安全与控制装置检查

检查燃烧器的安全与控制装置配置是否齐全，是否符合本标准的有关要求。具体检查项目见表 I.2。安全连锁保护功能的检查，应通过在实验室模拟各种异常情况的试验来实现。

**表 I.2 安全与控制装置检查项目**

| 序号 | 检查项目 | | 序号 | 检查项目 | |
|---|---|---|---|---|---|
| 1 | 液体燃料燃烧器 | 点火装置 | 1 | 气体燃料燃烧器 | 点火装置 |
| 2 | | 火焰监测装置 | 2 | | 火焰监测装置 |
| 3 | | 安全切断阀布置 | 3 | | 主燃气控制阀系统 |
| 4 | | 前吹扫功能 | 4 | | 前吹扫功能 |
| 5 | | 安全连锁 | 5 | | 安全连锁 |
| 6 | | 警示标志 | 6 | | 空气、燃气控制 |
| 7 | | 燃料预热 | 7 | | 放散管直径 |
| | | | 8 | | 系统关闭 |
| | | | 9 | | 警示标志 |

## I.4 技术文件与铭牌检查

检查出厂技术文件、产品使用说明书、铭牌等是否符合本标准的有关要求。

## I.5 泄漏试验

气体燃料燃烧器在运行前，应对燃烧器及其燃气阀组进行工作压力下的泄漏检测，检测结果应无泄漏。

## I.6 启动测试

燃烧器按照附录 H 型式试验条件的要求安装，检查启动条件，应符合 7.1.1 的要求。

## I.7 前吹扫时间与风量测量

前吹扫时间和风量按照下列方法进行：

a) 前吹扫时间测量：测量燃烧器在点火前风门处于吹扫位置的持续吹扫时间；

b) 前吹扫风量测量：测量燃烧器点火前风机的吹扫空气流量。

上述前吹扫时间与吹扫风量测试次数各不少于 3 次，每次测试结果均应符合 7.1.2 的要求。

## I.8 后吹扫时间测量

测量燃烧器的安全切断阀关闭后，空气吹扫过程持续的时间，测试结果应符合 7.1.3 的要求。

## I.9 启动热功率测量

**I.9.1** 测量燃烧器在点火过程中的燃料输入量，计算出燃烧器的启动热功率，测试结果应符合 7.1.5 的要求。

**I.9.2** 输出热功率计算方法如下：

a) 气体燃料燃烧器的输出热功率可以通过式(I.1)或式(I.2)来计算：

$$Q_N = 0.278\ M_N \times H_i \qquad (I.1)$$

$$Q_N = 0.278\ V_N \times H_i \qquad (I.2)$$

式中：

$Q_N$ ——输出热功率，单位为千瓦(kW)；

$M_N$ ——在标准状态下(温度为 273.15 K，压力为 101.325 kPa)干燃气的质量(重量)流量，单位为千克每小时(kg/h)；

$V_N$ ——在标准状态下(温度为 273.15 K，压力为 101.325 kPa)干燃气的体积流量，单位为立方米每小时($m^3/h$)；

$H_i$ ——燃气净热值，在式(I.1)中单位为兆焦每千克(MJ/kg)，式(I.2)中单位为兆焦每立方米($MJ/m^3$)。

燃气在测试期间并不处于标准状态，应将实际测量的结果进行修正。当燃气以质量(重量)为单位时，可以通过式(I.3)对质量(重量)流量进行修正；当燃气以体积为单位时，可以通过式(I.4)对体积流量进行修正。

$$M_o = M\sqrt{\frac{101.325 + p}{p_{at} + p}\ \frac{273.15 + t_g}{273.15}\ \frac{d_r}{d}} \qquad (I.3)$$

式中：

$M_o$ ——标准状态下的质量(重量)流量，单位为千克每小时(kg/h)；

$M$ ——测试状态下的质量(重量)流量，单位为千克每小时(kg/h)；

$p$ ——燃气压力，单位为千帕(kPa)；

$p_{at}$ ——大气压力，单位为千帕(kPa)；

$t_g$ ——燃气温度，单位为摄氏度(℃)；

$d_r$ ——干标准气体相对于干空气的密度；

$d$ ——干燃气相对于干空气的密度。

$$V_o = V\sqrt{\frac{101.325 + p}{101.325}\ \frac{p_{at} + p}{101.325}\ \frac{273.15}{273.15 + t_g}\ \frac{d}{d_r}} \qquad (I.4)$$

式中：

$V_o$ ——标准状态下的体积流量，单位为立方米每小时($m^3/h$)；

$V$ ——测试状态下的体积流量，单位为立方米每小时($m^3/h$)。

$M_o$与$V_o$可通过式(I.5)进行转换：

$$M_o = 1.226 \times V_o \times d \qquad (I.5)$$

b) 液体燃料燃烧器输出热功率可通过式(I.6)计算：

$$Q_N = 0.278B \times H_i \qquad (I.6)$$

式中：

$Q_N$ ——输出热功率，单位为千瓦(kW)；

$B$ ——燃料消耗量，单位为千克每小时(kg/h)；

$H_i$ ——燃料净热值，单位为兆焦每千克(MJ/kg)。

## I.10 点火测试

### I.10.1 气体燃料燃烧器

在正常供气压力下，主燃烧器和点火燃烧器使用设计的燃气种类，以达到最大输出热功率，验证是否符合 7.1.5 和 7.3.1 的要求。

### I.10.2 液体燃料燃烧器

在确保燃烧器的每次正确启动和点火测试后，除以下情况以外，还应遵守相关标准规定的安全条件：

a) 冷却介质温度应在 40 ℃～80 ℃之间；

b) 助燃空气温度和实验室温度在 5 ℃～35 ℃之间。

在此状态下，验证是否满足 7.3.4 的要求。

## I.11 安全时间测量

安全时间按照下列方法进行：

a) 点火安全时间测量：燃烧器启动时，用安全时间测试仪测量从燃料进入炉膛点火失败到燃料快速切断装置开始动作的时间间隔；

b) 熄火安全时间测量：燃烧器运行时，用安全时间测试仪测量从火焰检测装置发出火焰熄灭的信号到安全切断阀开始关闭的时间间隔。

上述点火安全时间和熄火安全时间试验次数各不少于 3 次，每次试验结果均应符合 7.1.4 的要求。

## I.12 点火故障测试

燃烧器启动后，将火焰监测装置从燃烧器中拔出，测试结果应满足 7.1.8.2 的要求。

## I.13 火焰稳定性测试

**I.13.1** 火焰稳定性试验，在燃烧器处于以下运行状态时进行：

a) 燃烧器处于最大输出热功率运行状态；

b) 燃烧器处于最小输出热功率运行状态；

c) 电压改变时(0.85 倍～1.1 倍额定电压)运行状态。

**I.13.2** 根据锅炉对燃烧器的要求，还应根据本标准工作曲线上相应测量点的要求，进行火焰稳定性试验。

**I.13.3** 试验期间，目测火焰稳定性应符合 7.3.1 的要求。

## I.14 电压改变测试

### I.14.1 液体燃料燃烧器

对于液体燃料燃烧器，在最大输出热功率下的测试即将结束时，应进行 0.85 倍额定电压的试验，检查燃烧器点火的可靠性，燃烧器应点火可靠。

### I.14.2 气体燃料燃烧器

对于气体燃烧器，在用设计燃气以及额定电压下运行时，进行以下测试：

a) 在图 I.1 和图 I.2 中测点 1 状态下，按照表 I.3 的规定，调节过量空气系数($\alpha$)，同时调节电压至 0.85 倍额定电压，检测烟气中 CO 的含量，其含量不应超过 2 000 mg/m$^3$；

b) 在图 I.1 和图 I.2 中测点 1 状态下，按照表 I.3 的规定，调节过量空气系数($\alpha$)，随后电压减至 0.7 倍额定电压，检测烟气中 CO 的含量，其结果不能超过 1%(体积分数)，并且能保证连续安全运行，否则应安全停机。

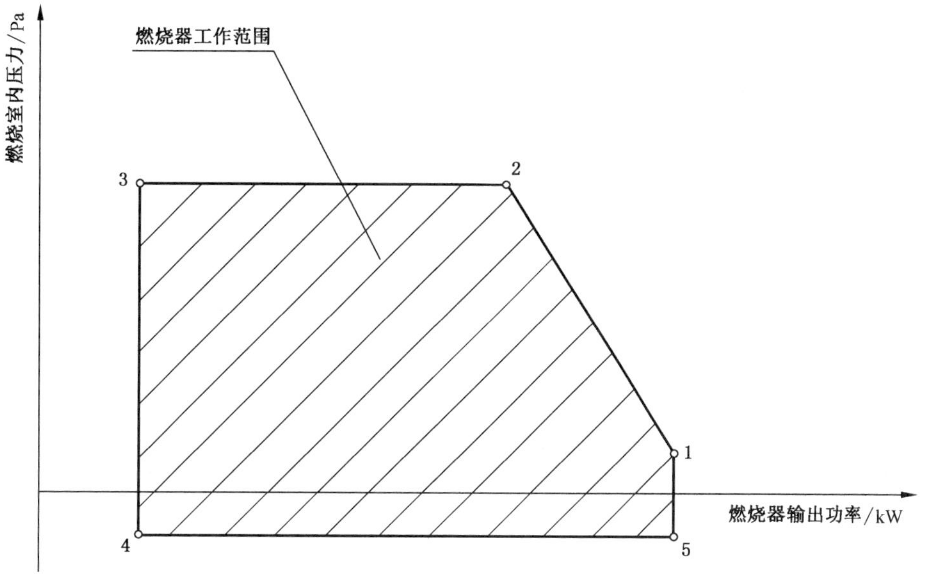


图 I.1 单级调节燃烧器工作曲线和测点图

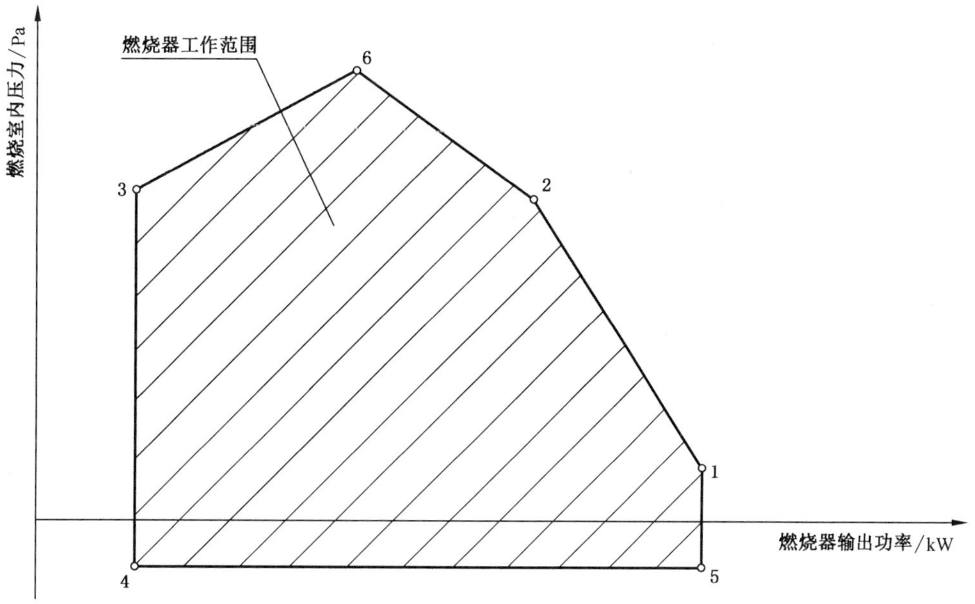


图 I.2 多级调节式或连续调节式燃烧器工作曲线和测点图

表 I.3 气体燃料燃烧器过量空气系数要求

| 燃烧器类型 | 负荷调节比 | 过量空气系数($\alpha$) | | | | | |
|---|---|---|---|---|---|---|---|
| | | 测点 1 | 测点 2 | 测点 3 | 测点 4 | 测点 5 | 测点 6 |
| 单级 | — | ≤1.2 | ≤1.2 | ≤1.3 | ≤1.3 | ≤1.2 | — |
| 多级或连续调节 | ≤4 | ≤1.2 | ≤1.2 | ≤1.3 | ≤1.3 | ≤1.2 | ≤1.2 |
| | >4 | ≤1.2 | ≤1.2 | ≤1.5 | ≤1.5 | ≤1.2 | ≤1.2 |
| 对于表面燃烧器，测点 1～测点 6 的过量空气系数≤1.6；对于自然通风燃气燃烧器，测点 3 和测点 4 的过量空气系数≤1.4，其他测点的过量空气系数≤1.3。<br>**注**：测点 1～测点 6 见图 I.1 和图 I.2。 | | | | | | | |

## I.15 耐热性能测试

耐热性测试按照下列方法进行：

a) 液体燃料燃烧器耐热性能测试：将燃烧器的输出热功率调整至最大值，燃烧室内压调整至最小值、过量空气系数($\alpha$)调整至设计值，同时，供以额定电压，在燃烧器运行 10 min 后进行；

b) 气体燃料燃烧器耐热性能测试：燃烧器被供给以 1.09 倍额定最大热功率的设计燃气，同时，将燃烧室压力调整至制造单位提供的最大热功率时的压力，在燃烧器运行 10 min 后进行。

上述燃烧器耐热性能的测试结果，应要求燃烧器上所有部件的材料除其固有的表面缺陷以外，不能有任何变形、开裂、过热等现象。

## I.16 燃烧器部件表面温度测试

部件表面温度测试按照下列方法进行：

a) 测量燃烧器在未运行时控制装置与安全装置的表面温度；

b) 在额定电压下，将燃烧器的输出热功率调整至最大值，燃烧室内压调整至最小值、过量空气系数($\alpha$)调整至设计值；

c) 在燃烧器运行 30 min 以后，测量燃烧器控制装置与安全装置的表面温度。

上述燃烧器部件表面温度测试结果，应符合 7.3.2 的要求。

## I.17 输出热功率范围测试

### I.17.1 最大输出热功率测试

最大输出热功率测试按照下列方法进行：

a) 将燃烧器输出热功率调整至最大值，供电电压调整至额定电压，燃烧室压力调整至最小值，过量空气系数($\alpha$)调整至小于或等于 1.2；

b) 检测烟气中 CO，$NO_x$ 的含量、烟气黑度(仅对液体燃料燃烧器)和过量空气系数($\alpha$)，测试结果应符合 7.4.1.1 和 7.4.1.2 的要求；

c) 实时记录燃料输入量；

d) 试验持续时间为 20 min，试验数据每隔 5 min 记录一次；

e) 按照 I.9.2，计算出燃烧器的最大输出热功率。

### I.17.2 最小输出热功率测试

最小输出热功率按照下列方法进行：

a) 将燃烧器输出热功率调整至最小值，供电电压调整至额定电压，燃烧室压力调整至最大值，气体燃料燃烧器和液体燃料燃烧器的过量空气系数分别按照表 I.3 和表 I.4 中测点 3 的要求调整；
b) 测试烟气中 CO，$NO_x$ 的含量、烟气黑度（仅对燃油燃烧器）和过量空气系数（$\alpha$），测试结果应符合 7.4.1.1 和 7.4.1.2 的要求；
c) 实时记录燃料输入量；
d) 测试持续时间为 20 min，测试数据每隔 5 min 记录一次；
e) 按照 I.9.2，计算出燃烧器的最小输出热功率。

燃烧器制造单位提供的输出热功率范围与上述测试结果的误差不应超过±5%。

**表 I.4 液体燃料燃烧器过量空气系数要求**

| 燃烧器类型 | 过量空气系数（$\alpha$） | | | | | |
|---|---|---|---|---|---|---|
| | 测点 1 | 测点 2 | 测点 3 | 测点 4 | 测点 5 | 测点 6 |
| 单级、多级调节或连续调节 | ≤1.2 | ≤1.2 | ≤1.5 | ≤1.5 | ≤1.2 | ≤1.2 |
| 注：测点 1～测点 6 见图 I.1 和图 I.2。 | | | | | | |

## I.18 燃烧产物排放测试

### I.18.1 烟气成分测试

在燃烧器工作曲线各测点（见图 I.1 和图 I.2）的测试中，用烟气分析仪对烟气成分进行分析，其中烟气分析测点按照图 G.5 布置。

### I.18.2 烟气黑度测试

根据燃烧器工作曲线各点（见图 I.1 和图 I.2）的要求，用烟气黑度测量仪器，在与烟气流动垂直的方向进行取样测试，将测量结果与标准烟气黑度标尺进行比对，即可得到烟气黑度值。

### I.18.3 排放物的测量与修正

排放物的测量与修正见附录 D 的规定，测试结果应符合 7.4.1 的要求。

## I.19 噪声测试

噪声测试在燃烧器处于额定输出热功率运行状态下（即工作曲线上测点 2）进行。

测试时，在距离燃烧器 1 m 处选定前、左和右 3 个测点，用声级计分别测量该点在前、左和右 3 个方向上的噪声，各测量 3 次，取所有结果中最大的平均值作为测试结果，测试结果应符合 7.4.2 的要求。

## I.20 工作曲线测试

### I.20.1 测试持续时间

测试持续时间应满足下列要求：

a) 正压运行区域的每个测点为 20 min；
b) 负压运行区域的测点为 10 min；
c) 每一个测点，测量数据每隔 5 min 记录一次。

### I.20.2 测试要求

#### I.20.2.1 一般要求

测试要求应符合以下规定：
a) 在每一个测点的测试过程中，应对燃料输入量和燃烧室压力进行实时记录；
b) 在每一个测点的测试过程中，过量空气系数($\alpha$)和燃烧产物排放应满足本标准的规定。

#### I.20.2.2 燃烧器工作曲线和测点图

工作曲线中的各个测试点按照图 I.1 和图 I.2 进行。

#### I.20.2.3 过量空气系数要求

燃烧器在试验运行时，过量空气系数($\alpha$)应符合 7.3.3 的要求。需要测试燃烧器工作曲线时，对应工作曲线上各测点的过量空气系数还应满足表 I.3、表 I.4 的要求。

### I.20.3 工作曲线测试方法

#### I.20.3.1 液体燃料燃烧器

##### I.20.3.1.1 测点 1 的测试

**I.20.3.1.1.1** 燃烧器应调节至以下状态：
a) 输出热功率至最大值；
b) 供电电压至额定电压；
c) 燃烧室压力至最小值；
d) 过量空气系数，$\alpha \leqslant 1.2$。

**I.20.3.1.1.2** 测试项目如下：
a) 烟气中 CO 和 $NO_x$ 的含量、烟气黑度、过量空气系数($\alpha$)；
b) 部件表面温度；
c) 部件耐热性；
d) 0.85 倍额定电压(燃烧器点火是否可靠)；
e) 火焰稳定性。

##### I.20.3.1.2 测点 2 的测试

**I.20.3.1.2.1** 燃烧器应调节至以下状态：
a) 输出热功率至额定值；
b) 供电电压至额定电压；
c) 燃烧室压力至相应值(对于单级调节燃烧器的最大值)；
d) 过量空气系数，$\alpha \leqslant 1.2$。

**I.20.3.1.2.2** 测试项目包括：烟气中 CO 和 $NO_x$ 含量、烟气黑度、过量空气系数($\alpha$)、噪声。

##### I.20.3.1.3 测点 3 的测试

**I.20.3.1.3.1** 燃烧器应调节至以下状态：

a) 输出热功率至最小值；

b) 供电电压至额定电压；

c) 燃烧室压力至最大值；

d) 过量空气系数，$\alpha \leqslant 1.5$。

I.20.3.1.3.2 测试项目如下：

a) 烟气中 CO 和 $NO_x$ 含量、烟气黑度、过量空气系数($\alpha$)；

b) 火焰稳定性测试。

#### I.20.3.1.4 测点 4 的测试

I.20.3.1.4.1 燃烧器应调节至以下状态：

a) 输出热功率至最小值；

b) 供电电压至额定电压；

c) 燃烧室压力至最小值(可以为零或负压)；

d) 过量空气系数，$\alpha \leqslant 1.5$。

I.20.3.1.4.2 测试项目包括：烟气中 CO 和 $NO_x$ 含量、烟气黑度、过量空气系数($\alpha$)。

#### I.20.3.1.5 测点 5 的测试

I.20.3.1.5.1 燃烧器应调节至以下状态：

a) 输出热功率至最大值；

b) 供电电压至额定电压；

c) 燃烧室压力至最小值(可以为零或负压)；

d) 过量空气系数，$\alpha \leqslant 1.2$。

I.20.3.1.5.2 测试项目包括：烟气中 CO 和 $NO_x$ 含量、烟气黑度、过量空气系数($\alpha$)。

#### I.20.3.1.6 测点 6 的测试

I.20.3.1.6.1 燃烧器应调节至以下状态：

a) 输出热功率至声明值；

b) 供电电压至额定电压；

c) 燃烧室压力至最大值；

d) 过量空气系数，$\alpha \leqslant 1.2$。

I.20.3.1.6.2 测试项目包括：烟气中 CO 和 $NO_x$ 含量、烟气黑度、过量空气系数($\alpha$)。

### I.20.3.2 气体燃料燃烧器

#### I.20.3.2.1 测点 1 的测试

I.20.3.2.1.1 燃烧器燃用额定压力的标准燃气，并且调节至以下状态：

a) 输出热功率至最大值；

b) 供电电压至额定电压；

c) 燃烧室压力至最小值；

d) 过量空气系数，$\alpha \leqslant 1.2$。

I.20.3.2.1.2 测试项目如下：

a) 烟气中 CO 和 $NO_x$ 含量、过量空气系数($\alpha$)；

b) 部件表面温度；

c) 将电压减小至0.85倍额定电压，检测烟气中CO含量，测试结果应满足I.14.2a)的要求；

d) 将电压减小至0.7倍额定电压，检测烟气中CO含量，测试结果应满足I.14.2b)的要求；

e) 火焰稳定性。

#### I.20.3.2.2 测点2、测点5和测点6的测试

I.20.3.2.2.1 单级调节燃烧器测试测点2和测点5；多级调节式或连续调节式燃烧器测试测点6。

I.20.3.2.2.2 燃烧器燃用额定压力的标准燃气，并且调节至以下状态：

a) 输出热功率至声明值；

b) 供电电压至额定电压；

c) 燃烧室压力至最大值(测点2和测点6为正压，测点5为负压或零)；

d) 过量空气系数，$\alpha \leqslant 1.2$。

I.20.3.2.2.3 测试项目如下：

a) 烟气中CO和$NO_x$的含量、过量空气系数($\alpha$)、烟气黑度、噪声；

b) 火焰稳定性。

#### I.20.3.2.3 测点3的测试

I.20.3.2.3.1 燃烧器燃用额定压力的标准燃气，并且调节至以下状态：

a) 输出热功率至最小值；

b) 供电电压至额定电压；

c) 燃烧室压力至最大值；

d) 过量空气系数($\alpha$)按照表I.3的规定调节。

I.20.3.2.3.2 测试项目如下：

a) 烟气中CO和$NO_x$的含量、过量空气系数($\alpha$)；

b) 火焰稳定性。

#### I.20.3.2.4 测点4的测试

按照I.20.3.2.3.1的要求调节燃烧器，并且将燃烧室压力调至最小值(为零或负压)，然后进行以下项目测试：

a) 烟气中CO和$NO_x$的含量、过量空气系数($\alpha$)；

b) 火焰稳定性。

## I.21 其他测试项目

### I.21.1 联锁保护和报警试验

I.21.1.1 在自动控制状态下，点火燃烧器运行至相应程序时，按燃烧器类别分别输入本标准中要求联锁保护的故障状态模拟信号，观察燃烧器是否进入锁定状态并发出声、光报警信号。

I.21.1.2 在一种故障状态下发生锁定和报警后，应进行复位、消声和撤除该故障状态模拟信号，再重新点火燃烧器，进行另一个故障状态的试验，测试结果应符合7.1.9.3的要求。

I.21.1.3 燃烧器进入锁定状态后，不经复位即点火燃烧器，观察燃烧器能否启动。

### I.21.2 控制箱接地电阻测试

使用接地电阻测试仪测量控制箱外壳与大地之间的电阻，测试结果应符合7.2.4的要求。

### I.21.3 自振动测试

**I.21.3.1** 自振动试验应在燃烧器最大输出热功率下进行，用振动检测仪测量其振动速度。

**I.21.3.2** 对于带风机的燃烧器，测试风机的电动机定子两端轴承部位垂直、水平和轴向 3 个方向机壳上的振动速度；对于不带风机的燃烧器，测试壳体上助燃空气入口、出口处的振动速度。

**I.21.3.3** 取各测量值中的最大值作为振动速度实测值，测试结果应符合 7.3.7 的要求。

### I.21.4 外壳防护等级检查

按照 GB/T 4208 的相关规定进行检查，检查结果应符合本标准对各类部件的要求。

ICS 13.300
A 80

# 中华人民共和国国家标准

GB/T 36700.1—2018

# 化学品　水生环境危害分类指导
# 第1部分:导言

**Chemicals—Guidance on hazard classification to the aquatic environment—Part 1:Introduction**

2018-09-17 发布　　2019-04-01 实施

国家市场监督管理总局
中国国家标准化管理委员会　发布

# 前　言

GB/T 36700《化学品　水生环境危害分类指导》分为以下 8 个部分：

——第 1 部分：导言；

——第 2 部分：统一分类方法；

——第 3 部分：水生毒性；

——第 4 部分：降解；

——第 5 部分：生物富集；

——第 6 部分：定量结构活性关系(QSAR)；

——第 7 部分：金属和金属化合物分类；

——第 8 部分：金属和金属化合物在水介质中的转化/溶解指导。

本部分为 GB/T 36700 的第 1 部分。

木部分按照 GB/T 1.1—2009 给出的规则起草。

本部分由全国危险化学品管理标准化技术委员会(SAC/TC 251)提出并归口。

本部分起草单位：环境保护部固体废物与化学品管理技术中心、中华人民共和国安徽出入境检验检疫局、中国化工经济技术发展中心、上海化工研究院有限公司、华峰集团有限公司、北京国石安康科技有限公司、清华大学、汉邦(江阴)石化有限公司。

本部分主要起草人：卢玲、温劲松、刘洪英、马燕、刘晓建、张梦莎、张蕾、聂晶磊、周红、王馨晨、曹梦然、舒耀皋、余刚。

# 化学品　水生环境危害分类指导
# 第1部分：导言

## 1　范围

GB/T 36700的本部分规定了化学品水生环境危害分类指导的统一分类方法、数据解释、水生毒性、降解、生物富集、QSAR的使用、金属及其化合物。

本部分适用于化学品水生环境危害分类的指导。

## 2　规范性引用文件

下列文件对于本文件的应用是必不可少的。凡是注日期的引用文件，仅注日期的版本适用于本文件。凡是不注日期的引用文件，其最新版本（包括所有的修改单）适用于本文件。

GB 30000.28　化学品分类和标签规范　第28部分：对水生环境的危害

GB/T 36700.2　化学品　水生环境危害分类指导　第2部分：统一分类方法

GB/T 36700.3　化学品　水生环境危害分类指导　第3部分：水生毒性

GB/T 36700.4　化学品　水生环境危害分类指导　第4部分：降解

GB/T 36700.5　化学品　水生环境危害分类指导　第5部分：生物富集

GB/T 36700.6　化学品　水生环境危害分类指导　第6部分：定量结构活性关系（QSAR）

GB/T 36700.7　化学品　水生环境危害分类指导　第7部分：金属和金属化合物分类

GB/T 36700.8　化学品　水生环境危害分类指导　第8部分：金属和金属化合物在水介质中的转化/溶解指导

联合国《全球化学品统一分类和标签制度》（第六修订版）（Globally Harmonized System of Classification and Labelling of Chemicals, GHS）

## 3　术语和定义、缩略语

### 3.1　术语和定义

GB 30000.28界定的以及下列术语和定义适用于本文件。

3.1.1

**水生环境　aquatic environment**

淡水和咸水中的水生生态系统和生活在其中的生物体。

3.1.2

**物质　substance**

自然状态或通过任何生产过程得到的化学元素及其化合物，包括维持产品稳定所需的任何添加剂和来自生产过程的任何杂质，但不包括任何可分离且不影响物质稳定性或改变其组成的溶剂。

3.1.3

**混合物　mixture**

两种或多种物质混合但不起反应的物质或溶液。

3.1.4

**困难物质　difficult substances**

在水生系统中难以进行试验的物质，主要表现为标准试验方法不适用，或者难以对试验数据给出恰当解释等。

3.1.5

**证据权重法　weight of evidence approach**

综合考虑影响分类的所有可用信息，评估其质量和可靠性，并依据证据的总权重进行判定。

3.1.6

**水容纳成分　water accommodated fraction；WAF**

多组分物质或混合物的水溶性组分，包括在水中溶解和/或悬浮和/或乳化的组分。

## 3.2　缩略语

下列缩略语适用于本文件。

BCF：生物富集系数（Bioconcentration factor）

$EC_{50}$：半数效应浓度（Concentration for 50% of maximal effect）

GHS：全球化学品统一分类和标签制度（Globally Harmonized System of Classification and Labelling of Chemicals）

$K_{ow}$：正辛醇-水分配系数（*n*-octanol-water partition coefficient）

$LC_{50}$：半数致死浓度（Lethal concentration 50）

NOEC：无效应浓度（No observed effect concentration）

QSAR：定量结构活性关系（Quantitative structure-activity relationship）

WAF：水容纳成分（Water accommodated fraction）

WSF：水溶解成分（Water soluble fraction）

# 4　指导

## 4.1　统一分类方法

4.1.1　对化学品进行水生环境危害分类，应综合考虑急性水生毒性、慢性水生毒性和降解性以及潜在或实际的生物富集性等数据。

4.1.2　水生环境危害分类涉及的数据指标较多，每种数据指标都存在较为复杂的解释问题，通常应进行证据权重分析或专家判断。

4.1.3　GHS 制度的目标在于议定共同分类标准后，使用一套共同数据，使分类结果可为全球接受。首先应对可适用分类标准的数据类型和质量要求形成共识，然后在对照标准进行评估时，对数据有相同的解释。分类指导文件旨在寻求扩充和解释分类标准和试验准则的方法，以便对其基本原理的理解达成共识，并尽可能确定相同的数据解释方法，以确保形成真正统一的自动分类系统。

4.1.4　GB/T 36700.2 对相关标准和标准选择的基本原理进行了详细说明，并介绍了在实际中如何运用统一分类方法，内容包括共同的数据源、采用质量标准的必要性、当数据集不完整或者有大数据集导致无法明确分类时如何分类，以及常见的其他问题。此外，还对如何判读来自现有数据库数据，包括使用非标准数据，以及应用于各项数据指标的特定质量标准，提供详细的专家意见，并对困难物质的数据解释进行说明，提出适当的解决办法。

## 4.2 数据解释

4.2.1 水生环境危害分类应优先采用根据国际公认试验方法产生的测试数据。但大多可用于分类的数据不是根据标准试验产生,并且即使采用标准试验方法,某些复杂物质、水解不稳定物质、聚合物等的测试结果,仍存在数据难以解释和难以分类等问题。

4.2.2 数据解释主要依靠负责分类工作的个人能力和经验。本部分可助于解决一些常见难题,并按照可接受的专家判断意见加以指导,对获得可靠和一致分类结果具有辅助作用。数据解释相关问题涉及面较广,主要包括以下几方面:

a) 某些类型的物质如何适用现有试验程序;

b) 对难以试验物质和其他物质数据的解释;

c) 对从各种数据源获得的不同数据集的解释。

4.2.3 对多数有机物质,当适用相关试验准则和分类标准时,测试和数据解释不会出现问题,但对困难物质的测试和数据解释,在确定数据的充分性、解释数据以及将数据用于分类时存在较多问题,困难物质包括:

a) 极难溶解物质:在水生毒性试验过程中,在溶液制备、浓度保持和验证方面存在问题,从而导致试验难以进行。此外,极难溶解物质的许多现有数据是使用超过水溶解度的"溶液"得到的,因此在为分类目的定义真正的 $LC_{50}$ 或 $EC_{50}$ 或 NOEC 时产生难以解释的问题。对分配行为的解释也会遇到问题,因在水中和正辛醇中的溶解性差,且分析方法的灵敏度可能不够。水溶解度通常很难确定,且常表示为低于检测限,给水生毒性和生物蓄积数据解释造成问题。在生物降解研究中,溶解性差则可能导致生物利用率低,从而导致生物降解率低于预期结果。因此,对于极难溶解物质的测试,选择特定试验准则或所用程序十分重要。

b) 不稳定物质:在测试系统中可快速降解(或反应),导致测试和判读方面均存在问题。因此应确定采用的方法是否正确、受试物是母体物质还是降解/反应产物,以及所产生的数据是否与母体物质的分类相关。

c) 挥发性物质:在开放系统进行挥发性物质的测试时会产生严重的数据质量问题,因此应评价是否恰当地保持了暴露浓度的稳定。在生物降解试验中,采用某些测试方法时,受试物的损失无法避免,从而导致对测试结果做出错误解释。

d) 复杂或多组分物质:例如烃类混合物,通常不能溶解于同质溶液中,且难以对多组分物质进行检测。因此,应考虑使用 WAF 水生毒性测试数据进行分类。当混合物中的每一种成分均表现出不同的行为特征时,如生物降解、生物蓄积、分配行为和水溶性等,均会产生一些数据解释问题。

e) 聚合物:聚合物类物质通常具有范围广泛的各种分子官能团,其中只有一部分具有水溶解性。某些特定方法可用于测定其 WSF,应将这些数据用于分类及数据解释。

f) 无机化合物和金属类物质:可与介质相互作用,根据 pH 值和水硬度等不同,产生各种水生毒性。适用于有机化合物的降解概念对金属和无机金属化合物意义有限或无意义。同样,使用生物蓄积数据时也应谨慎。

g) 表面活性物质:可呈乳状液形态,该种形态下较难确定生物利用性。即使形成"溶液"时,胶质粒子的生成也可能导致对生物有效成分估计过高。对于水溶解性、分配系数、生物蓄积和水生毒性研究,均会出现较严重的数据解释问题。

h) 可电离物质:可根据介质中抗衡离子的水平,改变电离程度。例如,根据 pH 值不同,酸和碱会表现出完全不同的解离行为。

i) 有色物质:由于遮挡入射光线,有色物质可对藻类/水生植物的测试产生影响。
j) 杂质:某些物质含有杂质,不同生产批次的杂质百分含量和化学性质可能不同。当杂质的毒性或水溶解性或两者都大于母体物质时,会对毒性数据的解释产生较大影响。

## 4.3 水生毒性

4.3.1 水生毒性是识别一种化学品对水生环境危害的基础。水生环境危害分类根据化学品对鱼类、甲壳纲和藻类/水生植物的现有毒性数据进行。

4.3.2 鱼类、甲壳纲和藻类三个营养水平的基本数据集对水生动物群和植物群的危害识别具有代表意义,且该类特定分类群数据易于检索。此外,降解和生物蓄积行为的其他相关信息,亦可用于更好地反映水生危害。

4.3.3 GB/T 36700.3 对急性和慢性水生毒性数据解释进行了说明,包括困难物质急性、慢性水生毒性数据解释涉及的具体问题,就何时和如何将此类数据用于分类的方法提出了建议;并介绍了水生毒性的相关测试方法,提出了评价数据和使用组合试验结果进行分类的相关概念。

## 4.4 降解

4.4.1 可降解性是判定化学品环境潜在危害性的重要固有特性之一。判定物质在环境中的快速降解性,主要通过快速生物降解性、其他生物和/或非生物的水生环境中降解性数据等进行。可检索到的降解性数据范围较广,分类时应按照可快速降解性标准对数据进行解释。

4.4.2 GB/T 36700.4 对如何使用非标准测试方法产生的降解数据进行了说明,包括利用可得的半衰期、初级降解、土壤降解率数据,并评估是否适合用于外推判定水生降解和环境降解率。此外,还就与分类标准相关的降解性评估估算方法进行了简要说明。

## 4.5 生物富集

4.5.1 生物富集是判定化学品环境潜在危害性的重要固有特性之一。化学品的生物富集数据,既可根据标准化试验获得,也可根据其分子结构进行估算。

4.5.2 GB/T 36700.5 对可用于确定生物富集潜力的方法进行了说明,阐述了分配系数和 BCF 之间的关系,就现有数据解释、无现成测试数据情况下利用 QSAR 估算分配系数、处理困难物质判定的具体问题,以及高分子量物质生物富集性判定等提出了指导建议。

## 4.6 QSAR

4.6.1 QSAR 数据主要用于填补分类目的的数据缺失,其可靠性随着化学品结构复杂程度的增加而减小。因此,QSAR 数据仅限于在无法取得可靠数据情况下使用,当具有有效测试数据时,应使用测试数据进行分类,而不是 QSAR 数据。

4.6.2 现有 QSAR 的可靠性和适用性范围差别较大,预测每一个终点指标应使用不同的限制条件,并不是所有物质均适合使用 QSAR 估测方法。

4.6.3 GB/T 36700.6 对何时及如何使用 QSAR 提供指导。

## 4.7 金属及其化合物

4.7.1 对于金属和无机金属化合物而言,生物降解性和 $K_{ow}$ 等特定标准无法适用,分类应选择不同的方法。

4.7.2 金属和无机金属化合物的生物蓄积过程较复杂,应谨慎使用生物蓄积数据,在应用生物蓄积标准时，应在充分考虑所有现有数据的基础上，具体分析。

4.7.3 金属和金属化合物能与介质相互作用，从而影响金属离子的溶解度、在水相中的分配及存在于水相的金属种类。在水相中，通常是溶解的金属离子导致毒性效应。物质与介质之间的相互作用可能增加也可能减少离子水平从而影响毒性大小。因此，物质是否可形成金属离子并溶解于水、形成速率大小对于分类判定具有重要意义。

4.7.4 GB/T 36700.7 对金属和无机金属化合物分类的标准、方法以及相关特殊问题提供指导。

4.7.5 GB/T 36700.8 对判定金属和金属化合物在水生介质中的转化/溶解提供指导。

ICS 13.300
A 80

# 中华人民共和国国家标准

GB/T 36700.2—2018

# 化学品 水生环境危害分类指导 第2部分：统一分类方法

Chemicals—Guidance on hazard classification to the aquatic environment—Part 2: Harmonized classification of method

2018-09-17 发布 2019-04-01 实施

国家市场监督管理总局
中国国家标准化管理委员会 发布

# 前　言

GB/T 36700《化学品　水生环境危害分类指导》分为以下8个部分：

——第1部分：导言；

——第2部分：统一分类方法；

——第3部分：水生毒性；

——第4部分：降解；

——第5部分：生物富集；

——第6部分：定量结构活性关系(QSAR)；

——第7部分：金属和金属化合物分类；

——第8部分：金属和金属化合物在水介质中的转化/溶解指导。

本部分为GB/T 36700的第2部分。

本部分按照GB/T 1.1—2009给出的规则起草。

本部分由全国危险化学品管理标准化技术委员会(SAC/TC 251)提出并归口。

本部分起草单位：中华人民共和国安徽出入境检验检疫局、环境保护部固体废物与化学品管理技术中心、中华人民共和国常州出入境检验检疫局、中国化工经济技术发展中心、华峰集团有限公司、清华大学、北京国石安康科技有限公司、汉邦(江阴)石化有限公司。

本部分主要起草人：温劲松、卢玲、季汝武、汪蓉、张蕾、卞学东、张梦莎、王馨晨、孙昊、杨琨、曹梦然、范宾、余刚、黄俊。

# 化学品　水生环境危害分类指导　第2部分：统一分类方法

## 1　范围

GB/T 36700 的本部分规定了化学品对水生环境危害分类涉及统一分类方法的分类类别和标准、基本原理、应用、数据有效性和数据质量等内容。

本部分适用于化学品水生环境危害分类时对统一分类方法的指导。

## 2　规范性引用文件

下列文件对于本文件的应用是必不可少的。凡是注日期的引用文件，仅注日期的版本适用于本文件。凡是不注日期的引用文件，其最新版本（包括所有的修改单）适用于本文件。

GB 30000.28　化学品分类和标签规范　第28部分：对水生环境的危害

GB/T 36700.3　化学品　水生环境危害分类指导　第3部分：水生毒性

GB/T 36700.6　化学品　水生环境危害分类指导　第6部分：定量结构活性关系（QSAR）

联合国《全球化学品统一分类和标签制度》（第六修订版）（Globally Harmonized System of Classification and Labelling of Chemicals，GHS）

## 3　术语和定义、缩略语

### 3.1　术语和定义

GB 30000.28 界定的以及下列术语和定义适用于本文件。

3.1.1

**急性水生毒性　acute aquatic toxicity**

可对在水中短时间接触该物质的生物体造成伤害，是物质本身的性质。

3.1.2

**慢性水生毒性　chronic aquatic toxicity**

可对在水中长时间接触该物质的生物体造成有害影响，是物质本身的性质。

注：接触时间根据生物体的生命周期确定。

3.1.3

**困难物质　difficult substances**

在水生系统中难以进行试验的物质。

注：主要表现为标准试验方法不适用，或者难以对试验数据给出恰当解释等。

### 3.2　缩略语

下列缩略语适用于本文件。

BCF：生物富集系数（Bioconcentration factor）

$EC_{50}$：半数效应浓度（Concentration for 50% of maximal effect）

$EC_x$：$x$%效应浓度（Concentration for $x$% of maximal effect）

GHS:全球化学品统一分类和标签制度(Globally Harmonized System of Classification and Labelling of Chemicals)

GLP:良好实验室规范(Good laboratory practices)

$K_{ow}$:正辛醇-水分配系数(*n*-octanol-water partition coefficient)

$LC_{50}$:半数致死浓度(Lethal concentration 50)

NOEC:无效应浓度(No observed effect concentration)

QSAR:定量结构活性关系(Quantitative structure-activity relationship)

## 4 分类类别和标准

急性水生毒性和慢性水生毒性的危害类别及其相关标准见 GB 30000.28。

## 5 基本原理

5.1 GHS 制度采用急性水生毒性和慢性(或长期)水生毒性两种危害类别来描述化学品对水生生物的固有危害。由于急性水生毒性和慢性水生毒性代表不同的危害类别,无法比较它们的相对严重性,因此在进行分类时应分别判断急性水生毒性和慢性水生毒性。

5.2 GHS 制度定义的水生环境危害种类与化学品的潜在慢性危害有关,这些影响通常是亚致死效应(如对生殖产生影响)或因长期暴露而产生的效应。公众高度关注化学品在环境中的慢性危害效应,但慢性毒性数据的获取成本很高,多数物质一般难以获得相关数据;同时,急性数据相对容易获得,或者可通过高度标准化的测试方法得到数据。在没有充足的慢性毒性数据时,应将急性毒性数据用于分类,但如果有充分的慢性毒性数据时,应优先将其用于分类。

5.3 慢性毒性和归趋特性共同反映了物质的潜在危害。不可快速降解物质具有更长期暴露的可能性,应比可快速降解物质划入更严格的子类别,参见 GB/T 36700.3。

5.4 仅用急性毒性数据预测慢性毒性不够充分,不应单独和直接将其用于慢性危害分类。但若与生物蓄积潜力(即 $\lg K_{ow} \geqslant 4$,除非 BCF<500)和/或长期暴露潜力(即不易降解性)相结合,可作为替代因子用于分类。具有急性毒性、较高生物蓄积性并且可快速降解的物质在浓度很低时往往也会表现出慢性毒性。同样,不能快速降解且有较高的长期暴露潜能的物质,也会表现出慢性毒性。在没有充分的慢性毒性试验数据情况下,满足以下任何一个条件,应归入慢性类别 1:

a) 任何适当水生物种的 $LC_{50}$ 或 $EC_{50} \leqslant 1$ mg/L 且具有生物蓄积潜力($\lg K_{ow} \geqslant 4$,除非 BCF<500);

b) 任何适当水生物种的 $LC_{50}$ 或 $EC_{50} \leqslant 1$ mg/L 且不易快速降解。

5.5 对于水溶解度<1 mg/L 的某些极难溶解物质,在溶解度范围内进行的毒性试验中显示无急性水生毒性,但如果物质具有生物蓄积潜力(BCF≥500,或没有 BCF 数值时,$\lg K_{ow} \geqslant 4$),且不能快速降解,则应使用安全网分类,归入慢性危害类别 4。对于该类型物质,短期试验暴露时间较短,以致物质在试验生物体内的富集无法达到稳定状态。此外,短期(急性)试验中没有表现出急性毒性,仍可能产生慢性毒性作用,特别是缓慢的降解可能导致物质在水生环境中长期暴露。

5.6 确定水生毒性时,难以对水生生态系统中的所有物种进行试验,应选择能覆盖一定范围营养水平和生物类群的物种作为代表性物种。鱼类、甲壳纲和水生植物等生物类群作为"基本类群"的代表性物种,可作为充分有效描述危害的最小数据集。通常将最低有效毒性数值用于确定水生危害毒性类别。

## 6 应用

6.1 确定一种物质是否需要分类时,应在相关数据库和其他数据源中查找下列数据:

a) 水中溶解度；
b) 急性水生毒性($LC_{50}$或 $EC_{50}$)；
c) 慢性水生毒性(NOEC 和/或等效的 $EC_x$)；
d) 可降解性(特别是快速生物降解的证据)；
e) 水中稳定性；
f) 鱼类生物富集系数(BCF)；
g) 正辛醇-水分配系数(lg $K_{ow}$)。

6.2 为进行分类，应检索并考虑所有现有水生毒性数据，并从中选择满足分类质量标准的数据。如没有满足国际标准方法规定的质量标准的现成数据，则需要对任何现有数据进行检查，以确定是否能进行分类。如果数据表明，可溶性物质的急性水生毒性 $LC_{50}$或 $EC_{50}$大于 100 mg/L，且慢性水生毒性大于 1 mg/L，则不应对该物质进行危害分类。许多情况下，试验过程中不会出现任何效应，则可将水生毒性记录为“大于水中溶解度”，即水中溶解度范围内的物质在试验介质中，没有急性毒性。出现这种情况且在试验介质中的水中溶解度大于或等于 1 mg/L 时，也不应进行分类。

6.3 如果已掌握慢性水生毒性数据，分类标准限值将取决于物质是否可快速降解。因此，对于不能快速降解的物质和没有可降解性资料的物质，限值水平要高于经确认可快速降解的物质(见 GB 30000.28)。

6.4 当最小急性水生毒性数据低于 100 mg/L 并且没有充分的慢性毒性数据，应首先确定危害类别，再确定是否需要采用慢性和/或急性毒性分类。可通过考察分配系数 lg $K_{ow}$和现有降解数据确定。如果 lg $K_{ow}$不小于 4，或者物质不可快速降解，则应分别确定相应的慢性危害类别和急性危害类别。当 BCF 数据可得时，应优先使用通过试验得到的 BCF 数据而不是分配系数(lg $K_{ow}$)。BCF≥500 表示物质具有生物蓄积性，足以将其划入适当的慢性危害类别。如果物质既可快速降解，又有较低的生物蓄积性(BCF<500，或没有 BCF 数值时，lg $K_{ow}$<4)，则不应划为慢性危害类别，除非慢性毒性数据显示相反的情况。

6.5 对未发现具有水生毒性且水溶解度小于 1 mg/L 的极难溶解物质，应进一步通过试验确定需要划为慢性危害类别 4。如物质既不可快速降解，又具有生物蓄积性(BCF≥500，或没有 BCF 数值时，lg $K_{ow}$≥4)，则应划为慢性危害类别 4。

## 7 数据有效性

用于物质分类的数据可来源于测试数据，也可来源于监管数据以及相关的参考文献。尽管有许多得到国际认可的数据库可作为数据源，但不同数据库在数据质量和全面性方面存在很大差异，并且任何一个数据库难以拥有分类所需的全部数据资料。有些数据库专门收集水生毒性数据，还有些专门收集环境归趋方面的数据。分类时应进行必要的研究和检查，以确定现有数据的范围和质量，并将这些数据用于适当的危害类别分类。

## 8 数据质量

8.1 通常，将测试数据用于物质分类时，应优先使用按照化学品分类测试国家标准并由 GLP 实验室进行测试得到的数据，并应使用数据质量最好的数据进行分类。数据质量的评价标准通常包括适用性、准确性、真实性、透明性、充分性、相关性和可靠性等指标。如使用的数据虽然不符合前述标准，但未被认为无效也可以使用。应采用符合下列要求的数据进行分类：

a) 管理机构认可的官方数据源得到的数据，比如，欧盟水质量专著、美国环保局水质量标准等。这些不是仅有的可得数据，使用时还应考虑相关数据的报告日期，其他可得的最新数据也应考虑。

b) 按照化学品分类测试国家标准或公认的国际标准试验方法(如 OECD 准则)得到的数据。这些数据可按照相关数据解释要求用于分类。

c) 通过试验得到、即使不完全符合公认试验准则,但遵循公认的科学原理和程序并且/或者在发表前经过同行审查的数据。对于这些数据,如果没有记录所有的试验细节,应判断并确定是否有效。这样的数据通常可在分类方法内使用。

d) 定量结构活性关系(QSAR)数据的使用环境和有效性要求见 GB/T 36700.6。

e) 来自二级数据源,例如来自手册、评论、引用资料等的数据,这些数据源的数据质量无法直接评估,应审查确定是否可用于分类。这类数据应足够详细,以便于进行数据质量评价。在确定数据是否可用于分类时,应适当考虑试验中的困难,因为数据质量和报告的结果有可能受到影响,进而影响对危害水平的识别,见 GB/T 36700.3。

注:明显偏离试验方法且被视为试验程序不可靠的数据,不应用于分类。

8.2 不完整的毒性数据集也可用于分类,例如,三个营养水平生物的数据不能全部获得,此时分类可被认为是“临时”的,但需要进一步收集信息资料。通常,在进行分类之前,对所有的可得数据都应予以考虑。在没有优质数据的情况下,可考虑质量较差的数据,但应对真实的危害水平作出判断。此外,使用数据时还应考虑对数据结果有效性产生影响的各种因素,例如试验细节和试验设计对评估某些化学品数据的有效性至关重要(例如来自水解不稳定的化学品的数据),而对于其他化学品则没有这么重要。有关困难物质的讨论见 GB/T 36700.3。

8.3 通常,根据从待评估物质的试验中直接得到的信息识别危害并据此分类。但有些情况下,试验中可能会遇到一些困难,或者得到的结果与常识不符。例如,某些化学品,虽然在原包装容器内很稳定,但在水中却发生快速(或慢速)反应,可能生成具有不同性质的降解产物。当降解速度很快时,现有试验数据表达的是降解产物的危害性,这些数据可按正常方式用于对母体物质的分类;当降解速度缓慢时,则应对母体物质进行试验,按正常方式产生危害数据。随后的降解可在确定是适用急性还是慢性危害类别时予以考虑。当试验物质发生降解,生成具有更大危害性的产物时,母体物质的分类应适当考虑降解产物的危害性,以及在正常环境条件下形成这种危害的速度。

ICS 13.300
A 80

# 中华人民共和国国家标准

GB/T 36700.3—2018

# 化学品　水生环境危害分类指导
# 第3部分：水生毒性

Chemicals—Guidance on hazard classification to the aquatic environment—Part 3: Aquatic toxicity

2018-09-17 发布　　　　2019-04-01 实施

国家市场监督管理总局
中国国家标准化管理委员会　发布

# 前　言

GB/T 36700《化学品　水生环境危害分类指导》分为以下 8 个部分：

——第 1 部分：导言；

——第 2 部分：统一分类方法；

——第 3 部分：水生毒性；

——第 4 部分：降解；

——第 5 部分：生物富集；

——第 6 部分：定量结构活性关系(QSAR)；

——第 7 部分：金属和金属化合物分类；

——第 8 部分：金属和金属化合物在水介质中的转化/溶解指导。

本部分为 GB/T 36700 的第 3 部分。

本部分按照 GB/T 1.1—2009 给出的规则起草。

本部分由全国危险化学品管理标准化技术委员会(SAC/TC 251)提出并归口。

本部分起草单位：环境保护部固体废物与化学品管理技术中心、中华人民共和国安徽出入境检验检疫局、中国化工经济技术发展中心、上海化工研究院有限公司、华峰集团有限公司、清华大学、北京国石安康科技有限公司、江阴澄星日化有限公司。

本部分主要起草人：卢玲、温劲松、滕晓明、刘晓建、杨琨、马嘉乐、张蕾、刘洪英、周红、王馨晨、曹梦然、莫俊超、王斌。

# 化学品　水生环境危害分类指导 第3部分:水生毒性

## 1　范围

GB/T 36700的本部分规定了化学品水生环境危害分类涉及的水生毒性及试验方法、证据权重、困难物质和数据质量解释的指导。

本部分适用于化学品水生环境危害分类中涉及水生毒性的指导。

## 2　规范性引用文件

下列文件对于本文件的应用是必不可少的。凡是注日期的引用文件,仅注日期的版本适用于本文件。凡是不注日期的引用文件,其最新版本(包括所有的修改单)适用于本文件。

GB/T 21805　化学品　藻类生长抑制试验

GB/T 21828　化学品　大型溞繁殖试验

GB/T 21830　化学品　溞类急性活动抑制试验

GB/T 21854　化学品　鱼类早期生活阶段毒性试验

GB/T 27861　化学品　鱼类急性毒性试验

GB 30000.28　化学品分类和标签规范　第28部分:对水生环境的危害

GB/T 35524　化学品　浮萍生长抑制试验

GB/T 36700.6　化学品　水生环境危害分类指导　第6部分:定量结构活性关系(QSAR)

GB/T 36700.7　化学品　水生环境危害分类指导　第7部分:金属和金属化合物分类

OECD NO.11　关于工业化学品和农药的水生毒性测试方法(Detailed review paper on aquatic testing methods for pesticides and industrial chemicals)

OECD NO.23　困难物质和混合物的水生毒性测试指南(Guidance document on aquatic toxicity testing of difficult substances and mixtures)

OECD NO.54　生态毒性试验数据的统计分析方法指导(Current approaches in the statistical analysis of ecotoxicity data:A guidance to application)

USEPA OCSPP 850.1035　糠虾急性毒性试验(Mysid acute toxicity test)

USEPA OCSPP 850.1350　糠虾慢性毒性试验(Mysid chronic toxicity test)

USEPA OCSPP 850.1500　鱼类生命周期试验(Fish life cycle toxicity)

USEPA OCSPP 850.4400　浮萍水生植物毒性试验(Aquatic plant toxicity test using *Lemna* spp)

联合国《全球化学品统一分类和标签制度》(第六修订版)(Globally Harmonized System of Classification and Labelling of Chemicals,GHS)

## 3　术语和定义、缩略语

### 3.1　术语和定义

GB 30000.28界定的以及下列术语和定义适用于本文件。

3.1.1

**困难物质 difficult substances**

在水生系统中难以进行试验的物质，主要体现为标准试验方法不适用，或者难以对试验数据给出恰当解释等。

3.1.2

**证据权重法 weight of evidence approach**

综合考虑影响分类的所有可用信息，评估其质量和可靠性，并依据证据的总权重进行判定。

3.1.3

**混合物 mixture**

两种或多种物质混合但不起反应的物质或溶液。

3.1.4

**水容纳成分 water accommodated fraction；WAF**

多组分物质或混合物的水溶性组分，包括在水中溶解和/或悬浮和/或乳化的组分。

### 3.2 缩略语

下列缩略语适用于本文件。

BCF：生物富集系数(Bioconcentration factor)

$EC_{50}$：半数效应浓度(Concentration for 50% of maximal effect)

$EC_x$：$x$%效应浓度(Concentration for $x$% of maximal effect)

GLP：合格实验室规范(Good laboratory practices)

$K_{ow}$：正辛醇-水分配系数($n$-octanol-water partition coefficient)

$LC_{50}$：半数致死浓度(Lethal concentration 50)

$LC_x$：$x$%致死浓度(Lethal concentration $x$)

$LL_{50}$：半数致死负荷(50% lethal loading level)

NOEC：无效应浓度(No observed effect concentration)

OECD：经济合作与发展组织(Organization for economic co-operation and development )

QSAR：定量结构活性关系(Quantitative structure-acivity relationship)

WAF：水容纳成分(Water accommodated fraction)

WSF：水溶解成分(Water soluble fraction)

## 4 试验方法

### 4.1 试验数据要求

4.1.1 对化学品进行水生环境危害分类，应将有机化合物对淡水和海水物种的毒性数据按等效数据处理。应注意某些特殊类型物质，如可离子化有机化合物或有机金属物质，在淡水和海水环境中可能呈现不同的毒性。分类目的在于确定物质的水生环境危害性，因此应选用最大毒性数据，即最敏感的数据进行分类。

4.1.2 判定化学品的水生环境危害性，允许使用各种不同测试方法，但应符合国际标准化试验准则和程序要求，应科学有效，所关注的终点指标相同，产生的数据能被共同接受。有关测试方法参见附录A。通常按以下原则处理：

a) 急性毒性测试方法通常采用GB/T 27861或同等准则(鱼类96 h $LC_{50}$)、GB/T 21830或同等准则(甲壳纲类48 h $EC_{50}$)和/或GB/T 21805或同等准则(藻类72 h或96 h $EC_{50}$)。这些生物种类是水生生物的典型代表。在测试方法适当情况下，也可考虑使用其他物种数据，如浮萍属植物。

b) 慢性试验通常暴露持续时间较长。根据水生生物的繁殖周期不同，试验周期可从多天至一年或更长时间。慢性试验可用于评估与生长、存活、繁殖和发育有关的某些终点指标。慢性毒性数据比急性毒性数据少，且试验程序标准化不够。分类可采用依据 GB/T 21854、GB/T 21828 或 GB/T 21805 获得的数据，或其他有效的国际认可试验方法生成数据，应使用 NOEC 或其他等效 $LC_x$ 或 $EC_x$ 数据。

c) 标准化生态毒性试验数据的主要统计分析方法遵照 OECD NO.54。

4.1.3 鱼类、甲壳纲类和藻类的其他可接受试验准则包括 OECD、美国环保局(US EPA)、美国材料与测试协会(ASTM)、国际标准化组织(ISO)及欧盟(EU)的相关测试准则等。OECD NO.11 汇编了相关试验方法和试验指导，提供了较多适当的试验方法。

## 4.2 鱼类试验

### 4.2.1 急性试验

急性试验通常采用 0.1 g～5 g 体重的幼鱼进行，试验时间为 96 h，观察终点为死亡率。大于上述体重范围的鱼类和/或时间短于 96 h，通常敏感性不够。但就分类而言，如果没有可接受的幼鱼 96 h 试验数据，而用不同大小的鱼类或不同试验周期进行的测试结果会导致物质划入更危险类别时，亦可使用该类数据。应使用符合 GB/T 27861 或同等准则要求的测试数据进行分类。

### 4.2.2 慢性试验

用鱼类进行慢性或长期试验，可从受精卵、胚胎、幼鱼或具有繁殖活力的成年鱼开始。符合 GB/T 21854、USEPA OCSPP 850.1500 或同等准则的测试数据，可用于分类。根据试验目的不同，试验周期差别较大，可从 7 d 至超过 200 d。观察终点指标包括孵化率、生长(身长和重量变化)率、产卵率和存活率。就测试方法而言，GB/T 21854 不属于"慢性"试验，而是一种敏感生命阶段的亚慢性试验。鱼类早期生活阶段毒性数据比鱼类生命周期或繁殖研究数据易于获得，所以被广泛用于预测慢性毒性，并用于 GHS 分类。

## 4.3 甲壳纲类试验

### 4.3.1 急性试验

甲壳纲类急性试验采用第一龄期幼虫进行，溞类试验周期为 48 h。其他甲壳纲动物，比如糠虾或其他动物，试验周期通常为 96 h。观察终点指标为死亡率，或用僵化不动(对轻微针刺无反应)作为死亡的代用指标。符合 GB/T 21830 或 USEPA OCSPP 850.1035 或其他同等准则的试验均可用于分类。

### 4.3.2 慢性试验

甲壳纲类慢性试验通常也从第一龄期幼虫开始，然后经历发育成熟和繁殖阶段。溞类通常 21 d 即可成熟并孵卵 3 次，而糠虾则需要 28 d。观察终点指标包括第一次产卵的时间、每只雌虫产下的后代数量、成长和存活情况。建议用符合 GB/T 21828 或 USEPA OCSPP 850.1350 或其他同等准则的试验进行分类。

## 4.4 藻类/植物试验

### 4.4.1 藻类试验

藻类在营养丰富的培养基中培养并接触受试物，应采用符合 GB/T 21805 或其他同等准则的试验进行分类。标准测试方法采用培养液细胞密度，以确保整个试验阶段(通常为 3 d～4 d)的指数增长。

藻类试验是一项短期试验，但既可提供急性毒性又可提供慢性毒性终点指标。首选的观察终点指标为藻类生长抑制率，其受试验设计影响，而生物量则受试验物种的生长率、试验时间和其他试验设计要素影响。如果观察终点指标仅报告为生物量减少或者未作明确说明，则可将该值解释为等效终点指标。

### 4.4.2 水生植物试验

急性水生毒性试验通常使用的维管植物为浮萍(*Lemna gibba* 和 *Lemna minor*)。浮萍试验是一项短期试验，可提供急性毒性和亚慢性毒性终点指标值，但只有急性 $EC_{50}$ 可用于 GHS 分类。试验时间最长为 14 d，可在类似于藻类试验所用的营养丰富的培养基中进行，但可予以强化。观察终点指标主要基于叶片数目或总叶面积、干重或鲜重等的变化。应使用符合 GB/T 35524 和 USEPA OCSPP 850.4400 试验导则要求的数据进行分类。

## 5 水生毒性

水生毒性主要涉及急性和慢性毒性数据在分类中的使用，以及对暴露方式、藻类毒性试验和 QSAR 使用的一些特殊考虑。有关水生毒性概念的更详细讨论，可参阅 Rand(1996)。

### 5.1 急性毒性

5.1.1 用于分类目的急性毒性，即化学品短期暴露对生物体产生有害作用的固有特性，通常以 $LC_{50}$ 或 $EC_{50}$ 表示。$LC_{50}$ 为导致 50% 的受试生物死亡的浓度；$EC_{50}$ 为对 50% 的受试生物产生可测量的有害效应(如水蚤的活动抑制)，或使处理组受试生物的反应比未受处理对照组生物的反应(如藻类生长率)降低 50% 的浓度。

5.1.2 急性毒性不大于 1 mg/L 的物质，通常认为毒性非常大。此类物质的暴露、使用或排放，具有极大危险性；可将其列入慢性和/或急性类别 1。急性毒性大于 1 mg/L 且不大于 10 mg/L 的物质，划为急性类别 2；急性毒性大于 10 mg/L 且不大于 100 mg/L 的物质，划为急性类别 3；急性毒性大于 100 mg/L 的物质，可被认为实际无毒物质。

### 5.2 慢性毒性

5.2.1 就分类而言，慢性毒性是物质本身的特性，可对暴露的水生生物体产生有害影响，暴露时间的长短，根据生物体的生命周期确定。慢性效应通常包括一系列亚致死终点指标，一般用 NOEC 或相应的 $EC_x$ 来表示。典型的观察终点指标包括存活、生长和/或繁殖。慢性毒性的暴露周期变化较大，取决于测试终点指标和所用的试验物种。

5.2.2 根据慢性毒性数据进行分类，应对可快速降解和不可快速降解物质进行区分。可快速降解物质的慢性毒性不大于 0.01 mg/L 时，划为慢性类别 1；慢性毒性大于 0.01 mg/L 且不大于 0.1 mg/L 的，划为慢性类别 2；慢性毒性大于 0.1 mg/L 且不大于 1 mg/L 的，划为慢性类别 3；慢性毒性大于 1 mg/L 的，视为实际无毒。对于不可快速降解物质，或不掌握快速降解资料情况下，使用两个慢性分类类别：当测得的慢性毒性不大于 0.1 mg/L 时，划为慢性类别 1，当慢性毒性大于 0.1 mg/L 且不大于 1 mg/L 时，划为慢性类别 2。

5.2.3 慢性毒性数据在一定程度上比急性毒性数据少，因此在没有充分慢性毒性数据情况下，可综合考虑急性毒性、不易降解性和/或潜在或实际的生物富集性，以确定潜在慢性危害。但如果有充分的慢性毒性数据，应优先使用慢性毒性数据进行分类，并结合急性毒性加降解性和/或生物富集情况，同时应注意采用以下原则和方法：

a) 如果掌握三个营养水平的可分类慢性毒性数据，应将其直接用于确定适当的慢性危害类别。

b) 如果掌握一个或两个营养水平的可分类慢性毒性数据，应核查是否有其他营养水平的急性毒性数据。先依据已知营养水平的慢性毒性数据进行类别划分，并依据其他营养水平的急性毒性数据进行划分，在此基础上对划分类别进行比较，并按最严格结果做出最后分类。

c） 若使用慢性毒性数据取消或降低慢性危害的分类，应证明所采用的 NOECs（或等效的 $EC_x$），足以消除或减少对根据急性数据结合降解性和/或生物富集性数据所做分类的所有生物类群的关注。这通常可通过急性毒性试验确定的最敏感物种的长期 NOEC 来证明确定。例如，如果已经根据鱼类急性 $LC_{50}$ 进行了分类，一般不能利用无脊椎动物毒性试验的长期 NOEC 来撤消这一分类。在此情况下，NOEC 往往需要从同一物种或者一个等效或更为敏感物种的长期鱼类试验中获得。同样，如果分类是根据一个以上生物类群的急性毒性数据做出的，则需要每一个生物类群的 NOECs。如果已将物质划为慢性类别 4 时，应提供充分证据，证明每一个生物类群的 NOEC 或等效的 $EC_x$ 大于 1 mg/L 或该物质的水溶解度。

5.2.4 用藻类/浮萍进行的试验，不能用于取消/或降低分类，因为这两种试验：

a） 不是长期试验；

b） 急性与慢性的比值一般较窄；

c） 终点指标更接近其他生物的急性终点指标。

然而，如果所做的分类仅仅依据单一藻类/水生植物试验观察到的急性毒性（$LC_{50}$ 或 $EC_{50}$）得出，但有一系列其他藻类试验证据显示，该分类群的慢性毒性（NOECs）属于分类较宽的毒性范围内，或大于 1 mg/L 时，则该类证据可用于考虑取消或降低分类。

### 5.3 暴露方式

急性毒性和慢性毒性试验，包括淡水和海水试验，通常采用 4 种暴露方式：静态、静态更新（半静态）、循环和流水式。选择使用哪种暴露方式，一般取决于受试物特性、试验时间、试验物种和管理要求。

### 5.4 藻类试验培养基

藻类试验应在营养丰富的培养基中进行，常见组分 EDTA 或其他螯合剂的使用应慎重。测试有机化合物毒性时，需要微量的 EDTA 一类的螯合剂，以保持培养液的复合微量元素；否则藻类生长可能显著减慢，从而影响试验的有效性。然而，螯合剂可降低金属受试物可检测到的毒性。因此，对金属化合物，若采用高浓度螯合剂的试验和/或化学浓度超过相关铁螯合剂的试验得到的数据，应进行严格的评估。自由螯合剂可显著掩盖重金属的毒性，特别在使用 EDTA 一类的强螯合剂时。然而，如果培养基中没有可利用的铁，藻类生长亦会受到铁的限制，因此，对没有或降低了铁和 EDTA 的试验数据，也应谨慎处理。

### 5.5 QSAR 的使用

为分类目的，在没有测试数据的情况下，可利用 QSAR 预测非电离物质、非亲电物质和其他非反应物质对鱼类、溞类和藻类的急性毒性（见 GB/T 36700.6）。对有机磷酸酯类化学物质，QSAR 使用仍存在问题，因其与生物受体相互作用或者能够与细胞蛋白质形成硫氢键官能团起特殊机理作用。通过基本麻醉机理起作用的化学品，已有可靠的 QSAR。这些化学品属于低反应性非电解物质，如碳氢化合物、醇、酮和某些脂肪族氯化烃；它们产生的生物效应是其分配系数的函数。每一种有机化学品都可产生麻醉作用。然而，如果化学品为一种电离物质，或者含有也能导致非麻醉机理的特定官能团，仅仅根据分配系数进行的任何毒性计算，都会严重低估毒性。母体化合物急性水生毒性的 QSAR 不能用于预测毒性代谢物或降解产物的效应，如果这些效应于急性试验期的一段时间后产生。

## 6 证据权重

6.1 应将质量最好的数据作为分类基础，最好具有原始数据来源，并有明确和完整的测试条件说明。

6.2 当同一生物类群有多项可接受的测试结果时，应确定哪些是最敏感的、质量最好的。是否用来自非 GLP 实验室的更敏感数据替代 GLP 实验室数据，应针对具体情况具体分析做出判断。按照非标准或非 GLP 实验室准则产生的测试数据表明毒性更强，应能用于分类，而显示毒性可以忽略不计的研究结果，则应进行更仔细的考虑。对于困难物质，可显示比实际毒性严重程度更大或更小的结果。在此情况下，应通过专家判断的方式进行分类。

6.3 通常情况下，同一个生物类群有多个可接受的测试结果时，应在分类中使用最敏感的测试结果，即（$LC_{50}$ 或 $EC_{50}$ 或 NOEC 最低的测试结果，但应根据具体问题具体分析。同一物种有较大数据集（4 个或 4 个以上数值）的情况下，应将毒性数值的几何平均值作为该物种的代表性毒性数值。在计算平均值时，不可将同一生物类群中不同物种，或不同生命阶段，或在不同的试验条件或试验周期进行的测试结果综合在一起考虑。

## 7 困难物质

### 7.1 分类相关性

7.1.1 有效的水生毒性试验要求受试物在试验准则建议的试验条件下溶于水中，且应在试验期间内保持暴露浓度不变。某些物质很难在水生系统中进行试验，对此类物质的测试可参考相关指导性文件（英国环境部 DoE 1996；欧洲生态毒理学和化学品毒理学中心 ECETOC 1996；US EPA 1996）。OECD NO.23 对难以试验物质的类型，以及确保对这些物质的试验得出有效结论需采取的步骤提供了相关的技术参考信息。

7.1.2 然而，较多现有试验数据可能使用了这样的测试方法：与当今最佳实践要求不符，但相关信息仍可适用于分类标准。对此类数据解释，需提供特殊指导，且还应通过专家判断确定数据的有效性。困难物质可能溶解性差、易挥发，或者在光转化、水解、氧化或生物降解等过程作用下快速降解。对藻类进行试验时，有色物质有可能因削弱细胞生长所需的光照强度而影响测试终点指标。大于溶解度的云状弥散物的受试物，则可能导致错误的毒性测试结果。对受试物采用柱淋溶方式测试，对于微粒或诸如金属等固体可能是一个问题。在确定 $LC_{50}$ 或 $EC_{50}$ 值时，石油馏分也会带来浓度表示和结果解释困难的问题。困难物质与分类相关的典型特性包括以下方面：

a） 稳定性：如果化学物质试验浓度降至初始浓度的 80％以下，为确保试验有效，应调整受试物暴露方式，最好采用半静态或流水式试验条件。对于藻类试验，试验准则通常要求进行静态试验，因此会导致一些特殊问题。可用其他暴露方式对甲壳纲类和鱼类进行试验，虽然此类试验通常按相关标准规定的静态条件进行。在此类试验中，应接受一定水平的降解和其他相关因素，并在计算毒性浓度时给予适当考虑。当发生降解时，考虑降解产物毒性对受试物毒性的影响同样十分重要。在决定数据是否可用于分类时，应由专家进行判断。

b） 降解：当化合物在试验条件下出现分解或降解，计算分类毒性时应进行专家判断，包括考虑已知或可能的分解产物。母体物质浓度和具有显著毒性的降解产物浓度均应考虑。如果降解产物预计相对无毒，应采用更新试液的暴露方式，以确保母体化合物保持相应浓度水平。

c） 饱和：对于单一成分物质，分类应只基于溶解度范围内观察到的毒性反应，而不是根据高于溶解度的总化学负荷进行。现有数据通常显示物质毒性水平大于其水中溶解度，此类数据通常被视为无效数据，但可对数据进行一些解释。对不易溶解物质进行试验时，通常会出现此类问题。

d） 试验介质的干扰：应采取特殊措施，以确保困难物质的溶解。但该类措施不应导致试验介质产生显著变化，因变化可导致毒性显著增加或减小，从而影响受试物的分类水平。

e） 复杂物质：分类方法涉及的许多物质实际均为混合物，测定此类物质的暴露浓度比较困难，在某些情况下甚至无法测定。有些物质，例如石油馏分、聚合物，以及含有较多杂质的物质等，可能造成一些特殊问题，毒性浓度较难表示，且几乎无法进行验证。典型的测试方法通常依赖于WSF 或 WAF 的生成，数据则按载荷浓度报告。此类数据可在应用分类标准时使用。

7.1.3 对于有机化合物，最好依据稳定的、实际测定浓度进行分类。虽然应优先使用测定浓度，但在某些条件下，基于配制浓度的测试结果是仅有可得的有效数据时，也可根据配制浓度进行分类。如果物质可明显降解或者从水相中损失，对数据解释时应谨慎；且在相关和可能情况下，应考虑到试验过程中损失的毒性物质。此外，金属物质的数据解释有其特有困难，详见 GB/T 36700.7。表 1 列出了几种困难物质的特性和分类的相关性。

7.1.4 在大部分难以试验条件下，实际试验浓度很可能低于配制的或预期的试验浓度。当难以试验物质的急性毒性（$LC_{50}$或 $EC_{50}$）预计小于 1 mg/L 时，有确信理由将其划为急性类别 1（和慢性类别 1，如果适用）。然而，如果估计的急性毒性值大于 1 mg/L，则估计毒性可能不足以代表实际毒性。在此情况下，应进行专家判断以确定困难物质的测试结果是否可被用于分类。如果认为试验难度主要在于对实际试验浓度有显著影响，但急性毒性估计值大于 1 mg/L 且没有测定试验浓度，则使用该试验数据分类时应当谨慎。

7.1.5 许多困难性质意味着在确定一项试验是否有足够的信息可以对其有效性进行判断，以及毒性水平是否可用于分类标准判定时，均应借助专家判断。

表 1 困难物质的分类

| 物质特性 | 难以试验原因 | 与分类的相关性 |
|---|---|---|
| 极难溶于水 | 达到/保持所需的暴露浓度，进行暴露分析 | 当观察到的毒性效应大于水中溶解度时，应通过专家判断，以确定这些效应是来自化学毒性还是物理效应；如果没有观察到任何效应，则应证明已经达到完全饱和溶解 |
| 低浓度毒性 | 达到/保持所需的暴露浓度，进行暴露分析 | 根据毒性小于 1 mg/L 进行分类 |
| 挥发性 | 保持和测定暴露浓度 | 应根据可靠的测定浓度进行分类 |
| 易光降解 | 暴露浓度的保持，分解产物的毒性 | 应通过专家判断，并且应根据实际测定浓度进行分类。应确定重要分解产物的毒性 |
| 易水解不稳定性 | 暴露浓度的保持，分解产物的毒性。比较降解半衰期与试验中采用的暴露方式 | 应通过专家判断，且应根据测定浓度进行分类，应说明重要分解产物的毒性 |
| 易于氧化 | 达到、保持和测定暴露浓度。化学结构改变或分解产物的毒性。比较降解半衰期与试验中采用的暴露方式 | 应通过专家判断，且应根据测定浓度进行分类，应说明重要分解产物的毒性 |
| 易于磨蚀/转化（指金属/金属化合物） | 达到、保持和测定暴露浓度。比较从水相隔离的半衰期与试验中采用的暴露方式 | 应通过专家判断，且应根据测定浓度进行分类，应说明重要分解产物的毒性 |
| 易生物降解 | 暴露浓度的保持。分解产物的毒性。比较降解半衰期与试验中采用的暴露方式 | 应通过专家判断，且应根据测定浓度进行分类，应说明重要分解产物的毒性 |
| 易吸附 | 暴露浓度的保持，进行暴露分析。因受试物的可利用性降低引起的毒性减轻 | 应使用可用物质的测定浓度分类 |
| 螯合 | 区别介质中的螯合和非螯合成分 | 应使用生物有效物质的测定浓度分类 |
| 有颜色 | 光照强度减弱（藻类问题） | 应将毒性效应与由于光强减弱而导致的生长率降低区别开来 |

表 1（续）

| 物质特性 | 难以试验原因 | 与分类的相关性 |
|---|---|---|
| 疏水性-非水溶性，或是脂溶性的 | 保持恒定的暴露浓度 | 应使用基于测定浓度的测试结果分类 |
| 离子化 | 暴露浓度的保持。分解产物的毒性。比较降解半衰期与试验中采用的暴露途径 | 应进行专家判断，并根据测定浓度进行分类，应说明重要分解产物的毒性 |
| 多组分 | 有代表性的试验批次准备 | 视作复杂混合物 |

## 7.2　不稳定物质

7.2.1　采用的测试方法应能最大限度减少对试验介质不稳定性的影响，但实际上，对某些试验，很难实现在整个试验过程中保持浓度不变。造成不稳定性的常见原因有氧化、水解、光降解和生物降解。虽然后几种降解形式较易于控制，但现有较多试验通常未进行控制。然而有些试验，特别是急性和慢性鱼类毒性试验，可通过选择暴露方式以最大限度地减少不稳定造成浓度损失。在确定试验数据有效性时，应对这一点予以考虑。

7.2.2　当不稳定性是判定试验期间暴露水平的影响因素时，进行数据解释的基本前提为整个试验过程中，有适当时间点的实际测定暴露浓度。如果没有至少在试验开始和结束时的分析测试浓度，则不能做出有效解释，而应将该试验视为无效，不能用于分类。当有实际测试数据时，则数据解释时应考虑下列规则：

a)　当可以提供试验开始和结束时的测定数据（溞类和藻类急性毒性试验）时，用于分类的 $LC_{50}$ 或 $EC_{50}$ 值可根据试验开始和结束时浓度的几何平均值进行计算。当试验结束时浓度低于分析检测限时，应将其浓度计为检测限值的一半。

b)　当可以提供试验溶液更新期初始浓度和结束时浓度的测定数据时（半静态试验），应计算每个更新期间的几何平均值，并根据这些数据计算出整个暴露期间的算术平均暴露浓度值。

c)　当毒性可以被归因于某种降解/分解产物，且该产物的浓度已知时，用于分类的 $LC_{50}$ 或 $EC_{50}$ 值可以根据该降解产物浓度的几何平均值进行计算，然后反推计算母体物质的浓度值。

d)　类似原则也适用于慢性毒性试验测定的数据。

## 7.3　极难溶解物质

7.3.1　水中溶解度小于 1 mg/L 的物质通常被视为极难溶解物质，这类物质难以在试验介质中溶解，而且在低溶解度条件下，难以测定溶解浓度。某些物质在试验介质中的溶解度未知，且经常记录为小于纯水中的检测限。然而，该类物质可能显示具有毒性，如果未显示毒性，则应通过判断确定测试结果是否有效，是否可用于分类。判断宁可偏于谨慎，也不应低估危害性。

7.3.2　应当优先利用采取了适当辅助溶解方法并在水中溶解度范围内准确测定实际浓度的测试数据。但是，早期试验提供的数据常常出现受试物质毒性水平超过其水中溶解度，或者溶解度水平低于分析方法的检测限等情况。在上述两种情况下，均不能利用测定数据验证实际暴露浓度。但当这些数据是唯一可提供数据时，应按照以下原则处理：

a)　如果超过水中溶解度水平观测到急性毒性时，为分类目的，可视为其 $LC_{50}$ 或 $EC_{50}$ 等于或小于测定的水中溶解度。在此情况下，可划为慢性毒性类别 1 和/或急性毒性类别 1。但判定时应注意过多的不溶解物质对试验生物造成物理效应的可能性，如果确认是物理效应导致观察效应，则应视测试结果无效，不能用于分类。

b) 如果超过水中溶解度水平却没有观测到急性毒性时，为分类目的，可视其 $LC_{50}$ 或 $EC_{50}$ 大于实测水中溶解度。在此情况下，应考虑慢性毒性类别 4 是否适用。做出该物质无急性毒性判定时，应考虑其所使用的助溶方法。如认为助溶方法不适当，则应视测试结果无效，不能用于分类。

c) 如果某物质的水中溶解度低于分析方法的检测限，且观测到急性毒性，为分类目的，可视其 $LC_{50}$ 或 $EC_{50}$ 小于分析检测限。如果没有观察到急性毒性，对分类而言，可视其 $LC_{50}$ 或 $EC_{50}$ 大于水中溶解度。

d) 在有慢性毒性数据情况下，一般应当采用相同的规则。如果实际测定浓度仍不能证明数据的有效性，则用来达到最大溶解浓度的方法可视为适当。

### 7.4 造成浓度降低的其他因素

一些其他因素同样会使浓度降低，其中一些因素可通过正确的试验设计加以避免，但当其引起受试浓度的降低时，则应对数据进行解释。造成浓度降低的其他因素如下：

a) 沉淀：多种原因会导致试验期间产生沉淀。通常解释为物质没有真正溶解，尽管肉眼已观测不到颗粒存在，或试验中产生凝聚导致沉淀。在此情况下，为分类目的，可将 $LC_{50}$ 或 $EC_{50}$ 或 NOEC 视为试验结束时的浓度。同样，与介质发生反应也可出现沉淀，可按照关于不稳定物质的相关指导考虑数据解释。

b) 吸附：具有较高吸附特性的物质，例如高 lg $K_{ow}$ 物质，可出现该种情况。吸附现象发生时，浓度通常会快速降低，因此暴露表征应用试验结束时的浓度表示。

c) 生物蓄积：物质在试验生物体内蓄积会导致其浓度降低。当物质水溶解度较低，lg $K_{ow}$ 相应较高情况下，生物蓄积导致浓度降低具有特别重要的意义。用于分类的 $LC_{50}$ 或 $EC_{50}$，或 NOEC 可根据试验开始和结束时的几何平均浓度值进行计算。

### 7.5 试验介质的干扰

7.5.1 强酸和强碱可显示毒性，因其可导致 pH 值变化。水生系统中 pH 值变化通常受试验介质中的缓冲系统的影响。如果没有有关盐的数据可供使用，一般按与阴离子或阳离子相同的方法，将盐按最严格的离子类别分类。如果影响浓度仅与一种离子相关，对盐类物质进行分类时，应考虑分子量差异，即通过乘以 $MW_{盐}/MW_{离子}$ 比值修正影响浓度。

7.5.2 聚合物通常并不适用于水生试验系统。可分散聚合物和其他高分子量物质可能干扰试验系统，干扰氧的吸收，并导致机械效应或次生效应。考虑聚合物类物质数据时，应对相关因素予以考虑。然而，较多聚合物与复杂物质类似，有相当大的低分子量成分可从整体聚合物中析出。

### 7.6 复杂物质

7.6.1 复杂物质特点是具有各种各样的化学结构，通常属于同系物，但其水溶解性和其他物理化学特性却差异较大。将复杂物质加入水中后，其溶解与不溶解成分之间根据物质的负荷特征可达至平衡。鉴于此原因，该类复杂物质通常作为 WSF 或 WAF 进行试验，且根据负荷或初始浓度确定 $LC_{50}$ 或 $EC_{50}$。由于可溶解成分主要是各种组分的复杂混合物，因此通常没有可用的分析支持数据。毒性参数有时采用 $LL_{50}$，与致死负荷水平有关。来自 WSF 或 WAF 的负荷水平数据可直接用于分类标准。

7.6.2 聚合物是一种特殊类型的复杂物质，应考虑聚合物类型和其溶解/分散行为。聚合物本身可溶解且不会出现变化（真正溶解度与粒度有关），可分散或者低分子量成分可进入溶液。对于后者，聚合物试验实质在于检测低分子量物质从整体聚合物中析出的能力，并确定这种析出物是否有毒性。因此，可与考虑复杂混合物一样予以考虑，聚合物负荷可以最好地描述为生成的析出物，因此可将毒性与该种负荷关联起来。

## 8 数据质量解释

### 8.1 标准化

许多因素可影响水生生物毒性试验结果，包括试验用水的特性、试验设计、受试物的化学特性和试验生物的生物学特性。因此，进行水生毒性试验时应使用标准化试验方法以减少此类外源性变化的影响。试验标准化以及标准的国际统一目的在于减少试验差异性，提高试验结果的精确性、可复现性和一致性。

### 8.2 数据分级

8.2.1 应根据高质量的原始数据进行分类。应优先选用符合 OECD 试验准则或同等准则和 GLP 实验室的数据。最好采用国际统一试验方法对标准试验物种进行试验获得的数据，但也可使用根据公认的国际或国家标准方法或同等方法进行的测试结果，例如 ISO 或 ASTM 方法。在缺乏 GLP 数据情况下，可使用符合试验准则要求的非 GLP 数据。

8.2.2 Pedersen 等人(1995 年)提出的数据质量评分制度，与目前正在使用的许多其他制度一致，其中包括 US EPA AQUIRE 数据库中使用的制度，也可参阅 Mensink 等人(1995 年)关于数据质量的评分制度。Pedersen 等人描述的数据质量评分制度包括可靠性排序方法，可用作 GHS 分类的模型。Pedersen 所述的前三个数据级别为优先选用的数据。

8.2.3 GHS 分类所用数据应来自原始数据源。然而，主管部门将利用 GHS 进行分类，因此，分类应允许使用主管部门和专家组的审查结果，前提是审查结果以原始数据为基础。审查内容应包括详细的试验条件汇总，能够据此判断证据权重并作出分类。也可利用由公认的组织，如可得到原始数据的联合国海事组织/粮农组织/教科文组织－海洋学委员会/气象组织/卫生组织/原子能机构/联合国/环境规划署海洋环境保护的科学方面联合专家组的审查结果。

8.2.4 在没有验证试验数据情况下，可使用有效的水生毒性 QSAR 预测数据。在试验数据有效情况下，应优先使用试验数据而非 QSAR 预测数据。

# 附 录 A
（资料性附录）
水生毒性试验方法

水生毒性试验方法：

GB/T 21805 化学品 藻类生长抑制试验

GB/T 21806 化学品 鱼类幼体生长试验

GB/T 21807 化学品 鱼类胚胎和卵黄囊仔鱼阶段的短期毒性试验

GB/T 21808 化学品 鱼类延长毒性 14 天试验

GB/T 21828 化学品 大型溞繁殖试验

GB/T 21830 化学品 溞类急性活动抑制试验

GB/T 21854 化学品 鱼类早期生活阶段毒性试验

GB/T 27861 化学品 鱼类急性毒性试验

GB/T 29763 化学品 稀有鮈鲫急性毒性试验

GB/T 35524 化学品 浮萍生长抑制试验

HJ/T 153 化学品测试导则

OECD 试验准则 201：藻类生长抑制试验

OECD 试验准则 202：溞类急性活动抑制试验

OECD 试验准则 203：鱼类急性毒性试验

OECD 试验准则 204：鱼类延长毒性 14 天试验

OECD 试验准则 210：鱼类早期生命阶段毒性试验

OECD 试验准则 211：大型溞繁殖试验

OECD 试验准则 212：鱼类胚胎和卵黄囊吸收阶段短期毒性试验

OECD 试验准则 215：鱼类幼体生长试验

OECD 试验准则 221：浮萍生长抑制试验

EC C.1：鱼类急性毒性

EC C.2：溞类急性毒性

EC C.3：藻类抑制试验

EC C.14：鱼类幼体生长试验

EC C.15：鱼类胚胎-卵黄囊吸收阶段的短期毒性试验

EC C.20：大型溞繁殖试验

USEPA OCSPP 850.1000：水生试验研究特别注意事项

USEPA OCSPP 850.1010：水生无脊椎动物急性毒性试验，淡水溞类

USEPA OCSPP 850.1020：钩虾急性毒性试验

USEPA OCSPP 850.1035：糠虾急性毒性试验

USEPA OCSPP 850.1045：对虾急性毒性试验

USEPA OCSPP 850.1075：鱼类急性毒性试验，淡水和海水

USEPA OCSPP 850.1300：溞类慢性毒性试验

USEPA OCSPP 850.1350：糠虾慢性毒性试验

USEPA OCSPP 850.1400：鱼类早期生命阶段毒性试验

USEPA OCSPP 850.1500：鱼类生命周期试验

USEPA OCSPP 850.1730：鱼类 BCF 试验

USEPA OCSPP 850.4400：浮萍水生植物毒性试验
USEPA OCSPP 850.4450：水生植物现场试验
USEPA OCSPP 850.4500：藻类毒性试验

# 参 考 文 献

[1] APHA 1992.Standard Methods for the Examination of Water and Wastewater.18th edition. American Public Health Association,Washington,D.C.

[2] ASTM 1999.Annual Book of ASTM standards,Vol.11.04.American Society for Testing and Materials,Philadelphia,PA.

[3] DoE 1996.Guidance on the Aquatic Toxicity Testing of Difficult Substances.United Kingdom Department of the Environment,London.

[4] ECETOC 1996.Aquatic Toxicity Testing of Sparingly Soluble,Volatile and Unstable Substances.ECETOC Monograph No.26,ECETOC,Brussels.

[5] Lewis,M.A.1995.Algae and vascular plant tests.In:Rand,G.M.(ed.) 1995.Fundamentals of Aquatic Toxicology,Second Edition.Taylor & Francis,Washington,D.C.pp.135-169.

[6] Mensink, B.J.W.G., M.Montforts, L.Wijkhuizen-Maslankiewicz, H.Tibosch, and J.B.H.J. Linders 1995.Manual for Summarising and Evaluating the Environmental Aspects of Pesticides.Report No.679101022 R.VM,Bilthoven,The Netherlands.

[7] OECD 1998.Harmonized Integrated Hazard Classification System for Human Health and Environmental Effects of Chemical Substances.OECD,Paris.(Document ENV/JM/MONO(2001)6).

[8] OECD 1999.Guidelines for Testing of Chemicals.Organisation for Economic Co-operation and Development,Paris.

[9] OECD Environmental Health and Safety Publications,Series on Testing and Assessment No.23:Guidance Document on Aquatic Toxicity Testing of Difficult Substances and Mixtures,ENV/JM/MONO(2000)6,OECD 2000.

[10] OECD Environment Health and Safety Publications,Series on Testing and Assessment No.54:Current Approaches in the Statistical Analysis of Ecotoxicity Data:A Guidance to Application, ENV/JM/MONO(2006)18,OECD 2006.

[11] Pedersen,F.,H.Tyle,J.R.Niemeldi,B.Guttmann,L.Lander,and A.Wedebrand 1995.Environmental Hazard Classification-data collection and interpretation guide.TemaNord 1995:581.

[12] US EPA 1996.Ecological Effects Test Guidelines-OPPTS 850.1000.Special Considerations for Conducting Aquatic Laboratory Studies.Public Draft,EPA 712-C-96-113.United States Environmental Protection Agency.http://www.epa.gov/opptsfrs/home/testmeth.htm.

[13] OECD Monograph 11,Detailed Review Paper on Aquatic Toxicity Testing for Industrial Chemicals and Pesticides.

[14] Rand,Gary M.,Fundamentals of Aquatic toxicology:Effects,Environmental Fate,and Risk Assessment.

ICS 13.300
A 80

# 中华人民共和国国家标准

GB/T 36700.4—2018

# 化学品　水生环境危害分类指导
# 第4部分：降解

Chemicals—Guidance on hazard classification to the aquatic environment—Part 4: Degradation

2018-09-17 发布　　　　2019-04-01 实施

国家市场监督管理总局
中国国家标准化管理委员会　发布

# 前　言

GB/T 36700《化学品　水生环境危害分类指导》分为以下 8 个部分：

——第 1 部分：导言；

——第 2 部分：统一分类方法；

——第 3 部分：水生毒性；

——第 4 部分：降解；

——第 5 部分：生物富集；

——第 6 部分：定量结构活性关系(QSAR)；

——第 7 部分：金属和金属化合物分类；

——第 8 部分：金属和金属化合物在水介质中的转化/溶解指导。

本部分为 GB/T 36700 的第 4 部分。

本部分按照 GB/T 1.1—2009 给出的规则起草。

本部分由全国危险化学品管理标准化技术委员会(SAC/TC 251)提出并归口。

本部分起草单位：环境保护部固体废物与化学品管理技术中心、中华人民共和国安徽出入境检验检疫局、中国化工经济技术发展中心、上海化工研究院有限公司、华峰集团有限公司、北京国石安康科技有限公司、清华大学、江阴澄星日化有限公司。

本部分主要起草人：卢玲、温劲松、杨琨、滕晓明、马燕、刘洪英、张蕾、田宇、聂晶磊、王馨晨、曹梦然、金昊坤、余刚、黄俊。

# 化学品　水生环境危害分类指导
# 第4部分：降解

## 1　范围

GB/T 36700的本部分规定了化学品水生环境危害分类涉及降解的概述、可降解性数据解释、一般解释问题和判定方法的指导。

本部分适用于化学品水生环境危害分类涉及降解的指导。

## 2　规范性引用文件

下列文件对于本文件的应用是必不可少的。凡是注日期的引用文件，仅注日期的版本适用于本文件。凡是不注日期的引用文件，其最新版本(包括所有的修改单)适用于本文件。

GB/T 15441　水质　急性毒性的测定　发光细菌法

GB/T 21795　化学品　模拟试验　污水好氧处理　生物膜法

GB/T 21796　化学品　活性污泥呼吸抑制试验

GB/T 21801　化学品　快速生物降解性　呼吸计量法试验

GB/T 21802　化学品　快速生物降解性　改进的MITI试验(Ⅰ)

GB/T 21803　化学品　快速生物降解性　DOC消减试验

GB/T 21815.1　化学品　海水中的生物降解性　摇瓶法试验

GB/T 21816　化学品　固有生物降解性　赞恩-惠伦斯试验

GB/T 21817　化学品　固有生物降解性　改进的半连续活性污泥试验

GB/T 21818　化学品　固有生物降解性　改进的MITI试验(Ⅱ)

GB/T 21829　化学品　污水好氧处理模拟试验：活性污泥单元法

GB/T 21831　化学品　快速生物降解性　密闭瓶法试验

GB/T 21855　化学品　与pH有关的水解作用试验

GB/T 21856　化学品　快速生物降解性　二氧化碳产生试验

GB/T 21857　化学品　快速生物降解性　改进的OECD筛选试验

GB/T 27850　化学品　快速生物降解性　通则

GB 30000.28　化学品分类和标签规范　第28部分：对水生环境的危害

ISO 9509　水质　化学物质与废水的活性污泥抑制硝化评价方法(Water quality—Toxicity test for assessing the inhibition of nitrification of activated sludge microorganisms)

ISO 11348　水质　水样对费氏弧菌光发射抑制作用测定(发光细菌试验)[Water quality—Determination of the inhibitory effect of water samples on the light emission of Vibrio fischeri (Luminescent bacteria test)]

## 3　术语和定义、缩略语

### 3.1　术语和定义

GB 30000.28界定的以及下列术语和定义适用于本文件。

3.1.1

**初级生物降解 primary biodegradation**

在生物作用下，受试物质化学结构发生变化致使某特性丧失的过程。

3.1.2

**快速生物降解性 ready biodegradability**

受试物在限定时间内与接种物接触表现出的生物降解能力。

3.1.3

**固有生物降解性 inherent biodegradability**

最佳试验条件下，受试物长时间与接种物接触表现出的生物降解潜力。

3.1.4

**10 d 观察期 10 d window**

生物降解率达到 10%之后的 10 d 试验时间。

3.1.5

**证据权重法 weight of evidence approach**

综合考虑影响分类的所有可用信息，评估其质量和可靠性，并依据证据的总权重进行判定。

3.1.6

**理论需氧量 theoretical oxygen demand;ThOD**

根据分子式计算得到的受试物完全被氧化需要的氧的总量，可表示为每毫克受试物消耗的氧气毫克数。

## 3.2 缩略语

下列缩略语适用于本文件。

$BOD_5$:5 日生化需氧量(Biochemical oxygen demand of 5 d)

COD:化学需氧量(Chemical oxygen demand)

DOC:溶解性有机碳(Dissolved organic carbon)

QSAR:定量结构活性关系(Quantitative structure-activity relationship)

ThOD:理论需氧量(Theoretical oxygen demand)

# 4 概述

4.1 降解性是判定物质对环境潜在危害的重要固有特性。对物质分类应主要依据固有特性进行。但物质的降解程度不仅取决于分子结构的固有降解性特性，还取决于接收环境的实际条件，如氧化还原电势、pH 值、合适的微生物存在、物质浓度以及其他物质的存在和浓度。因此，水生危害分类关于降解性的解释，应有详细具体标准，以综合考虑物质的固有特性和占主导地位的环境条件，并得出潜在长期危害的适当结论。本部分目的在于对有机物质降解数据解释提供指导，分析有关物质在水生环境的降解性，提出利用现有降解数据进行分类的方案。适用于有机化合物的可降解概念对于无机化合物和金属而言基本不适用，因此部分相关指导仅涉及有机物质和有机金属类化合物。

4.2 关于物质的降解性数据，可从标准化试验或其他相关研究结果得出，或根据分子结构进行估算。为分类目的对降解性数据进行解释，通常应对试验数据进行详细评估，本部分对相关数据解释提供指导，参见附录 A、附录 B 和附录 C。

4.3 物质的水生环境危害分类通常依据现有环境特性数据，但为分类目的而产生测试数据的情况较少。通常可获得各种各样的试验数据，但数据大多不可直接适用分类标准。因此，应指导说明如何从水生环境危害分类角度对现有降解性试验数据进行解释。

# 5 可降解性数据解释

## 5.1 快速生物降解性

### 5.1.1 数据有效性分析

GB/T 27850 对快速生物降解性进行了定义。所有有机化合物的降解率达到标准快速生物降解性试验或类似试验的降解通过水平或更高一级水平，均应视为具有快速生物降解能力，即具有可快速降解性。然而，较多文献试验数据并未具体说明所有试验条件，而这些条件应进行评价，以证明试验是否符合快速生物降解试验要求。因此将数据用于分类前应对数据有效性进行专家判断。在对物质快速生物降解性做出结论之前，至少应考虑受试物浓度、观察期等参数。

### 5.1.2 受试物浓度

在 GB/T 27850 等快速生物降解性试验中，受试物浓度相对较高(2 mg/L～100 mg/L)。然而，在高浓度下，许多物质可能对接种物具有毒性，导致在试验中降解缓慢，尽管物质在较低的非毒性浓度下可能快速降解。GB/T 21796、GB/T 15441、ISO 9509 或 ISO 11348 等利用微生物进行的毒性试验，可证实受试物的毒性。如果抑制是物质不可降解的原因，且有低毒性受试物浓度的测定结果，则应使用该测试结果。应根据具体情况具体分析考虑将此类测试结果用于快速降解物质分类标准，但在条件具备情况下，最好使用利用环境允许的微生物量和非毒性低浓度受试物所做的地表水降解试验数据。

### 5.1.3 观察期

GB 30000.28 规定了快速生物降解试验在 10 d 内达到降解通过水平的一般要求。GB/T 27850 规定快速生物降解性试验适用为期 10 d 的观察期，但 MITI 试验(Ⅰ)(GB/T 21802)除外。在密闭瓶试验(GB/T 21831)中，如果在第 10 天不进行测定，可采用为期 14 d 的观察期。此外，生物降解试验的参考信息中通常只提供有限信息。因此，从注重实效出发，如果没有 10 d 观察期信息，可将 28 d 降解百分比数据直接用于评估快速生物降解性。但仅针对现有试验数据且数据不适用 10 d 观察期试验时，方可接受。

如果理由充分，对于复杂或多组分物质可直接采用 28 d 通过水平。此类物质的成分，即使是市售纯品，仍可能存在不同的链长、等级和/或分支节点或立体异构体。对每一单组分进行测试，可能既昂贵又难以操作。如果对复杂的多组分物质进行测试，并预计单个结构发生了有序生物降解，则不应将 10 d 的观察期条件用于解释试验结果，而应具体情况具体评估，判定该物质进行生物降解试验是否能得到关于降解性的重要信息(例如关于所有组分的降解性信息)，还是应对复杂多组分物质的单个组分，明确其降解性。

## 5.2 $BOD_5$/COD

只有当没有其他有关降解性测试数据可供使用时，方可将 $BOD_5$ 信息用于分类。因此，应优先使用快速生物降解试验和水生环境相关降解性模拟研究得到的数据。$BOD_5$ 试验是一种传统的生物降解试验，现已被快速生物降解性试验替代。因此，现已不能为评价物质的快速生物降解性而进行该项试验。但在没有其他降解数据可供使用的情况下，仍可使用过去的试验数据。对于化学结构已知的物质，可以计算 ThOD，并将计算结果代替 COD。

## 5.3 其他令人信服的科学证据

### 5.3.1 数据要求

5.3.1.1 GB 30000.28 规定了物质在环境中快速降解的标准。判定水生环境中的快速降解性，也可使用其他数据，包括生物和/或非生物降解数据。只有证明降解产物不具有水生环境危害性时，即不符合分类标准时，方可使用初级降解数据。

5.3.1.2 按照 GB 30000.28 所规定的标准，要求物质在水生环境中 28 d 降解率达到 70％的水平。如果假设符合一级动力学——在大多数水生环境中常见的低受试浓度下为合理的假设，则降解速率在 28 d 试验期内将保持相对稳定。这样，当平均降解速率常数 $k > -[\ln(-0.3) \sim \ln 1]/28 = 0.043$ d－1 时，可满足降解要求。这相当于降解半衰期 $t_{½} < \ln 2/0.043 = 16$ d。

5.3.1.3 由于降解过程随温度变化而变化，因此，在评估环境中的降解时，也应考虑温度参数。应使用在实际环境温度下研究得到的数据进行评价。当比较不同温度条件下研究得出的数据时，可使用传统的 Q10 方法，即当温度降低 10 ℃ 时，降解速率减少一半。

5.3.1.4 评估数据是否符合相关标准，应在具体情况具体分析基础上进行专家判断。通常认为只有水生环境生物降解模拟试验得出的数据可直接使用。然而，其他环境区间的模拟试验数据也可考虑，但在使用数据之前，应先进行更多的科学判断。

### 5.3.2 数据评估

#### 5.3.2.1 水生环境模拟试验

水生环境模拟试验虽在实验室中进行，但其模拟环境条件且使用环境样本进行接种。水生环境模拟试验结果可直接用于分类，如果模拟的是地表水中实际的环境条件，即：

a) 物质浓度符合一般水生环境中的实际浓度，通常在 μg/L；
b) 来自相关水生环境的接种物；
c) 符合实际的接种物浓度，细胞数为 $10^3$ 个/mL～$10^6$ 个/mL；
d) 符合实际的温度，如 5 ℃～25 ℃；
e) 确定最终降解率，即确定生物降解过程中的矿化率或各组分的降解率。

在这些条件下，物质在 28 d 内至少降解 70％，即半衰期小于 16 d，视为具有快速降解性。

#### 5.3.2.2 现场调查

与实验室模拟试验相对应的是实地调查或中宇宙试验，可考察化学品在环境或环境封闭区域内的转归过程和/或效应，测试数据可用于评价快速降解潜力。然而，这通常比较困难，因其要求能够证实最终的降解情况，通过质量平衡方式可以证明，未形成不可降解中间产物，及由于沉积物吸附或挥发等因素导致的受试物从水生环境去除的量。

#### 5.3.2.3 监测数据

监测数据可证实污染物从水生环境中去除的情况。但此类数据很难用于分类，使用该类数据前，应考虑以下几个方面：

a) 去除原因在于降解结果，还是其他过程导致，例如稀释或在环境介质之间的吸附、挥发；
b) 是否排除了不可降解中间产物的生成。

只有能够证明最终降解结果满足快速降解标准时，方可考虑将此类数据用于分类目的。一般而言，监测数据只能作为证明水生环境中的长期存在或者快速降解的支持证据使用。

#### 5.3.2.4 固有生物降解试验

GB/T 21816、GB/T 21817 和 GB/T 21818 等固有生物降解试验中降解超过 70%的物质，具有最终生物降解潜力。但是由于此类试验采取了最佳测试条件，因此具有固有生物降解特性的物质不可假定其在环境中可快速生物降解。固有生物降解试验的最佳条件刺激了微生物的适应性，与自然环境相比，增加了生物降解的潜力。因此，固有生物降解试验的阳性结果一般不能用作解释在环境中可快速降解的证据。

#### 5.3.2.5 污水处理厂模拟试验

GB/T 21795 和 GB/T 21829 等污水处理厂模拟试验得到的结果，不能用于评估在水生环境中的降解。主要原因在于污水处理厂的微生物生物量与实际环境中的生物量具有明显的差别，基质组成有显著差异，且在污水中存在的快速矿物化有机物质可通过共同新陈代谢作用促进受试物降解。

#### 5.3.2.6 土壤和沉积物降解数据

非吸附性（非亲脂性）物质在土壤和地表水中的降解率大致相同。对亲脂性物质而言，由于吸附而产生的局部固定作用，在土壤中的降解率通常比在水中的降解率低。因此，当一种物质的土壤模拟试验表明可快速降解时，在水生环境中同样可能快速降解。因此只要试验确定物质可在土壤中快速降解，就足以证明可在地表水中快速降解，但应符合下列条件：

a） 没有发生土壤微生物的预接触（预适应）；

b） 受试物浓度符合环境中的实际浓度；

c） 物质在 28 d 内最终降解，半衰期小于 16 d。

符合上述条件的有氧条件下的沉积物降解数据，同样可证明物质可在地表水中快速降解，可用于分类。

#### 5.3.2.7 厌氧性降解数据

厌氧性降解数据不可用于判定物质是否具有快速降解性，因水生环境通常为水生生物生活的有氧环境，而水生环境危害分类主要针对水生生物。

#### 5.3.2.8 水解

5.3.2.8.1 只有在 pH 值为 4～9 的范围内确定的最长半衰期（$t_{½}$）小于 16 d 时，方可考虑将 GB/T 21855 等的水解数据用于分类。但水解并非最终降解，可能生成各种不同的中间降解产物，其中一部分可能仅为缓慢降解。只有充分数据证明，生成的水解产物并不满足水生环境有害物质分类标准时，方可考虑使用水解测试数据。

5.3.2.8.2 当物质能够快速水解时，如 $t_{½}$ 小于几天，该过程将是生物降解作用的一部分。水解可能是生物降解的初始转化过程。

#### 5.3.2.9 光化学降解

将光化学降解相关信息用于分类较困难。水生环境中的实际光化学降解度取决于当地条件，比如水深、悬浮固体、混浊度，降解产物的危害性通常不清。可能仅在极少情况下，有足够信息才根据光化学降解进行全面评估。

#### 5.3.2.10 降解估算

5.3.2.10.1 已有一些 QSAR 可用于预测大致的水解半衰期，但只能在无可用测试数据时方可考虑使用。水解半衰期数据用于分类时应谨慎，因水解并不涉及最终降解性。此外，目前为止 QSAR 的适用性非常有限，只能预测少数类别化学品的水解潜力。

5.3.2.10.2　一般而言，目前尚无估算有机物质生物降解程度的 QSAR 可准确预测快速降解。但是，该方法得到的结果可用于预测一种物质不能快速降解。

#### 5.3.2.11　挥发性

化学品通过挥发作用可从某些水生环境中去除。固有的挥发潜力可通过物质的亨利定律常数(H)确定。从水生环境中的挥发作用，主要取决于特定水体的环境条件，例如水深、气体交换系数(取决于风速和水流)和水体分层。由于挥发只表示化学品从水相中去除，因此亨利定律常数不能用于评估与水生危害分类相关的物质降解性。然而，对于在环境温度下为气体的物质，可在此方面进一步予以考虑(Pedersen 等，1995)。

### 5.4　无降解数据

在没有可用降解数据可得的情况下，包括通过试验确定的数据或者估算数据，物质应被视为不可快速降解。

## 6　一般解释问题

### 6.1　复杂物质

化学品水生环境危害分类的统一标准主要集中于单个物质。在管理方面，对于自然界中存在的某些类型的多组分固有复杂物质，如从矿物油或植物材料中产生或提取的化学品，通常视作单一物质。多数情况下，在一定的碳链长度和/或置换度范围内，将其定义为同系物。在此情况下，可预见其在降解方面无显著差异，因此可根据复杂化学品测试结果，确定可降解程度。此外，当降解性处于临界状态时，某些单个物质可能会快速降解，而其他组分不能快速降解，这就要求对复杂物质中的单一组分作出更为详细的评价。当非快速降解组分构成复杂物质的主要部分时，如超过 20%，或者对于有害成分而言甚至更低一些，应将该物质视为不可快速降解。

### 6.2　物质的生物可利用性

6.2.1　有机物质在环境中的降解，大部分发生在水生环境中，或者发生在土壤或沉积物水相中。水解需要有水存在，微生物活动取决于水的存在。此外，生物降解要求微生物直接与物质接触。因此，物质在水相中溶解并被微生物包裹，是细菌、真菌和基质之间最直接接触的途径。

6.2.2　研究物质可降解性的现有标准方法是针对易于溶解的受试物制定的。然而，许多有机物质在水中只具有很低的溶解性。由于标准方法要求的受试物浓度为 2 mg/L～100 mg/L，因此，水溶解性低的物质很难达到足够的生物可利用性。对于一些轻微溶解物质，可使用连续混合和/或增加接触时间的试验，或者采用受试物浓度低于水溶解度的特殊设计的试验。

### 6.3　试验时间小于 28 d

6.3.1　降解结果有时报告为 28 d 试验期结束之前终止试验。当所得到的降解率大于或等于通过水平时，可直接使用这些数据。当仅仅达到较低降解水平时，测试结果解释时应谨慎。因降解率较低的原因可能在于测试时间太短，而实际上化学结构在为期 28 d 的生物降解试验中可能发生降解。如果在短时间内出现大量的降解现象，可将此种情况与 $BOD_5$/COD 不小于 0.5 标准或者与在 10 d 观察期内的降解率要求进行比较。在此情况下，可视物质为可快速降解，但应符合下列条件：

a)　最终生物降解率在 5 d 内大于 50%；或者

b) 该段时间内的最终降解速率常数大于 0.1/d，相当于半衰期 7 d。

6.3.2 上述条件在于确保确实出现了快速矿化现象，虽然试验在 28 d 之前和达到通过水平之前结束。解释不符合通过水平的测试数据时应谨慎。应考虑低于通过水平的生物降解的原因是否在于物质的部分降解，而非完全矿化。如果是由于部分降解，则应将物质视为不能快速生物降解。

## 6.4 初级生物降解

在某些试验中，确定母体化合物的消失，即初级降解，只有通过特定的化学分析方法测定受试物（包括中间产物）的浓度以判定降解性。因此，只有充分证据证明，所生成的降解产物并不满足水生环境危害分类标准时，方可将初级生物降解数据用于证明快速降解性。

## 6.5 测试结果互相矛盾的处理

6.5.1 同一种物质有更多降解数据可供使用时，结果通常可能相互矛盾。一般而言，利用适当的生物降解试验方法对某物质进行过多次试验，如果出现相互矛盾的结果，可通过"证据权重方法"进行解释。即如果对某物质进行快速生物降解试验，得到的阳性结果（如降解率高于通过水平）和阴性结果都有时，则应将质量水平较高和记录完整的数据用于确定物质的快速生物降解性。然而，在测试质量良好，试验条件记录完整，即满足了准则标准，包括使用非预接触（非适应）接种物的情况下，应将快速生物降解试验得到的阳性结果视为有效，而不考虑阴性结果。各类筛选试验中通常没有适合于所有类型的物质的试验，对于用一种不适合于特定物质的试验方法得到的测试结果，在确定其是否可用之前，应先进行认真评估。

6.5.2 导致生物降解筛选试验数据相互矛盾的主要因素包括：

a) 接种物；

b) 受试物毒性；

c) 试验条件；

d) 受试物溶解度；

e) 受试物挥发性。

6.5.3 接种物应尽可能从未接触环境中采样，当得到的结果相互矛盾时，应对接种物来源进行甄别，核查是否在微生物群体适应性方面存在差异。因接种物对受试物降解的适宜性取决于是否存在适当的降解促进物及其数量的多少。当接种物取自先前与受试物接触过的环境时，接种物可能已经适应环境，则可导致该接种物的降解能力大于来自非接触环境的接种物的降解能力。

6.5.4 测试结果相互矛盾，可能由受试物的毒性导致。较多物质在快速生物降解试验中的相对较高浓度下可对接种物产生毒性作用或者抑制作用。GB/T 21802 和 GB/T 21801 规定采用较高的受试物浓度（100 mg/L）。GB/T 21831 中受试物浓度最低，为 2 mg/L～10 mg/L。对毒性效应进行评估，可通过在快速生物降解试验加入毒性控制，或将受试物浓度与 GB/T 21796 和 ISO 9509 等微生物毒性试验数据进行比较予以甄别，或者在无其他微生物毒性试验可得时，考虑 ISO 11348。如果物质在接近环境的浓度下没有抑制作用，则可将筛选试验中得到的最大降解数据用作分类依据。如果在这种情况下有模拟试验数据可供使用，应考虑使用这些数据，模拟试验可能使用了较低的无抑制作用时的受试物浓度，从而更可靠地反映物质在接近实际环境条件下的生物降解半衰期。

6.5.5 当受试物的溶解度低于试验中使用的浓度时，该参数可能为测试实际降解水平的限制因素。在此情况下，应采用最低受试物浓度的测试结果，即 GB/T 21831 试验结果。一般而言，GB/T 21803 和 GB/T 21857 不适用于不易溶解物质的生物降解试验。

6.5.6 挥发性物质只能在 GB/T 21831、GB/T 21802 和 GB/T 21801 这样的封闭系统内进行。对于采用其他方法得出的测试结果，应进行认真评价，只有能够证明（例如通过质量平衡估计）受试物的去除不是挥发的结果时，才能考虑使用。

## 6.6 模拟试验数据的变化

某些优先化学品可能具有较多模拟试验得到的测试数据。通常,此类数据可提供在环境介质,如土壤、沉积物和/或地表水中的半衰期范围。同一物质的模拟试验中测得的半衰期差异可能反映试验条件的差异,且均可能与环境相关。因此分类时,应从试验测得的半衰期范围高的一端选择合适的半衰期,采用证据权重方法,并综合考虑模拟试验的实际符合性和与环境条件的相关性。原则上,评价水生环境中的快速降解性时,地表水模拟试验数据优先于水生沉积物或土壤试验数据。

# 7 判定方法

7.1 下述判定方法可作为一般指导,帮助确定水生环境中的快速降解性和化学品的水生环境危害分类。

7.2 符合下列条件之一时,可判定物质具有快速降解性:

a) 根据可提供的测试数据评价证明,物质在为期 28 d 的快速生物降解试验中显示具有快速生物降解性,通过水平(即 DOC 降解率大于 70%或消耗 ThOD 大于 60%)应从生物降解达 10%之日开始算起 10 d 内达到。如果不能,则应在可能情况下,在 14 d 观察期内,或者在试验结束后评定其通过水平;

b) 物质在反映实际环境条件的地表水模拟试验中显示最终降解,半衰期小于 16 d(相当于 28 d 内降解大于 70%);

c) 物质在水生环境中显示初级降解(生物或非生物降解),其半衰期小于 16 d(相当于 28 d 内降解大于 70%),且可以证明降解产物不满足水生环境有害物质分类标准。

7.3 在没有这些数据的情况下,如果证明下列条件之一成立,则可认为具有快速降解性:

a) 物质在水生沉积物或反映实际环境条件的土壤模拟试验中显示最终降解,半衰期小于 16 d(相当于 28 d 内降解大于 70%);

b) 在只有 $BOD_5$ 和 COD 数据的情况下,其 $BOD_5$/COD 比值不小于 0.5。同样的标准适用于试验时间少于 28 d 的快速生物降解试验,条件是半衰期小于 7 d。

7.4 如果上述各类数据均不能提供,可将物质视为不可快速降解。这一判定还可通过符合下列标准之一获得支持:

a) 物质在固有生物降解试验中被证明不具有固有可降解;

b) 通过科学有效的 QSAR 模型,例如生物降解概率程序预测物质可缓慢生物降解,其快速降解分值(线性或非线性模型)小于 0.5;

c) 根据间接证据,例如对结构类似物质的认识,物质被视为不能快速降解;

d) 没有其他降解数据可得。

# 附　录　A
# （资料性附录）
# 有机物质可降解性的确定

## A.1　导言

有机物质可通过生物、非生物或者两者兼有的过程降解。目前有许多确定有机物质降解性的标准操作程序或试验方法。下文将介绍其中一些方法的基本原理及如何用于水生危害分类。

## A.2　非生物降解性

### A.2.1　非生物降解类型

**A.2.1.1**　非生物降解包括化学转化和光化学转化。通常，非生物转化将产生其他有机化合物，但不会导致完全矿化(Schwarzenbach 等，1993)。化学转化即在无光和无生物媒介物的条件下发生的转化，而光化学转化则需要光的存在。

**A.2.1.2**　在水生环境中的重要化学转化包括水解、亲核取代、消除和氧化还原反应(Schwarzenbach 等，1993)。水解通常被视为最为重要、在国际性测试准则中可以获取信息的唯一转化形式。

### A.2.2　水解

**A.2.2.1**　水解是亲核体(nucleophile)$H_2O$ 或 $OH^-$ 与化学品发生反应，化学品的一个(离开)官能团与一个 OH 基交换。许多化合物，特别是酸的衍生物，容易发生水解。水解既可以是非生物的，也可以是生物的，但对试验而言，则只考虑非生物水解。不同 pH 值(中性、酸性或碱性)下的水解反应机理不同，并且水解率很大程度地取决于 pH 值。

**A.2.2.2**　现有的评价非生物水解的测试准则通常较易检索，有 GB/T 21855 或 OECD 111(与 pH 值有关的水解作用，对应 OCSPP 835.2110 和 OCSPP 835.2130)。OECD 111 是在纯缓冲溶液中、不同 pH 值下确定总水解率。该测试方法包括预试验和正式试验两个部分。其中，预试验用于测定水解率未知的物质，而正式试验用于已知易水解不稳定的物质和预试验表明可快速水解的物质。在预试验开始 5 d 后，测定在 50 ℃时，通常环境中的 pH 值范围内(pH 值为 4、7 和 9)的缓冲溶液中的物质浓度。若化学品浓度减少小于 10%，则该物质被认为稳定不易水解，否则应开展进一步的测试。通过测定不同时间、不同 pH 值(4、7 和 9)下的物质浓度确定物质的总体水解率。应测定在不同温度下的水解率，以便通过内插或者外推的方法确定与环境相关的温度。OCSPP 835.2130 与 OECD 111 几乎完全相同，差别仅在于数据的处理。

**A.2.2.3**　应该注意的是，除水解以外，试验确定的水解率常数包括试验条件下、无光环境中可能发生的所有非生物转化的影响。现已发现，物质在纯水和天然水体中的水解率在很大程度上相一致(OCSPP 835.2110)。

### A.2.3　光解作用

**A.2.3.1**　OECD 316(化学品在水体中的光转化　直接光解)是关于水生环境光降解的测试方法。水中化合物的光转化形式可以是一次光转化或二次光转化。一次光转化(光解)又可进一步细分为直接光解和间接光解。直接光转化(光解)是化学品吸收光线后直接发生转化的情况。间接光转化是其他受激物质将能量、电子或 H 原子转移给化学品从而导致转化(激活光解)的情况。二次光转化则指化学品与活性短寿命基团之间发生化学反应,比如羟基、过氧基(peroxy radicals),或在有光照的情况下通过与受激物质,如受激腐殖酸或棕黄酸或硝酸盐反应而产生的单态氧。

**A.2.3.2** 目前仅有三个关于水中化学品光转化的测试准则,即 OCSPP 835.2210(日光作用下的水中直接光解率)、OCSPP 835.5270(间接光解筛选试验:含有溶解腐殖质的水中日光光解作用)和 OECD 316(化学品在水体中的光转化　直接光解)。OCSPP 835.2210 试验采用层级法。第 1 层次,根据测定的摩尔吸光系数计算最大直接光解率常数(最小半衰期)。第 2 层次分为两个阶段:第 1 阶段,化学品在日光照射下发生光解,得到一个近似的光解率常数。第 2 阶段,利用一个能够定量测定实际照射到化学品上的光照强度的曝光表,确定更为准确的光解率常数。根据已测定的参数,可计算出不同温度下、不同范围的实际直接光解率。这种光解率只适用于表层水体,比如水面下 50 cm 以内,而且只适用于饱含空气的纯水。很显然,这在实际环境中是不存在的。然而,可利用计算机将自然水体和其他相关因素的削减作用编入程序,从而将结果外延推算得到其他环境条件下的光解率。

**A.2.3.3** OCSPP 835.5270 筛选试验主要涉及化学品在含有腐殖质的水中的间接光解。试验原理为试验测定的暴露于日光下的自然水体中的光转化率,是直接光转化和间接光转化共同作用的结果,而只有直接光转化才会在纯水中发生。因此,在自然水体中的总体光解率和纯水中的直接光解率之差,等于间接光解率和二次光降解之和。在实际试验过程中,可购买腐殖质配制人造模拟自然水体。应注意,测算得到的间接光转化率仅在特定的季节和范围内有效。

## A.3　生物降解性

### A.3.1　快速生物降解

**A.3.1.1** 用于确定有机物质快速生物降解的标准测试方法有多项,包括 GB/T 21801、GB/T 21802、GB/T 21803、GB/T 21831、GB/T 21856、GB/T 21857。

**A.3.1.2** 为确保化学品的生物降解和微生物的环境适应性,快速生物降解试验有严格的要求,应确保满足下列基本条件:

a) 较高的受试物浓度(2 mg/L～100 mg/L);
b) 受试物是唯一的碳和能量的来源;
c) 接种物浓度从低到适中,细胞数为 $10^4$ 个/mL～$10^8$ 个/mL;
d) 不允许接种物的预适应;
e) 28 d 试验期间的 10 d 观察期内[MITI 方法(Ⅰ)除外]发生降解;
f) 试验温度小于 25 ℃;
g) 通过水平为 70%(DOC 去除率)或 60%($O_2$ 需求量或 $CO_2$ 产生量)表示完全矿化(假设受试物的残余碳转变成生物量的增长)。

**A.3.1.3** 快速生物降解试验的一个阳性结果可以推测受试物在环境中快速生物降解。

**A.3.1.4** 传统的 $BOD_5$ 试验也可以表明一种物质是否能够快速生物降解。在该试验中,用 $BOD_5$ 和 ThOD 相比较;如果无法获得 ThOD,也可用 COD 替代。试验应在 5 d 内完成,危害分类标准定义的通过水平为 50%,即低于快速生物降解试验的通过水平。

**A.3.1.5** GB/T 21815.1 可被视为快速生物降解试验的平行试验。达到 GB/T 21815.1 规定的通过水平(即 DOC 去除率大于 70%或 ThOD 大于 60%)的物质,可被视为具有快速生物降解性,因其在海水中的降解潜力通常低于在淡水中的降解性测试结果。

### A.3.2 固有生物降解

**A.3.2.1** 固有生物降解试验用于评估一种物质是否具有生物降解潜力。GB/T 21816、GB/T 21817、GB/T 21818 均属于固有生物降解性试验。

**A.3.2.2** 有助于评价固有生物降解潜力的基本试验条件包括:

a) 受试物与接种物有较长的接触期,以便于在试验期内产生适应性;

b) 较高的微生物浓度;

c) 有利的物质/生物量比例。

**A.3.2.3** 固有生物降解试验得到的阳性结果表明,受试物不会在环境中无限期地存在下去,但也不能假定该物质会发生快速和完全的生物降解。矿化率大于 70%的测试结果表明受试物具有潜在的最终生物降解性,矿化率大于 20%的测试结果表明可以初级生物降解,矿化率小于 20%的测试结果表明受试物具有持久性。因此,固有生物降解试验得到的阴性结果意味着受试物不可生物降解。

**A.3.2.4** 在许多固有生物降解性试验中,仅观测到了受试物的消失,这样的结果仅表明受试物发生了初级生物降解,并非完全矿化,因此或多或少地生成了降解产物。受试物能够初级降解并不意味着它能够在环境中发生最终生物降解。

**A.3.2.5** 固有生物降解试验的测试方法具有很大的差异性,GB/T 21818 采用的接种物浓度比 GB/T 21802 相应大 3 倍。GB/T 21816 同样是相对较"弱"的固有生物降解试验。和快速生物降解试验相比,这些固有生物降解试验对物质降解性的证明程度并未更充分,测试结果不能外推到快速生物降解试验和水生环境的条件。

### A.3.3 水生环境模拟试验

**A.3.3.1** 水生环境模拟试验目的是模拟在特定水生环境条件下的生物降解过程。有两个试验可以作为标准水生环境降解模拟试验的实例:ASTM E 1279(生物降解标准试验方法 摇瓶消减法)和 OCSPP 835.3170(摇瓶法消减试验)。这些测试方法通常被用作化学品在河流中消减模拟试验的参考。

**A.3.3.2** 水生环境条件模拟试验的要点:

a) 采用自然水体(和沉积物)样品作为接种物;

b) 采用低浓度受试物(1 μg/L~100 μg/L),确保遵循一级降解动力学。

**A.3.3.3** 推荐使用放射性同位素示踪受试物,有助于确定最终生物降解性。通过化学分析法获得受试物的去除率,仅能证明受试物具有初级生物降解性。通过测定降解动力学可以得到降解速率常数。由于受试物浓度低,因此可以假定主要遵循一级降解动力学。

**A.3.3.4** 该试验也可以通过使用自然沉积物模拟底泥条件进行测试。此外,通过对样本进行灭菌处理,可确定试验条件下的非生物降解性。

### A.3.4 STP 模拟试验

目前也有一些 GB/T 21829 的试验方法可用于模拟污水处理厂(STP)内的降解过程,及采用低浓度有机污染物的模拟试验方法(Nyholm 等,1996)。

### A.3.5 厌氧生物降解

A.3.5.1 厌氧生物降解试验方法可用于确定受试物在厌氧条件下进行生物降解的固有潜力。ISO 11734、ASTM E 1196-92 和 OCSPP 835.3400 均属于厌氧生物降解试验。

A.3.5.2 在最长 8 周的试验中确定厌氧性降解潜力，试验条件如下：

a) 在缺氧(最初为纯氮环境)密团罐内进行测试；

b) 使用消化污泥；

c) 试验温度保持在 35 ℃；

d) 测定顶部空间气体压力(由 $CO_2$ 和 $CH_4$ 组成)。

A.3.5.3 通过测定气体产生量确定最终降解性。通过测定受试物残留量也可以确定初级生物降解性。

### A.3.6 土壤和沉积物中的降解

A.3.6.1 由于许多物质最终进入土壤或沉积层内，因此，评估其在土壤或沉积层环境中的降解性具有重要意义。OECD 304A 是众多关于土壤中固有生物降解的标准方法之一，该试验相当于 OCSPP 835.3300 试验。

A.3.6.2 土壤中的固有降解性测试要点：

a) 采用自然土壤样本，无需额外接种；

b) 采用放射性同位素示踪受试物；

c) 测定放射性同位素标记的 $CO_2$ 变化过程。

A.3.6.3 测定沉积物中的生物降解性的标准方法为 OCSPP 835.3180。从采样点采集含有沉积物和水的试验样本，并向其中加入受试物，测定母体化合物的消失(即初级生物降解)。必要时，可测定生成的代谢物或最终生物降解产物。

A.3.6.4 目前，OECD 已有关于在土壤(OECD 307)和水生沉积系统(OECD 308)中的好氧和厌氧转化的测试准则。试验目的在于测定在接近实际的环境条件，包括接近实际的受试物浓度下，受试物的转化率以及转化产物形成和减少的速率。可确定完全矿化性或初级降解性，这取决于测定受试物转化所用的分析方法。

### A.3.7 生物降解估算方法

A.3.7.1 最近几年关于物质环境特性的估算研究取得了进展，其中也包括用于预测有机物质的生物降解潜力的一些方法。

A.3.7.2 从 MITI(1992)试验中选取一组有效的生物降解性的数据作为验证集，但其中不包括无法得到准确降解数据和已经用于程序开发的那些物质，按此原则，验证集数据组包括 304 种物质。用该程序的非线性估算模块(最可靠)估算这些物质的生物降解性，然后，将估算结果与测定数据进行比较。根据预测，162 种物质可“快速”降解，但实际上只有 41 种物质(25%)在 MITI 试验(Ⅰ)中显示出快速降解特性。预测显示，142 种物质可“缓慢”降解，但是 MITI 试验(Ⅰ)显示 138 种(97%)物质不具有快速降解特性。因此，只有在无法得到降解性测试数据和该程序预测一种物质为“缓慢”降解物质时，才可将该程序的预测结果用于分类。在此情况下，物质可视为不能快速降解。

A.3.7.3 美国环保局/欧盟 QSARs 联合评估项目利用欧盟通报的新物质的测试结果和 QSAR 数据，也得出了同样的结论。对 115 种新物质的 QSAR 预测结果进行分析，该 115 种新物质也进行过快速生物降解试验。分析结果显示，只有 9 种物质可以快速生物降解。美国环保局/欧盟联合项目的最终报告(OECD，1994)没有详细说明所采用的 QSAR 方法，但其中的大多数预测很可能是利用以后被纳入生物降解概率计算程序中的那些方法得出的。

**A.3.7.4** 此外，欧盟建议在使用生物降解概率程序估算的生物降解性时要保守，即该程序预测快速生物降解的结果不予采信，但缓慢生物降解的预测可以考虑（欧盟委员会，1996）。

**A.3.7.5** 因此，以保守方式使用生物降解概率程序得到的预测结果，可以满足没有测试数据可得的某些物质生物降解性评价的需要。

# 附 录 B
# （资料性附录）
# 水生环境降解性的影响因素

## B.1 导言

**B.1.1** OECD 分类标准仅仅考虑对水生环境的危害。然而，危害分类的主要依据是在实验室条件下测试得到的数据，而只有很少的实验室条件与环境条件类似。因此，应考虑如何解释用于预测水生环境危害的实验室测试数据的问题。

**B.1.2** OECD 生物降解试验综述文件（OECD，1995）对如何解释有机物质生物降解试验结果进行了考虑。

**B.1.3** 环境条件与标准试验系统中的条件通常有很大不同，因此，在通过外推法将实验室测试得到的降解数据用于自然环境时会遇到一些困难。下列因素的差异会对降解性产生显著影响：

a） 与生物体有关的因素（存在能够发挥作用的微生物）；

b） 与基质有关的因素（基质浓度和其他基质的存在）；

c） 与环境有关的因素（物理化学条件、营养物质的存在、物质的生物利用率）。

## B.2 存在能够发挥作用的微生物

**B.2.1** 水生环境中的生物降解取决于水生环境中存在数量足够的能够发挥作用的微生物。自然微生物群落包括差异极大的各种微生物，当出现浓度足够高的一种“新”物质时，微生物可能发生自适应，使这种新物质发生降解。通常，微生物群体的自适应是由特定降解微生物的增长导致的。这种降解微生物天生就具有使物质降解的能力。然而，还有一些其他过程也会参与降解，比如酶诱导、遗传物质交换和耐毒性的形成等。

**B.2.2** 自适应发生在“延迟”阶段，这是从开始接触到出现显著降解的一段时间。很明显，延迟阶段的长短将取决于最初存在的能够发挥作用的降解微生物，这又取决于微生物群体的历史，也就是这些群体是否在以前曾经与这些物质有过接触。这意味着，如果一种异型生物物质已经使用多年并已四处释放，那么发现能够发挥作用的降解微生物的可能性就会增加。特别是在接受排放物的环境中，比如生活污水处理厂，更是如此。与使用来自未被污染水体中的接种物试验相比，使用来自污染水体的接种物的试验更容易得到一致的降解结果（OECD，1995；Nyholm 和 Ingerslev，1997）。

**B.2.3** 有许多因素决定水生环境中的自适应潜力是否与实验室试验中的自适应潜力之间的差异。自适应能力的影响因素包括但不仅限于以下方面：

a） 微生物体内能够发挥作用的降解微生物的初始数量（比例和数量）；

b） 存在附着表面；

c） 基质的浓度和活性；

d） 其他基质的存在。

**B.2.4** 延迟期长短取决于能够发挥作用的降解微生物的初始数量，对于毒性物质来说，还取决于这些降解微生物受毒性物质影响后是否能继续存活以及复原情况。在快速生物降解标准试验中，接种物样本来自污水处理厂。由于污染物负荷通常高于自然环境条件，因此降解微生物的成分和数量，都可能高于受污染较小的水生自然环境。然而，由于能够发挥作用的降解微生物的初始数量可能较低，很难估计水生环境中的延迟期会比实验室试验条件下的延迟期长多少。

**B.2.5** 如果时间周期比较长，能够发挥作用的降解微生物的初始浓度就不那么重要，当存在足够浓度的合适基质时，它们将会不断生长。然而，如果关心的是在短时间内发生的降解，则应考虑能够发挥作用的降解微生物的初始浓度(Scow，1982)。

**B.2.6** 由于絮凝体、聚集体和附着微生物的存在，也可能通过微生物团生态位的发展而增强降解微生物的自适应性。当考虑在污水处理厂、沉积层和土壤等各种不同环境条件下的降解微生物的自适应能力时，这一点非常重要。然而，快速生物降解试验和水生环境中的微生物总数是同样的数量级，在快速生物降解试验中细胞数为 $10^4$ 个/mL～$10^8$ 个/mL；在地表水中为 $10^3$ 个/mL～$10^6$ 个/mL 或更多(Scow，1982)，因此，这一因素可能不那么重要。

**B.2.7** 在讨论外推到环境条件时，应区分贫营养和富营养环境。在贫营养条件下生长的微生物能够在较低的浓度下使有机基质矿化，而且它们通常对基质有较大的亲合力，但与富营养环境下生长的微生物相比，它们的生长率低，繁殖周期长(OECD,1995)。此外，贫营养微生物不仅不能在浓度高于 1 mg/L 的条件下降解化学品，甚至在高浓度条件下会受到抑制。与此相反，富营养微生物则需要在矿化开始之前有较高的基质浓度，而且与贫营养微生物相比，它们可以在较高的浓度下存活。因此，水生环境降解阈值下限，将取决于微生物群是贫营养群体还是富营养群体。然而，目前尚不明确贫营养微生物和富营养微生物是两个不同物种，还是仅以贫营养和富营养方式生长的同一种微生物(OECD,1995)。由于大多数污染物质通过污水排放直接进入水生环境中，因此，这些受体大多是富营养环境。

**B.2.8** 从上面的讨论中，可以得出如下结论：在高度暴露环境下，比如，在不断接受各种物质的环境中(高产量化学品比低产量化学品更常出现)，能够发挥作用的降解微生物存活的机率最大。这些环境常常是富营养环境，因此，在开始降解之前，可能要求物质浓度相对较高。另一方面，在新鲜水体中可能缺少能够发挥作用的物种，特别是能够使偶然排放的低产量化学品降解的物种。

## B.3 与基质有关的因素

### B.3.1 受试物浓度

**B.3.1.1** 在大多数实验室试验中，使用的受试物浓度很高(2 mg/L～100 mg/L)，而水生环境中预期的实际浓度则在较低的浓度(μg/L)范围内。一般说来，当一种基质的浓度低于大约 10 μg/L 的阈值水平时，不能满足微生物的生长需要。在更低的浓度下，甚至不能达到微生物存活所需的能量需求(OECD,1995)。之所以采用这种较低的浓度阈值，可能是由于缺少能够激发酶活性的足够的刺激物(Scow,1982)。这通常意味着，许多物质在水生环境中的浓度水平，只能使它们勉强成为降解微生物的初级基质。

**B.3.1.2** 此外，降解动力学取决于莫诺方程中所描述的与饱和常数($K_s$)相比较的物质浓度($S_0$)。饱和常数是产生最大比生长速率为50%的基质浓度。在远低于饱和常数的基质浓度(大多数水生环境的正常情况)下，降解可通过一级动力学或逻辑动力学来描述(OECD,1995)。当一种低密度微生物(低于 $10^3$ 细胞/mL～$10^5$ 细胞/mL)占主导地位时(比如在贫营养水体中)，种群的增长率将不断降低，这是典型的逻辑动力学。在较高的微生物密度条件下(比如在富营养水体中)，如果基质浓度没有高到能够支持微生物生长的程度，则适用一级动力学，也就是说，降解率与物质浓度成正比。实际上，由于数据的不确定性，区分这两个类型的降解动力学几乎是不可能的(OECD,1995)。

**B.3.1.3** 总而言之，低浓度物质(即低于 10 μg/L)有可能无法在水生环境中作为主要基质而发生降解。当物质浓度较高时，可快速降解物质有可能在水生环境中作为主要基质而发生降解，其降解率与物质浓度几乎成正比。

### B.3.2 其他基质的存在

**B.3.2.1** 在标准试验中，受试物是作为微生物的唯一基质使用的，而在自然环境中，还存在许多其他基质。在自然水体中,DOC的浓度范围通常在1 mg C/L～10 mg C/L,即比污染物浓度高1 000倍。然而,随着持久性物质因离岸距离越来越远而比例增多,这些DOC将相对持久地存在。

**B.3.2.2** 自然水体中的菌落主要依靠藻类分泌物提供营养物质。这些分泌物的矿化速度非常快(可在几分钟内完成)。这表明,天然微生物群落有很高的降解潜力。因此,在微生物争夺自然水体中的各种基质时,选择基质的压力导致能够快速矿化基质的物种的增长,而更加专一的特定物种的生长则受到抑制。隔离能够降解各种生物异源物质的菌落的经验表明,在和细菌的生存竞争中,这些微生物表现为生长相对缓慢,并且主要依赖复合碳源生存。当环境中存在能够发挥作用的微生物时,如果生物异源物质持续释放到环境中并且达到足以支持微生物生长的浓度,那么这些微生物的数量可能会增加。然而,水生环境中存在的大多数有机污染物的浓度较低,只能作为没有能力支持微生物生长的次要基质而发生降解。

**B.3.2.3** 另一方面,浓度较高的快速矿化基质的存在,可能通过共同新陈代谢作用,促进生物异源物质的初始转化。然后,共代谢产生的物质可用于进一步降解和矿化。这样,其他基质的存在可增加一种物质被降解的可能性。

**B.3.2.4** 可以得出这样的结论,即自然水体中存在各种不同基质以及其中可以快速矿化的基质,一方面可能造成一种抑制能够降解微污染物的微生物生长的选择压力,另一方面可能通过先发生共代谢,然后进一步矿化,从而提高降解率。在自然条件下,这些过程的相对重要性可能有所不同,这一方面取决于环境条件,另一方面取决于物质。目前尚不能一概而论。

## B.4 与环境有关的因素

### B.4.1 环境因素的作用

环境因素的变化主要影响微生物活性而不是具体的降解过程。然而,这种影响的重要性在不同的生态系统和微生物物种之间存在差异(Scow, 1982)。

### B.4.2 氧化还原电位

是否有氧的存在,可能是影响降解过程的最重要的环境因素之一。氧含量和相关的氧化还原电位决定着水生环境中不同类型微生物的存在:好氧微生物存在于水相、沉积物上层以及部分污水处理厂;厌氧微生物存在于沉积物以及部分污水处理厂。由于在大部分水相中,好氧环境占主导,因此,生物降解性的预测应建立在好氧试验结果的基础上。然而,在某些水生环境中,由于富营养化以及随后产生的有机物质腐烂,氧含量在一年中的某些时段内可能达到很低的水平。在这些时段内,好氧微生物将不能降解化学品,如果受试物在厌氧条件下具有可降解性,那么可能会发生厌氧反应。

### B.4.3 温度

温度是另一个重要的环境因素。大多数试验是在20 ℃～25 ℃温度条件下进行的(标准好氧快速生物降解试验),但厌氧试验可以在35 ℃温度下进行,这可以更好地模拟污泥反应器内的条件。在温度0 ℃以下到100 ℃的环境中可观察到微生物的活性。然而,最佳温度可能在10 ℃～30 ℃,在这一范围内,温度每增加10 ℃,降解率大致翻一番(de Henau,1993)。在这一最佳温度范围外,虽然某些特殊微生物(嗜热和嗜冷细菌)仍可存活,但降解微生物的活性将急剧下降。当利用实验室条件外推时,应该考虑到,在寒冷的冬季某些水生环境在一年中的很长时间内都被冰雪覆盖,降解可能很少甚至根本没有。

### B.4.4 pH值

在自然环境中的整个pH值范围内都有活性微生物存在。然而,细菌作为一个群体,略呈碱性的条件更有利于提高它们的活性,最佳pH值范围为6～8。当pH值低于5时,细菌体内的新陈代谢活性显著降低。真菌作为一个群体，略呈酸性的条件更有利于提高它们的活性，最佳 pH 值范围为 5～6（Scow，1982）。这样，最有利于微生物降解活力的 pH 值范围可能为 5～8。这正是水生环境中最常见的 pH 值范围。

### B.4.5 营养物质的存在

有无机营养物质（氮和磷）存在通常是微生物的生长所需的。但它们很少成为影响微生物活性的限制因素，在水生环境中，微生物的生长主要受到基质的影响。然而，营养物质的存在会影响初级生产者的生长，进而影响可迅速矿化的分泌物的可得性。

# 附 录 C
## (资料性附录)
## 生物和非生物降解试验方法相关标准

生物和非生物降解试验方法相关标准:

GB/T 15441 水质 急性毒性的测定 发光细菌法

GB/T 21795 化学品 模拟试验 污水好氧处理 生物膜法

GB/T 21796 化学品 活性污泥呼吸抑制试验

GB/T 21801 化学品 快速生物降解性 呼吸计量法试验

GB/T 21802 化学品 快速生物降解性 改进的 MITI 试验(I)

GB/T 21803 化学品 快速生物降解性 DOC 消减试验

GB/T 21816 化学品 固有生物降解性 赞恩-惠伦斯试验

GB/T 21817 化学品 固有生物降解性 改进的半连续活性污泥试验

GB/T 21818 化学品 固有生物降解性 改进的 MITI 试验(II)

GB/T 21829 化学品 污水好氧处理模拟试验:活性污泥单元法

GB/T 21831 化学品 快速生物降解性 密闭瓶法试验

GB/T 21855 化学品 与 pH 有关的水解作用试验

GB/T 21856 化学品 快速生物降解性 二氧化碳产生试验

GB/T 21857 化学品 快速生物降解性 改进的 OECD 筛选试验

GB/T 27850 化学品 快速生物降解性 通则

HJ/T 153 化学品测试导则

ISO 9408 水质 有机化合物在水介质中"最终"生物降解评估 密闭瓶中需氧量确定法

ISO 9439 水质 有机化合物在水介质中"最终"生物降解评估 释放二氧化碳分析法

ISO 9509 水质 化学物质与废水的活性污泥抑制硝化评价方法

ISO 9887 水质 有机化合物在水介质中的好氧性生物降解评估 半连续活性污泥法(SCAS)

ISO 9888 水质 有机化合物在水介质中的好氧性生物降解评估 静态试验法(赞恩-惠伦斯法)

ISO 10707 水质 有机化合物在水介质中"最终"生物降解评估 生物化学需氧量分析法(密闭瓶试验)

ISO 11348 水质 水样对费氏弧菌光发射抑制作用测定(发光细菌试验)

ISO 11733 水质 有机化合物在水介质中的消除和生物降解评估 活性污泥模拟试验

ISO 11734 水质 有机化合物在消化污泥中"最终"厌氧性生物降解评估 沼气生产量检测法

ISO/DIS 14592 水质 水中低浓度有机化合物需氧性生物降解评估 第1部分:采用地表水或地表水/沉积悬浮物的长颈瓶摇动批量试验

ASTM E 1196-92 有机化合物厌氧生物降解潜力测试方法

ASTM E 1279-89(95)生物降解标准试验方法 摇瓶消减法

ASTM E 1625-94 确定有机化学物质在半连续活性污泥中的生物降解的标准试验方法(SCAS)

EC C.4. A~F 确定快速生物降解性

EC C.5. 降解:生物化学需氧量

EC C.7. 降解:非生物降解:随 pH 值变化的水解

EC C.9. 生物降解:赞恩-惠伦斯试验

EC C.10. 生物降解:活性污泥模拟试验

EC C.11. 生物降解:活性污泥呼吸抑制试验

EC C.12. 生物降解:经过改进的 SCAS 试验
OCSPP 835.2110　随 pH 值变化的水解
OCSPP 835.2130　随 pH 值和温度变化的水解
OCSPP 835.2210　日光作用下的水中直接光解率
OCSPP 835.3110　快速生物降解性
OCSPP 835.3170　摇瓶法消减试验
OCSPP 835.3180　沉积物/水微生态系统生物降解试验
OCSPP 835.3200　赞恩-惠伦斯/EMPA 试验
OCSPP 835.3210　改进的 SCAS 试验
OCSPP 835.3300　土壤生物降解
OCSPP 835.3400　有机化学品的厌氧生物降解
OCSPP 835.5270　间接光解筛选试验:含有溶解腐殖质的水中日光光解作用
OECD 111　与 pH 值有关的水解作用
OECD 209　活性污泥呼吸抑制试验
OECD 301　快速生物降解性
OECD 302A　固有生物降解:经过改进的 SCAS 试验
OECD 302B　赞恩-惠伦斯/EMPA 试验
OECD 302C　固有生物降解:经过改进的 MITI　试验(Ⅱ)
OECD 303A　模拟试验　好氧污水处理:联结装置试验
OECD 304A　土壤中的固有生物降解
OECD 306　海水中的生物降解
OECD 307　土壤好氧和厌氧转化试验
OECD 308　水生沉积系统好氧和厌氧转化试验
OECD 309　地表水好氧转化　模拟降解试验
OECD 316　化学品在水体中的光转化　直接光解

# 参 考 文 献


[1] pesticide leaching and persistence. J. Environ. Qual. 20, 425-435

[2] Boethling R.S., P.H. Howard, J.A. Beauman & M.E. Larosche (1995). Factors for intermedia extrapolation in biodegradability assessment. Chemosphere 30(4), 741-752

[3] de Henau H. (1993). Biodegradation. In: P. Calow. Handbook of Ecotoxicology vol. I. Blackwell Scientific Publications, London. Chapter 18, pp. 355-377

[4] EC (1996). Technical guidance documents in support of the Commission Directive 93/67/EEC on risk assessment for new notified substances and the Commission Regulation (EC) No. 1488/94 on risk assessment for existing substances. European Commission, Ispra

[5] ECETOC (1998): QSARs in the Assessment of the Environmental Fate and Effects of Chemicals, Technical report No. 74. Brussels, June 1998

[6] Federle T.W., S.D. Gasior & B.A. Nuck (1997). Extrapolating mineralisation rates from the ready $CO_2$ screening test to activated sludge, river water, and soil. Environmental Toxicology and Chemistry 16, 127-134

[7] Langenberg J.H., W.J.G.M. Peijnenburg & E. Rorije (1996). On the usefulness and reliability of existing QSBRs for risk assessment and priority setting. SAR and QSAR in Environmental Research 5, 1-16

[8] Loonen H., F. Lindgren, B. Hansen & W. Karcher (1996). Prediction of biodegradability from chemical structure. In: Peijnenburg W.J.G.M. & J. Damborsky (eds.). Biodegradability Prediction. Kluwer Academic Publishers

[9] MITI (1992). Biodegradation and bioaccumulation data on existing data based on the CSCL Japan. Japan chemical industry, Ecology-toxicology & information center. ISBN 4-89074-101-1

[10] Niemelä J (2000). Personal communication to OECD Environment Directorate, 20 March 2000

[11] Nyholm N., U.T. Berg & F. Ingerslev (1996). Activated sludge biodegradability simulation test. Danish EPA, Environmental Report No. 337

[12] Nyholm N. &. F. Ingerslev (1997). Kinetic biodegradation tests with low test substance concentrations:Shake flask test with surface water and short term rate measurement in activated sludge. In: Hales S.G. (ed.). Biodegradation Kinetics: Generation and use of data for regulatory decision making. From the SETACEuropeWorkshope. Port—Sunlight. September 1996. pp. 101-115. SETAC-Europe, Brussels

[13] Nyholm N. & L. Toräng (1999). Report of 1998/1999 Ring-test: Shalke flask batch test with surface water or surface water/sediment suspensions. ISO/CD 14592-1 Water Quality—Evaluation of the aerobic biodegradability of organic compounds at low concentrations, ISO/TC 147/SC5/WG4 Biodegradability

[14] OECD (1993). Structure—Activity Relationships for Biodegradation. OECD Environment Monograph No. 68. Paris

[15] OECD (1994).US EPA/EC Joint Project on the Evaluation of (Quantitative) Structure Activity Relationships. OECD Environment Monograph No. 88. Paris

[16] OECD (1995). Detailed Review Paper on Biodegradability Testing. OECD Environmental Monograph No. 98. Paris

[17] OECD (1998). Harmonized integrated hazard classification system for human health and environmental effects of chemical substances. Paris.

[18] Pedersen F., H. Tyle, J. R. Niemelä, B. Guttmann, L. Lander & A. Wedebrand (1995). Environmental Hazard Classification-data collection and interpretation guide for substances to be evaluated for classification as dangerous for the environment. Nordic Council of Ministers. 2nd edition. TemaNord 1995:581, 166 pp

[19] Schwarzenbach R.P., P.M. Gschwend & D.M. Imboden (1993). Environmental organic chemistry, 1st ed. John Wiley & Sons, Inc. New York

[20] Scow K.M. (1982). Rate of biodegradation. In: Lyman W.J., W.F. Reehl & D.H. Rosenblatt (1982): Handbook of Chemical Property Estimation Methods Environmental Behaviour of Organic Compounds.American Chemical Society. Washington, D.C. (ISBN 0-8412-1761-0). Chapter 9

[21] Struijs J. & R. van den Berg (1995). Standardized biodegradability tests: Extrapolation to aerobic environments. Wat. Res. 29(1), 255-262

[22] Syracuse Research Corporation. Biodegradation Probability Program (BIOWIN). Syracuse. N.Y. http://esc.syrres.com/~escl/biodeg.htm

[23] Westermann P., B.K. Ahring & R.A. Mah (1989). Temperature compensation in Methanosarcina barkeri by modulation of hydrogen and acetate affinity. Applied and Environmental Microbiology, 55(5). 1262-1266

ICS 13.300
A 80

# 中华人民共和国国家标准

GB/T 36700.5—2018

# 化学品　水生环境危害分类指导
# 第5部分：生物富集

**Chemicals—Guidance on hazard classification to the aquatic environment—Part 5: Bioconcentration**

2018-09-17 发布　　2019-04-01 实施

国家市场监督管理总局
中国国家标准化管理委员会　发布

# 前　　言

GB/T 36700《化学品　水生环境危害分类指导》分为以下 8 个部分：

——第 1 部分：导言；

——第 2 部分：统一分类方法；

——第 3 部分：水生毒性；

——第 4 部分：降解；

——第 5 部分：生物富集；

——第 6 部分：定量结构活性关系（QSAR）；

——第 7 部分：金属和金属化合物分类；

——第 8 部分：金属和金属化合物在水介质中的转化/溶解指导。

本部分为 GB/T 36700 的第 5 部分。

本部分按照 GB/T 1.1—2009 给出的规则起草。

本部分由全国危险化学品管理标准化技术委员会（SAC/TC 251）提出并归口。

本部分起草单位：环境保护部固体废物与化学品管理技术中心、中华人民共和国安徽出入境检验检疫局、中国化工经济技术发展中心、上海化工研究院有限公司、华峰集团有限公司、清华大学、北京国石安康科技有限公司、江苏澄星磷化工股份有限公司。

本部分主要起草人：卢玲、温劲松、张梦莎、马嘉乐、刘洪英、田宇、张蕾、聂晶磊、周红、王馨晨、曹梦然、严虎、王斌、黄俊。

# 化学品　水生环境危害分类指导
# 第5部分：生物富集

## 1　范围

GB/T 36700的本部分规定了化学品水生环境危害分类涉及生物富集的概述、数据解释、需特别注意BCF和$K_{ow}$值的化学品类别和矛盾数据与数据缺乏的指导。

本部分适用于化学品水生环境危害分类涉及生物富集的指导。

## 2　规范性引用文件

下列文件对于本文件的应用是必不可少的。凡是注日期的引用文件，仅注日期的版本适用于本文件。凡是不注日期的引用文件，其最新版本（包括所有的修改单）适用于本文件。

GB/T 21800　化学品　生物富集　流水式鱼类试验

GB/T 21815.1　化学品　海水中的生物降解性　摇瓶法试验

GB/T 21852　化学品　分配系数（正辛醇-水）　高效液相色谱法试验

GB/T 21853　化学品　分配系数（正辛醇-水）　摇瓶法试验

GB/T 21858　化学品　生物富集　半静态式鱼类试验

GB 30000.28　化学品分类和标签规范　第28部分：对水生环境的危害

GB/T 36700.6　化学品　水生环境危害分类指导　第6部分：定量结构活性关系（QSAR）

GB/T 36700.7　化学品　水生环境危害分类指导　第7部分：金属和金属化合物分类

ASTM E 1022-94　鱼类和海水双壳贝类软体动物生物富集试验标准指南（Standard Guide for Conducting Bioconcentration Tests with Fishes and Saltwater Bivalve Mollusks）

OECD NO.23　困难物质和混合物的水生毒性测试指南（Guidance document on aquatic toxicity testing of difficult substances and mixtures）

OECD 123　分配系数（正辛醇/水）　慢速搅拌法[Partition Coefficient（1-Octanol/Water）.Slow-stirring method]

USEPA OCSPP 830.7560　正辛醇-水分配系数　器柱发生法[Partition Coefficient（n-octanol/water），Generator Column Method]

## 3　术语和定义、缩略语

### 3.1　术语和定义

GB 30000.28界定的以及下列术语和定义适用于本文件。

3.1.1

**生物富集系数　bioconcentration factor；BCF**

化学品在受试生物（或特定组织）中受试物浓度与试验介质中该受试物浓度之比。

3.1.2

**吸收速率常数　uptake rate constant**

$k_1$

受试生物暴露于受试物期间，生物体(或特定组织)中受试物浓度增加速率。

3.1.3

**清除速率常数　elimination rate constant**

$k_2$

清除阶段受试生物体(或特定组织)内受试物浓度减少的速率。

3.1.4

**证据权重法　weight of evidence approach**

综合考虑影响分类的所有可用信息，评估其质量和可靠性，并依据证据的总权重进行判定。

## 3.2　缩略语

下列缩略语适用于本文件。

BCF：生物富集系数(Bioconcentration factor)

GLP：良好实验室规范(Good laboratory practices)

$K_{ow}$：正辛醇-水分配系数($n$-octanol-water partition coefficient)

QSAR：定量结构活性关系(Quantitative structure-activity relationship)

# 4　概述

4.1　生物蓄积是判定化学品环境潜在危害性的重要固有特性。分类时应注意区分生物富集和生物蓄积之间的差别。生物富集即物质经由水环境暴露，被生物吸收、转化和排出的净结果。生物蓄积则指物质经由所有暴露途径(即空气、水、沉积物/土壤和食物)被生物吸收、转化和排出的净结果。此外，生物放大即物质通过食物链的积累和转化，导致在营养链高端的生物体内浓度的增加(欧盟委员会，1996)。对多数有机化合物而言，最主要暴露途径在于经水体吸收(生物富集)。只有那些具有较强疏水性的物质，从食物中吸收才会成为主要途径。GB 30000.28 分类标准使用 BCF(或 $K_{ow}$)衡量物质的生物蓄积潜力。因此，本部分只针对生物富集相关数据提供指导，不涉及通过食物或其他途径的蓄积数据。

4.2　物质的分类主要基于化学品的固有特性。然而，生物富集程度受较多因素影响，例如生物可利用性、试验生物的生理特性、暴露浓度的稳定性、暴露时间、目标生物体内的新陈代谢和排泄作用等。因此，化学品分类时，对生物富集潜力进行解释，要求对物质的固有特性以及确定 BCF 的环境条件进行评估，并按照相应判定方法将生物富集和 lg $K_{ow}$数据用于分类。本部分仅涉及有机化合物和有机金属类化合物，无机金属化合物的数据解释见 GB/T 36700.7。

4.3　物质的生物富集性数据，可通过标准化试验获得，也可根据其分子结构进行估算。解释用于分类的生物富集数据时，通常要求对测试数据进行详细评价，具体要求参见附录 A、附录 B、附录 C。

4.4　物质的水生环境危害分类通常依据其现有环境特性数据进行，但为分类目的而产生测试数据的情况较少。通常可获得各种各样的测试数据，但大部分数据不可直接适用分类标准，应从水生环境危害分类角度对现有生物富集数据进行解释。

# 5　生物富集数据解释

## 5.1　生物富集数据类型

有机化合物的生物富集性可通过生物富集试验确定。试验期间，BCF 由稳定状态时物质在生物体内浓度与水中浓度计算得出，或者是利用吸收速率常数($k_1$)和清除速率常数($k_2$)进行估算。一般而言，有机化合物的生物富集潜力主要与物质的亲脂性相关。亲脂性的衡量标准为 $K_{ow}$，亲脂性非离子有机化合物在生物体内的最低新陈代谢或生物转化与 BCF 相关。因此，$K_{ow}$ 通常用于根据 lg $K_{ow}$ 和 log BCF 之间的经验关系估算有机化合物的生物富集性。对于多数有机化合物而言，可用估算方法计算 $K_{ow}$。因此，物质的生物富集性数据可通过试验确定、或根据试验确定的 $K_{ow}$ 进行估算，或者利用 QSAR 得出的 $K_{ow}$ 值进行估算。

## 5.2 生物富集系数(BCF)

### 5.2.1 BCF 数据要求

5.2.1.1 BCF 可通过稳定态条件下的试验测定浓度获得，也可通过计算吸收速率常数和清除速率常数比值获得，此方法不需要达到稳定状态。

5.2.1.2 通常应用的鱼类 BCF 试验方法包括 GB/T 21800 和 GB/T 21858 以及其他等效试验准则。分类最好使用试验得到的高质量 BCF 值，该类数据应优于替代数据，如 $K_{ow}$。

5.2.1.3 高质量数据应符合试验方法的有效性标准并有相应说明，如保持恒定暴露浓度、氧和温度波动情况，以及达到稳定状态条件的记录等相关数据。如果提供了适当的描述，如 GLP 试验，确认符合有效性标准，可将结果视为高质量数据。此外，还应采用适当的分析方法，对水中和鱼类组织中的化学品及其毒性代谢物进行定量分析(详见附录 C)。

5.2.1.4 数据质量低或不可靠的测试结果会导致错误和过低的 BCF 值，例如应用受试物在鱼体和水中的测定浓度，但该浓度测定在尚未达到稳定状态条件的很短暴露时间后进行(见 GB/T 21815.1)。因此，在使用此类数据前，应对其进行谨慎评价，并应考虑使用 $K_{ow}$ 值。

5.2.1.5 如果没有有效的基于鱼类物种的 BCF 值，可使用其他物种的高质量 BCF 数据，如采用兰贻贝、牡蛎、扇贝测定的 BCF 值(ASTM E 1022-94)。应谨慎使用微藻类 BCF 数据。

5.2.1.6 对于高亲脂性物质，例如 lg $K_{ow}$ 值大于 6 的物质，BCF 测定值随 lg $K_{ow}$ 值的增大而减小，原因主要在于大分子的膜渗透动力降低或者油脂溶解度减小，从而出现物质在生物体内的生物利用率和吸收较低。其他因素包括试验中的人为因素，例如未达到平衡、水相中的有机化合物吸收导致生物利用率降低和分析误差等。因此，在评价高亲脂性物质的 BCF 测试数据时，应特别谨慎，与低亲脂性物质的 BCF 值相比，数据不确定性较高。

### 5.2.2 不同试验物种的 BCF

5.2.2.1 用于分类的 BCF 值应以整个生物体的测定结果为基础。如前所述，最佳分类数据应为采用 GB/T 21800、GB/T 21858 或国际通用等效方法得到的 BCF 值。该类方法以小鱼为试验生物。与较大的生物体相比，较小的生物体有较高的鳃表面与质量之比，故较小生物体可比较大生物体更快达到稳定状态条件。因此，如果 BCF 值仅建立在达到平衡状态的鱼体内和水中测定浓度的基础上，生物富集试验所用生物体(鱼)的大小，是吸收阶段所用时间的决定因素。如果生物富集试验的试验生物为大鱼，例如成年鲑鱼，则应评价吸收周期是否足以确保达到稳定状态，或足以准确确定动态吸收速率常数。

5.2.2.2 此外，将现有数据用于分类时，BCF 值有可能从几种不同的鱼类或其他水生生物(如蛤类)，或从鱼类的不同器官中得到的。因此，应按照共同基础或标准对数据进行相互比较并与标准进行比较。鱼类或水生生物的脂类含量与 BCF 测定值之间存在密切关系。因此，在对各种不同鱼类物种的 BCF 值进行比较，或者将基于特定器官的 BCF 值转化为整个生物体的 BCF 值时，通常采用特定脂类含量校正 BCF 值。例如，如在文献中检索到整个生物体的 BCF 值或特定器官的 BCF 值，首先利用鱼类或器官内的相对脂肪含量，按脂类百分比计算 BCF 值(参见有关试验生物典型脂肪含量的文献/试验准则)。其次，根据假定的常用缺省脂类含量，计算典型水生生物体(小鱼)整个机体的 BCF 值。最常使用的缺省值为5%(Pedersen 等,1995),即小鱼平均脂类含量。

5.2.2.3 通常采用经脂肪量值校正的BCF有效值确定基于湿重BCF值,该值与GB 30000.28分类标准的BCF临界值500相关。

### 5.2.3 使用放射性同位素标记受试物

5.2.3.1 使用放射性同位素标记受试物,可助于对水和鱼类样本进行分析。然而,除非与特定的分析方法相结合,总放射性测定值可反映母体物质以及可能的代谢物和代谢产生的碳,这些物质已经以有机分子的形式与鱼类组织结合。因此,用放射性同位素标记受试物确定的BCF值通常偏高。

5.2.3.2 使用放射性同位素标记受试物时,通常在分子的稳定部分进行标记。正是由于这个原因,测定的BCF值包含代谢物的BCF值。对某些物质而言,代谢物最具毒性且具高生物富集潜力。因此,母体物质以及代谢物的测定,对于物质的水生危害(包括生物富集潜力)的解释具有重要意义。

5.2.3.3 在使用放射性同位素标记受试物进行的试验中,通常在鱼类胆囊中发现较高的放射性同位素标记浓度,主要为肝脏内的生物转化和随后在胆囊内产生的代谢排泄物造成的(Comotto 等,1979;Wakabayashi 等,1987;Goodrich 等,1991;Toshima 等,1992)。鱼类不喂食时,胆囊内的物质未被清空至肠道内,高浓度代谢物可在胆囊内积累。因此,喂养方式可对BCF测定值有显著影响。较多研究文献采用放射性同位素标记受试物且未给鱼喂食,结果显示在胆囊内发现高浓度放射性物质。此类研究中,生物富集性在多数情况下可能被高估。因此,在评价使用放射性同位素标记受试物的试验时,应对喂养方式进行评估。

5.2.3.4 GB/T 21800、GB/T 21858 建议,对杀虫剂类物质,如果以放射性同位素示踪残留物表示的BCF值不小于1 000,应对稳定状态下在鱼类组织中的总残留量不小于10%的降解产物进行定性和定量。如果没有代谢物的定性和定量数据可供使用,则应根据测定的放射性同位素标记的BCF值评估生物富集性。对于高生物富集性物质(BCF不小于500),根据母体化合物的BCF值与放射性同位素标记测定的BCF值相比,应将后者用于分类。

## 5.3 正辛醇-水分配系数($K_{ow}$)

### 5.3.1 $K_{ow}$数据要求

对有机化合物而言,试验获得的高质量$K_{ow}$值,或经评估并被推荐的数值,应优先于其他$K_{ow}$值。当没有高质量测试数据可供使用时,分类可使用lg $K_{ow}$的QSAR预测数据,但仅限于那些对其适用性有充分描述的化学品。对于强酸和强碱类化学品,与洗脱液起反应的物质或表面活性物质,应提供QSAR估计的$K_{ow}$值或基于单个正辛醇和水溶解性基础上的估测值,而不是分析确定的$K_{ow}$值。对非离子状态的可电离物质(自由酸或自由碱)进行测定时,只能使用一种合适的缓冲剂,其pH值应低于自由酸的解离常数,或者高于自由碱的解离常数。

### 5.3.2 试验测定$K_{ow}$

5.3.2.1 试验测定$K_{ow}$值可采用GB/T 21852、GB/T 21853、OECD 123等标准的准则(参见附录C)。当lg $K_{ow}$值在−2至4范围内时,应采用摇瓶法。摇瓶法仅适用于可溶于水和正辛醇的纯物质。对于可缓慢溶于水的高亲脂性物质,利用慢速搅拌法得到的数据通常更为可靠。在摇瓶法试验过程中形成微乳而造成的试验困难,通过慢速搅拌法可在一定程度上得以克服,水、正辛醇和受试物可在慢速搅拌反应器内达到平衡。采用慢速搅拌法可准确和精确地确定化合物的$K_{ow}$值,lg $K_{ow}$值最高为8.2。摇瓶法和慢速搅拌法只适用于可溶于水和正辛醇的纯物质。当lg $K_{ow}$值在0至6范围内时,应采用HPLC方法。与摇瓶法相比,HPLC法对受试物中存在的杂质较不敏感。测定lg $K_{ow}$值的另一个方法为USEPA OCSPP 830.7560的柱发生法。

5.3.2.2 由于通过试验测定 $K_{ow}$ 值受相关因素限制(例如极易溶于水的物质、高亲脂性物质和表面活性剂),所以也可使用从 QSAR 得到的 $K_{ow}$ 值。

#### 5.3.3 QSAR 确定 lg $K_{ow}$

对于 $K_{ow}$ 估算值,分类时应考虑所采用的估算方法。目前已有较多 QSAR 可用于估算 $K_{ow}$ 值。没有测试数据可供使用时,可应用相关商业软件估算,参见附录 D。应注意 QSAR 的可靠性和适用性范围差别较大,对于表面活性化合物、螯合物和混合物,应采用特殊方法估算 lg $K_{ow}$ 值。

## 6 需特别注意 BCF 和 $K_{ow}$ 值的化学品类别

### 6.1 BCF 和 $K_{ow}$ 值的影响因素

物质的某些物理-化学特性导致难以确定或测定其 BCF 值。某些物质的生物富集方式在一定程度上与其物理-化学特性不一致,例如空间位阻,或使用描述不当物质,如表面活性物质,可导致 lg $K_{ow}$ 值的测定和使用不适当。

### 6.2 困难物质

6.2.1 某些物质难以在水生系统中进行测试,相关文件可对此类物质的试验提供指导(英国环境部 DoE 1996;欧洲生态毒理学和化学品毒理学中心 ECETOC 1996; US EPA 1996)。OECD No.23 对困难物质的类型,以及确保对这些物质的试验得出有效结论应采取的步骤提供了良好的指导信息,同样也适用于生物富集性研究。困难物质可能在于不易溶解、易挥发或由于光转化、水解、氧化或生物降解等过程而快速降解。

6.2.2 有机化合物导致生物富集性,物质应能够在油脂中溶解,存在于水中,且可透过鱼鳃。这些有效性的改变将影响物质的实际生物富集性,使其与预测值之间存在差异。例如,快速生物降解物质在水生环境中只能短时间存在。同样,挥发性和水解性将使受试物浓度降低,并缩短物质可供生物富集的时间。另一重要参数为吸附,可能降低物质与微粒物质或一般表面的实际暴露浓度。较多物质的研究表明,可在生物体内快速转化,从而导致 BCF 低于预期值。对于可形成微团或聚合物的物质,生物富集程度可能低于根据简单的物理-化学特性预测的水平。疏水性物质同样存在此类情况,即包含在由于使用分散剂而形成的微团中。因此,生物富集试验建议不使用分散剂。

6.2.3 对困难物质,通常基于母体物质的 BCF 和 $K_{ow}$ 测定值确定生物富集潜力。适当的试验浓度测定记录也是确认 BCF 值有效性的一个前提条件。

### 6.3 极难溶解物质和复杂物质

6.3.1 应特别注意极难溶解物质。该类物质的溶解性通常表示为低于检测限,从而导致生物富集潜力难以解释。对于此类物质,生物富集潜力应基于试验确定的 $K_{ow}$ 值或根据 QSAR 估计的 lg $K_{ow}$ 值。

6.3.2 在多组分物质不能完全溶于水的情况下,应尽可能确定混合物成分,并考察利用其组分的现有信息确定其生物富集潜力。当生物富集组分为复杂物质的重要组成部分时(例如大于 20%;对于有害组分而言,含量甚至更低),应将复杂物质视为生物富集物质。

### 6.4 大分子量物质

大于一定分子尺寸时,物质的生物富集潜力会降低,原因可能在于物质通过鳃膜时的位阻造成的。曾有建议考虑采用相对分子质量临界值 700(如欧盟委员会,1996),但对该临界值存有争议,故有建议提出另一个临界值 1 000,以排除对可能具有间接水生影响的物质的考虑(CSTEE,1999)。通常应该考虑可能的代谢物或大分子环境降解产物的生物富集性。因此,应对大分子量物质的生物富集数据进行认真评估。只有认为此类数据对于母体化合物及其可能的代谢物和环境降解产物均完全有效时,方可使用该数据。

### 6.5 表面活性剂

#### 6.5.1 物质类型

表面活性剂是一种包含亲脂性(最常见的为烷基链)和亲水性(极性基团)部分的物质。根据极性基团所带电荷,表面活性物质可进一步细分为阴离子、阳离子、非离子或两性表面活性物质。由于存在各种各样的不同极性基团,表面活性物质是一种结构种类繁多的化合物,各类化合物根据表面活性而不是根据化学结构进行定义。因此,应根据不同的子类(阴离子、阳离子、非离子或两性物质)来考虑表面活性物质的生物富集潜力,而不是将其作为整体予以考虑。表面活性物质可形成乳状物,该乳状物很难确定生物利用率。微团的形成可导致生物有效成分发生变化,即使在已经明显形成溶液时,从而导致生物富集潜力解释困难。

#### 6.5.2 试验获得的 BCF

对表面活性物质的 BCF 值测试表明,BCF 值可能会随着烷基链长度的增加而增加,并可能与极性基团的连接位置和其他结构特点相关。

#### 6.5.3 正辛醇-水分配系数($K_{ow}$)

由于乳状液的形成,表面活性物质的 $K_{ow}$值不能通过摇瓶法或慢速搅拌法测定。此外,表面活性物质分子将几乎完全以离子态存在于水相中,而它们应与反离子配对后,才能溶解于正辛醇中。因此,试验确定的 $K_{ow}$值不能描述离子化表面活性物质的分离特点(Tolls, 1998)。另一方面,已经表明阴离子和非离子表面活性物质的生物富集会随着亲脂性的增加而增加;对于某些表面活性物质而言,利用 LOGKOW 程序估算的 lg $K_{ow}$值可代表其生物富集潜力(Tolls, 1998)。对于其他表面活性物质,则可利用相关方法对 lg $K_{ow}$估测值进行“修正”(Roberts, 1989)。此类结果表明 lg $K_{ow}$估测值与生物富集之间关系的质量取决于所涉及的表面活性物质的种类和具体类型。因此,根据 lg $K_{ow}$值进行生物富集潜力分类时应谨慎。

## 7 矛盾数据与数据缺乏

### 7.1 相互矛盾的 BCF 数据

7.1.1 同一种物质有多种 BCF 数据情况下,可能出现相互矛盾的结果。当同一种物质有多种富集数据且结果相互矛盾时,通常应采用证据权重法进行解释。即如果某物质通过试验确定的 BCF 数据相互矛盾,存在 BCF 不小于 500,又小于 500 的情况,应将质量最高、记录最完整的数据用于确定该物质的生物富集潜力。如果仍然存在矛盾,在可以得到不同鱼种的高质量 BCF 数值的情况下,应使用最高的 BCF 有效数值用于分类。

7.1.2 当可以得到同一物种和同一生命阶段的较大数据集(4 个或更多数值)时,可将 BCF 数值的几何平均值作为该物种的代表性 BCF 值使用。

### 7.2 相互矛盾的 lg $K_{ow}$ 数据

在可以得到同一物质的多种 lg $K_{ow}$数据的情况下,可能出现相互矛盾的结果。如果同一物质的 lg $K_{ow}$值,存在 lg $K_{ow}$既不小于 4,又小于 4 的情况,应将质量最高、记录最完整的数据用于确定该物质的生物富集潜力。如果仍然存在矛盾，则应优先选用 BCF 最大的有效数值。在此情况下，可将 QSAR 估测的 lg $K_{ow}$ 值作为参考数据。

## 7.3 专家判断

如果没有试验确定的 BCF 或 lg $K_{ow}$ 数据，也没有预测的 lg $K_{ow}$ 数据可供使用，水生环境中的生物富集潜力可通过专家判断作出评估。例如其他物质有可得的生物富集或 lg $K_{ow}$ 测定值或者 $K_{ow}$ 预测值，通过将物质的分子结构与其分子结构比较确定。

## 7.4 判定方法

7.4.1 根据上述讨论和结论制定本判定方法，有助于判定物质在水生生物体内的生物富集潜力。

7.4.2 应将试验获得的高质量 BCF 值用于分类。如果可以获得 lg $K_{ow}$ 数据，则不应将质量水平较低或无法确定的 BCF 值用于分类，因其可能产生错误或过低 BCF 值，例如，由于暴露时间过短而稳定状态条件未达到。如果没有鱼类的 BCF 数据可供使用，也可使用其他物种（例如贻贝）的高质量 BCF 数据。

7.4.3 对有机化合物，应优先使用试验获得的高质量 $K_{ow}$ 值，或在评论性刊物中经评估并被推荐的值。在没有高质量测试数据可供使用时，分类可使用 lg $K_{ow}$ 的 QSAR 预测数据，但仅限于那些对其适用性有充分描述的化学品。对于强酸和强碱类物质、金属络合物和表面活性物质，应提供 QSAR 估计的 $K_{ow}$ 值或基于单个正辛醇和水溶解性基础上的估计值，而不是分析测定的 $K_{ow}$ 值。

7.4.4 如果可以获得相关数据，但数据未经验证，则应采用专家判断方法。

7.4.5 判定某种物质对水生生物是否具有生物富集潜力，可根据下列方法：

a) 可以提供有效/高质量的试验测定的 BCF 值时：
   1) BCF 不小于 500：物质具有生物富集潜力；
   2) BCF 小于 500：物质不具有生物富集潜力。
b) 不能提供有效/高质量的试验测定的 BCF 值，但可提供有效/高质量的试验测定的 lg $K_{ow}$ 值时：
   1) lg $K_{ow}$ 不小于 4：物质具有生物富集潜力；
   2) lg $K_{ow}$ 小于 4：物质不具有生物富集潜力。
c) 不能提供有效/高质量的试验测定的 BCF 值和 lg $K_{ow}$ 值时，但可提供有效的 QSAR 估计的 lg $K_{ow}$ 值时：
   1) lg $K_{ow}$ 不小于 4：物质具有生物富集潜力；
   2) lg $K_{ow}$ 小于 4：物质不具有生物富集潜力。

# 附　录　A
# （资料性附录）
# 利用试验和估算方法确定有机化合物 BCF 和 $K_{ow}$ 值的基本原理

## A.1　生物富集系数(BCF)

### A.1.1　定义

BCF 定义为在稳定状态下化学品在生物相中的浓度与在周围介质中(这里是指水)的浓度之比。BCF 可在试验稳定条件下直接测定，也可以通过一级吸收速率常数和清除速率常数之比计算得到，该方法不要求达到稳定状态。

### A.1.2　BCF 测定方法

**A.1.2.1**　关于 GB/T 21800、OECD 305、ASTM E 1022-94 等鱼类生物富集性测试方法的各种试验准则已形成文件并被采用。虽然推荐使用流水式试验方法，但在能够满足死亡率和符合试验有效性标准的前提条件下，也允许使用半静态试验方法。对于亲脂性物质($\lg K_{ow}$大于 3)，推荐使用流水式试验方法。

**A.1.2.2**　OECD 305 的原理与 ASTM 准则相似，但所描述的试验条件不同，特别是在下列方面：

a)　试验用水的供给方法(静态、半静态或流水式)；
b)　进行净化研究的要求；
c)　计算 BCF 的数学方法；
d)　采样频率：水中测定次数和鱼样本采集数量；
e)　测定鱼体内的脂类化合物含量的要求；
f)　暴露吸收阶段的最短时间。

**A.1.2.3**　一般而言，试验包括两个阶段：暴露(吸收)阶段和暴露后(清除)阶段。在暴露(吸收)阶段，将同一品种的受试鱼暴露于 2 组或 2 组以上不同浓度的受试物溶液中。除非能证明在较短的时间内达到了吸收平衡，暴露(吸收)阶段一般为 28 d。达到稳定状态条件所需要的时间，可根据 $K_{ow}-k_2$ 相关关系[比如，$\lg k_2=1.47-0.41\lg K_{ow}$(Spacie 和 Hamelink，1982)，或 $\lg k_2=1.69-0.53\lg K_{ow}$(Gobas 等，1989)]估算。据此，在生物富集过程符合一级动力学原理的前提下，达到比如 95%稳定状态的预期时间(d)等于 $-\ln(1-0.95)/k_2$。在暴露后(清除)阶段，将受试鱼转移到不含受试物的试验用水中。在以上两个试验阶段，均应跟踪受试鱼体内的受试物浓度。BCF 表示为受试鱼总湿重的函数。对许多有机化合物而言，生物富集能力和亲脂性密切相关，而且，对于这类有机化合物，受试鱼体内脂类化合物的含量和试验研究得到 BCF 之间也存在相应的关系。因此，对于强亲脂性受试物，为了减少测试结果的干扰因素，BCF 除了以受试鱼体重表示之外，还应以脂类化合物的含量表示。在生物富集过程符合一级动力学方程的假设成立的情况下，$BCF=k_1/k_2$($k_1$：一级吸收速率常数；$k_2$：一级清除速率常数，可用 lg 线性拟合)。如果清除过程符合二级动力学方程，也就是可以确定两个不同的清除速率常数，则 BCF 估测值 $k_1/k_2$可能显著偏低。在受试鱼-试验用水系统已经达到“稳定状态”的条件下，如果研究已表明生物富集过程符合二级动力学方程，则 BCF 可根据 $C_{鱼}/C_{水}$ 估算。

**A.1.2.4**　除了详细的样品制备和保存说明外，还应提供已知精确度、准确度和灵敏度的适当分析方法，用于对试验溶液和受试鱼体内的受试物进行定量分析。否则就不能得到真正的 BCF。使用放射性同位素标记受试物，将有助于对试验用水和受试鱼的样本进行分析。然而，除非结合特定的分析方法，一般而言，测定的总放射性残留量反映的是基于母体受试物、可能产生的代谢产物、鱼体组织成分的碳，得到真实的 BCF，有必要将母体受试物与可能存在的代谢产物明确区分开。如果在试验中采用放射性同位素标记物质，将有可能对总体放射性标记（即母体受试物和可能产生的代谢产物）进行分析，或者可以将样本纯化，以便能够对母体化合物进行单独分析。

**A.1.2.5** 当 lg $K_{ow}$ 值大于 6 时，BCF 测定值将会随着 lg $K_{ow}$ 值的增大而减小。产生这一非线性特点的主要原因可能是生物转化，膜渗透动力减小或者大分子生物脂溶性降低。其他因素应考虑试验中的人为原因，比如没有达到平衡状态、由于在水相中的吸附作用造成有机化合物生物利用率的降低和分析有误等。此外，应谨慎评估 lg $K_{ow}$ 值大于 6 的物质的 BCF 测试数据，这些数据的不确定性远远大于 lg $K_{ow}$ 值小于 6 的物质。

## A.2 正辛醇-水分配系数（lg $K_{ow}$）

### A.2.1 定义和一般考虑

**A.2.1.1** 正辛醇-水分配系数（lg $K_{ow}$）是一种物质的亲脂性的衡量指标。同样，lg $K_{ow}$ 也是评价物质环境归宿的一个关键参数。物质的许多分配过程都由 lg $K_{ow}$ 驱动，如被土壤和沉积物吸附并在生物体内富集。

**A.2.1.2** 物质在受试鱼脂肪相和试验用水之间的分配过程与其在正辛醇和水之间的分配过程相似，这是生物富集和 lg $K_{ow}$ 之间相互关联的基础。使用 $K_{ow}$ 是因为正辛醇能够作为受试鱼脂肪的合适替代物。lg $K_{ow}$ 和物质在鱼肝油和甘油三油酸酯中的溶解度之间，存在着极为重要的关系（Niimi，1991）。甘油三油酸酯是在淡水鱼脂质中发现的存量最丰富的一种甘油三酯（Henderson 和 Tocher，1987）。

**A.2.1.3** 鉴于通过试验确定 $K_{ow}$ 值的局限性，比如对于完全溶于水和完全亲脂性的物质无法通过试验确定其 $K_{ow}$ 值，所以可以使用 QSAR 估算得到 $K_{ow}$ 值。然而，在将 QSAR 用于无法通过试验确定 $K_{ow}$ 值的物质（比如表面活性物质）时，应该格外谨慎。

### A.2.2 $K_{ow}$ 测试方法

#### A.2.2.1 摇瓶法

摇瓶法的基本原理是测定物质在两种不同的相态，即正辛醇相和水相中的溶解度。为确定分配系数，应先将系统中所有相互作用的各种成分之间达到平衡状态，然后再测定物质在两种相态中的溶解度。当 lg $K_{ow}$ 在 −2～4 时，摇瓶法适用。摇瓶法只能用于可溶于水和正辛醇的纯物质，而且应在 20 ℃～25 ℃ 的恒定温度条件下进行（±1 ℃）。

#### A.2.2.2 高效液相色谱法

高效液相色谱法是在分析柱上进行的。分析柱内填满含有通过化学键与二氧化硅结合的长碳氢链（比如 $C_8$、$C_{18}$）的固定相，注入到柱体内的化学品，由于在流动相和固定相之间不同的分配系数，将以不同的速率沿柱体运动。高效液相色谱法不适用于强酸和强碱、金属络合物、表面活性物质或与洗脱剂发生反应的物质。当 lg $K_{ow}$ 值在 0～6 时，可使用高效液相色谱法。与摇瓶法相比，高效液相色谱法对受试物中的杂质不太敏感。

#### A.2.2.3 慢速搅拌法

采用慢速搅拌法，可以精准确定 lg $K_{ow}$ 值小于 8.2 的化合物的 $K_{ow}$ 值（De Bruijn 等，1989）。对于高亲脂性的化合物，摇瓶法容易受到人为因素影响（微滴的形成）；当采用高效液相色谱法时，应将 $K_{ow}$ 值外推到标定范围以外，以得到 $K_{ow}$ 估计值。

为确定分配系数，受试物应先在正辛醇和水之间达到平衡，然后再测定两相中受试物的浓度。在摇瓶法试验过程中，因形成微滴而造成的试验困难，可在慢速搅拌试验中得到一定程度的克服，正辛醇、水和受试物可在轻轻搅拌的反应器内可达到平衡。搅拌可能或多或少地在正辛醇和水之间创造分层流动条件，而且可强化各相之间的交换而不会形成微滴。

### A.2.2.4 器柱发生法

另一种普遍采用的测定 lg $K_{ow}$值的方法是器柱发生法。在这种方法中，将发生器柱用于分配正辛醇和水相中的受试物。柱体用一种固体支撑物包裹，柱内充满溶解在正辛醇中并保持一定浓度的受试物。用水将受试物从充满正辛醇溶液的发生器柱中洗提出来。从发生器柱中洗脱的水溶液中的物质浓度代表从正辛醇相分离到水相中的受试物平衡浓度。与摇瓶法相比，发生器柱法的主要优点是它可以完全避免微滴的形成。因此，这种方法尤其适用于测定 $K_{ow}$值大于 4.5 的物质(Doucette 和 Andren，1987 和 1988；Shiu 等，1988)和 lg $K_{ow}$值小于 4.5 的物质。发生器柱法的缺点是需要复杂的设备。《有毒物质控制法案试验准则》(US EPA，1985)对器柱发生法作了详细说明。

### A.2.3 利用 QSAR 确定 lg $K_{ow}$(另见 GB/T 36700.6)

**A.2.3.1** 目前已经使用和正在开发的用于估计 $K_{ow}$值的 QSAR 较多，常用的几种方法都建立在碎片常数的基础上。碎片法的基础是单个分子碎片亲脂特性的简单相加。在没有可得测试数据的情况下，可使用 QSAR 预测软件估算 lg $K_{ow}$。

**A.2.3.2** CLOGP(光化学信息系统，1995)最初是为药品设计而开发的。模型建立在 Hansch 和 Leo 算法(Hansch 和 Leo，1979)的基础上。该程序用于估算含有 C、H、N、O、Hal、P 和/或 S 的有机化合物的 lg $K_{ow}$值，不适用于盐类和带有形式电荷的化合物(硝基化合物和氧化氮除外)。对于可电离物质，比如苯酚、胺和羧酸，lg $K_{ow}$值估算结果是中性或未电离形式的值，并且该数值与 pH 值有关。一般说来，程序可在 lg $K_{ow}$值为 0 至 5 的范围内给出具体的估算值(欧盟委员会，1996，第Ⅲ部分)。然而，Niemelä(1993)进行过一项有效性研究，将 lg $K_{ow}$测定值与 QSAR 模型估算值进行了比较。结果表明，该程序可准确预测 lg $K_{ow}$值在 0 以下或 9 以上范围内的大量有机化合物的 lg $K_{ow}$值($n=501$，$r^2=0.967$)。在对 7 000 多种物质进行的一项类似的验证性研究中，使用 CLOGP 程序(PC 版 3.32，US EPA 1.2)得到的结果是，$r^2=0.89$，s.d.$=0.58$，$n=7\ 221$。这些有效性研究表明，当没有测试数据可供使用时，CLOGP 程序可用于估算 lg $K_{ow}$值，并能得到可靠的结果。对于螯合化合物和表面活性物质，有报告称，CLOGP 程序只能达到有限的可靠性(OECD，1993)。然而，对于阴离子表面活性物质(LAS)，可用一种修正方法来估算经调整的 CLOGP 值(Roberts，1989)。

**A.2.3.3** LOGKOW 或 KOWWIN 使用结构碎片和校正因子的方法。该程序可用于估算含有 C、H、N、O、Hal、Si、P、Se、Li、Na、K 和/或 Hg 的有机化合物的 lg $K_{ow}$值；也可估算带有形式电荷(如硝基化合物和氮氧化合物)的化合物的 lg $K_{ow}$值。可电离物质，比如苯酚、胺和羧酸的 lg $K_{ow}$值估算结果，是中性或未电离形式的值，因此估算值与 pH 值有关。某些表面活性物质，如脂肪醇乙氧基化物(Tolls，1998)、染料和解离物质，也可以用 LOGKOW 程序进行预测(Pedersen 等人，1995)。一般说来，该程序可对 lg $K_{ow}$值在 0 至 9 范围内的物质给出明确的估测值(TemaNord 1995：581)。与 CLOGP 程序相同，LOGKOW 程序也被证明是有效的(表 A.1)，并建议用于分类。

**A.2.3.4** AUTOLOGP(Devillers 等，1995)是通过从各种文献中收集到的 800 种有机化学品的数据集而建立起来的，可用于估测含有 C、H、N、O、Hal、P 和 S 的有机化学品的 lg $K_{ow}$值，但不能用于估测盐类的 lg $K_{ow}$值。此外，也不能估测某些带有形式电荷的化合物的 lg $K_{ow}$值，但硝基化合物除外。可以估测如苯酚、胺和羧酸等可电离化学品的 lg $K_{ow}$值，但应该注意它们与 pH 值的相关性。

表 A.1 综述了基于碎片法的各种 lg $K_{ow}$值估测方法(Howard 和 Meylan，1997)。使用其他估算 lg $K_{ow}$值的方法时，应视具体情况使用并有适当的科学证明。

**表 A.1 根据碎片法估算 lg $K_{ow}$ 值的 QSAR 方法综述**

| 方法 | 方法学 | 统计参数 |
|---|---|---|
| CLOGP Hansch 和 Leo (1979),<br>CLOGP Daylight (1995) | 碎片+修正因子 | 总体:$n$=8 942, $r^2$=0.91 7,sd=0.482<br>验证:$n$=501,$r^2$=0.967<br>验证:$n$=7 221,$r^2$=0.89,sd=0.58 |
| LOGKOW (KOWWIN)<br>Meylan 和 Howard<br>(1995),SRC | 140 段+<br>260 个修正因子 | 校正:$n$=2 430,$r^2$=0.981,sd=0.21 9,me=0.161<br>验证:$n$=8 855,$r^2$=0.95, sd=0.427, me=0.327 |
| AUTOLOGP<br>Devillers et al. (1995) | 66 个原子和贡献碎片<br>(Rekker 和 Manhold,<br>1992) | 校正:$n$=800, $r^2$=0.96, sd=0.387 |
| Rekker 和 De Kort (1979) | 碎片+修正因子 | 校正:$n$=1 054, $r^2$=0.99<br>验证:$n$=20, $r^2$=0.917, sd=0.53, me=0.40 |
| Niemi 等人(1992) | 分子连接性指数(MCI) | 校正:$n$=2 039, $r^2$=0.77<br>验证:$n$=2 039, $r^2$=0.49 |
| Klopman 等人(1994) | 98 个碎片+修正因子 | 校正:$n$=1 663, $r^2$=0.928, sd=0.381 7 |
| Suzuki 和 Kudo (1990) | 424 个碎片 | 校正: $n$=1 686, me=0.35<br>验证:$n$=221, me=0.49 |
| Ghose 等人(1988)<br>ATOMLOGP | 110 个碎片 | 校正:$n$=830, $r^2$=0.93, sd=0.47<br>验证:$n$=125, $r^2$=0.87, sd=0.52 |
| Bodor 和 Huang (1992) | 分子轨道函数 | 校正:$n$=302, $r^2$=0.96, sd=0.31, me=0.24<br>验证:$n$=128, sd=0.38 |
| Broto 等人(1984)<br>ProLogP | 110 个碎片 | 校正:$n$=1 868, me=ca. 0.4 |

# 附 录 B
（资料性附录）
# 外部因素和内部因素对有机化合物生物富集潜力的影响

## B.1 影响吸收的因素

### B.1.1 总述

亲脂性化合物的吸收速率主要随生物体的大小而变化（Sijm 和 Linde，1995）。外部因素，比如分子大小、影响生物利用率的因素和不同的环境因素，也对吸收速率具有重要影响。

### B.1.2 生物体大小

由于大鱼的鳃表面积和体重比相对较小，因此可以预测，和小鱼相比，大鱼的吸收速率常数（$k_1$）相对较低（Sijm 和 Linde，1995；Opperhuizen 和 Sijm，1990）。物质在鱼体内的吸收还进一步受到以下因素的影响：过鳃水流、通过位于鳃上皮水层的扩散、通过鳃上皮的渗透、过鳃血的流动速率和血液成分的粘合能力（ECETOC，1995）。

### B.1.3 分子大小

由于水中的 pH 值可能会影响物质的吸收，因此离子化物质不易渗透生物膜。可以预测，物质的分子最大横截面直径大于 1.74 nm（Opperhuizen 等，1985；Anliker 等，1988）或最大有效分子长度大于 4.3 nm（Opperhuizen，1986），生物膜的渗透性将会降低。因此，由于物质的大分子造成生物的膜渗透性降低，将导致大分子物质完全无法被吸收。分子大小对生物富集的影响，是由于分子大小对物质的扩散系数产生影响，从而降低了吸收速率常数（Gobas 等人，1986）。

### B.1.4 有效性

一种物质能够产生有效的生物富集的前提是，它能够在水中存在，并且能够通过鱼鳃迁移从而进入鱼体。在自然环境和试验条件下，均存在能够影响有效性的所有因素，将使生物富集性的真实值发生变化，从而不同于 BCF 的估算值。由于在生物富集试验研究中需要给鱼喂食，因此水中的溶解性有机物和未溶解的颗粒性有机物的浓度可能相对较高，因此应降低可通过鱼鳃直接被吸收的化学品的含量。McCarthy 和 Jimenez（1985）的研究已经表明，亲脂性物质被溶解性腐殖质吸附，可降低该物质被生物富集的有效性；物质的亲脂性越强，生物富集的有效性降低程度越大（Schrap 和 Opperhuizen，1990）。此外，被已溶解有机化合物或未溶解的颗粒态有机化合物或其表面吸附，一般情况下，可能对 BCF（和其他物理化学特性）的测定产生干扰，从而使得确定 BCF 或其适当性描述的难度增加。由于鱼体内的生物富集与水中化学品的有效浓度直接相关，因此，有必要使高亲脂性物质在暴露（吸收）期间内的有效浓度保持在相对较窄的范围内。

由于可快速生物降解的物质在试验水中的存在时间可能很短，因而，这类物质的生物富集效应可能无关紧要。同样，物质的挥发性和水解性也将降低其生物富集效应，以及生物富集过程的有效时间。

## B.2 环境因素

影响生物体生理机能的环境参数也可能影响物质的吸收。例如，当水中的氧含量降低时，鱼需要有更多的水流经它们的鳃部，以满足呼吸需求（McKim 和 Goeden，1982）。然而，Opperhuizen 和 Schrap（1987）研究指出，这也可能和鱼的种类有关。研究（Sijm 等，1993）进一步表明，温度可能影响亲脂性物质的吸收速率常数，然而尚未发现其他研究人员有关于温度变化影响吸收速率常数的报道（Black 等，1991）。

## B.3 影响清除率的因素

### B.3.1 总述

影响清除率的主要因素是生物体的大小、脂含量、生物体的生物转化过程和受试物的亲脂性。

### B.3.2 生物体大小

与吸收速率相同，清除率取决于生物体的大小。由于和较大的生物体相比，较小的生物体（比如幼鱼）的鳃表面积和体重比更大，因此研究表明，与未成熟期/成鱼期相比，在早期生命阶段达到稳定状态和由此导致的“中毒剂量平衡”所需的时间更短一些（Petersen 和 Kristensen，1998）。由于达到稳定状态需要的时间取决于 $k_2$，因此，用于生物富集试验受试鱼的大小，对于达到稳定状态所需要的时间具有重要的意义。

### B.3.3 脂肪含量

按照物质分配原理，在稳定状态下，与脂肪含量低的生物体相比，脂肪含量高的生物体更容易积累较高浓度的亲脂性物质。因此，“肥”鱼（例如鳗鲡）比“瘦”鱼（例如鳕鱼）的生物富集程度更高。此外，脂肪“库”可能起到存贮高亲脂性物质的作用。饥饿或其他生理变化可能改变脂质平衡，并释放这种物质，从而导致影响滞后。

### B.3.4 新陈代谢

B.3.4.1 一般而言，新陈代谢或生物转化可使母体化合物转化为更容易在水中溶解的代谢物。其结果是，与母体化合物相比，亲水性更强的代谢物可能更易于从体内排泄出来。当一种化合物的化学结构改变后，化合物的许多特性将随之出现变化。因此，在组织分布、生物蓄积、持久性，以及排泄路径和排泄率等方面，代谢物将在生物体内表现出不同的行为特点。生物转化也可以改变一种化合物的毒性。这种毒性变化可能对生物体有利，也可能对生物体有害。生物转化可能防止物质在生物体内的浓度过高以致出现中毒反应（解毒）。然而，也可能形成一种比母体化合物更具毒性的代谢物（生物活化），比如已知毒性很高的苯并芘。

B.3.4.2 陆生生物有发达的生物转化系统，与生活在水生环境中的生物相比，这种系统一般更为强大。形成这种差异的原因，可能是基于这样一个事实，对于用鳃呼吸的生物而言，外源性物质的生物转化的意义不大，它们可以更容易地将化合物排泄到水中（Van Den Berg 等人，1995）。水生生物对外源性物质的生物转化能力符合以下规律：软体动物小于甲壳类动物小于鱼类（Wofford 等，1981）。

## B.4 物质的亲脂性

研究证明，鱼类的 $k_2$（清除速率常数）和 lg $K_{ow}$（或 BCF）之间存在着负线性关系（比如，Spacie 和 Hamelink，1982；Gobas 等，1989；Petersen 和 Kristensen，1998），而 $k_1$（吸收速率常数）则或多或少与物质的亲脂性无关（Connell，1990）。因此，结果是 BCF 一般也随着物质亲脂性的增加而增加，即对于新陈代谢强度不大的物质而言，lg BCF 和 lg $K_{ow}$之间存在相关性。

# 附　录　C
（资料性附录）
# 生物富集试验方法相关标准

生物富集试验方法相关标准：

GB/T 21800　化学品　生物富集　流水式鱼类试验

GB/T 21815.1　化学品　海水中的生物降解性　摇瓶法试验

GB/T 21852　化学品　分配系数（正辛醇-水）　高效液相色谱法试验

GB/T 21853　化学品　分配系数（正辛醇-水）　摇瓶法试验

GB/T 21858　化学品　生物富集　半静态式鱼类试验

HJ/T 153　化学品测试导则

ASTM E 1022-94　鱼类和海水双壳贝类软体动物生物富集试验标准指南

ASTM E 1023-84　对水生生物及其使用的材料的危险性评估

EC，1998. EC.C.13　生物富集：流水式鱼类试验

OECD 107　分配系数（正辛醇/水）：摇瓶法

OECD 117　分配系数（正辛醇/水）：高效液相色谱法（HPLC）

OECD 123　分配系数（正辛醇/水）慢速搅拌法

OECD 305（1996）生物富集：流水式鱼类试验

OECD 305 A（1981）生物富集：连续静态鱼类试验

OECD 305 B（1981）生物富集：半静态鱼类试验

OECD 305 C（1981）生物富集：鱼类生物富集性试验

OECD 305 D（1981）生物富集：静态鱼类试验

OECD 305 E（1981）生物富集：流水式鱼类试验

USEPA-FIFRA，1982《联邦杀虫剂、杀真菌剂和灭鼠剂法》。农药评估导则，N 分项：化学：环境命运；和 E、J 和 L 分项：危害评估

USEPA OCSPP 830.7560　正辛醇-水分配系数　器柱发生法

USEPA-OTS，1982　环境影响试验导则和支持文件

# 附 录 D
## （资料性附录）
## $K_{ow}$值的 QSAR 估算方法

一些通过 QSAR 估算 $K_{ow}$值的模型方法参见表 D.1。

**表 D.1 $K_{ow}$值的 QSAR 估算方法**

| 模型 | lg $K_{ow}$值范围 | 适用物质范围 |
|---|---|---|
| CLOGP | 0<lg $K_{ow}$<9[a] | 计算含有 C、H、N、O、Hal、P 和/或 S 的有机化合物 lg $K_{ow}$值 |
| LOGKOW (KOWWIN) | −4<lg $K_{ow}$<8[b] | 计算含有 C、H、N、O、Hal、Si、P、Se、Li、Na、K 和/或 Hg 的有机化合物的 lg $K_{ow}$值。某些表面活性剂（如脂肪醇乙氧基化物、染料和游离物质），也可用该程序预测 |
| AUTOLOGP | lg $K_{ow}$>5 | 计算含有 C、H、N、O、Hal、P 和 S 的有机化合物的 lg $K_{ow}$值。该程序正在改进以扩大其适用性 |
| SPARC | 对 lg $K_{ow}$>5 的化合物，可提供比 KOWWIN 和 CLOGP 更好的结果 | SPARC 程序是一种基于化学热力学原理的机理模型，而非基于实测数据获取信息的确定性模型。因此，SPARC 与某些 QSAR 模型不同（即 KOWWIN、CLOGP、AUTOLOGP），它不使用 lg $K_{ow}$实测值作为训练集。只有 SPARC 程序通常可用于无机或有机金属化合物 |

[a] 一项由 Niemelä 进行的验证研究表明（Niemelä 将试验确定的 lg $K_{ow}$值与估测值进行了比较），该程序可准确预测多数有机化合物的 lg $K_{ow}$值，lg $K_{ow}$预测范围可从大于 0 至小于 9($n=501$，$r^2=0.967$)（TemaNord 1995：581）。

[b] 根据 lg $K_{ow}$估测值与试验值的散点分布图（锡拉库扎研究公司，1999）评估（对 13058 种化合物进行了试验），表明 LOGKOW 程序对于 lg $K_{ow}$值在 −4 至 8 范围的化合物是有效的。

# 参 考 文 献

[1] Anliker, R., Moser, P., Poppinger D. 1988. Bioaccumulation of dyestuffs and organic pigments in fish. Relationships to hydrophobicity and steric factors. Chem. 17(8): 1631-1644

[2] Bintein, S.; Devillers, J. and Karcher, W. 1993. Nonlinear dependence of fish bioconcentration on n-octanol/water partition coefficient. SAR and QSAR in Environmental Research. Vol.1. pp. 29-39

[3] Black, M.C., Millsap, D.S., McCarthy, J.F. 1991. Effects of acute temperature change on respiration and toxicant uptake by rainbow trout, Salmo gairdneri (Richardson). Physiol. Zool. 64: 145-168

[4] Bodor, N., Huang, M.J. 1992. J. Pharm. Sci. 81:272-281

[5] Broto, P., Moreau, G., Vandycke, C. 1984. Eur. J. Med. Chem. 19:71-78

[6] Chiou, T. 1985. Partition coefficients of organic compounds in lipid-water systems and correlations with fish bioconcentration factors. Environ. Sci. Technol 19:57-62

[7] CLOGP. 1995. Daylight Chemical Information Systems, Inf. Sys. Inc. Irvine, Ca

[8] CSTEE (1999): DG XXIV Scientific Committee for Toxicity and Ecotoxicity and the Environment Opinion on revised proposal for a list of Priority substances in the context of the water framework directive (COMMs Procedure) prepared by the Frauenhofer-lnstitute, Germany, Final report opinion adopted at the 1lth CSTEE plenary meeting on 28th of September 1999

[9] Comotto, R.M., Kimerle, R.A., Swisher, R.D. 1979. Bioconcentration and metabolism of linear alkylbenzenesulfonate by Daphnids and Fathead minnows. L.L.Marking, R.A. Kimerle. Eds., Aquatic Toxicology (ASTM, 1979), vol. ASTM STP 667

[10] Connell, D. W., Hawker, D. W. 1988. Use of polynomial expressions to describe the bioconcentration of hydrophobic chemicals by fish. Ecotoxicol. Environ. Saf. 16:242-257

[11] Connell, D.W. 1990. Bioaccumulation of xenobiotic compounds, Florida: CRC Press, Inc. pp.1-213

[12] De Bruijn, J., Busser. F., Seinen. W. & Hermens, J. 1989. Determination of octanol/water partition coefficients with the "slow stirring" method. Environ. Toxicol. Chem. 8:499-512

[13] Devillers, J., Bintein, S., Domine. D. 1996. Comparison of КБК models based on log P. Chemosphere 33(6): 1047-1065

[14] DoE, 1996. Guidance on the aquatic toxicity testing of difficult substance. Unites Kingdom Department of the Environment, London

[15] Doucette, W.J., Andren, A.W. 1987. Correlation of octanol/water partition coefficients and total molecular surface area for highly hydrophobia aromatic compounds. Environ. Sci. Technol., 21, pages 821-824

[16] Doucette, W.J., Andren, A.W. 1988. Estimation of octanol/water partition coefficients: evaluation of six methods for highly hydrophobic aromatic compounds. Chemosphere, 17, pages 345-359

[17] Driscoll, S.K., McElroy, A.E. 1996. Bioaccumulation and metabolism of benzo(a)pyrene in three species of polychaete worms. Environ. Toxicol. Chem. 15(8):1401-1410

[18] ECETOC, 1995. The role of bioaccumulation in environmental risk assessment: The aquatic environment and related food webs, Brussels, Belgium

[19] ECEOOC, 1996. Aquatic toxicity testing of sparingly soluble, volatile and unstable substances. ECETOC Monograph No. 26, ECETOC, Brussels

[20] European Commission, 1996. Technical Guidance Document in support of Commission Directive 93/96/EEC on Risk Assessment for new notified substances and Commission Regulation (EC) No 1488/94 on Risk Assessment for Existing Substances. Brussels

[21] Chose, A.K., Prottchet, A., Crippen, G.M. 1988. J. Computational Chem. 9:80-90

[22] Gobas, F.A.P.C., Opperhuizen, A., Hutzinger, O. 1986. Bioconcentration of hydrophobic chemicals in fish: Relationship with membrane permeation. Environ. Toxicol. Chem. 5:637-646

[23] Gobas, F.A.P.C., Clark, K.E., Shiu, W.Y., Mackay, D. 1989. Bioconcentration of polybrominated benzenes and biphenyls and related superhydrophobic chemicals in fish: Role of bioavailability and elimination into feces. Environ. Toxicol. Chem. 8:231-245

[24] Goodrich, M.S., Melancon, M.J., Davis, R.A., Lech J.J. 1991. The toxicity, bioaccumulation, metabolism, and elimination of dioctyl sodium sulfosuccinate DSS in rainbow trout (Oncorhynchus mykiss) Water Res.25:119-124

[25] Hansch, C., Leo, A. 1979. Substituent constants for correlation analysis in chemistry and biology. Wiley, New York, NY, 1979

[26] Henderson, R.J., Tocher, D.R. 1987. The lipid composition and biochemistry of freshwater fish. Prog. Lipid.Res. 26:281-347

[27] Howard, P.H. and Meyland, W.M., 1997. Prediction of physical properties transport and degradation for environmental fate and exposure assessments, QSAR in environmental science VII. Eds. Chen, F. and Schüürmann, G. pp. 185-205

[28] Kimerle, R.A., Swisher, R.D., Schroeder-Comotto, R.M. 1975. Surfactant structure and aquatic toxicity, Symposium on Structure-Activity correlations in Studies on Toxicity and Bioconcentration with Aquatic Organisms, Burlington, Ontario, Canada, pp. 22-35

[29] Klopman, G., Li, J.Y., Wang, S., Dimayuga, M. 1994. Computer automated log P calculations based on an extended group contribution approach. J. Chem. Inf. Comput. Sci. 34:752-781

[30] Knezovich, J. P., Lawton, M. P., Inoue, L. S. 1989. Bioaccumulation and tissue distribution of a quaternary ammonium surfactant in three aquatic species. Bull. Environ. Contain. Toxicol. 42:87-93

[31] Knezovich, J.P., Inoue, L.S. 1993. The influence of sediment and colloidal material on the bioavailability of a quaternary ammonium surfactant. Ecotoxicol. Environ. Safety. 26:253-264

[32] Kristensen, P. 1991. Bioconcentration in fish: Comparison of KБKs derived from OECD and ASTM testing methods; influence of particulate matter to the bioavailability of chemicals. Danish Water Quality Institute

[33] Mackay, D. 1982. Correlation of bioconcentration factors. Environ. Sci. Technol. 16: 274-278

[34] McCarthy, J.F., Jimenez, B.D. 1985. Reduction in bioavailability to bluegills of polycyclic aromatic hydrocarbons bound to dissolved humic material. Environ. Toxicol. Chem. 4:511-521

[35] McKim, J.M., Goeden, H.M. 1982. A direct measure of the uptake efficiency of a xenobiotic chemical across the gill of brook trout (Salvelinus fontinalis) under normoxic and hypoxic conditions. Comp. Biochem.Physiol. 72C:65-74

[36] Meylan, W.M. and Howard, P.H., 1995. Atom/Fragment Contribution Methods for Estimating Octanol-Water Partition Coefficients. J. Pharm. Sci. 84, 83

[37] Niemelä, J.R. 1993. QTOXIN-program (ver 2.0). Danish Environmental Protection Agency

[38] Niemi, G.J., Basak, S.C., Veith, G.D., Grunwald, G. Environ. Toxicol. Chem. 11: 893-900

[39] Niimi, A.J. 1991. Solubility of organic chemicals in octanol, triolin and cod liver oil and relationships between solubility and partition coefficients. Wat. Res. 25:1515-1521

[40] OECD, 1993. Application of structure activity relationships to the estimation of properties important in exposure assessment. OECD Environment Directorate. Environment Monograph No. 67

[41] OECD, 1998. Harmonized integrated hazard classification system for human health and environmental effects of chemical substances. As endorsed by the 28th joint meeting of the chemicals committee and the working party on chemicals in November 1998

[42] OECD Environmental Health and Safety Publications, Series on Testing and Assessment No. 23: Guidance Document on Aquatic Toxicity Testing of Difficult Substances and Mixtures, ENV/JM/MONO(2000)6, OECD 2000.

[43] Opperhuizen, A., Van der Velde, E.W., Gobas. F.A.P.C., Liem, A.K.D., Van der Steen, J.M.D., Hutzinger, O.1985. Relationship between bioconcentration in fish and steric factors of hydrophobia chemicals.Chemosphere 14:1871-1896

[44] Opperhuizen, A. 1986. Bioconcentration of hydrophobic chemicals in fish. In: Poston T. M., Purdy, R.(eds), Aquatic Toxicology and Environmental Fate: Ninth Volume, ASTM STP 921. American Society for Testing and Materials, Philadelphia, PA, 304-315

[45] Opperhuizen, A., Schrap, S.M. 1987. Relationship between aqueous oxygen concentration and uptake and elimination rates during bioconcentration of hydrophobia chemicals in fish. Environ. Toxicol. Chemosphere 6:335-342

[46] Opperhuizen, A., Sijm, D.T.H.M. 1990. Bioaccumulation and biotransformation of polychlorinated dibenzop-dioxins and dibenzofurans in fish. Environ. Toxicol. Chem. 9:175-186

[47] Pedersen, F., Tyle, H., Niemelä, J.R., Guttmann, B., Lander, L. and Wedebrand, A., 1995. Environmental Hazard Classification - data collection and interpretation guide (2nd edition). TemaNord 1995:581

[48] Petersen, G.I., Kristensen, P. 1998. Bioaccumulation of lipophilic substances in fish early life stages.Environ. Toxicol. Chem. 17(7):1385-1395

[49] Rekker, R.F., de Kort, H.M. 1979. The hydrophobic fragmental constant: An extension to a 1000 data point set. Eur. J. Med. Chem. -Chim. Ther. 14:479-488

[50] Roberts D.W. 1989. Aquatic toxicity of linear alkyl benzene sulphonates (LAS)-a QSAR analysis. Communicaciones Presentadas a las Jornadas del Comite Espanol de la Detergencia, 20 (1989) 35-43. Also in J.E. Turner, M.W. England, T.W. Schultz and N.J. Kwaak (eds.) QSAR 88. Proc. Third International Workshop on Qualitative Structure-Activity Relationships in Environmental Toxicology, 22-26 May 1988,Knoxville, Tennessee, pp. 91-98. Available from the National Technical Information Service, US Dept. of Commerce, Springfield, VA

[51] Schrap, S.M., Opperhuizen. A. 1990. Relationship between bioavailability and hydrophobicity: reduction of the uptake of organic chemicals by fish due to the sorption of particles. Environ. Toxicol. Chem. 9:715-724

[52] Shiu, WY, Doucette, W., Gobas, FAPC., Andren, A., Mackay, D. 1988. Physical-chemical properties of chlorinated dibenzo-p-dioxins. Environ. Sci. Technol. 22: pages 651-658

[53] Sijm, D.T.H.M., van der Linde, A. 1995. Size-dependent bioconcentration kinetics of hydrophobic organic chemicals in fish based on diffusive mass transfer and allometric relationships. Environ. Sci. Technol.29:2769-2777

[54] Sijm, D.T.H.M., Pärt, P., Opperhuizen, A. 1993. The influence of temperature on the uptake rate constants of hydrophobic compounds determined by the isolated perfused gill of rainbow trout (Oncorhynchus mykiss).Aquat. Toxicol. 25:1-14

[55] Spacie, A., Hamelink, J.L. 1982. Alternative models for describing the bioconcentration of organics in fish. Environ. Toxicol. Chem. 1:309-320

[56] Suzuki, T., Kudo, Y.J. 1990. J. Computer-Aided Molecular Design 4:155-198

[57] Syracuse Research Corporation, 1999

[58] Tas, J.W., Seinen, W., Opperhuizen, A. 1991. Lethal body burden of triphenyltin chloride in fish: Preliminary results. Comp. Biochem. Physiol. 100C(1/2): 59-60

[59] Tolls J. & Sijm, D.T.H.M., 1993. Bioconcentration of surfactants, RITOX, the Netherlands (9. Nov. 1993).Procter and Gamble Report (ed.: M.Stalmans)

[60] Tolls, J. 1998. Bioconcentration of surfactants. Ph. D. Thesis. Utrecht University, Utrecht, The Netherlands

[61] Toshima, S., Moriya, T., Yoshimura, K. 1992. Effects of polyoxyethylene (20) sorbitan monooleate on the acute toxicity of linear alkylbenzenesulfonate (C12-LAS) to fish. Ecotoxicol. Environ. Safety 24: 26-36

[62] US EPA 1985. U.S. Environmental Protection Agency. Office of Toxic Substances. Toxic Substances Control Act Test Guidelines. 50 FR 39252

[63] US EPA/EC, 1993. US EPA/EC Joint Project on the Evaluation of (Quantitative) Structure Activity Relationships

[64] US EPA, 1996. Ecological effects test guidelines - OPPTS 850.1000. Special considerations for conducting aquatic laboratory studies. Public Draft, EPA712-C-96-113. United States Environmental Protection Agency. http://www.epa.gov/opptsfrs/home/testmeth.htm

[65] Van Den Berg, M., Van De Meet, D., Peijnenburg, W.J.G.M., Sijm, D.T.H.M., Struijs, J., Tas, J.W. 1995.Transport, accumulation and transformation processes. In: Risk Assessment of Chemicals: An Introduction.van Leeuwen, C.J., Hermens, J.L.M. (eds). Dordrecht, NL. Kluwer Academic Publishers, 37-102

[66] Wakabayashi, M., Kikuchi, M., Sato, A. Yoshida, T. 1987. Bioconcentration of alcohol ethoxylates in carp (Cyprinus carpio), Ecotoxicol. Environ. Safety 13, 148-163

[67] Wofford, H.W., C.D. Wilsey, G.S. Neff, C.S. Giam & J.M. Neff ( 1981): Bioaccumulation and metabolism of phthalate esters by oysters, brown shrimp and sheepshead minnows. Ecotox. Environ.Safety 5:202-210,1981

ICS 13.300
A 80

# 中华人民共和国国家标准

GB/T 36700.6—2018

# 化学品　水生环境危害分类指导
# 第6部分：定量结构活性关系(QSAR)

**Chemicals—Guidance on hazard classification to the aquatic environment—Part 6: Quantitative structure-activity relationship(QSAR)**

2018-09-17 发布　　2019-04-01 实施

国家市场监督管理总局
中国国家标准化管理委员会　发布

# 前　言

GB/T 36700《化学品　水生环境危害分类指导》分为以下8个部分：

——第1部分：导言；

——第2部分：统一分类方法；

——第3部分：水生毒性；

——第4部分：降解；

——第5部分：生物富集；

——第6部分：定量结构活性关系(QSAR)；

——第7部分：金属和金属化合物分类；

——第8部分：金属和金属化合物在水介质中的转化/溶解指导。

本部分为GB/T 36700的第6部分。

本部分按照GB/T 1.1—2009给出的规则起草。

本部分由全国危险化学品管理标准化技术委员会(SAC/TC 251)提出并归口。

本部分起草单位：中华人民共和国安徽出入境检验检疫局、环境保护部固体废物与化学品管理技术中心、中华人民共和国常州出入境检验检疫局、中国化工经济技术发展中心、上海化工研究院有限公司、华峰集团有限公司、北京国石安康科技有限公司、清华大学、江阴澄星日化有限公司。

本部分主要起草人：温劲松、卢玲、汪蓉、季汝武、张蕾、卞学东、田宇、王馨晨、孙昊、滕晓明、曹梦然、贺少鹏、黄俊、王斌。

# 化学品　水生环境危害分类指导<br>第6部分:定量结构活性关系(QSAR)

## 1　范围

GB/T 36700 的本部分规定了化学品对水生环境危害分类涉及定量结构活性关系(QSAR)方法使用中导致危险低估的试验因素、模型选择、使用。

本部分适用于化学品水生环境危害分类涉及 QSAR 使用的指导。

## 2　规范性引用文件

下列文件对于本文件的应用是必不可少的。凡是注日期的引用文件,仅注日期的版本适用于本文件。凡是不注日期的引用文件,其最新版本(包括所有的修改单)适用于本文件。

GB/T 21853　化学品　分配系数(正辛醇-水)　摇瓶法试验

GB/T 29882　杂项危险物质和物品分类试验方法　正辛醇/水分配系数

GB 30000.28　化学品分类和标签规范　第 28 部分:对水生环境的危害

## 3　术语和定义、缩略语

### 3.1　术语和定义

GB 30000.28 界定的以及下列术语和定义适用于本文件。

#### 3.1.1

**过剩毒性　excess toxicity**

物质表现出的超过预测值的毒性。

### 3.2　缩略语

下列缩略语适用于本文件。

BCF:生物富集系数(Bioconcentration factor)

$K_{ow}$:正辛醇-水分配系数($n$-octanol-water partition coefficient)

LFER:线性自由能关系(Linear free-energy relationship)

QSAR:定量结构活性关系(Quantitative structure-activity relationship)

## 4　导致危险低估的试验因素

### 4.1　非电解性物质

除非是试验因素导致测试结果偏小,否则一些非电解性物质的毒性比 QSAR 预测值更大。这些试验因素,例如容易在试验过程中挥发的碳氢化合物,以及强疏水性化合物在急性毒性试验中由于试验时间不足难以使水相浓度(水族箱试验溶液)与产生麻醉效应的内疏水性位点浓度之间达到稳定状态。只要在试验时间内能建立这种平衡,则低反应性非电解性物质的 lg $K_{ow}$与 lg $C$ 关系曲线为线性关系。此外,平衡建立时,可观察到最具毒性的化学物质有最大的 lg $K_{ow}$值并与 lg $C$ 呈现双线性关系。

### 4.2 水溶解度

如果产生毒性效应所需的浓度高于化合物的水溶解度,化合物即使在水中饱和,也难以观察到有毒性效应。预测出现毒性的浓度接近水溶解度的化合物,如果试验时间不足以达到平衡分配,也不会表现出毒性效应。对于表面活性物质,当预测出现毒性的浓度超过临界胶束浓度,也会观察到类似的临界值。在试验条件下,这些化合物单独进行测试时不显示毒性,但它们对混合物的毒性仍存在贡献。对于具有相同 lg $K_{ow}$值的化合物,水溶解度的差异反映了熔化焓(与熔点相关)之间的差异。

## 5 模型选择

5.1 预测未经试验的化学品毒性或生物利用度时,应使用适当的 QSAR 模型。除了仅通过与化学品结构类似物质得到的模型外,QSAR 模型的预测可靠性会随着化学结构复杂程度的增加而降低。采用化学品结构类似物质得到的 QSAR 模型外常用于药物研发领域,并且通过内插法而非外推法进行预测。例如,当有乙醇、正丁醇、正己醇和正壬醇的黑头软口鲦 $LC_{50}$(96 h)试验数据时,能可靠地预测 *n*-丙醇和 *n*-戊醇的终点指标。若采用前述数据对甲醇进行预测时,由于碳原子数少于前述任何一种化学品,因此应采用外推法进行预测。通常,这类同系物的第一个成员的性质最为反常,不能利用其他成员的数据进行预测。预测支链醇毒性时,也可能是不合理的外推,以至于在特定终点,毒性与产生的代谢物有关,而不是与母体化合物有关。此外,如果毒性被特定的受体结合机理所控制,即使化学结构有微小变化时也可能表现出显著效应。

5.2 决定 QSAR 模型预测有效性的,是为推导特定终点指标而使用的各类化合物在共同分子机制中起作用的程度。多数情况下,QSAR 模型只是一种相关性模型,不能完全代表这样的机理模型。真正有效的机理模型应来自于一系列完全通过共同分子机制起作用的化学物质,并可使用具有单个或多个参数的方程进行描述。这些与一个或多个作用机理直接相关的参数,通称为分子描述符。许多被普遍使用的分子描述符,往往并没有相应的物理解释。对于相关性模型,预测可靠性会随着被定义范围的缩小而提高。例如,可以使用仅基于 lg $K_{ow}$参数得到的 QSAR 模型,预测一种"新的"与丙烯酸盐反应活性类似的亲电体毒性。再例如,含有双键或三键结构(丙烯基或炔丙基)并可与羟基产生共轭效应的伯醇和仲醇,其毒性比用饱和醇构建的模型的预测结果更大。这是由于普遍存在的乙醇脱氢酶对 $\alpha$、$\beta$-不饱和醛和酮产生代谢活化作用,使得这些不饱和醛和酮通过 Michael 受体机理,起到亲电体的作用。因此,当存在乙醇脱氢酶抑制剂时,这类化合物的作用如饱和醇类一样,不会表现出过剩毒性。

5.3 在同系物范围以外使用 QSAR 模型的情况更为复杂。例如,对于简单结构的苯系衍生物,可认为氯苯化合物为同系物。二氯代苯的三种同分异构体毒性没有显著差别,因此建立在其中一种异构体试验数据基础上的氯苯化合物 QSAR 模型是合适的。由于苯环上羟基负电荷的共振稳定性,苯酚成为离子型的酸性化合物,因而不具有麻醉效应。若在苯酚中增加吸电子取代基(如氯原子),会使这些化合物(如灭草剂地乐酚)作为氧化磷酸化去耦剂的作用有所改变。在对一种未经试验的化合物进行预测时,对官能团的化学反应特性,以及它们之间的相互作用,都应进行详细研究,并查阅相关文献。例如,醛基被取代后,可与氨基(如赖氨酸中的 $\varepsilon$-氨基)形成希夫碱,由于存在亲电子效应从而导致毒性增加。类似的,苄型氯化物作为亲电体可与巯基形成共价加合物。

5.4 鉴于上述种种限制,除非待试化合物本身有机理信息可供使用,否则应将 QSAR 模型作为确定试验优先顺序的手段,而不是直接作为试验替代手段使用。在已知环境排放和环境暴露的条件下,仍无法作出预测时,应启动试验或构建新的 QSAR 模型。QSAR 模型可以通过对一组数据的统计分析,比如回归分析得到。可优先尝试使用最广泛的 lg $K_{ow}$分子描述符。

5.5 要得出基于机理的 QSAR 模型,应理解分子作用机理或作出理论假设,以确定哪些参数可以模拟这些机理。应注意这与毒性作用模式的假设不同,它与生物/生理反应有关,与分子机理无关。

## 6 使用

### 6.1 固有特性的影响

物质的下列固有特性与水生环境危害分类相关:

a) 正辛醇-水分配系数 lg $K_{ow}$;

b) 生物富集系数 BCF;

c) 降解性——非生物降解和生物降解;

d) 对鱼类、溞类和藻类的急性水生毒性;

e) 对鱼类和溞类的慢性毒性。

### 6.2 试验条件的影响

QSAR 模型主要用于为进行分类补充缺少的数据,有效的试验数据总是优于预测数据。现有 QSAR 模型的可靠性和适用范围存在很大差别,预测不同的终点指标应使用不同的条件。如果待试验化合物属于 QSAR 模型预测可靠性高的种类或结构类型,也可将预测结果与试验数据进行比较,以检验某些试验条件的合理性(如挥发、试验时间不够以致未能达到平衡状态,以及水溶解度临界值)。这些试验条件往往会导致物质的分类结果低于其实际毒性。

### 6.3 模型差异性的影响

如有两个以上 QSAR 模型适用时,应将不同的预测结果与测定结果进行比较。如果预测结果不存在差异,这有助于提高预测的有效性,但需要注意这些模型的开发可能都是利用类似化合物的数据和类似的统计方法。如果预测结果存在很大差异,则应进行进一步检验。此外,也存在没有任何一种 QSAR 模型适用的可能性。使用 QSAR 模型时,应首先确定待预测的化学物质,与构建预测模型的化学物质的结构和特性是否类似。如果用于构建 QSAR 模型数据集中含有与待预测化学物质类似的物质,则应对该化合物的测定值与模型预测值进行比较,若与预测模型高度吻合,则这可能就是最可靠的模型。同样,若模型中如果没有任何一种类似物质的试验数据,则应进行试验。

### 6.4 正辛醇-水分配系数($K_{ow}$)

6.4.1 根据化学结构预测 lg $K_{ow}$值,可使用 CLOGP、LOGKOW、SPARC 等成熟的计算机程序模型,如等。CLOGP 和 LOGKOW 程序模型基于基群贡献累加算法,而 SPARC 程序模型基于化学结构算法。对可在水中发生水解或其他化学反应的化合物,应谨慎使用这些方法,尤其是在解释水生毒性试验数据时应考虑到这些转变。通常,只有 SPARC 程序模型可用于无机或有机金属化合物。在预测表面活性化合物、螯合物和混合物的 lg $K_{ow}$或水生毒性时,还应采用专用计算机程序。

6.4.2 离子态和非离子态的五氯苯酚及类似化合物的 lg $K_{ow}$值均可通过计算获得。对某些活性分子(如三氯甲苯),也可计算得到,但同时也应考虑反应性及后续的水解性。此外,对于离子态的苯酚,$pK_a$是第二个参数。在计算有机金属化合物 lg $K_{ow}$值时,应谨慎使用特定模型,因为有些化合物在水中确实以离子态存在。

6.4.3 某些亲脂性极高的化合物,采用 GB/T 21853 摇瓶法测定的 lg $K_{ow}$数值可达到 6～6.5,使用 GB/T 29882 缓慢搅拌法时,lg $K_{ow}$值可向上扩展至 8 左右。即使外推到这些方法所能测定的范围以外,计算机程序也被认为是有用的。如果 QSAR 毒性模型是采用较低 lg $K_{ow}$值的化学物质构建得到的,那么预测本身也是一种外推,因此在计算生物富集效应时,lg $K_{ow}$在高值区域会变成非线性关系。

对于 lg $K_{ow}$值较低的化合物，基群贡献算法也可使用，但对于危害评估并非有效。因为这类物质，特别是 lg $K_{ow}$值是负数的物质，亲脂性分配即使有也很少，这些物质会通过渗透效应产生毒性。

### 6.5 生物富集系数 BCF

6.5.1 应优先使用试验确定的 BCF 数据进行分类。试验应符合试验周期要求，使用纯净物在水溶解度范围内的试验浓度进行试验，以使水中和鱼组织内的化合物浓度达到稳态平衡。此外，在长时间的生物富集试验中，BCF 与 lg $K_{ow}$的相关关系会拉平并最终减小。自然条件下，强亲脂性化学物质在生物体内积累有食物摄取和水中摄取两种方式。当 lg $K_{ow} \approx 6$ 时，应考虑食物摄取方式，否则 lg $K_{ow}$值会与 QSAR 模型一起用作预测生物蓄积潜力的手段。QSAR 模型的预测偏差往往反映了化学物质在鱼体内新陈代谢程度的差异。这也是某些化学物质，例如邻苯二甲酸盐，在生物体内的富集显著低于预测值的原因。此外，将 BCF 预测值与使用放射性同位素标记法得到的检测值进行比较时，应小心谨慎，所得检测值可能是母体化合物与代谢物的混合物。

6.5.2 应优先使用试验得到的 lg $K_{ow}$值。但大于 5.5 的 GB/T 21853 摇瓶法 lg $K_{ow}$测定值并不可靠，应使用计算值平均数或利用 GB/T 29882 缓慢搅拌法重新测定这些数据。如有理由怀疑测定数据的准确性，则应使用 lg $K_{ow}$计算值。

### 6.6 可降解性——非生物和生物降解

用于水相中非生物降解的 QSAR 模型，被定义为描述特定化学物质作用机理的线性自由能关系(LFER)。例如，对不同芳香环取代基的苄型氯化物，如果能得到取代基的相关参数，则用于模拟水解过程的 LFER 模型非常可靠。光降解，也就是与紫外反应生成活性组分，可从空气中的估计值外推得到。虽然这些非生物过程通常不能导致有机化合物的完全降解，但通常是重要的起点，也可作为速率限值。用于计算生物降解的 QSAR 模型，要么是针对具体化合物的，或是类似 BIODEG 计算机程序模型的基群贡献模型。特定化合物专用模型的应用范围极为有限，而基群贡献模型的应用范围虽然更宽，但也仅限于含有与模型结构类似的化合物。研究表明，基群贡献模型作出的生物降解预测，可用于预测"不可快速生物降解"，与水生危害分类"不可快速降解"相关。

### 6.7 鱼类、溞类和藻类的急性水生毒性

在没有检测到有亲电性、亲电前体或特殊的机理官能团存在时，利用 lg $K_{ow}$值预测非反应性、非电解性有机化学物质的急性水生毒性(基线毒性)非常可靠。但对于特定毒物来说，预先选择适当 QSAR 模型时仍然存在问题。目前还缺乏简单明了的作用模式鉴定标准，在选择适用模型时，需要专家根据经验作出判断。如果使用的是一种不合适的 QSAR 模型，可能导致相差几个数量级的错误预测，而就基线毒性来说，预测的毒性会偏小，而不是偏大。

### 6.8 鱼类和溞类的长期毒性

不应将鱼类和溞类的慢性毒性计算值，用于推翻建立在急性毒性试验基础上的分类结果。目前只有几种验证后的模型可用于计算鱼类和溞类的长期毒性，这些模型仅以 lg $K_{ow}$相关关系为基础，应用仅限于非反应性、非电解性有机化合物，不适用长期暴露条件下、具有特殊作用模式的化学物质。慢性毒性值的预测可靠性取决于能否正确地识别非特异性和特异性慢性毒性机理；否则，预测结果将会出现较大偏差。对于许多化合物来说，在慢性毒性试验中过剩毒性与急性试验中过剩毒性之间存在相关关系。

# 参 考 文 献

[1] Boethling,R.S.,Howard,P.M.,Meylan,W.M.Stiteler,W.M.,Beauman,J.A.,and Tirado,N. 1994.Groupcontribution method for predicting probability and rate of aerobic biodegradation.Envir.Sci. Technol.,28,459-465.

[2] De Bruijn,J.,Busser,F.,Seinen,W.,and Hermens,J.1989.Determination of octanol/water partitioncoefficients for hydrophobic organic chemicals with the "slow-stirring method",Environ.Toxicol.Chem.,8,499-512.

[3] ECETOC 1998.QSARs in the Assessment of the Environmental Fate and Effects of Chemicals,Technical report No 74.

[4] Hansch,C.and A.Leo 1995.Exploring QSAR,American Chemical Society.

[5] Hilal,S.H.,L.A.Carreira and S.W.Karickhoff 1994.Quantitative Treatments of Solute/solvent Interactions,Theoretical and Computational Chemistry,Vol.1,291-353,Elsevier Science.

[6] Howard,P.H.,Boethling,R.S,Stiteler,W.M.,Meylan,W.M.,Hueber,A.E.,Beaumen,J.A. and Larosche,M.E.1992.Predictive model for aerobic biodegradation developed from a file of evaluated biodegradation data.Envir.Toxicol.Chem.11,593-603.

[7] Howard,P.and Meylan,W.M.1992.Biodegradation Probability Program,Version 3,Syracuse Research Corp.,NY.

[8] Langenberg,J.H.,Peijnenburg,W.J.G.M.and Rorije,E.1996.On the usefulness and reliability of existing QSARs for risk assessment and priority setting.SAR QSAR Environ.Res.,5,1-16.

[9] R.L.Lipnick 1986.Charles Ernest Overton:Narcosis studies and a contribution to general pharmacology.Trends Pharmacol.Sci.,7,161-164.

[10] R.L.Lipnick 1989.Hans Horst Meyer and the lipoid theory of narcosis,Trends Pharmacol. Sci.,10 (7) July,265-269; Erratum:11 (1) Jan (1990),p.44.

[11] R.L.Lipnick 1989.Narcosis,electrophile,and proelectrophile toxicity mechanisms.Application of SAR and QSAR.Environ.Toxicol.Chem.,8,1-12.

[12] R.L.Lipnick 1990.Narcosis:Fundamental and Baseline Toxicity Mechanism for Nonelectrolyte Organic Chemicals.In:W.Karcher and J.Devillers (eds.) Practical Applications of Quantitative Structure-Activity Relationships (QSAR) in Environmental Chemistry and Toxicology,Kluwer Academic Publishers,Dordrecht,The Netherlands,pp.129-144.

[13] R.L.Lipnick (ed.) 1991.Charles Ernest Overton:Studies of Narcosis and a Contribution to General Pharmacology; Chapman and Hall,London,and Wood Library-Museum of Anesthesiology.

[14] R.L.Lipnick 1991.Outliers:their origin and use in the classification of molecular mechanisms or toxicity,Sci.Tot.Environ.,109/110 131-153.

[15] R.L.Lipnick 1995.Structure-Activity Relationships.In:Fundamentals of Aquatic Toxicology,2nd edition,(G.R.Rand.ed.),Taylor & Francis,London,609-655.

[16] Loonen,H.,Lindgren,F.,Hansen,B.,Karcher,W.,Niemela,J.,Hiromatsu,K.,Takatsuki, M.,Peijnenburg,W.,Rorije,E.,and Struijs.J.1999.Prediction of biodegradability from chemical structure:modeling of ready biodegradation test data.Environ.Toxicol.Chem.,18,1763-1768.

[17] Meylan,W.M.and P.H.Howard 1995.J.Pharm.Sci.,84,83-92.

[18] OECD 1993.Structure-Activity Relationships for Biodegradation.OECD Environment Monograph No.68 OECD,Paris,France.

[19] OECD 1995.Environment Monographs No.92.Guidance Document for Aquatic Effects Assessment.OECD,Paris.

[20] F.Pedersen,H.Tyle,J.R.Niemelä,B.Guttmann,L.Lander,and A.Wedebrand (1995),Environmental Hazard Classification:Data Collection and Interpretation Guide for Substances to be Evaluated for Classification as Dangerous for the Environment,2nd Edition,TemaNord 1995:581,Nordic Council of Ministers,Copenhagen,January.

[21] US EPA 1999. Development of Chemical Categories in the HPV Challenge Program, http://www.epa.gov/chemrtk/sarfinll.htm.

[22] US EPA 2000.The Use of Structure-Activity Relationships (SAR) in the High Production Volume Chemicals Challenge Program,http://www.epa.gov/chemrtk/sarfinll.htm.

[23] US EPA 2000b.ECOSAR,http://www.epa.gov/oppt/newchems/tools/21ecosar.htm.

[24] US EPA/EC 1993.US EPA Joint Project on the Evaluation of (Quantitative) Structure Activity Relationships,Commission of European Communities,Final Report,July.

[25] G.D.Veith,R.L.Lipnick,and C.L.Russom 1989.The toxicity of acetylenic alcohols to the fathead minnow,Pimephales promelas.Narcosis and proelectrophile activation.Xenobiotica,19(5),555-565.

ICS 13.300
A 80

# 中华人民共和国国家标准

GB/T 36700.7—2018

# 化学品　水生环境危害分类指导 第7部分:金属和金属化合物分类

## Chemicals—Guidance on hazard classification to the aquatic environment—Part 7:Classification of metals and metal compounds

2018-09-17 发布　　2019-04-01 实施

国家市场监督管理总局
中国国家标准化管理委员会　发布

# 前　言

GB/T 36700《化学品　水生环境危害分类指导》分为以下8个部分：

——第1部分：导言；

——第2部分：统一分类方法；

——第3部分：水生毒性；

——第4部分：降解；

——第5部分：生物富集；

——第6部分：定量结构活性关系(QSAR)；

——第7部分：金属和金属化合物分类；

——第8部分：金属和金属化合物在水介质中的转化/溶解指导。

本部分为GB/T 36700的第7部分。

本部分按照GB/T 1.1—2009给出的规则起草。

本部分由全国危险化学品管理标准化技术委员会(SAC/TC 251)提出并归口。

本部分起草单位：中华人民共和国安徽出入境检验检疫局、环境保护部固体废物与化学品管理技术中心、合肥工业大学、中国化工经济技术发展中心、上海化工研究院有限公司、华峰集团有限公司、北京国石安康科技有限公司、江苏澄星磷化工股份有限公司。

本部分主要起草人：温劲松、卢玲、韩芳、柯韵徽、张蕾、卞学东、王馨晨、马燕、孙昊、刘晓建、曹梦然、商照聪。

# 化学品　水生环境危害分类指导
# 第7部分:金属和金属化合物分类

## 1　范围

GB/T 36700 的本部分规定了化学品水生环境危害分类时金属和金属化合物分类的水生毒性数据和溶解度数据在分类中的应用以及金属和金属化合物分类标准的应用。

本部分适用于化学品水生环境危害分类涉及金属和金属化合物分类的指导。

本部分不适用于有机金属化合物。

## 2　规范性引用文件

下列文件对于本文件的应用是必不可少的。凡是注日期的引用文件,仅注日期的版本适用于本文件。凡是不注日期的引用文件,其最新版本(包括所有的修改单)适用于本文件。

GB/T 36700.3　化学品　水生环境危害分类指导　第3部分:水生毒性

GB/T 36700.8　化学品　水生环境危害分类指导　第8部分:金属和金属化合物在水介质中的转化/溶解指导

## 3　缩略语

下列缩略语适用于本文件。

BCF:生物富集系数(Bioconcentration factor)

BLM:生物配位体模型(Biotic ligand model)

CHESS:土壤化学模型(Chemical equilibria solutions)

$EC_{50}$:半数效应浓度(Concentration for 50% of maximal effect)

$LC_{50}$:半数致死浓度(Lethal concentration 50)

MINTEQ:环境水化学平衡模型

NOEC:无显见效果浓度(No observed effect concentration)

WHAM:Windermere 腐殖酸模型(Windermere-humic aqueous model)

## 4　基本原理

### 4.1　金属和金属化合物分类的特殊性

4.1.1　金属处于元素状态时,不溶于水,但可以转化成可利用状态。金属处于元素状态时可与水或一种稀的电解质水溶液发生反应,形成可溶离子,并且金属从中性或零价被氧化转化到较高价态。

4.1.2　在简单的金属化合物(如氧化物或硫化物)中,金属已经处于氧化态,当其溶于水后,金属进一步被氧化的可能性较低,但与介质之间发生的反应可能会产生更多的溶解态。难溶的金属化合物可视为一种溶解产物,并可以通过溶解产生少量可利用形态的化合物。最终溶解浓度受多种因素影响,包括在转化/溶解试验过程中沉淀下来的某些金属化合物的溶解产物。

4.1.3 水生毒性统一分类制度是基于危害进行分类的制度，分类基础是物质的水生毒性以及有关降解和生物富集行为的信息。当物质溶于水时，暴露受其溶解度和水生生物的生物利用度限制。因此，金属和金属化合物的危害分类方法只适用于它们可被利用时（即以溶解的金属离子存在）所引起的危害，而不考虑没有溶解但仍有生物利用可能的暴露，例如在食物中的金属。本部分不考虑金属化合物中的非金属离子（比如 $CN^-$），它们可能具有毒性，或者可能属于有机物质，并可能导致生物富集或持续危害。对于这些金属化合物，非金属离子的危害也应考虑。

## 4.2 金属离子浓度

溶液中的金属离子浓度主要取决于两个因素：一是在水中的溶解度；二是与水发生反应后生成水溶性产物的程度，后一因素称为“转化”。不同金属和金属化合物转化过程发生的速率和程度可能存在很大差别，它们也是确定合理危害分类的重要因素。在能得到转化数据时，分类时应予以考虑。GB/T 36700.8 中给出了转化速率的确定方法。

## 4.3 溶解和转化

溶解态的形成受到 pH 值、水的硬度等因素的影响，有可能产生毒性更大或更小的特殊金属离子形态。通常，人们认为物质的溶解速率与其毒性的测定无关，但对于许多金属以及溶解性很差的无机金属化合物来说，利用常规方法使其溶解非常困难，以至溶解和转化这两个过程无法区分。因此，在化合物的溶解性非常差，采用常规方法所能达到的溶解度无法超过 $LC_{50}$ 或 $EC_{50}$ 值时，应考虑转化率和转化程度。转化受多种因素影响，特别是与 pH 值、水的硬度、温度等有关。一些其他因素，如试验物质的粒径和比表面积、与介质接触的时间、介质中物质的质量和表面积等都影响水中金属离子浓度。GB/T 36700.8 对主要变量进行标准化，以使离子浓度与物质质量之间存在对应关系。在一般情况下，只有按照该方法得到的转化数据，才被认为是可靠的，方可用于分类。由于产生的金属离子浓度与 $LC_{50}$ 或 $EC_{50}$ 相当，因此可被用于分类。GB/T 36700.8 对应采取的方法和测试方法，以及相应的数据要求都予以了进一步说明。

## 4.4 降解

分类时还应考虑多种因素，如在 GB 30000.28 中定义“降解”是指有机分子的分解。对于无机化合物和金属来说，考虑和使用降解并没有意义。物质可以通过正常的环境过程转化，从而增加或者减小毒性物质的生物利用度。同样，$\lg K_{ow}$ 值不应被视为衡量蓄积潜力的一个指标，但物质在生物体内蓄积的概念，既适用于有机物质，也适用于金属和金属化合物。

## 4.5 生物利用度

此外，有许多过程（比如矿化和分布）可使金属离子无法被生物所利用。有时这些过程可能很快，快到进行慢性危害分类时可以认为它们与降解过程类似。然而，金属离子从水体中分离出来进入其他环境介质，并不一定意味着它们不再具有生物利用性，也不意味着金属无法再利用。由于环境条件范围广泛，金属离子从水体中分离的程度，以及金属已经或能够转变成较小毒性或者无毒性形态的程度等信息常常得不到，因此需要作出许多假设以帮助分类。可以假设金属离子一旦在水中就不会从水体中很快分离，因此这些化合物不能满足这一条件。优先于这一假设的是，可以产生新物质，但原物质在相关环境条件下仍可得到。对于在 28 天试验过程中，应认真审查支持生物利用性出现变化的所有证据。金属和无机金属化合物的生物蓄积是一个复杂过程，在使用数据时应小心谨慎。使用生物蓄积标准应针对具体情况，同时还应充分考虑到所有现有数据。进一步的假设是：在目标金属化合物没有任何溶解数据时，假设其具有一定溶解度，能在 $LC_{50}$ 或 $EC_{50}$ 水平产生毒性，可按其他可溶盐类的分类方法进行分类。

## 5 水生毒性数据和溶解度数据在分类中的应用

### 5.1 水生毒性数据解释

#### 5.1.1 有效性

按照有关国家标准和相关国际标准进行的水生毒性研究得到的数据，应视为有效并可用于分类，同时应符合 GB/T 36700.3。

#### 5.1.2 金属配合和形态

5.1.2.1 特定金属在溶液中的毒性，主要取决于(但并不完全限于)游离金属离子浓度。包括碱性、离子强度和 pH 值等非生物因素，可通过下列两种方式影响金属毒性：

a) 影响金属在水中的化学产物的形成，并以此影响生物可利用性；

b) 影响生物组织对可利用金属的摄取和结合。

5.1.2.2 对于有重要影响的溶解产物，有可能模拟出不同形态金属的浓度，包括可能产生毒性的形态。但对暴露浓度进行定量分析、分析具体成分，往往存在很大难度。

5.1.2.3 金属在试验介质和中性环境中经过络合作用形成的有机和无机络合物，可根据金属形成模型作出估计。金属形成模型(包括 pH 值、硬度、可溶性有机碳和无机物质)可用于计算金属离子的构成，如 MINTEQ、WHAM 和 CHESS 等模型。BLM 模型可计算造成生物毒性效应的金属离子浓度，但该模型目前只对为数有限的金属、生物体和终点指标有效。

### 5.2 可溶解性数据解释

#### 5.2.1 原则

在考虑现有溶解性数据时，应评估是否有效和适用，以及是否能够用于识别金属化合物的危害。特别是，应了解生成这些数据的 pH 值条件。

#### 5.2.2 现有数据的评估

某些金属研究较为充分，可能会得到各种相关无机金属化合物的溶度积和/或溶解性数据，以及溶解性与 pH 值的关系。但对于许多金属或金属化合物来说，很有可能只有类似"不易溶解"之类的描述性信息。这些描述性词汇所指的溶解度范围没有一致的定义，如仅有这些信息，可按照 GB/T 36700.8 得到所需要的溶解性数据。

#### 5.2.3 评价金属化合物可溶解性的筛选试验

在没有溶解性数据的情况下，可使用一种基于 24 h 高载荷率的"筛选试验"(见 GB/T 36700.8)。其作用是筛选出那些难以与溶解态分开的快速转化或分解的金属化合物。对此，可根据离子浓度进行分类。在可以从筛选试验中得到数据时，应使用在试验的整个 pH 值条件范围内所得到的最高溶解度。如果无法得到整个 pH 值条件范围内的数据，则应参照适当的热动力学形态形成模型或其他适当方法，检查是否已得到最高溶解度数据。需要注意，这种试验只能用于金属化合物。

#### 5.2.4 评价金属和金属化合物溶解性的完全试验

完全试验同筛选试验一样，应对试验过程中的 pH 值条件进行评估。通常应在溶液中金属离子浓度达到最大值时的 pH 值条件下进行完全试验。在这种情况下，可根据 GB/T 36700.8 选择 pH 值条件。根据完全试验得到的数据，有可能在 7 天后得到每一种试验载荷(1 mg/L 为"低载荷"，10 mg/L 为

“中等载荷”,100 mg/L 为“高载荷”)在溶液中的金属离子浓度。如果是为了评价一种物质的长期危害,则可在合适的 pH 值条件下进行低载荷试验,时间可以延长到 28 天。

### 5.3 水生毒性数据与溶解性数据比较

应通过比较水生毒性数据和溶解度数据,作出是否进行分类的决定。如果溶解度数据超过 $LC_{50}$ 或 $EC_{50}$ 值,并且是仅有可得的数据,不论它们是否在同一 pH 值,则应对物质进行分类。如果有其他溶解度数据,并且在整个 pH 值范围内溶解度均不会超过 $LC_{50}$ 或 $EC_{50}$,则不能据此进行分类,应使用来自生态毒性试验或生物可利用性效应模型的补充数据。

### 5.4 环境转化评估

5.4.1 从金属的一种类型到另一种类型的环境转移,并不构成类似有机化合物的“降解”,但可能增加或减少毒性物质的有效性和生物利用性。但由于自然界环境的化学作用,金属离子可以从水体中分离出来。尽管有关水体滞留时间、水-沉积物界面过程(比如沉淀和活化作用)的数据相当多,但目前还没有合并成有意义的数据库,但基于前述原则和假设,这种方法也可用于分类。

5.4.2 应针对具体情况进行评估,并应结合下列情况谨慎考虑:

a) 转变为非可利用形态,及出现相反方向变化的可能性;

b) 转变为比正在评估的金属化合物的溶解度低得多的另一种金属化合物。

### 5.5 生物蓄积

5.5.1 lg $K_{ow}$ 值可准确预测某些类型的有机化合物,比如非极性有机物质的 BCF 值,但对于无机物质,如无机金属化合物则无相关性。

5.5.2 目前尚无通用模型对复杂多变的金属的摄取和净化率机理进行描述。应根据分类标准,针对具体情况,通过专家判断,对金属的生物蓄积作出评价。

5.5.3 虽然 BCF 能够表示生物蓄积潜力,但在解释金属和无机金属化合物的 BCF 测量值的时候,可能存在多种复杂因素。对于某些金属和无机金属化合物,水中浓度和某些水生生物体内的 BCF 值之间是反比关系,因此使用生物富集数据时应谨慎。对于生物体必需的金属元素来说,生物体营养需求可能高于环境浓度,由于生物体可进行主动调节从而导致较高的 BCF。在环境浓度比较低的情况下,较高的 BCF 可能是一种摄取金属物质以满足营养需求的自然结果,在这种情况下,可视为正常现象。此外,如果生物体调节体内浓度,则 BCF 测定值可能随着外部浓度的增加而降低。当外部浓度过高,以至于超过某一个阈值水平,或者抑制了调节机制时,将会对生物体产生有害影响。同样,某种金属可能是特定生物体所必需的,却不一定是其他生物体所必需的。因此,在一种金属并非是必不可少的情况下,或者当一种必不可少的金属浓度高于营养水平时,应对生物富集潜力和环境问题给予特别的考虑。

## 6 应用

### 6.1 金属和金属化合物分类方法

6.1.1 金属和金属化合物分类方法见图 1。这种利用数据作出判定的分类方法包括几个不同的阶段。在没有有效数据可用时,应使用所有的现有数据和专家判断。

6.1.2 在考虑金属化合物的 $LC_{50}$ 或 $EC_{50}$ 数据时,重要的是确保用作分类依据的数据点应以待分类的金属化合物相对分子质量表示,即应进行相对分子质量修正。多数数据都以 mg/L 表示,这一数值应根据相应的金属化合物相对分子质量进行调整。修正方法为金属的 $LC_{50}$ 或 $EC_{50}$ 或金属的 NOEC 值乘以金属化合物相对分子质量与该金属相对原子质量之间的比值。

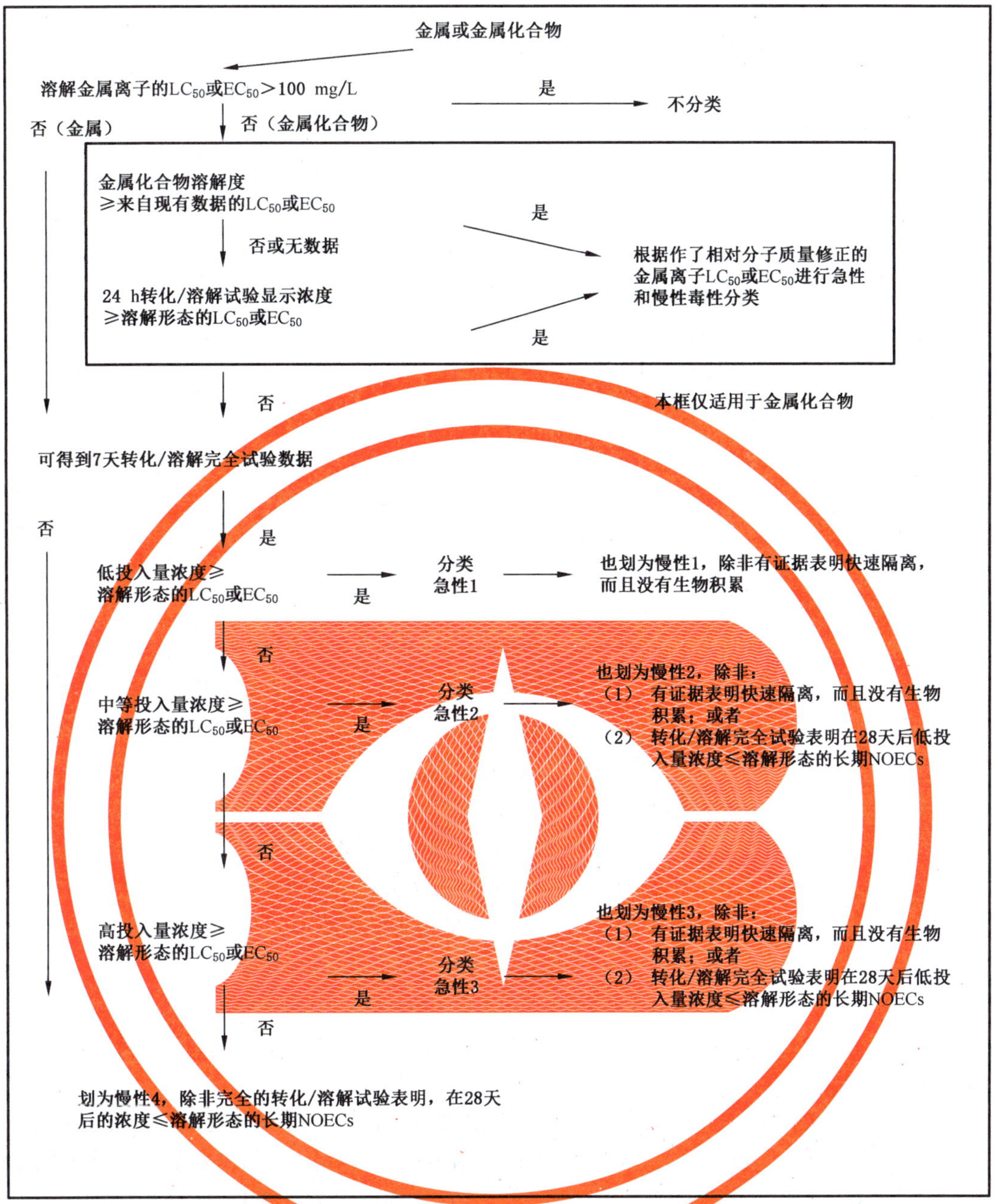


**图 1　金属和金属化合物分类方法**

## 6.2　金属分类方法

6.2.1　当所关心的金属离子的 LC$_{50}$ 或 EC$_{50}$ 值大于 100 mg/L 时，不需在分类过程中考虑这种金属。

6.2.2　当所关心的金属离子的 LC$_{50}$ 或 EC$_{50}$ 值小于或等于 100 mg/L 时，应考虑这些离子从金属中产生的速率和程度的相关数据。按照 GB/T 36700.8 获得的数据可视为有效数据。

6.2.3　在没有上述数据，即没有充分有效的数据表明不会发生向金属离子的转化时，应使用安全网进行分类（慢性类别 4），因为已知的溶解形态的毒性会引起充分关注。

6.2.4　按 GB/T 36700.8 可以获得数据时，应按以下原则将这些数据用于辅助分类：

a)　对于 7 天转化试验，如果金属离子浓度在 7 天试验期后（也可以早一些）超过 LC$_{50}$ 或 EC$_{50}$ 水平，应利用下列分类方法取代金属的缺省分类：

1) 如果低载荷率的金属离子浓度大于或等于 $LC_{50}$ 或 $EC_{50}$，划为急性类别 1，也划为慢性类别 1，除非有证据表明从水体中快速分离，而且没有生物蓄积；
2) 如果中等载荷率的金属离子浓度大于或等于 $LC_{50}$ 或 $EC_{50}$，划为急性类别 2，也划为慢性类别 2，除非有证据表明从水体中快速分离，而且没有生物蓄积；
3) 如果高载荷率的金属离子浓度大于或等于 $LC_{50}$ 或 $EC_{50}$，划为急性类别 3，也划分为慢性类别 3，除非有证据表明从水体中快速分离，而且没有生物蓄积。

b) 对于 28 天转化试验，如果 7 天转化试验描述的分类过程导致分类为慢性类别 1，则不需要作进一步的评估，因为金属的分类不考虑任何进一步的信息。在其他情况下，进一步的数据可能是通过溶解/转化试验得到的，以证明分类结果可修正。如果被划为慢性类别 2、类别 3 或类别 4 的物质，28 天转化试验期后低载荷率的金属离子浓度小于或等于长期 NOEC 值，应取消分类。

## 6.3 金属化合物分类方法

6.3.1 当所关心的金属离子 $LC_{50}$ 或 $EC_{50}$ 值大于 100 mg/L 时，不需在分类过程中考虑这种金属化合物。

6.3.2 如果溶解度不小于 $LC_{50}$ 或 $EC_{50}$ 值，应根据可溶解离子进行分类：

a) 水溶解度(通过 24 h 溶解筛选试验测定；或者根据溶解产物估计)大于或等于溶解金属离子浓度的 $LC_{50}$ 或 $EC_{50}$ 值的所有金属化合物，均应被视为易于溶解的金属化合物。由于溶解度测定条件与急性毒性测定条件可能有显著差别，因此对于溶解度接近急性毒性值的化合物，应谨慎对待。在此情况下，应优先选用溶解筛选试验结果。

b) 易溶解的金属化合物根据 $LC_{50}$ 或 $EC_{50}$ 值进行分类(需要时可作相对分子质量修正)：
1) 金属离子的 $LC_{50}$ 或 $EC_{50}$ 值小于或等于 1 mg/L，划为急性类别 1，也划为慢性类别 1，除非有证据表明从水体中快速分离，而且没有生物蓄积；
2) 金属离子 $LC_{50}$ 或 $EC_{50}$ 值大于 1 mg/L 且小于或等于 10 mg/L，划为急性类别 2，也划为慢性类别 2，除非有证据表明从水体中快速分离，而且没有生物蓄积；
3) 金属离子的 $LC_{50}$ 或 $EC_{50}$ 值大于 10 mg/L 且小于或等于 100 mg/L，划为急性类别 3，也划为慢性类别 3，除非有证据表明从水体中快速分离，而且没有生物蓄积。

6.3.3 如果溶解度小于 $LC_{50}$ 或 $EC_{50}$ 值，划为默认的慢性类别 4：

a) 在分类标准中，将难溶金属化合物定义为溶解度(通过 24 h 溶解筛选试验测定；或者根据溶解产物估计)小于溶解金属离子的 $LC_{50}$ 或 $EC_{50}$ 值的金属化合物。如果难溶金属化合物的溶解态金属的 $LC_{50}$ 或 $EC_{50}$ 值小于或等于 100 mg/L，且该物质可被视为难溶，应使用默认安全网分类(慢性类别 4)。

b) 对于 7 天转化试验，可利用默认的安全网分类方法分类的难溶金属化合物，也可以使用 7 天转化/溶解试验数据。这些数据应包括在低、中和高载荷率下的转化程度。如果金属离子浓度在 7 天试验期后(也可以早一些)超过 $LC_{50}$ 或 $EC_{50}$ 的水平，则应利用下列分类方法取代金属的默认分类：
1) 如果低载荷率的金属离子浓度大于或等于 $LC_{50}$ 或 $EC_{50}$，划为急性类别 1，也划为慢性类别 1，除非有证据表明从水体中快速分离，而且没有生物蓄积；
2) 如果中等载荷率的金属离子浓度大于 $LC_{50}$ 或 $EC_{50}$，划为急性类别 2，也划为慢性类别 2，除非有证据表明从水体中快速分离，而且没有生物蓄积；
3) 如果高载荷率的金属离子浓度大于 $LC_{50}$ 或 $EC_{50}$，划为急性类别 3，也划为慢性类别 3，除非有证据表明从水体中快速分离，而且没有生物蓄积。

c) 对 28 天转化试验，如果 7 天转化试验描述的分类过程导致分类为慢性类别 1，则不需要作进一步的评估，因为金属化合物的分类不考虑任何进一步的信息。在其他情况下，进一步的数据可能是通过溶解/转化试验得到的，以证明分类结果可修正。如果被划为慢性类别 2、类别 3 或类别 4 的难溶金属化合物，28 天转化试验期后低载荷率的金属离子浓度小于或等于长期 NOEC 值，应取消分类。

## 6.4 粒径和表面积

6.4.1 由于试验物质粒径或表面积的任何变化，可引起单位时间内释放的金属离子浓度的显著变化，因此粒径和表面积是重要参数。一般在转化试验中，粒径或表面积是固定的，以使分类时仅考虑载荷水平因素。一般情况下，要使用市场上所能得到的最小的颗粒以得到分类数据，从而确定转化程度。也有某些金属粉末形态的试验数据不适用于块状形态的分类的情况。例如，粉末形态是一种结构上不同的物质(比如不同的结晶结构)，或者通过特殊工艺生产的而不能通过块状金属直接产生。此时，大块物质的分类应根据更具代表性的粒径或表面积的物质的试验数据；粉末则应根据从粉末形态的数据进行分类。正常情况下，不应对同一种金属给出两个以上的分类建议。

6.4.2 对于粒径小于 1 mm 的金属，应针对具体情况进行试验。例如，通过不同的工艺生产的金属粉末，或者粉末比块状有更高的溶解率(或反应率)都可能会导致更严格的分类。

6.4.3 表 1 给出需要考虑的评估物质粒径。

表 1 需要考虑的评估物质粒径

| 类型 | 粒径 | 备注 |
|---|---|---|
| 金属化合物 | 市场上出售的最小代表性粒径 | 不大于 1 mm |
| 金属粉末 | 市场上出售的最小代表性粒径 | 如果存在不同的结晶/形态特性，应考虑其他来源 |
| 金属块状物 | 1 mm | 如果有充分的理由，可以改变默认值 |

6.4.4 对于金属的某些形态，可参见 OECD 2001 指南得到规定时间间隔后的金属离子浓度之间的相关关系，用表面积和载荷的函数表示。参见参考文献[8]的临界表面积方法，预测不同粒径的金属的离子浓度。通过相关关系和与毒性数据之间的联系，以确定向介质中释放 $LC_{50}$ 或 $EC_{50}$ 的物质的临界表面积，再将临界表面积转化为用于危害分类的低、中、高质量载荷。通常不使用这种方法进行分类，但这可以为标签和后续判定提供有用信息。

# 参 考 文 献

[1] GB 30000.28 化学品分类和标签规范 第28部分：对水生环境的危害

[2] Brown, D. S. and Allison, J. D. 1987. MINTEQA1 Equilibrium Metal Speciation Model: A user's manual. Athens, Georgia, USEPA Environmental Research Laboratory, Office of Research and Development.

[3] OECD 1998. Harmonized Integrated Hazard Classification System for Human Health and Environmental Effects of Chemical Substances, ENV/JM/MONO (2001) 6.

[4] OECD 2000. Guidance Document on Aquatic Toxicity Testing of Difficult Substances and Mixtures.

[5] OECD 2001. Guidance Document on Transformation/Dissolution of Metals and Metals Compounds in Aqueous Media.

[6] Santore, R.C. and Driscoll, C.T. 1995. The CHESS Model for Calculating Chemical Equilibria in Soils and Solutions, Chemical Equilibrium and Reaction Models. The Soil Society of America, American Society of Agronomy.

[7] Santore, R.C. and Di Toro, D.M. et al 1999. A biotic ligand model of the acute toxicity of metals. II. Application to fish and daphnia exposure to copper. Environ. Tox. Chem. Submitted.

[8] Skeaff, J., Delbeke, K., Van Assche, F. and Conard, B. 2000. A critical surface are concept for acute hazard classification of relatively insoluble metal-containing powders in aquatic environments. Environ. Tox. Chem. 19: 1681-1691.

[9] Tipping, E. 1994. WHAM-A computer equilibrium model and computer code for waters sediments, and soils incorporating discrete site/electrostatic model of ion-binding by humic substances. Computers and Geoscience 20 (6): 073-1023.

ICS 13.300
A 80

# 中华人民共和国国家标准

GB/T 36700.8—2018

# 化学品　水生环境危害分类指导 第8部分：金属和金属化合物在水介质中的转化/溶解指导

Chemicals—Guidance on hazard classification to the aquatic environment—Part 8: Guidance on transformation/dissolution of metals and metal compounds in aqueous media

2018-09-17 发布　　2019-01-01 实施

国家市场监督管理总局
中国国家标准化管理委员会　发布

# 前　言

GB/T 36700《化学品　水生环境危害分类指导》分为以下 8 个部分：

——第 1 部分：导言；

——第 2 部分：统一分类方法；

——第 3 部分：水生毒性；

——第 4 部分：降解；

——第 5 部分：生物富集；

——第 6 部分：定量结构活性关系(QSAR)；

——第 7 部分：金属和金属化合物分类；

——第 8 部分：金属和金属化合物在水介质中的转化/溶解指导。

本部分为 GB/T 36700 的第 8 部分。

本部分按照 GB/T 1.1—2009 给出的规则起草。

本部分由全国危险化学品管理标准化技术委员会(SAC/TC 251)提出并归口。

本部分起草单位：中华人民共和国安徽出入境检验检疫局、环境保护部固体废物与化学品管理技术中心、合肥工业大学、中国化工经济技术发展中心、上海化工研究院有限公司、华峰集团有限公司、北京国石安康科技有限公司、江苏澄星磷化工股份有限公司。

本部分主要起草人：温劲松、卢玲、柯韵徽、韩芳、张蕾、卞学东、王馨晨、马嘉乐、孙昊、刘洪英、曹梦然、周庆云。

# 引　言

GB/T 36700 的本部分就如何进行转化/溶解试验给予了指导，其目的是对标准实验室条件下，在代表自然界常见环境状况的水介质中，测定金属和微溶金属化合物形成离子和金属可溶性物的速率和程度。测定结果可用于评价急性和慢性水生毒性。比较在标准水介质中转化或溶解产生的金属离子浓度，以及通过金属盐溶液得到的标准生态毒性数据（急性和慢性毒性值），可对金属和微溶金属化合物的急性和慢性水生毒性作出分类。利用所得结果进行水生环境危害分类的方法，可参见 GB/T 36700.7。

# 化学品 水生环境危害分类指导 第8部分:金属和金属化合物在水介质中的转化/溶解指导

## 1 范围

GB/T 36700 的本部分规定了测定金属和金属化合物在水介质中转化/溶解试验方法的基本原理、试验物质信息、设备和试剂、试验准备、试验条件、试验过程以及试验结果的处理和试验报告。

本部分适用于化学品水生环境危害分类涉及金属和金属化合物在水介质中转化/溶解试验的指导。

本部分不适用于有机金属化合物。

## 2 规范性引用文件

下列文件对于本文件的应用是必不可少的。凡是注日期的引用文件,仅注日期的版本适用于本文件。凡是不注日期的引用文件,其最新版本(包括所有的修改单)适用于本文件。

GB/T 16125 大型溞急性毒性实验方法

ASTM E 729-96 用鱼、大型无脊椎动物和两栖动物进行剧毒毒性试验的标准指南(Standard guide for conducting acute toxicity tests on test materials with fishes, macroinvertebrates, and amphibians)

## 3 原理

### 3.1 概述

在某一 pH 值缓冲液中搅拌不同量的待试物质,在规定的时间间隔取样分析,以确定溶液中的金属离子浓度。共有两种试验类型,分别是筛选试验和完全试验。筛选试验是在单一浓度下进行的试验,为了筛选出那些由于发生分解或快速转化,使得它们的生态毒性潜力与溶解态难以分辨的化合物。完全试验的目的是确定金属和金属化合物在不同的水溶液下,在一定时间后的溶解或转化水平。

### 3.2 筛选试验

对于微溶金属化合物,通过测定溶解极限来确定金属的最大溶解度,或根据转化/溶解筛选试验确定。将市售具有最小典型粒径的微溶金属化合物,以 100 mg/L 的单一试验载荷加到水中。经过 24 h 持续搅拌,测定金属离子的浓度。

### 3.3 完全试验

3.3.1 将块状和/或粉状试验物质,以 1 mg/L、10 mg/L 和 100 mg/L 三种不同试验载荷加入到水中,通过测定 7 天转化/溶解试验后的金属离子浓度确定短期转化/溶解试验终点;通过测定 1 mg/L 单一试验载荷的 28 天转化/溶解试验后的金属离子浓度确定长期转化/溶解试验终点。如果预期溶解金属物质不会大量释放,试验载荷可只选用 100 mg/L。要使用不会导致颗粒物磨损的搅拌方法进行测试。

3.3.2 pH 值对转化/溶解有显著影响,因此筛选试验和完全试验都应在可获得最大金属离子浓度的

pH 值条件下进行。根据在自然环境中经常出现的酸碱条件，除 28 天完全试验外，pH 值应控制在 6～8.5。在进行 28 天完全试验时，pH 值应控制在 5.5～8.5，以考虑酸性水体产生的长期影响。

3.3.3 颗粒状试验物质的表面积大小对转化/溶解速率和程度都会产生显著影响，应使用从市售最小典型粒径的粉剂进行试验。进行块状物质试验时，则应采用在正常条件下具有代表性的粒径尺寸。在没有相关信息时，默认粒径直径为 1 mm。对于块状金属，只有经过充分论证，才可超过这一默认尺寸。此外，还应确定比表面积，以便对类似样品进行描述和比较。

## 4 试验物质的信息

转化/溶解试验应使用市售物质。为正确解释结果，下列试验物质的信息十分重要：

a) 物质名称、化学分子式和市售用途；
b) 物理/化学制备方法；
c) 试验所用物质批次标识；
d) 化学特性：纯度(%)和单位杂质含量(%)；
e) 密度($g/cm^3$)或相对密度；
f) 测量的比表面积($m^2/g$)；
g) 存放期，有效期；
h) 已知的溶解度数据和溶解产物；
i) 危险标识和安全搬运方法；
j) 安全数据单或类似文件。

## 5 试剂和材料

5.1 盐酸。

5.2 硝酸：痕量金属级。

5.3 转化/溶解介质。

将符合 GB/T 16125 规定的配制水，作为标准转化/溶解介质使用，用前应以 0.2 μm 滤器进行过滤，有机碳总浓度应小于 2.0 mg/L。化学成分(pH 值等于 8 时)为 65.7 mg/L 的 $NaHCO_3$、5.75 mg/L 的 KCl、294 mg/L 的 $CaCl_2 \cdot 2H_2O$ 和 123 mg/L 的 $MgSO_4 \cdot 7H_2O$。试验在其他 pH 值条件下进行的，应相应调整化学成分(见表 1)。在进行海洋物种的毒性试验时，可以使用符合 ASTM E 729-96 要求的海水试验介质标样。

**表 1 试验介质化学成分推荐值**

| pH 计算值 | 试验介质化学成分及浓度/(mg/L) | | | | 试验容器中的 $CO_2$ 浓度/%(其余为空气) |
|---|---|---|---|---|---|
| | $NaHCO_3$ | KCl | $CaCl_2 \cdot 2H_2O$ | $MgSO_4 \cdot 7H_2O$ | |
| 6.09 | 6.5 | 0.58 | 29.4 | 12.3 | 0.50 |
| 7.07 | 12.6 | 2.32 | 117.6 | 49.2 | 0.10 |
| 7.98 | 64.75 | 5.75 | 294 | 123.25 | 0.038 |
| 8.5 | 194.25 | 5.74 | 29.4 | 123.25 | 0.038 |

注 1：pH 值是利用 FACT(化学热力学分析设备)系统计算得到的(http://www.crct.polymtl.ca/fact/ fact.htm)。

注 2：虽然试验方案只对 pH 值在 6.0～8.0 范围内验证有效，但并不妨碍 pH 值达到 5.5。pH 值为 8.5 的试验介质在含有金属的情况下，尚未经过试验确认。

5.4 缓冲溶液。表1给出了不同pH值缓冲体系的化学成分推荐值，以及试验容器中的$CO_2$浓度值，可根据试验条件要求选择合适的缓冲体系。pH值为8的缓冲体系可通过水与空气的自然平衡建立。如果所使用的缓冲液对产物形成和转化率影响很小，其他等效缓冲体系也可以使用。

## 6 仪器设备

6.1 长颈瓶：不小于3 L。

6.2 封闭式玻璃样品瓶：依次进行预清洗、酸洗（比如盐酸）和去离子水冲洗。

6.3 容器：1 L或2 L反应罐，应有足够容量，以防止液体在搅拌过程中溢出。如需采用空气缓冲方法（pH值等于8的条件下进行试验），应加大容器顶部空间/液体比例（如在2.8 L长颈瓶内装1 L介质），以增加介质的空气缓冲能力。

6.4 搅拌设备：轨道式振荡器、径向叶轮、实验室振荡器或等效设备。径向叶轮由一根钢轴和装在轴上的两个固定式聚丙烯叶片组成，钢轴直径为8 mm，长度为350 mm，表面覆有聚氯乙烯包层；叶片宽度为40 mm，长度为15 mm。

6.5 过滤器：0.2 μm针头滤膜或离心式固-液分离器，用前应至少冲洗三次。当金属离子会吸附到针头滤膜上，并且搅拌会形成悬浮物时使用离心式固-液分离器。

6.6 控温装置：可将反应罐的温度控制在20 ℃～23 ℃（±1.5 ℃）范围内的装置，如恒温培养箱或水浴装置。

6.7 振荡器：轨道式振荡器或实验室振荡器。

6.8 注射器。

6.9 自动吸液器。

6.10 pH计：精度± 0.2 pH单位。

6.11 带温度显示的溶解氧测定计。

6.12 温度计或热电偶。

6.13 金属分析设备：如原子吸收光谱仪、电感耦合等离子体光谱仪，最低检测限（LOQ）应低于慢性生态毒性最低参考值的五分之一。

## 7 试验准备

### 7.1 测定条件记录

采用的测定方法检测限应低于相应的慢性毒性值，应记录出以下条件：

a) 分析方法的检测限和定量限；
b) 线性范围；
c) 包括转化介质在内的对照试验（可在试验过程中进行）；
d) 转化介质对溶解金属离子的基体效应；
e) 转化试验完成后的物料平衡（%）；
f) 分析方法的复现性；
g) 金属离子在过滤器上的吸附特性（如果使用过滤器将溶液中的金属离子与固态进行分离）。

### 7.2 适当的溶解介质pH值的确定

如缺乏可供使用的文献数据，则应进行初步筛选试验，以确保试验是在可使转化/溶解率最大化的pH值条件下进行的。

### 7.3 转化数据的复现性保证

7.3.1 使用3个平行试验容器进行再现性试验,每次采样时从每个试验容器采集2个平行样本。当粒径(如37 μm～44 μm)和总表面积变化不大的试验物质的浓度恒定时,每个试验容器得到的数据差异应小于10%,不同试验容器之间的差异应小于20%。

7.3.2 通过改变平行试验容器数量和/或平行样本数量或进一步筛选颗粒,可以提高试验的可再现性。初步试验也可对试验物质转化率进行初步评估,并以此来确定采样频率。

7.3.3 在制备转化/溶解介质时,应先搅拌约0.5 h,使水介质与缓冲气体达到平衡状态,从而将介质的pH值调整到理想范围内(空气缓冲或$CO_2$缓冲)。在加入物质之前,至少应从试验介质中采集5个样本(10 mL～15 mL),并测定金属离子浓度,作为空白参比值。至少使用5个试验容器,内装金属或金属化合物(比如1 L水介质中包含100 mg固体物质),在20 ℃～ 23 ℃(±1.5 ℃)的温度范围内进行搅拌。24 h后,用注射器从每个试验容器内采集5个样本。利用过滤器将固体与溶液分离,再用一两滴硝酸将溶液进行酸化处理,使得pH值=1,再测定溶解态金属的总浓度。

7.3.4 分别计算每个试验容器和不同试验容器的溶解态金属浓度平均值和差异系数。

7.3.5 为了确保转化数据的可复现性,建议新实验室使用训练器材;使用一种有特定表面条件的金属粉末用于质控;1个～2个实验室负责进行对照试验;必要时应检查粉末的特定表面。

## 8 试验条件

8.1 转化/溶解试验应在恒定的环境温度下进行,温度控制在20 ℃～23 ℃(±1.5 ℃)范围内。

8.2 转化/溶解试验应在规定的pH值范围内进行,对于筛选试验和7天完全试验,pH值应在6～8.5范围内;对于28天完全试验,pH值应在5.5～8.5范围内。在每隔一段时间进行溶液取样时,应记录试验溶液的pH值。大多数试验期间,由于空气中的$CO_2$可提供天然缓冲,使pH值在一周的试验时间内保持平均波动幅度在±0.2范围内。对处于细粒分散态的物质,由于固有特性,在活性物质细粉试验载荷为100 mg/L时,pH值可能会有短期波动。不应额外使用酸碱对pH值进行调节,可通过增大顶部空间/液体比的方法,改善介质的空气缓冲能力。

8.3 在反应容器中,多数情况下水介质上的顶部空间可以将溶解氧浓度维持在6.0 mg/L以上,即8.5 mg/L饱和水平的70%。但在某些情况下,反应并非受顶部空间内氧浓度的限制,而是受溶解氧转入以及反应产物离开固-液界面的限制。在这种情况下,应等待平衡恢复后再测定。

8.4 为减少化学和生物污染及蒸发,转化/溶解动态过程应尽可能地在黑暗环境下的封闭容器内进行。

8.5 对于1 L水介质,可通过下列方法进行搅拌:

a) 径向叶轮以200 r/min的速度旋转,叶片位于距离1 L反应罐底部5 cm处。

b) 一个具橡皮塞的1.0 L ～3.0 L长颈瓶,装在一个轨道式振荡器或实验室振荡器上,以100 r/min的转速振荡搅拌。

c) 也可以使用其他温和搅拌方法,只要能够满足表面完整性和溶液均匀性。

d) 对于密度大于6 g/cm$^3$和50%的粒径小于8 μm的固体物质,使用温和搅拌方法一般不会产生悬浮物。如果出现悬浮物,可在提取样本前停止搅拌并静置5 min以使悬浮物沉淀。

## 9 试验过程

### 9.1 溶解筛选试验

9.1.1 溶解介质制备后,将介质加入到至少3个试验容器内(试验容器数量取决于初步试验中确定的可再现性)。经过0.5 h的搅拌,使水介质与气体或缓冲系统达到平衡,测定介质的pH值、温度和溶解氧浓度。在加入固体之前,从试验介质中至少采集2个10 mL～15 mL样本,并测量溶解金属浓度作为参比值。

9.1.2 将金属化合物投入试验容器内,试验载荷为100 mg/L,然后盖上试验容器盖,并进行快速而剧烈的搅拌。经过24 h搅拌后,在每个试验容器内进行pH值、温度和溶解氧浓度测量,并用注射器从每个试验容器内采集2个～3个溶液样本。然后按8.5叙述的方法进行过滤,再用1% 硝酸进行酸化处理,并分析溶液中的溶解态金属的总浓度。

### 9.2 完全试验

9.2.1 重复9.1.1所述步骤。

9.2.2 对于7天试验,按7.3的要求确定试验容器数量,将试验物质分别按1 mg/L、10 mg/L和100 mg/L的试验载荷,加入到装有水介质的试验容器内。然后将试验容器密封,并按7.3.3叙述的方法进行搅拌。如需进行28天试验,并且7天和28天试验都选择了相同的pH值,负荷量为1 mg/L的试验可延续到28天。然而,由于7天试验只在pH值大于或等于6的条件下进行,因此,需要另外进行28天试验,以覆盖5.5～6的pH值范围。同时应进行空白对照试验。在规定的时间间隔内(比如2 h、6 h、1天、4天和7天),测量每个试验容器内的温度、pH值和溶解氧浓度,并用注射器从每个试验容器内至少采集两个样本(10 mL～15 mL)。按8.5叙述的方法进行过滤后再对溶液进行酸化处理并测定。在第一个24天过后,加入与采集样本等体积的新介质,以补足溶液体积。在随后采样后重复上述步骤。最大样本提取总体积,不应超过原始试验溶液体积的20%。当连续3次测定的溶解态金属总浓度数据差异不超过15%时,即可停止试验。10 mg/L和100 mg/L试验载荷的最长试验时间为7天(短期试验),1 mg/L试验载荷的最长试验时间为28天(长期试验)。

## 10 试验结果的处理

### 10.1 筛选试验

计算24 h溶解态金属平均浓度(在置信区间内)。

### 10.2 完全试验:确定转化/溶解程度

#### 10.2.1 短期试验

将不同的短期(7天)试验中测定的溶解态金属浓度值,按时间坐标绘制成曲线,即可确定转化/溶解动力模型。下列动力学模型可用于描述转化/溶解曲线:

a) 线性关系见式(1):

$$C_t = C_0 + kt \qquad \cdots\cdots(1)$$

式中:

$C_t$ ——$t$时间的溶解态金属总浓度,单位为毫克每升(mg/L);

$C_0$ ——时间$t=0$时的初始溶解态金属总浓度,单位为毫克每升(mg/L);

$k$ ——线性速率常数,单位为毫克每升天[mg/(L·d)];

$t$ ——时间,单位为天(d)。

b) 一阶模型见式(2):

$$C_t = A(1 - e^{-kt}) \qquad \cdots\cdots(2)$$

式中:

$C_t$ ——$t$时间的溶解态金属总浓度,单位为毫克每升(mg/L);

A ——表观平衡时的极限溶解态金属浓度(常数),单位为毫克每升(mg/L);

$k$ ——一阶速率常数，单位为每天($d^{-1}$)；

$t$ ——时间，单位为天(d)。

c) 二阶模型见式(3)：

$$C_t = A(1 - e^{-at}) + B(1 - e^{-bt}) \quad \cdots\cdots(3)$$

式中：

$C_t$——$t$ 时间的溶解态金属总浓度，单位为毫克每升(mg/L)；

$A$ ——表观平衡时的极限溶解态 A 金属浓度，单位为毫克每升(mg/L)；

$B$ ——表观平衡时的极限溶解态 B 金属浓度，单位为毫克每升(mg/L)；

a ——一阶速率常数，单位为每天($d^{-1}$)；

b ——二阶速率常数，单位为每天($d^{-1}$)；

$t$ ——时间，单位为天(d)。

d) 反应动力学方程式见式(4)：

$$C_t = a\{1 - e^{-bt} - (c/n)[1 + (b\ e^{-nt} - n\ e^{-bt})/(n - b)]\} \quad \cdots\cdots(4)$$

式中：

$C_t$——$t$ 时间的溶解态金属总浓度，单位为毫克每升(mg/L)；

$a$ ——回归系数，单位为毫克每升(mg/L)；

$b$ ——回归系数，单位为每天($d^{-1}$)；

$c$ ——回归系数，单位为每天($d^{-1}$)；

$d$ ——回归系数，单位为每天($d^{-1}$)；

$n$ ——$c+d$；

$t$ ——时间，单位为天(d)。

也可以使用其他反应动力学方程式。

对转化试验中的每个平行试验容器，应通过回归分析方法估计这些模型参数，可避免在同一平行试验容器前后两次测量结果之间出现相关关系的问题。如果至少使用了 3 个平行试验容器，可利用标准方差分析方法对系数的平均值进行比较。决定系数 $r^2$，可作为判断模型是否“拟合良好”的指标进行估计。

### 10.2.2 长期试验

将试验载荷为 1 mg/L 的 28 天试验中测定的溶解态金属浓度值，用 10.1 和 10.2.1 所述方法按时间坐标绘成曲线，确定转化/溶解动力学数值。

## 11 试验报告

试验报告应包括(但不限于)下列信息：

a) 试验人员和试验设施；

b) 受试物质；

c) 再生水试验介质和金属浓度；

d) 所采用的试验介质缓冲系统和所用的 pH 值确认法，以及所用分析方法；

e) 详细的试验设备和程序；

f) 标准金属溶液制备方法；

g) 方法确认结果；

h) 金属离子浓度、pH 值、温度和含氧量分析结果；

i） 不同时间间隔的试验和分析日期；

j） 不同时间间隔的平均溶解态金属浓度（及置信区间）；

k） 转化曲线（随时间变化的溶解态金属浓度）；

l） 转化/溶解动力学分析结果（如已确定）；

m） 估计的反应动力学方程（如已确定）；

n） 研究计划偏离（如有），说明出现的原因；

o） 可能影响试验结果的任何环境因素；

p） 记录和原始数据的参考文献。

# 参 考 文 献

[1] "Draft Report of the OECD Workshop on Aquatic Toxicity Testing of Sparingly Soluble Metals,Inorganic Metal Compounds and Minerals", Sept. 5-8, 1995, Ottawa.

[2] OECD Metals Working Group Meeting, Paris, June 18-19, 1996.

[3] European Chemicals Bureau. Meeting on Testing Methods for Metals and Metal Compounds, Ispra,February 17-18, 1997.

[4] OECD Metals Working Group Meeting, Paris, October 14-15, 1997.

[5] LISEC Staff."Final report'transformation/dissolution of metals and sparingly soluble metal compounds in aqueous media-zinc'", LISEC no. BO-015, 1997.

[6] J.M. Skeaff and D. Paktunc, "Development of a Protocol for Measuring the Rate and Extent of Transformations of Metals and Sparingly Soluble Metal Compounds in Aqueous Media. Phase I. Task 1: Study of Agitation Method." Final Report. January 1997. Mining and Mineral Sciences Laboratories Division Report 97-004(CR)/Contract No. 51545.

[7] Jim Skeaff and Pierrette King, "Development of a Protocol For Measuring the Rate and Extent of Transformations of Metals and Sparingly Soluble Metal Compounds in Aqueous Media. Phase 1, Tasks 3 and 4: Study of pH and of Particle Size/Surface Area.". Final Report, December 1997. Mining and Mineral Sciences Laboratories Division Report 97-07 l(CR)/Contract No. 51590.

[8] Jim Skeaff and Pierrette King, Development of Data on the Reaction Kinetics of Nickel Metal and Nickel Oxide in Aqueous Media for Hazard Identification. Final Report. January 1998. Mining and Mineral Sciences Laboratories Division Report 97-089(CR)/Contract No. 5 1605.

[9] LISEC Staff. "Final report 'transformation/dissolution of metals and sparingly soluble metal compounds in aqueous media - zinc oxide'", LISEC no. BO-016 (January, 1997).

[10] LISEC Staff. "Final report 'transformation/dissolution of metals and sparingly soluble metal compounds in aqueous media- cadmium'", LISEC no. WE-14-002 (January, 1998).

[11] LISEC Staff. "Final report 'transformation/dissolution of metals and sparingly soluble metal compounds in aqueous media- cadmium oxide'". LISEC no. WE-14-002 (January, 1998).

[12] OECD Guideline for testing of chemicals, Paris (1984). Guideline 201 Alga. Growth Inhibition test.

[13] OECD Guideline for testing of chemicals, Paris (1984). Guideline 202: Daphnia sp. Acute im mobilisation test and Reproduction Test.

[14] OECD Guideline for testing of chemicals, Paris (1992). Guideline 203: Fish. Acute Toxicity Test.

[15] OECD Guideline for testing of chemicals. Paris (1992). Guideline 204: Fish. Prolonged Toxicity Test: 14- Day study.

[16] OECD Guideline for testing of chemicals. Paris (1992). Guideline 210: Fish. Early-Life

Stage Toxicity Test.

[17] International standard ISO 6341 [1989 (E)]. Determination of the inhibition of the mobility of Daphnia magna Straus (Cladocera. Crustacea).